필기 과년도, CBT 모의고사

식물보호
기사·산업기사

권현준 저

과년도 필기

BEST
명품강의
보러가기
www.kisa.co.kr

실시간 카톡문의
@kisa
1544-8509

PREFACE

Plant Protection

식물보호는 식물의 피해를 진단 및 방제하고 농작물의 병, 해충을 분석하여 작물이 적합한 환경에서 자랄 수 있도록 도와주는 전문 지식인을 양성하기 위한 과목입니다. 이전에는 작물재배에 대한 전문 지식이 바탕이었다면 최근에는 농작물 보호 이외에도 도시미화 및 주거환경까지도 그 영역을 넓혀가고 있습니다.

식물보호를 취득하는 수험자는 농약회사, 관련 연구소 취업을 위해 혹은 식물방역업체나 식물병원과 같은 사업분야, 국가기술직 공무원의 가산점 등 다양하고 개인마다 취득 목적은 다르겠지만 결국 식물이 잘 자랄 수 있도록 노력과 열정이 필요합니다.

이 책은 깊고 복잡하게 공부를 시작하기보다 쉽게 식물보호를 이해하고 나아가 관련 자격증을 취득하기 위한 **과년도 기출문제와 CBT 모의고사 문제**를 **수록**하였습니다.

식물보호는 다른 대중적인 자격증 과목과는 다르게 관련 서적이 적은 편이며 학습을 위한 자료가 부족한 편입니다. 이에 저자는 수험생들이 좀 더 쉽게 식물보호에 접근하고 자격증 취득을 위해 관련 내용으로 출간을 하였습니다.

지금부터 이 책을 통해 많은 분들이 자격증 합격 뿐 아니라 본인의 행복한 미래를 위한 밑거름이 되기를 기원합니다.

저 자 드림

Plant Protection

자격시험안내   INFORMATION

01 개요

증산을 위해 새로운 품종이나 집약적인 재배기술을 도입함으로써 병·해충의 발생양상이 복잡해지고, 농약사용에 따른 환경오염문제, 식품에 농약의 잔류독성 문제가 야기됨에 따라 효과적인 식물보호를 위한 전문적인 지식과 기능을 갖춘 고급인력을 양성하고자 자격제도 제정.

02 시행기관 및 원서접수

한국산업인력공단(www.q-net.or.kr)

03 진로 및 전망

- 농촌진흥청, 산림청, 식물검역소, 농업기술연구소, 농약연구소, 농약자재검사소, 농산물검사소, 식물검역소, 작물시험장, 식품연구소, 임업시험장 등 공공기관과 농약회사, 종묘회사, 농약판매상, 종자보급소 등으로 진출하거나 독자적으로 운영할 수 있다.
- 최근 농작물보호 이외 도시미화, 주거환경 개선에 따라 도시의 가로수나 정원수, 화훼 등도 직무대상이 되므로 종사영역이 넓어지고 있다. 최근 응시자수가 급격히 증가 하고 있고, 합격자수도 증가하는 추세이다.

04 시험과목 및 검정방법

구분	식물보호기사	식물보호산업기사
필기	① 식물병리학 ② 농림해충학 ③ 재배원론 ④ 농약학 ⑤ 잡초방제학	① 식물병리학 ② 농림해충학 ③ 농약학 ④ 잡초방제학
실기(필답형)	식물보호실무	

05 합격기준

구분	식물보호기사	식물보호산업기사
필기	100점을 만점으로 하여 과목당 40점 이상, 전 과목 평균 60점 이상	
실기(필답형)	100점을 만점으로 하여 60점 이상	

06 응시절차

1	필기원서접수	• Q-net를 통한 인터넷 원서접수 • 필기접수 기간 내 수험원서 인터넷 제출 • 사진(6개월 이내에 촬영한 3.5×4.5cm 칼라사진, 수수료 전자결제 • 수험표 본인 선택(선착순)
2	필기시험	수험표, 신분증, 필기구(흑색 싸인펜 등), 공학용계산기 지참
3	합격자 발표	• Q-net를 통한 합격확인(마이페이지 등) • 응시자격(기술사, 기능장, 산업기사, 서비스 분야 일부종목) • 제한종목은 합격예정자 발표일부터 8일 이내에(토, 공휴일 제외) • 응시자격서류를 제출하여 합격처리된 사람에 한하여 실기접수가 가능
4	실기원서 접수	• 실기접수기간 내 수험원서 인터넷(www.Q-net.or.kr)제출 • 사진(6개월 이내에 촬영한 반명함판 사진파일(JPG), 수수료(정액) • 시험일시, 장소, 본인 선택(선착순) 　단, 기술사 면접시험은 시행 10일 전 공고
5	실기시험	수험표, 신분증, 필기구, 공학용 계산기, 수험자 지참준비물(작업형 시험한정) 지참
6	최종합격자 발표	Q-net를 통한 합격확인(마이페이지 등)
7	자격증 발급	• (인터넷) 인터넷 신청 후 우편 배송 • (방문수령) 여권규격사진 및 신분확인 서류

모두 바르게 빨리 **올배움** 한다.

이러닝교육기관 올배움이 특별한 이유!

01 SINCE 1997 국가기술자격증 이러닝교육기관 올배움

02 고객이 신뢰하는 브랜드대상 수상기관

03 합격생이 인정하는 최고의 명품강의

올배움　www.kisa.co.kr　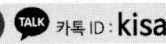　TALK 카톡 ID : kisa

07 전국 한국산업인력공단 안내

기관명	주소	연락처
서울지역본부	(02512)서울 동대문구 장안벚꽃로 279(휘경동 49-35)	02-2137-0590
서울서부지사	(03302)서울 은평구 진관3로 36(진관동 산100-23)	02-2024-1700
서울남부지사	(07225)서울시 영등포구 버드나루로 110(당산동)	02-876-8322
서울강남지사	(06193)서울시 강남구 테헤란로 412 알레르망타워 15층(대치동)	02-2161-9100
인천지사	(21634)인천시 남동구 남동서로 209(고잔동)	032-820-8600
경인지역본부	(16626)경기도 수원시 권선구 호매실로 46-68(탑동)	031-249-1201
경기동부지사	(13313)경기 성남시 수정구 성남대로 1214 광우빌딩(1~7층)	031-750-6200
경기서부지사	(14488) 경기도 부천시 길주로 463번길 69(춘의동)	032-719-0800
경기남부지사	(17561)경기 안성시 공도읍 공도로 51-23	031-615-9000
경기북부지사	(11801)경기도 의정부시 바대논길 21 해인프라자 3~5층(고산동)	031-850-9100
강원지사	(24408)강원특별자치도 춘천시 동내면 원창 고개길 135(학곡리)	033-248-8500
강원동부지사	(25440)강원특별자치도 강릉시 사천면 방동길 60(방동리)	033-650-5700
부산지역본부	(46519)부산시 북구 금곡대로 441번길 26(금곡동)	051-330-1910
부산남부지사	(48518)부산시 남구 신선로 454-18(용당동)	051-620-1910
경남지사	(51519)경남 창원시 성산구 두대로 239(중앙동)	055-212-7200
경남서부지사	(52733)경남 진주시 남강로 1689(초전동 260)	055-791-0700
울산지사	(44538)울산광역시 중구 종가로 347(교동)	052-220-3277
대구지역본부	(42704)대구시 달서구 성서공단로 213(갈산동)	053-580-2300
경북지사	(36616)경북 안동시 서후면 학가산 온천길 42(명리)	054-840-3000
경북동부지사	(37580)경북 포항시 북구 법원로 140번길 9(장성동)	054-230-3200
경북서부지사	(39371)경상북도 구미시 산호대로 253(구미첨단의료 기술타워 2층)	054-713-3000
광주지역본부	(61008)광주광역시 북구 첨단벤처로 82(대촌동)	062-970-1700
전북지사	(54852)전북특별자치도 전주시 덕진구 유상로 69(팔복동)	063-210-9200
전북서부지사	(54098)전북특별자치도 군산시 공단대로 197번지 풍산빌딩 2층(수송동)	063-731-5500
전남지사	(57948)전남 순천시 순광로 35-2(조례동)	061-720-8500
전남서부지사	(58604)전남 목포시 영산로 820(대양동)	061-288-3300
대전지역본부	(35000)대전광역시 중구 서문로 25번길 1(문화동)	042-580-9100
충북지사	(28456)충북 청주시 흥덕구 1순환로 394번길 81(신봉동)	043-279-9000
충북북부지사	(27480)충북 충주시 호암수청2로 14 (호암동) 충주농협 호암행복지점 3~4층	043-722-4300
충남지사	(31081)충남 천안시 서북구 상고1길 27(신당동)	041-620-7600
세종지사	(30128)세종특별자치시 한누리대로 296(나성동)	044-410-8000
제주지사	(63220)제주 제주시 복지로 19(도남동)	064-729-0701

08 출제기준

식물보호기사

직무분야	농림어업	중직무분야	임업	자격종목	식물보호기사	적용기간	2023.1.1.~2027.12.31.

○ 직무내용
  식물보호에 관한 기술이론 및 지식을 가지고 식물 피해의 진단과 방제 등의 업무를 수행하기 위하여 식물에 발생하는 생물적(병, 해충, 잡초 등) 및 비생물적(기상, 영양불균형 등) 피해의 발생 원인을 파악·분석하여 적절한 방제 방법을 선정하며, 식물의 생육에 적합한 환경 개선에 의한 식물 생육의 최적 조건을 만드는 직무이다.

필기검정방법	객관식	문제수	100	시험시간	2시간 30분

필기과목명	문제수	주요항목
식물병리학	20	1. 식물병리 일반 2. 식물병의 원인 3. 식물병의 발생 4. 식물병의 진단 5. 식물병의 방제 6. 식물병 각론
농림해충학	20	1. 곤충일반 2. 곤충의 분류 3. 곤충의 생태 4. 곤충의 형태 5. 곤충의 생리 6. 곤충과 환경 7. 해충 각론 8. 해충의 방제
재배원론	20	1. 재배의 기원과 현황 2. 재배환경 3. 작물의 내적균형과 식물호르몬 및 방사선 이용 4. 재배기술 5. 각종 재해 6. 수확, 건조 및 저장과 도정
농약학	20	1. 농약의 정의와 중요성 2. 농약의 분류 3. 농약의 제제 형태 및 특성 4. 농약의 독성 및 잔류성 5. 농약의 사용방법, 약해 및 약효 6. 농약의 이화학적 특성
잡초방제학	20	1. 잡초의 분류 및 분포 2. 잡초의 생리 생태 3. 경합 4. 잡초방제

식물보호산업기사

직무분야	농림어업	중직무분야	임업	자격종목	식물보호산업기사	적용기간	2023.1.1. ~2027.12.31.

○ 직무내용
식물보호에 관한 기술이론 및 지식을 가지고 식물 피해의 기초적인 진단과 방제 등의 업무를 수행할 수 있어야 하며, 식물에 발생하는 생물적(병, 해충, 잡초 등) 및 비생물적(기상, 영양불균형 등) 피해의 발생 원인을 파악하고 적절한 방제 방법을 선정하여 식물 생육의 최적 조건을 만드는 직무이다.

필기검정방법	객관식	문제수	80	시험시간	2시간

필기과목명	문제수	주요항목
식물병리학	20	1. 식물병리 일반 2. 식물병의 원인 3. 식물병의 발생 4. 식물병의 진단 5. 식물병의 방제 6. 식물병 각론
농림해충학	20	1. 곤충일반 2. 곤충의 분류 3. 곤충의 생태 4. 곤충의 형태 5. 곤충의 생리 6. 곤충과 환경 7. 해충 각론 8. 해충의 방제
농약학	20	1. 농약의 정의와 중요성 2. 농약의 분류 3. 농약의 제제 형태 및 특성 4. 농약의 독성 및 잔류성 5. 농약의 사용방법, 약해 및 약효 6. 농약의 이화학적 특성
잡초방제학	20	1. 잡초의 분류 및 분포 2. 잡초의 생리 생태 3. 경합 4. 잡초방제

Plant Protection

CONTENTS

PART 01 식물보호기사 과년도문제

◆ **식물보호기사 필기문제**

2013년 제1회	2
제2회	18
제4회	34
2014년 제1회	48
제2회	63
제4회	78
2015년 제1회	93
제2회	108
제4회	124
2016년 제1회	140
제2회	155
제4회	170
2017년 제1회	185
제2회	200
제4회	215
2018년 제1회	230
제2회	244
제4회	259
2019년 제1회	274
제2회	288
제4회	302
2020년 제1·2회	316
제3회	330
제4회	344
2021년 제1회	358
제2회	372
제4회	386
2022년 제1회	400
제2회	414
CBT 모의고사 제1회	428
CBT 모의고사 제2회	442
CBT 모의고사 제3회	457
CBT 모의고사 제4회	472
CBT 모의고사 제5회	488

PART 02 식물보호산업기사 과년도문제

◆ 식물보호산업기사 필기문제

2013년 제1회	504
제4회	517
2014년 제1회	529
제4회	541
2015년 제1회	553
제4회	564
2016년 제1회	576
제4회	588
2017년 제1회	600
제4회	612
2018년 제2회	624
제4회	636
2019년 제1회	648
제4회	660
2020년 제1·2회	672
제3회	683
CBT 모의고사 제1회	694
CBT 모의고사 제2회	705
CBT 모의고사 제3회	717
CBT 모의고사 제4회	728
CBT 모의고사 제5회	739
CBT 모의고사 제6회	750
CBT 모의고사 제7회	762
CBT 모의고사 제8회	773
CBT 모의고사 제9회	786
CBT 모의고사 제10회	799

PART 1
기사 과년도 문제

국가기술자격 필기시험문제

2013년 기사 제1회 과년도 기출문제

자격종목	종목코드	시험시간	형별	수험번호	성명
식물보호기사		2시간 30분			

1과목 식물병리학

01 대추나무 빗자루병의 병원균은?
① Pseudomonas ② Phytoplasma
③ Alternaria   ④ Fusarium

해설
대추나무 빗자루병의 병원균은 파이토플라스마(Phytoplasma)이다.
※파이토플라스마에 의한 병 : 대추나무 빗자루병, 오동나무 빗자루병, 뽕나무 오갈병

02 식물에 증생병인 혹을 형성하는 병원균은?
① Agrobacterium tumefaciens
② Rhizoctonia solani
③ Clavibacter michiganensis
④ Xanthomonas campestris

해설
식물의 증생병인 혹을 형성하는 것으로 뿌리혹병이 있으며 병원은 세균인 Agrobacterium tumefaciens 이다.

03 다음 바이러스 중 길이가 가장 긴 것은?
① Rhabdovirus ② Potyvirus
③ Closterovirus ④ Carlavirus

해설
① Rhabdovirus – 40 ~ 400 nm
② Potyvirus – 700nm
③ Closterovirus – 2000nm
④ Carlavirus – 640~650nm

04 다음에 열거한 대기오염물질 중에서 식물에 해로운 영향을 주지 않는 것은?
① 이산화탄소(CO_2)
② 이산화황(SO_2)
③ 불화수소(HF)
④ 오존(O_3)

해설
이산화탄소는 식물의 광합성에 이용된다.

05 목재 썩음병에 관계하는 중요한 효소는?
① Lipase   ② Amylase
③ Ligninase   ④ Phosphotase

해설
ligninase(목재 흰썩음병균)은 세포의 구성성분 중에서 리그닌을 분해하는 리그닌 분해효소이다

06 병원체의 침입에 대한 식물의 과민성 반응과 관계가 깊은 것은?
① 검(gum)의 축적
② 전충제 형성
③ 괴사적 방어
④ 세포벽 강화

해설
침해받은 세포가 괴사하여 더 이상 침입할 수 없어 식물체를 보호하는 방어기작으로 이를 과민성반응 혹은 괴사적 방어라 한다.

정답 01 ② 02 ① 03 ③ 04 ① 05 ③ 06 ③

07 병에 걸린 보리를 먹으면 식중독을 일으키는 병은?
① 겉깜부기병 ② 붉은곰팡이병
③ 줄녹병 ④ 흰가루병

해설
맥류 붉은곰팡이병균은 역사적으로 곡류등을 통해 인체에 흡수되어 유해한 균독소를 분비해 많은 사상자를 내기도 하였다.

08 방선균 *Streptomyces* 에 의하여 발생하는 감자의 병해는 어느 것인가?
① 둘레썩음병 ② 역병
③ 더뎅이병 ④ 풋마름병

해설
감자 더뎅이병의 병원은 세균인 *Streptomyces scabies* 이다.

09 병원체의 분류에 그람염색(Gram staining)을 이용하는 것은?
① 감자 둘레썩음병
② 감자 잎말림병
③ 감자 X 바이러스병
④ 감자 역병

해설
감자 둘레썩음병은 그람염색시 보라색으로 염색되는 그람양성균이다.

10 파이토알렉신(Phytoalexin)과 관계가 없는 것은?
① 발병억제 물질
② Pisatin
③ Ipomeamarone
④ 병원균의 분비

해설
병원체가 기주식물에 침입하고 난 이후 기주에서 병원체의 발육을 억제하기 위해 발생되는 향균물질을 파이토알렉신이라 한다. 파이토알렉신의 종류로 Pisatin, Ipomeamarone, Rishitin 등이 있다.

11 밤나무 줄기마름병의 생물적 방제에 이용되는 저병원성계통 균기생 바이러스에 존재하는 것은?
① ss–DNA ② ds–DNA
③ ss–RNA ④ ds–RNA

해설
밤나무 줄기마름병은 ds–RNA 에 따른 저병원성 균주 바이러스를 이용하여 방제가능하다.

12 에르고스테롤(Ergosterol) 생합성 저해제가 진균에 미치는 작용은?
① 균사의 신장저해
② 분생포자의 발아억제
③ 핵산의 복제억제
④ 단백질의 합성억제

해설
에르고스테롤은 병원균의 균사가 세포막 형성시 필요한 물질인데 생합성 저해제로 인하여 균사의 신장이 저해 혹은 사멸하게 된다.

13 다음 중 전형적인 벼도열병의 병징은?
① 줄무늬 ② 타원형
③ 원형 ④ 방추형

해설
벼도열병은 어린모 혹은 잎에 침입시 방추형의 병반이 나타난다.

14 감자 역병균의 학명은?

① *Phytophthora infestans*
② *Plasmopara viticola*
③ *Peronospora brassicae*
④ *Alternaria solani*

해설
감자 역병의 병원은 진균으로 *Phytophthora infestans* 이다.

15 못자리나 기계이앙을 위한 상자 육묘에서 문제가 되는 벼의 주요 병은?

① 이삭누룩병 ② 탄저병
③ 흰가루병   ④ 모잘록병

해설
모잘록병은 묘포병해의 일종으로 토양에 월동하고 상자육묘에서 많이 발생한다.

16 다음 중 화기전염(花器傳染)되는 병은?

① 보리 겉깜부기병
② 보리 흰가루병
③ 보리 오갈병
④ 밀 붉은녹병

해설
보리에 발생하는 보리 겉깜부기병의 병원균은 화기전염된 것이 제 1차 전염원이 된다.

17 바이러스에 감염된 식물에서 봉입체를 확인하기 위하여 일반적으로 사용하는 기구는?

① 이온교환수지칼럼
② 광학현미경
③ PCR기
④ Shigometer

해설
바이러스는 광학현미경으로 관찰이 불가능하며 감염된 식물에서 봉입체를 확인하기 위해 Polymerase chain reaction 일명 PCR(중합 효소 연쇄 반응) 을 이용하여 세균의 감염 여부를 확인한다.

18 다음 설명하는 병원체는?

◎ 감자 걀쭉병을 일으키는 병원이다.
◎ 현재 알려진 식물병원체 중 크기가 제일 작다.
◎ 핵산만으로 구성되어 있다.

① satellite virus ② virus
③ viroid   ④ spiroplasma

해설
· 바이로이드는 기주식물의 세포에 감염하여 증식하며 외부단백질 없는 핵산만으로 구성된 병원체이다. 또한 바이러스와 유사한 전염 특성을 가지며 병원체 중 가장 작은 크기를 가진다.
· 바이로이드에 의해 발생되는 대표적인 병은 감자 걀쭉병이 있다.

19 식물병의 진단방법에 대한 설명으로 틀린 것은?

① 지표식물인 야생담배(*Nicotiana glutinosa*)에 TMV를 접종하면 전신병징이 나타난다.
② 괴경지표법에 의하여 씨감자의 바이러스병을 진단할 수 있다.
③ 벼오갈병은 충체 내 주사법에 의한 진단법으로 감염 여부를 진단할 수 있다.
④ 오이 노균병은 즙액접종에 의한 진단법을 사용하여 감염 여부를 진단할 수 있다.

해설
지표식물인 야생담배에 TMV를 접종하면 국부반점(국부병징)이 나타난다.

정답 14 ① 15 ④ 16 ① 17 ③ 18 ③ 19 ①

20 담배의 모자이크병은 미생물에 의한 것이 아니라 살아 있는 감염성 액체에 의한 것이라고 결론 짓고 그 원인을 바이러스라고 처음으로 부른 사람은?
① Mayer ② Ivanowski
③ Burrill ④ Beijerinck

해설
1898년 Martinus Beijerinck 에 의해 담배모자이크병의 원인이 바이러스에 의해서라는 것을 발견하였다.

2과목 농림해충학

21 곤충이 분산과 이동을 할 때 수동적 이동이 일어나는 원인은?
① 운동 ② 먹이 찾기
③ 물과 바람 ④ 짝 찾기

해설
곤충의 수동적이동은 환경적인 요인에 의해 일어나는데 바람과 물이 대표적이다. 운동, 먹이찾기, 짝찾기 등은 능동적이동에 속한다.

22 어떤 곤충 유충의 발육률(y)과 온도(x)와의 관계식을 "y=ax+b"와 같이 표현했을 때 이 곤충의 발육영점온도를 추정하는 방법은?
① –b/a ② a–b
③ –1/b ④ –1/b

해설
해충의 발생최성기와 발생량을 예측하기 위한 기초자료로 발육영점온도, 유효적산온도 등이 있다. 발육영점온도는 곤충이 발육되지 않는 생존최저온도로 y=ax+b에서 추정하기 위해 온도 × 수학적 공식에 의해 x = –b/a 가 도출된다. 또한 일별 최고온도가 발육영점온도보다 낮으면 그날의 유효적산온도는 0 으로 한다.

23 다음 중 외국으로부터 침입한 해충은?
① 벼잎벌레 ② 콩잎말이나방
③ 온실가루이 ④ 복숭아혹진딧물

해설
온실가루이는 외국의 관엽식물에 묻어 유입된 외래해충이다.

24 툴그렌깔때기는 어느 곤충의 조사 연구에 필요한 기구인가?
① 수생곤충 ② 토양곤충
③ 비래곤충 ④ 육상곤충

해설
툴그렌깔때기는 깔때기에 토양 샘플을 넣고 반사등의 빛을 주어 빛과 열을 싫어하는 토양곤충이 깔대기 아래로 모이게 하는 장치로 주로 토양곤충을 조사할 때 사용된다.

25 완전변태류(holometabolous development) 곤충이 아닌 것은?
① 배추흰나비 ② 벼룩
③ 풀잠자리 ④ 흰개미

해설
흰개미는 불완전변태류에 속한다.

26 살충제의 효력을 충분히 발휘시키기 위하여 혹은 약효를 증진시키기 위하여 사용하는 것은?
① 기피제 ② 불임제
③ 보조제 ④ 증량제

해설
보조제는 살충제의 효과를 증폭시키기 위한 것으로 전착에 도움을 주는 전착제, 주성분의 농도를 낮추어주는 증량제, 유제의 유화성을 높이는 유화제 등이 있다.

정답 20 ④ 21 ③ 22 ① 23 ③ 24 ② 25 ④ 26 ③

27 밀, 보리, 벼과 식물 등을 유충이 잎 선단부부터 엽육속을 불규칙하게 식해하여 들어가 피해 부위가 갈색으로 변하는 양상을 나타내는 해충은?

① 조명나방 ② 보리잎벌
③ 혹명나방 ④ 보리굴파리

해설
보리굴파리의 부화 유충은 잎 끝에서 아래쪽으로 엽육 속을 불규칙하게 식해하며 표피만 남기며 피해부는 백색에서 갈색으로 변색된다.

28 성충은 식물조직에 산란하고 유충은 2령이 경과한 후 땅속에서 제 1, 제 2 번데기 기간을 거쳐 성충이 되는 곤충은?

① 알락수염노린재 ② 오이총채벌레
③ 담배거세미나방 ④ 온실가루이

해설
오이총채벌레
· 침모양의 주둥이로 흡즙하며 엽맥을따라 백색의 흔적이 남는다.
· 성충은 잎이나 꽃잎에 1개의 알을 산란하고 이후 유충이 흡즙 가해하고 땅속, 낙엽아래에서 번데기가 된다.
· 1년에 시설에서는 수회 발생한다.
· 유충이 2령을 경과하고 노숙유충이 되면 지면으로 떨어져 땅속, 낙엽 아래에서 제 1, 2 번데기가 과정을 거쳐 성충이 된다.

29 온실에서 주로 많이 발생하며 토마토의 TYLCV를 매개하는 해충은?

① 담배가루이 ② 온실가루이
③ 목화진딧물 ④ 복숭아혹진딧물

해설
토마토황화잎말림바이러스(TYLCV)는 담배가루이에 의해 매개된다.

30 다음 중 해충과 해충발생밀도 조사법과의 관계가 잘못된 것은?

① 고자리파리 – 공중포충망 조사법
② 복숭아심식나방 – 페로몬 조사법
③ 멸강나방 – 먹이유살 조사법
④ 멸구, 매미충류 – 포충망 조사법

해설
고자리파리는 파리목으로 유아등을 이용하여 유인하여 조사한다. 공중포충망조사는 주로 멸구류에 적용한다.

31 해충의 종합적 방제법에서 유용 곤충의 효과를 개선할 수 있는 최선의 방법은?

① 정기적 약제살포
② 비선택성 약제살포
③ 경제적 피해수준 도달시 약제살포
④ 유용 곤충에 유리한 환경의 조성

해설
종합적 방제법은 약제의 사용을 최소로 하는 것을 목적으로 한다. 유효곤충의 효과를 높이기 위해서는 그 곤충들이 활동하기 유리한 조건을 조성하는 것이 효율적이다.

32 곤충의 탈피와 변태를 조절하는 호르몬을 분비하는 내분비기관이 아닌 것은?

① 뇌 ② 전흉선
③ 알라타체 ④ 말단신경절

해설
말단신경절은 자율신경계에 속한다. 곤충의 내분비기관은 뇌, 알라타체, 식도하절신경, 전흉선 등이 있다.

정답 27 ④ 28 ② 29 ① 30 ① 31 ④ 32 ④

33 응애가 곤충과 다른 점으로 옳은 것은?
① 홑눈이 있다.
② 완전변태를 한다.
③ 다리가 6마디로 되어 있다.
④ 기관이나 숨문으로 호흡한다.

해설
곤충은 다리는 5마디로 이루어져 있고 응애는 거미강으로 6마디로 이루어져 있으며 기절, 전절, 퇴절, 슬절, 경절, 부절이라 한다.

34 곤충의 다형현상(Polymorphism)에 관여하는 호르몬은?
① JH(유약호르몬, Juvenile Hormone)
② PTTH(앞가슴샘호르몬, Prothoracicotropic Hormone)
③ DpH(휴면호르몬, Diapause Hormone)
④ NH(신경호르몬, Neuro Hormone)

해설
다형현상은 두 가지 이상의 다른 형이 동일 집단 내에 존재하는 현상을 말한다. 이러한 다양한 특징을 가지는 현상은 휴지기에 성장이나 탈피 호르몬이 분비되지 않는동안 성충으로 발육이 억제되는 유충호르몬이 발생되면서 이 기간동안 다형현상이 일어난다.

35 조명나방 생태에 대한 설명으로 옳지 않은 것은?
① 옥수수 줄기 속에서 유충태로 월동한다.
② 단식성으로 옥수수만 먹는다.
③ 2화기에는 옥수수자루에 가해한다.
④ 성충의 주광성을 이용하여 등화유살한다.

해설
조명나방은 잡식성으로 옥수수, 조, 수수 등을 가해한다.

36 조팝나무 진딧물의 기주가 아닌 것은?
① 조팝나무 ② 사과나무
③ 귤나무   ④ 감나무

해설
조팝나무진딧물의 기주는 조팝나무, 단풍나무, 사과나무, 배나무, 귤나무, 감나무 등이 있다.

37 동물분류학상 곤충이 속해있는 문(門)은?
① 환형동물문 ② 해면동물문
③ 절지동물문 ④ 선형동물문

해설
곤충은 절지동물문에 속한다.

38 곤충의 입모양에서 코일 모양의 입을 가진 해충은?
① 가시점둥글노린재
② 배추흰나비
③ 고자리파리
④ 벼멸구

해설
배추흰나비의 성충은 흡관구형으로 마치 코일과 같은 대롱모양의 긴 주둥이를 가진다.

39 점박이응애에 대한 설명으로 옳지 않은 것은?
① 암컷의 길이가 수컷에 비해 작다.
② 성충으로 월동한다.
③ 숙주식물의 잎에서 즙액을 빨아먹는다.
④ 천적으로는 왕게응애와 신이리응애가 있다.

해설
암컷이 수컷보다 크기가 크다.

정답 33 ③ 34 ① 35 ② 36 답이 없음 37 ③ 38 ② 39 ①

40 다음 중 곤충분류학상 같은 목의 곤충끼리 짝지어지지 않은 것은?

① 복숭아혹진딧물 – 가루깍지벌레
② 배추좀나방 – 배추흰나비
③ 혹명나방 – 이화명나방
④ 벼물바구미 – 벼멸구

> **해설**
> 벼물바구미는 딱정벌레목, 벼멸구는 매미목에 속한다.

3과목 재배학원론

41 콩 2이랑에 옥수수 1이랑씩 서로 건너서 교호로 재배하는 작부방식은?

① 간작   ② 교호작
③ 혼작   ④ 주위작

> **해설**
> 생육기간이 유사한 옥수수와 콩은 작물을 일정 이랑을 번갈아 재배하는 교호작이 적합하다.

42 수해가 유발될 때 작물체 내에 가장 많이 집적되는 물질은?

① 옥살초산   ② 피루브산
③ 에탄올   ④ 젖산

> **해설**
> 수해가 유발되면 작물이 물에 잠겨 산소가 부족하면서 에탄올이 작물 내에 축적된다.

43 다음의 조건에서 작물 A의 10a 당 질소 시비량을 계산하면 얼마인가?

◎ 작물 A의 질소흡수량 : 15.0kg/10a
◎ 질소의 천연공급량 : 5.0kg/10a
◎ 작물 A의 질소흡수율 : 40%

① 25.0kg   ② 37.5kg
③ 40.0kg   ④ 50.0kg

> **해설**
> $$시비량 = \frac{질소흡수량 - 천연공급량}{흡수율} \times 100$$
> $$= \frac{15-5}{40} \times 100 = 25kg$$

44 다음 중 연작의 피해가 가장 적은 작물로 짝지어진 것은?

① 고추, 강낭콩, 벼, 수박
② 고구마, 콩, 완두, 토마토
③ 수수, 감자, 가지, 완두
④ 벼, 맥류, 담배, 옥수수

> **해설**
> 벼, 맥류, 조, 수수, 옥수수, 담배, 무, 당근, 양파, 호박, 순무, 아스파라거스, 딸기, 미나리, 양배추 등은 연작의 피해가 적은 작물이다.

45 월동작물인 가을밀이나 가을보리를 봄에 파종하면 일어나는 현상은?

① 출수가 촉진된다.
② 출수가 되지 않아 영양생장만 한다.
③ 출수는 지연되나 수량이 많아진다.
④ 영양생장은 거의하지 않고 성숙이 빨라 채종하기가 좋다.

> **해설**
> 추파성 작물을 봄에 파종하면 출수가 되지 않고 영양생장만 한다.

46 벼가 장해형 냉해를 입을 때 불임립 발생이 많아지는 주원인은?

① 이삭의 추출불량
② 벼 꽃의 기형화
③ 약벽세포의 이상비대
④ 동화물질의 전류억제

> **해설**
> 장해형 냉해는 화분이나 배낭의 생식기관이 정상적으로 형성되지 못하거나 수정장해가 유발되는 등의 현상으로 화분을 보호하는 약벽세포의 이상비대에 의해 발생한다.

정답 40 ④   41 ②   42 ③   43 ①   44 ④   45 ②   46 ③

47 작물의 생육단계 중 내건성(耐乾性)이 가장 약한 시기는?
① 유숙기   ② 출수기
③ 분얼기   ④ 감수분열기

해설
내건성은 생육단계 중 감수분열기에 가장 약하고 다음으로 출수 개화기, 유숙기의 순서이다. 분얼기에는 강한 편이다.

48 벼의 침수피해는 생육단계에 따라 다른데 그 피해가 비교적 작은 시기는?
① 분얼 초기   ② 유수형성기
③ 수잉기   ④ 출수개화기

해설
벼는 침수에 분얼 초기에는 강한편이나 수잉기나 출수개화기에는 약하다.

49 다음 중 우리나라의 논 면적과 밭 면적으로 가장 적합한 것은?
① 논 - 약 1,000만ha
  밭 - 약 5만ha
② 논 - 약 100만ha
  밭 - 약 70만ha
③ 논 - 약 200만ha
  밭 - 약 50만ha
④ 논 - 약 20만ha
  밭 - 약 5만ha

해설
국내의 논은 약 110만 ha, 밭은 72만 ha 정도로 집계된다.

50 벼에서 차광(광의 96% 차단, 10일간)에 의한 수량감소가 가장 큰 생육단계는?
① 출수 전 40~50일
② 출수 전 10~20일
③ 출수 후 10~20일
④ 출수 후 40~50일

해설
출수 후 10~20일 정도인 유숙기에 빛을 차단하면 수량이 가장 많이 감소한다.

51 휴한작물(休閑作物)에 속하는 것은?
① 클로버, 콩   ② 옥수수, 호밀
③ 벼, 보리   ④ 조, 기장

해설
휴한지에 휴한 대신 작물을 심어도 지력에 감소시키지 않고 오히려 증진시켜주는 작물들을 휴한작물이라 하며 클로버와 콩이 있다.

52 벼의 병해 중 곤충의 매개로 발생하는 병은?
① 도열병   ② 잎집무늬마름병
③ 흰잎마름병   ④ 줄무늬잎마름병

해설
줄무늬잎마름병은 애멸구에 의해 전염되며 병원은 바이러스이다.

53 벼 품종의 기상생태형과 재배적 특성을 올바르게 설명한 것은?
① 조기재배에는 감온형이 알맞다.
② 조식재배에는 감온형이 알맞다.
③ 만식재배에는 기본영양생장형이 알맞다.
④ 만식재배에는 묘대일수감응도가 높은 것이 알맞다.

해설
벼의 조기재배에는 감온형으로 조기수확에 유리하다.

54 작물이 건물(乾物) 1g 을 생산하는데 소비한 수분량(g)을 요수량(要水量)이라 하는데 다음 중 요수량이 가장 큰 것은?
① 호박   ② 클로버
③ 흰명아주   ④ 오이

해설
요수량이 큰 식물로 알팔파, 클로버 등이 있으며 요수량이 적은 식물로 수수, 기장, 옥수수 가 대표적이다. 그중에서도 명아주는 요수량이 매우 크다.

정답 47 ④ 48 ① 49 ② 50 ③ 51 ① 52 ④ 53 ① 54 ③

55 세계의 3대 식량작물(곡류)에 해당되는 것은?

① 밀, 벼, 옥수수
② 밀, 보리, 호밀
③ 밀, 옥수수, 고구마
④ 벼, 콩, 수수

해설
세계 3대 식용작물은 벼, 밀, 옥수수 이다.

56 논갈이에 대한 설명으로 옳지 않은 것은?

① 유기물이 많은 논은 추경을 한다.
② 겨울에 강수량이 많은 곳은 춘경을 한다.
③ 추경이 건토효과가 크게 나타난다.
④ 벼의 만식재배시 심경을 하면 등숙이 좋다.

해설
벼의 만식재배시 심경을 하면 등숙에 이상이 발생할 수 있다.

57 다음 양분 중 토양 pH 5와 pH 9에서 가급도가 높아지는 것이 옳게 짝지어진 것은?

① pH 5 : 철, 칼슘
   pH 9 : 질소, 인
② pH 5 : 붕소, 마그네슘
   pH 9 : 질소, 인
③ pH 5 : 붕소, 망간
   pH 9 : 칼슘, 인
④ pH 5 : 붕소, 황
   pH 9 : 칼륨, 황

해설
가급도는 식물이 양분을 흡수하여 이용하는 정도이다. pH 5는 산성조건으로 가급도가 높은 것으로 철, 망간, 구리, 붕소 등이 있으며 pH 9 알칼리 조건에서는 인산, 칼륨, 칼슘, 마그네슘 등이 가급도가 높다.

58 식용 및 씨감자의 저장 적온으로 가장 적합한 것은?

① −1~1℃ ② 3~4℃
③ 7~11℃ ④ 12~15℃

해설
씨감자는 통기를 양호하게 하고 너무 높게 적재하지 않으며 적온(3.5~4.5℃)에서 보관하는 것이 안전하다.

59 토양 산성화의 원인으로 가장 거리가 먼 것은?

① 빗물에 의한 염기용탈
② 염화칼륨, 황산암모니아 등의 유입
③ 토양유기물의 분해
④ 인산, 마그네슘의 보급

해설
인산이나 마그네슘은 산성토양에서 작물의 생육에 결핍되기 쉬운 원소로 토양산성화에 의한 피해현상으로 이를 보급하는 것은 산성토양을 개량하는 방법이다.

60 답전윤환의 효과에 대한 설명으로 옳지 않은 것은?

① 기지의 회피
② 잡초의 경감
③ 지력증강
④ 토양 중의 염류집적

해설
답전윤환은 논과 밭을 몇 해에 걸쳐 돌려 재배하는 방식이다. 답전윤환 효과로 지력 유지 및 증진, 기지의 회피, 잡초 발생의 억제, 재배량 증가, 노력절감이 있다.

정답 55 ① 56 ④ 57 ③ 58 ② 59 ④ 60 ④

4과목 농약학

61 농도 95% 인 타로닐 수화제 원제 20kg을 가지고 증량제를 희석하여 타로닐 수화제 75%를 만들려고 한다. 이때 소요되는 증량제는 몇 kg 인가?

① 5.33 ② 10.33
③ 15.33 ④ 20.33

해설
희석할증량제양
$= 원분제중량 \times \left(\dfrac{원분제농도}{목표농도} - 1 \right)$
$= 20 \times \left(\dfrac{95\%}{75\%} - 1 \right) ≒ 5.33$

62 농약의 분해산물 중의 극성물질을 추출하는데 부적당한 용매는?

① 아세토니트릴 ② 벤젠
③ 아세톤 ④ 메탄올

해설
농약의 분해산물 중에 극성물질을 추출하는데 있어 벤젠은 가연성의 발암물질로 사용에 부적당하다.

63 잡초가 발아하기 전에 지표면에 약제를 살포하여 잡초종자로 발아하지 못하게 하거나 발아 직후의 어린 식물의 생육을 멈추게 하는 제초제를 무엇이라 하는가?

① 경엽처리 제초제
② 토양처리 제초제
③ 선택성 제초제
④ 비선택성 제초제

해설
토양처리 제초제는 잡초가 발생하기 전에 살포하여 발아를 하지 못하게 한다.

64 다음 중 제초제의 제형으로 가장 부적합한 것은?

① 입제 ② 수화제
③ 분제 ④ 액제

해설
분제는 바람에 의해 유실되기 쉬워 최근에는 사용량이 줄었다.

65 응애류를 방제하는 살비제의 구비요건이라고 볼 수 없는 것은?

① 저항성 응애류에 대하여 효과가 좋을 것
② 성충과 유충뿐만 아니라 알에 대하여 효과가 클 것
③ 응애류는 발생기간이 짧으므로 잔효력이 짧을 것
④ 응애류에만 선택적 효과가 있을 것

해설
살비제는 성충, 유충, 알에 대해 살충력이 커야 하며 잔존 실효성이 길어야 하며 작물에 대해 약해가 없어야 한다.

66 살균제 농약의 작용기작 중 산화, 환원에 있어서 SH 기가 관여하는 탈수소화효소나 SH기질과 작용하여 황화물을 만들어 기능을 상실시켜 살균작용을 나타내는 농약이 아닌 것은?

① 캡탄 수화제 ② 폴펫 수화제
③ 디노 수화제 ④ 다코닐 수화제

해설
SH 저해제의 종류로 구리제, 유기수은제, 유기유황제, 클로로타로닐, 캡탄, 폴펫 등이 있다.

정답 61 ① 62 ② 63 ② 64 ③ 65 ③ 66 ③

67 한국잔디의 라이족토니아 마름병에 적용하는 살균제는?

① 트리포린
② 클로로탈로닐·코퍼설페이트베이식
③ 아족시스트로빈·사이프로코나졸
④ 이미녹타딘트리알베실레이트

해설
아족시스트로빈은 잔디에 발생하는 라이족토니아 마름병, 갈색잎마름병, 탄저병 등에 효과적인 살균제이다.
※ 라이족토니아 마름병
・늦은 가을이나 이른 봄에 주로 발생된다
・감염시 잔디의 줄기가 뽑히기 쉽고 엽신의 지제부가 쭈그러지면서 고사한다.

68 다음 약제 중 주성분을 가스제로 작용시키는 약제가 아닌 것은?

① 시안화수소
② 클로로피크린
③ 메타알데하이드
④ 메틸브로마이드

해설
・훈증제의 종류로 메틸브로마이드, 클로로피크린, 알루미늄포스파이드, 시안화수소 등이 있다.
・메타알데하이드는 배추 등에 피해를 주는 달팽이류를 방제하기 위한 농약으로 입제의 형태로 사용한다.

69 유기인제에 중독되었을 때 주로 사용되는 해독제는?

① 치옥탄   ② PAM
③ 쿠렙톤   ④ 비타민케이

해설
유기인제에 중독되었을 경우 황산아트로핀, 팜(PAM) 등이 사용된다. 팜(PAM)은 주로 파리치온, EPN 등에 효과가 있다.

70 유기염소계 살충제에 대한 설명으로 옳은 것은?

① 살충력이 강하고 대량생산이 가능하다.
② 약해가 적고 분해되기 쉽다.
③ 적용해충의 범위가 넓어 품목개발이 많이 이루어지고 있다.
④ 광선에 의한 분해가 빨라 잔효성이 적은 편이다.

해설
유기염소계 살충제는 살충력이 강하고 적용 가능한 해충의 종류가 많으며 대량생산이 가능하다

71 분제(입제 포함)의 물리적 성질로서 가장 거리가 먼 것은?

① 현수성   ② 비산성
③ 부착성   ④ 토분성

해설
현수성은 물에 입자가 균일하게 분산부유하는 성질로 물에 섞지 않고 제품 그대로 살포하는 분제의 물리적 성질과는 거리가 멀다.

72 독성 표시 기호 중 TLm(48시간)이란?

① 어종별로 48시간 이후에는 50%가 견뎌내는 약제 농도
② 꿀벌에 대하여 48시간 이후에도 50%가 견뎌내는 약제 농도
③ 누에에 대하여 48시간 이후에도 50%가 견뎌내는 약제 농도
④ 모든 동물에 대하여 48시간 이후에도 50%가 견뎌내는 약제 농도

해설
TLm 은 어류에 대한 독성시험 결과로 반수치사농도로 표시하며 이는 48시간 후에도 50%가 살아남는 농도를 말한다.

정답 67 ③　68 ③　69 ②　70 ①　71 ①　72 ①

73 살균제의 병원균체 침투에 대한 설명으로 옳은 것은?

① 수용성이 높아야 잘 침투된다.
② 기름에 대한 용해도가 높아야 잘 침투된다.
③ 기름에 대한 용해도와 수용성이 적절한 특성을 나타내어야 잘 침투된다.
④ 분자 내에 음전하를 가지고 있어야 잘 침투된다.

해설
살균제가 병원균체의 침투가 용이하기 위해서는 지용성과 수용성에 적절한 친화성을 가지고 있어야 침투가 용이하다.

74 농약의 약효보증기간 동안 유효성분의 분해를 방지 또는 억제하기 위하여 첨가되는 물질은?

① Fenclorim
② Oxabentrinil
③ Epichlorohydrin
④ Metolachlor

해설
Epichlorohydrin 은 농약의 유효성분 분해 방지제로 이용된다.

75 다음 농약 안전성평가 항목 중 일반 독성 분야에 속하지 않는 것은?

① 급성독성   ② 아급성독성
③ 어독성   ④ 만성독성

해설
어독성은 환경 및 생태 독성분야에 속한다.

76 일반 농가에서 희석살포용 제형을 용수에 희석하여 살포액을 조제할 때 가장 일반적으로 사용하는 방법은?

① 백분율에 따른 퍼센트액 조제법
② 백만분율에 따른 피피엠 조제법
③ 용량 배수에 따른 배액 조제법
④ 분자량율에 따른 몰용액 조제법

해설
농약의 조제에는 배액조제법, 농도 조제법이 있으며 배액조제법은 가장 일반적으로 많이 사용되며 유효성분의 함량을 고려하지 않는 것이 특징이다.

77 피레트린(pyrethrin) 살충제는 충제의 어느 부분에 작용하여 효과를 내는가?

① 원형질독   ② 피부독
③ 신경독   ④ 근육독

해설
피네트린 살충제는 신경에 효과가 나타나는 신경독의 일종이다.

78 다음 살포방법 중 살포액 중의 농약의 농도가 높으나 혼작지대나 작물의 생육이 불균일한 지역에서는 비실용적인 것은?

① 분입제살포   ② 입제살포
③ 공중액제살포 ④ 수면 시용

해설
공중액제살포는 항공기를 이용한 대면적 살포에 적합한 방법이다.

79 페노뷰카브 분제(밧사) 살충제의 종류는?

① 카바메이트계 ② 유기인계
③ 유기염소계   ④ 트리아진계

해설
페노뷰카브(BPMC)는 카바메이트계 살충제이다.

정답 73 ③ 74 ③ 75 ③ 76 ③ 77 ③ 78 ③ 79 ①

80 안전농산물 생산을 위한 농약개발방법으로 옳지 않은 것은?

① 고활성, 저투입 농약의 개발
② xylene이 주 용제로 사용되는 농약 개발
③ 종자분의제의 개발
④ 병해충 동시방제용 혼합제 개발

해설
자일렌(xylene)은 방향족탄화수소로 유제의 유기용매로 사용되나 용해력이 크기 때문에 안전농산물생산을 위한 농약개발방법에는 적합하지 않다.

5과목 잡초방제학

81 생물적 방제법 중 흑색달팽이 방류시 물달개비 및 방동사니의 억제율은?

◎ 무처리 : 강피 174본/m², 물달개비 297본/m², 방동사니 207본/m²
◎ 흑색달팽이 방류시 : 물달개비 4본/m², 방동사니 73본/m²

① 98.5%, 64.7% ② 1.3%, 35.3%
③ 98.7%, 64.7% ④ 1.5% 35.3%

해설
생물적 방제를 통해 잡초가 얼마나 발생했는지를 파악하여 역으로 억제율을 산출하게 된다.

· 물달개비 발생률

$$\frac{생물 전 방제 후}{생물적 방제 전} = \frac{4본}{297본} \times 100(\%)$$

$$≒ 1.34\%$$

물달개비 억제율 : 100(%) − 1.34(%)
= 98.66 = 약 98.7%

· 방동사니 발생률

$$\frac{생물 전 방제 후}{생물적 방제 전} = \frac{73본}{207본} \times 100(\%)$$

$$≒ 35.27\%$$

방동사니 억제율 : 100(%) − 35.27(%)
= 64.73 = 약 64.7%

---

82 다년생으로만 이루어진 잡초 군락은?

① 뚝새풀, 명아주, 닭의 장풀, 개망초
② 쇠뜨기, 벗풀, 토끼풀, 올미
③ 매자기, 물고랭이, 새섬매자기, 강피
④ 물피, 알방동사니, 가막사리, 물옥잠

해설
다년생 잡초로 나도겨풀, 너도방동사니, 쇠털골, 올방개, 올챙이고랭이, 가래, 개구리밥, 미나리, 올미, 좀개구리밥, 토끼풀, 쇠뜨기, 엉겅퀴, 메꽃 등이 있다.

83 광요구성 잡초종자의 발아에 가장 중요하게 영향을 미치는 것은?

① 클로로필(chlorophyll)
② 시토크롬(cytochrome)
③ 피토크롬(phytochrome)
④ 크립토크롬(cryptochrome)

해설
· 식물의 다양한 유전자 발현, 생리작용에 영향을 주는 색소로 피토크롬(파이토크롬)이 있다.
· 종자 껍질에 있는 색소단백질인 피토크롬은 적색광(660nm)에서는 발아가 촉진되고 적외선(730nm)에서는 발아가 억제된다.

84 잡초방제방법이 잘못 짝지어진 것은?

① 예방적 방제법 – 농기구 등에 붙어 있는 잡초 종자 제거
② 재배적 방제법 – 작물의 재식밀도 조절을 통한 잡초 발생 억제
③ 생태적 방제법 – 토양 열처리
④ 물리적 방제법 – 토양 피복

해설
토양 열처리의 경우 물리적 방제법에 속한다.

정답 80 ② 81 ③ 82 ② 83 ③ 84 ③

85 토양처리제로 식물체 내에서 이행되며 세포분열 및 단백질합성을 저해하여 고사시키는 계통은?

① 카바메이트계와 디니트로아닐린계
② 트라이아진계와 설포닐우레아계
③ 유기인계와 산아미드계
④ 피라졸계와 요소계

해설
카바메이트계의 경우 잡초의 뿌리 및 경엽을 통해 흡수되어 세포분열을 저해한다. 디니트로아닐린계는 뿌리 및 어린 눈으로 흡수되어 유근 및 유아의 세포분열을 저해한다.

86 잡초의 전파방법 중에서 사람이나 동물에 쉽게 부착되어 전파되어지는 잡초는?

① 냉이   ② 도꼬마리
③ 물달개비   ④ 피

해설
도꼬마리, 도깨비 바늘 등의 잡초들은 갈고리 모양의 돌기가 있어 사람의 옷이나 동물의 털에 붙어 운반된다.

87 방동사니과 잡초의 형태적 특징으로 옳은 것은?

① 잎이 좁고 능선이 없다.
② 줄기가 삼각형이다.
③ 엽이가 있다.
④ 잎은 엽신과 엽초로 구성되어 있다.

해설
화본과 잡초와 유사한 형태를 지니고 있으나 줄기가 삼각형 형태를 띠고 있으며 속이 차 있고 잎이 좁다. 물속이나 습지에서 주로 자란다.

88 다음 중 발아 시 산소 요구도가 가장 큰 잡초는?

① 마디꽃   ② 명아주
③ 물달개비   ④ 올챙이고랭이

해설
논잡초는 산소농도나 상대적으로 낮은편이 유리하고 밭잡초의 경우 높은 농도에서 발생이 유리하다. 보기에서 마디꽃, 물달개비, 올챙이고랭이는 논잡초에 속하고 명아주는 밭잡초에 속하며 산소 요구도가 상대적으로 크다.

89 논에서 주로 종자로 번식하는 잡초는?

① 올미   ② 벗풀
③ 물달개비   ④ 올방개

해설
물달개비는 주로 논에서 종자로 번식하는 1년생 잡초이다.

90 9~10월에 발생하기 시작하여 월동 전에 생육기를 보내는 잡초들로 나열된 것은?

① 속속이풀, 냉이
② 알방동사니, 밭뚝외풀
③ 물달개비, 곡정초
④ 물별, 쇠털골

해설
9~10월인 가을에 발생하여 월동 전에 생육기를 보내는 겨울잡초에는 둑새풀, 냉이, 개미자리, 벼룩나물, 점나도나물, 벼룩이자리, 별꽃, 속속이풀 등이 있다.

91 다음 중 1년생 화본과 잡초로 벼농사에 큰 피해를 주는 것은?

① 피   ② 너도방동사니
③ 올방개   ④ 올미

해설
피(강피, 돌피 등)는 1년생 화본과 잡초로 벼와 경합이 심하여 큰 피해를 준다.

정답 85 ① 86 ② 87 ② 88 ② 89 ③ 90 ① 91 ①

92 비선택성 제초제인 것은?

① Butachlor
② Paraquat Dichloride
③ Alachlor
④ Pendimethalin

해설
파라쿼트 디클로라이드(Paraquat dichloride)는 비피리딜리움계 제초제로서 비선택성 접촉형 제초제이다.

93 다음 잡초 중 방동사니과 다년생 잡초로 괴경으로 번식하는 것은?

① 알방동사니 ② 올방개
③ 바람하늘지기 ④ 나도겨풀

해설
방동사니과 다년생 잡초로 괴경번식을 하는 것은 올방개이다.
※ 괴경 번식 종류 : 올방개, 매자기, 벗풀, 향부자, 너도방동사니, 올미 등
※ 방동사니과 다년생 잡초 종류 : 너도방동사니, 쇠털골, 올방개, 올챙이고랭이 등

94 제초제의 광분해를 일으키는데 관련이 있는 광의 파장으로 가장 적합한 것은?

① 650~800nm ② 290~450nm
③ 450~550nm ④ 550~650nm

해설
제초제의 광분해에 관련되는 파장은 자외선 영역 파장으로 400nm 이하이다.

95 잡초의 생태적(경종적) 방제에 포함되지 않는 것은?

① 작물의 윤작
② 재식밀도
③ 작목 및 품종선정
④ 토양소독

해설
생태적 방제에는 작부체계 개선, 피복작물이용, 밀도 조절 등의 경합특성을 이용하는 방법과 선택적 시비, 답전윤환재배 등의 환경제어법이 있다. 토양소독의 경우 물리적 방제에 속한다.

※ 토양 소독은 고온, 고압의 증기를 통해 토양을 소독하는 방법이다. 증기를 이용하기에 공해 및 약해에 대한 피해가 없는 것이 장점이다.

96 40%의 유효성분을 가진 2,4-D 입제를 1ha 당 2000g 처리하고자 할 때 제품량은?

① 25g ② 50g
③ 5kg ④ 25kg

해설

$$제품량(g) = 성분량 \times \frac{100}{희석률}$$
$$= 2000 \times \frac{100}{40}$$
$$= 5000(g) = 5kg$$

97 작물재배지에서 발생하는 문제잡초종들을 식물분류학적 분포로 볼 때 가장 점유율이 높은 것은?

① 국화과 ② 사초과
③ 화본과 ④ 콩과

해설
국내의 주요 분포 비율이 높은 잡초로 국화과, 화본과, 방동사니과가 대부분을 차지하고 있다. 그중에서도 화본과가 점유율이 가장 높으며 다음으로 국화과, 방동사니과 순으로 높게 나타난다.

98 경운에 의한 제초방식으로 1년생보다 다년생 잡초의 영양체를 지상으로 노출시켜 건조, 고사시키는데 목적인 경운방식은?

① 파종기 경운 ② 생육기 경운
③ 수확 후 추경 ④ 생육기 중경

해설
수확 후 추경을 통해 무성번식을 하는 괴경, 근경 등의 영양체를 지상으로 노출시켜 건조 및 고사시킨다.

정답 92 ② 93 ② 94 ② 95 ④ 96 ③ 97 ③ 98 ③

99 영양번식을 좌우하는 환경요인에 대한 설명으로 옳지 않은 것은?

① 중점토보다 사질토에서 지하 영양기관의 생성이 촉진된다.
② 단일조건은 매자기의 괴경 형성을 촉진하며 장일은 억제하는 반면에 괴경당 중량을 크게 한다.
③ 광도는 건물생산과 생리대사에 영향하는 과정을 통하여 번식에도 영향을 미친다.
④ 무기성분함량이 충분한 조건하에서 다년생 잡초의 경우 영양번식속도가 억제된다.

해설
무기성분함량이 충분한 조건하에서 다년생 잡초의 경우 영양번식속도가 유지 및 빨라진다.

100 다음 중 벤조산계 제초제로 밭, 목초지, 잔디밭에서 사용되었으며 특히 산림이나 비농경지에 발생하는 아까시나무 방제에 효과적인 제초제는?

① cyhalofop ② dicamba
③ molinate   ④ picloram

해설
디캄바(dicamba) 제초제는 벤조산계로 호르몬작용 교란을 통해 잡초를 방제하며 콩과작물, 화본과 광엽잡초 등에 효과적이다.

정답 99 ④ 100 ②

국가기술자격 필기시험문제

2013년 기사 제2회 과년도 기출문제

자격종목	종목코드	시험시간	형별	수험번호	성명
식물보호기사		2시간 30분			

1과목 식물병리학

01 다음 중 식물병을 진단할 때 가장 확실한 수단으로 사용하는 사항은?
① 병징   ② 환경
③ 작물   ④ 표징

해설
표징은 병이 발생시 병원체 자체가 나타나 식별하는 것으로 가장 확실한 수단이다.

02 다음 중에서 식물바이러스에서는 볼 수 없는 형태는?
① 막대모양   ② 올챙이모양
③ 실모양   ④ 공모양

해설
식물바이러스의 경우 타원, 막대, 실, 공 모양이 있다.

03 Viroid 라는 병원체가 처음 밝혀지게 된 식물의 병은?
① 옥수수 왜화병 ② 감자 갈쭉병
③ 뽕나무 오갈병 ④ 배나무 물마름병

해설
감자 갈쭉병은 바이로이드에 의해 발생한다.

04 잣나무 털녹병의 전염경로를 포자형으로 바르게 설명한 것은?
① 잣나무 하포자→송이풀 동포자→송이풀 하포자→잣나무에 침입
② 잣나무담자포자(소생자)→송이풀하포자→송이풀동포자→잣나무에침입
③ 잣나무녹포자→송이풀하포자→송이풀녹포자→송이풀동포자→잣나무에침입
④ 잣나무녹포자→송이풀하포자→송이풀동포자→송이풀담자포자(소생자)→잣나무에침입

해설
잣나무 털녹병은 녹포자를 형성하고 중간기주에서 하포자를 형성, 이후 동포자가 발생하여 소생자 형태로 바람이나 외부조건에 의해 기주인 잣나무로 침입한다.

05 다음 중 불완전균류의 특징은?
① 생육이 불완전하다.
② 균사를 갖지 않는다.
③ 유성세대가 알려져 있지 않다.
④ 핵을 갖지 않는다.

해설
불완전균류는 균사에 격막이 있고 무성 분생포자세대(불완전세대)만으로 분류된다. 유성세대는 알려져 있지 않다.

06 윤작이나 혼작을 이용한 경종적 방제로 틀린 것은?
① 연작에 의한 토양전염성 병의 방제에 효과적이다.
② 병원균의 기주범위가 넓은 경우에 효과적이다.
③ 기주식물이 없어도 오랫동안 생존할 수 있는 균핵병과 같은 경우는 적당하지 않다.
④ 오이재배시 양파와 혼작하면 덩굴쪼김병을 방제할 수 있다.

해설
땅속에서 오랜시간 생존이 가능하고 기주 범위가 넓은 병균들의 경우 윤작을 적용하는 것이 비실용적이다.

정답 01 ④   02 ②   03 ②   04 ④   05 ③   06 ②

07 보리 흰가루병균에서 볼 수 있는 포자는?
① 자낭포자 ② 담자포자
③ 여름포자 ④ 겨울포자

해설
병든 잎에서 균사나 자낭포자로 월동하고 차후 1차 전염원이 된다.

08 토양 속에서 식물과 함께 살고 있는 생물인 선충에 의해서 전염되는 바이러스는?
① Tobamovirus ② Potyvirus
③ Nepovirus ④ Geminivirus

해설
Nepovirus 는 선충으로 비영속적으로 매개된다.

09 다음 채소의 병 중 바이러스병은?
① 토마토 배꼽썩음병
② 고추 모자이크병
③ 배추 뿌리혹병
④ 오이 흰가루병

해설
고추 모자이크병은 바이러스에 의해 발생한다.

10 벼 알마름병을 일으키는 원인이 되는 것은?
① 바이러스 ② 세균
③ 곰팡이 ④ 생리적 이상

해설
벼 알마름병은 세균인 *Burkholderia glumae* 에 의해 발생한다.

11 세균이 식물에 병을 일으킬 수 있음을 처음으로 밝힌 사람은?
① Linne ② De Bary
③ Tillet ④ Burrill

해설
미국의 Burrill(1878) 은 배, 사과나무 화상병을 세균이 일으킨다는 것을 발견하였다.

12 식물병의 핵산 분석에 의한 진단방법은?
① PCR(Polymerase Chain Reaction)을 이용한 병원체 동정
② 박테리오파지(Bacteriophage)에 의한 진단
③ 효소결합항체법에 의한 진단
④ 황산구리법에 의한 진단

해설
Polymerase chain reaction 일명 PCR(중합 효소 연쇄 반응)을 통해 소량의 유전물질을 많은 양으로 증폭하는 방법으로 소량의 바이러스 핵산도 분석에 용이하다.

13 식물바이러스를 구성하고 있는 주요 화학 성분은?
① 단백질과 지질
② 지질과 탄수화물
③ 핵산과 지질
④ 핵산과 단백질

해설
식물바이러스는 핵산과 단백질로 이루어진 병원체이다.

정답 07 ① 08 ③ 09 ② 10 ② 11 ④ 12 ① 13 ④

14 병해충의 종합방제에 대한 설명으로 틀린 것은?
① 여러 가지 농약을 종합하여 완벽하게 병해충을 방제하는 것을 말한다.
② 농약 사용을 포함하여 다양한 방제 방법을 토입하여 효과를 높이는 것을 말한다.
③ 저항성 품종을 심고 적절한 재배관리를 함으로써 병해충의 피해를 줄여나가는 것이다.
④ 병해충의 발생정보를 토대로 적절한 방제방법을 선택하는 것을 말한다.

해설
병해충 종합방제는 물리적, 기계적, 생물학적 방제법 등 다양한 방제법을 혼용하여 생태계의 파괴를 최소화하는 방법이다.

15 병반 위에 분생포자에 의해 가루모양의 표징을 나타내는 병명으로 옳지 않은 것은?
① 흰가루병　② 녹병
③ 깜부기병　④ 탄저병

해설
탄저병은 타원형의 갈색의 병반을 만들고 병반 표면에 분홍색의 분생포자 덩어리가 발생한다.

16 잣나무 털녹병의 방제법으로 적당하지 않은 것은?
① 살균제 살포
② 매개충의 방제
③ 내병성 수종의 육종
④ 중간기주 제거

해설
잣나무 털녹병은 매개충이 아닌 바람에 의해 전반되기에 매개충의 방제는 의미가 없다.

17 진딧물에 의해서 전염되는 것은?
① 벼 오갈병
② 뽕나무 오갈병
③ 대추나무 빗자루병
④ 오이 모자이크병

해설
오이모자이크 병은 진딧물에 의해 전반한다.

18 샤이고미터에 대한 설명으로 옳은 것은?
① 식물바이러스병의 진단에 이용되는 기기이다.
② 수목의 목재썩음병의 진단에 이용되는 기기이다.
③ 수목의 파이토플라즈마병의 진단에 이용되는 기기이다.
④ 수목의 선충 감염을 진단하는 기기이다.

해설
샤이고메터는 식물 조직의 형성층에 두 개의 전극을 꽂아 전기저항도를 측정하여 수목의 썩음 여부를 진단한다.

19 다음 중에서 담자균류에는 존재하지 않는 포자는?
① 유주포자　② 겨울포자
③ 녹포자　　④ 여름포자

해설
담자균류는 겨울포자, 녹병포자, 녹포자, 여름포자를 형성한다.

20 다음의 식물병 중 토양에 수분이 많고 pH가 5.0인 산성조건에서 많이 발생하고 석회를 이용한 토양산도조절로 pH를 7.0 이상으로 조절하여 방제하는 병은?
① 감자 더뎅이병
② 밀 마름병
③ 배추 무사마귀병
④ 목화 뿌리썩음병

> [해설]
> 배추 무사마귀병균은 토양에 수분이 많고 산성조건에서 많이 발생하기에 알칼리성 토양으로 조성하여 방제한다.

2과목 농림해충학

21 해충의 종합적 방제시 해결해야 할 당면과제의 설명 중 가장 거리가 먼 것은?

① 저항성 해충에 대한 전국적인 진단사업을 실시한다.
② 농약수급 안정을 위해 생산망을 확충한다.
③ 농약사용에 의한 자연계의 균형파괴를 최소화해야 한다.
④ 해충의 가해수준과 경제적 피해수준을 설정하여 방제여부를 결정해야 한다.

> [해설]
> 해충의 종합적 방제는 경제적 피해수준 이하로 만드는 방법으로 농약 사용을 최대한 줄이는 것에 목적을 둔다.

22 다음 중 해충과 월동태의 연결이 옳지 않은 것은?

① 복숭아혹진딧물 – 알
② 벼물바구미 – 유충
③ 이화명나방 – 유충
④ 점박이응애 – 성충

> [해설]
> 벼물바구미는 성충형태로 월동한다.

23 곤충의 성페로몬에 관한 설명 중 잘못된 것은?

① 극히 미량만 있어도 효력을 나타낸다.
② 먼 거리까지 작용을 한다.
③ 한가지 성분으로만 되어 있다.
④ 수컷이 성페로몬을 내는 종도 있다.

> [해설]
> 곤충의 성페로몬은 여러 성분이 복합된 화학물질이다.

24 해충의 생물적 방제로 이용되는 천적류는 포식성 천적과 기생성 천적이 있다. 포식성 천적이 아닌 것은?

① 으뜸애꽃노린재
② 칠레이리응애
③ 온실가루이좀벌
④ 무당벌레

> [해설]
> 온실가루이좀벌은 기생성 천적에 속한다.

25 다음 중 불완전변태를 맞게 설명한 것은?

① 변태를 성공적으로 하지 못한 경우에 해당한다.
② 번데기 과정이 없다.
③ 풀잠자리는 불완전변태를 한다.
④ 딱정벌레목에서 불완전변태를 하는 경우가 있다.

> [해설]
> 불완전변태는 알→유충→성충 의 과정으로 번데기 과정이 없다.

26 다음에 열거한 곤충 중에서 그 유충이 줄기의 내부를 식해하여 피해를 주는 곤충은?

① 포도유리나방
② 복숭아심식나방
③ 배나무쐐기나방
④ 모무늬잎말이나방

> [해설]
> 포도유리나방은 유충이 줄기를 가해하고 줄기속에서 월동한다.

정답 21 ② 22 ② 23 ③ 24 ③ 25 ② 26 ①

27 다음 곤충의 소화계 배열에서 입 이후의 순서가 맞게 배열된 것은?

① 식도→중장→모이주머니→위맹낭→직장
② 식도→모이주머니→직장→위맹낭→중장
③ 인두→식도→모이주머니→위맹낭→중장
④ 인두→식도→모이주머니→중장→위맹낭

해설
곤충의 소화는 입, 인두, 식도, 소낭, 위맹낭, 중장, 직장 등의 순서로 진행된다.

28 신경계의 활동전위에 대한 설명 중 옳은 것은?

① 자극의 세기에 따라 활동전위크기(진폭)가 달라진다.
② 활동전위의 크기는 운행거리와 시간에 따라 감소한다.
③ 자극의 세기에 따라 활동전위는 빈도수를 달리한다.
④ 감각기에서 수용하는 전위를 활동전위라 한다.

해설
자극에 의한 세포의 흥분으로 전위가 변하는 것을 활동전위라 하며 이러한 활동전위는 빈도수에 따라 달라진다.

29 곤충의 다리는 여러 개의 마디로 구성되어 있는데 밑마디와 넓적마디 사이에 있는 마디의 명칭은?

① 발마디   ② 자루마디
③ 도래마디   ④ 종아리마디

해설
다리는 구본적으로 흉부 부착점을 기점으로 밑마디, 도래마디, 넓적다리마디, 종아리마디, 발목마디로 되어 있어 밑마디와 넓적다리마디 사이의 마디는 도래마디이다.

30 곤충의 특징이 아닌 것은?

① 암수한몸인 경우가 대부분이다.
② 머리, 가슴, 배로 나뉘어 있다.
③ 변태과정을 거친다.
④ 생식력이 강하다.

해설
곤충은 대부분 자웅이체로 암수가 다른 몸인 경우가 대부분이다.

31 다음 중 계통분류학적으로 유연관계가 나머지 3종류와 가장 먼 해충은 무엇인가?

① 점박이응애   ② 벼메뚜기
③ 온실가루이   ④ 이화명나방

해설
응애류는 거미강에 속하고 벼메뚜기, 온실가루이, 이화명나방은 곤충강에 속한다.

32 다음 중 곤충의 호흡계에 속하지 않는 것은?

① 기문   ② 기관
③ 모세기관   ④ 말피기관

해설
말피기씨관은 곤충의 중장, 후장 사이에 있으며 배설작용을 돕는 역할을 한다.

33 곤충의 선천적 행동이 아닌 것은?

① 반사
② 주지성
③ 유충의 고치짓기
④ 사회성 곤충의 집찾기

해설
개미와 같은 사회성 곤충이 집을 찾는 것은 길잡이 페로몬과 같은 분비물질에 의한 것이지 선천적 행동은 아니다.

정답 27 ③ 28 ③ 29 ③ 30 ① 31 ① 32 ④ 33 ④

34 곤충생장조절제의 일종인 디플루벤주론의 작용기작은?

① 탈피호르몬 생산 억제
② 소화효소 합성 억제
③ 키틴 합성 억제
④ 산란 억제

해설
디플로벤주론은 키틴의 생합성을 저해하는 곤충생장조절에 관여하는 살충제이다.

35 다음 중 방패벌레는 어디에 속하는가?

① 딱정벌레목 ② 노린재목
③ 대벌레목   ④ 풀잠자리목

해설
방패벌레는 노린재목에 속한다.

36 애멸구와 관련된 설명으로 가장 거리가 먼 것은?

① 매개바이러스 피해는 벼의 생육기 중 본엽 11엽기 이후가 가장 문제가 된다.
② 월동한 후 맥류에서 1세대를 거친다.
③ 1년에 5세대를 거친다.
④ 주로 4령의 약충으로 월동한다.

해설
애멸구의 경우 줄무늬잎마름병의 매개충으로 이 병의 경우 벼의 생육기 중 본엽 11엽기 이전에 피해가 크게 나타난다.

37 곤충 면역의 특징을 설명한 것으로 옳은 것은?

① 곤충은 면역기능을 가지고 있지 않다.
② 곤충의 면역은 세포성 면역으로만 구성된다.
③ 곤충의 면역 항체는 척추동물과 유사하다.
④ 세균의 침입에 대해 혈구는 소낭형성 반응을 보일 수 있다.

해설
곤충의 면역에는 세포성면역과 체액성면역이 있다. 혈구의 소낭형성반응은 세포성면역으로 세균의 침입시 발생하는 면역반응이다.

38 과수 월동기에 거친 껍질벗기기(조피 긁기)작업을 통하여 초기 발생밀도를 낮추기 어려운 해충은?

① 콩가루벌레   ② 복숭아순나방
③ 가루깍지벌레 ④ 배나무줄기벌

해설
배나무줄기벌은 신초 중간부위를 가해하고 내부에 산란하기에 껍질벗기기 작업으로 초기 발생밀도는 낮추기 어렵다.

39 식물의 줄기 속을 가해하는 해충이 아닌 것은?

① 이화명나방
② 사과둥근나무좀
③ 알락하늘소
④ 미국흰불나방

해설
미국흰불나방은 식엽성 해충에 속한다.

40 곤충 입틀(구기)의 구성요소 중 단독구조로 발생되는 것은?

① 큰 턱   ② 작은턱
③ 윗입술   ④ 아랫입술

해설
곤충의 입틀의 구성 중 단독구조로 발생되는 것은 윗입술이다.

정답 34 ③ 35 ② 36 ① 37 ④ 38 ④ 39 ③ 40 ③

3과목 재배학원론

41 밭에서 한발 경감대책으로 적합하지 않은 것은?
① 뿌림골을 낮게 한다.
② 뿌림골을 넓게 한다.
③ 퇴비를 증시한다.
④ 칼륨을 증시한다.

해설
밭에서 한발을 경감시키기 위해 뿌림골을 낮고 좁게하며 재식밀도는 넓혀야 한다.

42 벼 기계이앙 상자육묘에서 파종량이 가장 많은 것은?(단, 마른 종자 1상자를 기준으로 한다)
① 어린모 ② 치묘
③ 중모 ④ 성묘

해설
벼의 상자육묘에서 파종량은 어린모가 200g 정도로 가장 많다. 치묘는 180g, 중모는 130g 정도이다.

43 수세미의 줄기를 절단하면 절구에서 수분이 솟아 나오는데 무엇에 의해 나타나는 현상인가?
① 뿌리세포의 삼투압
② 뿌리세포의 흡수압
③ 뿌리세포의 팽압
④ 토양용액의 삼투압

해설
줄기를 절단한 절구에서 수분이 나오는 것은 뿌리세포의 흡수압이 절단에 의해 외부로 새어나오는 것으로 일비현상이라 한다.

44 발아 최저온도가 가장 낮은 작물은?
① 콩 ② 옥수수
③ 귀리 ④ 호박

해설
작물에 따라 저온에서 발아하는 귀리, 호밀, 상추, 부추 등이 있고 고온에서 발아하는 토마토, 가지, 고추 등이 있다.

45 벼 품종의 기상생태형에 대한 설명으로 옳은 것은?
① 저위도지대에서는 감광형이 유리하다.
② 고위도지대에서는 기본영양생장형이나 감광형이 유리하다.
③ 감온형은 기본영양생장성이 크다.
④ 기본영양생장형은 감광성과 감온성이 작다.

해설
① 저위도지대에는 기본영양생장형이 유리하다.
② 고위도지대에서는 blt 형이나 감온형이 유리하다.
③ 감온형은 기본영양생장성이 작다.

46 춘화처리의 재배적(농업적) 이용이 아닌 것은?
① 추파맥류의 춘파가 가능하다.
② 휴면타파를 시킬 수 있다.
③ 육종연한을 단축시킬 수 있다.
④ 화아분화를 촉진시켜 촉성재배를 할 수 있다.

해설
춘화처리 효과로 화성 유도 외에도 채종상 이용, 육종상 이용, 재배법의 개선 등이 있다.

47 다음 중 무배유종자 작물로만 짝지어진 것은?
① 수수, 상추, 양파
② 오이, 콩, 동부
③ 동부, 율무, 양파
④ 율무, 콩, 상추

해설
무배유종자 작물에는 콩, 완두, 잠두, 적두, 상추, 오이 등이 있다. 배유종자에는 밀, 벼, 보리, 옥수수, 양파가 있다.

정답 41 ② 42 ① 43 ② 44 ③ 45 ④ 46 ② 47 ②

48 내건성이 강한 작물의 형태적 특성이 아닌 것은?

① 잎의 해면조직이 잘 발달되어 있다.
② 뿌리가 깊게 뻗는다.
③ 기공의 크기가 작고 수가 적다.
④ 표면적/체적의 비율이 작다.

해설
내건성이 강한 작물은 잎의 책상조직이 발달한다.

49 우량품종의 구비조건으로 영속성이란 무엇을 의미하는가?

① 품종이 균일하고 어느 재배환경에서도 적응성을 갖는 것을 뜻한다.
② 품종으로 균일하고 우수한 특성이 대대로 변치 않고 오래도록 지속되는 유전적인 고정을 뜻한다.
③ 품종을 구성하는 주요 특성이 균일하고 이물질이 없는 것을 뜻한다.
④ 품종으로서 타화수정을 하며 자연조건에서 영속적인 변이를 일으키는 것을 뜻한다.

해설
우량품종의 조건
· 균일성 : 품종내에서 모든 개체들의 특성이 균일해야 한다.
· 우수성 : 재배적 특성이 다른 품종보다 우수해야 한다.
· 영속성 : 균일하고 우수한 특징이 세대에 걸쳐 변하지 않아야 한다.

50 작물의 광합성 및 호흡작용에 대한 설명으로 옳지 않은 것은?

① 이산화탄소농도가 높아지면 일반적으로 호흡속도는 감소한다.
② 어느 한계까지는 온도가 높아질수록 광합성이 활발해진다.
③ C_4식물은 C_3식물보다 광합성 효율이 뛰어나다.
④ 광보상점에 이르면 광합성이 최대가 된다.

해설
광포화점에 이르면 광합성량이 최대가 된다. 보상점은 광도 곡선 상에서 광합성 속도가 호흡 속도와 같아지는 지점으로 광합성량이 0에 가깝다.

51 다음 중 포장동화능력을 결정하는 요인으로 가장 관련이 적은 것은?

① 총엽면적 ② 수광능률
③ 평균동화능률 ④ 잎의 두께

해설
포장동화능력은 포장군락의 단위면적당 광합성의 능력을 말하며 총엽면적, 수광능률, 평균동화능력을 곱한 값으로 산출한다.

52 고구마를 인위적으로 개화시키려고 할 경우 가장 알맞은 것은?

① 접목 후 단일처리한다.
② 접목 후 장일처리한다.
③ 휴면타파 후 단일처리한다.
④ 휴면타파 후 장일처리한다.

해설
현재 고구마를 인위적으로 개화시키는 가장 좋은 방법은 접목 후 단일 처리를 하는 것이다. 나팔꽃대목에 고구마순을 접목하여 개화를 유도하고 일장을 8~10시간 정도 단일처리하면 빠르게 개화시킬 수 있다.

53 기지의 근본적이며 종합적인 대책이 될 수 있는 방법은?

① 객토의 실시 ② 결핍양분의 공급
③ 담수처리   ④ 윤작

해설
기지 피해를 줄이기 위해 윤작이 가장 효과적이며 토양을 소독하거나 유해물질을 제거, 시비 작업, 토양 소독 등의 작업이 필요하다.

54 다음 중 GAP(Good Agricultural Practices)에 대한 설명으로 옳은 것은?
① 관행재배법보다 농산물의 수량이 크게 증가한다.
② 관행재배법보다 노동력이 크게 절감된다.
③ 비료와 농약을 합리적으로 사용한다.
④ 시설재배의 일종이다.

해설
GAP는 소비자에게 안전한 농산물을 공급하기 위해 농산물의 생산 및 가공 과정에서 안전성의 문제가 되는 요인들을 관리하는 제도로 비료와 농약의 합리적인 사용이 요구된다.

55 화곡류에서 가뭄에 의한 피해가 가장 심한 생육단계는?
① 분얼기   ② 수잉기
③ 출수기   ④ 등숙기

해설
화곡류는 수잉기(감수분열기)에 가뭄에 대해 가장 약하다.

56 토양미생물이 작물에 유익한 활동으로 균근이 형성되었을 때 나타나는 현상으로 옳지 않은 것은?
① 물과 양분의 흡수가 용이
② 뿌리의 유효표면이 확장
③ 병원균 침입이 용이
④ 내염성, 내건성, 내병성이 증가

해설
유익한 활동에 의해 형성된 균근은 작물과 공생 관계로 서로 이익을 주고 받는다.

57 덩이줄기로 번식하는 식물은?
① 고구마   ② 감자
③ 생강   ④ 마늘

해설
덩이줄기로 번식하는 식물로는 감자, 토란 등이 있다.

58 적설과 지온과의 관계를 옳게 나타낸 것은?
① 적설의 깊이가 깊을수록 지온은 높아진다.
② 적설이 많을수록 지온은 낮다.
③ 적설이 10cm 까지는 지온이 높고 그 이상에서는 지온이 다시 낮아진다.
④ 적설과 지온과는 관계가 없다.

해설
적설의 깊이가 깊을수록 외부와 차단되어 지온이 상승한다.

59 다음 중 연작의 피해가 비교적 적은 작물은?
① 감자   ② 고구마
③ 땅콩   ④ 토란

해설
벼, 맥류, 조, 수수, 옥수수, 담배, 무, 당근, 양파, 호박, 순무, 아스파라거스, 딸기, 미나리, 양배추 등은 연작의 피해가 적은 작물이다.

60 토양 pH가 강알칼리성으로 될 때 가급도가 감소하는 양분은?
① Fe   ② K
③ Mg   ④ Ca

해설
강알칼리성이 되면 붕소, 철, 망간의 용해도가 감소된다.

정답 54 ③ 55 ② 56 ③ 57 ② 58 ① 59 ② 60 ①

4과목 농약학

61 농약의 생물농축의 정도를 수치로 표현한 생물농축계수(BCF)를 바르게 설명한 것은?

① 수질환경 중 화합물농도에 대한 생물체 내에 축적된 화합물의 농도비를 말한다.
② 농작물에 살포된 농약의 농도에 대한 생물체 내의 독성의 정도를 나타내는 농도비를 말한다.
③ 농작물에 살포된 농약의 농도에 대한 인체의 흡입독성의 정도를 나타내는 농도비를 말한다.
④ 재배 중인 작물에 살포된 농약의 농도에 대한 잔류되는 농약의 농도비를 말한다.

해설
생물농축계수(BCF, Bioconcentration Factor)는 오염물질이 생물에 축적된 경우 생물체의 오염물질 농도비를 말한다.

62 제초제의 일반 특성에 대한 설명으로 틀린 것은?

① Phenoxy 계 제초제는 옥신작용을 갖고 있다.
② 2,4-D 제초제는 무기화합물 제초제이다.
③ Phenoxy 계 제초제는 인축 및 어패류에 대한 독성이 낮다.
④ Dicamba 등 벤조산계 제초제는 작물체 내에서 안전성이 높은 편이다.

해설
2,4-D 제초제는 유기화합물 제초제이다.

63 분제 제조시 벤토나이트나 탈크 분말을 사용 할 때 가장 적당한 가비중은?

① 0.15 ② 0.3
③ 0.5   ④ 1.0

해설
농약의 제형은 단위용적당 무게로 분제의 입자의 진비중은 2.5 내외이지만 입자간의 공극으로 가비중은 0.5 정도이다.

64 농약의 사용법에 대한 설명으로 틀린 것은?

① 농약을 뿌릴 때에는 바람을 안고 마스크를 쓴다.
② 농약을 다룰 때에는 고무장갑을 착용한다.
③ 방제복을 착용한다.
④ 제초제를 사용한 후에는 방제기구를 세척한다.

해설
농약을 뿌릴 때는 바람을 등지고 마스크를 쓴다.

65 다음 [보기]의 농약에 의해 방제되는 주요 적용 병해충은?

◎ 하이멕사졸액제
◎ 풀로톨라닐·메탈락실-엠입제

① 도열병   ② 잎집무늬마름병
③ 흰빛잎마름병 ④ 잘록병

해설
잘록병은 하이멕사졸 액제, 메탈락실 액제, 메탈락실엠 입제 등을 사용하여 방제한다.

66 다음 중 카바메이트계 농약은?

① 티오디카브 수화제
② 펜티온 유제
③ 디티오피르 수화제
④ 이프로디온 수화제

해설
카바메이트계 살충제로 카바릴(NAC), 페노뷰카브(BPMC), 카보퓨란, 티오디카브(UCC) 등이 있다.

정답 61 ① 62 ② 63 ③ 64 ① 65 ④ 66 ①

67 발아전처리 제초제에 대한 설명으로 가장 옳은 것은?
① 작물 발아 전 시기에 처리하는 약제이다.
② 잡초 발아 전 시기에 처리하는 약제이다.
③ 작물의 생육기간 중에 살포하는 약제이다.
④ 토양 및 경엽처리가 가능한 약제이다.

해설
발아전처리 제초제는 잡초의 발아전 처리하여 잡초의 발생을 막는다.

68 우리나라에서 농약 등록시 농약안전성 평가 항목으로서 환경독성의 평가항목에 해당되는 것은?
① 급성독성   ② 어독성
③ 아급성독성 ④ 신경독성

해설
어독성은 어류에 대한 독성을 말하며 생태독성이라 한다.

69 농약의 사용기구에 대한 설명으로 가장 거리가 먼 것은?
① 미스트기는 풍압으로 미립자를 만든 후 다량의 바람으로 불어 붙이는 기기이다.
② 스프링클러는 관수, 시비 등을 포함 다목적으로 사용되는 기기이다.
③ 폼스프레이는 살포액에 기포제를 가하여 전용 노즐로 공기와 교반하는 거품의 집합체로 살포하는 기기이다.
④ 살립기는 분제농약을 작업상의 안정성이나 능률면에서 고르게 살포하기 위한 기기이다.

해설
분제농약을 능률적으로 고르게 살포하기 위한 기기는 살분제이다.

70 프로파닐(stam F-34)과 유기인제 또는 카바메이트계 살충제를 근접살포하면 프로파닐의 선택성이 없어져 약해를 일으키는 주된 이유는?
① 복합요인에 의하여 작물의 생육저해가 있기 때문이다.
② 가수분해가 일어나기 때문이다.
③ 수도체 중 해독효소인 아실아미다아제가 억제되기 때문이다.
④ 물리성이 나빠지기 때문이다.

해설
수도용 제초제 프로파닐(propanil)을 유기인제나 카바메이트계 농약을 살포하고 10일 이내 근접살포하면 벼에 엽소현상이 발생하여 말라 죽게 되는데 이는 해독효소인 아미디아제가 존재하지 않아 살초가 되는 것이다.
※ 근접살포 : 서로 다른 약제를 짧은 간격으로 처리하는 것. 근접살포에 의해 약제간에 반응으로 약해가 발생하기도 한다.

71 다음 중 일반적으로 농작물에 사용되지 않는 것은?
① 리뉴론   ② 헥사지논
③ 다이아지논 ④ 벤퓨라카브

해설
헥사지논은 선택적 제초제로 작물에는 영향을 주지 않고 잡초만을 선택적으로 제거한다.

72 농약의 품질불량이 원인이 되어 일어나는 약해가 아닌 것은?
① 불순물의 혼합에 의한 약해
② 원제 부성분에 의한 약해
③ 경시변화에 의한 유해성분의 생성에 의한 약해
④ 동시사용으로 인한 약해

해설
농약의 동시사용은 혼용에 의한 약해에 속한다.

정답 67 ② 68 ② 69 ④ 70 ③ 71 ① 72 ④

73 인축에 대한 독성을 표시하는 기호로 사용하는 LD$_{50}$의 의미는?
① 중위치사량 ② 최대치사량
③ 최소치사량 ④ 극소치사량

해설
LD$_{50}$은 반수치사량 또는 중위치사량이라 한다.

74 인화 및 폭발의 위험성이 없고 곡물의 품질을 저하시키지 않으며 살선충제와 토양살균제로도 사용되는 제제는?
① 리뉴론
② 메틸브로마이드
③ 디디브이피(DDVP)
④ 클로로피크린

해설
클로로피크린은 휘발성 액체로 살충제, 토양소독제로 이용하며 곡물 및 열매의 훈증에도 사용한다.

75 다음 중 너도방동사니, 물달개비 및 올챙이 고랭이를 선택적으로 제거하는 제초제는?
① 옥사존유제(론스타)
② 벤타존액제(밧사그란)
③ 설포세이트(터치다운)
④ 벤치오입제(사단)

해설
벤타존액제는 경엽처리용 제초제로 잡초가 발생한 후에 처리하며 광엽잡초, 너도방동사니, 올미, 매자기, 올방개, 올챙이고랭이 등에 적용한다.

76 농약의 제제 중 유제에 대한 설명으로 틀린 것은?
① 주성분을 유기용매에 녹인 후 유화제를 첨가하여 제제한 것으로 제조가 간단하다.
② 유제에서 중요시되는 것은 주성분과 수화성이다.
③ 유기용매로는 Xylene, Alcohol 류 등이 사용된다.
④ 독성이 높은 용매를 사용하면 유기인계 농가약은 주성분의 경시변화가 일어날 가능성이 있다.

해설
유제에서 중요한 것은 유효성분과 유화성이다.

77 작물의 뿌리혹선충을 방제하는 데 가장 적합한 농약은?
① 카두사포스 ② 티람
③ 메트코나졸 ④ 스피노사드

해설
작물의 뿌리혹선충 방제에 적합한 약제로 카두사포스, 포스치아제이트, 카보 등이 있다.

78 농약의 약해는 발생하는 기간과 정도에 따라 구분된다. 만성적 약해로 분류되는 증상은?
① 발근불량
② 반점 및 잎의 왜화
③ 수량감소
④ 낙화 및 낙과

해설
농약의 만성적 약해로 식물의 생장불량, 비대 지연, 품질 저하, 수량 감소 등의 현상이 나타난다.

79 DDVP 유제 50%를 500배로 희석하여 면적 10a 당 4말(1말:18L)을 살포하고자 할 때의 소요약량은 약 몇 mL 인가?
① 72 ② 144
③ 288 ④ 576

해설
$$소요약량 = \frac{단위면적당 사용량}{소요희석배수}$$
$$= \frac{18000 \times 4}{500} = 144 ml$$

정답 73 ① 74 ④ 75 ② 76 ② 77 ① 78 ③ 79 ②

80 약제탱크 및 양수기 부착으로 연속작업이 가능하고 대규모 공동작업에 적합한 농약 살포기는?

① 인력분무기　② 동력살분무기
③ 동력분무기　④ 고성능분무기

해설
고성능분무기는 여러 개의 노즐을 이용하여 송풍 살포하기에 대규모 공동작업에 적합하다.

5과목　잡초방제학

81 경합우위성의 획득정도에 영향을 주는 요인은?

① 등숙률과 개화기
② 등숙률과 발아율
③ 조기발아성과 생장률
④ 조기발아율과 등숙률

해설
조기발아성이 좋은 조숙종들은 초관을 빨리 생장하기에 경합에 유리하다.

82 작물과 잡초 혹은 상이한 잡초 초종간의 경합을 이르는 말은?

① 종내경합　② 종간경합
③ 이종경합　④ 상대경합

해설
종간경합은 서로 다른 이종간의 경합을 말한다.

83 논에 다년생 잡초의 발생이 증가되고 있다면 다음 중 이와 관련된 직접적인 원인은?

① 1년생 잡초에 유효한 제초제의 연용
② 농기계의 사용
③ 손제초법의 사용
④ 파종 및 이식법의 변천

해설
논잡초의 군락변화로 1년생 잡초에 유효한 제초제의 연용으로 1년생 잡초에서 다년생 잡초로 군락의 변화되면서 다년생 잡초의 발생이 증가된 것이다.

84 일년생 화본과 잡초로 벼에 피해가 큰 잡초는?

① 올방개　② 물달개비
③ 알방동사니　④ 강피

해설
피 종류의 잡초는 벼와 경합이 심해 벼의 수량 감소 등의 피해를 준다.

85 우리나라 논에서 다년생 잡초가 우점하게 된 주된 요인이 아닌 것은?

① 이모작의 감소
② 동일 제초제의 연용
③ 춘경 및 추경의 감소
④ 직파재배의 보급

해설
직파재배에는 물달개비, 피 등 1년생 잡초가 우점을 하며 다년생 잡초의 우점의 요인은 아니다.

86 2,4-D 의 작용특성에 속하는 것은?

① 세포분열의 이상유발
② 호흡 억제
③ 저온에서 작용력 증진
④ 동화작용 증진

해설
2,4-D 는 선택성 페녹시계 제초제로서 호르몬 작용의 교란 및 세포의 이상분열을 유발한다.

정답　80 ④　81 ③　82 ②　83 ①　84 ④　85 ④　86 ①

87 식물 표면에서 제초제의 흡수과정과 관련된 설명으로 옳지 않은 것은?

① 비극성(친유성)제초제는 큐티클 납질층을 친수성보다 잘 통과한다.
② 친수성 제초제의 통과는 펙틴이 높고 다음이 큐틴이며 납질은 통과가 어렵다.
③ 계면활성제는 극성 제초제가 큐티클 납질층을 잘 통과하도록 도와준다.
④ 극성의 제초제에 습윤제를 첨가하면 제초제의 독성은 감소된다.

해설
습윤제는 표면장력을 줄여 흡수를 용이하게 해주는 첨가제로 제초제의 독성이 커진다.

88 잡초의 식물학적 분류에서 단자엽식물의 특성에 해당되는 것은?

① 2매 자엽
② 개방유관속
③ 위쪽에 생장점 위치
④ 섬유근계

해설
단자엽식물의 섬유근계는 관근이다.

89 잡초방제법의 예로 맞는 것은?

① 예방적 방제법 – 경운 및 관개로 잡초 발생을 조절
② 생태적 방제법 – 제초용 농기구를 사용
③ 생물적 방제법 – 잡초를 식해하는 곤충을 이용
④ 기계적 방제법 – 윤작 및 재식밀도의 조절

해설
잡초식해곤충을 이용한 방법은 특정 잡초를 가해하는 곤충을 이용하는 생물적 방제법이다.

90 종합적 방제법에 대한 설명으로 옳지 않은 것은?

① 제초제 약해와 환경오염을 줄일 수 있다.
② 화학적 방제를 배제하고 생태적 방제와 예방적 방제를 주로 사용한다.
③ 여러 가지 다른 방제법을 상호협력적으로 적용하는 방법이다.
④ 잡초군락의 크기가 감소되고 작물의 생산력이 증대되는 효과가 있다.

해설
종합적 방제법은 환경 및 방제조건에 맞추어 두가지 이상의 방제법을 효율적으로 사용하는 것이지 특정 방제법을 배재하지 않는다.

91 우리나라 논에 발생하는 방동사니과(사초과) 잡초인 것은?

① 나도겨풀   ② 생이가래
③ 올방개   ④ 올미

해설
논에서 발생하는 방동사니과에는 올방개, 매자기, 바람하늘지기, 너도방동사니, 쇠털골, 올챙이고랭이 등이 있다.

92 방제방법과 그 장점의 연결로 틀린 것은?

① 생물적 방제 – 제초제 잔류문제 해소
② 생태적 방제 – 속효적 제초효과
③ 기계적 방제 – 제초비용 절감
④ 화학적 방제 – 선택제초효과

해설
속효적 제초효과는 화학적 방제의 장점이다.

정답 87 ④ 88 ④ 89 ③ 90 ② 91 ③ 92 ②

93 주요 잡초종의 식물분류학적 분포로서 가장 많이 점유하는 과는?

① 화본과　　② 십자화과
③ 명아주과　④ 방동사니과

해설
화본과의 경우 광합성 효율이 좋고 생육이 왕성하여 점유 분포가 높다. 국내의 경우 화본과, 방동사니과, 국화과가 대부분을 차지하고 있다.

94 6%의 유효성분을 가진 제초제를 10a 당 유효성분량으로 300mg 살포하고자 할 때 1ha 당 필요한 제품량은?

① 5g　　② 50g
③ 500g　④ 1000g

해설
· 300mg → 0.3g

· 제품량(g) = 성분량 × $\dfrac{100}{희석률}$

　　　　　= $0.3 \times \dfrac{100}{6}$ = 5(g)

· 이때 10a 당 5g 이 필요하므로 1ha(100a)의 경우 10배인 50g이 필요하다.

95 제초제의 작용기구에 대한 설명으로 옳지 않은 것은?

① 제초제의 최종적인 살초효과를 가져오게 하는 생화학적 또는 생물, 물리적인 과정을 의미한다.
② 제1차 작용점으로는 생장점, 엽록체, 미토콘드리아 등이 있다.
③ 제초제의 살초특성은 단일반응에 의한 살초효과라기보다는 복합반응의 결과로 나타난다.
④ 제초제의 1차 작용부위는 제초제의 살초작용부위와 일치하는 경향이다.

해설
제초제의 경우 살초효과가 단일반응이 아닌 복합반응으로 일어나기에 제초제의 1차 작용부위는 살초부위와 일치하지 않는다.

96 잡초의 산파방법 중 주로 사람이나 동물에 부착하여 운반되는 잡초는?

① 도꼬마리　② 민들레
③ 바랭이　　④ 소리쟁이

해설
도꼬마리, 도깨비 바늘 등의 잡초들은 갈고리 모양의 돌기가 있어 사람의 옷이나 동물의 털에 붙어 운반된다.

97 다음 중 종자은행 또는 Seed Pool 로 비유되는 것은?

① 토양　　② 제초제
③ 온도　　④ 광

해설
토양은 종자를 보관할 수 있어 토양종자은행이라고도 한다.

98 다음 중 물리적 잡초방제법이 아닌 것은?

① 소각　　② 솔라리제이션
③ 피복　　④ 윤작

해설
윤작은 경종적 방제법에 속한다.

99 잡초가 작물과의 경합에서 유리한 생태적 특성이 아닌 것은?

① 초기 생장속도가 빠르다.
② 건물생산이 매우 높다.
③ 번식력이 매우 왕성하다.
④ 대부분 C_3 식물이다.

해설
잡초가 작물과의 경합에서 유리한 것은 광합성 효율이 좋은 C_4 식물이기 때문이다.

정답　93 ①　94 ②　95 ④　96 ①　97 ①　98 ④　99 ④

100 제초제의 선택성에 관여하는 생물적 요인이 아닌 것은?

① 잎의 표면조직
② 생장점의 위치
③ 잎의 각도
④ 제초제 처리량

해설
제초제의 선택성에 관여하는 생물적 요인은 형태적, 생리적 요소이며 제초제의 처리량은 물리적 요인에 속한다.

정답 100 ④

국가기술자격 필기시험문제

2013년 기사 제4회 과년도 기출문제

자격종목	종목코드	시험시간	형별	수험번호	성명
식물보호기사		2시간 30분			

1과목 식물병리학

01 한 식물체의 병에 대한 저항성이 무너지게 되는 가장 큰 요인은?
① 병원균의 변이
② 기주체의 변이
③ 환경요인의 변이
④ 영양물질의 불균형

해설
병에 대한 저항성은 병원성에 대한 억제 능력으로 병원균이 변이할 경우 기존의 저항성이 작용하기 어렵다.

02 기주교대를 하지 않는 식물병은?
① 소나무 혹병
② 보리 겉깜부기병
③ 잣나무 털녹병
④ 사과 붉은별무늬병

해설
보리 겉깜부기병은 진균에 의해 발생하며 기주교대를 하지 않는다.

03 식물병에 있어서 표징이란?
① 식물의 외부적 변화
② 식물의 내부적 변화
③ 병에 대한 식물의 반응
④ 병환부에 나타난 병원체

해설
병이 발생시 병원체 자체가 나타나 식별되는 것으로 병환부에 나타나는 병원체이다.

04 고구마 무름병은?
① 바이러스에 의한 병
② 세균에 의한 병
③ 파이토플라즈마에 의한 병
④ 사상균에 의한 병

해설
고구마 무름병은 진균에 의해 발생하며 모양은 실뭉치 모양의 사상균이다.

05 식물 병원균의 생태형(Race)의 존재를 인식할 수 있는 방법은?
① 병원균의 형태적 변이
② 병원균의 배양적 성질의 차이
③ 판별품종에 대한 반응의 차이
④ 병원균의 화학적 구성성분의 차이

해설
생태형인 레이스 판별시 판별품종의 식물체에 병원균을 접종하여 식물체에 나타난 감염형을 비교, 감수성이나 저항성을 판단한다.

06 벼 깨씨무늬병에 가장 효과적인 비화학적 방제방법은?
① 관수 철저
② 합리적인 비배관리
③ 중만생종 품종 선택
④ 이식기의 조절

해설
벼 깨씨무늬병은 토양의 상태를 개선하는 것이 효과적인 방제법 중 하나로 합리적인 비배관리를 통해 방제할 수 있다.

정답 01 ① 02 ② 03 ④ 04 ④ 05 ③ 06 ②

07 식물병원 진균의 영양기관에 해당하지 않는 것은?
① 균핵   ② 후벽포자
③ 담자포자   ④ 흡기

해설
진균의 영양기관은 균사체, 선상균사, 균핵, 자좌, 근상균사속, 흡기 등이 있다. 담자포자의 경우 번식기관에 속한다.

08 한해에 1차 감염만 일어나고 2차 감염은 일어나지 않는 병은?
① 장미 흰가루병
② 소나무류 잎마름병
③ 소나무류 잎떨림병
④ 장미 검은무늬병

해설
소나무 잎떨림병은 기주인 소나무에서만 감염되며 별도 2차 감염은 발생하지 않는다.

09 식물바이러스의 특징으로 옳은 것은?
① 임의부생체   ② 임의기생체
③ 절대기생체   ④ 부생체

해설
식물바이러스는 절대기생체로 살아있는 조직에서만 생활한다.

10 일반적으로 포자를 만들지 않는 균은?
① Phytophthora   ② Puccinia
③ Rhizoctonia   ④ Fusarium

해설
Rhizoctonia 는 무성세대로 포자를 생성하지 않는다.

11 채소재배에서 제일 문제가 되는 병으로, 이병에 걸린 조직은 효소작용으로 수침상이 되고, 냄새가 나며, 방제 시 토양소독이 요구되는 병은?
① 검은 무늬병   ② 뿌리부패병
③ 무름병   ④ 뿌리마름병

해설
발생시 흰썩음병이라 하며 식물의 표면에 반점이 생기면서 병든 부위로 변형이 생기고 악취가 난다. 병원균이 토양에서 월동하며 이를 방제하기 위해 토양을 소독한다.

12 벼 잎집무늬마름병에 대한 설명으로 틀린 것은?
① 다범성 병원균이다.
② 주로 잎집에 발생한다.
③ 균핵형 병원균으로 지표에서 월동한다.
④ 예방을 위해 칼륨질 비료를 줄인다.

해설
벼 잎집무늬마름병의 방제를 위해 질소질 비료의 과용을 피하고 칼륨질 비료를 사용한다.

13 식물병원세균 중 현미경으로 검경 시 균사와 같이 연쇄상을 보이는 균은?
① Agrobacterium spp.
② Erwinia spp.
③ Corynebacterium spp.
④ Streptomyces spp.

해설
Streptomyces 는 방선균에 속하는 균류로 연쇄상의 분생자를 형성하는 것이 특징이다.

정답 07 ③   08 ③   09 ③   10 ③   11 ③   12 ④   13 ④

14 과민성반응에 대한 설명으로 틀린 것은?
① 레이스 특이적 저항성 반응이다.
② 급격한 산화반응의 결과이다.
③ 수평저항성이다.
④ 기주와 병원체가 불친화적이다.

> **해설**
> 수직저항성은 특정 레이스에만 효과를 발휘하기에 과민성 반응에 의한 경우가 대부분이다.

15 병해와 방제법의 연결로 틀린 것은?
① 밤나무 줄기마름병 – 저병원성 균주를 이용한 생물적 방제
② 잣나무 털녹병 – 중간기주 제거
③ 느릅나무 시들음병 – 토양훈증
④ 대추나무 빗자루병 – 옥시테트라사이클린 수간주입

> **해설**
> 느릅나무 시들음병은 매개충에 의해 전반되기에 방제를 위해서는 매개충을 막아야 한다.

16 완전세대(Teleomorph)의 병원균 학명은?
① *Pyricularia grisea*
② *Thanatephorus cucumeris*
③ *Rhizoctonia solani*
④ *Fusarium solani*

> **해설**
> 병원균 *Thanatephorus cucumeris* 은 균핵과 담자포자를 형성하고 완전세대에 속한다.

17 소나무류 잎마름병(엽고병)은 병든 잎에 주로 어떤 표징의 균체가 나타나는가?
① 자낭각   ② 병자각
③ 자좌   ④ 균핵

> **해설**
> 소나무 잎마름병의 병자각은 흑색으로 표면에 구형의 자좌를 가진다.

18 TMV(Tobacco Mosaic Virus)에 대한 설명으로 틀린 것은?
① TMV의 입자는 핵산이 단백질에 감싸여 있다.
② 핵단백질로 되어 있다.
③ 길이는 300nm, 너비 18nm로 공모양이다.
④ TMV의 구조 중 단백질 껍질을 캡시드라 한다.

> **해설**
> TMV는 길이 300nm, 너비 18nm 의 막대형이다.

19 식물병원균의 감염으로 인한 피해에 해당하는 것은?
① 강한 햇볕으로 인한 과일의 괴저현상
② 사료에 함유된 균독소의 피해
③ 물 부족으로 인한 시들음 증상
④ 미량요소 부족으로 인한 황화현상

> **해설**
> 사료에 함유된 균독소를 섭취한 동물은 병원균에 의해 발생하는 독소로 인해 피해를 입는다.

20 감자 역병의 병원균이 곰팡이라는 것을 처음으로 증명한 사람은?
① Burrill   ② De Bary
③ Aristoteles ④ Hooke

> **해설**
> De Bary(1831~1889) 는 감자역병의 병원균이 곰팡이라 증명했다.

2과목　농림해충학

21 외시류 곤충의 겹눈을 구성하는 낱눈의 수의 변화에 대한 설명으로 옳은 것은?
① 약충 발육기간 중에만 증가한다.
② 변태기에만 증가한다.
③ 탈피기와 변태기에 모두 증가한다.
④ 아무런 수의 변화가 없다.

정답 14 ③　15 ③　16 ②　17 ③　18 ③　19 ②　20 ②　21 ③

> **[해설]**
> 겹눈을 구성하는 낱눈은 곤충에 따라 차이가 나며 개미의 경우 수개, 잠자리의 경우 1만개~2만8천개 정도로 다양하다.

22 매미목(目)의 특징이 아닌 것은?
① 핥는 형의 입틀을 가지고 있다.
② 쉬고 있을 때에는 날개가 접는다.
③ 날개는 장, 단시형인 것도 있다.
④ 다리의 부절은 1~3절이다.

> **[해설]**
> 매미목은 찔러서 빨아먹는 자흡구형이다.

23 곤충의 생식에 대한 설명으로 틀린 것은?
① 정자는 정소를 이루는 정소소관에서 형성하는데 정소소관은 보통 8개의 분화지역으로 나눈다.
② 성충으로 먹이를 먹지 않는 곤충에서는 우화 전에 정자형성이 완성된다.
③ 탈피호르몬이 정자의 분화를 촉진하는 역할을 한다.
④ 암컷은 교미시 수컷의 정자를 암컷의 정자낭에 저장하여 나중에 사용한다.

> **[해설]**
> 1쌍의 정소는 여러개의 정소여포를 구성하고 이 안에 생식세포가 있어 감수분열을 통해 정자를 형성한다.

24 호두나무, 밤나무 등의 잎을 가해하고, 다 자란 유충은 몸 길이가 100mm 정도여서 섭식량이 매우 큰 해충은?
① 독나방   ② 박쥐나방
③ 텐트불나방 ④ 어스렝이나방

> **[해설]**
> 어스렝이나방의 유충 몸길이는 100mm 이며 주로 줄기에서 알로 월동한다. 1년에 1회 발생하고 5~7월쯤 잎을 식해하는 식엽성 해충이다.

25 곤충의 혈장 기능이 아닌 것은?
① 물질의 수송수단
② 물질의 저장고
③ 체온 조절
④ 물질의 합성

> **[해설]**
> 곤충의 혈장은 물질교환 및 수송을 도와주고 저장고 역할을 한다. 또한 열을 다른 부위로 전파하기에 체온조절의 기능도 있다.

26 곤충이 배설하는 물질이 아닌 것은?
① 초산   ② 암모니아
③ 요산   ④ Allantoic Acid

> **[해설]**
> 곤충은 암모니아, 요소, 요산, 아미노산, 알란드산 등의 질소대사물을 배설한다.

27 곤충에서 탈피 후 표피를 단단하게 하는데 관여하는 호르몬은?
① Bursicon   ② Proctolin
③ 탈피 호르몬 ④ 유약 호르몬

> **[해설]**
> Bursicon 은 앞가슴선에서 분비되는 경화호르몬으로 탈피 후 표피를 단단하게 해준다.

28 발생예찰의 방법 중 가장 기본이 되는 것으로서 다른 방법에 비하여 선행되는 것은?
① 실험적 방법
② 통계적 방법
③ 야외조사 및 관찰방법
④ 컴퓨터 이용방법

> **[해설]**
> 예찰 방법으로 야외조사, 통계적 방법, 다른 생물현상과의 관계 파악, 실험적 방법, 개체군의 동태학적 방법 등이 있으며 그중에서 가장 기본이 되는 것은 현장에서의 야외조사 및 관찰방법이다.

정답 22 ① 23 ① 24 ④ 25 ④ 26 ① 27 ① 28 ③

29 사과 과수원에 복숭아심식나방의 성충 발생 정도를 예찰하는 방법으로 가장 적합한 것은?

① 성페로몬 트랩
② 황색 수반 트랩
③ 말레이즈 트랩
④ 유아등

해설
성페로몬 트랩은 복숭아심식나방, 복숭아순나방, 사과굴나방 등에 적합하고 암컷이 방출하는 성페로몬을 이용하여 수컷을 유인하여 발생 정도 및 방제적기를 파악하는데 유용한 방법이다.

30 지구상에서 곤충이 번성한 원인으로 틀린 것은?

① 몸의 크기가 작다.
② 내골격으로 수분증발을 막아준다.
③ 날개가 있어 생존에 유리하다.
④ 완전변태로 상이한 환경에서 적응한다.

해설
외골격의 발달로 수분증발을 막아준다.

31 내시류(Endopterygota)에 속하는 곤충은?

① 물장군   ② 벼메뚜기
③ 장수풍뎅이   ④ 분홍날개대벌레

해설
장수풍뎅이는 딱정벌레목으로 내시류에 속한다. 물장군은 노린재목, 벼메뚜기는 메뚜기목, 분홍날개대벌레는 대벌레목으로 외시류에 속한다.

32 곤충의 입틀에 관한 설명으로 틀린 것은?

① 입틀은 윗입술, 아랫입술, 큰 턱, 작은 턱, 혀로 구성된다.
② 침샘이 입틀 속의 혀와 아랫입술 사이에 열려 있어서 소화효소 등을 분비한다.
③ 입틀에는 음식물 냄새와 맛을 보는 감각기들이 많다.
④ 작은 턱은 식물조직을 뜯어서 잘게 자르는 역할을 한다.

해설
작은턱은 큰턱이 열려 있는 동안 저작과 먹이의 유지를 돕는다. 먹이를 끊어주는 것은 주로 큰 턱이 그 역할을 담당한다.

33 각종 해충의 공간 분포양식으로 자연계에서 실제 가장 많이 존재하는 분포양식은?

① 임의분포   ② 균일분포
③ 개별분포   ④ 집중분포

해설
해충의 개체군은 균일분포, 집중분포, 임의분포로 분류되며 일반적으로 해충의 분포는 집중분포의 성향을 보인다.

34 딸기하우스 내 점박이응애 방제용으로 이용할 수 있는 천적으로 가장 적합한 것은?

① 진디혹파리
② 칠레이리응애
③ 온실가루이좀벌
④ 남생이무당벌레

해설
응애의 천적으로 칠레이리응애, 캘리포니쿠스응애, 꼬마무당벌레 등이 적합하다.

35 산림해충의 문제에 대한 설명으로 틀린 것은?

① 주요 산림해충은 식엽성과 천공성 그리고 흡즙성의 해충이다.
② 수목을 건강하게 관리하는 것은 산림해충 발생을 예방하는 좋은 방법이다.
③ 산림해충으로 인한 손실로 경제목의 피해, 생장량 감소, 임분 구조의 변화, 산림생태계의 변화가 있다.
④ 산림해충의 심각성은 인간의 간섭이 있을 때 더욱 더 심해진다.

해설
산림해충의 심각성은 인간의 간섭에 의해 조절되어 완화된다.

정답 29 ① 30 ② 31 ③ 32 ④ 33 ④ 34 ② 35 ④

36 사과응애에 대한 설명으로 틀린 것은?
① 흡즙성 해충이다.
② 약충으로 월동한다.
③ 1년에 7~8회 발생한다.
④ 실을 토하여 바람에 날려 이동한다.
> 해설
사과응애는 알로 월동한다.

37 자연 생태계와 비교할 때 논 생태계의 특징은?
① 영속성이 없다.
② 종의 다양도가 높다.
③ 천이를 통해 변천한다.
④ 식물군 간에 많은 경쟁이 일어난다.
> 해설
논 생태계의 경우 사람에 의해 인위적으로 조성된 것으로 자연생태계에 비해 종의 다양도가 낮고 영속성이 없으며 종의 다양도가 낮아 식물간의 경쟁도 적은편이다.

38 벼의 잎 선단부가 흰색으로 변하면서 구부러지고, 피해를 받은 낱알에는 흑점이 발생되어 피해를 주는 해충은?
① 벼잎선충 ② 벼뿌리선충
③ 벼줄기굴파리 ④ 이화명충
> 해설
벼잎선충은 벼의 수잉기에 볏대속에 어린 이삭에 기생하여 흑점미를 유발하며 피해를 받게 되면 잎의 선단부가 꼬이고 흰색으로 변색되어 마지막에는 고사한다.

39 곤충의 호흡기관과 관련된 조직이 아닌 것은?
① 기관   ② 기문
③ 기관소지 ④ 말피기관
> 해설
말피기관은 소화기관에 속한다.

40 산림해충으로 분류되지 않는 것은?
① 솔나방   ② 화랑곡나방
③ 솔잎혹파리 ④ 미국흰불나방
> 해설
화랑곡나방은 저장 곡물인 쌀, 현미등에 피해를 주는 해충으로 산림해충은 아니다.

3과목 재배학원론

41 화곡류 작물의 출수기 이후 도복과 가장 직접적인 관련이 있는 피해는?
① 요수량 감소 ② 1수 영화수 감소
③ 분얼수 감소 ④ 수발아
> 해설
수발아는 종자에 이삭이 붙은채로 싹이 나는 현상으로 작물이 쓰러지는 도복현상이후 주로 나타난다.

42 경사도가 3~27°되는 지역에서 주로 목초, 과수나 밀식작물을 재배할 때 적합한 관개법은?
① 수반법   ② 보더법
③ 휴간관개 ④ 월류법
> 해설
월류법은 낮은 재배지역으로 물이 흘러들어가게 하는 방법으로 경사지에서 적합한 관개법 중 하나이다.

43 논제초제 A(입제)의 사용추천량이 10a당 3kg 일 경우, 1ha 의 논에는 제초제 A를 얼마나 처리해야 하는가?
① 15kg   ② 30kg
③ 45kg   ④ 60kg
> 해설
10a × 10 = 1ha → 3kg × 10 = 30kg

정답 36 ② 37 ① 38 ① 39 ④ 40 ② 41 ④ 42 ④ 43 ②

44 작물의 생장억제작용이 큰 생장조절제는?
① NAA ② IBA
③ B-9 ④ GA

해설
억제물질의 종류로는 다미노자이드(damin ozide, B-9), 클로르메캇클로라이드(chlor mequat chloride, CCC), 말릭하이드라자이드(Maleic hydrazide, MH)가 있다.

45 작물의 동상해 대책이 아닌 것은?
① 배수를 하여 생육을 건실하게 한다.
② 칼륨질 비료 사용량을 높인다.
③ 토질을 개선하여 서릿발의 발생을 억제한다.
④ 맥류의 경우 이랑을 세워 뿌리골을 얕게 한다.

해설
이랑을 세워 뿌림골을 깊게 한다.

46 대기오염물질 중 독성이 매우 강하여 10ppb의 낮은 농도에서도 피해를 주며, 잎의 끝이나 가장자리가 백변하는 장애가 나타나는 것은?
① 아황산가스 ② 불화수소
③ 암모니아가스 ④ 질소산화물

해설
불화수소는 독성이 강해 낮은 농도에서도 피해를 주며 피해현상으로 엽록소 파괴, 엽소현상, 백변현상 등이 있다.

47 벼 심층시비의 가장 큰 이점은?
① 뿌리의 흡수력을 촉진시킨다.
② 뿌리의 신장, 발달권역을 넓힌다.
③ 토양질소의 농도를 옅게 한다.
④ 암모니아의 탈질을 방지한다.

해설
심층시비는 환원층에 시비를 하여 비료의 효과를 증진시키는 방법이다. 암모늄태질소를 환원층에 시비하여 암모니아의 탈질을 방지한다.

48 작물 도복의 유발 조건으로 틀린 것은?
① 재배조건 중 밀식은 도복을 조장한다.
② 병해충의 발생이 심하면 도복을 조장한다.
③ 칼륨성분의 다량사용은 도복을 조장한다.
④ 키가 크고 대가 약한 품종일수록 도복이 심하다.

해설
질소질 비료를 다량사용하면 도복을 조장하며 칼륨 및 규산을 균형시비하면 도복을 방지한다.

49 식물체 내의 이동성이 낮아 결핍증상이 어린 잎에 나타나는 원소들만 나열된 것은?
① Ca, S, Mn, B
② P, Fe, Mg, B
③ K, S, Fe, N
④ Ca, Mg, Fe, P

해설
식물체 내의 이동 원소 중 이동이 용이한 원소들로 N, P, K, Mg 등이 있으며 상대적으로 이동이 어려운 원소는 Ca, Fe, B 및 S, Zn, Mn, Cu 가 있다.

50 내건성이 강한 밭작물은?
① 오이 ② 귀리
③ 호박 ④ 수수

해설
수수, 기장, 조, 메밀, 고구마 등은 내건성이 강한 작물에 속한다.

정답 44 ③ 45 ④ 46 ② 47 ④ 48 ③ 49 ① 50 ④

51 식물체가 특정 중금속(물질)을 흡수하고도 건전하게 생육할 수 있는 식물은?
① 지표식물 ② 피복식물
③ 축적식물 ④ 초생식물

해설
축적식물은 특정물질을 체내에 흡수하여 유지하는 식물로 중금속을 흡수하고도 건전하게 생육이 가능하다.

52 중북부지방의 맥류재배에서 한해와 동해를 방지할 목적으로 실시되는 작휴법은?
① 성휴법 ② 이랑재배
③ 휴립휴파법 ④ 휴립구파법

해설
휴립구파법은 이랑을 세우고 낮은 골에 파종하는 방법으로 맥류의 한해와 동해를 동시에 방지할수 있다.

53 벼 담수직파에서 종자에 과산화석회를 분의하여 파종하는 목적은?
① 종자소득 ② 도복방지
③ 산소공급 ④ 산도교정

해설
과산화석회를 사용하면 토양내에서 산소가 방출되어 생육에 도움을 준다.

54 토양수분이 부족하여 발생하는 한해(가뭄해)의 대책으로 타당하지 않은 것은?
① 내건성이 강한 작물을 재배한다.
② 토양입단을 조성한다.
③ 밭에서는 뿌림골을 높이고 질소를 중시한다.
④ 토양을 피복하거나 가벼운 중경제초를 한다.

해설
한해의 대책으로 밭에서는 뿌림골을 낮추고 질소질 비료를 과용을 삼간다.

55 비료의 3요소 중 칼륨의 흡수비율이 큰 작물은?
① 콩 ② 감자
③ 맥류 ④ 옥수수

해설
감자의 경우 칼륨의 흡수 비율이 비료의 3요소 중 절반을 차지한다.

56 벼의 냉해 중 수량피해가 가장 심한 것은?
① 지연형 냉해 ② 장해형 냉해
③ 병해형 냉해 ④ 혼합형 냉해

해설
벼의 냉해는 지연형, 장해형, 병해형 냉해가 있으며 이들은 복합적으로 나타날 경우 피해가 더욱 심하게 나타난다.

57 벼 생육기간 중 냉해에 가장 약한 시기는?
① 감수분열기 ② 등숙기
③ 분얼기 ④ 유묘기

해설
작물의 경우 감수분열기에 냉해에 가장 약하다.

58 혼파의 장점이 아닌 것은?
① 공간의 효율적 이용이 가능하다.
② 건초 제조 시에 유리하다.
③ 채종작업이 편리하다.
④ 재해에 대한 안정성이 증대된다.

해설
혼파를 할 경우 채종작업이 어렵다.

정답 51 ③ 52 ④ 53 ③ 54 ③ 55 ② 56 ④ 57 ① 58 ③

59 작물생육에 알맞은 토양구조는?
① 단립구조 ② 복합구조
③ 이상구조 ④ 입단구조

해설
토양의 입단구조는 식물이 생육하기에 수분 및 공기의 유동에 적합한 구조이다. 여러 입자들이 하나의 단체를 만들고 단체끼리 모여 입단을 만드는 구조로 통기성이 좋고 적정량의 수분을 보유한다.

60 세계적으로 재배하는 식용작물 중 생산량 기준의 비중이 큰 작물이 속한 작물들은 주로 무슨 과에 속하는가?
① 벽과, 십자화과
② 국화과, 콩과
③ 벼과, 콩과
④ 가지과, 벼과

해설
생산량 기준 비중이 큰 작물들로 벼, 보리, 밀, 옥수수 등은 벼과에 콩, 팥 등은 콩과에 속한다.

4과목 농약학

61 유기인제 계통의 약제를 알칼리성 농약과 혼용을 피해야 하는 주된 이유는?
① 약해가 심해지기 때문이다.
② 물리성이 나빠지기 때문이다.
③ 가수분해가 일어나기 때문이다.
④ 중합반응을 하여 다른 물질로 되기 때문이다.

해설
유기인제 계통의 농약들은 강알칼리성과 혼용시 가수분해로 약효가 상실되거나 약해가 발생한다.

62 Carbamate 계 살충제가 아닌 것은?
① Carbaryl(NAC)
② BPMC(BP)
③ Fenitrothion(MEP)
④ Carbofuran(Carbo)

해설
페니트로티온(MEP)는 유기인계 살충제이다
※ 카바메이트계 살충제 : 카바릴(NAC), 페노뷰카브(BPMC), 카보퓨란, 티오디카브(UCC) 등이 있다.

63 어떤 농약이 작물에 약해를 유발하여 사용되지 못할 때, 이 약해를 일으키는 인자를 제어시켜 주는 화학물질은?
① 펜크로림
② 크실렌
③ 피페로닐 부톡사이드
④ 메탄올

해설
펜크로림은 작물에 대한 약해를 감소시켜주는 약해경감제이다.

64 건초 중 농약잔류량이 0.5ppm 이었다면 시료 1kg 중의 양은?
① 0.05mg ② 0.5mg
③ 5mg   ④ 50mg

해설
1ppm 은 1mg 이므로 0.5ppm 은 0.5mg 이다

65 말라티온에 대한 설명으로 틀린 것은?
① 접촉독제이다.
② 선택성의 침투이행성 약제이다.
③ 적용대상의 범위가 넓다.
④ 대표적인 고독성 약제이다.

해설
말라티온은 독성이 상대적으로 적어 일반적인 용도로 사용되며 모기, 파리 등을 박멸하는데 사용된다. 말라티온은 유기인계 살충제이며 접촉독제이고 선택성의 침투이행성 약제이다.

정답 59 ④ 60 ③ 61 ③ 62 ③ 63 ① 64 ② 65 ④

66 식물 생장조정제 Indol–B에 대한 설명으로 옳은 것은?

① 유효성분은 6–Benzyl Adenine 단일 성분이다.
② 잔뿌리가 많아지고 원뿌리가 가늘어진다.
③ 생장억제작용을 한다.
④ 콩나물 생장촉진제이다.

해설
인돌비(Indol–B)는 콩나물 생장촉진제로 등록되어 있다.

67 대기오염에 가장 큰 원인이 되는 제형은?

① 입제   ② 분제
③ 수화제 ④ 유제

해설
분제는 유제, 수화제에 비해서 부착성이나 고착성이 부족하여 살포한 농약이 대기중으로 날아가 대기오염의 원인이 된다.

68 방사상균인 *Streptomyces abermitilis* 가 주성분인 농약은?

① Abamectin   ② Bensultap
③ Cartap   ④ Methomyl

해설
아바멕틴(abamectin)은 토양의 방사선균인 *Streptomyces abermitilis*에서 분리한 항생제 살충제로 응애, 진딧물 등을 박멸한다.

69 다음 중 보르도액의 주성분은?

① 다황산칼슘(CaS_5)
② 황산구리($CuSO_4 \cdot 5H_2O$)
③ 페닐초산수은($Hg \cdot OOC \cdot CH_3$)
④ 벤젠(C_6H_6)

해설
보르도액은 황산구리와 수산화칼슘을 원료로 제조한다.

70 농약의 분자구조 중 요소($H_2N–CO–NH_2$) 골격을 가진 화합물로 구성된 형태는?

① 트리아진(Triazine)계
② 아마이드(Amide)계
③ 다이아진(Diazine)계
④ 우레아(Urea)계

해설
우레아계의 분자식은 CH_4N_2O 이다.

71 농약이 시간의 경과에 따라 물리, 화학적으로 변화되는 주성분 또는 물리성을 확인하는 시험방법은?

① 경시변화시험
② 저장안정성시험
③ 저온안정성시험
④ 내열내한성시험

해설
경시변화시험은 농약의 시간 변화에 따라 제품의 품질변화를 조사하는 시험이다.

72 다음 농용 항생제가 아닌 것은?

① 클로로피크린(chloropicrin)
② 블라스티시딘 에스(blasticidin–S)
③ 가스가마이신(kasugamycin)
④ 스트렙토마이신(streptomycin)

해설
클로로피크린은 훈증제의 일종이다.

73 30% DDVP 유제 200mL 로 0.01%의 살포액을 만드는데 소요되는 물의 양은 약 얼마인가?(단, DDVP 유제의 비중은 1.0 이다)

① 400,000ml   ② 500,000ml
③ 600,000ml   ④ 700,000ml

정답 66 ④ 67 ② 68 ① 69 ② 70 ④ 71 ① 72 ① 73 ③

> **해설**
> 희석할 물의 양
> = 원액용량 × ($\frac{원액농도}{희석할농도} - 1$) × 원액비중
> = 200mL × ($\frac{30\%}{0.01\%} - 1$) × 1.0
> = 599,800mL ≒ 약 600,000mL

74 수화제의 분말입자가 수중에서 분산 부유하는 성질을 의미하는 것은?

① 유화성   ② 고착성
③ 현수성   ④ 부착성

> **해설**
> 현수성은 수화제에 물을 넣어 조제한 현탁액의 고체입자가 균일하게 분산 부유하는 성질과 안정성을 말한다.

75 가스상태로 병, 해충에 접촉시켜 방제효과를 거두는 훈증제가 갖추어야할 성질이 아닌 것은?

① 독성이 커야 한다.
② 휘발성이 커야 한다.
③ 비인화성이어야 한다.
④ 확산성이 있어야 한다.

> **해설**
> 훈증제는 휘발성이 강해야 하고 비인화성이어야 하며 침투성 및 확산성이 커야 한다.

76 물에 녹지 않은 원제를 벤토나이트·고령토같은 점토광물의 증량제와 혼합하고, 여기서 친수성·습전성 및 고착성 등을 부가시키기 위하여 적당한 계면활성제를 가하여 미분말화시킨 농약의 제형은?

① 수용제   ② 수화제
③ 분제   ④ 유제

> **해설**
> 수화제는 물에 녹지 않는 주제를 벤토나이트 등의 점토광물과 계면활성제 등을 배합하여 혼합 분쇄하여 제제한다. 수화제는 골고루 퍼지는 현수성이 중요하며 수화성, 고착성, 습진성 등이 좋아야 한다.

77 농약원제의 취급제한기준과 관련된 원제의 독성 정도에 따른 구분에서 원제의 사람·가축에 대한 독성구분을 바르게 나타낸 것은?

① 특급~3급   ② 특급~5급
③ 1~5급   ④ 1~3급

> **해설**
> 농약원제의 취급제한기준에 대한 내용은 법령 개정으로 인해 문제의 관련 등급내용은 삭제되었으며 현재는 원제의 독성구분을 세계보건기구(WHO)의 분류 방법을 채택하고 있다. (출제 가능성 없음)

78 곤충의 chitin 생합성을 저해하여 살충효과를 나타내는 IGR계 살충제가 아닌 것은?

① 디플로벤주론(diflubenzuron)
② 테플루벤주론(teflubenzuron)
③ 트리플루므론(tiflumuron)
④ 아짐설푸론(azimsulfuron)

> **해설**
> 키틴 생합성 저해 물질로 뷰프로페진, 디플루벤주론, 크롤르플루아주론, 테플루벤주론 등이 있다. 아짐설푸론은 물방개 등을 방제하는 제초제의 일종이다.

79 농약의 안전사용기준을 설정하는 주된 목적은?

① 약해를 없애기 위하여
② 약효를 증대시키기 위하여
③ 살포하는 농민의 편의성을 향상시키기 위하여
④ 농산물 중 잔류량이 허용기준을 초과하지 않도록 하기 위하여

> **해설**
> 농약의 안전사용기준의 설정은 농산물 중 잔류량 허용기준을 초과하지 않게 하여 피해를 막기 위해서이다.

정답 74 ③ 75 ① 76 ② 77 ③ 78 ④ 79 ④

80 트리아졸계 살균제의 작용특성에 대한 설명으로 옳은 것은?
① 호흡대사 저해
② 세포막 성분인 Ergosterol 생합성 저해
③ 세포분열 저해
④ SH 기 함유 효소 저해

[해설] 트리아졸계 살균제는 세포막의 생합성을 저해하여 세포막의 견고성이 떨어져 결국 병원균의 생육에 영향을 받게 된다.

5과목 잡초방제학

81 여름형 일년생 잡초로 3~4월에 발생하기 시작하여 5월부터 성기를 이루는 하계 1년생 밭 잡초는?
① 질경이 ② 냉이
③ 쇠털골 ④ 명아주

[해설] 3~4월에 발생하여 5월쯤 성기를 이루는 1년생 여름형 잡초로 개여뀌, 명아주등이 있다.

82 식물체 내에서 일어나는 주된 제초제 분해 반응에 해당하지 않는 것은?
① 인산화 반응
② 하이드록시 반응
③ 탈카르복시 반응
④ 탈알킬 반응

[해설] 제초제의 분해반응으로 산화, 환원, 가수분해 등이 대표적이며 기타 관련 반응으로 하이드록시화반응, 탈알킬반응, 탈아미노기반응, 탈카르복시반응 등이 있다.

83 벼 재배법과 경합의 관계를 바르게 설명한 것은?
① 벼 재배법과 경합은 무관하다.
② 중묘가 어린모보다 경합에 유리하다.
③ 직파재배가 이앙재배보다 유리하다.
④ 소식재배보다 밀식재배가 불리하다.

[해설] 어린모보다는 중묘가 잡초 발생이 적어 경합에 유리하다.

84 택사과 잡초는?
① 가래   ② 알방동사니
③ 벗풀   ④ 사마귀풀

[해설] 택사과 잡초로 소귀나물, 올미, 벗풀 등이 있다.

85 제초제의 작용점이란?
① 제초제의 살초력을 발휘하는 장소
② 제초제가 흡수되는 지점
③ 제초제가 분해되는 지점
④ 제초제가 타물질과 결합하는 지점

[해설] 제초제의 작용점은 살초력을 발휘하는 지점 및 장소를 말한다.

86 잡초에 대한 벼의 경합력을 높이는 재배방법은?
① 소식재배를 한다.
② 직파재배를 한다.
③ 이앙재배를 한다.
④ 무경운재배를 한다.

[해설] 잡초에 대한 벼의 경합력을 높이는 방법으로 이앙재배 및 밀식재배 등이 있다.

정답 80 ② 81 ④ 82 ① 83 ② 84 ③ 85 ①

87 잡초의 유익성에 대한 설명으로 거리가 먼 것은?

① 병해충 매개
② 토양침식 방지
③ 토양물리 환경개선
④ 자원으로 이용 가능

해설
병해충 매개는 잡초의 단점 혹은 유해성에 속한다.

88 어떤 잡초가 논벼와 경합할 때 가장 큰 피해를 주는가?

① 강피, 조개풀
② 참방동사니, 별꽃
③ 털비름, 마디꽃
④ 가막사리, 바랭이

해설
화본과 잡초(강피, 돌피, 조개풀 등)는 논벼와 경합 시 가장 큰 피해를 준다.

89 A 제초제 0.5%는 몇 ppm 에 해당되는가?

① 5ppm
② 50ppm
③ 500ppm
④ 5000ppm

해설
1% 는 10,000ppm 이므로 0.5% 의 경우 5,000ppm 이다.

90 우리나라에서 개발된 최초의 신물질 제초제로 Pyrimidinyloxysalicylic Acid 계 제초제는?

① Pyrazolate
② Pyrazoxyfen
③ Pyribenzoxim
④ Bentazon

해설
피리벤족심(Pyribenzoxim)은 국내에서 자체 개발된 최초의 신물질 제초제로 경엽처리용 이행성 제초제이다.

91 밭에서 2m 의 분무폭을 가진 분무기로 50m의 거리로 이동할 때 살포된 제초제 분무량이 10L이다. 이 분무기로 2ha 의 면적에 살포한 경우 분무량은?

① 5000L ② 4000L
③ 3000L ④ 2000L

해설
가로 2m, 세로 50m 의 땅에 분무하였기에 지면의 넓이는 $100m^2$ 이다. 즉 $10L/100m^2$ 이므로 2ha 의 경우 $20,000m^2$ 이기에 총 2,000L 가 필요하다.

92 휴면종자를 빠르게 휴면타파시키고자 할 경우 사용되는 것은?

① ABA, GA
② H_2SO_4, KNO_3
③ NaCl, $CuSO_4$
④ ABA, KNO_3

해설
휴면종자를 빠르게 타파시키기 위해 황산이나 질산칼륨을 사용하여 종피를 약하게 한다.

93 여름 작물의 밭에 발생하는 우점초종은?

① 뚝새풀   ② 깨풀
③ 벼룩나물 ④ 별꽃

해설
깨풀은 1년생 광엽잡초이며 여름에 주로 발생하는 밭잡초이다.

94 잡초의 생물학적 방제용으로 도입되는 곤충이 구비하여야 할 조건이 아닌 것은?

① 대상 잡초에만 피해를 주는 것
② 대상 잡초의 적응지역에 잘 적응할 수 있는 것
③ 인공적으로 배양 또는 증식이 용이한 것
④ 영구적으로 소멸되지 않는 것

해설
곤충의 경우 생물로서 방제하고자 하는 잡초를 없애면 소멸되어야 한다.

정답 87 ① 88 ① 89 ④ 90 ③ 91 ④ 92 ② 93 ② 94 ④

95 화학적 방제법에 비하여 생물적 방제법이 가진 장점은?

① 비용이 적게 들고 처리가 간단하며 잔류가 없다.
② 효과가 빠르고 잔류가 없다.
③ 효과가 빠르고 처리가 간편하다.
④ 비용은 많이 드나 처리가 용이하고 잔류된다.

해설
생물적 방제법은 화학적 방제법과 비교하여 비용이 적게 들고 잔류가 없는 것이 장점이나 살초효과가 느린것이 단점이다.

96 20%의 유효성분 함량을 지닌 A제초제 제품을 유효성분 기준으로 1ha 당 3kg 을 처리하려고 할 경우에 소요되는 제품량은 얼마인가?

① 5kg   ② 10kg
③ 15kg   ④ 20kg

해설
$$제품량(g) = 성분량 \times \frac{100}{희석률}$$
$$= 3000 \times \frac{100}{20}$$
$$= 15,00(g) = 15kg$$

97 발생지에 따른 잡초의 분류로 틀린 것은?

① 논잡초 - 여뀌바늘, 올챙이고랭이, 쇠털골
② 밭잡초 - 비름, 바랭이, 깨풀
③ 과수원, 비경지잡초 - 망초, 닭의장풀, 참소리쟁이
④ 잔디밭잡초 - 새포아풀, 미국자리공, 사마귀풀

해설
미국자리공은 밭잡초이며 사마귀풀은 논잡초에 속한다.

98 종내경합을 억제할 수 있는 방법으로 가장 적절한 것은?

① 작물의 묘를 이식재배한다.
② 적절한 품종을 선택한다.
③ 작물의 재식밀도를 조절한다.
④ 작물의 윤작재배한다.

해설
종내경합을 피하기 위해 재식밀도를 조절하는 것이 효과적이다.

99 광발아 잡초종자의 발아생리에 대한 설명으로 틀린 것은?

① Pfr/Pr 의 비율이 낮아지면 발아가 촉진된다.
② 비름은 광발아 잡초이다.
③ Phytochrome 은 광발아에 관여하는 색소단백질이다.
④ 적색광이 Pr를 Pfr 로 전환되도록 촉진시켜 발아가 된다.

해설
Pfr/Pr 비율이 낮은 것은 적색광의 흡수 비율이 낮은 것으로 발아가 잘되지 않는다. Pfr/Pr 비율이 높아져야 발아가 촉진된다.

100 물리적 잡초방제방법이 아닌 것은?

① 오리방사   ② 경운
③ 예취   ④ 손제초

해설
오리방사는 생물적 방제법에 속한다.

국가기술자격 필기시험문제

2014년 기사 제1회 과년도 기출문제

자격종목	종목코드	시험시간	형별	수험번호	성명
식물보호기사		2시간 30분			

1과목 식물병리학

01 과수 탄저병이나 사과 부란병 등은 병든 가지나 줄기에서 월동한 병원체가 다음해 전염원이 되는데 이들 전염원을 제거하는 방제법은?
① 토양소독 ② 기계적 방제
③ 포장위생 ④ 윤작

해설
포장위생은 병든 식물의 병든 부위를 제거하는 것으로 병원체의 생활사를 파악하여 제1차 전염원을 제거 하는 방법으로 병원체를 전염시키는 중간기주를 제거하여 예방하는 방법이 있다.

02 유사균류에 해당하는 것은?
① chytridiomycota
② zygomycota
③ myxomycota
④ ascomycota

해설
유사균류에는 점균문(myxomycota)이 있으며 진핵균류 중 세포벽 없이 변형체를 만드는 균이다.

03 파이토플라즈마의 특성으로 옳은 것은?
① 테트라사이클린계 항생물질에 내성을 나타낸다.
② 부생체이다.
③ 세포벽이 없다.
④ 세포는 막대모양이다.

해설
세포막이 없고 일종의 원형질막이 존재하며 대표적으로 대추나무 빗자루병, 오동나무 빗자루병, 뽕나무 오갈병의 병원체이다.

04 병든 식물체에 살포하거나 주입하면 병징이 감소하여 때때로 바이러스 입자가 사라지는 경우도 있는 항바이러스성 물질로 알려진 것은?
① cycloheximide ② ribavirin
③ tetracycline   ④ benomyl

해설
리바비린(ribavirin)은 항바이러스제로 DNA, RAN 바이러스에 작용하여 증식을 억제한다.

05 수목병의 전반에 관여하는 매개충인 마름무늬매미충에 의해 전반되지 않는 병명은?
① 느릅나무 시들음병
② 대추나무 빗자루병
③ 뽕나무 오갈병
④ 붉나무 빗자루병

해설
마름무늬매미충이 매개충인 병으로 대추나무 빗자루병, 뽕나무 오갈병, 붉나무 빗자루병이 있다.

06 표징은 관찰되지만 배양이 어려운 병원체에 의해 발생하는 병해로만 나열된 것은?
① 포도나무 피어스병, 포도나무 노균병
② 뽕나무 오갈병, 뽕나무 녹병
③ 대추나무 빗자루병, 대추나무 역병
④ 참외 흰가루병, 참외 노균병

해설
노균병과 흰가루병은 살아있는 조직에만 생활하는 활물기생을 한다. 표징이 관찰되나 배양이 어려운 병원체이다.

정답 01 ③ 02 ③ 03 ③ 04 ② 05 ① 06 ④

07 식물바이러스의 분류 기준이 되는 특성이 아닌 것은?

① 세포벽의 구조
② 핵산의 종류
③ 매개체의 종류
④ 입자의 형태적 특성

해설
식물바이러스는 대부분 외피단백질과 핵산으로 구성되어 있고 핵산의 종류, 유전자의 분절수, 입자의 외막유무, 입자의 형태 및 크기, 외피단백질의 종류 등이 주요 분류 기준이다.

08 아일랜드에 큰 기근으로 인하여 100만명을 굶어 죽게 하였던 식물병은?

① 밀 녹병
② 옥수수 깨씨무늬병
③ 감자 바이러스병
④ 감자 역병

해설
1845년에 아일랜드에 감자역병이 발생하여 100만명이 사망하는 역사적 사건이 있다.

09 보리에 발생하는 병해 중 바이러스에 의한 것은?

① 흰가루병   ② 줄무늬병
③ 붉은곰팡이병 ④ 줄무늬모자이크병

해설
보리 줄무늬모자이크병은 바이러스에 의해 발생한다.

10 벼 도열병에 대한 설명으로 틀린 것은?

① 병원균은 학명은 Magnaporthe grisea 이다.
② 잎에 처음에는 암녹갈색 같은 작은 무늬가 생기고 나중에 장방추형이 된다.
③ 병원균의 분생포자는 곤봉형이며 3개의 격막을 가지고 있다.
④ 관개하거나 강수량이 많은 곳에서 재배하며 다량의 질소비료를 사용하는 곳에서는 가장 중요한 병이다.

해설
벼 도열병은 곤봉형이며 2개의 격막을 가진다.

11 병원균에 감염된 식물체가 이층을 형성함으로써 감염부위를 건전부위와 격리시키는 병은?

① 옥수수 깜부기병
② 배추 무사마귀병
③ 복숭아 세균성구멍병
④ 사과나무 점무늬낙엽병

해설
복숭아 세균성구멍병
· 복숭아나무에 발생되는 병으로 주로 5~7월에 가장 많이 발생한다.
· 잎에 담녹색 수침상 작은 병반이 나타나고, 점차 확대되어 갈색 병반으로 변하면서 마른다. 갈색 병반과 건전부 사이에 이층이 발생하고 병반이 떨어지면서 구멍이 생긴다.

12 벼 줄무늬잎마름병의 병원은?

① 바이러스   ② 파이토플라즈마
③ 세균   ④ 진균

해설
벼 줄무늬잎마름병은 애멸구에 의해 전염되며 병원은 바이러스로 Rice stripe virus 전염시킨다.

13 Ralstonia solanacerum에 의한 대표적 병징은?

① 괴사   ② 감생
③ 시들음 증상 ④ 갈변 증상

해설
Ralstonia solanacerum 는 가지 풋마름병의 병원으로 대표적 병징은 시들음이다.

정답 07 ① 08 ④ 09 ④ 10 ③ 11 ③ 12 ① 13 ③

14 채소류에 발생하는 잿빛곰팡이병에 대한 설명으로 틀린 것은?

① 딸기, 토마토, 고추 등에 많이 발생한다.
② 온도가 높고 습도가 낮을 때 많이 발생한다.
③ 잎보다는 꽃과 열매에 많이 발생한다.
④ 병환부에 형성된 분생포자가 바람에 의해 전파된다.

해설
잿빛곰팡이병은 15~20℃ 정도의 저온이고 다습한 조건에 자주 발생한다.

15 Mycotoxin 에 해당하지 않는 것은?

① aflatoxin   ② victorin
③ zearalenone ④ fumonisin

해설
마이코톡신(Mycotoxin)은 곰팡이독이다. aflatoxin, zearalenone, fumonisin 은 곰팡이독소의 일종이며 victorin 는 귀리 마름병균의 독소이다.

16 사과나무에 발생하는 병 중 병든 부위로부터 알코올냄새가 나는 특징으로 진단이 가능한 병은?

① 붉은별무늬병 ② 탄저병
③ 부란병   ④ 잿빛곰팡이병

해설
병포자, 자낭포자가 병든가지에 월동하고 포자의 경우 빗물, 곤충 등에 의해 전반되어 식물의 상처로 침입한다. 감염 부위의 경우 알코올냄새가 나는 것으로 판별이 가능하다.

17 소나무 혹병이나 잣나무 털녹병의 수포자 형성을 억제하여 생물방제 이용 가능성이 있는 기생균은?

① tuberculina maxima
② trichoderma harzianum
③ peniophora gigantea
④ streptomyces griseous

해설
생물방제에 이용되는 것으로 tuberculina maxima 는 소나무혹병, 잣나무 털녹병에 이용된다. 뿌리썩음병균, 모잘록병균은 T.viride 가 이용되며 토양선충, 모잘록병균에는 선충포식균이나 Trichoderma 가 이용된다.

18 병원체가 기주에 접촉하여 실제 감염으로 이어지는 것을 설명하는 용어는?

① 확대전반   ② 풍매전반
③ 유효전반   ④ 수동적 전반

해설
유효전반은 전반된 병원체 중에서 실제로 감염이 이루어진 전반을 말한다.

19 채소류의 무름병에 대한 설명으로 틀린 것은?

① 이 병에 걸린 조직은 처음에는 수침상을 나타낸다.
② 주로 물관부가 병원균에 의하여 침해된다.
③ 유조직이 침해되어 무르게 된다.
④ 병원균은 Erwinia 속에 속한다.

해설
무름병은 주로 도관부에 침해한다.

20 식물병원균인 Fusarium 이 생산하는 진균 독소가 아닌 것은?

① Zearalenone ② Tentoxin
③ Trichothe   ④ Fumonisin

해설
Tentoxin 는 Alternaria tenuis에 의해 발생하며 식물의 엽록소 합성 및 발달을 방해하는 독소이다.

정답 14 ② 15 ② 16 ③ 17 ① 18 ③ 19 ② 20 ②

2과목 농림해충학

21 곤충의 체색 중 흑색이나 갈색으로 표피 내, 진피세포 내 또는 혈액 속에 존재하는 색소화합물은?
① Carotenoid ② Pterin
③ Blue Bile ④ Melanin

해설
혈액 속의 색소화합물의 경우 각각의 고유한 색을 가지고 있으며 곤충의 체색 중 검은색이나 갈색계통은 멜라닌이 관여한다.

22 가장 기본적인 발생예찰방법은?
① 실험적 방법
② 통계적 방법
③ 컴퓨터 이용방법
④ 야외조사 및 관찰방법

해설
예찰 방법으로 야외조사, 통계적 방법, 다른 생물현상과의 관계 파악, 실험적 방법, 개체군의 동태학적 방법 등이 있으며 그중에서 가장 기본이 되는 것은 현장에서의 야외조사 및 관찰방법이다.

23 벼의 해충 중 흡즙에 의해 직접적인 피해 외에도 줄무늬잎마름병과 검은줄오갈병의 바이러스병을 매개하여 간접적인 피해를 주는 해충은?
① 이화명나방 ② 혹명나방
③ 벼멸구 ④ 애멸구

해설
애멸구는 흡즙성해충이나 직접적인 피해를 입히기보다 바이러스의 매개 등 간접적인 피해를 입힌다.

24 곤충의 외부 기관 중 가슴(흉부)의 부속기관과 가장 거리가 먼 것은?
① 날개 ② 생식기
③ 기문 ④ 다리

해설
곤충의 생식기는 배의 부속기관이다.

25 1세대를 경과하는 데 가장 긴 시간을 필요로 하는 곤충은?
① 장수풍뎅이 ② 뽕나무하늘소
③ 말매미 ④ 소나무좀

해설
하늘소류는 주로 3~5년, 말매미는 5~6년, 소나무좀은 1년 정도의 1세대 기간을 갖는다.

26 한여름 휴한기에 비닐하우스를 밀폐하면 토중 온도가 높아져서 땅속의 해충을 죽이는 방제법은?
① 생물적 방제법 ② 물리적 방제법
③ 화학적 방제법 ④ 법적 방제법

해설
물리적 방제법에서 온도를 이용하는 것으로 비닐하우스를 밀폐시켜 토중 온도를 높여 땅속의 해충을 방제한다.

27 귀뚜라미의 청각기관이 위치하는 곳은?
① 가슴 ② 앞다리
③ 뒷다리 ④ 가운데다리

해설
여치, 귀뚜라미 등은 청각기관은 앞다리의 종아리마디에 존재한다.

28 곤충의 성페로몬의 특징이 아닌 것은?
① 작물, 인간, 천적, 환경에 무해하다.
② 성페로몬 성분의 배합에 의한 반응 차이는 없다.
③ 대상 곤충에만 선택적으로 작용한다.
④ 저항성이 없다.

해설
성페로몬은 여러 성분이 복합된 화학물질이기에 성분의 배합을 통해 인위적으로 제조하며 배합에 의한 차이가 분명히 존재한다.

정답 21 ④ 22 ④ 23 ④ 24 ② 25 ③ 26 ② 27 ② 28 ②

29 곤충의 특징을 바르게 설명한 것은?
① 몸은 머리가슴, 배의 2부분으로 구성되고 다리는 4쌍이며 7마디로 구성되어 있다.
② 몸은 머리, 가슴, 배의 3부분으로 구분되고 다리는 4쌍이며 7마디로 구성되어 있다.
③ 몸은 머리가슴, 배의 2부분으로 구분되고 다리는 3쌍이며 5마디로 구성되어 있다.
④ 몸은 머리, 가슴, 배의 3부분으로 구분되고 다리는 3쌍이며 5마디로 구성되어 있다.

해설
곤충의 몸은 머리, 가슴, 배 3부분으로 분류되며 다리는 앞다리, 가운데다리, 뒷다리 3쌍, 마디는 기절, 전절, 퇴절, 경절, 부절 5마디로 구성된다.

30 쥐똥밀깍지벌레의 암컷 성충의 형태는?
① 깍지는 1.0mm 정도이며 원형으로 황갈색 또는 적갈색이다.
② 깍지는 2.0~2.5mm 이며 원추형이며 자갈색이다.
③ 성충은 3.0~4.0mm 이며 타원형이고 몸에 흰가루로 두껍게 덮여 있다.
④ 깍지는 3.0~3.8mm 로서 원형이며 백색 내지 회백색이다.

해설
쥐똥밀깍지벌레
· 암컷 성충의 깍지길이는 1mm 정도로 넓은 타원형 혹은 원형이며 황갈색에 광택이 있다.
· 수컷 성충의 더듬이는 6절이고 나뭇가지에 모여 살며 백색의 밀랍을 분비한다.
· 발톱 마디는 고정형, 항문고리는 반달모양을 가진다.
· 1년에 1회 발생하고 성충으로 월동한다.

31 해충 방제방법 중 생물적 방제의 장점에 해당하는 것은?
① 화학합성농약과 사용시 많은 주의가 요구된다.
② 환경의 영향을 많이 받는다.
③ 효과가 더디게 나타난다.
④ 안전한 농산물 생산이 가능하다.

해설
생물적 방제는 화학적 방제와는 반대로 약품 사용을 피하는 방법이기에 안전한 농산물 생산이 가능하다.

32 참나무류에 치명적인 피해를 주는 참나무 시들음병을 매개하는 곤충은?
① 북방수염하늘소
② 솔수염하늘소
③ 광릉긴나무좀
④ 털두꺼비하늘소

해설
참나무 시들음병의 매개충은 광릉긴나무좀이다.

33 기주와 해충간의 연결로 틀린 것은?
① 소나무 – 솔잎혹파리
② 참나무– 광릉긴나무좀
③ 벚나무 – 미국흰불나방
④ 은행나무 – 천막벌레나방

해설
천막벌레나방은 벚나무 가로수 등에 큰 피해를 준다.

34 잠자리 유충의 호흡방식은?
① 주기적으로 수면으로 부상하여 호흡한다.
② 공기주머니를 통한 수중호흡방식이다.
③ 기관아가미를 통한 수중호흡방식이다.
④ 몸 표면 전체의 얇은 막을 통한 가스교환방식이다.

해설
잠자리 유충은 아가미를 통해 수중호흡을 한다.

정답 29 ④　30 ①　31 ④　32 ③　33 ④　34 ③

35 다음은 무엇을 설명하는 것인가?

> 곤충의 제 2촉각절에 있는 방사상의 감각기 집합체로 제 2절과 편절 사이의 막질부에 생기는 변동을 감각하며, 곤충의 종류에 따라 발달정도에 차이가 있다. 모기의 수컷에 잘 발달되어 청각기능을 한다.

① Johnston's Organ
② Tympanal Organ
③ Chordotonal Organ
④ Ommatidium

해설
존스톤 기관은 곤충의 촉각의 제 2절인 병절에 갖추어 있는 특수 기관으로 특히 벌목 곤충의 수컷에 발달한 편이다. 촉각 신경 주위에 초상으로 배열한 수많은 기관집단으로 이루어져 있으며 공기의 진동을 통해 소리를 인지하고 바람의 방향을 느낄수 있다.

36 담배나방에 대한 설명으로 틀린 것은?

① 고추의 주요 해충 중 하나이다.
② 땅속에서 번데기로 월동한다.
③ 1년에 1회 발생한다.
④ 담배에 피해를 준다.

해설
담배나방은 1년에 3회 발생한다

37 우리나라에서 월동하지 못하고 매년 외국에서 날아와 피해를 주는 해충은?

① 이화명나방   ② 벼메뚜기
③ 벼밤나방   ④ 멸강나방

해설
외국에서 날아오는 해충을 비래해충이라 하며 멸강나방, 벼멸구, 흑명나방 등이 대표적이다.

38 기생성 천적곤충으로 이용가치가 높은 곤충목은?

① 벌목   ② 매미목
③ 나비목   ④ 사마귀목

해설
기생성 천적곤충으로 기생벌, 기생파리류 등이 실제로 많이 이용되고 있다.

39 곤충의 휴면은 대한 설명으로 틀린 것은?

① 곤충의 휴면은 생활하기에 불리한 환경 조건하에서 일어난다.
② 휴면이 일어나는 충태는 종에 따라 다르다.
③ 곤충의 휴면은 저온 조건하에서만 일어난다.
④ 곤충의 종에 따라서 일장조건이 휴면에 관여하기도 한다.

해설
곤충의 휴면은 불리한 환경 조건에서 발생하기에 저온 조건하에서만 일어나지는 않는다.

40 약충과 성충이 벼포기의 하단부를 흡즙하여 벼에 피해를 주는 것은?

① 벼멸구   ② 벼잎벌레
③ 벼메뚜기   ④ 멸강나방

해설
벼멸구는 약충과 성충이 벼포기의 하단부를 직접 흡즙가해하고 벼의 광합성량이 저하하게 된다.

정답 35 ① 36 ③ 37 ④ 38 ① 39 ③ 40 ①

3과목 재배학원론

41 벼가 담수재배에 적응하고 침수 저항성이 큰 이유는?
① 기원지가 습지이다.
② 통기계가 있다.
③ 지상부에 비해 뿌리의 건물중이 무겁다.
④ 요수량이 적다.

해설
내습성이 강한 벼는 통기계가 발달되어 있다.

42 우리나라 논토양의 적정 유기물 함량 (g/kg)은?
① 5~10   ② 25~30
③ 40~50   ④ 45~60

해설
국내의 논토양의 적정 유기물은 30g/kg 이다.

43 탈질현상을 경감시키는데 가장 효과적인 시비법은?
① 질산태 질소 비료를 논의 산화층에 시비
② 질산태 질소 비료를 논의 환원층에 시비
③ 암모니아태 질소 비료를 논의 산화층에 시비
④ 암모니아태 질소 비료를 논의 환원층에 시비

해설
암모늄태질소를 환원층에 시비하여 암모니아의 탈질을 방지하는데 이러한 시비 방법을 심층시비라 한다.

44 완전히 자가수정을 하는 동형접합체의 1개체로부터 불어난 자손의 총칭은?
① 계통   ② 순계
③ 종   ④ 품종

해설
완전히 자가수정하는 작물의 개체에서 나온 자손을 순계라고 하며 동형접합체이다.

45 동사온도가 가장 낮은 것은?
① 수목의 휴면아
② 겨울철의 보리
③ 겨울철의 유채
④ 포도의 맹아기

해설
작물에 따라 동사온도가 차이가 나며 보리나 밀의 경우 동사점이 낮아 동상해에 강한편이다. 그러나 수목의 휴면 중인 휴면아는 보리나 밀의 동사온도 -17℃ 보다 더 낮은 -20℃ 내외 정도이다.

46 비닐하우스에서는 흔히 고온장해가 유발되는데 내열성이 가장 큰 식물체 부위는?
① 눈   ② 미성엽
③ 완성엽   ④ 중심주

해설
완성엽은 충분히 자란 잎으로 내열성이 가장 크다.

47 옥신 중에서 식물체에서 합성되지 않는 것은?
① IAA   ② IAN
③ NAA   ④ PAA

해설
IAA, IAN, PAA 는 식물체에서 합성되는 천연호르몬이고 NAA 는 합성호르몬이다.

48 화곡류 작물에 흡수되어 표피조직을 강하게 하여 병충해 저항을 크게 하는 것은?
① 칼슘(Ca)   ② 칼륨(K)
③ 철(Fe)   ④ 규소(Si)

해설
규소는 줄기를 튼튼하게 하여 도열에 대한 저항성을 크게 해주며 세균이나 진균에 의한 병해를 경감시켜 준다.

정답 41 ② 42 ② 43 ④ 44 ② 45 ① 46 ③ 47 ③ 48 ④

49 다음 중 광포화점이 가장 낮은 작물은?
① 옥수수 ② 밀
③ 벼   ④ 콩

해설
옥수수, 사탕수수, 기장 등은 광포화점이 높고 인삼, 콩, 목초, 당근 등은 광포화점이 낮다.

50 동상해 응급대책으로 물이 얼 때 잠열(숨은열)이 발생되는 점을 이용하여 작물체 표면에 물을 뿌려 주는 방법은?
① 발연법   ② 연소법
③ 송풍법   ④ 살수결빙법

해설
스프링클러로 물을 뿌려 식물의 표면을 동결시켜 잠열을 이용해 식물체온을 유지하는 방법을 살수결빙법이라 한다.

51 토양이나 수질오염을 통하여 인체에 중금속 중독을 초래하기 쉬운 것은?
① 카드뮴   ② 구리
③ 망간   ④ 몰리브덴

해설
토양이나 수질오염을 통해 납, 카드뮴, 수은 등은 인체에 중금속 중독을 일으킨다.

52 답압의 효과가 아닌 것은?
① 도복 방지
② 건조해 경감
③ 영양생장 촉진
④ 서릿발에 의한 동사 방지

해설
답압은 작물 주변의 땅을 눌러 작물이 쓰러지는 것을 방지하고 토양공극을 줄여 건조해 및 서릿발에 동사를 방지할 수 있다. 그러나 별도의 토양의 양분이 늘어나는 것은 아니기에 영양생장이 촉진되지는 않는다.

53 윤작의 원리로 틀린 것은?
① 주작물은 지역사정에 따라서 다양하게 변화할 수 있다.
② 식량작물이나 사료작물의 어느 한쪽에 치중하여 생산한다.
③ 지력유지를 위하여 콩과작물을 포함시킨다.
④ 잡초의 경감을 위해서 중경작물이나 피복작물을 포함시킨다.

해설
윤작은 서로 다른 종류의 작물을 순차적으로 재배하는 방법으로 어느 한쪽으로 치중하여 생산하지 않는다.

54 식물의 거대형은 어떤 경우에 생기는가?
① 장일성 식물을 단일하에 놓아둘 때
② 장일성 식물을 장일하에 놓아둘 때
③ 단일성 식물을 단일하에 놓아둘 때
④ 단일성 식물을 장일하에 놓아둘 때

해설
단일식물은 장일조건에 놓이면 영양생장을 계속하여 거대형이 된다.

55 단명종자인 작물은?
① 배추   ② 완두
③ 메밀   ④ 클로버

해설
단명종자 작물로 메밀, 고추, 양파, 토당귀, 뽕나무 등이 있다.

56 벼의 수해에 대한 설명으로 틀린 것은?
① 분얼 초기에는 침수에 약하다.
② 수온이 높으면 침수 피해가 크다.
③ 수잉기로부터 출수개화기 사이에는 침수에 극히 약하다.
④ 침수로 표토가 씻겨내렸을 때에는 새 뿌리의 발생 후에 추비를 준다.

해설
분얼 초기에는 침수에 강하여 피해가 적게 나타난다.

정답 49 ④ 50 ④ 51 ① 52 ③ 53 ② 54 ④ 55 ③ 56 ①

57 밭에서의 가뭄 대책이 아닌 것은?
① 뿌림골을 낮게 한다.
② 뿌림골을 넓히거나 재식밀도를 촘촘하게 한다.
③ 봄철 보리밭을 밟아준다.
④ 가뭄에 견디는 작물과 품종을 선택한다.

해설
가뭄 대책으로 뿌림골을 좁히거나 재식밀도를 낮추어 간격을 넓힌다.

58 작물이나 과수에서 순지르기의 효과로 가장 거리가 먼 것은?
① 생장을 억제시킨다.
② 측지의 발생을 많게 한다.
③ 개화나 착과수를 적게 한다.
④ 목화나 두류에서도 효과가 크다.

해설
순지르기를 할 경우 식물의 웃자람을 방지하고 영양생장을 촉진하여 열매나 꽃의 품질을 향상시킬 수 있고 일정량의 곁가지(측지)가 발생한다.

59 다음 논의 용수량(Q) 계산수식에서 A에 해당되는 것은?

Q = (엽면증산량+수면증발량+지하침투량)-A

① 강수량
② 강우량
③ 유효우량
④ 흡수량

해설
용수량 = (엽면증산량 + 수면증발량 + 지하침투량) - 유효우량

60 토양의 pH가 낮아질 때 가급도가 가장 감소되기 쉬운 영양분은?
① Fe
② P
③ Mn
④ B

해설
가급도는 식물이 양분을 흡수하여 이용하는 정도로 pH가 낮아지면 산성토양에 가깝게 된다. 산성토양에서 가급도가 낮은 양분으로 인산, 칼륨, 칼슘, 마그네슘 등이며 반대로 가급도가 높은 양분은 철, 망간, 구리, 붕소 등이다

4과목 농약학

61 다음 제제 중 농약의 살포시 비산이 가장 적은 것은?
① 분제
② 수화제
③ 유제
④ 입제

해설
입제는 입자가 무거운 편이라 비산의 위험성은 적다.

62 수화제의 특징에 대한 설명으로 틀린 것은?
① 원료면에서 경제적이다.
② 제제가 고체이기 때문에 뒤처리가 용이하다.
③ 액상제제보다 희석농도가 적다.
④ 유제보다 안전성이 떨어지므로 조제 후 신속히 사용하여야 한다.

해설
액상제제는 사용시 많은 양의 물에 희석하기에 수화제는 액상제제보다 희석농도는 높다.

63 다음 중 친수기가 아닌 것은?
① $-SO_3H$
② $-COONa$
③ $-CN$
④ (benzene ring)

정답 57 ② 58 ③ 59 ③ 60 ② 61 ④ 62 ③ 63 ④

> **해설**
> 보기 4번의 경우 방향족의 고리 모양으로 친유성을 띤다.
> 대표적 친수성 작용기 : –OH, –COOH, –CN 등

64 황산아트로핀은 어느 농약의 중독치료에 사용하는가?

① 유기인계 살충제
② 디치오카바메이트계 살균제
③ 유기염소계 살충제
④ 유기비소계 살균제

> **해설**
> 유기인계 살충제 중독 해독제로 황산아트로핀(atropine sulfate), 팜(PAM) 등이 있으며 팜(PAM)의 경우 황산아트로핀과 병용하여 사용하도록 권장하고 있다

65 기계유 유제에 대한 설명으로 옳지 않은 것은?

① 무기합성 살충제이다.
② 값이 싸고 독성이 거의 없다.
③ 95% 이상의 고농도 제품이 나오고 있다.
④ 직접 접촉제로 작용한다.

> **해설**
> 기계유 유제는 유효성분인 석유류가 곤충에 피복되어 질식시키는 물리적 작용을 갖는 살충제로 탄화수소가 주성분인 유기화합물을 이용한 살충제이다.

66 살충제를 작용기구에 따라 분류하였을 때 다음 중 가장 거리가 먼 것은?

① 생장조절제
② 신경전달 저해제
③ 에너지생성 저해제
④ 접촉제

> **해설**
> 접촉제는 살충제의 침입경로에 따라 분류이다.

67 다음 중 잔류독성의 문제를 일으킬 위험요인이 가장 큰 계통의 농약은?

① 유기황계
② 유기인계
③ 유기염소계
④ 카바메이트계

> **해설**
> 유기염소계는 생태계 내에서 잔류성이 높은 편이다. 대표적으로 DDT와 같이 잔류 독성으로 인해 금지된 약품도 있다.

68 농약은 종류별로 병뚜껑의 색깔을 달리하여 농민이 농약을 쉽게 식별할 수 있도록 하고 있는데 살균제의 병뚜껑은 다음 중 어떤 색깔인가?

① 분홍색
② 초록색
③ 노란색
④ 파란색

> **해설**
> 살균제는 분홍색의 병뚜껑을 사용한다.
> ※ 용도별 색깔
>
> | 살균제 | 분홍색 |
> |---|---|
> | 살충제 | 녹색 |
> | 제초제 | 황색 |
> | 생장조절제 | 청색 |

69 살충제 파라티온의 성상 및 특성에 대한 설명으로 옳지 않은 것은?

① 해충 방제효과는 좋으나 인축에는 독성이 강하여 제한을 받는다.
② 대부분의 유기용매에 불용이며 알칼리에는 안정하다.
③ 비침투성 약제이다.
④ 접촉독, 가스독 및 소화중독의 세가지 작용을 함께 가지고 있다.

> **해설**
> 파라티온은 유기인계 살충제로 유기용매에 잘 녹으며 알칼리에 의해 쉽게 가수분해 된다.

정답 64 ① 65 ① 66 ④ 67 ③ 68 ① 69 ②

70 농약사용법에 의한 약해가 아닌 것은?
① 섞어 쓰기 때문에 일어나는 약해
② 동시 사용으로 인한 약해
③ 불순물 혼합에 의한 약해
④ 근접살포에 의한 약해

해설
불순물 혼합의 경우 농약 자체의 원인에 해당된다.

71 45% 유제를 600배로 희석하여 10a 당 120L를 살포하여 해충을 방제하려고 할 때 유제의 소요량은?
① 100mL ② 200mL
③ 300mL ④ 400mL

해설
$$\text{소요약량(배액)} = \frac{\text{단위 면적당 사용량}}{\text{소요희석 배수}}$$
$$= \frac{120{,}000ml}{600} = 200ml$$

72 50%의 페노뷰카브 유제(비중:1) 100ml 를 0.05% 액으로 희석하는 데 소요되는 물의 양은 약 몇 L 인가?
① 49.95L ② 99.9L
③ 499.5L ④ 999.9L

해설
희석할물의양
$= \text{원약용량} \times \left(\frac{\text{원액농도}}{\text{희석할농도}} - 1\right) \times \text{원액비중}$
$= 100 \times \left(\frac{50}{0.05} - 1\right) \times 1$
$= 99{,}900mL = 99.9L$

73 다음 중 과수의 탄저병에 적용하는 약제는?
① 이프로벤포스 유제
② 프로베나졸 입제
③ 다조멧 입제
④ 베노밀 수화제

해설
베노밀수화제는 침투성 살균제로 사과 탄저병, 겹무늬 썩음병 등의 방제에 사용한다.

74 다음 중 농약의 증량제로 보기 어려운 것은?
① 벤토나이트 ② 제올라이트
③ 활석   ④ 덱스트린

해설
덱스트린은 전분을 분해하여 남는 가수분해의 산물이다. 증량제는 주성분의 농도를 낮추는 약제로 규조토, 탈크, 벤토나이트 등이 있다.

75 MAFA제(Neoasozin)는 어느 계통의 농약에 속하는가?
① 유기비소제 ② 유기인제
③ 유기주석제 ④ 유기염소제

해설
MAFA제(Neoasozin, 네오아소진)은 유기비소제로 사과나무 부란병에 효과적인 농약이다.

76 농약의 독성 표시로 사용되는 LD_{50}의 단위는?
① g/kg   ② μg/kg
③ mg/m^3 ④ mg/kg

해설
반수치사량은 세계보건기구에서 쥐를 대상으로 한 급성 경구 및 피부 독성실험에 의거하여 LD_{50}(반수치사량)을 산출하고 값에 따라 농약의 독성을 분류하며 mg/kg 으로 표시한다.

77 농약의 사용목적에 따른 분류에 해당하는 것은?
① 유기인계   ② 호흡저해제
③ 살응애제   ④ 과립수화제

해설
제초제, 생장조정제, 살충제, 살균제, 살응애제 등은 사용목적에 따른 분류이다.

정답 70 ③ 71 ② 72 ② 73 ④ 74 ④ 75 ① 76 ④ 77 ③

78 침투성 살충제의 작용특성에 대한 설명으로 가장 옳은 것은?

① 우수한 살충효과를 얻기 위해서는 작물체 표면에 균일하게 살포되어야 한다.
② 작물체의 즙액을 빨아먹는 흡즙해충에 특히 우수한 살충력을 나타낸다.
③ 주로 섭식성 해충의 피부에 접촉, 흡수되어 살충력을 나타낸다.
④ 살포 즉시 강력한 살충력을 나타내며 잔효성이 매우 짧은 편이다.

해설
침투성 살충제는 식물의 일부에 처리시 식물 전체에 퍼지게 되어 흡즙성 해충을 선택적으로 제거 할 수 있다.

79 파라티온은 인체의 조직과 혈액 중의 콜린에스테라제와 결합해서 어느 것이 축적되어 중독증상을 일으키는가?

① 콜린   ② 초산
③ 아세틸콜린   ④ 인산

해설
파라티온과 같은 유기인계 살충제는 콜린에스테라제와 결합하여 분해 작용을 저해하고 아세틸콜린이 축적되게 되어 신경자극의 전달을 차단하여 곤충을 박멸하게 된다.

80 다음 농약의 약해증상 중 만성적 약해에 해당하는 것은?

① 얼룩반점   ② 착색불량
③ 개화지연   ④ 발근저해

해설
농약에 의한 만성적 약해로 위축, 비대지연, 착색불량, 기형뿌리 등이 있다.
※ 농약의 급성적 약해 : 얼룩반점, 고사반점, 개화지연, 발근저해 등

5과목 　　잡초방제학

81 벼와 광경합이 가장 크게 일어나는 잡초는?

① 강피   ② 쇠털골
③ 논둑외풀   ④ 올미

해설
피 종류 잡초의 경우 벼와 광 경합을 통해 수량 감소 등의 피해를 준다.

82 종자 자체의 조성이나 구조에 기인하여 발아하지 못하는 경우의 휴면을 무엇이라 하는가?

① 강제휴면   ② 타발휴면
③ 2차휴면   ④ 생득휴면

해설
종자 자체의 내적요인에 의하여 휴면을 하는 경우를 자발휴면 혹은 생득휴면이라 한다.

83 잡초의 이용면을 잘못 연결한 것은?

① 부레옥잠 - 수질 정화용
② 피 - 가축 사료용
③ 어저귀 - 가축 사료용
④ 별꽃 - 민간 한방용

해설
어저귀는 종이, 마대 등의 원료로 사용된다.

84 화학적 잡초 방제법의 장점은?

① 환경에 잔류 가능성이 없음
② 약해가 없음
③ 살초작용이 빠름
④ 생물에 안전함

해설
화학적 방제법은 다른 방제법에 비해 살초효과가 빠르게 나타난다.

정답　78 ②　79 ③　80 ②　81 ①　82 ④　83 ③　84 ③

85 주성분 함량이 2.5%인 입제를 주성분 1kg/ha 수준으로 1ha에 처리할 경우 필요한 제품량은?

① 10kg ② 20kg
③ 30kg ④ 40kg

해설

제품량(g) = 성분량 × $\dfrac{100}{희석률}$

= $1{,}000 \times \dfrac{100}{2.5}$ = 40,000(g) = 40kg

86 논에 발생하는 다년생 사초과 잡초가 아닌 것은?

① 올방개 ② 미나리
③ 쇠털골 ④ 너도방동사니

해설

논에서 발생하는 다년생 사초과 잡초로 너도방동사니, 올방개, 올챙이고랭이, 파대가리, 쇠털골 등이 있다.

87 영양번식기관에 의하여 주로 번식하는 잡초의 종류로 나열된 것은?

① 가래, 벗풀, 여뀌
② 강아지풀, 여뀌, 물옥잠
③ 피, 물달개비, 마디꽃
④ 올미, 가래, 너도방동사니

해설

올미, 가래, 너도방동사니는 괴경에 의한 영양번식을 한다.

88 다음 다년생 논 잡초 중 영양번식기관의 발생분포 심도가 표토로부터 가장 깊은 종은?

① 올미 ② 너도방동사니
③ 벗풀 ④ 올방개

해설

올방개는 발생분포 심도가 주로 10~25cm 정도이며 최대 30cm까지 깊게 분포한다.

89 열처리나 침수처리 등의 잡초방제방법을 무슨 방제법이라고 하는가?

① 물리적 방제법
② 예방적 방제법
③ 생태적 방제법
④ 경종적 방제법

해설

토양열처리나 침수처리 등은 물리적 방제법이다.

90 종자에 낙하산모양의 깃털이나 솜털이 부착되어 있어서 바람에 의하여 전파가 되는 잡초로 나열된 것은?

① 명아주, 방동사니
② 민들레, 망초
③ 어저귀, 쇠비름
④ 박주가리, 환삼덩굴

해설

낙하산 모양의 비산형 종자로 민들레, 망초, 박주가리가 있다.

91 잡초군락을 평가하는 기준이 아닌 것은?

① 생장곡선 ② 중요값
③ 우점도지수 ④ 유사성계수

해설

잡초군락은 우점정도를 나타내는 우점지수와 개개종의 중요값(개체수, 생체량, 생산력 등), 유사성계수 등을 통해 평가한다.

92 잡초분류방법 중 식물분류학적 분류에 해당하는 것은?

① 수생 잡초 ② 일년생 잡초
③ 종자번식 잡초 ④ 화본과 잡초

해설

식물분류학적 분류로는 화본과잡초가 있다.

정답 85 ④ 86 ② 87 ④ 88 ④ 89 ① 90 ② 91 ① 92 ④

93 광엽잡초에 대한 설명으로 옳은 것은?
① 잎이 가늘고 줄기가 삼각기둥모양으로 생장하는 것이 특징이다.
② 잎이 가늘고 잎맥이 평행한 것이 특징이다.
③ 잎이 넓고 크며 잎맥이 그물처럼 된 것이 특징이다.
④ 생장점이 지하부에 있는 잡초를 의미한다.

해설
쌍자엽식물로 망상맥을 가지며 잎이 넓은 것이 특징이다.

94 영양번식기관과 이에 해당하는 잡초종이 옳게 짝지어진 것은?
① 인경 – 올미   ② 구경 – 가래
③ 지하경 – 띠   ④ 포복경 – 올방개

해설
영양번식기관 중에서 지하경(근경)에는 쇠털골, 가래, 나도겨풀, 수염가래꽃, 택사, 띠 등이 있다.

95 생물적 잡초방제법의 장점은?
① 살초작용이 빠르다.
② 일정한 지역에 처리가 가능하다.
③ 환경에 잔류문제가 없다.
④ 동시에 여러 초종의 방제가 불가능하다.

해설
생물적 잡초방제에는 효과의 영구성이 있고 방제 비용이 적게 들며 환경에 대한 안전성이 있고 잔류문제가 없다.

96 작물과 잡초 양분경합에 있어서 경합이 가장 큰 것은?
① 칼륨   ② 인산
③ 칼슘   ④ 질소

해설
양분의 경합이 가장 높은 인자는 질소이다.

97 다음 용어 설명으로 틀린 것은?
① 경제적 허용한계밀도 – 방제노력과 방제로 인한 이득이 상충되는 수준까지 잡초를 허용할 수 있는 밀도
② 제초제 저항성 잡초 – 본래 제초제에 의해 잘 방제되었던 잡초가 제초제를 처리해도 잘 죽지 않는 생태형으로 변화된 잡초
③ 잡초경합허용기간 – 잡초경합으로 인한 작물의 손실량이 비교적 적은 기간으로서 초관형성 후 생식생장 이전까지의 기간
④ 제초제 처리층 – 토양처리된 제초제가 일정 두께의 토양에 고루 분포되어있는 부위

해설
잡초경합허용기간은 잡초의 경합으로 작물의 손실량이 비교적 적은 파종 후 초관형성기 혹은 생식생장기 이후 수확기까지를 말한다.

98 암발아성 종자인 잡초는?
① 냉이   ② 바랭이
③ 소리쟁이 ④ 쇠비름

해설
암발아 종자는 별꽃, 냉이, 광대나물 등이 있다.

99 동계 1년생(월년생) 잡초의 주 발아시기는?
① 봄   ② 초여름
③ 여름   ④ 가을

해설
겨울잡초는 가을에 발아하여 노지에서 월동하고 다음해 늦봄~초여름에 결실한다.

정답 93 ③ 94 ③ 95 ③ 96 ④ 97 ③ 98 ① 99 ④

100 잡초의 특성 연결이 틀린 것은?
① 강피-논 잡초-화본과잡초
② 올방개-밭 잡초-광엽잡초
③ 물달개비-논 잡초-광엽잡초
④ 바랭이-밭 잡초- 화본과잡초

해설
올방개는 논잡초이며 방동사니과잡초이다.

정답 100 ②

국가기술자격 필기시험문제

2014년 기사 제2회 과년도 기출문제				수험번호	성명
자격종목 식물보호기사	종목코드	시험시간 2시간 30분	형별		

1과목 식물병리학

01 보리 겉깜부기병 방제법으로 가장 거리가 먼 것은?

① 무병지에서 채종한 종자 사용
② 종자를 냉수온탕침법으로 처리
③ 종자를 침투성 종자소독제로 소독
④ 보리 이삭이 필 무렵 석회 황합제 살포

해설
보리 겉깜부기병은 냉수온탕침법이나 약제를 이용한 종자를 분의 처리하는 것이 효과적이다.

02 벼 줄무늬잎마름병을 효율적으로 방제하는 방법이 아닌 것은?

① 저항성 품종 재배
② 애멸구 제거
③ 살균제 살포
④ 논두렁 잡초 제거

해설
벼 줄무늬잎마름병은 매개충인 애멸구를 통해 바이러스가 전반되는 것으로 살균제를 이용하는 것은 비효율적이다.
※ 벼 줄무늬잎마름병 방제법
· 발생시 치료하기가 어려워 논두렁 잡초를 태워 매개충인 애멸구를 제거해야 한다.
· 저항성 품종을 재배하고 질소질 비료의 과용을 금한다.

03 형광항체법을 이용하는 식물병 진단방법은?

① 핵산분석에 의한 진단
② 이화학적 진단
③ 혈청학적 진단
④ 생물학적 진단

해설
형광항체법은 혈청학적, 면역학적 진단법에 속한다.
※ 형광항체법 : 식물병 검사시 항원을 검출하는 간접적인 방법이다. 항원에 대한 항체에 형광색소를 부착시켜 이용하는 방법으로 바이러스, 병원체 검출 등에 이용된다.

04 우리나라에서 참나무 시들음병을 일으키는 병원균을 매개하는 것으로 알려진 곤충은?

① 북방수염하늘소
② 솔수염하늘소
③ 광릉긴나무좀
④ 장수풍뎅이

해설
참나무 시들음병의 매개충은 광릉긴나무좀이다.

05 아밀라리아(Armillaria) 뿌리썩음병균에 의해 나타나는 증상이 아닌 것은?

① 균핵
② 자실체(버섯)
③ 근상균사속(뿌리모양의 균사다발)
④ 부채꼴 모양의 흰색 균사매트

해설
아밀라리아 뿌리썩음병균은 뿌리에 근상균사다발이 형성되고 줄기 밑동에는 흰색의 균사층이 형성된다. 8월쯤에는 병든 나무의 뿌리나 줄기 밑동에 자실체인 버섯이 무리지어 형성된다.

정답 01 ④ 02 ③ 03 ③ 04 ③ 05 ①

06 토마토에 발생하는 병해 중 비기생성 병해는?

① 겹둥근무늬병 ② 궤양병
③ 잿빛곰팡이병 ④ 배꼽썩음병

해설
배꼽썩음병은 기생생물에 의해 발생되는 것이 아닌 석회결핍이나 토양수분의 급격한 변화에 의해 발생한다.

07 배추 노균병균이 만드는 유성포자는?

① 자낭포자 ② 담자포자
③ 난포자   ④ 접합포자

해설
병원균이 분생포자를 만들어 잎에 균사나 난포자로 월동한다.

08 식물바이러스의 특성을 바르게 설명한 것은?

① 식물바이러스는 감자한천배지에서 배양할 수 있다.
② 핵산 단독으로도 감염 및 증식이 가능한 식물바이러스가 있다.
③ 식물바이러스의 전염은 매개충의 의해서만 이루어진다.
④ 식물바이러스는 전자현미경으로는 관찰할 수 없다.

해설
식물바이러스는 살아있는 조직에서 단독으로도 감염 및 증식이 가능한 바이러스가 있다.

09 식물병의 표징에 해당하는 것은?

① 감자 바이러스의 모자이크 증상
② 벼 도열병의 전형적인 마름모 증상
③ 감귤 궤양병의 과일에 나타난 궤양
④ 사과나무 부란병의 분생자각

해설
표징은 병이 발생시 병원체 자체가 나타나는 것으로 균사, 균사속, 균사막, 균핵, 자좌, 포자, 자실체 등이 있다.

10 다음 설명하는 병은?

오이 잎에 발생하는 병해로 수침상의 점무늬가 다각형의 담갈색 무늬로 발전하며, 습기가 많으면 병든 부위의 뒷면에 서리 또는 가루모양의 곰팡이가 생긴다

① 노균병   ② 덩굴마름병
③ 잿빛곰팡이병 ④ 흰가루병

해설
오이 노균병은 진균에 의해 담황색의 작은 반점이 발생하고 점점 확장되어 담갈색의 병반이 형성된다. 병반 뒷면은 회색 곰팡이인 분생포자가 생성된다.

11 식물병 중 표징을 관찰할 수 없는 경우는?

① 사찰나무 그을음병
② 포도나무 잿빛곰팡이병
③ 대추나무 빗자루병
④ 사과나무 탄저병

해설
파이토플라스마에 의해 발생하는 대추나무 빗자루병은 병징만 나타나고 표징은 관찰하기 힘들다.

12 코흐의 원칙(Koch's Postulates)에 대한 설명으로 틀린 것은?

① 병의 원인을 증명하기 위해 사용되는 원칙이다.
② 4단계의 규칙으로 구성되었다.
③ 모든 식물병원체에 적용할 수 있다.
④ 식물병뿐만 아니라, 동물병에도 적용될 수 있다.

해설
코흐의 원칙은 바이러스와 같은 절대기생체의 경우 적용하기 부적합하다. 예를 들어 바이러스의 경우 배지에서의 인공배양이 불가능하기 때문이다.

정답 06 ④ 07 ③ 08 ② 09 ④ 10 ① 11 ③ 12 ③

13 코흐의 원칙으로 식물병원체임을 증명할 수 있는 병해는?
① 고추 탄저병
② 감자 바이러스병
③ 딸기 흰가루병
④ 오이 노균병

해설
고추 탄저병은 진균으로 코흐의 법칙으로 증명이 가능하다. 바이러스, 흰가루병, 노균병 등은 살아있는 조직내에서만 생활하는 절대기생체이므로 증명이 어렵다.

14 벼 흰잎마름병의 발생과 전파에 가장 좋은 환경조건은?
① 규산 과용
② 이상 건조
③ 태풍과 침수
④ 이상 저온

해설
벼 흰잎마름병은 물에 의해 전반되기 용이하므로 태풍과 침수에 의해 다량 발생할 수 있다.

15 이병된 식물체를 가축이 먹으면 해로운 병은?
① 콩 자줏빛무늬병
② 보리 붉은곰팡이병
③ 벼 도열병
④ 배추 모자이크병

해설
붉은 곰팡이병에 감염된 보리, 밀 등을 섭취한 사람, 동물 등은 심한 중독 증상을 일으킨다.

16 중합효소연쇄반응(PCR)법은 무엇을 증폭시키는 것인가?
① 탄수화물
② 단백질
③ DNA
④ RNA

해설
PCR 법은 DNA를 대량 증폭하여 감염 여부를 확인한다.

17 벼 도열병균의 레이스(Race)를 구분할 때 사용하는 판별품종이 아닌 것은?
① 인도계(T) 품종군
② 일본계(N) 품종군
③ 필리핀계(R) 품종군
④ 중국계(C) 품종군

해설
벼도열병균의 레이스 구분시 12개 판별품종에 접종해 병반형에 따라 T품종(인도), C품종(중국), N품종(일본) 등으로 분류한다.

18 무가온 시설재배에서 발생하는 병해 중 가장 낮은 온도에서 발생하는 병은?
① 균핵병
② 노균병
③ 흰가루병
④ 역병

해설
병해에서 균핵병은 10℃ 미만의 저온에서 발생한다. 노균병의 경우 18~22℃, 흰가루병은 15~28℃, 역병은 10~24℃ 정도가 가장 잘 발생하는 조건이다.

19 제한효소를 사용하여 DNA 특정 염기부위를 잘라 DNA 절편 다양성을 통해 병원체를 동정하는 진단과 관련있는 용어는?
① TEM
② RFLP
③ IEM
④ PCR

해설
RFLP는 restriction fragment length polymorphism의 약자로 DNA를 유전자 절단 제한효소로 절단하여 이때의 유전자의 길이가 개인에 따라 다양하게 나타는 현상을 말한다.

20 동물 유전자에 의해 코딩되지만 식물체 내에서 식물에 의해 생성되는 항체는?
① Plantibody
② Microbody
③ X–body
④ Chromobody

해설
Plantibody는 일종의 식물항체로 비용이 저렴하고 대량생산에 용이하다.

정답 13 ① 14 ③ 15 ② 16 ③ 17 ③ 18 ① 19 ② 20 ①

2과목 농림해충학

21 곤충 목으로 주로 유익한 곤충(천적)들이 속해 있는 목에 해당되지 않는 것은?
① 풀잠자리목 ② 딱정벌레목
③ 매미목 ④ 벌목

해설
매미목은 흡즙성 가해 곤충으로 유익한 곤충에 속하지 않는다.

22 종내 개체간 통신용 소리의 목적이 아닌 것은?
① 교미 ② 구애
③ 경보 ④ 자기방어

해설
곤충의 자기방어는 주로 화학물질을 분비하여 이루어진다.

23 곤충학은 다른 학문의 분야에도 영향을 미치는데, 초파리는 어느 학문의 발전에 특히 크게 기여 하였는가?
① 화학 ② 생태학
③ 유전학 ④ 물리학

해설
초파리는 번식이 빠르고 개체수가 많아 유전학연구에 많이 이용되고 있다.

24 키틴(Chitin)을 구성하는 주 단위체는?
① acetylgalactosamine
② N–Acetylglucosamine
③ Galactosamine
④ Procuticle

해설
N-아세틸글루코사민(N-Acetylglucosamine)은 천연고분자 다당으로 키틴의 주 단위체이다.

25 곤충의 특징이 아닌 것은?
① 몸이 머리, 가슴, 배 3부분으로 되어 있다.
② 4쌍의 다리를 가지고 있다.
③ 겹눈과 홑눈이 있다.
④ 대개 변태를 한다.

해설
곤충은 주로 3쌍의 다리를 가지고 있다. 4쌍은 거미의 경우이다.

26 벼물바구미의 월동태는?
① 알 ② 유충
③ 번데기 ④ 성충

해설
벼물바구미는 8월쯤 성충으로 논둑의 잡초나 낙엽 아래에서 월동한다.

27 일반적으로 곤충이 가장 강한 주광성을 나타내는 파장 범위는?
① 230~300nm ② 330~400nm
③ 430~500nm ④ 530~650nm

해설
곤충은 주로 300~400nm 의 단파장 광선에 강한 주광성을 나타내며 이를 이용한 것이 유아등이다.

28 근육 부착을 위한 머리내 골격 구조를 무엇이라 하는가?
① 봉합선 ② 합체절
③ 막상골 ④ 두개

해설
막상골은 곤충의 두부내에 있는 내골격으로 U 자형, X 자형이 형태가 있다. 구기, 촉각 등의 움직이는 근육의 부착점이다.

정답 21 ③ 22 ④ 23 ③ 24 ② 25 ② 26 ④ 27 ② 28 ③

29 곤충이 갖는 살충제 저항성 기작의 원인이 아닌 것은?
① 농약으로부터 기피하는 행동
② 해독효소 활성 감소
③ 빠른 배설 생리기작
④ 표피층 두께 증가

> **해설**
> 살충제에 대한 저항성이 나타나는 것은 해독효소의 활성이 증가되는 것을 의미한다.

30 성충과 유충이 모두 잎을 가해하는 해충은?
① 오리나무잎벌레
② 미국흰불나방
③ 솔잎혹파리
④ 박쥐나방

> **해설**
> 오리나무잎벌레는 성충과 유충이 동시에 잎을 가해한다.

31 곤충의 체벽(외골격)을 구성하는 요소들을 바깥쪽부터 순서대로 바르게 나열한 것은?
① 상큐티클-외큐티클-표피-기저막
② 외큐티클-표피-기저막-상큐티클
③ 상큐티클-외큐티클-기저막-표피
④ 상큐티클-기저막-표피-외큐티클

> **해설**
> 곤충의 체벽을 구성하는 순서는 외부에서부터 상큐티클, 외큐티클, 표피, 기저막의 순서로 구성된다.

32 최근 우리나라 소나무류에 피해를 주고 있는 소나무재선충병의 매개충으로 나열된 것은?
① 솔수염하늘소, 북방수염하늘소
② 북방수염하늘소, 알락하늘소
③ 알락하늘소, 털두꺼비하늘소
④ 솔수염하늘소, 남색하늘소

> **해설**
> 소나무재선충의 매개충으로 솔수염하늘소, 북방수염하늘소가 있다.

33 해충의 발생예찰 방법이 아닌 것은?
① 통계적 예찰법
② 야외조사 및 관찰 예찰법
③ 시뮬레이션 예찰법
④ 피해사정 예찰법

> **해설**
> 예찰 방법으로 야외조사, 통계적 방법, 다른 생물현상과의 관계 파악, 실험적 방법, 개체군의 동태학적 방법 등이 있다.

34 성충과 약충이 가해하며 벼의 오갈병을 매개하는 해충은?
① 벼멸구   ② 애멸구
③ 흰등멸구   ④ 끝동매미충

> **해설**
> 끝동매미충은 성충, 약충이 기주를 흡즙가해하고 벼 오갈병을 매개하는 매개충 역할을 한다.

35 응애는 어느 목에 속하는 곤충인가?
① 나비목   ② 파리목
③ 매미목   ④ 날도래목

> **해설**
> 응애는 위생곤충으로 파리목에 속한다.

36 온난화로 인하여 일부 월동하는 사례가 있으나 일반적으로 우리나라에 비래(飛來)하지만 월동하지 않는 것으로 분류되는 해충으로 나열된 것은?

> ㉠ 벼멸구   ㉡ 애멸구
> ㉢ 끝동매미충 ㉣ 흰등멸구

① ㉠, ㉡   ② ㉠, ㉢
③ ㉠, ㉣   ④ ㉠, ㉢, ㉣

> **해설**
> 외국에서 날아오는 해충을 비래해충이라 하며 멸강나방, 벼멸구, 흰등멸구, 혹명나방 등이 대표적이다.

정답 29 ② 30 ① 31 ② 32 ① 33 ④ 34 ④ 35 ② 36 ③

37 1년에 1회 발생하는 해충은?
① 벼물바구미 ② 조명나방
③ 감자나방   ④ 미국흰불나방

해설
벼물바구미는 1년에 1회 발생한다.

38 파리의 날개는 몸의 어느 부위에 부착되어 있는가?
① 등판   ② 앞가슴
③ 가운데가슴 ④ 뒷가슴

해설
곤충의 날개는 앞날개는 가운데가슴에 부착되어 있고 뒷날개는 뒷가슴에 부착되어 있다.

39 소나무의 중요 해충의 하나인 소나무좀의 학명은?
① *Baris deplanata*
② *Agelastica coerulea*
③ *Rhynocoris leucospilus*
④ *Tomicus piniperda*

해설
소나무좀의 학명은 *Tomicus piniperda* 이다.

40 가해양식이 나머지 셋과 다른 해충은?
① 조록나무혹진딧물
② 솔껍질깍지벌레
③ 버즘나무방패벌레
④ 미국흰불나방

해설
미국흰불나방은 식엽성해충이며 조록나무혹진딧물, 솔껍질깍지벌레, 버즘나무방패벌레는 흡즙성해충이다.

3과목 재배학원론

41 작물의 내동성(耐凍性)을 증대시키는 생리적 요인으로 틀린 것은?
① 원형질의 수분투과성이 크다.
② 세포의 수분함량이 높아 자유수가 많다.
③ 원형질의 친수성 콜로이드가 많다.
④ 당분함량이 많다.

해설
작물의 내동성을 증대시키는 생리적 요인으로 세포의 수분 함량이 적어야 한다.

42 단일성 식물에 해당되는 것은?
① 시금치, 보리
② 벼, 토마토
③ 고추, 딸기
④ 코스모스, 나팔꽃

해설
단일성 식물로는 콩, 옥수수, 벼, 딸기, 국화, 코스모스, 나팔꽃 등이 있다.

43 작물의 내건성에 대한 설명으로 옳은 것은?
① 내건성이 큰 작물은 뿌리가 표층에 많이 분포한다.
② 내건성이 큰 작물은 왜소하고 잎이 작다.
③ 내건성이 큰 작물은 세포액의 삼투압이 낮다.
④ 내건성이 큰 작물은 세포가 크다.

해설
내건성이 큰 작물은 왜소하고 잎이 작다.

정답 37 ① 38 ③ 39 ④ 40 ④ 41 ② 42 ④ 43 ②

44 용도에 따른 작물의 분류법에서 식용작물, 공예작물, 사료작물에 모두 속하는 화본과 작물은?

① 벼　　　② 콩
③ 감자　　④ 옥수수

해설
옥수수는 식용작물에서 잡곡, 공예작물에서 전분작물, 사료작물에 속하는 화본과 작물이다.

45 질산암모늄(NH_4NO_3)의 질소유효성분은?
(원자량 N=14, H=1, O=16)

① 18%　　② 28%
③ 35%　　④ 46%

해설
원자량 총 합산
 : N+(4×H)+N+(O×3)=14+4+14+48=80
질소가 차지하는 비율
 : (28 / 80)×100 = 35(%)

46 공기 중 습도가 높으면 어떤 현상이 일어나겠는가?

① 광합성이 더욱 왕성히 이루어진다.
② 숨구멍이 폐쇄되어 광합성이 크게 감퇴된다.
③ 뿌리의 수분, 양분의 흡수력이 왕성해진다.
④ 증산작용이 왕성해진다.

해설
공중 습도가 높아지면 잎에서의 증산작용이 억제되고 기공이 닫히는데 이때 광합성량은 감소한다.

47 다음 중 적산온도가 가장 낮은 것은?

① 벼　　　② 감자
③ 콩　　　④ 수수

해설
감자의 적산온도는 약 1300 정도로 보기에서 낮은 편에 속하며 벼는 3500 정도로 높은 작물에 속한다.

48 다음 중 연작의 해가 가장 적은 작물은?

① 옥수수　② 수박
③ 토마토　④ 인삼

해설
연작의 해가 적은 작물은 벼, 맥류, 조, 수수, 옥수수, 담배, 무, 당근, 양파, 호박, 순무, 아스파라거스, 딸기, 미나리, 양배추 등이 있다.

49 광량이 적고 산소분압이 높은 상태에서 나타나는 C_3 식물의 생리작용은?

① 착색이 촉진된다.
② 광호흡이 증대된다.
③ 엽록소 형성이 촉진된다.
④ C/N율이 높아진다.

해설
C_3 식물은 이산화탄소가 적고 산소분압이 높은 경우 이산화탄소 대신 산소를 이용하여 광호흡을 한다.

50 작물이 주로 이용하는 토양 수분은?

① 흡습수　② 모관수
③ 지하수　④ 결합수

해설
결합수, 중력수 등은 작물이 이용이 어려운 수분이며 주로 모관수가 이용되는 유효수분이다.

51 토성에 대한 설명으로 옳은 것은?

① 토성은 2mm 이상 크기의 입자 함량에 가장 크게 영향을 받는다.
② 사질식토보다는 경식토가 미사함량이 낮다.
③ 양토는 사질식토보다 물빠짐이 좋다.
④ 식양토는 사질식토보다 점토함량이 높다.

해설
토성에서 식토질 토양은 점토 함량이 50% 이상으로 물빠짐이 원활하지 못하다. 반대로 양토의 경우 점토 함량이 25~37.5% 정도로 공극이 충분하여 물빠짐이 양호하다.

정답　44 ④　45 ③　46 ②　47 ②　48 ①　49 ②　50 ②　51 ③

52 침관수해(浸冠水害)에 가장 크게 피해를 받기 쉬운 조건은?
① 청수와 정체수
② 탁수와 정체수
③ 탁수와 유수
④ 청수와 유수

> **해설**
> 침관수해는 맑은 물보다 흐린물에, 흐르는물보다는 정체된 물에 피해가 더 크다.

53 발아에 광선이 필요하지 않는 작물은?
① 상추   ② 금어초
③ 담배   ④ 호박

> **해설**
> 혐광성 작물로 호박, 고추, 양파, 오이, 백일홍 등이 있다.

54 열해의 원인으로 가장 거리가 먼 것은?
① 증산과다
② 철분의 침전
③ 암모니아 축적
④ 유기물의 과잉집적

> **해설**
> 열해로 인해 유기물 소모가 많아지기에 과잉집적과는 거리가 멀다.

55 생리적 염기성 비료는?
① 황산칼륨   ② 과인산석회
③ 염화칼륨   ④ 용성인비

> **해설**
> 생리적 염기성 비료의 종류로 질산나트륨, 질산칼슘, 용성인비, 초목회가 있다.

56 기계이앙 벼 재배용 상자육묘에서 상토의 최적 pH 는?
① 3.5~4.5   ② 4.5~5.5
③ 5.5~6.5   ④ 7.5~8.5

> **해설**
> 육묘용 상토는 pH 4.5 ~ 5.5 가 적합하다.

57 지온상승에 효과가 있는 멀칭필름은?
① 투명필름   ② 흑색필름
③ 녹색필름   ④ 황색필름

> **해설**
> 투명필름은 햇빛을 통과시켜 지온의 상승 및 습도 유지에 도움을 준다.

58 다음 용어에 대한 설명으로 틀린 것은?
① C/N율 : 식물체의 탄수화물과 질소의 비율이다.
② G–D균형 : 식물의 생육이나 성숙은 분화와 균형에 의하여 지배된다는 것이다.
③ T/R율 : 신장생장에 대한 비대생장의 비율이다.
④ S/R율 : 작물의 지하부생장량에 대한 지상부생장량의 비율이다.

> **해설**
> T/R 율은 식물의 지상부의 TOP 과 식물의 지하부 뿌리인 Root 의 비율을 나타낸 것이다. T/R 율은 생육상태에 대한 지표가 될 수 있으며 생장량은 생체나 건물의 중량으로 표시한다.

59 작물의 생태적 분류에 대한 내용으로 틀린 것은?
① 맥류와 감자는 옥수수나 수수보다 상대적으로 저온을 좋아한다.
② 겨울작물은 겨울에 주로 파종하고 여름작물은 여름에 주로 파종한다.
③ 포복형 작물은 직립형 작물보다 도복에 강한 특성을 보인다.
④ 세계의 주곡으로 이용되는 3대 주요작물은 모두 일년생 작물이다.

정답 52 ② 53 ④ 54 ④ 55 ④ 56 ② 57 ① 58 ③ 59 ②

> [해설]
> 겨울작물은 가을에 파종하고 여름작물은 봄에 파종한다.

60 우리나라 주요 작물의 식량자급률이 높은 것부터 차례로 나열된 것은?(단, 사료용을 포함)

① 서류 > 쌀 > 보리쌀 > 두류 > 밀
② 쌀 > 서류 > 보리쌀 > 밀 > 두류
③ 쌀 > 두류 > 서류 > 보리쌀 > 밀
④ 보리쌀 > 쌀 > 두류 > 서류 > 밀

> [해설]
> 국내의 식량자급률은 서류가 96% 정도로 가장 높으며 쌀 86%, 보리쌀 17%, 두류 10%, 옥수수 0.9%, 밀 0.7% 수준이다.

4과목 농약학

61 10% 엠아이피씨 분제 1.0kg을 2.0% 분제로 만들려고 할 때 필요한 증량제의 양은 몇 kg 인가?

① 0.4kg   ② 4kg
③ 0.8kg   ④ 8kg

> [해설]
> 희석할증량제 양
> $= 원분제중량 \times \left(\dfrac{원분제\ 농도}{목표\ 농도} - 1 \right)$
> $= 1 \times \left(\dfrac{10}{2} - 1 \right) = 4\text{kg}$

62 분제의 물리적인 성질로서 가장 거리가 먼 것은?

① 토분성   ② 부착성
③ 고착성   ④ 현수성

> [해설]
> 현수성은 물에 입자가 균일하게 분산부유하는 성질로 물에 섞지 않고 제품 그대로 살포하는 분제의 물리적 성질과는 거리가 멀다.

63 제초제, 생장조정제, 살충제, 살균제 등으로 분류하는 농약의 기준은?

① 사용목적에 의한 분류
② 주성분 조성에 의한 분류
③ 농약의 형태에 의한 분류
④ 작용기작에 의한 분류

> [해설]
> 농약의 사용목적에 따라 살균제, 살충제, 제초제 등으로 분류한다.

64 이프로벤포스 유제 48% 100mL를 0.5%의 희석액으로 만드는데 소요되는 물의 양은 몇 mL 인가?(단, 이프로벤포스 유제의 비중은 1.005 이다)

① 9247.5   ② 9347.5
③ 9447.5   ④ 9547.5

> [해설]
> 희석할 물의 양
> $= 원액용량 \times \left(\dfrac{원액농도}{희석할\ 농도} - 1 \right) \times 원액비중$
> $= 100 \times \left(\dfrac{48}{0.5} - 1 \right) \times 1.005$
> $= 9547.5\text{mL}$

65 농약의 물리성을 나타내는 것으로 옳지 않은 것은?

① 습윤성   ② 현수성
③ 유화성   ④ 맹독성

> [해설]
> 맹독성은 독성의 강도에 속한다.
> ※ 농약의 물리성 : 유화성, 습전성, 수화성, 현수성, 부착성 등

66 발암성이 문제가 되어 국내에서 등록이 취소된 약제는?

① Difenoconazole 수화제
② Benomyl 수화제
③ Captafol 수화제
④ Lufenuron 유제

해설
캡타폴(Captafol), DDT 등은 발암물질로 분류되어 있다.

67 주성분에 의한 농약에 분류에 해당되지 않는 것은?

① 유기인계   ② 훈증제
③ 카바메이트계 ④ 유기염소계

해설
주성분에 의한 농약의 분류로 유기인계, 카바메이트계, 유기염소계, 유기황계 등이 있으며 훈증제는 제형에 따른 분류에 속한다.

68 다음 농약 중 살비제가 아닌 것은?

① 디코폴(dicofol)
② 아미트라즈(amitraz)
③ 사이플루트린(cyfluthrin)
④ 클로펜테진(clofentezine)

해설
살비제로 디코폴, 펜프로, 테부펜피라드, 페나자퀸, 피리다벤 등이 있다. 사이플루트린(cyfluthrin)은 살충제이다.

69 농약 원제의 대한 설명으로 옳은 것은?

① 유효성분이 농축되어 있는 물질이다.
② 제품보다 부성분을 많이 함유하고 있다.
③ 물질의 순도는 대부분 50~60% 정도이다.
④ 원액에 유기용매를 희석해 놓은 것이다.

해설
원제는 농약의 유효성분이 농축되어 있는 물질이다.

70 농약잔류허용기준을 설정하는 과정에서 고려할 사항으로 가장 거리가 먼 것은?

① 최대무작용량(NOEL)
② 1일 섭취허용량(ADI)
③ 안전계수
④ 식이섭취위험도

해설
농약의 잔류 허용기준시 1일 섭취허용량, 체중, 식품 1일 섭취량을 이용하여 설정하며 여기서 1일 허용량은 농약을 매일 섭취해도 영향이 없는 농약의 양으로 최대무작용약량에서 안전계수를 곱한 값으로 정의한다.

71 농약의 독성으로부터 인축 및 생태계를 보호하기 위해 필요한 급성독성의 수치는 반수 치사량(LD_{50})으로 나타내며 ppm 으로 표기하기도 하는데, 다음 중 ppm 과 같은 의미는?

① g/kg   ② mg/g
③ mg/kg   ④ μg/kg

해설
반수 치사량(LD_{50})은 ppm 혹은 mg/kg 으로 표현할 수 있다.

72 유제를 1,500배로 희석하여 액량 15L 로 살포하려 한다. 이 때 원액약량은 몇 mL가 필요한가?

① 1   ② 10
③ 100   ④ 1000

해설
소요약량(배액) = $\dfrac{\text{단위 면적당 사용량}}{\text{소요희석배수}}$

$= \dfrac{15000 ml}{1500 배} = 10 ml$

정답 66 ③ 67 ② 68 ③ 69 ① 70 ④ 71 ③ 72 ②

73 다음 급성독성 중 그 강도의 순서가 옳게 나열된 것은?

① 흡입독성 > 경피독성 > 경구독성
② 경구독성 > 흡입독성 > 경피독성
③ 흡입독성 > 경구독성 > 경피독성
④ 경피독성 > 경구독성 > 흡입독성

해설
투여 방법에 따라 흡입독성, 경피독성, 경구독성으로 분류되며 독성의 강도는 호흡을 통해 흡입되는 흡입독성이 가장 강하며 입을 통해 침투하는 경구독성, 피부를 통해 체내로 침투하는 경피독성 순서이다.

74 농약의 구비조건으로 가장 거리가 먼 것은?

① 약효가 확실할 것
② 약해가 없을 것
③ 저장성이 좋을 것
④ 독성이 강할 것

해설
농약의 구비조건
• 농약은 살균, 살충력이 강해야 하며 적은양으로 효과가 있어야 한다.
• 작물 및 사람, 가축에 해가 없어야 하고 오랜 시간 잔류하거나 생물에 축적되지 않아야 한다.
• 사용법이 간단해야 한다.
• 품질이 균일하고 지속적이어야 하며 외부환경 변화에도 변질되지 않아야 한다.
• 가격이 저렴하고 구입이 용이해야 한다.
• 다른 약제와의 혼용이 가능해야 한다.
• 농촌진흥청에 등록되어야 한다.

75 카바메이트계 농약을 잘못 사용하여 중독되었을 때 사용해야 하는 해독제는?

① 항히스타민제
② SH계 해독제(BAL, 글루타치온)
③ 팜(PAM)
④ 황산아트로핀

해설
카바메이트계 농약에 중독될 경우 황산아트로핀을 사용한다.

76 다음 중 살선충제 농약은?

① 카두사포스(cadusafos)
② 클로르피리포스(chlorpyrifos)
③ 다이아지논(diazinon)
④ 디클로르보스(dichlorvos)

해설
살선충제 농약의 종류로 포스티아제이트, 에토프로포스, 카두사포스, 메탐소듐, 디메틸빈포스 등이 있다.

77 조제 직후 보르도액의 구리의 용해도가 0에 가까울 때의 pH 는?

① pH 12.4   ② pH 11.3
③ pH 10.4   ④ pH 9.3

해설
조제 직후 보르도액의 pH 는 12.4 이며 구리의 용해도는 0 에 가깝다. 엽면에 살포하면 공기중에 이산화탄소에 의해 중화가 되어 pH 11.3 정도가 되고 구리의 용해도는 40 ppm 정도가 된다. 만약 지속적으로 공기중에 이산화탄소에 의해 pH 가 떨어져 7 정도가 되면 용해도는 5 ppm 정도가 되어 살균력이 떨어지게 된다.

78 농약의 종류별로 포장지의 색깔을 달리하여 농민이 농약을 쉽게 식별하도록 구분하고 있는데, 다음 중 연결이 잘못된 것은?

① 살균제 - 분홍색
② 살충제 - 초록색
③ 제초제 - 노란색
④ 생장조정제 - 백색

해설
생장조정제는 청색을 사용한다.

정답 73 ③ 74 ④ 75 ③ 76 ① 77 ① 78 ④

79 농약의 제형 중 유제(乳劑)의 구비조건이 아닌 것은?

① 농약을 물에 넣었을 때 수화되면서 현수성이 좋아야 한다.
② 물에 희석하였을 때 유효성분이 석출되지 않고 유탁액을 만들어야 한다.
③ 유효성분이 보존 중 또는 사용 중에 분해 변화되지 않아야 한다.
④ 살포 후에 작물이나 해충의 표면에 고르게 퍼지며 부착이 되어야 한다.

해설
농약을 물에 넣을 때 수화되면서 현수성이 좋은 것은 수화제의 조건이다. 유제는 주제의 성질이 지용성이라 물에 녹지 않아 유기용매를 이용하여 조제하며 유제의 주요 항목은 유화성이다.

80 농약의 품질불량이 원인이 되어 약해를 일으키는 원인이 아닌 것은?

① 불순물의 혼합에 의한 약해
② 원제 부성분에 의한 약해
③ 농약의 고농도에 의한 약해
④ 경시변화에 의한 유해성분의 생성

해설
농약의 고농도에 의한 약해는 농약의 오용에 의해 발생한다.

5과목 잡초방제학

81 외국에서 유입되는 잡초를 방지하기 위하여 수출입 과정에서 검역하듯이 검사하는 잡초 방제법은?

① 생태적 방제법
② 화학적 방제법
③ 예방적 방제법
④ 생물적 방제법

해설
예방적 방제법은 잡초가 유입되는 것을 사전에 방지하는 것이다.

82 벼와 잡초의 경합에서 가장 불리한 재배법은?

① 무경운 직파재배
② 어린 모 기계이앙
③ 중묘 기계이앙
④ 무경운 기계이앙

해설
무경운 직파재배는 일반적인 이앙재배보다 잡초에 대한 피해가 크고 불리하다.

83 작물과 잡초간의 경합에 대한 설명으로 옳은 것은?

① 잡초경합한계기간이란 파종직후부터 성숙말기까지의 시기를 말한다.
② 잡초경합한계기간에는 잡초에 의한 피해가 거의 없다.
③ 잡초허용한계밀도 이상의 잡초발생은 방제효과가 없다.
④ 방제는 잡초경합한계기간에 중점적으로 실시해야 한다.

해설
잡초경합한계기간은 잡초와의 경합에 의한 작물의 피해가 가장 심하게 나타나는 기간으로 이때 중점적으로 실시하면 방제효과를 얻을 수 있다.

84 작물의 경합 관계에 대한 설명으로 틀린 것은?

① 발아와 초기생육을 먼저 시작한 작물은 잡초와 경합시 유리하다.
② 이앙재배를 한 벼는 직파한 벼보다 잡초에 대한 경합력이 약하다.
③ 작물의 재식밀도가 높으면 잡초에 대한 작물의 경합력이 높다.
④ 작물 생육 중에 발생한 잡초는 작물에 의해 생육이 억제된다.

해설
이앙재배 한 벼는 직파한 벼보다 잡초에 대한 경합력이 강하다.

정답 79 ① 80 ③ 81 ③ 82 ① 83 ④ 84 ②

85 잡초군락의 천이에 미치는 요인으로 영향이 가장 적은 것은?
① 제초방법   ② 물 관리방법
③ 작부체계   ④ 신품종 보급

해설
잡초군락의 천이의 경우 주로 재배작물이나 작부체계가 변화하거나 경종조건이 변화할 경우 영향을 받는다.

86 토양수분 적응성에 따른 잡초분류로 옳은 것은?
① 수생잡초 – 올방개, 물달개비, 까마중
② 습생잡초 – 소리쟁이, 망초, 미나리아재비
③ 건생잡초 – 쇠비름, 강아지풀, 바랭이
④ 부유잡초 – 생이가래, 개구리밥, 올미

해설
건생잡초에는 바랭이, 명아주, 쇠비름, 강아지풀 등이 있다.

87 20%의 유효성분을 가진 Butachlor 입제를 1ha 당 1,000(a.i.)g 처리하고자 할 때 필요한 량은?
① 2.5kg   ② 3kg
③ 4kg   ④ 5kg

해설
제품량(g) = 성분량 × $\dfrac{100}{희석률}$
= $1,000 \times \dfrac{100}{20}$ = 5,000(g) = 5kg

88 잡초의 해가 아닌 것은?
① 토양 침식
② 물, 광선, 영양분 경합
③ 농작물의 품질저하
④ 병해충 서식처

해설
잡초는 토양에 유기물을 공급하여 토질을 개선시켜 토양 침식을 방지해 준다.

89 잡초 종자의 특징에 대한 연결로 틀린 것은?
① 야생벼 – 탈립성
② 박주가리, 망초 – 깃털모양의 관모
③ 미국가막사리, 도꼬마리 – 낚시 또는 바늘모양의 돌기
④ 메귀리, 도깨비바늘 – 표면 끈끈이

해설
메귀리, 도깨비바늘은 갈고리 모양의 돌기가 있어 사람의 옷이나 동물의 털에 붙어 종자를 퍼뜨린다.

90 방동사니과(사초과) 잡초가 아닌 것은?
① 향부자   ② 매자기
③ 쇠털골   ④ 나도겨풀

해설
나도겨풀은 화본과이며 방동사니과에는 너도방동사니, 쇠털골, 올방개, 향부자, 매자기, 올챙이고랭이, 바람하늘지기 등이 있다.

91 잡초종자의 휴면타파법으로 일반적으로 사용되지 않는 것은?
① 종피 파상법
② 자외선 처리
③ 저온·습윤처리
④ 후숙처리

해설
광에 의한 처리를 통해 휴면타파가 가능하며 가시광선 중에서도 오렌지색 영역에서 적색광 영역이 가능하며 자외선 파장 영역에서는 휴면타파가 어렵다.

92 식물의 종내 경합이란?
① 같은 종내의 개체간의 경합
② 서로 다른 종(種)간의 경합
③ 식물 종류간 경합
④ 작물과 잡초와의 경합

해설
종내 경합은 같은 종 개체간 경합을 말한다.

정답 85 ④ 86 ③ 87 ④ 88 ① 89 ④ 90 ④ 91 ② 92 ①

93 잡초종자의 휴면타파에 많이 사용되는 화학물질로 나열된 것은?
① ABA, GA
② H_2SO_4, KNO_3
③ ABA, KNO_3
④ NaCl, $CuSO_4$

해설
휴면종자를 빠르게 타파시키기 위해 황산이나 질산칼륨을 사용하여 종피를 약하게 한다.

94 다음 잡초방제방법의 발달 순서로 옳은 것은?

> ㉠ 축력(畜力)
> ㉡ 기계적 방제
> ㉢ 선택적 제초제 개발
> ㉣ 종합적 방제

① ㉠ → ㉡ → ㉢ → ㉣
② ㉠ → ㉡ → ㉣ → ㉢
③ ㉠ → ㉢ → ㉡ → ㉣
④ ㉡ → ㉠ → ㉢ → ㉣

해설
잡초방제는 초기 축력을 이용한 단순한 방법에서 기계적 방제를 거쳐 화학적 제초제의 개발을 통한 방제로 효과를 보다가 환경을 생각한 종합적 방제 방법까지 발달하게 되었다.

95 전체 생육기간이 100일인 작물에서 이론적으로 작물이 잡초경합에 의해 가장 심하게 피해를 받는 시기는?
① 파종 직후부터 5일 이내
② 파종 후 20~30일 사이
③ 파종 후 50~60일 사이
④ 파종 후 70일 이후

해설
잡초경합한계기간은 작물 전생육기간의 첫 1/3~1/2 기간이나 1/4~1/3 기간에 해당된다. 즉 100일 기준 25일 ~ 33일에 가장 근접한 보기는 20~30일 사이이다.

96 겨울 작물포장에 발생하는 잡초종으로 나열된 것은?
① 별꽃, 냉이, 갈퀴덩굴
② 바랭이, 돌피, 개비름
③ 명아주, 여뀌, 강아지풀
④ 여뀌, 개비름, 바랭이

해설
겨울잡초(동계잡초)의 종류로 둑새풀, 냉이, 개미자리, 벼룩나물, 점나도나물, 벼룩이자리, 별꽃, 속속이풀, 갈퀴덩굴 등이 있다.

97 암조건에서 발아하는 잡초 초종으로 나열된 것은?
① 소리쟁이, 피
② 별꽃, 광대나물
③ 올챙이고랭이, 강아지풀
④ 냉이, 개비름

해설
암발아 종자는 별꽃, 냉이, 광대나물 등이 있다.

98 1%의 2,4-D 농도는 몇 ppm이 되는가?
① 10ppm   ② 100ppm
③ 1,000ppm   ④ 10,000ppm

해설
1% 는 10,000ppm 이다.

99 생물적 잡초방제에 이용될 수 있는 천적이 갖추어야 할 전제 조건으로 틀린 것은?
① 이동성이 있어서는 안된다.
② 문제 잡초 이외의 유용식물을 가해해서는 안 된다.
③ 천적의 천적이 없어야만 한다.
④ 문제잡초보다 신축성 있게 빠른 번식 능력을 지녀야 한다.

해설
생물적 잡초 방제를 위한 천적의 방제를 위한 잡초에 잘 이동해야 한다.

정답 93 ② 94 ① 95 ② 96 ① 97 ② 98 ④ 99 ①

100 광합성이 있어서 C_4 식물이 C_3 식물에 비하여 유리한 환경조건은?

① 저온조건　② 고광도조건
③ 다습조건　④ 고영양조건

해설
C_4 식물은 C_3 식물에 비해 광포화점이 높아 고광도 조건에서 유리하다.

정답 100 ②

국가기술자격 필기시험문제

2014년 기사 제4회 과년도 기출문제

자격종목	종목코드	시험시간	형별	수험번호	성명
식물보호기사		2시간 30분			

1과목　식물병리학

01 사과나무 겹무늬썩음병의 방제방법으로 부적당한 것은?
① 토양 소독
② 저항성 품종 재배
③ 약제의 주기적 살포
④ 병든 과실이나 가지 제거

> **해설**
> 사과나무 겹무늬썩음병은 병원균이 비, 바람 등에 의해 전반되기에 토양 소독은 효과가 없다.

02 생물성과 비생물성 병원체의 대한 설명으로 틀린 것은?
① 생물성 병은 전염성이다.
② 세균은 생물성 병원체이다.
③ 비생물성 병은 비전염성이다
④ 파이토플라스마는 비생물성 병원체이다.

> **해설**
> 파이토플라스마는 바이러스와 세균의 중간 정도의 미생물이다.

03 병원의 종류가 나머지 셋과 다른 점은?
① 채소류 무름병
② 가지과 풋마름병
③ 화곡류 녹병
④ 사과나무 불마름병

> **해설**
> 화곡류 녹병은 진균(담자균류)에 의해 발생하며 채소류 무름병, 가지과 풋마름병, 사과나무 불마름병은 세균에 의해 발생한다.

04 Bacteriophage 란?
① 세균에 기생하는 바이러스
② 식물에 기생하는 세균
③ 식물에 기생하는 곰팡이
④ 곰팡이에 기생하는 바이러스

> **해설**
> 박테리오파지는 세균에 기생하여 세균을 잡아먹는 바이러스이다.

05 식물체에 암종(Gall)을 형성하며, 유전공학 연구에 많이 쓰이는 식물병원 세균은?
① *Xanthomonas campestris*
② *Clavibacter michiganensis*
③ *Erwinia amylovora*
④ *Agrobacterium tumefaciens*

> **해설**
> Agrobacterium tumefaciens 는 근두암종균으로 식물체에 뿌리혹병을 유발하며 이때 식물체에 암종을 형성한다.

06 벼에 발생하는 세균병은?
① 도열병
② 키다리병
③ 줄무늬잎마름병
④ 흰잎마름병

> **해설**
> 흰잎마름병은 벼에 발생하는 세균병이다.

정답 01 ① 02 ④ 03 ③ 04 ① 05 ④ 06 ④

07 벼에 발생하는 병으로서 병원균이 종자전염하는 것은?
① 잎집무늬마름병
② 줄무늬잎마름병
③ 키다리병
④ 좀공균핵병

해설
키다리병은 초승달 모양의 분생포자와 자낭각을 만들며 월동은 분생포자 형태로 종자표면에서 이루어져 다음해 1차전염원이 된다.

08 시설재배에서 발생하는 토양 병해의 방제방법이 아닌 것은?
① 훈증 ② 담수
③ 태양열 소독 ④ 냉수온탕침법

해설
냉수온탕침지법은 주로 종자소독에 이용하는 방법이다.

09 균류(菌類)의 영양섭취방법이 아닌 것은?
① 기생 ② 부생
③ 공생 ④ 항생

해설
항생은 다른 생물의 발육 혹은 생활을 저해시키는 작용을 말한다.
※ 균류의 영양섭취
부생은 생물의 유기물에서 영양을 섭취하는 것이며 기생은 다른 생물의 영양분을 뺏어 먹는 것이다. 공생은 다른 두종류의 생물이 서로 영향을 주고 받으며 생명을 유지하는 것을 의미한다. 균류의 영양섭취 방법으로 기생, 공생, 부생이 있다.

10 글루티노사 담배(Nicotiana glutinosa)에 TMV를 접종했을 때 가장 잘 나타나는 현상은?
① 잠복감염 ② 국부병징
③ 전신감염 ④ 병징은폐

해설
TMV(담배모자이크바이러스)는 담배식물을 이용하면 국부반점(국부병징)이 나타난다.

11 4~5월 강우일수와 강우량이 병의 발생에 가장 큰 영향을 미치는 병해는?
① 고추 탄저병
② 벼 키다리병
③ 벼 오갈병
④ 배나무 붉은별무늬병

해설
배나무 붉은별무늬병은 4월 하순~5월상순에 주로 발생하며 비가 자주 오면 많이 발생한다.

12 바이러스에 의해서 일어나는 병은?
① 벼 잎집무늬마름병
② 보리 깜부기병
③ 벼 흰잎마름병
④ 벼 오갈병

해설
바이러스에 의해 발생되는 병으로 벼 오갈병, 벼 검은줄무늬오갈병, 감자 잎말림병, 사과나무 고접병, 보리 줄무늬모자이크병, 감자 X 모자이크병 등이 있다.

13 소나무재선충(Pine wood nematode)에 의한 소나무 시들음병(Pine wilt disease)의 방제법으로 사용할 수 없는 것은?
① 매개충 방제
② 중간기주 제거
③ 감염목 제거 및 훈증
④ 내병성 품종 육성

해설
소나무시들음병은 중간기주가 없다.

정답 07 ③ 08 ④ 09 ④ 10 ② 11 ④ 12 ④ 13 ②

14 식물 바이러스 병징 중 세포조직의 괴사로 나타나지 않는 증상은?
① 반점 ② 둥근겹무늬
③ 줄무늬 ④ 위축

> **해설**
> 위축증상은 위축병이라 하여 바이러스에 의해 발생하며 괴사증상은 나타나지 않고 생육이 나빠지고 오갈증상이 발생한다.

15 사과나무를 전정할 때 생긴 상처를 통하여 주로 침입, 발병하는 대표적 병해는?
① 점무늬낙엽병
② 붉은별무늬병
③ 부란병
④ 흰가루병

> **해설**
> 사과나무 부란병은 진균에 의해 발생하며 빗물이나 곤충에 의해 전반되어 식물의 상처를 통해 침입한다.

16 토양 내에서 생존하는 부생성 선충에는 없으나 수목의 뿌리를 가해하는 식물기생성 선충에는 있는 특징적인 구조는?
① 입 ② 근육
③ 구침 ④ 식도관공

> **해설**
> 식물기생선충은 구침을 이용하여 식물의 뿌리에 침입 기생한다.

17 기주식물의 면역 또는 저항성 개선을 위해 약독계통의 바이러스를 미리 감염시켜 식물체를 강독계통의 바이러스의 감염으로부터 보호하는 것은?
① 교차보호 ② 식물방어
③ 유도저항성 ④ 저항성 품종

> **해설**
> 병원성이 약화된 식물바이러스가 침입한 기주에서 병원성이 더욱 강한 바이러스에 의해 병의 확산이 억제되는 현상을 교차보호라 한다.

18 식물병의 발병조건으로 바르게 짝지어진 것은?

> ㉠ 병원(病原)   ㉡ 소인(素因)
> ㉢ 유인(誘因)   ㉣ 주인(主因)

① ㉠-㉡-㉢ ② ㉡-㉢-㉣
③ ㉠-㉢-㉣ ④ ㉠-㉡-㉣

> **해설**
> 병원은 병의 발병 근본조건이며 유인은 환경적요인, 소인은 식물이 장기간에 걸쳐 피해를 받는 인자이다. 주인의 경우 발병조건이 아닌 병의 직접적인 요인이다.

19 중간기주인 배나무에서 향나무로 날아와 향나무 녹병을 발생시키는 포자는?
① 분생포자
② 동포자(겨울포자)
③ 수포자(녹포자)
④ 하포자(여름포자)

> **해설**
> 배나무에서 녹병포자 혹은 녹포자를 만들고 비산하여 향나무에 전반되어 병을 발생시킨다.

20 세포벽이 없어 다형성 세포(pleomorphic cell)이며, 액체배지에서는 나선형을 나타내나, 고체배지에서는 'Fried Egg'형태의 균총을 형성하며, 테트라사이클린계 항생제에는 감수성인 균은?
① *Phytoplasma* ② *Spiroplasma*
③ *Ureaplasma* ④ *Mycoplasma*

> **해설**
> *Spiroplasma*는 파이토플라스마의 일종으로 나선형에 세포벽이 없는 미생물이다. 파이토플라스마 계통은 테트라사이클린계 항생제에 감수성이다.

정답 14 ④ 15 ③ 16 ③ 17 ① 18 ① 19 ③ 20 ②

2과목 농림해충학

21 아성충 단계가 있고, 유충은 기관아가미로 호흡하는 곤충류는?
① 모기   ② 파리
③ 총채벌레   ④ 하루살이

해설
아성충 단계는 하루살이목에서만 관찰되는 특이한 발생단계로 아성충단계에서 탈피를 해야 완전한 성충이 된다. 또한 하루살이는 배의 마디에 한쌍의 기관아가미를 가지고 이를 통해 호흡을 한다.

22 줄무늬잎마름병을 매개하는 애멸구에 대한 설명으로 틀린 것은?
① 보독은 흡즙으로 하게 된다.
② 보독충의 알에도 바이러스 병원균이 있을 수 있다.
③ 제 2화기 애멸구 성충이 묘판이나 본답으로 이동하여 줄무늬잎마름병을 매개한다.
④ 바이러스는 애멸구 체내에서는 증식이 안된다.

해설
애멸구 의 체내에서 바이러스가 증식하며 이로 인하여 벌레의 알을 통해 바이러스가 다음 세대로 전해지는 경란전염을 하기도 한다.

23 해충 방제법 중 수간주사법이 개발된 산림해충으로만 나열된 것은?
① 솔껍질깍지벌레, 솔수염하늘소
② 미국흰불나방, 소나무좀
③ 솔잎혹파리, 밤나무혹벌
④ 솔잎혹파리, 솔껍질깍지벌레

해설
솔잎혹파리와 솔껍질깍지벌레의 경우 포스파미돈(포스팜)과 아세타미프라드액제를 수간주사 한다.

24 미국흰불나방의 학명으로 옳은 것은?
① *Monema flavescens* Walker
② *Hyphantria cunea* Drury
③ *Adrias tyrannus* Guenee
④ *Pygaera anachoreta* Fabricius

해설
① 노랑쐐기나방   ② 미국흰불나방
③ 으름밤나방   ④ 미류재주나방

25 사과나무의 뿌리를 가해할 수 있는 종은?
① 포도뿌리혹벌레
② 사과혹진딧물
③ 사과면충
④ 조팝나무진딧물

해설
사과면충은 뿌리 뿐 아니라 줄기 등에 기생하여 즙액을 빨아 먹어 피해를 준다.

26 곤충의 신경호르몬 중에서 침분비, 배설촉진, 체벽의 신축성 등에 관여하는 것은?
① 프로톡린   ② 멜라토닌
③ 류코키닌   ④ 세로토닌

해설
곤충의 세로토닌은 심장박동, 성장, 기억 등 다양한 신경반응에 관여하며 메뚜기목의 경우 과다하게 분비될 경우 공격적인 성향을 나타내기도 한다.

27 주둥이를 식물체에 찔러 넣어 즙액을 빨아먹는 곤충에 속하지 않는 것은?
① 진딧물   ② 노린재
③ 집파리   ④ 멸구류

해설
찔러서 빨아먹는 형은 자흡구형으로 진딧물, 멸구, 깍지벌레류, 모기, 벼룩 등이 있다. 집파리의 경우 흡취구의 핥아먹는 형이다.

정답 21 ④ 22 ④ 23 ④ 24 ② 25 ③ 26 ④ 27 ③

28 딱정벌레목에 속하지 않는 곤충은?
① 무당벌레 ② 각시물자라
③ 뽕나무하늘소 ④ 넓적사슴벌레

해설
각시물자라는 노린재목에 속한다.

29 광식성(Polyphagous)의 해충은?
① 솔잎혹파리 ② 벼멸구
③ 사과혹진딧물 ④ 미국흰불나방

해설
식성의 범위가 넓은 것을 광식성이라 하며 미국흰불나방의 경우 활엽수종 100여 종 이상을 가해한다.

30 나비목 곤충의 중장세포를 공격하는 약제는?
① Bt제
② DDT계 약제
③ 유기인계 약제
④ 피레스로이드 약제

해설
BT 제는 나비목의 중장세포를 공격하고 활성독소가 나와 나미목의 곤충들을 방제하는데 이용한다.

31 곤충의 특징이 아닌 것은?
① 몸은 머리, 가슴, 다리의 세 부위로 구성된다.
② 무시류를 제외하고 두 쌍의 날개가 존재하나, 파리목은 뒷날개가 퇴화되어 있다.
③ 성충의 다리는 세 쌍이다.
④ 체벽에 키틴 성분이 포함되어 있다.

해설
곤충은 머리, 가슴, 배의 세 부위로 분류된다.

32 5~6월경 각종 묘목과 작물의 뿌리를 가해하고, 또한 지표 가까이 있는 줄기와 잎을 식해하는 특성을 지닌 해충은?
① 혹명나방 ② 거세미나방
③ 흰띠명나방 ④ 갓노랑비단벌레

해설
거세미나방은 3~4령기 월동유충은 지표에 가까운 줄기와 잎을 식해한다.

33 자연 생태계와 비교하여 논 생태계에 대한 설명으로 틀린 것은?
① 생태적 연속성이 없다.
② 생물의 종이 다양하다.
③ 병충해의 대발생이 잦다.
④ 영양소와 물이 인위적으로 공급된다.

해설
논 생태계의 경우 사람에 의해 인위적으로 조성된 것으로 자연생태계에 비해 종의 다양도가 낮다.

34 온실 내에서 재배되는 토마토의 화분매개 곤충으로 화분매개 능력이 가장 뛰어난 것은?
① 서양뒤영벌 ② 꿀벌
③ 꽃등에 ④ 머리뿔가위벌

해설
서양뒤영벌은 벌목 꿀벌과로 유럽이 원산지이며 꽃가루를 매개하는 능력이 뛰어나 화분매개곤충으로 분류되어 있다. 대표적인 화분매개곤충으로 뒤영벌, 꿀벌, 꿀바위벌류 등이 있으며 그중에서 서양뒤영불이 가장 뛰어난 능력을 보유하고 있다.

35 종실을 가해하는 해충이 아닌 것은?
① 밤바구미 ② 복숭아명나방
③ 이화명나방 ④ 도토리거위벌레

해설
이화명나방은 줄기를 가해한다.

정답 28 ② 29 ④ 30 ① 31 ① 32 ② 33 ② 34 ① 35 ③

36 곤충의 기관으로 맛감각과 관계가 없는 것은?
① 윗입술 ② 작은턱수염
③ 아랫입술수염 ④ 큰턱

해설
큰턱은 톱니모양으로 먹이를 끊는 물리적인 작용만 한다.

37 곤충의 청각 감각기가 아닌 것은?
① 종상감각기 ② 존스턴기관
③ 고막기관 ④ 협하기관

해설
종상감각기는 피부의 변형을 감지하는 감각기이다.

38 곤충의 전형적인 더듬이의 주요부분 중 존스턴기관을 가지고 있는 것은?
① 자루마디 ② 팔굽마디
③ 채찍마디 ④ 관절점

해설
팔굽마디(흔들마디)는 존스턴씨기관이 있어 공기의 진동을 통해 소리를 인지하거나 바람의 방향을 느낀다.

39 일반적인 곤충의 소화계에서 전장에 속하는 것은?
① 모이주머니 ② 위
③ 말피기관 ④ 위맹낭

해설
곤충의 소화계에서 전장에는 식도, 소낭(모이주머니), 전위가 있다.

40 여치의 청각기관은 어디에 있는가?
① 앞다리 ② 앞가슴
③ 촉각 ④ 복부

해설
여치의 청각기관은 앞다리의 종아리마디에 존재한다.

3과목 재배학원론

41 벼의 도복을 방지하기 위한 방법과 거리가 먼 것은?
① 병해충을 잘 방제한다.
② 질소와 규소의 사용을 늘린다.
③ 내도복성 품종을 선택하여 재배한다.
④ 절간신장을 억제하는 생장조절제를 이용한다.

해설
작물에 질소질 비료를 과용할 경우 도복이 조장된다. 벼의 도복 방지를 위해서는 칼륨과 규산의 균형 시비를 해야 한다.

42 지하경을 종묘로 이용하는 작물은?
① 토란 ② 마늘
③ 생강 ④ 감자

해설
땅속줄기(지하경)를 이용하는 작물로 생강이 있다.

43 벼 재배에서 분얼 촉진을 위한 비료 양분은?
① 질소와 철 ② 질소와 칼슘
③ 질소와 인산 ④ 질소와 아연

해설
벼의 분얼 촉진을 위해 질소, 인산, 칼륨을 시비한다.

44 토양 내 질소 함량을 증진할 수 있는 작물로 짝지어지지 않은 것은?
① 클로버, 자운영, 알팔파
② 자운영, 헤어리베치, 크림슨클로버
③ 클로버, 호밀, 유채
④ 클로버, 헤어리베치, 동부

해설
질소 함량을 증진시키는 작물로 녹비작물인 자운영, 클로버류, 알팔파 등 두과 식물과 그외 호밀, 연맥, 옥수수, 메밀, 유채 등이 있다.

정답 36 ④ 37 ① 38 ② 39 ① 40 ① 41 ② 42 ③ 43 ③ 44 ③

45 노포크식 윤작법에 대한 설명으로 옳은 것은?

① 포장을 3등분하여 경지의 2/3는 춘파곡물이나 추파곡물을 재식하고, 나머지 1/3은 휴한하는 방법이다.
② 포장을 3등분하여 2/3는 곡물을 재배하고, 나머지 지역에는 콩과 녹비작물을 재배하는 방법이다.
③ 식량과 가축의 사료를 생산하면서 지력을 유지하고, 중경효과까지 얻기 위하여 적합한 작물을 조합하는 방법이다.
④ 미국의 옥수수지대에서 실시하는 윤작 방식으로 옥수수, 콩, 귀리, 클로버를 조합하여 경작하는 방법이다.

해설
노포크식은 화본과의 식용작물과 두과인 클로버, 근채류인 순무를 순차적으로 윤작하는 방법으로 <순무-보리-클로버-밀>, <밀-콩-보리-순무> 로 4년주기의 윤작방식으로 식량과 가축의 사료 생산을 하면서 지력을 유지하는데 효과적이다.

46 하부의 낡은 잎을 따서 통풍과 투광을 조장하는 적엽(摘葉)의 효과가 가장 큰 작물은?

① 담배   ② 옥수수
③ 토마토 ④ 포도나무

해설
적엽은 하부의 낡은 잎을 제거하여 통풍 및 투광을 좋게 하는 작업으로 토마토나 가지에 실시하면 효과가 크다.

47 C_3 식물과 C_4 식물의 광합성 특성에 대한 설명으로 틀린 것은?

① C_4 식물은 유관속초세포가 잘 발달하였다.
② C_4식물은 크란츠(Kranz)구조가 잘 발달하였다.
③ C_3식물은 유관속초세포가 발달하지 않거나 있어도 엽록체가 적고, C_4식물은 유관속초세포에 다수의 엽록체가 있다.
④ C_3식물은 엽육세포에서 합성한 유기산이 유관속초세포로 이동하여 그곳에서 분해되고 재고정되어 자당이나 전분으로 합성된다.

해설
엽육세포에서 합성한 유기산이 유관속초세포로 이동하여 그곳에서 분해하고 재고정되어 자당이나 전분으로 합성되는 것은 C_4 식물에 대한 설명이다.

48 작물 수량을 구성하는 3요소인 환경조건, 재배기술, 유전성에 대한 설명으로 옳은 것은?

① 유전성은 크게 변하지 않으나 환경조건과 재배기술은 지속적으로 변화한다.
② 수량은 작물의 고유한 특성이므로 재배기술에 따라 변화하지 않는다.
③ 신품종 개발로 재배기술을 완전하게 극복할 수 있다.
④ 환경조건은 인위적으로 조절이 가능한 경우도 있다.

해설
현대에서는 시설재배를 통해 인위적인 환경조건 조절이 가능하다.

49 질산환원효소의 구성성분이며, 질소대사에 작용하고 콩과작물 뿌리혹박테리아의 질소고정에 필요한 무기성분은?

① 몰리브덴 ② 아연
③ 마그네슘 ④ 망간

해설
몰리브덴은 미량원소에 속하며 질소를 고정하는 근류균의 생육에 도움을 주고 단백질의 합성에 관여한다.

50 화학적·생리적 염기성 비료에 해당하는 것은?
① 요소 ② 유안
③ 용성인비 ④ 칼륨

해설
용성인비는 화학적 염기성 비료이며 생리적 염기성 비료에 속한다.

51 굴광현상에 유효한 광의 범위는?
① 100~200nm ② 200~300nm
③ 300~400nm ④ 400~500nm

해설
굴광현상에 효과가 큰 파장은 440~480nm 중심의 청색광이다.

52 식물체 내의 수분퍼텐셜에 대한 설명이 틀린 것은?
① 세포의 부피와 압력퍼텐셜이 변화함에 따라 삼투퍼텐셜과 수분퍼텐셜이 변화한다.
② 압력퍼텐셜과 삼투퍼텐셜이 같으면 세포의 수분퍼텐셜이 0이 된다.
③ 수분퍼텐셜과 삼투퍼텐셜이 같으면 원형질분리가 일어난다.
④ 수분퍼텐셜은 대기에서 가장 높고, 토양에서 가장 낮다.

해설
수분퍼텐셜은 대기에서 주로 낮은 편이다.

53 벼 재배에서 냉온(冷溫)을 만나 출수가 가장 지연되는 생육단계는?
① 유수형성기
② 생식세포의 감수분열기
③ 출수기
④ 유속기

해설
유수형성기에서 출수개화기에 화분이나 배낭의 생식기관이 정상적으로 형성되지 못하거나 수정장해가 유발되는 등의 현상이 발생한다.

54 벼 뿌리 조직에서 파생통기조직이 형성되는 곳은?
① 피층 ② 외피층
③ 내피층 ④ 중심주

해설
파생통기조직은 피층에 형성되는 조직으로 산소를 지상부에서 뿌리쪽으로 공급한다.

55 나팔꽃 대목에 고구마 순을 접목하여 개화를 유도하는 이론적 근거는?
① 접목효과 ② G-D 균형
③ T/R률 ④ C/N율

해설
접목을 이용하면 지상부에 탄수화물 축적이 많아져 개화, 결실이 조장된다. 이는 C/N율이 높아짐을 의미한다.

56 토양이 최대용수량일 때의 pF(Potential Force)는?
① 0 ② 2.7
③ 3.9 ④ 4.2

해설
최대용수량은 토양내에 모든 공극에 물이 찬 상태의 수분함량으로 pF 0 이다.

57 고구마, 감자 등 수분함량이 높은 작물의 저장시 큐어링을 실시하는 1차 목적은?
① 성분함량 증대
② 상처치유
③ 저장력 증대
④ 충해방지

해설
큐어링은 상처 부위로 균의 침입을 방지하기 위해 온도 30~33도, 습도 90~95% 조건으로 저장고에 4일간 두고 상처를 아물게 하는 작업이다.

정답 50 ③ 51 ④ 52 ④ 53 ① 54 ① 55 ④ 56 ① 57 ②

58 작물별 안전저장 조건으로 가장 높은 온도가 요구되는 것은?

① 쌀　　② 감자
③ 사과　　④ 양파

> **해설**
> 안전저장은 작물의 품질 변화가 없이 안전하게 보관하는 온도, 함수율, 기간 등을 의미하며 쌀은 10~15도, 감자는 5도 내외, 사과는 0~2도, 양파는 0도 정도를 기준으로 한다.

59 맥류의 동상해 대책에 속하지 않는 것은?

① 배수
② 늦심기
③ 칼륨비료 증시
④ 밟기

> **해설**
> 동상해의 대책으로 방풍림 조성, 배수구 설치, 비료(유기질, 칼륨, 인산 등) 증시, 밟기 등의 방법이 있다.

60 다음 중 습해에 가장 강한 작물은?

① 감자　　② 양파
③ 보리　　④ 옥수수

> **해설**
> 작물의 내습성은 미나리, 벼, 옥수수 등이 높은 편이며 파, 양파, 고추 등은 낮은 편이다.

4과목　농약학

61 R·As·X$_2$ 는 유기비소 살균제의 일반식이다. X가 Cl 일때 R이 다음 중 어느 기(基)일 경우 살균력이 가장 강한가?

① –CH$_3$　　② –C$_2$H$_5$
③ –C$_3$H$_7$　　④ –C$_4$H$_9$

> **해설**
> 비소(As)를 함유하는 유기화합물로 R·As·X$_2$ 로 표기한다. R 이 방향족에 염소기가 있을 경우 살균력이 매우 강하다. R 이 지방족의 경우 -CH$_3$ > -C$_2$H$_5$ > -C$_3$H$_7$ 순으로 살균력을 나타낸다.

62 국내 사용되었던 농약 중 농약잔류성 문제로 폐지된 농약이 아닌 것은?

① 디디티(DDT)
② 엔드린(Endrin)
③ 알드린(Aldrin)
④ 카보퓨란(Carbofuran)

> **해설**
> 카보퓨란은 카바메이트계 살충제로 사용중이다. 유기염소계 살충제 중에서 잔류성이 높은 DDT, BHC 등은 국내에서 사용이 금지되어 있다.

63 농약의 검사기준에 의거 판정하는 항목으로 틀린 것은?

① 동물학적 검사
② 유해성분검사
③ 역가검사
④ 농약의 이화학적 검사

> **해설**
> 농약의 검사기준에는 품목별 이화학적 검사, 유해성분 검사 및 역가검사 등이 있다.

64 자체검사 및 신청검사 시 입제에 대한 최대모집단 수량은 얼마로 정해져 있는가?

① 1톤　　② 10톤
③ 50톤　　④ 100톤

> **해설**
> 분제 및 입제의 최대모집단 수량은 50톤이다.

정답 58 ①　59 ②　60 ④　61 ①　62 ④　63 ①　64 ③

65 어떤 살충제에 대하여 저항성이 발달한 해충이 한 번도 사용한 적은 없지만 작용기구가 같은 살충제에 저항성을 나타내는 현상은?

① 단일저항성 ② 교차저항성
③ 복합저항성 ④ 환경저항성

해설
해충에 한번도 사용하지 않았지만 유사 약제에 저항성으로 동시에 사용하지 않은 약제에도 저항성이 생기는 경우를 교차저항성이라 한다.

66 카바메이트(Carbamate)계 살충제의 작용에 대한 설명 중 틀린 것은?

① 살충작용이 선택적이다.
② 인축에 대한 독성이 가장 강하다.
③ 적용범위가 넓고 약해가 적다.
④ 식물체에 대한 침투력이 있다.

해설
카바메이트계 살충제는 인축에 대한 독성이 낮은 편이고 체내에 축적되는 일이 없고 체내에서도 분해가 잘되는 편이다.

67 다음 중 훈증제에 대하여 가장 바르게 설명한 것은?

① 유효성분과 발열제를 종이에 흡착시키거나 깡통에 넣은 것이다.
② 비등점이 낮은 농약을 액상, 고상 또는 압축가스의 형태로 용기 내에 충전한 것이다.
③ 유효성분을 용제 분사제 등과 Bombe에 충전시킨 것으로 압력을 가하여 공기중에 분출시켜서 사용한다.
④ 가연성 재질에 유효성분을 혼합성형하고 불완전연소에 의하여 유효성분을 공기 중에 휘산시킨다.

해설
훈증제는 농약원제의 증기압이 높아 유효성분이 휘발하도록 만든 제형으로 비등점이 낮은 액상, 고상, 압축가스 형태로 충전하여 가스화하여 방제효과를 얻는다.

68 제초제를 등록 시험시 약해평가등급을 0~9까지로 표시하는데 약해가 0일 때의 약해정도는?

① 약해가 없을 때
② 약해가 시작될 때
③ 약해가 의심될 때
④ 약해가 극심할 때

해설
0 은 약해발생이 없을 때를 말한다.
※ 약해평가등급

0	약해발생이 없을 때
1	경미한 약반, 엽색 등으로 외관상 다른 느낌은 있으나 큰차이가 없을 때
2	다소의 약해발생으로 약반, 변색, 신장억제 등의 증상이 있으나, 곧 회복되어 생육에 영향이 없을 때
3	뚜렷한 약해증상인 엽소, 생육억제, 이상증상을 보여 회복이 늦고 생육에 영향이 다소 있으나 수량에는 영향이 없을 때
4	엽소, 변색약반, 생육억제, 이상생육현상이 심하여 회복이 불확실하거나 5% 이하의 감수가 예상될 때
5	회복이 의심되어 10% 정도의 감수가 예상될 때
6	약해지속으로 15% 정도의 감수가 예상될 때
7	약해가 많아 20% 정도의 감수가 예상될 때
8	약해가 심하여 30% 정도의 감수가 예상될 때
9	약해가 극심하여 50%이상의 감수가 예상될 때

69 유제 투입원료 중 계면활성 작용을 하는 화합물은?

① 0.0–diethyl 0–(p–nitrophenyl) phosphate
② Xylene
③ Polyoxyethylene
④ Epichlorohydrin

해설
폴리옥시에틸렌(Polyoxyethylene)는 계면 활성제로 이용한다.

정답 65 ② 66 ② 67 ② 68 ① 69 ③

70 농약의 보조제(Adjuvant)로 사용되지 않는 것은?

① 전착제 ② 용제
③ 주제   ④ 협력제

해설
보조제는 주제의 효과 증진을 도와주는 약제로 제로 전착제, 증량제, 용제, 유화제, 협력제등이 있다.

71 다음 중 신경화학전달물질인 ACh를 분해하는 효소인 Acetylcholinesterase (AChE)의 활성작용을 저해하여 곤충을 죽게 하는 농약이 아닌 것은?

① Dichlorvos ② Diazinon
③ Fenitrothion ④ Difenoconazole

해설
디페노코나졸(Difenoconazole)은 세포막 형성 저해제이다.

72 분제(粉劑)의 물리적 성질인 토분성에 대한 설명으로 옳은 것은?

① 분제를 살포하였을 때 광범위하게 그리고 균일하게 흩어지는 성질을 말한다.
② 살분시 분제의 입자가 풍압에 의하여 목적하는 장소까지 날아가는 성질을 말한다.
③ 살분시 분제의 입자가 살분기의 분출구로 잘 미끄러져가는 성질을 말한다.
④ 분제농약의 저장시 주성분의 분해 및 응집 등 물리적 변화가 일어나지 않는 성질을 말한다.

해설
토분성은 분제의 입자가 살분기의 분출구로 잘 미끄러지는 성질을 말한다.

73 보리 겉깜부기병의 종자소독에 가장 효과적인 약제는?

① 지브네(Zineb)제
② MAFA(Neozin)제
③ 캡탄(Captan)제
④ 카아복신(Carboxin)제

해설
카복신제는 침투성 약제로 종자소독에 효과적이며 밀, 보리 겉깜부기병의 소독에 이용한다.

74 농약관리법상 유제, 액제의 농약제조업 등록을 하고자 할 때 기본적으로 갖춰야 할 시설이 아닌 것은?

① 원제처리장치 ② 반죽시설
③ 제품혼합조 ④ 저장조

해설
농약관리법상 제조업 등록기준에서 원제처리장치, 제품혼합조, 저장조, 포장시설 등 제제형태별로 농약등을 제조, 포장하는 데 필요한 시설 및 장비를 소유하여 갖추어야 한다.

75 농약의 독성표시방법으로 동물 50%가 치사하는 약량을 나타낸 것은?

① LC_{50} ② I_{50}
③ KD_{50} ④ LD_{50}

해설
LD_{50} 은 반수치사량 또는 중위치사량이라 한다.

76 12% 다이아지논 분제 1kg 을 2% 다이아지논 분제로 만들려면 소요되는 증량제의 양은?

① 5kg   ② 10kg
③ 15kg ④ 20kg

해설
희석할 증량제양
$= 원분제중량 \times \left(\dfrac{원분제\ 농도}{목표농도} - 1 \right)$
$= 1 \times \left(\dfrac{12\%}{2\%} - 1 \right) = 5kg$

정답 70 ③ 71 ④ 72 ③ 73 ④ 74 ② 75 ④ 76 ①

77 농약의 약해방지를 위한 대책으로 가장 거리가 먼 것은?
① 해독제 이용
② 저농도 약액 살포
③ 농약의 안전사용 기준 준수
④ 표류비산을 막기 위한 제제의 개선

> **해설**
> 농약의 약해 방지를 위해서는 적합한 약제의 선택, 적합한 방제 시기 및 방제량 선택, 안전사용기준 준수 등이 있다.

78 농약 제품포장지의 표기사항으로 가장 거리가 먼 것은?
① 유효성분 및 성분량
② 농약안전사용기준
③ 사용방법
④ 제조공정내용

> **해설**
> 농약의 표시사항
> · 품목등록번호, 농약의 명칭 및 제제형태, 포장단위
> · 유효성분의 일반명 및 함유량과 기타성분의 함유량
> · 농작물별 적용병해충 및 사용량
> · 사용방법과 사용에 적합한 시기
> · 안전사용기준 및 취급제한기준
> · 저장·보관 및 사용상의 주의사항
> · 상호 및 소재지, 약효보증기간, 작용기작그룹
> · 농약제조 시 제품의 균일성이 인정되도록 구성한 모집단의 일련번호
> · 해독 및 응급처치 요령

79 해충의 콜린에스테라아제 효소활성을 저해시키는 약제는?
① 다이아지논유제
② 사이헥사틴수화제
③ 네오아소진액제
④ 디코폴수화제

> **해설**
> 유기인계 살충제는 아세틸콜린에스테라제(AChE)의 활성 저해제이며 유기인계 살충제 종류로 파라티온에틸, 이피엔(EPN), 말라티온, 다이아지논, 페니트로티온(MEP), 펜토에이트(PAP), 트리클로르폰(DEP), 디클로르보스(DDVP) 등이 있다.

80 농약의 생물학적 시험은 약제의 약효 및 약해를 조사하기 위한 시험이다. 어느 순서대로 시험하는 것이 가장 정상적인 방법인가?
① 소규모실내시험→포장시험→Pot 시험→효력판정
② 포장시험→소규모실내시험→Pot 시험→효력판정
③ 소규모실내시험→Pot 시험→포장시험→효력판정
④ Pot 시험→포장시험→소규모실내시험→효력판정

> **해설**
> 농약의 생물학적 시험을 위해 소규모 실내시험을 실시한 후 일정 크기의 Pot 에 식물체를 재배하여 병원균을 접종하여 발병정도를 조사하고 이후 포장시험도 실시하여 효력을 판정한다.

5과목 잡초방제학

81 작물과 잡초가 경합하였을 경우 이론상 작물의 수량에 가장 영향이 큰 경합조건은?
① C_4잡초와 C_3작물
② C_3잡초와 C_4작물
③ C_3잡초와 C_3작물
④ C_4잡초와 C_4작물

> **해설**
> C_3 계통의 식물은 C_4 계통 식물보다 상대적으로 광합성 효율이 낮다. C_4 잡초의 광합성 효율이 뛰어나 C_3 작물의 수량에 많은 영향을 주게 된다.

정답 77 ② 78 ④ 79 ① 80 ③ 81 ①

82 월년생(동계 1년생) 밭잡초가 아닌 것은?
① 냉이 ② 별꽃
③ 명아주 ④ 벼룩나물

해설
월년생(동계1년생) 밭잡초로 둑새풀, 망초, 별꽃 등이 있으며 명아주는 1년생 여름잡초에 속한다.

83 벼의 재배방법 중에서 경합력이 낮아 잡초 발생량이 많은 방법은?
① 담수직파
② 건답직파
③ 중묘 기계이앙
④ 섬요 기계이앙

해설
이앙보다는 직파에서 경합력이 낮아 잡초 발생량이 많다. 또한 담수직파의 경우 특정 잡초만 발생하지만 건답직파의 경우 발생하는 잡초의 종류 및 수량이 많다.

84 우리나라 논에서 많이 발생하는 화본과 잡초는?
① 강아지풀 ② 메귀리
③ 띠 ④ 강피

해설
논에서 많이 발생하는 화본과 잡초로 1년생인 피(강피, 돌피 등)가 있다.

85 상호대립억제작용(allelopathy)에 대한 설명으로 옳은 것은?
① 식물체 분비물질에 의한 상호작용
② 식물체간의 빛에 대한 경합작용
③ 식물체 상호간의 생육에 대한 상가작용
④ 영양소에 대한 식물체 상호간의 경합작용

해설
상호대립억제용은 타감작용이라 하여 인접 식물간의 분비물질을 통해 서로간에 영향을 미치는 상호작용이다.

86 기생성, 식해성 및 병원성을 지닌 생물을 이용하여 잡초의 발생밀도를 감소시키는 제초방법은?
① 화학적 방제법 ② 생물적 방제법
③ 생태적 방제법 ④ 물리적 방제법

해설
곤충이나 미생물, 병원성을 이용하여 잡초의 발생밀도를 경감시키는 방법을 생물적 방제법이라 한다.

87 일장에 거의 영향을 받지 않고 발생 후 일정한 기간이 되면 지하경을 형성하는 다년생 논잡초는?
① 올방개 ② 올미
③ 벗풀 ④ 가래

해설
올미는 다년생 논잡초로 일장의 영향을 받지 않으며 뿌리부분을 통한 영양번식을 한다.

88 잡물과 잡초간 경합 허용한계밀도란?
① 작물의 수량이 크게 감소되기 시작하는 직전의 잡초밀도
② 잡초의 생장을 촉진시키는 한계밀도
③ 더이상의 경합이 일어나지 않는 밀도
④ 영양생장에서 생식생장으로 넘어가는 한계밀도

해설
잡초허용한계밀도는 잡초의 밀도가 증가하면 양분의 손실 등으로 작물의 수량이 감소하는 밀도이다. 허용한계밀도 이하로 잡초가 존재할 경우에는 작물의 수량에 영향을 미치지 않게 된다.

89 작물과 잡초간의 경합에 관여되는 주된 인자는?
① 빛, 이산화탄소, 산소
② 산소, 영양소, 이산화탄소
③ 이산화탄소, 토양, 수분
④ 영양소, 빛, 수분

정답 82 ③ 83 ② 84 ④ 85 ① 86 ② 87 ② 88 ① 89 ④

> 해설
> 경합의 주된 인자로 양분, 수분, 광, 밀도 등이 있다.

90 주로 간척지 논에서 발생하는 다년생 우점 잡초는?

① 새섬매자기 ② 물달개비
③ 알방동사니 ④ 뚝새풀

> 해설
> 간척지의 경우 염분이 높은 편이라 갯드렁새, 새섬매자기, 올방개, 물옥잠 등의 내염성잡초가 우점한다.

91 $R_1-NHC-O-R_2$의 화학구조를 기본 골격으로 갖는 제초제군은?

① 페녹시계 제초제
② 니트릴계 제초제
③ 요소계 제초제
④ 카바메이트계 제초제

> 해설
> 카밤산(카바민산, NH_2COOH)을 기본구조로 하는 카바메이트계 제초제는 잡초의 뿌리, 경엽 등으로 쉽게 흡수되며 잔효기간은 짧은 편이다.

92 논잡초의 군락형이 벗풀, 올방개 등 다년생이 우점하는 군락형으로 천이가 일어나고 있는데, 천이에 가장 큰 영향을 미치는 직접적인 요인은?

① 벼 재배법의 변화
② 외래 잡초의 급격한 증가
③ 경운 및 정지법의 변화
④ 동일 제초제의 연용

> 해설
> 잡초군락의 천이의 경우 주로 재배작물이나 작부체계가 변화하거나 경종조건이 변화할 경우 영향을 받는다. 동일한 제초제의 사용은 잡초의 저항성 증가로 군락천이를 유발시키게 된다.

93 쌍자엽 잡초와 단자엽 잡초간 차이로 옳은 것은?

① 쌍자엽은 엽맥이 평행맥이고 단자엽은 망상맥이다.
② 쌍자엽은 생장점이 식물체 위쪽에 위치하고 단자엽은 하단에 위치한다.
③ 쌍자엽은 배유가 있으나 단자엽은 배유가 없다.
④ 화본과잡초는 쌍자엽 식물에 속하고 광엽잡초는 단자엽식물에 속한다.

> 해설
> ① 쌍자엽은 엽맥이 그물맥이고 단자엽은 평행맥이다.
> ③ 쌍자엽은 무배유종자이고 단자엽은 배유종자이다.
> ④ 화본과잡초는 단자엽식물에 속하고 광엽잡초는 쌍자엽식물에 속한다.

94 10% 유효성분을 가진 제초제를 300g (a.i.)/ha 처리시 100m² 에 필요한 제품량은?

① 3g   ② 30g
③ 300g   ④ 3000g

> 해설
> 제품량(g) = 성분량 × $\dfrac{100}{희석률}$
> = $300 \times \dfrac{100}{10}$ = 3,000(g)
>
> 이때 1 ha(10,000m²) 당 3000g 이므로 100m²당 30g 이 필요하다

정답 90 ① 91 ④ 92 ④ 93 ② 94 ②

95 환경친화형 제초제의 구비조건에 해당하지 않는 것은?
① 토양의 하부 이동이 낮고 지하수 오염이 적어야 한다.
② 제초효과를 나타낸 이후 활성성분의 분해가 빨라야 한다.
③ 잡초를 방제하되 다른 생물(비표적 생물)에 대한 영향이 적어야 한다.
④ 인축독성이 높더라도 천연에서 생산되는 것이라면 적합하다.

해설
인축에 대해 안전해야 한다.

96 우리나라 경지에 발생하는 잡초의 특징으로 옳은 것은?
① 국화과, 방동사니과, 화본과의 순으로 많이 발생한다.
② 생태적으로 북방형 잡초가 많이 발생한다.
③ 1모작지의 경우 춘경답보다 추경답에서 많이 발생한다.
④ 논에서의 잡초발생 최성기는 6~7월이다.

해설
① 화본과, 국화과, 방동사니과의 순으로 많이 발생한다.
② 생태적으로 남방형 잡초가 많이 발생한다.
③ 1모작지의 경우 추경답보다 춘경답에서 많이 발생한다.

97 잡초의 특성이 아닌 것은?
① 휴면성이 없다.
② 종자생산량이 많다.
③ 전파수단이 다양하다.
④ 불량 환경 적응성이 높다.

해설
잡초에도 휴면성이 있다.

98 잡초의 유익성이 아닌 것은?
① 토양 침식 방지
② 토양에 유기물 제공
③ 농작업환경의 호전
④ 내성작물 육성을 위한 자원

해설
잡초로 인하여 농작업환경이 불리하다.

99 벼와 피의 주된 형태적 차이점은?
① 피에만 엽이가 있다.
② 벼에만 잎몸이 없다.
③ 벼에만 잎혀가 있다.
④ 벼와 피에는 잎집이 없다.

해설
벼에는 잎혀와 잎귀가 있으나 피에는 없다.

100 토양 내의 제초제의 흡착에 대한 설명으로 틀린 것은?
① 토양 내 점토물의 표면에 부착되거나 친화력을 갖는 것을 의미한다.
② 제초제는 대부분 하나 이상의 방향족 물질을 함유하고 있어 흡착에 중요한 역할을 한다.
③ 흡착이 클수록 제초제의 용탈, 유거, 휘발 등에 의한 손실이 크다.
④ 대부분의 제초제는 반응기를 갖고 있어서 토양 유기물과 치환혼합이 가능하다.

해설
흡착이 클수록 제초제의 용탈, 휘발 등의 의한 손실은 적어진다.

정답 95 ④ 96 ④ 97 ① 98 ③ 99 ③ 100 ③

국가기술자격 필기시험문제

2015년 기사 제1회 과년도 기출문제			수험번호	성명
자격종목 식물보호기사	종목코드	시험시간 2시간 30분	형별	

1과목   식물병리학

01 식물병원균에 대한 길항균으로 많이 사용되는 것은?
① Rhizoctonia solani
② Streptomyces scabies
③ Penicillium expansum
④ Trichoderma harzianum

[해설] 트리코데르마 하르지아눔(Trichoderma harzianum) 식물병원균에 길항적작용을 하여 미생물농약으로 이용되고 있다.

02 병든 보리, 밀을 먹는 사람과 돼지 등에 심한 중독을 일으키는 병해는?
① 깜부기병   ② 흰가루병
③ 줄무늬병   ④ 붉은곰팡이병

[해설] 붉은곰팡이병은 진균독소를 만들기에 사람이나 가축이 먹으면 피해를 준다.

03 파이토플라스마에 의한 수목병인 뽕나무 오갈병의 치료제로 주로 쓰이는 것은?
① 페니실린
② 그리세오풀빈
③ 옥시테트라사이클린
④ 시클로헥시마이드

[해설] 파이토플라스마는 옥시테트라사이클린계의 항생물질로 뽕나무 오갈병의 치료제로 이용된다.

04 묘포장에서 어린 묘목에 피해를 입히는 원인이 아닌 것은?
① 과습   ② 균근균
③ 모잘록병균   ④ 뿌리썩이선충

[해설] 균근균은 기주식물과 공생관계의 사상균으로 식물에 도움을 준다.

05 매개충에 의해 경란전염하는 바이러스 병해는?
① 담배 모자이크병
② 감자 X 바이러스병
③ 벼 줄무늬잎마름병
④ 보리 줄무늬모자이크병

[해설] 경란전염은 매개충의 알을 통해 바이러스가 전파되는 것을 의미하며 벼 줄무늬잎마름병의 바이러스는 애멸구에 의해 경란전염된다

06 과수의 자주날개무늬병균은 분류학적으로 어느 균류에 속하는가?
① 난균   ② 담자균
③ 자낭균   ④ 접합균

[해설] 자줏빛날개무늬병균은 진균(담자균류)에 속한다.

07 벼 흰잎마름병균은 주로 어디에서 월동하여 제 1차 전염원이 되는가?
① 겨풀 뿌리   ② 바랭이 뿌리
③ 억새풀 뿌리   ④ 물달개비 뿌리

[해설] 벼 흰잎마름병균은 겨풀, 나도겨풀의 뿌리 혹은 벼의 그루터기에서 월동한다.

정답 01 ④   02 ④   03 ③   04 ②   05 ③   06 ②   07 ①

08 식물바이러스병의 생물학적 진단법은?
① 슬라이드법 ② 괴경지표법
③ 형광항체법 ④ X-체 검경법

해설
생물학적 진단법은 지표식물, 최아법(괴경지표법), 즙액접종법 등이 있다.

09 순활물기생균(절대기생균)의 일반적인 설명으로 옳은 것은?
① 임의기생균이라고 한다.
② 기주세포를 자력으로 죽여 양분을 섭취한다.
③ 죽은 생물체나 무기물로부터 양분을 섭취한다.
④ 인공배양은 어려우나 일부 녹병균에서 성공한 사례는 있다.

해설
순활물기생균은 절대기생체라 하며 살아있는 조직에서 생활한다. 대표적으로 흰가루병균, 붉은별무늬병균, 녹병균 등이 있으며 이들은 인공배양이 가능하다.

10 저항성 품종을 이용한 방제방법의 가장 큰 문제점은?
① 비경제성
② 비효과성
③ 약해 및 잔류독성
④ 저항성 품종의 이병화 현상

해설
이병화 현상은 병에 걸리는 것을 말한다. 저항성을 가진 품종이 병에 걸리는 것은 방제방법에 있어 가장 큰 문제점에 해당한다.

11 식물병의 면역학적 진단방법을 의미하는 용어는?
① SSCP   ② RACE
③ ELISA   ④ RAPDs

해설
ELISA 는 효소결합항체법(Enzyme Linked Immunosorbent Assay)으로 효소와 바이러스의 반응을 통해 감염여부를 확인하는 면역학적 진단방법이다.

12 배추 모자이크병의 주요 매개 곤충은?
① 진딧물   ② 애멸구
③ 이화명나방 ④ 복숭아혹진딧물

해설
배추 모자이크병은 진딧물에 의해 매개된다.

13 병원균이 포도 탄저병균과 같은 것은?
① 콩 탄저병   ② 사과 탄저병
③ 수박 탄저병 ④ 목화 탄저병

해설
고추, 사과 탄저병의 병원은 진균으로 *Glomerella cingulata* 이다.

14 *Aspergillus flavus* 가 생산하는 균독소는?
① Aflatoxin   ② Citrinin
③ Fumonisin   ④ Zearalenone

해설
Aspergillus flavus 는 토양에 흔히 존재하는 곰팡이균으로 아플라톡신(Aflatoxin)을 생산한다.

15 오이 세균성점무늬병균이 증식하기 가장 적합한 식물체 내 부위는?
① 각피층   ② 형성층
③ 세포벽   ④ 유조직의 세포간극

해설
세균성점무늬병균은 조직의 세포간극에서 증식한다.

정답 08 ② 09 ④ 10 ④ 11 ③ 12 ① 13 ② 14 ① 15 ④

16 식물병 발생에 필요한 3대 요인에 속하지 않는 것은?
① 기주 ② 매개충
③ 병원체 ④ 환경요인

해설
병을 일으킬 요인으로 기주와 식물병에 직접적인 요인을 주인, 주인을 도와 발병을 촉진 및 확산시키는 요인들을 유인이라 하며 유인은 주로 환경적 요인을 말한다.

17 식물병원체인 균류의 영양기관은?
① 포자층 ② 포자낭
③ 균사체 ④ 분생포자

해설
균류의 영양기관은 균사체, 선상균사, 균핵, 자좌, 근상균사속 등이 있다.

18 십자화과 작물에 발생하는 배추 무사마귀병에 대한 설명으로 옳지 않은 것은?
① 배수가 불량한 토양에서 발생이 많다.
② 병원균은 *Plasmodiophora brassicae* 이다.
③ 토양산도 pH 6.5 ~ 7.0에서 발병이 잘 된다.
④ 유주자가 뿌리털 속을 침입하여 변형체가 된다.

해설
배추 무사마귀병은 토양산도가 산성인 pH 2~5 정도에서 잘 발생한다.

19 오이 모자이크병에 대한 설명으로 옳지 않은 것은?
① 영속성 전염을 한다.
② 방제대책으로 저항성 품종을 이용한다.
③ 잎에서 황색의 반점이 다수 집합한다.
④ CMV(오이 모자이크 바이러스)는 세계적으로 가장 많이 분포한다.

해설
오이 모자이크병은 비영속성 바이러스로 진딧물에 의해 전반된다.

20 향나무 녹병의 방제법으로 효과적이지 않은 것은?
① 10월에 병든 가지를 쳐낸다.
② 향나무 부근에 사과나무를 심지 않는다.
③ 중간기주식물에 4월부터 6월까지 방제약제를 살포한다.
④ 향나무와 중간기주를 2km 이상 떨어져 심는다.

해설
향나무 녹병은 포자로 비산하여 전염되기에 병든 가지를 제거하는 것은 비효율적이다.

2과목 농림해충학

21 일반적으로 우리나라에서 월동하지 않고 매년 중국 남부로부터 비래해 오는 해충은?
① 벼멸구 ② 애멸구
③ 끝동매미충 ④ 번개매미충

해설
벼멸구는 국내에서는 월동이 불가능하여 6월쯤부터 중국 남부지역에서 남서풍을 타고 비래한다.

22 사과면충은 분류상 어느 목에 속하는가?
① 벌목 ② 매미목
③ 딱정벌레목 ④ 집게벌레목

해설
사과면충은 매미목 진딧물과에 속한다.

정답 16 ② 17 ③ 18 ③ 19 ① 20 ① 21 ① 22 ②

23 작물의 재배시기를 조절하여 해충의 피해를 줄이는 방법은?
① 경종적 방제법
② 화학적 방제법
③ 생물적 방제법
④ 물리적(기계적)방제법

해설
경종적 방제법은 생태학적 방제법으로 해충의 발생시기와 특성을 고려하여 작물의 피해를 줄이는 방법으로 작물의 재배시기에 변화를 주거나 재배방법을 개선하여 해충을 방제한다.

24 곤충의 순환계에 대한 설명으로 틀린 것은?
① 개방계이다.
② 심장은 등 쪽에 있다.
③ 산소를 세포에 운반한다.
④ 혈액은 혈장과 혈구세포로 이루어진다.

해설
곤충은 혈관을 통해 산소를 공급하는 것이 아닌 기문을 통해 산소를 공급하기에 곤충의 혈액에는 헤모글로빈이 없는 경우가 많다.

25 먹이를 빠는 형의 입틀을 가진 것은?
① 진딧물   ② 메뚜기
③ 딱정벌레 ④ 나비 유충

해설
진딧물은 먹이를 찔러서 빨아먹는 자흡구형이다.

26 방사선 불임법을 이용하는 방제법에 대한 설명으로 틀린 것은?
① 효과가 다음 세대 후에 나타난다.
② 해충의 대발생시에도 효과적이다.
③ 저항성이 생긴 해충에도 유효하다.
④ 평생 1회만 교미하는 해충에만 적용된다.

해설
방사선 불임법은 적용된 해충에만 발현되기에 모든 해충에는 적용할 수가 없다. 그래서 해충의 대발생시에는 그 효과가 즉각적으로 나타나지 않는다.

27 복관을 갖고 있는 곤충은?
① 좀   ② 낫발이
③ 진딧물 ④ 톡톡이

해설
톡토기가 가지고 있는 복관은 수면 위에 부유시 몸을 지탱하고 수분조절과 호흡의 역할을 담당한다.

28 다음 중 가장 늦게 우리나라에 들어온 해충은?
① 감자나방   ② 온실가루이
③ 솔잎혹파리 ④ 미국흰불나방

해설
온실가루이는 국내에 1977년 발견되었다.

29 사과굴나방에 대한 설명으로 틀린 것은?
① 알로 잎 속에서 월동한다.
② 가해 잎이 뒷면으로 말린다.
③ 잎 뒷면에 성충이 우화하여 나간 구멍이 있다.
④ 사과나무, 배나무, 복숭아나무의 잎을 가해한다.

해설
사과굴나방은 번데기로 잎에서 월동한다.

30 다음 중 호흡계의 기문수가 가장 적은 곤충은?
① 나방 유충
② 나비 유충
③ 모기붙이 유충
④ 딱정벌레 유충

해설
모기붙이 유충은 파리목의 유충으로 호흡계의 기문수가 일반적인 10쌍 보다 적다.

정답 23 ① 24 ③ 25 ① 26 ② 27 ④ 28 ② 29 ① 30 ③

31 마늘 수확 후에도 피해를 주는 해충은?
① 파굴파리 ② 뿌리응애
③ 고자리파리 ④ 벼룩잎벌레

> **해설**
> 뿌리응애로 발생하는 토양 병원균은 2차 감염이 발생하기에 마늘 수확 후에도 피해를 준다.

32 벼 오갈병을 매개하는 해충명은?
① 벼멸구 ② 애멸구
③ 흰등멸구 ④ 끝동매미충

> **해설**
> 벼오갈병은 끝동매미충, 번개매미충에 의해 매개된다.

33 작용기작에 따른 살충제 분류에서 신경정보전달 교란에 의한 저해제에 속하는 것은?
① 호흡 저해 살충제
② 교미 교란 살충제
③ 키틴생합성 저해 살충제
④ 아세틸콜린에스테라제 저해 살충제

> **해설**
> 아세틸콜린에스테라제가 축적되면 신경자극에 방해가 되어 결국은 죽게된다.

34 다음 설명에 해당하는 살충제는?

> ◎ 접촉독, 식독작용 및 흡입독작용을 가진다.
> ◎ 살충력이 극히 강하고 작용범위도 넓으나 포유류에 대한 독성이 강하여 현재 국내에서는 사용이 금지된 농약이다.
> ◎ 일부 외국에서는 사용되고 있어 식품 중 잔류 허용 기준이 고시된 농약이다.

① 니코틴 ② 비산석회
③ 파라티온 ④ 피레스틴

> **해설**
> 파라티온은 유기인계 살충제의 일종이며 갈색을 띠고 있다. 사람이나 가축에 유해하여 제조 및 사용이 국내에서는 금지되어 있다.

35 배추흰나비가 십자화과 채소에만 알을 낳는 이유는?
① 주광성 ② 주화성
③ 주수성 ④ 주굴성

> **해설**
> 배추흰나비는 특정 화학물질에 유인되어 십자화과 채소에 알을 낳는 주화성을 보인다.

36 곤충의 발육과 온도에 관한 설명으로 옳지 않은 것은?
① 발육속도와 온도와의 관계를 적산온도 법칙이라 한다.
② 곤충의 발육은 온도가 증가함에 따라 빠르게 진행된다.
③ 휴면이 유지되면 유효적산온도 법칙을 적용할 수 없다.
④ 일반적으로 발육은 생식의 경우보다 낮은 허용온도 범위를 나타낸다.

> **해설**
> 곤충에게 있어 생식에 필요한 온도의 범위가 가장 좁다. 이는 일반적인 생활을 하는 발육의 온도 범위는 넓은 편이라 허용 온도 범위는 생식의 경우 낮은 허용온도 범위를 가진다.

37 학명을 기재할 때 사용하는 것은?
① 영어 ② 독일어
③ 라틴어 ④ 프랑스어

> **해설**
> 린네의 이명법은 첫 번째 단어를 종이 속한 속명, 두 번째 단어는 종명을 나타내며 이러한 종의 두 단어를 합친것을 이명법이라 하며 라틴어로 표기한다.

정답 31 ② 32 ④ 33 ④ 34 ③ 35 ② 36 ④ 37 ③

38 곤충의 일반적인 특징이 아닌 것은?
① 머리에는 입틀, 더듬이, 겹눈이 있다.
② 배마디에는 3쌍의 다리와 2쌍의 날개가 있다.
③ 곤충은 머리, 가슴, 배 3부분으로 구성되어 있다.
④ 곤충은 동물 중에 가장 종류가 많으며 곤충강에 속하는 절지동물을 말한다.

해설
곤충은 몸 구조는 크게 머리, 가슴, 배 3부분으로 분류된다. 가슴은 앞가슴, 가운데가슴, 뒷가슴으로 분류된다. 각 부분에 한쌍의 다리가 있고 가운데가슴과 뒷가슴에는 한쌍의 날개가 있다.

39 벼룩잎벌레에 대한 설명으로 옳은 것은?
① 번데기로 월동한다.
② 성충이 뿌리를 가해한다.
③ 고추의 가장 대표적인 해충이다.
④ 일반적으로 작물이 어린 시기에 피해가 많다.

해설
벼룩잎벌레는 어린 작물에 피해가 심하고 초여름에 많이 발생한다.

40 솔잎혹파리의 생태적 특징으로 옳지 않은 것은?
① 성충의 수명이 1~2개월로 긴 편이다.
② 유충상태로 땅속이나 벌레혹 속에서 월동한다.
③ 부화한 유충이 새로 자라는 솔잎 아랫부분에 벌레혹을 만든다.
④ 암컷 성충은 소나무류의 잎에 알을 6개 정도 씩 무더기로 낳는다.

해설
성충의 수명은 1~2일 정도로 짧다.

3과목 재배학원론

41 벼에서 냉해에 의하여 발생이 많아지는 병해는?
① 도열병 ② 잎집무늬마름병
③ 흰잎마름병 ④ 줄무늬잎마름병

해설
벼 도열병은 비가 자주 내리거나 온도가 낮고 습도가 높을 경우, 바람이 강하게 불 경우, 토양온도가 낮을 경우, 토양수분이 적을 경우, 질소질 비료가 과할 경우, 모내기가 늦을 경우에 발병한다.

42 다음 시료의 순활종자(Pure live seed)는?

◎ 벼 종자의 수 : 8000개
◎ 벼 종자의 무게 : 270g
◎ 이종종자의 수 : 2000개
◎ 이종종자의 무게 : 30g
◎ 벼 종자의 발아율 : 90%

① 64% ② 72%
③ 81% ④ 90%

해설
· 작업량 = 270g + 30g = 300g
· 순도 = (270 ÷ 300)×100 = 90%
· 순활종자 = (90%×90%) ÷ 100 = 81%

43 벼 종자의 파종 깊이에 따른 발아특성을 잘못 설명한 것은?
① 5cm 이상 깊게 파종될 경우 종자근의 신장이 현저히 저해된다.
② 산소가 부족한 조건에서는 산소가 충분한 조건에서보다 초엽의 신장이 더 활발하다.
③ 건답직파재배에서 종자의 파종 깊이 3cm 정도에서는 중배축이 형성된다.
④ 산소가 부족한 조건에서 본엽은 정상적인 생장이 불가능하지만 종자근은 정상적인 생장이 가능하다.

> **[해설]**
> 산소가 부족한 조건에서는 본엽과 종자근의 정상적인 생장이 불가능하다.

44 다음 중 작물재배시 부족하면 수정, 결실이 나빠지는 미량원소는?
① Mn ② B
③ Mo ④ Zn

> **[해설]**
> 붕소는 세포 분열과 수정에 관여하여 부족할 경우 수정, 결실이 나빠지고 불임이 발생하기도 한다.

45 잡초의 특징이 아닌 것은?
① 대부분의 경지 잡초들은 호광성이다.
② 종자의 크기가 작기 때문에 발아가 빠르고, 초기생장 속도가 빠르다.
③ C_3형 광합성을 하기 때문에 광합성효율이 높다.
④ 불량환경에 잘 적응한다.

> **[해설]**
> 잡초는 C_4형 광합성을 하기 때문에 광합성효율이 높다.

46 2년생 작물은 어느 것인가?
① 아스파라거스 ② 사탕무
③ 호프 ④ 옥수수

> **[해설]**
> 2년생 작물로 보리, 밀, 대파, 무, 사탕무 등이 있다.

47 맥류의 도복을 적게 하는 방법으로 옳지 않은 것은?
① 단간성 품종의 선택
② 칼륨 비료의 사용
③ 파종량의 증대
④ 석회 사용

> **[해설]**
> 파종량을 증대하면 맥류가 밀식하게 되어 근계의 발달이 불량하게 되어 도복의 발생량이 증가한다.

48 작물의 수해에 대하여 가장 올바르게 기술한 것은?
① 피, 수수, 옥수수 등은 침수에 강한 작물이다.
② 수온이 낮으면 높을 때보다 피해가 크다.
③ 수해 상습지에는 질소비료를 증시한다.
④ 벼의 분얼기가 수잉기보다 침수피해가 심하다.

> **[해설]**
> 수해의 피해는 물의 온도가 높을수록, 정체되고 탁한물일 경우 더 크게 나타난다. 또한 벼는 수잉기로부터 출수개화기 사이에는 수해에 약하다.

49 시설재배의 환경특이성을 옳게 설명한 것은?
① 온도는 일교차가 작고 분포가 고르다.
② 광선은 광질이 다르고 광량이 감소한다.
③ 공기는 탄산가스가 풍부하고 유해가스가 없다.
④ 토양이 습해지기 쉽고 공중습도가 낮다.

> **[해설]**
> 시설재배시 사용되는 유리 혹은 비닐은 광선의 광질을 다르게 하고 광량이 감소한다.

50 형태적 특성에 의한 검사 중 종자의 특성 조사항목이 아닌 것은?
① 종피의 색
② 까락의 장단
③ 모용의 유무
④ 잎 하부 배축의 색

> **[해설]**
> 배축은 종자가 발아했을 때 뿌리와 줄기의 경계부분으로 종자의 특성 조사항목이 아니다.

정답 44 ② 45 ③ 46 ② 47 ③ 48 ① 49 ② 50 ④

51 육묘하여 이식하는 필요성과 거리가 먼 것은?
① 조기수확 가능
② 직파가 불리한 경우
③ 추대 촉진
④ 토지이용도 증대

<u>해설</u>
육묘의 특징
· 수확량을 늘리거나 품질 향상을 기대할 수 있다.
· 작물의 관리 및 보호가 용이하다.
· 수확 및 출하시기를 조절할수 있다.
· 토지의 이용률을 높일수 있다.
· 직파가 불리한 작물에 이용된다.

52 다음 중 목초의 하고 대책이 아닌 것은?
① 스프링플러시의 억제
② 과대한 방목과 채초
③ 고온건조기에 관개
④ 난지형 목초 혼파

<u>해설</u>
하고의 대책으로 과대한 방목과 채초보다 적당한 방목과 채초가 이루어져야 한다.

53 토양을 보호하여 침식을 막는 효과를 가진 식물은?
① 내식성작물 ② 내염성작물
③ 청초작물   ④ 자급작물

<u>해설</u>
내식성작물은 토양의 침식을 방지하는 작물로 키가 작고 줄기와 잎이 무성하며 긴 뿌리가 많은 것이 특징이다.

54 엽록소의 구성원소로서 결핍 시 잎에서 황백화현상이 나타나는 무기성분은 무엇인가?
① 질소   ② 인
③ 칼슘   ④ 마그네슘

<u>해설</u>
마그네슘은 식물의 광합성에 필수적인 엽록소의 구성성분이다. 부족할 경우 늙은 잎에서 먼저 황화되며 심할 경우 백화현상이 일어난다.

55 온도와 작물의 생리작용에 대한 설명이 잘못된 것은?
① 광합성의 Q_{10}은 고온보다 저온에서 작다.
② 호흡작용의 Q_{10}은 일반적으로 30℃ 정도까지는 2~3이고, 32~35℃에 이르면 감소하기 시작한다.
③ 동화물질이 곡립으로 전류하는 양은 조생종에서 많고 만생종에서는 적다.
④ 온도가 상승함에 따라 세포의 투과성이 증대하고 수분의 점성이 감소한다.

<u>해설</u>
광합성의 Q_{10} 은 고온보다 저온에서 활발하다.
※ 온도계수 : 온도가 10℃ 상승할 경우 작물의 생리작용, 이화학적 반응 등이 높아지는 정도를 나타내는 것으로 Q_{10} 이라고 표시하기도 한다.

56 작물의 내동성에 관한 설명이 바른 것은?
① 세포액의 삼투압이 높으면 내농성이 증대한다.
② 원형질의 친수성콜로이드가 적으면 내동성이 커진다.
③ 전분함량이 많으면 내동성이 커진다.
④ 조직즙의 광에 대한 굴절률이 커지면 내동성이 저하된다.

<u>해설</u>
삼투압이 높아지면 빙점이 내려가 세포 내 얼음이 발생하지 않기에 내동성이 증가된다.

정답 51 ③ 52 ② 53 ① 54 ④ 55 ① 56 ①

57 작물분류시 용도에 따라 사용하는 명칭은?
① 다년생 작물 ② 사료작물
③ 내냉성 작물 ④ 내염성 작물

해설
보기 ①, ③, ④는 생태적분류에 속한다.

58 딸기나 들깨 잎에 장일조건을 부여하기 위해 사용하는 LED 등은 무슨 색 광인가?
① 적색광 ② 자색광
③ 청색광 ④ 녹색광

해설
장일조건에서는 적색광이 가장 효과적이다.

59 경운시기에 대한 설명으로 옳은 것은?
① 유기물 함량이 많을 경우 춘경하는 것이 좋다.
② 토양이 습하고 차진 경우 추경하는 것이 좋다.
③ 사질토양의 경우 추경하는 것이 좋다.
④ 겨울에 강수량이 많을 경우 추경하는 것이 좋다.

해설
경운 작업을 실시할 경우 토양이 습하고 차진 경우 추경을 하면 유기물의 분해 촉진 및 통기가 조장되고 토양이 부드러워진다.

60 대표적인 구황작물로서 과거 가뭄이 심한 해에 흔히 이용되었던 것은?
① 피 ② 담배
③ 클로버 ④ 완두

해설
가뭄에서도 수확량이 많은 구황작물로 조, 피, 기장, 메밀, 고구마, 감자 등이 있다.
※ 구황작물 : 불리한 기상조건에서 상당한 수확을 얻을 수 있는 작물

4과목 농약학

61 입제의 제법으로 옳지 않은 것은?
① 흡착법 ② 피막법
③ 적시법 ④ 압출조립법

해설
입제의 경우 제조방법에는 흡착법, 피복법, 압출식 조립법, 조립흡착법 등이 있다.

62 사용목적에 따른 살충제 농약의 분류에 해당하지 않는 것은?
① 식독제 ② 미립제
③ 유인제 ④ 기피제

해설
미립제는 제형에 따른 분류에 속한다.

63 다음 중 농약의 분류상 맞지 않는 조합은?
① 보호용 살균제 – 석회보르도액
② 소화중독제 – 페니트로티온
③ 훈증제 – 메틸브로마이드
④ 직접살균제 – 석회유황합제

해설
석회유황합제는 보호살균제에 속한다.

64 다음 중 제초제를 처리방법에 따라 분류한 것은?
① 토양 및 경엽처리 제초제
② 이행형 및 접촉형 제초제
③ 선택성 및 비선택성 제초제
④ 호르몬형 및 비호르몬형 제초제

해설
제초제는 처리방법에 따라 토양처리제, 경엽처리제, 토양 및 경엽처리제가 있다.

정답 57 ② 58 ① 59 ② 60 ① 61 ③ 62 ② 63 ④ 64 ①

65 다음 중 약해의 원인이 아닌 것은?
① 고농도 살포
② 부적합한 약제 사용
③ 합리적 혼용
④ 사용방법 미숙

해설
약해가 일어나는 원인으로 농약자체의 원인 및 오용, 불순물의 혼입, 부적합한 약제 사용, 고농도 살포 및 과량살포, 불안정한 혼용 등이 있다.

66 농약잔류허용기준(MRL)을 설정하는 데 관련이 가장 적은 것은?
① 인체 1일 섭취허용량
② 농약의 안전사용량
③ 최대무작용량
④ 안전계수

해설
농약잔류허용기준에 관련된 요소로 1일 섭취허용량, 국민평균체중, 농약이 사용되는 식품 1일 섭취량이 있으며 농약의 1일 허용량은 농약을 매일 섭취해도 영향이 없는 농약의 양으로 최대무작용약량(NOEL, No Obseerved Effect Level)에서 안전계수를 곱한 값으로 정의한다.

67 농약 중독 시 응급처리요령이 아닌 것은?
① 피부 오염시 비눗물로 목욕을 한다.
② 눈 오염시 포화소금물로 15분간 씻어낸다.
③ 음독시 황산나트륨, 황산마그네슘을 설사약으로 복용한다.
④ 인공호흡을 실시한다.

해설
눈 오염시 맑은 물로 15분 이상 씻어 낸다.

68 농약 살포액의 약액 입자가 가장 작은 살포방법은?
① 연무법 ② 살분법
③ 미스트법 ④ 분무법

해설
연무법은 미립자를 공기 중에 부유시키는 방법을 비산성이 커서 하우스 내에서 주로 적용하며 약액 입자 중 가장 작은 살포 방법이다.

69 다음 중 살선충제로 사용되는 약제는?
① Ethoprophos ② Pencycuron
③ Mancozeb   ④ Thiram

해설
살선충제에는 에토프로포스(Ethoprophos), 카두사포스(cadusafos) 등이 있다.

70 다음 농약 중 유기인계 살균제인 것은?
① Diazinon   ② Dichlorvos
③ Edifenphos ④ Fenitrothion

해설
유기인계 살균제 종류로는 벼 도열병 방제용 이프로벤포스(IBP), 에디펜포스(Edifenphos) 등이 있다.

71 유제에 대한 설명으로 옳지 않은 것은?
① 유제란 주제의 성질이 수용성인 것을 말한다.
② 살포액의 조제가 편리하나, 포장, 수송 및 보관에 각별한 주의가 필요하다.
③ 유제에서 주제가 유기용매의 25% 이상 용해되는 것이 원칙이다.
④ 유제에서 계면활성제를 가하는 농도는 5~15% 정도이다.

해설
유제는 주제의 성질이 지용성으로 물에 녹지 않아 유기용매에 녹여 유화제를 첨가한 용액을 말한다.

정답 65 ③ 66 ② 67 ② 68 ① 69 ① 70 ③ 71 ①

72 입상수화제에 대한 설명으로 옳지 않은 것은?

① 과립상으로 가루날림이 적어 작업자의 안전성이 높다.
② 유동성이 좋아 취급이 용이하고 포장 내 부착성이 낮아 잔유물이 적다.
③ 유효성분의 고밀도 제제가 가능하다.
④ 유제의 단점을 개선한 신제형 농약이다.

해설
가루 상태 농약과 보조제를 미세하게 분쇄하여 입자끼리 엉기지 않도록 한 제형으로 수화제를 개선한 것이다.

73 잡초방제에 많이 사용하고 있는 Glyphosate 액제에 대한 설명으로 옳지 않은 것은?

① 접촉형 제초제로 약액이 묻은 잎과 줄기만 죽인다.
② 비선택성 제초제로 과수원이나 조림지 등에 사용된다.
③ 사용시 부주의로 눈에 들어갔을 때 즉시 물로 충분히 씻어낸다.
④ 농약 살포 후 비가 오면 약효가 현저히 떨어진다.

해설
글리포세이트(Glyphosate)는 비선택성 제초제이다.

74 살포액 조제 시 고려할 사항으로 가장 거리가 먼 것은?

① 병해충의 종류
② 희석용수의 선택
③ 소정의 희석배수 준수
④ 충분한 혼화

해설
살포액 조제시 물의 온도, 침전물 유무, 희석배수 등 조제에 관련된 사항을 고려하며 처리 목적에 해당되는 병해충의 종류는 고려대상이 아니다.

75 보르도액에 대한 설명으로 옳지 않은 것은?

① 원료의 순도는 황산구리 98.5%, 생석회 90% 이상이어야 품질이 좋은 액이 된다.
② 조제 시 금속제 용기를 사용하면 좋지 않다.
③ 황산구리 용액을 세게 저으며 석회유를 소량씩 부어야 품질이 좋은 액이 된다.
④ 조제한 즉시 살포하는 것이 좋다.

해설
보르도액 조제시 완전히 냉각된 석회유를 잘 저으면서 여기에 황산구리용액을 조금씩 넣어 주면 보르도액이 완성된다.

76 리바이지드 50% 유제를 1000배로 희석하여 10a당 180L를 살포하려 할 때 리바이지드 50% 유제의 소요량은?

① 45ml   ② 90ml
③ 180ml   ④ 360ml

해설
$$\text{소요약량(배액)} = \frac{\text{단위면적당 사용량}}{\text{소요희석배수}}$$
$$= \frac{180{,}000ml}{1{,}000} = 180ml$$

77 농약의 제형 중 분제의 물리적 성질에 해당되지 않는 것은?

① 분산성   ② 비산성
③ 안전성   ④ 연무성

해설
농약의 물리적 성질로 분말도, 토분성, 분산성, 부착성, 안정성, 비산성 등이 있다.

정답 72 ④ 73 ① 74 ① 75 ③ 76 ③ 77 ④

78 다음 중 과실의 착색, 숙기촉진을 위해서 사용하는 약제는?

① Butralin ② IBA
③ Calcite ④ Ethephon

해설
에테폰(Ethephon)은 에틸렌을 생성하며 과실의 성숙을 촉진하는 물질이다.

79 농약의 구비조건이 아닌 것은?

① 효력이 정확하고 커야 한다.
② 인축 및 어류에 대한 독성이 커야 한다.
③ 천적 및 유용곤충류에 대하여 독성이 낮거나 선택적이어야 한다.
④ 다른 약제와 혼용 범위가 넓어야 한다.

해설
농약은 인축과 어류에 대한 독성이 작아야 한다.

80 농용항생제로서 갖추어야 할 구비조건이 아닌 것은?

① 식물병원균에 대하여 항균력을 갖추어야 한다.
② 농용살균제는 일광이나 공기에 의하여 잘 분해되어야 한다.
③ 식물에 대하여 약해작용이 없어야 한다.
④ 가격이 싸야 한다.

해설
농용항생제는 주로 야외에서 사용하기에 외부 환경(일광, 공기 등)에 의해 잘 분해되지 않아야 한다.

5과목 **잡초방제학**

81 잡초의 전파방법 중 사람이나 동물에 부착하여 운반되기 쉬운 잡초는?

① 민들레 ② 소리쟁이
③ 도꼬마리 ④ 여뀌

해설
도꼬마리, 도깨비 바늘 등의 잡초들은 갈고리 모양의 돌기가 있어 사람의 옷이나 동물의 털에 붙어 운반된다.

82 잡초의 밀도가 증가되면 작물의 수량이 감소되고 어느 밀도 이상으로 잡초가 존재하면 작물의 수량이 현저히 감소되는 이 수준까지의 밀도를 무엇이라 하는가?

① 잡초허용한계밀도
② 잡초허용최대밀도
③ 경제적허용밀도
④ 잡초피해한계밀도

해설
잡초허용한계밀도는 잡초의 밀도가 증가하면 양분의 손실 등으로 작물의 수량이 감소하는 밀도이다. 허용한계밀도 이하로 잡초가 존재할 경우에는 작물의 수량에 영향을 미치지 않게 된다.

83 식물의 타감작용을 나타내는 물질은?

① 미생물 분비물
② 해충 분비물
③ 식물 분비물
④ 병원균 분비물

해설
타감작용(allelopathy, 상호대립억제작용)이라 하여 근처 식물의 생육에 영향을 주는 방법을 이용한 방제법으로 식물 분비물에 의해 이루어진다.

84 흑색달팽이 방류시 강피 억제율을 조사하고자 한다. 흑색달팽이 방류시 무처리 강피 발생 172본/m2 에 대한 강피 23본/m2 이 발생되었을 때, 강피 억제율로 가장 적합한 것은?

① 44.8% ② 84.6%
③ 86.7% ④ 93.4%

해설
발생률 : $\dfrac{\text{생물 전 방제 전}}{\text{생물 적 방제 후}} = \dfrac{23본}{172본} \times 100(\%)$
≒ 13.37%
억제률 : 100(%) − 13.37(%) = 86.63 ≒ 약 86.7%

정답 78 ④ 79 ② 80 ② 81 ③ 82 ① 83 ③ 84 ③

85 친환경 잡초 방제법으로 가장 거리가 먼 것은?
① 오리농법   ② 쌀겨농법
③ 춘경농법   ④ 왕우렁이 농법

해설
춘경 농법은 경종적 방제법에 속한다.

86 다음 중 다년생 잡초들로만 구성되어 있는 것은?
① 피, 물달개비, 바랭이, 쇠비름
② 올방개, 쑥, 메꽃, 벗풀
③ 마디꽃, 쑥, 명아주, 여뀌
④ 여뀌바늘, 명아주, 올방개, 쇠뜨기

해설
다년생 잡초로 나도겨풀, 너도방동사니, 쇠털골, 올방개, 올챙이고랭이, 가래, 개구리밥, 미나리, 올미, 좀개구리밥, 토끼풀, 쇠뜨기, 엉겅퀴, 메꽃, 쑥 등이 있다.

87 다음 중 이행형 제초제가 아닌 것은?
① 2,4–D
② Difenoconazole
③ Glyphosate
④ Bentazon

해설
• 이행형 제초제 종류로 2,4–D, 시마진, MCPA, bentazon, glyphosate 등이 있다.
• 디페노코나졸(Difenoconazole)은 접촉형 제초제이다.

88 일반적으로 작물과 잡초 간 경합으로 작물에 큰 피해를 주는 시기는?
① 생육 중기
② 생육 중기~생육후기
③ 생육 후기
④ 전 생육기간의 1/4~1/3 시기

해설
잡초경합한계기간은 작물 전생육기간의 첫 1/3~1/2 기간이나 1/4~1/3 기간에 해당된다.

89 일년생 잡초로만 나열된 것은?
① 명아주, 강아지풀
② 바랭이, 냉이
③ 망초, 황새냉이
④ 벼룩나물, 네가래

해설
일년생 잡초로 둑새풀, 강피, 물달개비, 물옥잠, 사마귀풀, 여뀌, 마디꽃, 자귀풀, 명아주, 강아지풀 등이 있다

90 잡초방제법을 물리적, 화학적, 예방적 방제법으로 구분할 때, 다음 중 예방적 방제법이 아닌 것은?
① 짚이나 비닐멀칭 피복
② 농기계나 기구의 청소
③ 작물종자의 정선
④ 관개수로의 관리

해설
짚이나 비닐멀칭 피복은 물리적 방제법이다.

91 겨울 잡초로만 나열된 것은?
① 냉이, 뚝새풀, 피
② 점나도나물, 벼룩이자리, 벼룩나물
③ 뚝새풀, 비름, 별꽃아재비
④ 벼룩나물, 냉이, 쇠비름

해설
겨울잡초로 둑새풀, 냉이, 개미자리, 벼룩나물, 점나도나물, 벼룩이자리, 별꽃, 속속이풀, 갈퀴덩굴 등이 있다.

정답 85 ③   86 ②   87 ②   88 ④   89 ①   90 ①   91 ②

92 제초제가 작물에는 피해(약해)를 주지 않고 잡초만을 죽일 수 있는 특성은?
① 제초제의 감수성
② 제초제의 선택성
③ 제초제의 내성
④ 제초제의 저항성

해설
특정 잡초만 선택적으로 방제하는 특성을 제초제의 선택성이라 한다.

93 잡초종자의 휴면에 대한 설명으로 틀린 것은?
① 휴면이 있어 쉽게 방제할 수 있다.
② 배의 미숙에 의하여 휴면하기도 한다.
③ 발아환경이 부적당하면 2차휴면을 한다.
④ 1차휴면에 의해 적합한 환경 조건에서도 발아하지 않는다.

해설
잡초종자의 휴면은 생육에 불리한 환경조건을 극복하기 위한 수단으로 휴면으로 인하여 쉽게 방제하기 어렵다.

94 제초제 저항성 잡초의 발생 원인은?
① 농작업의 기계화
② 춘경 및 추경 감소
③ 동일한 제초제 연용
④ 손 제초 및 2모작 감소

해설
동일 제초제의 연속적인 사용으로 잡초에 저항성이 생기게 되어 방제가 어렵다.

95 논에 다년생 잡초가 증가하는 이유가 아닌 것은?
① 추경 감소
② 답리작의 감소
③ 퇴비시용량 감소
④ 일년생 잡초 방제용 제초제의 연용

해설
논에 다년생 잡초의 증가는 군락의 변화를 말하며 이는 제초제의 연용, 작부체계의 변화 혹은 춘, 추경의 감소 등의 요인이 있다.

96 비선택적으로 식물을 전멸시키는 제초제는?
① Mazosulfuron ② Simazine
③ Glyphosate ④ 2,4-D

해설
식물의 종류에 상관 없이 모든 식물을 제거하는 약품을 비선택성이라 하며 Glyphosate는 비선택성 이행성 제초제이다.

97 단자엽식물과 쌍자엽식물 간의 차이처럼 식물의 생장형이 달라서 나타나는 선택성은?
① 형태적 선택성 ② 생태적 선택성
③ 생리적 선택성 ④ 생화학적 선택성

해설
식물의 생장형이 달라 나타나는 외형적 분류는 형태적 선택성이라 한다.

정답 92 ② 93 ① 94 ③ 95 ③ 96 ③ 97 ①

98 작물이 잡초로부터 받는 피해경로를 직접적 또는 간접적 피해경로로 구분할 때 다음 중 간접적인 피해경로에 해당하는 것은?

① 경합
② 기생
③ 상호대립억제작용
④ 병해충 매개

해설
잡초는 해충의 서식처 역할을 하기에 간접적 피해경로에 해당한다.

99 농경지에서 잡초 군락의 천이에 가장 영향을 적게 미치는 것은?

① 제초방법   ② 작부체계
③ 병해충   ④ 물 관리

해설
잡초군락의 변이 및 천이는 재배작물 변화, 작부체계 변화, 경종조건 변화, 제초방법 변화에 의해 영향을 받는데 병해충에 의한 영향력이 가장 적다.

100 방동사니류 잡초가 아닌 것은?

① 올방개   ② 올미
③ 올챙이고랭이 ④ 바람하늘지기

해설
올미는 광엽잡초이다.

정답 98 ④   99 ③   100 ②

국가기술자격 필기시험문제

2015년 기사 제2회 과년도 기출문제				수험번호	성명
자격종목 식물보호기사	종목코드	시험시간 2시간 30분	형별		

1과목 식물병리학

01 기생성 종자식물이 수목에 미치는 주요 피해로 거리가 먼 것은?
① 국부적 이상 비대
② 기주로부터 양분과 수분 탈취
③ 저장물질의 변화 및 생장 둔화
④ 태양광선의 차단에 의한 생장 불량

해설 기생성 종자식물은 줄기속에 뿌리를 내려 양분을 섭취하기에 태양광선의 차단과는 상관이 없다.

02 벼 오갈병의 주요 매개충은?
① 애멸구 ② 진딧물
③ 딱정벌레 ④ 끝동매미충

해설 벼오갈병의 매개충은 끝동매미충, 번개매미충이 있다.

03 식물 바이러스에 대한 설명으로 옳은 것은?
① 원생동물에 속한다.
② 원핵생물에 속한다.
③ 진핵생물에 속한다.
④ 세포를 갖고 있지 않다.

해설 바이러스는 핵산과 단백질로 구성된 핵단백질이다.

04 맥류에 발생하는 줄기녹병의 중간기주는?
① 잣나무 ② 향나무
③ 매자나무 ④ 매발톱나무

해설 맥류 줄기녹병의 중간기주는 매자나무이다.

05 어떤 유제(50%)를 1000배로 희석하여 150L 를 살포하려 한다면 이 유제의 소요량은?
① 15ml ② 75ml
③ 150ml ④ 300ml

해설
$$150000\,ml \times \frac{1}{1000} = 150ml$$

06 식물병을 측정할 때 병든 식물체 조직의 면적 또는 양의 비율을 나타내는 것으로 주로 식물체의 전체면적당 발병 면적을 기준으로 하는 것은?
① 발병도 ② 발병률
③ 수량손실 ④ 병진적 곡선

해설 발병도는 병든 식물체 조직의 면적 혹은 양의 비율을 말한다.

정답 01 ④ 02 ④ 03 ④ 04 ③ 05 ③ 06 ①

07 뿌리에 선충의 피해를 받는 수목이 지상부에 나타나는 증상이 아닌 것은?
① 황화
② 반점
③ 시들음
④ 성장저해

해설
뿌리의 선충에 의해 벼 이삭선충병, 뿌리혹선충병, 뿌리썩이선충병, 소나무 재선충병 등이 발생하는데 주로 작물의 황화현상, 시들음현상, 뿌리혹생성으로 인한 생육 불량 및 성장 저해 등이 발생한다.

08 일반적으로 세균의 플라스미드에 의해 지배되는 형질로 거리가 먼 것은?
① Bacteriocin 생성
② 편모의 구조 결정
③ 항생제에 대한 내성
④ 기주에 대한 병원성

해설
플라스미드는 세균의 세포내 염색체와 별개로 존재하여 독자적으로 증식이 가능한 DNA 이다.

09 국내에 발생하는 채소류의 균핵병에 대한 설명으로 옳지 않은 것은?
① 병원균은 Sclerotinia sclerotiorum 이다.
② 자낭포자나 균핵에서 발아한 균사로 침입한다.
③ 발병 후기에는 발병조직에 백색 균사가 나타난다.
④ 균핵이 땅 속에 묻혀 있다가 고온(25℃ 이상)이 되면 발아한다.

해설
균핵은 25℃ 미만의 저온에서 병의 발생이 더 활발하다.

10 다음 설명 중 병의 표징은?

◎ 잎은 시들고 흑색으로 변해 말라 죽었으며 병환부에서 황색 점액이 누출된다.

① 말라 죽음
② 황색 점액
③ 잎의 시들음
④ 흑색으로 변함

해설
병의 표징에서 황색 점액이 누출되는 것은 황색의 세균성 점액으로 황색점액이라 한다.

11 벼 잎집무늬마름병(잎집얼룩병)의 발생조건으로 가장 거리가 먼 것은?
① 밀식
② 비료과다
③ 늦은 파종
④ 고온, 다습

해설
벼 잎집무늬마름병은 고온 다습한 조건, 밀식을 하고, 질소질 비료를 과용하며, 추비로 사용하는 볏짚을 완전히 썩히지 않고 사용할 경우 많이 발생한다.

12 균류에 의해 발생하는 수목병이 아닌 것은?
① 뽕나무 오갈병
② 벚나무 빗자루병
③ 낙엽송 잎떨림병
④ 은행나무 잎마름병

해설
뽕나무 오갈병은 파이토플라스마에 의해 발생한다.

13 식물병을 진단하는데 있어 해부학적 진단방법은?
① 괴경지표법
② 유출검사법
③ 파지의 검출
④ 코흐의 원칙

해설
유출검사법은 줄기의 단면을 절단하여 분비되는 분비물을 통해 검사하는 방법으로 해부학적 진단방법에 속한다.

정답 07 ② 08 ② 09 ④ 10 ② 11 ③ 12 ① 13 ②

14 수목 뿌리에 많이 발생하여 목재생산에 피해를 주는 자주날개무늬병이 속하는 진균류는?

① 난균 ② 병꼴균
③ 담자균 ④ 접합균

해설
자주날개무늬병은 표면에 목이형의 담자기를 만드는 것이 특징으로 담자균에 의한다.

15 식물병 저항성 관련 용어 중 나머지 셋과 의미가 다른 하나는?

① 포장 저항성
② 수평 저항성
③ 진정 저항성
④ 레이스 비특이적 저항성

해설
포장저항성, 수평 저항성, 레이스 비특이적 저항성, 일반적 저항성, 다인자 저항성은 관련 의미로 통한다.

16 비생물학적 병원에 의해 발생하는 생리병해에 대한 설명으로 옳은 것은?

① 병징만 나타난다.
② 표징만 나타난다.
③ 병징과 표징이 모두 나타난다.
④ 환경적인 영향에 의해 표징이 나타날 수 있다.

해설
비생물학적 병원의 경우 환경적 요인이 대부분이며 주로 변색, 시들음 등의 병징만 나타난다.

17 식물병으로 인한 피해에 대한 설명으로 옳지 않은 것은?

① 20세기 스리랑카는 바나나 시들음병으로 인하여 관련 산업이 황폐화되었다.
② 19세기 아일랜드 지방에 감자 역병이 크게 발생하여 100만명 이상이 굶어 죽었다.
③ 20세기 미국 동부지방 주요 수종인 밤나무는 줄기마름병으로 큰 피해를 입었다.
④ 20세기 미국 전역에서 옥수수 깨씨무늬병이 크게 발생하여 관련 제품 생산에 큰 차질을 가져왔다.

해설
19세기 스리랑카는 세계 커피 생산국이었으나 커피녹병의 발생으로 차(茶) 생산으로 변경하였고 커피의 재배지 역시 스리랑카에서 남아메리카로 이동되면서 산업의 변화를 가져왔다.

18 대추나무의 빗자루병 방제를 위하여 옥시테트라사이클린 수화제로 수간주사를 하려고 한다. 다음 설명으로 옳지 않은 것은?

① 사용 적기는 3월초이다.
② 안전사용기준은 수확 30일 전까지 사용하는 것이다.
③ 수돗물 1L 에 약제 5g 을 정량한 후 잘 저어서 녹인다.
④ 흉고직경이 15cm 이상인 경우 1회에 1.5~2L 주입한다.

해설
대추나무 빗자루병 방제를 위해 옥시테트라사이클린 수화제 사용시 수목의 수액상승이 왕성한 4월쯤이 적기이다.

19 병원균의 병원성 분화형을 결정하기 위하여 사용하는 일군의 기주 품종을 무엇이라 하는가?

① 생태 품종 ② 판별 품종
③ 생리적 품종 ④ 저항성 품종

해설
병원균의 병원성 분화형 결정을 위해서 주로 사용하는 것을 판별 품종이라 한다. 대표적으로 벼도열병균의 레이스 구분시 12개 판별품종에 접종해 병반형에 따라 T품종(인도), C품종(중국), N품종(일본) 등으로 분류한다.

정답 14 ③ 15 ③ 16 ① 17 ① 18 ① 19 ②

20 곰팡이의 대사산물 중 사람이나 척추동물에 생리적 장해를 일으키는 것이 알려진 병원균과 독소가 바르게 짝지어진 것은?
① Alternaria alternate – Citrinin
② Penicillium citrinum – Ochratoxin
③ Aspergillus clavatus – Tenuazoic Acid
④ Fusarium graminearum – Zearalenone

해설
Fusarium grminearum 은 붉은 곰팡이균으로 제라레논(zearalenone) 독소를 만들어 사람이나 동물의 생리적 장해를 일으킨다.

2과목 농림해충학

21 향나무하늘소의 주요 가해 부위는?
① 잎   ② 줄기
③ 뿌리 ④ 열매

해설
향나무하늘소는 줄기, 형성층이나 목질부에 피해를 주는데 똥을 밖으로 배출하지 않고 침입한 구멍도 흔적이 없어 발견이 어렵다.

22 곤충의 청각기관이 아닌 것은?
① 고막기관   ② 존스톤기관
③ 종상감각기관 ④ 무릎아래기관

해설
종상감각기관은 피부의 수축을 감지하는 촉각기관이다.

23 배자발육과정 중 외배엽성 세포들이 함입하여 이루어진 기관이 아닌 것은?
① 중장   ② 전장
③ 후장   ④ 기관지

해설
중장은 점액성 단백질로 구성되며 위의 기능을 하기에 내배엽에서 생긴다.

24 유충이 주로 사과나무, 복숭아나무 등 과실수의 잎을 가해하며 1년에 6회 발생하지만 최근에는 발생이 드문 해충은?
① 솔나방   ② 흑명나방
③ 은무늬굴나방 ④ 미국흰불나방

해설
은무늬굴나방은 성충이 가을에 발생하고 유충은 여름에서 초가을사이 사과나무, 살구나무, 복숭아나무 등의 과실수의 잎에 텐트 모양의 굴을 만들어 가해한다. 1년에 5~6회 정도 발생하며 수세대 발생하기에 초기 방제를 놓치면 피해가 커진다.

25 고시류 곤충에 속하는 것은?
① 밀잠자리
② 담배나방
③ 분홍날개대벌레
④ 밤애기잎말이나방

해설
고시류에는 하루살이목, 잠자리목 등이 있다.

26 배나무이의 분류학적 위치는?
① 나비목   ② 노린재목
③ 사마귀목 ④ 딱정벌레목

해설
배나무이는 노린재목에 속한다.

27 곤충의 선천적 행동이 아닌 것은?
① 반사   ② 정위
③ 조건화   ④ 고정행위양식

해설
곤충의 선천적 행동으로 주성, 반사, 본능 등의 무조건적인 행동이다.

28 곤충의 생리에 대한 설명으로 옳지 않은 것은?

① 기관호흡을 한다.
② 연속되는 탈피를 통해 몸을 키운다.
③ 완전변태류의 경우 번데기 과정을 거친다
④ 혈액 속 헤모글로빈에 의해 산소를 공급 받는다.

해설
곤충은 혈액을 통해 산소를 운반하지 않으며 호흡계를 통해 산소를 공급 받는다.

29 중국으로부터 비래하는 것으로 우리나라에서 월동하며 벼에 바이러스병을 매개하는 것은?

① 애멸구   ② 꽃매미
③ 벼멸구   ④ 흰등멸구

해설
애멸구는 중국에서 비래하여 벼를 직접 흡즙 가해하며 4령 약충이 논둑의 잡초 사이에 월동한다. 또한 줄무늬잎마름병, 검은줄오갈병 등의 바이러스병을 매개한다.

30 해충의 발생 및 피해에 대한 설명으로 옳지 않은 것은?

① 해충번식력은 번식능력과 환경저항과의 관련에 따라 증감한다.
② 피해사정식이란 해충의 가해와 감수량과의 관계를 표시한 것이다.
③ 환경저항에는 기상 등의 물리적 요인과 천적 등의 생물적 요인이 포함된다.
④ 번식능력을 산정할 때 성비란 (수컷의 수)÷(암컷과 수컷의 수)에 의한 값을 말한다.

해설
성비는 수컷에 대한 암컷의 비율로 <암컷의 수÷수컷의 수>로 나타낸다.

31 일반적으로 온대지방에서 1년에 1회 발생하는 해충은?

① 땅강아지   ② 벼룩잎벌레
③ 파충채벌레   ④ 거세미나방

해설
땅강아지는 토양 해충으로 뿌리를 가해하며 1년에 1회 발생한다.

32 기계유 유제의 작용특성에 대한 설명으로 옳은 것은?

① 식독제로서 해충 위에서 소화중독 시킨다.
② 해충 신경에 작용하여 이상흥분을 일으킨다.
③ 해충 겉표면에 피막을 형성하여 기문이나 기관을 막아 질식사시킨다.
④ 침투성 살충제로서 작용점인 원형질에 도달하여 에너지 생성계의 효소에 저해작용을 한다.

해설
기계유 유제는 주로 깍지벌레 등의 방제용으로 이용되는 것으로 고농도에서 저농도까지 다양하다. 원하는 곳에 직접 뿌려 곤충의 표피에 일종의 막을 형성하여 기문을 막아 질식사시키는 방제 약품이다.

33 겨울을 나기 위하여 유충으로 동면하는 것은?

① 벼애나방   ② 벼메뚜기
③ 보리굴파리   ④ 이화명나방

해설
이화명나방은 유충 형태로 월동한다.

정답 28 ④ 29 ① 30 ④ 31 ① 32 ③ 33 ④

34 어떤 곤충의 발육영점온도가 11℃이다. 월동 중 4월 6일부터 15일까지 10일 동안 일일평균온도(℃)가 아래와 같을 때 이 곤충의 10일간 발육정상온도(일도)는?

날짜	6	7	8	9	10
온도	10.5	11.5	12.0	13.5	12.3
날짜	11	12	13	14	15
온도	15.0	13.5	11.0	13.7	14.8

① 16.8 ② 17.3
③ 17.8 ④ 18.3

해설
각 날짜의 온도가 발육영점온도보다 낮을 경우 0으로 간주하고 높을 경우는 그 차이를 합하여 발육정상온도를 구하게 된다. 발육영점온도는 11℃ 이므로 그곳보다 높은 날짜의 온도차들을 합하여 발육정상온도를 구하면 18.3℃가 도출된다.

날짜	6	7	8	9	10
온도	10.5	11.5	12.0	13.5	12.3
온도차	-	0.5	1	2.5	1.3
날짜	11	12	13	14	15
온도	15.0	13.5	11.0	13.7	14.8
온도차	4	2.5	-	2.7	3.8

35 담배나방 유충에 대한 설명으로 옳지 않은 것은?

① 어린 유충은 주로 잎을 가해한다.
② 땅속에서 월동하고 나서 번데기가 된다.
③ 제3령 이후에는 낮에는 잎 뒷면에 숨는다.
④ 부화 유충은 밤낮을 가리고 않고 가해한다.

해설
담배나방은 번데기로 땅속에서 월동한다.

36 곤충의 내부구조 중 주요 역할이 체내 수분의 증산을 억제하는 기능을 갖는 것은?

① 외표피 ② 원표피
③ 내원표피 ④ 진피세포

해설
외표피는 단백질과 지질로 구성된 얇은 층으로 수분의 증발을 억제한다.

37 곤충의 생식기관은 배자발육에서 어느 부분이 발달된 것인가?

① 내배엽 ② 외배엽
③ 중배엽 ④ 극세포

해설
곤충의 생식기관은 중배엽에서 발달한 것이다.

38 알락하늘소는 어떤 형태로 월동하는가?

① 알 ② 유충
③ 성충 ④ 번데기

해설
알락하늘소는 유충으로 월동한다.

39 부화유충이 처음 과일 표면을 식해하다가 과일 내부로 뚫고 들어가 가해하는 해충은?

① 배나무이 ② 사과굴나방
③ 포도유리나방 ④ 복숭아심식나방

해설
복숭아심식나방의 유충은 과일을 가해하는데 내부로 뚫고 지나간다.

40 곤충 분류학상 외시류가 아닌 것은?

① 매미 ② 밑들이
③ 집게벌레 ④ 하루살이

해설
밑들이는 내시류에 속한다.

정답 34 ④ 35 ② 36 ① 37 ③ 38 ② 39 ④ 40 ②

3과목 재배학원론

41 다음 중 중금속을 불용화 상태로 만드는 방법이 아닌 것은?

① 석회질 비료 사용
② 환원물질 사용
③ 건조재배
④ 제올라이트 등의 점토 광물 사용

해설
중금속의 불용화에는 석회질비료를 통해 pH 를 상승시키거나 산화, 환원조건의 변화에 특정 중금속을 불용화 상태로 만들 수 있다. 건조재배의 경우 중금속 변화에 영향을 주지 않는다.

42 식물의 일장감응 중 SI형 식물은?

① 메밀 ② 토마토
③ 도꼬마리 ④ 코스모스

해설
식물의 일장감응형에서 L 은 장일성, I 는 중일성, S 는 단일성을 나타낸다. SI 형은 단일장일로 벼, 도꼬마리 등이 있다.

43 중경의 이점으로 틀린 것은?

① 모세관이 절단되어 토양수분의 증발이 증대한다.
② 피막을 부숴 주어 발아가 조장된다.
③ 토양통기 조장으로 생장이 왕성해 진다.
④ 중경으로 비료가 환원층으로 섞여들어 비효가 증대된다.

해설
중경의 이점으로 발아조장, 통기성증진, 수분증발 억제, 비효증진 등이 있다.

44 과수의 결과습성에서 1년생 가지에 결실하는 과수는?

① 사과 ② 복숭아
③ 포도 ④ 양앵두

해설
1년생 가지에 결실하는 종류로 포도, 감, 감귤, 무화과 등이 있다.

45 맥류의 기계화 재배를 위한 품종이 갖추어야 할 조건에 대한 설명으로 틀린 것은?

① 내도복성이 극히 강해야 한다.
② 한랭지에서는 특히 내한성이 강한 품종을 선택한다.
③ 초장이 70cm 정도 크기가 알맞다.
④ 초형이 직립형보다 수평형이 알맞다.

해설
맥류의 초형이 직립형이 기계화 재배에 알맞다.

46 타식성 작물 중 암술과 수술이 서로 다른 개체에서 생기는 것은?

① 자성불임 ② 웅성불임
③ 자웅이주 ④ 이형예현상

해설
암술과 수술이 다른 나무 혹은 다른 개체에서 생기는 것을 자웅이주라 한다.

47 이식재배의 장점으로 적절하지 않은 것은?

① 생육기간 연장에 따른 증수
② 근채류의 근계 발육촉진
③ 토지이용률의 증대
④ 생육촉진 및 숙기단축

해설
이식재배 과정에서 근계(뿌리)부분의 손상 발생이 일어날 수 있다.

정답 41 ③ 42 ③ 43 ① 44 ③ 45 ④ 46 ③ 47 ②

48 식물체 내의 수분퍼텐셜을 좌우하는 것은?
① 삼투압퍼텐셜, 압력퍼텐셜
② 압력퍼텐셜, 매트릭퍼텐셜
③ 삼투압퍼텐셜, 매트릭퍼텐셜
④ 매트릭퍼텐셜, 중력퍼텐셜

해설
식물의 수분퍼텐셜에 가장 큰 영향을 주는 인자로 삼투압퍼텐셜과 압력퍼텐셜이다. 세포의 부피와 압력 퍼텐셜이 변화하면 삼투압퍼텐셜과 수분퍼텐셜이 변화한다.

49 토양멀칭에 대해 옳은 것은?
① 폴리에틸렌 등의 플라스틱필름을 피복하는 것
② 포장의 표토를 곱게 중경하면 하층과 표면의 모세관이 단절되고 표면에 건조한 토층이 생기는 것
③ 앞 작물의 그루터기를 그대로 남겨서 중식과 수식을 경감시키는 것
④ 포장토양의 표면을 짚, 퇴비 등 여러 가지 재료로 피복하는 것

해설
토양멀칭은 표토를 곱게 중경하여 흙을 피복하는 것을 말한다.

50 내건성이 강한 식물의 특성으로 틀린 것은?
① 급수할 때 수분을 흡수하는 기능이 크다.
② 당분의 소실이 빠르다.
③ 광합성이 감퇴하는 정도가 낮다.
④ 호흡이 낮아지는 정도가 크다

해설
내건성이 강한 식물은 단백질 및 당분의 소실이 느리다.

51 춘화처리에 대한 설명으로 옳은 것은?
① 일정기간 인위적인 저온을 주어 화성을 유도하는 것
② 봄에 꽃이 피도록 고온 처리하는 것
③ 월동작물을 겨울에 일장 처리 하는 것
④ 식물이 잘 자랄 수 있도록 온도와 일장을 처리하는 것

해설
춘화처리는 버널리제이션이라 하며 인위적으로 저온 처리를 하여 화성을 유도하는 것이다.

52 작물의 형질 중 연속 변이와 불연속 변이의 예가 올바르게 연결된 것은?
① 연속변이 – 초장, 엽장
  불연속 변이 – 건물중, 출수기
② 연속변이 – 엽색, 엽장
  불연속 변이 – 분지수, 엽중
③ 연속변이 – 초장, 수장
  불연속 변이 – 화색, 까락 유무
④ 연속변이 – 출수기, 종피색
  불연속 변이 – 건물중, 숙기

해설
연속변이는 형질을 양적형질이라고 불연속변이하는 형질을 질적형질이라 한다. 연속변이에는 줄기의 길이나 이삭의 길이인 초장이나 수장이 속하고 불연속변이에는 꽃의 색소나 까락의 유무 등이 있다.

53 광부족에 적응성이 가장 약한 작물은?
① 당근   ② 강낭콩
③ 딸기   ④ 감자

해설
광부족시 적응성이 약해 성장이나 수확량 등에 영향을 받는 작물로 벼, 조, 감자, 목화 등이 있다.

정답 48 ① 49 ② 50 ② 51 ① 52 ③ 53 ④

54 괄호 안에 알맞은 내용은?

> 파인애플에 (　　) 등을 살포하면 화아분화가 촉진된다.

① NAA　　② MH-30
③ Rh-531　　④ AMO-1618

해설
NAA는 합성옥신으로 화아분화 및 식물 생장을 촉진한다.

55 농업경영적 효과측면에서 작부체계에 대한 설명으로 옳은 것은?

① 병충해 발생 증가
② 잡초발생 증가
③ 지력감소 효과
④ 경지 이용도 제고 효과

해설
작부체계는 기상을 고려하고 지력을 유지하는데 적합한 작물재배순서를 정하는 것으로 경지의 이용도를 높이는 효과가 있다.

56 곡물건조 시 제거 대상이 되는 주된 수분은?

① 자유수　　② 결합수
③ 모관수　　④ 흡습수

해설
자유수는 토양, 식물 등 자유롭게 이동이 가능한 수분으로 건조시 가장 먼저 제거된다.

57 다음 중 작물의 기원지가 중국인 것은?

① 담배　　② 호프
③ 목화　　④ 팥

해설
팥, 황마, 매화, 메밀, 오이, 복숭아 등의 최초로 출현한 것으로 추정되는 기원지는 중국이다.

58 메벼의 무망종을 선장할 때 알맞은 비중은?

① 1.08　　② 1.10
③ 1.13　　④ 1.22

해설
볍씨의 선종에 사용되는 비중은 까락이 없는 무망종 메벼 1.13, 까락이 있는 메벼 1.1, 찰벼와 밭벼는 1.08, 쌀보리와 호밀은 1.22 이다.

59 산성토양에서 용해도가 낮아져 작물생육에 부족하기 쉬운 원소는?

① 철　　② 망간
③ 마그네슘　　④ 아연

해설
마그네슘은 식물의 광합성에 필요한 원소로 칼륨과 망간에 길항작용을 하기에 산성이 강한 토양이나 칼륨이 과다한 토양에서는 결핍한다.

60 2년 휴작이 필요한 작물은?

① 토란, 무　　② 잠두, 오이
③ 참외, 사탕무　　④ 강낭콩, 토당귀

해설
2년 휴작이 필요한 작물로 감자, 오이, 땅콩, 잠두 등이 있다.

4과목　농약학

61 유기인계 살충제의 일반적인 특성에 대한 설명으로 틀린 것은?

① 잔효력이 길다.
② 흡즙해충에 유효하다.
③ 인축에 대한 독성이 비교적 강하다.
④ 알칼리성 물질에 의하여 분해되기 쉽다.

해설
유기인계 살충제는 동식물 체내에서의 분해가 빠르고 야외 살포의 경우 광선 및 외부 환경조건에 의해 분해가 빨라 손실되기 쉽다.

정답　54 ①　55 ④　56 ①　57 ④　58 ③　59 ③　60 ②　61 ①

62 주로 접촉제 및 소화중독제로서 작용하며 벼의 이화명나방에 적용되는 유기인제는?
① DDVP제 ② 메프제
③ EPN제   ④ 파라티온제

해설
이화명나방은 메프유제를 이용하여 접촉제, 소화중독제로 방제한다.

63 가스크로마토그래피에 의해 분석하고자 할 때 전자포획검출기(ECD)로 분석을 가장 용이하게 할 수 있는 농약은?
① Chlorothalonil ② Dichlorvos
③ Parathion   ④ EPN

해설
클로로타로닐(Chlorothalonil)은 유기염소계로 전자포획검출기(ECD)를 이용하여 검출한다.

64 농약을 희석액으로 살포에 의하지 않고 농약의 유효성분을 병충해 등 서식부위에 직접적으로 접촉하게 하는 사용방법이 아닌 것은?
① 분무법 ② 훈증법
③ 도포법 ④ 도말법

해설
다량의 액제 살포시 분무기를 이용하여 살포하며 서식부위에 직접적으로 접촉하기에 작물의 부착성과 고착성이 좋아야 한다.

65 뷰타클로르 6% 입제를 10a당 성분량으로 150g 살포하고자 한다. 이때 필요한 제품량은?
① 2000g ② 2500g
③ 3000g ④ 5000g

해설
$$\text{제품량(g)} = \text{성분량} \times \frac{100}{\text{희석률}}$$
$$= 150 \times \frac{100}{6} = 2,500(g)$$

66 불합리한 농약의 혼용은 약효의 경감, 약해의 원인, 또는 급성독성의 현저한 증가를 야기한다. 농약 혼용시 주의할 사항이 아닌 것은?
① 혼용에 의한 활성의 변화
② 혼용에 의한 화학적 변화
③ 혼용에 의한 물리성의 변화
④ 혼용에 의한 살포시기의 변화

해설
혼용을 통한 약제의 변화를 주의해야하나 살포시기는 혼용시 주의사항과 관련이 없다.

67 보르도액을 조제할 때 주의해야 할 사항으로 틀린 것은?
① 교반용 막대는 나무 제품이어야 한다.
② 석회유에 황산구리 용액을 첨가해야 한다.
③ 황산구리 및 석회석은 순도가 높아야 한다.
④ 액을 교반할 때 따뜻한 상태에서 반응이 잘된다.

해설
액을 교반할 때 따뜻한 상태에서 반응이 잘 되지 않는다.

68 어독성 검정은 보통 잉어를 사용하는데 약제 처리 후 며칠 만에 조사하여 독성을 구분하는가?
① 1일(24시간)   ② 2일(48시간)
③ 5일(120시간) ④ 10일(240시간)

해설
어독성 반수치사농도는 48시간 후에 50%가 살아남는 것을 기준으로 한다.

정답 62 ② 63 ① 64 ① 65 ② 66 ④ 67 ④ 68 ②

69 메프(Fenitrothion) 유제(50%)를 1000배로 희석하여 10a 당 8말(160L)을 살포하려고 할 때 Fenitrothion 유제의 소요량은 약 몇 ml 인가?

① 80 ② 120
③ 160 ④ 320

해설

$$\text{소요약량(배액)} = \frac{\text{단위면적 당 사용량}}{\text{소요희석 배수}}$$

$$= \frac{160L}{1000배} = 0.16L = 160ml$$

70 주성분 Manganese Ethylenebis(Dithio-carbamate)의 아연 배위화합물로서 광범위한 작물에 탄저병을 포함한 광범위한 병해에 보호 살균제로 사용되는 농약은?

① 빈졸(Vincolzolin)
② 이프로(Iprodione)
③ 훼나진(Phenazine)
④ 만코제브(Mancozeb)

해설

만코제브는 유기황제 살균제로 탄저병, 갈색무늬병, 붉은별무늬병, 포플러잎녹병 등 광범위한 병해 방제에 사용된다.

71 비등점이 낮은 농약의 원제를 액상, 고상 또는 압축가스의 형태로 용기에 충전한 것을 열어 대기 중에 가스상으로 방출시켜 병해충을 방제하는 농약 제형은?

① 훈증제 ② 연무제
③ 훈연제 ④ 플로우더스트제

해설

훈증제는 농약원제의 증기압이 높아 유효성분이 휘발하도록 만든 제형으로 비등점이 낮은 액상, 고상, 압축가스 형태로 충전하여 가스화하여 방제효과를 얻는다.

72 농약의 액제 제형을 제조할 때 겨울에 동결을 방지하기 위하여 주로 사용하는 것은?

① 석고 ② 규조토
③ 황산아연 ④ 에틸렌글리콜

해설

농약 액제 제형을 제조할 때 동결방지제로 에틸렌글리콜, 계면활성제 등을 사용한다.

73 다음 중 잡초생육기 처리용 비선택성 제초제는?

① 헥사지논
② 피리벤족심
③ 피리졸레이트
④ 글리포세이트포타슘

해설

전체 식물을 제거하는 비선택성 제초제로 글리포세이트포타슘이 있다.

74 다음 살충제에서 X가 어떤 치환기일 때 Cholin-esterase에 대한 저해력이 가장 강한가?

① P-NO₂ ② P-SCH₃
③ P-Cl ④ P-CN

해설

콜린에스테라아제(Cholin-esterase)은 신경계에 작용하는 효소로 치환기가 이산화질소의 경우 저해력이 가장 강하다.

75 다음 중 농약의 사용목적에 따른 분류에 해당하는 것은?

① 유제농약 ② 유기인제농약
③ 살충제농약 ④ 잔류성농약

해설

사용목적에 따른 분류로 살충제, 살균제, 식독제, 유인제, 제초제 등이 있다.

76 처리 후 식물체 내로 침투이행이 잘 되고 약효지속시간도 긴 유기유황제 살균제는?

① 베노밀
② 베날락실엠
③ 아이소티아닐
④ 아이소프로티올레인

해설
아이소프로티올레인은 유기유황제 살균제로 깨씨무늬병, 도열병류, 이삭마름병 등에 효과가 있으며 침투이행성 약제로 약효지속기간이 긴 약제이다.

77 다음 중 살비제(살응애제)의 작용점 및 작용기작과 같은 양상을 나타내는 농약은?

① 살균제
② 제초제
③ 살선충제
④ 살충제

해설
살비제의 작용점 및 작용기작은 살충제와 유사하다.

78 농약 잔류성 등에 대한 설명으로 옳은 것은?

① 작물잔류성농약이란 농약의 성분이 살포된 작물에 잔류하여 곤충이나 생태계를 파괴할 우려가 있는 농약을 말한다.
② 토양잔류성농약이란 토양 중 농약의 반감기가 1년 이하인 농약으로 토양에 잔류하여 지하수 오염의 우려가 있는 농약을 말한다.
③ 수질잔류성농약이란 48시간 이내에 잉어의 반수치사농도를 10a 당 농약사용량에 대한 유효성분량으로 나눈 값이 1.0 이상인 것이다.
④ 실험동물에 매일 일정량의 농약을 혼합한 사료를 장시간 투여하여 2세대 이상에 걸쳐 전혀 건강에 이상이 없는 양을 무작용량이라 한다.

해설
무작용량은 약품 투여시 독성의 징후나 반응이 관찰되지 않는 것을 무작용량이라 한다.

79 다음 중 직접살포제가 아닌 것은?

① 미립제
② 세립제
③ 유탁제
④ 저비산분제

해설
유탁제는 용매에 잘 녹지 않는 물질을 용매에 잘 분산시키기 위해 첨가하는 물질이다.

80 농가에서 가장 많이 사용하는 살포액 조제 방법은?

① 비중 조제법
② 배액 조제법
③ 퍼센트액 조제법
④ 피피엠(ppm)액 조제법

해설
농약의 조제에는 배액조제법, 농도 조제법이 있으며 배액조제법은 가장 일반적으로 많이 사용되며 유효성분의 함량을 고려하지 않는 것이 특징이다.

5과목 　잡초방제학

81 다음 중 개체 당 종자생산량이 가장 많은 특징을 지닌 잡초는?

① 망초
② 개비름
③ 강아지풀
④ 쇠비름

해설
망초의 종자생산량은 벼의 약 500배 정도인 60만개~80만개 정도이며 비산형이다.

정답　76 ④　77 ④　78 ④　79 ③　80 ②　81 ①

82 페녹시카르복실계 제초제의 일반적 특성으로 틀린 것은?

① 이 계열의 제초제는 식물의 분열조직(생장점)에 집적된다.
② 광합성 산물이나 증산류와 함께 이용하는 이행형 호르몬형 제초제이다.
③ 토양 표면을 뚫고 나오는 신초나 뿌리에 의해 흡수되고 토양 잔효성이 1~3개월이다.
④ 일년생 및 다년생 광엽잡초가 감수성을 띠며, 잡초 발생 후에 처리하는 제초제이다.

해설
페녹시계 제초제는 식물의 분열조직인 생장점에 집적되어 활성되며 잡초 발생후 1년생 및 다년생 광엽잡초의 경엽에 처리하는 선택성이다. 광엽식물의 뿌리와 경엽을 통해 흡수되는 호르몬형 유기제초제이다.

83 식물의 종간 경합에 해당하는 것은?

① 식물과 식물의 경합
② 서로 다른 종간의 경합
③ 같은 종간의 경합
④ 같은 종내의 개체간의 경합

해설
종간경합은 서로 다른 이종간의 경합을 말한다.

84 다음 [보기]의 제초제 상호작용에 대한 식물의 반응을 평가하는 방법은?

[보기]
제초제 혼합에 의한 식물체 반응, 즉 두 제초제 A와 B의 혼합처리시 기대되는 반응(E)을 X+Y-($\frac{100-X}{X}$)로 나타낸다. X와 Y는 제초제 A, B를 각각 처리했을 때의 억제율을 의미하며 상승, 상가, 길항작용 관계를 나타낸다.

① Gowing 의 방법
② Dew 의 경합지수법
③ Colby 의 방법
④ Isobole 방법

해설
· 잡초방제에서 상호작용의 평가법으로 Gowing의 방법, Colby의 방법, Isobole 방법이 있다.
· Gowing 의 방법은 상호작용의 평가법이 있으며 보기의 평가 방법은 Gowing 의 방법에 대한 평가 방법이다.

85 제초제 계통의 일반적인 주요 작용기작이 잘못 연결된 것은?

① Triazine 계 – 광합성 저해제
② Sulfonylurea 계 – 세포분열억제
③ Urea 계 – 광합성 저해
④ Diphenylether 계 – 세포막 파괴

해설
설포닐우레아계(sulfonylurea) 는 아미노산 생합성을 저해한다.

86 경제적 허용 한계 잡초밀도란?

① 허용한계밀도보다 약간 낮은 수준의 잡초생장이 허용되는 잡초밀도
② 잡초의 밀도가 어느 밀도 이하로 존재하면 작물의 수량이 현저히 증가되는 수준의 밀도
③ 잡초의 밀도가 어느 밀도 이상으로 존재하면 작물의 수량이 현저히 감소되는 수준의 잡초밀도
④ 제초 비용과 방제로 인한 수량이득이 상충되는 수준의 밀도를 허용한계밀도에 추가하여 허용한 잡초밀도

해설
경제적 허용한계밀도는 잡초의 허용한계밀도에서 경제성을 고려한 것으로 방제노력이나 제초 비용과 이득이 상충되는 수준의 밀도를 의미한다.

정답 82 ③ 83 ② 84 ① 85 ② 86 ④

87 피의 형태적 특징으로 옳은 것은?

① 엽설(葉舌 : 잎혀)은 없고, 엽이(葉耳 : 잎귀)는 있다.
② 엽설(葉舌 : 잎혀)은 있고, 엽이(葉耳 : 잎귀)는 없다.
③ 엽설(葉舌 : 잎혀)과 엽이(葉耳 : 잎귀) 모두 있다.
④ 엽설(葉舌 : 잎혀)과 엽이(葉耳 : 잎귀) 모두 없다.

[해설]
피에는 잎혀와 잎귀가 없으며 벼에는 모두 있다.

88 두 제초제를 혼합시 나타내는 길항적 반응이란?

① 혼합의 효과가 활성이 높은 물질의 단독 효과보다 작은 것을 의미
② 혼합 시의 효과가 단독처리시의 효과보다 큰 것을 의미
③ 혼합 시의 효과가 단독처리시의 효과와 같은 것을 의미
④ 혼합 시의 효과가 단독처리시의 효과보다 크지도 작지도 않은 것을 의미

[해설]
길항작용은 2종류 이상의 약제를 동시에 작용할 경우 개개의 작용이 합친 것보다 더 적은 효과가 나타나거나 효과가 상쇄되는 경우를 말한다.

89 King(1966)의 발아 5단계설 중 2번째 단계에 해당하는 것은?

① 세포분열과 신장의 대사단계
② 흡수과정
③ 전분의 가수분해과정
④ 종근 및 유아의 신장

[해설]
종자의 발아는 king(1966)의 종자 발아 5단계로 설명한다.

1단계	물의 흡수 및 전분 가수분해
2단계	세포 분열 및 신장 대사
3단계	종근 및 유아 신장
4단계	유아 출현
5단계	발생 후 이유기 단계

90 생태적 잡초방제를 위한 "재배관리의 합리화 방법"이 아닌 것은?

① 작물을 충실하게 키워 경합력을 높인다.
② 적기 적량의 시비기술로 작물의 초관 형성을 촉진시킨다.
③ 잡초에 불리한 윤작체계로 재배한다.
④ 청결한 작물종자를 선택하거나 다시 정선하여 파종한다.

[해설]
청결한 작물종자를 선택하거나 다시 정선하여 파종하는 방법은 예방적 방제법이다.

91 무처리 잡초건물중이 250g 이고, A 처리 잡초 건물중이 50g 일 때, A처리의 잡초 방제가는?

① 50% ② 65%
③ 80% ④ 95%

[해설]

$$방제가 = \frac{잡초\ 방제량}{잡초\ 발생량} \times 100(\%)$$

$$= \frac{250-50}{250} \times 100 = 80(\%)$$

92 다음 중 제초제의 상호작용이 아닌 것은?

① 상가작용   ② 길항작용
③ 결합작용   ④ 상승작용

[해설]
제초제의 상호작용에는 상승작용, 상가작용, 길항작용이 있다.

93 동일약제에 대한 작물과 잡초의 반응차를 표현할 수 있는 것은?
① 선택성지수 ② 제초활성
③ 조류검정 ④ 생장반응검정

> **해설**
> 선택성지수(Selectivity index)는 작물의 생육저해를 일으키는 약량과 잡초의 생육을 저해하는 약량을 이용하여 일종의 지수로 표현한다.

94 다음 C_3 및 C_4식물의 대사특성 비교 중 틀린 것은?
① C_3 나트륨 : 불필요, C_4 나트륨 : 필요
② C_3 광호흡 : 아주 낮음, C_4 광호흡 : 높음
③ C_3 광합성 최적온도 : 15~25℃, C_4 광합성 최적온도 : 30~45℃
④ C_3 잎구조 : 엽록체가 풍부한 엽육세포, C_4 잎구조 : 엽록체를 가지며 잘 발달된 유관속초세포

> **해설**
> C_4 식물은 광포화점이 높으나 광호흡은 일어나지 않는다.

95 잡초방제의 목적이 아닌 것은?
① 작물 수량 증가
② 토양 물리성 개선
③ 농작물 품질 향상
④ 병해충 서식처 제거

> **해설**
> 잡초 방제를 통해 토양의 물리성을 개선하기는 어렵다.

96 땅콩 포장에 문제가 되는 잡초종으로만 나열된 것은?
① 강아지풀, 깨풀
② 너도방동사니, 쇠비름
③ 마디꽃, 돌피
④ 강아지풀, 쇠털골

> **해설**
> 땅콩과 같은 밭잡초에는 강아지풀, 깨풀, 바랭이, 명아주 등이 작물의 수량 감소 문제를 야기한다.

97 제초제의 토양 중 지속성은 반감기로 나타낸다. 이 때 반감기란?(단, 전 기간을 통하여 동일한 기울기를 갖는 1차 반응식을 전제로 함)
① 처리한 제초제의 1/2이 소실되는데 요하는 시간
② 처리한 제초제의 1/5이 소실되는데 요하는 시간
③ 식물체의 1/2를 고사시키는데 필요한 시간
④ 식물체의 1/5을 고사시키는데 필요한 시간

> **해설**
> 농약의 반감기는 토양에 처리한 농약이 절반이 분해되는데 걸리는 시간을 말한다.

98 잡초종자의 휴면이 송피에 기인한 것이 아닌 것은?
① 가스 교환의 방해
② 물의 투수성 방해
③ 배의 불완전 또는 미숙
④ 배의 생장에 대한 기계적 장해

> **해설**
> 배의 불완전 또는 미숙은 종자 자체의 문제이다.

정답 93 ① 94 ② 95 ② 96 ① 97 ① 98 ③

99 생태적 잡초방제에 있어서 환경제어법의 설명으로 옳은 것은?

① 작물에 재식밀도를 높여서 초관형성을 촉진시키는 수단을 말한다.
② 작물에는 유리하고 잡초에는 불리하도록 인위적으로 환경을 조성해주는 것을 말한다.
③ 작물의 양질 다수와 함께 잡초와의 경합력이 큰 작목, 품종과 우량종자를 고르는 것을 말한다.
④ 묘상에서 자란 유묘를 분포에 이식하여 잡초보다 빠르게 초관을 형성하게 하는 수단을 말한다.

해설
환경제어법은 경종적 방제법 중 하나로 잡초의 경합력 약화를 통해 작물에게 유리한 환경을 조성하는 것을 의미한다.

100 천적을 이용한 생물학적 잡초방제법에서 천적이 갖추어야 할 전제조건이 아닌 것은?

① 포식자로부터 자유로워야 한다.
② 지역환경에 쉽게 적응하여야 한다.
③ 접종지역에서의 이동성이 낮아야 한다.
④ 숙주를 쉽게 찾을 수 있어야 한다.

해설
접종지역의 경우 이동성이 커야 그 지역의 방제율을 높일 수 있다.

정답 99 ② 100 ③

국가기술자격 필기시험문제

2015년 기사 제4회 과년도 기출문제			수험번호	성명
자격종목 식물보호기사	종목코드	시험시간 2시간 30분	형별	

1과목 식물병리학

01 식물 병원균 중 바이러스의 구성에 대한 설명으로 옳지 않은 것은?

① 핵산은 RNA 또는 DNA 이다.
② 주요 구성성분은 핵산과 외피단백질이다.
③ 기타 성분으로는 미량 탄수화물, 금속 이온 등이 있다.
④ 동물바이러스와 다르게 핵단백질이 외막으로 둘러싸인 것이 많다.

해설
바이러스는 핵산과 단백질로 구성된 핵단백질로 세포벽이 없는 것이 특징이다.

02 주로 감염된 애멸구에 의해 발병하며 피해를 입은 작물은 잎이 황백색으로 되어 뒤틀리거나 말리고 결국 고사하게 되는 병은?

① 벼 오갈병
② 감자 잎말림병
③ 오이 모자이크병
④ 벼 줄무늬잎마름병

해설
벼 줄무늬잎마름병의 병원은 바이러스로 Rice stripe virus 이며 애멸구에 의해 전염된다.

03 다음 중 식물 세포벽을 분해하는 효소가 아닌 것은?

① Cellulase   ② Pectinase
③ Cutinase   ④ Phosphatase

해설
Phosphatase 는 인가수분해효소로 인산무수물의 가수분해를 촉매하는 효소이다. 식물세포벽 분해 효소로는 셀룰로오스분해효소(Cellulase), 헤미셀룰로오스 분해효소(Hemicellulase), 리그닌 분해효소(ligninase), 펙틴 분해효소(Pectinase), 큐틴 분해효소(Cutinase) 등이 있다.

04 생물학적 방제의 단점으로 옳지 않은 것은?

① 병이 발생한 후에는 치료의 효과가 낮다.
② 신속하고 정확한 효과를 기대하기 어렵다.
③ 넓은 지역에 광범위하게 적용하기가 어렵다.
④ 환경의 영향을 많이 받지 않아 처리효과가 일정하지 않다.

해설
생물학적 방제의 경우 환경의 영향을 받는다.

05 벼 도열병의 방제방법으로 옳지 않은 것은?

① 가능하면 파종시기를 늦춘다.
② 덧거름은 너무 늦지 않도록 준다.
③ 레이스 비특이적 저항성 품종을 재배한다.
④ 못자리, 분얼기, 출수기에 맞추어 약제를 이용하여 방제한다.

해설
벼 도열병 방제
· 종자를 소독하고 저항성 품종을 재배한다. 소독 시 베노람, 지오람 수화제 등을 이용한다.
· 질소질 비료의 과용을 피한다. 규소질 비료의 경우 도열병균에 저항성이 강하므로 필요시 사용하도록 한다.

정답 01 ④ 02 ④ 03 ④ 04 ④ 05 ①

06 바람에 의한 병원균의 유효 전반거리가 1.5km 정도이고 향나무가 가까이 있을수록 감염률이 높은 병은?

① 소나무 혹병
② 포플러 잎녹병
③ 밤나무 줄기마름병
④ 배나무 붉은별무늬병

해설
향나무는 배나무 붉은별무늬병의 중간기주로 유효 전반거리에 있을 경우 감염될 가능성이 높다.

07 감자 역병에 대한 설명으로 옳지 않은 것은?

① 공기전염성균과 토양전염성균이 있다.
② 자낭균에 의한 병으로 포자형태로 토양에서 월동한다.
③ 잎 언저리에 암록색의 수침상 부정형 병반을 형성한다.
④ 주로 기온이 20℃ 내외이며 습기가 많은 조건에 발병한다.

해설
감자 역병은 진균(조균류)에 의해 발생하며 균사가 흙속의 병든 감자, 씨감자에서 월동한다.

08 다음 중 식물병을 방제하기 위한 방법에 대한 설명으로 옳지 않은 것은?

① 종자소독제를 이용한 방법 : 처리가 간편하고 시간과 노력에 비해 효과가 크다.
② 경엽처리제를 이용한 방법 : 농약 사용량이 계속 증가하여도 방제효과는 크게 증가하지 않는다
③ 토양처리제를 이용한 방법 : 작물을 심기 전 주로 유제나 액제를 토양 표면에만 남도록 처리한다.
④ 훈연제를 이용한 방법 : 연무기를 이용한 연무를 살포하거나 약제를 태워 훈연입자를 확산시킨다.

해설
토양 처리의 경우 입제나 분제의 토양처리제를 전면에 골고루 섞이도록 해야 한다.

09 다음 중 표징보다는 주로 병징으로 진단할 수 있는 병은?

① 사과나무 부란병
② 고추 모자이크병
③ 보리 붉은 곰팡이병
④ 밤나무 줄기마름병

해설
고추 모자이크병처럼 바이러스에 의한 병들은 병징은 확인이 가능하나 표징은 관찰이 어렵다.

10 식물병의 전반은 여러 방법으로 나타나는데 다음 중 주로 토양에서 전반되는 병은?

① 보리 흰가루병
② 오이 덩굴쪼김병
③ 사과나무 부란병
④ 벼 줄무늬잎마름병

해설
토양에서 전반되는 병으로 근두암종병균, 묘목 잘록병균, 덩굴쪼김병 등이 있다.

11 벼 잎집무늬마름병의 발병 최성기는 언제인가?

① 파종 직후
② 고온, 다습한 시기
③ 수확이 임박한 가을
④ 서늘하고 비가 많이 오는 장마철

해설
벼 잎집무늬마름병은 고온 다습한 시기에 자주 발생한다.

12 세포벽 성분의 차이에 의한 Gram 염색 반응은 매우 뚜렷하게 Gram 반응으로 세균을 분류할 수 있다. Gram 음성 세균끼리만 짝지어진 것은?
① Bacillus, Erwinia
② Bacillus, Xanthomonas
③ Pseudomonas, Xanthomonas
④ Pseudomonas, Streptomyces

해설
그람음성균 세균으로 Pantoea, Agrobacterium, Xanthomonas, Pseudomonas 등이 있다.

13 송이풀을 중간기주로 하는 이종기생병은?
① 잣나무 털녹병
② 소나무 줄기녹병
③ 오리나무 잎녹병
④ 사과나무 붉은별무늬병

해설
잣나무 털녹병의 중간기주는 송이풀, 까치밥나무이다.

14 다음 중 사질토양의 논에서 가장 많이 발생하는 병은?
① 모썩음병
② 키다리병
③ 깨씨무늬병
④ 흰잎마름병

해설
사질토양의 경우 양분이 적은편이라 벼 깨씨무늬병이 많이 발생할 수 있다.

15 오동나무 빗자루병을 발병시키는 주요 매개충이 아닌 것은?
① 오동나무이
② 담배장님노린재
③ 썩덩나무노린재
④ 오동나무애매미충

해설
오동나무 빗자루병은 노린재, 매미충 등에 의해 전반된다.

16 맥류의 흰가루병균이 월동하는 형태로 옳은 것은?
① 자낭각
② 자낭구
③ 자낭반
④ 자낭포자

해설
맥류의 흰가루병균은 병든 잎에서 균사나 자낭각으로 월동한다.

17 세균이 식물에 병을 일으킬 수 있음을 처음으로 밝힌 사람은?
① Linne
② Tillet
③ Burrill
④ de Bary

해설
미국의 Burrill(1878)은 배, 사과나무 화상병을 세균이 일으킨다는 것을 발견하였다.

18 자신과 근연한 세균에 대해서만 항균작용을 나타내는 단백질 물질은?
① Bacteriocin
② Bdellovibrio
③ Pseudobactin
④ Bacteriophage

해설
박테리오신(Bacteriocin)은 단백질 혹은 단백질과 탄수화물의 복합체로 무독, 무색, 무취의 특징을 가지며 세균에 항균작용을 하는 항균성단백질이다.

19 균류의 형태적 특징으로 옳지 않은 것은?
① 핵은 1개의 세포에 1개 이상 있다.
② 대부분 세포벽은 있으나 엽록소는 없다.
③ 주로 포자로 번식을 하지만 균사체로는 번식을 할 수 없다.
④ 균사로 양분을 흡수하고 균사가 모인 덩어리는 균핵이라 한다.

해설
균사는 균사체 형태로 무성생식을 통한 번식이 가능하다.

정답 12 ③ 13 ① 14 ③ 15 ① 16 ① 17 ③ 18 ① 19 ③

20 밀 줄기녹병의 특징적인 표징은?

① 균핵   ② 포자퇴
③ 균사체   ④ 자낭각

해설
맥류 줄기녹병의 병원균은 이종기생성으로 매자나무에서 녹병포자와 녹포자를 만들고 맥류에서 여름포자와 겨울포자퇴를 만들기에 포자퇴를 통해 표징을 확인한다.

2과목 농림해충학

21 다음 중 외국으로부터 유입된 해충이 아닌 것은?

① 벼밤나방   ② 벼물바구미
③ 온실가루이   ④ 꽃노랑총채벌레

해설
대표적인 외래해충으로 긴꼬리가루깍지벌레, 흰개미, 사과면충, 밤나무순혹벌, 감자뿔나방, 뿌리응애, 솔잎혹파리, 미국흰불나방, 뿌리응애, 온실가루이, 벼물바구미, 꽃노랑총채벌레, 담배가루이 등이 있다.

22 곤충생장조절제의 기능으로 옳지 않은 것은?

① 신경계통 마비
② 키틴 생합성 저해
③ 호르몬 기능 교란
④ 탈피 및 변태 저해

해설
신경계통 마비는 아세틸콜린에 의해 발생하며 이는 생장조절제가 아닌 저해제에 속한다.

23 윤작(돌려짓기)에 의한 해충방제의 효과성을 높이려고 할 때 유의사항으로 옳지 않은 것은?

① 윤작 주기를 짧게 한다.
② 대상 해충 식성을 고려한다.
③ 토양 곤충 여부를 확인한다.
④ 유연관계가 먼 작물을 선택한다.

해설
같은 작물을 연작하기 보다 윤작을 통해 서로 다른 작물을 일정기간을 두고 작업하는 것이 효과적이다.

24 온실가루이가 속하는 목은?

① 벌목   ② 노린재목
③ 강도래목   ④ 딱정벌레목

해설
온실가루이는 노린재목에 속한다.

25 곤충의 말피기관의 설명으로 옳지 않은 것은?

① 말피기관이 없는 곤충도 존재한다.
② 혈림프의 이온 조성과 삼투압의 조절 기능을 담당한다.
③ 최종적으로 배설하는 질소대사물질은 수용성이 아주 높은 요소형태이다.
④ 원치 않는 물질은 체외로 배출하고 필요한 화합물은 체내에 남게 하는 배설기관이다.

해설
곤충이 배설하는 질소대사물은 요산의 형태로 배출한다.

26 유충이 식물체의 잎을 주로 가해하며 연 4~5회 발생하고 땅속에서 번데기로 월동하는 것은?

① 사과면충   ② 파굴파리
③ 고자리파리   ④ 아메리카잎굴파리

해설
파굴파리는 유충이 잎을 불규칙하게 가해하고 1년에 4~5회 발생한다.

27 여름철의 진딧물, 밤나무순혹벌, 민다듬이벌레 등의 생식방법에 해당하는 것은?
① 양성생식 ② 다배생식
③ 무성생식 ④ 단위생식

> 해설
> 진딧물, 밤나무순혹벌등은 암컷만으로 번식을 하는 단위생식을 한다.

28 세계적으로 대표적인 천적을 이용한 방제 사례이며 이세리아깍지벌레를 방제하기 위한 효과적인 천적은?
① 황온좀벌
② 애꽃노린재
③ 칠레이리응애
④ 베달리아무당벌레

> 해설
> 이세리아깍지벌레의 천적으로 루비깡충동벌, 베달리아무당벌레가 있다.

29 표피를 형성하는 단백질, 지질, 키틴 화합물 등을 합성하고 분비해 주는 한 층의 세포군으로 탈피 시에는 내원표피를 소화시키는 탈피액도 분비하는 것은?
① 체색   ② 표피층
③ 기저막   ④ 진피세포

> 해설
> 진피세포는 곤충의 표피를 이루는 단백질, 지질, 키틴화합물 등을 합성, 분비해주는 한층의 세포군으로 탈피 시에는 내원표피를 소화시키는 탈피액도 분비한다. 탈피 직전 분열이 일어나 생장을 하고 그 중 일부 세포는 감각기, 분비샘 등 돌기구조를 만드는 세포로 분화하기도 한다.

30 소나무좀 방제를 위하여 티아클로프리드 액상수화제를 살포하려 할 때 가장 효과적인 시기는?
① 월동시기   ② 산란시기
③ 유충부화시기 ④ 성충우화시기

> 해설
> 소나무좀의 화학적 방제 약제 살포는 산란시기에 맞추어 살포하는 것이 가장 효과적이며 산란시기는 주로 3~4월쯤이다.

31 탈바꿈(변태)을 하지 않는 해충은?
① 응애   ② 진딧물
③ 방패벌레 ④ 깍지벌레

> 해설
> 거미강에 속하는 거미, 응애, 진드기 종류는 변태를 하지 않는다.

32 곤충 발육단계를 연령등급으로 구분하여 생명표를 작성하는 경우 필요 없는 것은?
① 연령군 내 나이 파악
② 연령군 내 생존수 파악
③ 연령군 내 사망수 파악
④ 연령군 내 치사원인 파악

> 해설
> 생명표는 연령간격, 생존개체수, 사망요인 및 개체수, 사망률 등을 표시한다.

33 다음에 주어진 학명에서 학명 중간에 괄호로 표시한 의미로 옳은 것은?

> Potamanthodes formosus (Eaton) Ulmer

① 발표 당시와 종명이 바뀐 것을 나타낸다.
② 발표 당시와 속명이 바뀐 것을 나타낸다.
③ 발표 당시와 과명이 바뀐 것을 나타낸다.
④ 발표 당시와 아종명이 바뀐 것을 나타낸다.

> 해설
> 처음 Eaton 에 의해 명명되었다고 이후 Ulmer 에 의해 새로이 명명된 것을 의미한다.

정답 27 ④ 28 ④ 29 ④ 30 ② 31 ① 32 ① 33 ②

34 곤충의 상호관계에 대한 설명으로 옳은 것은?
① 종내 상호작용은 개체군의 밀도와 관련이 없다.
② 개미와 진딧물의 관계, 식물과 화분매개충의 관계는 편리공생이다.
③ 다른 두 종 이상이 먹이와 은신처 등 생활 요구자원을 같이할 때 종간경쟁이 일어난다.
④ 곤충에 기생하는 박테리아를 이용하여 해충을 방제할 수 있으나 나비목은 효과가 미비하다.

[해설]
서로 다른 두 종이상이 밀집될 경우 서로 경쟁이 발생하면서 특정 한 개체군이 제거되기도 한다.

35 보통 1년에 2회 발생하고 수피사이나 지피물밑 등에서 번데기로 월동하며 유충이 기주식물을 가해하는 해충은?
① 솔나방 ② 밤나무혹벌
③ 천막벌레나방 ④ 미국흰불나방

[해설]
미국흰불나방은 1년에 2회 발생하고 번데기로 수피사이, 지피물아래에서 월동한다. 부화한 유충은 4령기까지 잎을 식해한다.

36 농약의 부작용에 대한 설명으로 틀린 것은?
① 잠재곤충이 주요해충으로 등장할 수 있다.
② 먹이사슬에 의한 농약의 축적을 야기할 수 있다.
③ 동물상이 복잡해져 생태계의 파괴가 나타난다.
④ 약제저항성 해충의 출현으로 약효가 떨어진다.

[해설]
동물상이 복잡해질 경우 생태계의 불균형이 발생한다.

37 외국에서 화훼류 수입 시 침입된 해충으로 시설하우스 내에서는 휴면 없이 연중 15회 이상 발생 가능하며 토마토 등 다양한 작물에 피해를 주는 것은?
① 꽃매미
② 잠두진딧물
③ 대만총채벌레
④ 아메리카잎굴파리

[해설]
아메리카잎굴파리는 시설내에서는 1년에 15회 이상 자주 발생하고 번데기로 월동한다. 피해를 주는 기주식물로 수박, 참외, 오이, 토마토 등이 있다.

38 수도작물에서 애멸구의 발생 증가요인과 관계가 높은 것은?
① 만식재배를 실시한 경우
② 보리 재배면적이 증가된 경우
③ 평지에서 산지로 재배지를 바꾼 경우
④ 남부지방에서 중부지방으로 재배지를 바꾼 경우

[해설]
벼, 보리와 같은 수도작물에서 애멸구의 발생이 증가하는 요인으로 재배면적이 증가하면 그만큼 월동, 산란, 발생 등이 높아지게 된다.

39 곤충의 다리 구조를 가슴에서부터 배열한 것으로 옳은 것은?
① 도래마디 – 밑마디 – 넓적마디 – 종아리마디 – 발목마디
② 밑마디 – 도래마디 – 종아리마디 – 넓적마디 – 발목마디
③ 밑마디 – 도래마디 – 넓적마디 – 종아리마디 – 발목마디
④ 종아리마디– 밑마디 – 도래마디 – 넓적마디 – 발목마디

[해설]
다리 구조는 흉부 부착점에서 밑마디(기절), 도래마디(전절), 넓적다리마디(퇴절), 종아리마디(경절), 발목마디(부절)로 5마디로 분류한다.

정답 34 ③ 35 ④ 36 ③ 37 ④ 38 ② 39 ③

40 곤충의 선천적 행동이 아닌 것은?
① 반사 ② 주지성
③ 관습화 ④ 유충의 고치짓기

> **해설**
> 곤충의 선천적 행동은 태어나면서 배움이 없이 하는 행위로 반사, 고정행위, 주지성, 유충 고치짓기 등이 있다.

3과목 재배학원론

41 윤작에 의한 지력 유지 증강에 대한 설명으로 틀린 것은?
① 클로버 같은 콩과작물은 공중질소를 고정한다.
② 순무를 재배하면 잔비량이 많아진다.
③ 레드클로버는 뿌리가 얕게 발달하는 작물로써 토양구조를 좋게 한다.
④ 녹비작물을 재배하면 토양유기물이 증대하며 목초류도 잔비량이 많다.

> **해설**
> 레드클로버는 뿌리가 깊게 발달하는 심토의 성질을 개선해주기도 한다.

42 다음 중 시비량이 증가해도 수량은 증가하지 않는 현상은?
① 수량점감의 법칙
② 최소율의 법칙
③ 멘델의 법칙
④ 엔트로피의 법칙

> **해설**
> 시비량을 증가하면 일정 시비량까지는 수량이 증가하다가 한계 시비량에서는 오히려 감소하는 현상을 수량점감의 법칙이라 한다.

43 다음 중 시토키닌(Cytokinin)류의 키네틴(Kinetin)을 발견한 사람은?
① R. Gane
② T. H. Morgan
③ C. R. Darwin
④ F. Skoog

> **해설**
> 조직배양기술을 연구하던 F. Skoog(1954) 에 의해 시토키닌류의 키네틴이 발견되었다.

44 용질이 첨가될수록 감소하며, 항상 음(-)의 값을 가지는 퍼텐셜은?
① 삼투퍼텐셜 ② 압력퍼텐셜
③ 매트릭퍼텐셜 ④ 중력퍼텐셜

> **해설**
> 삼투퍼텐셜은 용질이 첨가되면 감소하는데 순수한 물의 수분퍼텐셜을 0 으로 정하기에 용액의 수분퍼텐셜은 항상 0 보다 낮은 음의 값을 갖게 된다.

45 콩과작물에 대한 간이 종자발아력 검사방법으로 사용되는 테트라졸륨법의 TTC 용액의 농도로 가장 적합한 것은?
① 0.1% ② 1.0%
③ 1.5% ④ 10%

> **해설**
> 종자에 발아 검사에 사용되는 테트라졸륨은 1% 농도의 약품을 사용한다.

46 다음 중 포기를 많이 띄어서 구덩이를 파고 이식하는 방법은?
① 조식 ② 혈식
③ 점식 ④ 난식

> **해설**
> 혈식은 삽목상에 철봉이나 나무봉을 이용하여 땅에 구멍을 만들어 심는 방법이다.

정답 40 ③ 41 ③ 42 ① 43 ④ 44 ① 45 ② 46 ②

47 종자가 식물학상 과실로 분류되며 과실이 나출되어 있는 작물에 해당하는 것은?

① 상추 ② 귀리
③ 벼   ④ 복숭아

해설
종자가 식물 분류에서 과실로 분류되는 것은 박하, 상추, 우엉, 미나리, 시금치, 밀, 쌀보리, 옥수수 등이 있으며 나출되는 대표 작물로 쌀보리, 밀, 상추, 옥수수 등이 있다.

48 다음 변이 중 후대에 유전되지 않는 것은?

① 유전적 변이 ② 염색체 변이
③ 세포질 변이 ④ 방황 변이

해설
방황 변이는 외부의 조건에 의해 개체에 따라 조금씩 다른 것으로 유전이 되지 않는다.

49 다음 시설 내의 환경특이성이다. (가), (나), (다)에 알맞은 내용은?

◎ 일교차가 (가)
◎ 위치별 분포가 (나)
◎ 지온이 (다)

① 가 : 작다, 나 : 다르다, 다 : 높다
② 가 : 작다, 나 : 같다, 다 : 높다
③ 가 : 크다, 나 : 다르다, 다 : 낮다
④ 가 : 크다, 나 : 다르다, 다 : 높다

해설
시설 내의 환경 특이성에서 일교차는 크고 위치별 분포가 다르며 지온이 높다.

50 다음 핵외유전의 설명 중 (가), (나), (다)에 알맞은 내용은?

◎ 핵외유전은 정역교배의 결과가 일치 (가)
◎ Mendel 의 법칙이 적용 (나)
◎ 핵외유전자는 핵 게놈의 유전자지도에 포함될 수 (다)

① 가 : 한다, 나 : 된다, 다 : 없다
② 가 : 한다, 나 : 된다, 다 : 있다
③ 가 : 하지 않는다, 나 : 되지 않는다, 다 : 없다
④ 가 : 하지 않는다, 나 : 되지 않는다, 다 : 있다

해설
핵외유전은 정역교배의 결과가 일치하지 않고 Mendel 의 법칙이 적용되지 않으며 핵외유전자는 핵 게놈의 유전자지도에 포함될수 없다.
※ 핵외유전
핵 외부에 위치하며 스스로 복제가 가능한 세포 내 요소가 매개되는 유전을 핵외유전이라 한다.

51 다음 중 (가), (나), (다), (라) 에 알맞은 내용은?

◎ 감자는 큰 씨감자를 쓸수록 파종량이 (가)
◎ 맥류는 (나)보다 (다)에서 생육이 떨어지므로 (라)의 파종량을 늘린다.

① 가 : 많아진다, 나 : 중부, 다 : 남부, 라 : 남부지역
② 가 : 많아진다, 나 : 남부, 다 : 중부, 라 : 중부지역
③ 가 : 적어진다, 나 : 남부, 다 : 중부, 라 : 중부지역
④ 가 : 적어진다, 나 : 중부, 다 : 남부, 라 : 남부지역

정답 47 ① 48 ④ 49 ④ 50 ③ 51 ②

해설
감자는 큰 씨감자를 쓰면 파종량이 증가하고 맥류는 남부보다 중부에서 생육이 떨어져 중부지역의 파종량을 늘려야 한다.

52 다음 중 복토 깊이를 10cm 이상으로 해야 하는 작물은?

① 콩, 팥
② 옥수수, 완두
③ 아네모네, 잠두
④ 수선, 나리

해설
복토깊이가 10cm 이상 깊게 해야하는 작물로 나리, 튤립, 수선 등이 있다.

53 다음 설명의 괄호 안에 알맞은 내용은?

> 장해형 냉해는 ( )부터 ( ) 까지, 특히 생식세포의 감수분열기에 냉온으로 변의 정상적인 생식기관이 형성되지 못하거나 또는 화분 방출, 수정 등에 장해를 일으켜 불임현상이 나타나는 형의 냉해이다.

① 유수형성기, 개화기
② 유수형성기, 출수기
③ 생육초기, 고숙기
④ 생육초기, 출수기

해설
장해형 냉해는 유수형성기에서 개화기까지 주로 발생한다.

54 파종시기를 결정하는 요인에 대한 설명으로 틀린 것은?

① 내한성이 약한 쌀보리는 만파에 적응을 잘한다.
② 추파성 정도가 높은 품종은 조파하는 것이 좋다.
③ 감자는 고랭지에서는 평지보다 늦게 파종한다.
④ 고구마는 맥후작보다 단작일 때 빨리 심는다.

해설
쌀보리는 내한성이 약하기에 4월 저온기에 일찍 파종 육묘하여 활착가능한 한계온도가 되는 5월쯤 이앙하여 수확적기에 재배하는 조파조식이 적합하다.

55 다음 설명의 괄호에 알맞은 내용은?

> ( ) 은 재래종 집단에서 우량한 유전자형을 선발할 수 없을 때, 인공교배로 새로운 유전변이를 만들어 신품종을 육성하는 육종방법이다.

① 교배육종 ② 분리육종
③ 단순순환선발 ④ 상호순환설반

해설
교배육종은 선발하려는 목표 형질의 변이를 기존 품종에서 선발할 수 없을 경우 인공적으로 변이를 유도하기 위해 교배를 하는 방법이다.

56 다음 중 괄호 안에 알맞은 내용은?

> Ookuma 는 목화의 어린 식물로부터 이층의 형성을 촉진하여 낙엽을 촉진하는 물질로서 ( ) 을/를 순수 분리하였다.

① 시토키닌 ② 옥신
③ ABA ④ 지베렐린

해설
식물의 ABA는 이층 형성을 촉진하고 옥신은 이층 형성을 억제한다.

정답 52 ④ 53 ① 54 ① 55 ① 56 ③

57 다음 중 연작의 피해가 상대적으로 가장 작은 것으로만 이루어진 것은?
① 담배, 양파   ② 잠두, 토란
③ 가지, 토마토 ④ 밀, 우엉

해설
벼, 맥류, 조, 수수, 옥수수, 담배, 무, 당근, 양파, 호박, 순무, 아스파라거스, 딸기, 미나리, 양배추 등은 연작의 피해가 적은 작물이다.

58 다음 중 상위성이 있는 경우의 유전자상호작용에서 피복유전자의 분리비는?
① 9 : 7   ② 12 : 3 : 1
③ 15 : 1   ④ 9 : 3 : 4

해설
피복유전자의 분리비는 12 : 3: 1 이다.

59 염분이 많은 간척지토양에서 벼 재배법으로 옳지 않은 것은?
① 만식재배를 한다.
② 휴립재배를 한다.
③ 논물을 말리지 않으며 자주 환수한다.
④ 황산암모니아 비료를 피하고 석회를 충분히 시용한다.

해설
벼 재배의 경우 염분의 농도가 0.3% 이상의 경우 재배가 어렵지만 그 보다 낮은 지역은 조기재배한다.

60 다음 중 정착농업을 하면서 초지와 경지 전부를 주곡으로 재배하는 재배법은?
① 휴한농업   ② 윤작
③ 자유식   ④ 주곡식 대전법

해설
주곡식 대전법은 원래 인구 증가로 인하여 경지 제한이 발생하자 정착농경으로 전환하기 위해 경지를 영속적으로 재배하게 되었으며 경지의 대부분은 곡식작물을 재배하게 되었다.

4과목 농약학

61 다음 중 설포닐우레아 계통의 제초제가 아닌 것은?
① 벤설퓨론   ② 프로메트린
③ 시노설퓨론 ④ 플라자설퓨론

해설
프로메트린은 트리아진계 제초제이다.

62 BHC 제 중 살충력이 가장 강한 γ-BHC의 광학적 제법에 있어서 가장 적당한 빛의 파장은?
① 100~300 nm ② 300~500 nm
③ 500~700 nm ④ 700~900 nm

해설
유기염소계 살충제인 벤젠헥사클로라이드(BHC)는 α, β, γ 등 7종이 있고 그중 γ-BHC 의 살충력이 가장 강하며 광학적 제법에 있어 가장 적당한 파장은 300~500 nm 이다.

63 농약 보조제의 작용으로 전착제가 갖추어야 할 조건으로 가장 거리가 먼 것은?
① 확전성   ② 부착성
③ 고착성   ④ 침윤성

해설
전착제는 병해충 및 식물의 전착에 도움을 주고 살포액이 넓게 퍼지게 도와준다. 이러한 성질에는 확전성, 부착성, 고착성이 중요하다.

64 다음 제충국의 유효성분 중 집파리에 대한 독성이 가장 큰 것은?
① 피레트린 I   ② 피레트린 II
③ 시네린 I   ④ 시네린 II

해설
집파리에 대한 살충력은 피레트린이 시네린보다 강하고 피레트린에서도 피레트린I의 효과가 좋다.

정답 57 ① 58 ② 59 ① 60 ④ 61 ② 62 ② 63 ④ 64 ①

65 입제 제조시 사용되는 붕괴촉진제가 아닌 것은?

① 벤토나이트　② 계면활성제
③ 전분　　　　④ 아교

해설
입제는 유효성분을 증량제, 안정제, 계면활성제 등을 넣어 입상으로 제제하는데 제제 과정에서 붕괴촉진제를 이용하여 균일하게 혼합 분쇄하는데 주로 벤토나이트, 전분, 계면활성제, 탈크 등이 이용된다.

66 2,4-D 의 성분구조는?

① $O-CH_2COOH$ 페닐 (Cl, Cl)
② $O-CH_3COOH$ 페닐 (Cl, Cl)
③ $O-CH_2COOH$ 페닐 (Cl, Cl)
④ $O-CH_2COOH$ 페닐 (Cl, Cl)

해설
2,4-D 는 유기화합물 제초제로 화학식은 $C_8H_6Cl_2O_3$ 이다.

67 토마토, 참외와 같은 장기재배형 작물에 적합하며 각종 선충에 전문적으로 적용할 수 있는 유기인계통의 농약은?

① 카보설판　　② 포스티아제이트
③ 피리프로시펜　④ 티아클로프리드

해설
살선충제의 종류는 포스티아제이트, 에토프로포스, 카두사포스, 메탐소듐, 디메틸빈포스 등이 있다.

68 농용항생제에 대한 설명으로 옳지 않은 것은?

① 다른 미생물의 발육 또는 대사작용을 억제시키는 생리작용을 지닌 물질을 말한다.
② 그리세오풀빈은 토마토의 궤양병 방제제이다.
③ 가수가마이신은 단백질 합성을 저해하는 작용을 하는 약제이다.
④ 스트렙토마이신의 제품은 염산염과 황산염이 주로 사용된다.

해설
그리세오풀빈은 무좀, 백선병 등에 효과적인 항생물질이다.

69 식물의 병반이나 상처부위에 직접 발라서 병을 방제하는 방법은?

① 분의법　② 관주법
③ 도포법　④ 독이법

해설
도포법은 나무줄기에 환상으로 약액을 처리하여 이동하는 해충을 잡는 방법과 상처 부위를 병균이 침입하지 못하도록 약제를 처리하는 방법이다.

70 살포장비에 의한 약해 중 가장 우려되는 원인은?

① 살포장비의 세척
② 살포장비의 종류
③ 살포장비의 구조
④ 살포장비의 조작방법

해설
살포장비를 작업 후 깨끗하게 세척하지 않을 경우 살포장비의 고장이나 이후 사용되는 농약과의 반응에 의한 약해가 우려된다.

71 구리제에 대한 설명으로 틀린 것은?

① 포도의 노균병에 보르도액의 유효함이 알려져 구리제가 사용되게 되었다.
② 유기구리는 구리가 산소원자 및 질소원자와 킬레이트 결합을 하고 있는 것을 말한다.
③ 이산화탄소나 유기산 등에 의하여 천천히 구리이온이 방출되어 작물을 보호한다.
④ 석회유황합제나 기계유 유제 등과 혼용되면 약효의 증진을 가져온다.

정답 65 ④　66 ③　67 ②　68 ②　69 ③　70 ①　71 ④

> **해설**
> 구리제는 알칼리성으로 유기인제와는 혼용이 불가하기에 석회유황합제나 기계유 유제와의 혼용을 피한다.

72 농약의 약효에 대한 설명으로 가장 거리가 먼 것은?

① 농약의 효과는 살포약제의 부착량 및 부착질에 의해 결정된다.
② 약효는 살포량이 어느 한계 이하에서는 살포량과 부착량에 비례한다.
③ 살포량이 증가함에 따라 약효 상승률이 점차 떨어진다.
④ 실제 포장에서 병해충을 효과적으로 방제하기 위해서는 약효 상승률이 "0"인 때의 살포량보다 감량하여 살포하는 것이 안전하다.

> **해설**
> 약효 상승률이 "0"인 경우 약효가 최고조 때로 살포량을 증량하는 것이 안전하다.

73 마늘, 백합의 뿌리응애 방제에 주로 사용되는 유기인계 약제는?

① 이피엔(EPN)
② 레피멕틴(Lepimectin)
③ 디메토에이트(Dimethoate)
④ 메타시스톡스(Demeton–S–metyl)

> **해설**
> 디메토에이트는 식물의 뿌리에서 흡수되어 식물전체로 퍼져 흡즙성 해충인 응애류 방제에 효과적이다.

74 50% 밧사 유제(비중 1.0) 100ml 로 0.1%의 살포액을 만드는 데 소요되는 물은 몇 L 인가?

① 49.9   ② 59.9
③ 69.9   ④ 79.9

> **해설**
> 희석할 물의양
> = 원액용량×($\frac{원액 농도}{희석할 농도}$ − 1)×원액비중
> = 100×($\frac{50}{0.1}$ − 1)×1
> = 49,900ml = 49.9L

75 농약의 저항성 발달 정도를 표현하는 저항성 계수를 옳게 나타낸 것은?

① 저항성 LD_{50}/감수성 LD_{50}
② 감수성 LD_{50}×저항성 LD_{50}
③ 감수성 LD_{50}/복합저항성 LD_{50}
④ 감수성 LD_{50}×복합저항성 LD_{50}

> **해설**
> 농약의 저항성 발달 정도는 저항성계수로 나타내며 저항성계수는 저항성 LD_{50} / 감수성 LD_{50} 으로 표현한다.

76 수화제를 물에 풀면 어떤 액이 되는가?

① 유탄액
② 현탁액
③ 투명한 수용액
④ 유용액

> **해설**
> 수화제에 물을 넣어 조제한 것을 현탁액이라 한다.

77 미탁제나 유탁제 등 신규제형이 각광받지 못하는 이유로서 가장 거리가 먼 것은?

① 고가로 인한 경제성 문제
② 환경문제에 대한 인식 부족
③ 보수적 농민의 선호도 부족
④ 인축 독성이 강한 유기용매의 함유

> **해설**
> 유탁제는 용매에 잘 녹지 않는 물질을 용매에 잘 분산시키기 위해 첨가하는 물질이며 미탁제는 농약원제를 물에 희석하는 액상제형으로 입자의 크기가 매우 작은 것이 특징이다.

78 입제가 갖추어야 할 성질이 아닌 것은?

① 수용성이 커야 한다.
② 토양에 흡착성이 있어야 한다.
③ 훈증적인 작용을 갖추어야 한다.
④ 토양 미생물에 대하여 안정해야 한다.

> **해설**
> 입제는 유효성분을 고형증량제, 안정제, 계면활성제 등을 넣어 입상으로 성형한 제제로 물에 녹는 수용성과는 관련이 없다. 수용성은 주로 액체시용제에 관련된 성질이다.

79 약해의 종류 중 급성약해의 발현시기로 옳은 것은?

① 즉시   ② 일주일 이내
③ 11~15일 이내 ④ 15일 이후

> **해설**
> 급성 약해는 약제 살포 후 1주일 이내 증상이 나타나며 괴사, 개화 지연, 발아불량, 잎의 위축, 낙엽 및 낙화 등의 증상이 있다.

80 다음 중 입자의 크기가 가장 큰 제형은?

① 입제   ② 분제
③ 수화제 ④ 정제

> **해설**
> 정제(TB)는 분제와 수화제와 같이 제제한 농약을 일정한 크기로 만든 것을 말하며 일반적인 약품들은 µm 단위로 표현하나 정제는 지름이 2cm 정도의 제품도 있다.

5과목 잡초방제학

81 작물과 잡초간의 주요 경합 대상이 아닌 것은?

① 광   ② 산소
③ 양분 ④ 수분

> **해설**
> 경합의 인자로 양분, 수분, 광, 밀도 등이 있다.

82 다음 중 제초제의 휘산과 광분해를 억제하는데 가장 효과적인 처리방법은?

① 제초제를 경엽에 처리한다.
② 제초제를 토양표면에 처리한다.
③ 제초제 처리 후 토양에 혼화시킨다.
④ 비가 오기 직전에 제초제를 처리한다.

> **해설**
> 혼화처리는 토양과 약제를 기계적으로 잘 섞어주는 작업으로 제초제 처리후 토양을 혼화시키면 약제의 휘산과 광분해를 억제할수 있다.

83 다음 중 가을에 발생하여 월동 후에 결실하는 잡초로만 나열된 것은?

① 쑥, 명아주, 비름
② 별꽃, 뚝새풀, 벼룩나물
③ 깨풀, 강아지풀, 민들레
④ 애기메꽃, 바랭이, 별꽃

> **해설**
> 겨울잡초(동계잡초)의 종류로 뚝새풀, 냉이, 개미자리, 벼룩나물, 점나도나물, 벼룩이자리, 별꽃 등이 있다.

정답 77 ④ 78 ① 79 ② 80 ④ 81 ② 82 ③ 83 ②

84 생물적 잡초방제법에 관한 설명으로 옳지 않은 것은?

① 목적은 잡초의 완전한 제거에 있다.
② 비교적 영속성이 있고 환경 친화적이다.
③ 미생물 또는 식해성 생물을 이용하여 잡초 밀도를 감소시키는 수단을 말한다.
④ 경제적으로 무시해야 될 정도의 잡초만 생존하도록 밀도를 감소 조절하는 데 있다.

해설
생물적 잡초방제는 잡초의 발생량을 감소시키는 것이지 완전 제거는 어렵다.

85 잡초경합 한계기간에 대한 설명으로 옳은 것은?

① 작물의 경합력이 가장 높은 시기
② 작물의 경합력이 크게 필요치 않은 시기
③ 작물이 잡초와의 경합에 가장 민감한 시기
④ 작물이 잡초로부터 피해를 가장 적게 받는 시기

해설
잡초경합 한계기간은 잡초의 경합이 없는 생육초기와 경합으로 피해가 없는 성숙 말기 사이의 기간으로 그 사이의 작물이 잡초와 경합에 가장 민감한 시기를 의미한다.

86 생물학적 잡초방제에 가장 많이 이용되는 식물병원균은?

① 균류   ② 선충
③ 세균   ④ 바이러스

해설
생물적 잡초방제에 사용되는 식물병원균에는 세균, 균류, 선충, 바이러스 등이 유효하며 그중에서도 균류가 가장 많이 이용된다.

87 다음 설명에 해당하는 제형은?

◎ 물과 유기용매에 난용성인 원제를 조제한 것으로 분말 형태의 단점을 보완하기 위해 개발된 제형이다.
◎ 증량제로 물을 사용하여 독성, 환경오염 측면에서 유리하고 가수분해에 대하여 안정한 유효성분만이 제제대상이 된다.

① 수용제   ② 수화제
③ 입상수화제   ④ 액상수화제

해설
수화제와 같은 약제이지만 액체상태로 만들어진 액상수화제는 분물형태의 단점을 보완하고 증량제로 물을 이용하여 환경에 대해 안정적이다.

88 생물적 잡초방제를 위한 천적의 특성으로 옳지 않은 것은?

① 천적의 기생식물에는 피해를 주지 않을 것
② 인공적으로 배양 또는 증식이 어려우며 생식력이 약할 것
③ 환경에 잘 적응하며 잡초의 적응지역에 적응할 수 있을 것
④ 대상 잡초에만 피해를 주고 잡초가 없어지면 천적 자체도 소멸될 것

해설
생물적 잡초 방제를 위한 천적은 인공적 배양이나 증식이 쉽고 생식력이 강해야 한다.

89 어떤 논에서 제초제 저항성 잡초로 물달개비가 발견되었다. 이 논의 잡초들은 어떤 계통의 제초제에 대하여 저항성을 나타내는가?

① 페녹시계   ② 젠조산계
③ 트리아진계   ④ 설포닐우레아계

정답 84 ① 85 ③ 86 ① 87 ④ 88 ② 89 ④

해설
설포닐우레아계 제초제에 대한 저항성을 가진 잡초로 물옥잠이 처음으로 확인되었으며 물달개비, 미국외풀, 올챙이고랭이, 마디꽃, 매자기, 올미 등이 순차적으로 저항성 잡초로 확인되었다.

90 10%의 유효성분을 가진 A 제초제 입제를 1ha 당 100g (유효성분) 처리하려고 할 때의 필요한 제초제의 제품량은?
① 0.5kg/ha ② 1.0kg/ha
③ 1.5kg/ha ④ 2.0kg/ha

해설
$$제품량(g) = 성분량 \times \frac{100}{희석률}$$
$$= 100 \times \frac{100}{10}$$
$$= 1,000(g) = 1kg$$

91 농경지에서 발생하는 잡초의 발생초종 구성이 변화하는 천이에 가장 크게 영향을 미치는 요인은?
① 시비법 ② 작부체계
③ 물 관리법 ④ 제초제 사용

해설
잡초군락의 변이 및 천이는 재배작물 변화, 작부체계 변화, 경종조건 변화, 제초방법 변화에 의해 영향을 받는데 그중에서 제초방법인 유사 성질의 제초제 연용에 가장 큰 영향을 받는다.

92 잡초가 발생하기 전에 시행하는 예방적 방제법에 대한 설명으로 옳지 않은 것은?
① 논물 유입로에는 거름망을 설치한다.
② 외래잡초의 유입을 막는 제도를 마련한다.
③ 가축 퇴비를 농경지에 사용하기 전에 충분히 부숙시킨다.
④ 잡초 번식 기관인 종자와 영양체 중에서 종자의 유입을 사전에 방지하는 것이다.

해설
잡초의 경우 영양체로 번식하는 종류도 있기에 종자와 영양체의 유입을 사전에 방지해야 한다.

93 다음 중 잡초 종자의 휴면을 유도하는 식물 생장조절제는?
① GA ② BA
③ ABA ④ IAA

해설
아브시스산(ABA, abscisic acid)는 휴면의 유도, 발아 억제 등의 효과가 나타난다.

94 우리나라 논에 발생하는 올방개의 출아가 늦은 이유로 옳은 것은?
① 지하경의 크기가 크기 때문이다.
② 지하경의 종자가 휴면을 일으키기 때문이다.
③ 지하경이 불균일하게 분포되어 있기 때문이다.
④ 지하경 형성 부위가 깊고 출아하는 데 걸리는 시간이 길기 때문이다.

해설
올방개는 논과 습지에 발생하는 다년생 잡초로 괴경에 의해 번식하며 휴면기간이 긴 것이 특징이다. 휴면기간이 길어 출아기간이 불규칙하고 길어서 방제가 어려운 잡초이다.

95 식물의 여러 기관에서 특정 물질이 분비되어 주변 식물의 발아나 생육에 영향을 주는 현상은?
① 상호대립 억제작용
② 상호대립 길항작용
③ 상호대립 분비작용
④ 식물생장 조절작용

해설
상호대립억제작용은 타감작용이라 하며 근처 식물의 생육에 영향을 주는 방법을 이용한 방제법이다. 주로 인접 식물의 생육에 부정적인 영향을 끼쳐 생장을 저해시키거나 혹은 과도하게 촉진시키게 된다.

정답 90 ② 91 ④ 92 ④ 93 ③ 94 ④ 95 ①

96 세계적으로 문제가 되는 잡초 종에서 가장 많이 분포하며 잎집과 잎몸의 이음새에는 막이 있고 털이 밖으로 생장한 모습의 잎 혀가 있으며 잎맥이 평행한 특성을 가진 것은?

① 사초과　　② 국화과
③ 화본과　　④ 마디풀과

해설
세계적으로 가장 문제가 되는 잡초는 화본과 잡초이다.

97 다음 중 논에 주로 발생하는 잡초가 아닌 것은?

① 벗풀, 매자기
② 개구리밥, 가래
③ 바랭이, 닭의장풀
④ 나도겨풀, 올방개

해설
1년생 밭잡초로 바랭이, 쇠비름, 명아주, 닭의 장풀 등이 있다.

98 다음 중 한해살이 잡초로만 나열된 것이 아닌 것은?

① 나도겨풀, 반하
② 피, 참방동사니
③ 바랭이, 알방동사니
④ 생이가래, 큰고추풀

해설
나도겨풀과 반하는 다년생잡초이다.

99 작물 생육기간이 100일이면 일반적인 잡초 경합 한계기간으로 가장 적합한 것은?

① 파종 및 이식 후부터 10~20일 내
② 파종 및 이식 후부터 20~30일 내
③ 파종 및 이식 후부터 50~60일 내
④ 파종 및 이식 후부터 60~70일 내

해설
잡초경합한계기간은 작물 전생육기간의 첫 1/3~1/2 기간이나 1/4~1/3 기간에 해당된다. 보기의 기간 중 가장 근접된 기간은 파종 후 20~30일 사이이다.

100 논에 제초제를 사용할 경우 발생하는 약해의 요인으로 옳지 않은 것은?

① 경운시기　　② 기상조건
③ 이앙 심도　　④ 물 관리 조건

해설
논의 제초제 약해 요인으로 기상조건, 토성, 물 관리 조건, 처리시기, 약제 자체 문제 등이 있다.

정답　96 ③　97 ③　98 ①　99 ②　100 ①

국가기술자격 필기시험문제

2016년 기사 제1회 과년도 기출문제

자격종목	종목코드	시험시간	형별	수험번호	성명
식물보호기사		2시간 30분			

1과목 식물병리학

01 수목에 발생하는 병과 중간기주의 연결이 틀린 것은?

① 향나무 녹병 – 배나무
② 포플러 잎녹병 – 참취
③ 잣나무 털녹병 – 송이풀
④ 소나무 혹병 – 신갈나무

> **해설**
> 포플러 잎녹병의 중간기주는 낙엽송, 현호색, 줄꽃주머니 이다.

02 가지과 풋마름병에 대한 설명으로 옳지 않은 것은?

① 여름철 평균 기온이 20℃ 이상인 경우 잘 발병한다.
② 비닐하우스 재배 시 비료를 기준량보다 더 주어 방제한다.
③ 피해가 심한 지역에서는 논으로 1년 정도 벼 재배를 실시한다.
④ 일반적으로 토양에서 월동한 병원균이 뿌리의 상처로 침입하여 감염된다.

> **해설**
> 가지과 풋마름병에 질소질 비료를 과용할 경우 병의 발생을 조장하기에 기준량을 준다.

03 현미경을 이용하여 조직에 있는 병원균의 존재와 형태를 관찰하여 식물병을 진단하는 방법은?

① 육안적 진단
② 해부학적 진단
③ 이화학적 진단
④ 혈청학적 진단

> **해설**
> 현미경을 통한 병원체의 유무를 확인하는 것은 해부학적 진단 방법이다.

04 가축이 섭취할 경우 유독한 독성 물질에 의해 중독 증상이 나타날 수 있는 것은?

① 벼 깨씨무늬병
② 보리 줄무늬병
③ 맥류 흰가루병
④ 밀 붉은곰팡이병

> **해설**
> 밀 붉은곰팡이병은 감염된 보리, 밀 등을 섭취한 사람, 동물 등은 심한 중독 증상을 일으키기도 한다.

05 다음 설명에 해당하는 병은?

> ◎ 감염된 식물체의 지상부는 푸른 상태로 시들고, 진전되면 식물체 전체가 변색되어 말라죽는다.
> ◎ 시든 줄기를 칼로 잘라 깨끗한 물에 담갔을 때 절편에서 희뿌연 물질이 흘러나온다.

① 고추역병
② 오이 흰가루병
③ 토마토 풋마름병
④ 사과 흰날개무늬병

> **해설**
> 토마토 풋마름병 감염시 감염된 줄기를 절단하여 물에 담그면 흰물질이 흘러나오며 진단시 가장 주요한 특징이다.

정답 01 ② 02 ② 03 ② 04 ④ 05 ③

06 식물병을 유발하는 세균에 대한 옳지 않은 설명은?

① 핵막이 있다.
② 원핵생물이다.
③ 미토콘드리아가 없다.
④ 유사분열을 하지 않는다.

해설
세균은 핵막이 없는 단세포 생물이다.

07 오이 모자이크병의 방제에 가장 효과적인 것은?

① 윤작
② 종자 소독
③ 매개곤충 방제
④ 합리적인 비배관리

해설
오이, 배추, 순무 모자이크병 등은 복숭아진딧물, 목화진딧물 등 19종의 진딧물에 의해 전반되기에 매개곤충을 방제하면 방제 효과가 나타난다.

08 곤충에 의해 주로 전염되는 병은?

① 벼 키다리병
② 맥류 오갈병
③ 뽕나무 오갈병
④ 배나무 붉은별무늬병

해설
뽕나무 오갈병은 파이토플라스마에 의해 발생하고 매개충인 마름무늬매미충에 의해 전반된다.

09 불완전균류에 의한 병은?

① 배추 무름병
② 담배 모자이크병
③ 오동나무 빗자루병
④ 토마토 잎곰팡이병

해설
불완전균류에 의한 병으로 수박탄저병, 오이류 덩굴쪼김병, 토마토 시들음병, 잿빛 곰팡이병, 토마토 잎곰팡이병 등이 있다.

10 잎녹병이 발생하는 기주와 중간기주의 연결이 올바른 것은?

① 곰솔 – 잔대
② 소나무 – 작약
③ 전나무 – 황벽나무
④ 잣나무 – 뱀고사리

해설
소나무 잎녹병의 경우 기주는 소나무류, 중간기주는 황벽나무, 참취, 잔대가 있다.

11 채소류 잿빛곰팡이병의 방제로 옳지 않은 것은?

① 질소질 비료의 과용을 피한다.
② 꽃, 잎, 열매꼭지에서 상처를 주의한다.
③ 밀식을 실시하여 작물의 웃자람을 막는다.
④ 하우스 내의 습도를 높게 유지하지 않는다.

해설
채소류 잿빛곰팡이병은 밀식을 피하고 질소질비료의 과용을 피한다.
※ 잿빛곰팡이병
· 저온 다습한 환경에서 자주 발생한다.
· 방제를 위해 시설재배시 온도를 높이고 습도를 관리한다.
· 배수관리를 철저히 한다.
· 개화직전부터 낙화직후까지 사이프로디닐, 디페노코나졸 살포한다.

12 벚나무 빗자루병을 일으키는 병원체는?

① 세균
② 균류
③ 바이러스
④ 파이토플라스마

해설
벚나무 빗자루병은 진균(자낭균류)로 Taphrina wiesner 에 의해 발생한다

정답 06 ① 07 ③ 08 ③ 09 ④ 10 ① 11 ③ 12 ②

13 감귤 궤양병에 대한 설명으로 옳지 않은 것은?

① 균류에 의한 병해이다.
② 귤굴나방에 의해 전염된다.
③ 환기를 자주하여 방제할 수 있다.
④ 과실의 색과 모양을 변화시켜 상품의 가치를 떨어뜨린다.

> 해설
> 감귤 궤양병은 세균에 의해 발생한다.

14 벼 줄무늬잎마름병에 대한 설명으로 옳지 않은 것은?

① 감염 매개곤충은 애멸구이다.
② 발병하면 뒤틀리면서 늘어지고 고사한다.
③ 유령병이라고도 하며 병원균은 바이러스이다.
④ 저항성 품종으로 추정, 일품, 농안, 봉광벼 등이 있다.

> 해설
> 벼 줄무늬잎마름병의 저항성 품종으로 화성벼, 주남벼, 주남조생, 일미벼, 남평벼, 조광, 금호 3호 등이 있다.

15 병원체의 크기가 종에 따라 다양하나 일반적으로 매우 작아 관찰을 위해서는 전자현미경을 사용해야만 하는 것은?

① 소나무 잎마름병
② 버즘나무 탄저병균
③ 대추나무 빗자루병균
④ 사과나무 검은별무늬병균

> 해설
> 대추나무 빗자루병은 파이토플라스마에 의해 발생하며 파이토플라스마는 세균보다는 작고 바이러스보다는 크나 전자현미경을 이용해야 관찰할 수 있다.

16 복숭아나무 잎오갈병에 대한 설명으로 옳은 것은?

① 병원균은 담자균문에 속한다.
② 균사가 뿌리의 상처로 침입한다.
③ 주로 7월 이후 고온에서 발병한다.
④ 발아 전 디티아논 수화제를 살포하면 방제할 수 있다.

> 해설
> 발아전 디티아논 수화제, 클로로탈로닐 액상수화제를 살포하여 방제한다.

17 매개충의 의해 병원이 경란전염하는 것은?

① 벼 오갈병
② 오이 모자이크병
③ 벼 검은줄오갈병
④ 감자 Y바이러스병

> 해설
> 경란전염은 매개충의 알을 통해 바이러스가 전파되는 것을 의미하며 벼 오갈병은 끝동매미충의 알에 의해 다음 세대로 전염되는 경란전염을 한다.

18 다음 설명하는 병은?

◎ 병원균이 균사 또는 분생포자 형태로 월동하고 다음해의 제 1차 전염원이 된다.
◎ 제 1차 전염에 의하여 잎에 병무늬가 생기고 거기에 분생포자가 형성되면 그것이 바람에 날려 제 2차 전염을 계속한다.

① 벼 도열병
② 오이 역병
③ 배추 뿌리혹병
④ 오이 모잘록병

> 해설
> 벼 도열병은 비가 자주 내리거나 바람이 강하게 불 경우 잘 발생한다. 균사나 분생포자가 볏짚 혹은 병든 종자에서 월동한다.

정답 13 ① 14 ④ 15 ③ 16 ④ 17 ① 18 ①

19 세포벽이 없는 원핵생물로 인공배지에 배양이 되지 않으며 곤충에 매개되는 특성이 있고 세균과 바이러스의 중간 형태로 알려진 식물병원 미생물은?

① 아메바 ② 원생동물
③ 프라이온 ④ 파이토플라스마

해설
파이토플라스마 세포막이 없고 일종의 원형질막이 존재하며 인공배양이 어렵고 방제시 테트라사이클린계 항생물질을 이용한다.

20 벼 도열병 방제에 가장 효과적인 비료는?

① 질소질 비료 ② 규산질 비료
③ 인산질 비료 ④ 칼륨질 비료

해설
질소질 비료의 과용을 피하고 규소질 비료의 경우 도열병균에 저항성이 강하므로 필요시 사용하도록 한다.

2과목　농림해충학

21 곤충의 내분비계에 대한 설명으로 옳지 않은 것은?

① 곤충의 유약호르몬은 알라타체에서 분비된다.
② 뇌호르몬의 분비는 음식물이나 환경의 영향을 받지 않는다.
③ 탈피호르몬의 분비는 뇌호르몬에 의해서 자극을 받는다.
④ 곤충의 탈피와 변태작용은 탈피호르몬과 유약호르몬의 상대적인 농도에 따라서 결정된다.

해설
곤충의 뇌호르몬의 분비는 광주기, 온도, 습도 뿐만 아니라 섭식 및 체중 등의 자극에도 영향을 받는다.

22 곤충의 주광성을 이용하여 해충을 조사하는 방법은?

① 유아등 조사
② 공중 포충망 조사
③ 페로몬 트랩 조사
④ 말레이즈 트랩 조사

해설
주광성은 빛을 이용하는 방법으로 유아등 조사에 이용된다.

23 기계유 유제의 작용 특성에 대한 설명으로 옳은 것은?

① 식독제로서 위에서 소화중독이 되어 치사시킨다.
② 직접 접촉제로서 곤충 체표에 피막을 형성하여 기관을 막아 질식사시킨다.
③ 침투성 살충제로서 작용점인 신경계를 이상 자극하여 저해작용을 한다.
④ 침투성 살충제로서 원형질에 도달하여 에너지 생성계의 효소에 저해작용을 한다.

해설
기계유 유제는 주로 깍지벌레 등의 방제용으로 이용되는 것으로 고농도에서 저농도까지 다양하다. 원하는 곳에 직접 뿌려 곤충의 표피에 일종의 막을 형성하여 기문을 막아 질식사시키는 방제 약품이다.

24 담배나방에 대한 설명으로 옳은 것은?

① 성충으로 월동한다.
② 유충이 주로 줄기를 가해한다.
③ 천적으로 쌀좀알벌, 예쁜가는배고치벌 등이 있다.
④ 암컷은 낮에 활동하며 밤에는 잎 뒷면에 숨어 있다.

해설
담배나방은 번데기로 월동하고 유충이 과실이나 잎을 가해하며 성충이 낮에 잎의 뒷면에 숨어 있다가 야간에 활동한다.

정답　19 ④　20 ②　21 ②　22 ①　23 ②　24 ③

25 날개가 발생된 후에 다시 탈피하여 아성충기 단계를 거치는 것은?
① 하루살이 ② 집게벌레
③ 깍지벌레 ④ 귀뚜라미

해설
하루살이의 경우 약충기와 성충기 사이에 아성충기 단계가 있으며 이후 한번 더 탈피하여 성충이 된다.

26 다음에서 설명하는 곤충의 조직은?

> 곤충의 중간대사에 관여하는 조직으로 척추동물의 간과 비슷한 기능(영양분의 저장, 단백질의 합성, 해독작용)을 한다

① 전장 ② 후장
③ 지방체 ④ 카디아카체

해설
곤충에 있어 지방체는 척추동물의 간과 비슷한 기능을 발휘하며 지방, 단백질, 당류 등의 저장에 관여하고 에너지 생성 및 생식에도 이용된다.

27 변태과정 없이 성충이 되는 곤충목은?
① 나비목 ② 파리목
③ 노린재목 ④ 딱정벌레목

해설
변태과정 없이 성충이 되는 것은 불완전변태이며 노린재목이 있다.

28 곤충의 표피층에서 수분증발에 관여하는 조직은?
① 상표피 ② 외표피
③ 내표피 ④ 진표피

해설
곤충의 외표피는 가장 외부에 있는 표피로 수분증발을 막아주는 역할을 한다.

29 다음 중 외래 침입해충이 아닌 것은?
① 사과면충 ② 콩가루벌레
③ 온실가루이 ④ 이세리아깍지벌레

해설
대표적인 외래 침입해충으로 흰개미, 미국흰불나방, 솔잎혹파리, 밤나무순혹벌, 버물바구미 등이 있다.

30 진딧물의 생식방법에 대한 설명으로 옳은 것은?
① 양성생식에 의한 난생만을 한다.
② 양성생식에 의한 태생만을 한다.
③ 단위생식에 의한 난생만을 한다.
④ 단위생식에 의한 태생과 양성생식에 의한 난생을 모두 한다.

해설
진딧물은 여름철까지는 암컷만으로 이루어지는 단위생식을 하고 가을에는 암수가 교미하는 양성생식을 한다.

31 곤충의 고시류와 신시류의 분류 기준으로 옳은 것은?
① 변태의 정도에 따른 분류이다.
② 날개의 유무에 따른 분류이다.
③ 번데기의 부속지 움직임 유무에 따른 분류이다.
④ 날개를 완전히 접을 수 있는지에 따른 분류이다.

해설
곤충의 분류시 유시아강에서 날개를 접을수 있는 경우 신시류, 날개를 접을수 없는 경우 고시류로 분류한다.

정답 25 ① 26 ③ 27 ③ 28 ② 29 ② 30 ④ 31 ④

32 날개가 두 쌍이 있는 곤충(잠자리 등)의 가슴구조에 대한 설명으로 옳지 않은 것은?

① 가슴 각 마디에 1쌍씩의 다리가 있다.
② 앞가슴과 가운데가슴에 1쌍씩의 날개가 있다.
③ 가슴 안에는 날개와 다리를 움직이는 근육이 있다.
④ 가슴은 앞가슴, 가운데가슴, 뒷가슴의 3마디로 구분된다.

해설
날개는 가운데가슴과 뒷가슴에 한쌍씩을 가진다.

33 유충과 성충이 모두 잎을 가해하는 해충은?

① 독나방
② 솔잎혹파리
③ 오리나무잎벌레
④ 꼬마버들재주나방

해설
오리나무잎벌레는 성충과 유충이 동시에 잎을 가해한다.

34 해충의 가해 습성으로 옳지 않은 것은?

① 혹명나방 : 유충이 잎을 가해한다.
② 박쥐나방 : 유충이 열매를 가해한다.
③ 먹노린재 : 약충이 줄기를 가해한다.
④ 이화명나방 : 유충이 줄기 속을 파먹는다.

해설
박쥐나방은 유충은 초본의 줄기에 구멍을 뚫고 피해를 주다가 나무로 이동하여 환상으로 가지에 피해를 준다.

35 유충이 몇 개의 잎을 끌어 모아 철하고 그 속에 숨어 있다가 해가 진 후에 나와 벼 잎을 가해하는 해충은?

① 벼애나방
② 조명나방
③ 벼잎벌레
④ 줄점팔랑나비

해설
팔랑나비의 유충은 낮에는 말려져 있는 잎 속에서 숨어 있고 해가 진 후 나와 벼의 잎을 가해한다.

36 밀도의존적 치사(밀도종속적 사망)에 대한 설명으로 옳은 것은?

① 사망률은 개체군 내 밀도 크기에 비례한다.
② 탄생률은 개체군 내 밀도 크기에 비례한다.
③ 사망률은 개체군 내 밀도 크기에 반비례한다.
④ 탄생률은 개체군 내 밀도 크기에 반비례한다.

해설
사망률은 출생이나 이동이 없을 경우 사망한 곤충의 개체수의 비율을 말한다. 개체군 밀도가 높아지면 그에 따라 사망하는 곤충의 비율도 높아지기에 비례관계이다.

37 곤충의 호흡기관과 관계없는 것은?

① 기문
② 세로기관
③ 모세기관
④ 말피기관

해설
말피기관은 소화기관에 속한다.

38 솔잎혹파리에 대한 분류 및 형태적 설명으로 옳지 않은 것은?

① 파리목 혹파리과에 속한다.
② 성충의 크기는 2mm 내외이다.
③ 알은 긴타원형이며 담황색이다.
④ 학명은 Spodoptera exigua 이다.

해설
Spodoptera exigua 는 파밤나방의 학명이다. 솔잎혹파리는 Thecodiplosis japonensis 이다.

정답 32 ② 33 ③ 34 ② 35 ④ 36 ① 37 ④ 38 ④

39 곤충의 천적으로 활용할 수 있는 바이러스가 아닌 것은?

① 과립 바이러스
② 배고모 바이러스
③ 핵다각체 바이러스
④ 세포질다각체 바이러스

해설
베고모 바이러스는 온실가루이에 의해 전반되어 피해를 주는 바이러스이다. 과립 바이러스, 핵다각체 바이러스, 세포질다각체 바이러스는 나비목에서 발견되는 곤충병원성 바이러스이다.

40 내분비계에 대한 설명으로 옳지 않은 것은?

① 유약호르몬은 알라타체에서 분비된다.
② 탈피호르몬은 앞가슴샘에서 분비된다.
③ 유약호르몬은 성충기에 가까워짐에 따라 분비량이 늘어난다.
④ 곤충의 다양한 생리작용에 관여하는 물질로서 적은 양이 분비되지만 그 영향은 매우 크다.

해설
유약호르몬은 유충호르몬이라하며 유충기에 다량 분비되는 호르몬이다.

3과목 재배학원론

41 종자(종구) 파종 시에 복토를 가장 깊게 해야 하는 작물은?

① 소립 채소류
② 콩
③ 감자
④ 튤립

해설
복토를 10cm 이상으로 깊게 하는 종류로는 나리, 튤립, 수선, 히아신스가 있다.

42 버널리제이션의 농업적 이용으로 볼 수 없는 것은?

① 감광형 벼의 조기재배
② 딸기의 촉성재배
③ 맥류 육종의 세대단축
④ 추파맥류의 대파

해설
감광형 벼의 조기재배는 작물 품종의 기상생태형을 이용한 방법이다.

43 연작의 해가 비교적 커서 5년 이상의 휴작이 필요한 작물로만 나열된 것은?

① 토마토, 양배추, 담배
② 참외, 시금치, 생강
③ 호박, 땅콩, 오이
④ 수박, 가지, 고추

해설
5~7년 정도 휴작이 요구되는 작물은 수박, 토마토, 사탕무, 완두, 가지, 우엉, 고추가 있으며 10년 이상 휴작이 요구되는 작물은 아마, 인삼이 있다.

44 작물의 내동성에 대한 설명으로 옳은 것은?

① 지방함량이 높으면 내동성이 낮아진다.
② 당분함량이 많으면 내동성이 증대된다.
③ 원형질의 수분투과성이 크면 내동성이 낮아진다.
④ 세포의 수분함량이 높아서 자유수가 많아지면 내동성이 증대된다.

해설
당분함량이 많거나 유지함량이 높거나 삼투포텐셜이 낮을 경우 내동성이 크다.

정답 39 ② 40 ③ 41 ④ 42 ① 43 ④ 44 ②

45 작물의 동상해에 대한 응급대책이 아닌 것은?
① 저녁에 충분히 관개한다.
② 수증기가 많이 함유된 연기를 발산시킨다.
③ 낡은 타이어, 중유 등을 연소시킨다.
④ 이랑을 낮추어 뿌림골을 낮게 한다.

> **해설**
> 이랑을 세워 뿌림골을 깊게 하는 방법은 작물의 동상해에 대한 일반대책이다. 동상해의 응급대책으로 관개법, 송풍법, 발연법, 피복법, 연소법, 살수결빙법 등이 있다.

46 노포크식 윤작법의 예로 가장 적합한 것은?
① 콩→밀→클로버
② 옥수수→클로버→보리→밀
③ 밀→옥수수→순무
④ 순무→보리→클로버→밀

> **해설**
> 노포크식은 화본과의 식용작물과 두과인 클로버, 근채류인 순무를 순차적으로 윤작하는 방법으로 <순무-보리-클로버-밀>, <밀-콩-보리-순무> 로 4년주기의 윤작방식이다.

47 내건성이 강한 작물의 일반적 특성으로 옳은 것은?
① 세포가 커서 수분이 감소해도 원형질의 변형이 작다.
② 원형질의 점성이 낮아야 한다.
③ 세포액의 삼투압이 높아야 한다.
④ 원형질막의 수분투과성이 작아야 한다.

> **해설**
> 내건성이 강한 작물은 세포액의 삼투압이 높아야 한다.

48 다음 중 밭토양에 부식이 크게 부족할 때 이를 개량하기 위한 방법으로 가장 적합한 것은?
① 관수를 자주 한다.
② 깊이갈이를 매년한다.
③ 퇴비, 구비, 생고 등 유기물을 충분히 공급한다.
④ 비료의 3요소인 N, P, K 를 금비로 매년 충분히 시비한다.

> **해설**
> 밭토양의 부식이 부족할 경우 토양의 입단 형성을 도와주기 위해 퇴비, 구비 등의 유기물을 충분히 공급하여 토양의 화학성, 물리성을 개선해준다.

49 다음 중 ( ) 에 알맞은 내용은?

> ( )(이)란 감자 재배에서 한 포기로부터 여러 개의 싹이 나올 경우 그 중 충실한 것을 몇 개 남기고 나머지는 제거하는 작업을 말하며 토란이나 옥수수의 재배에도 이용된다.

① 휘기   ② 제얼
③ 절상   ④ 적엽

> **해설**
> 제얼은 가지나 어린잎을 제거하는 작업으로 양분의 소모를 감소시켜 수량을 증대시킬수 있다.

50 감자는 작물체의 어느 부분이 비대된 것인가?
① 측근   ② 직근
③ 지하줄기 ④ 종자근

> **해설**
> 덩이줄기(지하줄기)로 번식하는 작물로 감자, 토란 등이 있다.

정답 45 ④ 46 ④ 47 ③ 48 ③ 49 ② 50 ③

51 목초의 하고 현상을 일으키는 유인은?
① 고온 ② 습윤
③ 단일 ④ 저온

해설
하고 현상은 고온에 의해 생육장해가 발생하는 현상이다.

52 다음 중 내습성이 가장 강한 작물은?
① 옥수수 ② 고구마
③ 양파   ④ 고추

해설
작물의 내습성은 미나리, 벼, 옥수수 등이 높은 편이며 파, 양파, 고추 등은 낮은 편이다.

53 다음 중 ( )에 알맞은 내용은?

> 농약분말을 종자에 그대로 묻게 하는 소독법도 있는데 이를 ( )이라고 한다

① 침지소독 ② 온탕소독
③ 분의소독 ④ 건열소독

해설
농약분말을 종자에 그대로 묻게 하는 분의소독법은 분말을 고르게 묻게 해주는 것이 특징이다.

54 안토시안의 생성을 조장하는 조건은?
① 고온   ② 황색광
③ 자색광 ④ 녹색광

해설
안토시안은 비교적 저온의 조건에서 자색광이나 자외선에 의해 조장된다.

55 박과채소류 접목육묘의 장점으로 틀린 것은?
① 흡비력이 강해진다.
② 토양전염성병의 발생이 적어진다.
③ 불량 환경에 대한 내성이 증대된다.
④ 질소 흡수가 줄어들어 당도가 증가한다.

해설
접목육묘는 토양병해충의 피해를 예방하고 양분의 흡수를 증대시키기 위해 이용된다.

56 작물의 도복대책으로 거리가 먼 것은?
① 질소 중심의 시비를 한다.
② 병충해를 잘 방제해야 한다.
③ 키가 작고 줄기가 튼튼한 품종을 선택한다.
④ 맥류는 복토를 깊게 하면 도복이 경감된다.

해설
도복대책으로 질소질 비료의 과용을 삼가고 칼륨, 규산을 적정량으로 시비한다.

57 일장형이 단일식물에 해당하는 작물은?
① 시금치 ② 들깨
③ 상추   ④ 아주까리

해설
단일식물의 종류로 콩, 옥수수, 벼, 딸기, 국화, 코스모스, 들깨 등이 있다.

58 종자의 발아조사에서 총 발아된 종자수를 총 조사일수로 나눈 값은?
① 평균발아일수 ② 평균발아속도
③ 발아속도지수 ④ 발아세

해설
평균발아속도는 총 발아된 종자수를 총 조사일수로 나눈 값이다.

정답 51 ① 52 ① 53 ③ 54 ③ 55 ④ 56 ① 57 ② 58 ②

59 토양공기가 작물의 생육에 미치는 영향으로 옳은 것은?

① 토양 중의 이산화탄소 농도가 높아지면 토양이 산성화되고 무기염류의 흡수가 저해된다.
② 토양용기량이 증가하면 환원성 유해물질이 생성되어 뿌리가 상한다.
③ 토양용기량이 증가하면 산소의 농도가 감소한다.
④ 미숙유기물의 시용은 토양 내 산소의 농도를 높여 수분의 흡수를 촉진시킨다.

해설
토양 중에 이산화탄소 농도가 높아지면 유해물질의 발생량이 증가하고 산성화가 촉진된다. 또한 상대적으로 산소의 농도가 적어 식물의 뿌리의 흡수가 저해되어 작물의 생육이 불량해진다.

60 토양과 식물체 및 대기 간의 수분이동에서 수분포텐셜을 가장 높은 곳에서 가장 낮은 곳으로 바르게 표시한 것은?

① 대기→식물체→토양
② 식물체→대기→토양
③ 대기→토양→식물체
④ 토양→식물체→대기

해설
수분포텐셜은 높은 곳에서 낮은 곳으로 수분이 이동하게 되는데 토양에서 식물체에 흡수되고 식물체에서 증발을 통해 대기로 이동하게 된다.

4과목 농약학

61 농약의 급성독성에 대한 설명으로 틀린 것은?

① 농약을 단 1회 투여하여 생물집단에 대한 독성을 평가하는 것이다.
② 독성정도는 생물집단의 반수가 치사되는 양으로 평가한다.
③ 농약이 살포된 농산물을 섭취하는 소비자에 대한 특성 평가를 위한 것이다.
④ 농약관리법에서 급성독성 정도에 따른 구분은 I~IV 까지이다.

해설
농약의 급성독성은 일시에 다량의 농약에 노출되었을 경우 나타나는 독성으로 섭취하는 소비자의 상황보다는 농약을 사용하는 사용자에 대한 특성 평가를 위한 것이다.

62 건조 상태에서 안전하지만 공기 중의 습기에서는 서서히 반응하여 창고의 곡물, 사료, 잎담배 해충의 방제를 주로 사용되는 훈증제는?

① 이황화탄소 ② 인화알루미늄
③ 클로로피크린 ④ 메틸브로마이드

해설
인화알루미늄은 곡물의 저장창고에 사용되는 훈증제이다. 건조상태에는 안정적이나 습기가 있으면 가수분해반응을 일으키면서 독성물질이 생성된다.

63 60kg 쌀에 살충에 이피엔 50% 유제를 8ppm 이 되도록 처리하려고 할 때의 소요 약량은 얼마인가?(단, 약제의 비중은 1.07 이다)

① 0.5ml ② 0.7ml
③ 0.9ml ④ 1.2ml

해설
소요약량(ppm 살포)
$$= \frac{추천농도(ppm) \times 살포대상량(kg) \times 100}{1,000,000 \times 비중 \times 원액농도}$$
$$= \frac{8 \times 60 \times 100}{1,000,000 \times 1.07 \times 50} = \frac{48,000}{53,500,000}$$
$$≒ 0.0008972$$

64 농약의 사용 목적에 따른 분류로서 옳지 않은 것은?

① 접촉독제 ② 종자 소독제
③ 제초제 ④ 유탁제

해설
유탁제는 농약의 제제에 의한 분류이다.

정답 59 ① 60 ④ 61 ③ 62 ② 63 ③ 64 ④

65 피레트린 성분을 함유하는 천연 살충용 식물은?

① 송지 ② 테리스
③ 제충국 ④ 연초

해설
피레트린은 제충국의 꽃 씨방에서 살충성분을 추출하여 제조한 황색의 유상 물질이다.
곤충에 대해 살충효과가 강하고 유제외에 모기향으로 이용하기도 하며 파리, 모기 등의 해충 박멸에 많이 이용된다. 사람이나 온혈동물의 경우 신속하게 분해되어 배출되기에 독성이 없다.

66 분말은 물에 잘 젖지 않고 부드럽고 미끈한 촉감을 주며 액성은 알칼리성을 보이나 안정하므로 각종 농약의 분제 제조용으로 많이 사용되는 증량제는?

① 벤토나이트 ② 탈크
③ 필로필라이트 ④ 카올린

해설
탈크는 마그네슘을 주성분으로 하며 물에 젖지 않고 알칼리성을 띠는 증량제이다.

67 각종 응애류를 방제하는 데 적합하며 특히 소나무재선충에 대해 살선충 활성을 보이는 약제는?

① 캡탄 ② 밀베멕틴
③ 메토밀 ④ 플루아지남

해설
밀베멕틴은 살충제로 응애류를 수도 방제하는데 이용되며 소나무재선충에도 주간주사방법으로 사용된다.

68 식물 생육단계 중 약해의 염려가 가장 적은 시기는?

① 휴면기 ② 영양생장기
③ 생식생장기 ④ 개화기

해설
식물의 생육단계별 약해의 피해는 휴면기가 가장 적으며 다음으로 생장기, 유묘기 순이다.

69 식물 호르몬 작용 저해제와 비슷한 작용특성을 보이기 때문에 식물이 고사하는 것보다 기형인 경우가 많은 제초제의 작용기작은?

① 단백질 합성 저해
② 광합성 저해
③ 호흡 저해
④ 아미노산 합성저해

해설
단백질 합성 저해는 식물 호르몬 작용 저해와 유사한 특성을 보이며 이는 주로 생체방어기작의 합성을 도움을 주는 단백질 합성을 저해하기 때문이다.

70 디멘존 45% 유제 50ml(비중 1.0)를 1200배액으로 희석하여 살포하려 할 때 소요되는 물의 양은?

① 24L ② 27L
③ 60L ④ 67L

해설
희석배수 소요물량은 50ml 유제를 1200 배액 희석하므로 50ml × 1200 배 = 60,000ml 이므로 60L가 필요하다.

71 다음 중 유기인제의 활성화와 관계가 가장 적은 것은?

① parathion → paraoxon
② cytochromeoxidase
③ 포유동물 간장
④ 곤충이 중장

해설
유기인제는 곤충의 신경계에 영향을 준다.

72 만코제브 수화제는 어느 계통의 농약인가?

① 유기유황계 ② 카베메이트계
③ 유기염소계 ④ 피레스로이드계

해설
유기유황계 종류로 만코제브, 메티람, 프로피네브 등이 있다.

정답 65 ③ 66 ② 67 ② 68 ① 69 ① 70 ③ 71 ④ 72 ①

73 하우스 내의 시설재배에 있어서 병충해 방제를 목적으로 하여 개발된 것으로 미분쇄로 된 분제인 플루우더스트(FD)제형의 평균 입경은 얼마 정도인가?

① 2μm　② 10μm
③ 20μm　④ 40μm

해설
FD제(플로우더스트제, Flow Dust)는 하우스 내의 병해충 방제를 위해 개발되어 미립자가 장시간 부유하여 균일하게 확산되도록 평균입경을 2um 정도로 작게 제형하여 살포한다.

74 농약 혼용 시 준수하여야 할 사항이 아닌 것은?

① 표준 희석배수를 준수한다.
② 혼용한 살포약은 되도록 즉시 살포한다.
③ 가능하면 여러 종류의 농약을 혼용한다.
④ 혼용 시 침전물 생성이 있는 경우 사용하지 않는다.

해설
여러 농약을 혼용하면 약해가 발생할 우려가 있어 피해야 한다.

75 해충의 주화성을 이용하는 약제는?

① 해독제　② 훈연제
③ 유인제　④ 생물농약

해설
주화성은 약제를 이용하여 유인하는 성질로 유인제에 이용한다.

76 식물생장조절제에 대한 설명으로 틀린 것은?

① 식물의 다양한 생리현상에 영향을 미친다.
② 농작물의 생육을 촉진하거나 또는 억제시킨다.
③ 지베렐린산은 딸기, 토마토의 숙기 억제에 관여한다.
④ 나드분제는 옥신계로 카네이션의 발근을 촉진한다.

해설
지베렐린은 발아 촉진, 화성 촉진, 생장 촉진 등에 관여한다.

77 약해에 대한 설명으로 옳지 않은 것은?

① 약해란 농약에 의해서 식물의 정상적인 생육을 저해하는 것이다.
② 약해라고 해서 전부 작물의 수확에 영향을 끼치는 것은 아니고 환경조건에 따라 회복되는 일시적 약해도 있다.
③ 살충제의 약해발생은 유기인계 계통이 많다.
④ 만성적인 약해는 약제를 살포한 지 1주일 이내에 나타난다.

해설
만성적 약해는 약제 살포 후 1주일 이후에 나타난다.

78 배추의 벼룩잎벌레에 주로 적용하는 약제는?

① 다이아지논
② 델타메트린
③ 디메토에이트
④ 디플루벤주론

해설
배추 벼룩잎벌레, 배추흰나비 등에는 유기인계 살충제인 다이아지논이 효과적이다.

79 식물생장조절제에 속하는 것은?

① 6–BA　② EPN
③ Diazinon　④ Phenthoate

해설
벤질아데닌(6–BA)은 합성시토키닌으로 성장을 촉진시켜주는 식물생장조절제이다.

정답 73 ① 74 ③ 75 ③ 76 ③ 77 ④ 78 ① 79 ①

80 다음 중 가장 오래 전부터 제조되어 사용되었던 농약은?
① Lime sulfur ② Schradan
③ Endosulfan ④ Oxadixyl

해설
Lime sulfur(석회황합제)는 1881년 프랑스에서 포도 병해 방제용으로 사용되었다.

5과목 　 잡초방제학

81 잡초 발생이 가장 많은 벼재배 방법은?
① 건답직파 ② 담수직파
③ 종묘 기계이앙 ④ 성묘 기계이앙

해설
이앙보다는 직파에서 경합력이 낮아 잡초 발생량이 많다. 또한 담수직파의 경우 특정 잡초만 발생하지만 건답직파의 경우 발생하는 잡초의 종류 및 수량이 많다.

82 월동작물 재배지에서 주로 발생하는 잡초로만 짝지어진 것은?
① 여뀌, 명아주
② 바랭이, 쇠비름
③ 뚝새풀, 벼룩나물
④ 톨피, 참방동사니

해설
겨울 잡초의 종류로 뚝새풀, 냉이, 개미자리, 벼룩나물, 점나도나물, 벼룩이자리, 별꽃, 속속이풀, 갈퀴덩굴 등이 있다.

83 1년생 광엽잡초로만 짝지어진 것은?
① 피, 가래 ② 올미, 자귀풀
③ 벗풀, 매자기 ④ 여뀌, 물달개비

해설
1년생 광엽잡초에는 물달개비, 물옥잠, 사마귀풀, 여뀌, 마디꽃, 자귀풀 등이 있다.

84 잡초와의 경합이 가장 많은 기간은?
① 생육 중기부터 후기
② 개화 후부터 성숙기 전반
③ 작물의 전체 생육기간의 1/2~2/3기간
④ 작물의 전체 생육기간의 1/4~1/3기간

해설
최대 경합기간은 잡초경합한계기간으로 작물 전생육기간의 첫 1/3~1/2 기간이나 1/4~1/3 기간에 해당되며 이때는 잡초의 경합이 가장 많은 기간이다.

85 잡초에 대한 작물의 경합력을 높이기 위한 방법으로 옳지 않은 것은?
① 가급적 밀식재배를 한다.
② 춘파작물과 추파작물을 윤작한다.
③ 분지수가 많고 엽면적지수가 큰 품종을 선택한다.
④ 초관형성이 늦은 만생종 품종을 선택하여 재배한다.

해설
작물의 경합력을 높이기 위해서는 초관형성이 빠른 조생종 품종을 선택하여 재배한다.

86 왕우렁이를 이용한 잡초 방제법에 대한 설명으로 옳지 않은 것은?
① 잡초방제 효과를 높이기 위해 물을 얕게 댄다.
② 이앙 전 평탄하게 정지작업을 잘해야 효과가 크다.
③ 왕우렁이 방사 시기는 벼이앙 후 5~7일이 효과적이다.
④ 수면과 수면 아래의 수초를 먹는 먹이 습성을 이용한 것이다.

해설
왕우렁이는 수면 근처의 연한 풀을 먹으며 효과를 높이기 위해 물을 깊게 댄다.

정답 80 ① 81 ① 82 ③ 83 ④ 84 ④ 85 ④ 86 ①

87 제초제의 일반적인 구비 조건으로 가장 거리가 먼 것은?
① 가격이 적절해야 한다.
② 사용 및 보관이 편리해야 한다.
③ 잔류기간이 길어 약효지속성이 높아야 한다.
④ 사람 및 동물에 대한 안전성이 높아야 한다.

해설
제초제의 경우 잔류기간이 길면 약해 문제가 발생할 수 있기에 적정기간 잔류되어야 한다.

88 작물과 잡초와의 경합으로 인한 작물 손실의 영향이 비교적 적지만 치열한 경합을 벌이는 시기는?
① 잡초경합한계기간
② 잡초경합허용기간
③ 작물경합한계기간
④ 작물경합허용기간

해설
잡초경합한계기간은 잡초와의 경합에 의한 작물의 피해가 가장 심하게 나타나는 기간이다.

89 작물과 잡초의 양분 경합이 가장 큰 것은?
① 질소   ② 인산
③ 칼륨   ④ 석회

해설
양분의 경합이 가장 높은 인자는 질소이다.

90 유효성분 5%인 입제 제초제를 1ha 당 1kg(유효성분량)을 처리하고자 할 때 필요한 양은?
① 2kg   ② 10kg
③ 20kg   ④ 40kg

해설
제품량(g) = 성분량 × $\dfrac{100}{희석률}$
= 1,000 × $\dfrac{100}{5}$
= 20,000(g) = 20kg

91 올방개 방제에 가장 효과적인 제초제는?
① 마세트가 혼합된 제초제
② 모리네이트가 혼합된 제초제
③ 벤퓨러세이트가 혼합된 제초제
④ 에스프로카브가 혼합된 제초제

해설
올방개를 효과적으로 방제하기 위해 이앙 후 1~2주 내에 벤퓨러세이트 성분이 혼합된 제초제를 처리한다.

92 잡초가 발아하여 지표면 위로 출현하는 과정에 관여하는 요인과 가장 관련이 적은 것은?
① 토양심도   ② 토양강도
③ 토양수분   ④ 토양온도

해설
잡초가 발아하는데 관여하는 요인으로 토양의 심도, 온도, 수분, 산소, 비옥도, 염도, pH 등이 있다.

93 부유잡초에 해당하는 것으로만 짝지어진 것은?
① 벗풀, 생이가래
② 올미, 좀개구리밥
③ 벗풀, 올챙이고랭이
④ 생이가래, 좀개구리밥

해설
부유잡초로는 부레옥잠, 개구리밥, 좀개구리밥, 생이가래 등이 있다.

정답 87 ③ 88 ① 89 ① 90 ③ 91 ③ 92 ② 93 ④

94 다음 설명에 해당하는 잡초는?

> 유럽이 원산지며 논둑 등에서 자생하고 종자와 지하경으로 번식하는 다년생 마디풀과 잡초이다.

① 돌피 ② 애기수영
③ 까치수염 ④ 올챙이고랭이

해설
애기수영은 유럽이 원산지이며 길가나 논둑에서 자생하고 뿌리줄기를 통해 번식하는 쌍떡잎의 마디풀목 잡초이다.

95 '피'의 식물 분류학 위치로 옳지 않은 것은?

① 피자식물 ② 벼과식물
③ 쌍자엽식물 ④ 유관속식물

해설
'피'는 단자엽식물에 속한다.

96 상호대립억제작용에 대한 설명으로 옳은 것은?

① 제초제를 오래 사용한 잡초에 대한 내성을 나타내는 것이다.
② 다른 종의 생육을 억제하는 주된 기작은 주로 차광에 의해 일어난다.
③ 잡초가 다른 작물의 생육을 억제하는 것은 아니며 잡초 간에만 일어나는 현상이다.
④ 죽은 식물 조직에서 나오는 물질에 의해서도 상호대립 억제작용 현상이 일어날 수 있다.

해설
죽은 식물의 조직에서 나오는 분비물에 의해서 상호대립 억제작용 현상이 발생할 수 있다.

97 아릴옥실페녹시 프로피오닉산계 제초제에 대한 설명으로 옳지 않은 것은?

① 지질생합성을 저해한다.
② 토양 속에서는 쉽게 분해된다.
③ 화본과 잡초는 내성을 보인다.
④ 최상의 효과를 위해서는 보조제나 첨가제의 혼합이 필요하다.

해설
아릴옥실페녹시 프로피오닉산계 제초제는 화본과 잡초에 선택적으로 작용한다.

98 잡초종자의 발아 습성으로 옳지 않은 것은?

① 발아의 주기성
② 발아의 계절성
③ 발아의 불연속성
④ 발아의 준동시성

해설
잡초종자의 발아습성으로 주기성, 준동시성, 연속성, 계절성, 기회성이 있다.

99 주로 종자로만 번식하는 잡초는?

① 올미, 벗풀
② 피, 물달개비
③ 가래, 쇠털골
④ 올방개, 너도방동사니

해설
주로 종자로만 번식하는 1년생 잡초로 피, 뚝새풀, 마디꽃, 바무여뀌, 물달개비 등이 있다.

100 피복작물 재배에 따른 효과가 아닌 것은?

① 토양침식 방지
② 잡초경합력 증대
③ 병해충 서식억제
④ 토양비옥도 증대

해설
피복작물은 토양을 피복시키는 작물로 잡초의 경합력을 약화시킨다.

정답 94 ② 95 ③ 96 ④ 97 ③ 98 ③ 99 ② 100 ②

국가기술자격 필기시험문제

2016년 기사 제2회 과년도 기출문제			수험번호	성명
자격종목 식물보호기사	종목코드	시험시간 2시간 30분	형별	

1과목 식물병리학

01 코흐의 법칙에 대한 설명으로 옳지 않은 것은?
① 병원체는 분리되어 배지에서 순수 배양되지 않을 수도 있다.
② 발병한 부위로부터 접종을 사용하였던 것과 동일한 병원체가 재분리되어야 한다.
③ 병환부에는 그 병을 일으키는 것으로 추정되는 병원체가 항상 존재하여야 한다.
④ 순수 배양한 병원체를 건전한 기주에 접종하였을 때 동일한 병이 발생하여야 한다.

해설
코흐의 법칙에서 병원체는 분리되어 배지에서 순수 배양되어야 한다.

02 유성번식을 하지 않거나 매우 드물게 하는 것은?
① 접합균   ② 자낭균
③ 담자균   ④ 불완전균

해설
불완전균의 경우 유성번식법이 잘 알려져 있지 않다.

03 기주 특이적 독성물질을 분비하는 병원균에 의하여 발생하는 병은?
① 벼 키다리병
② 담배 들불병
③ 벼 깨씨무늬병
④ 배나무 검은무늬병

해설
배나무 검은무늬병균의 AK 독소 중 Alterine 이다.

04 식물이 병에 걸리기 쉬운 성질은?
① 저항성   ② 면역성
③ 감수성   ④ 병회피

해설
식물이 병에 걸리기 쉬운 성질을 감수성이라 한다.

05 식물병의 방제에 대한 설명으로 옳지 않은 것은?
① 접목재배를 하여 오이나 수박의 토양병을 해결할 수 있다.
② 순무 모자이크바이러스는 진딧물이 활동하는 시기를 피하여 재배한다.
③ 딸기 시들음병은 저온에서 잘 발생하므로 저온의 시기를 피하여 재배한다.
④ 재배시기를 앞당기거나 늦춤으로써 토양병이 활발하게 활동하는 시기를 피할 수 있다.

해설
시들음병은 고온에서 잘 발생한다.

06 순활물기생균에 의해 발생하는 병은?
① 감자 역병   ② 밀 붉은녹병
③ 맥류 깜부기병 ④ 고구마 무름병

해설
순활물기생균은 절대기생체로 녹병균, 흰가루병균, 노균병균, 배나무 붉은별무늬병균 등이 있다.

정답 01 ① 02 ④ 03 ④ 04 ③ 05 ③ 06 ②

07 벼 도열병에 대한 설명으로 옳지 않은 것은?
① 공기전염성 식물병이다.
② 병원균은 Fulvia fulva 이다.
③ 병원균에는 여러 가지 레이스가 존재한다.
④ 야간 온도가 높고 습한 조건에서 질소질 비료를 과용한 논에 잘 발병한다.

해설
벼 도열병의 병원은 진균으로 Pyricularia oryzae 이다.

08 현재 중간기주가 발견되지 않아 이종기생하지 않는 것으로 분류되는 녹병은?
① 밀 줄기녹병
② 잣나무 털녹병
③ 보리 겉깜부기병
④ 사과나무 붉은별무늬병

해설
이종기생은 다른 기주식물을 옮겨다니는 병원균으로 중간기주를 가진다. 보리 겉깜부기병은 진균에 의해 발생하며 기주교대를 하지 않는다.

09 오동나무 빗자루병을 매개하는 해충은?
① 응애   ② 꽃매미
③ 목화진딧물 ④ 담배장님노린재

해설
오동나무 빗자루병의 매개충은 담배장님노린재이다.

10 소나무 혹병균의 중간기주가 아닌 것은?
① 졸참나무   ② 떡갈나무
③ 굴피나무   ④ 굴참나무

해설
소나무 혹병균의 중간기주는 참나무속으로 굴참나무, 졸참나무, 떡갈나무, 신갈나무 등이 있다. 굴피나무는 별도의 굴피나무속으로 소나무 혹병균의 중간기주가 아니다.

11 파이토플라스마에 대한 설명으로 옳은 것은?
① 세포벽이 없는 작은 생물이지만 원형질은 있다.
② 세포의 기본적인 기능을 수행하는 원형질이 없다.
③ 일정한 형태는 없지만 세포벽과 세포막을 모두 가지고 있다.
④ 생장조건에 따라 형태가 변하며 두꺼운 세포벽을 갖고 있다.

해설
세포막이 없고 일종의 원형질막이 존재하며 대표적으로 대추나무 빗자루병, 오동나무 빗자루병, 뽕나무 오갈병의 병원체이다.

12 전신감염을 일으키는 병원체가 아닌 것은?
① 선충   ② 세균
③ 바이러스   ④ 파이토플라스마

해설
선충은 식물의 특정 부위에 감염이 일어난다.

13 감자 더뎅이병을 일으키는 병원균은?
① xylella   ② spiroplasma
③ phytoplasma ④ streptomyces

해설
감자더뎅이병은 세균인 Streptomyces scabies 이다.

14 감염 기주에서 인돌아세트산의 분비량을 증가시키는 병원균이 아닌 것은?
① 감자 역병균
② 배추 무사마귀병균
③ 완두 검은무늬병균
④ 옥수수 깜부기병균

해설
인돌아세트산은 옥수수깜부기병균, 감자역병균, 배추 무사마귀병균, 사과 붉은별무늬병, 바나나 시들음병 및 기타 거미줄곰팡이 등에 의해서도 만들어진다.

정답 07 ② 08 ③ 09 ④ 10 ③ 11 ① 12 ① 13 ④ 14 ③

15 식물 병원 세균을 분리하여 그람염색하였더니 양성으로 나타났다. 이 세균의 속명은?

① clavibacter ② xanthomonas
③ pseudomonas ④ agrobacterium

해설
Clavibacter, Streptomyces 는 그람양성 세균이다.

16 수목병의 증상에 속하지 않는 것은?

① 소나무의 시들음
② 밤나무의 줄기마름
③ 호두나무의 뿌리혹
④ 아까시나무의 뿌리혹

해설
아까시나무의 뿌리혹은 뿌리혹박테리아로 공기 중의 질소를 고정하여 토양을 비옥하게 만든다.

17 과수 근두암종병의 발병 부위는?

① 잎 앞면   ② 열매 전체
③ 만개한 꽃 ④ 줄기 밑부분

해설
과수 근두암종병은 주로 뿌리 및 지제부 밑의 줄기이며 간혹 지상부의 줄기 상처를 통해 발생하기도 한다.

18 살균제에 대한 저항성 유발을 최소화하기 위한 방법으로 옳지 않은 것은?

① 농약살포 횟수를 최소화한다.
② 침투성살균제 위주로 사용한다.
③ 항저항성 물질이나 협력제를 첨가한다.
④ 상이한 유효성분을 가진 약제를 교대로 살포한다.

해설
특정 약품만 사용시 살균제에 대한 저항성이 증가할수 있다.

19 식물방역법에는 수입 금지 식물, 금지 지역, 금지 병해충을 명시하고 있다. 금지 병해로만 바르게 나열된 것은?

① 배 화상병, 담배 노균병
② 감자 역병, 감자 갈쭉병
③ 감자 암종병, 포도 노균병
④ 국화 흰녹병, 사과 빗자루병

해설
식물방역법에 금지 병해로는 담배노균병, 감자암종병, 감귤녹화병, 배화상병, 사과빗자루병, 포도황화병, 감자갈쭉병, 제브라치병 등이 있다.

20 표징에 해당하는 것은?

① 씨방의 엽화
② 잎의 흰가루
③ 잎의 황화현상
④ 식물체 전체의 위축

해설
표징은 병이 발생시 병원체 자체가 나타나 식별하는 것으로 곰팡이, 흰가루, 균핵 등이 대표적이다. 엽화, 황화현상, 위축, 시들음, 괴사 등은 병징에 속한다.

2과목 농림해충학

21 유충이 과일 속으로 뚫고 들어가 과일 속을 가해하는 해충은?

① 사과혹진딧물
② 포도유리나방
③ 배나무방패벌레
④ 복숭아심식나방

해설
복숭아심식나방의 유충은 과일을 가해하는데 내부로 뚫고 지나간다.

정답 15 ① 16 ④ 17 ④ 18 ② 19 ① 20 ② 21 ④

22 노린재와 같은 곤충은 포식자의 공격에 대항하여 방어물질을 분비하는데 이러한 물질을 무엇이라고 하는가?
① 페로몬   ② 알로몬
③ 시노몬   ④ 카이로몬

해설
알로몬은 생산자에게 유리, 수용자에게는 불리하게 작용하는 일종의 방어물질이다.

23 곤충 생장조절제의 일종인 디플루벤주론의 작용기작은?
① 산란억제
② 키틴합성억제
③ 소화효소합성 억제
④ 탈피호르몬 생산 억제

해설
디플루벤주론은 키틴의 생합성 저해에 관련된 생장조절제이며 디플루벤주론 이외에도 뷰프로페진, 클로르풀루우주론, 헥사플루뮤론, 테플루벤주론 등이 있다.

24 배추좀나방에 대한 설명으로 옳은 것은?
① 약충으로 월동한다.
② 일본과 우리나라에만 분포한다.
③ 배추 결구 속에 들어가 가해한다.
④ 비래해충으로 우리나라에는 월동하지 않는다.

해설
배추좀나방은 배추의 겉껍질만 남기고 결구 속까지 가해한다.

25 유기인계 살충제에 대한 설명으로 옳지 않은 것은?
① 인축에 대해서는 독성이 약한 편이다.
② 알칼리에 의해서 쉽게 가수분해 된다.
③ 물에 불용성이나 유기용매에는 잘 녹는다.
④ 주로 접촉독제 또는 침투성 살충제로 사용된다.

해설
유기인계 살충제는 살충력 및 인축에 대한 독성이 강한 편이다.

26 곤충 분류학상 딱정벌레목에 속하지 않는 종은?
① 소나무좀
② 마름무늬매미충
③ 오리나무잎벌레
④ 느티나무벼룩바구미

해설
마름무늬매미충은 노린재목에 속한다.

27 토양생태계에 있어서 토양 곤충의 가장 중요한 역할은?
① 생산자 역할   ② 소비자 역할
③ 분해자 역할   ④ 오염자 역할

해설
토양곤충의 분해를 통해 양분 및 물질의 순환으로 토양생태계를 유지하는데 도움을 준다.

28 솔껍질깍지벌레의 가해 형태 및 피해에 대한 설명으로 옳지 않은 것은?
① 가지에 기생하여 흡즙 가해한다.
② 후약충이 가장 많이 피해를 준다.
③ 피해가 심한 경우 임목이 고사한다.
④ 수관 상부 가지의 잎부터 갈색으로 변한다.

해설
솔껍질깍지벌레는 유충이 흡즙가해를 하며 보통 가지의 아래에서 적갈색으로 변색되면서 고사한다.

정답 22 ② 23 ② 24 ③ 25 ① 26 ② 27 ③ 28 ④

29 식물체에 약액을 흡수시켜 즙액을 빨아먹는 해충을 방제 하는 것은?
① 훈증제   ② 접촉제
③ 소화중독제   ④ 침투성 살충제

해설
침투성 살충제는 흡즙성 해충을 선택적으로 방제할 수 있다.

30 완전변태류에 속하는 것은?
① 메뚜기목   ② 노린재목
③ 풀잠자리목   ④ 총채벌레목

해설
완전변태를 하는 종류로 벌목(벌, 개미, 밤나무순혹벌 등), 딱정벌레목(딱정벌레, 바구미, 소나무좀 등), 파리목(모기, 파리 등), 나비목(나비, 솔나방), 풀잠자리목, 밑들이목 등의 내시류들이 있다.
※ 불완전변태 종류 : 메뚜기목, 매미목, 강도래목, 하루살이목 등

31 곤충의 휴면작용에 대한 설명으로 옳지 않은 것은?
① 휴면과 관련된 곤충의 행동은 PER 단백질에 의해서이다.
② 광주기에 의한 휴면온도는 온도 및 습도의 영향을 받지 않는다.
③ 곤충은 광주기를 인식하여 겨울이 오기 전에 미리 휴면유도가 된다.
④ 불리한 조건에서 생존하기 위해 사용하는 많은 전략 중 하나이다.

해설
곤충의 휴면 요인에는 일장, 온도, 먹이 등이 있다.

32 해충의 화학적 방제법 중 천적에 미치는 영향이 상대적으로 적은 방법은?
① 주입법   ② 연무법
③ 훈증법   ④ 분무법

해설
주입법은 특정 해충을 방제하기 위한 방법으로 천적에는 미치는 영향이 가장 적다.

33 개체군의 밀도 변동에 영향을 가장 적게 미치는 것은?
① 이동   ② 출생률
③ 사망률   ④ 기주선호성

해설
개체군의 밀도 변화에는 출생률, 사망률, 이동 등의 영향인자들이 있다.

34 곤충이 생활하는 도중 좋지 않은 환경에 맞추어 대사율을 낮추는 것은?
① 이주   ② 휴면
③ 휴지   ④ 탈피

해설
불리한 환경에서 대사율을 낮추거나 활동을 정지하는 것을 휴지라고 한다.

35 곤충의 소화기관에서 음식물이 중장으로 넘어가는 밸브 역할 또는 단단한 음식물을 부수는 역할을 하는 조직은?
① 전위   ② 맹장
③ 식도   ④ 모이주머니

해설
전위는 음식의 임지 저장과 기계적 소화가 일어나며 중장으로부터의 먹이 역류를 방지하는 역할을 한다.

36 씹어먹는 입을 가진 해충은?
① 벼멸구 성충
② 파밤나방 유충
③ 목화진딧물 유충
④ 온실가루이 성충

해설
파밤나방 유충은 잎이나 과피를 씹어 먹는다.

정답 29 ④ 30 ③ 31 ② 32 ① 33 ④ 34 ③ 35 ① 36 ②

37 거미강의 특징으로 옳은 것은?

① 변태를 한다.
② 겹눈과 홑눈으로 되어 있다.
③ 더듬이를 가지고 있어 이동이 빠르다.
④ 몸의 구분은 머리, 가슴과 배의 2부분으로 되어 있다.

해설
거미는 머리, 가슴과 배 2부분으로 분류한다.

38 우리나라에서 솔잎혹파리가 주로 가해하는 수종은?

① 곰솔　　② 잣나무
③ 리기다소나무　④ 뱅크스소나무

해설
솔잎혹파리가 가해하는 수종은 소나무, 해송 등이 있다.

39 해충과 월동태의 연결이 옳지 않은 것은?

① 점박이응애 – 성충
② 벼물바구미 – 성충
③ 이화명나방 – 성충
④ 복숭아혹진딧물 – 알

해설
이화명나방은 노숙유충 형태로 월동한다.

40 부화유충은 잎을 가해하는 2~3령 이후에는 줄기 속을 먹어 들어가는 해충은?

① 조명나방　② 거세미나방
③ 고자리파리　④ 배추벼룩잎벌레

해설
조명나방은 부화유충이 잎을 가해하고 2~3령 이후에는 엽초 혹은 줄기 속으로 파고 들어가 가해를 하며 유충으로 월동한다.

3과목　재배학원론

41 일시적인 무기성분의 결핍증상이 나타날 경우 신속하게 양분을 공급하기 위해 이용하는 방법은?

① 토양시비　② 관비
③ 엽면시비　④ 추비

해설
작물은 뿌리외에도 기공을 통한 흡수가 이루어지며 이러한 원리를 통해 엽면에 시비를 하는 것을 엽면시비라 한다. 엽면시비는 주로 철, 아연, 망간, 칼슘 등의 미량원소, 요소를 뿌려 준다.

42 다음 중 F_2의 표현형분리에서 상위성이 있는 경우 억제 유전자의 분리비는?

① 9:7　　② 15:1
③ 13:3　　④ 9:6:1

해설
유전의 법칙에 따른 분리비
· 중간 유전 1 : 2 : 1
· 보복 유전 9 : 7
· 조건 유전 9 : 4 : 3
· 억제 유전 13 : 3
· 피복 유전 12 : 3 : 1
· 동의 유전 15 : 1

43 다음 중 형질전환품종의 내충성 품종에 도입한 것은?

① Salmonella typhimunrium 의 aroA 유전자
② bar 유전자
③ Bacillus thuringiensis 의 Bt 유전자
④ TMV 의 외피단백질합성유전자

해설
Bacillus thuringiensis 의 Bt 유전자를 이용하여 해충의 독성물질을 통해 내충성 품종을 개발하였다.

정답　37 ④　38 ①　39 ③　40 ①　41 ③　42 ③　43 ③

44 다음 중 ( )에 알맞은 내용은?

> ( )은 짧은 원줄기상에 3~4개의 원가지를 발달시켜 수형이 술잔모양으로 되게 하는 정지법이다.

① 원추형　② 덕형
③ 울타리형　④ 배상형

해설
배상형은 술잔모양의 나무꼴로 만드는 과수의 정지방법이다.

45 종자의 생리적 퇴화에 대한 설명으로 틀린 것은?

① 감자는 평지에서 채종하면 고랭지에 비하여 생육기간이 짧고 기온이 높으므로 충실한 씨감자가 생산되지 못한다.
② 콩은 건조한 토양에서 생산된 것이 차지고 축축한 토양에서 생산된 것보다 충실한 경향이 있다.
③ 벼 종자는 평야지보다 분지에서 생산된 것이 임실이 좋다.
④ 종자는 재배적 조건이 불량하면 생리적으로 퇴화한다.

해설
콩은 건조한 토양에서 생산된 것이 차지고 축축한 토양에서 생산된 것보다 충실하지 못하다.

46 다음 중 ( )에 알맞은 내용은?

> Ookuma는 목화의 어린 식물로부터 이층의 형성을 촉진하여 낙엽을 촉진하는 물질로서 ( )을 순수 분리하였다.

① ABA　② 지베렐린
③ 시토키닌　④ 에세폰

해설
식물의 ABA는 이층 형성을 촉진하고 옥신은 이층 형성을 억제한다.

47 다음 중 (가), (나)에 알맞은 내용은?

> ◎ (가)은 가지의 선단부를 휘어서 묻는 방법으로 나무딸기에서 이용된다.
> ◎ (나)은 긴 가지를 파상으로 휘어서 하곡부마다 흙을 덮어 한 가지에서 여러개를 취목하는 방법으로 포도나무에서 이용된다.

① 가:성토법, 나:파상취목법
② 가:성토법, 나:당목취목법
③ 가:선취법, 나:파상취목법
④ 가:선취법, 나:고취법

해설
가지의 선단부를 휘어서 묻는 방법은 선취법(단순취목)이고 파상으로 휘어서 하곡부마다 흙을 덮어 여러개를 취목하는 방법은 파상취목법이다.

48 <다음>에서 설명하는 내용은?

> 질산환원효소의 구성성분이며, 질소대사에 필요하고, 콩과작물 뿌리혹박테리아의 질소고정에도 필요하다. 콩과작물에 그 함량이 많으며 결핍하면 모자이크병과 비슷한 증세가 나타난다.

① 칼륨　② 몰리브덴
③ 마그네슘　④ 질소

해설
몰리브덴은 미량원소에 속하며 질산환원효소의 구성성분으로 질소를 고정하는 근류균의 생육에 도움을 주고 단백질 합성에 관여한다. 또한 결핍시 광엽이 엽면의 안쪽으로 감아 휘거나 황화현상이 발생하기도 한다.

정답　44 ④　45 ②　46 ①　47 ③　48 ②

49 <다음>에서 설명하는 내용은?

> ◎ 경사가 심한 곳에 초지를 조성할 때 사용한다.
> ◎ 방목을 하여 잡초를 없애고 목초 종자를 파종한 다음, 다시 방목을 하여 답압시켜 목초의 발아를 조장하는 방법이다.

① 간지정지 ② 써레질
③ 제경법   ④ 경운깊이

해설
제경법은 초지 조성을 위한 방법으로 경운을 하지 않고 소와 같은 초식성 가축을 방목하여 토양의 개량, 시비, 파종을 통해 목초의 발아를 조장한다.

50 다음 중 ( )에 알맞은 내용은?

> 유전자원을 이용하여 많은 우량품종을 육성하였다. 그 결과 유전적으로 다양한 재래종들이 급속히 사라지게 되었으며, 이를 ( )이라고 한다.

① 유전적 취약성
② 유전적 침식
③ 생리적 취약성
④ 지리적 침식

해설
재래종이나 자연재해 등에 의해 기존의 유전자원이 계속해서 감소하는 현상을 유전적 침식이라 한다.

51 <다음>에서 설명하는 내용은?

> 저온에 의하여 작물의 조직 내에 결빙이 생겨서 받는 피해이다.

① 냉해 ② 습해
③ 동해 ④ 수해

해설
동해는 저온에 의해 작물 조직 내에 결빙이 발생하는 피해이다.

52 제 1감수분열 전기에 나타나는 단계순서로 옳은 것은?

① 세사기→대합기→태사기→이중기→이동기
② 세사기→이중기→대합기→태사기→이동기
③ 세사기→이중기→태사기→대합기→이동기
④ 태사기→세사기→이중기→대합기→이동기

해설
제 1 감수 분열 전기는 세사기 - 대합기 - 태사기 - 복사기(이중기) - 이동기 순서로 이루어진다.

53 다음 중 작물의 복토 깊이가 5~9cm 인 것은?

① 호박 ② 수수
③ 생강 ④ 시금치

해설
복토 깊이가 5~9cm 인 작물로 감자, 생강, 글라디올러스등이 있다.

54 종묘로 이용되는 영양기관을 분류할 때 지근에 해당하는 것은?

① 글라디올러스
② 돼지감자
③ 토란
④ 고사리

해설
영양기관 분류시 지근에 해당되는 것으로 닥나무, 고사리, 부추 등이 있다.

정답 49 ③ 50 ② 51 ③ 52 ① 53 ③ 54 ④

55 다음 중 기원지가 중국에 해당하는 것으로만 짝지어진 작물은?

① 녹두, 목화   ② 팥, 황마
③ 참깨, 호프   ④ 담배, 참깨

해설
팥, 황마, 매화, 메밀, 오이, 복숭아 등의 최초로 출현한 것으로 추정되는 기원지는 중국이다.

56 다음 중 자식성 작물로만 이루어진 것은?

① 벼, 콩, 토마토
② 벼, 옥수수, 호밀
③ 옥수수, 콩, 메밀
④ 보리, 호밀, 양파

해설
자식성 작물(자가수정)은 벼, 콩, 보리, 토마토 등이 있다.

57 다음 여름작물 중 적산온도가 가장 낮은 것부터 높은 순으로 나열된 것은?
(단, 가장 낮은 것을 왼쪽부터 나열한다)

① 메밀<조<담배   ② 벼<조<담배
③ 벼<메밀<담배   ④ 담배<메밀<벼

해설
적산온도를 보면 메밀은 1000°C, 조는 1800°C, 담배는 3200°C 이다.

58 다음 중 포장동화능력의 식으로 옳은 것은?

① 총엽면적 × (수광능률 + 평균동화능력)
② 총엽면적 × 수광능률 ÷ 평균동화능력
③ 총엽면적 × 수광능률 × 평균동화능력
④ 총엽면적 ÷ 수광능률 × 평균동화능력

해설
포장동화능력은 포장군락의 단위면적당 광합성 능력을 말하며 총엽면적, 수광능률, 평균동화능력을 곱한 값으로 산출한다.

59 다음과 같이 농경의 발상지를 추정한 사람은?

> 기후가 온화한 산간부 중 관개수를 쉽게 얻을 수 있는 곳이 농경에 용이하고 안정하므로 이곳을 최초의 농경발상지로 추정하였다

① De Candolle   ② N.T. Vavilov
③ P.Dettweiler ④ Aristoteles

해설
N.T. Vavilov 는 농경의 발상지를 산간부로 보았다. De Candolle 는 큰강의 유역, P.Dettweiler 는 해안지대로 추정하고 있다.

60 종자 품질 중 내적조건에 해당되지 않는 것은?

① 유전성   ② 수분함량
③ 발아력   ④ 병충해

해설
종자의 외적조건으로 종자 크기, 무게, 냄새, 수분함량, 색깔 등이 있다. 내적 조건에는 유전성, 발아력, 순도 등이 있다.

4과목 농약학

61 농약 잔류 허용기준 설정시 내용에 포함되지 않는 것은?

① 안전계수(1/100)
② 농약의 유효성분
③ 최대무작용량(NOEL)
④ 국민평균체중/식품별 1일 섭취량

해설
농약의 잔류 허용기시 1일 섭취허용량, 체중, 식품 1일 섭취량을 이용하여 설정하며 여기서 1일 허용량은 농약을 매일 섭취해도 영향이 없는 농약의 양으로 최대무작용약량에서 안전계수를 곱한 값으로 정의한다.

정답 55 ② 56 ① 57 ① 58 ③ 59 ② 60 ② 61 ②

62 다음 중 주로 원상태로 사용되는 농약제제 형태는?
① 액상수화제 ② 미탁제
③ 세립제 ④ 분산성액제

해설
세립제는 입제보다 알갱이가 작으며 원상태로 사용된다.

63 유기비소제의 일반식이 $R \cdot As \cdot X_2$ 로 표시될 때 R이 지방족일 경우 가장 살균력이 큰 것은?
① $-CH_3$ ② $-C_2H_5$
③ $-C_3H_7$ ④ $-C_4H_9$

해설
비소(As)를 함유하는 유기화합물로 $R \cdot As \cdot X_2$ 로 표기한다. R 이 방향족에 염소기가 있을 경우 살균력이 매우 강하다. R 이 지방족의 경우 $-CH_3 > -C_2H_5 > -C_3H_7$ 순으로 살균력을 나타낸다.

64 농약제제화의 목적으로 가장 거리가 먼 것은?
① 사용자에 대한 편의성을 위하여
② 최적의 약효발현과 최소의 약해 발생을 위하여
③ 소량의 유효성분을 넓은 지역에 균일하게 살포하기 위하여
④ 유통기간을 단축하여 유효성분의 안정성을 향상시키기 위하여

해설
농약제제화는 사용의 편의성을 위해 주로 실시하며 유통기간을 단축하기보다는 늘리거나 유효성분의 안전성 향상보다는 효력을 증강시키는데 있다.

65 유기인계 살충제 농약이 아닌 것은?
① 디프(DEP)
② 펜치온(Fenthion)
③ 메프(Fenitrothion)
④ 네오아소진(MAFA)

해설
네오아소진은 유기비소계 살균제이다.

66 살균제 지람(Ziram)의 구조식은?

① (benzothiazole-SH 구조)
② $CH_2-NH-C(=S)-Na$ / $CH_2-NH-C(=S)-Na$
③ $\left[\begin{matrix}CH_3\\CH_3\end{matrix}\right> N-C(=S)-S-\right]_2 Zn$
④ $\begin{matrix}CH_3\\CH_3\end{matrix}> N-C(=S)-S-S-C(=S)-N <\begin{matrix}CH_3\\CH_3\end{matrix}$

해설
지람(ziram)은 살균제의 한 종류로 $C_6H_{12}N_2S_4Zn$ 의 구조식을 가진다.

67 Parathion 제의 살충기작이 일어나는 주된 이유는?
① 침투성이 우수하기 때문이다.
② 체내에서 분해가 빠르기 때문이다.
③ Cytochrome oxidase를 저해하기 때문이다.
④ Cholinesterase 의 작용을 저해하기 때문이다.

해설
파라티온은 콜린에스테라제(cholinesterase) 작용을 저해하여 정상적인 신경전달이 방해되어 곤충이 죽게 된다.

68 너도방동사니, 물달개비 및 올챙이 고랭이를 선택적으로 제거하는 제초제는?

① 벤치오입제(사단)
② 옥사존유제(론스타)
③ 벤타존액제(벤타그란)
④ 설포세이트(터치다운)

해설
벤타존액제는 경엽처리용 제초제로 잡초가 발생한 후에 처리하며 광엽잡초, 너도방동사니, 올미, 매자기, 올방개, 올챙이고랭이 등에 적용한다.

69 안전농산물 생산을 위한 농약개발 방법으로 옳지 않은 것은?

① 종자분의제의 개발
② 고활성, 저투입 농약의 개발
③ 병해충 동시방제용 혼합제 개발
④ Xylene 이 주 용제로 사용되는 농약 개발

해설
자일렌(xylene)은 방향족탄화수소로 유제의 유기용매로 사용되나 용해력이 크기 때문에 안전농산물생산을 위한 농약개발방법에는 적합하지 않다.

70 다음 중 카바메이트계(Carbamate)의 농약이 아닌 것은?

① 나크(carbaryl)
② 카보(carbofuran)
③ 메소밀(methomyl)
④ 지오릭스(endosulfan)

해설
지오릭스(엔도설판)은 유기염소계 살충제이다.

71 리바이짓드 유제 30%를 500배로 희석해서 10a 당 8말을 살포하여 해충을 방제하고자 할 때 리바이짓드 유제 30%의 소요량은 몇 ml 인가?(단, 1말은 18L로 한다)

① 144
② 188
③ 244
④ 288

해설

소요약량(배액) = $\dfrac{\text{단위면적당 사용량}}{\text{소요희석배수}}$

$= \dfrac{8말 \times 18L}{500} = 0.288L = 288ml$

72 저장 곡류의 훈증제로 주로 사용되는 것은?

① DEP제
② Procymidone 제
③ Methyl bromide 제
④ Alphamethine 제

해설
훈증제의 종류로 메틸브로마이드, 클로로피크린, 알루미늄포스파이드, 시안화수소 등이 있다.

73 농약과 그 사용 목적에 의한 분류로 틀린 것은?

① 나드 – 생장억제
② 실록세인 – 전착효과
③ 지베렐린산 – 생장촉진
④ 다이콰디브로마이드 – 작물건조

해설
나드(루톤)은 발근촉진제 일종이다.

74 발아 전 처리(pre-emrgence)제초제에 대한 설명으로 가장 옳은 것은?

① 토양 및 경엽 처리가 가능한 약제이다.
② 잡초 발아 전 시기에 처리하는 약제이다.
③ 작물 발아 전 시기에 처리하는 약제이다.
④ 작물의 생육기간 중에 살포하는 약제이다.

해설
발아전처리 제초제는 잡초의 발아전 처리하여 잡초의 발생을 막는다.

정답 68 ③ 69 ④ 70 ④ 71 ④ 72 ③ 73 ① 74 ②

75 농약의 안전사용수칙 등을 잘 지키지 않아 농약 중독 사고가 발생할 수 있다. 농약사용자의 준수사항으로 틀린 것은?

① 바람을 등지고 살포한다.
② 강우 전에 살포를 금한다.
③ 인축의 기생충이나 가정의 해충구제에는 사용을 금한다.
④ 사용액은 반드시 사용하기 24시간 이전에 만든다.

[해설]
농약 사용액은 가능하면 작업일에 제조하고 사용할 양만 조제한다.

76 미생물 농약의 특성으로 가장 거리가 먼 것은?

① 약효저조 ② 지효성
③ 광범위 적용 ④ 환경 중 불안정

[해설]
미생물 농약은 해충의 체내에서 특정 조건에 의해 독소가 발생하여 해충을 방제하기에 광범위 적용과는 거리가 멀다.

77 이프로디온(iprodion), 프로사미디온(procy midione)은 다음 중 어디에 해당하는가?

① 살균제 ② 살충제
③ 제초제 ④ 생장조절제

[해설]
이프로디온과 프로사미디온은 살균제 일종이다.

78 급성 경구독성이 가장 강한 농약은?

① Zineb 제 ② Parathion 제
③ DDVP 제 ④ Diazinon 제

[해설]
파라티온제는 유기인계 살충제로 쥐의 급성경구독성 반수치사량(LD_{50})은 3.6mg/kg 정도로 독성이 강하다.

79 90% BPMC 원제 1kg 을 2% 분제로 제조하는 데 필요한 증량제의 양(kg)은?

① 44 ② 44.5
③ 44.9 ④ 45

[해설]
희석할 증량제양
$= 원본제중량 \times \left(\dfrac{원분제 농도}{목표농도} - 1 \right)$
$= 1 \times \left(\dfrac{90\%}{2\%} - 1 \right) = 44 kg$

80 식물 생장 조정제 Indol–B 에 대한 설명으로 옳은 것은?

① 생장억제 작용을 한다.
② 콩나물 생장 촉진제이다.
③ 잔뿌리가 많아지고 원뿌리가 가늘어진다.
④ 유효성분은 6–Benzyl adenine 단일 성분이다.

[해설]
인돌비(Indol–B)는 콩나물 생장촉진제로 등록되어 있다.

5과목   잡초방제학

81 잡초방제에서 담수처리에 대한 설명으로 옳은 것은?

① 무더운 날씨에는 효과가 줄어든다.
② 온도 조절을 통해 잡초 발생을 줄이는 것이다.
③ 발아에 필요한 산소흡수를 억제시켜 잡초발생을 줄인다.
④ 다년생잡초 방제에는 효과가 있으나 일년생잡초에는 효과가 없다.

[해설]
담수처리를 통해 종자의 산소흡수를 억제하여 발아를 막는다.

정답 75 ④   76 ③   77 ①   78 ②   79 ①   80 ②   81 ③

82 명아주 종자에서 나타나는 종피에 의한 휴면성의 원인으로 가장 적당한 것은?

① 미숙배
② 낮은 수분 투과성
③ 종피 내 질소 결핍
④ 종피 내 독성물질의 존재

해설
종피가 두껍거나 투기성이 낮아 수분의 흡수가 용이하지 못해 장기간 발아하지 않는 종자를 경실이라 한다. 대표적으로 명아주과, 메꽃, 자운영 등이 있다.

83 월년생 잡초에 대한 설명으로 옳지 않은 것은?

① 2년생 잡초라고도 한다.
② 쇠비름, 깨풀 등이 있다.
③ 로제트 형태로 월동한다.
④ 주로 온대지역에서 볼 수 있는 잡초이다.

해설
쇠비름, 깨풀은 1년생 잡초이다.

84 다른 조건보다 주로 일장에 반응하여 휴면이 타파되어 잡초 종자가 발아하게 되는 특성은?

① 발아 기회성   ② 발아 계절성
③ 발아 주기성   ④ 발아 연속성

해설
발아 계절의 일장에 반응하여 휴면을 타파하고 발아하는 것을 발아 계절성이라 한다.

85 뿌리가 토양에 고정되어 있지 않고 물 위에 떠다니는 부유성 잡초에 해당하는 것은?

① 가래   ② 네가래
③ 생이가래   ④ 가는가래

해설
부유잡초로는 부레옥잠, 개구리밥, 좀개구리밥, 생이가래 등이 있다.

86 작물과 잡초의 경합특성상 작물의 수량 감소가 가장 클 것으로 예상되는 조합은?

① C_3 잡초와 C_3 작물
② C_3 잡초와 C_4 작물
③ C_4 잡초와 C_3 작물
④ C_4 잡초와 C_4 작물

해설
C_4 잡초는 광합성 능력이 뛰어나 경합에서 유리하기에 작물의 수량에 가장 큰 영향을 주게 된다.

87 잡초의 피해를 경감시키기 위하여 대체로 작물 생육기간의 어느 시기 내에 방제하는 것이 가장 적합한가?

① 1/4 ~ 1/3 시기
② 1/4 ~ 2/3 시기
③ 1/2 ~ 2/3 시기
④ 2/3 ~ 3/4 시기

해설
잡초경합한계기간은 작물 전생육기간의 첫 1/3~1/2 기간이나 1/4~1/3 기간에 해당된다.

88 제초제 400g/ha 를 유효성분 기준으로 콩밭에 처리하려고 한다. 50m2 의 면적인 콩 포장에 살포하기 위하여 B제초제 유제(25% 유효성분)는 얼마나 필요한가? (단, 비중은 1)

① 4ml   ② 6ml
③ 8ml   ④ 10ml

해설
1ha = 10,000m^2 당 제품량은 1600g 이므로 50m^2 당 필요량은 8ml 이다

제품량(g) = 성분량 × $\dfrac{100}{희석률}$

= 400 × $\dfrac{100}{25}$ = 1600(g)

정답 82 ② 83 ② 84 ② 85 ③ 86 ③ 87 ① 88 ③

89 화본과 잡초에 해당하는 것은?
① 강피, 향부자
② 강피, 바랭이
③ 향부자, 참방동사니
④ 바랭이, 참방동사니

해설
화본과 잡초에는 바랭이, 피(강피, 돌피 등), 강아지풀, 둑새풀 등이 있다.

90 논에서 잡초의 군락 천이를 유발시키는 데 가장 큰 영향을 주는 것은?
① 장간종 품종 재배
② 동일 작물로만 재배
③ 화학비료의 지속적인 사용
④ 동일한 제초제의 연속적인 사용

해설
잡초군락의 천이는 재배작물 변화, 작부체계 변화, 경종조건 변화, 제초방법 변화 등이 있으며 동일 제초제의 연속 사용의 경우 저항성 잡초들의 발생으로 천이를 유발한다.

91 잡초 종별 수량이 가장 적은 것은?
① 가지과 ② 국화과
③ 화본과 ④ 방동사니과

해설
국내의 잡초 발생을 보면 화본과, 방동사니과, 국화과가 대부분을 차지하고 있다.

92 광요구성 제초제가 아닌 것은?
① Linuron ② Butachlor
③ Oxidiazon ④ Oxyfluorfen

해설
Butachlor는 아미드계로 단백질 합성 저해하며 토양처리형 제초제이다.

93 논에서 벼와 경합하는 잡초로만 나열한 것은?
① 올미, 바랭이
② 돌피, 쇠비름
③ 쇠뜨기, 물달개비
④ 쇠털골, 알방동사니

해설
논에서 발생하는 다년생 잡초로는 너도방동사니, 올미, 가래, 나도겨풀, 매자기, 올챙이고랭이, 개구리밥, 미나리, 벗풀, 쇠털골, 알방동사니 등이 있다.

94 제초제의 처리구역에 따른 분류에 해당하지 않는 것은?
① 전처리 ② 전면처리
③ 대상처리 ④ 관주처리

해설
관주처리는 약액을 관주를 이용해 흙속이나 나무에 주입하는 방법으로 사용 방법에 따라 분류된다.

95 계면활성제의 특성이 아닌 것은?
① 분해성 ② 유화성
③ 습윤성 ④ 전착성

해설
계면활성제는 물과 기름의 계면에서 표면장력을 감소시켜 약품의 습윤성, 부착성 및 전착성, 확전성을 높여주는 역할을 한다.

96 무처리구의 잡초 발생량이 건물량으로 850g이고 제초제 처리구의 잔존 잡초량이 건물량으로 34g일 때 이 제초제의 방제가는?
① 80% ② 87%
③ 92% ④ 96%

해설
$$\text{방제가} = \frac{\text{잡초 방제량}}{\text{잡초 발생량}} \times 100(\%)$$
$$= \frac{850-34}{850} \times 100 = 96(\%)$$

정답 89 ② 90 ④ 91 ① 92 ② 93 ④ 94 ④ 95 ① 96 ④

97 제초제 저항성 잡초의 방제 방법으로 옳은 것은?
① 제초제를 순환 사용한다.
② 다른 제초제와 혼용한다.
③ 제초제 사용량을 늘린다.
④ 동일한 제초제를 연용한다.

해설
제초제를 연용하거나 사용량만 늘리는 방법은 저항성을 키워 방제를 어렵게 한다. 또한 혼용 사용은 사용에 제약이 많기에 제초제를 순환 사용하는 것이 적합하다.

98 다년생 잡초로만 나열한 것은?
① 메꽃, 괭이밥
② 별꽃, 벼룩나물
③ 바랭이, 꽃다지
④ 뚝새풀, 메귀리

해설
다년생 잡초로 나도겨풀, 너도방동사니, 쇠털골, 올방개, 올챙이고랭이, 메꽃, 괭이밥 등이 있다. 메꽃과 괭이밥은 다년생 밭잡초이다.

99 식물의 여러 기관에서 특정 물질이 분비되거나 또는 유출되어 주변 식물의 발아나 생육을 억제하는 현상은?
① 상호대립탈질작용
② 상호대립길항작용
③ 상호대립용탈작용
④ 상호대립억제작용

해설
타감작용(allelopathy, 상호대립억제작용)이라 하여 근처 식물의 생육에 영향을 주는 방법을 이용한 방제법이다. 주로 인접 식물의 생육에 부정적인 영향을 끼쳐 생장을 저해시키거나 혹은 과도하게 촉진시키게 된다.

100 영양번식으로 증식하지 않는 잡초로만 나열된 것은?
① 벗풀, 매자기
② 올방개, 엉겅퀴
③ 여뀌바늘, 알방동사니
④ 너도방동사니, 올챙이고랭이

해설
1년생 잡초가 주로 종자로 번식하며 여뀌바늘, 알방동사니, 피, 뚝새풀, 마디꽃 등이 있다.

정답 97 ① 98 ① 99 ④ 100 ③

국가기술자격 필기시험문제

2016년 기사 제4회 과년도 기출문제

자격종목	종목코드	시험시간	형별	수험번호	성명
식물보호기사		2시간 30분			

1과목 식물병리학

01 벼 도열병의 방제법으로 옳지 않은 것은?
① 논바닥이 마르지 않도록 한다.
② 찬물을 직접 논에 놓지 않는다.
③ 볏짚을 퇴비로 사용할 경우에는 충분히 부숙시켜서 사용한다.
④ 병이 상습적으로 발생하는 곳에서는 레이스 특이적 저항성을 나타내는 품종을 사용한다.

[해설]
병이 상습적으로 발생하는 곳은 레이스 비특이적 저항성을 나타내는 품종을 사용한다.

02 보르도액에 대한 설명으로 옳지 않은 것은?
① 보호살균제이다.
② 황산구리와 석회를 혼합해서 만든다.
③ 포도나무 흰가루병 방제를 위해 사용하였다.
④ 프랑스의 학자 Millardet 에 의해 처음으로 개발이 되었다.

[해설]
역사적으로 식물학자 Millardet 는 최초 포도의 노균병의 유효함을 발견하고 방제를 위해 사용하였다.

03 담자균에 의한 병이 아닌 것은?
① 보리 줄기녹병
② 벼 깨씨무늬병
③ 보리 겉깜부기병
④ 벼 잎집무늬마름병

[해설]
벼 깨씨무늬병은 진균(자낭균류)에 의해 발생한다.

04 식물병원성 세균이 식물의 세포벽을 붕괴시키기 위해 생성하는 효소가 아닌 것은?
① 탄닌 분해효소
② 펙틴 분해효소
③ 단백질 분해효소
④ 셀룰로오스 분해효소

[해설]
세포벽의 주요 구성성분인 셀룰로오스, 헤미셀룰로오스, 큐틴, 펙틴, 리그닌 등이 있으며 각각의 분해효소들이 있다. 탄닌은 목재의 추출성분으로 폴리페놀성 물질이다.

05 벼 키다리병의 병징 형성 원인으로 병원균이 분비하는 주요 호르몬은?
① 옥신   ② 에틸렌
③ 지베렐린   ④ 사이토키닌

[해설]
지베렐린은 벼의 키다리병균에 의해 만들어지는 식물생장조절제로 신장촉진작용, 종자발아촉진, 개화촉진 등의 작용을 하며 벼 키다리병의 키가 커지는 현상의 원인이 된다.

06 PAN에 의한 식물피해로 옳은 것은?
① 줄기혹   ② 뿌리썩음
③ 꽃의 엽화   ④ 잎은 은색화

[해설]
PAN에 의해 식물은 광택화, 은백색화 등의 현상이 발생하고 심하면 괴사한다.

정답 01 ④ 02 ③ 03 ② 04 ① 05 ③ 06 ④

07 식물바이러스병 진단법 중 지표식물을 이용하는 방법은?

① 혈청학적 진단 ② 해부학적 진단
③ 생물학적 진단 ④ 현미경적 진단

해설
생물학적 진단법은 지표식물, 최아법(괴경지표법), 즙액접종법 등이 있다.

08 벼 흰잎마름병 예방 및 방제에 대한 설명으로 옳지 않은 것은?

① 볍씨 소독을 철저히 한다.
② 만코제브 수화제를 살포한다.
③ 질소질 비료의 과용을 피한다.
④ 폭풍우에 의해 묘가 침수되지 않도록 한다.

해설
벼 흰잎마름병의 예방차원에서 사용하는 전문약제로 테클로프타람 수화제, 페나진옥사이드 수화제가 있다.

09 토양습도가 작물이 생육하기에 적합한 상태보다 건조할 때 잘 발생하는 병은?

① 감자역병
② 고추모잘록병
③ 오이덩굴쪼김병
④ 배추무사마귀병

해설
오이덩굴쪼김병은 기온이 높고 건조한 기후에서 잘 발생한다.

10 잣나무 잎떨림병의 1차 전염원은?

① 자낭포자   ② 분생포자
③ 병자포자   ④ 후막포자

해설
잣나무 잎떨림병은 진균(자낭균류)에 의해 발생하며 병든 잎에서 자낭포자가 월동한다.

11 소나무 재선충병에 대한 설명으로 옳지 않은 것은?

① 솔수염하늘소가 매개충이다.
② 잣나무에는 발생되지 않는다.
③ 아바멕틴 유제를 나무주사하여 방제한다.
④ 피해를 입어 고사한 소나무는 벌채하여 메탐소듐 액제로 훈증처리한다.

해설
소나무 재선충병은 소나무, 잣나무, 낙엽송, 해송 등에 발생한다.

12 여름포자를 형성하지 않는 녹병균은?

① 향나무 녹병균
② 소나무 혹병균
③ 포플러 잎녹병균
④ 잣나무 털녹병균

해설
향나무 녹병포자는 겨울포자, 소생자, 녹병포자, 녹포자가 있으며 여름포자는 형성하지 않는다.

13 다음 설명에 해당하는 이론은?

> 병원균의 병원성과 기주의 저항성은 병원균이 가지고 있는 병원성 유전자와 이에 대응하는 기주의 저항성 유전자의 조합으로 결정된다.

① 유전자 대 유전자 이론
② 병원성 대 저항성 이론
③ 유전자 대 비유전자 이론
④ 병원성 대 비병원성 이론

해설
병원균에 관련된 유전자는 기주에 저항성에 관여하는 유전자로 이는 유전자 대 유전자 이론으로 설명된다.

정답 07 ③ 08 ② 09 ③ 10 ① 11 ② 12 ① 13 ①

14 그람염색에서 나머지 셋과 다른 반응을 보이는 것은?
① Erwinia ② Clavibacter
③ Acidovorax ④ Agrobacterium

해설
Clavibacter 은 그람양성균이며 나머지 셋은 그람음성균이다.

15 파이토플라스마에 의한 병이 아닌 것은?
① 뽕나무 오갈병
② 벚나무 빗자루병
③ 양파 누른오갈병
④ 대추나무 빗자루병

해설
벚나무 빗자루병은 진균(자낭균류)에 의해 발생한다.

16 플라스크 모양의 자낭과 머리 부분에 공구(ostiole)가 있는 것은?
① 자낭각 ② 자낭구
③ 자낭반 ④ 나출자낭

해설
자낭각은 구형~편구형으로 상단에 공구를 가지고 있다.

17 병원균이 기주교대를 하는 이종기생균은?
① 배나무 불마름병
② 사과나무 흰가루병
③ 배나무 붉은별무늬병
④ 사과나무 검은별무늬병

해설
서로 다른 종류의 기주식물을 옮겨다니며 생활하는 병원균을 이종기생균이라 하며 배나무 붉은별무늬병은 배나무와 향나무를 기주교대한다.

18 사과나무 부란병균의 월동처는?
① 토양 ② 병든 과실
③ 병든 낙엽 ④ 병든 줄기 및 가지

해설
사과나무 부란병균은 병포자나 자낭포자가 병든 줄기나 가지에 월동한다.

19 오이에 발생하지만 표징을 보기 어려운 병은?
① 균핵병 ② 노균병
③ 흰가루병 ④ 모자이크병

해설
모자이크병은 바이러스에 의해 발생하며 병징은 나타나지만 표징은 관찰이 어렵다.

20 식물병의 생물적 방제에 대한 설명으로 옳은 것은?
① 신속하고 정확한 효과를 기대할 수 있다.
② 천적미생물은 대부분 잎이나 줄기에서 얻는다.
③ 넓은 지역에 광범위하게 사용하는 데 가장 효과적이다.
④ 미생물은 길항작용, 기생, 상호경쟁 또는 병저항성 유도를 이용하여 병을 억제한다.

해설
생물적 방제는 곤충, 미생물 및 생물농약 등을 이용하여 유해한 원균, 해충, 잡초를 방제하는 방제법의 일종이다.

2과목 농림해충학

21 중력에 대한 주성을 의미하는 것은?
① 주화성 ② 주온성
③ 주지성 ④ 주음성

해설
중력에 대한 주성을 주지성이라 하며 지면을 기준으로 머리가 땅을 향하면 양성 주지성, 머리가 지면 반대면 음성 주지성이라 한다.

정답 14 ② 15 ② 16 ① 17 ③ 18 ④ 19 ④ 20 ④ 21 ③

22 해충 방제에서 경제적 피해수준이란?
① 일반적인 환경조건에서 해충의 최저 밀도
② 일반적인 환경조건에서 해충의 최고 밀도
③ 경제적 피해가 나타나는 해충의 최저 밀도
④ 경제적 피해가 나타나는 해충의 최고 밀도

해설
경제적 피해수준은 경제적 피해가 나타나는 최소 밀도로 해충에 의한 피해비용과 방제비용이 같은 수준의 밀도를 말한다.

23 봄에 수목 주변의 잡초를 제거하여 피해를 줄일 수 있는 해충은?
① 꽃매미   ② 소나무좀
③ 박쥐나방   ④ 포도뿌리혹벌레

해설
박쥐나방의 방제법으로 천공이 발생한 곳에 약제를 주입하거나 유충이 발생되는 초본류를 제거한다.

24 화분 매개곤충으로 사과의 수분작용에 활용되는 것은?
① 금좀벌
② 머리뿔가위벌
③ 콜레마니진디벌
④ 온실가루이좀벌

해설
머리뿔가위벌의 사과꽃 수분작용능력은 일반 꿀벌보다 약 80배 높은 수준으로 평가되고 있다.

25 애멸구에 대한 설명으로 옳지 않은 것은?
① 천적은 날개집게벌, 애꽃노린재 등이 있다.
② 2모작 맥류재배를 하면 애멸구가 많이 발생한다.
③ 약충과 성충은 벼의 즙액을 빨아먹어 피해를 준다.
④ 중국으로부터 비래하지만 우리나라에서 월동이 불가능하다.

해설
애멸구는 4령 약충이 논둑의 잡초 사이에 월동한다.

26 해충별 피해를 줄일 수 있는 생태적 방제방법으로 옳지 않은 것은?
① 진딧물 : 혼작재배
② 배추잎벌 : 밀식재배
③ 방아벌레 : 윤작재배
④ 벼굴파리 : 관개 수온을 올림

해설
생태적 방제법은 재배환경을 개선하여 해충의 피해를 줄이는 방법으로 밀식재배의 경우 피해가 빠르게 확산되고 피해량이 늘어나기에 피해야 한다.

27 잎을 갉아먹어 피해를 주는 해충이 아닌 것은?
① 솔나방   ② 향나무하늘소
③ 오리나무잎벌레 ④ 잣나무넓적잎벌

해설
향나무하늘소는 줄기, 형성층이나 목질부를 직접 가해한다.

28 곤충의 중추신경계가 아닌 것은?
① 전대뇌   ② 중대뇌
③ 측대뇌   ④ 후대뇌

해설
곤충의 중추신경계는 뇌, 배신경절이며 뇌는 다시 전대뇌, 중대뇌, 후대뇌로 분류된다.

정답 22 ③ 23 ③ 24 ② 25 ④ 26 ② 27 ② 28 ③

29 외국으로부터 침입한 해충은?
① 벼잎벌레 ② 온실가루이
③ 콩잎말이나방 ④ 복숭아혹진딧물

해설
온실가루이는 외국의 관엽식물에 묻어 유입된 외래해충이다.

30 벼 줄무늬잎마름병을 매개하는 해충은?
① 애멸구 ② 벼멸구
③ 흰등멸구 ④ 끝동매미충

해설
애멸구는 줄무늬잎마름병의 매개충으로 이 병의 경우 벼의 생육기 중 본엽 11엽기 이전에 피해가 크게 나타난다.

31 진딧물이 교미 없이 암컷 혼자 번식하는 것은?
① 단위생식 ② 다배발생
③ 기주전환 ④ 완전변태

해설
교미 없이 암컷 혼자 번식하는 행위를 단위생식, 처녀생식이라 하며 대표적으로 밤나무혹벌, 민다듬이벌레 등이 있다.

32 내충성 품종을 이용한 방제법의 특징으로 옳지 않은 것은?
① 해충 종류에 대한 특이성이 있다.
② 효과는 누적되며 장기간에 걸쳐 지속된다.
③ 재배환경에 따라 저항성 강도가 바뀔 수 있다.
④ 내충성 품종 육종에서 보급까지 단기간 소요된다.

해설
내충성 품종을 육종하는데는 긴 시간이 요구된다.

33 생육 중인 마늘이 하엽부터 고사하기 시작하여 포기의 인경을 파내어 보았더니 구더기 같은 회백색의 유충이 발견되었다면 어느 해충의 피해인가?
① 파밤나방
② 고자리파리
③ 담배거세미나방
④ 아메리카잎굴파리

해설
고자리파리는 유충이 뿌리 부분을 가해하고 이후 줄기까지 가해하여 식물을 고사시킨다. 유충이 가해한 뿌리부분은 부패하는 피해가 발생하기도 한다.

34 곤충의 표피 중 가장 바깥쪽에 있는 것은?
① 왁스층 ② 원표피
③ 기저막 ④ 시멘트층

해설
곤충의 표피는 시멘트층, 왁스층, 폴리페놀, 큐티쿨라의 4개층으로 이루어져 있으며 그중 가장 바깥쪽은 시멘트층이다.

35 신상문, 검상문, 환상문이 뚜렷하게 나타나는 밤나방과 해충은?
① 감자나방 ② 거세미나방
③ 숯검은밤나방 ④ 검거세미밤나방

해설
검거세미나방의 앞날개의 무늬는 신상문, 검상문, 환상문이 뚜렷하게 나타난다. 숯검은밤나방은 신상문이 있고 그 옆에 검은 빈점이 갈려져 있으며 거세미나방은 신상문, 환상문은 있으나 검상문은 없다.

36 수컷 해충의 생식기관이 아닌 것은?
① 저정낭 ② 부속샘
③ 수정관 ④ 부속지

해설
수컷의 생식기관은 고환(정집), 수정관과 저장관, 사정관, 부속샘, 교미기 등이 있다.

정답 29 ② 30 ① 31 ① 32 ④ 33 ② 34 ④ 35 ④ 36 ④

37 곤충의 내분비계에 해당하는 기관이 아닌 것은?
① 앞가슴샘 ② 알라타체
③ 존스톤기관 ④ 카디아카체

해설
존스톤 기관은 더듬이의 흔들마디에 존재하고 공기의 진동을 통해 소리를 인지하고 바람의 방향을 느낄 수 있는 감각기관이다.

38 파리목 해충의 분류 형태적인 특성으로 옳지 않은 것은?
① 유충의 다리는 3쌍이다.
② 번데기는 주로 비저작용 나용이다.
③ 뒷날개는 퇴화되어 평균곤으로 발달하였다.
④ 성충은 빠는 입 형태이고 유충은 씹는 입 형태이다.

해설
파리목 해충의 유충에는 다리가 없다.

39 곤충의 소화기관으로 전장에 있고 중장으로 넘어가는 먹이의 역류를 막거나 단단한 음식물을 부수는 역할을 하는 것은?
① 전위 ② 인두
③ 식도 ④ 모이주머니

해설
전위는 음식의 임시 저장과 기계적 소화가 일어나며 중장으로부터의 먹이 역류를 방지하는 역할을 한다.

40 해충의 발생예찰 방법으로 옳지 않은 것은?
① 화학적 방법
② 통계적 방법
③ 실험적 방법
④ 야외조사 및 관찰에 의한 방법

해설
해충의 발생 예찰 방법
· 야외조사 및 관찰
· 통계적 예찰법
· 실험적 예찰법
· 컴퓨터를 이용한 시뮬레이션 예찰법

3과목 재배학원론

41 다음 중 덩이줄기(괴경) 식물은?
① 연 ② 마늘
③ 글라디올러스 ④ 토란

해설
덩이줄기로 번식하는 식물로는 감자, 토란 등이 있다.

42 작물육종 시 일반조합능력을 검정하기 위한 조합능력 검정법은?
① 2면 교배 ② 3계 교잡
③ 톱교배 ④ 단교배

해설
톱교배는 다수의 모친에 대해 공통된 부친을 교잡하거나 혹은 반대의 경우를 말하며 양친의 일반조합능력의 검정에 유효하다.
※ 일반조합능력 : 다른 유기체와 교잡했을 경우 후손에 유전적 우위성이 전달되는 능력을 말한다.

43 다음 중 복교잡에 의한 육종효과가 가장 높은 작물은?
① 옥수수 ② 보리
③ 콩 ④ 감자

해설
복교잡은 채종량이 많은 장점을 가지나 균등성이 낮아 주로 옥수수, 맥류 등의 사료작물에 적용한다.

44 유전적으로 고정된 품종이라도 그 내병성이 시일이 경과함에 따라 비교적 쉽게 변동하는 가장 기본적인 원인은?
① 내병성의 생리적 요인이 변화하기 때문
② 침해병원체의 계통이 변화하기 때문
③ 기상환경이 변화하기 때문
④ 재배법이 변화하기 때문

해설
식물의 내병성은 침해하는 병원체에 계통에 따라 달라진다.

정답 37 ③ 38 ① 39 ① 40 ① 41 ④ 42 ③ 43 ① 44 ②

45 1대 잡종 육종에서 조합능력(組合能力)의 검정법으로 볼 수 없는 것은?
① 톱교배 ② 단교배
③ 이면교배 ④ 여교배

해설
여교배 육종법은 우량품종에 결점을 보완하기 위한 방법으로 1대 잡종 육종에서 조합능력의 검정법으로는 적합하지 않다.

46 우량품종 종자갱신의 채종체계는?
① 원종포 – 원원종포 – 채종포 – 기본식물포
② 기본식물포 – 원원종포 – 원종포 – 채종포
③ 채종포 – 원원종포 – 원종포 – 기본식물포
④ 기본식물포 – 원종포 – 원원종포 – 채종포

해설
종자갱신 채종 체계
기본식물포(기본식물종자) – 원원종포(원원종) – 원종포(원종) – 채종포(보급포) – 농가

47 테트라졸리움 방법에 의한 종자의 활력검사에 대한 설명이 잘못된 것은?
① 종자조직의 호흡에 의해 방출된 탈수소효소는 수소이온을 생성한다.
② 호흡능이 왕성할수록 테트라졸리움과 결합할 수 있는 수소이온의 양이 많기 때문에 진한 붉은색으로 착색된다.
③ 산화상태인 테트라졸리움 염의 환원에 의하여 수소이온을 받아들인다.
④ TTC 용액의 농도는 볏과 2.0%, 콩과 5.0%가 알맞다.

해설
테트라졸륨(TTC) 용액의 농도는 볏과(화본과) 0.5%, 콩과 1% 정도로 검사한다.

48 다음 중 벼의 관수해(冠水害)가 가장 심하게 나타나는 수질은?
① 흐르는 맑은 물 ② 흐르는 흙탕 물
③ 정체한 맑은 물 ④ 정체한 흙탕 물

해설
작물체가 잠기는 관수해에서 물의 상태에 영향을 받는데 맑은물보다는 흙탕물이, 흐르는 물보다는 정체된 물이 피해를 더 많이 준다.

49 파종 전에 수분을 가하여 종자가 발아에 필요한 생리적인 준비를 갖추게 함으로써 발아의 속도와 균일성을 높이는 방법은?
① 최아 ② 프라이밍
③ 박피 제거 ④ 종자 코팅

해설
종자 프라이밍은 파종 전 수분을 가해 종자가 발아에 필요한 생리적인 준비를 도와주어 발아의 속도와 균일성을 높이는 처리기술이다.
※ 종자프라이밍(Seed Priming)
프라이밍 처리는 화학적으로 불활성이고 물에 잘 용해되는 물질을 물과 혼합해 수분포텐셜을 낮게 하여 종자와 혼합한 후 일정 온도 및 시간 동안 처리를 한다. 처리물질로는 PEG, 염화나트륨, 질산칼륨 등이 있다.

50 ( )에 알맞은 내용은?

( )은 교배나 돌연변이에 의한 유전변이 또는 실생묘 중에서 우량한 것을 선발하고 삽목이나 접목등으로 증식하여 신품종을 육성한다.

① 영양계선발 ② 타가사정선발
③ 자가수정선발 ④ 배수성선발

해설
영양계선발은 아조변이 등 개체 일부에 돌연변이가 일어난 경우 이 개체를 분리하여 삽목, 접목의 방법으로 번식시키는 육종방법이다.

51 벼 유숙기(8월 말~9월 초)의 광부족 피해와 거리가 가장 먼 것은?
① 1수립수 감소 ② 등숙비율 감소
③ 1립중 감소   ④ 수량 감소

해설
광부족에 의한 수량감소는 유숙기에 가장 크며 등숙비율, 1립중이 감소한다.

52 다음 중 최적용기량이 가장 낮은 작물은?
① 강낭콩   ② 보리
③ 양파   ④ 양배추

해설
일반 작물의 최적용기량은 10 ~ 25% 정도이며 작물 중 벼, 양파는 10% 정도로 가장 낮고 양배추, 강낭콩 등은 24% 정도로 높다.

53 작물재배에 있어서 피복의 효과로 틀린 것은?
① 습도의 감소
② 토양의 건조 방지
③ 지온 변화의 억제
④ 토양의 침식 방지

해설
작물재배시 피복을 하면 습도가 유지할 수 있다.

54 주로 영양번식으로 번식시키는 작물은?
① 고구마   ② 옥수수
③ 밀   ④ 오이

해설
영양번식에 유리한 작물로 감자, 고구마 등이 있다.

55 다음 중 요수량이 가장 적은 작물은?
① 호박   ② 완두
③ 감자   ④ 수수

해설
요수량이 적은 식물로 수수, 기장, 옥수수 등이 있다.

56 (A×B)×(C×D)와 같은 교잡 방법은?
① 단교잡법   ② 여교잡법
③ 삼계교잡법   ④ 복교잡법

해설
복교잡법은 (A×B)×(C×D) 와 같이 2개의 단교잡 사이의 잡종을 만드는 방법으로 단교잡보다는 균일하지 못하다.

57 멘델의 유전법칙과 관계가 먼 것은?
① 분리의 법칙   ② 진화의 법칙
③ 독립의 법칙   ④ 순수의 법칙

해설
멘델의 유전법칙에는 우열의 법칙, 분리의 법칙, 독립의 법칙 등이 있다.

58 정식 전에 정식지의 불량 환경에 묘가 잘 견딜 수 있게 적응시키는 과정을 무엇이라 하는가?
① 경화   ② 도장
③ 추대   ④ 개화

해설
· 묘상에서 자란 묘는 연약하여 외부 환경에 대한 적응력이 약한 편이다. 그래서 불량 환경에서도 묘가 잘 견딜 수 있도록 외부 환경을 적응시켜 묘를 굳히는 과정을 경화라 한다.
· 경화과정이 완료되면 작물의 엽육이 두꺼워지고, 건물량이 증가하며, 큐티클층과 왁스층이 발달하고, 내한성 및 내건성이 증가한다.

정답 51 ① 52 ③ 53 ① 54 ① 55 ④ 56 ④ 57 ② 58 ①

59 작물의 기상생태형과 재배적 특성에 관한 설명이 잘못된 것은?

① 조기수확을 목적으로 조파조식을 할 때에는 감온형이 알맞다.
② 만식적응성은 감광형이 감온형보다 크다.
③ 묘대일수감응도는 감온형이 감광형보다 낮다.
④ 출수, 성숙을 앞당기지 않고 파종, 모내기를 앞당겨서 생육기간을 연장시켜 증수를 꾀하려고 할 때에는 감광형이 가장 알맞다.

> 해설
> 묘대일수 감응도는 감온형이 감광형보다 높다.

60 뿌리에서 합성되어 물관을 통해 수송되며 측지발생을 촉진하고 세포의 분열과 분화에 관여하는 식물생장조절물질은?

① 옥신　　② 지베렐린
③ 시토키닌　④ 에틸렌

> 해설
> 시토키닌은 주로 뿌리에서 합성되며 옥신과 함께 작용하여 세포분열을 촉진하며 작물에 적용시 발아촉진, 생장촉진, 기공의 개폐 촉진 등의 효과를 보인다.

4과목　농약학

61 농약 유효성분의 효력을 증진시키기 위하여 사용되는 협력제가 아닌 것은?

① Sulfoxide
② Sesamex
③ Piperonyl butoxide
④ Fenclorim

> 해설
> 협력제는 농약의 효력을 증진시키기 위해 첨가하는 물질로 협력제에는 Piperonyl butoxide, Sulfoxide, 황산아연, Sesamex 등이 있으며 파라치온과 같은 유기인계 살충제와 함께 사용하면 살충효과가 크게 상승한다. 펜클로림(Fenclorim)은 약해경감제로 이용된다.

62 말라티온에 대한 설명으로 틀린 것은?

① 접촉독제이다.
② 적용대상의 범위가 넓다.
③ 대표적인 고독성 약제이다.
④ 선택성의 침투이행성 약제이다.

> 해설
> 말라티온은 독성이 상대적으로 적어 일반적인 용도로 사용되며 모기, 파리 등을 박멸하는데 사용된다. 말라티온은 유기인계 살충제이며 접촉독제이고 선택성의 침투이행성 약제이다.

63 농약의 제제 중 유효성분의 작용력을 충분히 발휘시키기 위해서는 제제 형태나 유효성분에 대응한 적당한 사용법을 선택하는 것이 중요하다. 다음 중 지상액제 살포방법이 아닌 것은?

① 수면시용법　② 분무법
③ 미스트법　　④ 스프링클러법

> 해설
> 수면시용법은 담수상태의 논에 주로 사용하여 확산시키는 방법이다.

64 농약 원제를 물에 녹이고 동결 방지제를 가하여 제제화한 제형은?

① 유제(乳劑)
② 액제(液劑)
③ 수화제(水和劑)
④ 수용제(水溶劑)

> 해설
> 원제를 물에 녹여 액상으로 살포하는 것을 액제라 하며 동결의 위험이 있어 계면활성제 등과 같은 동결방지제를 첨가해준다.

정답 59 ③　60 ③　61 ④　62 ③　63 ①　64 ②

65 농약 중독에 대한 응급조치 방법으로 가장 거리가 먼 것은?

① 응급조치의 근본적인 방법은 중독의 원인물질을 가능한 빨리 환자의 체외로 제거하는 것이다.
② 경피적(經皮的)으로 중독 시에는 오염된 작업복을 벗기고 피부를 비눗물로 깨끗이 씻겨야 한다.
③ 경기도적(經氣道的)으로 중독되었을 때는 환자를 신선한 장소로 옮겨 의복을 느슨하게 하여 토하게 한다.
④ 중독되어 경련을 일으키거나 그 증상을 보일 때는 따뜻한 소금물을 마시게 하여 토하게 한다.

해설
농약 중독 응급조치에서 입을 통한 농약 중독은 따뜻한 소금물을 마시게 하여 토하게 하는 것이 일반적이나 경련을 일으키는 상황에서는 토하지 않게 한다.

66 제초제의 살초작용에 따른 기작을 틀리게 설명한 것은?

① 이행형 제초제는 어떤 종류의 잡초이든 접촉된 곳에서 식물의 대사작용을 촉진시키는 것
② 접촉형 제초제는 약제가 부착한 곳의 생세포에 작용하여 살초효과를 나타내는 것
③ 호르몬형 제초제는 식물호르몬의 생리적인 불균형상태를 일으켜 살초효과를 나타내는 것
④ 비호르몬형 제초제는 호르몬 작용을 지니고 있지 않은 것

해설
이행형 제초제는 접촉부위에서 대사작용을 촉진시키는 것이 아니라 접촉부위에서 이행되어 식물의 생리 및 대사작용을 억제시킨다.

67 농약 혼용 시 주의하여야 할 사항으로 틀린 것은?

① 유기인계와 알칼리성 농약은 혼용하지 않는다.
② 노동력 절감을 위하여 무조건 많은 종류의 약제를 혼용한다.
③ 되도록 농약과 비료는 혼합하여 살포하지 않는다.
④ 혼용가부표를 반드시 확인하여 혼용여부를 결정한다.

해설
많은 종류의 약제를 혼용하면 약해가 발생할 위험이 높아진다.

68 농약사용법에 의한 약해가 아닌 것은?

① 근접살포에 의한 약해
② 동시 사용으로 인한 약해
③ 불순물 혼합에 의한 약해
④ 섞어 쓰기 때문에 일어나는 약해

해설
불순물 혼합의 경우 농약 자체의 원인에 해당된다.

69 우리나라의 농약의 독성구분 중 맞지 않는 것은?

① 무독성   ② 보통독성
③ 저독성   ④ 고독성

해설
국내의 농약의 독성구분으로 맹독성, 고독성, 보통독성, 저독성이 있다.

70 다음 중 유기인계 살충제는?

① EPN   ② Endosulfan
③ 2,4-D   ④ BPMC

해설
유기인계 살충제 종류로 파라티온에틸, 이피엔(EPN), 말라티온, 다이아지논, 페니트로티온(MEP), 펜토에이트(PAP), 트리클로르폰(DEP), 디클로르보스(DDVP) 등이 있다.

정답 65 ④ 66 ① 67 ② 68 ③ 69 ① 70 ①

71 제충국의 유효성분은?
① rotenone ② pyrethrin
③ pyrethrolone ④ allethrin

해설
- 피레드린은 제충국의 꽃 씨방에서 살충성분을 추출하여 제조한 황색의 유상 물질이다.
- 곤충에 대해 살충효과가 강하고 유제외에 모기향으로 이용하기도 하며 파리, 모기 등의 해충 박멸에 많이 이용된다.

72 미생물 살충제인 *Bacillus Thuringiensis* (BT)의 특성에 대한 설명으로 틀린 것은?
① 유효성분은 내독소 단백질로서 곤충의 장내에서 독소작용을 한다.
② 독성발현 시간을 매우 짧으며 화학농약과 대등한 살충효과를 얻는다.
③ 나비목이나 파리목 곤충 등 숙주 범위가 상당히 넓다.
④ 산성조건에서 용해되어 살충성 독소로 작용한다.

해설
BT제의 경우 곤충이 섭취시 알칼리 조건인 소화기관 안에서 분해효소에 의해 독성이 발현되는데 알칼리 조건의 소화기관이 아닌 곤충의 경우 독성이 나타나지 않는다.

73 95%인 원제 2kg 으로 2% 분제를 만들려고 한다. 이 때 소요되는 증량제의 양은 몇 kg 인가?
① 73 ② 83
③ 93 ④ 103

해설
희석할증량제 양
$= \text{원분제중량} \times \left(\dfrac{\text{원분제 농도}}{\text{목표 농도}} - 1\right)$
$= 2\text{kg} \times \left(\dfrac{95\%}{2\%} - 1\right) = 93\%$

74 원제의 독성정도에 따른 구분에서 급성독성 물질은 입이나 피부를 통하여 1회 또는 24시간 이내에 수회로 나누어 투여하거나 몇 시간 동안 흡입 노출시켰을때 유해한 영향을 미치는 물질을 말하는가?
① 1시간 ② 4시간
③ 12시간 ④ 24시간

해설
급성독성은 1회 혹은 24시간 이내 수회로 나누어 투여하거나 4시간 연속흡입에 노출되었을 경우를 기준으로 한다.

75 살충제 농약의 작용기작이 바르게 연결되어 있지 않은 것은?
① 유기인계 – 신경전달저해
② 유기염소계 – 자극전달교란
③ 유기수은계 – 단백질응고
④ 데리스제 – 피부부식

해설
데리스제는 데리스뿌리의 원료를 이용하여 만든 살충제의 일종으로 로테논제라고도 한다. 데리스제는 곤충의 소화기관이나 기문, 체표면을 통해 살충효과를 발휘한다.

76 증기압이 높은 농약의 원제를 액상, 고상 또는 압축가스상으로 용기 내에 충전하여 용기를 열 때 유효성분이 대기중으로 기화하여 병해충을 방제하도록 설계된 제형은?
① 훈연제 ② 연무제
③ 훈증제 ④ 분의제

해설
훈증제는 원제를 액상, 고상 또는 압축가스상으로 용기 내에 충전한후 이를 대기중으로 기화시켜 방제하며 훈증제의 종류로 메틸브로마이드, 클로로피크린, 알루미늄포스파이드 등이 있다.

정답 71 ② 72 ④ 73 ③ 74 ② 75 ④ 76 ③

77 유기인계 살충제 있어서 인산기의 화합물과 티오 인산기의 화합물에 대한 설명으로 옳은 것은?

① 인산기의 화합물이 티오인산기의 화합물보다 생리적작용이 강하다.
② 인산기의 화합물이 티오인산기의 화합물보다 안정하다.
③ 두 화합물 모두 생리적 작용 및 안정성이 같다.
④ 인산기의 화합물이 티오인산기의 화합물보다 안정하나 생리적 작용은 낮다.

[해설]
화학적으로 인산기화합물보다 티오인산기 화합물의 분자량이 높고 안정성이 높다. 그래서 인산기화합물은 속효성을 띠고 티오인산기 화합물은 지효성을 띠게 되어 생리적 작용이 인산기 화합물이 강하게 나타난다.

78 다음 중 파라티온의 구조식은?

① CH_3O, CH_3O > P(=S) - O - (벤젠고리-CH_3) - NO_2
② CH_3O, CH_3O > P(=S) - O - (벤젠고리) - NO_2
③ C_2H_5O, C_2H_5O > P(=S) - O - (벤젠고리) - NO_2
④ CH_3O, CH_3O > P(=S) - O - (벤젠고리-Cl) - NO_2

[해설]
파라티온은 유기인계 살충제로 화학식은 $C_{10}H_{14}NO_5PS$ 이다.

79 훈증제 농약의 구비 조건으로 옳지 않은 것은?

① 기름이나 물에 잘 녹아야 한다.
② 휘발성이 커서 확산이 잘 되어야 한다.
③ 훈증 목적물에 이화학적 변화를 일으키지 않아야 한다.
④ 비인화성이어야 하고 침투성이 커야 한다.

[해설]
훈증제 구비 조건
· 휘발성이 크고 농도가 균일하여야 한다.
· 작업 안전성을 위해 비인화성이어야 한다.
· 침투성이 커서 약제가 쉽게 도달하여야 한다.

80 다음 중 이행형 제초제가 아닌 것은?

① 이사-디   ② 엠시피
③ 파라쿼트   ④ 리뉴론

[해설]
파라쿼트(그라목손)는 접촉형 제초제이다.

| 5과목 | 잡초방제학 |

81 토양에 처리한 제초제는 분해되어 제초제로써 효력이 소실된다. 이러한 제초제가 효력이 소실되는 주된 과정으로 거리가 먼 것은?

① 광분해   ② 열분해
③ 화학적 분해   ④ 미생물에 의한 분해

[해설]
토양에 처리한 제초제는 빛에 의한 광분해, 토양 미생물에 의한 미생물 분해, 제초제의 화학적 분해 등이 주된 소실 과정이다.

82 잡초와 작물과의 경합조건에 대한 설명으로 옳지 않은 것은?

① 잡초와 작물 간에 경합이 약할 때 작물 수량은 감소한다.
② 초종이 다른 식물 간에 일어나는 경합을 종간경합이라고 한다.
③ 같은 초종 중에서 개체 간에 일어나는 경합을 종내경합이라고 한다.
④ 식물경합은 둘 이상의 식물 간에 각각 어느 특정 요인이나 물질이 필요량보다 부족할 때 일어난다.

정답 77 ① 78 ③ 79 ① 80 ③ 81 ② 82 ①

해설
잡초와 작물 간에 경합이 약할 경우 작물의 수량은 증가한다.

83 토양 환경과 잡초의 출현에 대한 설명으로 옳지 않은 것은?
① 종자가 무거울수록 발생심도가 깊다.
② 토양이 과습하면 출현율이 낮아진다.
③ 토양이 건조하면 출아율이 낮아진다.
④ 사질토는 중점토보다 발생심도가 얕다.

해설
사질토는 중점토보다 표층의 건조가 쉬워 발생심도가 깊어진다.

84 작물, 잡초, 제초제의 연결이 옳지 않은 것은?
① 벼, 피, 뷰타클로르 입제
② 잔디, 클로버, 디캄바 액제
③ 콩, 방동사니, 이사-디 액제
④ 사과, 일년생 잡초, 시마진 수화제

해설
2,4-D 제초제는 화곡류의 잡초 방제에 주로 이용되며 방동사니, 1년생 잡초 등을 방제한다.

85 밭의 잡초 발생에 대한 설명으로 옳은 것은?
① 봄에 보리밭에서는 냉이와 뚝새풀 등이 우점한다.
② 여름에 콩밭에서는 벼룩나물과 별꽃 등이 우점한다.
③ 맥류 포장에서 월동 후보다 월동 전의 잡초 피해가 더 크다.
④ 겨울 작물 포장에서 잡초는 서리가 내리기 직전에 발생량이 최대이다.

해설
보리밭에 많이 발생하는 잡초로 뚝새풀, 벼룩나물, 냉이, 별꽃 등이 있으며 잡초 발생시 보리와 경합하여 양분과 수분을 빼앗아 보리 수량을 감소시킨다.

86 지면을 피복할 경우 잡초에 미치는 영향으로 옳지 않은 것은?
① 빛과 산소 공급이 차단된다.
② 잡초의 발아심도가 깊어진다.
③ 주·야간의 온도 차가 커져 잡초종자의 발아 수가 격감된다.
④ 잡초가 물리적으로 질식하거나 출아가 억제되기도 한다.

해설
지면을 피복하면 주, 야간의 온도차가 적어지고 광이 차단되어 잡초 종자의 발아가 줄어든다.

87 주로 논에 발생하는 다년생 잡초는?
① 가래, 올방개
② 올미, 명아주
③ 냉이, 개비름
④ 바늘골, 참방동사니

해설
논에서 발생하는 다년생 잡초로는 올방개, 너도방동사니, 올미, 가래, 나도겨풀, 매자기, 올챙이고랭이, 개구리밥, 미나리, 벗풀, 쇠털골, 알방동사니 등이 있다.

88 잡초의 발아습성 중 발아계절성에 대한 설명으로 옳은 것은?
① 오랜 기간에 걸쳐 지속적으로 발아한다.
② 계절에 따른 온도에 감응하여 발아한다.
③ 일정한 간격을 가지고 최고의 발아율을 나타낸다.
④ 계절에 따른 일장에 감응하여 휴면을 타파하고 발아한다.

해설
발아 계절의 일장에 반응하여 휴면을 타파하고 발아하는 것을 발아 계절성이라 한다.

정답 83 ④ 84 ③ 85 ① 86 ③ 87 ① 88 ④

89 살포된 제초제가 고체나 액체 상태로부터 기체 상태로 되어 대기 중으로 소실되는 현상은?
① 증발   ② 휘발
③ 이동   ④ 분해

> **해설**
> 휘발은 살포된 제초제가 기체화되어 소실되는 현상을 말한다.

90 사초과 잡초에 해당하지 않는 것은?
① 여뀌   ② 올방개
③ 물고랭이   ④ 파대가리

> **해설**
> 여뀌는 마디풀과에 속한다.

91 여름에 발생하는 화본과 밭잡초는?
① 반하, 쇠비름
② 깨풀, 나도겨풀
③ 바랭이, 강아지풀
④ 참방동사니, 물달개비

> **해설**
> 여름형 잡초에는 명아주, 돌피, 강아지풀, 알방동사니, 물별, 바랭이, 마디꽃 등이 있다.

92 경엽처리 제초제에 대한 설명으로 옳지 않은 것은?
① 약제가 잎에 잘 묻도록 일반적으로 전착제를 첨가하여 처리한다.
② 잎 표층을 통과한 약제는 물관이나 체관을 통해 하부 또는 상부이동을 한다.
③ 극성이 높은 친수성 제초제는 잎의 큐티클을 잘 통과하기 때문에 경엽처리 활성이 강하다.
④ 잡초마다 잎 표면으로부터 세포 내 작용점까지의 제반 성질이 다르므로 동일한 제초제라도 효과가 다르게 나타날 수 있다.

> **해설**
> 잎의 큐티클 층의 표면은 납질로 되어있고 내면은 비극성인 큐티클납질과 극성인 큐틴으로 구성되어 있어 비극성 제초제는 큐티클납질은 통과가 쉽지만 갈수록 통과가 어려워지고 극성제초제는 큐티클납질을 통과하기 어렵지만 갈수록 통과하기 쉬워진다.

93 북아메리카 원산으로 식물체당 생산되는 종자수가 가장 많고 주로 실생법으로 번식하는 것은?
① 피   ② 망초
③ 마디풀   ④ 사마귀풀

> **해설**
> 망초는 북미가 원산으로 생산되는 종자수가 많고 잎은 빗모양의 피침형이며 실생법으로 번식한다.

94 다년생잡초의 특징으로 옳지 않은 것은?
① 대부분 영양번식 기관이 있다.
② 게넷(genet)으로 번식이 가능하다.
③ 인경, 구경, 괴근 및 포복근 등의 재생력을 지닌 번식기관이 있다.
④ 라멧(ramet)은 휴면성과 다양한 유전자형을 구비하여 불리한 환경에서도 생존한다.

> **해설**
> 게넷이 휴면성과 다양한 유전자형을 구비하여 불리한 환경에서 생존한다.

95 다음에 설명하는 용어는?

> 방제비용을 고려하지 않고 잡초가 작물 생육에 피해를 주는 시점의 잡초 발생 밀도이다.

① 잡초허용한계밀도
② 수량체감한계밀도
③ 잡초피해한계밀도
④ 경제적허용한계밀도

정답 89 ② 90 ① 91 ③ 92 ③ 93 ② 94 ④ 95 ①

> **해설**
> 잡초허용한계밀도는 잡초의 밀도가 증가하면 양분의 손실 등으로 작물의 수량이 감소하는 밀도이다.

96 생물학적 잡초 방제법에 대한 설명으로 옳지 않은 것은?

① 기생성 생물을 이용한다.
② 특별한 종류의 잡초만을 가해해야 한다.
③ 잡초보다 번식속도가 느려야 효과적이다.
④ 새로운 지역에서 환경 적응성이 좋아야 한다.

> **해설**
> 잡초 방제를 위해서 잡초보다 번식속도가 빠른 것이 효과적이다.

97 가시나 갈고리 등을 이용하여 사람이나 동물에 부착해서 종자가 이동하는 잡초가 아닌 것은?

① 메귀리 ② 소리쟁이
③ 도꼬마리 ④ 도깨비바늘

> **해설**
> 메귀리, 도꼬마리, 도깨비바늘 등은 갈고리 모양의 돌기로 사람의 옷이나 동물의 털에 부착되어 종자를 이동시킨다.

98 Uracil 및 Urea 계열 제초제를 경엽에 처리한 경우에 제초 성분이 이동하는 주요 경로는?

① Apoplast
② Symplast
③ Cambium cell
④ Casparian strip

> **해설**
> Uracil 및 Urea 계열 제초제는 흡수 이행성 제초제로 심플라스트(symplast)를 통해 이행된다.

99 작물이 방출하는 화학물질이 다른 식물이나 잡초의 발아와 생장에 영향을 미치는 현상은?

① 상호작용 ② 길항작용
③ 상승작용 ④ 상호대립억제작용

> **해설**
> 타감작용(allelopathy, 상호대립억제작용)이라 하여 근처 식물의 생육에 영향을 주는 방법을 이용한 방제법이다. 주로 인접 식물의 생육에 부정적인 영향을 끼쳐 생장을 저해시키거나 혹은 과도하게 촉진시키게 된다.

100 단자엽 잡초의 형태적 특징으로 옳지 않은 것은?

① 잎은 대부분 평행맥이다.
② 뿌리는 섬유근계의 관근이다.
③ 산재된 유관속의 관상경을 가진다.
④ 생장점은 줄기 중간의 절간 부위에 있다.

> **해설**
> 단자엽 잡초의 생장점은 식물체 하단에 위치한다.

정답 96 ③ 97 ② 98 ② 99 ④ 100 ④

국가기술자격 필기시험문제

2017년 기사 제1회 과년도 기출문제

자격종목	종목코드	시험시간	형별
식물보호기사		2시간 30분	

1과목　　식물병리학

01 소나무류 잎마름병에 대한 설명으로 옳은 것은?

① 세균에 의해 발생한다.
② 건조한 토양에서 잘 발생한다.
③ 잣나무나 리기다소나무는 대부분은 감수성 수종이다.
④ 소나무나 곰솔의 경우 주로 1~2년생의 어린묘목에서 심하게 발생한다.

해설
소나무류 잎마름병은 해송이나 소나무에서 주로 1~2년생의 묘목에서 주로 발생한다.

02 벼 키다리병의 병징으로 키가 커지는 이유에 해당하는 것은?

① 병원균이 옥신을 분비하기 때문에
② 병원균이 지베렐린을 분비하기 때문에
③ 병원균이 싸이토카이닌을 분비하기 때문에
④ 병원균이 탄소 동화 작용을 촉진하기 때문에

해설
지베렐린은 벼의 키다리병균에 의해 만들어지는 식물생장조절제로 신장촉진작용, 종자발아촉진, 개화촉진 등의 작용을 한다.

03 사람이나 가축에게 유해한 균독소를 분비하는 병균은?

① 벼 도열병균
② 딸기 균핵병균
③ 사과나무 탄저병균
④ 맥류 붉은곰팡이병균

해설
맥류 붉은곰팡이병균은 역사적으로 곡류등을 통해 인체에 흡수되어 유해한 균독소를 분비해 많은 사상자를 내기도 하였다.

04 TMV(Tobacco mosaic virus)로 인하여 발병하는 고추 모자이크병의 방제법으로 옳지 않은 것은?

① 살충제로 매개곤충을 제거한다.
② 전년도에 재배한 줄기나 뿌리를 제거한다.
③ 제3인산소다를 이용하여 종자를 소독한다.
④ 생육도중 발병한 식물체는 곧바로 제거한다.

해설
TMV 의 경우 주로 즙액, 접촉, 종자, 토양 전염 등의 방법으로 전염이 이루어진다. 이 중에서 가장 빈도가 높은 전염방법은 접촉전염이며 매개곤충에 의해서는 전염되지 않는다.

05 토마토 시설재배에서 자외선 차단 비닐을 이용하여 방제효과를 얻을 수 있는 병은?

① 풋마름병　　② 잎곰팡이병
③ 잿빛곰팡이병　④ 푸른곰팡이병

해설
잿빛곰팡이병의 경우 기주범위가 넓고 저온, 다습한 환경에서 많이 발생하기에 시설재배지에서 다량 발생하게 된다. 또한 많은 균류들은 포자 형성을 위해서는 자외선이 필요한데 시설재배지 하우스에 자외선 차단 비닐을 이용하면 방제효과를 얻을수 있다.

정답 01 ④　02 ②　03 ④　04 ①　05 ③

06 시설재배에서 발생하는 토양 병해의 방제 방법으로 가장 거리가 먼 것은?

① 습도 조절 ② 태양열 소독
③ 훈증제 사용 ④ 경엽처리제 사용

해설
경엽처리제는 잡초와 같은 식물을 제거하는 약품으로 일종의 제초제이다. 이것을 시설재배에서 사용시 토양이 산성을 띠게 되는데 산성토양에서 발생하기 쉬운 병해가 있기에 방제방법과는 거리가 멀다.

07 진딧물에 의해 바이러스가 전염되어 발생하는 병은?

① 벼 도열병
② 콩 불마름병
③ 배추 모자이크병
④ 대추나무 빗자루병

해설
진딧물에 의해 옮겨지는 바이러스 병은 오이, 참외, 고추, 호박, 배추 등 다양하다.

08 다음 설명에 해당하는 것은?

◎ 바이러스로 인한 식물병 진단 방법이다.
◎ ELISA법, 슬라이드법 등이 있다.

① 혈청학적 진단 ② 생물학적 진단
③ 이화학적 진단 ④ 유전학적 진단

해설
혈청학적 진단방법에는 슬라이드법, 한천겔확산법, 형광항체법, 효소결합항체법(ELISA)가 있고 이들은 바이러스로 인한 식물병의 진단방법이다.

09 푸자리움균(Fusarium)등에서 알려진 하나의 세포 내에 유전적으로 다른 2개 이상의 반수체핵이 존재하는 현상은?

① 이질반핵현상 ② 이질다핵현상
③ 동질반핵현상 ④ 동질다핵현상

해설
이질다핵현상은 하나의 세포 내에 유전적으로 다른 2개 이상의 반수체핵이 존재하는 현상을 말한다. 이러한 원인은 균사가 생육을 하는 동안 다른 균주의 균사와 접촉을 할 때 세포벽이 부분적으로 용해되면서 2개의 균사체가 융합되어 세포벽과 핵이 합치면서 발생한다.

10 병 발생이 용이한 환경에서 병원력이 강한 병원균이 존재하는 토양에 저항성이 강한 작물을 재배하였을 때의 병 발생 정도는?

① 전혀 발생하지 않는다.
② 감수성 작물 재배시 보다 많이 발생한다.
③ 감수성 작물 재배시 보다 적게 발생한다.
④ 작물의 저항성에 상관없이 병 발생이 심하다.

해설
저항성이 강할 경우 그만큼 감수성 작물 재배시 병의 발생 정도가 줄어들게 된다. 감수성은 병에 대해 민감하게 반응하는 것으로 감수성이 크면 병에 대해 저항성이 약하고 감수성이 작다는 것은 병에 대해 반응을 적게 하는 것이다.

11 살균제를 계속해서 사용하면 효력이 점차 떨어지는 이유는?

① 기상의 변화
② 저항성균의 발생
③ 토양 조건의 변화
④ 기주 식물의 변이

해설
살균제를 계속해서 사용하면 약에 대한 면역력이 생기고 저항성균이 발생하게 되어 효력이 떨어지게 된다.

12 붕소가 부족하여 사과나무에서 발생하는 병은?

① 탄저병 ② 축과병
③ 부란병 ④ 점무늬낙엽병

정답 06 ④ 07 ③ 08 ① 09 ② 10 ③ 11 ② 12 ②

> **해설**
> 사과나무의 경우 6월쯤 붕소가 결핍하게 되면 어린 열매가 갈라지거나 축과되는 축과병이 발생한다. 그 외에도 사과나무에 칼슘이 부족할 경우 고두병이 발생, 산성토양에서 망간을 많이 흡수하고 칼슘이 적게 흡수될때는 적진병이 발생한다.

13 식물 병원균의 감염으로 인한 피해에 해당하는 것은?

① 사료에 함유된 균독소의 피해
② 물 부족으로 인한 시들음 증상
③ 미량요소 부족으로 인한 황화 현상
④ 강한 햇볕으로 인한 과일의 괴저현상

> **해설**
> 물부족, 양분 부족, 햇볕 등에 의한 피해는 비생물성 병원에 속하며 균독소 등에 의한 식물 병원균 감염은 생물성 병원에 속한다.

14 다음 설명에 해당하는 진단법은?

> ◎ 씨감자 중에 바이러스에 감염된 것을 선별하여 도태시키기 위한 것이다.
> ◎ 온실에서 생육한 감자의 눈에 나타난 병징으로 바이러스 감염 여부를 판정한다.

① 지표식물법   ② 괴경지표법
③ 즙액접종법   ④ 파지진단법

> **해설**
> 괴경지표법은 감자의 눈의 병의 유무를 통해 바이러스 감염여부를 판정하는 방법으로 눈이 5mm 정도 생장시 병이 든 것은 도태하여 선별이 가능하다.

15 복숭아나무 잎오갈병에 대한 설명으로 옳은 것은?

① 파이토플라즈마에 의해 발병한다.
② 주로 잎에 발생하며 꽃에는 발생하지 않는다.
③ 기온이 24℃ 이하가 되면 잘 발병하지 않는다.
④ 발아하기 전에 한차례의 약제살포로 쉽게 방제할 수 있다.

> **해설**
> 복숭아나무 잎오갈병은 발아전 살균제를 살포하면 쉽게 방제할수 있다.

16 그람양성세균에 의해 발생하는 병은?

① 양파 무름병
② 담배 풋마름병
③ 감자 더뎅이병
④ 배추 검은빛썩음병

> **해설**
> 그람양성세균은 그람 염색으로 인해 양성으로 판단되는 세균을 의미한다. 주로 자색을 띠는 세균을 말하며 감자 더뎅이병, 고구마 썩음병 등이 있다.

17 다음 (   ) 안에 해당하는 용어는?

> 균류에 의해 발생하는 흰가루병균은 영양물질을 획득하는 방법으로 볼 때 (   )에 속한다고 할 수 있다.

① 임의부생체   ② 조건기생체
③ 임의기생체   ④ 순활물기생체

> **해설**
> 순활물기생은 살아있는 식물체에만 기생하는 것으로 흰가루병은 식물의 표피 세포내에 흡기 기관을 형성해 양분을 획득한다. 순활물기생체에는 대표적으로 녹병균, 배나무 붉은별무늬병균 등이 있다.

18 물을 매개로 전염을 하는 세균성 식물병은?

① 밀 줄기녹병
② 콩 모자이크병
③ 벼 흰잎마름병
④ 보리 겉깜부기병

> **해설**
> 물에 의해 전염되는 세균성 식물병은 대표적으로 벼 흰잎마름병, 벼 세균성알마름병 등이 있다.

정답 13 ①   14 ②   15 ④   16 ③   17 ④   18 ③

19 벼 도열병에 대한 설명으로 옳지 않은 것은?

① 종자 소독으로는 방제효과가 매우 적다.
② 담녹갈색의 짧은 다이아몬드형 병무늬를 형성한다.
③ 잎, 잎자루, 잎혀, 마디, 이삭목, 이삭가지, 볍씨 등에 발생한다.
④ 볍씨의 발아 직후부터 발생하여 출수 후 성숙기까지 계속 발생한다.

해설
벼 도열병의 방제방법으로 베노람, 지오람 수화제 등을 이용하여 소독한다.

20 유주자낭을 형성하는 병원균은?

① 고추 역병균
② 딸기 시들음병균
③ 오이 흰가루병균
④ 토마토 잿빛곰팡이병균

해설
고추 역병균은 회색가루 형태의 유주자낭을 형성한다.

2과목   농림해충학

21 다음에서 설명하는 용어로 옳은 것은?

◎ 곤충이 정상적으로 활동하기 위한 환경 조건이 좋지 않아 발육자체를 멈추는 현상이다.
◎ 환경 조건이 좋아진다 해도 곧바로 발육을 다시 시작하지 않는다.

① 휴면   ② 휴지
③ 탈피   ④ 이주

해설
곤충의 경우 주위 환경에 민감하여 환경 조건이 좋지 않을 경우 휴면을 통해 체내 에너지 대사를 감소시켜 에너지를 보전하게 된다.

22 배추좀나방에 대한 설명으로 옳지 않은 것은?

① 십자화과 채소류를 주로 가해한다.
② 세대기간이 길어 번식속도가 느리다.
③ 일부 지역에서는 낙하산벌레라고도 한다.
④ 겨울철에도 월평균기온이 영상 이상이면 발육과 성장이 가능하다.

해설
배추좀나방은 1년에 수회 발생하여 세대기간이 짧은 편이다.

23 풀잠자리목의 특징으로 옳지 않은 것은?

① 완전변태를 한다.
② 생물적 방제에 많이 이용된다.
③ 더듬이는 길고 홑눈이 3개이다.
④ 유충과 성충은 모두 포식성이다.

해설
풀잠자리목은 더듬이는 길고 홑눈은 있기도 하고 없기도 하다.

24 해충의 발생예찰 방법이 아닌 것은?

① 통계적 예찰법
② 피해사정 예찰법
③ 시뮬레이션 예찰법
④ 야외조사 및 관찰 예찰법

해설
해충의 발생 예찰 방법
· 야외조사 및 관찰
· 통계적 예찰법
· 실험적 예찰법
· 컴퓨터를 이용한 시뮬레이션 예찰법

25 곤충의 출생방식으로 알이 몸 안에서 부화되어 애벌레 상태로 밖으로 나오는 것은?

① 난생   ② 태생
③ 배발생   ④ 난태생

해설
곤충의 모체 안에서 부화하여 나오는 것을 난태생이라 한다.

정답 19 ① 20 ① 21 ① 22 ② 23 ③ 24 ② 25 ④

26 복숭아혹진딧물의 생활사에 대한 설명으로 옳지 않은 것은?
① 여름기주로 이동은 유시충으로 한다.
② 복숭아나무 겨울눈에서 알로 월동한다.
③ 1년에 빠른 세대는 9회, 늦은 세대는 2회 정도 발생한다.
④ 3월하순~4월상순 부화한 간모는 단위생식을 한다.

해설
1년에 빠른 세대는 23회, 늦은 것은 9회 발생한다.

27 살충제의 효력을 충분히 발휘시킬 목적으로 사용하는 약제로 옳지 않은 것은?
① 주제   ② 용제
③ 유화제 ④ 전착제

해설
보기의 용제, 유화제, 전착제 등은 보조제의 일종이다.

28 천공성 해충으로 성충이 마치 벌과 같이 생긴 것은?
① 모시나방   ② 박쥐나방
③ 밤나무혹벌 ④ 포도유리나방

해설
포도유리나방의 성충은 벌과 비슷하게 생겼다. 주로 포도나무의 줄기를 가해하며 1년에 1회 발생하고 유충형태로 월동하는 것이 특징이다.

29 벼물바구미에 대한 설명으로 옳지 않은 것은?
① 연 3회 발생한다.
② 성충으로 월동한다.
③ 성충은 벼 잎을 가해한다.
④ 유충이 주로 땅속에서 뿌리를 가해한다.

해설
벼물바구미는 1년에 1회 발생한다.

30 암컷의 생식기관으로 수컷의 정자를 보관하는 것은?
① 수정낭   ② 생식소
③ 부속샘   ④ 저정낭샘

해설
암컷의 수란관의 배벽에 연결되어 있는 수정낭에 정자가 보관된다.

31 솔나방에 대한 설명으로 옳지 않은 것은?
① 주로 월동 후의 유충기에 식해한다.
② 연 1회 발생하고 제5령충으로 월동한다.
③ 새로 난 잎을 식해하는 것이 보통이나 밀도가 높으면 묵은 잎도 식해한다.
④ 유충이 소나무의 잎을 식해하며 심한 피해를 받은 나무는 고사하기도 한다.

해설
솔나방의 유충은 묵은 잎을 식해하는 것이 보통이나 밀도가 높으면 새로 자라는 잎도 식해하기도 한다.

32 존스톤 기관에 대한 설명으로 옳지 않은 것은?
① 청각기관의 일종이다.
② 더듬이의 자루마디에 존재한다.
③ 모기류의 수컷에서 잘 발달되어 있다.
④ 비행 중 바람의 속도를 측정하기도 한다.

해설
존스톤 기관은 더듬이의 흔들마디에 존재한다.

정답 26 ③ 27 ① 28 ④ 29 ① 30 ① 31 ③ 32 ②

33 곤충 날개가 두 쌍인 경우 날개의 부착 위치는?
① 가운데가슴에만 붙어 있음
② 앞가슴에 한쌍, 뒷가슴에 한쌍 붙어 있음
③ 앞가슴에 한쌍, 가운데가슴에 한쌍 붙어 있음
④ 가운데가슴에 한쌍, 뒷가슴에 한쌍 붙어 있음

해설
곤충 날개는 두쌍으로 가운데가슴에 한쌍, 뒷가슴에 한쌍이 있다.

34 다음 설명에 해당하는 해충은?

◎ 배나무의 해충으로 성충이 신초의 밑부분을 입으로 물어뜯고 그 안에 산란한다.
◎ 연 1회 발생하며 유충으로 피해부의 신초 내부에서 월동한다.
◎ 방제법으로 피해가지를 잘라 소각한다.

① 배명나방 ② 배나무이
③ 배나무줄기벌 ④ 배나무방패벌레

해설
배나무줄기벌은 봄에 성충이 신초를 가해하고 그 안에 산란한다. 1년에 1회 발생하고 알에서 부화한 유충은 목질부를 가해한다. 방제를 위해 유기인계 살충제를 이용하거나 피해 가지의 경우 잘라 소각한다.

35 뒷날개가 퇴화되어 평균곤으로 발달하였고 앞날개 1쌍만을 가지고 비행하는 곤충목은?
① 벌목 ② 파리목
③ 노린재목 ④ 딱정벌레목

해설
파리목의 뒷날개가 퇴화되어 평균곤으로 발달하여 비행 및 이동시 몸의 균형을 유지한다.

36 곤충의 일반적인 특징으로 옳지 않은 것은?
① 변태나 탈피를 통해 성장한다.
② 연중 세대수가 많고 산란수도 많다.
③ 내골격이 발달되어 몸을 보호하는 능력이 강하다.
④ 몸의 크기가 작아 적은 먹이에도 견디는 능력이 강하다.

해설
곤충의 외골격이 발달되어 몸을 보호하는 능력이 강하다.

37 생물적 방제에 사용되는 포식성 천적에 해당하지 않는 것은?
① 무당벌레 ② 애꽃노린재
③ 칠레이리응애 ④ 온실가루이좀벌

해설
포식성 천적의 종류로 풀잠자리류, 무당벌레류, 거미류, 꽃노린재, 칠레이리응애, 오이이리응애 등이 있다.

38 합성피레스로이드계 살충제에 대한 설명으로 옳지 않은 것은?
① 빛에 약하다.
② 빨리 분해된다.
③ 속효성이 우수하다.
④ 인축에 저독성이다.

해설
합성피레스로이드계 살충제의 경우 빛에 대한 안정성이 크고 다양한 해충에 살충효과를 보인다.

39 곤충의 소화기관에서 속하지 않는 것은?
① 침샘 ② 전장
③ 중장 ④ 기문

해설
기문은 곤충의 숨구멍이다. 곤충의 소화기관으로 전장, 중장, 후장, 침샘, 등이 있으며 후장의 끝에는 말피씨기관이 존재한다.

정답 33 ④ 34 ③ 35 ② 36 ③ 37 ④ 38 ① 39 ④

40 성충이 과실을 직접 가해하는 해충은?
① 배명나방 ② 으름밤나방
③ 복숭아명나방 ④ 포도유리나방

해설
으름밤나방은 유충은 잎을 식해, 성충은 각종 과실류를 가해한다.

3과목 재배학원론

41 광합성에 가장 효과적인 광은?
① 녹색광 ② 황색광
③ 적색광 ④ 주황색광

해설
광합성에 효과적인 광은 650~700nm 인 적색광과 400~500nm 의 청색광이 가장 효과적이다.

42 토양유기물의 주된 기능과 관계가 적은 것은?
① 입단의 형성
② 보수, 보비력의 증대
③ 미생물의 번식조장
④ 완충능의 저하

해설
토양의 유기물이 많을수록 완충능은 증가하게 된다.

43 종자휴면의 원인이 아닌 것은?
① 종피의 상처
② 급히 건조시킨 종자의 결실
③ 배의 미숙
④ 종피의 산소흡수 저해

해설
종피에 상처를 내는 방법은 종피파상법으로 종자의 발아촉진에 관련된다.

44 멀칭(Mulching)의 효과로 옳은 것은?
① 동해의 경감 ② 비료 절감
③ 풍해 유도 ④ 낙과 방지

해설
멀칭(Mulching)은 토양을 덮어주는 작업을 말하며 이러한 자재들을 멀치(Mulch)라고 한다.

45 토양산성화 원인 중 미포화교질에 대한 설명으로 가장 적합한 것은?
① H^+가 흡착된 것
② Ca^{2+}가 흡착된 것
③ Mg^{2+}가 흡착된 것
④ K^+가 흡착된 것

해설
토양콜로이드에 칼륨, 칼슘 등의 이온들이 용탈하고 수소이온으로 채워진 상태를 미포화교질이라 한다.

46 다음 중 단명종자로만 나열된 것은?
① 클로버, 사탕무
② 팬지, 해바라기
③ 비트, 수박
④ 나팔꽃, 데이지

해설
단명종자는 수명이 짧은 종자로 고추, 양파, 팬지, 메밀, 해바라기, 뽕나무 등이 있다.
※ 장명종자 : 오이, 녹두, 가지, 배추 등

47 작물 체내에서 전류이동이 잘 이루어져 결핍될 경우 결핍증상이 오래된 잎에 먼저 나타나는 필수 원소는?
① 질소(N) ② 철(Fe)
③ 붕소(B) ④ 칼슘(Ca)

해설
질소가 결핍될 경우 오래된 잎부터 먼저 떨어지고 황백화현상이 발생한다.

정답 40 ② 41 ③ 42 ④ 43 ① 44 ① 45 ① 46 ② 47 ①

48 다음 중 녹체춘화형 식물은?
① 추파 맥류 ② 잠두
③ 완두   ④ 양배추

해설
녹체춘화형 식물로 양배추, 파, 양파, 당근, 담배, 우엉 등이 있다.

49 씨감자(절단편)의 휴면타파를 위하여 지베렐린을 처리하고자 한다. 2ppm 지베렐린 수용액에 침지하는 가장 적당한 시간은?
① 30~60분   ② 3~4시간
③ 5시간   ④ 7시간

해설
씨감자의 휴면타파를 위해 2ppm 의 지베렐린을 30~60분간 침지한다.

50 중간식물은 어떤 일장형의 식물인가?
① 화성이 일장의 영향을 받지 않는다.
② 어떤 좁은 범위의 특정한 일장에서만 화성이 유도된다.
③ 초기 장일이었다가 후기에 단일상태로 되어야 화성이 유도된다.
④ 일정한 한계일장이 없고 대단히 넓은 범위의 일장에서 화성이 유도된다.

해설
중간식물은 정일식물이라 하며 단일이나 장일에서 개화하지 않고 어떤 좁은 범위의 특정 일장에서만 개화한다.

51 다음 중 요수량이 가장 적은 식물은?
① 오이   ② 호박
③ 클로버   ④ 옥수수

해설
요수량이 적은 식물로 옥수수, 기장, 수수 등이 있다. 반대로 요수량이 많은 식물로 호박, 오이, 완두 등이 있다.

52 파종 시 작물의 복토 깊이가 0.5~1.0cm인 것으로만 나열된 것은?
① 감자, 토란
② 가지, 토마토
③ 생강, 크로커스
④ 수선, 글라디올러스

해설
오이, 토마토, 가지, 고추 등은 0.5~1cm 정도 깊이로 복토한다.

53 다음 중 비료의 엽면흡수에 미치는 요인에 대한 설명으로 옳은 것은?
① 낮보다 밤에 더 잘 흡수된다.
② 잎의 호흡작용이 저조할 때 더 잘 흡수된다.
③ 잎의 표면보다 이면에서 더 잘 흡수된다.
④ 살포액의 pH 가 약알칼리성인 것이 흡수가 잘 된다.

해설
잎의 이면은 잎의 뒷면으로 기공수가 표면보다 많아 흡수가 더 잘된다.

54 작물 영양성분 중 결핍되면 분열조직에 괴사(necrosis)를 일으키며 대표적으로 사탕무의 근부썩음병(속썩음병)을 일으키는 것은?
① 망간   ② 철
③ 칼륨   ④ 붕소

해설
붕소가 결핍될 경우 속썩음병, 사과 축과병 등이 발생한다.

정답 48 ④ 49 ① 50 ② 51 ④ 52 ② 53 ③ 54 ④

55 다음 중 내건성이 강한 작물의 형태적 특성으로 틀린 것은?
① 근군의 발달이 좋다.
② 다육화의 경향이 있다.
③ 체적비와 잎이 크다.
④ 기동세포가 발달되어 있다

해설
내건성이 강한 작물은 잎이 두껍고 작은 편이다.

56 한지형(寒地型, 북방형) 목초에 해당되는 것으로만 나열된 것은?
① 수단그라스, 라이그라스
② 티머시, 알팔파
③ 버뮤다그라스, 매듭풀
④ 수수, 옥수수

해설
서늘한 기후조건에서 잘자라는 목초를 한지형 목초라 하며 티머시, 오차드그라스, 클로버, 알팔파, 켄터키블루그라스 등이 있다.

57 화곡류에서 규질화를 이루어 병에 대한 저항성을 높이고, 잎을 꼿꼿하게 세워 수광태세를 좋게 하는 것은?
① 질소   ② 칼륨
③ 규산   ④ 철

해설
규산은 규소와 산소, 수소 등이 결합된 화합물로 식물의 필수원소는 아니지만 병에 대한 저항성을 높이고 도장을 줄여준다. 인산흡수 및 토양의 이온화 합물의 흡수를 도와 뿌리 및 식물의 발달에 도움을 준다.

58 생리적 중성비료(生理的 中性肥料)는?
① 황산암모늄 ② 염화칼륨
③ 요소   ④ 용성인비

해설
생리적 중성비료는 질산암모늄, 질산칼륨, 요소 등이 있다.

59 [(A×B)×B]×B 로 나타내는 육종법은?
① 다계교잡법   ② 여교잡법
③ 파생계통육종법 ④ 집단육종법

해설
보기의 표기방법인 육종법은 A 라는 품종에 약한 특성을 보완하기 위해 B 품종을 교잡하고 이후 1대 잡종을 다시 B 품종에 교잡하는 방법으로 여교잡법이라 한다.

60 답전윤환의 주요 효과로 틀린 것은?
① 지력 증강   ② 기지의 회피
③ 병충해 증가 ④ 잡초의 감소

해설
논이나 밭 상태를 몇해를 돌려가면서 벼 및 밭 작물을 재배하는 방법으로 지력의 유지 및 증진, 노동력 절감, 잡초발생 감소, 수확량 증가 등의 효과가 있다.

4과목　농약학

61 트리아졸(Triazole)계 살균제의 작용특성에 대한 설명으로 옳은 것은?
① 호흡대사 저해
② 세포분열 저해
③ SH기 함유 효소 저해
④ 세포막 성분인 Ergosterol 생합성 저해

해설
트리아졸계 살균제의 경우 에르고스테롤(ergosterol)의 생합성 저해제이며 이때 에르고스테롤은 세포막 구성성분이다.

62 종자 소독제로 주로 사용되는 농약은?
① 베노밀 · 티람
② 오리사스트로빈
③ 이미녹타딘트리아세테이트
④ 에디펜포스 · 아이소프로티올레인

해설
종자 소독제로 베노밀 · 티람 수화제가 주로 사용된다.

정답　55 ③　56 ②　57 ③　58 ③　59 ②　60 ③　61 ④　62 ①

63 살충작용이 다른 2종 이상에 대하여 동시에 해충이 저항성을 나타내는 현상을 무엇이라 하는가?

① 내성(tolerance)
② 선발압(selective pressure)
③ 교차저항성(cross-resistance)
④ 복합저항성(multiple resistance)

해설
복합저항성은 다른 2종 이상의 병원균에 대해 동시에 저항성을 나타내는 것을 말한다.

64 유기인계 계통의 침투성 살충제로서 감자의 거세미나방, 마늘의 뿌리응애에 주로 적용할 수 있는 농약은?

① 밀베멕틴 ② 사이플루메토펜
③ 포레이트 ④ 피프로닐

해설
살충제 중에서 가장 강하다고 평가받는 포레이트는 잎을 갉아 먹거나 식물의 수액을 빨아먹는 곤충 혹은 뿌리에 피해를 주는 선충에 적용하는 농약이다.

65 결정 석회황합제에 대한 설명으로 틀린 것은?

① 강한 산성을 나타낸다.
② 사과의 흰가루병에 적용가능하다.
③ 결정으로 되어 있어 운반 및 취급에 편리하다.
④ 석회에 과량의 유황분말을 섞어 끓여서 만든 현탁액이다.

해설
결정석회황합제는 알칼리성 농약에 속한다.

66 농약 원료로 사용되는 가성소다의 경우 NaOH 20%(비중 : 1.222) 이고, NaOH 30%(비중 : 1.333)이다. 사용상 22% NaOH 의 경우 비중은?

① 1.142 ② 1.244
③ 1.290 ④ 1.352

해설
현재 가성소다의 20% 비중을 알고 있기에 나머지 2%에 대한 비중을 구하여 22%의 비중을 구하도록 한다.

$$\frac{30\% 가성소다비중 - 20\%가성소다비중}{30\% - 20\%}$$

$$= \frac{1.333 - 1.222}{10} = 0.0111$$

22% NaOH 비중 : 20% NaOH 비중 +2% NaOH 비중 = 1.222+(2×0.0111)= 1.2442

67 어독성의 구분은 어류의 반수치사농도 (mg/L, 48시간)를 기준으로 구분하는데 어독성 I급의 기준은?

① 0.2미만
② 0.5미만
③ 0.2이상 2미만
④ 0.5이상 2미만

해설
독성 기준
· I 급(맹독성) : 0.5 미만
· II 급(고독성) : 0.5 이상 ~ 2 미만
· III 급(보통독성) : 2 이상

68 제초제의 일반 특성에 대한 설명으로 틀린 것은?

① Phenoxy계 제초제는 옥신작용을 갖고 있다.
② 2,4-D 제초제는 무기화합물 제초제이다.
③ Phenoxy계 제초제는 인축 및 어패류에 대한 독성이 낮다.
④ Dicamba 등 벤조산계 제초제는 작물 체내에서 안전성이 높은 편이다.

정답 63 ④ 64 ③ 65 ① 66 ② 67 ② 68 ②

해설
2,4-D는 유기화합물 제초제이다.

69 계면활성제를 구성하는 주요 원자단 중 친수성(hydrophilic)을 갖는 원자단이 아닌 것은?
① -CH$_2$OR   ② -OH
③ -COOH   ④ -CN

해설
친수성 원자단의 종류로 -OH, -COOH, -CONH$_2$, -CN 등이 있다.

70 다음 중 희석하여 살포하는 제형이 아닌 것은?
① 유제   ② 분제
③ 수용제 ④ 수화제

해설
분제의 경우 가는 분말을 직접 살포하기에 희석하지 않는다.

71 DDT의 살충력을 처음 발견한 사람은?
① D. Zeidler
② G. Schrader
③ Van der Lindane
④ Paul Hermann Muller

해설
DDT 살충력을 처음 발견한 사람은 스위스의 화학자 Paul Hermann Muller 이다.

72 쥐에 대한 급성경구 독성이 가장 강한 농약은?
① 이피엔(EPN)
② 카바릴(Carbaryl)
③ 페니트로티온(Fenitrothion)
④ 다이아지논(Diazinon)

해설
EPN은 유기인계 살충제로 고독성 약제에 속한다.

73 물에 잘 팽윤되어 점착성을 띠며 주로 수화제의 증량제로 사용되고 비교적 무거운 점토광물로서 흡유가가 천연의 증량제 중 가장 높은 것은?
① 활석(탈크)   ② 카올린
③ 벤토나이트 ④ 규조토

해설
벤토나이트는 액체 및 가스체의 흡착성이 큰 점토형 광물질이다. 이러한 특성으로 수화제의 증량제 이외에도 산업에 다양한 분야에서 이용되고 있다.

74 제초제의 살초작용에 대한 설명으로 틀린 것은?
① 식물체의 제초제 흡수는 일반적으로 뿌리나 잎, 줄기를 통해 흡수한다.
② 잎을 통한 흡수는 극성과 무관하게 Cellulose, Pectin, Wax 의 순으로 흡수된다.
③ 식물의 잎을 통한 흡수는 대부분 잎의 표면을 통해 이루어진다.
④ 제초제의 식물체 내로의 침투정도는 제초제의 극성 정도에 따라 영향을 받는다.

해설
잎을 통한 흡수는 극성에 영향을 받아 극성물질인 셀룰로오스는 흡수가 용이하다.

75 방사상균인 *Streptomyces avermitilis* 가 주성분인 농약은?
① Abamectin   ② Bensultap
③ Cartap   ④ Methomyl

해설
Abamectin(아바멕틴)은 *Streptomyces avermitilis* 을 주성분으로 하는 항생제계 살충제이다.

76 가비중이 1.05 인 isoprothiolane 유제 (50%) 100mL 로 0.05% 살포액을 조제하는데 필요한 물의 양은 약 몇 L 인가?

① 20   ② 25
③ 105   ④ 204

<u>해설</u>
희석할물의 양
= 원액용량 × $\left(\dfrac{원액의\ 농도}{회석할\ 농도} - 1\right)$ × 원액비중
= $100 \times \left(\dfrac{50}{0.05} - 1\right) \times 1.05$
= 104895ml ≒ 105*l*

77 농약의 사용 목적에 따른 분류가 아닌 것은?

① 살충제   ② 살균제
③ 제초제   ④ 유기인제

<u>해설</u>
유기인제는 유효성분 조성에 따른 분류에 속한다.

78 다음 중 Ziram 의 구조식은?

① $\left[\begin{array}{c}CH_3\\CH_3\end{array}\right\rangle N-\overset{\overset{S}{\|}}{C}-S-\right]_2 Zn$

② $\begin{array}{c}CH_2-NH-\overset{\overset{S}{\|}}{C}-S\\CH_2-NH-\underset{\underset{S}{\|}}{C}-S\end{array}\Big\rangle Zn$

③ $\begin{array}{c}CH_2-NH-\overset{\overset{S}{\|}}{C}-Na\\CH_2-NH-\underset{\underset{S}{\|}}{C}-Na\end{array}$

④ $\begin{array}{c}CH_2-NH-\overset{\overset{S}{\|}}{C}-S\\CH_2-NH-\underset{\underset{S}{\|}}{C}-S\end{array}\Big\rangle Mn$

<u>해설</u>
지람(ziram)은 살균제의 한 종류로 $C_6H_{12}N_2S_4Zn$의 구조식을 가진다.

79 고체 사용제가 갖추어야 할 물리적 성질이 아닌 것은?

① 분말도   ② 토분성
③ 분산성   ④ 현수성

<u>해설</u>
현수성은 액체시용제가 갖추어야 할 물리적 성질로서 수화제가 균일하게 분산되는 성질을 말한다.

80 다음 중 보르도액의 주성분은?

① 벤젠(C_6H_6)
② 다황산칼슘(CaS_5)
③ 황산구리($CuSO_4 \cdot 5H_2O$)
④ 페닐초산수은($Hg \cdot OOC \cdot CH_3$)

<u>해설</u>
보르도액은 황산구리와 수산화칼슘을 원료로 제조한다.

5과목   잡초방제학

81 이사–디(2,4–D) 제초제의 작용 특성에 대한 설명으로 옳지 않은 것은?

① 이행형 제초제이다.
② 경엽처리형 제초제이다.
③ 벼의 경우 유효분얼이 끝나기 전에 살포한다.
④ 휘산성이므로 감수성 작물에 주의하여 살포한다.

<u>해설</u>
2,4–D 제초제는 벼와 같은 화곡류의 경우 유효분얼종지기 ~ 유수형성기 사이에 처리하는 것이 좋다.

정답   76 ③   77 ④   78 ①   79 ④   80 ③   81 ③

82 재배지별, 발생 잡초 종류, 분류학적 위치 등이 모두 바르게 연결된 것은?

① 밭 – 메꽃 – 국화과
② 논 – 매자기 – 화본과
③ 밭 – 자귀풀 – 방동사니과
④ 논 – 너도방동사니 – 사초과

> 해설
> ① 밭 – 메꽃 – 메꽃과
> ② 논 – 매자기 – 방동사니과
> ③ 논 – 자귀풀 – 광엽잡초

83 제초제가 토양 중에서 흡착되는 주요 인자로 거리가 먼 것은?

① 토성   ② 방위
③ pH 농도   ④ 유기물 함량

> 해설
> 토양의 흡착 주요 인자로 약제 자체의 특성, 제제 형태, 살포방법, 토양의 종류, 유기물 함량, 미생물 함량, 토양 pH 등이 있다.

84 일반적으로 잡초에 의한 피해를 줄이기 위하여 철저히 방제를 하여야 할 작물의 생육시기는?

① 생육 초기   ② 생육 중기
③ 생육 후기   ④ 생육 모든 기간

> 해설
> 잡초가 발아하기 전 혹은 생육 초기에 미리 방제하여야 차후 작물과의 경합력이 약해져 피해를 줄일 수 있다.

85 잡초의 생물학적 방제용으로 도입되는 곤충이 구비하여야 할 조건으로 가장 거리가 먼 것은?

① 영구적으로 소멸되지 않는 것
② 대상 잡초에만 피해를 주는 것
③ 대상 잡초의 발생지역에 잘 적응할 것
④ 인공적으로 배양 또는 증식이 용이한 것

> 해설
> 곤충의 경우 생물로서 방제하고자 하는 잡초를 없애면 소멸하거나 줄어야 한다.

86 잡초의 학명을 바르게 나타낸 것은?

① 올미 : *Scirpus juncoides*
② 벗풀 : *Eleocharis kuroguwai*
③ 너도방동사니 : *Cyperus serotinus*
④ 올챙이고랭이 : *Sagittaria pygmaea*

> 해설
> ① 올챙이고랭이 : *Scirpus juncoides*
> ② 올방개 : *Eleocharis kuroguwai*
> ④ 올미 : *Sagittaria pygmaea*

87 영양번식에 의하여 번식하지 않고 포자 형태로 주로 번식하는 잡초는?

① 올미   ② 가래
③ 생이가래   ④ 너도방동사니

> 해설
> 올미, 너도방동사니는 괴경으로 가래는 지하경으로 영양번식한다. 생이가래는 무성생식과 포자번식을 통해 빠른 속도로 번식하는 1년생 수생잡초이다.

88 작물이 잡초보다 경합 우위에 해당하는 것은?

① 작물의 초장이 짧은 경우
② 작물의 재식밀도가 높은 경우
③ 작물의 생장속도가 느린 경우
④ 작물의 분지수가 많고 엽면적 지수가 낮은 경우

> 해설
> 작물의 재식밀도가 높으면 초관형성이 빨라 잡초와의 경합에서 우위를 점하게 된다.

정답 82 ④ 83 ② 84 ① 85 ① 86 ③ 87 ③ 88 ②

89 잡초 종자 중에서 발아에 필요한 산소 농도가 가장 낮은 것은?

① 강피   ② 별꽃
③ 향부자 ④ 갈퀴덩굴

해설
강피의 경우 논잡초로 상대적으로 요구되는 산소 농도가 낮다.

90 제초제의 선택성에 대한 설명으로 옳지 않은 것은?

① 잎이 좁거나 적을수록 살포한 제초제의 접촉이 적게 된다.
② 생장점의 노출 여부에 따라 제초제 선택성이 달라지지 않는다.
③ 잎에 털이 많을수록 수용성 제초제의 습윤 및 전착이 크게 떨어진다.
④ 잎의 표면조직, 잎이 줄기에 붙어있는 각도 등에 따라 선택성이 달라진다.

해설
제초제의 경우 식물의 크기, 외형, 표면상태, 생장점위치 등을 고려하여 선택하게 되며 생장점의 노출 여부에 따라 제초제 선택성이 달라진다.

91 잡초의 종류와 생활사가 올바르게 짝지어진 것은?

① 다년생 잡초 – 돌피, 바랭이
② 일년생 잡초 – 올미, 올방개
③ 다년생 잡초 – 냉이, 방가지똥
④ 일년생 잡초 – 물달개비, 사마귀풀

해설
① 일년생 잡초 – 돌피, 바랭이
② 다년생 잡초 – 올미, 올방개
③ 월년생 잡초 – 냉이, 방가지똥

92 여름작물 포장에 발생하는 주요 잡초가 아닌 것은?

① 별꽃, 냉이
② 깨풀, 강아지풀
③ 바랭이, 개비름
④ 여뀌, 참방동사니

해설
별꽃, 냉이는 겨울잡초이다.

93 잡초로 인한 장점이 아닌 것은?

① 토양 침식 방지
② 토양에 유기물 제공
③ 농가 작업 비용 감소
④ 내성작물 육성을 위한 자원

해설
잡초로 제거를 위한 농가의 작업 비용이 증가하고 작물의 수량감소 등으로 피해가 늘어난다.

94 다음 설명에 해당하는 용어는?

◎ 강피의 경우 등숙 후에 탈락되어 발아에 적합한 환경조건이 부여되어도 발아하지 않고 휴면상태에 놓인다.
◎ 이 휴면은 겨울 동안 저온에서 서서히 타파된다.

① 강제휴면 ② 자발휴면
③ 내적휴면 ④ 이차휴면

해설
성숙한 종자가 적합한 발아조건이 되어도 발아되지 않고 새로이 발생되는 휴면 상태를 2차 휴면이라 한다.

정답 89 ① 90 ② 91 ④ 92 ① 93 ③ 94 ④

95 외국에서 유입되는 잡초를 방지하기 위하여 수출입 과정에서 검역하듯이 검사하는 잡초 방제법은?

① 생태적 방제법
② 화학적 방제법
③ 생물적 방제법
④ 예방적 방제법

해설
예방적 방제법은 잡초가 유입되는 것을 사전에 방지하는 것이다.

96 잡초 종자의 특징으로 옳지 않은 것은?

① 메귀리는 끈끈한 물질을 분비한다.
② 소리쟁이는 꼬투리가 물에 잘 뜬다.
③ 바랭이는 성숙하면서 꼬투리가 튄다.
④ 도꼬마리는 낚시모양의 돌기가 있다.

해설
메귀리는 벼목으로 가지는 돌려붙고 잔 돌기가 있으며 종자에는 잔털이 있다.

97 요소(urea)계 제초제에 대한 설명으로 옳지 않은 것은?

① 고농도 처리수준에서는 비선택성이다.
② 제초 활성을 나타내기 위해 광이 필요하다.
③ 광합성 저해 및 세포막 파괴에 의하여 작용한다.
④ 경엽처리 효과가 없어 토양처리형으로 사용한다.

해설
요소계 제초제는 경엽 및 토양처리형으로 사용한다.

98 생물학적 방제법과 비교한 화학적 방제법의 단점은?

① 효과가 적다.
② 작용 효과가 늦다.
③ 잔류성 문제가 있다.
④ 처리가 용이하지 않다.

해설
화학적 방제법은 방제 효과는 빠르게 나타나지만 환경 및 잔류문제가 있다.

99 작물과 잡초 사이의 경합요인으로 가장 거리가 먼 것은?

① 빛   ② 산소
③ 공간 ④ 무기양분

해설
경합요인으로 양분, 수분, 광선, 공간 등이 대표적이다.

100 작물 경합 특성을 이용한 잡초방제법이 아닌 것은?

① 이앙 재배
② 연작 재배
③ 피복식물 재배
④ 답전 전환 재배

해설
경합특성을 이용한 잡초방제법으로 작부체계(답전윤환재배), 재식밀도, 이식 및 이앙, 경합력이 큰 식물의 선택(피복식물) 등의 방법이 있다.

정답 95 ④ 96 ① 97 ④ 98 ③ 99 ② 100 ②

국가기술자격 필기시험문제

2017년 기사 제2회 과년도 기출문제

자격종목	종목코드	시험시간	형별	수험번호	성명
식물보호기사		2시간 30분			

1과목 식물병리학

01 보르도액에서 살균효과가 있는 유효성분은?
① 구리 ② 철분
③ 아연 ④ 칼슘

해설
보르도액은 황산구리와 수산화칼슘을 원료로 제조한다. 이때 살균효과 유효성분은 구리이다.

02 하우스에 재배하는 채소에서 과습과 저온에서 많이 발생하는 병은?
① 고추 탄저병
② 오이 덩굴쪼김병
③ 토마토 풋마름병
④ 딸기 잿빛곰팡이병

해설
시설내에서 저온다습한 환경의 경우 잿빛곰팡이병이 자주 발생한다.

03 바이로이드에 의한 식물병은?
① 벼 오갈병
② 감자 걀쭉병
③ 담배 모자이크병
④ 모과나무 검은별무늬병

해설
감자 걀쭉병은 바이로이드에 의해 발생한다.

04 석회를 이용한 토양산도 조절로 pH를 7.0 이상으로 조절하여 방제하는 병은?
① 밀 마름병
② 감자 더뎅이병
③ 배추 무사마귀병
④ 목화 뿌리썩음병

해설
배추 무사마귀병은 산성토양의 다습한 경우 많이 발생하나 보수력이 낮거나 알칼리성 토양에서는 거의 발육하지 않는다. 방제를 위해 알칼리성 토양으로 조절하기도 한다.

05 마름무늬매미충에 의해 전반되지 않는 병은?
① 뽕나무 오갈병
② 벚나무 빗자루병
③ 붉나무 빗자루병
④ 대추나무 빗자루병

해설
벚나무 빗자루병은 진균에 의해 발생한다.

06 19세기 중반 아일랜드에 큰 기근으로 인하여 100만명을 굶어 죽게 하였던 식물병은?
① 감자 역병
② 감자 바이러스병
③ 사과나무 점무늬병
④ 옥수수 깨씨무늬병

해설
1840년경 발생한 감자역병은 아일랜드 100만명의 인구가 사망하는 큰 사건이었다.

정답 01 ① 02 ④ 03 ② 04 ③ 05 ② 06 ①

07 벼에 발생하는 병원균이 종자전염하는 것은?
① 오갈병
② 키다리병
③ 잎집무늬마름병
④ 줄무늬잎마름병

해설
초승달 모양의 분생포자와 자낭각을 만들며 월동은 분생포자 형태로 종자표면에서 이루어져 다음 해 1차전염원이 된다.

08 파이토플라스마에 의해서 발생하는 병은?
① 벼 오갈병
② 감자 역병
③ 오이 노균병
④ 오동나무 빗자루병

해설
파이토플라스마에 의해 발생하는 병으로 대추나무 빗자루병, 오동나무 빗자루병, 뽕나무 오갈병 등이 있다.

09 목재 백색썩음병에 관계하는 중요한 효소는?
① 탄닌 분해효소
② 리그닌 분해효소
③ 셀룰로오스 분해효소
④ 헤미셀룰로오스 분해효소

해설
ligninase(목재 흰썩음병균)은 세포의 구성성분 중에서 리그닌을 분해하는 리그닌 분해효소이다.

10 벼 키다리병균의 불완전세대는?
① *Fusarium roseum*
② *Fusarium taterilium*
③ *Fusarium oxysporum*
④ *Fusarium moniliforme*

해설
벼 키다리병의 완전세대를 *Gibberella fujikuroi*, 불완전세대를 *Fusarium moniliforme* 이다.

11 다음 방제방법에 해당하는 사과의 병은?

◎ 나뭇가지에 형성된 사마귀를 물리적으로 제거하는 것은 실효성이 떨어진다.
◎ 6월 상순에서 8월 하순까지 정기적으로 살균제를 살포하여 방제한다.

① 탄저병
② 부란병
③ 겹무늬썩음병
④ 검은별무늬병

해설
겹무늬 썩음병은 가지에 사마귀 모양의 돌기가 형성되고 과실에 갈색 윤문이 형성되면서 썩는 현상이 발생한다. 방제를 위해 6~9월쯤 10일간격으로 방제 약제를 살포하도록 한다.

12 감염된 식물체를 가축이 먹으면 해로운 병은?
① 벼 도열병
② 콩 자줏빛무늬병
③ 배추 모자이크병
④ 보리 붉은곰팡이병

해설
맥류 붉은곰팡이병균은 역사적으로 곡류등을 통해 인체에 흡수되어 유해한 균독소를 분비해 많은 사상자를 내기도 하였다.

13 맥류 줄기녹병의 중간 기주는?
① 향나무
② 뽕나무
③ 매자나무
④ 아까시나무

해설
맥류 줄기녹병의 중간기주는 매자나무이다.

정답 07 ② 08 ④ 09 ② 10 ④ 11 ③ 12 ④ 13 ③

14 식물에 모자이크 증상을 일으키는 대표적인 병원체는?
① 세균 ② 곰팡이
③ 바이러스 ④ 파이토플라스마

해설
바이러스는 식물의 모자이크 증상을 일으키는 대표적인 병원체로 병징만 관찰되고 표징은 나타나지 않는다.

15 자낭포자로 인한 표징이 잘 나타나지 않는 병은?
① 밀 줄기녹병
② 벼 깨씨무늬병
③ 벼 잎집얼룩병
④ 보리 겉깜부기병

해설
병원은 진균으로 *Cochliobolus miyabeanus* 으로 자낭포자로 인한 표징은 잘 나타나지 않는다.

16 벼 흰잎마름병 발생에 가장 중요한 요인은?
① 침수 ② 한발
③ 저온 ④ 비료 부족

해설
벼 흰잎마름병은 세균이 수공이나 상처를 통해 침입하는데 배수가 불량하거나 강수가 많거나 침수가 발생하는 여름철에 주로 발생한다.

17 복숭아 잎오갈병의 병원균은?
① 세균 ② 선충
③ 곰팡이 ④ 바이러스

해설
복숭아 잎오갈병의 병원균은 곰팡이(진균)로 자낭포자와 분생포자를 형성한다.

18 형광항체법을 이용하는 식물병 진단방법은?
① 혈청학적 진단
② 이화학적 진단
③ 생물학적 진단
④ 핵산분석에 의한 진단

해설
형광항체법은 혈청학적, 면역학적 진단법에 속한다.

19 벼 줄무늬잎마름병을 방제하는 방법으로 가장 효과가 작은 것은?
① 살균제 살포
② 애멸구 제거
③ 저항성 품종 재배
④ 논두렁 잡초 제거

해설
살균제는 미생물을 사멸시키는 약제로 벼 줄무늬잎마름병을 방제하는데는 효과가 떨어진다.

20 잣나무 털녹병의 전염경로에 대한 설명으로 옳은 것은?
① 잣나무에서 겨울포자 → 송이풀에서 겨울포자 → 송이풀에서 여름포자 → 잣나무에 침입
② 잣나무에서 담자포자 → 송이풀에서 여름포자 → 송이풀에서 겨울포자 → 잣나무에 침입
③ 잣나무에서 녹포자 → 송이풀에서 여름포자 → 송이풀에서 녹포자 → 송이풀에서 겨울포자 → 잣나무의 침입
④ 잣나무에서 녹포자 → 송이풀에서 여름포자 → 송이풀에서 겨울포자 → 송이풀에서 담자포자 → 잣나무에 침입

해설
잣나무 털녹병 전염경로
㉠ 녹포자 형성 → 잣나무 녹포자
㉡ 녹포자가 중간기주에서 여름포자 형성 → 송이풀여름포자
㉢ 겨울포자 형성 후 발아하여 소생자(담자포자)

정답 14 ③ 15 ② 16 ① 17 ③ 18 ① 19 ① 20 ④

발생 → 송이풀겨울포자
ㄹ) 바람에 의해 소생자(담자포자)가 잎의 기공으로 침입 → 송이풀담자포자 및 잣나무 침입

해설
애멸구는 약충기 뿐 아니라 성충도 벼를 흡즙한다.

2과목 농림해충학

21 길앞잡이과가 해당하는 목은?
① 나비목   ② 파리목
③ 메뚜기목   ④ 딱정벌레목

해설
길앞잡이과는 딱정벌레목에 해당한다.

22 곤충의 일반적 특징으로 옳지 않은 것은?
① 온혈동물이다.
② 부속지들이 마디로 되어 있다.
③ 외골격이 발달하여 근육의 부착점이 된다.
④ 탈피를 통해 성장하고 변태 과정을 거치기도 한다.

해설
곤충은 온도의 변화에 따라 체온이 변하는 냉혈동물이다.

23 유충이 육식성으로 수서생활을 하고, 물 밖으로 나와 번데기가 되어 성충으로 몇 시간 또는 며칠만 사는 것은?
① 뱀잠자리   ② 약대벌레
③ 부채벌레   ④ 풀잠자리

해설
뱀잠자리목은 유충이 물속에 살면서 아가미호흡을 하고 성충, 번데기는 육지에서 생활한다.

24 애멸구에 대한 설명으로 옳지 않은 것은?
① 약충기에만 벼 즙액을 빨아 먹는다.
② 우리나라 남부지방에서 월동이 가능하다.
③ 줄무늬잎마름병 같은 바이러스병을 매개한다.
④ 이모작 맥류재배를 하면 많이 발생하기도 한다.

25 식물의 선천적 내충성과 관계가 없는 것은?
① 내성   ② 회귀성
③ 항생성   ④ 비선호성

해설
회귀성은 서식장소로 돌아오는 것으로 내충성과는 관련이 없다.

26 조팝나무진딧물에 대한 설명으로 옳지 않은 것은?
① 조팝나무에서 성충으로 월동한다.
② 귤나무의 경우 새잎 뒷면에 기생한다.
③ 한국, 일본, 북아메리카 등에서 발생한다.
④ 주로 조팝나무, 사과나무, 귤나무에 서식한다.

해설
조팝나무진딧물은 알로 월동한다.

27 곤충의 말피기관에 대한 설명으로 옳은 것은?
① 바퀴 등 특수한 곤충에서만 볼 수 있는 감각기관이다.
② 대부분의 곤충에서 전장과 중장 사이에 위치하며 감각기관이다.
③ 대부분의 곤충에서 중장과 후장 사이에 위치하며 배설 작용을 한다.
④ 곤충의 전장과 중장 그리고 후장 사이마다 위치하며 배설작용을 한다.

해설
대부분의 곤충의 중장과 후장 사이에 말피기씨관이 있으며 배설작용을 한다.

정답 21 ④ 22 ① 23 ① 24 ① 25 ② 26 ① 27 ③

28 생물적 방제에 대한 설명으로 옳지 않은 것은?
① 효과 발현까지는 시간이 걸린다.
② 인축, 야생동물, 천적 등에 위험성이 적다.
③ 생물상의 평형을 유지하여 해충밀도를 조절한다.
④ 거의 모든 해충에 유효하며 특히 대발생을 속효적으로 억제하는 데 더욱 효과가 크다.

해설
생물적 방제는 주로 천적을 이용하기에 특정 해충에 유효하고 대발생시 그 효과가 감소한다.

29 곤충의 외표피에 대한 설명으로 옳지 않은 것은?
① 수분의 증산을 억제하는 왁스층이 있다.
② 단백질과 지질로 구성된 매우 얇은 층이다.
③ 큐티클 단면에서 몸의 가장 바깥쪽에 위치한다.
④ 탈피 시 내원표피를 소화시키는 탈피액도 분비한다.

해설
곤충이 탈피를 할 때 내원표피를 소화시키는 탈피액의 경우 진피의 상피세포에서 분비된다.

30 해충의 통계적 예찰법을 적용하려 할 때 주의사항으로 옳지 않은 것은?
① 변동량이 극단적인 경우는 제외한다.
② 이상발생이나 대발생 예찰에 적용한다.
③ 상관관계의 유의성을 충분히 고려한다.
④ 예측범위를 통계자료의 범위 내로 한다.

해설
해충의 통계적 예찰은 수년간의 변동 및 상관관계를 파악하는 것으로 특정 이상발생 및 대발생에만 적용하지는 않는다.

31 진딧물의 생식방법에 대한 설명으로 옳은 것은?
① 난생과 태생을 번갈아 한다.
② 단위생식과 난생에 의해서만 번식한다.
③ 양성생식과 단위생식을 함께 하며 태생도 한다.
④ 다른 곤충과는 달리 태생에 의해서만 번식한다.

해설
진딧물은 여름철까지는 암컷만으로 이루어지는 단위생식을 하고 가을에는 암수가 교미하는 양성생식을 한다.

32 수서곤충으로 성충으로 월동하는 것은?
① 담배나방   ② 벼물바구미
③ 꼬마배나무이 ④ 포도호랑하늘소

해설
벼물바구미는 성충으로 논둑 잡초나 산기슭 나뭇잎 아래에서 월동한다.

33 점박이응애의 천적으로 가장 효과적인 곤충은?
① 혹좀벌   ② 무당벌레
③ 긴털이리응애 ④ 온실가루이좀벌

해설
점박이응애의 천적으로 왕게응애와 신이리응애, 칠레이리응애, 긴털이리응애 등이 있다.

34 누에의 휴면호르몬이 합성되는 곳은?
① 앞가슴샘   ② 알라타체
③ 카디아카체 ④ 신경분비세포

해설
누에는 산란 번데기의 식도하신경절에 신경분비세포에서 휴면호르몬이 분비된다.

정답 28 ④ 29 ④ 30 ② 31 ③ 32 ② 33 ③ 34 ④

35 과실에 피해를 주는 해충이 아닌 것은?
① 배명나방 ② 복숭아명나방
③ 복숭아순나방 ④ 복숭아유리나방

해설
복숭아유리나방은 기주식물의 목질부를 가해하는 해충이다.

36 완전변태를 하는 곤충은?
① 벌 ② 진딧물
③ 노린재 ④ 메뚜기

해설
나비목, 벌목, 파리목, 딱정벌레목은 완전변태를 한다.

37 메뚜기류의 작은턱수염이 연결된 부위는?
① 밑마디 ② 자루마디
③ 도래마디 ④ 바깥조각

해설
메뚜기류에 있어 작은턱수염이나 더듬이 등은 머리에 있는 자루마디에 연결되어 있다.

38 콩과작물의 꼬투리와 과일나무의 열매 등을 흡즙하여 수량과 품질을 크게 떨어뜨리는 해충은?
① 파리류 ② 나방류
③ 노린재류 ④ 총채벌레류

해설
노린재류는 콩과작물 꼬투리와 과일나무의 열매에 피해를 주는데 흡즙가해 후 1주일 정도지나면 낙과한다. 9월 이후 흡즙 피해를 받은 과실의 경우 낙과는 하지 않으나 흡즙부위가 오목하게 들어가 갈색을 띠고 마치 찰과상과 같은 모양을 띠면서 품질이 떨어지게 된다.

39 벼 줄기 속을 가해하여 새로 나온 잎이나 이삭이 말라 죽도록 가해하는 해충은?
① 벼멸구 ② 흑명나방
③ 이화명나방 ④ 끝동매미충

해설
이화명나방은 1세대는 잎 뒷면에서 부화한 유충이 잎집으로 이동해 볏대 속에 구멍을 뚫고 피해를 주는데 한 마리의 유충이 여러 잎을 가해하여 피해가 큰편이다. 2세대는 유충이 줄기 속을 가해하여 이삭줄기 전체가 하얗게 말라 죽는 백수 현상이 일어난다.

40 곤충의 번데기에 대한 설명으로 옳지 않은 것은?
① 번데기의 모습은 부속지의 위치에 따라 피용과 나용으로 구분한다.
② 외시류에서 형태와 생리가 매우 다른 유충기와 성충기를 연결시켜 주는 발육단계이다.
③ 대부분의 번데기는 운동성이 없기 때문에 천적으로부터 취약하며, 휴면이나 월동처럼 오랜 기간 지속되는 환경조건에도 취약하다.
④ 먹이를 섭취하지 않는 시기로 내부적으로는 유충조직이 파괴되고 성충조직과 기관을 형성하는 매우 활발한 생리적 활성을 보이고 있는 시기다.

해설
외시류는 불완전변태를 하기에 번데기 과정이 없다.

3과목 재배학원론

41 무배유 종자에 해당하는 것은?
① 벼 ② 밀
③ 피마자 ④ 상추

해설
무배유종자 작물에는 콩, 완두, 잠두, 적두, 상추, 오이 등이 있다. 배유종자에는 밀, 벼, 보리, 옥수수, 양파가 있다.

정답 35 ④ 36 ① 37 ② 38 ③ 39 ③ 40 ② 41 ④

42 큰 강의 유역은 주기적으로 강이 범람해서 비옥해져 농사짓기에 유리하므로 원시농경의 발상지이었을 것으로 추정한 사람은?

① Vavilov   ② Dettweiler
③ De Candolle   ④ Liebig

> 해설
> De Candolle 는 농경의 발상지를 큰강의 유역으로 보았다.

43 다음 중 요수량이 가장 작은 것은?

① 귀리   ② 보리
③ 기장   ④ 목화

> 해설
> 요수량이 적은 식물로 수수, 기장, 옥수수 등이 있다.

44 다음 중 종자의 수명이 가장 긴 것은?

① 메밀   ② 가지
③ 고추   ④ 양파

> 해설
> 장명종자는 오이, 녹두, 가지, 배추 등이 있다.

45 ( ) 에 알맞은 내용은?

> 탄화수소, 오존, 이산화질소가 화합해서 생성되는 ( )은/는 광화학적인 반응에 의하여 식물에 피해를 끼치는데, 피튜니아의 경우 10ppm 으로 5시간 접촉되면 피해 증상이 생긴다.

① 연무   ② 산성비
③ 불화수소   ④ PAN

> 해설
> PAN 은 햇빛이 있는 조건에서 피해가 발생하고 질소산화물과 탄화수소가 광화학반응에 의해 생성되는 2차 오염물질이다.

46 다음 중 굴광현상에서 가장 유효한 파장은?

① 120 ~ 250 nm
② 440 ~ 480 nm
③ 600 ~ 680 nm
④ 700 ~ 750 nm

> 해설
> 굴광현상에 효과가 큰 파장은 440~480nm 중심의 청색광이다.

47 작물재배 시 담배의 최적온도는?

① 12℃   ② 18℃
③ 28℃   ④ 35℃

> 해설
> 담배의 생육 최저온도 13℃, 최고온도 35℃, 최적온도는 28℃ 정도이다.

48 다음 중 천연 옥신류에 해당하는 것은?

① IAA   ② 키네틴
③ BA   ④ GA_3

> 해설
> 생합성 옥신(천연호르몬) IAA, PAA, IAN 가 있다.

49 작물을 용도에 따라 분류할 때 약용작물로만 나열된 것은?

① 사탕무, 사탕수수
② 어저귀, 왕골
③ 유채, 땅콩
④ 제충국, 박하

> 해설
> 작물의 분류시 공예작물에서 약용작물은 제충국, 인삼, 도라지, 박하, 당귀 등이 있다.

50 나무딸기에서 이용되며 가지의 선단부를 휘어서 묻는 방법은?

① 분주   ② 성토법
③ 고취법   ④ 선취법

정답 42 ③ 43 ③ 44 ② 45 ④ 46 ② 47 ③ 48 ① 49 ④ 50 ④

> **해설**
> 가지의 선단부를 휘어서 묻는 방법은 선취법(단순취목)이다.

51 작물의 내염성 정도가 강한 것으로만 나열된 것은?

① 완두, 셀러리 ② 감자, 고구마
③ 살구, 복숭아 ④ 양배추, 순무

> **해설**
> 내염성 작물로 사탕무, 목화, 양배추, 순무, 유채 등이 있다.

52 산성토양에 가장 약한 작물로만 나열된 것은?

① 시금치, 양파 ② 땅콩, 기장
③ 감자, 유채   ④ 토란, 양배추

> **해설**
> 산성토양에 약한 작물로는 시금치, 보리, 콩, 양파, 파, 고추, 가지 등이 있다.

53 작물을 복토할 경우 복토 깊이가 0.5~1.0cm에 해당하는 것으로만 나열된 것은?

① 콩, 팥   ② 가지, 토마토
③ 옥수수, 완두 ④ 강낭콩, 잠두

> **해설**
> 복토 깊이가 0.5 ~ 1 cm 에 해당되는 작물은 파, 양파, 토마토, 상추, 당근, 담배, 가지 등이 있다.

54 ( ) 에 알맞은 내용은?

> ( ) 는 체내 이동성이 낮으며, 결핍시 셀러리의 줄기 쪼김병, 담배 끝마름병의 증상이 나타난다.

① 붕소   ② 구리
③ 염소   ④ 규소

> **해설**
> 붕소는 미량원소에 속하고 체내 이동성이 낮으며 세포 분열과 수정에 관여하여 부족할 경우 수정, 결실이 나빠지고 불임이 발생하기도 한다. 결핍시 사과 축과병, 담배 끝마름병, 속썩음병 등이 발생한다.

55 다음 중 자식성 식물로만 나열된 것은?

① 딸기, 호밀   ② 양파, 메밀
③ 담배, 완두   ④ 시금치, 호프

> **해설**
> 자식성 작물(자가수정)은 벼, 콩, 보리, 토마토, 담배, 고추, 완두, 참깨 등이 있다.

56 재배포장에서 파종된 종자의 발아상태를 조사할 때 "발아한 것이 나타난 날"을 무엇이라 하는가?

① 발아의 양부   ② 발아시
③ 발아기   ④ 발아전

> **해설**
> 종자가 처음 발아한 날을 발아시라 한다.

57 종묘로 이용되는 영양기관을 분류할 때 땅속줄기에 해당하는 것으로만 나열된 것은?

① 다알리아, 고구마
② 마, 글라디올러스
③ 나리, 모시풀
④ 생강, 박하

> **해설**
> 땅속줄기에 해당되는 것은 생강, 박하, 호프가 있다.

58 수광태세가 좋아지는 벼의 초형으로 틀린 것은?

① 잎이 넓을수록 좋아진다.
② 상위엽이 직립한다.
③ 분얼이 조금 개산형인 것이 좋다.
④ 키가 너무 크거나 작지 않다.

> **해설**
> 벼의 잎은 좁을수록 수광태세가 좋다.

정답 51 ④ 52 ① 53 ② 54 ① 55 ③ 56 ② 57 ④ 58 ①

59 배낭을 만들지 않고 포자체의 조직세포가 직접 배를 형성하는 것은?
① 위수정생식 ② 부정배형성
③ 웅성단위생식 ④ 무성생식

해설
부정배형성은 부정배분화라고도 하며 배낭을 만들지 않고 조직세포(체세포)로 배를 형성하는 것을 의미한다.

60 다음 중 작물의 교잡률이 0.0~0.15%에 해당하는 것은?
① 아마 ② 가지
③ 수수 ④ 보리

해설
보리의 자연 교잡률은 0~0.15%이며 밀 0.3~0.5%, 귀리 0.04~1.04%, 벼 0.2~1%, 참깨 2~5% 정도이다.

4과목 농약학

61 농약의 안전사용기준을 설정하는 주된 목적은?
① 약해를 없애기 위하여
② 약효를 증대시키기 위하여
③ 농산물 중 잔류량이 허용기준을 초과하지 않도록 하기 위하여
④ 살포하는 농민의 편의성을 향상시키기 위하여

해설
농약의 안전사용기준의 설정은 농산물 중 잔류량 허용기준을 초과하지 않게 하여 피해를 막기 위해서이다.

62 다음 중 보호 살균제 농약은?
① 키타진   ② 가스가민
③ 석회보르도액 ④ 스트렙토마이신

해설
보호살균제는 석회보르도액, 구리 분제, 유기유황제 등이 있다.

63 농약의 구비조건으로 가장 거리가 먼 것은?
① 독성이 강할 것
② 약해가 없을 것
③ 약효가 확실할 것
④ 저장성이 좋을 것

해설
농약의 구비조건
· 농약은 살균, 살충력이 강해야 하며 적은양으로 효과가 있어야 한다.
· 작물 및 사람, 가축에 해가 없어야 하고 오랜 시간 잔류하거나 생물에 축적되지 않아야 한다.
· 사용법이 간단해야 한다.
· 품질이 균일하고 지속적이어야 하며 외부환경 변화에도 변질되지 않아야 한다.
· 가격이 저렴하고 구입이 용이해야 한다.
· 다른 약제와의 혼용이 가능해야 한다.
· 농촌진흥청에 등록되어야 한다.

64 피페로닐 부톡사이드(Piperonyl butoxide)는?
① Pyrethrin의 협력제이다.
② 유기황제 살균제이다.
③ 유기인계 살충제이다.
④ 유기염소계 살충제이다.

해설
Piperonyl butoxide은 Pyrethrin의 약효를 상승시켜 주는 협력제이다.

정답 59 ② 60 ④ 61 ③ 62 ③ 63 ① 64 ①

65 포인세티아에 대하여 식물호르몬인 지베렐린의 작용을 저해하여 식물의 신장억제 작용을 하는 약제는?

① MH제
② 칼카본
③ β-인돌초산(IAA)
④ 클로르메콰클로라이드

해설
클로르메콰클로라이드는 포인세티아의 생장억제제로 이용하며 주로 아주심기를 할 때 클로르메콰클로라이드액제를 살포하여 처리한다.

66 농약의 주성분에 의한 분류에 해당하지 않는 것은?

① 도포제   ② 유기염소제
③ 카바메이트제 ④ 피레스로이드제

해설
도포제는 농약의 제형에 따른 분류에 해당한다.

67 메프유제 50%를 0.05%로 희석하여 10a 당 100L를 살포하려고 할 때 소요약량은 약 몇 mL 인가?(단, 비중은 1.008이다.)

① 99.2   ② 109.2
③ 119.2   ④ 129.2

해설
$$\text{소요약량} = \frac{\text{추천농도}(\%) \times \text{살포대상량}(ml)}{\text{비중} \times \text{원액농도}(\%)}$$
$$= \frac{0.05\% \times 100{,}000ml}{1.008 \times 50\%} ≒ 99.2ml$$

68 다음 중 농약의 보조제(supplement agent)에 해당하는 것은?

① 유인제   ② 식독제
③ 기피제   ④ 유화제

해설
보조제는 주제의 효과 증진을 도와주는 약제로 제로 전착제, 증량제, 용제, 유화제, 협력제등이 있다.

69 석회유황합제에 대한 설명으로 틀린 것은?

① 주성분은 다황화칼슘(CaS_5)이고 티오황산칼슘(CaS_2O_3)을 소량 함유한다.
② 과수 및 보리 등의 병 방제용으로 사용된다.
③ 일반적으로 겨울에는 300~600배액을 여름철에는 20~30배액을 사용한다.
④ 주성분이 공기 중의 산소 또는 이산화탄소와 작용하여 활성화된 유황분자에 의해 살균이 이루어진다.

해설
일반적으로 석회유황합제는 여름철과 같이 온도가 높은 계절에는 약해발생확률이 높아 여름철에는 약액의 농도를 묽게 하여 사용한다.

70 Cyclodiene 계로서 2개의 이성질체가 있으며 접촉독 및 식독작용에 의하여 살충효과가 있는 약제는?

① 메소밀(Methomyl)
② 피레스린(Pyrethrin)
③ 엔도설판(Endosulfan)
④ 이미다클로프리드(Imidacloprid)

해설
엔도설판은 유기염소계 살충제로 2종의 이성질체의 혼합물로 구성되어 있다. 2종의 이성질체는 α-endosulfan, β-endosulfan 으로 경구를 통해 주로 흡수되나 접촉독으로도 살충효과가 있다.

71 유기인계 살균제로서 도열병에 대한 효과가 가장 큰 농약은?

① 아이비(IBP)
② 캡탄(Captan)
③ 다코닐(Daconil)
④ 가스가마이신(Kasugamycin)

해설
벼 도열병 방제제로 아이비(IBP, Iprobenfos, 이프로벤포스), 와 에디펜포스(Edifenphos) 등이 효과적이다.

정답 65 ④ 66 ① 67 ① 68 ④ 69 ③ 70 ③ 71 ①

72 분제의 물리적 성질에 해당하는 것으로만 나열된 것은?

① 현수성, 유화성
② 습전성, 표면장력
③ 수화성, 접촉각
④ 용적비중, 비산성

해설
농약의 물리적 성질로 분말도, 토분성, 분산성, 부착성, 안정성, 비산성, 용적비중, 입도, 분말도 등이 있다.

73 피레스로이드(Pyrethroid)계 살충제의 특성에 대한 설명으로 틀린 것은?

① 간접접촉제로서 곤충의 기문이나 피부를 통하여 체내에 들어가 근육마비를 일으킨다.
② 온혈동물, 인축에는 매우 저독성이며 곤충에 따라 살충력이 강하다.
③ 중추신경계나 말초신경계에 대하여 매우 낮은 농도에서 독성작용을 일으키는 신경독성화합물이다.
④ 고온보다 저온상태에서 약효발현이 잘 된다.

해설
피레스로이드는 접촉제로 속효성이며 신경기능의 저해를 통해 해충을 방제한다.

74 농약제조용 증량제에 대한 설명으로 가장 옳은 것은?

① 수분함량과 입자의 흡습성이 낮은 증량제가 좋다.
② 증량제의 가비중은 입자의 비산성과 관계가 있으므로 0.2 이하가 적당하다.
③ 증량제의 강도가 강할수록 농약살포시 더 유리하다.
④ 증량제의 pH 에 의한 농약의 주성분 분해 영향은 거의 없다.

해설
증량제는 주성분의 농도를 낮추어 주는 약제로 수분함량과 입자의 흡습성은 낮고 분말도, 분산성, 비산성 등은 높아야 한다. 증량제의 종류로는 규조토, 탈크, 벤토나이트 등이 있다.

75 다음 농약의 약해증상 중 만성적 약해에 해당하는 것은?

① 낙과(落果) ② 화아(花芽)형성
③ 엽소(葉燒) ④ 발근(發根)불량

해설
만성적 약해는 약제 살포 후 1 주일 이후에 증상이 나타나며 식물의 생장, 화아, 과실 등에 영향을 주게 되는데 생장의 불량, 비대 지연, 화아형성지연, 과실의 수량 감소 등의 피해가 나타난다.

76 과거 어느 살충제보다 살충력이 강하고 적용범위가 넓으며 저렴한 값에 대량생산의 장점이 있으나 잔류독성의 문제를 일으킬 위험요인이 가장 큰 계통의 농약은?

① 유기황계   ② 유기인계
③ 유기염소계 ④ 카바메이트계

해설
유기염소계 살충제는 살충력이 강하고 적용 가능한 해충의 종류가 많으며 대량생산이 가능하다. 하지만 유기염소계의 살충제는 잔류성이 높은 DDT, BHC 등은 잔류독성 문제로 인하여 국내에서 사용이 금지되어 있다.

77 농약의 제형에 의한 분류에 있어서 희석살포제인 제형에 해당되는 것은?

① 수면부상성입제
② 미립제
③ 분제
④ 과립수화제

해설
과립수화제는 희석하여 살포하기에 분산성이 우수해야 한다.

정답 72 ④ 73 ① 74 ① 75 ② 76 ③ 77 ④

78 다음 중 작물 잔류성이 가장 낮은 약제는?
① 침투성 약제
② 유용성(油溶性) 약제
③ 증발하기 쉬운 약제
④ 작물에 부착성이 큰 약재

해설
증발하기 쉬운 약제일수록 작물에 남아 있는 잔류량이 낮다.

79 50%의 페노뷰카브 유제(비중:1) 100ml를 0.05% 액으로 희석하는 데 소요되는 물의 양은 약 몇 L 인가?
① 49.95 L   ② 99.9 L
③ 499.5 L   ④ 999.9 L

해설
희석할 물의양
$= 원액용량 \times \left(\dfrac{원액농도}{희석할 농도} - 1 \right) \times 원액비중$
$= 100ml \times \left(\dfrac{50}{0.05} - 1 \right) \times 1$
$= 99900ml = 99.9L$

80 물에 녹지 않은 원제를 벤토나이트, 고령토 같은 점토광물의 증량제와 혼합하고 여기에 친수성, 습진성 및 고착성 등을 부가시키기 위하여 적당한 계면활성제를 가하여 미분말화시킨 농약의 제형은?
① 수용제   ② 수화제
③ 분제   ④ 유제

해설
수화제는 물에 녹지 않는 주제를 벤토나이트 등의 점토광물과 계면활성제 등을 배합하여 혼합 분쇄하여 제제한다. 수화제는 골고루 퍼지는 현수성이 중요하며 수화성, 고착성, 습진성 등이 좋아야 한다.

5과목 　　　　잡초방제학

81 논에는 다년생 잡초가 증가하는 요인으로 거리가 먼 것은?
① 시비량 증가
② 조기이식 감소
③ 춘경 및 추경의 감소
④ 1년생 잡초 제초제 연용

해설
논에 다년생 잡초의 증가는 제초제의 연용, 작부체계의 변화 혹은 춘, 추경의 감소 등의 요인이 있다.

82 벼와 광경합이 가장 크게 일어나는 잡초는?
① 강피   ② 올미
③ 쇠털골   ④ 논뚝외풀

해설
피 종류 잡초의 경우 벼와 광 경합을 통해 수량 감소 등의 피해를 준다.

83 벼 잡초인 피 방제를 위한 프로파닐 제초제의 선택성에 대한 설명으로 옳은 것은?
① 휴면성의 차이에 기인한 것이다.
② 형태적인 차이에 기인한 것이다.
③ 생활상의 차이에 기인한 것이다.
④ 효소 활성의 차이에 기인한 것이다.

해설
프로파닐은 아마이드계 제초제로 사용시 프로파닐을 가수분해시키는데 이는 아릴아실아미라아제 효소에 의한 활성의 차이에 기인한 것이다.

정답　78 ③　79 ②　80 ②　81 ②　82 ①　83 ④

84 토양내 제초제의 흡착에 대한 설명으로 옳지 않은 것은?
① 이온화가 가능한 제초제는 음이온 치환을 통해 흡착된다.
② 토양내 점토물의 표면에 부착되거나 친화력을 갖는 것을 의미한다.
③ 대부분의 제초제는 반응기를 갖고 있어서 토양 유기물과 치환혼합이 가능하다.
④ 제초제는 대부분 하나 이상의 방향족 물질을 함유하고 있어 흡착에 중요한 역할을 한다.

해설
이온화 가능한 제초제는 양이온 치환을 통해 흡착된다.

85 기생성, 식해성 및 병원성을 지닌 곤충 등을 이용하여 잡초의 발생밀도를 감소시키는 방법은?
① 화학적 방제법 ② 생물적 방제법
③ 생태적 방제법 ④ 물리적 방제법

해설
곤충이나 미생물, 병원성을 이용하여 잡초의 발생밀도를 경감시키는 방법을 생물적 방제법이라 한다.

86 일년생 잡초로만 올바르게 나열된 것은?
① 냉이, 바랭이
② 명아주, 강아지풀
③ 개구리밥, 벼룩나물
④ 망초, 나도방동사니

해설
일년생 잡초로 둑새풀, 강피, 물달개비, 물옥잠, 사마귀풀, 여뀌, 마디꽃, 자귀풀, 명아주, 강아지풀 등이 있다.

87 논에서 주로 종자로 번식하는 잡초는?
① 올미 ② 벗풀
③ 올방개 ④ 물달개비

해설
물달개비는 주로 논에서 종자로 번식하는 1년생 잡초이다.

88 단자엽 잡초의 특징으로 옳은 것은?
① 뿌리는 직근계이다.
② 잎은 대개 평행맥이다.
③ 개방유관속의 줄기를 가지고 있다.
④ 일반적으로 생장점은 식물체의 위쪽에 위치한다.

해설
단자엽 잡초는 잎은 평행맥이고 뿌리는 수염뿌리를 가지고 있으며 줄기에는 관다발이 불규칙하게 흩어져 있으며 생장점은 식물체 하단에 위치한다.

89 잡초가 제초제를 흡수하는 과정에 대한 설명으로 옳지 않은 것은?
① 뿌리와 잎에 의해서만 흡수된다.
② 토양에 잔류하는 제초제는 대부분 뿌리를 통하여 흡수된다.
③ 경엽처리제는 대부분 잎과 표면이나 기공을 통하여 흡수된다.
④ 습윤제는 잎표면의 계면장력을 줄여 제초제의 흡수를 용이하게 한다.

해설
제초제는 뿌리, 눈, 잎 등 다양한 부위에서 흡수된다.

90 주로 콩과 작물 및 목본식물에 기생하여 수분이나 양분 등을 탈취하는 잡초는?
① 새삼 ② 바랭이
③ 강아지풀 ④ 중대가리풀

정답 84 ① 85 ② 86 ② 87 ④ 88 ② 89 ① 90 ①

> **해설**
> 잡초 중에서는 뿌리가 없는 기생식물이 있으며 대표적으로 새삼, 겨우살이가 있다. 기생식물은 다른 식물의 양분을 흡수하여 살아가기에 작물에 기생할 경우 작물의 양분을 빼앗아가 생육에 영향을 미친다.

91 생태적 방제법에 대한 설명으로 틀린 것은?

① 연작을 실시한다.
② 작물의 재식밀도를 조절한다.
③ 과수원에서는 피복작물을 재배한다.
④ 작물의 초관형성시기를 되도록 빠르게 한다.

> **해설**
> 생태적 방제법은 경종적 방제법이라하며 작부체계 개선, 경합력 큰 작물의 선택, 피복식물 재배, 이식 및 이앙 등의 방법이 있다.

92 잡초발생이 많은 포장에 서로 다른 제초제를 사용하고 시기를 달리하여 2번 이상 살포하는 방법은?

① 이중처리 ② 종합처리
③ 체계처리 ④ 복합처리

> **해설**
> 잡초발생이 많은 곳은 동일 제초제의 연속 사용을 피하고 다른 제초제를 사용하여 방제의 효과를 높이는데 이때 사용시기를 달리하여 2번 이상 살포하는 방법을 체계처리라 한다.

93 월년생 잡초가 주로 발아하는 시기는?

① 연중 상관 없음
② 봄과 여름 사이
③ 가을과 겨울 사이
④ 여름과 가을 사이

> **해설**
> 월년생 잡초는 주로 가을~겨울 사이 발생하여 월동하고 다음해 여름쯤 개화한다.

94 잡초는 경우에 따라 유용하게 이용되기도 한다. 수질 오염원의 제거에 효과가 있는 것으로 알려진 잡초는?

① 쇠비름 ② 바랭이
③ 쇠뜨기 ④ 부레옥잠

> **해설**
> 부레옥잠은 수질 정화용으로 이용된다.

95 제초제 제형 중 수화제에 대한 설명으로 옳은 것은?

① 물이 필요 없으며 바로 사용 가능하다.
② 물에 희석하면 잘 용해되어 투명해진다.
③ 원제에 유화제를 넣어 혼합 분쇄한 것이다.
④ 작은 입자 크기로 된 고체이며 물에 녹여 사용한다.

> **해설**
> 수화제는 물에 녹지 않는 농약 원제를 증량제와 분산제를 이용하여 제조한다. 작은 입자 크기로 된 고체를 물에 녹여 사용하기 용이하게 제조한 것이다.

96 일장에 거의 영향을 받지 않고 발생 후 일정한 기간이 되면 지하경을 형성하는 다년생 논잡초는?

① 벗풀 ② 가래
③ 올미 ④ 올방개

> **해설**
> 올미는 덩이줄기를 이용한 영양번식을 하기에 일장의 영향을 거의 받지 않고 지하경을 형성하는 다년생 논잡초이다.

97 광발아 잡초에 해당하지 않은 것은?

① 비름 ② 광대나물
③ 소리쟁이 ④ 왕바랭이

> **해설**
> 광대나물은 암발아 종자에 속한다.

정답 91 ① 92 ③ 93 ③ 94 ④ 95 ④ 96 ③ 97 ②

98 벼 재배에서 잡초와의 경합력이 가장 큰 재배법은?

① 담수직파 재배
② 건답직파 재배
③ 성묘 손이앙 재배
④ 어린 모 기계이앙 재배

> 해설
> 직파보다는 이앙이 잡초의 피해를 덜 받으며 어린 모 보다는 성묘가 경합력이 상대적으로 강하다.

99 잡초 종자의 발아에 대한 설명으로 옳은 것은?

① 작물 종자와는 다르게 수분을 요구하지 않는다.
② 정상적인 토양 pH 범위 내에서는 발아가 되기 힘들다.
③ 항온건조보다는 변온조건이 발아를 촉진하는 경우가 많다.
④ 논에서 자라는 잡초종은 발아에 있어서 산소 요구도가 높다.

> 해설
> 종자는 일정 온도 조건보다는 변온 조건에서 자극을 받아 발아가 촉진되는 경우가 많다.

100 작물과 잡초의 경합 관계에 대한 설명으로 옳지 않은 것은?

① 작물의 품종은 잡초와의 경합력과 관계가 없다.
② 작물의 재식밀도를 높여 잡초에 경합력을 높일 수 있다.
③ 잡초보다 먼저 생육을 시작한 작물은 경합에 유리하다.
④ 토양비옥도가 높은 경우 작물과 잡초 모두의 활력을 높이므로 제초작업을 철저히 해야 한다.

> 해설
> 작물의 품종에 따라 잡초와의 경합력 능력이 달라 관계가 있다.

정답 98 ③ 99 ③ 100 ①

국가기술자격 필기시험문제

2017년 기사 제4회 과년도 기출문제

자격종목	종목코드	시험시간	형별
식물보호기사		2시간 30분	

1과목　식물병리학

01 종묘 소독에 대한 설명으로 옳은 것은?
① 농약만을 사용하는 방법이다.
② 종자의 발아율을 좋게 하는 방법이다.
③ 종자의 이물질이 없도록 정선하는 방법이다.
④ 종자와 종묘 외에도 덩이뿌리 등 영양번식체를 소독하는 방법이다.

[해설] 종묘 소독은 종자와 종묘 외, 덩이줄기, 덩이뿌리 등에 붙어 있는 병해충을 소독하는 방법으로 물리적방법과 화학적 방법등이 있다.

02 저항성 품종을 이용한 방제방법으로 가장 큰 문제점에 해당하는 것은?
① 비경제성
② 비효과성
③ 약해 및 잔류독성
④ 저항성 품종의 이병화 현상

[해설] 이병화 현상은 병에 걸리는 것을 말한다. 저항성을 가진 품종이 병에 걸리는 것은 방제방법에 있어 가장 큰 문제점에 해당한다.

03 글루티노사 담배(*Nicotiana glutinosa*)에 TMV(담배 모자이크바이러스)를 접종했을 때 주로 나타나는 현상은?
① 잠복감염
② 국부병징
③ 전신감염
④ 병징은폐

[해설] TMV(담배모자이크바이러스)는 담배식물을 이용하면 국부반점(국부병징)이 나타난다.

04 벼 키다리병균이 분비하여 벼가 비정상적으로 신장하는데 관계하는 생장조절제는?
① 옥신
② 에틸렌
③ 지베렐린
④ 카이네틴

[해설] 지베렐린의 경우 벼의 키다리병균이 분비하고 줄기의 신장을 촉진하고 개화 및 결실을 돕는 역할을 하는 생장조절제이다.

05 다음 설명에 해당하는 병은?

◎ 오이 잎에 발생하는 병해로 수침상의 점무늬가 다각형의 담갈색 무늬로 발전한다.
◎ 습기가 많으면 병든 부위의 뒷면에 서리 또는 가루모양의 곰팡이가 생긴다.

① 오이 노균병
② 오이 흰가루병
③ 오이 덩굴마름병
④ 오이 잿빛곰팡이병

[해설] 오이 노병균의 경우 진균에 의해 담황색의 작은 반점이 발생하고 점점 확장되어 담갈색의 병반이 형성된다. 병반 뒷면은 서리 혹은 가루 모양의 회색 곰팡이인 분생포자가 생성된다.

정답 01 ④　02 ④　03 ②　04 ③　05 ①

06 중간 기주인 향나무류를 제거하면 피해를 경감시킬수 있는 식물병은?
① 배추 균핵병
② 사과나무 탄저병
③ 복숭아 검은무늬병
④ 사과나무 붉은별무늬병

해설
사과나무 붉은별무늬병의 중간기주는 향나무이다. 향나무를 제거시 피해를 경감시킬수 있다.

07 박테리오파지(Bacteriophage)에 대한 설명으로 옳은 것은?
① 식물에 기생하는 세균이다.
② 식물에 기생하는 곰팡이다.
③ 세균에 기생하는 바이러스이다.
④ 곰팡이에 기생하는 바이러스이다.

해설
박테리오파지는 세균에 기생하여 세균을 잡아먹는 바이러스이다.

08 감자 역병에 대한 설명으로 옳지 않은 것은?
① 병원균은 자웅동형성이다.
② 아일랜드 대기근의 원인이다.
③ 역사적으로 1845년경에 대발생했다.
④ 무병 씨감자를 사용하여 방제할 수 있다.

해설
감자 역병의 병원균은 자웅이주균이다.

09 병원균의 분생포자각과 자낭각이 보이는 식물병은?
① 오이잘록병 ② 옥수수오갈병
③ 벼 이삭누룩병 ④ 밤나무줄기마름병

해설
밤나무 줄기마름병은 플라스크모양의 자낭각이 형성되고 이후 수피가 적갈색으로 변색되며 비가 내리면 황갈색의 분생포자각이 분출된다.

10 벼 도열병에 대한 설명으로 옳은 것은?
① 종자 소독은 효과가 없다.
② 분생포자는 서양배 모양이다.
③ 레이스가 1개 유형만이 존재한다.
④ 질소비료를 충분히 주어 방제한다.

해설
무색에 가까운 분생포자는 서양배 모양으로 2개의 격막을 가진다.

11 병원균이 불완전세대로 Pyricularia grisea(P.oryzae)인 식물병은?
① 벼 도열병
② 벼 흰잎마름병
③ 맥류 줄기녹병
④ 맥류 흰가루병

해설
벼 도열병균의 불완전 세대는 Pyricularia grisea 이다.

12 식물병원 세균 중 육즙한천배양기 상에서 황색균총을 형성하는 것은?
① *Pseudomonas*
② *Xanthomonas*
③ *Agrobacterium*
④ *Pectobacterium*

해설
Xanthomonas 는 그람음성균으로 배지상에서 황색의 균총을 형성하며 생육속도는 다소 느리다.

13 벼 줄무늬잎마름병을 전반시키는 매개충은?
① 진딧물   ② 애멸구
③ 번개매미충 ④ 끝동매미충

해설
벼 줄무늬잎마름병은 애멸구에 의해 전염되며 병원은 바이러스로 Rice stripe virus 전염시킨다.

정답 06 ④ 07 ③ 08 ① 09 ④ 10 ② 11 ① 12 ② 13 ②

14 제한효소를 사용하며 DNA 특정 염기부위를 잘라 DNA 절편 다양성을 통해 병원체를 동정하는 진단과 관련 있는 용어는?

① IEM ② PCR
③ TEM ④ RFLP

해설
RFLP는 restriction fragment length polymorphism의 약자로 DNA 를 유전자 절단 제한효소로 절단하여 이때의 유전자의 길이가 개인에 따라 다양하게 나타는 현상을 말한다.

15 식물병 발생에 필요한 3대 요인에 속하지 않는 것은?

① 기주 ② 매개충
③ 병원체 ④ 환경요인

해설
병을 일으킬 요인으로 기주와 식물병에 직접적인 요인을 주인, 주인을 도와 발병을 촉진 및 확산시키는 요인들을 유인이라 하며 유인은 주로 환경적 요인을 말한다.

16 뽕나무 오갈병의 병원체는?

① 세균 ② 진균
③ 바이러스 ④ 파이토플라스마

해설
파이토플라스마에 의해 발생하는 병으로 대추나무 빗자루병, 오동나무 빗자루병, 뽕나무 오갈병 등이 있다.

17 대추나무 빗자루병 방제를 위해 나무 주사에 사용되는 항생제는?

① 아그렙토
② 브라마이신
③ 스트렙토마이신
④ 옥시테트라사이클린

해설
대추나무 빗자루병은 파이토플라스마에 의해 발생하고 파이토플라스마는 옥시테트라사이클린계의 항생물질로 치료한다.

18 채소류에 발생하는 잿빛곰팡이병에 대한 설명으로 옳지 않은 것은?

① 딸기, 토마토, 고추 등에 발생한다.
② 병환부에 형성된 분생포자가 바람에 의해 전파된다.
③ 시설재배의 경우 온도가 높고 습도가 낮을 때 주로 발생한다.
④ 노지 재배의 경우 흐리고 비가 오는 날이 계속될 때 주로 발생한다.

해설
잿빛곰팡이병은 15~20℃ 정도의 저온이고 다습한 조건에 자주 발생한다.

19 사과 탄저병균 전반에 가장 효과적인 전파 수단은?

① 종자 ② 선충
③ 비바람 ④ 토양 해충

해설
사과탄저병균의 전반은 빗물, 바람, 매개충에 의해 전염된다.

20 파이토알렉신(Phytoalexin)의 생성 기작에 대한 설명으로 옳은 것은?

① 기주가 단독으로 생성한다.
② 병원균이 단독으로 생성한다.
③ 기주와 병원균의 상호 작용에 의하여 기주가 생성한다.
④ 기주와 병원균의 상호 작용에 의하여 병원균이 생성한다.

해설
병원체가 기주식물에 침입하고 난 이후 기주에서 병원체의 발육을 억제하기 위해 발생되는 항균물질을 파이토알렉신이라 한다.

정답 14 ④ 15 ② 16 ④ 17 ④ 18 ③ 19 ③ 20 ③

2과목　농림해충학

21 천적을 이용한 생물적 방제에 대한 설명으로 옳지 않은 것은?
① 외래종을 도입할 경우 방제 성공률이 낮다.
② 고립된 환경조건에서는 방제 성공률이 높다.
③ 이동성이 큰 해충의 경우 방제 성공률이 낮다.
④ 경제적 피해수준이 큰 해충은 방제 성공률이 높다.

해설
생물적 방제 방법으로 외래종 역시 실제 도입하고 있으며 환경에 대한 적응력 및 포식성등으로 성공률이 더 높은 종류도 있다.

22 사과응애에 관한 설명으로 옳지 않은 것은?
① 알로 월동한다.
② 1쌍의 완전한 눈과 불완전한 눈이 있다.
③ 몸의 센털은 다른 응애류보다 비교적 길다.
④ 수컷은 황녹색이며 등쪽에 엷은 흑색의 반점이 있다.

해설
사과응애의 수컷은 황적색이고 암컷보다 작고 납작하며 배 끝쪽으로 갈수록 가늘어진다.

23 담배나방 유충에 대한 설명으로 옳지 않은 것은?
① 어린 유충은 주로 잎을 가해한다.
② 땅 속에서 월동하고 나서 번데기가 된다.
③ 제 3령 이후에는 낮에는 잎 뒷면에 숨는다.
④ 부화유충은 밤낮을 가리지 않고 가해한다.

해설
담배나방은 번데기로 땅속에서 월동한다.

24 부패물 또는 토양 속의 유기물에 자라는 미생물을 먹고 사는 곤충은?
① 진딧물　② 메뚜기
③ 톡토기　④ 깍지벌레

해설
톡토기는 낙엽이나 썩은 나무 아래, 물위 등에서 서식하면서 부패물이나 곰팡이, 미생물을 먹고 자란다.

25 주로 온실에서 재배하는 토마토에 바이러스병을 매개하는 해충으로 가장 피해를 많이 주는 것은?
① 갈색여치　② 외줄면충
③ 목화진딧물　④ 담배가루이

해설
담배가루이는 온실에 재배되는 토마토에 피해를 주며 토마토황화잎말림바이러스(TYLCV)를 매개한다.

26 배나무이의 분류학적 위치는?
① 나비목　② 노린재목
③ 사마귀목　④ 딱정벌레목

해설
배나무이는 노린재목에 속한다.

27 마늘에 피해를 주는 고자리파리의 방제방법으로 가장 효과가 적은 것은?
① 천적인 고자리혹벌을 이용한다.
② 미숙 유기질 비료를 많이 사용한다.
③ 파종 또는 이식 전에 토양살충제를 살포한다.
④ 연작지에서 발생과 피해가 심하므로 윤작을 실시한다.

해설
미숙 유기질 비료 사용시 고자리파리의 발생량이 증가된다.

정답　21 ①　22 ④　23 ②　24 ③　25 ④　26 ②　27 ②

28 곤충의 호흡 기능과 관련된 조직이 아닌 것은?
① 기관   ② 기문
③ 수상돌기   ④ 기관소지

해설
수상돌기는 곤충의 감각기관에 속하며 후각을 담당한다.

29 분류학적으로 개미가 속하는 곤충목은?
① 벌목   ② 이목
③ 노린재목   ④ 총채벌레목

해설
개미는 벌목에 속한다.

30 지표와 가까운 밭작물의 줄기와 잎에 가장 큰 피해를 주는 해충은?
① 조명나방   ② 멸강나방
③ 담배나방   ④ 거세미나방

해설
거세미나방의 유충은 기주식물의 줄기, 잎을 가해하고 반점이 발생한다.

31 곤충의 소화기관 중 내배엽에서 만들어진 것은?
① 중장   ② 소낭
③ 전위   ④ 식도

해설
중장은 소화 및 흡수작용을 하며 내배엽에서 기원되었다.

32 존스턴기관을 확인할 수 있는 곤충류는?
① 바퀴류   ② 개미류
③ 모기류   ④ 나방류

해설
모기류는 흔들마디에 존스턴기관이 있어 공기의 진동을 통해 소리를 인지하거나 바람의 방향을 느낀다.

33 휴면에 대한 설명으로 옳은 것은?
① 환경이 좋아지면 즉시 종료된다.
② 내분비기관에서 분비되는 페로몬에 의해 유기된다.
③ 환경이 좋아지면 일정한 생리적 과정을 거친 후 종료된다.
④ 활동을 정지한 상태로 좋지 않은 환경에 의해 직접 유기된다.

해설
휴면은 불리한 환경을 예측하여 발육을 정지하여 환경을 극복하는 방법이다. 불리한 환경이 개선되면 휴면이 종료되고 다시 활동을 재개한다.

34 농림해충의 상대밀도 조사법으로 가장 적절한 방법은?
① 빈도조사   ② 피도조사
③ 설문조사   ④ 포충망조사

해설
정량적 조사 방법인 상대밀도 조사법은 단위시간 동안의 포살장치를 이용하며 포충망조사가 해당된다.

35 곤충의 탈피와 변태를 조절하는 호르몬 분비에 관여하는 기관이 아닌 것은?
① 뇌   ② 전흉선
③ 말피기관   ④ 알라타체

해설
말피기씨관은 곤충의 중장, 후장 사이에 있으며 배설작용을 돕는 역할을 한다.

정답 28 ③ 29 ① 30 ④ 31 ① 32 ③ 33 ③ 34 ④ 35 ③

36 작물의 재배시기를 조절하여 해충의 피해를 줄이는 방법은?

① 화학적 방제법 ② 경종적 방제법
③ 기계적 방제법 ④ 물리적 방제법

> **해설**
> 경종적 방제법은 생태학적 방제법으로 해충의 발생시기와 특성을 고려하여 작물의 피해를 줄이는 방법으로 작물의 재배시기에 변화를 주거나 재배방법을 개선하여 해충을 방제한다.

37 중국으로부터 비래하는 것으로 우리나라에서 월동하며, 벼에 바이러스병을 매개하는 것은?

① 애멸구   ② 꽃매미
③ 벼멸구   ④ 흰등멸구

> **해설**
> 애멸구는 중국에서 비래하여 4령약충이 논둑의 잡초 사이에 월동한다. 줄무늬잎마름병을 매개하는 매개충으로 벼의 생육기 중 본엽 11엽기 이전에 피해가 크게 나타난다.

38 유충이 한 개의 벼 잎을 세로로 말고 몇 군데를 철한 다음 그 속에서 가해하는 해충은?

① 혹명나방   ② 벼애나방
③ 벼밤나방   ④ 줄점팔랑나비

> **해설**
> 혹명나방은 유충이 한 개의 잎을 세로로 말아 몇 군데를 철하고 그 속에서 식해를 하여 출수가 고르지 못하고 등숙도 늦어지는 피해가 발생한다.

39 가뢰과에 속하는 곤충들에서 주로 나타나는 변태의 형태는?

① 무변태   ② 과변태
③ 완전변태 ④ 불완전변태

> **해설**
> 가뢰과는 곤충에서 딱정벌레목으로 <알→유충→의용→용→성충> 의 과정을 거치는 과변태를 한다.

40 곤충의 일반적 특징이 아닌 것은?

① 외골격이다.
② 1쌍의 더듬이가 있다.
③ 개방기관계를 가진다.
④ 가슴에 2쌍의 다리가 있다.

> **해설**
> 곤충 다리는 앞가슴, 가운데가슴, 뒷가슴에 한쌍씩 달려 있어 총 3쌍 이다.

| 3과목 | 재배학원론 |

41 작물의 결실과 온도의 관계에 대한 설명으로 옳은 것은?

① 생육가능 온도 내에서 주·야간의 온도는 항온(恒溫)이 변온보다 좋다.
② 변온조건에서 결실이 좋아지는 작물이 많다.
③ 주간은 저온이고 야간은 온도가 높을수록 좋다.
④ 주간, 야간 모두 저온인 것이 좋다.

> **해설**
> 변온조건에서 발아 및 결실이 좋아지는 작물이 많다.

42 다음 중 작물의 복토 깊이가 가장 깊은 것은?

① 파   ② 당근
③ 오이   ④ 잠두

> **해설**
> 파, 당근은 0.5~1cm, 오이는 1.5~2cm, 잠두는 3.5~4cm 정도로 보기 중 잠두가 가장 깊이 복토한다.

정답 36 ② 37 ① 38 ① 39 ② 40 ④ 41 ② 42 ④

43 다음 중 휴작기간이 가장 긴 작물은?
① 가지   ② 토마토
③ 담배   ④ 아마

해설
인삼, 아마는 10년 이상의 휴작기간이 요구되는 작물로 보기 중 가장 길다.

44 한 가지 작물이 생육하고 있는 줄사이에 다른 작물을 재배하는 것을 무엇이라 하는가?
① 간작   ② 교호작
③ 자유작 ④ 주위작

해설
한가지 작물이 생육하고 있는 조간에 다른 작물을 재배하는 방법으로 먼저 재배하고 있던 작물을 상작, 이후에 재배되는 작물을 하작이라 한다.

45 작물 잎의 엽록소 구성성분으로 결핍되면 황백화 현상이 노엽에서부터 생기며, 산성이 강한 토양과 칼륨 비료를 과다 시용한 토양에서 결핍을 보이는 원소는?
① 붕소   ② 마그네슘
③ 철   ④ 칼슘

해설
마그네슘은 식물의 광합성에 필요한 원소로 칼륨과 망간에 길항작용을 하기에 산성이 강한 토양이나 칼륨이 과다한 토양에서는 결핍한다. 또한 늙은 잎에서 먼저 황화현상이 발생하고 심하면 백화현상까지 나타난다.

46 다음 중 작물의 주요온도에서 최적온도가 가장 낮은 것은?
① 삼   ② 멜론
③ 오이   ④ 담배

해설
호박, 오이는 최적온도가 35℃ 정도로 높은 편에 속하며 가지, 고추 등은 30℃, 담배는 28℃ 정도이다.

47 혼파하여 목야지를 조성할 때 화본과목초와 콩과목초의 가장 알맞은 파종 비율은?
① 화본과목초 8 : 콩과목초 2
② 화본과목초 2 : 콩과목초 8
③ 화본과목초 6 : 콩과목초 4
④ 화본과목초 4 : 콩과목초 6

해설
화본과목초 : 콩과목초 = 8~9 : 1~2 의 비율로 혼파한다.

48 다음 중 장명종자에 해당하는 것은?
① 베고니아 ② 나팔꽃
③ 팬지   ④ 일일초

해설
장명종자의 종류로 녹두, 토마토, 가지, 오이, 배추, 수박, 잠두, 클로버, 나팔꽃 등이 있다.

49 국화의 주년재배와 가장 관계가 있는 것은?
① 온도처리 ② 광처리
③ 수분처리 ④ 영양처리

해설
국화의 조생국은 단일처리로 개화가 촉진되고 만생추국은 장일처리로 개화가 억제된다. 이러한 광처리를 통해 연중개화하는 것을 주년재배라 한다.

50 다음 중 중성식물로만 나열된 것은?
① 아마, 상추   ② 콩, 담배
③ 고추, 토마토 ④ 시금치, 양파

해설
일장에 관계 없이 화아하는 식물을 중성식물이라 하며 토마토, 고추, 오이, 호박, 당근 등이 있다.

정답 43 ④ 44 ① 45 ② 46 ④ 47 ① 48 ② 49 ② 50 ③

51 다음 중 벼품종의 만식적응성과 관계가 가장 적은 기상 생태적 특성은?
① 묘대일수 감응도
② 감온성
③ 감광성
④ 내건성

> **해설**
> 벼품종의 만식적응성은 모내기가 늦어도 벼의 생육에 이상이 없고 성숙하여 수량이 많은 것이 특징으로 이러한 만식적응성에 관련된 기상 생태적 특성으로 묘대일수 감응도, 감온성, 감광성, 기본영양생장성 등이 있다.

52 다음 중 굴광현상에 가장 유효한 광은?
① 자색광   ② 자외선
③ 녹색광   ④ 청색광

> **해설**
> 굴광현상에 효과가 큰 파장은 440~480nm중심의 청색광이다.

53 무배유종자인 것으로만 나열된 것은?
① 벼, 밀   ② 옥수수, 피마자
③ 콩, 팥   ④ 밀, 양파

> **해설**
> 무배유종자 작물에는 콩, 완두, 잠두, 적두, 상추, 오이 등이 있다. 배유종자에는 밀, 벼, 보리, 옥수수, 양파가 있다.

54 다음 중 괴경으로 번식을 하는 것으로만 나열된 것은?
① 감자, 토란   ② 다알리아, 고구마
③ 백합, 마늘   ④ 생강, 박하

> **해설**
> 덩이줄기(괴경)로 번식하는 식물로는 감자, 토란 등이 있다.

55 다음 중 호광성종자에 해당하는 것은?
① 가지   ② 오이
③ 상추   ④ 토마토

> **해설**
> 광을 주어야 발아하는 호광성 종자는 담배, 상추, 우엉, 뽕나무 등이 있다.

56 습해에 강한 작물의 특성을 설명한 것으로 옳은 것은?
① 경엽으로부터 뿌리로의 산소공급능력이 작다.
② 뿌리조직의 목화정도가 낮다.
③ 뿌리의 분포가 얕고 부정근의 발생이 작다.
④ 뿌리가 환원성유해물질에 대해 저항성이 크다.

> **해설**
> 습해 발생시 토양의 산소 부족으로 환원성물질이 발생하는데 내습성 작물은 이러한 환원성물질에 대한 저항성이 강하다.

57 식물체 내의 수분퍼텐셜에 대한 설명으로 틀린 것은?
① 압력퍼텐셜과 삼투퍼텐셜이 같으면 팽만상태가 된다.
② 수분퍼텐셜과 삼투퍼텐셜이 같으면 원형질분리가 일어난다.
③ 물은 수분퍼텐셜이 높은 곳에서 낮은 곳으로 이동한다.
④ 식물의 수분퍼텐셜에는 매트릭퍼텐셜이 가장 크게 영향을 미친다.

> **해설**
> 식물의 수분퍼텐셜에 가장 큰 영향을 주는 인자는 삼투압퍼텐셜과 압력퍼텐셜이다.

정답 51 ④ 52 ④ 53 ③ 54 ① 55 ③ 56 ④ 57 ④

58 작물의 생육과 온도에 대한 설명으로 옳은 것은?
① 벼의 적산온도는 메밀보다 높다.
② 봄보리의 적산온도는 담배보다 높다.
③ 광합성의 온도계수는 4 내외이다.
④ 호흡작용의 Q_{10}에서 30°C 까지는 4 정도이다.

해설
메밀의 적산온도는 1000, 벼의 적산온도는 3500 정도로 벼가 메밀보다 높다.

59 영양번식법 중 휘묻이에 해당하지 않는 것은?
① 선취법 ② 파상취목법
③ 당목취법 ④ 고취법

해설
휘묻이는 가지를 잘라내지 않고 가지를 휘어서 흙속에 묻는 방법인데 고취법은 공중취목이라 하며 가지나 줄기의 일부에 상처를 주고 그 자리에 수태 혹은 황토로 싸서 건조하지 않도록 해주며 물을 주어 적당한 습도 조건에 유지하여 발근하는 방법으로 휘묻이 방법과는 차이가 있다.

60 같은 종 내의 다른 개체 간에 통신수단으로 체외로 분비하는 휘발성 화합물로 암수의 만남과 교미 등의 생식활동 또는 사회생활을 하는 집단에서 개체들의 생리현상에 영향을 끼치는 물질은?
① 페로몬 ② 테르펜
③ 기피제 ④ 화학불임제

해설
같은 종의 이성을 유인하는 성페로몬, 서식지에서 동족을 부르는 집합페로몬, 위험을 전파하는 경보페로몬, 길을 안내하기 위한 길잡이 페로몬, 동족의 과밀현상을 피하기 위한 분산페로몬 등 목적에 따라 다양한 페로몬이 있다.

4과목 농약학

61 제제를 물로 희석하여 사용하는 액체시용제에 해당하지 않는 제형은?
① 유제 ② 액제
③ 수화제 ④ 입제

해설
액체시용제의 종류로 유제, 액제, 수화제, 입상수화제, 유탁제 등이 있다. 입제의 경우 고체 시용제에 해당한다.

62 농약 원제에 대한 설명으로 옳은 것은?
① 유효성분이 농축되어 있는 물질이다.
② 제품보다 부성분을 많이 함유하고 있다.
③ 물질의 순도는 대부분 50~60% 정도이다.
④ 원액에 유기 용매를 희석해 놓은 것이다.

해설
농약 원제는 직접사용하기에 유효성분이 농축되어 있어 첨가제를 넣거나 희석을 하여 사용한다.

63 농약의 보조제로 사용되지 않는 것은?
① 전착제 ② 용제
③ 주제 ④ 협력제

해설
보조제는 살충제의 효과를 증폭시키기 위한 것으로 전착에 도움을 주는 전착제, 주성분의 농도를 낮추어주는 증량제, 유제의 유화성을 높이는 유화제 등이 있다.

64 농약의 제제용으로 사용되는 증량제가 아닌 것은?
① 규조토 ② 활석
③ 벤토나이트 ④ 카제인

해설
증량제는 규조토, 탈크, 벤토나이트, 고령토 등이 있다. 카제인은 전착성을 증가시켜주는 보조제의 일종이다.

정답 58 ① 59 ④ 60 ① 61 ④ 62 ① 63 ③ 64 ④

65 기생주체 내로 병원균 포자가 침입하지 못하게 하는 약제 중 가장 효과적인 것은?
① 접촉독제   ② 직접살균제
③ 침투성살균제 ④ 보호살균제

<u>해설</u>
보호살균제는 병원균이 식물체 내로 침입하는 것을 예방한다.

66 경구 중독에 대한 설명으로 틀린 것은?
① 입을 통해서 소화기내로 들어와 흡수 중독을 일으키는 것을 말한다.
② 인공호흡을 시키고 산소를 흡입시킨 다음 안정시킨 후 모포 등으로 싸서 보온시킨다.
③ 따뜻한 물이나 소금물로 위를 세척한다.
④ 약물이 장내로 들어갈 염려가 있을 때는 황산마그네슘 용액에 규조토 등을 타서 먹여 배설시킨다.

<u>해설</u>
입을 통해 중독된 경구 독제는 인공호흡시 치료자 역시 중독될 위험이 있어 가급적 피하도록 하며 초기에는 따뜻한 소금물로 위를 세척하여 토하도록 한다.

67 DDVP 유제를 50%를 500배로 희석하여 면적 10a 당 4말(1말 : 18L)을 살포하고자 할 때의 소요약량은 약 몇 mL 인가?
① 72   ② 144
③ 288   ④ 576

<u>해설</u>
소요약량(배액)
$= \dfrac{\text{단위면적당 사용량}}{\text{소요희석배수}} = \dfrac{4말 \times 18L}{500배}$
$= 0.144L = 144mL$

68 유제를 1500배로 희석하여 액량 15L 로 살포하려 한다. 이때 원액약량은 몇 ml 가 필요한가?
① 1   ② 10
③ 100 ④ 1000

<u>해설</u>
소요약량(배액)
$= \dfrac{\text{단위면적당 사용량}}{\text{소요희석배수}} = \dfrac{15000ml}{1500배} = 10ml$

69 석회유황합제 제조 시 생석회와 황의 중량비로서 가장 적합한 것은?
① 1:1   ② 2:1
③ 1:2   ④ 1:3

<u>해설</u>
석회유황합제 제조시 생석회와 황은 1 : 2 중량비로 배합한다.

70 보르도액 살포 후 과수잎 중의 pH 가 얼마일 때 구리의 용해도가 최고치가 되는가?
① 12.4   ② 11.3
③ 10.4   ④ 7.0

<u>해설</u>
조제 직후 보르도액의 pH 는 12.4 이며 구리의 용해도는 0 에 가깝다. 엽면에 살포하면 공기중에 이산화탄소에 의해 중화가 되어 pH 11.3 정도가 되고 구리의 용해도는 40 ppm 정두의 최고치가 된다. 만약 지속적으로 공기중에 이산화탄소에 의해 pH 가 떨어져 7 정도가 되면 용해도는 5 ppm 정도가 되어 살균력이 떨어지게 된다.

정답 65 ④ 66 ② 67 ② 68 ② 69 ③ 70 ②

71 농약의 잔류에 대한 설명 중 옳지 않은 것은?
① 작물잔류성농약이란 농약의 성분이 수확물 중에 잔류하여 농약잔류허용기준에 해당할 우려가 있는 농약을 말한다.
② 안전계수란 사람이 하루에 섭취할 수 있는 약의 량을 말한다.
③ 작물체내에 잔류농약은 경시적으로 계속하여 감소한다.
④ 농약의 작물잔류는 사용횟수와 제제형태에 따라서 다르다.

[해설] 농약의 1일 허용량은 농약을 매일 섭취해도 영향이 없는 농약의 양으로 최대무작용약량이라 한다.

72 농약 약해의 원인이 될 수 있는 것은?
① 제4종 복합비료와 혼용 살포
② 표준희석배수의 농약정량 살포
③ 병해충 종류별로 전문약제를 선택 살포
④ 작용특성이 서로 다른 농약을 바꾸어 가면서 살포

[해설] 다량의 농약 및 비료를 혼용사용할 경우 약해가 발생할 수 있다.

73 살충제와 같은 유기화합물에 함유된 할로겐원소에 선택적으로 감응하는 가스크로마토그래피(GC) 검출기는?
① 불꽃이온화검출기(FID)
② 열전도도검출기(TCD)
③ 전자포획검출기(ECD)
④ 열이온검출기(TID)

[해설] 전자포획검출기는 할로겐 원소를 선택적으로 검출할 수 있는 가스크로마토그래피 검출기이다.

74 다음 중 요소계 제초제는?
① linuron   ② 2,4–D
③ dicanba   ④ asulam

[해설] 리누론(linuron)은 요소계 제초제로 1년생 화본과 잡초나 광엽잡초를 제거하기 위해 잡초 발생 전 토양처리제로 이용한다.

75 유제에 사용되는 유기용제를 줄이기 위한 방안으로 개발된 제형은?
① 액제   ② 유탁제
③ 액상수화제 ④ 수면전개제

[해설] 유제에 사용되는 유기용제를 줄이기 위해 액상이나 점질액상으로 물에 희석할 때 잘 분산되도록 첨가하는 물질을 유탁제라 한다.

76 다음 중 소나무에서 발생하는 솔나방을 방제하는 데 주로 사용할 수 있는 약제는?
① 트리포린 유제
② 페니트로티온 유제
③ 클로로탈로닐 수화제
④ 글루포시네이트암모늄액제

[해설] 솔나방 및 명나방 등 각종 나방류를 방제를 위해 접촉성 살충제인 페니트리티온 수화제를 살포한다.

77 교차저항성(交叉抵抗性)에 대한 설명으로 가장 옳은 것은?
① 어떤 약제에 의해 저항성이 생긴 곤충이 다른 약제에 저항성을 보이는 것
② 동일 곤충에 어떤 약제를 반복살포함으로써 생기는 저항성
③ 동일 곤충에 두 가지 약제를 교대로 처리함으로써 생긴 저항성
④ 어떤 약제에 대한 저항성을 가진 곤충이 다음 세대에 그 특성을 유전시키는 것

정답 71 ② 72 ① 73 ③ 74 ① 75 ② 76 ② 77 ①

> **해설**
> 해충에 한번도 사용하지 않았지만 유사 약제에 저항성으로 동시에 사용하지 않은 약제에도 저항성이 생기는 경우를 교차저항성이라 한다.

78 물에 녹지 않는 주제를 카올린(kaolin), 벤토나이트(bentonite) 등의 점토광물과 계면활성제, 분산제를 배합하고 혼합하여 제제화한 것은?

① 수용제 ② 분제
③ 증량제 ④ 수화제

> **해설**
> 수화제는 주로 벤토나이트를 사용하며 계면활성제 등을 배합하여 혼합 분쇄하여 만든다.

79 파라티온은 인체의 조직과 혈액 중의 콜린에스테라제와 결합해서 어느 것이 축적되어 중독 증상을 일으키는가?

① 콜린(choline)
② 초산(acetic acid)
③ 인산(phosphoric acid)
④ 아세틸콜린(acetyl choline)

> **해설**
> 파라티온과 같은 유기인계 살충제는 콜린에스테라제와 결합하여 분해 작용을 저해하고 아세틸콜린이 축적되게 되어 신경자극의 전달을 차단하여 곤충을 박멸하게 된다.

80 다음 중 훈증제가 아닌 농약은?

① 메틸브로마이드제
② 클로로피크린제
③ 디코폴유제
④ 인화알루미늄제

> **해설**
> 훈증제의 종류로 메틸브로마이드, 클로로피크린, 알루미늄포스파이드, 시안화수소 등이 있다.
> 디코폴유제는 응애류를 방제하는 살비제의 일종이다.

5과목 잡초방제학

81 종합적 방제법에 대한 설명으로 옳지 않은 것은?

① 제초제 약해와 환경오염을 줄일 수 있다.
② 여러 가지 다른 방제법을 상호 협력적으로 적용하는 방법이다.
③ 화학적 방제를 배제하고 생태적 방제와 예방적 방제를 주로 사용한다.
④ 잡초 군락의 크기가 감소되고 작물의 생산력이 증대되는 효과가 있다.

> **해설**
> 종합적 방제법은 잡초종합관리(IWM, Integrated Weed Management)로서 여러 잡초 방제법 중에서 두 개 이상의 방법을 선택하여 사용하는 방법이다. 특정 방제법을 배제하지는 않는다.

82 제초제의 약해 유발 원인으로 옳지 않은 것은?

① 전착제 농도를 권장량보다 낮게 처리하는 경우
② 비닐하우스 내에서나 피복 재배지에서의 부주의한 처리
③ 고압분무기로 살포 시 주변 작물로 제초제가 비산되는 경우
④ 제초제의 정확한 특성을 무시하고 적용 범위를 확대하는 경우

> **해설**
> 전착제는 약제를 식물에 살 선착하기 위한 보조제로 권장량 보다 낮게 처리한다고 하여 약해를 유발하지는 않는다.

83 잡초 방제의 주요 목적이 아닌 것은?

① 작물 수량 증가
② 작물 품질 향상
③ 토양 물리성 개선
④ 병해충 서식처 제거

정답 78 ④ 79 ④ 80 ③ 81 ③ 82 ① 83 ③

> **해설**
> 잡초 방제를 통해 토양의 물리성을 개선하기는 어렵다.

84 생물학적 잡초 방제법에 대한 설명으로 옳은 것은?
① 살초작용이 빠르다.
② 환경에 잔류문제가 없다.
③ 동시에 여러 초종의 방제가 쉽다.
④ 방제 작업에 필요한 비용이 많이 든다.

> **해설**
> 생물적 방제법은 화학적 방제법과는 다르게 친환경적이며 환경에 잔류문제가 없다.

85 주로 영양번식 기관으로 번식하는 잡초는?
① 쇠뜨기 ② 왕바랭이
③ 고들빼기 ④ 바람하늘지기

> **해설**
> 쇠뜨기는 가는뿌리를 통한 영양번식을 한다.

86 초관 형성을 비효과적으로 하는 양파의 경우에 잡초경합 한계기간은?
① 파종 ~ 출아초기
② 출수기 ~ 성숙기
③ 생육초기 ~ 초관형성기
④ 생식 생장기 이후 ~ 출수기

> **해설**
> 대부분의 잡초경합 한계기간은 <작물의 초관 형성 이후 ~ 생식생장으로 전환하기 이전> 시기이다. 양파의 경우 생육초기에서 초관형성기에 방제가 요구된다.

87 벼와 피의 형태적 차이점은?
① 벼에게 잎귀는 있으나 잎혀가 없다.
② 피에는 잎귀가 있으나 잎혀가 없다.
③ 피에는 잎귀와 잎혀가 있으나 벼에는 없다.
④ 벼에는 잎귀와 잎혀가 있으나 피에는 없다.

> **해설**
> 벼에는 잎혀와 잎귀가 있으나 피에는 없다.

88 단자엽식물과 쌍자엽식물 간의 차이처럼 잡초의 생장형이 달라서 나타나는 제초제의 선택성은?
① 생태적 선택성
② 형태적 선택성
③ 생리적 선택성
④ 생화학적 선택성

> **해설**
> 식물의 생장형이 달라 나타나는 외형적 분류는 형태적 선택성이라 한다.

89 발생위치별 주요 잡초로 옳은 것은?
① 논 – 별꽃, 개망초
② 밭 – 바랭이, 쇠비름
③ 과수원 – 가래, 쇠털골
④ 조림지 – 물달개비, 올방개

> **해설**
> 밭잡초에는 바랭이, 쇠비름, 명아주, 깨풀 등이 있다.

90 생활사에 따른 잡초의 분류가 모두 맞는 것은?
① 쑥, 메꽃, 벗풀, 올방개
② 피, 마디꽃, 나도겨풀, 물달개비
③ 망초, 냉이, 달맞이꽃, 강아지풀
④ 가래, 뚝새풀, 바랭이, 알방동사니

> **해설**
> 생활사에 따라 1년생, 월년생, 다년생으로 분류되며 보기의 쑥, 메꽃, 벗풀, 올방개는 다년생 잡초이다.

정답 84 ② 85 ① 86 ③ 87 ④ 88 ② 89 ② 90 ①

91 이행형 제초제가 아닌 것은?
① 2,4-D   ② diquat
③ simazine   ④ glyphosate

해설
이행형 제초제로 2,4-D, 시마진, MCPA, bentazon, glyphosate 등이 있다. 다이쿼드(diquat)는 접촉형 제초제이다.

92 생태적 잡초방제를 위한 재배관리와 합리화 방법으로 가장 거리가 먼 것은?
① 잡초에 불리한 윤작체계로 재배한다.
② 작물을 충실하게 키워 경합력을 높인다.
③ 청결한 작물종자를 선택하거나 다시 정선하여 파종한다.
④ 적기 적량의 시비기술로 작물의 초관 형성을 촉진시킨다.

해설
청결한 작물종자를 선택하거나 다시 정선하여 파종하는 것은 예방적 방제법이다.

93 식물의 광합성 회로 특성에 대한 설명이 옳은 것은?
① 대부분의 작물은 C_4 식물이다.
② 모든 잡초는 C_4 광합성 회로를 갖는다.
③ 광합성 회로가 C_4 인 식물은 C_3 인 식물보다 광합성에서 불리하다.
④ 돌피와 향부자와 같은 잡초는 C_4 식물이어서 생장이 빨라 경합에서 유리하다.

해설
C_4 식물들은 광 효율이 좋아 경합에 유리하다.

94 발아 적온이 상대적으로 가장 높은 잡초 종자는?
① 메귀리   ② 뚝새풀
③ 향부자   ④ 올챙이고랭이

해설
올챙이고랭이는 발아적온이 30~35°C 정도로 상대적으로 높다.

95 잡초방제 한계기간이 가장 짧은 작물은?
① 벼   ② 콩
③ 녹두   ④ 보리

해설
잡초경합한계기간의 예로 녹두는 21~35일, 벼는 30~40일, 콩은 42일, 옥수수는 49일, 양파는 56일 정도로 녹두가 가장 짧다.

96 제초제의 주요 작용반응기로 가장 거리가 먼 것은?
① 황산기   ② 아미노기
③ 카르복시기   ④ 히드록시기

해설
제초제의 분해반응으로 산화, 환원, 가수분해, 결합 반응이 대표적이며 기타 관련 반응으로 하이드록시화반응, 탈알킬반응, 탈아미노기반응, 탈카르복시반응 등이 있다.

97 잡초 종자의 발아 환경 중 피토크롬체계에 영향을 미치는 주요인은?
① 광   ② 산소
③ 온도   ④ 수분

해설
종자 껍질에 있는 색소단백질인 피토크롬은 광에 의해 영향을 받는다.

98 잡초군락의 천이에서 가장 크게 영향을 받는 것은?
① 물관리   ② 우점잡초
③ 경운 깊이   ④ 제초제 사용

해설
잡초군락의 천이는 재배작물 변화, 작부체계 변화, 경종조건 변화, 제초방법 변화 등이 있으며 동일 제초제의 연속 사용의 경우 저항성 잡초들의 발생으로 천이에 가장 큰 영향을 준다.

정답 91 ② 92 ③ 93 ④ 94 ④ 95 ③ 96 ① 97 ① 98 ④

99 잡초 방제법을 물리적, 화학적, 예방적 방제법으로 구분할 때, 예방적 방제법이 아닌 것은?
① 농기구 청소
② 비닐멀칭 피복
③ 작물종자 정선
④ 관개수로 관리

해설
비닐멀칭 피복은 물리적 방제법이다.

100 잡초의 생장형에 따른 분류로 옳은 것은?
① 총생형 – 메꽃, 환삼덩굴
② 만경형 – 민들레, 질경이
③ 로제트형 – 억새, 뚝새풀
④ 직립형 – 명아주, 가막사리

해설
생장형에 따른 분류로 직립형에는 명아주, 가막사리, 쑥부쟁이 등이 있다.

국가기술자격 필기시험문제

2018년 기사 제1회 과년도 기출문제			수험번호	성명
자격종목 식물보호기사	종목코드	시험시간 2시간 30분	형별	

1과목 　　**식물병리학**

01 십자화과 작물에 발생하는 배추 무 사마귀병에 대한 설명으로 옳지 않은 것은?
① 알칼리성 토양에서 발병이 잘 된다.
② 배수가 불량한 토양에서 발생이 많다.
③ 순활물기생균으로 인공배양이 되지 않는다.
④ 유주자가 뿌리털 속을 침입하여 변형체가 된다.

해설
배추, 무 사마귀병은 산성조건 토양에서 많이 발생한다.

02 식물병 방제 방법에 대한 설명으로 옳지 않은 것은?
① 종자소독제를 이용한 방법: 처리가 간편하고 시간과 노력에 비해 효과가 크다.
② 경엽처리제를 이용한 방법: 농약 사용량을 계속 증가하여도 방제 효과는 크게 증가하지 않는다.
③ 토양처리제를 이용한 방법: 작물을 심기 전 주로 유제나 액제를 토양 표면에 남도록 처리한다.
④ 훈연제를 이용한 방법: 연무기를 이용한 연무를 살포하거나 약제를 태워 훈연입자를 확산시킨다.

해설
토양 처리의 경우 입제나 분제의 토양처리제를 전면에 골고루 섞이도록 해야 한다.

03 작물 돌려짓기에 의한 경종적 방제효과가 가장 높은 것은?
① 종자전염병　② 토양 전염병
③ 충매 전염병　④ 풍매 전염병

해설
돌려짓기는 경종적 방제로 토양해충을 막고 토양의 전염병예방에 효과적이다.

04 종자로 인한 병균 전염이 가장 잘 되는것은?
① 밀 줄기녹병
② 벼 키다리병
③ 보리 흰가루병
④ 토마토 배꼽썩음병

해설
벼 키다리병은 종자로 인한 병균 전염이 발생하기에 종자를 소독하고 건전한 종자를 선택하는것이 효과적인 방제법이다.

05 오이 노균병에 대한 설명으로 옳지 않은 것은?
① 잎과 줄기에 발생한다.
② 발병이 심하면 병환부가 말라 죽고 잘 찢어진다.
③ 습기가 많으면 병무늬 뒷면에 가루모양의 회색 곰팡이가 생긴다.
④ 병무늬의 가장자리가 잎맥으로 포위되는 다각형의 담갈색 무늬를 나타낸다.

해설
오이 노균병은 고온 다습한 장마철에 발생하며 잎에서 발생한다.

정답 01 ① 　02 ③ 　03 ② 　04 ② 　05 ①

06 밤나무 줄기마름병의 병반 부위의 전형적인 병징은?
① 천공　② 위조
③ 궤양　④ 비대

> [해설]
> 밤나무 줄기마름병의 주된 병징은 수피의 궤양과 잎의 시들음이다.

07 생물학적 방제의 단점으로 옳지 않은 것은?
① 병이 발생한 후에는 치료의 효과가 낮다.
② 신속하고 정확한 효과를 기대하기 어렵다.
③ 넓은 지역에 광범위하게 적용하기가 어렵다.
④ 환경의 영향을 많이 받지 않아 처리효과가 일정하지 않다.

> [해설]
> 생물학적 방제는 곤충, 동물 등을 이용하기에 환경의 영향을 많이 받는다.

08 국내에 발생하는 채소류의 균핵병에 대한 설명으로 옳지 않은 것은?
① 잎, 줄기, 열매 등에 발생한다.
② 자낭포자나 균핵에서 발아한 균사로 침입한다.
③ 발병 후기에는 발병 조직에 백색 균사가 나타난다.
④ 균핵이 땅 속에 묻혀 있다가 25°C 이상의 고온이 되면 발아한다.

> [해설]
> 균핵병은 저온 다습한 환경에서 많이 발생하기에 이를 방지하기 위해 재배시설의 온도를 20°C 이상으로 유지한다.

09 식물병으로 인한 피해에 대한 설명으로 옳지 않은 것은?
① 20세기 스리랑카는 바나나 시들음병으로 인하여 관련 산업이 황폐화되었다.
② 19세기 아일랜드 지방에 감자 역병이 크게 발생하여 100만명 이상이 굶어 죽었다.
③ 20세기 미국 동부지방 주요 수종인 밤나무는 밤나무 줄기마름병으로 큰 피해를 입었다.
④ 20세기 미국 전역에서 옥수수 깨씨무늬병이 크게 발생하여 관련 제품 생산에 큰 차질을 가져왔다.

> [해설]
> 1950년대 파나마에서 발생된 파나마 시들음병은 바나나 품종을 멸종시켜 관련 산업을 황폐화시켰다.

10 배나무 붉은별무늬병에 대한 설명으로 옳지 않은 것은?
① 병원균은 순활물기생균이다.
② 병원균이 기주교대를 하지 않는다.
③ 주요발병 부위는 잎, 열매, 가지이다.
④ 잎에 병무늬가 많이 형성되면 조기 낙엽의 원인이 된다.

> [해설]
> 붉은별무늬병은 담자균류에 의해 발생하며 기주는 사과나무, 배나무 등이 있으며 중간기주는 향나무로서 기주교대를 한다.

11 우리나라에서 참나무 시들음병을 일으키는 병원균을 매개하는 것으로 알려진 곤충은?
① 장수풍뎅이　② 솔수염하늘소
③ 광릉긴나무좀　④ 북방수염하늘소

> [해설]
> 참나무 시들음병의 매개충은 광릉긴나무좀이다.

정답 06 ③　07 ④　08 ④　09 ①　10 ②　11 ③

12 뽕나무 오갈병의 치료제로 주로 쓰이는 것은?
① 페니실린
② 그리세오풀빈
③ 시클로헥시마이드
④ 옥시테트라사이클린

해설
빗자루병 및 오갈병은 옥시테트라사이클린계의 항생물질로 치료한다.

13 다른 생물의 사체나 죽은 조직에서만 영양분을 섭취하는 것은?
① 부생균　　② 절대기생균
③ 임의부생균　④ 임의기생균

해설
부생균은 기생균의 반대개념으로 동물의 사체나 죽은 조직, 배설물 등을 영양분으로 섭취한다.

14 병원균이 기주식물에 침입을 하면 병원균에 저항하는 기주식물의 반응으로 항균 물질 및 페놀성 물질 증가 등의 작용을 무엇이라 하는가?
① 침입저항성　② 감염저항성
③ 확대저항성　④ 수평저항성

해설
병원균이 식물에 침입했을 경우 병원균에 저항하는 기주식물의 반응을 확대저항성이라 한다.

15 식물 바이러스병을 진단하는 방법이 아닌 것은?
① 그램염색반응
② 지표식물 이용
③ 전자 현미경 관찰
④ 항혈청반응 이용법

해설
그램염색반응은 세균 염색법의 하나이다.

16 식물병을 일으키는 곰팡이 중에서 균사에 격막이 없는 병원균으로만 올바르게 나열된 것은?
① 난균, 자낭균
② 난균, 접합균
③ 담자균, 자낭균
④ 담자균, 접합균

해설
균사에 격막(격벽)이 없는 병원균은 난균문, 접합균류이다.

17 주로 혈청학적 방법에 의해 진단하는 식물병은?
① 벼 도열병
② 감자역병
③ 담배 모자이크병
④ 옥수수 깜부기병

해설
혈청학적 진단 방법은 보리 줄무늬모자이크병, 벼 줄무늬마름바이러스병, 담배 모자이크 병 등의 바이러스병 진단에 이용된다.

18 병원균이 담자기와 담자 포자를 형성하는 것은?
① 감자 역병
② 벼 깨씨무늬병
③ 배추 무사마귀병
④ 보리 겉깜부기병

해설
담자기 위에 담자포자가 형성되는 담자균문에는 깜부기병균목이 있다.

19 도열병이 다발하는 조건으로 가장 적합한 것은?
① 여러 가지 벼 품종을 섞어서 심었을 때
② 가뭄이 계속되고 기온이 30°C 이상일 때
③ 덧거름을 원래 일정보다 일찍 주었을 때
④ 비가 자주 오고 일조가 부족하며 다습할 때

정답 12 ④　13 ①　14 ③　15 ①　16 ②　17 ③　18 ④　19 ④

해설
도열병은 비가 자주오고 일조가 부족하며 온도가 낮고 습도가 높을 때 자주 발생한다. 또한 토양수분이 적고 질소질비료를 과잉사용하고 모내기가 늦을 경우 발생량이 더욱 증가한다.

20 사과 겹무늬썩음병의 병원균은?
① 세균   ② 곰팡이
③ 바이러스 ④ 파이토플라스마

해설
사과 겹무늬썩음병은 부패병이라 하며 곰팡이에 의해 발생한다.

2과목 농림해충학

21 성충의 입틀 모양이 서로 다른 것으로 짝 지어진 것은?
① 모기, 매미
② 나방, 딱정벌레
③ 메뚜기, 풀무치
④ 노린재, 진딧물

해설
딱정벌레는 저작구형이며 나방은 흡관구형이다.

22 4령충에 대한 설명으로 옳은 것은?
① 3회 탈피를 한 유충
② 4회 탈피를 한 유충
③ 부화한지 3년째 되는 유충
④ 부화한지 4년째 되는 유충

해설
령충은 탈피 기간의 유충을 말하며 3회 탈피한 유충을 4령충이라 한다.

23 곤충 체벽의 진피층에 대한 설명으로 옳지 않은 것은?
① 단층으로 되어 있다.
② 내원표피 아래에 위치한다.
③ 외표피와 원표피로 구성되어 있다.
④ 단백질, 지질, 키틴 화합물을 합성한다.

해설
진피층은 단층의 세포조직에 상피세포의 형태로 표면에 미세한 융모가 있으며 단백질, 키틴, 지질 등으로 구성되어 있다.

24 우리나라에 비래하지만 월동하지 않는 것은?
① 벼멸구   ② 애멸구
③ 번개매미충 ④ 끝동매미충

해설
벼멸구는 중국에서 비래하는 해충으로 우리나라에서는 월동하지 않는다.

25 1년에 2회 이상 발생하고 수피 사이나 지피물 밑 등에서 번데기로 월동하는 해충은?
① 솔나방   ② 밤나무혹벌
③ 미국흰불나방 ④ 천막벌레나방

해설
미국흰불나방은 1년에 2회 발생하며 나무 껍질 혹은 지피물 밑에서 번데기 형태로 월동한다.

26 소나무좀의 방제를 위하여 티아클로프리드 액상수화제를 살포하려 할 때 가장 효과적인 시기는?
① 활동 시기
② 산란 시기
③ 유충 부화 시기
④ 성충 우화 시기

해설
소나무좀의 화학적 방제 약제 살포는 산란시기에 맞추어 살포하는 것이 가장 효과적이며 산란시기는 주로 3~4월쯤이다.

정답 20 ② 21 ② 22 ① 23 ③ 24 ① 25 ③ 26 ②

27 발생 계통적으로 기원이 다른 곤충 조직은?
① 중장   ② 근육
③ 지방체 ④ 생식소

해설
중장은 내배엽에서 기원한다.

28 마늘 수확 후 저장 과정에서 피해를 주는 것은?
① 파굴파리 ② 뿌리응애
③ 파좀나방 ④ 고자리파리

해설
뿌리응애는 토양 병원균으로 2차 감염이 발생하기에 마늘 수확 후에도 피해를 준다.

29 거미와 비교한 곤충의 특징이 아닌 것은?
① 겹눈과 홑눈이 있다.
② 변태를 하는 종이 있다.
③ 4쌍의 다리를 가지고 있다.
④ 몸이 머리, 가슴, 배 3부분으로 되어 있다.

해설
곤충은 3쌍의 다리를 가지고 있다.

30 유충이 탈피를 못하게 하여 해충을 방제하는 것은?
① 호르몬제 ② 페로몬제
③ 대사저해제 ④ 섭식저해제

해설
대사저해제는 이름 그대로 대사를 저해하는 약품으로 유충의 탈피를 방해하여 해충을 방제한다.

31 벼를 가해하여 오갈병을 매개하는 것은?
① 벼멸구 ② 애멸구
③ 흰등멸구 ④ 끝동매미충

해설
벼오갈병은 끝동매미충, 번개매미충에 의해 매개된다.

32 어떤 곤충을 상규하였을 때 25°C에서 10일이 걸렸다. 이 곤충의 발육영점온도가 13°C이면 유효적산온도(DD, Degree-Days)는?
① 120 ② 150
③ 180 ④ 300

해설
(측정온도 − 발육영점온도)×측정온도에서의 발육일수
(25 − 13)×10 = 120 → 유효적산온도 : 120일

33 다음 중 유시류에 속하는 것은?
① 닷발이 ② 톡토기
③ 좀붙이 ④ 하루살이

해설
유시류는 날개가 있는 곤충으로 하루살이, 메뚜기, 나비, 파리 등이 있다.

34 간모를 통해 단위생식을 하는 것은?
① 배추순나방 ② 점박이응애
③ 가루깍지벌레 ④ 복숭아혹진딧물

해설
간모가 단위생식으로 증식하는 해충으로 진딧물류가 있다.

35 진딧물을 포식하는 천적이 아닌 것은?
① 꽃등에류 ② 무당벌레류
③ 깍지벌레류 ④ 풀잠자리류

해설
깍지벌레류도 진딧물과 마찬가지로 포식당하며 천적으로 풀잠자리류, 딱정벌레류 등이 있다.

정답 27 ① 28 ② 29 ③ 30 ③ 31 ④ 32 ① 33 ④ 34 ④ 35 ③

36 완전변태를 하지 않는 것은?
① 버들잎벌레 ② 솔수염하늘소
③ 복숭아명나방 ④ 진달래방패벌레

해설
진달래방패벌레는 불완전변태를 한다.

37 복숭아심식나방에 대한 설명으로 옳지 않은 것은?
① 유충이 과실 속에 있을 때에는 황백색이다.
② 월동 고치는 방추형이다.
③ 1년에 2회 발생하지만 일정하지는 않다.
④ 피해 과일에는 배설물이 배출되지 않는다.

해설
복숭아심식나방의 월동 고치는 원형이다. 여름철에 방추형의 여름고치를 짓고 번데기가 된다.

38 이화명나방의 가해 형태 및 기주 피해에 대한 설명으로 옳은 것은?
① 피해를 입은 벼의 줄기 속에는 한 마리의 유충만 있다.
② 피해를 입은 벼의 줄기 속을 보면 유충의 배설물이 존재하지 않는다.
③ 피해를 입은 벼의 앞집이 말라 죽어도 벼의 줄기는 부러지지 않는다.
④ 재배 초기의 피해를 입은 벼의 줄기는 출수하지 못하거나, 출수하더라도 이삭이 하얗게 된다.

해설
이화명나방의 제 2화기에 수잉기나 출수 초기 피해 받은 벼는 출수를 하지 못하거나 이삭이 나와도 백수가 되어 그대로 말라 죽는다.

39 온실가루이가 속하는 목은?
① 벌목 ② 노린재목
③ 강도래목 ④ 딱정벌레목

해설
온실가루이는 노린재목 가루이과이다.

40 곤충의 배에 있는 부속기관이 아닌 것은?
① 다리 ② 기문
③ 항문 ④ 생식기

해설
곤충의 다리는 앞가슴, 가운데가슴, 뒷가슴에 각 1쌍의 다리가 있다.

3과목 재배학원론

41 "파종된 종자의 약 40%가 발아한 날"에 해당하는 것은?
① 발아시 ② 발아진
③ 발아기 ④ 발아세

해설
파종된 종자의 약 40%가 발아한 날을 발아기라 한다.

42 포장을 수평으로 구획하고 관개하는 방법은?
① 수반법 ② 일류관개
③ 보더관개 ④ 고랑관개

해설
수반법은 수반관개라하며 포장을 수평으로 구획하고 관개하는 방법으로 주로 과수원에서 이용하는 방법이다.

43 포장용수량의 수분범위로 알맞은 것은?
① pF 1.5 ~ 1.7 ② pF 2.5 ~ 2.7
③ pF 3.5 ~ 3.7 ④ pF 4.5 ~ 4.7

해설
최대용수량에 중력수가 제거 되고 모세관의 수분함량 기준을 포장용수량이라 하며 보기중에서 pF 2.5~2.7 이 가장 적합한 수분범위이다.

정답 36 ④ 37 ② 38 ④ 39 ② 40 ① 41 ③ 42 ① 43 ②

44 다음중 C3작물에 해당하는 것은?
① 밀　　② 수수
③ 기장　④ 명아주

해설
C3 식물은 대부분의 작물이며 대표적으로 밀, 쌀 등이 있다.

45 재배의 기원지가 중앙아시아에 해당하는 것은?
① 대추　② 양배추
③ 양파　④ 고추

해설
지리적으로 중앙아시아가 기원지가 되는 작물로 귀리, 완두, 당근, 양파, 삼 등이 있다.

46 가지를 어미식물에서 분리시키지 않은 채로 흙을 묻거나, 그 밖에 적당한 조건을 주어 발근시킨 다음에 잘라서 독립적으로 번식시키는 방법을 무엇이라 하는가?
① 취목　　② 분주
③ 선취법　④ 고취법

해설
식물의 가지나 줄기를 모체에서 분리하지 않고 흙에 묻거나 암흑상태에 습기와 공기 조건을 맞추어 주면 발근이 되어 이 발근된 부위를 독립적으로 번식시키는 방법을 취목이라 한다.

47 작물의 주요 생육온도에서 최고온도가 28~30℃에 해당하는 것은?
① 옥수수　② 사탕무
③ 오이　　④ 멜론

해설
사탕무의 최적온도는 25℃, 최고온도는 28~30℃ 정도이다.

48 3년 휴작이 필요한 작물은?
① 수수　② 고구마
③ 담배　④ 토란

해설
3년 휴작이 요구되는 작물로 토란, 참외, 강낭콩등이 있다.

49 다음 중 복토깊이가 1.5 ~ 2.0cm에 해당하는 것은?
① 토란　② 크로커스
③ 감자　④ 기장

해설
복토깊이가 1.5 ~ 2cm 인 작물로 순무, 양배추, 가지, 토마토, 오이, 배추, 기장 등이 있다.

50 N : P : K 흡수비율에서 5: 1: 1.5 에 해당하는 것은?
① 옥수수　② 콩
③ 고구마　④ 감자

해설
콩은 질소:인산:칼륨의 흡수비율이 5:1:1.5 정도로 질소의 비율이 높은 편이다.

51 박과 채소류 접목의 특징으로 틀린 것은?
① 흰가루병에 강하다.
② 흡비력이 강해진다.
③ 과습에 잘 견딘다.
④ 당도가 떨어진다.

해설
다른 작물에 비해 박과채소는 특히나 흰가루병에 피해가 심하다.

52 다음 중 단명종자에 해당하는 것은?
① 접시꽃　② 베고니아
③ 스토크　④ 데이지

해설
단명종자에는 메밀, 고추, 양파, 토당귀, 뽕나무, 베고니아, 파, 당근 등이 있다.

정답 44 ① 45 ③ 46 ① 47 ② 48 ④ 49 ④ 50 ② 51 ① 52 ②

53 다음 중 중성식물에 해당하는 것은?
① 시금치 ② 양파
③ 감자 ④ 고추

해설
중성식물에는 토마토, 고추, 오이, 호박, 당근 등이 있다.

54 다음 중 혐광성 종자에 해당하는 것은?
① 상추 ② 수세미
③ 차조기 ④ 우엉

해설
혐광성 종자는 호박, 고추, 양파, 오이, 백일홍, 수세미, 수박 등이 있다.

55 완효성 비료에 해당하는 것은?
① 요소 ② 황산암모늄
③ 염화칼륨 ④ 깻묵

해설
완효성 비료에는 부엽, 깻묵 등의 부산물을 이용하기도 한다.

56 ( ) 에 알맞은 내용은?

옥수수, 수수 등을 재배하면 잡초가 크게 경감되므로 ( ) 이라고 한다.

① 휴한작물 ② 동반작물
③ 중경작물 ④ 환금작물

해설
옥수수, 수수 등의 중경작물들은 잡초의 발생이 줄어들게 되며 생육 도중 중경작업을 실시해야 한다.

57 다음 중 천연 에틸렌에 해당하는 것은?
① GA_2 ② IBA
③ C_2H_4 ④ MH-30

해설
에틸렌 성분은 C_2H_4 이다.

58 ( ) 에 알맞은 내용은?

탄화수소, 오존, 이산화질소가 화합해서 생성되는 ( )은/는 광화학적인 반응에 의하여 식물에 피해를 끼치는데, 담배의 경우 10ppm으로 5시간 접촉되면 피해증상이 생기고 잎의 뒷면에 백색 반점이 엽맥사이에 나타난다.

① 연무 ② PAN
③ 아황산가스 ④ 불화수소가스

해설
질산과산화 아세틸(PAN)은 질소산화물과 탄화수소가 광화학반응에 의해 생성되는 2차 오염물질이다.

59 다음 분 장과류에 해당하는 것으로만 나열된 것은?
① 배, 사과
② 복숭아, 앵두
③ 딸기, 무화과류
④ 감, 귤

해설
장과류에는 포도, 무화과, 딸기 등이 있다.

60 다음 중 알줄기에 해당하는 것은?
① 글라디올러스 ② 생강
③ 박하 ④ 호프

해설
알줄기에 해당하는 것은 토란, 글라디올러스가 대표적이다.

정답 53 ④ 54 ② 55 ④ 56 ③ 57 ③ 58 ② 59 ③ 60 ①

4과목 농약학

61 제초제, 생장조정제, 살충제, 살균제 등으로 분류하는 농약의 기준은?
① 작용기작에 의한 분류
② 사용목적에 의한 분류
③ 주성분 조성에 의한 분류
④ 농약의 형태에 의한 분류

해설
농약의 사용목적에 따라 살균제, 살선충제, 살비제, 생장조정제 등으로 분류한다.

62 다음 중 해충의 저항성을 가장 잘 유발시킬 수 있는 경우는?
① 살포회수를 적게 한다.
② 동일 약제를 계속 사용한다.
③ 다른 약제로 바꾸어 살포한다.
④ 작용기작이 다른 농약을 살포한다.

해설
동일 약제를 지속적으로 연용하면 저항성 잡초가 출현할 가능성이 높아진다.

63 약해를 일으키는 요인 또는 원인이 아닌 것은?
① 보조제 및 용매에 의한 것
② 주제의 물리, 화학적 성질에 의한 것
③ 2종 이상의 약제를 섞어서 살포할 때
④ 농약을 사용농도 이하로 희석해서 살포할 때

해설
농약을 사용농도 이하로 희석해서 살포할 경우 약품의 효과가 낮아지며 약해 발생이 적어진다.

64 피리다벤, 페나자퀸은 일반적으로 어떤 농약에 속하는가?
① 살균제   ② 살충제
③ 살비제   ④ 제초제

해설
피리다벤, 페나자퀸은 살비제로 응애 제거시 사용된다.

65 농약의 제제에 있어서 계면활성제의 역할은 매우 크다. 계면활성제의 작용에 해당하지 않는 것은?
① 습윤작용   ② 분산작용
③ 침투작용   ④ 살균작용

해설
계면활성제는 물과 기름의 계면에서 표면장력을 감소시켜 약품의 습윤성, 부착성 및 고착성, 확전성을 높여주는 역할을 한다.

66 살충제 파라티온(Parathion)의 성상 및 특성에 대한 설명으로 옳지 않은 것은?
① 비침투성 약제이다.
② 해충 방제 효과는 좋으나 인축에는 독성이 강하여 제한을 받는다.
③ 대부분의 유기용매에 불용이며 알칼리에는 안정하다.
④ 접촉독, 가스독 및 소화중독의 세 가지 작용을 함께 가지고 있다.

해설
파라티온은 유기인계 살충제로 유기용매에 잘 녹으며 알칼리에 의해 쉽게 가수분해 된다.

67 피레트린(Pyrethrin) 살충제는 충체의 어느 부분에 작용하여 효과를 내는가?
① 원형질독   ② 피부독
③ 신경독   ④ 근육독

해설
피레트린제는 접촉제로 속효성이며 신경기능의 저해를 통해 해충을 방제한다.

정답 61 ② 62 ② 63 ④ 64 ③ 65 ④ 66 ③ 67 ③

68 다음 급성독성 중 그 강도의 순서가 옳게 나열된 것은?

① 흡입독성 > 경피독성 > 경구독성
② 경구독성 > 흡입독성 > 경피독성
③ 흡입독성 > 경구독성 > 경피독성
④ 경피독성 > 경구독성 > 흡입독성

해설
투여 방법에 따라 흡입독성, 경피독성, 경구독성으로 분류되며 독성의 강도는 호흡을 통해 흡입되는 흡입독성이 가장 강하며 입을 통해 침투하는 경구독성, 피부를 통해 체내로 침투하는 경피독성 순서이다.

69 농약 제조 시 고체증량제로 일반적으로 사용되지 않는 것은?

① 규조토   ② 탈크
③ 벤토나이트 ④ 젤라틴

해설
증량제는 주성분의 농도를 낮추는 약제로 규조토, 탈크, 벤토나이트 등이 있다. 젤라틴은 유도단백질의 일종으로 증량제로는 사용이 어렵다.

70 살포한 약제가 작물에서 씻겨 내려가지 않고 표면에 붙어 있는 성질을 가장 잘 나타낸 것은?

① 융해성   ② 고착성
③ 비산성   ④ 안전성

해설
고착성은 부착한 약제가 빗물에 씻겨 내리지 않고 식물 표면에 붙어 있는 성질을 말한다.

71 자체검사 및 신청검사 시 입제에 대한 최대모집단 수량은 얼마로 정해져 있는가?

① 1톤   ② 10톤
③ 50톤   ④ 100톤

해설
농약 자체검사 및 신청검사 기준에서 분제 및 입제의 최대모집수량은 50톤이다.

72 분제 농약 조제 시 가장 충분하게 고려하여야 하는 농약의 물리성은?

① 현수성   ② 유화성
③ 가용성   ④ 비산성

해설
분제 농약의 경우 비산성이 중요한데 이는 비산성이 너무 크면 농약이 대기중으로 손실되는 양이 많아져 대기오염 및 약제 피해를 입을 수 있기 때문이다.

73 유기인계 살충제의 작용상의 특징이 아닌 것은?

① 알칼리에 대하여 분해되기 쉽다.
② 동·식물체내에서의 분해가 빠르다.
③ 살충력이 강하고 적용해충의 범위가 넓다.
④ 약해가 비교적 큰 편이며 잔효성도 길다.

해설
유기인계 살충제는 약해가 적은편이며 잔효성이 짧고 외부 환경조건에 의해 분해가 빠르다.

74 농약의 생물농축의 정도를 수치로 표현한 생물농축계수(BCF)를 바르게 설명한 것은?

① 수질환경 중 화합물 농도에 대한 생물체 내에 축적된 화합물의 농도비를 말한다.
② 농작물에 살포된 농약의 농도에 대한 생물체 내의 독성정도를 나타내는 농도비를 말한다.
③ 농작물에 살포된 농약의 농도에 대한 인체에 흡입독성의 정도를 나타내는 농도비를 말한다.
④ 재배 중인 작물에 살포된 농약의 농도에 대한 잔류되는 농약의 농도비를 말한다.

정답 68 ③ 69 ④ 70 ② 71 ③ 72 ④ 73 ④ 74 ①

> **해설**
> 생물농축계수(BCF, Bioconcentration Factor)는 오염물질이 생물에 축적된 경우 생물체의 오염물질 농도비를 말한다.

75 석회유황합제의 주된 유효성분은?
① CaS
② CaS_2O_3
③ $CaSO_4$
④ CaS_5

> **해설**
> 석회유황합제의 주성분은 다황화칼슘(CaS_5)이고 티오황산칼슘(CaS_2O_3)을 소량 함유한다.

76 보호살균제의 특성에 대한 설명 중 틀린 것은?
① 균사체에 대하여 강력한 살균작용을 나타낸다.
② 살포 후 작물체 표면에서의 부착성과 고착성이 우수하다.
③ 강력한 포자발아 억제작용을 나타낸다.
④ 약효가 일정기간 유지되는 지효성이 있다.

> **해설**
> 보호살균제는 병원균이 식물체 내로 침입하는 것을 예방하는 것이지 균사체에 강력한 살균작용을 하는 것은 아니다.

77 제초제의 살균 기작으로 가장 거리가 먼 것은?
① 광합성 저해
② 호흡작용 억제
③ 신경기능의 저해
④ 호르몬 작용의 교란

> **해설**
> 신경기능의 저해는 살충제의 작용기작이다.

78 다음 중 전착효과를 나타내는 물질은?
① 펜크로림(fenclorim)
② 벤토나이트(bentonite)
③ 폴리옥시에틸렌(polyoxyethylene)
④ 피페로닐 부톡사이드(piperonyl butoxide)

> **해설**
> 전착제의 종류로 폴리옥시에틸렌, 폴리아미드수지, 폴리옥시프로필렌 등이 있다.

79 다음 중 농약의 혼용에 있어서 불합리한 경우는?
① Omethoate + 석회유황합제
② Maneb + Dichlovos
③ IBP + Fenitrothion
④ Eclifenphos + Fenthion

> **해설**
> 석회유황합제는 다황화칼슘을 주성분으로 하는 살균제로 강알칼리성을 띠는데 오메토에이트(Omethoate)는 알칼리성과 반응하여 가수분해를 하기에 혼용에 불합리하다.

80 다음 농약 중 사과의 부란병에 주로 적용되는 것은?
① 옥솔린산 수화제(일품)
② 이프로벤포스 유제(키타진)
③ 사이프로코나졸 액제(아테미)
④ 아족시트로빈 수화제(아미스타)

> **해설**
> 사이프로코나졸액제는 일명 아테미라 하며 사과부란병 방제에 효과적이다. 그 외에도 사과 겹무늬썩음병, 사과 검은별무늬병 등에도 효과적이다.

정답 75 ④ 76 ① 77 ③ 78 ③ 79 ① 80 ③

5과목 잡초방제학

81 주로 논에 발생하는 잡초로만 올바르게 나열한 것은?

① 피, 바랭이
② 명아주, 뚝새풀
③ 개비름, 물옥잠
④ 올미, 여뀌바늘

해설
논에 발생하는 논잡초로는 가래, 피, 올방개, 올미, 여뀌바늘, 너도방동사니 등이 있다.

82 제초제가 식물체에 흡수 이행을 저해하는 데 관여하는 요인으로 가장 거리가 먼 것은?

① 제초제의 농도
② 식물의 영양상태
③ 식물의 형태적 특성
④ 제초제의 처리 부위

해설
제초제가 식물체에 흡수 이행에 관여하는 요인으로 제초제의 처리 부위, 식물의 영양상태 및 삼투압 조건, 식물의 형태적 특성 등이 있다.

83 광합성 저해형 제초제에 대한 설명으로 옳지 않은 것은?

① 잡초의 탄수화물 축적과 이산화탄소 흡수를 방해한다.
② Paraquat은 과산화물 형성을 통해 살초 작용을 나타낸다.
③ 대표적으로 요소(urea)계와 트리아진(triazine)계가 있다.
④ 주로 광합성의 명반응은 저해하지 않고 암반응을 저해한다.

해설
광합성 저해제는 명반응을 저해하는 제초제이다.

84 잡초 방제법 중에서 예방적 방제법에 해당되지 않는 것은?

① 경운작업을 여러 차례 실시한다.
② 논물 유입로에는 거름망을 설치한다.
③ 가축 퇴비를 충분히 부숙 시켜 사용한다.
④ 외래 잡초의 유입을 막는 제도를 마련한다.

해설
경운작업은 기계적 물리적 방제법에 속한다.

85 생태적 방제법으로 환경제어법에 대한 설명이 옳은 것은?

① 작물에 재식밀도를 높여서 초관형성을 촉진시킨다.
② 작물에는 유리하고 잡초에는 불리하도록 인위적으로 환경을 조성한다.
③ 묘상에서 자란 유묘를 분포에 이식하여 잡초보다 빠르게 초관을 형성하게 한다.
④ 잡초와의 경합력이 큰 작목 및 품종을 선택하여 재배한다.

해설
생태학적 방제법에서 환경제어법은 잡초의 경합력 약화를 위한 방법으로 작물에는 유리하고 잡초에는 불리한 환경조건을 만드는 것이다.

86 우리나라 논에서 발생한 설포닐우레아(sulfonylurea)계 제초제의 저항성 잡초가 아닌 것은?

① 피
② 미국외풀
③ 물달개비
④ 알방동사니

해설
피는 화본과잡초이며 설포닐우레아계 제초제는 화본과 및 광엽잡초의 방제에 효과적이다.

정답 81 ④ 82 ① 83 ④ 84 ① 85 ② 86 ①

87 일년생 잡초로만 올바르게 나열한 것은?
① 벗풀, 매자기
② 보풀, 개구리밥
③ 여뀌, 밭뚝외풀
④ 올방개, 나도겨풀

해설
일년생 잡초에는 둑새풀, 강피, 여뀌, 물달개비, 밭뚝외풀, 알방동사니 등이 있다.

88 잡초 군락의 변이 및 천이를 유발하는데 가장 크게 작용하는 요인은?
① 경운
② 일모작 재배
③ 비료 사용 증가
④ 유사 성질의 제초제 연용

해설
잡초군락의 변이 및 천이는 재배작물 변화, 작부체계 변화, 경종조건 변화, 제초방법 변화에 의해 영향을 받는데 그중에서 제초방법인 유사 성질의 제초제 연용에 가장 큰 영향을 받는다.

89 월년생 잡초로만 올바르게 나열한 것은?
① 피, 냉이, 둑새풀
② 별꽃, 냉이, 벼룩나물
③ 냉이, 쇠비름, 벼룩나물
④ 쇠비름, 둑새풀, 별꽃아재비

해설
1년이상 2년미만의 생활을 가지는 월년생 잡초로는 냉낯이꽃, 나도냉이, 엉겅퀴, 냉이, 별꽃, 속속이풀, 벼룩나물 등이 있다.

90 물리적 방제법으로 토양을 피복하는 주요 이유는?
① 잡초 생육에 필요한 물 차단
② 잡초 생육에 필요한 빛 차단
③ 잡초 생육에 필요한 공기 차단
④ 잡초 생육에 필요한 공간 축소

해설
물리적 방제법 중 하나인 피복처리는 토양위에 볏짚, 비닐 등의 재료로 덮어 잡초의 발생을 방제하는데 잡초 생육에 필요한 빛을 차단하는 것이다.

91 잡초 종자에 돌기를 갖고 있어 사람이나 동물에 부착하여 운반되기 쉬운 것은?
① 여뀌   ② 민들레
③ 소리쟁이   ④ 도꼬마리

해설
도꼬마리, 도깨비 바늘 등의 잡초들은 갈고리 모양의 돌기가 있어 사람의 옷이나 동물의 털에 붙어 운반된다.

92 벼 재배에 주로 사용하지 않는 제초제는?
① 이사-디 액제
② 옥사디아존 유제
③ 뷰타글로르 입제
④ 알라클로르 유제

해설
토양처리형 제초제인 알라클로르는 아마이드계의 선택성 제초제로 콩, 옥수수 등의 1년생 잡초방제에 사용된다.

93 생물적 방제법에 대한 설명으로 옳지 않은 것은?
① 비교적 영속성이 있고 환경 친화적이다.
② 잡초의 완전한 제거하기 위해 적용한다.
③ 미생물 또는 식해성 생물을 이용하여 잡초 밀도를 감소시키는 수단을 말한다.
④ 경제적으로 무시해도 될 정도의 잡초만 생존하도록 밀도를 감소 조절하는데 있다.

해설
생물적 방제법은 곤충이나 미생물, 병원성을 이용하여 잡초의 세력을 경감시키는 방법으로 잡초의 완전 제거를 목적으로 하지는 않는다.

정답 87 ③ 88 ④ 89 ② 90 ② 91 ④ 92 ④ 93 ②

94 농경지에서 잡초로 인하여 발생하는 피해가 아닌 것은?
① 토양침식
② 병해충 매개
③ 작물 수량 감소
④ 작업 환경 악화

해설
잡초가 많이 발생하면 토양침식이 느려진다.

95 논에 다년생 잡초가 증가하는 요인으로 가장 거리가 먼 것은?
① 답리작 감소
② 시비량 감소
③ 물 관리 변동
④ 추경 및 춘경 감소

해설
논에 다년생 잡초의 증가는 제초제의 연용, 작부체계의 변화 혹은 춘, 추경의 감소 등의 요인이 있다.

96 잡초가 작물보다 경쟁에서 유리한 이유로 옳지 않은 것은?
① 번식 능력이 우수하다.
② 다량의 종자를 생산한다.
③ 휴면성이 결여되어 있다.
④ 불량한 환경조건에 적응력이 높다.

해설
잡초는 휴면성이 커서 불리한 환경에서는 휴면을 한다.

97 잡초의 밀도가 증가되면 작물의 수량이 감소되고, 어느 밀도 이상으로 잡초가 존재하면 작물의 수량이 현저히 감소되는 수준까지의 밀도를 무엇이라 하는가?
① 경제적 허용밀도
② 잡초허용 최대밀도
③ 잡초허용 한계밀도
④ 잡초피해 한계밀도

해설
잡초허용한계밀도는 잡초의 밀도가 증가하면 양분의 손실 등으로 작물의 수량이 감소하는 밀도이다. 허용한계밀도 이하로 잡초가 존재할 경우에는 작물의 수량에 영향을 미치지 않게 된다.

98 주로 괴경으로 번식하는 잡초로만 올바르게 나열한 것은?
① 올방개, 향부자
② 올방개, 물달개비
③ 향부자, 사마귀풀
④ 물달개비, 알방동사니

해설
괴경으로 번식하는 잡초로 올방개, 매자기, 벗풀, 향부자, 너도방동사니, 올미 등이 있다.

99 암발아 잡초 종자에 해당하는 것은?
① 바랭이 ② 쇠비름
③ 광대나물 ④ 소리쟁이

해설
암발아 종자는 별꽃, 냉이, 광대나물 등이 있다.

100 일반적으로 작물과 잡초의 경합으로 작물에 가장 큰 피해를 주는 시기는?
① 모든 시기
② 작물의 생육중기
③ 작물의 생육초기
④ 작물의 생육후기

해설
작물의 생육초기에 잡초에 가장 큰 피해를 받는다.

정답 94 ① 95 ② 96 ③ 97 ③ 98 ① 99 ③ 100 ③

국가기술자격 필기시험문제

2018년 기사 제2회 과년도 기출문제

자격종목	종목코드	시험시간	형별	수험번호	성명
식물보호기사		2시간 30분			

1과목 식물병리학

01 채소류의 잿빛곰팡이병 방제방법으로 옳지 않은 것은?

① 관수는 최소한으로 줄인다.
② 작물을 밀식하여 웃자람을 막는다.
③ 온도는 18~23℃가 되지 않도록 한다.
④ 하우스 내의 습도를 높게 유지하지 않는다.

해설
잿빛곰팡이병은 밀식재배로 통풍이 불량할 경우 더욱 많이 발생하기에 밀식재배는 피해야 한다.

02 소나무 재선충병 방제방법으로 가장 거리가 먼 것은?

① 토양관주 ② 위생간벌
③ 피해목 제거 ④ 중간기주 제거

해설
소나무 재선충병은 매개충에 의해 전반되며 중간기주는 없다.

03 오이류 덩굴쪼김병의 방제법으로 가장 효과가 낮은 것은?

① 종자를 소독한다.
② 저항성 품종을 재배한다.
③ 잎 표면에 약제를 집중적으로 살포한다.
④ 호박이나 박을 대목으로 접목하여 재배한다.

해설
오이류 덩굴쪼김병은 병원균이 뿌리의 각피를 뚫고 침입하기에 잎 표면에 약제를 집중적으로 살포하는 것은 방제효과가 나타나지 않는다. 방제를 위해 종자 및 토양을 소독하고 감염된 식물은 소각하고 과습을 방지하도록 한다.

04 식물병 중 표징을 관찰할 수 없는 경우는?

① 사과나무 탄저병
② 사철나무 그을음병
③ 대추나무 빗자루병
④ 포도나무 잿빛곰팡이병

해설
바이러스, 마이코플라스마에 의한 경우 병징만 관찰되고 표징은 나타나지 않는다.

05 식물병원체가 생산하는 기주 특이적 독소는?

① Victorin ② Tentexin
③ Ophiobolins ④ Fumaric acid

해설
기주 특이적 독소는 기주식물에만 독성을 일으키는 것으로 귀리 마름병의 독소 Victorin, 배나무 검은무늬병균의 AK 독소 중 Alterine 등이 있다.

06 비생물학적 병원에 의해 발생하는 생리적 피해에 대한 설명으로 옳은 것은?

① 병징만 나타난다.
② 표징만 나타난다.
③ 병징과 표징이 모두 나타난다.
④ 환경적인 영향에 의해 표징이 나타날 수 있다.

해설
비생물학적 병원은 환경적 요인으로 주로 병징만 나타난다.

정답 01 ② 02 ④ 03 ③ 04 ③ 05 ① 06 ①

07 코흐의 원칙에 대한 설명으로 옳지 않은 것은?

① 바이러스에 적용할 수 있다.
② 병환부에는 그 병을 일으키는 것으로 추정되는 병원체가 항상 존재하여야 한다.
③ 발병한 부위로부터 접종에 사용하였던 것과 같은 동일한 병원체가 재분리되어야한다.
④ 순수 배양한 병원체를 건전한 기주에 접종하였을 때 동일한 병이 발생하여야 한다.

해설
코흐의 원칙에 의거하여 병원체는 병든 기주에서 분리시 배지에서 자라야 하나 바이러스는 인공배양이 어려워 코흐의 원칙을 적용할 수 없다.

08 파이토플라스마에 대한 설명으로 옳지 않은 것은?

① 세포벽이 없다
② 인공배지에서 생장하지 않는다.
③ 매개충에 의하여 전파되지 않는다.
④ 테트라싸이클린에 대하여 감수성이다.

해설
파이토플라스마는 매개충에 의해 전파된다.

09 병원체가 주로 각피를 통해 직접 침입하지 않는 것은?

① 벼 도열병균
② 장미흰가루병균
③ 사과나무 탄저병균
④ 밤나무 줄기마름병균

해설
각피로 침입하는 대표 병균으로 벼도열병균, 흰가루병균, 깜부기병균, 녹병균, 탄저병균 등이 있다.

10 배나무 붉은별무늬병에 대한 설명으로 옳은 것은?

① 배나무 검은별무늬병과 같다.
② 여름포자를 형성하지 않는다.
③ 매발톱나무를 중간기주로 한다.
④ 8월부터 10월까지 배나무에 기생한다.

해설
배나무 붉은별무늬병균은 겨울포자, 소포자, 녹병포자, 녹포자를 형성하나 여름포자는 형성하지 않는다.

11 어떤 작물 품종이 특정 병에 대한 저항성에서 감수성으로 바뀌는 주요 원인은?

① 재배 방법의 변경
② 기상환경의 이변
③ 방제 작업의 중단
④ 병원균의 새로운 race출현

해설
병원균은 특정 레이스(race)에만 효과를 발휘하는데 이러한 것을 특이적 저항성이라 하며 특정 병에 대한 저항성에서 감수성을 바뀌는 경우는 새로운 레이스(race)의 출현 때문이다.

12 벼 도열병 방제방법으로 옳지 않은 것은?

① 가능하면 파종시기를 늦춘다.
② 논바닥이 마르지 않도록 한다
③ 덧거름은 너무 늦지 않도록 준다.
④ race비특이적 저항성 품종을 재배한다.

해설
벼 도열병은 파종시기를 늦추거나 모내기가 늦을 경우 발병확률이 높아진다.

정답 07 ① 08 ③ 09 ④ 10 ② 11 ④ 12 ①

13 병원균의 감염에 의하여 식물체 속에 형성되는 phenol류에 대한 설명으로 옳은 것은?

① 에너지원으로 사용된다.
② 침투성 농약을 분해한다.
③ 식물 생육과 관련이 있다.
④ 저항성 기작과 관련이 있다.

[해설]
페놀류(phenol)병원균에 감염전부터 식물체 속에 형성되다가 감염이 되면 발생량이 많아지면서 저항성에 영향을 주는 물질이다. 주로 밀 줄기녹병균, 감자 더뎅이병균, 도 도열병균등의 저항성에 관여한다.

14 오이 모자이크병에 대한 설명으로 옳지 않은 것은?

① 진딧물에 의해 영속성 전염을 한다.
② 대부분 종자전염은 일어나지 않는다.
③ 오이외에도 다양한 작물에 발병한다.
④ 감염된 잎에서 다수의 황색의 반점이 생긴다.

[해설]
모자이크병은 진딧물에 의해 비영속적으로 전염된다.

15 균사나 분생포자의 세포가 비대해져서 생성되는 것은?

① 유주자　② 후벽포자
③ 휴면포자　④ 포자낭포자

[해설]
후벽포자는 균사나 분생포자의 세포가 비대(후벽화)하여 형성되는 포자이다.

16 감자 역병에 대한 설명으로 옳지 않은 것은?

① 공기전염성균과 토양전염성균이 있다.
② 자낭균류에 의한 병으로 포자형태로 토양에서 월동한다.
③ 잎 언저리에 암록색의 수침상 부정형 병반을 형성한다.
④ 주로 기온이 20°C내외이며 습기가 많은 조건에서 발병한다.

[해설]
감자역병의 병원균은 균사로 흙속이나 병든 감자, 씨감자에서 월동한다.

17 가축이 섭취할 경우 유독한 독성 물질에 의해 중독 증상이 나타날 수 있는 것은?

① 벼 깨씨무늬병 ② 보리줄무늬병
③ 보리 흰가루병 ④ 보리 붉은곰팡이병

[해설]
맥류 붉은곰팡이병에 감염된 보리, 밀 등을 섭취한 사람, 동물 등은 심한 중독 증상을 일으키기도 한다.

18 다음중 크기가 가장 작은 식물 병원체는?

① 진균　② 세균
③ 바이러스　④ 바이로이드

[해설]
바이로이드는 바이러스와 유사한 전염 특성을 가지며 병원체 중 가장 작은 크기를 가진다.

19 순활물기생체에 해당하는 것은?

① 감자역병균
② 벼 깜부기병균
③ 보리 흰가루병균
④ 고구마 무름병균

[해설]
가루병균, 붉은별무늬병균, 녹병균 등은 순활물기생체이다.

정답 13 ④　14 ①　15 ②　16 ②　17 ④　18 ④　19 ③

20 수목 뿌리에 주로 발생하는 자주날개무늬병이 속하는 진균류는?
① 난균 ② 담자균
③ 병꼴균 ④ 접합균

해설
자줏빛날개무늬병균은 진균(담자균류)에 속한다.

2과목 농림해충학

21 주둥이를 식물체에 찔러 넣어 즙액을 빨아먹는 곤충에 속하지 않는 것은?
① 진딧물 ② 노린재
③ 집파리 ④ 애멸구

해설
집파리는 찔러넣어 즙액을 빨아먹는 자흡구형이 아닌 핥아먹는 흡취구형이다.

22 정주성 내부기생선충으로 2령 유충만이 식물을 침입할 수 있는 감염기의 선충이 되는 것은?
① 침선충 ② 잎선충
③ 뿌리혹선충 ④ 뿌리썩이선충

해설
뿌리혹선충은 알에서 깨어난 2령 유충이 기주에 침입하고 3번의 탈피를 거친후 성충이 된다.

23 가해하는 기주가 가장 다양한 해충은?
① 벼멸구 ② 솔잎혹파리
③ 사과혹진딧물 ④ 미국흰불나방

해설
미국흰불나방은 100 종이상의 활엽수종을 가해할 정도로 기주 범위가 넓다.

24 생물적 방제법에 이용되는 기생성 천적이 아닌 것은?
① 진디혹파리
② 굴파리좀벌
③ 온실가루이좀벌
④ 콜레마니진디벌

해설
굴파리좀벌, 온실가루이좀벌, 콜레마디진디벌은 기생성 천적이나 진디혹파리는 포식성 천적이다.

25 한여름 휴한기에 비닐하우스를 밀폐하고 토양 온도를 높여서 땅속 해충을 방제하는 방법은?
① 행동적 방제법 ② 생물적 방제법
③ 물리적 방제법 ④ 화학적 방제법

해설
물리적 방제법은 해충이 살기 어려운 조건을 만들어주는 것으로 방사선, 고주파를 이용하는 방법과 환경조건을 달리하도록 온도 및 습도를 조절하는 방법이 있다.

26 복숭아혹진딧물에 대한 설명으로 옳지 않은 것은?
① 간모는 단위생식을 한다.
② 식물바이러스를 매개한다.
③ 여름기주로는 복숭아나무, 벚나무 등이 있다.
④ 날개가 있는 유시충과 날개가 없는 무시충이 존재한다.

해설
복숭아혹진딧물의 여름기주는 무, 배추, 오이, 수박 등이 있다.

27 미국흰불나방의 학명으로 옳은 것은?
① Adrias tyrannus
② Hyphantria cunea
③ Monema flavescens
④ Pygeara anachoreta

해설
미국흰불나방의 학명은 Hyphantria cunea 이다.

정답 20 ② 21 ③ 22 ③ 23 ④ 24 ① 25 ③ 26 ③ 27 ②

28 유충에서 성충까지 입틀의 형태가 변하지 않는 것은?
① 꿀벌   ② 말매미
③ 학질모기   ④ 배추흰나비

> **해설**
> 말매미의 유충은 6년 정도 땅 속에서 생활하다 외부로 나오는데 유충에서 성충까지 입틀의 형태가 유사하다.

29 곤충의 배설계에 대한 설명으로 옳지 않은 것은?
① 말피기관의 끝은 막혀있다.
② 지상곤충은 주로 질소대사산물을 암모니아 형태로 배설한다.
③ 말피기관은 중장과 후장의 접속부분에서 후장에 연결되어 있다.
④ 말피기관 밑부와 직장은 물과 무기이온을 재흡수하여 조직 내의 삼투압을 조절한다.

> **해설**
> 지상곤충은 질소대사산물을 요산의 형태로 배설한다.

30 해충의 휴면이 나타나는 발육단계로 올바르게 짝지어진 것은?
① 복숭아명나방-알
② 미국흰불나방-유충
③ 이화명나방-번데기
④ 오리나무잎벌레-성충

> **해설**
> 오리나무잎벌레는 성충형태로 지피물이나 흙속에서 휴면한다.

31 총채벌레목에 대한 설명으로 옳지 않은 것은?
① 단위생식도 한다.
② 입틀의 좌우가 같다.
③ 불완전변태군에 속한다.
④ 산란관이 잘 발달하여 식물의 조직 안에 알을 낳는다.

> **해설**
> 총채벌레목은 입틀의 좌우가 비대칭이다.

32 콩의 어린 꼬투리에 유충이 먹어 들어가 여물지 않은 종실을 갉아 먹는 해충은?
① 콩나방   ② 콩진딧물
③ 콩줄기굴파리   ④ 콩잎말이명나방

> **해설**
> 콩나방 유충은 콩의 어린 꼬투리를 가해하여 종실까지 피해를 주는데 가해초기에는 발견이 어렵다.

33 곤충의 체벽(외골격)을 구성하는 요소들을 바깥쪽부터 순서대로 바르게 나열한 것은?
① 외큐티클-진피-상큐티클-기저막
② 외큐티클-상큐티클-진피-기저막
③ 상큐티클-진피-외큐티클-기저막
④ 상큐티클-외큐티클-진피-기저막

> **해설**
> 곤충의 체벽을 바깥쪽부터 상큐티클, 원큐티클(외큐티클, 내큐티클), 표피, 기저막 의 순서로 구성되어 있다.

34 애멸구에 대한 설명으로 옳지 않은 것은?
① 잡초에서 성충으로 월동한다.
② 벼 줄무늬잎마름병을 매개한다.
③ 우리나레에서 월동이 가능하다.
④ 보독충의 알에도 바이러스 병원균이 있을 수 있다.

> **해설**
> 애멸구는 4령 약충이 논둑의 잡초 사이에 월동한다.

정답 28 ② 29 ② 30 ④ 31 ② 32 ① 33 ④ 34 ①

35 걸어 다니는 기능 이외에 다른 목적으로 변형된 다리를 가진 곤충이 아닌 것은?
① 모기 ② 꿀벌
③ 사마귀 ④ 땅강아지

해설
걸어 다니는 기능 이외의 목적으로 변형된 다리를 가진 곤충으로 물매미, 사마귀, 메뚜기, 땅강아지, 꿀벌 등이 있다.

36 윤작으로 방제 효과가 가장 미비한 해충은?
① 이동성이 적은 해충류
② 생활사가 짧은 해충류
③ 식성의 범위가 좁은 해충류
④ 토양곤충에 해당되는 해충류

해설
윤작은 생태학적 방제법으로 한 경작지에 여러 작물을 돌려가면서 짓는데 생활사가 짧은 해충의 경우 방제 효과가 미미하다.

37 거미와 비교한 곤충의 일반적인 특징으로 옳지 않은 것은?
① 겹눈과 홑눈이 있다.
② 더듬이는 한쌍이다.
③ 성충의 다리는 세쌍이다.
④ 생식문이 배의 배면 앞부분에 있다.

해설
곤충의 생식문은 배 끝에 있으며 거미는 배의 배면 앞부분에 있다.

38 어떤 곤충 유충의 발육률(y)과 온도(x)와의 관례식을 y=ax+b와같이 표현 했을 때 곤충의 발육영점온도를 추정하는 방법은?
① −b÷a ② a−b
③ −1÷a ④ −1÷b

해설
보기의 관계식에서 발육영점온도를 추정하기 위해 온도인 x 를 제외한 상수 a, b 를 반대로 넘겨 구할 경우 [−b ÷ a] 를 이용하여 추정할수 있다.

39 1년에 1회 발생하는 해충은?
① 조명나방 ② 감자나방
③ 벼물바구미 ④ 미국흰불나방

해설
벼물바구미는 딱정벌레목의 바구미과로 1년에 1회 발생한다.

40 소나무재선충을 매개하는 해충으로만 올바르게 나열된 것은?
① 알락하늘소, 털두꺼비하늘소
② 알락하늘소, 북방수염하늘소
③ 솔수염하늘소, 털두꺼비하늘소
④ 솔수염하늘소, 북방수염하늘소

해설
소나무재선충을 매개하는 해충으로 솔수염하늘소, 북방수염하늘소가 있다.

| 3과목 | 재배학원론 |

41 감자의 휴면과 밀접한 관계가 있는 생장호르몬은?
① ABA ② Ethylene
③ Kinetin ④ gibberellin

해설
ABA는 Abscisic acid 라 하며 대표적인 생장억제 물질로서 작엽의 촉진, 휴면의 유도, 발아 억제 등의 효과가 나타난다.

정답 35 ① 36 ② 37 ④ 38 ① 39 ③ 40 ④ 41 ①

42 다음 중 작물의 복토깊이가 가장 깊은 것은?
① 양파 ② 배추
③ 옥수수 ④ 시금치

해설
양파 0.5~1cm, 배추 1.5~2cm, 시금치 2.5~3cm, 옥수수 3.5~4cm 정도의 복토깊이로 옥수수가 보기중 가장 깊다.

43 다음 중 장일식물의 화성을 촉진하는 효과가 가장 큰 물질은?
① 2,4-D ② MH
③ Kinetin ④ Gibberellin

해설
지베렐린을 작물에 적용시 발아촉진, 화성유도, 생장 촉진, 수량의 증대 효과를 기대할수 있다.

44 옥신 중에서 식물체에서 합성되지 않는 것은?
① IAA ② IAN
③ NAA ④ PAA

해설
NAA는 합성호르몬으로 식물체에서 합성되지 않는다.

45 다음 중 내습성이 가장 강한 과수류는?
① 무화과 ② 복숭아
③ 밀감 ④ 포도

해설
내습성이 강한 과수류 순서로 [포도, 감귤, 감, 배, 복숭아, 무화과] 이다.

46 토양산성화의 원인으로 가장 거리가 먼 것은?
① 빗물에 의한 염기용탈
② 염화가리, 황산암모니아 등의 유입
③ 토양유기물의 분해
④ 인산, 마그네슘의 보급

해설
토양 산성화로 인하여 인산, 마그네슘 등의 양분이 유실된다.

47 벼에서 염해가 우려되는 최소농도는?
① 0.1% NaCl ② 0.4% NaCl
③ 0.7% NaCl ④ 0.9% NaCl

해설
벼에 염해가 발생하는 농도는 0.1% 내외이다. 0.3% 이상에서는 벼를 수확하기 힘들다.

48 포장용수량의 pF는 약 얼마인가?
① 0 ② 2.7
③ 3.9 ④ 4.2

해설
최대용수량 pF 0, 포장용수량 pF 2.7, 영구위조점 pF 4.2 이다.

49 대기의 이산화탄소 농도는?
① 약 0.0035% ② 약 0.035%
③ 약 0.35% ④ 약 3.5%

해설
이산화탄소는 대기 중에 약 0.035%를 차지하고 있다.

50 산파(흩어뿌림)에 대한 설명으로 틀린 것은?
① 투광성이 좋아진다.
② 종자 소요량이 많아진다.
③ 도복하기 쉽다.
④ 제초 작업에 어려움이 있다.

해설
산파는 포장 전면에 종자를 흩어 뿌리는 방법으로 종자의 소요량이 많아지고 도복하기 쉬워지고 불규칙하게 자라기 때문에 제초 작업에 어려움이 있다.

정답 42 ③ 43 ④ 44 ③ 45 ④ 46 ④ 47 ① 48 ② 49 ② 50 ①

51 고구마, 감자 등 수분함량이 높은 작물의 저장시 큐어링을 실시하는 1차 목적은?
① 성분함량증대 ② 상처치유
③ 저장력증대   ④ 충해방지

해설
큐어링은 상처 부위로 균의 침입을 방지하기 위해 온도 30~33도, 습도 90~95% 조건으로 저장고에 4일간 두고 상처를 아물게 하는 작업이다.

52 종자의 수명이 5년 이상인 장명종자로만 나열된 것은?
① 가지, 수박
② 메밀, 고추
③ 해바라기, 옥수수
④ 상추, 목화

해설
장명종자에는 녹두, 오이, 배추, 가지, 토마토, 수박 등이 있다.

53 다음 중 무배유 종자는?
① 보리   ② 상추
③ 밀   ④ 피마자

해설
무배유종자 작물에는 콩, 완두, 잠두, 적두, 상추, 오이 등이 있다.

54 볍씨의 휴면을 유기하는 발아억제 물질은 어디에 있는가?
① 영(穎) ② 배유
③ 배   ④ 유엽

해설
볍씨의 휴면은 영(穎)에 있는 발아억제 물질로 발생하며 물에 담갔다가 과피를 제거하면 발아가 잘 된다.

55 다음 중 내염성이 가장 강한 작물은?
① 가지   ② 셀러리
③ 완두   ④ 양배추

해설
내염성 작물로 사탕무, 목화, 양배추 등이 있다.

56 작물의 배수성 육종시 염색체를 배가시키는데 가장 효과적으로 이용되는 것은?
① colchicine ② auxin
③ kinetin   ④ ethylene

해설
배수체 육종법에서 배수체를 늘리는 데는 콜히친(colchicine) 약제가 효과적이다.

57 동상해 응급대책으로 물이 얼 때 잠열(숨은열)이 발생되는 점을 이용하여 작물체 표면에 물을 뿌려주는 방법은?
① 발연법   ② 연소법
③ 송풍법   ④ 살수빙결법

해설
살수빙결법은 스프링클러를 이용하여 식물체 표면을 동결시켜 잠열을 이용해 식물의 체온을 약 0°C 정도로 유지하는 응급방법이다.

58 영양기관의 분류에서 땅속줄기에 해당하는 것은?
① 나리   ② 감자
③ 박하   ④ 토란

해설
땅속줄기를 이용하는 작물로 생강, 박하, 호프 등이 있다.

59 기공을 폐쇄시켜 증산을 억제시키는 것은?
① 옥신   ② 지베렐린
③ 에틸렌 ④ ABA

정답 51 ② 52 ① 53 ② 54 ① 55 ④ 56 ① 57 ④ 58 ③ 59 ④

> **해설**
> ABA는 대표적인 생장억제물질이며 낙엽의 촉진, 휴면의 유도, 발아 억제, 화성 촉진 등의 기능과 함께 기공을 폐쇄하여 증산작용을 막아 내건성을 증대시켜주기도 한다.

60 작물의 생력기계화재배의 전제조건으로 볼 수 없는 것은?

① 잉여노동력의 수익화 방안을 강구한다.
② 동일한 품종을 동일한 재배방식으로 집단 재배한다.
③ 여러 농가가 집단화하여 공동재배시스템을 조성한다.
④ 친환경재배단지를 조성하여 합리적 제초제 사용에 따른 기계화 재배를 수행한다.

> **해설**
> 생력기계화재배의 전제조건
> · 농지가 생력화를 가능하게 할수 있게 정리되어야 한다.
> · 넓은 면적은 공동관리하여 집단 재배해야 한다
> · 기계화에 따른 잉여 노동력을 수익화 해야 한다
> · 품종의 선택, 재배법 등 기계화를 통한 재배체계를 확립해야 한다.
> · 국가 차원의 제도화, 보조, 개발등의 도움이 필요하다.

4과목 농약학

61 유기인제 계통의 약제를 알칼리성 농약과 혼용을 피해야하는 주된 이유는?

① 약해가 심해지기 때문이다.
② 물리성이 나빠지기 때문이다.
③ 가수분해가 일어나기 때문이다.
④ 중합반응을 하여 다른 물질로 되기 때문이다.

> **해설**
> 유기인계 살충제는 에스테르 결합을 하고 있어 알칼리에 의해 쉽게 가수분해 된다.

62 계면활성제를 구성하는 원자단중 친유성(親油性)이 가장 강한 것은?

① $ROCH_3$ ② $-C_nH_{2n+1}$
③ $-OH$ ④ $-SO_3H(Na)$

> **해설**
> 계면활성제는 친수성부분의 원자단 종류로 $-OH$, $-COOH$, $-CN$, $-COONA$, $-CONH_2$ 등이 있으며 친유성부분은 포화지방족탄화수소 부분에서 수소원자 하나가 없는 알킬기($-R$)인 $-C_nH_{2n+1}$ 이 가장 강하다.

63 보르도액 사용시 살균력을 나타내는 성분은?

① Cu ② Ca
③ Co ④ C

> **해설**
> 보르도액은 황산구리와 수산화칼슘을 원료로 제조하며 구리성분을 통해 살균력을 가진다.

64 64.45% 유제를 600배로 희석하여 10a당 120L를 살포하여 해충을 방제하려고 할 때 유제의 소요량은?

① 100mL ② 200mL
③ 300mL ④ 400mL

> **해설**
> 소요약량 $= \dfrac{\text{단위 면적 당 사용량}}{\text{소요희석배수}}$
> $= \dfrac{120L}{600} = 0.2L = 200ml$

65 수화제의 분말입자가 수중에서 분산 부유하는 성질을 의미하는 것은?

① 유화성 ② 고착성
③ 현수성 ④ 부착성

> **해설**
> 현수성은 수화제에 물을 넣어 조제한 현탁액의 고체입자가 균일하게 분산 부유하는 성질과 안정성을 말한다.

정답 60 ④ 61 ③ 62 ② 63 ① 64 ② 65 ③

66 농약관리법에 의한 맹독성의 판정기준은?
① 급성 경구독성이 고체는 5mg/kg, 액체는 20mg/kg미만
② 급성 경구독성이 고체는 5mg/kg, 액체는 40mg/kg미만
③ 급성 경구독성이 고체는 10mg/kg, 액체는 50mg/kg미만
④ 급성 경구독성이 고체는 10mg/kg, 액체는 100mg/kg미만

해설
급성경구독성에 맹독성은 고체는 5mg/kg, 액체는 20mg/kg미만이다.

67 다음 농용 항생제가 아닌 것은?
① 클로로피크린(Chloropicrin)
② 블라스티시딘 에스(Blasticidin-S)
③ 카수가마이신(Kasugamycin)
④ 스트렙토마이신(Streptomycin)

해설
클로로피크린은 해충의 에너지 대사 저해작용을 하는 살충제이다.

68 살충제 카보(carbofuran)에 대한 설명으로 틀린 것은?
① 약효지속 기간이 매우 길다.
② 속효성이면서 지효성이다.
③ 식도제로 입을 통해 충체 내로 들어가 독작용을 하는 살충제이다.
④ carbamate계 살충제로 비교적 안정한 화합물이다.

해설
카보퓨란은 카바메이트계 침투성 살충제이며 살충작용이 선택적이다.

69 사용목적에 따른 살충제 농약의 분류에 해당하지 않는 것은?
① 식독제 ② 미립제
③ 유인제 ④ 기피제

해설
미립제는 제형에 따른 분류에 속한다.

70 농약의 이화학적 검사에서 적부를 판정하는 검사항목이 아닌 것은?
① pH ② 유효성분
③ 분말도 ④ 입도

해설
농약의 이화학적 검사에서 적부 판정 검사항목으로 유효성분, 유화성, 수용성, 분말도(입도), 분산성, 유해성분 등이 있다.

71 manganese ethylenebis(dithiocarba mate)이 주성분인 아연 배위화합물로서 광범위한 작물의 탄저병을 포함한 광범위한 병해에 적용되는 보호살균제 농약은?
① 이프로(Iprodione)
② 만코제브(Mancozeb)
③ 빈졸(Vincolzolin)
④ 훼나진(Phenazine)

해설
디티오카바메이트(dithiocarbamate)는 유기황제 살균제로 만코제브, 티람, 프로피네브 등이 있으며 그 중에서도 만코제브는 광범위한 작물에 보호살균제로 사용되고 과수의 탄저병 및 채소류의 노균병 방제에 유효하다.

72 토양잔류성농약이라 함은 토양 중 농약의 반감기간이 며칠 이상인 농약으로서 사용 결과 농약을 사용하는 토양에 그 성분이 잔류되어 후작물에 잔류되는 농약을 말하는가?
① 30일 ② 60일
③ 90일 ④ 180일

정답 66 ① 67 ① 68 ③ 69 ② 70 ① 71 ② 72 ④

> **해설**
> 토양잔류성농약은 토양 중 농약의 반감기간이 180일 이상인 농약을 말한다.

73 약해가 일어나는 조건으로 가장 거리가 먼 것은?
① 장마철 보르도액의 살포
② 살포약제의 고농도 살포
③ 낙엽 후 기계유 유제의 살포
④ 고온,고광도시 석회황합제 사용

> **해설**
> 약해가 일어나는 조건으로 농약 자체의 원인 및 오용, 환경에 의한 약해, 작물 자체에 의한 약해, 농약의 사용 후 특성에 의한 약해가 있으며 낙엽 후 기계유 유제의 살포는 여기에 해당되지 않는다.

74 농약의 약효를 최대로 발현시키기 위한 방법으로 가장 거리가 먼 것은?
① 방제적기에 농약 살포
② 적정농도의 정량살포
③ 병해충 및 잡초에 알맞은 농약의 선택
④ 효과가 좋은 농약 한가지만을 계속 사용

> **해설**
> 농약을 한가지만 사용하면 약효에 대한 저항성이 생겨 효율이 떨어진다.

75 다음 중 신경독 살충제는?
① 클로로피크린 ② 기계유유제
③ 유기수은제   ④ 제충국제

> **해설**
> 제충국의 활성성분을 이용하여 해충의 신경계통을 저해하는 효과가 나타나는 신경독 살충제이다.

76 액체상태 농약 용기의 마개가 황색을 띤 약제는?
① 제초제   ② 살충제
③ 살균제   ④ 생장조정제

> **해설**
> 농약 용기의 병뚜껑은 용도에 따라 색깔을 다르게 하며 제초제는 황색으로 한다.

77 농약은 사용 형태에 따라 여러 가지 형태의 제제가 있다. 일반적으로 살포액으로 사용될 수 없는 것은?
① 유제   ② 수화제
③ 수용제   ④ 입제

> **해설**
> 살포액으로 사용하기 유리한 조건으로 입자가 작아야 하나 입제의 경우 입자가 비교적 큰 편이라 살포액으로 사용하기 적합하지 않다.

78 다음 농약 중 살비제가 아닌 것은?
① 디코폴(dicofol)
② 아미트라즈(amitraz)
③ 싸이스린(cyfluthrin)
④ 클로펜테진(clofentezin)

> **해설**
> 살비제로 디코폴, 펜프로, 테부펜피라드, 페나자퀸, 피리다벤 등이 있다. 싸이스린(cyfluthrin)은 살충제이다.

79 약제의 처리법 중 수면사용법이 갖추어야 할 특성으로 틀린 것은?
① 물에 잘 풀리고 널리 확산되어야 한다.
② 물이나 미생물 또는 토양성분 등에 의하여 분해되지 않아야한다.
③ 수중에서 장시간에 걸쳐 녹아 약액의 농도를 유지하여야 한다.
④ 가급적 약제의 일부는 수중에 현수되도록 친수 및 발수성을 갖추어야 한다.

> **해설**
> 수면 사용법은 수면에 농약을 빠르게 확산시켜야 하며 미생물이나 토양의 유, 무기물에 의해 분해되지 않아야 한다. 일부는 수중에 현수되는 것이 좋다.

정답 73 ③ 74 ④ 75 ④ 76 ① 77 ④ 78 ③ 79 ③

80 농용 항생제가 갖추어야할 조건으로 가장 거리가 먼 것은?

① 분해가 빨라야한다.
② 식물에 대하여 약해가 없어야한다.
③ 식물병원균에 대하 항균력이 있어야한다.
④ 인축에 대한 독성이 가급적 없어야한다.

> **해설**
> 항생제의 분해가 빠르면 지속효과가 낮아져 항생제로서의 기능을 발휘할 수 없기에 햇빛 및 공기 등에 의해 잘 분해되지 않아야 한다.

5과목 잡초방제학

81 작물과 잡초의 양분경합에서 가장 크게 관여하는 비료성분은?

① 황　　② 칼슘
③ 질소　④ 마그네슘

> **해설**
> 작물과 잡초는 양분 및 수분 등 성장을 위한 요소에 경합을 하게 되는데 그중에서 양분은 질소 성분에 가장 큰 경합을 보인다.

82 제초제의 선택성을 발휘하는 주요 요인이 아닌 것은?

① 잡초 잎의 수
② 잡초의 생장점 위치
③ 잡초 뿌리의 분포 깊이와 형태
④ 잡초 종자의 발아 및 출아 심도

> **해설**
> 잎의 수보다는 잎의 표면 및 특성이 관계가 있다.

83 생물적 잡초방제를 위해 곤충을 사용할 때 곤충에 대한 유의사항으로 옳지 않은 것은?

① 환경에 잘 적응해야 한다.
② 인공적으로 배양 또는 증식이 어려우며 생식력이 약해야한다.
③ 문제 잡초를 선별적으로 찾아다닐 수 있는 이동성이 있어야한다.
④ 대상 잡초에만 피해를 주고 잡초가 없어지면 천적 자체도 소멸되어야 한다.

> **해설**
> 생물적 방제를 위한 곤충은 인공적 배양 및 증식이 쉬워야하고 생식력이 강해야 한다.

84 잡초에 대한 설명으로 옳은 것은?

① 생활주변 식물 중 순화된 식물이다.
② 인간의 의도에 역행하는 식물이다.
③ 농경지나 생활주변에서 제자리를 지키는 식물이다.
④ 초본식물만을 대상으로 한 바람직하지 않은 식물이다.

> **해설**
> 잡초는 작물재배를 하는 인간이 원치 않는 지역에 발생하는 것으로 인간의 의도에 역행하는 식물이다.

85 벼와 피의 주된 형태적 차이점은?

① 피에만 엽이가 있다.
② 벼에만 잎몸이 없다.
③ 벼에만 입혀가 있다.
④ 벼와 피에는 잎집이 없다.

> **해설**
> 벼에는 잎혀와 잎귀가 있으나 피에는 없다.

86 올방개 방제에 가장 효과적인 제초제는?

① 뷰타클로르 유제
② 펜디메탈린 유제
③ 페녹슐람 액상수화제
④ 피라조설퓨론에틸 수화제

> **해설**
> 올방개, 올챙이고랭이, 벗풀 등의 다년생 잡초에는 벤타존, 페녹슐람 약제가 효과적이다.

정답 80 ① 81 ③ 82 ① 83 ② 84 ② 85 ③ 86 ③

87 잡초 발생이 가장 많은 벼 재배 방식은?
① 담수직파 ② 건답직파
③ 성묘 손이앙 ④ 중묘기계이앙

> **해설**
> 이앙보다는 직파에서 경합력이 낮아 잡초 발생량이 많다. 또한 담수직파의 경우 특정 잡초만 발생하지만 건답직파의 경우 발생하는 잡초의 종류 및 수량이 많다.

88 가을에 발생하여 월동 후에 결실하는 잡초로만 올바르게 나열된 것은?
① 쑥, 비름, 명아주
② 깨풀, 민들레, 강아지풀
③ 별꽃, 뚝새풀, 벼룩나물
④ 별꽃, 바랭이, 애기메꽃

> **해설**
> 겨울잡초(동계잡초)의 종류로 뚝새풀, 냉이, 개미자리, 벼룩나물, 점나도나물, 벼룩이자리, 별꽃 등이 있다.

89 작물과 잡초가 경합할 때 작물에 피해가 가장 큰 경우는?
① C_3작물과 C_4잡초
② C_3작물과 C_3잡초
③ C_4작물과 C_3잡초
④ C_4작물과 C_4잡초

> **해설**
> C_3 계통의 식물은 C_4 계통 식물보다 상대적으로 광합성 효율이 낮다. C_4 잡초의 광합성 효율이 뛰어나 C_3 작물의 수량에 많은 영향을 주게 된다.

90 잡초가 발아하여 지표면 위로 출현하는 과정에 관여하는 요인으로 가장 관련이 적은 것은?
① 토양심도 ② 토양수분
③ 토양온도 ④ 토양강도

> **해설**
> 잡초가 발아하는데 관여하는 요인으로 토양의 심도, 온도, 수분, 산소, 비옥도, 염도, pH 등이 있다.

91 제초제의 약해가 발생하는 주요 요인이 아닌 것은?
① 감수성 고정
② 농약 상호작용
③ 환경 중의 확산
④ 토양 중 제초제 잔류

> **해설**
> 감수성은 특정 작용에 대한 민감 정도로 약해의 주요 발생 요인과는 관련이 없다.

92 이사-디 액제에 대한 설명으로 옳지 않은 것은?
① 페녹시계 제초제이다.
② 광엽잡초에 특히 활성이 높다.
③ 주로 논 제초제로 사용되고 있다.
④ 이행성이 비교적 낮고 생장점 등에 집적하는 성질이 있다.

> **해설**
> 2,4-D 액제의 경우 선택적으로 작용하는 유기제초제로서 이행성이며 호르몬작용을 교란시키는 페녹시계 제초제이다.

93 지속적인 예취의 결과로 옳지 않은 것은?
① 잡초 결실을 미연에 방지한다.
② 키가 큰 차광 피해를 제거한다.
③ 다년생 잡초의 저장양분을 고갈시킨다.
④ 포복형 및 로제트형 잡초종이 감소된다.

> **해설**
> 예취를 지속적으로 작업하게 되면 포복형 및 로제트형 잡초종이 증가하게 된다.

정답 87 ② 88 ③ 89 ① 90 ④ 91 ① 92 ④ 93 ④

94 제초제의 대사에 대한 설명으로 옳지 않은 것은?

① 생물적 변형이라고도 한다.
② 유기제초제가 완전히 산화하여 탄산가스로 변화되는 경우는 매우 드물다.
③ 식물 체내에 흡수, 이행된 제초제가 본래의 화학구조에서 다른 것으로 변형되는 것이다.
④ 제초제가 잡초의 세포 내에서 화학적으로 결합하여 가수분해 된 뒤 2차 결합 하여 잡초를 죽인다.

해설
제초제가 잡초의 세포 내에서 결합하는 것이 아니라 제초제가 산화, 환원, 가수분해 등의 과정을 통해 발생된 분해 산물이 식물체 내에 결합을 하는 것이다.

95 형태적 특성에 따른 잡초 분류로 옳지 않은 것은?

① 소엽류 잡초
② 광엽류 잡초
③ 화본과류 잡초
④ 방동사니과류 잡초

해설
형태적 특성에 따라 광엽잡초, 화본과잡초, 방동사니과잡초로 분류된다.

96 밭에서 주로 발생하는 잡초로만 올바르게 나열된 것은?

① 여뀌, 매자기
② 쇠비름, 바랭이
③ 올방개, 물달개비
④ 드렁새, 사마귀풀

해설
밭잡초에는 쇠비름, 망초, 바랭이, 할미꽃, 쇠뜨기 엉겅퀴 등이 있다.

97 잡초에 대한 작물의 경합력을 높이는 방법은?

① 이식재배를 한다.
② 직파재배를 한다.
③ 만생종을 재배한다.
④ 재식밀도를 낮춘다.

해설
이식재배를 하면 생육기간이 연장되고 토지이용률이 증대된다. 또한 생육 촉진 및 숙기가 단축되어 경합력이 높아진다.

98 주로 종자로 번식하는 잡초는?

① 올미, 벗풀
② 가래, 쇠털골
③ 강피, 물달개비
④ 올방개, 너도방동사니

해설
종자로 번식하는 잡초에는 알방동사니, 피, 마디꽃, 물달개비 등이 있다.

99 잡초의 종자가 휴면하는 원인으로 옳지 않은 것은?

① 미숙한 배
② 두꺼운 종피
③ 발아억제 물질 존재
④ 산불에 의한 급격한 온도변화

해설
잡초 종자의 휴면은 외부환경에 의한 영향도 있으나 종자 자체적으로 두꺼운 종피, 미발달배, 발아억제물질의 존재가 원인이 된다.

정답 94 ④ 95 ① 96 ② 97 ① 98 ③ 99 ④

100 논에 다년생잡초가 증가하는 주요 요인으로 옳지 않은 것은?
① 추경 감소
② 벼의 연작재배
③ 동일제초에 연용
④ 벼의 조기이식 재배

해설
논에 다년생 잡초의 증가는 군락의 변화를 말하며 이는 제초제의 연용, 작부체계의 변화 혹은 춘, 추경의 감소 등의 요인이 있다.

정답 100 ②

국가기술자격 필기시험문제

2018년 기사 제4회 과년도 기출문제

자격종목	종목코드	시험시간	형별
식물보호기사		2시간 30분	

1과목 식물병리학

01 복숭아나무 잎오갈병에 대한 설명으로 옳은 것은?
① 병원균은 담자균에 속한다.
② 균사가 뿌리의 상처에 침입한다.
③ 주로 여름철 고온 환경에서 발병한다.
④ 디티아논 수화제를 살포하여 방제한다.

해설
복숭아나무 잎오갈병은 발아전 디티아논 수화제, 클로로탈로닐 액상수화제를 살포하여 방제한다.

02 다음 방제 방법에 가장 효과적인 식물병은?

◎ 병이 심하게 발생한 포장은 비기주 식물로 돌려 짓기한다.
◎ 저항성 대목으로 접목하여 재배한다.

① 배추 노균병
② 양파 잎마름병
③ 오이 덩굴쪼김병
④ 배추 무사마귀병

해설
오이덩굴쪼김병은 토양전염을 하기에 연작을 피하고 비기주식물로 돌려짓기 하는 것이 좋으며 저항성 대목인 호박이나 박을 대목으로 접목하는 것이 효과적이다.

03 사과나무 부란병에 대한 설명으로 옳지 않은 것은?
① 자낭포자와 병포자를 형성한다.
② 강한 전정 작업을 하지 말아야 한다.
③ 사과나무의 가지에 감염되면 사마귀가 형성된다.
④ 병원균이 수피의 조직 내에 침입해 있어 방제가 어렵다.

해설
사과나무 부란병은 가지에 갈색 반점이 나타나 부풀어 오르며 벗겨지는데 감염 부위에서 알콜 냄새가 난다.

04 병원균에 대하여 항균력이 있는 미생물을 이용하여 식물병을 방제하는 방법은?
① 화학적 방제 ② 생물적 방제
③ 경종적 방제 ④ 물리적 방제

해설
미생물을 이용하는 방법은 생물적 방제법이다

05 식물에 뿌리혹을 유발하는 대표적인 토양 서식 병원균은?
① *Alternaria mali*
② *Pyriculara oryzae*
③ *Cercospora brassicicola*
④ *Agrobacterium tumefaciens*

해설
*Agrobacterium tumefaciens*은 뿌리혹병의 병원으로 식물에 혹을 만든다.

정답 01 ④ 02 ③ 03 ③ 04 ② 05 ④

06 다음 식물 병원체 중 크기가 가장 작은 것은?

① 세균　　② 곰팡이
③ 바이러스　④ 바이로이드

해설
바이로이드는 기주식물의 세포에 감염하여 증식하며 외부단백질 없는 핵산만으로 구성된 병원체이다. 또한 바이러스와 유사한 전염 특성을 가지며 병원체 중 가장 작은 크기를 가진다.

07 약제 저항성균의 출현기작으로 옳지 않은 것은?

① 대사 우회회로의 불활화
② 병원균에 의한 약제의 불활화
③ 균체 내로의 약제 침투량 감소
④ 대사의 변화에 의하여 저해된 효소의 생산량 증가

해설
생물적 대사회로가 불활화될 경우 생화학적인 효소와 기질의 생성이 어려워 약제에 대한 저항성균의 생성이 어렵다.

08 사과나무 붉은별무늬병균이 해당하는 분류군은?

① 난균　　② 담자균
③ 자낭균　④ 불완전균

해설
사과나무 붉은별무늬병균은 담자균으로 사과나무에서 소생자와 녹포자를 생성한다.

09 식물병의 원인 중 생물성 병원에 속하지 않는 것은?

① pH　　② 세균
③ 선충　④ 파이토플라스마

해설
pH는 비생물성 병원에 속한다.

10 감자 역병이 많이 발생할 수 있는 재배법 및 환경조건으로만 올바르게 나열한 것은?

① 이어짓기, 과습
② 이어짓기, 가뭄
③ 돌려짓기, 과습
④ 돌려짓기, 가뭄

해설
감자역병은 20℃ 내외의 습기가 많은 냉한 시기에 많이 발생한다. 방제를 위해 다른 작물과 윤작을 하도록 하고 연작은 피한다.

11 다음 (　)안에 해당하는 용어로 옳은 것은?

> 어느 식물이 본질적으로 병에 걸리지 않는 질적인 차이가 있을 때에는 그 병원체에 대하여 (　)이 없다고 한다.

① 감수성　② 친화성
③ 저항성　④ 다범성

해설
항체가 항원과 결합하는 능력이나 식물이 병에 쉽게 걸리는 경우 병원체와 친화성이 있다고 한다.

12 기주의 품종과 병원균이 레이스 사이에 특이적인 상호관계가 없는 저항성은?

① 수평저항성　② 감염저항성
③ 침입저항성　④ 수직저항성

해설
수평저항성은 병균이 모든 레이스에 균일하게 작용하는 것으로 병원균이 레이스와 특이적인 상호관계가 없는 저항성이다.

정답 06 ④　07 ①　08 ②　09 ①　10 ①　11 ②　12 ①

13 오이 노균병에 대한 설명으로 옳지 않은 것은?

① 잎에서만 발생한다.
② 병원균은 유주자를 형성한다.
③ 고온 건조 조건에서 급격히 발병한다.
④ 하우스 재배에서는 환기를 잘 하지 않아 과습한 경우 잘 발병한다.

> [해설]
> 오이 노균병은 장마철에 가장 심하게 나타나며 고온 다습한 조건에서 급격히 발병한다.

14 소나무 잎마름병의 병징으로 옳은 것은?

① 봄에 묵은 잎이 적갈색으로 변하면서 대량으로 떨어진다.
② 잎에 바늘구멍 크기의 적갈색 반점이 나타나고 동심원으로 커진다.
③ 잎에 띠 모양의 황색 반점이 생기다가 갈색으로 변하면서 반점들은 합쳐진다.
④ 수관 하부에 있는 잎에서 담갈색 반점이 생기면서 발생하여 상부로 점차 진전한다.

> [해설]
> 소나무 잎마름병은 띠모양의 황색반점이 교대로 형성되어 갈변하다가 반점들이 합쳐지게 된다. 병든 낙엽에서 월동하고 건전부와 이병부의 경계가 뚜렷하지 않다.

15 수박 탄저병균이 월동하는 장소로 옳지 않은 것은?

① 열매　　② 곤충의 알
③ 병든 줄기　④ 종자 표면

> [해설]
> 수박 탄저병균은 감염된 부위인 줄기나 열매 및 종자에 월동한다.

16 시든 줄기를 칼로 잘라 깨끗한 물에 담갔을 때 절편에서 흘러나오는 희뿌연 물질을 보고 진단할 수 있는 병은?

① 담배 들불병
② 오이 흰가루병
③ 토마토 풋마름병
④ 딸기 잿빛곰팡이병

> [해설]
> 토마토 풋마름병 감염시 감염된 줄기를 절단하여 물에 담그면 흰물질이 흘러나오며 진단시 가장 주요한 특징이다.

17 벼 잎집무늬마름병에 대한 설명으로 옳지 않은 것은?

① 피, 조, 옥수수 등에도 발병한다.
② 병원균의 생육적온은 22℃ 정도이다.
③ 조생종은 피해가 많고 만생종은 피해가 적다.
④ 잎집에 얼룩무늬가 나타나며, 잎에서도 병무늬가 형성된다.

> [해설]
> 벼 잎집무늬마름병의 생육적온은 30~32℃ 이다.

18 식물병을 진단하는데 있어 해부학적 방법은?

① 유출검사법　② 괴경지표법
③ 파지검출법　④ 즙액접종법

> [해설]
> 유출검사법은 줄기의 단면을 절단하여 분비되는 분비물을 통해 검사하는 방법으로 해부학적 진단 방법에 속한다.

19 배나무 검은무늬병 방제 및 피해를 줄이기 위한 방법으로 옳지 않은 것은?

① 열매에 봉지를 씌운다.
② 병든 가지 및 잎을 제거한다.
③ 병이 잘 걸리지 않는 품종으로 재배한다.
④ 심하게 발생하는 3~4월에 집중적으로 농약을 살포한다.

정답　13 ③　14 ③　15 ②　16 ③　17 ②　18 ①　19 ④

해설
배나무 검은무늬병의 약제 살포는 5월~6월에 집중적으로 살포한다.

20 뽕나무 오갈병의 병원체로 옳은 것은?
① 곰팡이   ② 바이러스
③ 바이로이드   ④ 파이토플라스마

해설
대추나무빗자루병, 오동나무빗자루병, 뽕나무 오갈병 등은 파이토플라스마에 의해 발생한다.

2과목 농림해충학

21 번데기로 월동하는 것은?
① 조명나방   ② 이화명나방
③ 보리굴파리   ④ 섬서구메뚜기

해설
보리굴파리는 1년에 2~3회 정도 발생하며 땅 속에서 번데기로 월동해 5월경 우화한다.

22 곤충의 고시류와 신시류를 분류하는 기준으로 옳은 것은?
① 변태의 정도에 따른 분류이다.
② 날개의 유무에 따른 분류이다.
③ 번데기의 부속지 움직임 유무에 따른 분류이다.
④ 날개를 완전히 접을 수 있는지에 따른 분류이다.

해설
유시아강에서 날개가 겹쳐 접지 못하는 고시류, 날개가 겹쳐 접는 신시류로 분류한다.

23 해충의 발생 및 피해에 대한 설명으로 옳지 않은 것은?
① 해충번식력은 번식능력과 환경저항과의 관련에 따라 증감한다.
② 피해사정식이란 해충의 가해와 감수량과의 관계를 표시한 것이다.
③ 환경저항에는 기상 등의 물리적 요인과 천적 등의 생물적 요인이 포함된다.
④ 번식능력을 산정할 때 성비란(수컷의 수)÷(암컷과 수컷의 수)에 의한 값을 말한다.

해설
곤충의 성비는 전체 곤충수에 대한 암컷의 비율을 말한다.

24 비래해충에 속하지 않는 해충은?
① 흰등멸구   ② 혹명나방
③ 멸강나방   ④ 이화명나방

해설
외국에서 날아오는 비래해충에는 멸강나방, 벼멸구, 혹명나방 등이 대표적이다.

25 총채벌레목의 형태적인 특징으로 옳지 않은 것은?
① 홑눈은 유시형으로 3개이다.
② 입틀의 좌우모양은 대칭이다.
③ 구기는 찔러서 빨아먹는 흡수형이다.
④ 몸은 등쪽이 납작하거나 원통모양이다.

해설
총채벌레목은 입틀의 좌우가 비대칭이고 즙액을 빨아먹는 흡수형이다.

26 솔잎혹파리에 대한 설명으로 옳은 것은?
① 벌목에 속한다.
② 주로 1년에 1회 발생한다.
③ 소나무와 밤나무를 모두 가해한다.
④ 우리나라에서 1970년대에 처음 발견되었다.

해설
솔잎혹파리는 1년에 1회 발생하고 유충형태로 지피물 아래 혹은 땅속에서 월동한다.

정답 20 ④ 21 ③ 22 ④ 23 ④ 24 ④ 25 ② 26 ②

27 입틀의 큰턱, 작은턱, 아랫입술 등의 운동 및 감각신경과 가장 밀접한 것은?
① 전대뇌 ② 중대뇌
③ 말초신경계 ④ 식도하신경절

해설
뇌는 식도신경환에 의해 식도하신경절에 연결되어 큰턱, 작은턱, 아랫입술 등의 운동 및 감각신경에 관련된다.

28 곤충이 휴면하는데 영향을 주는 주요 요인은?
① 빛 ② 수분
③ 온도 ④ 바람

해설
곤충의 휴면에 영향을 주는 주요 요인으로 일장, 온도, 먹이 등이 있다.

29 향나무하늘소가 주로 가해하는 부위는?
① 잎 ② 뿌리
③ 열매 ④ 줄기

해설
향나무하늘소는 줄기, 형성층이나 목질부에 피해를 주는데 똥을 밖으로 배출하지 않고 침입한 구멍도 흔적이 없어 발견이 어렵다.

30 같은 곤충 종 내 다른 개체 간에 통신을 목적으로 사용되는 휘발성 화합물은?
① 페로몬 ② 테르펜
③ 알로몬 ④ 카이로몬

해설
페로몬은 같은 곤충 내 개체 간의 통신에 관여한다.

31 주로 열매를 가해하는 해충이 아닌 것은?
① 파굴파리 ② 밤바구미
③ 복숭아명나방 ④ 도토리거위벌레

해설
파굴파리의 기주는 대파, 파 등이 있으며 유충이 파 잎에 굴을 파서 가해한다.

32 곤충의 다리는 5마디로 구성된다. 몸통에서부터 순서로 올바르게 나열한 것은?
① 밑마디 – 도래마디 – 넓적마디 – 종아리마디 – 발마디
② 밑마디 – 넓적마디 – 발마디 – 종아리마디 – 도래마디
③ 밑마디 – 발마디 – 종아리마디 – 도래마디 – 넓적마디
④ 밑마디 – 종아리마디 – 발마디 – 넓적마디 – 도래마디

해설
다리 구조는 흉부 부착점에서 밑마디(기절), 도래마디(전절), 넓적다리마디(퇴절), 종아리마디(경절), 발목마디(부절)로 5마디로 분류한다.

33 곤충의 기관으로 미각과 관계가 없는 것은?
① 큰턱 ② 윗입술
③ 작은턱수염 ④ 아랫입술수염

해설
큰턱은 먹이를 자르는 물리적 작용만 한다.

34 진딧물을 방제하기 위한 천적으로 가장 적합한 것은?
① 애꽃노린재
② 칠성풀잠자리
③ 칠레이리응애
④ 온실가루이좀벌

해설
풀잠자리류는 진딧물류, 응애류의 천적이다.

정답 27 ④ 28 ③ 29 ④ 30 ① 31 ① 32 ① 33 ① 34 ②

35 점박이응애에 대한 설명으로 옳지 않은 것은?

① 알은 투명하다.
② 기주범위가 넓다.
③ 부화직후의 약충은 다리가 4쌍이다.
④ 여름형과 월동형 성충의 몸 색깔이 다르다.

해설
점박이응애의 약충은 다리가 3쌍이다.

36 유충과 성충이 모두 잎을 가해하는 해충은?

① 독나방
② 솔잎혹파리
③ 오리나무잎벌레
④ 꼬마버들재주나방

해설
오리나무잎벌레는 성충과 유충이 동시에 잎을 가해한다.

37 방사선 불임법을 이용하는 방제법에 대한 설명으로 옳지 않은 것은?

① 효과가 다음 세대 후에 나타난다.
② 해충의 대발생 시에도 효과적이다.
③ 저항성이 생긴 해충에도 유효하다.
④ 평행 1회만 교미하는 해충에만 적용된다.

해설
방사선 불임법은 적용된 해충에만 발현되기에 모든 해충에는 적용할 수가 없다. 그래서 해충의 대발생시에는 그 효과가 즉각적으로 나타나지 않는다.

38 사과굴나방에 대한 설명으로 옳지 않은 것은?

① 알로 잎 속에서 월동한다.
② 피해 입은 잎이 뒷면으로 말린다.
③ 잎 뒷면에 성충이 우화하여 나간 구멍이 있다.
④ 사과나무, 배나무, 복숭아나무의 잎을 가해한다.

해설
사과굴나방은 번데기로 잎에서 월동한다.

39 기계유 유제에 대한 설명으로 옳은 것은?

① 식독제로서 위에서 소화중독이 되어 치사시킨다.
② 침투성 살충제로서 작용점인 신경계를 이상 자극하여 저해작용을 한다.
③ 직접 접촉제로서 곤충 체표에 피막을 형성하여 기관을 막아 질식사시킨다.
④ 침투성 살충제로서 작용점인 원형질에 도달하여 에너지 생성계의 효소에 저해작용을 한다.

해설
기계유 유제는 주로 깍지벌레 등의 방제용으로 이용되는 것으로 고농도에서 저농도까지 다양하다. 원하는 곳에 직접 뿌려 곤충의 표피에 일종의 막을 형성하여 기문을 막아 질식사시키는 방제 약품이다.

40 사과면충이 분류학적으로 속하는 것은?

① 벌목   ② 노린재목
③ 딱정벌레목 ④ 집게벌레목

해설
사과면충은 노린재목에 속한다.

3과목 　　　　재배학원론

41 상대습도 98%의 공기 중에서 건조 토양이 흡수하는 수분상태를 말하며, pF가 4.5에 해당하는 것은?

① 건조상태   ② 풍건상태
③ 흡습계수   ④ 최대용수량

해설
흡습계수는 마른 토양의 수분함량으로 pF 4.5 이다.

정답 35 ③ 36 ③ 37 ② 38 ① 39 ③ 40 ② 41 ③

42 천연 생장조절제에 해당하는 것으로만 나열된 것은?

① NAA, IBA ② 에세폰, MCPA
③ BA, CCC ④ 제아틴, IPA

해설
천연생장조절제로 시토키닌 계열의 제아틴, IPA가 있다.

43 다음 중 무배유 종자에 해당하는 것으로만 나열된 것은?

① 벼, 보리 ② 밀, 옥수수
③ 콩, 팥 ④ 피마자, 양파

해설
무배유종자 작물에는 콩, 완두, 잠두, 적두, 상추, 오이 등이 있다.

44 작물의 복토깊이가 "종자가 보이지 않을 정도"에 해당하는 것으로만 나열된 것은?

① 밀, 콩 ② 귀리, 팥
③ 파, 상추 ④ 감자, 토란

해설
작물의 복토깊이가 종자가 보이지 않을 정도로 얕게 작업한 것으로 파, 양파, 상추, 당근, 담배 등으로 실제 깊이는 0.5~1cm 정도이다.

45 다음 중 작물의 주요온도에서 생육이 가능한 범위 내 최고온도가 가장 높은 것은?

① 사탕무 ② 옥수수
③ 보리 ④ 밀

해설
옥수수의 경우 유효온도 8~44℃ 정도로 범위가 넓으며 최고온도는 44℃ 이다.

46 저장 전 큐어링 실시 후 고구마의 안전저장 조건은?

① 온도 : 13~15℃, 상대습도 : 70~80%
② 온도 : 13~15℃, 상대습도 : 85~90%
③ 온도 : 16~20℃, 상대습도 : 70~80%
④ 온도 : 16~20℃, 상대습도 : 85~90%

해설
일반적인 고구마의 안전저장 조건은 온도 12~15℃, 습도 85~90% 이다.

47 다음에서 설명하는 것은?

◎ 제철을 할 때 철광석으로부터 배출
◎ 10ppb의 농도에서 10~20시간이면 식물이 피해를 받음
◎ 독성이 매우 강함
◎ 석회결핍, 효소활성 저해

① 암모니아가스 ② 염소계가스
③ 불화수소가스 ④ 아황산가스

해설
불화수소가스는 인광석을 쓰는 인산 및 비료공장이나 제철을 할때 철광성에서 발생하며 독성이 매우 강해 미량으로도 식물에 피해를 주며 엽록소 및 세포를 파괴하고 광합성을 억제하며 효소활성을 저해한다.

48 다음 중 산성토양에 가장 강한 것은?

① 고구마 ② 콩
③ 팥 ④ 사탕무

해설
산성토양에 저항성이 강한 작물로는 벼, 귀리, 조, 옥수수, 감자, 고구마 등이 대표적이다.

49 작물의 기지 정도에서 1년 휴작이 필요한 작물로만 나열된 것은?

① 가지, 완두 ② 토란, 고추
③ 시금치, 콩 ④ 아마, 인삼

해설
1년 휴작이 요구되는 작물에는 쪽파, 콩, 파, 생강, 시금치 등이 있다.

정답 42 ④ 43 ③ 44 ③ 45 ② 46 ② 47 ③ 48 ① 49 ③

50 이랑을 세우고 낮은 골에 파종하는 방식은?

① 휴립휴파법 ② 성휴법
③ 평휴법   ④ 휴립구파법

해설
휴립휴파법은 이랑을 세우고 낮은 골에 파종하는 방법으로 맥류의 한해와 동해를 동시에 방지할 수 있다.

51 작물의 내동성에 대한 설명으로 틀린 것은?

① 원형질의 수분투과성이 크면 내동성을 증대시킨다.
② 당분함량이 적으면 내동성이 크다.
③ 원형질의 점도가 낮고 연도가 높은 것이 내동성이 크다.
④ 지유함량이 높은 것이 내동성이 강하다.

해설
당분함량이 많거나 유지함량이 높을 경우 내동성이 크다.

52 다음 중 재배에 적합한 토성에서 사탕무의 재배적지 범위로 가장 옳은 것은?

① 사토 ~ 세사토
② 식양토 ~ 이탄토
③ 세사토 ~ 사양토
④ 사양토 ~ 식양토

해설
사탕무의 토성 재배조건으로 사양토 내지 식양토가 수분, 공기, 양분 등의 조건이 적합하다.

53 작물의 기원지에서 중국지역에 해당하는 것으로만 나열된 것은?

① 배추, 복숭아 ② 옥수수, 강낭콩
③ 수박, 참외   ④ 담배, 토마토

해설
배추, 팥, 황마, 매화, 메밀, 오이, 복숭아 등의 최초로 출현한 것으로 추정되는 기원지는 중국이다.

54 다음 중 직근류에 해당하는 것으로만 나열된 것은?

① 고구마, 감자 ② 당근, 우엉
③ 토란, 마   ④ 생강, 베치

해설
무, 당근, 우엉 등은 직근류에 해당한다.

55 다음 중 단명종자에 해당하는 것으로만 나열된 것은?

① 접시꽃, 나팔꽃
② 베고니아, 팬지
③ 스토크, 데이지
④ 백일홍, 가지

해설
단명종자는 1~2년 이내의 수명을 가진 종류로 베고니아는 1년이내의 수명을, 팬지는 2년이내의 수명을 가진다.

56 다음 중 단일식물로만 나열된 것은?

① 도꼬마리, 콩 ② 양귀비, 시금치
③ 아마, 상추   ④ 양파, 티머시

해설
단일식물의 종류로 콩, 옥수수, 벼, 딸기, 국화, 코스모스, 들깨, 도꼬마리 등이 있다.

57 다음 중 작물의 내염성 정도가 가장 큰 것은?

① 완두 ② 가지
③ 순무 ④ 고구마

해설
내염성 작물로 사탕무, 목화, 양배추, 순무, 유채 등이 있다.

58 등고선에 따라 수로를 내고, 임의의 장소로부터 월류하도록 하는 방법은?
① 보더관개 ② 수반법
③ 일류관개 ④ 물방울관개

해설
등고선에 따라 수로를 내고, 임의의 장소로부터 월류 하도록 하는 방법을 일류 관개라 한다. 보더관개는 완경사 지역에 일정 간격으로 수평구획을 하여 물을 흐르도록 한다.

59 벼의 수광태세를 좋게 하는 것으로 틀린 것은?
① 상위엽이 직립한다.
② 잎이 넓다.
③ 분얼이 조금 개산형이다.
④ 각 잎이 공간적으로 균일하게 분포한다.

해설
벼의 잎은 좁을수록 수광태세가 좋다.

60 다음 중 작물별 N : P : K의 흡수비율에서 N의 흡수비율이 가장 높은 것은?
① 옥수수 ② 고구마
③ 벼 ④ 감자

해설
벼와 맥류가 질소의 흡수 비율이 높은 편이다.

4과목 농약학

61 살포액 조제 시 고려할 사항으로 가장 거리가 먼 것은?
① 병해충의 종류
② 희석용수의 선택
③ 희석배수 준수
④ 충분한 혼화

해설
살포액 조제시 물의 온도, 침전물 유무, 희석배수 등 조제에 관련된 사항을 고려하며 처리 목적에 해당되는 병해충의 종류는 고려대상이 아니다.

62 분제의 제제에 있어 고려되어야 할 물리적 성질로서 가장 거리가 먼 것은?
① 유화성 ② 분말도
③ 입도 ④ 용적비중

해설
유화성은 액체시용제의 유제 등의 주요 성질이다.

63 다음 중 수화제에 주로 사용되는 증량제는?
① toluene ② sulfamate
③ bentonite ④ methanol

해설
수화제는 주로 벤토나이트를 사용하며 계면활성제 등을 배합하여 혼합 분쇄하여 만든다.

64 생물농축계수(BCF)란 생물농축의 정도를 수치로 표현한 것을 말한다. 수질 중의 화합물의 농도가 1ppm이고, 송사리 중의 농도가 10ppm이라면 이 화합물의 생물농축계수는 얼마인가?
① 1 ② 10
③ 100 ④ 1000

해설
생물농축계수는 생물체에 존재하는 농도 대비 환경 중에 존재하는 농도의 비율을 의미하며 이를 구하기 위해 <10 ÷ 1 = 10 > 로 계산할 수 있다.

정답 58 ③ 59 ② 60 ③ 61 ① 62 ① 63 ③ 64 ②

65 농약의 품질불량이 원인이 되어 약해를 일으키는 경우와 가장 거리가 먼 것은?
① 불순물의 혼합에 의한 약해
② 원제 부성분에 의한 약해
③ 농약의 고농도에 의한 약해
④ 경시변화에 의한 유해성분의 생성

> **해설**
> 농약의 고농도에 의한 약해는 농약의 오용에 의해 발생한다.

66 살충제의 해충에 대한 복합저항성이란?
① 살충작용이 다른 2종 이상에 대하여 동시에 해충이 저항성을 나타내는 현상
② 어떤 살충제에 대하여 저항성이 발달한 해충이 한 번도 사용한 적이 없지만 작용기구가 같은 살충제에 저항성을 나타내는 현상
③ 어떤 해충개체군 내에 대다수의 개체가 해당 살충제에 대하여 저항력을 가지는 해충계통이 출현되는 현상
④ 동일 살충제를 해충개체군 방제에 계속 사용하면 저항력이 강한 개체만 만들어지는 현상

> **해설**
> 복합저항성은 살충작용이 다른 2종류 이상에 대해 동시에 해충이 저항성이 생기는 경우를 말한다.

67 농약 제형 중 직접 살포제가 아닌 것은?
① 세립제 ② 미립제
③ 유탁제 ④ 미분제

> **해설**
> 유탁제는 용매에 잘 녹지 않는 물질을 용매에 잘 분산시키기 위해 첨가하는 물질이다.

68 농약과 관련한 용어 중 영문 약어가 바르게 연결되지 않은 것은?
① 잔류허용기준 – MRL
② 일일 섭취허용량 – ADL
③ 최대무작용량 – NOEL
④ 질적위해성 – QRA

> **해설**
> 일일섭취허용량은 ADI(Acceptable Daily Intake)이다.

69 다음 농약 중 식물 전멸제초제는?
① 글리포세이트포타슘 액제
② 펜디메탈린 유제
③ 클레토딤 유제
④ 이사-디 액제

> **해설**
> 글리포세이트포타슘 액제는 유기인계 제초제로 1년생 및 다년생 잡초의 경엽을 처리하는 비선택성 제초제이다.

70 과실의 착색·숙기촉진을 위하여 주로 사용되는 약제는?
① butralin ② IBA
③ calcite   ④ ethephon

> **해설**
> 에테폰(Ethephon)은 에틸렌을 생성하며 과실의 성숙을 촉진하는 물질이다.

71 Pyrethrin, 유기인계 살충제가 주로 작용하는 것은?
① 원형질독 ② 호흡독
③ 근육독   ④ 신경독

> **해설**
> 피레트린제는 접촉제로 속효성이며 신경기능의 저해를 통해 해충을 방제한다.

정답 65 ③ 66 ① 67 ③ 68 ② 69 ① 70 ④ 71 ④

72 농약의 액제 제형을 제조할 때 겨울에 동결을 방지하기 위하여 주로 사용하는 것은?

① 석고(Gypsum)
② 규조토(Diatomite)
③ 황산아연(Zinc sulfate)
④ 에틸렌글리콜(Ethylene glycol)

해설
농약 액제 제형을 제조할 때 동결방지제로 에틸렌글리콜, 계면활성제 등을 사용한다.

73 농약의 독성표시 방법으로 동물의 50%가 치사하는 약량을 나타낸 것은?

① LC_{50}
② I_{50}
③ KD_{50}
④ LD_{50}

해설
반수치사량을 의미하는 LD_{50} 으로 표시한다.

74 디티오카르바메이트기를 가지고 있는 농약은?

① 메틸브로마이드
② 석회유황합제
③ 포리옥신
④ 만코제브

해설
만코제브는 디티오카바메이트계인 보호살균제이다.

75 농약의 구비조건에 해당되지 않은 것은?

① 가격이 저렴해야 한다.
② 혼용범위가 되도록 넓어야 한다.
③ 소량으로도 약효가 확실해야 한다.
④ 인축 및 생태계에 대한 독성이 높아야 한다.

해설
농약은 작물 및 사람, 가축에 해가 없어야 한다.

76 담배 식물에 들어있는 천연살충 성분은?

① 톡시카롤(toxicarol)
② 아나바신(anabasine)
③ 수마트롤(sumatrol)
④ 엘립톤(elliptone)

해설
아나바신(anabasine)은 담배식물에 들어 있는 알칼로이드로 살충제로 이용된다.

77 농약의 독성을 급성독성, 아급성독성, 만성독성으로 구분하는 기준은?

① 농약의 투여 방법에 따른 구분
② 독성의 발현 속도에 따른 구분
③ 독성의 정도에 따른 구분
④ 독성의 발현 대상에 따른 구분

해설
독성의 발현속도에 따라 급성독성, 아급성독성, 만성독성으로 구분한다.

78 농약의 일일섭취허용량에 대한 설명으로 가장 옳은 것은?

① 농약을 함유한 음식을 하루 섭취하여도 장해가 없는 양을 말한다.
② 농약을 함유한 음식을 1년간 섭취하여도 장해를 받지 않는 1일당 최대의 양을 말한다.
③ 농약을 함유한 음식을 10년간 섭취하여도 장해를 받지 않는 1일당 최대의 양을 말한다.
④ 농약을 함유한 음식을 일생동안 섭취하여도 장해를 받지 않는 1일당 최대의 양을 말한다.

해설
농약의 1일 섭취허용량은 농약을 매일 섭취해도 영향이 없는 농약의 양을 말한다.

정답 72 ④ 73 ④ 74 ④ 75 ④ 76 ② 77 ② 78 ④

79 다음 중 훈증제(fumigant)는?

① 디프테렉스 ② 메틸브로마이드
③ 나크(NAC) ④ 집톨

해설
훈증제의 종류로 메틸브로마이드, 클로로피크린, 알루미늄포스파이드, 시안화수소 등이 있다.

80 비교적 지효성이고 화학적인 안정성이 크며 약효기간이 긴 특성을 가지고 있는 유기인계 살충제는?

① Phosphate 형
② Thiophosphate 형
③ Dithiophosphate 형
④ Phosphonate 형

해설
유기인계 살충제인 Dithiophosphate형은 지효성이며 화학적 안정성이 커서 약효기간이 긴 편이다.

5과목 잡초방제학

81 잡초 군락을 평가하는 기준으로 가장 거리가 먼 것은?

① 중요값   ② 생장 곡선
③ 유사성 계수 ④ 우점도 지수

해설
잡초군락은 우점정도를 나타내는 우점도지수와 개개종의 중요값(개체수, 생체량, 생산력 등), 유사성 계수 등을 통해 평가한다.

82 월년생 밭잡초로만 나열된 것으로 옳지 않은 것은?

① 냉이, 개꽃
② 별꽃, 꽃다지
③ 개망초, 벼룩나물
④ 명아주, 벼룩이자리

해설
명아주는 1년생 밭잡초이다.

83 C_3식물과 C_4식물에 대한 설명으로 옳지 않은 것은?

① 세계적으로 문제가 되는 대부분의 잡초종들은 C_4식물이다.
② C_4식물은 광합성 효율이 높은 반면, C_3식물은 광합성 효율이 상대적으로 낮다.
③ C_4식물은 RuBP carboxylase, C_3식물은 PEP carboxylase 효소가 CO_2의 고정에 관여한다.
④ C_3식물과 C_4식물의 초기 생육단계에 광합성 효율은 고온, 고광도, 수분제한 조건에서 큰 차이를 보인다.

해설
C_4식물은 PEP, C_3 식물은 RuBP가 CO_2의 고정에 관여한다.

84 잡초의 생물적 방제방법에 대한 설명으로 옳은 것은?

① 효과가 일회적이고 영속성이 없다.
② 화학적 방제방법에 비해 환경파괴가 심하다.
③ 완전 방제보다는 경제적 허용한계 이하로 조절하는 것이다.
④ 곤충이 주로 이용되지만 식물병원균은 위험성이 있어 이용되지 않는다.

해설
생물적 방제방법은 곤충이나 미생물, 병원성을 이용하여 잡초의 세력을 경감시키는 것으로 완전 방제보다는 경제적 허용한계 이하로 조절하는 것이다.

정답 79 ② 80 ③ 81 ② 82 ④ 83 ③ 84 ③

85 수용성이 아닌 원제를 아주 작은 입자로 미분화시킨 분말로 물에 분산시켜 사용하는 제초제의 제형은?
① 유제 ② 보조제
③ 수용제 ④ 수화제

[해설] 수화제는 물에 녹지 않는 주제를 분말형태로 벤토나이트 및 계면활성제 등을 이용하여 분산 및 제제하며 골고루 퍼지는 현수성이 중요하다.

86 다음 잡초 중 종자의 천립중이 가장 가벼운 것은?
① 별꽃 ② 명아주
③ 메귀리 ④ 강아지풀

[해설] 보기에서 천립중이 가장 가벼운 순서로 명아주, 별꽃, 강아지풀, 메귀리 순서로 명아주가 가장 가볍다.

87 재배 양식별 잡초 발생 및 잡초 방제 특성에 대한 설명으로 옳지 않은 것은?
① 멀칭재배에서 투명 비닐은 검정 비닐보다 잡초 발생이 적다.
② 노지재배는 가급적 잡초 발생 초기에 방제하는 것이 중요하다.
③ 시설재배에서 방제되지 않고 살아남은 잡초는 빠르게 생장하여 작물에 피해를 준다.
④ 터널재배는 낮 시간 동안 고온다습한 상태에 있어 제초제를 살포하는 경우 약해 유발 가능성이 크다.

[해설] 멀칭재배에서 검정 비닐은 햇빛을 통과시키지 않아 투명비닐보다 잡초 발생이 적다.

88 잡초경합 한계기간에 대한 설명으로 옳은 것은?
① 작물의 종자가 발아하여 수확기까지 잡초와의 경합기간을 의미한다.
② 작물의 개화기 이후부터 결실기까지의 잡초와의 경합기간을 의미한다.
③ 작물의 파종기부터 초관형성기 사이의 잡초와의 경합기간을 의미한다.
④ 작물의 초관형성기부터 생식생장기 사이의 잡초와의 경합기간을 의미한다.

[해설] 잡초경합 한계기간은 잡초의 경합이 없는 생육초기와 경합으로 피해가 없는 성숙 말기 사이의 기간으로 그 사이의 작물이 잡초와 경합에 가장 민감한 시기를 의미한다.

89 다음 설명에 해당하는 것은?

> 두 종류의 제초제를 혼합 처리할 때의 반응이 각각 제초제를 단독 처리할 때 큰 쪽의 반응보다 작은 경우이다.

① 길항작용 ② 상승작용
③ 상가작용 ④ 독립작용

[해설] 길항작용은 2종류 이상의 약제를 동시에 작용할 경우 혼합의 효과가 활성이 높은 물질의 단독 효과보다 작은 것을 의미한다.

90 잡초에 의한 피해가 아닌 것은?
① 작업 환경 악화
② 토양의 침식 발생
③ 병해충 서식처 제공
④ 작물과의 경합으로 인한 작물 생육 저하

[해설] 잡초가 많이 발생하면 토양침식이 느려진다.

정답 85 ④ 86 ② 87 ① 88 ④ 89 ① 90 ②

91 다음 설명에 해당하는 잡초는?

◎ 종자보다 근경으로 번식한다.
◎ 잎을 물 위에 띄우는 부유성 다년생 잡초이다.
◎ 지하경을 내고 분지신장을 하며 옆으로 뻗어가면서 생육한다.
◎ 학명은 *Potamogeton distinctus A. Benn*이다.

① 가래
② 올미
③ 벗풀
④ 너도방동사니

해설
가래는 종자와 근경으로 번식하는데 근경에 의해 월동이 가능하여 종자보다 근경으로 번식한다. 마디꽃, 물옥잠과 함께 수생잡초로 부유성 다년생 잡초이며 학명은 Potamogeton distinctus A. Benn 이며 지하경이 분지신장하여 흰색의 줄기가 옆으로 뻗어나간다.

92 잡초 방제법 중 예방적 방제법과 거리가 먼 것은?

① 농기계를 청결하게 관리한다.
② 관개 수로 유입로에 거름망을 설치한다.
③ 오염된 작물의 종자를 선별하여 소각한다.
④ 제초제를 사용하지 않고 손으로 잡초를 골라낸다.

해설
손으로 잡초를 골라내는 것은 인위적 제초로 기계적, 물리적 방제법이다.

93 잡초의 주요 영양번식 기관을 연결한 것으로 옳지 않은 것은?

① 향부자 - 절편
② 매자기 - 괴경
③ 쇠비름 - 절편
④ 올방개 - 괴경

해설
향부자는 괴경으로 영양번식한다.

94 다음 ( )안에 들어갈 용어로 옳은 것은?

광엽잡초란 (A) 잡초나 (B) 잡초에 속하지 않은 잡초로 잎은 둥글고 크며 평평하며 엽맥이 그물처럼 얽혀있는 것이 특징이다.

① A : 화본과, B : 국화과
② A : 십자화과, B : 국화과
③ A : 화본과, B : 방동사니과
④ A : 십자화과, B : 방동사니과

해설
방동사니과는 외떡잎식물로 화본과가 유사한 형태를 가지고 있으며 광엽잡초는 망상맥을 가지고 잎이 넓은 것이 특징이다.

95 작물과 방제 대상 잡초에 대하여 적합한 선택성 제초제로 올바르게 짝지어진 것은?

① 벼 - 강피 - 이사디 액제
② 벼 - 돌피 - 벤타존 액제
③ 보리 - 명아주 - 세톡시딤 유제
④ 벼 - 피 - 펜디메탈린·프로파닐 유제

해설
벼 작물의 잡초인 피를 제거하는데 펜디메탈린·프로파닐 유제가 효과적이며 주로 잡초가 발아하기 전 3~5월쯤에 사용한다.

96 종자가 바람에 의해 전파되기 쉬운 잡초로만 나열된 것은?

① 망초, 방가지똥
② 어저귀, 명아주
③ 쇠비름, 방동사니
④ 박주가리, 환상덩굴

해설
민들레, 박주가리, 엉겅퀴속, 망초, 방가지똥 등은 종자가 작고 가벼워 바람에 의해 전파된다.

정답 91 ① 92 ④ 93 ① 94 ③ 95 ④ 96 ①

97 논에 다년생 잡초가 증가하는 이유로 옳지 않은 것은?

① 추경 감소
② 답리작 감소
③ 퇴비 시비량 감소
④ 동일 제초제 연용

해설
논에 다년생 잡초의 증가는 군락의 변화를 말하며 이는 제초제의 연용, 작부체계의 변화 혹은 춘, 추경의 감소 등의 요인이 있다. 시비량이 감소하는 것은 양분의 공급이 부족하여 다년생 잡초의 증가량이 감소하게 된다.

98 화본과 잡초 중 다년생에 해당하는 것은?

① 강피 ② 뚝새풀
③ 나도겨풀 ④ 왕바랭이

해설
나도겨풀은 화본과 다년생 잡초이다.

99 분해과정이 없을 경우 극성이 낮은 제초제를 토양처리 하였을 때 제초 효과가 가장 낮게 나타날 수 있는 조건은?

① 유기물이 없는 사질토
② 유기물이 풍부한 점질토
③ 유기물이 전혀 없는 점질토
④ 유기물이 어느정도 있는 사질토

해설
유기물 함량이 높은 점질토의 경우 흡착된 토양입자가 많아 제초 효과가 낮아진다.

100 과수원에서 피복작물을 재배하여 잡초를 방제하려 한다. 피복작물 선택 시 고려할 사항으로 가장 거리가 먼 것은?

① 토양유실 방지 효과가 높은 식물을 선택한다.
② 흡비력이 좋고 생육이 왕성한 식물을 선택한다.
③ 병·해충이 잘 서식하지 못하는 식물을 선택한다.
④ 토양의 비옥도를 증진시킬 수 있는 식물을 선택한다.

해설
흡비력이 좋은 작물은 토양의 양분을 대부분 흡수하여 과수원의 작물들이 성장하는데 필요한 양분이 부족할 수 있다.

정답 97 ③ 98 ③ 99 ② 100 ②

국가기술자격 필기시험문제

2019년 기사 제1회 과년도 기출문제

자격종목	종목코드	시험시간	형별	수험번호	성명
식물보호기사		2시간 30분			

1과목 식물병리학

01 보리에 발생하는 줄기녹병의 중간 기주는?
① 잣나무 ② 향나무
③ 배나무 ④ 매자나무

　해설
맥류 줄기녹병의 중간기주는 매자나무이다.

02 포도나무 새눈무늬병균의 월동 형태는?
① 균핵 ② 균사
③ 담자포자 ④ 후막포자

　해설
포도나무 새눈무늬병은 진균에 의해 발생하며 균사의 형태로 월동한다.

03 1970년에 미국에서 발생하여 옥수수 생산에 큰피해를 준 식물병은?
① 역병 ② 맥각병
③ 도열병 ④ 깨씨무늬병

　해설
1970년 여름 쯤 미국 동부 지역에서 발생한 깨씨무늬병으로 옥수수에 큰 피해를 받았다.

04 사과나무 뿌리혹병의 주요 발생 원인은?
① 세균 감염 ② 토양선충
③ 사상균병 ④ 생리적장애

　해설
뿌리혹병은 세균에 의해 발생한다.

05 벼 잎집무늬마름병의 방제 방법으로 옳은 것은?
① 감수성 품종을 재배한다.
② 고습도 상태로 재배한다.
③ 만생종 품종을 재배한다.
④ 칼리질 비료를 가급적 적게 준다.

　해설
벼 잎집무늬마름병의 방제를 위해 균핵을 제거하고 밀식을 피하며 질소질 비료의 과용을 삼간다. 가능하면 만생종 품종을 재배하고 추비로 볏짚을 사용할 경우 완전 썩혀 사용한다.

06 병에 걸린 식물의 단면을 잘라서 점액의 누출 여부로 진단하는 경우로 가장 적합한 것은?
① 세균에 의한 병
② 선충에 의한 병
③ 곰팡이에 의한 병
④ 바이러스에 의한 병

　해설
토마토 풋마름병과 같이 감염부위를 살펴보면 점액성분이 나오는데 세균점액의 누출 여부를 통해 진단할수 있다.

07 토마토 풋마름병에 대한 설명으로 옳은 것은?
① 토마토에만 감염된다.
② 담자균에 의한 병이다.
③ 병원균은 주로 병든 식물체에서 월동한다.
④ 병원균이 뿌리로 침입하면 뿌리가 흰색으로 변한다.

　해설
풋마름병의 병원균은 병든 식물에 월동한다.

정답 01 ④ 02 ② 03 ④ 04 ① 05 ③ 06 ① 07 ③

08 세균의 변이 기작이 아닌 것은?
① 집합 ② 형질 전환
③ 형질도입 ④ 이핵현상

해설
이핵현상은 진균의 불완전균류의 변이기작으로 세균의 변이 기작과는 관련이 없다.

09 바이러스로 인한 식물병의 생물학적 진단 방법은?
① 슬라이드법 ② 형광항체법
③ 괴경지표법 ④ X-체 검경법

해설
괴경지표법은 감자의 눈에 병의 유무를 통해 바이러스 감염여부를 판정하는 방법이다.

10 대추나무 빗자루병 방제를 위하여 옥시테트라사이클린 수화제로 수간주사를 하려고 할 때 유의 사항으로 옳지 않은 것은?
① 사용 적기는 4월초이다.
② 수확 30일 전까지 사용한다.
③ 흉고직경이 10cm인 경우 1회에 1L를 주입한다.
④ 물 10L에 약제 200g을 정량한 후 잘 녹여 사용한다.

해설
옥시테트라사이클린 수화제는 물에 대해 약 1000배 정도로 희석하여 사용한다.

11 배나무 검은별무늬병에 대한 설명으로 옳지 않은 것은?
① 잎에서 처음에 황백색의 병무늬가 나타난다.
② 배나무 인근에 향나무가 많은 경우 발병하기 쉽다.
③ 배나무의 잎, 잎자루, 열매 열매자루, 햇가지등에 발생한다.
④ 낙엽을 모아 태우거나 땅속에 묻어 발병을 예방할 수 있다.

해설
배나무 검은별무늬병은 중간기주 없이 분생포자가 공기중으로 전염된다.

12 식물병원균에 대한 길항균으로 많이 사용되는 것은?
① Rhizoctonia solani
② Streptomyces scabies
③ Penicillium expansum
④ Trichoderma harzianum

해설
생물학적 방제용 길항균으로 Ampelomyces, Candida, Trichoderma 등이 있다.

13 기주식물의 면역 또는 저항성 개선을 위해 약독 바이러스를 미리 감염시켜 식물체를 강독 바이러스의 감염으로부터 보호하는 것은?
① 교차보호 ② 식물방어
③ 유도저항성 ④ 저항성 품종

해설
병원성이 약화된 식물바이러스가 침입한 기주에서 병원성이 더욱 강한 바이러스에 의해 병의 확산이 억제되는 현상을 교차보호라 한다.

14 바이로이드에 의한 식물병의 주요 병징은?
① 위축 ② 부패
③ 점무늬 ④ 줄무늬

해설
바이로이드의 대표적은 식물병으로 감자 갈쭉병이 있으며 지상부의 생육이 위축되고 괴경이 갸름해진다.

정답 08 ④ 09 ③ 10 ④ 11 ② 12 ④ 13 ① 14 ①

15 벼 도열병균이 분비하는 독소는?
① 빅토린(Victorine)
② 피리큘라린(Piricularin)
③ 후사릭 산(Fusaric acid)
④ 라이코마라스민(Lycomarasmine)

해설
벼 도열병균이 분비하는 독소는 피리큘라린(Piricularin)이다.

16 바이러스로 인한 식물병의 증상 중 세포조직의 괴사로 나타나지 않는 것은?
① 반점 ② 위축
③ 줄무늬 ④ 둥근겹무늬

해설
위축증상은 위축병이라 하여 바이러스에 의해 발생하며 괴사증상은 나타나지 않고 생육이 나빠지고 오갈증상이 발생한다.

17 그람음성 세균에 해당하는 것은?
① 토마토 궤양병균
② 감자 더뎅이병균
③ 벼 흰잎마름병균
④ 감자 둘레썩음병균

해설
벼 흰잎마름병균은 그람음성 간균으로 배지에서 노란색의 둥글고 매끄러운 콜로이드를 형성한다.

18 식물병을 일으키는 병원체 중 핵산으로만 구성되어 있으며 크기가 가장 작은 것은?
① 바이러스
② 바이로이드
③ 파이토플라스마
④ 스피로플라스마

해설
바이러스와 유사한 전염 특성을 가지며 병원체 중 가장 작은 크기를 가진다.

19 초승달 모양의 대형 분생포자와 원 모양의 소형 분생포자를 형성하는 병원균은?
① 벼 도열병균
② 벼 오갈병균
③ 벼 키다리병균
④ 벼 흰잎마름병균

해설
초승달 모양의 분생포자와 자낭각을 만들며 월동은 분생포자 형태로 종자표면에서 이루어져 다음 해 1차전염원이 된다.

20 배추 무름병을 일으키는 병원체는?
① 세균 ② 곰팡이
③ 바이러스 ④ 파이토플라스마

해설
배추 무름병은 세균에 의해 발생한다.

2과목 농림해충학

21 곤충의 배설을 담당하는 기관은?
① 알라타체 ② 존스톤기관
③ 말피기소관 ④ 모이주머니

해설
말피기소관은 끝이 막혀있고 가늘고 긴 관으로 몸에서 발생한 노폐물 등을 체액으로 걸러 배설한다.

22 생육 중인 마늘이 하엽부터 고사하기 시작하여 포기의 인경을 파내어 보았더니 구더기 같은 회백색의 유충이 발견되었다면 어느 해충의 피해인가?
① 파밤나방
② 고자리파리
③ 담배거세미나방
④ 아메리카잎굴파리

해설
고자리파리는 기주는 양파, 파, 마늘 부추 등이며 유충이 뿌리 부분을 가해하고 이후 줄기까지 가해하여 식물을 고사시킨다. 유충이 가해한 뿌리부분은 부패하는 피해가 발생하기도 한다.

정답 15 ② 16 ② 17 ③ 18 ② 19 ③ 20 ① 21 ③ 22 ②

23 식물체 내에 농약 성분을 흡수시킨 후 식물체의 즙액을 빨아먹는 해충을 방제하는 데 가장 적합한 것은?
① 훈증제 ② 접촉제
③ 소화중독제 ④ 침투성 살충제

〔해설〕 침투성 살충제는 식물의 일부에 처리시 식물체에 퍼지게 되어 흡즙성 해충을 선택적으로 제거 할수 있다.

24 곤충의 생식기관이 아닌 것은?
① 심문 ② 저장낭
③ 부속샘 ④ 송이체

〔해설〕 심문은 심장에 있는 부분이다.

25 과변태를 하는 것은?
① 가뢰과 곤충
② 파리과 곤충
③ 풍뎅이과 곤충
④ 날도래과 곤충

〔해설〕 가뢰과는 곤충에서 딱정벌레목으로 <알→유충→의용→용→성충> 의 과정을 거치는 과변태를 한다.

26 벼룩잎벌레에 대한 설명으로 옳은 것은?
① 번데기로 월동한다.
② 성충은 주로 열매를 가해한다.
③ 고추에 주로 발생하는 해충이다.
④ 일반적으로 작물이 어린 시기에 피해가 많다.

〔해설〕 벼룩잎벌레는 어린 작물에 피해가 심하고 초여름에 많이 발생한다.

27 성충과 유충이 모두 잎을 가해하는 해충은?
① 박쥐나방 ② 솔잎혹파리
③ 미국흰불나방 ④ 오리나무잎벌레

〔해설〕 오리나무잎벌레는 성충과 유충이 동시에 잎을 가해한다.

28 거미와 비교한 곤충의 일반적인 특징이 아닌 것은?
① 머리에는 입틀, 더듬이, 겹눈이 있다.
② 배마디에는 3쌍의 다리와 2쌍의 날개가 있다.
③ 곤충은 머리, 가슴, 배 3부분으로 구성되어 있다.
④ 곤충은 동물 중에 가장 종류가 많으며, 곤충강에 속하는 절지동물을 말한다.

〔해설〕 곤충은 몸 구조는 크게 머리, 가슴, 배 3부분으로 분류된다. 가슴은 앞가슴, 가운데가슴, 뒷가슴으로 분류된다. 각 부분에 한쌍의 다리가 있고 가운데가슴과 뒷가슴에는 한쌍의 날개가 있다.

29 유충이 열매 속으로 뚫고 들어가 가해하는 해충은?
① 사과혹진딧물
② 포도유리나방
③ 복숭아심식나방
④ 배나무방패벌레

〔해설〕 복숭아심식나방의 유충은 과일을 가해하는데 내부로 뚫고 지나간다.

30 곤충의 천적으로 활용할 수 있는 바이러스가 아닌 것은?
① 과립 바이러스
② 베고모 바이러스
③ 핵다각체 바이러스
④ 세포질다각체 바이러스

해설
베고모 바이러스는 온실가루이에 의해 전반되어 피해를 주는 바이러스이다. 과립 바이러스, 핵다각체 바이러스, 세포질다각체 바이러스는 나비목에서 발견되는 곤충병원성 바이러스이다.

31 단위생식이 가능한 것은?
① 밤나무혹벌   ② 배추흰나비
③ 송충알좀벌   ④ 잣나무넓적잎벌

해설
단위생식을 하는 해충으로 밤나무혹벌, 벼물바구미, 민다듬이벌레 등이 있다.

32 봄에 수목 주변의 잡초를 제거하여 피해를 줄일 수 있는 해충은?
① 꽃매미   ② 소나무좀
③ 박쥐나방   ④ 포도뿌리혹벌레

해설
박쥐나방의 방제법으로 천공이 발생한 곳에 약제를 주입하거나 유충이 발생되는 초본류를 제거한다.

33 딱정벌레목의 특성에 대한 설명으로 옳지 않은 것은?
① 종이 다양하다.
② 불완전변태를 한다.
③ 앞날개가 두껍고 날개맥이 없다.
④ 대부분 외골격이 발달하여 단단하다.

해설
딱정벌레목은 완전변태를 한다.

34 해충의 밀도와 농작물 피해에 대한 설명으로 옳지 않은 것은?
① 경제적 피해허용수준은 어느 경우에나 일반평형밀도보다 높다.
② 경제적 피해수준은 경제적 피해허용수준보다 높게 관리해야 한다.
③ 일반적인 환경 조건에서 형성된 해충의 평균밀도를 일반평형밀도라고 한다.
④ 경제적 손실이 나타나는 해충의 최저 밀도를 경제적 피해수준이라고 한다.

해설
경제적 피해 허용수준은 경제적 피해수준에 도달하기 직전의 밀도 수준으로 이는 조건에 따라 달라지기에 일반평형밀도보다 어느 경우에나 높지는 않다.

35 카이로몬에 의한 곤충의 행태로 옳은 것은?
① 개미 군집에서 계급을 분화하여 생활
② 배추흰나비가 유채과 식물을 찾아 섭식
③ 노린재가 분비하는 고약한 냄새물질에 대한 포식자 회피
④ 수컷 나방이 멀리 떨어져 있는 암컷 나방을 찾아가는 행동

해설
카이로몬은 생물에게 유익한 물질을 유도해주는데 배추흰나비에게 유익한 유채과 식물을 찾아 섭식하는 것이다.

36 톱밥같은 배설물을 밖으로 내보내지 않고 수피속의 갱도에 쌓아 놓아 피해를 발견하기가 어려운 해충은?
① 알락하늘소   ② 미끈이하늘소
③ 향나무하늘소 ④ 털두꺼비하늘소

해설
향나무하늘소는 줄기, 형성층이나 목질부에 피해를 주는데 똥을 밖으로 배출하지 않고 침입한 구멍도 흔적이 없어 발견이 어렵다.

정답 30 ② 31 ① 32 ③ 33 ② 34 ① 35 ② 36 ③

37 노린재목의 형태적 특징으로 옳지 않은 것은?

① 더듬이는 4~5개 마디로 구성된다.
② 뚫어 빠는 입이 있으며 미모는 없다.
③ 겹눈은 대부분 잘 발달하고 홑눈은 없거나 2~3개이다.
④ 다리의 발마디는 1~5개 구성되지만 대체로 5개 마디이다.

> **해설**
> 노린재목의 발마디는 1~2마디이다.

38 식도하신경절에 의해 운동신경과 감각신경의 지배를 받지 않는 기관은?

① 큰턱   ② 작은턱
③ 더듬이   ④ 아랫입술

> **해설**
> 뇌는 식도신경환에 의해 식도하신경절에 연결되어 큰턱, 작은턱, 아랫입술 등의 운동 및 감각신경에 관련된다.

39 외국으로부터 이입되어 우리나라에 정착한 해충이 아닌 것은?

① 벼밤나방   ② 벼물바구미
③ 온실가루이   ④ 꽃노랑총채벌레

> **해설**
> 벼밤나방은 나비목 밤나방과로 한국에서는 남부지방에 주로 서식한다.

40 애멸구에 대한 설명으로 옳지 않은 것은?

① 천적은 날개집게벌, 애꽃노린재 등이 있다.
② 2모작 맥류재배를 하면 애멸구가 많이 발생한다.
③ 약충과 성충은 벼의 즙액을 빨아먹어 피해를 준다.
④ 중국으로부터 비래하지만 우리나라에서는 월동은 불가능하다.

> **해설**
> 애멸구는 중국에서 비래하여 4령약충이 논둑의 잡초 사이에 월동한다.

3과목 재배학원론

41 다음 중 이랑을 세우고 이랑에 파종하는 방식은?

① 휴립구파법   ② 성휴법
③ 휴립구파법   ④ 평휴법

> **해설**
> 휴립구파법은 이랑을 세우고 낮은 골에 파종하는 방법으로 맥류의 한해와 동해를 동시에 방지할 수 있다.

42 다음중 식물의 광합성에 가장 효과적인 광색은?

① 주황색   ② 황색
③ 녹색   ④ 적색

> **해설**
> 광합성에 효과적인 광은 650~700nm 인 적색광과 400~500nm 의 청색광이 가장 효과적이다.

43 다음 중 토양 유효수분의 범위로 가장 옳은 것은?

① 흡습수 이상의 토양수분
② 영구위조점과 흡수수사이의 수분
③ 최대용수량과 포장용수량사이의 수분
④ 포장용수량과 영구위조점사이의 수분

> **해설**
> 토양 유효수분은 포장용수량~영구위조점까지 pF 2.7~4.2 정도이다.

44 다음 중 작물이 주요온도에서 최적온도가 가장 낮은 작물은?

① 보리   ② 오이
③ 옥수수   ④ 멜론

> **해설**
> 보리의 최적생육온도는 20°C 정도로 보기 중 가장 낮다.

45 다음 중 T/R율에 대한 설명을 가장 옳은 것은?

① 감자나 고구마의 경우 파종기나 이식기가 늦어질수록 T/R율이 감소한다.
② 일사가 적어지면 T/R율이 감소한다.
③ 질소를 다량사용하면 T/R율이 감소한다.
④ 토양함수량이 감소하면 T/R율이 감소한다.

해설
토양함수량이 감소하면 뿌리에서 토양수분을 흡수하기 위해 상대적으로 지하부의 생장이 활발해져 T/R 율이 감소하게 된다.

46 작물의 내동성을 감소시키는 생리적 요인은?

① 전분함량이 많다.
② 원형질의 수분투과성이 크다.
③ 원형질의 점도가 낮다.
④ 원형질의 친수성 콜로이드가 많다.

해설
전분함량이 낮을수록 내동성이 크다.

47 강산성이 되면 가급도가 감소되어 작물생육에 불리한 원소는?

① Cu   ② Zn
③ P   ④ Mn

해설
강산성 조건에서 가급도가 감소되어 작물 생육에 불리한 원소로 인산, 칼륨, 칼슘, 마그네슘 등이 있다.

48 다음중 벼의 비료3요소중 흡수 비율로 가장 옳은 것은?

① 질소 5 : 인산 1 : 칼륨 1.5
② 질소 5 : 인산 2 : 칼륨 4
③ 질소 4 : 인산 2 : 칼륨 4
④ 질소 3 : 인산 1 : 칼륨 4

해설
벼의 흡수 비율은 < 질소 : 인산 : 칼륨 = 5 : 2 : 4 > 이다.

49 군락의 수광태세가 좋아지고 밀식 적응성이 높은 콩의 초형으로 틀린 것은?

① 잎이 크고 두껍다.
② 잎자루가 짧고 일어선다.
③ 꼬투리가 원줄기에 많이 달린다.
④ 가지를 적게 치고 가지가 짧다.

해설
군락의 수광태세가 좋아지는 콩의 초형은 잎이 작고 가늘어야 한다.

50 질산 환원 효소의 구성 성분으로 콩과작물의 질소고정에 필요한 무기성분은?

① 몰리브덴   ② 철
③ 마그네슘   ④ 규소

해설
몰리브덴은 질산환원효소의 구성성분으로 콩과작물 뿌리혹박테리아의 질소고정에 필요한 무기성분이다.

51 벼의 생육 중 냉해에 의한 출수가 가장 지연되는 생육단계는?

① 유효분얼기   ② 유수형성기
③ 감수분열기   ④ 출수기

해설
유수형성기에서 출수개화기에 화분이나 배낭의 생식기관이 정상적으로 형성되지 못하거나 수정장해가 유발되는 등의 현상이 발생한다.

정답 45 ④ 46 ① 47 ③ 48 ② 49 ① 50 ① 51 ②

52 다음 중 천연 지베렐린에 해당하는 것은?
① IPA
② GA₂
③ PAA
④ CCC

해설
천연 지베렐린의 종류로 GA2, GA3, GA55 등이 있다.

53 다음 중 2년생 식물로만 구성되어 있는 것은?
① 가을보리, 코스모스
② 가을밀, 국화
③ 옥수수, 호프
④ 무, 사탕무

해설
2년생 작물로 보리, 밀, 대파, 무, 사탕무 등이 있다.

54 다음 중 재배종과 야생종의 특징에 대한 설명으로 가장 적절한 것은?
① 야생종은 휴면성이 약하다.
② 재배종은 대립종자로 발전하였다.
③ 재배종은 단백질 함량이 높아지고 탄수화물 함량이 낮아지는 방향으로 발달하였다.
④ 성숙시 종자의 탈립성은 재배종이 크다.

해설
재배종 특성
· 발아억제 물질이 감소하거나 소실되는 방향으로 발달하였다.
· 생장에너지가 다량 함유된 대립종자로 발전하였다.
· 종자의 단백질 함량이 낮아지고 탄수화물 함량이 증가하는 방향으로 발전하였다.
· 모든 종자가 일시에 성숙되고 개화기에 일시에 집중하는 방향으로 발전하였다.
· 탈립성이 작은 방향으로 수량은 많은 방향으로 발달하였다.

55 다음 중 굴광현상에 가장 유효한 광은?
① 자외선
② 적색광
③ 청색광
④ 적외선

해설
굴광현상에 효과가 큰 파장은 440~480nm 중심의 청색광이다.

56 저온 버널리제이션을 실시한 직후 고온처리를 하면 버널리제이션 효과가 상실되는데, 이 현상을 무엇이라 하는가?
① 이춘화
② 등숙기춘화
③ 종자춘화
④ 재춘화

해설
저온 버널리제이션 실시 후 35℃ 정도의 고온처리를 하면 버널리제이션 효과가 상실하는데 이를 이춘화라 한다.

57 무기원소 결핍 시 사탕무의 속썩음병, 순무의 갈색속썩음병 등을 유발하는 원소는?
① 인
② 질소
③ 망가
④ 붕소

해설
붕소가 결핍하면 식물이 전반적으로 조직이 거칠고 단단해지는데 이때 사탕무의 속썩음병, 순무의 갈색속썩음병, 셀러리의 줄기 쪼김병, 담배의 끝마름병 등이 나타난다.

58 다음 중 작물의 기원지가 지중해 연안 지역에 해당하는 것으로만 나열된 것은?
① 조, 참깨
② 사탕수수, 당근
③ 감자, 고구마
④ 유채, 사탕무

해설
작물의 기원지가 지중해 연안 지역으로 클로버, 유채, 채소류, 무 등이 있다.

59 다음 중 에틸렌의 전구물질에 해당하는 것은?

① tryptohan   ② methionine
③ acetyl CoA ④ phenol

해설
에틸렌의 전구물질은 메티오닌(methionine)이다.

60 다음 중 감자의 휴면타파에 가장 유효한 것은?

① AMO-1618   ② 페놀
③ gibberellin ④ 2,4-D

해설
지베렐린을 작물에 적용시 발아촉진, 화성유도, 생장 촉진, 수량의 증대 효과 등이 있다.

4과목 농약학

61 다음 제형 중 주로 병해충 예방용 약제를 대상으로 하며 단위면적당 농약 투입량이 가장 적은 것은?

① 종자처리수화제(WS)
② 유현탁제(SE)
③ 액상수화제(SC)
④ 미립제(MG)

해설
종자처리수화제는 종자 표면에 약제가 잘 부착하는 제제로 병해충의 예방을 목적으로 하며 적은 양으로 효과를 볼 수 있어 단위면적당 투입량이 적다.

62 싸이토키닌제의 식물호르몬제로서 콩나물의 생장촉진제로 가장 적합한 약제는?

① 페노프롭(fenoprop)
② 육-비에이(6-BA)
③ 지베렐린(gibberellin)
④ 아토닉(atonic)

해설
6-BA(6-benzylaminopurine)은 콩나물의 생장촉진제이다.

63 갯지렁이에서 천연 살충물질을 추출하여 농약으로 개발한 살충제는?

① 아바멕틴(abamectin)
② 벤설탑(bensultap)
③ 메소밀(methomyl)
④ 엔도설판(endosulfan)

해설
갯지렁이에서 추출한 천연살충제로 벤설탑이 있다.

64 식물체 내에서 베타산화(베타-oxidation) 여부로 선택성을 나타내는 것은?

① 2,4,5-T   ② 2,4-DES
③ 2,4-DB   ④ UDPG

해설
베타산화는 베타위치의 탄소가 연속적으로 산화하는 것으로 페녹시계의 2,4-DB가 베타산화를 통해 2,4-D가 된다.

65 BP(밧사)원제 0.4kg으로 2% 분제를 만들려고 할 때 소요되는 증량제의 양은? (단, 원제의 함량은 94%이다.)

① 1.84kg   ② 4.60kg
③ 18.4kg   ④ 46.0kg

해설
희석할증량제 양
$= 원분제중량 \times \left(\dfrac{원분제\ 농도}{목표농도} - 1\right)$
$= 0.4 \times \left(\dfrac{94\%}{2\%} - 1\right) = 18.4kg$

66 석회 보르도액은 어느 것에 해당하는가?

① 황제   ② 염소제
③ 구리제 ④ 비소제

해설
석회보르도액은 구리와 석회를 재료로 하는 구리제이다.

정답 59 ② 60 ③ 61 ① 62 ② 63 ② 64 ③ 65 ③ 66 ③

67 다음 살균제 중 유기 유황제가 아닌 것은?
① 프로피   ② 지람
③ 네오아소진   ④ 만코지

해설
네오아소진은 유기비소계 살균제이다.

68 농약이 갖추어야 할 사항으로 틀린 것은?
① 인축에 대한 독성이 낮아야 한다.
② 토양 및 수질 오염을 유발시키지 않아야 한다.
③ 작물 또는 토양에 대한 잔류성이 없어야 한다.
④ 적용 해충의 범위가 넓고 비선택적이어야 한다.

해설
농약은 적용 해충의 범위가 넓고 선택적이어야 한다. 또한 작물에 대한 약해가 없고 인축에 대한 피해가 없는 것이 좋다.

69 보리 겉깜부기병의 종자소독에 가장 효과적이 약제는?
① 지네브(zineb)제
② MAFA(neozin)제
③ 캡탄(captan)제
④ 카아복신(carboxin)제

해설
카복신제는 침투성 약제로 종자소독에 효과적이며 밀, 보리 겉깜부기병의 소독에 이용한다.

70 유제(乳劑)에 대한 설명으로 옳지 않은 것은?
① 수화제보다 살포액의 조제가 편리하다.
② 수화제보다 약효가 다소 낮다.
③ 수화제보다 제조비가 높다.
④ 수화제보다 포장, 수송, 보관이 어렵다.

해설
유제는 수화제보다 약효가 높다.

71 농약 안전살포 방법으로 가장 적절한 것은?
① 바람을 등지고 살포
② 바람을 안고 살포
③ 바람의 도움으로 살포
④ 바람 방향을 무시하고 살포

해설
농약의 안전살포 방법으로 바람을 등지고 살포하며 강우 전에 살포를 금한다.

72 다음 중 생장 조정제로 사용할 수 있는 것은?
① Oxadiazon   ② Butachlor
③ Molinate   ④ 2,4-D

해설
2,4-D는 옥신의 종류 중 하나로 식물의 생장 조정제로 사용 가능하다.

73 R-Hg-X로 표시되는 유기수은제에서 X에 해당되지 않는 것은?
① $-HPO_4$ ② $-CL$
③ $-OH$ ④ $-CH_3$

해설
유기수은제의 X 기는 음이온의 산기, 수산기, 할로겐기 등의 친수성기이다.

정답 67 ③ 68 ④ 69 ④ 70 ② 71 ① 72 ④ 73 ④

74 어류에 대한 농약의 독성 및 감수성에 영향을 미치는 요인으로 가장 거리가 먼 것은?
① 전착
② 성장단계
③ 수온
④ 제제형태

> 해설
> 어류에 대한 농약의 독성 및 감수성에 영향을 미치는 요인은 농약의 종류, 어류의 종류, 제제의 형태, 생물의 생장단계, 물의 온도, PH 등이 있다.

75 카복시아니라이드계 살균제로서 담자균류에 의한 병해에 효과가 뛰어난 약제는?
① 아이비(키타진)
② 베나솔(오리자)
③ 부라딘(금보라)
④ 메프로닐(논사)

> 해설
> 메프로닐은 카복시아니라이드계 살균제로 녹병, 흰녹병, 검은무늬썩음병 등에 효과가 있다.

76 농약이 검사방법에서 저비산분제(DL)의 검사항목이 아닌 것은?
① 분산성
② 분말도
③ 입도
④ 가비중

> 해설
> 저비산분제이 검사항목은 유효성분, 분말도, 입도, 가비중이다.

77 다음 중 농약제제의 품질불량이 원인이 되는 약해가 아닌 것은?
① 원제 부성분에 의한 약해
② 불순물의 혼합에 의한 약해
③ 섞어 쓰기 때문에 일어나는 약해
④ 경시변화에 의한 유해성분의 생성에 의한 약해

> 해설
> 섞어 쓰기 때문에 일어나는 약해는 농약 사용법에 의한 약해이다.

78 다음 중 요소계 제초제는?
① 아파론(linuron)
② 2,4-D
③ 벤설라이드
④ 론스타(Oxadiazon)

> 해설
> 리누론(linuron)은 요소계 제초제로 1년생 화본과 잡초나 광엽잡초를 제거하기 위해 잡초 발생 전 토양처리제로 이용한다.

79 다음 살충제 중 유기인제가 아닌 것은?
① 테트라디폰(테디온)
② 디디브이피(DDVP)
③ 파라치온
④ 파브(PAP)

> 해설
> 테트라디폰은 살비제이다.

80 농약은 종류별로 병뚜껑의 색깔을 달리하여 농민이 농약을 쉽게 식별할 수 있도록 하고 있는데 살균제의 병뚜껑은 다음 중 어떤 색인가?
① 분홍색
② 녹색
③ 황색
④ 청색

> 해설
> 살균제의 병뚜껑 색은 분홍색을 사용한다.

정답 74 ① 75 ④ 76 ① 77 ③ 78 ① 79 ① 80 ①

5과목 잡초방제학

81 벼와 잡초간의 경합으로 인한 피해가 가장 적은 시기는?
① 출수기부터 수확기
② 착근기부터 수잉기
③ 착근기부터 분얼기
④ 파종기부터 최고 분얼기까지

해설
잡초경합으로 작물의 손실량이 적은 기간은 파종 후 초관형성기까지, 생식생장기에서 수확기까지이며 이를 잡초경합허용기간이라 한다.

82 쌍자엽 잡초의 특징으로 옳은 것은?
① 잎은 평행맥이다.
② 뿌리는 직근계이다.
③ 산재된 유관속의 관상경을 가지고 있다.
④ 생장점이 줄기 하단의 절간 부위에 있다.

해설
쌍자엽 잡초의 뿌리는 직근계(곧은뿌리)이다.

83 뿌리가 토양에 고정되어 있지 않고 물 위에 떠다니는 부유성 잡초에 해당하는 것은?
① 가래   ② 네가래
③ 생이가래   ④ 가는가래

해설
부유잡초로는 부레옥잠, 개구리밥, 좀개구리밥, 생이가래 등이 있다.

84 작물과 비교한 잡초의 특성으로 옳지 않은 것은?
① 종자 생산량이 많다.
② 전파수단이 다양하다.
③ 휴면성이 없어 연중 생장한다.
④ 불리한 환경에서 적응성이 높다.

해설
잡초도 불량한 환경 조건을 극복하기 위해 휴면성이 있다.

85 잡초의 예방적 방제 방법이 아닌 것은?
① 관배수로 관리
② 재식밀도 조절
③ 작물 종자 정선
④ 농기구(농기계)청결 관리

해설
재식밀도 조절은 생태학적 방제법이다.

86 작물의 수량 감소가 가장 클 것으로 예상되는 조합은?
① C_3잡초와 C_3작물
② C_4잡초와 C_3작물
③ C_3잡초와 C_4작물
④ C_4잡초와 C_4작물

해설
C_4 잡초는 광합성 능력이 뛰어나 경합에서 유리하기에 작물의 수량에 가장 큰 영향을 주게 된다.

87 지면을 피복할 경우 잡초에 미치는 영향으로 옳지 않은 것은?
① 빛과 산소 공급이 차단된다.
② 잡초의 발아심도가 깊어진다.
③ 잡초가 물리적으로 질식하거나 출아가 억제되기도 한다.
④ 주, 야간의 온도가 차가 커져 잡초 종자의 발아 수가 격감된다.

해설
지면을 피복하면 주, 야간의 온도차가 적어지고 광이 차단되어 잡초 종자의 발아가 줄어든다.

정답 81 ① 82 ② 83 ③ 84 ③ 85 ② 86 ② 87 ④

88 화본과 잡초로만 올바르게 나열한 것은?
① 강피, 나도겨풀
② 마디꽃, 매자기
③ 쇠털골, 알방동사니
④ 가막사리, 올챙이고랭이

해설
둑새풀, 강피, 나도겨풀 등은 화본과 잡초이다.

89 작물, 잡초, 제초제의 연결이 옳지 않은 것은?
① 벼, 피, 뷰타클로르 입제
② 잔디, 크로바, 디캄바 액제
③ 콩, 방동사니, 이사-디 액제
④ 사과나무, 쇠비름, 시마진 수화제

해설
2,4-D 제초제는 화곡류의 잡초 방제에 주로 이용되며 방동사니, 1년생 잡초 등을 방제한다.

90 논에서 잡초의 군락천이를 유발시키는 데 가장 큰 영향을 주는 것은?
① 장기간 품종 재배
② 동일 작물로만 재배
③ 동일한 제초제 연속사용
④ 지속적인 화학 비료 사용

해설
잡초군락의 천이의 경우 주로 재배작물이나 작부체계가 변화하거나 경종조건이 변화할 경우 영향을 받는다. 동일한 제초제의 사용은 잡초의 저항성 증가로 군락천이를 유발시키게 된다.

91 두 제초제를 혼합하여 사용할 때 나타나는 길항적 반응에 대한 설명으로 옳은 것은?
① 혼합의 효과가 단독 처리의 효과와 같은 것을 의미한다.
② 혼합의 효과가 단독 처리의 효과보다 크지도 작지도 않은 것을 의미한다.
③ 혼합의 효과가 활성이 높은 물질의 단독 처리의 효과보다 큰 것을 의미한다.
④ 혼합의 효과가 활성이 높은 물질의 단독 처리의 효과보다 작은 것을 의미한다.

해설
길항작용은 2종류 이상의 약제를 동시에 작용할 경우 개개의 작용이 합친 것보다 더 적은 효과가 나타나거나 효과가 상쇄되는 경우를 말한다.

92 토양 환경과 잡초의 출현에 대한 설명으로 옳지 않은 것은?
① 종자가 무거울수록 발생심도가 깊다.
② 토양이 과습하면 출현율이 낮아진다.
③ 토양이 건조하면 출아율이 낮아진다.
④ 사질토는 중점토보다 발생심도가 얕다.

해설
사질토는 중점토보다 표층의 건조가 쉬워 발생심도가 깊어진다.

93 트리아진계 제초제의 주요 이행 특성은?
① 비대 성장 ② 조기 결실
③ 광합성 저해 ④ 신초 생장 억제

해설
트리아진계 제초제의 이행 특성으로 광합성을 저해한다.

94 유기제초제와 비교한 무기제초제에 대한 설명으로 옳은 것은?
① 처리 약량이 적다.
② 대사물의 독성이 낮다.
③ 경엽에 처리할 때 활성이 낮다.
④ 가격이 비싸며 살초 효과가 적다.

해설
무기제초제는 일반적으로 대사물의 독성이 낮은 편이다.

95 광발아 잡초에 해당하는 것은?
① 강피, 바랭이
② 냉이, 소리쟁이
③ 별꽃, 참방동사니
④ 메귀리, 광대나물

해설
광발아 잡초에는 바랭이, 쇠비름, 향부자, 강피, 소리쟁이 등이 있다.

96 상호대립억제작용에 대한 설명으로 옳은 것은?
① 제초제를 오래 사용한 잡초에 대한 내성을 나타내는 것이다.
② 죽은 식물 조직에서 나오는 물질에 의해서도 일어날 수 있다.
③ 다른 종의 생육을 억제하는 주된 기작은 주로 차광에 의해 일어난다.
④ 잡초가 다른 작물의 생육을 억제하는 것이 아니며 잡초 간에만 일어나는 현상이다.

해설
죽은 식물의 조직에서 나오는 분비물에 의해서 상호대립 억제작용 현상이 발생할 수 있다.

97 잡초의 생태적 방제 방법이 아닌 것은?
① 윤작 실시
② 재배양식 변경
③ 피복 작물 재배
④ 잡초만을 골라 먹는 생물 이용

해설
특정 잡초만을 골라 먹는 생물을 이용하는 것을 생물적 방제법이다.

98 잡초 종자의 산포 방법으로 옳지 않은 것은?
① 바랭이 : 성숙하면서 흩어짐
② 소리쟁이 : 물에 잘 떠서 운반됨
③ 가막사리 : 바람에 잘 날려서 이동함
④ 메귀리 : 사람이나 동물 몸에 잘 부착함

해설
가막사리는 사람이나 동물 몸에 부착되어 산포한다.

99 일년생 잡초와 비교한 다년생 잡초에 대한 설명으로 옳지 않은 것은?
① 방제하기 어렵다.
② 영양 번식을 한다.
③ 생육 기간이 길다.
④ 대부분 종자로 번식한다.

해설
다년생 잡초는 단순다년생, 구근형다년생, 포복형 다년생이 있으며 이들은 종자뿐만 아니라 지하기관, 괴경 등 다양한 방법으로 번식한다.

100 선택성 제초제가 아닌 것은?
① 베타존 액제
② 세톡시딤 유제
③ 나프로파마이드 유제
④ 글리포세이트암모늄 입상수용제

해설
글리포세이트암모늄 입상수용제는 비선택성 제초제이다.

국가기술자격 필기시험문제

2019년 기사 제2회 과년도 기출문제				수험번호	성명
자격종목 식물보호기사	종목코드	시험시간 2시간 30분	형별		

1과목 식물병리학

01 감자 역병에 대한 설명으로 옳은 것은?
① 세균병이다.
② 토마토에도 발생한다.
③ 2차 전염은 하지 않는다.
④ 진딧물을 잡는 것이 최선의 방제 방법이다.

해설 감자역병은 감자와 토마토에서 주로 발생한다.

02 진딧물에 의해 전염되는 식물병으로 옳지 않은 것은?
① 감자 잎말림병
② 콩 모자이크병
③ 배추 모자이크병
④ 보리 북지모자이크병

해설 보리 북지모자이크병은 애멸구에 의해 전염된다.

03 식물병에 걸린 식물에서 보이는 독소에 대한 설명으로 옳은 것은?
① 병원균이 독소를 분비한다.
② 식물체가 독소를 분비한다.
③ 병원균, 식물체 모두가 독소를 분비한다.
④ 병원균, 식물체 모두가 독소를 분비하지 않는다.

해설 병원균은 독소를 분비하며 기주식물에 피해를 준다.

04 배나무 붉은별무늬병의 중간기주는?
① 송이풀 ② 향나무
③ 사시나무 ④ 매발톱나무

해설 배나무 붉은별무늬병의 중간기주는 향나무이다.

05 노지에서 고추 역병이 가장 잘 발병하는 요인은?
① 건조 ② 고온
③ 침수 ④ 사질토양

해설 고추 역병의 경우 장마기간에 기온이 낮고 습도가 높은 조건에서 많이 발생하기에 침수조건에서 잘 발생한다.

06 다음 설명에 해당하는 진단법은?

◎ 씨감자 중에 바이러스에 감염된 것을 선별하여 도태시키기 위한 것이다.
◎ 온실에서 생육한 감자의 눈에 나타난 병징으로 바이러스 감염 여부를 판정한다.

① 지표식물법 ② 즙액접종법
③ 괴경지표법 ④ 파지진단법

해설 괴경지표법은 감자의 눈에 병의 유무를 통해 바이러스 감염여부를 판정하는 방법으로 눈이 5mm 정도 생장시 병이 든 것은 도태하여 선별이 가능하다.

정답 01 ② 02 ④ 03 ① 04 ② 05 ③ 06 ③

07 식물체 물관에 병원균이 침입하여 시들음 현상이 나타나는 병은?

① 보리 녹병
② 뽕나무 위축병
③ 토마토 풋마름병
④ 사과나무 점무늬낙엽병

해설
토마토 풋마름병 시들음 현상이 발생하고 시든 줄기를 절단하여 물에 담그면 절편에서 희뿌연 물질이 흘러나온다.

08 균류에 의해 발생하는 수목병이 아닌 것은?

① 뽕나무 오갈병
② 벚나무 빗자루병
③ 낙엽송 잎떨림병
④ 은행나무 잎마름병

해설
뽕나무 오갈병은 파이토플라스마에 의해 발생한다.

09 인공 배지에서 배양이 가능한 식물 병원체는?

① 세균   ② 선충
③ 바이러스 ④ 파이토플라스마

해설
세균은 인공배지에서 배양 및 증식이 가능하며 운동기관인 편모를 가지고 있다.

10 여름의 저온 및 장마 조건에서 가장 발병하기 쉬운 것은?

① 벼 도열병
② 벼 키다리병
③ 벼 이삭누룩병
④ 벼 잎집무늬마름병

해설
벼 도열병은 비가 자주 내리고 온도가 낮은 여름철 장마 조건에서 발병하기 쉽다.

11 난균문의 특징에 대한 설명으로 옳은 것은?

① 다핵균사이다.
② 균사는 격벽이 없다.
③ 세포벽에는 키틴 성분이 없다.
④ 무성번식은 1개의 편모가 있는 유주자로 한다.

해설
난균문의 균사는 격벽이 없고 다핵의 균사체이다. 난균문의 유주자는 꼬리모양의 편모가 1개가 있어 무성번식을 한다.

12 동양에서 미국으로 옮겨가 큰 피해를 끼친 식물병은?

① 벼 도열병
② 배나무 화상병
③ 포도나무 노균병
④ 밤나무 줄기마름병

해설
밤나무 줄기마름병은 1900년경 동양에서 미국 동부, 유럽으로 전파되어 밤나무림을 황폐화시킨 전례가 있다.

13 유성포자가 아닌 것은?

① 난포자   ② 병포자
③ 자낭포자   ④ 담자포자

해설
무성포자에는 유주자, 포자낭포자, 분생포자 등이 있는데 병포자는 분생포자의 일종으로 무성포자에 속한다.

14 호밀 맥각병에서 이삭에 생기는 자흑색 바나나 모양의 맥각 덩어리의 정체는?

① 자낭   ② 균핵
③ 자낭포자 ④ 후막포자

해설
호밀의 맥각병에서 이삭에 생기는 자흑색 바나나 모양은 균핵이다.

정답 07 ③ 08 ① 09 ① 10 ① 11 전항정답 12 ④ 13 ② 14 ②

15 식물병의 면역학적 진단 방법을 의미하는 용어는?
① SSCP ② RACE
③ ELISA ④ RAPDs

> **해설**
> ELISA 는 효소결합항체법(Enzyme Linked Immunosorbent Assay)으로 효소와 바이러스의 반응을 통해 감염여부를 확인하는 면역학적 진단방법이다.

16 식물병의 생물적 방제에 대한 설명으로 옳은 것은?
① 신속하고 정확한 효과를 기대할 수 있다.
② 천적미생물은 대부분 잎이나 줄기에서 얻는다.
③ 넓은 지역에 광범위하게 사용하는데 가장 효과적이다.
④ 미생물의 길항작용, 기생, 상호경쟁 또는 병저항성 유도를 이용하여 병을 억제한다.

> **해설**
> 식물병의 생물학적 방제는 바이러스를 이용한 교차보호나 미생물을 이용한 길항작용 및 상호 경쟁 등을 통해 병을 방제한다.

17 토마토 시설재배에서 자외선 차단 비닐을 이용하여 방제효과를 얻을 수 있는 병은?
① 풋마름병 ② 잎곰팡이병
③ 잿빛곰팡이병 ④ 푸른곰팡이병

> **해설**
> 잿빛곰팡이병의 경우 기주범위가 넓고 저온, 다습한 환경에서 많이 발생하기에 시설재배지에서 다량 발생하게 된다. 또한 많은 균류들은 포자 형성을 위해서는 자외선이 필요한데 시설재배지 하우스에 자외선 차단 비닐을 이용하면 방제효과를 얻을 수 있다.

18 TMV(Tobacco mosaic virus)로 인하여 발병하는 고추 모자이크병의 방제법으로 옳지 않은 것은?
① 살충제로 매개곤충을 제거한다.
② 전년도에 재배한 줄기나 뿌리를 제거한다.
③ 제3인산소다를 이용하여 종자를 소독한다.
④ 생육도중 발병한 식물체는 곧바로 제거한다.

> **해설**
> TMV 의 경우 주로 즙액, 접촉, 종자, 토양 전염 등의 방법으로 전염이 이루어진다. 이 중에서 가장 빈도가 높은 전염방법은 접촉전염이며 매개곤충에 의해서는 전염되지 않는다.

19 벼 도열병 방제에 가장 효과적인 비료는?
① 질소질 비료 ② 규산질 비료
③ 인산질 비료 ④ 칼륨질 비료

> **해설**
> 질소질 비료의 과용을 피하고 규산질 비료의 경우 도열병균에 저항성이 강하므로 필요시 사용하도록 한다.

20 토양 습도가 작물이 생육하기에 적합한 상태보다 건조할 때 잘 발생하는 병은?
① 감자 역병
② 고추 모잘록병
③ 배추 무사마귀병
④ 오이 덩굴쪼김병

> **해설**
> 오이덩굴쪼김병은 기온이 높고 건조한 기후에서 잘 발생한다.

정답 15 ③ 16 ④ 17 ③ 18 ① 19 ② 20 ④

2과목 농림해충학

21 알락하늘소가 월동하는 형태는?
① 알 ② 유충
③ 성충 ④ 번데기

해설 알락하늘소는 유충으로 월동한다.

22 곤충 체강 내에서 비틀림 운동을 하면서 pH 또는 무기이온 농도 등을 조절하면서 배설 작용을 돕는 기관은?
① 위맹낭 ② 지방체
③ 말피기관 ④ 모이주머니

해설 말피기관은 곤충의 체강 내에서 비틀림 운동을 통해 배설작용을 하며 혈림프의 이온 조성과 삼투압의 조절기능을 담당하기도 한다.

23 가해습성에 따른 해충의 분류로 옳지 않은 것은?
① 천공성 해충 – 소나무좀, 밤나무혹벌
② 종실 해충 – 밤바구미, 복숭아명나방
③ 흡즙성 해충 – 솔껍질깍지벌레, 버즘나무방패벌레
④ 식엽성 해충 – 오리나무잎벌레, 잣나무넓적잎벌

해설 밤나무혹벌은 충영을 만드는 해충이다.

24 풀잠자리목의 특징으로 옳지 않은 것은?
① 완전변태를 한다.
② 생물적 방제에 많이 이용된다.
③ 더듬이는 길고 홑눈이 3개이다.
④ 유충과 성충은 대부분 포식성이다.

해설 풀잠자리목은 더듬이는 길고 홑눈은 있기도 하고 없기도 하다.

25 해충발생밀도 조사 방법으로 페로몬 조사법을 적용하는 것이 가장 적합한 해충은?
① 벼멸구 ② 말매미충
③ 고자리파리 ④ 복숭아심식나방

해설 복숭아심식나방은 암컷이 방출하는 성페로몬을 이용하여 수컷을 유인 및 발생 정도를 파악할수 있는데 해충발생밀도 조사로 페로몬 조사법을 이용한다.

26 사과응애에 대한 설명으로 옳지 않은 것은?
① 흡즙성 해충이다.
② 약충으로 월동한다.
③ 1년에 7~8회 발생한다.
④ 사과나무가 꽃 필 무렵 알에서 부화하여 꽃 주위의 어린잎을 가해한다.

해설 사과응애는 알로 월동한다.

27 곤충의 표피 중 가장 바깥쪽에 있는 것은?
① 왁스층 ② 원표피
③ 기저막 ④ 시멘트층

해설 곤충의 표피는 시멘트층, 왁스층, 폴리페놀, 큐티큘라의 4개층으로 이루어져 있으며 그중 가장 바깥쪽은 시멘트층이다.

28 곤충이 갖는 살충제 저항성 기작의 원인이 아닌 것은?
① 표피층 두께 증가
② 해독효소 활성 감소
③ 빠른 배설 생리기작
④ 농약으로부터 기피하는 행동

해설 해독효소의 활성이 증가해야 살충제에 대한 저항성이 나타난다.

정답 21 ② 22 ③ 23 ① 24 ③ 25 ④ 26 ② 27 ④ 28 ②

29 거세미나방의 형태에 대한 설명으로 옳지 않은 것은?
① 유충은 길이가 40mm 정도이다.
② 성충의 머리와 가슴이 적갈색이다.
③ 알은 반구형이고 방사상의 줄이 있다.
④ 성충의 날개를 편 전체 좌우 길이는 40mm 정도이다.

해설
거세미나방의 성충의 머리와 가슴은 황갈색이다.

30 유약호르몬이 분비되는 기관은?
① 앞가슴샘 ② 알라타체
③ 외기관지샘 ④ 카디아카체

해설
곤충의 유약호르몬은 알라타체에서 분비된다.

31 방제 방법으로 나무주사가 효과적인 해충들로 올바르게 나열한 것은?
① 솔잎혹파리, 밤나무혹벌
② 밤바구미, 솔껍질깍지벌레
③ 미국흰불나방, 솔알락명나방
④ 솔잎혹파리, 솔껍질깍지벌레

해설
소나무 재선충, 솔잎혹파리, 솔껍질깍지벌레의 방제에는 수간주사가 효과적이다.

32 곤충과 비교한 응애의 특징으로 옳은 것은?
① 겹눈이 있다.
② 완전변태를 한다.
③ 다리가 6개 마디로 되어 있다.
④ 몸의 옆에 있는 기관이나 숨문으로 호흡한다.

해설
곤충은 다리가 3쌍, 5마디로 되어 있고 응애의 다리는 4쌍, 6마디로 되어 있다.

33 곤충 분류학상 외시류가 아닌 것은?
① 밑들이 ② 강도래
③ 노린재 ④ 집게벌레

해설
밑들이는 내시류이다.

34 솔나방에 대한 설명으로 옳지 않은 것은?
① 주로 월동 후의 유충기에 식해한다.
② 연 1회 발생하고 제 5령 충으로 월동한다.
③ 새로 난 잎을 식해하는 것이 보통이나 밀도가 높으면 묵은 잎도 식해한다.
④ 유충이 소나무의 잎을 식해하며 심한 피해를 받은 나무는 고사하기도 한다.

해설
솔나방의 유충은 묵은 잎을 식해하는 것이 보통이나 밀도가 높으면 새로 자라는 잎도 식해하기도 한다.

35 다리 마디의 위치가 몸쪽에서부터 가장 가까운 것은?
① 도래마디 ② 발목마디
③ 종아리마디 ④ 넓적다리마디

해설
곤충의 다리 마디에서 몸쪽에 가장 가까운 순서로 밑마디, 도래마디, 넓적다리마디, 종아리마디, 발목마디 순이며 보기 중 도래마디가 몸쪽에 가장 가깝다.

36 곤충 날개가 두 쌍인 경우 날개의 부착위치는?
① 가운데가슴에만 붙어 있다.
② 앞가슴에 한 쌍, 뒷가슴에 한 쌍 붙어 있다.
③ 앞가슴에 한 쌍, 가운데가슴에 한 쌍 붙어 있다.
④ 가운데가슴에 한 쌍, 뒷가슴에 한 쌍 붙어 있다.

해설
곤충은 두 쌍의 날개를 가지고 있는 경우 가운데가슴에 있는 한쌍을 앞날개, 뒷가슴에 붙어 있는 한쌍을 뒷날개라 한다.

정답 29 ② 30 ② 31 ④ 32 ③ 33 ① 34 ③ 35 ① 36 ④

37 우리나라에서 솔잎혹파리가 주로 가해하는 수종은?
① 곰솔 ② 잣나무
③ 리기다소나무 ④ 일본잎갈나무

해설
솔잎혹파리가 가해하는 수종은 소나무, 해송 등이 있다.

38 고추의 과실에 구멍을 뚫고 들어가 가해하는 해충은?
① 담배나방
② 파총채벌레
③ 좁은가슴잎벌레
④ 아메리카잎굴파리

해설
담배나방은 고추에 피해를 주는 해충으로 유충이 어린잎이나 과실에 구멍을 내고 내부에서 피해를 준다.

39 부화 유충이 몇 개의 벼 잎을 끌어 모아 세로로 말고, 그 속에 숨어 있다가 해가 진후에 나와 벼 잎을 가해하는 해충은?
① 벼애나방 ② 조명나방
③ 벼잎벌레 ④ 줄점팔랑나비

해설
줄점팔랑나비의 유충은 낮에는 말려져 있는 잎 속에서 숨어 있고 해가 진 후 나와 벼의 잎을 가해한다.

40 진딧물류 방제를 위한 천적으로 옳지 않은 것은?
① 진디벌 ② 진디혹파리
③ 칠레이리응애 ④ 칠성풀잠자리

해설
칠레이리응애는 응애의 생물적 방제에 이용된다.

3과목 재배학원론

41 다음 중 종자 파종 시 복토를 가장 얕게 해야 하는 작물은?
① 호밀 ② 파
③ 잠두 ④ 나리

해설
파, 양파 등은 복토 깊이가 0.5~1cm 정도로 가장 얕게 한다.

42 다음 중 농산물의 안전 저장을 위하여 가장 높은 온도가 요구되는 작물은?
① 양파 ② 마늘
③ 감자 ④ 고구마

해설
작물의 안전 저장 온도로 고구마 12~15도, 감자는 4~8도, 사과 0~2, 마늘 −2~0도 정도이다.

43 다음 중 영양번식 방법을 가장 이용하지 않는 것은?
① 딸기 ② 고구마
③ 미니 파프리카 ④ 감자

해설
미니파프리카는 종자번식을 한다.

44 저장성, 도정율, 식미 등을 고려할 때 미곡 저장 시 가장 알맞은 수분함량은?
① 5~8% ② 9~11%
③ 15~16% ④ 20~23%

해설
미곡 저장에 알맞은 수분함량은 13~15%, 온도는 15도 이하, 습도는 70% 전후 정도를 기준으로 한다.

정답 37 ① 38 ① 39 ④ 40 ③ 41 ② 42 ④ 43 ③ 44 ③

45 벼의 수량 구성요소 중 연차변이계수가 가장 작은 요소는?
① 천립중 ② 1수 영화수
③ 등숙비율 ④ 수수

해설
벼의 수량 구성요소 중에서 천립중의 변이계수가 가장 낮은 편이다.

46 수확 전 낙과 방지법으로 가장 적절하지 않은 것은?
① ABA 처리 ② 과습 방지
③ 방풍시설 설치 ④ 칼슘이온 처리

해설
ABA는 생장 억제 물질로 낙과 방지를 위한 처리제로는 적합하지 않다. 낙과 방지를 위해서는 옥신 등의 살포가 효과적이다.

47 멀칭(mulching)의 이용성에 대한 설명으로 가장 적절하지 않은 것은?
① 생육억제 ② 한해경감
③ 잡초억제 ④ 토양보호

해설
멀칭은 생육촉진, 토양 건조 방지, 지온 조절, 침식 방지, 잡초 방지 등의 효과가 있다.

48 일장효과에 영향을 끼치는 조건에 대한 설명으로 가장 옳지 않은 것은?
① 청색광이 가장 효과가 크다.
② 명기가 약광이라도 일장효과는 발생한다.
③ 본엽이 나온 뒤 어느 정도 발육한 후에 감응한다.
④ 장일식물은 상대적으로 명기가 암기보다 길면 장일효과가 나타난다.

해설
일장효과에 광질은 청색광은 효과가 미미하고 적색광이 효과가 크다.

49 토양의 입단형성과 발달을 돕는 방법은?
① 유기물과 석회의 시용
② 지속적인 경운
③ 입단의 팽창과 수축의 반복
④ 나트륨 이온(Na^+)의 첨가

해설
유기물과 석회를 사용하면 토양입단의 형성을 조장하여 작물의 생육에 유리하다.

50 다음 중 연작 장해가 가장 적은 작물은?
① 인삼 ② 감자
③ 쑥갓 ④ 담배

해설
벼, 옥수수, 담배, 당근, 미나리 등은 연작의 피해가 적은 작물이다.

51 작물 종자의 퇴화를 방지하는 방법으로 가장 옳지 않은 것은?
① 건조 후 밀폐 저장
② 충실한 종자의 선택
③ 무병지에서 채종
④ 품종 간 자연 교잡율의 증대 실시

해설
작물 종자의 퇴화를 방지하는 방법으로 영양번식, 종자 저온저장, 종자갱신, 격리재배 등이 있다.

52 다음 중 포도의 무핵과 생산에 가장 효과적으로 이용되고 있는 화학물질은?
① IBA ② CCC
③ Gibberellin ④ NAA

해설
포도에 지베렐린을 처리하여 유핵 포도를 무핵 포도로 생산한다.

정답 45 ① 46 ① 47 ① 48 ① 49 ① 50 ④ 51 ④ 52 ③

53 작물의 생태적 분류에 대한 설명으로 가장 옳지 않은 것은?
① 감자는 저온작물이다.
② 벼는 고온작물이다.
③ 하고현상은 난지형 목초에서 나타난다.
④ 사탕무는 2년생 작물이다.

해설
하고현상은 북방형 목초에서 주로 나타난다.

54 다음 비료 종류 중 질소 함량이 가장 높은 것은?
① 황산암모늄 ② 요소
③ 석회질소   ④ 초석

해설
요소비료는 질소를 요소상태로 제조한 것으로 질소 함량이 가장 높다.

55 다음 중 답전윤환의 효과로 기대할 수 있는 것은?
① 기지의 회피 ② 잡초의 번무
③ 지력 감퇴   ④ 벼 수량의 저하

해설
답전윤환의 효과로 기대할 수 있는 것은 지력의 유지 및 증진, 기지의 회피, 잡초 발생의 억제, 재배량 증가 등이 있다.

56 맥류의 형태와 파종방법에 따른 내동성과의 관계에 대한 설명으로 가장 거리가 먼 것은?
① 파종을 깊게 하면 내동성이 강하다.
② 엽색이 진한 것이 내동성이 강하다.
③ 중경(中莖)이 덜 발달하여 생장점이 깊게 놓이면 내동성이 강하다.
④ 직립성인 것이 포복성인 것보다 내동성이 강하다.

해설
맥류의 내동성과 관련하여 포복성인 것이 직립성인 것보다 내동성이 강하다.

57 작물생육에 있어 철(Fe)의 생리작용에 대한 설명으로 틀린 것은?
① 호흡 효소의 구성 성분이다.
② 엽록소의 형성에 관여하지 않는다.
③ 망간, 칼슘 등의 과잉은 철의 흡수를 방해한다.
④ 결핍되면 어린잎부터 황백화한다.

해설
무기성분인 철(Fe)는 엽록소의 생성 및 호흡효소 활동에 관여한다.

58 논토양의 일반적인 특성으로 가장 옳지 않은 것은?
① 토층분화가 나타나며 산화층은 적갈색을 띤다.
② 암모니아태 질소를 환원층에 주면 탈질 현상이 나타난다.
③ 논에서는 질산태 질소를 주로 사용하지 않는다.
④ 탈질작용은 질화균과 탈질균이 작용한다.

해설
암모니아태는 토양에 콜로이드에 흡착되어 쉽게 용탈되지 않는다.

59 다음 중 배유 종자로만 나열된 것은?
① 콩, 보리, 밀
② 콩, 팥, 옥수수
③ 밤, 콩, 팥
④ 옥수수, 벼, 보리

해설
배유종자에는 밀, 벼, 보리, 옥수수, 양파가 있다.

정답 53 ③ 54 ② 55 ① 56 ④ 57 ② 58 ② 59 ④

60 벼의 키다리병과 관계되는 식물호르몬은?
① 옥신 ② 키네틴
③ 지베렐린 ④ 에틸렌

해설
지베렐린은 벼의 키다리병균에 의해 만들어지는 식물생장조절제로 신장촉진작용, 종자발아촉진, 개화촉진 등의 작용을 한다.

4과목 농약학

61 다음 보기에서 설명하는 농약은?

[보기]
◎ 유기유황제 살균제이다
◎ 광범위한 작물에 보호살균제 사용된다.
◎ 과수의 탄저병 방제와 채소류 노균병 방제에 유효하다.
◎ 고온·다습조건에서 불안정하다.

① 만코지 수화제
② 클로르훼나피르 수화제
③ 알파스린유제
④ 메치온 유제

해설
만코지 수화제는 유기유황제 살균제로 광범위한 병해에 적용 가능하며 과수의 탄저병 등에도 유효하다.

62 우리나라에서 농약 등록 시 농약안전성 평가 항목으로서 환경독성의 평가항목에 해당되는 것은?
① 급성독성 ② 어독성
③ 아급성독성 ④ 신경독성

해설
어독성은 어류에 대한 독성을 말하며 생태독성이라 한다.

63 농약의 약해방지를 위한 대책으로 가장 거리가 먼 것은?
① 해독제 이용
② 저농도 약액 살포
③ 농약의 안전사용 기준 준수
④ 표류비산을 막기 위한 제제의 개선

해설
농약의 약해 방지를 위해서는 적합한 약제의 선택, 적합한 방제 시기 및 방제량 선택, 안전사용기준 준수 등이 있다.

64 맥류(麥類)와 목화(木花)의 종자소독제로 사용되는 침투성 살균제는?
① 비타박스 ② 블라스티사이딘-S
③ 톱신 ④ 다코닐

해설
비타박스는 종자소독용 살균제이다.

65 어떤 물질이 농약으로 사용되기 위하여 구비하여야 할 조건으로 가장 거리가 먼 것은?
① 살포시 작물에 대한 약해가 없어야 한다.
② 병해충을 방제하는 약효가 뛰어나야 한다.
③ 작물재배 전체기간 중 잔효성이 유지되어야 한다.
④ 사용하는 농민에 대하여 독성이 낮아야 한다.

해설
농약이 너무 오랜 시간 잔류되거나 생물에 축적되지 않아야 한다.

66 농약 보조제에 속하지 않는 것은?
① 계면활성제 ② 식물생장조정제
③ 증량제 ④ 유화제

해설
농약 보조제는 농약의 효과를 증진시켜주는 약제로 전착제, 증량제, 유화제, 협력제 등이 있다.

정답 60 ③ 61 ① 62 ② 63 ② 64 ① 65 ③ 66 ②

67 가스크로마토그래피에 의해 분석하고자 할 때 전자포획검출기(ECD)로 분석을 가장 용이하게 할 수 있는 농약은?

① Chlorothalonil
② Dichlorvos
③ Parathion
④ EPN

해설
클로로타로닐(Chlorothalonil)은 유기염소계로 전자포획검출기(ECD)를 이용하여 검출한다.

68 천연물관련 Pyrethroid 계 살충제에 해당되지 않은 농약은?

① 알파메스린(Alphamethrin)
② 비펜스린(Biphenthrin)
③ 델타메스린(Deltamethrin)
④ 트리프루므론(Triflumuron)

해설
피레트로이드계 살충제의 종류에는 알레트린(allethrin), 알파메트린(alphamethrin), 비펜트린(biphenthrin), 델타메스린(deltamethrin) 등이 있으며 트리플루뮤론은 키틴의 생합성을 저해하는 곤충생장조절계 살충제이다.

69 리바이지드 50% 유제를 1000배로 희석하여 10a 당 180L를 살포하려 할 때 리바이지드 50% 유제의 소요량은?

① 45ml   ② 90ml
③ 180ml   ④ 360ml

해설
소요약량 = $\dfrac{180}{1000}$ = 0.18L = 180ml

70 살충제 농약 병뚜껑의 색깔은?

① 청색   ② 녹색
③ 분홍색   ④ 적색

해설
살충제는 녹색의 병뚜껑을 사용한다.

71 다음 벼농사용 농약 중 펜치온유제와 혼용이 가능한 약제는?

① 비피유제   ② 브로엠수화제
③ 피리다유제   ④ 다수진유제

해설
다수진유제는 펜치온유제와 선택 혼용하여 종자를 소독한다.

72 유기인계 살충제의 일반적인 특성에 대한 설명으로 틀린 것은?

① 잔효력이 길다.
② 흡즙해충에 유효하다.
③ 인축에 대한 독성이 비교적 강하다.
④ 알칼리성 물질에 의하여 분해되기 쉽다.

해설
유기인계 살충제는 동식물 체내에서의 분해가 빠르고 야외 살포의 경우 광선 및 외부 환경조건에 의해 분해가 빨라 손실되기 쉽다.

73 유제(乳劑)의 특성에 대한 설명으로 틀린 것은?

① 수화제에 비하여 고농도의 제제가 가능하다.
② 수화제에 비하여 살포용 약액의 조제가 편리하다.
③ 수화제보다 생산비가 많이 소요된다.
④ 채소류에서 수화제에 비하여 증량제의 표면 부착으로 인한 흡착오염이 적다.

해설
수화제는 유제에 비하여 고농도 제제가 가능하다.

정답 67 ① 68 ④ 69 ③ 70 ② 71 ④ 72 ① 73 ①

74 제충국의 유효성분 중 집파리에 대한 살충력이 가장 강한 것은?

① 시네린 I(cinerin I)
② 시네린 II(cinerin II)
③ 피레트린 I(pyrethrin I)
④ 피레트린 II(pyrethrin II)

해설
집파리에 대한 살충력은 피네트린이 시네린보다 강하며 피네트린에서도 피레트린 I이 효과가 좋다.

75 잔류성 농약의 분류에 속하지 않는 것은?

① 작물 잔류성 농약
② 토양 잔류성 농약
③ 수질 오염성 농약
④ 대기 오염성 농약

해설
잔류성 농약은 토양 잔류성 농약, 작물 잔류성 농약, 수질 잔류성 농약으로 분류한다.

76 농약의 사용 기구에 대한 설명으로 가장 거리가 먼 것은?

① 미스트기(mist spray)는 풍압으로 미립자를 만든 후 다량의 바람으로 불어 붙이는 기기이다.
② 스프링클러(sprinkler)는 관수, 시비 등을 포함하여 다목적으로 사용되는 기기이다.
③ 폼스프레이(foam spray)는 살포액에 기포제를 가하여 전용 노즐로 공기와 교반하는 거품의 집합체로 살포하는 기기이다.
④ 살립기(granule applicator)는 분제농약을 작업상의 안전성이나 능률면에서 고르게 살포하기 위한 기기이다.

해설
분제농약을 능률적으로 고르게 살포하기 위한 기기는 살분제이다.

77 유기인제 계통의 약제를 강알칼리성 약제와 혼용을 피하는 가장 큰 이유는?

① 약해가 심하기 때문이다.
② 물리성이 나빠지기 때문이다.
③ 복합요인에 의한 작물의 생육 저해가 일어나기 때문이다.
④ 알칼리에 의해 가수분해가 일어나기 때문이다.

해설
유기인제 계통의 농약들은 강알칼리성과 혼용시 가수분해로 약효가 상실되거나 약해가 발생한다.

78 농약의 사용목적에 따른 분류에 해당하지 않는 것은?

① 식독제   ② 접촉독제
③ 유기인제 ④ 유인제

해설
유기인제는 유효성분에 따른 분류에 해당한다.

79 건초 중 농약잔류량이 0.5ppm 이었다면 시료 1kg 중의 양은?

① 0.05mg   ② 0.5mg
③ 5mg   ④ 50mg

해설
1ppm은 1mg 이므로 0.5ppm은 0.5mg 이다.

80 해충의 콜린에스테라아제 효소활성을 저해시키는 약제는?

① 다이아지논유제
② 사이헥사틴수화제
③ 네오아소진액제
④ 디코폴수화제

해설
AChE(아세틸콜린에스테라제)는 신경전달계 관여 효소로 유기인계와 카바메이트계 살충제가 AChE의 분해를 저해하여 신경전달물질의 축적으로 정상적인 신경전달이 방해되어 곤충이 죽게 된다. 유기인계 살충제 종류로 파라티온에틸, 이피엔(EPN), 말라티온, 다이아지논, 페니트로티온(MEP), 펜토에이트(PAP), 트리클로르폰(DEP), 디클로르보스(DDVP) 등이 있다.

정답 74 ③ 75 ④ 76 ④ 77 ④ 78 ③ 79 ② 80 ①

5과목 잡초방제학

81 광엽 잡초로만 올바르게 나열한 것은?
① 여뀌, 명아주
② 돌피, 여뀌바늘
③ 매자기, 쇠비름
④ 개비름, 바랭이

해설
광엽잡초에는 대표적으로 닭의장풀, 명아주, 가래, 물달개비, 쇠비름, 비름, 질경이, 여뀌, 깨풀 등이 있다.

82 잡초에 대한 작물의 경합력을 높이기 위한 방법으로 옳지 않은 것은?
① 밀식 재배를 한다.
② 만생종 품종을 재배한다.
③ 춘파작물과 추파작물을 윤작한다.
④ 분지수가 많고 엽면적지수가 큰 품종을 재배한다.

해설
작물의 경합력을 높이기 위해서는 초관형성이 빠른 조생종 품종을 선택하여 재배한다.

83 잡초 방제에 이용하려는 생물이 갖추어야 할 조건으로 옳지 않은 것은?
① 이동성이 있어서는 안 된다.
② 새로운 지역에서 적응성이 좋아야 한다.
③ 잡초보다 빠른 번식 능력이 있어야 한다.
④ 잡초 이외의 유용 식물을 가해해서는 안된다.

해설
생물적 잡초 방제를 위한 천적의 방제를 위한 잡초에 잘 이동해야 한다.

84 주로 밭에 발생하는 잡초로만 올바르게 나열한 것은?
① 벗풀, 괭이밥 ② 반하, 까마중
③ 가래, 한련초 ④ 올방개, 알방동사니

해설
반하는 밭에서 발생하는 다년생 잡초이며 까마중은 일년생 잡초이다.

85 다년생 잡초로만 올바르게 나열한 것은?
① 강피, 참방동사니
② 쇠뜨기, 나도겨풀
③ 뚝새풀, 생이가래
④ 자귀풀, 강아지풀

해설
다년생 잡초에는 올방개, 너도방동사니, 쇠뜨기, 나도겨풀, 가래 등이 있다.

86 제초제 제제에 보조제로 사용하는 계면 활성제에 대한 설명으로 옳지 않은 것은?
① 주제를 변질시켜서는 안 된다.
② 유화력이나 분산력이 작아야 한다.
③ 주제와 친화성을 지니고 있어야 한다.
④ 작물에 약해를 일으키지 않아야 한다.

해설
계면활성제는 일정한 제초제의 약효를 위해 유화력이나 분산력이 커야 한다.

87 잡초의 유용성에 대한 설명으로 옳지 않은 것은?
① 논둑 및 경사지 등에서 지면을 덮어 토양 유실을 막아 준다.
② 근연 관계에 있는 식물에 대한 유전자 은행 역할을 할 수 있다.
③ 작물과 같이 자랄 경우 빈 공간을 채워 작물의 도복을 막아준다.
④ 유기물이나 중금속 등으로 오염된 물이나 토양을 정화하는 기능이 있다.

해설
작물과 같이 자라 빈 공간을 채울 경우 작물과의 경합에서 잡초가 우세하여 피해를 줄수 있다.

정답 81 ① 82 ② 83 ① 84 ② 85 ② 86 ② 87 ③

88 생물학적 잡초방제에 가장 많이 이용되는 식물병원균 종류는?
① 선충 ② 세균
③ 균류 ④ 바이러스

해설) 생물적 잡초방제에 사용되는 식물병원균에는 세균, 균류, 선충, 바이러스 등이 유효하며 그중에서도 균류가 가장 많이 이용된다.

89 잡초 종자가 주로 일장에 반응하여 휴면이 타파되고 발아하게 되는 특성은?
① 발아 기회성 ② 발아 계절성
③ 발아 주기성 ④ 발아 연속성

해설) 발아 계절의 일장에 반응하여 휴면을 타파하고 발아하는 것을 발아 계절성이라 한다.

90 엽채류 작물의 경우 다음 그림에서 잡초경합 한계기간에 해당하는 것은?

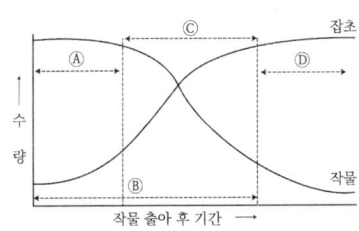

① Ⓐ ② Ⓑ
③ Ⓒ ④ Ⓓ

해설) 잡초경합 한계기간은 잡초의 경합이 없는 생육초기와 경합으로 피해가 없는 성숙 말기 사이의 기간으로 그 사이의 작물이 잡초와 경합에 가장 민감한 시기를 의미한다.

91 잡초 종자에서 나타나는 종피에 의한 휴면의 주요 원인으로 옳은 것은?
① 미숙한 배
② 독성 물질 존재
③ 이산화탄소 결핍
④ 낮은 수분 투과성

해설) 종피가 두껍거나 투기성이 낮아 수분의 흡수가 용이하지 못해 장기간 발아하지 않는 종자를 경실이라 한다.

92 주로 영양번식 기관에 의하여 번식하는 잡초로만 올바르게 나열한 것은?
① 여뀌, 물옥잠
② 쇠비름, 질경이
③ 마디꽃, 물달개비
④ 가래, 너도방동사니

해설) 너도방동사니는 괴경으로 가래는 지하경으로 영양번식한다.

93 잡초의 종별 수량이 가장 적은 것은?
① 국화과 ② 화본과
③ 십자화과 ④ 방동사니과

해설) 십자화과는 1800여종 정도로 종별 수량이 보기 중 가장 적다.

94 작물과 잡초의 경합 요인으로 가장 거리가 먼 것은?
① 잡초의 종류
② 잡초의 밀도
③ 잡초의 생육 시기
④ 잡초의 영양 상태

해설) 작물과 잡초의 경합요인으로 양분, 수분, 광선, 공간 등이 있으며 그 외에도 잡초의 종류, 생육 시기, 이산화탄소 등이 있다.

정답 88 ③ 89 ② 90 ③ 91 ④ 92 ④ 93 ③ 94 ④

95 논에 제초제를 사용하는 경우 처리시기로 가장 바람직하지 않은 것은?
① 수확기 처리
② 잡초 발아 전 처리
③ 작물 생육 초중기 처리
④ 작물 파종 또는 이식 후 처리

해설
약해 및 잔류 등의 문제가 발생할 수 있기에 수확기에는 처리하는 것은 바람직 하지 않다.

96 제초제의 상승 작용에 대한 설명으로 옳은 것은?
① 두 제초제를 단독으로 각각 처리하는 경우가 효과가 크다.
② 두 제초제를 혼합하여 처리하는 경우 작물의 생리적 장애 현상이 발생한다.
③ 두 제초제를 혼합하여 처리하는 경우와 단독으로 처리하는 경우의 효과가 같다.
④ 두 제초제를 혼합하여 처리하는 경우가 단독으로 처리하는 경우보다 효과가 크다.

해설
길항작용은 2종류 이상의 약제를 동시에 작용할 경우 개개의 작용이 합친 것보다 더 적은 효과가 나타나거나 효과가 상쇄되는 경우를 말하며 상승작용은 그 효과가 커지는 것을 의미한다.

97 2,4-D 제초제에 해당하는 것은?
① 페녹시계 ② 산아미드계
③ 카바마이트계 ④ 디페닐에테르계

해설
2,4-D 는 페녹시계 제초제로 호르몬 작용의 교란을 일으키는 이행성 호르몬형 제초제이다.

98 토양 속에 잔류하는 제초제의 양 및 기간에 영향을 주는 요인으로 가장 거리가 먼 것은?
① 경운 및 정지
② 광분해 및 휘발성
③ 토양에 흡착 및 용탈
④ 미생물 및 화학적 분해

해설
경운 및 정지는 제초제를 처리하기 전 토양의 사전 작업으로 약품에 화학적 영향을 주지 않아 기간에 큰 영향을 주지 않는다.

99 논잡초의 군락천이를 유발시키는 원인으로 가장 효과가 큰 것은?
① 담수 조건에서 재배
② 춘·추경을 많이 실시
③ 기계를 이용한 이앙 증가
④ 동일한 제초제를 연속하여 사용

해설
잡초군락의 천이의 경우 주로 재배작물이나 작부체계가 변화하거나 경종조건이 변화할 경우 영향을 받는다. 동일한 제초제의 사용은 잡초의 저항성 증가로 군락천이를 유발시키게 된다.

100 잡초 방제 방법으로 담수처리에 대한 설명으로 옳은 것은?
① 무더운 날씨에는 효과가 줄어든다.
② 온도 조절을 통해 잡초 발생을 줄이는 것이다.
③ 발아에 필요한 산소의 흡수를 억제시켜 잡초 발생을 줄인다.
④ 다년생 잡초에는 효과가 있으나 일년생 잡초에는 효과가 없다.

해설
담수처리를 통해 종자의 산소흡수를 억제하여 발아를 막는다.

정답 95 ① 96 ④ 97 ① 98 ① 99 ④ 100 ③

국가기술자격 필기시험문제

2019년 기사 제4회 과년도 기출문제

자격종목	종목코드	시험시간	형별	수험번호	성명
식물보호기사		2시간 30분			

1과목 식물병리학

01 다음 중 세포벽을 가지고 있지 않은 식물병원균은?
① Xanthomonas 속
② Phytoplasma 속
③ Phytophthora 속
④ Xyrella 속

해설
파이토플라스마(Phytoplasma)는 식물병원체로 세포벽이 없는 원핵생물이다.

02 다음 중 기주체에 침입할 때 병원균이 분비하는 효소로 가장 적절한 것은?
① Victorin   ② Fusaric Acid
③ Cutinase   ④ Tabtoxin

해설
큐틴 분해효소(Cutinase)은 식물의 세포벽을 분해하는 효소이다.

03 다음 중 생물적 방제제로 사용되는 진균은?
① *Pseudomonas* 속
② *Trichoderma* 속
③ *Bacillus* 속
④ *Streptomyces* 속

해설
생물학적 방제용 길항균으로 Ampelomyces, Candida, Trichoderma 등이 있다.

04 세균에 의한 병이 아닌 것은?
① 토마토 풋마름병
② 사과 뿌리혹병
③ 감자 더뎅이병
④ 배추 무사마귀병

해설
배추 무사마귀병은 진균에 의해 발생한다.

05 식물체가 감염되었을 때 주로 모자이크 증상을 나타나는 병원체는?
① 진균   ② 세균
③ 바이러스   ④ 파이토플라스마

해설
바이러스는 식물의 모자이크 증상을 일으키는 대표적인 병원체로 병징만 관찰되고 표징은 나타나지 않는다.

06 다음 중 밀 줄기녹병의 중간기주로 가장 적절한 것은?
① 매발톱나무   ② 개나리
③ 향나무   ④ 사시나무

해설
줄기녹병의 중간기주로 매자나무과인 매발톱나무가 있다.

07 알코올 냄새로 진단할 수 있는 식물병은?
① 수박 덩굴쪼김병
② 콩 탄저병
③ 사과나무 부란병
④ 배나무 줄기마름병

해설
사과나무 부란병은 수침상 병무늬가 발생하고 알코올냄새가 발생하는 것이 특징이다.

정답 01 ② 02 ③ 03 ② 04 ④ 05 ③ 06 ① 07 ③

08 다음 중 접합균류에 속하는 곰팡이에 의해 발생하는 병으로 가장 적절한 것은?

① 고구마 검은무늬병
② 감자 둘레썩음병
③ 고구마 무름병
④ 감자 더뎅이병

> 해설
> 고구마 무름병은 상처 부위에 흰색의 균사가 밀집하고 그 위로 흑색의 곰팡이인 포자낭이 발생한다.

09 다음 중 비생물성 병원에 해당되는 것은?

① 산업폐기물
② 파이토플라스마
③ 말무리
④ 유사균류

> 해설
> 산업폐기물은 유해물질이 포함된 폐기물로 식물병을 일으키기도 하는 비생물성 병원에 해당한다.

10 소나무혹병의 하포자와 동포자의 월동장소로 가장 적절한 것은?

① 졸참나무 ② 참취
③ 향나무   ④ 야생까치밥나무

> 해설
> 소나무혹병균은 중간기주인 참나무속에서 하포자와 동포자로 월동한다.

11 식물병원균이 이종기생을 하는 경우에 생활환을 완성하기 위하여 기주식물을 바꾸어 생활하는 것을 무엇이라 하는가?

① 기생   ② 감염
③ 기주교대 ④ 발병

> 해설
> 서로 다른 종류의 기주식물을 옮겨다니며 생활하는 병원균을 이종기생균이라 하는데 이종기생균이 기주를 변경하는 것을 기주교대라고 한다.

12 보리 붉은곰팡이균은 진균의 어떤 균류에 속하는가?

① 불완전균류 ② 접합균류
③ 자낭균류   ④ 담자균류

> 해설
> 맥류 붉은곰팡이병의 병원균은 자낭균류이다.

13 식물병을 방제하기 위한 경종적 방법과 가장 거리가 먼 것은?

① 윤작
② 번식기관의 온탕 처리
③ 무병종묘 사용
④ 저항성 품종 재배

> 해설
> 번식기관의 온탕처리는 물리적, 기계적 방제법이다.

14 식물 바이러스 입자를 구성하는 주요 고분자는?

① 피막과 핵
② 세포벽과 세포질
③ 골지체와 RNA
④ 핵산과 단백질껍질

> 해설
> 바이러스는 핵산과 단백질껍질로 구성된 핵단백질로 세포벽이 없다.

정답 08 ③ 09 ① 10 ① 11 ③ 12 ③ 13 ② 14 ④

15 병든 부위에서 악취가 나는 병은?
① 벼 도열병
② 배추 무름병
③ 딸기 흰가루병
④ 감자 탄저병

> **해설**
> 배추 무름병은 세균에 의해 식물이 썩는 증상이 나타나고 병든 부위로 악취가 발생한다.

16 다음 중 목재를 썩히는 대부분의 목재부후균은 어디에 속하는가?
① 세균   ② 버섯
③ 바이러스 ④ 선충

> **해설**
> 목재부후균은 목재에서 발생하여 목재를 분해하는 버섯이다.

17 다음 중 Phytophthora 속 균의 전형적인 전반방법은?
① 종자에 의한 전반
② 곤충에 의한 전반
③ 씨감자에 의한 전반
④ 비바람에 의한 전반

> **해설**
> Phytophthora 균은 주로 비바람에 의해 전반된다.

18 뿌리혹병(근두암종병)을 일으키는 병원균으로 가장 적절한 것은?
① 진균   ② 세균
③ 바이러스 ④ 파이토플라스마

> **해설**
> 뿌리혹병은 세균에 의해 발생하며 포플러류, 밤나무, 감나무 등에 피해를 준다.

19 박테리오파지의 기주특이성을 이용하여 진단할 수 있는 병으로 가장 적절한 것은?
① 벼 흰잎마름병
② 보리 겉깜부기병
③ 벼 줄무늬잎마름병
④ 밀 속깜부기병

> **해설**
> 박테리오파지는 세균에 기생하여 세균을 잡아먹는 바이러스로 이러한 성질을 이용하여 세균에 의한 식물병 진단에 이용한다. 세균의 대표적인 종류로 벼 세균성줄무늬병, 벼 흰잎마름병, 맥류 검은마디병, 감자 둘레썩음병, 감자 더뎅이병 등이 있다.

20 벼 흰잎마름병의 주요 제 1 차 전염원이 되는 식물로 가장 적절한 것은?
① 흰명아주 ② 돌피
③ 여뀌   ④ 겨풀

> **해설**
> 벼 흰잎마름병의 제 1 차 전염원이 되는 식물로 겨풀과 줄풀 등이 있다.

2과목　농림해충학

21 다음 중 소나무좀의 수목의 어느 부분을 주로 가해하는가?
① 잎   ② 구과
③ 뿌리   ④ 수간(줄기)

> **해설**
> 소나무좀은 성충이 줄기 등의 목질부에 구멍을 뚫어 알을 산란한다.

22 다음에서 설명하는 것은?

> 해충의 생장이나 생존에 불리한 영향을 미쳐 해충의 발육이나 번식을 억제하는 것

① 비선호성 ② 항충성
③ 내성 ④ 회피성

해설
해충에 생장, 생존에 불리한 영향을 주어 해충의 발육 및 번식을 막는 성질을 항충성이라 한다.

23 다음 중 벼 재배 시 기온이 낮은 해에 발생하여 피해를 주는 저온성 해충으로 가장 적절한 것은?

① 이화명나방 ② 끝동매미충
③ 흰등멸구 ④ 벼애잎굴파리

해설
벼애잎굴파리는 기온이 낮은 해에 발생하여 피해를 주는 저온성 해충으로 겨울에 겨이삭, 줄풀 등의 잎속에서 유충으로 월동하거나 번데기 형태로 잡초잎에서 월동한다.

24 도둑나방의 피해 증상으로 가장 거리가 먼 것은?

① 부화유충이 떼를 지어 잎 뒷면의 잎살을 먹는다.
② 배추, 양배추의 결구 속으로 파고 들어가 먹는다.
③ 배추 뿌리가 지제부(지접부)에서 잘린다.
④ 잎이 불규칙한 그물 모양으로 된다.

해설
도둑나방은 광식성 해충으로 다양한 채초작물에 피해를 준다. 부화유충은 무리를 지어 잎의 뒷면에 잎살만 갉아먹으나 자라면서 잎 전체에 불규칙한 그물 모양으로 피해를 준다. 결구채소의 경우 속으로 파고 들어가 피해를 주며 1년에 2회 발생하여 번데기로 월동한다.

25 잎을 가해하는 청동풍뎅이의 월동에 대한 설명으로 가장 적절한 것은?

① 난상태로 땅속에서 월동한다.
② 유충태로 땅속에서 월동한다.
③ 성충태로 지피물에서 월동한다.
④ 번데기 상태로 잎을 먹고 월동한다.

해설
청동풍뎅이는 유충태로 땅속에서 월동하고 주로 과수의 새순을 갉아먹는 피해를 준다.

26 기주식물에 바이러스병을 매개하는 해충으로 가장 옳은 것은?

① 콩잎말이명나방
② 독나방
③ 아메리카잎굴파리
④ 복숭아혹진딧물

해설
바이러스를 매개하는 곤충으로 끝동매미충, 복숭아혹진딧물, 담배가루이, 애멸구 등이 있다.

27 다음 중 천공성 해충으로 가장 적절하지 않은 것은?

① 소나무좀 ② 왕소나무좀
③ 어스렝이나방 ④ 박쥐나방

해설
어스렝이나방은 잎을 식해하는 식엽성 해충이다.

28 날개가 전혀 발생되지 않는 무시아강에 속하는 곤충으로 가장 적절한 것은?

① 벼룩 ② 이
③ 빈대 ④ 좀

해설
무시아강에는 톡토기목, 낫발이목, 좀붙이목, 좀목 등이 있다.

29 곤충의 체내조직에 산소를 운반하는 곳으로 가장 적절한 것은?

① 폐쇄 혈관계 ② 개방 혈관계
③ 기관계   ④ 혈구

해설
곤충의 호흡계에는 기문과 기관이 있으며 기문에는 개구식, 폐쇄식 기관계가 있다. 기문의 경우 들어온 공기를 기관을 통해 내부로 확산시켜 준다.

30 미국선녀벌레의 가해 양상에 대한 설명으로 가장 적절한 것은?

① 잎을 갉아 먹는다.
② 과일에 구멍을 내며 피해를 준다.
③ 줄기에 구멍을 뚫고 가해한다.
④ 잎, 줄기를 흡즙한다.

해설
미국선녀벌레는 성충과 약충이 가지와 잎에서 집단으로 수액을 흡즙가해한다.

31 거북밀깍지벌레의 월동태로 가장 적절한 것은?

① 성충   ② 알
③ 약충   ④ 번데기

해설
거북밀깍지벌레는 매미목으로 성충으로 월동하고 잎에 기생하여 흡즙가해를 한다.

32 다음 중 해충의 불임성을 유도하는 방법으로 가장 적절한 것은?

① 방사선 이용법
② 소살법
③ 경운법
④ 포살법

해설
방사선은 물리적 방제법으로 해충을 불임화 시켜 산란을 방해하는 방법이다.

33 포도나무의 줄기를 가해하는 해충으로만 나열된 것은?

① 박쥐나방, 포도유리나방
② 포도쌍점매미충, 포도호랑하늘소
③ 포도금빛잎벌레, 포도뿌리혹벌레
④ 으름나방, 무궁화밤나방

해설
포도유리나방은 산머루, 포도 등과 같은 과실수의 줄기를 가해하며 박쥐나방도 포도나무 및 밤나무, 버드나무 등 다양한 수종의 줄기를 가해한다.

34 유아등에 해충을 모이게 하여 잡아 죽이는 방제방법은?

① 재배적 방제 ② 생태적 방제
③ 물리적 방제 ④ 화학적 방제

해설
유아등을 이용하는 것은 기계적, 물리적 방제법으로 빛을 이용하는 등화 유살법이다.

35 다음 중 땅강아지는 어느 목에 속하는 해충인가?

① 딱정벌레목 ② 강도래목
③ 잠자리목   ④ 메뚜기목

해설
땅강아지는 메뚜기목 땅강아지과이다.

36 본답 초기에 벼를 흡즙하여 가해하며, 줄무늬잎마름병과 검은줄무늬오갈병의 바이러스를 매개하는 해충으로 가장 적절한 것은?

① 애멸구   ② 흰등멸구
③ 벼멸구   ④ 끝동매미충

해설
애멸구는 벼를 직접 흡즙가해하고 그을음병을 유발하기도 하며 줄무늬잎마름병, 검은줄무늬오갈병 등의 바이러스를 매개하기도 한다.

정답 29 ③ 30 ④ 31 ① 32 ① 33 ① 34 ③ 35 ④ 36 ①

37 벼물바구미에 대한 설명으로 가장 거리가 먼 것은?
① 성충은 잎을 가해하고, 유충은 뿌리를 가해한다.
② 단위생식을 한다.
③ 외래해충이다.
④ 유충으로 월동한다.

해설
벼물바구미는 성충으로 월동한다.

38 곤충의 페로몬에 대한 설명으로 옳은 것은?
① 체내에서 소량으로 만들어져 체외로 방출되며 같은 종의 다른 개체에 정보 전달수단으로 이용된다.
② 체내에서 대량으로 만들어져 체외로 방출되며 같은 종의 다른 개체에 정보 전달수단으로 이용된다.
③ 체내에서 소량으로 만들어져 체외로 방출되며 다른 종의 정보 전달수단으로 이용된다.
④ 카이로몬은 페로몬에 속한다.

해설
페로몬은 같은 종의 개체 간의 정보전달 혹은 통신에 관여한다.

39 다음 중 우리나라에서 겨울 동안 월동을 하지 못하는 해충으로 가장 적절한 것은?
① 이화명나방 ② 혹명나방
③ 벼물바구미 ④ 담배나방

해설
혹명나방은 국내에서 월동을 하지 않고 해외에서 날아오는 비래해충이다.

40 유시아강은 날개를 갖고 있거나 2차적으로 날개가 없는 곤충이다. 날개를 접을 수 있는 것을 신시군으로 구분하는데 이 중 신시군의 내시류에 속하지 않는 목은?
① 풀잠자리목 ② 총채벌레목
③ 딱정벌레목 ④ 파리목

해설
총채벌레목은 유시아강 신시류의 외시류에 속한다.

3과목 재배학원론

41 광보상점에 대한 설명으로 가장 옳은 것은?
① 음생식물에 비하여 양생식물의 광보상점이 낮다.
② 음생식물에 비하여 양생식물의 광보상점이 높다.
③ 음생식물과 양생식물의 광보상점은 동일하다.
④ 음생식물 및 양생식물은 광보상점이 없다.

해설
양생식물은 광보상점이 높아서 그늘에서는 잘 자라지 못하고 태양 아래에서 잘자란다.

42 종자의 퇴화를 방지하기 위하여 품종 간에 격리재배를 하는 이유는?
① 자연교잡을 방지하기 위하여
② 병 발생을 억제하기 위하여
③ 유전적 교섭을 증진시키기 위하여
④ 환경변이를 줄이기 위하여

해설
식물의 경우 자연교잡에 의해 품종의 퇴화가 발생할수 있기에 품종의 특성을 유지하기 위해 격리재배를 하기도 한다.

정답 37 ④ 38 ① 39 ② 40 ② 41 ② 42 ①

43 무배유종자에 해당하는 작물로만 나열된 것은?
① 콩, 팥
② 옥수수, 벼
③ 벼, 보리
④ 밀, 보리

해설
무배유종자에는 콩, 완두, 잠두, 상추, 팥 등이 있다.

44 노후답의 재배대책으로 가장 거리가 먼 것은?
① 조기재배
② 황산근 비료의 시비
③ 덧거름 중점의 시비
④ 엽면시비

해설
황산근비료는 황산암모늄, 황산 칼리 등의 황산기를 가진 비료이다. 황산근 비료를 시비하게 되면 토양이 산성을 띠게 되기에 노후답의 재배시 철분이 적어진 논에서는 황화 수소가 발생하면서 뿌리 생육에 장해를 일으킨다.

45 다음 중 벼의 관수해가 가장 큰 시기는?
① 출수개화기
② 묘대기
③ 분얼초기
④ 등숙기

해설
벼의 관수해는 분얼 초기에는 적게 나타나고 출수개화기에는 크게 나타난다.

46 다음 중 저장 중에 종자가 발아력을 상실하는 가장 큰 원인은?
① 호흡 억제
② 휴면 유도
③ 원형단백질의 응고
④ 저장양분의 증가

해설
종자의 발아력 상실에는 원형 단백질의 응고, 효소의 활력 저하, 저장양분의 부족 및 소모 등이 있으며 그중에서도 원형단백질의 응고시 발아력 회복 및 발아 자체가 불가능해진다.

47 다음 중 작물생육의 필수원소로 가장 거리가 먼 것은?
① K
② Al
③ Ca
④ S

해설
작물생육의 필수원소에는 탄소(C), 산소(O), 수소(H), 질소(N), 칼륨(K), 칼슘(Ca), 마그네슘(Mg), 인(P), 황(S) 이 있다.

48 다음에서 설명하는 것은?

> 등고선을 따라 수로를 내고, 임의의 장소로부터 월류하도록 하는 방법이다.

① 보더관개
② 수반관개
③ 일류관개
④ 다공관관개

해설
등고선에 따라 수로를 내고, 임의의 장소로부터 월류 하도록 하는 방법을 일류 관개라 한다.

49 벼의 작물생육 초기부터 출수기에 걸쳐 냉온을 만나 출수가 늦어져 등숙불량을 초래하는 냉해는?
① 지연형 냉해
② 장해형 냉해
③ 병해형 냉해
④ 혼합형 냉해

해설
지연형 냉해는 생육 초기에서 출수기까지 여러 시기에 냉온을 만나 등숙이 지연되어 후기의 냉온에 의해 등숙불량이 나타나는 현상이 발생한다.

50 연작의 해가 가장 적은 작물로만 나열된 것은?
① 미나리, 양배추
② 수박, 가지
③ 참외, 우엉
④ 고추, 오이

해설
연작의 해가 적은 작물은 벼, 맥류, 조, 수수, 옥수수, 담배, 무, 당근, 양파, 호박, 순무, 아스파라거스, 딸기, 미나리, 양배추 등이 있다.

정답 43 ① 44 ② 45 ① 46 ③ 47 ② 48 ③ 49 ① 50 ①

51 다음 중 규소에 대한 설명으로 가장 옳지 않은 것은?
① 규질화를 이루어 병에 대한 저항성을 높인다.
② 수광태세를 좋게 한다.
③ 증산을 경감하여 가뭄해를 줄이는 효과가 있다.
④ 화본과 작물보다 콩과 작물에 함량이 매우 많다.

해설
화본과 작물에서 규소는 줄기를 튼튼하게 해주고 도열을 방지해주는 영양소로 콩과 작물보다 다량 함유되어 있다.

52 피자식물의 종자형성에 대한 설명으로 가장 옳지 않은 것은?
① 중복수정한다.
② 정핵과 난세포가 결합하여 배를 형성한다.
③ 정핵과 극핵이 결합하여 배유를 형성한다.
④ 배는 3n 이고, 배유는 2n 이다.

해설
피자식물의 중복수정에서 배는 2n, 배유는 3n 이다.

53 다음 중 붕소의 생리작용에 대한 설명으로 가장 옳지 않은 것은?
① 체내 이동성이 용이하다.
② 결핍증은 저장기관에 나타나기 쉽다.
③ 결핍 시 수정, 결실이 나빠진다.
④ 촉매 또는 반응 조정물질로 작용한다.

해설
붕소는 체내 이동성이 낮은 미량원소이다.

54 다음 중 식물체내에서 이동이 가장 용이한 원소는?
① Ca ② Mg
③ S   ④ Mn

해설
이동이 용이한 원소로 N, P, K, Mg 등이 있다.

55 양열재료의 C/N 율이 가장 낮은 것은?
① 보릿짚 ② 감자
③ 볏짚   ④ 앨팰퍼

해설
보기의 C/N 율은 보릿짚이 <166:1>, 감자는 <29:1>, 볏짚은 <67:1> 이나 알팔파의 경우 <13:1>로 가장 낮다.

56 다음 중 내습성이 가장 약한 작물로만 나열된 것은?
① 옥수수, 밭벼, 율무
② 택사, 벼, 미나리
③ 고추, 감자, 메밀
④ 당근, 양파, 파

해설
내습성이 약한 작물로 파, 양파, 고추, 당근 등이 있다.

57 열해에 대한 대책으로 가장 거리가 먼 것은?
① 질소질 비료를 자주 시용한다.
② 관개를 통해 지온을 낮춘다.
③ 밀식을 피한다.
④ 환기를 통해 고온을 회피한다.

해설
열해의 경우 질소질 비료의 과용을 피하도록 한다.

정답 51 ④ 52 ④ 53 ① 54 ② 55 ④ 56 ④ 57 ①

58 다음 중 요수량이 가장 적은 작물은?
① 호박　② 완두
③ 기장　④ 클로버

해설
요수량이 적은 식물로 수수, 기장, 옥수수 등이 있다.

59 기지가 문제되지 않는 과수로만 나열된 것은?
① 복숭아나무, 배나무
② 사과나무, 포도나무
③ 앵두나무, 뽕나무
④ 무화과나무, 망고나무

해설
과수에서 기지가 문제되지 않는 것으로 사과나무, 포도나무, 자두나무, 살구나무 등이 있다.

60 벼의 생육단계에서 중간낙수가 필요한 시기는?
① 모내기 준비
② 이앙기 ~ 활착기
③ 수잉기 ~ 유숙기
④ 최고분얼기 ~ 유수형성기

해설
중간낙수는 벼의 생육단계에서 물이 적게 필요하여 뿌리 건강을 위해 낙수하는 것을 말한다. 주로 최고분얼기에서 유수형성기에 실시한다.

4과목　농약학

61 식물의 생육단계 중 약해의 염려가 가장 적은 시기는?
① 휴면기　② 영양생장기
③ 생식생장기　④ 개화기

해설
식물의 생육단계별 약해의 피해는 휴면기가 가장 적으며 다음으로 생장기, 유묘기 순이다.

62 백합의 신장 억제 및 배추의 생장 억제에 주로 사용되는 생장조정제는?
① 디니코나졸 액상수화제
② 지베렐린 수용제
③ 에테폰 액제
④ 루톤 분제

해설
디니코나졸액상수화제는 배추, 국화, 백합 등의 신장억제제이다.

63 농약의 분류 중 유효성분 조성에 따른 분류에 해당하는 것은?
① 유기인제　② 살충제
③ 살균제　④ 유인제

해설
유기인계, 카바메이트계, 유기염소계 등은 유효성분 조성에 따른 분류에 해당한다.

64 유기인계 살충제가 아닌 것은?
① 파라티온(Parathion)
② 다이아지논(Diazinon)
③ 디클로르보스(Dichlorvos)
④ 메소밀(Methomyl)

해설
메소밀은 카바메이트계 살충제이다.

65 다음 중 밀폐된 공간에서 사용하도록 설계된 제형은?
① 훈연제　② 입제
③ 분제　④ 수화제

해설
훈연제는 약제를 연기화 하여 해충을 죽이는 약제로 주로 밀폐된 공간에서 사용하여야 효과적이다.

정답　58 ③　59 ②　60 ④　61 ①　62 ①　63 ①　64 ④　65 ①

66 다음 중에서 천연 성분의 살충제가 아닌 것은?
① 피레트린(Pyrethrin)
② 파라티온(Parathion)
③ 니코틴(Nicotine)
④ 로테논(Rotenone)

해설
천연 살충제로 피네트린, 로테논제, 니코틴제가 있다.

67 피레트린(Pyrethrin) 성분을 함유하는 천연 살충용 식물은?
① 송지   ② 테리스
③ 제충국   ④ 연초

해설
피레트린은 제충국의 꽃 씨방에서 추출한다.

68 현수성과 수화성을 이용한 약제는?
① 유제   ② 용액
③ 수화제   ④ 수용제

해설
수화제는 물에 녹지 않는 주제를 벤토나이트 등의 점토광물과 계면활성제를 혼합 분쇄하여 제제한 것으로 현수성, 수화성, 고착성, 습진성 등이 좋아야 한다.

69 보르도액의 주성분에 해당하는 것은?
① 벤젠(C_6H_6)
② 다황산칼슘(CaS_5)
③ 황산구리($CuSO_4 \cdot 5H_2O$)
④ 페닐초산수은($Hg \cdot OOC \cdot CH_3$)

해설
보르도액은 황산구리와 생석회를 주성분으로 한다.

70 다음 중 농약의 화학적 변화라고 보기 어려운 것은?
① DDVP 유제가 수산화이온(OH)에 의해 유기산과 페놀류 등으로 분해된다.
② 만코제브 수화제가 대기 중에서 분해된다.
③ 토양 중의 금속이 농약과 반응하여 농약을 분해한다.
④ 미생물에 의한 농약의 분해는 환경오염을 방지한다.

해설
미생물에 의한 농약의 분해는 미생물이 유기농약의 탄소가 있어 미생물에 의해 분해되는 것으로 화학적 반응이나 변화로 보기는 어렵다.

71 다음 중 농약의 보조제(Supplement Agent)에 해당하는 것은?
① 유인제   ② 식독제
③ 기피제   ④ 유화제

해설
농약 보조제로 전착제, 증량제, 유화제, 협력제 등이 있다.

72 제초제에 대한 설명으로 틀린 것은?
① 세톡시딤은 선택성 제초제이다.
② 글루포시네이트암모늄은 비선택성 제초제이다.
③ 제초기능에 있어 선택성이 있는 것과 없는 것이 있다.
④ 식물의 종류에 관계없이 모든 식물에 해를 나타내는 것을 선택성 제초제라고 한다.

해설
식물의 종류에 관계없이 모든 식물에 해를 나타내는 것을 비선택성 제초제라 한다.

73 농약의 제형별 약어가 잘못 연결된 것은?
① 유제 – EC
② 액제 – SL
③ 액상수화제 – SP
④ 수화제 – WP

해설
액상수화제의 약어는 SC 이다.

74 보통독성 농약이 고체일 경우에 급성경구 독성의 LD_{50}(mg/kg)은?
① 5 ~ 50   ② 50 ~ 500
③ 200 ~ 1000   ④ 1000 이상

해설
급성독성에서 고체의 급성경구 III급(보통독성)은 50 이상 500 미만 을 기준으로 한다.

75 가스상태로 병해충에 접촉시켜 방제효과를 거두는 훈증제가 갖추어야할 성질이 아닌 것은?
① 독성이 커야 한다.
② 휘발성이 커야 한다.
③ 비인화성이어야 한다.
④ 확산성이 있어야 한다.

해설
훈증제는 휘발성이 강해야 하고 비인화성이어야 하며 침투성 및 확산성이 커야 한다.

76 메프 유제 50%를 0.05%로 희석하여 100L를 살포하려고 할 때 소요약량은 약 몇 ml 인가?(단, 비중은 1.008 이다)
① 99.2   ② 109.2
③ 119.2   ④ 129.2

해설
$$소요약량 = \frac{추천농도(\%) \times 살포대상량(ml)}{비중 \times 원액농도(\%)}$$
$$= \frac{0.05\% \times 100,000ml}{1.008 \times 50\%} ≒ 99.2ml$$

77 다음 중 살포장비에 의한 약해에 가장 큰 영향을 미치는 원인은?
① 살포장비의 미세척
② 살포장비의 종류
③ 살포장비의 구조
④ 살포장비의 조작방법

해설
살포장비 미세척시 기존의 약품과의 반응으로 약해가 발생할 수 있다.

78 농약의 안전사용기준을 설정하는 주된 목적은?
① 독성을 없애기 위해서
② 약효를 증대시키기 위해서
③ 농산물 중 잔류량이 허용기준을 초과하지 않도록 하기 위하여
④ 살포하는 농민의 편의성을 향상시키기 위하여

해설
농약안전사용기준은 병충해 방제를 위한 농약을 사용하는 횟수, 일수, 방법 등의 기준을 정해둔 것으로 잔류량이 허용기준을 초과하지 않도록 하여 잔류농약의 안전성을 향상시키기 위해서이다.

79 농약의 물리적 성질 중 현수성의 의미를 가장 잘 설명한 것은?
① 농약을 물에 가했을 때 유입자가 균일하게 분산, 부유하는 성질을 나타낸다.
② 농약을 물에 가했을 때 균일하게 분산, 부유하는 성질을 나타낸다.
③ 농약을 물에 가했을 때 물과 약제와의 친화도를 나타낸다.
④ 농약을 물에 가하여 작물에 뿌렸을 때 잘 부착되는 성질을 말한다.

해설
현수성은 수화제에 물을 넣어 조제한 현탁액의 고체입자가 균일하게 분산 부유하는 성질과 안정성을 말한다.

정답 73 ③   74 ②   75 ①   76 ①   77 ①   78 ③   79 ②

80 농약의 자체검사 및 신청검사의 기준에 대한 설명으로 틀린 것은?

① 분제 및 입제의 최대모집단 수량은 50톤이다.
② 모집단의 소포장 수량 5000개 이하에 대한 발취개체 수량은 50개이다.
③ 자체검사필증의 부착 및 표시상태는 뽑아낸 시료 전량에 대하여 외관검사를 한다.
④ 신청검사를 하여 합격된 농약은 농약의 품질관리를 위하여 반드시 직권검사를 하여야 한다.

[해설]
신청검사하여 합격한 농약은 직권검사를 생략할 수 있다.

5과목　잡초방제학

81 콩, 옥수수 등 여름작물 포장에 가장 많이 발생하는 잡초는?

① 가래　② 바랭이
③ 매자기　④ 나도겨풀

[해설]
여름작물 포장에 많이 발생하는 우점잡초로는 1년생의 바랭이, 쇠비름, 명아주 등이 있고 다년생에는 엉겅퀴, 메꽃 등이 있다.

82 다음 중 우리나라에 발생되는 월년생 잡초로만 나열된 것은?

① 여뀌, 나도겨풀
② 맹아주, 참새피
③ 향부자, 강아지풀
④ 뚝새풀, 별꽃

[해설]
월년생 잡초에는 달맞이꽃, 뚝새풀, 별꽃, 속속이풀, 나도냉이 등이 있다.

83 잡초허용 한계밀도에 대한 설명으로 가장 적절한 것은?

① 잡초밀도가 어느 수준 이상으로 존재하면 작물 수량이 현저하게 감소되는 수준
② 잡초밀도가 어느 수준 이상으로 존재하면 제초제 사용을 급격하게 증가시켜야 하는 수준
③ 잡초밀도가 어느 수준 이상으로 존재하면 시비량을 증가하는 것이 좋은 수준
④ 잡초밀도가 어느 수준 이상으로 존재하면 작물 수확을 포기하는 것이 좋은 수준

[해설]
잡초 밀도가 증가하면 작물의 수량이 점차 감소하나 어느 수준 밀도 이하에서는 잡초가 존재해도 작물의 수량에 크게 영향을 미치지 않는 잡초 밀도를 잡초허용 한계밀도라 한다.

84 잡초의 식물학적 분류 순서로 가장 옳은 것은?

① 계 – 문 – 강 – 목 – 과 – 속 – 종
② 계 – 속 – 문 – 강 – 목 – 과 – 종
③ 과 – 계 – 속 – 문 – 강 – 목 – 종
④ 속 – 문 – 강 – 과 – 계 – 목 – 종

[해설]
식물학적 분류순서는 <계 → 문 → 강 → 목 → 과 → 속 → 종 → 변종> 이며 식물의 기본단위는 종으로 정의한다.

85 다음 중 우리나라 사료용 옥수수 재배포장에 대량 발생되어 문제가 되고 있는 외래 잡초는?

① 어저귀　② 바랭이
③ 알방동사니　④ 여뀌

[해설]
어저귀는 1년생 외래잡초로 옥수수와 같은 사료 작물에 생산성을 감소시키는 피해를 준다.

정답　80 ④　81 ②　82 ④　83 ①　84 ①　85 ①

86 다음 중 잡초의 특징으로 가장 거리가 먼 것은?

① 휴면성이 없다.
② 영양생장기에 빠른 생장특성을 보인다.
③ 불연속적이며 자발적으로 조절하는 발아성을 보인다.
④ 생장조건에 따라 지속적인 종자생산력이 있다.

> **해설**
> 잡초는 휴면성이 있어 불리한 환경을 극복한다.

87 다음 중 외국에서 유입된 잡초로만 나열된 것은?

① 애기달맞이꽃, 서양민들레
② 망초, 너도방동사니
③ 쇠뜨기, 올미
④ 올방개, 광대나물

> **해설**
> 외래 잡초에는 미국가막사리, 가는털비름, 단풍잎돼지풀, 소리쟁이, 도꼬마리, 서양민들레, 개망초, 애기달맞이꽃 등이 있다.

88 생활사에 따른 잡초의 분류로 가장 옳지 않은 것은?

① 1년생
② 월년생
③ 4년생
④ 다년생

> **해설**
> 잡초는 생활사에 따라 1년생, 월년생, 다년생으로 분류한다.

89 다음 중 형태에 따른 분류가 잘못된 것은?

① 로제트형 : 민들레
② 총생형 : 뚝새풀
③ 포복형 : 메꽃
④ 직립형 : 사마귀풀

> **해설**
> 사마귀풀은 포복형이다.

90 다음 중 벼와 광 경합이 가장 큰 식물 종은?

① 향부자
② 물피
③ 메꽃
④ 별꽃

> **해설**
> 강피, 물피와 같은 피종류는 벼와의 광 경합을 일으킨다.

91 다음 중 페녹시계 제초제로 가장 옳은 것은?

① GA_3
② Butachlor
③ 2,4–D
④ Molinate

> **해설**
> 페녹시계 제초제로 2,4–D, MCPP, MCPB, 할록시포프, 플루아지호프, 페녹사프로프 등이 있다.

92 방동사니류 잡초에 대한 설명으로 가장 옳지 않은 것은?

① 잎 끝이 뾰족하고 소수에 꽃이 착생한다.
② 줄기가 삼각형 모양이다.
③ 습지에서도 자생한다.
④ 잎이 둥글고 크며, 잎맥이 그물 모양이다.

> **해설**
> 방동사니과 잡초는 잎의 폭이 좁고 긴 형태이며 엽맥이 없다.

93 다음 중 작물과 잡초 사이의 경합과 가장 거리가 먼 것은?

① 광
② 온도
③ 수분
④ 양분

> **해설**
> 작물과 잡초 사이의 경합 인자로 양분, 수분, 광, 밀도 등이 있다.

정답 86 ① 87 ① 88 ③ 89 ④ 90 ② 91 ③ 92 ④ 93 ②

94 돌피의 학명으로 가장 옳은 것은?
① Leersia japonica
② Monochoria vaginalis
③ Cyperus difformis
④ Echinochloa crus-galli

해설
① 나도겨풀 ② 물달개비 ③ 알방동사니 ④ 피

95 다음 중 잡초의 형태적 특성에 따라 분류할 때 같은 초종으로만 나열된 것은?
① 바랭이, 물달개비, 깨풀
② 피, 뚝새풀, 물참새피
③ 피, 매자기, 방동사니
④ 물참새피, 쇠비름, 방동사니

해설
피, 뚝새풀, 물참새피는 화본과 잡초에 속한다.

96 다음 중 주로 광합성을 억제하는 제초제로 가장 옳은 것은?
① IPA
② Simazine
③ Thiobencarb
④ 2,4-D

해설
광합성을 억제하는 제초제로 시마진(simazine), 리누론(linuron), 벤타존(bentazone) 등이 있다.

97 다음 중 잡초의 초형이 가장 작은 것은?
① 가막사리
② 피
③ 올방개
④ 쇠털골

해설
쇠털골은 줄기가 실처럼 가늘고 곧게 서 있어 초형이 매우 작은 편이다.

98 다음 중 암조건에서 발아가 가장 잘되는 잡초종자는?
① 쇠비름
② 바랭이
③ 강피
④ 냉이

해설
암발아 종자는 별꽃, 냉이, 광대나물 등이 있다.

99 논에 발생하는 1년생 잡초로 가장 옳은 것은?
① 물달개비
② 띠
③ 개망초
④ 쇠뜨기

해설
1년생 논잡초로 피, 마디꽃, 물달개비 등이 있다.

100 다음에서 설명하는 것은?

> 잡초의 번식기관의 종류에서 지하경의 일종으로, 지중에서 횡으로 길게 뻗어 뿌리 처럼 보이지만 마디가 있고 마디로부터 잎과 뿌리가 나온다.

① 지근
② 포복경
③ 근경
④ 절편

해설
근경은 지하경의 일종이며 횡으로 길게 뻗어 뿌리처럼 보이나 마디가 있어 뿌리줄기라고도 한다. 대표적으로 쇠털골, 나도겨풀, 가래, 택사 등이 있다.

정답 94 ④ 95 ② 96 ② 97 ④ 98 ④ 99 ① 100 ③

국가기술자격 필기시험문제

2020년 기사 제1·2회 과년도 기출문제

자격종목	종목코드	시험시간	형별	수험번호	성명
식물보호기사		2시간 30분			

1과목 식물병리학

01 벼 줄무늬잎마름병(호엽고병)의 방제방법으로 가장 적절한 것은?
① 토양소독
② 매개충의 구제
③ 검역
④ 발병 후 살균제 살포

[해설] 벼 줄무늬잎마름병은 매개충인 애멸구를 제거하여 방제한다.

02 사과나무 붉은별무늬병균은 진균 중 어느 균류에 속하는가?
① 불완전균류
② 자낭균류
③ 접합균류
④ 담자균류

[해설] 사과나무 붉은별무늬병균은 담자균류에 속한다.

03 벼 도열병 방제법으로 가장 적절하지 않은 것은?
① 종자소독을 한다.
② 저항성 품종을 심는다.
③ 질소비료의 과용을 피한다.
④ 가급적 찬물을 대준다.

[해설] 벼 도열병 방제법으로 종자를 소독하고 저항성 품종을 재배하며 질소질 비료의 과용을 피한다. 규소질 비료의 경우 도열병균에 저항성이 강하므로 필요시 사용하도록 한다.

04 모과나무 잎에 갈색 별무늬 모양의 원형반점이 나타나고 잎 뒷면 병반에 실 같은 털이 나오는 병은?
① 모과나무 탄저병
② 모과나무 녹병
③ 모과나무 갈반병
④ 모과나무 역병

[해설] 모과나무 잎의 갈색계통의 별무늬 모양은 모과나무 녹병으로 주로 향나무에 있던 병균이 모과나무로 전반되어 나타나는 현상이다.

05 다음 중 꽃감염(花器感染)을 하는 것으로 가장 적절한 것은?
① 감자 암종병
② 보리 겉깜부기병
③ 벚나무 빗자루병
④ 고추 탄저병

[해설] 밀·보리 겉깜부기병, 사과 꽃썩음병, 배 화상병 등은 꽃감염을 한다.

06 감자 잎말림병을 일으키는 병원체로 가장 적절한 것은?
① 바이러스
② 세균
③ 진균(곰팡이)
④ 선충

[해설] 감자 잎말림병은 바이러스에 의해 발생하며 주로 진딧물에 의해 매개된다.

정답 01 ② 02 ④ 03 ④ 04 ② 05 ② 06 ①

07 식물병의 표징을 볼 수 없는 병은?

① 진균에 의한 병
② 세균에 의한 병
③ 바이러스에 의한 병
④ 담자균에 의한 병

해설
바이러스, 마이코플라스마에 의한 경우 병징만 관찰되고 표징은 나타나지 않는다.

08 다음 중 병원체가 비, 바람에 의해 가장 많이 옮겨지는 것은?

① 오동나무빗자루병
② 콩모자이크병
③ 벼줄무늬잎마름병
④ 사과탄저병

해설
사과탄저병은 빗물, 바람, 매개충 등에 의해 전반된다.

09 호박의 흰가루병을 방제하기 위해서는 어느 부위에 약제를 처리하는 것이 가장 효과적인가?

① 뿌리 ② 토양
③ 잎과 줄기 ④ 종자

해설
호박 흰가루병은 주로 잎에 발생하고 잎자루와 줄기에도 발생한다.

10 벼를 기주로 하여 곰팡이에 의해 발병하는 것은?

① 오갈병 ② 도열병
③ 흰잎마름병 ④ 줄무늬잎마름병

해설
벼를 기주로 하는 도열병은 진균(곰팡이)에 의해 발생한다.

11 가지과 풋마름병(청고병)의 병징에 대한 설명으로 가장 적절한 것은?

① 매우 느리게 주위의 다른 포기로 병이 전파된다.
② 뿌리는 갈변되지 않는다.
③ 잎에 무수히 많은 반점이 생긴다.
④ 경엽 전체가 녹색으로 시드는 경우도 있다.

해설
가지과 풋마름병은 뿌리에 발생하여 이후 경엽 전체가 녹색으로 시드는 전신병이다.

12 종자전염성 병원균으로 가장 적절하지 않은 것은?

① 오이 흰비단병균
② 맥류 맥각병균
③ 벼 키다리병균
④ 벼 도열병균

해설
오이 흰비단병균은 토양에 월동하고 토양을 통해 전염된다.

13 국내 파이토플라스마의 전염방법으로 가장 옳은 것은?

① 월동 후 토양전염을 한다.
② 즙액전염을 한다.
③ 바람에 의해 매개된다.
④ 곤충에 의해 전염된다.

해설
파이토플라스마는 매개충에 의해 전염된다.

14 다음 중 벼의 병에서 물에 의해 가장 많이 전파되는 것은?

① 흰잎마름병 ② 키다리병
③ 키아즈마병 ④ 오갈병

해설
모잘록병균, 벼 흰잎마름병균, 감자역병균, 근두암종병균, 향나무 적성병균 등이 물에 의해 전반된다.

정답 07 ③ 08 ④ 09 ③ 10 ② 11 ④ 12 ① 13 ④ 14 ①

15 잣나무 잎떨림병균의 월동 장소로 가장 적절한 것은?

① 땅위에 떨어진 병든 잎
② 토양 속
③ 나뭇가지에 붙어 있는 병든 잎
④ 땅위에 떨어진 열매

해설
잣나무 잎떨림병은 진균(자낭균류)에 의해 발생하며 병든 잎에서 자낭포자가 월동한다.

16 벼 잎집얼룩병(잎집무늬마름병)의 표징으로 가장 적절한 것은?

① 자낭반   ② 균사속
③ 포자퇴   ④ 균핵

해설
벼 잎집무늬마름병은 병원균이 균핵으로 땅위에서 월동하고 봄에 물위로 올라와 전염을 시작한다. 식물이 병에 걸릴 경우 잎집의 표면에 암회색의 부정형 점무늬인 균핵의 표징이 나타난다.

17 인삼 또는 당근의 뿌리에 혹과 같은 병징을 일으키는 대표적인 것은?

① 뿌리혹박테리아
② 뿌리혹선충
③ 노균병균
④ 아조토박터

해설
뿌리혹선충은 감자, 고구마, 당근, 인삼 등의 작물에 뿌리에 혹과 같은 병징을 일으킨다.

18 어떤 식물병에 대하여 저항성이었던 품종이 갑자기 해당 식물병에 감수성이 되는 주된 원인은?

① 기상 환경의 변화
② 병원균 집단의 변화
③ 식물체 내 영양성분의 변화
④ 식물병 저항성 인자의 변화

해설
병원균의 집단이 변화하면 특정 식물병에 대한 저항성이 제대로된 기능을 발휘하지 못해 감수성이 되기도 한다.

19 병든 부분에 나타난 자낭각을 보고 진단할 수 있는 식물병으로 가장 적절한 것은?

① 옥수수 깜부기병
② 밀 줄기녹병
③ 고추 역병
④ 보리 붉은곰팡이병

해설
맥류 붉은곰팡이병은 자낭균류에 의해 발생하며 병든 부분의 자낭각을 통해 진단 가능하며 병든 종자를 동물 혹은 사람이 섭취할 경우 구토 및 중독 증상이 발생한다.

20 다음 중 비전염성인 병은?

① 선충에 의한 병
② 세균에 의한 병
③ 바이러스에 의한 병
④ 무기원소 결핍에 의한 병

해설
무기원소의 결핍은 일종의 영양결핍으로 비전염성 병에 속한다.

2과목 농림해충학

21 곤충이 탈피할 때 새로운 표피로 대체(代替)되지 않는 기관은?

① 식도   ② 전소장
③ 직장   ④ 맹장

해설
곤충의 전장(식도, 소낭, 전위 등), 후장(전소장, 직장 등) 등은 표피로 덮여 있어 탈피 할 때 마다 새로운 표피로 대체된다.

정답 15 ③ 16 ④ 17 ② 18 ② 19 ④ 20 ④ 21 ④

22 곤충 개체간의 통신수단에 사용되는 물질로 가장 거리가 먼 것은?
① hormone   ② pheromone
③ allomone   ④ kairomone

해설
곤충의 정보 전달을 목적으로 분비하는 물질로 페로몬(pheromone), 알로몬(allomone), 시노몬(synomone), 카이로몬(kairomone) 등이 있다.

23 다음 중 성충의 피해가 문제되는 것은?
① 소나무좀   ② 뽕나무하늘소
③ 밤나무순혹벌 ④ 솔나방

해설
소나무좀은 6월에 우화하여 성충의 형태로 신초를 가해하며 성충이 형성층 목질부에 구멍을 뚫고 들어가 아래에서 위로 갱도를 만들어 알을 산란한다. 뽕나무하늘소의 성충은 과실을 물어뜯고 즙액을 빨아먹는 피해를 준다.

24 곤충의 알라타체에서 분비되는 호르몬은?
① 유약호르몬   ② 뇌호르몬
③ 카디아카체   ④ 탈피호르몬

해설
곤충의 유약호르몬은 알라타체에서 분비된다.

25 곤충의 뇌는 전대뇌, 중대뇌, 후대뇌 3개의 신경절로 되어 있다. 후대뇌의 역할로 가장 옳은 것은?
① 시감각에 관여
② 청감각에 관여
③ 소화기 운동에 관여
④ 촉감각에 관여

해설
후대뇌는 이마신경절을 통해 뇌와 위장신경계를 연결하고 소화 관련 운동에 관여한다.

26 다음 중 곤충강으로 분류되지 않는 것은?
① 먹줄왕잠자리 ② 벼물바구미
③ 꿀벌   ④ 지네

해설
지네는 절족동물문의 순각강에 속한다.

27 큰턱샘이 분비하는 물질로 가장 적절하지 않은 것은?
① 소화효소
② 경보페로몬
③ 혈액응고 억제제
④ 성페로몬

해설
곤충의 큰턱샘은 큰턱기부에 주머니 모양으로 성페로몬, 경보페로몬, 아밀라아제와 같은 소화효소 등을 분비한다.

28 다음 중 씹는형의 입틀을 갖지 않는 곤충으로 가장 적절한 것은?
① 아질바퀴   ② 꽃노랑총채벌레
③ 벼메뚜기   ④ 장수풍뎅이

해설
꽃노랑총채벌레는 흡즙하는 형태의 입모양을 가지고 있다.

29 복숭아혹진딧물의 학명은?
① *Myzus persicae* Sulzer
② *Green peach aphid*
③ *Tetranychus urticae* Koch
④ *Panonychus citi* McGregor

해설
복숭아혹진딧물의 학명은 *Myzus persicae* Sulzer 이다.

30 다음 중 성충이 우화하여 공중으로 날면서 알을 떨어뜨리는 해충으로 가장 적절한 것은?
① 집시나방   ② 텐트나방
③ 흰불나방   ④ 박쥐나방

해설
박쥐나방은 8~10월 성충이 공중을 날면서 알을 떨어뜨린다.

정답 22 ① 23 ①,② 24 ① 25 ③ 26 ④ 27 ③ 28 ② 29 ① 30 ④

31 다음 중 수목의 수피 속 형성층이나 목질부를 가해하는 해충으로 가장 적절하지 않은 것은?

① 향나무하늘소 ② 회양목명나방
③ 소나무좀   ④ 박쥐나방

해설
회양목명나방은 1년에 2회 발생하며 유충이 회양목의 잎을 가해한다.

32 다음 중 충영을 형성하는 해충으로 가장 적절한 것은?

① 솔잎혹파리
② 독나방
③ 어스렝이나방
④ 참나무겨울가지나방

해설
솔잎혹파리는 소나무, 해송에 피해를 주며 유충이 벌레혹을 만들고 흡즙가해한다.

33 다음 중 곤충의 방어물질에 대한 설명으로 가장 거리가 먼 것은?

① 곤충의 방어물질을 총칭 카이로몬이라고 한다.
② 사회성 곤충에서는 독샘에서 분비하는 방어물질들이 대부분 효소들이다.
③ 곤충의 방어샘에서 동정된 화합물로는 알칼로이드, 테르페노이드, 퀴논, 페놀 등이 있다.
④ 비사회성 곤충에서는 방어물질 중에 개미들의 경보 페로몬과 같거나 비슷한 구조의 화합물도 있다.

해설
곤충이 분비하는 알로몬은 생산자에 유리, 수용자에게 불리하게 작용되는 방어물질이다.

34 다음 중 나비목 유충이 견사(絹紗)를 분비하는 곳으로 가정 적절한 것은?

① 전위   ② 맹장
③ 침샘   ④ 말피기씨관

해설
침샘의 타액선은 타액을 분비하는 기능을 하는데 나비, 벌 등의 유충은 견사를 분비하여 유충집을 만든다.

35 날개가 있는 것은 날개맥이 없는 가늘고 긴 날개를 가지고 있고, 그 가장자리에 긴 털이 규칙적으로 나 있으며 좌우대칭이 아닌 입틀을 가지고 있는 곤충군은?

① 총채벌레목 ② 나비목
③ 노린재목   ④ 매미목

해설
총채벌레목은 입틀의 좌우가 비대칭이고 즙액을 빨아먹는 흡수형이다.

36 다음 중 수간에 황색털로 덮혀 있는 난괴(알덩어리)는 어떤 해충의 난괴인가?

① 미국흰불나방 ② 천막벌레나방
③ 매미나방   ④ 복숭아유리나방

해설
매미나방은 집시나방이라하며 알로 나무의 줄기에 덩어리 형태로 300개 내외 정도로 황색털로 덮혀 있다.

37 곤충의 번성원인에 대한 설명으로 가장 옳은 것은?

① 세대가 길고 산란수가 많다.
② 변태시 적에게 쉽게 노출된다.
③ 불리한 환경에 적응하기 위해 휴면을 한다.
④ 행동이 민첩하고 농약에 강하여 생존율이 높다.

해설
곤충이 번성하게 된 요인으로 짧은 세대, 작은 크기, 날개의 발달, 외골격의 발달, 완전변태, 불리한 환경에 휴면 등이 있다.

정답 31 ② 32 ① 33 ① 34 ③ 35 ① 36 ③ 37 ③

38 다음 중 번데기 또는 마지막 영기의 약충이 탈피하여 성충이 되는 현상을 무엇이라고 하는가?
① 우화 ② 부화
③ 용화 ④ 세대

해설
번데기가 탈피하여 성충이 되는 것을 우화라 한다.

39 곤충의 중장과 후장 사이에 분포하여 배설 작용을 하는 기관은?
① 타액선 ② 말피기씨관
③ 직장 ④ 소장

해설
말피기씨관은 중장과 후장사이에 있으며 배설의 역할을 한다.

40 곤충의 날개는 대개 2쌍이 있다. 앞 날개는 일반적으로 어디에 달려 있는가?
① 앞가슴 ② 가운데 가슴
③ 뒷가슴 ④ 촉각

해설
대부분의 곤충은 날개는 2쌍으로 앞날개는 가운데 가슴, 뒷날개는 뒷가슴에 달려 있다.

3과목 재배학원론

41 포장동화능력에 대한 설명으로 옳은 것은?
① 총엽면적 × 수광능률 × 군락상태
② 총엽면적 × 수광능률 × 평균동화능력
③ 총엽면적 × 광 차광률 × 상대습도
④ 단위 엽면적 × 수분 포화율 × 평균동화능력

해설
포장동화능력은 포장군락의 단위면적당 광합성 능력을 말하며 총엽면적, 수광능률, 평균동화능력을 곱한 값으로 산출한다.

42 논토양의 환원상태에서 원소별 존재형태를 바르게 나타낸 것은?
① $C \rightarrow CO_2$ ② $N \rightarrow NO^{3-}$
③ $Fe \rightarrow Fe^{+2}$ ④ $S \rightarrow SO_4^{-2}$

해설
논토양의 경우 배수가 좋지 못해 토양이 환원상태가 되어 철(Fe)이 2가 철(Fe^{2+})이 생성되면서 청회색이나 회색을 띠는 것이 특징이다

43 작물의 광합성에 가장 효과적인 광은?
① 녹색광 ② 황색광
③ 주황색광 ④ 적색광

해설
광합성에는 적색광과 청색광의 파장이 가장 효과적이다.

44 벼 신품종 종자 증식을 위해 채종포에서 사용하는 종자는?
① 기본식물종자 ② 원원종
③ 원종 ④ 보급종

해설
벼의 채종단계는 4단계를 거쳐 종자갱신을 하며 원종포(원종)에서 증식하여 채종포로 넘겨 여기서 증식한 종자를 농가에 보급하게 된다.

45 다음 중 단명종자로만 나열된 것은?
① 사탕무, 베치 ② 수박, 나팔꽃
③ 토마토, 가지 ④ 메밀, 기장

해설
단명종자는 수명이 짧은 종자로 고추, 양파, 팬지, 메밀, 해바라기, 뽕나무, 기장 등이 있다.

46 눈이 트려고 할 때 필요하지 않은 눈을 손끝으로 따주는 것은?
① 적아 ② 적엽
③ 절상 ④ 휘기

해설
눈을 필요하지 않아 제거하는 것을 적아(눈따기)라 한다.

정답 38 ① 39 ② 40 ② 41 ② 42 ③ 43 ④ 44 ③ 45 ④ 46 ①

47 다음에서 설명하는 것은?

> 파종된 종자의 약 40%가 발아한 날이다.

① 발아기   ② 발아시
③ 발아전   ④ 발아양부

해설
파종된 종자가 약 50% 발아한 날은 발아기라 하며 80% 이상 발아한 경우를 발아전이라 한다.

48 고구마의 안전저장 조건에서 온도 조건으로 가장 옳은 것은?

① 큐어링 후 13~15°C
② 큐어링 후 20~25°C
③ 큐어링 후 28~30°C
④ 큐어링 후 35~38°C

해설
일반적인 고구마의 안전저장 조건은 온도 12~15°C, 습도 85~90% 이다.

49 자가불화합성을 이용하는 작물로만 나열된 것은?

① 벼, 고추   ② 밀, 옥수수
③ 배추, 무   ④ 감자, 상추

해설
자가불화합성을 이용하는 작물로 배추, 무, 양배추 등이 있다.

50 저장 중 곡물의 변화에 대한 설명으로 틀린 것은?

① 호흡소모로 중량감소가 일어난다.
② 발아율이 저하된다.
③ 환원당 함량이 증가한다.
④ 유리지방산이 감소한다.

해설
저장곡물의 경우 지방을 분해하는 유리지방산이 늘어나게 되고 유리지방산의 함량이 높을수록 변질되기가 쉽다.

51 1대 잡종품종에서 잡종강세가 가장 크게 나타나는 것은?

① 단교배 종자   ② 3원교배 종자
③ 복교배 종자   ④ 합성품종 종자

해설
1대 잡종품종에서 잡종강세육종법에는 단교잡법, 복교잡법이 있으며 그중에서도 단교잡법이 우량한 조합의 선정이 용이하고 잡종강세현상이 크게 나타난다.

52 춘화처리의 농업적 이용과 가장 거리가 먼 것은?

① 대파 할 수 있다.
② 성전환이 가능하다.
③ 채종에 이용될 수 있다.
④ 촉성재배가 가능하다.

해설
춘화처리는 촉성재배, 채종상 이용, 육종상 이용 등의 효과가 있다. 춘화처리는 온도를 이용한 처리방법으로 성전환은 불가능하다.

53 작물의 유전변이에 대한 설명으로 옳은 것은?

① 환경변이는 다음 세대에 유전한다.
② 연속변이를 하는 형질을 질적 형질이라고 한다.
③ 불연속변이를 하는 형질을 양적 형질이라고 한다.
④ 꽃 색깔이 붉은 것과 흰 것으로 구별되는 것은 불연속변이이다.

해설
꽃의 색소에 관련된 변이는 불연속변이이다.
① 환경변이는 후대에 유전되지 않는다.
② 연속변이를 하는 형질은 양적 형질이라고 한다.
③ 불연속변이를 하는 형질을 질적 형질이라 한다.

54 다음 중 작물의 생리작용을 위한 주요온도에서 최적 온도가 가장 낮은 것은?

① 오이   ② 보리
③ 삼   ④ 벼

정답 47 ① 48 ① 49 ③ 50 ④ 51 ① 52 ② 53 ④ 54 ②

해설
보리의 최적생육온도는 20℃ 정도로 보기 중 가장 낮다.

55 단일식물로만 나열한 것은?
① 양귀비, 양파   ② 티머시, 감자
③ 시금치, 상추   ④ 코스모스, 벼

해설
단일식물의 종류로 콩, 옥수수, 벼, 딸기, 국화, 코스모스, 들깨 등이 있다.

56 관개방법 중 등고선에 따라 수로를 내고 임의의 장소로부터 월류하도록 하는 것은?
① 보더관개   ② 일류관개
③ 수반관개   ④ 살수관개

해설
등고선에 따라 수로를 내고, 임의의 장소로부터 월류 하도록 하는 방법을 일류 관개라 한다.

57 다음 중 협채류에 속하는 작물은?
① 동부   ② 토란
③ 우엉   ④ 미나리

해설
완두, 동부, 강낭콩 등은 협채류에 속한다.

58 사탕무의 속썩음병, 순무의 갈색속썩음병, 담배의 끝마름병 등과 관련 있는 필수 원소는?
① 망간   ② 붕소
③ 아연   ④ 몰리브덴

해설
붕소가 결핍하면 식물이 전반적으로 조직이 거칠고 단단해지는데 이때 사탕무의 속썩음병, 순무의 갈색속썩음병, 셀러리의 줄기 쪼김병, 담배의 끝마름병 등이 나타난다.

59 다음 중 배의 미숙에 의한 휴면 현상이 나타나는 작물로 가장 옳은 것은?
① 자운영   ② 인삼
③ 귀리   ④ 보리

해설
채종직후 인삼종자의 배는 미숙된 상태로 휴면현상이 나타나며 후숙이 서서히 진행되어 수개월이 지나야 발아하게 된다.

60 우리나라 주요 작물의 기상생태형에서 감광형에 해당하는 것은?
① 그루조   ② 조생종
③ 올콩   ④ 여름메밀

해설
감광형 작물에는 만생종, 그루콩, 그루조, 가을메밀 등이 있다.

4과목 농약학

61 기계유유제의 불포화탄화수소의 양을 표시하는 값으로 정제도(精制度)와 관계있는 물리적 성질은?
① 점도(viscosity)
② 비등점(boiling point)
③ 술폰가(sulfonative value)
④ 응고(coagulation)

해설
술폰가는 약해의 원인이 되는 불포화탄화수소의 함유량을 나타내는 수치이다. 술폰가의 수치가 적을수록 불포화탄화수소의 함유량이 적게 된다.

62 조제 직후 보르도액의 구리의 용해도가 0에 가까울 때의 pH는?
① pH 12.4   ② pH 11.3
③ pH 10.4   ④ pH 9.3

해설
조제 직후 보르도액의 pH는 12.4이며 구리의 용해도는 0에 가깝다. 엽면에 살포하면 공기중에 이산화탄소에 의해 중화가 되어 pH 11.3 정도가 되고 구리의 용해도는 40 ppm 정도가 된다. 만약 지속적으로 공기중에 이산화탄소에 의해 pH가 떨어져 7 정도가 되면 용해도는 5 ppm 정도가 되어 살균력이 떨어지게 된다.

정답 55 ④ 56 ② 57 ① 58 ② 59 ② 60 ① 61 ③ 62 ①

63 재배면적 10ha 인 어떤 농지에서 펜티온 유제 50%를 1000배로 희석하여 10a 당 8말의 살포량으로 방제하려고 한다. 펜티온 유제를 500ml 단위로 몇 병을 구입해야 하는가?(단, 1말은 18L이다.)

① 21병 ② 25병
③ 29병 ④ 35병

해설

- 소요약량(배액) = $\dfrac{\text{단위면적당사용량}}{\text{소요희석배수}}$
  = $\dfrac{8\text{말} \times 18L}{1000} = 0.144L$
- 0.144L/0.1ha = 1.44L/ha
- 1.44L/ha × 10ha = 14.4L = 14,400mL
- 14,400mL / 500mL = 28.8병

64 액상시용제의 물리적 특성으로만 나열된 것은?

① 유화성과 토분성
② 수화성과 비산성
③ 습전성과 현수성
④ 분산성과 부착성

해설

액상시용제의 물리성으로 유화성, 현수성, 수화성, 습전성, 침투성 등이 있다.

65 제초제 DCMU 제(Diuron)에 대한 설명으로 틀린 것은?

① 요소계 제초제이다.
② 토양처리효과가 크다.
③ 포유동물에 대한 독성은 낮다.
④ 호르몬형의 접촉형 제초제이다.

해설

Diuron 은 요소계 제초제로 경엽을 통해 흡수되어 광합성을 저해하는 흡수 이행형 제초제이다.

66 농약관리법령상 농약이 아닌 것은?

① 살충제 ② 전착제
③ 기피제 ④ 위생해충제

해설

농약은 농약관리법에 의거 농작물을 해치는 균, 곤충, 응애, 선충, 바이러스, 잡초, 그 밖에 농림축산식품부령으로 정하는 동식물을 방제하는 데에 사용하는 살균제, 살충제, 제초제 등을 말한다. 또한 기타 기피제, 유인제, 전착제 및 농작물의 생리기능에 영향을 주는 약제를 농약이라 한다.

67 헤테로옥신이라고도 하며 무색 바늘모양의 결정으로 과수, 화초 등의 삽목 때 발근촉진제로 사용될 수 있는 것은?

① 포스톤 ② 지베렐린
③ β-인돌초산 ④ 카시네린

해설

헤테로옥신은 β-인돌초산이라하며 발근촉진제로 이용한다.

68 농약의 살포방법 중 살포액의 농도가 높고 정밀한 액적조절살포가 필요한 살포방법은?

① 분입제 살포 ② 공중액제살포
③ 입제살포 ④ 수면시용

해설

공중액제살포는 항공기를 이용한 대면적 살포에 적합한 방법이다.

정답 63 ③ 64 ③ 65 ④ 66 ④ 67 ③ 68 ②

69 Ziram 의 구조식은?

① $\left[\begin{array}{c}CH_3 \\ CH_3\end{array}\right\rangle N-\overset{\overset{S}{\|}}{C}-S-\Bigg]_2 Zn$

② $\begin{array}{c}CH_2-NH-\overset{\overset{S}{\|}}{C}-S \\ | \\ CH_2-NH-\overset{}{\underset{\underset{S}{\|}}{C}}-S\end{array}\Bigg\rangle Zn$

③ $\begin{array}{c}\overset{\overset{S}{\|}}{CH_2-NH-C-S-Na} \\ | \\ CH_2-NH-\underset{\underset{S}{\|}}{C}-S-Na\end{array}$

④ $\begin{array}{c}\overset{\overset{S}{\|}}{CH_2-NH-C-S} \\ | \\ CH_2-NH-\underset{\underset{S}{\|}}{C}-S\end{array}\Bigg\rangle Mn$

[해설]
지람(ziram)은 살균제의 한 종류로 $C_6H_{12}N_2S_4Zn$의 구조식을 가진다.

70 비중이 1.15인 이소푸로치오란 유제 (50%) 100mL 로 0.05% 살포액을 제조하는데 필요한 물의 양은 몇 L 인가?

① 104.9 ② 114.9
③ 124.9 ④ 110.5

[해설]
희석할 물의 양
$= 0.1L \times (\frac{50\%}{0.05\%}-1) \times 1.15 ≒ 114.9L$

71 95% 인 원제 2kg 으로 2% 분제를 만들려 할 때 소요되는 증량제의 양(kg)은?

① 73 ② 83
③ 93 ④ 103

[해설]
희석할증량제양 $= 2kg \times \left(\frac{95\%}{2\%}-1\right) = 93kg$

72 교차저항성(cross resistance)에 대한 설명으로 옳은 것은?

① 동일한 작용기작을 가진 약제군 사이에서 그 중 1개의 약제에 저항성을 지니게 된 균은 같은 군의 다른 약제에 대해서도 저항성을 가진다.
② 작용점이 여러 개인 약제에 대하여 2가지 이상의 작용점에 저항을 획득하면 그 균은 교차저항성을 획득하였다고 한다.
③ 베노밀(benomyl)과 톱신 M(Topsin-M)의 경우 화학구조가 완전히 다르기 때문에 저항성의 획득도 다른 기작을 따른다.
④ 저항성균이 한 지역에 발생하여 다른 지역으로 이동되었을 때 이동된 지역에서도 저항성을 유지하는 것을 교차저항성이라 한다.

[해설]
해충에 한번도 사용하지 않았지만 유사 약제에 저항성으로 동시에 사용하지 않은 약제에도 저항성이 생기는 경우를 교차저항성이라 한다.

73 살충제 농약의 작용점이 잘못 연결된 것은?

① 원형질독 – 유기수은제
② 피부독 – 기계유유제
③ 호흡독 – 청산가스
④ 근육독 – 피레스린

[해설]
피레스린은 신경의 기능을 저해하는 신경독으로 작용한다.

정답 69 ① 70 ② 71 ③ 72 ① 73 ④

74 약해(藥害)에 대한 설명으로 옳지 않은 것은?

① 약해란 농약에 의해서 식물의 정상적인 생육을 저해하는 것이다.
② 약해라고 해서 전부 작물의 수확에 영향을 끼치는 것은 아니고, 환경조건에 따라 회복되는 일시적 약해도 있다.
③ 살충제의 약해발생은 유기인계 계통이 많다.
④ 만성적인 약해는 약제를 살포한지 1주일 이내에 나타난다.

해설
만성적 약해는 약제를 살포한지 1주일 이후에 나타난다.

75 농약의 잔류허용기준(MRL)을 결정하는 요소가 아닌 것은?

① 최대무작용량(NOEL)
② 안전계수
③ 농약 살포 횟수
④ 1일 섭취허용량(ADI)

해설
농약의 잔류 허용기준시 1일 섭취허용량, 체중, 식품 1일 섭취량을 이용하여 설정하며 여기서 1일 허용량은 농약을 매일 섭취해도 영향이 없는 농약의 양으로 최대무작용약량에서 안전계수를 곱한 값으로 정의한다.

76 피리딘계(4급 암모늄계) 제초제는?

① Paraquat   ② Oxadiazon
③ Butachlor ④ Chlornitrofen

해설
질소원자 4개의 탄화수소기가 결합한 제 4급 암모늄의 경우 피리디늄 염이 있다.

77 유제, 수화제, 수용제 등의 약제 살포방법 중 별도의 공기는 주입하지 않으며 약액에 압력을 가하여 미세한 출구로 직접 분사·살포하는 방법은?

① 분무법   ② 미스트법
③ 스프링클러법 ④ 폼스프레이법

해설
분무법은 약제를 안개와 같이 미세하게 뿌려 작물에 부착하게 한다. 별도 공기 주입 없이 약액의 압력만으로 분사하는 방식이다.

78 카바메이트(Carbamate)계 살충제의 작용에 대한 설명 중 틀린 것은?

① 살충작용이 선택적이다.
② 인축에 대한 독성이 가장 강하다.
③ 적용범위가 넓고 약해가 적다.
④ 식물체에 대한 침투력이 있다.

해설
카바메이트계는 인축에 대한 독성이 낮은 편이다.

79 급성 경구독성이 가장 강한 농약은?

① Zineb 제   ② Parathion 제
③ DDVP 제   ④ Diazinon 제

해설
Parathion 제의 급성경구독성은 3.6 mg/kg 정도로 독성이 매우 강한 편이다.

80 페녹시(Phenoxy)계로서 고농도에서는 광엽선택제초성의 제초제이지만 낮은 농도에서는 생장촉진, 도복방지 등의 효과가 있다고 알려져 있는 농약은?

① pyrethrin   ② 2,4-D
③ DDT   ④ BHC

해설
2,4-D 는 페녹시계 이행성 제초제로 호르몬의 작용을 교란시킨다.

정답 74 ④ 75 ③ 76 ① 77 ① 78 ② 79 ② 80 ②

5과목 잡초방제학

81 다음 중 논토양 표토에 주로 지하경을 형성하는 다년생 잡초로 가장 옳은 것은?

① 깨풀   ② 쇠비름
③ 올미   ④ 명아주

해설
올미는 다년생 광엽잡초로 지하경을 이용한 무성번식을 한다.

82 잡초의 발아습성 중 발아기회성에 대한 설명으로 가장 옳은 것은?

① 일장에 감응하여 발아하게 되는 특성
② 온도조건에 감응하여 발아하게 되는 특성
③ 일정한 간격을 가지고 최고의 발아율을 나타내는 특성
④ 오랜 기간에 걸쳐 지속적으로 발아하게 되는 특성

해설
발아기회성은 특정 온도에 감응하여 발아하는 특성을 말한다.

83 다음 중 화본과 잡초로 가장 옳은 것은?

① 나도겨풀   ② 물달개비
③ 밭뚝외풀   ④ 올미

해설
화본과 잡초에는 둑새풀, 돌피, 강피, 나도겨풀, 바랭이 등이 있다.

84 멀칭용 플라스틱 필름에 대한 설명으로 가장 옳지 않은 것은?

① 흑색필름은 잡초의 발생을 줄인다.
② 녹색필름은 지온상승의 효과가 크다.
③ 흑색필름은 지온이 높을 때 지온을 낮추어 준다.
④ 투명필름은 잡초 발생을 크게 줄인다.

해설
멀칭용 투명 필름은 햇빛의 투과율이 흑색, 녹색 등보다 높아 잡초 발생률이 다른 색상의 필름보다 높다.

85 종자에 낙하산과 같은 긴 털을 가지거나 솜털과 같은 것으로 덮여서 바람에 잘 날리는 잡초로 가장 옳은 것은?

① 도꼬마리   ② 소리쟁이
③ 메귀리   ④ 민들레

해설
민들레는 종자가 작고 가벼우며 낙하산 모양의 비산형 종자로 바람에 잘 날린다.

86 다음 중 바랭이는 형태적 분류상 어디에 속하는가?

① 광엽 잡초
② 화본과 잡초
③ 방동사니과 잡초
④ 국화과 잡초

해설
바랭이는 화본과 잡초이다.

87 논에서 사초과인 올방개를 방제하기 위하여 사용하는 후기 경엽처리 제초제로 가장 적절한 것은?

① 알라클로르 입제
② 옥사디아존 유제
③ 디티오피르 유제
④ 벤타존 액제

해설
Bentazon(벤타존)은 경엽처리용 제초제이며 광엽잡초 등에 적용하며 올방개, 방동사니, 물달개비 등에 효과적이다.

정답 81 ③ 82 ② 83 ① 84 ④ 85 ④ 86 ② 87 ④

88 일정기간 이내에 대부분 종자가 발아를 마치는 집중발아 습성을 무엇이라고 하는가?

① 발아 준동시성 ② 발아 계절성
③ 발아 기회성 ④ 발아 내성

> **해설**
> 일정기간 내의 대부분의 종자가 발아를 마치는 것을 발아 준동시성이라 한다.

89 다음 중 식물간 상호작용에서 기생에 해당되는 것으로 가장 옳은 것은?

① 콩의 뿌리혹박테리아
② 콩밭 잡초 새삼
③ 나무껍질에 붙어 있는 지의류
④ 목초지에서 두과와 화본과 식물

> **해설**
> 새삼의 경우 뿌리가 없는 기생식물로 다른 식물의 양분을 흡수한다.

90 생태적 잡초방제 중 경합 특성을 이용한 방법과 가장 거리가 먼 것은?

① 작부체계 관리
② 관개수로 관리
③ 육묘(이식) 재배 관리
④ 재식밀도 관리

> **해설**
> 경합특성을 이용한 잡초방제법으로 작부체계 관리, 재식밀도 관리, 이식 및 이앙 관리, 경합 식물의 선택 등의 방법이 있다.

91 다음 중 광발아 종자에서 적색광과 적외선광을 교체하여 조사하였을 때 종자가 가장 발아가 되지 않는 것은?

① 적외선광 조사 → 적색광 조사
② 적색광 조사 → 적외선광 조사
③ 적색광 조사 → 적외선광 조사 → 적색광 조사
④ 적외선광 조사 → 적외선광 조사 → 적색광 조사

> **해설**
> 적색광을 주면 발아가 촉진되었다가 적외선광을 주면 발아가 억제되면서 발아가 유기되지 않는다.

92 다음 중 암조건에서도 발아가 가장 잘 되는 것은?

① 참방동사니 ② 개비름
③ 독말풀 ④ 소리쟁이

> **해설**
> 암발아 잡초로 별꽃 냉이, 광대나물, 독말풀 등이 있다.

93 다음 중 작물과 잡초가 경합하고 있을 때 작물 수량 손실이 가장 높은 경우는?

① C_3작물과 C_4잡초
② C_3작물과 C_3잡초
③ C_4작물과 C_3잡초
④ C_4작물과 C_4잡초

> **해설**
> C_3 계통의 식물은 C_4 계통 식물보다 상대적으로 광합성 효율이 낮다. C_4 잡초의 광합성 효율이 뛰어나 C_3 작물의 수량에 많은 영향을 주게 된다.

94 잡초의 식물학적 분류로 세분되는 순서로 가장 옳은 것은?

① 계 → 문 → 과 → 강 → 목 → 속 → 종
② 계 → 문 → 강 → 목 → 과 → 속 → 종
③ 속 → 계 → 문 → 과 → 강 → 목 → 종
④ 강 → 속 → 계 → 문 → 과 → 목 → 종

> **해설**
> 식물학적 분류순서는 <계 → 문 → 강 → 목 → 과 → 속 → 종 → 변종> 이며 식물의 기본단위는 종으로 정의한다.

정답 88 ① 89 ② 90 ② 91 ② 92 ③ 93 ① 94 ②

95 잡초가 종내 변이를 일으키는 원인으로 가장 거리가 먼 것은?

① 돌연변이 발생
② 시비량의 변화
③ 자연교잡
④ 잡초의 생리적 형질 변화

해설
변이에는 돌연변이나 교배 등과 같은 유전적 변이와 환경변이에 의한 비유전적 변이로 구분할수 있다. 여기서 시비량은 양분의 공급 정도차이로 인한 형태적 차이는 나타날 수 있으나 변이를 일으키는 원인은 되지 않는다.

96 다음 중 여름잡초로만 나열된 것은?

① 벼룩나물, 바랭이
② 피, 쇠비름
③ 별꽃, 속속이풀
④ 피, 냉이

해설
여름잡초에는 피, 명아주, 돌피, 강아지풀, 알방동사니, 물별, 바랭이, 마디꽃, 쇠비름 등이 있다.

97 다음 중 부유성 잡초로만 나열된 것은?

① 너도방동사니, 별꽃
② 올미, 토끼풀
③ 개구리밥, 부레옥잠
④ 깨풀, 망초

해설
부유잡초로는 부레옥잠, 개구리밥, 좀개구리밥, 생이가래 등이 있다.

98 다음 중 우리나라 과수원에서 발생하는 잡초종으로 가장 거리가 먼 것은?

① 바랭이   ② 매자기
③ 강아지풀 ④ 닭의 장풀

해설
매자기는 논에서 주로 발생하는 논잡초이다.

99 잡초 종자의 휴면타파 및 발아율을 촉진시키는 생장조절 물질과 가장 거리가 먼 것은?

① 사이토카이닌 ② 에틸렌
③ 지베렐린   ④ MH

해설
MH 제는 식물의 생장 억제 물질에 속한다.

100 화본과잡초와 사초과잡초의 차이점에 대한 설명으로 가장 옳은 것은?

① 화본과잡초는 줄기가 삼각형인 반면, 사초과잡초는 줄기가 둥글다.
② 화본과잡초는 속이 차있는 반면, 사초과 잡초는 속이 비어 있다.
③ 화본과잡초는 마디가 있는 반면, 사초과잡초는 마디가 없다.
④ 화본과잡초는 엽초와 엽신이 뚜렷하지 않은 반면, 사초과잡초는 엽초와 엽신이 뚜렷하다.

해설
화본과 잡초는 마디가 뚜렷한 원통형으로 마디사이가 비어있다. 사초과(방동사니과) 잡초는 화본과 잡초와 유사한 형태를 지니고 있으나 줄기가 삼각형 형태를 띠고 있고 마디가 없다.

정답 95 ② 96 ② 97 ③ 98 ② 99 ④ 100 ③

국가기술자격 필기시험문제

2020년 기사 제3회 과년도 기출문제

자격종목	종목코드	시험시간	형별	수험번호	성명
식물보호기사		2시간 30분			

1과목 식물병리학

01 식물체에 암종을 형성하며, 유전공학 연구에 많이 쓰이는 식물병원 세균은?

① *Brassica campestris var*
② *Agrobacterium tumefaciens*
③ *Clavibacter michiganensis*
④ *Xanthoromas campestris*

해설
Agrobacterium tumefaciens 은 특정 유전자를 넣어 식물체에 감염시켜 식물에 유용한 유전자를 전이시켜 식물의 형질 전환시키려는 유전공학의 연구에 많이 활용하고 있다.

02 항균력이 있는 미생물을 이용하여 식물병을 방제하는 것은?

① 물리적 방제 ② 경종적 방제
③ 화학적 방제 ④ 생물적 방제

해설
항균력이 있는 미생물을 이용하는 것은 병원균의 생육을 억제하는 생물학적 방제법 혹은 생물적 방제법이라 한다.

03 다음 중 중간 기주인 향나무를 제거하면 피해를 경감시킬 수 있는 것은?

① 무 균핵병
② 사과나무 탄저병
③ 사과나무 붉은별무늬병
④ 복숭아 검은무늬병

해설
사과나무 붉은별무늬병의 중간기주는 향나무로 기주교대를 하는 순활물기생균이다. 중간기주인 향나무를 제거하면 피해를 경감시킬수 있다.

04 다음 중 병원균의 분생포자각과 자낭각이 보이는 것은?

① 오이 잘록병
② 밤나무 줄기마름병
③ 수수 오갈병
④ 보리 이삭누룩병

해설
밤나무 줄기마름병은 플라스크모양의 자낭각이 형성되고 이후 수피가 적색색으로 변색되며 비가 내리면 황갈색의 분생포자각이 출출된다.

05 다음 중 여름포자를 형성하지 않는 것은?

① 잣나무 털녹병균
② 소나무 혹병균
③ 포플러 잎녹병균
④ 향나무 녹병균

해설
향나무 녹병포자는 겨울포자, 소생자, 녹병포자, 녹포자가 있으며 여름포자는 형성하지 않는다.

06 채소에 발생하는 흰가루병의 특징에 대한 설명으로 가장 거리가 먼 것은?

① 밀가루 모양의 흰색 포자를 잎 표면에 형성한다.
② 병 발생 후기에는 자낭각을 형성한다.
③ 잎과 줄기를 시들게 만든다.
④ 인공배양이 어렵다.

해설
흰가루병은 진균에 의해 발생하며 잎 표면에 흰가루를 뿌린듯한 표징이 나타나며 식물의 성장을 방해한다.

정답 01 ② 02 ④ 03 ③ 04 ② 05 ④ 06 ③

07 진딧물에 의해 바이러스가 전염되어 발생하는 병은?
① 땅콩 불마름병
② 보리 도열병
③ 대추나무 빗자루병
④ 배추 모자이크병

해설
모자이크병은 바이러스에 의해 발생한다.

08 다음 중 섬모 또는 편모를 가지고 있으며, 운동성을 가지고 있는 것은?
① 유성포자   ② 유주자
③ 분생포자   ④ 난포자

해설
유주자는 꼬리모양의 편모가 1개 있어 운동성을 가진다.

09 다음 중 복숭아나무 잎오갈병의 전형적인 병징은?
① 도장   ② 천공
③ 이상 비후   ④ 기공 계폐

해설
복숭아나무 잎오갈병은 잎이 붉은색을 띠면서 부풀어 오르고 이때 병반이 발생한다. 발생한 병반은 주름지고 오르라는 현상이 나타나고 병든 잎 앞면에는 회백색의 가루인 자낭이 생기고 병든 잎은 흑갈색으로 변한다.

10 뽕나무 오갈병의 병원체로 옳은 것은?
① 파이토플라스마
② 담자균
③ 곰팡이
④ 바이러스

해설
대추나무 빗자루병, 오동나무 빗자루병, 뽕나무 오갈병은 파이토플라스마에 의해 발생한다.

11 다음 중 크기가 가장 작은 식물 병원체는?
① 세균   ② 진균
③ 바이러스   ④ 바이로이드

해설
바이로이드는 외부단백질이 없는 핵산만으로 구성되어 있으며 가장 작은 크기의 병원체이다.

12 매개충의 의해 경란 전염하는 바이러스 병은?
① 담배 혹병
② 감자 더뎅이병
③ 벼 줄무늬잎마름병
④ 고구마 뿌리혹병

해설
경란전염은 매개충의 알을 통해 바이러스가 전파되는 것을 의미하며 벼 줄무늬잎마름병의 바이러스는 애멸구에 의해 경란전염된다.

13 다음 중 병원체가 주로 각피를 통해 직접 침입하지 않는 것은?
① 벼 도열병균
② 밤나무 줄기마름병균
③ 사과나무 탄저병균
④ 장미 잿빛곰팡이병균

해설
각피로 침입하는 대표 병균으로 벼도열병균, 흰가루병균, 깜부기병균, 녹병균, 탄저병균 등이 있다.

14 식물병 진단 중 해부학적 방법으로 가장 옳은 것은?
① 파지검출법   ② 유출검사법
③ 괴경지표법   ④ 즙액접종법

해설
유출검사법은 줄기의 단면을 절단하여 분비되는 분비물을 통해 검사하는 방법으로 해부학적 진단 방법에 속한다.

정답 07 ④ 08 ② 09 ③ 10 ① 11 ④ 12 ③ 13 ② 14 ②

15 파이토플라스마에 의해 발생되는 대추나무 빗자루병의 방제 시 수간주입에 사용되는 효과적인 약제는?

① 옥시테트라사이클린
② 디메토모르프
③ 티아벤다졸
④ 메틸브로마이드

해설
대추나무 빗자루병은 파이토블라스마에 의해 발생하며 옥시테트라사이클린을 수간주입을 통해 방제 가능하다.

16 다음 중 세균의 그람염색반응을 결정하는 것으로 가장 옳은 것은?

① 편모의 유무
② 편모의 두께
③ 펙틴의 물리적 구조
④ 세포벽의 화학적 구조

해설
그람염색은 세균의 세포벽을 이루고 있는 성분과 구조에 따라 다르게 나타난다.

17 사과나무 부란병에 대한 설명으로 옳지 않은 것은?

① 자낭포자와 병포자를 형성한다.
② 강한 전정 작업을 하지 말아야 한다.
③ 사과나무 가지에 감염되면 사마귀가 형성된다
④ 병원균이 수피의 조직 내에 침입해 있어 방제가 어렵다.

해설
사과나무 부란병은 가지에 갈색 반점이 나타나 부풀어 오르며 벗겨지는데 감염 부위에서 알코올 냄새가 난다.

18 다음 중 소나무 혹병균의 중간기주로 가장 거리가 먼 것은?

① 굴참나무   ② 떡갈나무
③ 굴피나무   ④ 상수리나무

해설
소나무혹병균의 중간기주는 참나무류 굴참나무, 떡갈나무, 상수리나무

19 다음 중 병원균이 이종기생균에 속하는 것은?

① 포도 새눈무늬병
② 호박 노균병
③ 장미 탄저병
④ 잣나무 털녹병

해설
다른 기주식물을 옮겨다니는 병원균을 이종기생균이라 하며 잣나무 털녹병, 소나무 잎녹병, 배나무 붉은별무늬병균 등이 있다.

20 다음 중 순활물기생체에 해당하는 것은?

① 보리 흰가루병균
② 감자 역병균
③ 벼 깜부기병균
④ 고구마 무름병균

해설
순활물기생체에는 흰가루병균, 붉은별무늬병균, 녹병균, 배추 무사마귀병균 등이 있다.

2과목 농림해충학

21 기피제를 놓아 해충을 방제하고자 할 때 곤충의 어떤 행동을 이용한 것인가?

① 음성주화성   ② 양성주화성
③ 양성주촉성   ④ 음성주촉성

해설
화학약품에 접근하지 않으려는 성질을 이용한 것을 음성주화성이라 한다.

22 다음 중 곤충이 지구상에 번성하게 된 원인으로 가장 거리가 먼 것은?

① 외골격의 발달
② 날개의 발달
③ 작은 몸의 크기
④ 대부분 무변태 특성

정답 15 ① 16 ④ 17 ③ 18 ③ 19 ④ 20 ① 21 ① 22 ④

해설
곤충이 번성하게 된 요인으로 짧은 세대, 작은 크기, 날개의 발달, 외골격의 발달, 완전변태 등이 있다.

23 성충은 뽕나무의 눈을 가해하고 유충은 목질부에 구멍을 뚫고 먹어 들어가는 뽕나무 해충은?

① 뽕나무혹파리
② 뽕나무명나방
③ 뽕나무깍지벌레
④ 뽕나무애바구미

해설
뽕나무애바구미는 유충이 목질부에 구멍을 뚫는 피해를 주며 성충은 겨울눈에 피해를 준다.

24 성충으로 월동하는 해충은?

① 왕무당벌레붙이
② 혹명나방
③ 검거세미나방
④ 복숭아혹진딧물

해설
왕무당벌레붙이는 1년에 3회 발생하고 성충으로 월동한다.

25 채소해충으로 가장 거리가 먼 것은?

① 이세리아깍지벌레
② 도둑나방
③ 땅강아지
④ 알톡톡이

해설
이세리아깍지벌레는 나무의 수액을 빨아 먹어 나무의 수세를 약하게 하는 피해를 준다.

26 다음 중 초본류 혹은 목본류의 줄기 속을 식해하여 가해하는 해충은?

① 콩풍뎅이
② 거세미나방
③ 숯검은밤나방
④ 박쥐나방

해설
박쥐나방의 유충은 초본류, 목본류의 줄기에 구멍을 뚫고 피해를 주다가 나무로 이동하여 환상으로 가지에 피해를 준다.

27 곤충의 분류 시 이용되는 기본 분류단위로 가장 옳은 것은?

① biotype(생태형)
② species(종)
③ variety(변종)
④ subspecies(아종)

해설
곤충의 기본분류는 분류학상 기본단위인 종이다.

28 감자나방의 피해 특징으로 가장 거리가 먼 것은?

① 담배의 뿌리를 가해하고, 밖으로 배설물을 배출한다.
② 감자에 배설물이 나와 있다.
③ 어린감자의 생장점을 파고 들어간다.
④ 감자 잎의 표피를 뚫고 들어가 앞뒤 표피만 남긴다.

해설
감자나방은 유충이 잎과 줄기를 가해하고 덩이줄기를 가해할 경우 배설물을 외부로 내보내기에 발견이 쉬운 편이다.

29 다음에서 설명하는 해충은?

◎ 1년에 5회~10회 이상 발생한다.
◎ 고온건조 시 피해가 심하다.

① 가루깍지벌레
② 점박이응애
③ 밤나무혹벌
④ 땅강아지

해설
점박이응애는 1년에 10회 이상 발생하고 성충이 낙엽, 잡초 아래에 월동한다. 고온 건조 시 피해가 심해지고 성충이나 약충이 잎에 기생하여 흡즙가해한다.

정답 23 ④ 24 ① 25 ① 26 ④ 27 ② 28 ① 29 ②

30 다음 중 완전변태를 하는 곤충목은?
① 풀잠자리목 ② 메뚜기목
③ 노린재목 ④ 총채벌레목

해설
완전변태를 하는 종류로 벌목(벌, 개미, 밤나무순혹벌 등), 딱정벌레목(딱정벌레, 바구미, 소나무좀 등), 파리목(모기, 파리 등), 나비목(나비, 솔나방), 풀잠자리목, 밑들이목 등의 내시류들이 있다.

31 곤충을 잡아먹는 포식성 곤충류로 가장 거리가 먼 것은?
① 무당벌레류 ② 진딧물류
③ 파리매류 ④ 사마귀류

해설
무당벌레는 진딧물이나 응애류, 사마귀는 다양한 곤충, 파리매의 진디혹파리는 진딧물을 잡아먹는다.

32 곤충의 배설기관으로 척추동물의 신장과 같은 기능을 하는 것은?
① 말피기관 ② 알라타체
③ 사구체 ④ 전장

해설
말피기관은 곤충의 체강 내에서 배설작용을 하며 혈림프의 이온 조성과 삼투압의 조절 기능을 담당한다.

33 식물체에 혹을 만들어 피해를 주는 해충으로 가장 거리가 먼 것은?
① 솔잎혹파리
② 밤나무혹벌
③ 포도뿌리혹벌레
④ 복숭아혹진딧물

해설
복숭아혹진딧물은 부화한 약충은 겨울기주 어린잎의 즙액을 흡즙하고 신초에 피해를 준다.

34 끝동매미충은 국내에서 연간 4세대를 경과하는데, 이 중 벼오갈병은 주로 몇 세대 약충이 매개하는가?
① 1세대 ② 2세대
③ 3세대 ④ 4세대

해설
끝동매미충은 성충과 약충이 벼의 즙액을 빨아먹어 피해를 주며 벼 오갈병을 발생시키는데 제 2세대 약충이 주로 바이러스를 매개한다.

35 곤충 개체간의 통신수단에 사용되는 물질로 가장 관련이 없는 것은?
① allomone ② pheromone
③ hormone ④ kairomone

해설
곤충의 정보 전달을 목적으로 분비하는 물질로 페로몬(pheromone), 알로몬(allomone), 시노몬(synomone), 카이로몬(kairomone) 등이 있다.

36 다음에서 설명하는 것은?

> 번데기 또는 마지막 영기의 약충이 탈피하여 성충이 되는 현상

① 부화 ② 용화
③ 세대 ④ 우화

해설
번데기가 탈피하여 성충이 되는 것을 우화라 한다.

37 다음 중 일본으로부터 천적을 수입하여 제주감귤원의 해충방제에 성공한 사례로서 기록된 해충으로 가장 옳은 것은?
① 가루깍지벌레
② 이세리아깍지벌레
③ 화살깍지벌레
④ 루비깍지벌레

해설
루비깍지벌레의 천적으로 일본에서 도입한 루비붉은강충좀벌로 해충방제에 성공한 사례가 있다.

정답 30 ① 31 ② 32 ① 33 ④ 34 ② 35 ③ 36 ④ 37 ④

38 다음에서 설명하는 해충으로 가장 옳은 것은?

> 최근 도시의 버즘나무 잎이 부분적으로 퇴색되고 피해가 진전되었으며 조기에 갈색으로 마르는 피해가 발생하였다.

① 깍지벌레류 ② 진딧물류
③ 방패벌레류 ④ 흰불나방

해설
버즘나무류에 피해를 주는 버즘나무방패벌레는 잎 뒷면에서 부화한 약충이 집단으로 흡즙가해하고 나무 전체가 황백색으로 쇠약해진다.

39 누에 암나방이 발산하는 성 페로몬으로 가장 옳은 것은?

① 봄비콜 ② 알로몬
③ 카이로몬 ④ 글리세롤

해설
봄비콜(bombykol)은 나방류에서 분비되는 성페로몬이다.

40 다음 중 체내 수분증산을 억제하는 표피층 구조로 가장 옳은 것은?

① 원표피층 ② 외원표피층
③ 외표피층 ④ 내원표피층

해설
외표피는 단백질과 지질로 구성된 얇은 층으로 수분의 증발을 억제한다.

3과목 재배학원론

41 다음 중 작물의 요수량이 가장 큰 것은?

① 수수 ② 기장
③ 호박 ④ 옥수수

해설
요수량이 큰 작물로 명아주, 호박, 알팔파, 오이, 클로버 등이 있다.

42 벼 품종의 특성에 대한 설명으로 옳은 것은?

① 묘대일수감응도가 높은 것이 만식적응성이 크다.
② 조기재배의 경우에는 만생종이 알맞다.
③ 개량품종은 수확지수가 작다.
④ 우리나라 만생종은 감광성이 크다.

해설
만생종은 감광성이 큰 감광형 작물이다.

43 맥류의 좌지현상을 볼 수 있는 경우는?

① 봄보리를 가을에 파종
② 봄보리를 봄에 파종
③ 가을보리를 가을에 파종
④ 가을보리를 봄에 파종

해설
가을보리는 추파성이 커서 겨울에 잘 견디나 봄에 파종하면 영양생장만 하다가 주저앉는 좌지현상이 나타난다.

44 작물 품종의 잡종강세에 대한 설명으로 옳은 것은?

① 양친 식물보다 자식 식물의 생육이 약하다.
② 양친 식물보다 자식 식물의 생육이 왕성하다.
③ 양친 식물과 자식 식물의 생육이 같다.
④ 벼와 같은 작물에서 많이 발생한다.

해설
잡종강세는 생존, 번식, 생육 등에서 양친보다 우수한 성질을 가지는 것을 말한다.

45 찰벼에 메벼의 화분을 수분하여 그 F_1 종자의 배유가 메벼의 형질을 보이는 현상은?

① Xenia ② Apomixis
③ Pseudogamy ④ Chimera

정답 38 ③ 39 ① 40 ③ 41 ③ 42 ④ 43 ④ 44 ② 45 ①

해설
크세니아(Xenia)
- 부계의 우성 형질이 화분을 통해 옮겨져 모계의 배젖에서 나타나는 현상을 크세니아라 한다.
- 벼의 멥쌀은 찹쌀에 대해 우성이다. 찹쌀의 꽃에 멥쌀의 화분을 수정시켜 발생되는 낟알은 우성형질인 멥쌀이 발생한다.

46 눈이나 가지의 바로 위에 가로로 깊은 칼금을 넣어 그 눈이나 가지의 발육을 조장하는 것은?
① 적아 ② 적엽
③ 환상박피 ④ 절상

해설
절상은 과수와 같은 나무의 눈이나 가지 위에 가로로 칼금을 내어 눈이나 가지의 발육을 촉진하는 것을 말한다.

47 다음 중 작물의 복토 깊이가 가장 깊은 것은?
① 파 ② 양파
③ 유채 ④ 생강

해설
보기 중 생강은 복토 깊이가 5~9cm 정도로 가장 깊다.

48 벼의 추락현상이 발생할 때 벼뿌리를 상하게 하는 주된 물질은?
① 황화수소 ② 탄산가스
③ 불화수소 ④ 메탄가스

해설
벼의 추락현상은 황화수소, 제1산화철 등에 의해 심한 환원상태가 되면 발생한다.

49 지하에 정체하여 모관수의 근원이 되는 물은?
① 결합수 ② 흡습수
③ 지하수 ④ 중력수

해설
지하수는 지하 토양공극에 들어 있는 물로 모관수의 근원이 되는 물이다.

50 세포막 중 중간막의 주성분이며, 체내에서 이동이 어려운 것은?
① Mg ② P
③ K ④ Ca

해설
식물체내에서 상대적으로 이동이 어려운 원소로 Ca, Fe, B 등이 있다.

51 주로 영양번식 하는 식물은?
① 호프 ② 아스파라거스
③ 마늘 ④ 시금치

해설
영양번식에 유리한 작물로 감자, 고구마, 마늘 등이 있다.

52 다음 중 산성토양에 대해 적응성이 가장 약한 것은?
① 아마 ② 기장
③ 팥 ④ 감자

해설
산성토양에 대한 저항성이 약한 작물로 보리, 팥, 콩, 양파, 파, 고추, 가지 등이 있다.

53 다음 중 웅성불임성을 주로 이용하는 작물로만 나열된 것은?
① 무, 양배추
② 당근, 고추
③ 배추, 브로콜리
④ 순무, 가지

해설
웅성불임성을 이용하는 작물로 양파, 고추, 당근 등이 있다.

54 다음 중 기지의 문제가 가장 큰 것은?
① 앵두나무 ② 포도나무
③ 자두나무 ④ 살구나무

해설
과수 중에서 기지현상은 복숭아나무, 앵두나무, 감귤나무 등에서 심하게 나타난다.

정답 46 ④ 47 ④ 48 ① 49 ③ 50 ④ 51 ③ 52 ③ 53 ② 54 ①

55 저장 중 작물의 종자가 발아력을 상실하는 원인으로 가장 거리가 먼 것은?

① 원형질 단백의 응고
② 효소의 활력 저하
③ 저장양분의 소모
④ 유리지방산 감소

해설
저장곡물의 경우 지방을 분해하는 유리지방산이 늘어나게 되고 유리지방산의 함량이 높을수록 변질되기가 쉽다.

56 작물의 기원지를 알아내는 방법으로 가장 거리가 먼 것은?

① 식물지리학적 방법
② 계통분리법
③ 유전자분석법
④ 고고학적 방법

해설
작물의 기원지를 알아내는 방법으로 식물지리학적 방법, 고고학적 방법, 세포유전학적 방법, 유전자 분석법, 생물학적 방법 등이 있다.

57 작물 생육의 다량원소가 아닌 것은?

① K ② Mg
③ Cu ④ S

해설
미량원소에는 염소, 철, 망간, 붕소, 구리 등이 있다.

58 광과 식물 생육과의 관계로 연결이 적절하지 않은 것은?

① 적색광 – 엽록소 형성
② 청색광 – 굴광현상
③ 적외선 – 안토시안 생성
④ 자외선 – 신장억제

해설
안토시안은 비교적 저온의 조건에서 자색광이나 자외선에 의해 조장된다.

59 C_3식물과 C_4식물의 형태와 생리적 특성으로 옳은 것은?

① C_4식물은 Kranz 구조가 있다.
② C_3식물은 C_4보다 내건성이 강하다.
③ C_3식물의 CO_2보상점은 C_4보다 낮다.
④ C_4식물의 광포화점은 C_3보다 낮다.

해설
C_3식물은 대부분 일반적인 식물이며 C_4식물은 건조 지역에서 잘 자라는 옥수수, 사탕수수 등이 있다. C_4 식물은 C_3 식물보다 광포화점이 높고 CO_2 보상점은 낮은 편이다.

60 작물 군락의 수광태세에 대한 일반적인 설명으로 옳은 것은?

① 벼의 분얼은 개산형인 것이 좋다.
② 옥수수는 수이삭이 큰 것이 밀식에 잘 적응한다.
③ 콩은 잎이 크고 넓은 것이 좋다.
④ 벼의 잎은 넓고 상위엽이 수평인 것이 좋다.

해설
수광태세가 좋아지는 벼의 형태로 분얼이 개산형이며 잎은 좁을수록, 키가 너무 크지나 작지 않아야 한다.

4과목 농약학

61 훈증제 농약의 구비 조건으로 옳지 않은 것은?

① 기름이나 물에 잘 녹아야 한다.
② 휘발성이 커서 확산이 잘 되어야 한다.
③ 훈증 목적물에 이화학적 변화를 일으키지 않아야 한다.
④ 비인화성이어야 하고 침투성이 커야 한다.

해설
훈증제 구비 조건
· 휘발성이 크고 농도가 균일하여야 한다.
· 작업 안전성을 위해 비인화성이어야 한다.
· 침투성이 커서 약제가 쉽게 도달하여야 한다.

정답 55 ④ 56 ② 57 ③ 58 ③ 59 ① 60 ① 61 ①

62 20% phosmet 분제 3kg 을 0.5% 로 희석하는데 필요한 증량제의 양(kg)은?(단, 비중은 1이다.)

① 15 ② 40
③ 117 ④ 120

해설

희석할 증량제양 = 원분제중량 $\times (\dfrac{원분제 농도}{목표 농도} - 1)$

$= 3kg \times (\dfrac{20\%}{0.5\%} - 1) = 117kg$

63 제초제의 살초작용에 대한 설명으로 틀린 것은?

① 식물체의 제초제 흡수는 일반적으로 뿌리나 잎, 줄기를 통해 흡수된다.
② 잎을 통한 흡수는 극성과 무관하게 cellulose, pectin, wax의 순으로 흡수된다.
③ 식물의 잎을 통한 흡수는 대부분 잎의 표면을 통해 이루어진다.
④ 제초제의 식물체 내로의 침투정도는 제초제의 극성 정도에 따라 영향을 받는다.

해설

잎을 통한 흡수는 극성에 영향을 받아 극성물질인 셀룰로오스는 흡수가 용이하다.

64 증량제를 사용하여 분제의 가비중(假比重; bulk density)을 조절할 때 가장 적절한 가비중의 범위는?

① 0.2~0.4 ② 0.4~0.6
③ 0.6~0.8 ④ 0.8~1.0

해설

분제의 가비중(용적비중)은 0.5 내외이다.

65 농약의 구비조건으로 가장 거리가 먼 것은?

① 독성이 강할 것
② 약해가 없을 것
③ 약효가 확실할 것
④ 저장성이 좋을 것

해설

농약의 구비조건
· 농약은 살균, 살충력이 강해야 한다.
· 작물 및 사람, 가축에 해가 없어야 한다.
· 사용법이 간단해야 한다.
· 품질이 균일하고 지속적이어야 하며 외부환경 변화에도 변질되지 않아야 한다.
· 가격이 저렴하고 구입이 용이해야 한다.
· 다른 약제와의 혼용이 가능해야 한다.

66 작물에 대한 약해 중 농약 사용방법과 관련해서 일어나는 약해가 아닌 것은?

① 불합리한 섞어 쓰기는 주성분의 가수분해, 금속염의 치환 등으로 약효저하 및 약해를 발생한다.
② 파라티온을 오랫동안 저장하면 p-nitro phenol 이 생성되어 벼에 약해가 발생한다.
③ 상자육묘에서 *Rhizophos* spp. 에 의한 모마름병 방제를 위해 하이멕사졸과 클로로탈로닐을 동시 사용하면 약해가 발생한다.
④ 살균제에 침투성 유화제를 첨가함으로써 식물체 내에 침투량이 많아져 약해가 일어난다.

해설

파라티온 오랜시간 저장하여 발생되는 p-nitro phenol 에 의해 벼에 약해가 발생하는 것은 경시적 변화에 의해 유해성분이 발생하는 것으로 농약 자체의 원인에 해당된다.

67 어떤 살충제에 대하여 이미 저항성이 발달한 해충이 한 번도 사용한 적은 없지만 작용기가 같은 살충제에 대하여 저항성을 나타내는 현상은?

① 교차저항성
② 복합저항성
③ 단일약제저항성
④ 선천적저항성

해설
해충에 한번도 사용하지 않았지만 유사 약제에 저항성으로 동시에 사용하지 않은 약제에도 저항성이 생기는 경우를 교차저항성이라 한다.

68 보호살균제의 특성에 대한 설명으로 옳지 않은 것은?
① 병균이 식물체에 침투하는 것을 막기 위해 쓰이는 약제이다.
② 포자의 발아저지 작용이 커야하고, 효과지속 기간도 길어야 한다.
③ 부착성 및 고착성이 강하고 안정된 것이어야 한다.
④ 살균력이 약하고 침투성이 있어야 한다.

해설
보호살균제는 병원균이 식물체 내로 침입하는 것을 방지하는 효과가 있으며 대표적으로 석회보르도액, 유기유황제 등이 있다.

69 Phenol계 살균제로서 과수의 월동 방제용이나 목재방부제로도 사용될 수 있는 약제는?
① Carboxin + thiram
② Captan
③ Neoasozin-6,5
④ Pentachlorophenol

해설
펜테클로로페놀(Pentachlorophenol)은 살균제, 소독제, 목재 방부제로 활용할 수 있으며 PCP 제라고 한다.

70 농약중독 사고 발생 시 취해야 할 응급조치로 적당하지 않은 것은?
① 경구 중독일 경우 따뜻한 물이나 소금물로 세척한다.
② 약물이 장내로 들어갈 염려가 있을 시 황산마그네슘(15~20g) 물에 독극물의 흡착을 위해 활성탄이나 규조토 등을 타서 먹여 배설시킨다.
③ 흡입 중독일 경우 체온을 식히기 위하여 찬물로 씻어 준다.
④ 경피 중독일 경우 오염된 의복을 벗기고 부착된 약제로 비눗물로 씻는다.

해설
흡입중독 환자는 바람이 잘 통하는 깨끗한 장소에 눕히고 의복을 느슨하게 하여 호흡을 쉽게 하도록 한다.

71 다음 중 유기인계 살충제가 아닌 것은?
① MEP 제 ② PAP 제
③ DDVP 제 ④ NAC 제

해설
NAC 제는 카바메이트계 살충제이다.

72 Dithiopyr 45% 유제 50ml(비중 1.0)를 1200 배액으로 희석하여 살포하려 할 때 소요되는 물의 양(L)은?
① 23.76 ② 26.73
③ 59.95 ④ 66.33

해설
유제 50 ml 를 1200배액으로 희석하려면 < 50ml × 1200 = 60,000ml = 60L > 의 물이 필요하다.

73 다음 중 살충력이 강하고, 적용범위가 넓으며 저렴한 값에 대량생산의 장점이 있으나 잔류독성의 문제를 일으킬 위험요인이 가장 큰 계통의 농약은?
① 유기황계 ② 유기인계
③ 유기염소계 ④ 카바메이트계

해설
유기염소계 살충제는 염소를 함유하고 있어 살충력이 우수하고 넓은 범위의 해충방제가 가능하다. 취급이 간편하고 인축에 대한 독성이 낮으나 생태계 내에서 잔류성이 높은 편이다.

정답 68 ④ 69 ④ 70 ③ 71 ④ 72 ③ 73 ③

74 순도 95% 인 클로로탈로닐 원제 20kg으로 75% 수화제를 만들려고 할 때, 필요한 보조제의 양(kg)은? (단, 비중은 농도와 관계없이 1로 동일하다)

① 5.33
② 10.33
③ 15.33
④ 20.33

해설

희석할 증량제양 = 원분제중량 × ($\frac{원분제농도}{목표농도} - 1$)

희석할 증량제양 = $20kg \times (\frac{95}{75} - 1) ≒ 5.33kg$

75 한때 식물생장억제제인 낙과방지제로 사용했으나 발암물질로 지정되어 화훼농업에서 신장억제제로 주로 사용하는 것은?

① Pyrimethanil
② β–indole acetic acid
③ Colchicine
④ Daminozide

해설

다미노자이드((daminozide, B–9)은 식물의 생장억제제 및 낙과 방지제로 사용한다.

76 물에 녹지 않은 원제를 벤토나이트·고령토 같은 점토광물의 증량제와 혼합하고 여기에 친수성·습전성 및 고착성 등을 부가시키기 위하여 적당한 계면활성제를 가하여 미분말화시킨 농약의 제형은?

① 수용제
② 수화제
③ 분제
④ 유제

해설

수화제는 물에 녹지 않는 주제를 벤토나이트 등의 점토광물과 계면활성제 등을 배합하여 혼합 분쇄하여 제제한다. 수화제는 골고루 퍼지는 현수성이 중요하며 수화성, 고착성, 습진성 등이 좋아야 한다.

77 농약의 토양 잔류에 대한 설명으로 옳지 않은 것은?

① 유기염소계 농약은 환경에서 매우 안정하므로 토양 중에 오래 잔류한다.
② 아닐린유도체는 토양 중에서 토양입자에 강하게 흡착되므로 오래 잔류한다.
③ 수화제나 유제와 같이 물에 희석해서 사용된 약제는 분제나 입제보다 토양에서 분해가 빨라진다.
④ 일반적으로 유기물함량이 높은 토양에서 농약의 분해가 촉진된다.

해설

농약의 분해 속도는 토양의 조건에 많은 영향을 받으며 물에 희석하여 사용한 약제라고 하여 토양에서 분해 속도가 빠른 것은 아니다.

78 농약관리법령상 농약 및 원제의 신규등록의 경우 약효·약해 시험성적서의 인정범위로 옳은 것은?

① 180일간 시험한 성적서
② 1년간 시험한 성적서
③ 2~3년간 시험한 성적서
④ 4~5년간 시험한 성적서

해설

농약 및 원제의 등록기준에 제 4 조 시험성적서의 인정범위에 의거하여 신규등록의 경우 2~3년간 시험한 성적서에 대해 인정한다. 변경등록의 경우 2년간 시험한 성적서를 기준으로 한다.

79 훈증제가 갖추어야 할 조건으로 틀린 것은?

① 휘발성이 크고 농도가 균일하여야 한다.
② 훈증할 목적물에 이화학적으로 변화를 주어야 한다.
③ 비인화성이어야 한다.
④ 침투성이 커서 약제가 쉽게 도달하여야 한다.

해설

훈증할 목적물에 이화학적으로 변화를 주지 않아야 한다.

정답 74 ① 75 ④ 76 ② 77 ③ 78 ③ 79 ②

80 농약 원제의 효력을 증진시키기 위하여 사용되는 보조제에 해당되지 않는 것은?
① 증량제　② 유화제
③ 살충제　④ 협력제

해설
보조제는 살균제, 제초제 등과 같은 농약의 효과 증진을 도와주는 약제로 전착제, 증량제, 용제, 유화제, 협력제가 있다.

5과목　잡초방제학

81 콩밭의 바랭이를 효율적으로 방제하는 방법으로 가장 거리가 먼 것은?
① 멀칭재배를 한다.
② 콩의 파종밀도를 조밀하게 한다.
③ 광엽잡초방제용 경엽처리 제초제를 처리한다.
④ 경합한계기간 이전에 제초한다.

해설
바랭이는 화본과 잡초에 속한다.

82 다음 중 액제에 해당하지 않는 것은?
① 수성현탁제　② 과립수용제
③ 미탁제　　　④ 세립제

해설
세립제는 세립상으로 사용되는 농약으로 액제에 해당하지 않는다.

83 작물과 잡초의 주요 3대 경합 요소에 포함되지 않는 것은?
① 수분　　　② 토양구조
③ 영양분　　④ 빛

해설
작물과 잡초의 3대 경합 요소로 수분, 양분, 광선이 있다.

84 다음 중 일년생 잡초로만 나열된 것이 아닌 것은?
① 여뀌, 어저귀
② 개비름, 닭의 장풀
③ 쇠뜨기, 조뱅이
④ 강아지풀, 쇠비름

해설
쇠뜨기는 다년생 잡초이며 조뱅이는 월년생 잡초이다.

85 다음 중 기주식물에 기생하는 잡초는?
① 새삼　　② 피
③ 명아주　④ 물달개비

해설
잡초 중에서는 뿌리가 없는 기생식물이 있으며 대표적으로 새삼, 겨우살이가 있다.

86 다음 중 논 잡초로만 나열된 것은?
① 흰명아주, 어저귀
② 쇠비름, 개비름
③ 개구리밥, 생이가래
④ 망초, 까마중

해설
논잡초에는 마디꽃, 물달개비, 올챙이고랭이, 올미, 올방개, 개구리밥, 생이가래, 하늘지기, 강피 등이 있다.

87 다음 중 영양번식기관 해당 잡초의 연결이 틀린 것은?
① 지하경 - 가래, 수염가래꽃
② 인경 - 야생마늘, 자주괭이밥
③ 괴경 - 향부자, 매자기
④ 포복경 - 올미, 벗풀

해설
올미, 벗풀은 괴경에 의한 영양번식을 한다.

정답　80 ③　81 ③　82 ④　83 ②　84 ③　85 ①　86 ③　87 ④

88 제초제의 흡수에 대한 설명으로 가장 거리가 먼 것은?
① 비극성제초제는 극성 제초제보다 잡초의 뿌리 흡수가 용이하다.
② 제초제의 식물뿌리 내 물관으로의 이동 중 원형질막을 통과하는 경로는 심플라스트 경로를 이용한다.
③ 종자 내로 제초제의 침투는 집단류와 확산에 의해 일어난다.
④ 식물의 뿌리는 토양으로부터 토양에 잔류하는 제초제를 흡수한다.

> **해설**
> 극성제초제의 뿌리 흡수가 더 용이하다.

89 잡초를 형태학적으로 분류할 때 관계 없는 것은?
① 광엽 잡초 ② 로제트형 잡초
③ 화본과 잡초 ④ 방동사니과 잡초

> **해설**
> 로제트형 잡초는 생장형에 따른 분류에 속한다.

90 잡초경합 한계기간에 대한 설명으로 옳지 않은 것은?
① 철저한 잡초 방제가 요구되는 시기이다.
② 작물 생육기의 초기 1/4 ~ 1/3 정도의 기간이다.
③ 잡초와 작물이 경합하지만 작물의 피해가 없는 한계기간이다.
④ 한계기간 이후에는 잡초 방제를 더 하여도 작물 피해에 큰 변화가 없다.

> **해설**
> 잡초경합한계기간은 잡초와의 경합에 의한 작물의 피해가 가장 심하게 나타나는 기간으로 잡초의 경합이 없는 초관형성기에서 생식생장기 사이를 의미한다. 작물 전생육기간의 첫 1/3~1/2 기간이나 1/4~1/3 기간에 해당되는 이 시기에 잡초간 경합으로 작물의 피해가 커서 방제가 요구된다.

91 다음 중 암발아성 잡초인 것은?
① 별꽃 ② 개비름
③ 왕바랭이 ④ 쇠비름

> **해설**
> 암발아 종자는 별꽃, 냉이, 광대나물 등이 있다.

92 작물이 심겨져 있지 않은 비농경지에서 발생하는 잡초를 방제하는데 가장 효과적인 제초제는?
① 시마진 수화제
② 뷰타클로르 유제
③ Glyphosate
④ 2,4-D

> **해설**
> 글리포세이트(Glyphosate)는 비선택성으로 작물이 없는 비농경지에 발생하는 잡초를 방제하는데 효과적이다.

93 다음 중 잡초종합방제체계 수립을 위한 선형특성적 모형에서 시작부터 완성단계로의 순서로 가장 옳은 것은?
① 모형의 평가 및 수정 → 문제유형의 검토 → 잡초군락의 예찰 → 제초방법의 선정 → 방제체계의 적용
② 문제유형의 검토 → 잡초군락의 예찰 → 제초방법의 선정 → 방제체계의 적용 → 모형의 평가 및 수정
③ 잡초군락의 예찰 → 문제유형의 검토 → 방제체계의 적용 → 모형의 평가 및 수정 → 제초방법의 선정
④ 제초방법의 선정 → 잡초군락의 예찰 → 방제체계의 적용 → 문제유형의 검토 → 모형의 평가 및 수정

> **해설**
> 잡초종합방제에서 선형특성적 모형의 과정을 보면 발생 유형의 문제를 검토하고 잡초군락을 조사하여 제초방법 및 방제체계를 선정하게 된다. 이후 실행한 방제방법에 대한 평가 및 수정을 통해 보완하도록 한다.

정답 88 ① 89 ② 90 ③ 91 ① 92 ③ 93 ②

94 잡초의 발아와 토양환경의 관계에 대한 설명으로 옳지 않은 것은?

① 잡초의 출현시기를 지배하는 요인으로서 최적온도는 대체로 발아적온과 일치한다.
② 토양의 수분은 토양경도와 산소함량에 영향을 준다.
③ 건생잡초는 습생잡초보다 발아에 필요한 산소요구량이 높다.
④ 잡초의 발생심도는 중점토가 사질토보다 깊다.

해설
사질토는 중점토보다 표층의 건조가 쉬워 발생심도가 깊어진다.

95 다음 중 산아마이드계 제초제가 아닌 것은?

① Alachlor   ② Dicamba
③ Propanil   ④ Napropamide

해설
디캄바(dicamba)는 벤조산 제초제에 속한다.

96 잡초 잎의 구성성분 중 비극성정도가 가장 높은 것은?

① 큐틴   ② 큐티클납질
③ 펙틴   ④ 셀룰로오스

해설
잡초 잎의 구성성분 층에서 비극성 정도는 큐티클납질이 가장 강하고 큐틴, 펙틴 순서이다.

97 다음 중 주로 괴경으로 번식하는 논잡초는?

① 올방개   ② 알방동사니
③ 가막사리   ④ 자귀풀

해설
괴경으로 번식하는 논잡초로 너도방동사니, 올방개, 매자기 등이 있다.

98 다음 중 잡초경합 한계기간이 가장 긴 작물은?

① 양파   ② 녹두
③ 밭벼   ④ 콩

해설
잡초경합한계기간으로 양파는 약 56일 정도로 상대적으로 긴 편이다.

99 못자리용 제초제인 벤타존의 작용성과 사용방법에 대한 설명으로 가장 거리가 먼 것은?

① 올방개 등과 같은 방동사니과 잡초의 살초효과가 뚜렷하다.
② 광합성 저해작용을 한다.
③ 경엽처리용 벼 생육 중기 제초제이다.
④ 화본과 잡초를 효과적으로 방제할 수 있다.

해설
벤타존은 광엽잡초 및 방동사니과 잡초의 경엽 처리하는 선택성 이행형 제초제이다.

100 다음 중 선택성 제초제는?

① Paraquat   ② Glyphosate
③ Glufosinate ④ 2,4–D

해설
선택성 제초제에는 2,4–D, 디캄바, 뷰타클로르 등이 있다.

정답 94 ④ 95 ② 96 ② 97 ① 98 ① 99 ④ 100 ④

국가기술자격 필기시험문제

2020년 기사 제4회 과년도 기출문제				수험번호	성명
자격종목 식물보호기사	종목코드	시험시간 2시간 30분	형별		

1과목 식물병리학

01 어떤 식물병에 대하여 저항성이었던 품종이 갑자기 해당 식물병에 감수성이 되는 주된 원인은?
① 재배법의 변화
② 병원균 집단의 변화
③ 기상의 변화
④ 기주체내 영양성분의 변화

해설
병원균의 집단이 변화하면 특정 식물병에 대한 저항성이 제대로된 기능을 발휘하지 못해 감수성이 되기도 한다.

02 토양에 열처리하여 소독하는 것은 무슨 방제법인가?
① 생물학적 방제법
② 재배적 방제법
③ 화학적 방제법
④ 물리적 방제법

해설
토양 열처리의 경우 물리적 방제법에 속한다.

03 배나무 검은별무늬병의 방제에 가장 효과적인 것은?
① 밀식
② 약제살포
③ 포장위생
④ 합리적인 비배관리

해설
배나무검은별무늬병은 병든부위를 제거 및 소각하거나 비배관리를 잘하거나 약제를 살포하는 방법이 있으며 가장 효과가 좋은 방법은 약제 살포이다.

04 다음 중 인공배양이 가장 불가능한 것은?
① 사과 탄저병
② 벼 도열병
③ 보리 흰가루병
④ 딸기 잿빛곰팡이병

해설
흰가루병은 절대기생체로 인공배양이 어렵다

05 다음 중 감자 역병 발병의 최적 환경으로 가장 옳은 것은?
① 기온이 20℃ 내외이고 습기가 많은 곳
② 기온이 30℃ 내외이고 건조한 곳
③ 기온이 40℃ 내외이고 건조한 곳
④ 기온이 45℃ 이상이고 습기가 많은 곳

해설
감자역병은 주로 기온이 20℃ 내외이며 습기가 많은 조건에 발병한다.

06 다음 식물병의 진단법 중 이화학적 진단에 해당하는 것은?
① 현미경 관찰
② 황산동법
③ 한천겔내 확산법
④ 최아법

해설
식물병의 진단방법 중 이화학적 진단은 식물이 병에 걸려 나타나는 이화학적 변화를 조사하는 방법으로 황산동법은 주로 감자의 바이러스병 진단에 사용된다.

정답 01 ② 02 ④ 03 ② 04 ③ 05 ① 06 ②

07 불완전균류의 정의로 가장 옳은 것은?
① 균사의 형성이 불완전한 균류
② 무성세대가 밝혀지지 않은 균류
③ 기주범위가 밝혀지지 않은 균류
④ 유성세대가 밝혀지지 않은 균류

해설
불완전균류는 균사에 격막이 있고 무성 분생포자 세대만으로 분류되며 유성세대가 밝혀지지 않았다.

08 어떤 병원체가 식물체내에 침입되어 병징이 나타나기까지의 기간을 무엇이라 하는가?
① 잠복기 ② 사멸기
③ 유도기 ④ 증식기

해설
병원체가 식물체내에 침입하여 병징이 나타나기까지의 기간을 잠복기라 한다.

09 다음 중 인삼 또는 당근의 뿌리에 혹과 같은 병징을 일으키는 것으로 가장 옳은 것은?
① 뿌리혹박테리아
② 노균병균
③ 뿌리혹선충
④ 더뎅이병균

해설
뿌리혹선충은 뿌리에 기생하여 뿌리의 조직이 혹 모양이 되는 병징이 나타난다.

10 다음 중 죽은 식물체에 증식하지 못하는 병원체는?
① 끈적균   ② 바이러스
③ 세균   ④ 진균

해설
바이러스는 절대기생체로 살아있는 조직에서만 생활이 가능하며 죽은 식물체에서는 증식하지 못한다.

11 병원균이 세균인 것은?
① 벼 깨씨무늬병 ② 토마토 풋마름병
③ 포도 탄저병   ④ 감자 역병

해설
감자, 가지, 토마토 등에서 발생하는 풋마름병은 세균에 의해 발생한다.

12 다음 중 벼 키다리병의 방제법으로 가장 효과적인 것은?
① 매개충 방제 ② 윤작
③ 종자소독   ④ 토양소독

해설
벼키다리병은 종자를 통해 전염하기에 종자소독을 통해 방제할 수 있다.

13 다음 중 벼 흰잎마름병에 대한 설명으로 옳지 않은 것은?
① 병원균이 1차 전염원인 겨풀에서 월동한다.
② 병원균의 학명은 *Xanthomonas oryzae* pv. *oryzae* 이다.
③ 병원균이 잎 선단의 수공이나 상처부위를 통해 침입한다.
④ 병원균은 그람 양성균이다.

해설
벼 흰잎마름병균은 그람음성 간균으로 배지에서 노란색의 둥글고 매끄러운 콜로이드를 형성한다.

14 균사가 모여 구형 또는 입상의 검은색 덩어리를 형성한 것으로 불리한 환경 조건에서도 생존할 수 있는 것은?
① 포자퇴   ② 균핵
③ 분생포자 ④ 균사

해설
균사가 모여 구형이나 입상의 검은색 덩어리가 형성되며 불리한 환경 조건에서도 생존 가능한 것으로 균핵이 있으며 벼 잎집무늬마름병, 호밀의 맥각병 등에서 나타난다.

15 밀 줄기녹병균의 중간기주로 가장 옳은 것은?
① 낙엽송 ② 까치밥나무
③ 향나무 ④ 매자나무

해설
맥류 줄기녹병의 중간기주는 매자나무이다.

16 벼 흰잎마름병이 발생할 수 있는 환경조건으로 가장 옳지 않은 것은?
① 침수 ② 가뭄
③ 일조부족 ④ 질소질비료 다용

해설
벼 흰잎마름병은 건조한 조건보다 배수가 나쁘고 습한 곳에서 주로 발생한다.

17 병원균의 중간기주가 향나무인 병은?
① 잣나무 털녹병
② 밀 줄기녹병
③ 소나무 혹병
④ 배나무 붉은별무늬병

해설
배나무 붉은별무늬병의 대표기주는 사과나무, 배나무이며 중간기주는 향나무이다.

18 하우스 내의 습도가 높을 때 채소에 가장 많이 발생하는 공기전염성 식물병은?
① 흰가루병 ② 뿌리혹병
③ 시들음병 ④ 잿빛곰팡이병

해설
잿빛곰팡이병은 시설 내에서 저온 다습한 환경에서 많이 발생한다.

19 맥류 흰가루병의 2차 전염은 어떤 포자의 비산에 의하여 이루어지는가?
① 분생포자 ② 자낭포자
③ 수포자 ④ 난포자

해설
병든 잎에서 균사나 자낭각으로 월동하고 차후 1차 전염원이 된다. 2차 전염원은 바람에 의해 분생포자가 각피로 전반되어 침입한다.

20 식물바이러스를 옮기는 매개충 중 구침전염형(stylet-borne)바이러스에 해당하는 것으로 가장 옳은 것은?
① 진딧물 ② 멸구
③ 매미충 ④ 가루이

해설
구침전염형은 바이러스에 걸린 식물을 가해한 곤충의 구침 끝에 바이러스가 묻어 다른 식물로 전반하는 방법으로 진딧물이 대표적이다.

2과목 농림해충학

21 곤충의 종간상호작용에 포함되지 않는 것은?
① 경쟁
② 밀도
③ 공생
④ 포식자 먹이상호작용

해설
종간의 상호작용의 종류에는 경쟁, 포식, 기생, 공생, 초식, 질병 등이 있다.

22 다음 중 농약의 부작용에 대한 설명으로 가장 거리가 먼 것은?
① 동물상의 복잡화
② 약제저항성 해충의 출현
③ 잠재적 곤충의 해충화
④ 자연계의 평형 파괴

해설
농약의 부작용으로 생태계의 파괴 및 동물상이 단순해진다.

정답 15 ④ 16 ② 17 ④ 18 ④ 19 ① 20 ① 21 ② 22 ①

23 곤충의 방어물질에 대한 설명으로 틀린 것은?

① 곤충의 방어물질을 총칭 카이로몬이라고 한다.
② 사회성 곤충에서는 독샘에서 분비하는 방어물질들이 대부분 효소들이다.
③ 곤충의 방어샘에서 동정된 화합물로는 알칼로이드, 테르페노이드, 퀴논, 페놀 등이 있다.
④ 비사회성 곤충에서는 방어물질 중 개미들의 경보 페로몬과 같거나 비슷한 구조의 화합물도 있다.

해설
곤충의 방어물질로는 알로몬이 있으며 생산자에게는 유리하고 수용자에게는 불리하게 작용한다.

24 이세리아깍지벌레의 방제를 위해 이용하는 곤충으로 가장 적합한 것은?

① 노랑좀벌
② 왕노린재
③ 베달리아무당벌레
④ 꽃등에

해설
이세리아깍지벌레의 천적으로 루비깡충동벌, 베달리아무당벌레가 있다.

25 곤충의 표피층에 대한 설명으로 틀린 것은?

① 표피세포는 표피를 이루는 단백질, 지질, chitin 화합물 등을 합성·분비한다.
② 외원표피층은 탈피과정에서 모두 소화, 흡수되어 재활용된다.
③ 외표피층은 수분의 증산을 억제해주는 기능을 한다.
④ 기저막은 일정한 모양이 없는 비세포성 연결조직이다.

해설
내원표피층은 탈피과정에서 다시 흡수되어 재활용된다.

26 다음 중 소나무재선충을 옮기는 매개충으로 가장 옳은 것은?

① 땅강아지 ② 알락하늘소
③ 솔수염하늘소 ④ 털두꺼비하늘소

해설
솔수염하늘소는 소내무재선충의 매개충으로 천공성 해충에 속한다.

27 1세대를 경과하는데 가장 긴 시간을 필요로 하는 것은?

① 알락하늘소 ② 장수풍뎅이
③ 말매미 ④ 소나무좀

해설
말매미는 1세대 경과에 6년 이상이 소요된다.

28 풀잠자리목의 특징에 대한 설명으로 가장 거리가 먼 것은?

① 완전변태를 한다.
② 더듬이는 짧고 홑눈이 3개이다.
③ 생물적 방제에 이용된다.
④ 유충과 성충은 대부분 포식성이다.

해설
풀잠자리목은 더듬이는 길고 홑눈은 있기도 하고 없기도 하다.

29 다음 중 누에의 식성으로 가장 적절한 것은?

① 광식성 ② 단식성
③ 잡식성 ④ 부식성

해설
누에는 뽕나무의 잎만 먹는 단식성이다.

정답 23 ① 24 ③ 25 ② 26 ③ 27 ③ 28 ② 29 ②

30 다음 설명에 해당하는 살충제는?

◎ 접촉독, 식독작용 및 흡입독작용을 가진다.
◎ 살충력이 극히 강하고 작용범위도 넓으나 포유류에 대한 독성이 매우 강하여 현재 국내에서는 사용이 금지된 농약이다.
◎ 일부 외국에서는 사용되고 있어 식품 중 잔류허용기준이 고시된 농약이다.

① 니코틴 ② 피레스린
③ 파라티온 ④ 지베렐린

해설
파라티온은 유기인계 살충제의 일종이며 갈색을 띠고 있다. 사람이나 가축에 유해하여 제조 및 사용이 국내에서는 금지되어 있다.

31 다음 중 거미강의 특징에 대한 설명으로 옳은 것은?

① 변태를 한다.
② 겹눈과 홑눈으로 되어 있다.
③ 몸의 구분은 머리, 가슴과 배의 2부분으로 되어 있다.
④ 더듬이를 가지고 있어 이동이 빠르다.

해설
거미는 머리, 가슴과 배 2부분으로 분류한다.

32 다음 중 암컷의 생식계에 해당하는 것은?

① 수정낭 ② 정소
③ 수정관 ④ 사정관

해설
수정낭은 암컷의 기관 중 하나로 수컷에서 받은 정자를 보관하는 곳이다.

33 곤충이 불리한 환경조건에서 대사와 발육이 정지되었다가 환경조건이 좋아지면 정상상태로 회복하는 반응은?

① 사면 ② 휴지
③ 분산 ④ 적응

해설
불리한 환경에서 대사율을 낮추거나 활동을 정지하는 것을 휴지라고 한다.

34 다음 중 반전현상(resurgence)에 대한 설명으로 옳은 것은?

① 한 약제에 대하여 저항성을 나타내는 계통이 다른 약제에는 도리어 감수성인 현상
② 약제처리 후 해충밀도의 회복속도가 매우 느린 현상
③ 해충이 3종 이상의 약제에 대하여 저항성을 나타내는 현상
④ 약제처리 후 해충밀도의 회복속도가 급격하게 빨라지는 현상

해설
농약의 오용 혹은 남용하거나 약제처리 후 해충밀도의 회복속도가 급격하게 빨라지는 현상을 반전현상이라 한다.

35 다음 중 고자리파리에 대한 설명으로 틀린 것은?

① 유충이 땅속에 살면서 뿌리를 가해한다.
② 마늘에 피해를 주는 해충이다.
③ 1년에 1회 발생한다.
④ 미숙퇴비를 사용하면 많이 발생한다.

해설
고자리파리는 1년에 3회 발생하고 가을에 발생한 번데기로 월동하고 4월쯤 우화한다.

정답 30 ③ 31 ③ 32 ① 33 ② 34 ④ 35 ③

36 다음 중 곤충의 배설을 담당하는 기관은?
① 알라타체 ② 말피기소관
③ 존스턴기관 ④ 모이주머니

해설
말피기소관은 끝이 막혀있고 가늘고 긴 관으로 노폐물 등을 체액으로 걸러주는 배설담당기관이다.

37 다음 중 유시류에 속하는 것은?
① 톡토기 ② 낫발이
③ 좀붙이 ④ 하루살이

해설
유시류는 날개가 있는 곤충으로 하루살이, 메뚜기, 나비, 파리 등이 있다.

38 다음 중 완전변태를 하는 것은?
① 노린재목 ② 메뚜기목
③ 파리목 ④ 총채벌레목

해설
완전변태를 하는 종류로 벌목(벌, 개미, 밤나무순혹벌 등), 딱정벌레목(딱정벌레, 바구미, 소나무좀 등), 파리목(모기, 파리 등), 나비목(나비, 솔나방), 풀잠자리목, 밑들이목 등의 내시류들이 있다.

39 곤충 더듬이의 마디 중 수컷이 암컷의 날개소리를 잘 듣도록 발달된 존스턴기관이 있고, 비행 중 바람의 속도를 측정하는 감각기들이 집중되어 있는 마디는?
① 채찍마디 ② 자루마디
③ 기본마디 ④ 팔굽마디

해설
팔굽마디(흔들마디)는 존스턴씨기관이 있어 공기의 진동을 통해 소리를 인지하거나 바람의 방향을 느낀다.

40 다음 중 곤충의 중추신경계가 아닌 것은?
① 전대뇌 ② 측대뇌
③ 중대뇌 ④ 후대뇌

해설
곤충의 중추신경계는 뇌, 배신경절이며 뇌는 다시 전대뇌, 중대뇌, 후대뇌로 분류된다.

3과목 재배학원론

41 ( )에 알맞은 내용은?

> ( )는 체내 이동성이 낮으며, 결핍 시 셀러리의 줄기쪼김병, 담배의 끝마름병의 증상이 나타난다.

① 붕소 ② 구리
③ 염소 ④ 규소

해설
붕소는 미량원소에 속하고 체내 이동성이 낮으며 세포 분열과 수정에 관여하여 부족할 경우 수정, 결실이 나빠지고 불임이 발생하기도 한다. 결핍시 사과 축과병, 담배 끝마름병, 속썩음병 등이 발생한다.

42 다음 중 벼의 관수해(冠水害)가 가장 심하게 나타나는 수질은?
① 흐르는 맑은 물
② 흐르는 흙탕물
③ 정체한 맑은 물
④ 정체한 흙탕물

해설
작물체가 잠기는 관수해에서 물의 상태에 영향을 받는데 맑은물보다는 흙탕물이, 흐르는 물보다는 정체된 물이 피해를 더 많이 준다.

43 다음 중 장과류에 해당하는 것으로만 나열된 것은?
① 배, 사과 ② 복숭아, 앵두
③ 딸기, 무화과 ④ 감, 귤

해설
장과류에는 포도, 무화과, 딸기 등이 있다.

44 다음 중 알줄기에 해당하는 것은?
① 글라디올러스 ② 생강
③ 박하 ④ 호프

해설
알줄기에 해당하는 것은 토란, 글라디올러스가 대표적이다.

정답 36 ② 37 ④ 38 ③ 39 ④ 40 ② 41 ① 42 ④ 43 ③ 44 ①

45 국화의 주년재배와 가장 관계가 있는 것은?
① 온도처리   ② 광처리
③ 수분처리   ④ 영양처리

해설
국화의 조생국은 단일처리로 개화가 촉진되고 만생추국은 장일처리로 개화가 억제된다. 이러한 광처리를 통해 연중개화하는 것을 주년재배라 한다.

46 종자의 수명이 5년 이상인 장명종자로만 나열된 것은?
① 가지, 수박
② 메밀, 고추
③ 해바라기, 옥수수
④ 상추, 목화

해설
장명종자에는 녹두, 오이, 배추, 가지, 토마토, 수박 등이 있다.

47 다음 중 최적용기량이 가장 낮은 작물은?
① 강낭콩   ② 보리
③ 양파   ④ 양배추

해설
일반 작물의 최적용기량은 10 ~ 25% 정도이며 작물 중 벼, 양파는 10% 정도로 가장 낮고 양배추, 강낭콩 등은 24% 정도로 높다.

48 산성토양에 가장 약한 작물로만 나열된 것은?
① 시금치, 양파   ② 땅콩, 기장
③ 감자, 유채   ④ 토란, 양배추

해설
산성토양에 약한 작물로는 시금치, 보리, 콩, 양파, 파, 고추, 가지 등이 있다.

49 답전윤환의 주요 효과로 틀린 것은?
① 지력증강   ② 기지의 회피
③ 병충해 증가   ④ 잡초의 감소

해설
답전윤환을 통해 병해충에 대한 감소 혹은 방제가 가능하다.

50 벼에서 염해가 우려되는 최소 농도는?
① 0.1% NaCl   ② 0.4% NaCl
③ 0.7% NaCl   ④ 0.9% NaCl

해설
벼에 염해가 발생하는 농도는 0.1% 내외이다. 0.3% 이상에서는 벼를 수확하기 힘들다.

51 [(A×B)×B]×B로 나타내는 육종법은?
① 다계교잡법
② 여교잡법
③ 파생계통육종법
④ 집단육종법

해설
보기의 표기방법인 육종법은 A 라는 품종에 약한 특성을 보완하기 위해 B 품종을 교잡하고 이후 1대 잡종을 다시 B 품종에 교잡하는 방법으로 여교잡법이라 한다.

52 우량품종 종자갱신의 채종체계는?
① 원종포 → 원원종포 → 채종포 → 기본식물포
② 기본식물포 → 원원종포 → 원종포 → 채종포
③ 채종포 → 원원종포 → 원종포 → 기본식물포
④ 기본식물포 → 원종포 → 원원종포 → 채종포

해설
종자갱신 채종 체계
기본식물포(기본식물종자) - 원원종포(원원종) - 원종포(원종) - 채종포(보급포) - 농가

53 재배의 기원지가 중앙아시아에 해당하는 것은?
① 대추   ② 양배추
③ 양파   ④ 고추

해설
지리적으로 중앙아시아가 기원지가 되는 작물로 귀리, 완두, 당근, 양파, 삼 등이 있다.

정답 45 ② 46 ① 47 ③ 48 ① 49 ③ 50 ① 51 ② 52 ② 53 ③

54 다음 중 작물의 주요온도에서 최적온도가 가장 낮은 것은?

① 삼 ② 멜론
③ 오이 ④ 담배

해설
호박, 오이는 최적온도가 35℃ 정도로 높은 편에 속하며 가지, 고추 등은 30℃, 담배는 28℃ 정도이다.

55 다음 중 굴광현상에서 가장 유효한 파장은?

① 120~250nm ② 440~480nm
③ 600~680nm ④ 700~750nm

해설
굴광현상에 효과가 큰 파장은 청색광의 파장인 440~480nm 이다.

56 다음 중 요수량(要水量)이 가장 적은 작물은?

① 오이 ② 호박
③ 클로버 ④ 옥수수

해설
요수량이 적은 식물로 수수, 기장, 옥수수 등이 있다.

57 C_3 식물과 C_4식물의 광합성 특성에 대한 설명으로 틀린 것은?

① C_4 식물은 유관속초세포가 잘 발달하였다.
② C_4식물은 크란츠(Kranz)구조가 잘 발달하였다.
③ C_3식물은 유관속초세포가 발달하지 않거나 있어도 엽록체가 적고, C_4식물은 유관속초세포에 다수의 엽촉체가 있다.
④ C_3식물은 엽육세포에서 합성한 유기산이 유관속초세포로 이동하여 그곳에서 분해되고 재고정되어 자당이나 전분으로 합성된다.

해설
엽육세포에서 합성한 유기산이 유관속초세포로 이동하여 그곳에서 분해하고 재고정되어 자당이나 전분으로 합성되는 것은 C_4 식물에 대한 설명이다.

58 다음 중 적산온도가 가장 낮은 것은?

① 벼 ② 메밀
③ 담배 ④ 조

해설
메밀의 적산온도는 약 1000 으로 작물 중에서 낮은 편에 속한다.

59 다음 중 장일식물의 화성을 촉진하는 효과가 가장 큰 물질은?

① AMO-1618 ② MH
③ CCC ④ Gibberellin

해설
지베렐린을 작물에 적용시 발아촉진, 화성유도, 생장 촉진, 수량의 증대 효과를 기대할 수 있다.

60 영양번식법 중 휘묻이에 해당하지 않는 것은?

① 선취법 ② 파장취목법
③ 당목취법 ④ 고취법

해설
휘묻이는 가지를 잘라내지 않고 가지를 휘어서 흙 속에 묻는 방법인데 고취법은 공중취목이라 하며 가지나 줄기의 일부에 상처를 주고 그 자리에 수태 혹은 황토로 싸서 건조하지 않도록 해주며 물을 주어 적당한 습도 조건에 유지하여 발근하는 방법으로 휘묻이 방법과는 차이가 있다.

정답 54 ④ 55 ② 56 ④ 57 ④ 58 ② 59 ④ 60 ④

4과목 농약학

61 농약 흡입 및 노출 시 가장 적절하지 않은 조치는?
① 약물을 경구적으로 흡입 시 위내의 약물을 토하게 된다.
② 위내의 약물을 토하게 하는 데는 일반적으로 따뜻한 소금물을 마시게 한다.
③ 산성, 알칼리성이 강한 점막부식성인 것을 마셨을 때는 식염수나 황산동을 사용한다.
④ 경피적으로 중독된 경우에는 옷을 벗기고 비눗물을 깨끗이 씻는다.

[해설] 산성, 알칼리성이 강한 점막부식성인 것을 마셨을 때에는 식염수나 황산동, 황산아연 등의 구토제를 사용하여서는 안 된다.

62 만코제브 원제에 함유한 ETU(Ethylene thiourea)는 발암성이 높은 화합물로 지정되어 규제하고 있다. 농약관리법령상 이 물질의 규제 기준은?
① 0.01% 이하 ② 0.05% 이하
③ 0.1% 이하   ④ 0.5% 이하

[해설] 농약관리법상 만코제브 원제에 ETU는 0.5% 이하이어야 한다.

63 농약의 약효를 높이기 위한 방법으로 가장 거리가 먼 것은?
① 알맞은 농약의 선택
② 방제 적기에 농약살포
③ 적정농도 및 정량살포
④ 한 가지 농약의 집중사용

[해설] 한가지 농약을 집중적으로 사용하면 농약에 대한 저항성이 생겨 약효가 떨어진다.

64 유제 투입원료 중 계면활성 작용을 하는 화합물은?
① xylene
② epichlorohydrin
③ polyoxyethylene
④ O,O-diethyl O-(p-nitrophenyl) phosphate

[해설] 폴리옥시에틸렌(Polyoxyethylene)는 계면 활성제로 이용한다.

65 모든 제형의 농약의 약효보증기간을 설정하기 위한 시험방법에 해당하는 것은?
① 확산성 시험
② 가열안정성 시험
③ 저온안정성 시험
④ 내열내한성 시험

[해설] 농약의 약효보증기간 설정을 위한 시험 방법으로 확산성 시험, 저온안정성 시험, 저장안정성 시험, 내열내한성 시험 등이 있다.

66 잔류농약의 피해대책을 위하여 농약의 잔류허용기준, 반감기 및 반치사농도(LC50) 등에 따라 잔류성 농약을 구분하는데 이에 해당하지 않는 것은?
① 작물잔류성 농약
② 식품잔류성 농약
③ 토양잔류성 농약
④ 수질오염성 농약

[해설] 잔류성 농약은 작물잔류성 농약, 토양잔류성 농약, 수질오염성 농약으로 구분한다.

67 석회유황합제 제조 시 생석회와 황의 중량비로 옳은 것은?
① 생석회(2) : 황(1)
② 생석회(1) : 황(2)
③ 생석회(3) : 황(1)
④ 생석회(1) : 황(1)

정답 61 ③ 62 ④ 63 ④ 64 ③ 65 ② 66 ② 67 ②

해설
석회황합제 제조시 생석회와 황을 1:2 비율로 배합한다.

68 유제가 갖추어야 할 구비조건으로 가장 거리가 먼 것은?
① 물로 희석하였을 때 유효성분이 석출되지 않고 유탁액을 만드는 유화성
② 유효성분이 보존 또는 사용 중 분해되거나 변화되지 않는 안전성
③ 살포 후 작물이나 해충의 표면에 고르게 퍼지고 부착하는 확전성
④ 가수분해의 우려가 없고 물에 잘 녹는 수용성

해설
유제는 유기용매를 녹여 유화제를 첨가한 용액으로 유효성분의 안전성과 유화성이 주요 관리 항목이다. 그리고 많은 양의 물에 희석하여 분무기를 이용해 살포하기에 확전성도 있어야 한다.

69 농약의 입제에 대한 설명으로 틀린 것은?
① 표류, 비산에 의한 오염의 우려가 없다.
② 제조과정이 다른 제형보다 간단하고 값이 저렴하다.
③ 입자가 크므로 농약을 살포하는 농민에 대하여 안전성이 높다.
④ 다른 제형에 비하여 많은 양의 주성분을 투여해야 목적하는 방제효과를 얻을 수 있다.

해설
입제의 경우 제조방법에는 흡착법, 피복법, 압출식 조립법, 조립흡착법 등 다양하고 복잡하며 단위면적당 사용량이 많아 가격이 비싼 편이다.

70 30% 메프(MEP)유제(비중1.0) 100ml 로 0.05% 의 살포액을 만들려고 한다. 이 때 소요되는 물의 양(ml)은?
① 59900   ② 69900
③ 79900   ④ 89900

해설
희석할 물의 양
$= 원액용량 \times (\frac{원액농도}{희석할농도} - 1) \times 원액비중$
$= 100 \times (\frac{30}{0.05} - 1) \times 1 = 59900 ml$

71 다음 농약 중 살균제가 아닌 것은?
① mancozeb   ② mepronil
③ thiram   ④ parathion

해설
파라티온(parathion)은 유기인계 살충제이다.

72 곤충을 질식시켜 치사시키는 물리적 작용을 갖는 살충제는?
① 기계유 유제   ② 피레스 유제
③ 에이카롤 유제 ④ 밀베멕틴 유제

해설
기계유 유제는 유효성분인 석유류가 곤충에 피복되어 질식시키는 물리적 작용을 갖는 살충제이다.

73 다음 천연 제충국 성분 중 살충력이 가장 강한 것은?
① Cinerin I   ② Pyrethrin I
③ Pyrethrin II ④ Jasmolone II

해설
살충력은 피네트린이 시네린보다 강하며 피네트린에서도 피레트린 I이 효과가 좋다.

74 NOAEL(No Observed Adverse Effect Level)이란?
① 일일섭취허용량
② 식품 중 잔류농약의 허용기준
③ 농약이 잔류할 우려가 있는 식품 중의 농약잔류평균
④ 일생동안 매일 섭취하여도 아무런 영향을 주지 않는 약량

해설
NOEL 은 농약의 1일 허용량은 농약을 매일 섭취해도 영향이 없는 농약의 양을 말한다.

정답 68 ④ 69 ② 70 ① 71 ④ 72 ① 73 ② 74 ④

75 농약관리법령상 농약에 해당하는 것으로 옳은 것은?
① 농작물을 해하는 균, 곤충, 응애 등의 방제에 사용하는 살균제, 살충제, 제초제 및 농작물의 생리기능을 증진 또는 억제하는데 사용하는 약제
② 농작물의 생장을 저해하는 병충해의 방제에 사용하는 유제, 액제, 분제, 입제와 약효를 증진시키는 자재
③ 농작물의 생장을 저해하는 병충해의 방제에 사용하는 살충제, 살균제, 제초제, 살비제 및 생장촉진제
④ 농작물의 생장을 저해하는 병충해의 방제에 사용하는 살균제, 살충제, 제초제, 살비제, 보건용 약제와 약효를 증진시키는 자재

해설
농약은 농약관리법에 의거 농작물을 해치는 균, 곤충, 응애, 선충, 바이러스, 잡초, 그 밖에 농림축산식품부령으로 정하는 동식물을 방제하는 데에 사용하는 살균제, 살충제, 제초제 등을 말한다.

76 제초제의 살초기작이 아닌 것은?
① 신경전달 저해
② 광합성 저해
③ 에너지생성 저해
④ 세포분열 저해

해설
신경전달 저해는 살충제의 작용기작에 해당된다.

77 잔디의 생장억제 기능을 하는 농약은?
① 4-CPA
② 1-naphthylacetamide
③ trinexapac-ethyl
④ maleic hydrazide

해설
식물생장조절제인 트리넥사픽에틸(trinexapac-ethyl)은 잔디의 생장억제 기능을 가지고 있다.

78 12% 다이아지논 원제 1kg을 2% 다이아지논 분제로 만들려면 소요되는 보조제의 양(kg)은?
① 5
② 10
③ 15
④ 20

해설
희석할증량제 양=원분제증량×$\left(\dfrac{원분제농도}{목표농도}-1\right)$

희석할증량제양=1kg×$\left(\dfrac{12}{2}-1\right)$=5kg

79 식물의 병반이나 상처부위에 직접 발라서 병을 방제하는 방법은?
① 분의법
② 관주법
③ 도포법
④ 독이법

해설
도포법은 나무 줄기나 상처 부위에 병균이 침입하지 못하도록 직접 바르는 방법이다.

80 농약관리법령상 농약의 급성독성에 대한 내용으로 틀린 것은?
① 농약을 단 1회 투여하여 생물집단에 대한 독성을 평가하는 것이다.
② 독성정도는 생물집단의 반수가 치사되는 양으로 평가한다.
③ 농약이 살포된 농산물을 섭취하는 소비자에 대한 독성평가를 위한 것이다.
④ 급성독성 정도에 따른 구분은 I-IV급까지이다.

해설
농약의 급성독성은 일시에 다량의 농약에 노출되었을 경우 나타나는 독성으로 섭취하는 소비자의 상황보다는 농약을 사용하는 사용자에 대한 특성 평가를 위한 것이다.

정답 75 ① 76 ① 77 ③ 78 ① 79 ③ 80 ③

5과목 잡초방제학

81 제초제가 식물체에 흡수 이행을 저해하는 데 관여하는 요인으로 가장 거리가 먼 것은?
① 제초제의 농도
② 식물의 영양상태
③ 식물의 형태적 특성
④ 제초제의 처리 부위

해설
제초제가 식물체에 흡수 이행에 관여하는 요인으로 제초제의 처리 부위, 식물의 영양상태 및 삼투압 조건, 식물의 형태적 특성 등이 있다.

82 잡초의 이해관계에 대한 설명으로 가장 거리가 먼 것은?
① 잡초는 유용적인 가치도 가지고 있다.
② 잡초는 불필요하므로 박멸되어야 한다.
③ 이해관계는 시점에 따라 달라진다.
④ 잡초의 개념은 인간의 의도에 위배된다는 점에서 성립한다.

해설
잡초의 이해관계에서 잡초가 병해충의 문제에 원인이 되기도 하지만 병해충에 방제 식물이 되기도 하고 토양의 유실방지 및 녹지 효과가 있어 박멸의 대상은 아니다.

83 잡초의 학명을 바르게 나타낸 것은?
① 올미 : *Scirpus juncoides*
② 벗풀 : *Eleocharis kuroguwai*
③ 너도방동사니 : *Cyperus serotinus*
④ 올챙이고랭이 : *Sagittaria pygmaea*

해설
① 올미 : *Sagittaria pygmaea* Miquel
② 벗풀 : *Sagittaria trifolia* L
④ 올챙이고랭이 : *Scirpus juncoides* Roxb.

84 가시나 갈고리 등을 이용하여 사람이나 동물에 부착해서 종자가 이동하는 잡초가 아닌 것은?
① 메귀리   ② 소리쟁이
③ 도꼬마리   ④ 도깨비바늘

해설
소리쟁이는 무게가 가볍고 물에 뜨는 특성을 지닌 잡초이다.

85 잡초의 생물학적 방제용으로 도입되는 곤충이 구비하여야 할 조건으로 가장 거리가 먼 것은?
① 영구적으로 소멸되지 않는 것
② 대상 잡초에만 피해를 주는 것
③ 대상 잡초의 발생지역에 잘 적응할 것
④ 인공적으로 배양 또는 증식이 용이한 것

해설
곤충의 경우 생물로서 방제하고자 하는 잡초를 없애면 소멸하거나 줄어야 한다.

86 식물의 여러 기관에서 특정물질이 분비되거나 또는 유출되어 주변식물의 발아나 생육을 억제하는 작용은?
① 역치작용
② 상승작용
③ 상호대립억제작용
④ 상대지속억제작용

해설
타감작용(allelopathy, 상호대립억제작용)이라 하여 근처 식물의 생육에 영향을 주는 방법을 이용한 방제법이다. 주로 인접 식물의 생육에 부정적인 영향을 끼쳐 생장을 저해시키거나 혹은 과도하게 촉진시키게 된다. 보리, 밀 등은 잡초의 생육을 억제시키는 작용을 한다.

정답 81 ① 82 ② 83 ③ 84 ② 85 ① 86 ③

87 이행형 제초제가 아닌 것은?
① 2,4-D ② Diquat
③ Simazine ④ Glyphosate

해설
이행형 제초제로 2,4-D, 시마진, MCPA, bentazon, glyphosate 등이 있다. 다이쿼드(diquat)는 접촉형 제초제이다.

88 월년생 잡초로만 올바르게 나열한 것은?
① 피, 냉이, 뚝새풀
② 별꽃, 냉이, 벼룩나물
③ 냉이, 쇠비름, 벼룩나물
④ 쇠비름, 뚝새풀, 별꽃아재비

해설
월년생 잡초에는 달맞이꽃, 나도냉이, 엉겅퀴, 냉이, 별꽃, 벼룩나물 등이 있다.

89 주로 논에 발생하는 잡초로만 올바르게 나열한 것은?
① 피, 바랭이 ② 명아주, 뚝새풀
③ 개비름, 물옥잠 ④ 올미, 여뀌바늘

해설
논잡초로 올미, 가래, 여뀌바늘, 너도방동사니, 올방개 등이 있다.

90 다음 잡초 중 한 개체 당 종자수가 가장 많은 것으로만 나열된 것은?
① 바랭이, 별꽃 ② 흰여뀌, 등에풀
③ 마디꽃, 뚝새풀 ④ 망초, 물달개비

해설
일반적인 잡초의 종자수는 수십~수백개 정도의 수준이나 망초는 60만개의 종자수를 가지며 물달개비는 2천여개 정도의 종자수를 가진다.

91 다음 중 발아를 위한 산소요구도가 가장 낮은 잡초는?
① 향부자 ② 별꽃
③ 강피 ④ 갈퀴덩굴

해설
논잡초 종류가 상대적으로 산소요구도가 낮으며 보기 중 강피가 상대적으로 산소요구도가 낮다.

92 밭에서 주로 발생하는 잡초로만 올바르게 나열된 것은?
① 여뀌, 매자기
② 쇠비름, 바랭이
③ 올방개, 물달개비
④ 드렁새, 사마귀풀

해설
밭잡초에는 바랭이, 쇠비름, 명아주, 깨풀 등이 있다.

93 광발아 잡초에 해당하지 않은 것은?
① 비름 ② 광대나물
③ 소리쟁이 ④ 왕바랭이

해설
광대나물은 암발아 종자에 속한다.

94 형태적 특성에 따른 잡초 분류에 옳지 않은 것은?
① 소엽류 잡초
② 광엽류 잡초
③ 화본과류 잡초
④ 방동사니과류 잡초

해설
형태적 특성에 따라 광엽잡초, 화본과잡초, 방동사니과잡초로 분류된다.

정답 87 ② 88 ② 89 ④ 90 ④ 91 ③ 92 ② 93 ② 94 ①

95 잡초와 작물과의 경합조건에 대한 설명으로 옳지 않은 것은?
① 잡초와 작물 간에 경합이 약할 때 작물 수량은 감소한다.
② 초종이 다른 식물 간에 일어나는 경합을 종간경합이라고 한다.
③ 같은 초종 중에서 개체 간에 일어나는 경합을 종내경합이라고 한다.
④ 식물경합은 둘 이상의 식물 간에 각각 어느 특정요인이나 물질이 필요량보다 부족할 때 일어난다.

해설
잡초와 작물 간의 경합이 심할 때는 양분의 분산 및 공간의 부족 등으로 작물의 수량이 감소한다.

96 벼와 피의 주된 형태적 차이점은?
① 피에만 엽이가 있다.
② 벼에만 잎몸이 없다.
③ 벼에만 잎혀가 있다.
④ 벼와 피에는 잎집이 없다.

해설
벼에는 잎혀와 잎귀가 있으나 피에는 없다.

97 잡초방제 한계기간이 가장 짧은 작물은?
① 벼 ② 콩
③ 녹두 ④ 보리

해설
잡초경합한계기간의 예로 녹두는 21~35일, 벼는 30~40일, 콩은 42일, 옥수수는 49일, 약파는 56일 정도로 녹두가 가장 짧다.

98 잡초군락의 천이에서 가장 크게 영향을 받는 것은?
① 물관리 ② 우점잡초
③ 경운 깊이 ④ 제초제 사용

해설
잡초군락의 천이는 재배작물 변화, 작부체계 변화, 경종조건 변화, 제초방법 변화 등이 있으며 동일 제초제의 연속 사용의 경우 저항성 잡초들의 발생으로 천이에 가장 큰 영향을 준다.

99 벼 잡초인 피 방제를 위한 프로파닐 제초제의 선택성에 대한 설명으로 옳은 것은?
① 휴면성의 차이에 기인한 것이다.
② 형태적인 차이에 기인한 것이다.
③ 생활상의 차이에 기인한 것이다.
④ 효소 활성의 차이에 기인한 것이다.

해설
프로파닐은 아마이드계 제초제로 사용시 프로파닐을 가수분해시키는데 이는 아릴아실아미라아제 효소에 의한 활성의 차이에 기인한 것이다.

100 논에서 주로 종자로 번식하는 잡초는?
① 올미 ② 벗풀
③ 올방개 ④ 물달개비

해설
물달개비는 1년생 논잡초로 종자번식을 한다.

정답 95 ① 96 ③ 97 ③ 98 ④ 99 ④ 100 ④

국가기술자격 필기시험문제

2021년 기사 제1회 과년도 기출문제

자격종목	종목코드	시험시간	형별	수험번호	성명
식물보호기사		2시간 30분			

1과목 식물병리학

01 박테리오파지의 기주특이성을 이용하여 진단할 수 있는 병으로 가장 적절한 것은?
① 밀 속깜부기병
② 벼 줄무늬잎마름병
③ 보리 겉깜부기병
④ 벼 흰잎마름병

해설
박테리오파지는 세균에 기생하여 세균을 잡아먹는 바이러스로 이러한 성질을 이용하여 세균에 의한 식물병 진단에 이용한다. 세균의 대표적인 종류로 벼 세균성줄무늬병, 벼 흰잎마름병, 맥류 검은마디병, 감자 둘레썩음병, 감자 더뎅이병 등이 있다.

02 과수의 자주날개무늬병균은 분류학적으로 어느 균류에 속하는가?
① 난균
② 담자균
③ 자낭균
④ 접합균

해설
자줏빛날개무늬병균은 진균(담자균류)에 속한다.

03 호박의 흰가루병을 방제하기 위해서는 어느 부위에 약제를 처리하는 것이 가장 효과적인가?
① 뿌리
② 잎과 줄기
③ 토양
④ 종자

해설
호박 흰가루병은 주로 잎에 발생하고 잎자루와 줄기에도 발생한다.

04 식물병원체가 생산하는 기주 특이적 독소는?
① Victorin
② Tentexin
③ Ophiobolins
④ Fumaric acid

해설
기주 특이적 독소는 기주식물에만 독성을 일으키는 것으로 귀리 마름병균의 독소 Victorin, 배나무 검은무늬병균의 AK 독소 중 Alterine 등이 있다.

05 인공 배지에서 배양이 가능한 식물 병원체는?
① 선충
② 바이러스
③ 세균
④ 파이토플라스마

해설
세균은 인공배지에서 배양 및 증식이 가능하며 운동기관인 편모를 가지고 있다.

06 다음 중 기생성 종자식물이 수목에 미치는 주요 피해로 가장 거리가 먼 것은?
① 국부적 이상 비대
② 기주로부터 양분과 수분 탈취
③ 저장물질의 변화 및 생장 둔화
④ 태양광선의 차단에 의한 생장 불량

해설
기생성 종자식물은 줄기속에 뿌리를 내려 양분을 섭취하기에 태양광선의 차단과는 상관이 없다.

07 시설재배에서 발생하는 토양 병해의 방제방법으로 가장 거리가 먼 것은?
① 습도 조절
② 태양열 소독
③ 훈증제 사용
④ 경엽처리제 사용

해설
경엽처리제는 잡초와 같은 식물을 제거하는 약품으로 일종의 제초제이다. 이것을 시설재배에서 사용시 토양이 산성을 띠게 되는데 산성토양에서 발생하기 쉬운 병해가 있기에 방제방법과는 거리가 멀다.

정답 01 ④　02 ②　03 ②　04 ①　05 ③　06 ④　07 ④

08 토마토 풋마름병에 대한 설명으로 옳은 것은?
① 토마토에만 감염된다.
② 담자균에 의한 병이다.
③ 병원균은 주로 병든 식물체에서 월동한다.
④ 병원균이 뿌리로 침입하면 뿌리가 흰색으로 변한다.

해설
풋마름병의 병원균은 병든 식물에 월동한다.

09 국내에 발생하는 채소류의 균핵병에 대한 설명으로 옳지 않은 것은?
① 잎, 줄기, 열매 등에 발생한다.
② 자낭포자나 균핵에서 발아한 균사로 침입한다.
③ 발병 후기에는 발병 조직에 백색 균사가 나타난다.
④ 균핵이 땅 속에 묻혀 있다가 25℃ 이상의 고온이 되면 발아한다.

해설
균핵은 25℃ 미만의 저온에서 병의 발생이 더 활발하다.

10 종묘 소독에 대한 설명으로 옳은 것은?
① 농약만을 사용하는 방법이다.
② 종자의 발아율을 좋게 하는 방법이다.
③ 종자의 이물질이 없도록 정선하는 방법이다.
④ 종자와 종묘 외에도 덩이뿌리 등 영양번식체를 소독하는 방법이다.

해설
종묘 소독은 종자와 종묘 외, 덩이줄기, 덩이뿌리 등에 붙어 있는 병해충을 소독하는 방법으로 물리적방법과 화학적 방법등이 있다.

11 병원균의 분생포자각과 자낭각이 보이는 식물병은?
① 오이 잘록병
② 옥수수 오갈병
③ 벼 이삭누룩병
④ 밤나무 줄기마름병

해설
밤나무 줄기마름병은 플라스크모양의 자낭각이 형성되고 이후 수피가 적갈색으로 변색되며 비가 내리면 황갈색의 분생포자각이 분출된다.

12 *Aspergillus flavus* 가 생산하는 균독소는?
① Aflatoxin ② Citrinin
③ Fumonisin ④ Zearalenone

해설
*Aspergillus flavus*는 토양에 흔히 존재하는 곰팡이균으로 아플라톡신(Aflatoxin)을 생산한다.

13 뽕나무 오갈병의 병원체로 옳은 것은?
① 곰팡이   ② 바이러스
③ 바이로이드 ④ 파이토플라스마

해설
대추나무빗자루병, 오동나무빗자루병, 뽕나무 오갈병 등은 파이토플라스마에 의해 발생한다.

14 사과나무 붉은별무늬병균이 해당하는 분류군은?
① 난균   ② 담자균
③ 자낭균   ④ 불완전균

해설
사과나무 붉은별무늬병균은 담자균으로 사과나무에서 소생자와 녹포자를 생성한다.

15 일반적으로 세균의 플라스미드에 의해 지배되는 형질로 가장 거리가 먼 것은?

① bacteriocin 생성
② 편모의 구조 결정
③ 항생제에 대한 내성
④ 기주에 대한 병원성

해설
플라스미드는 세균의 세포내 염색체와 별개로 존재하여 독자적으로 증식이 가능한 DNA이다.

16 식물 바이러스 입자를 구성하는 주요 고분자는?

① 피막과 핵
② 세포벽과 세포질
③ 골지체와 RNA
④ 핵산과 단백질 껍질

해설
식물 바이러스는 핵산과 단백질 껍질로 구성된 핵단백질이다.

17 병원체가 주로 각피를 통해 직접 침입하지 않는 것은?

① 벼 도열병균
② 장미 흰가루병균
③ 사과나무 탄저병균
④ 밤나무 줄기마름병균

해설
각피로 침입하는 대표 병균으로 벼도열병균, 흰가루병균, 깜부기병균, 녹병균, 탄저병균 등이 있다.

18 균류에 의해 발생하는 수목병이 아닌 것은?

① 은행나무 잎마름병
② 벚나무 빗자루병
③ 뽕나무 오갈병
④ 낙엽송 잎떨림병

해설
뽕나무 오갈병은 파이토플라스마에 의해 발생한다.

19 사과나무 뿌리혹병의 주요 발생 원인은?

① 세균 감염
② 사상균 감염
③ 토양 선충
④ 생리적 장애

해설
뿌리혹병은 세균에 의해 발생한다.

20 식물병으로 인한 피해에 대한 설명으로 옳지 않은 것은?

① 20세기 스리랑카는 바나나 시들음병으로 인하여 관련 산업이 황폐화되었다.
② 19세기 아일랜드 지방에 감자 역병이 크게 발생하여 100만명 이상이 굶어 죽었다.
③ 20세기 미국 동부지방 주요 수종인 밤나무는 밤나무 줄기마름병으로 큰 피해를 입었다.
④ 20세기 미국 전역에서 옥수수 깨씨무늬병이 크게 발생하여 관련 제품 생산에 큰 차질을 가져왔다.

해설
19세기 스리랑카는 세계 커피 생산국이었으나 커피녹병의 발생으로 차(茶) 생산으로 변경하였고 커피의 재배지 역시 스리랑카에서 남아메리카로 이동되면서 산업의 변화를 가져왔다.

2과목 　 농림해충학

21 누에의 휴면호르몬이 합성되는 곳은?

① 앞가슴샘
② 알라타체
③ 카디아카체
④ 신경분비세포

해설
누에는 산란 번데기의 식도하신경절에 신경분비세포에서 휴면호르몬이 분비된다.

22 윤작으로 방제 효과가 가장 미비한 해충은?

① 이동성이 적은 해충류
② 생활사가 짧은 해충류
③ 식성의 범위가 좁은 해충류
④ 토양곤충에 해당되는 해충류

정답　15 ②　16 ④　17 ④　18 ③　19 ①　20 ①　21 ④　22 ②

해설
윤작은 생태학적 방제법으로 한 경작지에 여러 작물을 돌려가면서 짓는데 생활사가 짧은 해충의 경우 방제 효과가 미미하다.

23 복숭아심식나방에 대한 설명으로 옳지 않은 것은?
① 유충이 과실 속에 있을 때에는 황백색이다.
② 월동 고치는 방추형이다.
③ 1년에 2회 발생하지만 일정하지는 않다.
④ 피해 과일에는 배설물이 배출되지 않는다.

해설
복숭아심식나방의 월동 고치는 원형이다. 여름철에 방추형의 여름고치를 짓고 번데기가 된다.

24 오이잎벌레는 어느 목에 속하는가?
① 잠자리목   ② 벌목
③ 딱정벌레목 ④ 노린재목

해설
오이잎벌레는 딱정벌레목 잎벌레과의 곤충이다.

25 부패물 또는 토양 속의 유기물에 자라는 미생물을 먹고 사는 곤충은?
① 진딧물   ② 메뚜기
③ 톡토기   ④ 깍지벌레

해설
톡토기는 낙엽이나 썩은 나무 아래, 물위 등에서 서식하면서 부패물이나 곰팡이, 미생물을 먹고 자란다.

26 배나무이의 분류학적 위치는?
① 나비목   ② 노린재목
③ 사마귀목 ④ 딱정벌레목

해설
배나무이는 노린재목에 속한다.

27 일반적으로 곤충의 가운데 가슴마디에 있는 기문(spiracle)수는?
① 1쌍   ② 5쌍
③ 8쌍   ④ 12쌍

해설
곤충의 가슴마디의 기문수는 1쌍이 존재한다.

28 식물의 선천적 내충성과 관계가 없는 것은?
① 내성   ② 회귀성
③ 항생성   ④ 비선호성

해설
회귀성은 서식장소로 돌아오는 것으로 내충성과는 관련이 없다.

29 정주성 내부기생선충으로 2령 유충만이 식물을 침입할 수 있는 감염기의 선충이 되는 것은?
① 침선충   ② 잎선충
③ 뿌리혹선충 ④ 뿌리썩이선충

해설
뿌리혹선충은 알에서 깨어난 2령 유충이 기주에 침입하고 3번의 탈피를 거친후 성충이 된다.

30 살충제의 효력을 충분히 발휘시킬 목적으로 사용하는 약제로 옳지 않은 것은?
① 주제   ② 용제
③ 유화제   ④ 전착제

해설
효력을 증가시키기 위해서 사용되는 것으로 용제, 유화제, 전착제 등의 보조제를 활용한다.

31 다음 중 곤충의 소화계에 대한 설명으로 옳은 것은?
① 소화흡수작용은 후장에서만 일어난다.
② 전장에는 많은 선세포가 발달되어 있다.
③ 말피기관은 배설기관이다.
④ 중장에서는 기계적 소화만 한다.

해설
말피기관은 소화기관으로 대부분의 곤충에서 중장과 후장 사이에 위치하며 배설 작용을 한다.

정답 23 ② 24 ③ 25 ③ 26 ② 27 ① 28 ② 29 ③ 30 ① 31 ③

32 조팝나무진딧물에 대한 설명으로 옳지 않은 것은?
① 조팝나무에서 성충으로 월동한다.
② 귤나무의 경우 새잎 뒷면에 기생한다.
③ 한국, 일본, 북아메리카 등에서 발생한다.
④ 주로 조팝나무, 사과나무, 귤나무에 서식한다.

해설
조팝나무진딧물은 알로 월동한다.

33 곤충의 출생방식으로 알이 몸 안에서 부화되어 애벌레 상태로 밖으로 나오는 것은?
① 난생　② 태생
③ 배발생　④ 난태생

해설
곤충의 모체 안에서 부화하여 나오는 것을 난태생이라 한다.

34 해충의 발생예찰 방법이 아닌 것은?
① 통계적 예찰법
② 피해사정 예찰법
③ 시뮬레이션 예찰법
④ 야외조사 및 관찰 예찰법

해설
해충의 발생 예찰 방법
・야외조사 및 관찰
・통계적 예찰법
・실험적 예찰법
・컴퓨터를 이용한 시뮬레이션 예찰법

35 작물의 재배시기를 조절하여 해충의 피해를 줄이는 방법은?
① 화학적 방제법　② 경종적 방제법
③ 기계적 방제법　④ 물리적 방제법

해설
경종적 방제법은 생태학적 방제법으로 해충의 발생시기와 특성을 고려하여 작물의 피해를 줄이는 방법으로 작물의 재배시기에 변화를 주거나 재배방법을 개선하여 해충을 방제한다.

36 고추의 열매를 뚫고 들어가 열매 속에서 식해하는 해충은?
① 거세미나방　② 검거세미밤나방
③ 끝검은밤나방　④ 담배나방

해설
담배나방은 고추에 피해를 주는 해충으로 유충이 어린잎이나 과실에 구멍을 내고 내부에서 피해를 준다.

37 진딧물이 교미 없이 암컷 혼자 번식하는 것은?
① 단위생식　② 다배발생
③ 기주전환　④ 완전변태

해설
교미 없이 암컷 혼자 번식하는 행위를 단위생식, 처녀생식이라 하며 대표적으로 밤나무혹벌, 민다듬이벌레 등이 있다.

38 완전변태를 하지 않는 것은?
① 버들잎벌레　② 솔수염하늘소
③ 복숭아명나방　④ 진달래방패벌레

해설
진달래방패벌레는 불완전변태를 한다.

39 벼를 가해하여 오갈병을 매개하는 것은?
① 벼멸구　② 먹노린재
③ 흰등멸구　④ 끝동매미충

해설
벼오갈병은 끝동매미충, 번개매미충에 의해 매개된다.

40 유충에서 성충까지 입틀의 형태가 변하지 않는 것은?
① 꿀벌　② 말매미
③ 학질모기　④ 배추흰나비

해설
말매미의 유충은 6년 정도 땅 속에서 생활하다 외부로 나오는데 유충에서 성충까지 입틀의 형태가 유사하다.

정답 32 ①　33 ④　34 ②　35 ②　36 ④　37 ①　38 ④　39 ④　40 ②

3과목 재배학원론

41 포도의 착색에 관여하는 안토시안의 생성을 가장 조장하는 것은?
① 적색광 ② 황색광
③ 적외선 ④ 자외선

해설
안토시안은 저온의 조건에서 자색광이나 자외선에 의해 가장 잘 조장된다.

42 벼 작물의 도복대책으로 가장 적절하지 않은 것은?
① 키가 작고 줄기가 튼튼한 품종을 선택한다.
② 마지막 논김을 맬 때 배토를 한다.
③ 재식밀도를 높이고, 질소 비료를 증시한다.
④ 규산질 비료를 사용한다.

해설
벼 작물의 도복대책으로 재식밀도를 조절하고 질소질 비료의 과용을 삼간다.

43 다음 중 생육 기간의 적산온도가 가장 높은 작물은?
① 담배 ② 메밀
③ 보리 ④ 벼

해설
벼의 생육기간의 적산온도의 범위는 3500~4500℃ 정도로 가장 높다.
① 담배 : 3200~3600℃
② 메밀 : 1000~1200℃
③ 보리 : 1700~2300℃

44 다음 중 작물의 내동성에 대한 설명으로 가장 옳지 않은 것은?
① 세포의 삼투압이 높아지면 내동성이 커진다.
② 원형질의 연도가 낮고 점도가 높은 것이 내동성이 크다.
③ 자유수의 함량이 적어지면 내동성이 커진다.
④ 지방함량이 높은 것이 내동성이 강하다.

해설
원형질의 연도가 높고 점도가 낮은 것이 내동성이 크다.

45 인산질 비료에 대한 설명으로 가장 옳지 않은 것은?
① 유기질 인산 비료에는 쌀겨, 보리겨 등이 있다.
② 무기질 인산 비료의 중요한 원료는 인광석이다.
③ 과인산석회는 인산의 대부분이 수용성이고 속효성이다.
④ 용성인비는 구용성 인산을 함유하여 작물에 속히 흡수된다.

해설
수용성 인산의 경우 물에 잘 녹으며 속효성의 특징을 가지지만 용성인비와 같이 구용성 인산의 경우 물에 녹지 않고 식물의 뿌리에서 나오는 유기산에 의해 흡수되기에 수용성에 비해 느리게 흡수된다.

46 재배에 적합한 토성의 범위가 넓은 작물의 순서로 가장 바르게 나열된 것은?
① 담배 > 밀 > 콩
② 담배 > 콩 > 고구마
③ 수수 > 담배 > 팥
④ 콩 > 양파 > 담배

해설
콩, 양파, 담배는 식토 ~ 사양토 등 넓은 범위에 토양에서 잘 적응하는 작물이나 그중에서 콩의 적응 범위가 가장 넓다라고 평가하며 다음으로 양파, 담배 이다.

47 작물의 생육과정에서 화성을 유발케 하는 요인으로 가장 옳지 않은 것은?
① C/N 율 ② N-Al 율
③ 식물호르몬 ④ 일장효과

해설
화성을 유발하게 하는 요인에는 지베렐린과 같은 식물호르몬, 춘화처리와 같은 인위적 온도처리, 일장효과, C/N 율 등이 있다.

정답 41 ④ 42 ③ 43 ④ 44 ② 45 ④ 46 ④ 47 ②

48 묘상에서 육묘한 모를 이식하기 전에 경화시키면 나타나는 이점에 대한 설명으로 가장 옳지 않은 것은?

① 착근이 빠르다.
② 흡수력이 좋아진다.
③ 체내의 즙액 농도가 감소한다.
④ 저온 등 자연환경에 대한 저항성이 증대한다.

해설
묘상에서 육묘한 모를 경화과정을 통해 저온 및 건조에 대한 저항성 증대, 흡수력의 증대, 착근의 빨라짐, 건물량의 증가, 뿌리의 발달, 왁스피복의 증가 등의 효과가 나타난다.

49 다음 중 배유 종자로만 나열된 것은?

① 콩, 팥, 밤
② 밀, 보리, 콩
③ 벼, 옥수수, 보리
④ 팥, 옥수수, 콩

해설
배유종자에는 밀, 벼, 보리, 옥수수, 양파가 있다.

50 종자의 파종량에 대한 설명으로 가장 옳은 것은?

① 감자는 산간지에서 파종량을 늘린다.
② 파종시기가 늦어질수록 파종량을 늘린다.
③ 맥류는 산파보다 조파 시 파종량을 늘린다.
④ 콩은 맥후작보다 단작에서 파종량을 늘린다.

해설
종자의 파종량에서 발아력이 낮거나 파종시기가 늦을 경우 파종량을 늘리도록 한다.

51 다음 중 벼의 도열병 저항성과 가장 관련이 있는 것은?

① 출수생태   ② 조만성
③ 내비성   ④ 초형

해설
벼의 도열병의 저항성은 내병성, 내비성, 내습성 등에 관련이 있다.

52 내건성이 강한 작물의 형태적 특성이 아닌 것은?

① 잎맥과 울타리조직이 발달한다.
② 체적에 비해 표면적의 비가 작다.
③ 지상부에 비해 근군의 발달이 좋다.
④ 기동세포가 발달하지 못하여 표면적이 축소되어 있다.

해설
내건성이 강한 작물은 기동세포가 발달되어 있다.

53 다음 중 작물의 생산성을 극대화하기 위한 3요소로 가장 옳은 것은?

① 유전성, 환경조건, 생산자본
② 유전성, 환경조건, 재배기술
③ 유전성, 지대, 생산자본
④ 환경조건, 재배기술, 토지자본

해설
작물 수량의 극대화를 위한 3요소에는 환경조건, 재배기술, 유전성이 있다.

54 작물의 종류에 따른 시비법에 대한 설명으로 가장 옳지 않은 것은?

① 사탕무는 나트륨의 요구량이 많다.
② 기리에서는 마그네슘의 효과가 크다.
③ 사탕무는 암모니아태질소의 효과가 크다.
④ 콩과작물에서는 석회와 인산의 효과가 크다.

해설
사탕무는 질산태질소의 효과가 크다.

55 다음 중 수명이 가장 긴 장명종자는?

① 메밀   ② 가지
③ 양파   ④ 상추

해설
장명종자는 오이, 녹두, 가지, 배추 등이 있다.

정답 48 ③ 49 ③ 50 ② 51 ③ 52 ④ 53 ② 54 ③ 55 ②

56 줄기 선단에 있는 분열조직에서 합성되어 아래로 이동하여 측아의 발달을 억제하는 정아우세 현상과 관련된 식물생장조절물질은?

① 옥신 ② 지베렐린
③ 시토키닌 ④ 에틸렌

해설
옥신은 식물의 신장에 관여하는 호르몬으로 줄기나 뿌리의 선단부에서 만들어져 세포의 신장촉진에 도움을 주며 측아의 발달을 억제하는 기능이 있다.

57 다음 중 침종에 대한 설명으로 가장 옳은 것은?

① 침종기간은 연수보다 경수에서 길어지는 경향이 있다.
② 낮은 수온에 오래 침종 하면 양분의 소모가 적어 발아에 좋다.
③ 완두는 산소가 부족해도 발아에 지장이 없다.
④ 벼는 종자 무게의 5%의 수분을 흡수하면 발아가 개시된다.

해설
일반적으로 침종기간은 수온이 낮을수록, 연수보다는 경수가 침종기간이 길어진다.

58 다음 중 식물세포 원형질의 팽만 상태에 해당하는 것은?

① 수분 포텐셜 = 0 bar
② 수분 포텐셜 = –10 bar
③ 수분 포텐셜 = –15 bar
④ 수분 포텐셜 = –30 bar

해설
팽만상태는 수분 포텐셜이 0 bar 인 상태로 압력포텐셜과 삼투포텐셜이 같으면 팽만상태가 된다.

59 다음 중 요수량이 가장 큰 것은?

① 옥수수 ② 수수
③ 클로버 ④ 기장

해설
요수량이 큰 작물로 명아주, 호박, 알팔파, 오이, 클로버 등이 있다.

60 다음에서 (가), (나) 에 알맞은 내용은?

◎ 작물이 햇볕을 받으면 온도가 (가) 하여 증산이 촉진된다.
◎ 광합성으로 동화물질이 축적되면 공변세포의 삼투압이 (나) 져서 수분흡수가 활발해짐과 아울러 기공이 열려 증산이 촉진된다.

① 가 : 하강, 나 : 높아
② 가 : 상승, 나 : 높아
③ 가 : 하강, 나 : 낮아
④ 가 : 상승, 나 : 낮아

해설
작물이 햇볕을 받으면 빛에너지로 인하여 온도가 높아지고 기문이 열리면서 증산이 촉진된다. 또한 광합성이 발생하면서 동화물질이 축적되고 공변세포의 삼투압이 높아지고 기공이 열리게 된다.

4과목 농약학

61 식물생장 조정제가 아닌 것은?

① 지베렐린계 ② 에틸렌계
③ 사이토키닌계 ④ 실록산계

해설
식물생장조정제에는 옥신, 지베렐린, 사이토키닌, 에틸렌 등이 있다.

62 분제(입제 포함)의 물리적 성질로서 가장 거리가 먼 것은?

① 현수성(suspensibility)
② 비산성(floatability)
③ 부착성(deposition)
④ 토분성(dustibility)

해설
현수성은 액체사용제에 대한 특징으로 고체사용제인 분제의 물리적 성질과는 관련이 적다.

정답 56 ① 57 ① 58 ① 59 ③ 60 ② 61 ④ 62 ①

63 농약사용 후에 나타나는 약해의 원인이라고 볼 수 없는 것은?

① 표류비산에 의한 약해
② 휘산에 의한 약해
③ 잔류농약에 의한 약해
④ 원제 부성분에 의한 약해

해설
원제 부성분에 의한 약해는 농약의 품질불량이나 농약 자체의 원인이 되는 약해에 해당한다.

64 50%의 fenobucarb 유제(비중 : 1) 100mL를 0.05% 액으로 희석하는데 소요되는 물의 양(L)은?

① 49.95
② 99.9
③ 499.5
④ 999.9

해설
희석할물의양 = 원액용량 × ($\frac{원액농도}{희석할농도} - 1$) × 원액비중

= 100mL × ($\frac{50\%}{0.05\%} - 1$) × 1

= 99,900mL
= 99.9L

65 급성독성 강도의 순서로 옳게 나열된 것은?

① 흡입독성 > 경피독성 > 경구독성
② 경구독성 > 흡입독성 > 경피독성
③ 흡입독성 > 경구독성 > 경피독성
④ 경피독성 > 경구독성 > 흡입독성

해설
투여 방법에 따라 흡입독성, 경피독성, 경구독성으로 분류되며 독성의 강도는 호흡을 통해 흡입되는 흡입독성이 가장 강하며 입을 통해 침투하는 경구독성, 피부를 통해 체내로 침투하는 경피독성 순서이다.

66 경구 중독에 대한 설명과 해독 및 구호조치로 가장 거리가 먼 것은?

① 입을 통해서 소화기내로 들어와 흡수 중독을 일으키는 것을 말한다.
② 인공호흡을 시키고 산소를 흡입시킨 다음 안정시킨 후 모포 등으로 싸서 보온시킨다.
③ 따뜻한 물이나 소금물로 위를 세척한다.
④ 약물이 장내로 들어갈 염려가 있을 때는 황산마그네슘 용액에 규조토 등을 타서 먹여 배설시킨다.

해설
경구 중독의 경우 입을 통해 따뜻한 소금물 등을 마시게 하여 약물을 토하게 하여 약물의 흡수를 방지한다. 인공호흡의 경우 치료자가 함께 감염될 위험성이 있어 실시하지 않는다.

67 미생물 농약에 대한 설명으로 틀린 것은?

① 약효가 속효성이다.
② 적용병해충 범위가 제한적이다.
③ 화학농약에 비하여 약효가 저조하다.
④ 환경의 영향을 많이 받는다.

해설
미생물농약의 경우 약효가 지효성이다.

68 다음 중 작물 잔류성이 가장 낮은 약제는?

① 침투성 약제
② 유용성 약제
③ 증발하기 쉬운 약제
④ 작물에 부착성이 큰 약제

해설
증발하기 쉬운 약제일수록 작물에 남아 있는 잔류량이 낮다.

69 농약 원제를 물에 녹이고 동결방지제를 가하여 제제화한 제형은?

① 유제　　② 수화제
③ 액제　　④ 수용제

해설
액제는 주제가 수용성이며 액상으로 살포한다. 동결의 위험이 있어 계면활성제 등과 같은 동결방지제를 첨가하여 제제한다.

70 다음 중 희석하여 살포하는 제형이 아닌 것은?

① 유제　　② 분제
③ 수용제　④ 수화제

해설
분제의 경우 가는 분말을 직접 살포하기에 희석하지 않는다.

71 농약의 작용기작에 의한 분류 중 Parathion 이 속하는 분류는?

① 에너지대사 저해
② 호르몬 기능 교란
③ 생합성 저해
④ 신경기능 저해

해설
파라티온(Parathion)은 유기인계 살충제로 신경기능 저해의 작용기작에 해당한다.

72 주성분의 조성에 따른 농약의 분류에서 카바메이트계 농약에 대한 설명으로 옳은 것은?

① Carbamic acid 과 amine 의 반응에 의하여 얻어지는 화합물이다.
② BHC 와 같이 환상구조를 가지는 것과 ethane 의 유도체 구조를 가지는 화합물로 나누어진다.
③ 산소 및 황의 위치 및 수에 따라 품목이 분류된다.
④ 분자 구조내에 질소를 3개 가지는 트리아진골격을 함유하는 화합물이다.

해설
카바메이트계 살충제는 아미노기와 카르복시기가 결합된 카바민산(carbamic acid)과 아민(amine)의 반응으로 얻어진 화합물이다.

73 미탁제나 유탁제 등 신규제형이 각광받지 못한 이유로 가장 거리가 먼 것은?

① 고가로 인한 경제성 문제
② 환경문제에 대한 인식부족
③ 보수적 농민의 선호도 부족
④ 인축 독성이 강한 유기용매의 함유

해설
유탁제는 용매에 잘 녹지 않는 물질을 용매에 잘 분산시키기 위해 첨가하는 물질이며 미탁제는 농약원제를 물에 희석하는 액상제형으로 입자의 크기가 매우 작은 것이 특징인데 이들은 유기용매를 사용하기에 인축 독성에 대한 위험성이 있다.

74 다음 중 사과의 부란병 방제에 적합한 약제는?

① polyoxin A　② polyoxin B
③ polyoxin C　④ polyoxin D

해설
폴리옥신디(polyoxin D)는 벼잎집얼룩병, 사과 부란병에 효과적이다.

75 Parathion 의 구조식으로 옳은 것은?

① $\begin{array}{c}CH_3O \\ CH_3O\end{array}\!\!>\!\!P(\!=\!S)\!-\!O\!-\!\bigcirc\!\!-\!NO_2$ (with CH_3 on ring)

② $\begin{array}{c}CH_3O \\ CH_3O\end{array}\!\!>\!\!P(\!=\!S)\!-\!O\!-\!\bigcirc\!\!-\!NO_2$

③ $\begin{array}{c}C_2H_5O \\ C_2H_5O\end{array}\!\!>\!\!P(\!=\!S)\!-\!O\!-\!\bigcirc\!\!-\!NO_2$

④ $\begin{array}{c}C_2H_5O \\ C_2H_5O\end{array}\!\!>\!\!P(\!=\!S)\!-\!O\!-\!\bigcirc\!\!-\!NO_2$ (with Cl on ring)

해설
파라티온은 유기인계 살충제로 화학식은 $C_{10}H_{14}NO_5PS$ 이다

정답 69 ③　70 ②　71 ④　72 ①　73 ④　74 ④　75 ③

76 살선충제 농약은?
① Cadusafos   ② Chlorpyrifos
③ Diazinon   ④ Dichlorvos

해설
살선충제 농약의 종류로 포스티아제이트, 에토프로포스, 카두사포스, 메탐소듐, 디메틸빈포스 등이 있다

77 농약의 저항성 발달 정도를 표현하는 저항성 계수를 옳게 나타낸 것은?
① 저항성 LD_{50} / 감수성 LD_{50}
② 감수성 LD_{50} × 저항성 LD_{50}
③ 감수성 LD_{50} / 복합저항성 LD_{50}
④ 감수성 LD_{50} × 복합저항성 LD_{50}

해설
농약의 저항성 발달 정도는 저항성계수로 나타내며 저항성계수는 저항성 LD_{50} / 감수성 LD_{50} 으로 표현한다.

78 Sulfonylurea 계 제초제가 아닌 것은?
① Bensulfuron   ② Prometryn
③ Cinosulfuron ④ Flazasulfuron

해설
설포닐우레아(Sulfonylurea) 제초제에는 벤설퓨론(bensulfuron), 아짐설퓨론(azimsulfuron), 시노설퓨론(cinosulfuron), 플라자설퓨론(flazasulfuron) 등이 있다

79 유제를 1500배로 희석하여 액량 15L로 살포하려 할 때 필요한 원액약량(mL)은?
① 1   ② 10
③ 100   ④ 1000

해설
소요약량(배액) = $\dfrac{\text{단위면적당사용량}}{\text{소요희석배수}}$
= $\dfrac{15000ml}{1500배} = 10ml$

80 농약잔류허용기준의 설정 시 결정요소가 아닌 것은?
① 토양 중 잔류특성(Supervised residue trial in soil)
② 안전계수(Safety factor)
③ 1일 섭취 허용량(ADI)
④ 최대무작용량(NOEL)

해설
농약의 잔류 허용기준시 1일 섭취허용량(ADI), 체중, 식품 1일 섭취량을 이용하여 설정하며 여기서 1일 허용량은 농약을 매일 섭취해도 영향이 없는 농약의 양으로 최대무작용약량(NOEL)에서 안전계수를 곱한 값으로 정의한다.

5과목 잡초방제학

81 올방개 방제에 가장 효과적인 제초제는?
① 뷰타클로르 액제
② 펜디메탈린 유제
③ 페녹슐람 액상수화제
④ 피라조설퓨론에틸 수화제

해설
올방개, 올챙이고랭이, 벗풀 등의 다년생 잡초에는 벤타존, 페녹슐람 약제가 효과적이다.

82 천적을 이용한 생물학적 잡초방제법에서 천적이 갖춰야 할 전제조건이 아닌 것은?
① 포식자로부터 자유로워야 한다.
② 지역환경에 쉽게 적응하여야 한다.
③ 접종지역에서의 이동성이 낮아야 한다.
④ 숙주를 쉽게 찾을 수 있어야 한다.

해설
잡초방제를 위한 천적은 접종지역에 이동성이 높아야 방제의 효율성이 높아진다.

정답 76 ① 77 ① 78 ② 79 ② 80 ① 81 ③ 82 ③

83 트리아진계 제초제의 주요 이행 특성은?
① 조기 결실 ② 비대 성장
③ 광합성 저해 ④ 신초 생장 억제

해설
트리아진계 제초제의 이행 특성으로 광합성을 저해한다.

84 벼 재배에 주로 사용하지 않는 제초제는?
① 2,4-D 액제
② 옥사디아존 유제
③ 뷰타클로르 입제
④ 알라클로르 유제

해설
토양처리형 제초제인 알라클로르는 아마이드계의 선택성 제초제로 콩, 옥수수 등의 1년생 잡초방제에 사용된다.

85 다음 중 암조건에서 발아가 가장 잘되는 잡초 종자는?
① 강피 ② 냉이
③ 바랭이 ④ 쇠비름

해설
암발아 종자는 별꽃, 냉이, 광대나물 등이 있다.

86 생물학적 잡초 방제법에 대한 설명으로 옳은 것은?
① 살초작용이 빠르다.
② 환경에 잔류문제가 없다.
③ 동시에 여러 초종의 방제가 쉽다.
④ 방제 작업에 필요한 비용이 많이 든다.

해설
생물적 방제법은 화학적 방제법과는 다르게 친환경적이며 환경에 잔류문제가 없다.

87 땅콩 포장에 문제가 되는 잡초종으로만 나열된 것은?
① 강아지풀, 깨풀
② 너도방동사니, 쇠비름
③ 마디꽃, 돌피
④ 강아지풀, 쇠털골

해설
땅콩과 같은 밭잡초에는 강아지풀, 깨풀, 바랭이, 명아주 등이 작물의 수량 감소 문제를 야기한다.

88 월년생 밭잡초로만 나열된 것으로 옳지 않은 것은?
① 냉이, 개꽃
② 별꽃, 꽃다지
③ 개망초, 벼룩나물
④ 명아주, 매자기

해설
매자기는 논에서 발생하는 다년생 잡초로 분류되며, 명아주는 1년생 밭잡초이다.

89 토양내 제초제의 흡착에 대한 설명으로 옳지 않은 것은?
① 이온화가 가능한 제초제는 음이온 치환을 통해 흡착된다.
② 토양내 점토물의 표면에 부착되거나 친화력을 갖는 것을 의미한다.
③ 대부분의 제초제는 반응기를 갖고 있어서 토양 유기물과 치환혼합이 가능하다.
④ 제초제는 대부분 하나 이상의 방향족 물질을 함유하고 있어 흡착에 중요한 역할을 한다.

해설
이온화 가능한 제초제는 양이온 치환을 통해 흡착된다.

정답 83 ③ 84 ④ 85 ② 86 ② 87 ① 88 ④ 89 ①

90 식물의 광합성 회로 특성에 대한 설명이 옳은 것은?
① 대부분의 작물은 C_4 식물이다.
② 모든 잡초는 C_4 광합성 회로를 갖는다.
③ 광합성 회로가 C_4인 식물은 C_3인 식물보다 광합성에서 불리하다.
④ 돌피와 향부자와 같은 잡초는 C_4 식물이어서 생장이 빨라 경합에서 유리하다.

> 해설
> C_4 식물들은 광 효율이 좋아 경합에 유리하다.

91 상호대립억제작용에 대한 설명으로 옳은 것은?
① 잡초가 다른 작물의 생육을 억제하는 것은 아니며 잡초 간에만 일어나는 현상이다.
② 다른 종의 생육을 억제하는 주된 기작은 주로 차광에 의해 일어난다.
③ 죽은 식물 조직에서 나오는 물질에 의해서도 일어날 수 있다.
④ 제초제를 오래 사용한 잡초에 대한 내성을 나타내는 것이다.

> 해설
> 죽은 식물의 조직에서 나오는 분비물에 의해서 상호대립 억제작용 현상이 발생할 수 있다.

92 주로 종자로 번식하는 잡초는?
① 올미, 벗풀
② 가래, 쇠털골
③ 강피, 물달개비
④ 올방개, 너도방동사니

> 해설
> 종자로 번식하는 잡초에는 알방동사니, 피, 마디꽃, 물달개비 등이 있다.

93 제초제의 상승 작용에 대한 설명으로 옳은 것은?
① 두 제초제를 단독으로 각각 처리하는 경우가 효과가 크다.
② 두 제초제를 혼합하여 처리하는 경우가 단독으로 처리하는 경우보다 효과가 크다.
③ 두 제초제를 혼합하여 처리하는 경우와 단독으로 처리하는 경우의 효과가 같다.
④ 두 제초제를 혼합하여 처리하는 경우 작물의 생리적 장애 현상이 발생한다.

> 해설
> 상승작용은 2종류 이상의 약제를 동시에 작용할 경우 개개의 작용이 합친 것보다 더 높은 효과를 발휘하는 경우를 말한다.

94 다음 중 화본과 잡초로 가장 옳은 것은?
① 물달개비   ② 밭뚝외풀
③ 나도겨풀   ④ 올미

> 해설
> 화본과 잡초에는 둑새풀, 돌피, 강피, 나도겨풀, 바랭이 등이 있다.

95 잡초의 유용성에 대한 설명으로 옳지 않은 것은?
① 유기물이나 중금속 등으로 오염된 물이나 토양을 정화하는 기능이 있다.
② 근연 관계에 있는 식물에 대한 유전자 은행 역할을 할 수 있다.
③ 논둑 및 경사지 등에서 지면을 덮어 토양 유실을 막아 준다.
④ 작물과 같이 자랄 경우 빈 공간을 채워 작물의 도복을 막아준다.

> 해설
> 작물과 같이 자라 빈 공간을 채울 경우 작물과의 경합에서 잡초가 우세하여 피해를 줄 수 있다.

정답 90 ④ 91 ③ 92 ③ 93 ② 94 ③ 95 ④

96 제초제가 작물에서 피해(약해)를 주지 않고 잡초만을 죽일 수 있는 특성은?
① 제초제의 감수성
② 제초제의 선택성
③ 제초제의 내성
④ 제초제의 저항성

해설
특정 잡초만 선택적으로 방제하는 특성을 제초제의 선택성이라 한다.

97 논에 발생하는 1년생 잡초로 가장 옳은 것은?
① 띠　　② 물달개비
③ 개망초　④ 쇠뜨기

해설
1년생 논잡초로 피, 마디꽃, 물달개비 등이 있다.

98 비선택적으로 식물을 전멸시키는 제초제는?
① Mazosulfuron　② Simazine
③ Glyphosate　　④ 2,4–D

해설
식물의 종류에 상관 없이 모든 식물을 제거하는 약품을 비선택성이라 하며 Glyphosate 는 비선택성 이행성 제초제이다.

99 종자가 바람에 의해 전파되기 쉬운 잡초로만 나열된 것은?
① 망초, 방가지똥
② 어저귀, 명아주
③ 쇠비름, 방동사니
④ 박주가리, 환삼덩굴

해설
민들레, 박주가리, 엉겅퀴속, 망초, 방가지똥 등은 종자가 작고 가벼워 바람에 의해 전파된다.

100 잡초 군락의 변이 및 천이를 유발하는데 가장 크게 작용하는 요인은?
① 경운
② 일모작 재배
③ 비료 사용 증가
④ 유사 성질의 제초제 연용

해설
잡초군락의 변이 및 천이는 재배작물 변화, 작부체계 변화, 경종조건 변화, 제초방법 변화에 의해 영향을 받는데 그중에서 제초방법인 유사 성질의 제초제 연용에 가장 큰 영향을 받는다.

정답 96 ②　97 ②　98 ③　99 ①　100 ④

국가기술자격 필기시험문제

2021년 기사 제2회 과년도 기출문제

자격종목	종목코드	시험시간	형별	수험번호	성명
식물보호기사		2시간 30분			

1과목 식물병리학

01 병든 식물체 조직의 면적 또는 양의 비율을 나타내는 것으로 주로 식물체의 전체면적당 발병 면적을 기준으로 하는 것은?

① 발병도(severity)
② 발병률(incidence)
③ 수량손실(yield loss)
④ 병진전 곡선(disease-progress curve)

해설
발병도는 병든 식물체 조직의 면적 혹은 양의 비율을 말한다.

02 식물체에 암종을 형성하며, 유전공학 연구에 많이 쓰이는 식물병원 세균은?

① *Erwinia amylovora*
② *Xanthomonas campestris*
③ *Clavibacter michiganensis*
④ *Agrobacterium tumefaciens*

해설
Agrobacterium tumefaciens 은 특정 유전자를 넣어 식물체에 감염시켜 식물에 유용한 유전자를 전이시켜 식물의 형질 전환시키려는 유전공학의 연구에 많이 활용하고 있다.

03 그램음성세균에 해당하는 것은?

① 토마토 궤양병균
② 감자 더뎅이병균
③ 벼 흰잎마름병균
④ 감자 둘레썩음병균

해설
벼 흰잎마름병균은 그램음성 간균으로 배지에서 노란색의 둥글고 매끄러운 콜로이드를 형성한다.

04 균류(菌類)의 영양섭취 방법이 아닌 것은?

① 기생   ② 부생
③ 공생   ④ 항생

해설
항생은 다른 생물의 발육 혹은 생활을 저해시키는 작용을 말한다.

05 식물병에 있어서 표징(標徵, sign)이란?

① 식물의 외부적 변화
② 식물의 내부적 변화
③ 병에 대한 식물의 반응
④ 병환부에 나타난 병원체

해설
식물병의 표징은 병원체 자체가 병든 식물체의 환부에 나타난 병원체로 병의 발생을 나타낸다.

06 균사나 분생포자의 세포가 비대해져서 생성되는 것은?

① 유주자   ② 후벽포자
③ 휴면포자 ④ 포자낭포자

해설
후벽포자는 균사나 분생포자의 세포가 비대(후벽화)하여 형성되는 포자이다.

07 중간 기주인 향나무류를 제거하면 피해를 경감시킬 수 있는 식물병은?

① 배추 균핵병
② 사과나무 탄저병
③ 복숭아 검은무늬병
④ 사과나무 붉은별무늬병

해설
사과나무 붉은별무늬병의 중간기주는 향나무로 기주교대를 하는 순활물기생균이다. 중간기주인 향나무를 제거하면 피해를 경감시킬 수 있다.

정답 01 ① 02 ④ 03 ③ 04 ④ 05 ④ 06 ② 07 ④

08 오이 세균성점무늬병균이 증식하기 가장 적합한 식물체내 부위는?
① 각피층 ② 형성층
③ 세포벽 ④ 유조직의 세포간극

해설
세균성점무늬병균은 조직의 세포간극에서 증식한다.

09 벼 줄무늬잎마름병의 병원(病原)은?
① 바이러스 ② 파이토플라스마
③ 세균   ④ 진균

해설
벼 줄무늬잎마름병은 애멸구에 의해 전염되며 병원은 바이러스로 Rice stripe virus 전염시킨다.

10 사과나무 부란병에 대한 설명으로 옳지 않은 것은?
① 자낭포자와 병포자를 형성한다.
② 강한 전정 작업을 하지 말아야 한다.
③ 사과나무의 가지에 감염되면 사마귀가 형성된다.
④ 병원균이 수피의 조직 내에 침입해 있어 방제가 어렵다.

해설
사과나무 부란병은 가지에 갈색 반점이 나타나 부풀어 오르며 벗겨지는데 감염 부위에서 알코올 냄새가 난다.

11 벼 흰잎마름병의 발생과 전파에 가장 좋은 환경조건은?
① 규산 과용 ② 이상 건조
③ 태풍과 침수 ④ 이상 저온

해설
벼 흰잎마름병은 물에 의해 전반되기 용이하므로 태풍과 침수에 의해 다량 발생할 수 있다.

12 벼 도열병균의 레이스(race)를 구분할 때 사용하는 판별품종으로 가장 거리가 먼 것은?
① 인도계(T) 품종군
② 일본계(N) 품종군
③ 필리핀계(R) 품종군
④ 중국계(C) 품종군

해설
벼도열병균의 레이스 구분시 12개 판별품종에 접종해 병반형에 따라 T품종(인도), C품종(중국), N품종(일본) 등으로 분류한다.

13 식물바이러스의 분류 기준이 되는 특성이 아닌 것은?
① 세포벽의 구조
② 핵산의 종류
③ 매개체의 종류
④ 입자의 형태적 특성

해설
식물바이러스는 대부분 외피단백질과 핵산으로 구성되어 있고 핵산의 종류, 유전자의 분절수, 입자의 외막유무, 입자의 형태 및 크기, 외피단백질의 종류 등이 주요 분류 기준이다.

14 병원균이 기주식물에 침입을 하면 병원균에 저항하는 기주식물의 반응으로 항균 물질 및 페놀성 물질 증가 등의 작용을 하는데, 이를 무엇이라 하는가?
① 침입저항성 ② 감염저항성
③ 확대저항성 ④ 수평저항성

해설
병원균이 식물에 침입했을 경우 병원균에 저항하는 기주식물의 반응을 확대저항성이라 한다.

정답 08 ④ 09 ① 10 ③ 11 ③ 12 ③ 13 ① 14 ③

15 병든 보리, 밀을 먹는 사람과 돼지 등에 심한 중독을 일으키는 병해는?
① 깜부기병 ② 흰가루병
③ 줄무늬병 ④ 붉은곰팡이병

해설
붉은 곰팡이병에 감염된 보리, 밀 등을 섭취한 사람, 동물 등은 심한 중독 증상을 일으키기도 한다.

16 수목 뿌리에 주로 발생하는 자주날개무늬병이 속하는 진균류는?
① 난균 ② 담자균
③ 병꼴균 ④ 접합균

해설
자줏빛날개무늬병균은 진균(담자균류)에 속한다.

17 다음 식물 병원체 중 크기가 가장 작은 것은?
① 세균 ② 곰팡이
③ 바이러스 ④ 바이로이드

해설
바이로이드는 기주식물의 세포에 감염하여 증식하며 외부단백질 없는 핵산만으로 구성된 병원체이다. 또한 바이러스와 유사한 전염 특성을 가지며 병원체 중 가장 작은 크기를 가진다.

18 벼 오갈병의 주요 매개충은?
① 애멸구 ② 진딧물
③ 딱정벌레 ④ 끝동매미충

해설
벼오갈병의 매개충은 끝동매미충, 번개매미충이 있다.

19 배나무 검은별무늬병에 대한 설명으로 옳지 않은 것은?
① 잎에서 처음에 황백색의 병무늬가 나타난다.
② 배나무 인근에 향나무가 많은 경우 발병하기 쉽다.
③ 배나무의 잎, 잎자루, 열매, 열매자루, 햇가지 등에 발생한다.
④ 낙엽을 모아 태우거나 땅 속에 묻어 발병을 예방 할 수 있다.

해설
배나무 검은별무늬병은 중간기주 없이 분생포자가 공기중으로 전염된다.

20 도열병이 다발하는 조건으로 가장 적합한 것은?
① 여러 가지 벼 품종을 섞어서 심었을 때
② 가뭄이 계속되고 기온이 30°C 이상일 때
③ 덧거름을 원래 일정보다 일찍 주었을 때
④ 비가 자주 오고 일조가 부족하며 다습할 때

해설
도열병은 비가 자주오고 일조가 부족하며 온도가 낮고 습도가 높을 때 자주 발생한다. 또한 토양수분이 적고 질소질비료를 과잉사용하고 모내기가 늦을 경우 발생량이 더욱 증가한다.

2과목　농림해충학

21 부화유충이 처음 과일 표면을 식해하다가 과일 내부로 뚫고 들어가 가해하는 해충은?
① 배나무이 ② 사과굴나방
③ 포도유리나방 ④ 복숭아심식나방

해설
복숭아심식나방의 유충은 과일을 가해하는데 내부로 뚫고 지나간다.

정답　15 ④　16 ②　17 ④　18 ④　19 ②　20 ④　21 ④

22 곤충의 선천적 행동이 아닌 것은?
① 반사 ② 정위
③ 조건화 ④ 고정행위양식

> **해설**
> 곤충의 선천적 행동으로 주성, 반사, 본능 등의 무조건적인 행동이다.

23 유약호르몬이 분비되는 기관은?
① 앞가슴샘 ② 외기관지샘
③ 알라타체 ④ 카디아카체

> **해설**
> 곤충의 유약호르몬은 알라타체에서 분비된다.

24 생물적 방제에 대한 설명으로 옳지 않은 것은?
① 효과 발현까지는 시간이 걸린다.
② 인축, 야생동물, 천적 등에 위험성이 적다.
③ 생물상의 평형을 유지하여 해충밀도를 조절한다.
④ 거의 모든 해충에 유효하며 특히 대발생을 속효적으로 억제하는데 더욱 효과가 크다.

> **해설**
> 생물적 방제는 주로 천적을 이용하기에 특정 해충에 유효하고 대발생시 그 효과가 감소한다.

25 곤충 날개가 두 쌍인 경우 날개의 부착 위치는?
① 앞가슴에 한 쌍, 가운데가슴에 한 쌍 붙어 있다.
② 가운데가슴에 한 쌍, 뒷가슴에 한 쌍 붙어 있다.
③ 앞가슴에 한 쌍, 뒷가슴에 한 쌍 붙어 있다.
④ 가운데가슴에만 붙어 있다.

> **해설**
> 곤충은 두 쌍의 날개를 가지고 있는 경우 가운데가슴에 있는 한쌍을 앞날개, 뒷가슴에 붙어 있는 한쌍을 뒷날개라 한다.

26 곤충의 다리는 5마디로 구성된다. 몸통에서부터 순서로 올바르게 나열한 것은?
① 밑마디 – 도래마디 – 넓적마디 – 종아리마디 – 발마디
② 밑마디 – 넓적마디 – 발마디 – 종아리마디 – 도래마디
③ 밑마디 – 발마디 – 종아리마디 – 도래마디 – 넓적마디
④ 밑마디 – 종아리마디 – 발마디 – 넓적마디 – 도래마디

> **해설**
> 다리 구조는 흉부 부착점에서 밑마디(기절), 도래마디(전절), 넓적다리마디(퇴절), 종아리마디(경절), 발목마디(부절)로 5마디로 분류한다.

27 다음 중 충영을 형성하는 해충으로 가장 적절한 것은?
① 참나무겨울가지나방
② 어스렝이나방
③ 독나방
④ 솔잎혹파리

> **해설**
> 솔잎혹파리는 소나무, 해송에 피해를 주며 유충이 벌레혹을 만들고 흡즙가해한다.

28 다음 중 곤충의 페로몬에 대한 설명으로 옳은 것은?
① 체내에서 소량으로 만들어져 체외로 방출되며 같은 종의 다른 개체에 정보전달 수단으로 이용된다.
② 체내에서 대량으로 만들어져 체외로 방출되며 같은 종의 다른 개체에 정보전달 수단으로 이용된다.
③ 체내에서 소량으로 만들어져 체외로 방출되며 다른 종과의 정보전달 수단으로 이용된다.
④ 카이로몬은 페로몬에 속한다.

> **해설**
> 페로몬은 같은 종의 개체 간의 정보전달 혹은 통신에 관여한다.

정답 22 ③ 23 ③ 24 ④ 25 ② 26 ① 27 ④ 28 ①

29 다음 중 포도나무 줄기를 가해하는 해충으로만 나열된 것은?

① 포도유리나방, 박쥐나방
② 포도쌍점매미충, 포도호랑하늘소
③ 포도뿌리혹벌레, 포도금빛잎벌레
④ 으름나방, 무궁화밤나방

해설
포도유리나방은 포도나무 줄기를 가해하며 1년에 1회 발생한다. 박쥐나방은 과실나무, 밤나무, 오동나무 등을 가해하는데 유충이 나무의 줄기를 고리모양으로 식해한다.

30 거미와 비교한 곤충의 일반적인 특징이 아닌 것은?

① 배마디에서 3쌍의 다리와 2쌍의 날개가 있다.
② 곤충은 동물 중에 가장 종류가 많으며 곤충강에 속하는 절지동물을 말한다.
③ 곤충은 머리, 가슴, 배 3부분으로 구성되어 있다.
④ 머리에는 입틀, 더듬이, 겹눈이 있다.

해설
곤충은 몸 구조는 크게 머리, 가슴, 배 3부분으로 분류된다. 가슴은 앞가슴, 가운데가슴, 뒷가슴으로 분류된다. 각 부분에 한쌍의 다리가 있고 가운데가슴과 뒷가슴에는 한쌍의 날개가 있다.

31 우리나라에 비래하지만 월동하지 않는 것은?

① 벼멸구   ② 애멸구
③ 번개매미충 ④ 끝동매미충

해설
벼멸구는 중국에서 비래하는 해충으로 우리나라에서는 월동하지 않는다.

32 고시류(Paleoptera) 곤충에 속하는 것은?

① 밀잠자리
② 담배나방
③ 분홍날개대벌레
④ 밤애기잎말이나방

해설
고시류에는 하루살이목, 잠자리목 등이 있다.

33 4령충에 대한 설명으로 옳은 것은?

① 3회 탈피를 한 유충
② 4회 탈피를 한 유충
③ 부화한지 3년째 되는 유충
④ 부화한지 4년째 되는 유충

해설
령충은 탈피 기간의 유충을 말하며 3회 탈피한 유충을 4령충이라 한다.

34 총채벌레목에 대한 설명으로 옳지 않은 것은?

① 단위생식도 한다.
② 입틀의 좌우가 같다.
③ 불완전변태군에 속한다.
④ 산란관이 잘 발달하여 식물의 조직 안에 알을 낳는다.

해설
총채벌레목은 입틀의 좌우가 비대칭이다.

35 곤충의 탈피와 변태를 조절하는 호르몬 분비에 관여하는 기관이 아닌 것은?

① 뇌   ② 전흉선
③ 말피기관   ④ 알라타체

해설
말피기씨관은 곤충의 중장, 후장 사이에 있으며 배설작용을 돕는 역할을 한다.

36 주둥이를 식물체에 찔러 넣어 즙액을 빨아 먹는 곤충에 속하지 않는 것은?

① 진딧물 ② 노린재
③ 집파리 ④ 애멸구

해설
찔러서 빨아먹는 형은 자흡구형으로 진딧물, 멸구, 깍지벌레류, 모기, 벼룩 등이 있다. 집파리의 경우 흡취구의 핥아먹는 형이다.

37 곤충이 탈피할 때 새로운 표피로 대체(代替)되지 않는 기관은?

① 식도 ② 맹장
③ 직장 ④ 전소장

해설
곤충의 전장(식도, 소낭, 전위 등), 후장(전소장, 직장 등) 등은 표피로 덮여 있어 탈피 할 때 마다 새로운 표피로 대체된다.

38 다음 중 곤충이 휴면하는데 가장 영향을 주는 주요 요인은?

① 빛 ② 수분
③ 온도 ④ 바람

해설
곤충의 휴면에 영향을 주는 주요 요인으로 일장, 온도, 먹이 등이 있다.

39 분류학적으로 개미가 속하는 곤충목은?

① 벌목 ② 이목
③ 노린재목 ④ 총채벌레목

해설
개미는 벌목에 속한다.

40 다음 중 호흡계의 기문 수가 가장 적은 곤충은?

① 나방 유충 ② 나비 유충
③ 모기붙이 유충 ④ 딱정벌레 유충

해설
모기붙이 유충은 파리목의 유충으로 호흡계의 기문수가 일반적인 10쌍 보다 적다.

3과목 재배학원론

41 다음 중 산성토양에 가장 강한 것은?

① 고구마 ② 콩
③ 팥 ④ 사탕무

해설
산성토양에 저항성이 강한 작물로는 벼, 귀리, 조, 옥수수, 감자, 고구마 등이 있다.

42 작물의 내동성에 대한 설명으로 가장 옳은 것은?

① 세포액의 삼투압이 높으면 내동성이 증대한다.
② 원형질의 친수성콜로이드가 적으면 내동성이 커진다.
③ 전분함량이 많으면 내동성이 커진다.
④ 조직즙의 광에 대한 굴절률이 커지면 내동성이 저하된다.

해설
삼투압이 높아지면 빙점이 내려가 세포 내 얼음이 발생하지 않기에 내동성이 증가된다.

43 큰 강의 유역은 주기적으로 강이 범람해서 비옥해져 농사짓기에 유리하므로 원시농경의 발상지이었을 것으로 추정한 사람은?

① Vavilov ② Dattweiler
③ De Candolle ④ Liebig

해설
De Candolle 는 농경의 발상지를 큰강의 유역으로 보았다.

정답 36 ③ 37 ② 38 ③ 39 ① 40 ③ 41 ① 42 ① 43 ③

44 토양의 pH가 낮아질 때 가급도가 가장 감소되기 쉬운 영양분은?

① Fe   ② P
③ Mn   ④ Zn

해설
가급도는 식물이 양분을 흡수하여 이용하는 정도로 pH가 낮아지면 산성토양에 가깝게 된다. 산성토양에서 가급도가 낮은 양분으로 인산, 칼륨, 칼슘, 마그네슘 등이며 반대로 가급도가 높은 양분은 철, 망간, 구리, 붕소 등이다.

45 탈질현상을 경감시키는데 가장 효과적인 시비법은?

① 질산태질소 비료를 논의 산화층에 시비
② 질산태질소 비료를 논의 환원층에 시비
③ 암모늄태질소 비료를 논의 산화층에 시비
④ 암모늄태질소 비료를 논의 환원층에 시비

해설
암모늄태질소를 환원층에 시비하여 암모니아의 탈질을 방지하는데 이러한 시비 방법을 심층시비라 한다.

46 다음 영양성분 중 결핍되면 분열조직에 괴사를 일으키며, 사탕무의 속썩음병을 일으키는 것은?

① 망간   ② 철
③ 칼륨   ④ 붕소

해설
붕소가 결핍될 경우 속썩음병, 사과 축과병 등이 발생한다.

47 다음 중 2년생 작물은?

① 아스파라거스 ② 사탕무
③ 호프   ④ 옥수수

해설
2년생 작물로 보리, 밀, 대파, 무, 사탕무 등이 있다.

48 발아에 광선이 필요하지 않은 작물은?

① 상추   ② 금어초
③ 담배   ④ 호박

해설
발아시 광을 싫어하는 혐광성 종자는 호박, 고추, 양파, 오이, 백일홍 등이 있다.

49 작물이 주로 이용하는 토양 수분은?

① 흡습수   ② 모관수
③ 지하수   ④ 결합수

해설
결합수, 중력수 등은 작물이 이용이 어려운 수분이며 주로 모관수가 이용되는 유효수분이다.

50 질산환원효소의 구성성분이며, 질소대사에 작용하고, 콩과작물 뿌리혹박테리아의 질소고정에 필요한 무기성분은?

① 몰리브덴   ② 아연
③ 마그네슘   ④ 망간

해설
몰리브덴은 미량원소에 속하며 질산환원효소의 구성성분으로 질소를 고정하는 근류균의 생육에 도움을 주고 단백질 합성에 관여한다. 또한 결핍시 광엽이 엽면의 안쪽으로 감아 휘거나 황화현상이 발생하기도 한다.

51 작물의 배수성 육종 시 염색체를 배가시키는데 가장 효과적으로 이용되는 것은?

① colchicine   ② auxin
③ kinetin   ④ ethylene

해설
배수체 육종법에서 배수체를 늘리는 데는 콜히친(colchicine) 약제가 효과적이다.

정답 44 ② 45 ④ 46 ④ 47 ② 48 ④ 49 ② 50 ① 51 ①

52 종묘로 이용되는 영양기관을 분류할 때 땅속줄기에 해당하는 것으로만 나열된 것은?

① 다알리아, 고구마
② 마, 글라디올러스
③ 나리, 모시풀
④ 생강, 박하

해설
땅속줄기에 해당되는 것은 생강, 박하, 호프가 있다.

53 다음 중 암술과 수술이 서로 다른 개체에서 생기는 것은?

① 자성불임 ② 웅성불임
③ 자웅이주 ④ 이형예현상

해설
암술과 수술이 다른 나무 혹은 다른 개체에서 생기는 것을 자웅이주라 한다.

54 다음 중 작물의 내염성 정도가 가장 큰 것은?

① 완두   ② 가지
③ 순무   ④ 고구마

해설
내염성 작물로 사탕무, 목화, 양배추, 순무, 유채 등이 있다.

55 다음 중 굴광현상에 가장 유효한 광은?

① 자색광 ② 자외선
③ 녹색광 ④ 청색광

해설
굴광현상에 효과가 큰 파장은 440~480nm 중심의 청색광이다.

56 다음 중 장명종자에 해당하는 것은?

① 베고니아 ② 나팔꽃
③ 팬지   ④ 일일초

해설
장명종자의 종류로 녹두, 토마토, 가지, 오이, 배추, 수박, 잠두, 클로버, 나팔꽃 등이 있다.

57 혼파의 장점이 아닌 것은?

① 공간의 효율적 이용이 가능하다.
② 건초 제조시에 유리하다.
③ 채종작업이 편리하다.
④ 재해에 대한 안정성이 증대된다.

해설
혼파를 할 경우 채종작업이 어렵다.

58 다음 중 내습성이 가장 강한 과수류는?

① 무화과 ② 복숭아
③ 밀감   ④ 포도

해설
내습성이 강한 과수류 순서로 [포도, 감귤, 감, 배, 복숭아, 무화과] 이다.

59 식물체 내의 수분퍼텐셜에 대한 설명으로 틀린 것은?

① 세포의 부피와 압력퍼텐셜이 변화함에 따라 삼투퍼텐셜과 수분퍼텐셜이 변화한다.
② 압력퍼텐셜과 삼투퍼텐셜이 같으면 세포의 수분퍼텐셜이 0이 된다.
③ 수분퍼텐셜과 삼투퍼텐셜이 같으면 원형질분리가 일어난다.
④ 수분퍼텐셜은 대기에서 가장 높고, 토양에서 가장 낮다.

해설
수분퍼텐셜은 대기에서 주로 낮은 편이다.

60 식물의 일장감응 중 SI 형 식물은?

① 메밀   ② 토마토
③ 도꼬마리 ④ 코스모스

해설
식물의 일장감응형에서 L은 장일성, I는 중일성, S는 단일성을 나타낸다. SI 형은 단일장일로 벼, 도꼬마리 등이 있다.

정답 52 ④ 53 ③ 54 ③ 55 ④ 56 ② 57 ③ 58 ④ 59 ④ 60 ③

4과목   **농약학**

61 유기인계 살충제는?
① EPN ② Endosulfan
③ 2,4-D ④ BPMC

해설
유기인계 살충제에는 이피엔(EPN), 파라티온(Parathion), 디디브이피(DDVP) 등이 있다.

62 제초제의 일반 특성에 대한 설명으로 틀린 것은?
① Phenoxy계 제초제는 옥신작용을 갖고 있다.
② Azole계는 무기화합물 제초제이다.
③ Phenoxy계 제초제는 인축 및 어패류에 대한 독성이 낮다.
④ Dicamba 등 benzoic acid 계 제초제는 작물 체내에서 안정성이 높은 편이다.

해설
Azole 계는 Azole 계열의 항진균제의 합성 화합물로 이용된다.

63 계면활성제 중 가용화 작용이 큰 HLB(Hydrophile – Lipophile Balance)값으로 가장 옳은 것은?
① 1~3 ② 4~7
③ 9~12 ④ 15~18

해설
HLB 가 클수록 용해도가 증가하며 가용화 작용이 크다.

64 90% BPMC 원제 1 kg 을 2% 분제로 제조하는데 필요한 증량제의 양(kg)은?
① 44.0 ② 44.5
③ 44.9 ④ 45.0

해설
희석 증량제의 양 = 분제 중량 × ($\frac{원분제 농도}{원하는 농도} - 1$)
= $1 \times (\frac{90}{2} - 1) = 44 kg$

65 농약의 일일섭취허용량에 대한 설명으로 가장 옳은 것은?
① 농약을 함유한 음식을 하루 섭취하여도 장해가 없는 양을 말한다.
② 농약을 함유한 음식을 1년간 섭취하여도 장해를 받지 않는 1일당 최대의 양을 말한다.
③ 농약을 함유한 음식을 10년간 섭취하여도 장해를 받지 않는 1일당 최대의 양을 말한다.
④ 농약을 함유한 음식을 일생 동안 섭취하여도 장해를 받지 않는 1일당 최대의 양을 말한다.

해설
농약의 1일 섭취허용량은 농약을 매일 섭취해도 영향이 없는 농약의 양을 말한다.

66 50% 벤타존 액제(비중 1.2) 100mL 로 0.1% 살포액으로 만드는데 소요되는 물의 양(L)은?
① 49.9 ② 59.9
③ 69.9 ④ 79.9

해설
희석할 물의 양
= 원액용량 × ($\frac{원액의 농도}{희석할 농도} - 1$) × 원액 비중
= $100 \times (\frac{50}{0.1} - 1) \times 1.2 = 59,880 ml ≒ 59.9 l$

67 유제에 대한 설명으로 옳지 않은 것은?
① 유제란 주제의 성질이 수용성인 것을 말한다.
② 살포액의 조제가 편리하나, 포장·수송 및 보관에 각별한 주의가 필요하다.
③ 유제에서 주제가 유기용매의 25% 이상 용해되는 것이 원칙이다.
④ 유제에서 계면활성제를 가하는 농도는 5~15% 정도이다.

해설
유제는 주제의 성질이 지용성으로 물에 녹지 않아 유기용매에 녹여 유화제를 첨가한 용액을 말한다.

정답 61 ①   62 ②   63 ④   64 ①   65 ④   66 ②   67 ①

68 농약의 혼용 시 주의할 점으로 가장 거리가 먼 것은?

① 표준 희석배수를 준수하고 고농도로 희석하지 않는다.
② 동시에 2가지 이상의 약제를 섞지 않도록 한다.
③ 농약을 혼용하여 사용할 경우 안정화를 위해 1일 정도 정치한 후 사용한다.
④ 유제와 수화제의 혼용은 가급적 피하되, 부득이한 경우 액제, 수용제, 수화제=액상수화제, 유제의 순서로 물을 희석한다.

해설
농약을 혼용하여 사용할 경우 살포약을 되도록 즉시 살포하도록 한다.

69 주로 접촉제 및 소화중독제로서 작용하며 벼의 이화명나방에 적용되는 유기인제는?

① DDVP ② Ethoprophos
③ Fenitrothion ④ Imidacloprid

해설
이화명나방은 메프유제(Fenitrothion)를 이용하여 접촉제, 소화중독제로 방제한다.

70 Fenobucarb 살충제 계통은?

① 카바메이트계 ② 유기인계
③ 유기염소계 ④ 트리아진계

해설
페노뷰카브(Fenobucarb)는 카바릴(NAC), 카보퓨란(carbofuran) 등과 함께 카바메이트계 살충제에 해당한다.

71 Dialkylamine 계 살균제는?

① Nabam ② Maneb
③ Ferbam ④ Mancozeb

해설
Dialkylamine 계의 살균제는 유기황계 살균제에 해당하고 병원균 생육에 필요한 필수금속과의 결합을 통해 살균작용을 하는데 페르밤(Ferbam)이 유기황계 살균제에 해당한다.

72 농작물 또는 기타 저장물에 해충이 모이는 것을 막기 위해 쓰이는 기피제(Repellent)로 쓰이는 것은?

① Chlorobenzilate
② Dimethyl phthalate
③ Dimethomorph
④ Methyl bromide

해설
디메틸프탈레이트(Dimethyl phthalate)는 해충이 작물이나 인축에 접근을 방지하는데 사용되는 기피제로서 곤충의 음성주화성을 이용한 약품이다.

73 농약 안전살포 방법으로 가장 적절한 것은?

① 바람을 등지고 살포
② 바람을 안고 살포
③ 바람의 도움으로 살포
④ 바람 방향을 무시하고 살포

해설
농약사용조의 준수사항으로 농약을 살포할 때는 바람을 등지고 살포하도록 한다.

74 농약제제화의 목적으로 가장 거리가 먼 것은?

① 사용자에 대한 편의성을 위하여
② 최적의 약효발현과 최소의 약해 발생을 위하여
③ 소량의 유효성분을 넓은 지역에 균일하게 살포하기 위하여
④ 유통기간을 단축하여 유효성분의 안정성을 향상시키기 위하여

해설
농약제제화는 사용의 편의성을 위해 주로 실시하며 유통기간을 단축하기보다는 늘리거나 유효성분의 안전성 향상보다는 효력을 증강시키는데 있다.

정답 68 ③ 69 ③ 70 ① 71 ③ 72 ② 73 ① 74 ④

75 유기인계 살충제의 작용특성이 아닌 것은?

① 살충력이 강하고 적용해충의 범위가 넓다.
② 식물 및 동물의 체내에서 분해가 빠르고 체내에 축적작용이 없다.
③ 약제 살포 후 광선이나 기타 요인에 의하여 빨리 소실되는 편이다.
④ 고온일 때 살충효과가 나쁘고, 온도가 낮아지면서 효과가 증대된다.

해설
유기인계 살충제의 경우 고온에서 살충효과가 좋고 저온에서 효과가 감소한다.
※ 유기인계 살충제 특징
· 살충력이 강하고 적용해충 범위가 넓다.
· 체내에서 분해가 빨라 축적 작용이 없다.
· 에스테르 결합을 가지고 있는 경우 가수분해가 잘된다.
· 고온에서 살충효과가 좋고 저온에서 효과가 감소한다.
· 알칼리성 물질에 의해 분해가 잘된다.
· 인축에 대한 독성이 강한 편이다.
· 광선이나 외부 요인에 의해 빨리 소실된다.

76 황산암모니아와 설탕 등과 같은 증량제를 투입한 농약의 제형은?

① 유탁제　　② 수용제
③ 과립수화제　④ 분산성액제

해설
수용제는 액체시용제로 수용성의 유효성분을 증량제로 희석하고 분상이나 입상의 고체로 제제한 것을 말한다.

77 우리나라의 농약의 독성구분 중 맞지 않는 것은?

① 무독성　　② 보통독성
③ 저독성　　④ 고독성

해설
국내의 농약의 독성구분으로 맹독성, 고독성, 보통독성, 저독성이 있다.

78 농약에 사용되는 계면활성제의 친유성기를 갖는 원자단은?

① –OH　　② –COOR
③ –COOH　④ –CN

해설
계면활성제의 친유성기를 갖는 원자단은 포화지방족탄화수소 부분에서 수소원자가 하나 없는 –COOR이 해당되며 보기의 –OH, –COOH, –CN 은 계면활성제의 친수성부분의 원자단에 해당한다

79 농약의 잔류에 대한 설명 중 옳지 않은 것은?

① 작물잔류성농약이란 농약의 성분이 수확물 중에 잔류하여 농약잔류허용기준에 해당할 우려가 있는 농약을 말한다.
② 안전계수란 사람이 하루에 섭취할 수 있는 약량을 말한다.
③ 작물 체내의 잔류농약은 경시적으로 계속하여 감소한다.
④ 농약의 작물잔류는 사용횟수와 제제형태에 따라서 다르다.

해설
농약의 1일 허용량은 농약을 매일 섭취해도 영향이 없는 농약의 양으로 최대무작용약량이라 한다.

80 다음 중 훈증제가 아닌 농약은?

① Methyl bromide
② Ethyl formate
③ Difenoconazole
④ Phosphine

해설
디페노코나졸(Difenoconazole)은 식물의 접촉을 통해 살초효과가 나타나는 접촉형 제초제이다.

5과목 잡초방제학

81 피의 형태적 특징으로 옳은 것은?
① 엽설(葉舌 : 잎혀)은 없고, 엽이(葉耳 : 잎귀)는 있다.
② 엽설(葉舌 : 잎혀)은 있고, 엽이(葉耳 : 잎귀)는 없다.
③ 엽설(葉舌 : 잎혀)과 엽이(葉耳 : 잎귀) 모두 있다.
④ 엽설(葉舌 : 잎혀)과 엽이(葉耳 : 잎귀) 모두 없다.

해설
피에는 잎혀와 잎귀가 없으며 벼에는 모두 있다.

82 작물이 잡초로부터 받는 피해경로를 직접적 또는 간접적 피해 경로로 구분할 때 다음 중 간접적인 피해 경로에 해당하는 것은?
① 경합
② 기생
③ 상호대립억제작용
④ 병해충 매개

해설
잡초는 해충의 서식처 역할을 하기에 간접적 피해 경로에 해당한다.

83 전체 생육기간이 100일인 작물에서 이론적으로 작물이 잡초 경합에 의해 가장 심하게 피해를 받는 시기는?
① 파종 직후부터 5일 이내
② 파종 후 20~30일 사이
③ 파종 후 50~60일 사이
④ 파종 후 70일 이후

해설
잡초경합한계기간은 작물 전생육기간의 첫 1/3~1/2 기간이나 1/4~1/3 기간에 해당된다. 보기의 기간 중 가장 근접된 기간은 파종 후 20~30일 사이이다.

84 논에서 잡초의 군락천이를 유발시키는 데 가장 큰 영향을 주는 것은?
① 장간종 품종 재배
② 동일 작물로만 재배
③ 동일한 제초제 연속 사용
④ 지속적인 화학 비료 사용

해설
동일한 제초제의 사용은 잡초의 저항성 증가로 군락천이를 유발시키게 된다.

85 암(暗)발아성 종자인 잡초는?
① 냉이   ② 바랭이
③ 소리쟁이   ④ 쇠비름

해설
암발아 종자는 별꽃, 냉이, 광대나물 등이 있다.

86 제초제의 토양 중 지속성은 반감기(half life)로 나타낸다. 이 때 반감기란?(단, 전 기간을 통하여 동일한 기울기를 갖는 1차 반응식을 전제로 함)
① 처리한 제초제의 1/2이 소실되는데 요하는 시간
② 처리한 제초제의 1/5이 소실되는데 요하는 시간
③ 식물체의 1/2을 고사시키는데 필요한 시간
④ 식물체의 1/5을 고사시키는데 필요한 시간

해설
농약의 반감기는 토양에 처리한 농약이 절반이 분해되는데 걸리는 시간을 말한다.

87 잡초에 대한 작물의 경합력을 높이는 방법은?
① 이식재배를 한다.
② 직파재배를 한다.
③ 만생종을 재배한다.
④ 재식밀도를 낮춘다.

정답 81 ④ 82 ④ 83 ② 84 ③ 85 ① 86 ① 87 ①

> **[해설]**
> 이식재배를 하면 생육기간이 연장되고 토지이용률이 증대된다. 또한 생육 촉진 및 숙기가 단축되어 경합력이 높아진다.

88 잡초의 생장형에 따른 분류로 옳은 것은?
① 총생형 – 메꽃, 환삼덩굴
② 만경형 – 민들레, 질경이
③ 로제트형 – 억새, 뚝새풀
④ 직립형 – 명아주, 가막사리

> **[해설]**
> 생장형에 따른 분류로 직립형에는 명아주, 가막사리, 쑥부쟁이 등이 있다.

89 잡초에 의한 피해로 가장 거리가 먼 것은?
① 작업 환경 악화
② 토양의 침식 발생
③ 병해충 서식처 제공
④ 작물과의 경합으로 인한 작물 생육 저하

> **[해설]**
> 잡초가 많이 발생하면 토양침식이 느려진다.

90 쌍자엽 잡초와 단자엽 잡초간 차이로 가장 옳은 것은?
① 쌍자엽은 엽맥이 평행맥이고 단자엽은 망상맥이다.
② 쌍자엽은 생장점이 식물체 위쪽에 위치하고 단자엽은 하단에 위치한다.
③ 쌍자엽은 배유가 있으나 단자엽은 배유가 없다.
④ 화본과잡초는 쌍자엽 식물에 속하고 광엽잡초는 단자엽 식물에 속한다.

> **[해설]**
> ① 쌍자엽은 엽맥이 그물맥이고 단자엽은 평행맥이다.
> ③ 쌍자엽은 무배유종자이고 단자엽은 배유종자이다.
> ④ 화본과잡초는 단자엽식물에 속하고 광엽잡초는 쌍자엽식물에 속한다.

91 작물과 잡초간의 경합에 대한 설명으로 옳은 것은?
① 잡초경합한계기간이란 파종직후부터 성숙말기까지의 시기를 말한다.
② 잡초경합한계기간에는 잡초에 의한 피해가 거의 없다.
③ 잡초허용한계밀도란 잡초가 전혀 없는 상태를 말한다.
④ 방제는 잡초경합한계기간에 중점적으로 실시해야 한다.

> **[해설]**
> 잡초경합한계기간은 잡초와의 경합에 의한 작물의 피해가 가장 심하게 나타나는 기간으로 이때 중점적으로 실시하면 방제효과를 얻을 수 있다.

92 식물체내에서 일어나는 주된 제초제 분해 반응에 해당하지 않는 것은?
① 인산화 반응(phosphorylation)
② 히드록시 반응(hydroxylation)
③ 탈카르복시 반응(decarboxylation)
④ 탈알킬 반응(dealkylation)

> **[해설]**
> 제초제의 분해반응으로 산화, 환원, 가수분해, 결합반응이 대표적이며 기타 관련 반응으로 하이드록시화반응, 탈알킬반응, 탈아미노기반응, 탈카르복시반응 등이 있다.

93 방동사니과 잡초가 아닌 것은?
① 올방개 ② 올미
③ 올챙이고랭이 ④ 바람하늘지기

> **[해설]**
> 올미는 광엽잡초이다.

94 다음 다년생 논잡초 중 영양번식 기관의 발생분포 심도가 표토로부터 가장 깊은 종은?
① 올미 ② 너도방동사니
③ 벗풀 ④ 올방개

> **[해설]**
> 올방개는 발생분포 심도가 주로 10~25cm 정도이며 최대 30cm 까지 깊게 분포한다.

정답 88 ④ 89 ② 90 ② 91 ④ 92 ① 93 ② 94 ④

95 상호대립억제작용에 대한 설명으로 옳은 것은?
① 식물체 분비물질에 의한 상호작용
② 식물체간의 빛에 대한 경합작용
③ 식물체 상호간의 생육에 대한 상가작용
④ 영양소에 대한 식물체 상호간의 경합작용

해설
상호대립억제작용은 타감작용이라 하여 인접 식물간의 분비물질을 통해 서로간에 영향을 미치는 상호작용이다.

96 잡초가 작물보다 경쟁에서 유리한 이유로 옳지 않은 것은?
① 번식 능력이 우수하다.
② 다량의 종자를 생산한다.
③ 휴면성이 결여되어 있다.
④ 불량한 환경조건에 적응력이 높다

해설
잡초는 휴면성이 커서 불리한 환경에서는 휴면을 한다.

97 가을에 발생하여 월동 후에 결실하는 잡초로만 올바르게 나열된 것은?
① 쑥, 비름, 명아주
② 깨풀, 민들레, 강아지풀
③ 별꽃, 뚝새풀, 벼룩나물
④ 별꽃, 바랭이, 애기메꽃

해설
겨울잡초(동계잡초)의 종류로 뚝새풀, 냉이, 개미자리, 벼룩나물, 점나도나물, 벼룩이자리, 별꽃 등이 있다.

98 잡초 종자에 돌기를 갖고 있어 사람이나 동물에 부착하여 운반되기 쉬운 것은?
① 여뀌   ② 민들레
③ 소리쟁이   ④ 도꼬마리

해설
도꼬마리, 도깨비 바늘 등의 잡초들은 갈고리 모양의 돌기가 있어 사람의 옷이나 동물의 털에 붙어 운반된다.

99 다음 잡초 중 종자의 천립중이 가장 가벼운 것은?
① 별꽃   ② 명아주
③ 메귀리   ④ 강아지풀

해설
천립중은 잡초종자의 무게로 명아주가 가벼운 편이며 다음으로 냉이, 바랭이, 별꽃, 강아지풀, 메귀리 순서로 메귀리가 보기에서 가장 무겁다

100 뿌리가 토양에 고정되어 있지 않고 물 위에 떠다니는 부유성 잡초에 해당하는 것은?
① 가래   ② 네가래
③ 생이가래   ④ 가는가래

해설
부유잡초로는 부레옥잠, 개구리밥, 좀개구리밥, 생이가래 등이 있다.

정답 95 ① 96 ③ 97 ③ 98 ④ 99 ② 100 ③

국가기술자격 필기시험문제

2021년 기사 제4회 과년도 기출문제

자격종목	종목코드	시험시간	형별	수험번호	성명
식물보호기사		2시간 30분			

1과목 식물병리학

01 십자화과 작물에 발생하는 배추 무사마귀병에 대한 설명으로 옳지 않은 것은?

① 알칼리성 토양에서 발병이 잘 된다.
② 배수가 불량한 토양에서 발생이 많다.
③ 순활물기생균으로 인공배양이 되지 않는다.
④ 유주자가 뿌리털 속을 침입하여 변형체가 된다.

해설
배추, 무 사마귀병은 산성조건 토양에서 많이 발생한다.

02 벼 도열병에 대한 설명으로 옳지 않은 것은?

① 종자 소독으로는 방제효과가 매우 적다.
② 담녹갈색의 짧은 다이아몬드형 병무늬를 형성한다.
③ 잎, 잎자루, 잎혀, 마디, 이삭목, 이삭가지, 볍씨 등에 발생한다.
④ 볍씨의 발아 직후부터 발생하여 출수 후 성숙기까지 계속 발생한다.

해설
벼 도열병의 방제방법으로 베노람, 지오람 수화제 등을 이용하여 소독하면 효과적이다.

03 다음 설명에 해당하는 병은?

◎ 오이 잎에 발생하는 병해로 수침상의 점무늬가 다각형의 담갈색 무늬로 발전한다.
◎ 습기가 많으면 병든 부위의 뒷면에 서리 또는 가루모양의 곰팡이가 생긴다.

① 오이 노균병
② 오이 흰가루병
③ 오이 덩굴마름병
④ 오이 잿빛곰팡이병

해설
오이 노병균의 경우 진균에 의해 담황색의 작은 반점이 발생하고 점점 확장되어 담갈색의 병반이 형성된다. 병반 뒷면은 서리 혹은 가루 모양의 회색 곰팡이인 분생포자가 생성된다.

04 파이토플라스마에 대한 설명으로 옳지 않은 것은?

① 세포벽이 없다.
② 인공배지에서 생장하지 않는다.
③ 매개충에 의하여 전파되지 않는다.
④ 테트라싸이클린에 대하여 감수성이다.

해설
파이토플라스마는 매개충에 의해 전파된다.

05 병원균이 기주교대를 하는 이종기생균은?

① 배나무 불마름병
② 사과나무 흰가루병
③ 배나무 붉은별무늬병
④ 사과나무 검은별무늬병

해설
다른 기주식물을 옮겨다니는 병원균을 이종기생균이라 하며 잣나무 털녹병, 소나무 잎녹병, 배나무 붉은별무늬병균 등이 있다.

정답 01 ① 02 ① 03 ① 04 ③ 05 ③

06 다음 중 벼에서는 가장 잘 발생하지 않는 병은?

① 오갈병   ② 녹병
③ 도열병   ④ 잎집무늬마름병

해설
벼에서 발생되는 병에는 벼잎집무늬마름병, 벼오갈병, 벼도열병, 벼키다리병, 벼 흰잎마름병 등이 있으며 녹병의 경우 잘 발생하지 않는다.

07 식물병을 일으키는 곰팡이 중에서 균사에 격막이 없는 병원균으로만 올바르게 나열된 것은?

① 난균, 자낭균   ② 난균, 접합균
③ 담자균, 자낭균 ④ 담자균, 접합균

해설
균사에 격막(격벽)이 없는 병원균은 난균문, 접합균류이다.

08 마름무늬매미충(모무늬매미충)에 의해 전반되지 않는 병은?

① 뽕나무 오갈병
② 벚나무 빗자루병
③ 붉나무 빗자루병
④ 대추나무 빗자루병

해설
마름무늬매미충이 매개충인 병으로 대추나무 빗자루병, 뽕나무 오갈병, 붉나무 빗자루병이 있다.

09 붕소가 부족하여 사과나무에서 발생하는 병은?

① 탄저병   ② 축과병
③ 부란병   ④ 점무늬낙엽병

해설
붕소가 결핍될 경우 속썩음병, 사과 축과병 등이 발생한다.

10 벼 줄무늬잎마름병을 방제하는 방법으로 가장 효과가 작은 것은?

① 살균제 살포
② 애멸구 제거
③ 저항성 품종 재배
④ 논두렁 잡초 제거

해설
벼 줄무늬잎마름병은 매개충인 애멸구를 통해 바이러스가 전반되는 것으로 살균제를 이용하는 것은 비효율적이다.

11 병원균이 담자기와 담자 포자를 형성하는 것은?

① 감자 역병
② 벼 깨씨무늬병
③ 배추 무사마귀병
④ 보리 겉깜부기병

해설
담자기 위에 담자포자가 형성되는 담자균문에는 깜부기병균목이 있다.

12 다음 중 곰팡이(fungi)의 특징이 아닌 것은?

① 포자를 갖는다.
② 균사를 갖는다.
③ 핵을 갖는다.
④ 엽록소를 갖는다.

해설
곰팡이는 식물과 같은 엽록소를 가지고 있지 않다.

13 식물병원 세균 중 육즙한천배양기 상에서 황색 균총을 형성하는 것은?

① *Pseudomonas*   ② *Xanthomonas*
③ *Agrobacterium* ④ *Pectobacterium*

해설
Xanthomonas 는 그람음성균으로 배지상에서 황색의 균총을 형성하며 생육속도는 다소 느리다.

정답 06 ② 07 ② 08 ② 09 ② 10 ① 11 ④ 12 ④ 13 ②

14 하우스 재배하는 채소에서 과습과 저온에 많이 발생하는 병은?
① 고추 탄저병
② 오이 덩굴쪼김병
③ 토마토 풋마름병
④ 딸기 잿빛곰팡이병

해설
시설내에서 저온다습한 환경의 경우 잿빛곰팡이병이 자주 발생한다.

15 다음 중 크기가 가장 작은 식물 병원체는?
① 진균   ② 세균
③ 바이러스   ④ 바이로이드

해설
바이로이드는 외부단백질이 없는 핵산만으로 구성되어 있으며 가장 작은 크기의 병원체이다.

16 병원균이 불완전세대로 *Pyricularia grisea* (*P. oryzae*)인 식물병은?
① 벼 도열병   ② 벼 흰잎마름병
③ 맥류 줄기녹병 ④ 맥류 흰가루병

해설
벼 도열병균의 불완전 세대는 *Pyricularia grisea*이다.

17 1차 전염원에 대한 설명으로 가장 옳은 것은?
① 가벼운 증상을 일으키는 전염원
② 병반으로부터 가장 먼저 분리되는 전염원
③ 월동한 병원체로부터 새로운 생육기에 들어 가장 먼저 만들어진 전염원
④ 작물 재배를 시작한 첫 해에 나오는 전염원

해설
1차 전염원은 월동한 병원체에서 새로운 생육기에 들어 가장 먼저 만들어져 식물병이 발생하고 발생한 병원체는 다른 식물로 전반되는 경우 2차 발병을 일으킨다.

18 오이류 덩굴쪼김병의 방제법으로 가장 효과가 낮은 것은?
① 종자를 소독한다.
② 저항성 품종을 재배한다.
③ 잎 표면에 약제를 집중적으로 살포한다.
④ 호박이나 박을 대목으로 접목하여 재배한다.

해설
오이류 덩굴쪼김병은 병원균이 뿌리의 각피를 뚫고 침입하기에 잎 표면에 약제를 집중적으로 살포하는 것은 방제효과가 나타나지 않는다. 방제를 위해 종자 및 토양을 소독하고 감염된 식물은 소각하고 과습을 방지하도록 한다.

19 벼 키다리병의 병징 형성 원인으로 병원균이 분비하는 주요 호르몬은?
① 옥신   ② 에틸렌
③ 지베렐린 ④ 사이토키닌

해설
지베렐린은 벼의 키다리병균에 의해 만들어지는 식물생장조절제로 신장촉진작용, 종자발아촉진, 개화촉진 등의 작용을 하며 벼 키다리병의 키가 커지는 현상의 원인이 된다.

20 다음 중 감자 Y 바이러스의 주요 매개충은?
① 복숭아혹진딧물
② 번개매미충
③ 끝동매미충
④ 응애

해설
감자 Y 바이러스는 충매전염으로 복숭아혹진딧물이 주요 매개충이다.

정답 14 ④ 15 ④ 16 ① 17 ③ 18 ③ 19 ③ 20 ①

2과목 농림해충학

21 누에의 성장단계에서 어미가 생성하는 휴면호르몬이 직접적으로 관여하는 휴면단계는?

① 알 휴면   ② 유충 휴면
③ 성충 휴면   ④ 번데기 휴면

[해설] 누에알이 휴면호르몬으로 휴면에 들어가게 되며 이때를 알 휴면이라 한다.

22 앞날개가 경화되어 있는 곤충은?

① 벼메뚜기   ② 검정송장벌레
③ 땅강아지   ④ 썩덩나무노린재

[해설] 검정송장벌레는 딱정벌레목인데 딱정벌레목의 경우 앞날개가 경화되어 있다.

23 윤작과 혼작을 통하여 방제효과를 효과적으로 볼 수 있는 해충의 특성은?

① 기주범위가 넓고 이동성이 높은 해충
② 기주범위가 넓고 이동성이 낮은 해충
③ 기주범위가 좁고 이동성이 낮은 해충
④ 기주범위가 좁고 이동성이 높은 해충

[해설] 윤작과 혼작을 이용한 경종적 방제법은 기주범위가 좁고 이동성이 낮은 해충에 효과적이다.

24 곤충의 유충 발육 단계에서 다음 령기의 유충으로 탈피하는 경우는?

구분	탈피호르몬	유약호르몬
㉠	고	고
㉡	고	저
㉢	저	고
㉣	저	저

① ㉠   ② ㉡
③ ㉢   ④ ㉣

[해설] 곤충이 성충으로의 발육을 억제하는 유약호르몬의 농도와 탈피호르몬의 농도가 높으면 유충으로 탈피하게 된다.

25 내충성의 범주에 포함되지 않는 것은?

① 감수성   ② 항객성
③ 항생성   ④ 내성

[해설] 내충성의 범주에는 내성, 항생성, 비선호성으로 분류된다.

26 살충제 처리 후 무처리구의 생충율이 90%이고, 처리구의 생충율이 22.5% 일 경우 처리구의 보정 사충율은?

① 75%   ② 70%
③ 65%   ④ 60%

[해설]
보정사충율
$= \dfrac{\text{무처리구 생충율} - \text{처리구 생충율}}{\text{무처리구 생충율}} \times 100$
$= \dfrac{90 - 22.5}{90} \times 100 = 75(\%)$

27 해충방제에 사용되는 천적의 특성에 대한 설명으로 가장 거리가 먼 것은?

① 포식범위가 넓은 것
② 분산력이 강한 것
③ 포식성이 높은 것
④ 번식력이 왕성한 것

[해설] 해충방제를 위한 천적의 경우 특정 해충에 대한 포식성을 가지고 있는 것이 좋기에 포식범위는 좁은 것으로 선택한다.

28 사과잎말이나방에 대한 설명으로 옳지 않은 것은?

① 1년에 1회 발생한다.
② 유충으로 월동한다.
③ 유충의 머리는 녹색을 띤 황갈색이다.
④ 유충의 홑눈은 3개이다.

[해설] 사과잎말이나방은 1년에 3회 발생한다.

정답 21 ① 22 ② 23 ③ 24 ① 25 ① 26 ① 27 ① 28 ①

29 다음 해충 중 기주 범위가 가장 좁은 것은?
① 벼멸구 ② 흰등멸구
③ 애멸구 ④ 끝동매미충

해설
전반적으로 벼멸구의 경우 벼 포기의 아랫부분을 흡즙가해하는 해충으로 기주 범위가 상대적으로 좁은편이다.

30 다음 중 토양해충인 것은?
① 송장벌레 ② 바퀴
③ 땅노린재 ④ 땅강아지

해설
토양 해충에는 숯검은밤나방, 땅강아지, 거세미나방, 고자리파리, 작은뿌리파리, 뿌리응애 등이 있다.

31 자연생태계와 비교할 때 농생태계의 특징은?
① 영양단계의 상호관계가 간단하다.
② 영양물질 순환이 폐쇄적이다.
③ 종의 다양성이 높다.
④ 유전자 다양성이 높다.

해설
농생태계는 자연생태계와 비교하면 생물의 수명이 짧고 영속성이 없으며 상호관계에 필요한 시간적 여유가 적고 간단하다.

32 곤충의 성비(sex ratio)의 공식으로 옳은 것은?
① 수컷의 수 / 암컷의 수
② 암컷의 수 / 수컷의 수
③ 암컷의 수 / (암컷의 수 + 수컷의 수)
④ 수컷의 수 / (암컷의 수 + 수컷의 수)

해설
곤충의 성비는 전체 곤충수에 대한 암컷의 비율을 말한다.

33 페로몬의 역할이 아닌 것은?
① 상대 성의 개체를 유인한다.
② 음식의 위치를 알려준다.
③ 다른 곤충간의 통신으로 냄새나 독성을 이용하여 자신을 보호한다.
④ 사회생활을 하거나 집단을 이루는 곤충류에서 천적의 침입 등 위험을 알려준다.

해설
다른 곤충간의 냄새 및 독성을 이용하여 자신을 보호하는 것은 일종의 방어물질로 알로몬에 해당하는 내용이다.

34 곤충의 혈림프를 구성하는 혈구의 기능이 아닌 것은?
① 수분보존 ② 식균작용
③ 피낭형성 ④ 응고작용

해설
곤충의 혈구는 식균작용, 피낭형성, 응고작용, 영양분의 저장의 기능이 있다.

35 특정 지역의 해충 밀도를 추정하고자 할 때 비교적 많은 표본수가 요구되는 해당 해충의 분포양식은?
① 포아송분포 ② 균일분포
③ 임의분포 ④ 집중분포

해설
해충의 밀도를 추정하여 균일분포, 집중분포, 임의분포로 분류하는데 비교적 많은 표본수가 요구되는 분포양식은 집중분포이다.

36 우리나라에서 발생하는 해충 중 외래종이 아닌 것은?
① 섬서구메뚜기
② 꽃매미
③ 갈색날개매미충
④ 열대거세미나방

해설
섬서구메뚜기는 메뚜기목의 곤충으로 한국, 일본, 중국 등에 분포하며 우리나라에서 발생한다.

정답 29 ① 30 ④ 31 ① 32 ③ 33 ③ 34 ① 35 ④ 36 ①

37 살충제가 곤충의 체내로 침투하는 주요 경로가 아닌 것은?
① 경구 ② 경피
③ 기문 ④ 돌기

해설
살충제는 표피를 도달하면 경피, 경구, 기문을 통해 침입한다.

38 종합적해충방제에서 방제를 실시해야 되는 해충의 밀도수준은?
① 경제적 소득수준
② 경제적 피해허용수준
③ 물리적 피해수준
④ 해충 밀도수준

해설
경제적 피해허용수준은 경제적 피해수준에 도달하는 것을 억제하기 위해 방제를 실시하는 수준을 말한다.

39 수입식물 검역과정에서 금지병해충이 발견되었을 경우 취하는 조치로 맞는 것은?
① 소독
② 폐기 또는 반송조치
③ 시료분석
④ 전문가 회의

해설
수입식물 검역과정에서 금지병해충이 발견될 경우 반송, 소독, 폐기 등의 명령을 받게 된다.

40 복숭아심식나방의 발생예찰에 이용되는 페로몬은?
① 성페로몬 ② 분산페로몬
③ 길잡이페로몬 ④ 경보페로몬

해설
복숭아심식나방의 발생 시기에 성페로몬트랩을 설치하여 죽은 성충의 밀도를 파악하여 해충의 발생을 예측한다.

3과목 재배학원론

41 다음 중 작물 생육 필수원소에서 다량으로 소요되는 원소가 아닌 것은?
① 칼슘 ② 칼륨
③ 질소 ④ 니켈

해설
작물의 생육 필수원소의 다량원소에는 탄소, 수소, 산소, 질소, 인산, 칼륨, 칼슘 등이 있다.

42 토양 구조에 대한 설명으로 옳지 않은 것은?
① 단립(單粒)구조는 토양통기와 투수성이 불량하다.
② 입단(粒團)구조는 유기물과 석회가 많은 표층토에서 많이 보인다.
③ 이상(泥狀)구조는 과습한 식질토양에서 많이 보인다.
④ 단립(單粒)구조는 대공극이 많고 소공극이 적다.

해설
단립구조는 토양입자가 독립적으로 존재하기에 대공극이 많아 토양의 통기 및 투수성이 양호하다.

43 다음 중 질소질 비료가 아닌 것은?
① 요소 ② 유안
③ 질산암모늄 ④ 용성인비

해설
질소질비료에는 요소, 유안, 질산암모늄, 황산암모늄 등이 있다. 용성인비의 경우 인산질비료에 해당한다.

정답 37 ④ 38 ② 39 ② 40 ① 41 ④ 42 ① 43 ④

44 식물의 진화와 관련하여 작물의 특징에 대한 설명으로 옳지 않은 것은?
① 발아억제물질이 감소하거나 소실되는 방향으로 발달되었다.
② 분얼이나 분지가 일정 기간 내에 일시에 발생하는 방향으로 발달하였다.
③ 개화기는 일시에 집중하는 방향으로 발달하였다.
④ 탈립성이 큰 방향으로 발달하였다.

해설
탈립성이 작은 방향으로 수량은 많은 방향으로 발달하였다.

45 다음 논의 용수량(Q) 계산식에서 A에 해당되는 것은?

$$Q = (엽면증산량 + 수면증발량 + 지하침투량) - A$$

① 강수량 ② 강우량
③ 유효우량 ④ 흡수량

해설
용수량 = (엽면증산량 + 수면증발량 + 지하침투량) - 유효우량

46 신품종이 기본적으로 구비해야 하는 특성으로 옳지 않은 것은?
① 균일성 ② 변이성
③ 구별성 ④ 안정성

해설
신품종의 구비조건에는 구별성, 균일성, 안정성이 있다. 기존에 알려진 품종과 명확하게 구별되어야 하고 구별된 품종의 특성이 균일하게 발현되어야 한다. 또한 세대를 거듭하여 품종번식을 하여도 구별성과 균일성의 본질적 특성이 변하지 않아야 한다.

47 강산성 토양에서 가급도가 감소하여 작물생육에 부족하기 쉬운 원소가 아닌 것은?
① 마그네슘 ② 칼슘
③ 망간 ④ 인

해설
강산성 토양에서 가급도가 높은 것으로 철, 망간, 구리, 붕소 등이 있다.

48 벼 생육기간 중 냉해에 가장 약한 시기는?
① 감수분열기 ② 등숙기
③ 분얼기 ④ 유묘기

해설
작물의 경우 감수분열기에 냉해에 가장 약하다.

49 다음 중 연작의 피해가 가장 작은 작물로만 나열된 것은?
① 고추, 강낭콩, 수박
② 고구마, 완두, 토마토
③ 수수, 감자, 가지
④ 벼, 담배, 옥수수

해설
벼, 맥류, 조, 수수, 옥수수, 담배, 무, 당근, 양파, 호박, 순무, 아스파라거스, 딸기, 미나리, 양배추 등은 연작의 피해가 적은 작물이다.

50 순3포식 농법에 대한 설명으로 옳은 것은?
① 포장을 3등분하여 경지의 $\frac{2}{3}$는 춘파곡물이나 추파곡물을 재식하고 나머지 $\frac{1}{3}$은 휴한하는 방법이다.
② 포장을 3등분하여 $\frac{2}{3}$는 곡물을 재배하고 나머지 지역에는 콩과 녹비작물을 재배하는 방법이다.
③ 식량과 가축의 사료를 생산하면서 지력을 유지하고 중경효과까지 얻기 위하여 적합한 작물을 조합하는 방법이다.
④ 미국의 옥수수지대에서 실시하는 윤작방식으로 옥수수, 콩, 귀리, 클로버를 조합하여 경작하는 방법이다.

해설
순3포식(순삼포식)농법은 포장을 3등분하여 1/3은 여름작물, 1/3은 겨울작물을 재배하고 나머지 1/3은 휴한하는 방법이다.

51 다음 중 과수의 핵과류에 해당하지 않는 것은?
① 복숭아 ② 자두
③ 사과 ④ 살구
해설
사과는 인과류에 해당한다.

52 발아 최저온도가 가장 낮은 작물은?
① 콩 ② 옥수수
③ 귀리 ④ 호박
해설
작물에 따라 저온에서 발아하는 귀리, 호밀, 상추, 부추 등이 있고 고온에서 발아하는 토마토, 가지, 고추 등이 있다.

53 토양이나 수질 오염을 통하여 인체에 중금속 중독을 초래하며 이타이이타이병이 나타나는 것은?
① 카드뮴 ② 규소
③ 망간 ④ 몰리브덴
해설
수질오염에서 카드뮴 중독에 의해 이타이이타이병이 발생한다.

54 다음 중 작물이 주로 이용하는 토양수분은?
① 모관수 ② 결합수
③ 중력수 ④ 흡착수
해설
결합수, 중력수 등은 작물이 이용이 어려운 수분이며 주로 모관수가 이용되는 유효수분이다.

55 서로 도움이 되는 특성을 지닌 두 가지 작물을 같이 재배할 경우 이 두 작물을 일컫는 가장 적절한 용어는?
① 대파작물 ② 앞작물
③ 동반작물 ④ 구황작물
해설
서로 도움이 되는 특성을 지는 작물을 같이 재배하는 경우 동반작물이라 한다.

56 다음 중 벼의 수해를 크게 하는 조건으로 가장 알맞은 것은?
① 저수온, 청수, 유수
② 저수온, 탁수, 정체수
③ 고수온, 청수, 유수
④ 고수온, 탁수, 정체수
해설
침관수해는 맑은 물보다 흐린물에, 흐르는물보다는 정체된 물에 피해가 더 크며 수온이 높을 경우 산소도가 낮아 피해가 더 커진다.

57 다음 중 요수량이 가장 적은 작물은?
① 호박 ② 알팔파
③ 옥수수 ④ 완두
해설
요수량이 적은 식물로 수수, 기장, 옥수수 등이 있다.

58 침관수 피해에 대한 대책으로 옳지 않은 것은?
① 퇴수 후 새로운 물을 갈아 댄다.
② 김을 매어 지중통기를 좋게 한다.
③ 침수 후에는 병충해의 발생이 줄어들기 때문에 방제가 필요없다.
④ 피해가 심할 때에는 추파, 보식 등을 한다.
해설
침수 피해를 받게 되면 병충해의 발생이 증가하기에 방제가 필요하다.

59 다음 중 작물재배 시 부족하면 수정·결실이 나빠지는 미량원소는?
① Mg ② B
③ S ④ Ca
해설
붕소는 세포 분열과 수정에 관여하여 부족할 경우 수정, 결실이 나빠지고 불임이 발생하기도 한다.

60 다음 중 C₄ 작물은?
① 벼   ② 옥수수
③ 밀   ④ 보리

> **해설**
> C₄ 식물은 광 효율이 좋은 것이 특징으로 옥수수, 사탕수수 등이 있다.

4과목 농약학

61 약효지속시간이 길어야 하는 보호살균제의 특성을 고려하였을 때, 보호살균제 살포액의 가장 중요한 물리적 특성은?
① 습윤성과 확전성
② 부착성과 고착성
③ 현수성과 유화성
④ 침투성과 입자의 크기

> **해설**
> 보호살균제는 살포 후 표면에서 부착성과 고착성이 우수한 것이 약효지속시간을 늘릴 수 있다.

62 수화제(Wettable Powder; WP)에 주로 사용되는 증량제는?
① toluene   ② sulfamate
③ bentonite   ④ methanol

> **해설**
> 수화제는 주로 벤토나이트를 사용하며 계면활성제 등을 배합하여 혼합 분쇄하여 제조한다.

63 농약의 독성과 관련된 설명 중 옳지 않은 것은?
① 농약은 유해한 생물에만 유효하고 그 밖의 생물에는 무독해야 한다.
② 병, 해충의 내성으로 인한 약효 저하로 고독성농약 등록이 늘어가고 있다.
③ 독성이 약한 농약도 체내에 다량섭취되면 독작용을 나타낸다.
④ 농약의 독성강도에 따라 적절한 주의를 기울여 피해를 최소화 한다.

> **해설**
> 병, 해충의 내성 증가를 방지하기 위해 종합적 방제방법의 활용이 늘어가고 있으며 고독성 농약의 경우 환경 및 유해 문제로 줄어가고 있는 실정이다.

64 비교적 지효성이고 화학적인 안정성이 크며 약효기간이 긴 특성을 가지고 있는 유기인계 살충제는?
① Phosphate 형
② Thiophosphate 형
③ Dithiophosphate 형
④ Phosphonate 형

> **해설**
> 유기인계 살충제인 Dithiophosphate형은 지효성이며 화학적 안정성이 커서 약효기간이 긴 편이다.

65 농약의 약효를 최대로 발현시키기 위한 방법으로 가장 거리가 먼 것은?
① 방제적기에 농약 살포
② 적정농도의 정량살포
③ 병해충 및 잡초에 알맞은 농약의 선택
④ 효과가 좋은 농약 한가지만을 계속 사용

> **해설**
> 농약을 한가지만 사용하면 약효에 대한 저항성이 생겨 효율이 떨어진다.

66 농약에서 계면활성제의 작용으로 거리가 먼 것은?
① 습윤 작용(wetting property)
② 응집 작용(coagulating property)
③ 침투 작용(penetrating property)
④ 고착 작용(adhesive property)

> **해설**
> 계면활성제는 물과 기름의 계면에서 표면장력을 감소시켜 약품의 습윤성, 부착성 및 고착성, 확전성을 높여주는 역할을 하는데 약품을 하나로 모아주는 응집작용은 하지 않는다.

67 살충제를 작용기작에 따라 분류하였을 때 가장 거리가 먼 것은?
① 성장저해제 ② 신경전달저해제
③ 호흡저해제 ④ 광합성저해제

해설
살충제의 작용기작에 따른 분류로 곤충의 신경계에 작용하는 신경전달저해제, 미토콘드리아에 작용하여 호흡을 저해하는 호흡저해제, 충체 내 에너지 대사 교란, 호르몬 기능 교란 등으로 분류된다.

68 농용항생제가 아닌 것은?
① Chloropicrin ② Blasticidin–S
③ Kasugamycin ④ Streptomycin

해설
클로로피크린(chloropicrin)은 훈증제의 일종이다.

69 항생제 계통의 살균제인 streptomycin 에 대한 설명으로 옳은 것은?
① 주로 벼의 도열병 방제용으로 살포된다.
② 저독성 약제로 세균성병 방제에 사용된다.
③ 살균기작은 SH 효소에 의한 핵산합성 저해이다.
④ 수화제로 사용할 경우 주로 streptomycin 80%, 기타 증량제 20% 로 희석하여 사용한다.

해설
항생물질은 미생물이 생성하는 화합물질로 다른 미생물의 발육이나 대사작용을 억제하는 생리작용을 하는데 streptomycin 의 경우 저독성 약제로 세균성병의 억제를 통해 방제를 한다.

70 농약 독성의 발현속도(시기)에 따른 구분은?
① 고독성 ② 급성독성
③ 잔류독성 ④ 경구독성

해설
독성의 발현속도에 따라 급성독성, 아급성독성, 만성독성으로 구분한다.

71 농약의 분자구조 중 $H_2N–CO–NH_2$ 골격을 가진 농약 계열은?
① 트리아진(Triazine)계
② 아마이드(Amide)계
③ 다이아진(Diazine)계
④ 우레아(Urea)계

해설
우레아계의 분자식은 CH_4N_2O 이다.

72 농약관리법령상 농약과 농약의 포장지에 포함되어야 할 표시사항이 바르게 연결되지 않은 것은?
① 대기오염성 농약 – 경고표시와 안내문자
② 사람 및 가축에 위해한 농약 – 해독방법
③ 살충제 – 사용방법과 사용에 적합한 시기
④ 토양잔류성 농약 – 저장·보관 및 사용상의 주의사항

해설
농약관리법에서 대기오염성에 관한 표기사항은 명시되어 있지 않다. 농약관리법 시행규칙 제 23 조에 의거하여 농약 등 원제의 표시사항 및 표시 방법은 아래의 내용 등이 있다.
· 맹독성, 작물잔류성, 토양잔류성 농약 등의 경고 및 주의사항
· 사람 및 가축에 위해한 농약 등 또는 원제의 경우에는 그 요지 및 해독방법
· 안전사용기준 및 취급제한기준
· 사용방법과 사용에 적합한 시기
· 포장단위
· 농약 등 또는 원제의 명칭 및 제제형태

73 유기인제에 중독되었을 때 주로 사용되는 해독제는?
① Balbitar ② PAM
③ Meticarbanol ④ Rhenitonine

해설
유기인제에 중독되었을 경우 해독제로는 황산아트로핀(atropine sulfate), 팜(PAM) 등이 효과적이다.

정답 67 ④ 68 ① 69 ② 70 ② 71 ④ 72 ① 73 ②

74 해충의 신체 골격을 이루는 키틴(chitin)의 생합성을 저해하는 살충제의 작용기작은?

① 신경 및 근육에서의 자극전달작용 저해
② 성장 및 발생과정 저해
③ 호흡과정 저해
④ 중장 파괴

해설
키틴 생합성의 저해하면 곤충의 외골격이 연약하게 되고 외부 저항력이 약해지게 되는데 이는 성장 및 발생과정을 저해하게 된다.

75 60kg 농작물에 50% 유제를 사용하여 원제의 농도가 8mg/kg작물 이 되도록 처리하려고 할 때 소요 약량(mL)은? (단, 약제의 비중은 1.07 이다)

① 0.5 ② 0.7
③ 0.9 ④ 1.2

해설
8mg/kg 의 경우 8 ppm 이며 소요약량은 다음과 같이 구할 수 있다.

소요약량$(ppm) = \dfrac{8 \times 60 \times 100}{1,000,000 \times 1.07 \times 50} = $ 약 $0.9 ml$

※ 소요약량(ppm 기준)

소요약량 $= \dfrac{목표농도(ppm) \times 처리물량 \times 100}{1,000,000 \times 비중 \times 액농도}$

76 45% EPN 유제 200mL를 0.3% 로 희석하는데 소요되는 물의 양(mL)은?(단, 유제의 비중은 1.0 이다)

① 29800 ② 28700
③ 27600 ④ 26500

해설
희석할 물의 양
$= $ 원액 용량 $\times (\dfrac{원액 농도}{희석할 농도} - 1) \times $ 원액 비중
$= 200 ml \times (\dfrac{45\%}{0.3\%} - 1) \times 1 = 29,800 ml$

77 농약의 품질불량이 원인이 되어 약해를 일으키는 경우와 가장 거리가 먼 것은?

① 유해성분의 생성에 의한 약해
② 불순물의 혼합에 의한 약해
③ 원제 부성분에 의한 약해
④ 고농도에 의한 약해

해설
농약의 고농도에 의한 약해는 농약의 오용에 의해 발생한다.

78 농약의 일일섭취허용량(ADI) 설정식으로 옳은 것은? (단, NOAEL 은 No Observable Adverse Effect Level, MRL 은 Maximum Residue Limit의 약어이다)

① NOAEL ÷ 식품계수
② NOAEL ÷ 체중
③ NOAEL ÷ 안전계수
④ NOAEL ÷ MRL

해설
일일섭취허용량(ADI)은 최대무작용량(NOAEL)을 산정하여 안전계수(SF)로 나누어 구한다.

79 유기인제 살충제의 특성에 대한 설명으로 옳은 것은?

① 대부분 안정한 화합물이다.
② 일길리에 대하여 분해되기 쉽다.
③ 동・식물체 내에서의 분해가 느리다.
④ 직사광선에 의하여 분해되지 않는다.

해설
유기인제 살충제의 경우 살충력이 강하고 적용해충의 범위가 넓은 편이다. 동, 식물체 내에서 분해가 빠르고 알칼리에 대하여 분해가 쉽다.

정답 74 ② 75 ③ 76 ① 77 ④ 78 ③ 79 ②

80 수면시용법(水面施用法)으로 살포하는 약제가 갖추어야 할 특성으로 틀린 것은?

① 물에 잘 풀리고 널리 확산되어야 한다.
② 물이나 미생물 또는 토양성분 등에 의하여 분해되지 않아야 한다.
③ 수중에서 장시간에 걸쳐 녹아 약액의 농도를 유지하여야 한다.
④ 가급적 약제의 일부는 수중에 현수되도록 친수 및 발수성을 갖추어야 한다.

[해설]
수면 시용법은 수면에 농약을 빠르게 확산시켜야 하며 미생물이나 토양의 유, 무기물에 의해 분해되지 않아야 한다. 일부는 수중에 현수되는 것이 좋다.

5과목 잡초방제학

81 주로 논이나 습지에 발생하는 화본과 다년생 잡초는?

① 향부자   ② 망초
③ 씀바귀   ④ 나도겨풀

[해설]
나도겨풀은 화본과 다년생 잡초로 주로 논에서 발생하는 논잡초이다.

82 다음 중 잡초종합방제체계 수립을 위한 선형특성적 모형에서 시작부터 완성단계로의 순서가 올바르게 나열된 것은?

① 모형의 평가 및 수정 → 문제유형의 검토 → 잡초군락의 예찰 → 제초방법의 선정 → 방제체계의 적용
② 문제유형의 검토 → 잡초군락의 예찰 → 제초방법의 선정 → 방제체계의 적용 → 모형의 평가 및 수정
③ 제초방법의 선정 → 잡초군락의 예찰 → 방제체계의 적용 → 문제유형의 검토 → 모형의 평가 및 수정
④ 잡초군락의 예찰 → 문제유형의 검토 → 방제체계의 적용 → 모형의 평가 및 수정 → 제초방법의 선정

[해설]
잡초종합방제에서 선형특성적 모형의 과정을 보면 발생 유형의 문제를 검토하고 잡초군락을 조사하여 제초방법 및 방제체계를 선정하게 된다. 이후 실행한 방제방법에 대한 평가 및 수정을 통해 보완하도록 한다.

83 제초제의 살초형태와 가장 거리가 먼 것은?

① 숙기억제   ② 황화
③ 고사   ④ 괴사

[해설]
살초형태는 잡초가 고사해가는 형태 및 과정 등을 표현한 것으로 황화, 고사, 괴사 등이 있다.

84 잡초를 형태학적으로 분류할 때 관계없는 것은?

① 광엽 잡초   ② 로제트형 잡초
③ 화본과 잡초   ④ 방동사니과 잡초

[해설]
로제트형 잡초는 생장형에 따른 분류에 속한다.

85 수용성이 아닌 원제를 아주 작은 입자로 미분화시킨 분말로 물에 분산시켜 사용하는 제초제의 제형은?

① 유제   ② 보조제
③ 수용제   ④ 수화제

[해설]
수화제는 물에 녹지 않는 주제를 분말형태로 벤토나이트 및 계면활성제 등을 이용하여 분산 및 제제하며 골고루 퍼지는 현수성이 중요하다.

86 광합성을 억제하는 계통의 제초제가 아닌 것은?

① Triazine 계   ② Urea 계
③ Acetamide 계 ④ Bipyridylium 계

[해설]
광합성 저해 제초제
· 벤조티아디아졸계 : bentazone
· 트리아진계 : simazine, atrazine
· 요소계 : linuron, methabenzthiazuron
· 아마이드계 : proranil

정답 80 ③ 81 ④ 82 ② 83 ① 84 ② 85 ④ 86 ③

87 다음 중 일년생 잡초로만 나열된 것은?
① 여뀌, 물달개비 ② 벗풀, 띠
③ 보풀, 민들레 ④ 올방개, 토끼풀

해설
1년생 잡초에는 물달개비, 물옥잠, 사마귀풀, 여뀌, 마디꽃, 자귀풀 등이 있다.

88 제초제의 선택성에 영향을 미치는 요인 중 물리적 요인으로 가장 거리가 먼 것은?
① 처리 방법 ② 제형
③ 처리 약량 ④ 광도

해설
광도는 환경적 요인에 속한다.

89 다음 중 광엽 잡초로만 나열한 것은?
① 여뀌, 명아주
② 매자기, 쇠털골
③ 돌피, 띠
④ 향부자, 바랭이

해설
광엽잡초에는 닭의장풀, 명아주, 가래, 물달개비, 쇠비름, 비름, 질경이, 여뀌, 깨풀 등이 있다.

90 다음 중 잡초의 유용성으로 가장 거리가 먼 것은?
① 병해충의 서식처가 된다.
② 토양에 유기물을 공급해 준다.
③ 토양 유실을 방지해 준다.
④ 작물개량을 위한 유전자 자원으로 활용될 수 있다.

해설
잡초는 병해충의 서식처가 되는 것은 잡초의 단점에 해당한다.

91 잡초종자의 발아 습성으로 옳지 않은 것은?
① 발아의 준동시성
② 발아의 계절성
③ 발아의 불연속성
④ 발아의 주기성

해설
잡초종자의 발아습성으로 주기성, 준동시성, 연속성, 계절성, 기회성이 있다.

92 식물영양소 중 작물과 잡초에 가장 많이 요구되는 영양소들로만 나열된 것은?
① 염소, 철, 게르마늄
② 철, 몰리브덴, 셀렌
③ 칼륨, 질소, 인산
④ 코발트, 나트륨, 붕소

해설
작물과 잡초가 가장 많이 요구되는 영양소는 다량원소인 질소, 인산, 칼륨 등이 있다.

93 다음 중 주로 괴경으로 번식하는 논잡초는?
① 올방개 ② 깨풀
③ 속속이풀 ④ 꽃다지

해설
괴경으로 번식하는 논잡초로 너도방동사니, 올방개, 매자기 등이 있다.

94 잡초에 대한 작물의 경합력을 높이는 방법으로 가장 적절한 것은?
① 무비재배를 한다.
② 직파재배를 한다.
③ 이앙·이식재배를 한다.
④ 무경운재배를 한다.

해설
이식재배를 하면 생육기간이 연장되고 토지이용률이 증대된다. 또한 생육 촉진 및 숙기가 단축되어 경합력이 높아진다.

95 다음 중 잡초경합 한계기간이 가장 긴 작물은?
① 녹두 ② 양파
③ 밭벼 ④ 콩

해설
잡초경합한계기간으로 양파는 약 56일 정도로 상대적으로 긴 편이다.

정답 87 ① 88 ④ 89 ① 90 ① 91 ③ 92 ③ 93 ① 94 ③ 95 ②

96 작물과 잡초간의 경합에 관여하는 주요한 요인으로 가장 거리가 먼 것은?
① 수분　② 광
③ 영양분　④ 제초제 내성

[해설] 경합의 인자로 양분, 수분, 광, 밀도 등이 있다.

97 다음 중 선택성 제초제는?
① 2,4-D　② Paraquat
③ Glufosinate　④ Glyphosate

[해설] 선택성 제초제에는 2,4-D, 디캄바, 뷰타클로르 등이 있다.

98 다음 중 암발아 잡초 종자에 해당하는 것은?
① 쇠비름　② 바랭이
③ 광대나물　④ 소리쟁이

[해설] 암발아 종자는 별꽃, 냉이, 광대나물 등이 있다.

99 잡초의 번식에 대한 설명으로 옳지 않은 것은?
① 영양번식은 포복경, 지하경, 인경, 구경 등을 통해 이루어지는 것을 말한다.
② 돌피, 바랭이, 냉이는 유성번식을 한다.
③ 다년생 잡초는 영양번식과 유성번식을 겸한다.
④ 일년생 잡초는 자가수정에 의해서만 번식한다.

[해설] 일년생 잡초는 자가수정외에도 타가수정으로 번식하는 종류도 있다. 대표적인 자가수정 작물로 벼, 보리, 콩, 토마토 등이 있다.

100 다음 중 외래잡초로만 나열된 것은?
① 돼지풀, 올미
② 너도방동사니, 흰명아주
③ 개망초, 어저귀
④ 올방개, 광대나물

[해설] 외래 잡초에는 미국가막사리, 미국개기장, 가는털비름, 단풍잎돼지풀, 소리쟁이, 도꼬마리, 서양민들레, 개망초, 애기달맞이꽃, 어저귀 등이 있다.

정답 96 ④　97 ①　98 ③　99 ④　100 ③

국가기술자격 필기시험문제

2022년 기사 제1회 과년도 기출문제				수험번호	성명
자격종목 식물보호기사	종목코드	시험시간 2시간 30분	형별		

1과목 식물병리학

01 소나무 잎마름병의 병징에 대한 설명으로 옳은 것은?

① 봄에 묵은 잎이 적갈색으로 변하면서 대량으로 떨어진다.
② 잎에 바늘구멍 크기의 적갈색 반점이 나타나고 동심원으로 커진다.
③ 수관 하부에 있는 이에서 담갈색 반점이 생기면서 발생하여 상부로 점차 진전한다.
④ 잎에 띠 모양의 황색 반점이 생기다가 갈색으로 변하면서 반점들은 합쳐진다.

해설
소나무 잎마름병은 여름철 고온 다습한 환경에서 많이 발생하는데 띠모양의 황색반점이 교대로 형성되어 갈변하다가 반점들이 합쳐지게 된다.

02 다음 중 균류의 영양기관은?

① 왁스층　② 포자낭
③ 분생포자　④ 균사체

해설
균사체, 선상균사, 균핵, 자좌, 근상균사속 등은 영양기관이다

03 식물병 발생에 필요한 3대 요인에 속하지 않는 것은?

① 기주　② 병원체
③ 매개충　④ 환경요인

해설
식물병 발생의 3대 요인에 기주, 병원체, 환경이 있으나 매개충은 식물병을 전반시키는 중간매개 역할만을 한다.

04 다음 중 사과 겹무늬썩음병의 병원균은?

① 곰팡이　② 바이러스
③ 세균　④ 파이토플라스마

해설
사과 겹무늬썩음병은 부패병이라 하며 곰팡이에 의해 발생한다.

05 다음 중 오이류 덩굴쪼김병의 방제 방법으로 가장 효과가 낮은 것은?

① 종자를 소독한다.
② 저항성 품종을 재배한다.
③ 잎 표면에 약제를 집중적으로 살포한다.
④ 호박이나 박을 대목으로 접목하여 재배한다.

해설
오이류 덩굴쪼김병은 병원균이 뿌리의 각피를 뚫고 침입하기에 잎 표면에 약제를 집중적으로 살포하는 것은 방제효과가 나타나지 않는다. 방제를 위해 종자 및 토양을 소독하고 감염된 식물은 소각하고 과습을 방지하도록 한다.

06 병원균이 불완전세대로 *Pycicularia grisea* (*P. oryzae*)인 식물병은?

① 보리 줄기녹병
② 벼 도열병
③ 감귤 잿빛곰팡이병
④ 오이 흰가루병

해설
벼 도열병의 병원균은 *Pyricularia oryzae* 이며 갈색의 방추형 병반이 나타난다.

정답 01 ④　02 ④　03 ③　04 ①　05 ③　06 ②

07 자주날개무늬병이 속하는 진균류는?
① 담자균   ② 병꼴균
③ 난균   ④ 접합균

해설
자줏빛날개무늬병균은 진균(담자균류)에 속한다.

08 다음 중 유주자낭을 형성하는 병원균은?
① 오이 흰가루병균
② 딸기 시들음병균
③ 고추 역병균
④ 토마토 잿빛곰팡이병균

해설
고추 역병균은 회색가루 형태의 유주자낭을 형성한다.

09 배나무 붉은별무늬병에 대한 설명으로 옳지 않은 것은?
① 잎에 병무늬가 많이 형성되면 조기 낙엽의 원인이 된다.
② 주요 발병 부위는 잎, 열매, 가지이다.
③ 병원균이 기주교대를 하지 않는다.
④ 병원균은 순활물기생균이다.

해설
붉은별무늬병은 담자균류에 의해 발생하며 기주는 사과나무, 배나무 등이 있으며 중간기주는 향나무로서 기주교대를 한다.

10 자낭균이며 표징이 잘 나타나지 않는 것은?
① 보리 겉깜부기병
② 벼 잎집무늬마름병
③ 밀 줄기녹병
④ 벼 깨씨무늬병

해설
벼 깨씨무늬병은 병원은 진균(*Cochliobolus miyabeanus*)으로 자낭포자로 인한 표징은 잘 나타나지 않는다.

11 다음 중 매개충에 의해 경란 전염하는 바이러스는?
① 보리 줄무늬모자이크병
② 감자 X 바이러스병
③ 담배 모자이크병
④ 벼 줄무늬잎마름병

해설
경란전염은 매개충의 알을 통해 바이러스가 전파되는 것을 의미하며 벼 줄무늬잎마름병의 바이러스는 애멸구에 의해 경란전염된다.

12 감자 역병에 대한 설명으로 옳지 않은 것은?
① 아일랜드 대기근의 원인이다.
② 병원균은 자웅동형성이다.
③ 역사적으로 1845년경에 대발생했다.
④ 무병 씨감자를 사용하여 방제할 수 있다.

해설
감자 역병의 병원균은 자웅이주균이다.

13 식물병원균에 대한 길항균으로 많이 사용되는 것은?
① *Streptomyces scabies*
② *Trichoderma harzianum*
③ *Penicillium expansum*
④ *Rhizoctonia solani*

해설
생물학적 방제용 길항균으로 *Ampelomyces*, *Candida*, *Trichoderma* 등이 있다

14 다음 중 크기가 가장 작은 것은?
① 세균   ② 곰팡이
③ 바이러스   ④ 바이로이드

해설
바이로이드는 외부단백질이 없는 핵산만으로 구성되어 있으며 가장 작은 크기의 병원체이다.

정답 07 ① 08 ③ 09 ③ 10 ④ 11 ④ 12 ② 13 ② 14 ④

15 푸사리움균(Fusarium)에서 알려졌으며 하나의 세포 내에 유전적으로 다른 2개 이상의 반수체핵이 존재하는 현상은?
① 이질반핵현상 ② 이질다핵현상
③ 동질반핵현상 ④ 동질다핵현상

해설
이질다핵현상은 하나의 세포 내에 유전적으로 다른 2개 이상의 반수체핵이 존재하는 현상을 말한다. 이러한 원인은 균사가 생육을 하는 동안 다른 균주의 균사와 접촉을 할때 세포벽이 부분적으로 용해되면서 2개의 균사체가 융합되어 세포벽과 핵이 합치면서 발생한다.

16 감염된 식물체 중 가축이 먹으면 가장 해로운 병은?
① 담배 모자이크병
② 보리 붉은곰팡이병
③ 콩 자주무늬병
④ 벼 도열병

해설
맥류 붉은곰팡이병균은 역사적으로 곡류등을 통해 인체에 흡수되어 유해한 균독소를 분비해 많은 사상자를 내기도 하였다.

17 밤나무 줄기마름병의 병반 부위의 전형적인 병징은?
① 비대 ② 천공
③ 위조 ④ 궤양

해설
밤나무 줄기마름병의 주된 병징은 수피의 궤양과 잎의 시들음이다.

18 노지에서 고추 역병이 가장 잘 발병하는 요인은?
① 사질토양 ② 고온
③ 건조 ④ 침수

해설
고추 역병의 경우 장마기간에 기온이 낮고 습도가 높은 조건에서 많이 발생하기에 침수조건에서 잘 발생한다.

19 식물병 진단방법 중 형광항체법을 이용하는 것은?
① 혈청학적 진단
② 생물학적 진단
③ 물리적 진단
④ 핵산분석에 의한 진단

해설
혈청학적 진단방법에는 슬라이드법, 한천겔확산법, 형광항체법, 효소결합항체법(ELISA)가 있고 이들은 바이러스로 인한 식물병의 진단방법이다.

20 다음 중 진딧물에 의해 바이러스가 전염되어 발생하는 병은?
① 콩 불마름병
② 벼 도열병
③ 배추 모자이크병
④ 대추나무 빗자루병

해설
모자이크병은 바이러스에 의해 발생한다.

2과목　농림해충학

21 곤충의 생식 기관이 아닌 것은?
① 심문　② 저장낭
③ 부속샘　④ 송이체

해설
심문은 심장에 있는 부분이다.

22 거미와 비교한 곤충의 특징으로 가장 거리가 먼 것은?
① 겹눈과 홑눈이 있다.
② 변태를 하는 종이 있다.
③ 4쌍의 다리를 가지고 있다.
④ 몸이 머리, 가슴, 배 3부분으로 되어 있다.

해설
곤충은 3쌍의 다리를 가지고 있다.

정답 15 ② 16 ② 17 ④ 18 ④ 19 ① 20 ③ 21 ① 22 ③

23 사과굴나방에 대한 설명으로 옳지 않은 것은?
① 알로 잎 속에서 월동한다.
② 피해 입은 잎이 뒷면으로 말린다.
③ 잎 뒷면에 성충이 우화하여 나간 구멍이 있다.
④ 사과나무, 배나무, 복숭아나무의 잎을 가해한다.

해설
사과굴나방은 번데기로 잎에서 월동한다.

24 담배나방에 대한 설명으로 틀린 것은?
① 고추의 주요 해충 중 하나이다.
② 땅속에서 번데기로 월동한다.
③ 1년에 1회 발생한다.
④ 담배에 피해를 준다.

해설
담배나방은 1년에 3회 발생한다.

25 벼의 해충 중 흡즙에 의한 직접적인 피해 외에도 줄무늬잎마름병과 검은줄오갈병의 바이러스병을 매개하여 간접적인 피해를 주는 해충은?
① 이화명나방   ② 혹명나방
③ 벼멸구   ④ 애멸구

해설
애멸구는 벼를 직접 흡즙가해하나 큰 피해를 주지 않는다. 그러나 출수기에 이삭을 흡즙하여 임실율이 떨어지고 그을음병을 유발한다. 이러한 피해 이외에도 줄무늬잎마름병, 검은줄오갈병 등의 바이러스병을 매개한다.

26 점박이응애에 대한 설명으로 옳지 않은 것은?
① 알은 투명하다.
② 기주범위가 넓다.
③ 부화직후의 약충은 다리가 4쌍이다.
④ 여름형과 월동형 성충의 몸 색깔이 다르다.

해설
점박이응애의 약충은 다리가 3쌍이다.

27 다음 중 가해하는 기주가 가장 다양한 해충은?
① 벼멸구   ② 솔잎혹파리
③ 사과혹진딧물 ④ 미국흰불나방

해설
미국흰불나방은 주로 포플러, 벚나무 등에 피해를 주는데 활엽수 200 여종 정도로 피해 범위가 넓다.

28 외부의 자극에 반응하여 곤충이 행동하는 유형이 아닌 것은?
① 주굴성   ② 주광성
③ 주화성   ④ 주수성

해설
외부의 자극에 반응하는 주성에는 주광성, 주화성, 주수성, 주류성, 주지성 등이 있다.

29 복관을 갖고 있는 곤충은?
① 좀   ② 낫발이
③ 진딧물   ④ 톡톡이

해설
톡토기가 가지고 있는 복관은 수면 위에 부유시 몸을 지탱하고 수분조절과 호흡의 역할을 담당한다.

30 식도하신경절에 의해 운동신경과 감각신경의 지배를 받지 않는 기관은?
① 큰턱   ② 작은턱
③ 더듬이   ④ 아랫입술

해설
뇌는 식도신경환에 의해 식도하신경절에 연결되어 큰턱, 작은턱, 아랫입술 등의 운동 및 감각신경에 관련된다.

31 곤충의 생리에 대한 설명으로 가장 거리가 먼 것은?
① 기관 호흡을 한다.
② 연속되는 탈피를 통해 몸을 키운다.
③ 완전변태류의 경우 번데기 과정을 거친다.
④ 혈액 속 헤모글로빈에 의해 산소를 공급받는다.

해설
곤충은 혈액을 통해 산소를 운반하지 않으며 호흡계를 통해 산소를 공급받는다.

32 간모를 통해 단위생식을 하는 것은?
① 배추순나방 ② 점박이응애
③ 가루깍지벌레 ④ 복숭아혹진딧물

해설
간모가 단위생식으로 증식하는 해충으로 진딧물류가 있다.

33 곤충의 전형적인 더듬이의 주요부분 중 존스턴기관을 가지고 있는 것은?
① 자루마디 ② 팔굽마디
③ 채찍마디 ④ 관절점

해설
팔굽마디(흔들마디)는 존스턴씨기관이 있어 공기의 진동을 통해 소리를 인지하거나 바람의 방향을 느낀다.

34 마늘에 피해를 주는 고자리파리의 방제방법으로 가장 효과가 적은 것은?
① 천적인 고자리혹벌을 이용한다.
② 미숙 유기질 비료를 많이 사용한다.
③ 파종 또는 이식 전에 토양살충제를 살포한다.
④ 연작지에서 발생과 피해가 심하므로 윤작을 실시한다.

해설
미숙 유기질 비료 사용시 고자리파리의 발생량이 증가된다.

35 외시류 곤충의 겹눈을 구성하는 낱눈의 수의 변화에 대한 설명으로 옳은 것은?
① 약충 발육기간 중에만 증가한다.
② 변태기에만 증가한다.
③ 탈피기와 변태기에 모두 증가한다.
④ 아무런 수의 변화가 없다.

해설
겹눈을 구성하는 낱눈은 곤충에 따라 차이가 나며 개미의 경우 수개, 잠자리의 경우 1만개~2만8천개 정도로 다양하다.

36 파리의 날개는 몸의 어느 부위에 부착되어 있는가?
① 등판 ② 앞가슴
③ 가운데가슴 ④ 뒷가슴

해설
파리목의 날개는 가운데 가슴에 1쌍이 달려 있다.

37 곤충의 배설계에 대한 설명으로 옳지 않은 것은?
① 말피기관의 끝은 막혀 있다.
② 지상곤충은 주로 질소대사산물을 암모니아 형태로 배설한다.
③ 말피기관은 중장과 후장의 접속부분에서 후장에 연결되어 있다.
④ 말피기관 밑부와 직장은 물과 무기이온을 재흡수하여 조직 내의 삼투압을 조절한다.

해설
지상곤충은 질소대사산물을 요산의 형태로 배설한다.

38 아성충 단계가 있고, 유충은 기관아가미로 호흡하는 곤충류는?
① 모기 ② 파리
③ 총채벌레 ④ 하루살이

해설
아성충 단계는 하루살이목에서만 관찰되는 특이한 발생단계로 아성충단계에서 탈피를 해야 완전한 성충이 된다. 또한 하루살이는 배의 마디에 한쌍의 기관아가미를 가지고 이를 통해 호흡을 한다.

정답 31 ④ 32 ④ 33 ② 34 ② 35 ③ 36 ③ 37 ② 38 ④

39 다음 설명에 해당하는 살충제는?

- 접촉독, 식독작용 및 흡입독작용을 가진다.
- 살충력이 극히 강하고 작용범위도 넓으나 포유류에 대한 독성이 매우 강하여 현재 국내에서는 사용이 금지된 농약이다.
- 일부 외국에서는 사용되고 있어 식품 중 잔류허용기준이 고시된 농약이다.

① 니코틴 ② 비산석회
③ 파라티온 ④ 피레스린

해설
파라티온은 유기인계 살충제의 일종이며 갈색을 띠고 있다. 사람이나 가축에 유해하여 제조 및 사용이 국내에서는 금지되어 있다.

40 근육 부착을 위한 머리내 골격 구조를 무엇이라 하는가?

① 봉합선(suture)
② 합체절(tagma)
③ 막상골(tentorium)
④ 두 개(cranium)

해설
막상골은 곤충 두부의 내부에 있는 내골격으로 구기, 촉각 등을 움직이는 근육의 부착점이다.

3과목 재배학원론

41 다음 중 굴광현상에 가장 유효한 광은?

① 청색광 ② 녹색광
③ 자색광 ④ 자외선

해설
굴광현상에 효과가 큰 파장은 440~480nm 중심의 청색광이다.

42 다음 중 작물의 주요온도에서 생육이 가능한 범위 내 최고온도가 가장 높은 것은?

① 사탕무 ② 옥수수
③ 보리 ④ 밀

해설
옥수수의 경우 유효온도 8~44℃ 정도로 범위가 넓으며 최고온도는 44℃ 이다.

43 다음 중 작물의 복토깊이가 가장 깊은 것은?

① 양파 ② 생강
③ 배추 ④ 시금치

해설
양파 0.5~1cm, 배추 1.5~2cm, 시금치 2.5~3cm, 생강 5~9cm 정도의 복토깊이로 생강이 보기중 가장 깊다.

44 작물 체내에서 전류이동이 잘 이루어져 결핍될 경우 결핍증상이 오래된 잎에 먼저 나타나는 다량원소는?

① 아연 ② 철
③ 붕소 ④ 질소

해설
질소가 결핍될 경우 오래된 잎부터 먼저 떨어지고 황백화현상이 발생한다.

45 재배포장에서 파종된 종자의 발아상태를 조사할 때 "발아한 것이 처음 나타난 날"을 무엇이라 하는가?

① 발아전 ② 발아의 양부
③ 발아기 ④ 발아시

해설
종자가 처음 발아한 날을 발아시라 한다.

정답 39 ③ 40 ③ 41 ① 42 ② 43 ② 44 ④ 45 ④

46 맥류의 도복을 적게 하는 방법으로 옳지 않은 것은?
① 칼륨 비료의 사용
② 단간성 품종의 선택
③ 파종량의 증대
④ 석회 사용

해설
파종량을 증대하면 맥류가 밀식하게 되어 근계의 발달이 불량하게 되어 도복의 발생량이 증가한다.

47 다음 중 직근류에 해당하는 것으로만 나열된 것은?
① 감자, 보리
② 당근, 우엉
③ 토란, 마
④ 생강, 베치

해설
무, 당근, 우엉 등은 직근류에 해당한다.

48 벼에서 염해가 우려되는 최소 농도는?
① 0.04% NaCl
② 0.1% NaCl
③ 0.7% NaCl
④ 0.9% NaCl

해설
벼에 염해가 발생하는 농도는 0.1% 내외이다. 0.3% 이상에서는 벼를 수확하기 힘들다.

49 ( )에 알맞은 내용은?

◎ 옥수수, 수수 등을 재배하면 잡초가 크게 경감되므로 ( ) 이라고 한다.

① 동반작물
② 휴한작물
③ 중경작물
④ 환금작물

해설
옥수수, 수수 등의 중경작물들은 잡초의 발생이 줄어들게 되며 생육 도중 중경작업을 실시해야 한다.

50 다음 중 요수량이 가장 적은 작물은?
① 호박
② 완두
③ 옥수수
④ 클로버

해설
요수량이 적은 식물로 수수, 기장, 옥수수 등이 있다.

51 작물의 내염성 정도가 강한 것으로만 나열된 것은?
① 완두, 레몬
② 셀러리, 고구마
③ 양배추, 순무
④ 살구, 복숭아

해설
내염성 작물로 사탕무, 목화, 양배추, 순무, 유채 등이 있다.

52 군락의 수광태세가 좋아지고 밀식적응성이 높은 콩의 초형으로 틀린 것은?
① 잎이 크고 두껍다.
② 잎자루가 짧고 일어선다.
③ 꼬투리가 원줄기에 많이 달린다.
④ 가지를 적게 치고 가지가 짧다.

해설
군락의 수광태세가 좋아지는 콩의 초형은 잎이 작고 가늘어야 한다.

53 작물의 내동성에 대한 설명으로 가장 옳은 것은?
① 세포액의 삼투압이 높으면 내동성이 증대한다.
② 원형질의 친수성콜로이드가 적으면 내동성이 커진다.
③ 전분함량이 많으면 내동성이 커진다.
④ 조직즙의 광에 대한 굴절률이 커지면 내동성이 저하된다.

해설
추위에 대한 작물의 내동성이 중요한데 품종에 따라 차이가 있으나 작물내부에 수분 함량이 적거나 유지함량이 높을수록 내동성이 강한편이다. 작물의 가용성 당분함량이 높을수록 전분함량이 낮을수록 내동성이 증가하고 세포의 삼투압이 높아지면 내동성이 커진다.

정답 46 ③ 47 ② 48 ② 49 ③ 50 ③ 51 ③ 52 ① 53 ①

54 다음 중 휴작기간이 가장 긴 작물은?
① 미나리   ② 당근
③ 아마   ④ 토마토

해설
인삼, 아마는 10년 이상의 휴작기간이 요구되는 작물로 보기 중 가장 길다.

55 다음 중 작물의 교잡률이 0.0 ~ 0.15% 에 해당하는 것은?
① 아마   ② 가지
③ 수수   ④ 보리

해설
보리의 자연 교잡률은 0~0.15% 이며 밀 0.3~0.5%, 귀리 0.04 ~ 1.04%, 벼 0.2~1%, 참깨 2~5% 정도이다.

56 다음 중 작물재배 시 부족하면 수정, 결실이 나빠지는 미량원소는?
① P   ② S
③ B   ④ Ca

해설
붕소는 세포 분열과 수정에 관여하여 부족할 경우 수정, 결실이 나빠지고 불임이 발생하기도 한다.

57 질산 환원 효소의 구성 성분으로 콩과작물의 질소고정에 필요한 무기성분은?
① 철   ② 염소
③ 몰리브덴 ④ 규소

해설
몰리브덴은 질산환원효소의 구성성분으로 콩과작물 뿌리혹박테리아의 질소고정에 필요한 무기성분이다.

58 화곡류에서 규질화를 이루어 병에 대한 저항성을 높이고, 잎을 꼿꼿하게 세워 수광태세를 좋게 하는 것은?
① 철   ② 칼륨
③ 니켈   ④ 규산

해설
규산은 규소와 산소, 수소 등이 결합된 화합물로 식물의 필수원소는 아니지만 병에 대한 저항성을 높이고 도장을 줄여준다. 인산흡수 및 토양의 이온화합물의 흡수를 도와 뿌리 및 식물의 발달에 도움을 준다.

59 국화의 주년재배와 가장 관계가 있는 것은?
① 광처리   ② 온도처리
③ 영양처리 ④ 수분처리

해설
국화의 조생국은 단일처리로 개화가 촉진되고 만생추국은 장일처리로 개화가 억제된다. 이러한 광처리를 통해 연중개화하는 것을 주년재배라 한다.

60 재배의 기원지가 중앙아시아에 해당하는 것은?
① 양배추   ② 대추
③ 양파   ④ 고추

해설
지리적으로 중앙아시아가 기원지가 되는 작물로 귀리, 완두, 당근, 양파, 삼 등이 있다.

4과목 농약학

61 유제의 유화성, 수화제의 현수성을 검정하는데 사용하는 물의 경도는?
① 1.0   ② 3.0
③ 5.0   ④ 7.0

해설
유제의 수화성, 수화제의 현수성을 검정하는데 사용하는 물의 경도는 3.0 이다.

62 농약관리법령상 새로운 농약을 제조업자가 국내에서 제조하여 국내에서 판매하기 위해 등록한 품목등록의 유효기간은?

① 3년 ② 5년
③ 10년 ④ 15년

해설
품목등록의 유효기간은 10년으로 한다.

63 교차저항성에 대한 설명으로 가장 적절한 것은?

① 어떤 약제에 의해 저항성이 생긴 곤충이 다른 약제에 저항성을 보이는 것
② 동일 곤충에 어떤 약제를 반복 살포함으로써 생기는 저항성
③ 동일 곤충에 두 가지 약제를 교대로 처리함으로써 생기는 저항성
④ 어떤 약제에 대한 저항성을 가진 곤충이 다음 세대에 그 특성을 유전시키는 것

해설
해충에 한번도 사용하지 않았지만 유사 약제에 저항성으로 동시에 사용하지 않은 약제에도 저항성이 생기는 경우를 교차저항성이라 한다.

64 환경 친화적인 제형과 가장 거리가 먼 것은?

① 미탁제 ② 수면전개제
③ 유제 ④ 유탁제

해설
미탁제 및 유탁제는 유제의 문제점을 개선하였으며 수면전개제는 생력화를 극대화함으로서 환경오염을 최소화하여 환경 친화적인 제형으로 분류된다.

65 강력한 접촉형 비선택성 제초제로서 비농경지의 논두렁 및 과수원에서 작물을 파종하기 전 잡초를 방제하는데 이용되었으나, 독성 등으로 인해 품목등록이 제한된 원제는?

① Paraquat dichloride
② Mefenacet
③ Alachlor
④ Propanil

해설
디클로라이드(Paraquat dichloride)는 강력한 접촉형 비선택성 제초제로서 농약 안전사용교육을 받은 자가 시중 판매상에게 구매가 가능할 정도로 독성이 강해 주의를 요한다.

66 병의 예방을 목적으로 병원균이 식물체에 침투하는 것을 방지하기 위해 사용되며 약효시간이 긴 특징을 갖고 있는 약제는?

① 보호살균제 ② 직접살균제
③ 종자소독제 ④ 토양살균제

해설
보호살균제는 병원균이 식물체 내로 침입하는 것을 예방하며 살포 후 작물체 표면에서의 부착성과 고착성이 우수하다.

67 Isoprothiolane 유제(50%, 비중 1.05) 100ml 로 0.05% 살포액을 조제하는데 필요한 물의 양(L)은?

① 20 ② 25
③ 105 ④ 204

해설
희석할 물의 양
$= 원액용량 \times (\frac{원액의 농도}{희석할 농도} - 1) \times 원액 비중$
$= 100 \times (\frac{50}{0.05} - 1) \times 1.05 = 104,895ml ≒ 약 105l$

68 DDVP 유제 50%를 500배로 희석하여 면적 10a당 72L 를 살포하고자 할 때 소요약량(mL)은?

① 72 ② 144
③ 288 ④ 576

[해설]
소요약량 = $\dfrac{\text{단위면적당사용량}}{\text{소요희석배수}} = \dfrac{72000}{500} = 144ml$

69 식물생장조절제(Plant Growth Regulator ; PGR)에 대한 설명으로 틀린 것은?

① 식물의 다양한 생리현상에 영향을 미친다.
② 농작물의 생육을 촉진하거나 억제시킨다.
③ 지베렐린산은 딸기, 토마토의 숙기억제에 관여한다.
④ 아브시스산은 목화의 유과의 낙과 촉진에 관여한다.

[해설]
지베렐린은 발아 촉진, 화성 촉진, 생장 촉진 등에 관여한다.

70 분제의 제제에 있어 고려되어야 할 물리적 성질로서 가장 거리가 먼 것은?

① 입도 ② 유화성
③ 분말도 ④ 용적비중

[해설]
유화성은 액체시용제의 유제 등의 주요 성질이다.

71 훈증제(Gas; GA)와 가장 관련이 없는 것은?

① 토양소독
② 높은 휘발성
③ 재배중인 농산물
④ 압축가스 충전 용기

[해설]
훈증제는 농약을 액체, 고체 또는 압축가스상태로 용기 내에 충진한 것으로 가스가 대기 중으로 기화해 방제효과를 나타낸다. 훈증제는 저장곡물을 소독할 때 혹은 토양을 소독할 때 사용한다.

72 제형의 목적으로 적합하지 않은 것은?

① 최적의 약효발현과 최소의 약해발생을 위한 것이다.
② 농약 사용자에 대한 편이성을 위한 것이다.
③ 유효성분의 물리화학적 안전성을 향상시켜 유통기간을 연장하기 위한 것이다.
④ 다량의 유효성분을 넓은 지역에 균일하게 살포하기 위한 것이다.

[해설]
농약의 제제는 사용의 편이뿐 아니라 유효성분의 효과 증가, 약해의 억제, 환경 및 사용자의 안전성 향상, 작업성 개선 등을 목적으로 한다.

73 유기인계 농약의 일반적인 특성으로 틀린 것은?

① 살충력이 강하고 적용해충의 범위가 넓다.
② 인축에 대한 독성은 일반적으로 약하다.
③ 알칼리에 대해서 분해되기가 쉽다.
④ 동, 식물체내에서의 분해가 빠르다.

[해설]
유기인계 농약은 인축에 대한 독성이 강한편이다.

74 피레스로이드(Pyrethroid)계 살충제의 특성에 대한 설명으로 틀린 것은?

① 간접접촉제로서 곤충의 기문이나 피부를 통하여 체내에 들어가 근육마비를 일으킨다.
② 온혈동물, 인축에는 저독성이며 곤충에 따라 살충력이 강하다.
③ 중추신경계나 말초신경계에 대하여 매우 낮은 농도에서 독성작용을 일으키는 신경독성화합물이다.
④ 고온보다 저온상태에서 약효발현이 잘 된다.

[해설]
피레스로이드는 접촉제로 속효성이며 신경기능의 저해를 통해 해충을 방제한다.

정답 68 ② 69 ③ 70 ② 71 ③ 72 ④ 73 ② 74 ①

75 식품의약품안전처 고시 상 농산물에 잔류한 농약에 대하여 별도로 잔류허용기준을 정하지 않는 경우 적용하는 기준(mg/kg 이하)은?

① 0.05 ② 0.1
③ 0.5   ④ 0.01

해설
잔류허용기준이 없는 농약이 검출될 경우 일률기준(0.01 mg/kg)이 적용된다.

76 농약 살포법 중 유기분사방식으로 살포액의 입자크기를 35~100㎛ 로 작게하여 살포의 균일성을 향상시킨 살포법은?

① 분무법   ② 살분법
③ 연무법   ④ 미스트법

해설
미스트법은 미스트기로 만든 미립자를 살포하는 방법으로 분무법과 비교하여 살포량은 적지만 농도가 높고 입자가 작다. 살포 입자는 30~60um 정도로 분무법에 비해 매우 작은 입자이다.

77 선택적 침투이행 특성이 있는 제초제로 아래와 같은 분자구조를 공통적으로 갖는 계통은?

① Sulfonylurea 계
② Dithiocarbamate 계
③ Imidazole 계
④ Triazine 계

해설
설포닐우레아(sulfonylurea)계는 아미노산 생합성을 저해하는 작용기작을 하며 적은 양으로 높은 제초효과를 나타낸다. 화본과 및 광엽잡초의 방제에 효과가 있으나 광엽 잡초에 더 높은 효과가 나타난다.

78 Carbamate 계 살충제가 아닌 것은?

해설
보기 4번의 경우 $C_{14}H_9Cl_5$ 의 구조식을 갖는 유기염소계 농약 DDT 이다

79 유기인계 살충제와 강알칼리성 약제의 혼용을 피하는 가장 큰 이유는?

① 약해가 심하기 때문이다
② 물리성이 나빠지기 때문이다
③ 복합요인에 의한 작물의 생육 저해가 일어나기 때문이다
④ 알칼리에 의해 가수분해가 일어나기 때문이다

해설
유기인제 계통의 농약들은 강알칼리성과 혼용시 가수분해로 약효가 상실되거나 약해가 발생한다.

정답 75 ④   76 ④   77 ①   78 ④   79 ④

80 농약관리법령상 농약 등의 안전사용기준에서 제한하는 항목이 아닌 것은?

① 저장량 ② 사용량
③ 사용시기 ④ 사용지역

해설
농약관리법령상 농약 등의 안전사용기준의 세부기준 항목에는 사용량, 사용시기, 사용가능횟수, 사용대상자, 사용지역 등이 있다.

5과목 　 잡초방제학

81 잡초의 생장형에 따른 분류로 옳은 것은?

① 직립형 – 가막사리, 명아주
② 로제트형 – 억새, 뚝새풀
③ 만경형 – 민들레, 냉이
④ 총생형 – 메꽃, 환삼덩굴

해설
생장형에 따른 분류로 직립형에는 명아주, 가막사리, 쑥부쟁이 등이 있다.

82 잡초의 생물학적 방제용으로 도입되는 곤충이 구비하여야 할 조건으로 가장 거리가 먼 것은?

① 영구적으로 소멸되지 않는 것
② 대상 잡초에만 피해를 주는 것
③ 대상 잡초의 발생지역에 잘 적응할 것
④ 인공적으로 배양 또는 증식이 용이한 것

해설
곤충의 경우 생물로서 방제하고자 하는 잡초를 없애면 소멸되어야 한다.

83 다음 중 잡초방제 한계기간이 가장 짧은 작물은?

① 콩 ② 녹두
③ 벼 ④ 보리

해설
잡초경합한계기간의 예로 녹두는 21~35일, 벼는 30~40일, 콩은 42일, 옥수수는 49일, 양파는 56일 정도로 녹두가 가장 짧다.

84 방동사니과 잡초가 아닌 것은?

① 나도겨풀 ② 쇠털골
③ 올챙이고랭이 ④ 매자기

해설
나도겨풀은 화본과 잡초이다.

85 요소계 제초제에 대한 설명으로 옳지 않은 것은?

① 광합성 저해 및 세포막 파괴에 의하여 작용한다.
② 경엽처리 효과가 없어 토양처리형으로 사용한다.
③ 제초 활성을 나타내기 위해 광이 필요하다.
④ 고농도 처리수준에서는 비선택성이다.

해설
요소계 제초제는 경엽 및 토양처리형으로 사용한다.

86 작물의 수량 감소가 가장 클 것으로 예상되는 조합은?

① C_3 잡초와 C_4 작물
② C_3 잡초와 C_3 작물
③ C_4 잡초와 C_3 작물
④ C_4 잡초와 C_4 작물

해설
C_4 잡초는 광합성 능력이 뛰어나 경합에서 유리하기에 작물의 수량에 가장 큰 영향을 주게 된다.

87 다음 중 트리아진계 제초제의 주요 이행 특성은?

① 신초 생장 억제
② 조기 결실
③ 비대 생장
④ 광합성 저해

해설
트리아진계 제초제의 이행 특성으로 광합성을 저해한다.

정답 80 ① 81 ① 82 ① 83 ② 84 ① 85 ② 86 ③ 87 ④

88 일장에 거의 영향을 받지 않고 발생 후 일정한 기간이 되면 지하경을 형성하는 다년생 논잡초는?

① 돌피 ② 벗풀
③ 바랭이 ④ 올미

해설
올미는 다년생 논잡초로 일장의 영향을 받지 않으며 뿌리부분을 통한 영양번식을 한다.

89 벼와 피의 형태에 대한 설명으로 옳은 것은?

① 피에는 잎귀와 잎혀가 있으나 벼에는 없다.
② 벼에는 잎귀와 잎혀가 있으나 피에는 없다.
③ 피에는 잎귀가 있으나 잎혀가 없다.
④ 벼에는 잎귀가 있으나 잎혀가 없다.

해설
벼에는 잎혀와 잎귀가 있으나 피에는 없다.

90 다음 설명에 해당하는 것은?

> ◎ 두 종류의 제초제를 혼합 처리할 때의 반응이 각각 제초제를 단독 처리할 때보다 효과가 감소되는 현상이다.

① 상가작용 ② 길항작용
③ 상승작용 ④ 독립작용

해설
길항작용은 2종류 이상의 약제를 동시에 작용할 경우 개개의 작용이 합친 것보다 더 적은 효과가 나타나거나 효과가 상쇄되는 경우를 말한다.

91 다음 중 잡초의 종별 수량이 가장 적은 것은?

① 방동사니과 ② 화본과
③ 국화과 ④ 십자화과

해설
십자화과는 1800 여종 정도로 종별 수량이 보기 중 가장 적다.

92 잡초 종자에 돌기를 갖고 있어 사람이나 동물에 부착하여 운반되기 쉬운 것은?

① 여뀌 ② 소리쟁이
③ 도꼬마리 ④ 민들레

해설
도꼬마리, 도깨비 바늘 등의 잡초들은 갈고리 모양의 돌기가 있어 사람의 옷이나 동물의 털에 붙어 운반된다.

93 다음 중 쌍자엽 잡초의 특징에 대한 설명으로 옳은 것은?

① 산재된 유관속의 관상경을 가지고 있다.
② 생장점이 줄기 하단의 절간 부위에 있다.
③ 뿌리는 직근계이다.
④ 잎은 평행맥이다.

해설
쌍자엽 잡초의 뿌리는 직근계(곧은뿌리)이다.

94 잡초가 제초제를 흡수하는 과정에 대한 설명으로 옳지 않은 것은?

① 토양에 잔류하는 제초제는 대부분 뿌리를 통하여 흡수된다.
② 뿌리와 잎에 의해서만 흡수된다.
③ 경엽처리제는 대부분 잎과 표면이나 기공을 통하여 흡수된다.
④ 습윤제는 잎표면의 계면장력을 줄여 제초제의 흡수를 용이하게 한다.

해설
제초제는 뿌리, 눈, 잎 등 다양한 부위에서 흡수된다.

95 논에 주로 발생하는 잡초로만 나열된 것은?

① 명아주, 뚝새풀
② 피, 바랭이
③ 개비름, 물옥잠
④ 올미, 여뀌바늘

해설
논잡초로는 올미, 너도방동사니, 가래, 나도겨풀, 여뀌바늘 등이 있다.

정답 88 ④ 89 ② 90 ② 91 ④ 92 ③ 93 ③ 94 ② 95 ④

96 잡초에 대한 설명으로 옳은 것은?
① 인간의 의도에 역행하는 식물이다.
② 생활주변 식물 중 순화된 식물이다.
③ 농경지나 생활주변에서 제자리를 지키는 식물이다.
④ 초본식물만을 대상으로 한 바람직하지 않은 식물이다.

해설
잡초는 작물재배를 하는 인간이 원치 않는 지역에 발생하는 것으로 인간의 의도에 역행하는 식물이다.

97 주로 종자를 번식하는 잡초로만 나열된 것은?
① 올미, 벗풀
② 가래, 쇠털골
③ 올방개, 너도방동사니
④ 강피, 물달개비

해설
종자로 번식하는 잡초에는 알방동사니, 피, 마디꽃, 물달개비 등이 있다.

98 다음 중 외국에서 유입된 잡초로만 나열된 것은?
① 망초, 너도방동사니
② 서양민들레, 뚱딴지
③ 쇠뜨기, 올미
④ 올방개, 광대나물

해설
외래 잡초에는 미국가막사리, 가는털비름, 단풍잎돼지풀, 소리쟁이, 도꼬마리, 서양민들레, 개망초, 애기달맞이꽃, 뚱딴지 등이 있다.

99 다음 중 이행형 제초제가 아닌 것은?
① Bentazon   ② Glyphosate
③ 2,4-D   ④ Difenoconazole

해설
이행형 제초제 종류로 2,4-D, 시마진, MCPA, bentazon, glyphosate 등이 있다. 디페노코나졸(Difenoconazole)은 접촉형 제초제이다.

100 다음 중 월년생 잡초로만 나열된 것은?
① 쇠비름, 명아주, 별꽃아재비
② 피, 토끼풀, 뚝새풀
③ 냉이, 별꽃, 벼룩나물
④ 개비름, 쇠비름, 물피

해설
월년생 잡초에는 달맞이꽃, 나도냉이, 엉겅퀴, 냉이, 별꽃, 속속이풀, 벼룩나물 등이 있다.

정답 96 ① 97 ④ 98 ② 99 ④ 100 ③

국가기술자격 필기시험문제

2022년 기사 제2회 과년도 기출문제

자격종목	종목코드	시험시간	형별	수험번호	성명
식물보호기사		2시간 30분			

1과목 식물병리학

01 기주 식물이 병원균의 침입에 자극을 받아 방어를 목적으로 생성하는 물질은?
① 파이토톡신 ② 펙티나아제
③ 지베렐린 ④ 파이토알렉신

> **해설**
> 병원체가 기주식물에 침입하고 난 이후 기주에서 병원체의 발육을 억제하기 위해 발생되는 항균물질을 파이토알렉신이라 한다.

02 병원균의 침입방법으로 주로 수공감염 하는 작물의 병은?
① 감자더뎅이병 ② 보리겉깜부기병
③ 고구마무름병 ④ 벼흰잎마름병

> **해설**
> 벼 흰잎마름병은 세균이 수공이나 상처를 통해 침입하며 도관에서 증식하여 피해를 준다.

03 배나무붉은별무늬병균의 중간 기주는?
① 매자나무 ② 향나무
③ 소나무 ④ 좀꿩의 다리

> **해설**
> 배나무붉은별무늬병의 중간기주는 향나무로 기주교대를 통해 피해가 확산된다.

04 병원균이 기생체 침입 시 균사가 밀집해서 감염욕을 만들어 침입하는 것은?
① 뽕나무자주날개무늬병
② 벼깨씨무늬병
③ 사과탄저병
④ 오이잿빛곰팡이병

> **해설**
> 뽕나무 자주날개무늬병균은 균사속이 뿌리에 감염욕을 만들어 세포벽을 뚫고 침입한다.

05 생물적 방제방법의 가장 큰 장점은?
① 친환경적이다.
② 비용이 많이 들지 않는다.
③ 속효성이다.
④ 잔효성이 길다.

> **해설**
> 생물적 방제는 화학약품을 사용하지 않는 친환경적 방제 방법이다.

06 담배모자이크바이러스의 구성 성분 중 병원성을 갖는 것은?
① 핵산 ② 단백질
③ 탄수화물 ④ 지질

> **해설**
> 담배모자이크바이러스의 병원체는 바이러스이며 핵산과 단백질껍질로 구성되어 있다.

정답 01 ④ 02 ④ 03 ② 04 ① 05 ① 06 ①

07 도열병균의 특정 레이스를 어떤 벼 품종에 접종하였더니 병반 형성이 전혀 없거나 과민성 반응이 나타났다면 이 품종의 저항성으로 옳은 것은?

① 수평 저항성
② 수직 저항성
③ 포장 저항성
④ 레이스 비특이적 저항성

해설
특정 레이스에만 효과를 발휘하며 병반 형성은 없으나 과민성 반응이 나타나는 경우 수직저항성 혹은 특이적 저항성이라 한다.

08 포도나무 노균병균이 월동하는 곳은?

① 곤충의 유충
② 병든 잎
③ 종자
④ 뿌리

해설
포도나무 노균병은 병든 잎 조직내에서 월동한다.

09 향나무에 감염된 배나무붉은별무늬병균의 포자 이름은?

① 여름포자
② 겨울포자
③ 녹포자
④ 분생포자

해설
배나무붉은별무늬병균은 중간기주인 향나무에서 겨울포자로 존재한다.

10 식물병원 바이러스와 바이로이드의 차이점은?

① 입자내 핵산의 존재 유무
② 핵산의 종류
③ 단백질 외피의 존재 유무
④ 입자내 지질의 존재 유무

해설
바이로이드는 외부단백질 없이 한 가닥의 핵산으로 구성된 병원체이며 바이러스는 핵산과 단백질로 구성된 핵단백질로 단백질 외피의 존재 유무의 차이점이 있다.

11 저장 곡물에 Aflatoxin 이라는 독소를 생성하는 균은?

① *Aspegillus flavus*
② *Achlya oruzae*
③ *Ascochyta pisi*
④ *Alternaria mali*

해설
Aspergillus flavus 는 토양에 흔히 존재하는 곰팡이균으로 아플라톡신(Aflatoxin)을 생산한다.

12 토양전반에 의해 발생하는 토양전염병은?

① 벼도열병
② 팥흰가루병
③ 오이모잘록병
④ 배나무갈색무늬병

해설
토양전염병에는 배추 균핵병균, 모잘록병균, 맥류 오갈병균 등이 있다.

13 담자균류에 의한 깜부기병에 대한 설명으로 옳지 않은 것은?

① 보리겉깜부기병은 화기감염으로 발병한다.
② 보리속깜부기병은 유묘감염으로 발병한다.
③ 옥수수깜부기병은 성묘감염으로 발병한다.
④ 밀비린깜부기병은 화기감염으로 발병한다.

해설
밀비린깜부기병은 유묘감염으로 발병한다.

14 진균의 특징으로 옳지 않은 것은?

① 세포내 핵이 있다.
② 영양체는 주로 균사이다.
③ 번식체는 주로 포자이다.
④ 세포벽은 키틴을 갖지 않는다.

해설
진균의 일부분인 균사는 격막의 유무로 분류되며 외부에 세포벽이 있고 그 성분은 키틴으로 이루어져 있다.

정답 07 ② 08 ② 09 ② 10 ③ 11 ① 12 ③ 13 ④ 14 ④

15 식물 바이러스병을 진단하는 방법으로 옳지 않은 것은?
① 지표식물검정법
② 효소항체검정법
③ 그램염색법
④ PCR법

해설
그램염색반응은 세균 검사시 활용하는 방법이다.

16 식물 검역에 대한 설명으로 옳은 것은?
① 식물에 면역작용이 생기게 하여 병을 방제하는 것
② 농약 등을 사용하여 화학적으로 방제하는 것
③ 열처리 등에 의해 병원균을 박멸하는 것
④ 병원균의 유입을 차단하고자 사전에 검사하여 병을 예방하는 것

해설
식물검역은 외국에서 유입되는 식물 및 병원체의 침입을 막기 위해 사전에 검사를 하는 예방적 방제법에 속한다.

17 수박덩굴쪼김병균이 월동하는 곳은?
① 매개곤충의 알
② 토양
③ 저장고
④ 중간기주

해설
수박덩굴쪼김병균은 균사로 토양에서 월동한다.

18 벼 오갈병을 매개하는 곤충은?
① 벼멸구
② 끝동매미충
③ 마름무늬매미충
④ 복숭아혹진딧물

해설
벼오갈병은 끝동매미충, 번개매미충에 의해 매개된다.

19 사과겹무늬썩음병을 일으키는 병원체는?
① 세균
② 곰팡이
③ 바이러스
④ 파이토플라스마

해설
사과 겹무늬썩음병은 부패병이라 하며 곰팡이에 의해 발생한다.

20 감자둘레썩음병균이 월동하는 곳은?
① 잎
② 덩이줄기
③ 토양
④ 열매

해설
감자둘레썩음병균이 발생하면 곰팡이병의 감염에 의해 감자의 품질이 나빠지며 이러한 병균은 덩이줄기에 월동한다.

2과목 농림해충학

21 톱밥같은 배설물을 밖으로 내보내지 않고 수피 속의 갱도에 쌓아 놓아 피해를 발견하기가 어려운 해충은?
① 미끈이하늘소
② 알락하늘소
③ 향나무하늘소
④ 털두꺼비하늘소

해설
향나무하늘소는 줄기, 형성층이나 목질부에 피해를 주는데 똥을 밖으로 배출하지 않고 침입한 구멍도 흔적이 없어 발견이 어렵다.

22 다음 중 호흡계의 기문 수가 가장 적은 곤충은?
① 나비 유충
② 나방 유충
③ 모기붙이 유충
④ 딱정벌레 유충

해설
모기붙이 유충은 파리목의 유충으로 호흡계의 기문수가 일반적인 10쌍 보다 적다.

정답 15 ③ 16 ④ 17 ② 18 ② 19 ② 20 ② 21 ③ 22 ③

23 내배엽에서 만들어진 곤충의 소화기관은?
① 중장   ② 소낭
③ 전위   ④ 후장

해설
중장은 소화 및 흡수작용을 하며 내배엽에서 기원되었다.

24 감자나방의 피해에 대한 설명으로 가장 거리가 먼 것은?
① 감자에 배설물이 나와 있다.
② 어린감자의 생장점을 파고 들어간다.
③ 감자 잎의 표피를 뚫고 들어가 앞뒤 표피만 남긴다.
④ 담배의 뿌리를 가해하고, 밖으로 배설물을 배출한다.

해설
감자나방은 유충이 잎과 줄기를 가해하고 덩이줄기를 가해할 경우 배설물을 외부로 내보내기에 발견이 쉬운 편이다.

25 진딧물의 생식방법에 대한 설명으로 옳은 것은?
① 다른 곤충과는 달리 태생에 의해서만 번식한다.
② 양성생식과 단위생식을 함께 하며 태생도 한다.
③ 단위생식과 난생에 의해서만 번식한다.
④ 난생과 태생을 번갈아 한다.

해설
진딧물은 여름철까지는 암컷만으로 이루어지는 단위생식을 하고 가을에는 암수가 교미하는 양성생식을 한다.

26 온실 재배 토마토에 바이러스병을 매개하는 해충으로 가장 피해를 많이 주는 것은?
① 외줄면충   ② 갈색여치
③ 담배가루이 ④ 목화진딧물

해설
담배가루이는 온실에 재배되는 토마토에 피해를 주며 토마토황화잎말림바이러스(TYLCV)를 매개한다.

27 누에의 휴면호르몬이 합성되는 곳은?
① 신경분비세포 ② 카디아카체
③ 알레로파시   ④ 알라타체

해설
누에는 산란 번데기의 식도하신경절에 신경분비세포에서 휴면호르몬이 분비된다.

28 다음 중 완전변태를 하지 않는 것은?
① 버들잎벌레   ② 진달래방패벌레
③ 복숭아명나방 ④ 솔수염하늘소

해설
진달래방패벌레는 불완전변태를 한다.

29 배추좀나방에 대한 설명으로 옳지 않은 것은?
① 겨울철에도 월평균기온이 영상 이상이면 발육과 성장이 가능하다.
② 일부 지역에서는 낙하산벌레라고도 한다.
③ 십자화과 채소류를 주로 가해한다.
④ 세대기간이 길어 번식속도가 느리다.

해설
배추좀나방은 1년에 수회 발생하여 세대기간이 짧은 편이다.

30 다음 중 유시류에 속하는 것은?
① 낫발이   ② 하루살이
③ 좀붙이   ④ 톡톡히

해설
유시류는 날개가 있는 곤충으로 하루살이, 메뚜기, 나비, 파리 등이 있다.

정답 23 ① 24 ④ 25 ② 26 ③ 27 ① 28 ② 29 ④ 30 ②

31 솔나방에 대한 설명으로 옳지 않은 것은?
① 새로 난 잎을 식해하는 것이 보통이나 밀도가 높으면 묵은 잎도 식해한다.
② 유충이 소나무의 잎을 식해하며 심한 피해를 받은 나무는 고사하기도 한다.
③ 연 1회 발생하고 제5령 충으로 월동한다.
④ 주로 월동 후의 유충기에 식해한다.

해설
솔나방의 유충은 묵은 잎을 식해하는 것이 보통이나 밀도가 높으면 새로 자라는 잎도 식해하기도 한다.

32 다음 중 성충이 과실을 직접 가해하는 해충은?
① 복숭아명나방 ② 배명나방
③ 으름밤나방 ④ 포도유리나방

해설
으름밤나방은 유충은 잎을 식해, 성충은 각종 과실류를 가해한다.

33 미각과 관계가 없는 곤충의 기관은?
① 큰턱   ② 작은턱수염
③ 윗입술 ④ 아랫입술수염

해설
큰턱은 먹이를 자르는 물리적 작용만 한다.

34 벼 줄기 속을 가해하여 새로 나온 잎이나 이삭이 말라 죽도록 가해하는 해충은?
① 진딧물   ② 혹명나방
③ 이화명나방 ④ 끝동매미충

해설
이화명나방은 1세대는 잎 뒷면에서 부화한 유충이 잎집으로 이동해 볏대 속에 구멍을 뚫고 피해를 주는데 한 마리의 유충이 여러 잎을 가해하여 피해가 큰편이다. 2세대는 유충이 줄기 속을 가해하여 이삭줄기 전체가 하얗게 말라 죽는 백수 현상이 일어난다.

35 다음 중 유충에서 성충까지 입틀의 형태가 변하지 않는 것은?
① 꿀벌   ② 말매미
③ 학질모기 ④ 배추흰나비

해설
말매미의 유충은 6년 정도 땅 속에서 생활하다 외부로 나오는데 유충에서 성충까지 입틀의 형태가 유사하다.

36 다음 중 곤충 표피의 가장 바깥쪽에 있는 것은?
① 원표피 ② 왁스층
③ 기저막 ④ 시멘트층

해설
곤충의 표피는 시멘트층, 왁스층, 폴리페놀, 큐티큘라의 4개층으로 이루어져 있으며 그중 가장 바깥쪽은 시멘트층이다.

37 총채벌레목에 대한 설명으로 옳지 않은 것은?
① 단위생식도 한다.
② 산란관이 잘 발달하여 식물의 조직 안에 알을 낳는다.
③ 불완전변태군에 속한다.
④ 입틀의 좌우가 같다.

해설
총채벌레목은 입틀의 좌우가 비대칭이다.

38 한여름 휴힌기에 비닐하우스를 밀폐하고 토양온도를 높인 땅속 해충 방제법은?
① 화학적 방제법 ② 환경적 방제법
③ 행동적 방제법 ④ 물리적 방제법

해설
물리적 방제법은 해충이 살기 어려운 조건을 만들어 주는 것으로 방사선, 고주파를 이용하는 방법과 환경조건을 달리하도록 온도 및 습도를 조절하는 방법이 있다.

정답 31 ① 32 ③ 33 ① 34 ③ 35 ② 36 ④ 37 ④ 38 ④

39 분류학적으로 개미가 속하는 곤충목은?
① 딱정벌레목 ② 총채벌레목
③ 노린재목   ④ 벌목

해설
개미는 벌목에 속한다.

40 다음 중 유약호르몬이 분비되는 기관은?
① 더듬이샘   ② 앞가슴샘
③ 알라타체   ④ 카디아카체

해설
곤충의 유약호르몬은 알라타체에서 분비된다.

3과목 재배학원론

41 다음 중 휴작의 필요 기간이 가장 긴 작물은?
① 벼   ② 고구마
③ 토란   ④ 수수

해설
토란은 3년 휴작이 요구되는 작물이다.

42 다음 중 자연교잡률이 가장 낮은 것은?
① 수수   ② 밀
③ 아마   ④ 보리

해설
자식성식물인 벼, 보리, 밀 등은 자연교잡률은 4% 이하를 기준으로 한다.

43 답압을 진행하면 안 되는 경우는?
① 분얼이 왕성해질 경우
② 유수가 생긴 이후일 경우
③ 월동 전 생육이 왕성할 경우
④ 월동 중 서릿발이 설 경우

해설
답압은 지면에 유수가 생긴 이후 수분이 많이 있기에 실시하지 않는다.

44 식물체에서 기관의 탈락을 촉진하는 식물생장 조절제는?
① 옥신   ② 지베렐린
③ 시토키닌   ④ ABA

해설
ABA(Abscisic acid)는 낙엽을 촉진과 같은 기관의 탈락을 촉진하는 식물생장조절제이다.

45 화성유도 시 저온·장일이 필요한 식물의 저온이나 장일을 대신하는 가장 효과적인 식물호르몬은?
① 지베렐린   ② CCC
③ MH   ④ ABA

해설
지베렐린을 작물에 적용시 발아촉진, 화성유도, 생장 촉진, 수량의 증대 효과를 기대할수 있는데 화성유도 시 저온 장일이 필요한 식물의 대신하는 효과가 있다.

46 눈이 트려고 할 때 필요하지 않는 눈을 손끝으로 따주는 것을 무엇이라 하는가?
① 적아   ② 환상박피
③ 절상   ④ 휘기

해설
눈을 필요하지 않아 제거하는 것을 적아(눈따기)라 한다.

47 작물의 내동성에 대한 설명으로 옳은 것은?
① 포복성인 작물이 직립성보다 약하다.
② 세포내의 당함량이 높으면 내동성이 감소된다.
③ 원형질의 수분투과성이 크면 내동성이 증대된다.
④ 작물의 종류와 품종에 따른 차이는 경미하다.

해설
원형질의 수분투과성이 크거나 친수성 콜로이드가 많을 경우 내동성이 증가한다.

정답 39 ④ 40 ③ 41 ③ 42 ④ 43 ② 44 ④ 45 ① 46 ① 47 ③

48 다음 중 중일성 식물은?
① 코스모스 ② 토마토
③ 나팔꽃   ④ 국화

해설
토마토, 고추, 오이, 호박, 당근 등은 중성식물(중일식물)이다.

49 풍해를 받았을 경우 작물체에 나타나는 생리적 장해로 가장 거리가 먼 것은?
① 광합성의 감퇴
② 호흡의 증대
③ 작물체온의 증가
④ 작물체의 건조

해설
풍해를 받게 되면 작물체온은 감소하게 된다.

50 다음 중 작물의 적산온도가 가장 낮은 것은?
① 담배 ② 벼
③ 메밀 ④ 아마

해설
작물별로 적산온도의 경우 메밀은 1000~1200℃, 추파맥류는 1700~2300℃, 담배는 3200~3600℃ 벼는 3500~4500℃ 정도이다.

51 다음 중 수중에서 발아가 가장 어려운 작물은?
① 벼   ② 상추
③ 당근 ④ 콩

해설
수중에서 발아하지 못하는 종자로는 밀, 콩, 무, 양배추, 귀리, 가지 등이 있다.

52 녹체춘화형 식물로만 나열된 것은?
① 추파맥류, 봄무
② 사리풀, 양배추
③ 봄무, 잠두
④ 완두, 잠두

해설
녹체춘화형 식물에는 양배추, 당근, 양파, 사리풀 등이 있다.

53 다음 중 작물의 복토 깊이가 가장 깊은 것은?
① 오이 ② 당근
③ 생강 ④ 파

해설
생강이 5~9cm 정도의 복토 깊이 기준으로 보기 중에서 가장 깊은 편에 속한다.

54 다음 중 CO_2 보상점이 가장 낮은 식물은?
① 밀   ② 보리
③ 벼   ④ 옥수수

해설
옥수수와 같은 C_4 식물은 콩이나 벼와 같은 식물들에 비하여 이산화탄소 보상점이 낮다.

55 다음 중 뿌림골을 만들고 그곳에 줄지어 종자를 뿌리는 방법으로 옳은 것은?
① 적파 ② 점파
③ 산파 ④ 조파

해설
조파는 줄뿌림이라 하며 종자의 소요량이 적고 고르게 파종할 수 있어 이형주를 제거하거나 관찰할 경우 통로로도 이용할 수 있다.

56 벼의 침관수 피해가 가장 크게 나타나는 조건은?
① 고수온, 유수, 청수
② 고수온, 정체수, 탁수
③ 저수온, 정체수, 탁수
④ 저수온, 유수, 청수

해설
침관수해는 맑은 물보다 흐린물에, 흐르는물보다는 정체된 물에, 수온이 높을수록 피해가 더 크다.

57 다음 중 동상해 대책으로 틀린 것은?
① 방풍시설 설치 ② 파종량 경감
③ 토질 개선   ④ 품종 선정

해설
동상해가 발생하는 지역의 경우 내동성에 강한 품종을 선택하고 파종량을 늘려 결주를 보완한다.

정답 48 ② 49 ③ 50 ③ 51 ④ 52 ② 53 ③ 54 ④ 55 ④ 56 ② 57 ②

58 다음 중 식물학상 과실로 과실이 나출된 식물은?

① 쌀보리   ② 겉보리
③ 귀리   ④ 벼

> **해설**
> 식물학상 과실에 해당하고 나출된 것으로 밀, 쌀보리, 옥수수, 박하, 제충국 등이 있으며 과실의 외측이 내영, 외영에 싸여 있는 것으로 벼, 귀리, 겉보리 등이 있다.

59 다음 중 땅속줄기로 번식하는 작물은?

① 베고니아 ② 마
③ 생강   ④ 고사리

> **해설**
> 땅속줄기(지하경)로 번식하는 작물에는 생강, 연, 박하, 호프 등이 있다.

60 다음 중 인과류로만 나열되어 있는 것은?

① 사과, 배   ② 복숭아, 자두
③ 무화과, 밤 ④ 감, 딸기

> **해설**
> 인과류에는 배, 사과, 비파 등이 있다.

4과목　농약학

61 Fenthion 30% 유제를 500배로 희석해서 10a당 144L를 살포하여 해충을 방제하고자 할 때 Fenthion 30% 유제의 소요량(mL)은?

① 144   ② 188
③ 244   ④ 288

> **해설**
> 소요약량 $= \dfrac{144}{500} = 0.288 l = 288 ml$

62 소나무에서 발생하는 솔나방을 방제하는 데 주로 사용할 수 있는 유기인제 약제는?

① trifluralin
② Fenitrothion
③ chlorothalonil
④ Glufosinate ammonium

> **해설**
> 솔나방 및 명나방 등 각종 나방류를 방제를 위해 접촉성 살충제인 페니트로티온(Fenitrothion) 수화제를 살포한다.

63 살초작용에 따른 제초제의 구분에서 식물체의 뿌리로부터 위쪽으로만 약 성분이 전달되는 제초제는?

① 호르몬형   ② 비호르몬형
③ 접촉형   ④ 이행형

> **해설**
> 이행형 제초제는 경엽, 뿌리 등 접촉 부위에서 식물체 내의 작용점으로 이행되어 효과가 발휘된다.

64 전착제에 대한 설명으로 적절하지 못한 것은?

① 우리나라에서는 농약의 범주에 속한다.
② 유효성분의 측정은 표면장력으로 확인한다.
③ 농약의 밀도를 높여 균일 살포를 돕는다.
④ 농약의 주성분을 식물체에 잘 확전, 부착시키기 위한 보조제이다.

> **해설**
> 농약 살포액 조제 시 첨가하여 살포약액의 습전성과 부착성을 향상시킬 목적으로 사용하는 보조제이며 밀도를 높여주지는 않는다.

정답　58 ①　59 ③　60 ①　61 ④　62 ②　63 ④　64 ③

65 과실의 착색·숙기촉진을 위하여 주로 사용되는 약제는?

① butralin
② Indoxacarb
③ calcium carbonate
④ ethephon

해설
에테폰(Ethephon)은 에틸렌을 생성하며 과실의 성숙을 촉진하는 물질이다.

66 Kasugamycin 및 Streptomycin과 같은 살균제의 작용기작은?

① 호흡저해
② 단백질 합성 저해
③ 세포벽 형성 저해
④ 세포막 형성 저해

해설
가스가마이신(kasugamycin), 스트렙토마이신(streptomycin) 작용기작으로 단백질의 합성을 저해한다.

67 농약관리법령상 농약의 방제 대상이 아닌 것은?

① 곤충　　② 응애
③ 선충　　④ 천적

해설
농약관리법령상 농작물을 해치는 균, 곤충, 응애, 선충, 바이러스, 잡초 등을 방제 대상으로 한다.

68 식물생장조절제(Plant Growth Regulator; PGR)로 사용되지 않은 농약은?

① gibberellic acid
② 1-naphthylacetamide
③ mepiquat chloride
④ monocrotophos

해설
모노크로토포스(monocrotophos)는 유기인계 살충제 농약이다.

69 저장 곡류(穀類)에 주로 사용되는 훈증제(fumigant)는?

① Triclopyr-TEA
② Procymidone
③ Methyl bromide
④ Alpha-cypermethrin

해설
메틸브로마이드(methyl bromide)는 훈증제로 가스를 이용하여 해충을 박멸하며 주로 저장곡류에 사용된다.

70 침투성 제초제로 아래와 같은 구조를 갖는 성분은?

① IAA　　② 2, 4-D
③ dicamba　　④ fluroxypyr

해설
디캄바(Dicamba)액제는 광엽잡초에 선택적으로 살초효과가 나타나는 호르몬형 이행성 제초제로 화학식은 $C_8H_6Cl_2O_3$ 이다.

71 농약 등록을 위한 농약안전성 평가 항목 중 환경생물독성에 해당되는 것은?

① 급성독성　　② 어독성
③ 아급성 독성　④ 신경 독성

해설
어독성은 어류에 대한 독성을 말하며 생태독성이라 한다.

정답 65 ④　66 ②　67 ④　68 ④　69 ③　70 ③　71 ②

72 비침투성 살균제인 Mancozeb에 대한 설명으로 옳은 것은?

① 유기유황계 농약이다.
② 무기유황계 농약이다.
③ 구리화합물이다.
④ 유기수은제 농약이다.

해설
만코제브(Mancozeb)는 유기황제 살균제로 탄저병, 갈색무늬병, 붉은별무늬병, 포플러잎녹병 등 광범위한 병해 방제에 사용된다.

73 Pyrethrin 살충제의 주요 살충기작은?

① 원형질독 ② 호흡독
③ 근육독   ④ 신경독

해설
피레트린제는 접촉제로 속효성이며 신경기능의 저해를 통해 해충을 방제한다.

74 약해의 원인으로 가장 거리가 먼 것은?

① 농약제제에 불순물의 혼입
② 표준 사용량보다 적게 사용
③ 원제 부성분에 의한 이상발생
④ 동시사용으로 인한 약해

해설
표준 사용량보다 적게 사용할 경우 약해가 거의 발생하지 않는다.

75 Captan(Orthocide)의 구조식은?

①
②
③
④

해설
캡탄(Captan)제는 $C_9H_8Cl_3NO_2S$이다.

76 벼재배용 농약의 사용량을 고려한 어독성 구분을 위한 아래 식에 대한 설명 중 틀린 것은?

$$Z = \frac{Y}{X}$$

① 계산결과 Z>5일 경우 I급으로 구분한다.
② 계산결과 Z<0.1일 경우 III급으로 구분한다.
③ X는 농약등의 어류 LD_{50}이다.
④ Y는 농약등의 논물 중 기대농도치(mg/L, 수심 5cm)이다.

해설
어독성의 위험도는 Z=Y/X 로 표현하는데 X는 농약 등의 어류 $LC_{50}(mg/l)$ 를 의미하며 Y는 농약 등의 논물 중 기대농도치(mg/l, 수심 5cm)를 의미한다.

※ 어독성 위험도 구분
  I급 : Z > 5
  II급 : 0.1 < Z < 5
  III급 : Z < 0.1

정답 72 ① 73 ④ 74 ② 75 ③ 76 ③

77 농약관리법령상 고독성 농약에 해당하는 농약의 급성 경구독성(LD_{50})은? (단, 농약은 고체이며, 단위는 mg/kg 체중이다.)
① 5 미만
② 5 이상, 50 미만
③ 50 이상, 500 미만
④ 500 이상

해설
농약관리법령상 고체 기준 고독성 농약의 급성 경구독성 LD_{50} 은 5 이상 50 미만 이다.

78 농약 보조제가 아닌 것은?
① 용제
② 계면활성제
③ 증량제
④ 도포제

해설
농약의 보조제에는 용제, 계면활성제, 증량제, 전착제 등이 있으며 도포제는 농약의 특수목적제로 분류된다.

79 농약관리법령상 대립제(GC)의 검사항목은?
① 확산성
② 수화성
③ 분말도
④ 가비중

해설
농약관리법령상 대립제의 검사항목에는 유효성분, 확산성이 있다.

80 다음 중 입자(粒子)의 크기가 가장 큰 제형은?
① 입제
② 분제
③ 수화제
④ 정제

해설
정제(TB)는 분제와 수화제와 같이 제제한 농약을 일정한 크기로 만든 것을 말하며 일반적인 약품들은 um 단위로 표현하나 정제는 지름이 2cm 정도의 제품도 있다.

5과목 잡초방제학

81 다음 중 벼와 광경합이 가장 크게 일어나는 잡초는?
① 논뚝외풀
② 올미
③ 쇠털골
④ 강피

해설
피 종류 잡초의 경우 벼와 광 경합을 통해 수량 감소 등의 피해를 준다.

82 다음 중 사초과 잡초가 아닌 것은?
① 뚝새풀
② 향부자
③ 올방개
④ 너도방동사니

해설
뚝새풀은 화본과 잡초이다.

83 상호대립억제작용에 대한 설명으로 옳은 것은?
① 쌍자엽식물에는 있으나 단자엽식물에는 없다.
② 작물과 작물간에는 일어나지 않는다.
③ 타감작용이라고 하기도 한다.
④ 작물은 받아 시에만 피해를 받는다.

해설
타감작용은 상호대립억제작용이라 하며 주로 인접 식물의 생육에 부정적인 영향을 끼쳐 생장을 저해시키거나 혹은 과도하게 촉진시키게 된다.

84 잡초 종사의 산포 방법으로 틀린 것은?
① 가막사리 : 바람에 잘 날려서 이동함
② 소리쟁이 : 물에 잘 떠서 운반됨
③ 바랭이 : 성숙하면서 흩어짐
④ 메귀리 : 사람이나 동물 몸에 잘 부착함

해설
가막사리는 사람이나 동물 몸에 부착되어 산포한다.

정답 77 ② 78 ④ 79 ① 80 ④ 81 ④ 82 ① 83 ③ 84 ①

85 2년생 잡초에 대한 설명으로 틀린 것은?
① 망초, 냉이, 방가지똥 등이 있다.
② 2년 동안에 생활환을 완전히 끝낸다.
③ 월동기간에 화아가 분화하며 주로 온대지역에서 볼 수 있는 잡초이다.
④ 주로 봄과 여름에 발생하여 같은 해 여름과 가을까지 결실하고 고사한다.

해설
종자가 발아하고 1년까지는 영양생장을 하나 다음 해부터는 개화하여 종자를 생산하는데 이러한 특징으로 2년생 잡초라고 한다.

86 잡초의 유용성에 대한 설명으로 틀린 것은?
① 토양의 침식을 방지한다.
② 병해충 전파를 막아준다.
③ 토양에 유기물을 공급한다.
④ 상황에 따라 작물로써 활용할 수 있다.

해설
잡초는 병해충의 매개체가 되기도 한다.

87 다음 중 지하경으로 번식이 가능한 잡초로 가장 거리가 먼 것은?
① 향부자   ② 올방개
③ 올미   ④ 돌피

해설
돌피는 1년생 잡초로 종자로 번식한다.

88 발아의 계절성에 대한 설명으로 옳은 것은?
① 습도에 반응하여 발아하는 특성이다.
② 광도에 반응하여 발아하는 특성이다.
③ 온도에 반응하여 발아하는 특성이다.
④ 일장에 반응하여 발아하는 특성이다.

해설
발아 계절의 일장에 반응하여 휴면을 타파하고 발아하는 것을 발아 계절성이라 한다.

89 방동사니과 잡초가 아닌 것은?
① 참새피   ② 매자기
③ 올방개   ④ 올챙이고랭이

해설
참새피는 화본과 잡초이다.

90 다음 중 잡초의 초형이 가장 작은 것은?
① 가막사리   ② 쇠털골
③ 올방개   ④ 피

해설
쇠털골은 줄기가 실처럼 가늘고 곧게 서 있어 초형이 매우 작은 편이다.

91 밭 잡초로만 나열되지 않은 것은?
① 개비름, 닭의장풀
② 깨풀, 좀바랭이
③ 가래, 여뀌바늘
④ 메귀리, 속속이풀

해설
가래, 여뀌바늘은 논잡초에 해당한다.

92 벼와 피를 구분할 때 주요한 형태적 차이점은?
① 잎초와 떡잎의 유무
② 잎선와 엽초의 유무
③ 엽신과 잎선의 유무
④ 잎혀와 엽이의 유무

해설
벼에는 잎혀와 잎귀가 있으나 피에는 없다.

정답 85 ④   86 ②   87 ④   88 ④   89 ①   90 ②   91 ③   92 ④

93 잡초의 밀도가 증가되면 작물의 수량이 감소한다. 이에 따라 어느 밀도 이상으로 잡초가 존재하면 작물의 수량이 현저히 감소되는 수준까지의 밀도를 무엇이라 하는가?

① 경제적 허용밀도
② 잡초허용 한계밀도
③ 잡초허용 최대밀도
④ 잡초피해 한계밀도

해설
잡초허용한계밀도는 잡초의 밀도가 증가하면 양분의 손실 등으로 작물의 수량이 감소하는 밀도이다. 허용한계밀도 이하로 잡초가 존재할 경우에는 작물의 수량에 영향을 미치지 않게 된다.

94 잡초의 생육특성에 대한 설명으로 틀린 것은?

① 바랭이, 여뀌는 건조에 대한 내성이 크다.
② 향부자, 별꽃은 토양의 산소 농도가 낮아도 잘 발생한다.
③ 잡초 종자가 무거울수록 출아심도가 깊다.
④ 갈퀴덩굴, 뚝새풀은 주로 비옥한 땅에서 발생하는 습성이 있다.

해설
향부자와 별꽃은 호기성 잡초로 토양 산소 농도가 높아야 한다.

95 다음 중 잔디밭에 가장 많이 발생하는 잡초로만 나열된 것은?

① 민들레, 명아주
② 여뀌, 물피
③ 한련초, 개비름
④ 토끼풀, 꽃다지

해설
토끼풀, 파대가리, 새포아풀, 클로버, 꽃다지 등은 잔디밭잡초이다.

96 잡초의 생장형에 따른 분류로 틀린 것은?

① 총생형 : 뚝새풀
② 분지형 : 광대나물
③ 포복형 : 가막사리
④ 직립형 : 명아주

해설
가막사리는 직립형에 해당한다.

97 다음 중 포자로 번식하는 것은?

① 가래   ② 개구리밥
③ 생이가래   ④ 방동사니

해설
생이가래는 무성생식과 포자번식을 통해 빠른 속도로 번식하는 1년생 수생잡초이다.

98 잡초 종자가 휴면하는 원인으로 거리가 가장 먼 것은?

① 배의 미숙
② 생장조절물질의 불균형
③ 물의 투수성 방해
④ 탄산가스의 결핍

해설
잡초 종자의 휴면은 외부환경에 의한 영향도 있으나 종자 자체적으로 두꺼운 종피, 미발달배, 발아억제물질의 존재가 원인이 된다.

99 잡초 종자의 모양이 올바르게 연결된 것은?

① 포크 모양 : 바랭이, 어저귀
② 낙하산 역할의 솜털 : 망초, 민들레
③ 비늘 모양의 가시 : 명아주, 도깨비바늘
④ 낚시 바늘 모양의 돌기 : 도꼬마리, 달개비

해설
낙하산 모양의 비산형 종자로 민들레, 망초, 박주가리가 있다.

정답 93 ② 94 ② 95 ④ 96 ③ 97 ③ 98 ④ 99 ②

100 다음 중 발아 적온이 가장 높은 것은?

① 매귀리   ② 올챙이고랭이
③ 향부자   ④ 뚝새풀

해설
올챙이고랭이는 발아적온이 30~35℃ 정도로 상대적으로 높다.

국가기술자격 필기시험문제

기사 CBT 1회 모의고사문제

자격종목	종목코드	시험시간	형별	수험번호	성명
식물보호기사		2시간 30분			

※ 본문제는 수험생들의 기억을 바탕으로 작성 된 것으로 실제 문제와 차이가 있을 수 있습니다.

1과목 식물병리학

01 바이로이드에 의한 식물병은?
① 벼 오갈병
② 감자 걀쭉병
③ 담배 모자이크병
④ 모과나무 검은별무늬병

해설 감자 걀쭉병은 바이로이드에 의해 발생한다.

02 보르도액에서 살균효과가 있는 유효성분은?
① 구리 ② 철분
③ 아연 ④ 칼슘

해설 보르도액은 황산구리와 수산화칼슘을 원료로 제조한다. 이때 살균효과 유효성분은 구리이다.

03 식물 바이러스 입자를 구성하는 주요 고분자는?
① 피막과 핵
② 세포벽과 세포질
③ 골지체와 RNA
④ 핵산과 단백질 껍질

해설 식물 바이러스는 핵산과 단백질 껍질로 구성된 핵단백질이다.

04 일반적으로 세균의 플라스미드에 의해 지배되는 형질로 가장 거리가 먼 것은?
① bacteriocin 생성
② 편모의 구조 결정
③ 항생제에 대한 내성
④ 기주에 대한 병원성

해설 플라스미드는 세균의 세포내 염색체와 별개로 존재하여 독자적으로 증식이 가능한 DNA 이다.

05 토마토 풋마름병에 대한 설명으로 옳은 것은?
① 토마토에만 감염된다.
② 담자균에 의한 병이다.
③ 병원균은 주로 병든 식물체에서 월동한다.
④ 병원균이 뿌리로 침입하면 뿌리가 흰색으로 변한다.

해설 풋마름병의 병원균은 병든 식물에 월동한다.

06 인공 배지에서 배양이 가능한 식물 병원체는?
① 선충 ② 바이러스
③ 세균 ④ 파이토플라스마

해설 세균은 인공배지에서 배양 및 증식이 가능하며 운동기관인 편모를 가지고 있다.

정답 01 ② 02 ① 03 ④ 04 ② 05 ③ 06 ③

07 식물병원체가 생산하는 기주 특이적 독소는?

① Victorin   ② Tentexin
③ Ophiobolins ④ Fumaric acid

해설
기주 특이적 독소는 기주식물에만 독성을 일으키는 것으로 귀리 마름병균의 독소 Victorin, 배나무 검은무늬병균의 AK 독소 중 Alterine 등이 있다.

08 과수의 자주날개무늬병균은 분류학적으로 어느 균류에 속하는가?

① 난균   ② 담자균
③ 자낭균 ④ 접합균

해설
자줏빛날개무늬병균은 진균(담자균류)에 속한다.

09 병원균이 불완전세대로 *Pyricularia grisea* (*P. oryzae*)인 식물병은?

① 보리 줄기녹병
② 벼 도열병
③ 감귤 잿빛곰팡이병
④ 오이 흰가루병

해설
벼 도열병의 병원균은 Pyricularia oryzae 이며 갈색의 방추형 병반이 나타난다.

10 다음 중 사과 겹무늬썩음병의 병원균은?

① 곰팡이   ② 바이러스
③ 세균   ④ 파이토플라스마

해설
사과 겹무늬썩음병은 부패병이라 하며 곰팡이에 의해 발생한다.

11 소나무 잎마름병의 병징에 대한 설명으로 옳은 것은?

① 봄에 묵은 잎이 적갈색으로 변하면서 대량으로 떨어진다.
② 잎에 바늘구멍 크기의 적갈색 반점이 나타나고 동심원으로 커진다.
③ 수관 하부에 있는 이에서 담갈색 반점이 생기면서 발생하여 상부로 점차 진전한다.
④ 잎에 띠 모양의 황색 반점이 생기다가 갈색으로 변하면서 반점들은 합쳐진다.

해설
소나무 잎마름병은 여름철 고온 다습한 환경에서 많이 발생하는데 띠모양의 황색반점이 교대로 형성되어 갈변하다가 반점들이 합쳐지게 된다.

12 생물적 방제방법의 가장 큰 장점은?

① 친환경적이다.
② 비용이 많이 들지 않는다.
③ 속효성이다.
④ 잔효성이 길다.

해설
생물적 방제는 화학약품을 사용하지 않는 친환경적 방제 방법이다.

13 배나무붉은별무늬병균의 중간 기주는?

① 매자나무   ② 향나무
③ 소나무   ④ 좀꿩의 다리

해설
배나무붉은별무늬병의 중간기주는 향나무로 기주교대를 통해 피해가 확산된다.

14 기주 식물이 병원균의 침입에 자극을 받아 방어를 목적으로 생성하는 물질은?

① 파이토톡신   ② 펙티나아제
③ 지베렐린   ④ 파이토알렉신

해설
병원체가 기주식물에 침입하고 난 이후 기주에서 병원체의 발육을 억제하기 위해 발생되는 항균물질을 파이토알렉신이라 한다.

정답 07 ① 08 ② 09 ② 10 ① 11 ④ 12 ① 13 ② 14 ④

15 포도나무 노균병균이 월동하는 곳은?
① 곤충의 유충 ② 병든 잎
③ 종자 ④ 뿌리

해설
포도나무 노균병은 병든 잎 조직내에서 월동한다.

16 향나무에 감염된 배나무붉은별무늬병균의 포자 이름은?
① 여름포자 ② 겨울포자
③ 녹포자 ④ 분생포자

해설
배나무붉은별무늬병균은 중간기주인 향나무에서 겨울포자로 존재한다.

17 진균의 특징으로 옳지 않은 것은?
① 세포내 핵이 있다.
② 영양체는 주로 균사이다.
③ 번식체는 주로 포자이다.
④ 세포벽은 키틴을 갖지 않는다.

해설
진균의 일부분인 균사는 격막의 유무로 분류되며 외부에 세포벽이 있고 그 성분은 키틴으로 이루어져 있다.

18 마름무늬매미충에 의해 전반되지 않는 병은?
① 뽕나무 오갈병
② 벚나무 빗자루병
③ 붉나무 빗자루병
④ 대추나무 빗자루병

해설
벚나무 빗자루병은 진균에 의해 발생한다.

19 19세기 중반 아일랜드에 큰 기근으로 인하여 100만명을 굶어 죽게 하였던 식물병은?
① 감자 역병
② 감자 바이러스병
③ 사과나무 점무늬병
④ 옥수수 깨씨무늬병

해설
1840년경 발생한 감자역병은 아일랜드 100만명의 인구가 사망하는 큰 사건이었다.

20 목재 백색썩음병에 관계하는 중요한 효소는?
① 탄닌 분해효소
② 리그닌 분해효소
③ 셀룰로오스 분해효소
④ 헤미셀룰로오스 분해효소

해설
ligninase(목재 흰썩음병균)은 세포의 구성성분 중에서 리그닌을 분해하는 리그닌 분해효소이다.

2과목 농림해충학

21 곤충의 말피기관에 대한 설명으로 옳은 것은?
① 바퀴 등 특수한 곤충에서만 볼 수 있는 감각기관이다.
② 대부분의 곤충에서 전장과 중장 사이에 위치하며 감각기관이다.
③ 대부분의 곤충에서 중장과 후장 사이에 위치하며 배설 작용을 한다.
④ 곤충의 전장과 중장 그리고 후장 사이마다 위치하며 배설작용을 한다.

해설
대부분의 곤충의 중장과 후장 사이에 말피기씨관이 있으며 배설작용을 한다.

정답 15 ② 16 ② 17 ④ 18 ② 19 ① 20 ② 21 ③

22 곤충의 외표피에 대한 설명으로 옳지 않은 것은?
① 수분의 증산을 억제하는 왁스층이 있다.
② 단백질과 지질로 구성된 매우 얇은 층이다.
③ 큐티클 단면에서 몸의 가장 바깥쪽에 위치한다.
④ 탈피 시 내원표피를 소화시키는 탈피액도 분비한다.

[해설]
곤충이 탈피를 할 때 내원표피를 소화시키는 탈피액의 경우 진피의 상피세포에서 분비된다.

23 진딧물의 생식방법에 대한 설명으로 옳은 것은?
① 난생과 태생을 번갈아 한다.
② 단위생식과 난생에 의해서만 번식한다.
③ 양성생식과 단위생식을 함께 하며 태생도 한다.
④ 다른 곤충과는 달리 태생에 의해서만 번식한다.

[해설]
진딧물은 여름철까지는 암컷만으로 이루어지는 단위생식을 하고 가을에는 암수가 교미하는 양성생식을 한다.

24 점박이응애의 천적으로 가장 효과적인 곤충은?
① 혹좀벌   ② 무당벌레
③ 긴털이리응애 ④ 온실가루이좀벌

[해설]
점박이응애의 천적으로 왕게응애와 신이리응애, 칠레이리응애, 긴털이리응애 등이 있다.

25 누에의 휴면호르몬이 합성되는 곳은?
① 앞가슴샘   ② 알라타체
③ 카디아카체   ④ 신경분비세포

[해설]
누에는 산란 번데기의 식도하신경절에 신경분비세포에서 휴면호르몬이 분비된다.

26 다음 중 외국으로부터 유입된 해충이 아닌 것은?
① 벼밤나방   ② 벼물바구미
③ 온실가루이   ④ 꽃노랑총채벌레

[해설]
대표적인 외래해충으로 긴꼬리가루깍지벌레, 흰개미, 사과면충, 밤나무순혹벌, 감자뿔나방, 뿌리응애, 솔잎혹파리, 미국흰불나방, 뿌리응애, 온실가루이, 벼물바구미, 꽃노랑총채벌레, 담배가루이 등이 있다.

27 온실가루이가 속하는 목은?
① 벌목   ② 노린재목
③ 강도래목   ④ 딱정벌레목

[해설]
온실가루이는 노린재목에 속한다.

28 여름철의 진딧물, 밤나무순혹벌, 민다듬이벌레 등의 생식방법에 해당하는 것은?
① 양성생식   ② 다배생식
③ 무성생식   ④ 단위생식

[해설]
진딧물, 밤나무순혹벌등은 암컷만으로 번식을 하는 단위생식을 한다.

29 표피를 형성하는 단백질, 지질, 키틴 화합물 등을 합성하고 분비해 주는 한 층의 세포군으로 탈피 시에는 내원표피를 소화시키는 탈피액도 분비하는 것은?
① 체색   ② 표피층
③ 기저막   ④ 진피세포

[해설]
진피세포는 곤충의 표피를 이루는 단백질, 지질, 키틴화합물 등을 합성, 분비해주는 한층의 세포군으로 탈피 시에는 내원표피를 소화시키는 탈피액도 분비한다. 탈피 직전 분열이 일어나 생장을 하고 그 중 일부 세포는 감각기, 분비샘 등 돌기구조를 만드는 세포로 분화하기도 한다.

정답 22 ④ 23 ③ 24 ③ 25 ④ 26 ① 27 ② 28 ④ 29 ④

30 완전변태를 하는 곤충은?
① 벌   ② 진딧물
③ 노린재   ④ 메뚜기

해설
나비목, 벌목, 파리목, 딱정벌레목은 완전변태를 한다.

31 조팝나무진딧물에 대한 설명으로 옳지 않은 것은?
① 조팝나무에서 성충으로 월동한다.
② 귤나무의 경우 새잎 뒷면에 기생한다.
③ 한국, 일본, 북아메리카 등에서 발생한다.
④ 주로 조팝나무, 사과나무, 귤나무에 서식한다.

해설
조팝나무진딧물은 알로 월동한다.

32 애멸구에 대한 설명으로 옳지 않은 것은?
① 약충기에만 벼 즙액을 빨아 먹는다.
② 우리나라 남부지방에서 월동이 가능하다.
③ 줄무늬잎마름병 같은 바이러스병을 매개한다.
④ 이모작 맥류재배를 하면 많이 발생하기도 한다.

해설
애멸구는 약충기 뿐 아니라 성충도 벼를 흡즙한다.

33 탈바꿈(변태)을 하지 않는 해충은?
① 응애   ② 진딧물
③ 방패벌레   ④ 깍지벌레

해설
거미강에 속하는 거미, 응애, 진드기 종류는 변태를 하지 않는다.

34 보통 1년에 2회 발생하고 수피사이나 지피물밑 등에서 번데기로 월동하며 유충이 기주식물을 가해하는 해충은?
① 솔나방   ② 밤나무혹벌
③ 천막벌레나방   ④ 미국흰불나방

해설
미국흰불나방은 1년에 2회 발생하고 번데기로 수피사이, 지피물아래에서 월동한다. 부화한 유충은 4령기까지 잎을 식해한다.

35 수도작물에서 애멸구의 발생 증가요인과 관계가 높은 것은?
① 만식재배를 실시한 경우
② 보리 재배면적이 증가된 경우
③ 평지에서 산지로 재배지를 바꾼 경우
④ 남부지방에서 중부지방으로 재배지를 바꾼 경우

해설
벼, 보리와 같은 수도작물에서 애멸구의 발생이 증가하는 요인으로 재배면적이 증가하면 그만큼 월동, 산란, 발생 등이 높아지게 된다.

36 곤충의 다리 구조를 가슴에서부터 배열한 것으로 옳은 것은?
① 도래마디 – 밑마디 – 넓적마디 – 종아리마디 – 발목마디
② 밑마디 – 도래마디 – 종아리마디 – 넓적마디 – 발목마디
③ 밑마디 – 도래마디 – 넓적마디 – 종아리마디 – 발목마디
④ 종아리마디 – 밑마디 – 도래마디 – 넓적마디 – 발목마디

해설
다리 구조는 흉부 부착점에서 밑마디(기절), 도래마디(전절), 넓적다리마디(퇴절), 종아리마디(경절), 발목마디(부절)로 5마디로 분류한다.

정답 30 ① 31 ① 32 ① 33 ① 34 ④ 35 ② 36 ③

37 1세대를 경과하는 데 가장 긴 시간을 필요로 하는 곤충은?

① 장수풍뎅이 ② 뽕나무하늘소
③ 말매미 ④ 소나무좀

해설
하늘소류는 주로 3~5년, 말매미는 5~6년, 소나무좀은 1년 정도의 1세대 기간을 갖는다.

38 한여름 휴한기에 비닐하우스를 밀폐하면 토중 온도가 높아져서 땅속의 해충을 죽이는 방제법은?

① 생물적 방제법 ② 물리적 방제법
③ 화학적 방제법 ④ 법적 방제법

해설
물리적 방제법에서 온도를 이용하는 것으로 비닐하우스를 밀폐시켜 토중 온도를 높여 땅속의 해충을 방제한다.

39 참나무류에 치명적인 피해를 주는 참나무 시들음병을 매개하는 곤충은?

① 북방수염하늘소
② 솔수염하늘소
③ 광릉긴나무좀
④ 털두꺼비하늘소

해설
참나무 시들음병의 매개충은 광릉긴나무좀이다.

40 곤충의 일반적 특징으로 옳지 않은 것은?

① 온혈동물이다.
② 부속지들이 마디로 되어 있다.
③ 외골격이 발달하여 근육의 부착점이 된다.
④ 탈피를 통해 성장하고 변태 과정을 거치기도 한다.

해설
곤충은 온도의 변화에 따라 체온이 변하는 냉혈동물이다.

3과목 재배학원론

41 작물의 내동성에 대한 설명으로 옳은 것은?

① 지방함량이 높으면 내동성이 낮아진다.
② 당분함량이 많으면 내동성이 증대된다.
③ 원형질의 수분투과성이 크면 내동성이 낮아진다.
④ 세포의 수분함량이 높아서 자유수가 많아지면 내동성이 증대된다.

해설
당분함량이 많거나 유지함량이 높거나 삼투포텐셜이 낮을 경우 내동성이 크다.

42 내건성이 강한 작물의 일반적 특성으로 옳은 것은?

① 세포가 커서 수분이 감소해도 원형질의 변형이 작다.
② 원형질의 점성이 낮아야 한다.
③ 세포액의 삼투압이 높아야 한다.
④ 원형질막의 수분투과성이 작아야 한다.

해설
내건성이 강한 작물은 세포액의 삼투압이 높아야 한다.

43 감자는 작물체의 어느 부분이 비대된 것인가?

① 측근 ② 직근
③ 지하줄기 ④ 종자근

해설
덩이줄기(지하줄기)로 번식하는 작물로 감자, 토란 등이 있다.

44 중북부지방의 맥류재배에서 한해와 동해를 방지할 목적으로 실시되는 작휴법은?

① 성휴법 ② 이랑재배
③ 휴립휴파법 ④ 휴립구파법

해설
휴립구파법은 이랑을 세우고 낮은 골에 파종하는 방법으로 맥류의 한해와 동해를 동시에 방지할 수 있다.

정답 37 ③ 38 ② 39 ③ 40 ① 41 ② 42 ③ 43 ③ 44 ④

45 식물체 내의 이동성이 낮아 결핍증상이 어린 잎에 나타나는 원소들만 나열된 것은?
① Ca, S, Mn, B ② P, Fe, Mg, B
③ K, S, Fe, N   ④ Ca, Mg, Fe, P

해설
식물체 내의 이동 원소 중 이동이 용이한 원소들로 N, P, K, Mg 등이 있으며 상대적으로 이동이 어려운 원소는 Ca, Fe, B 및 S, Zn, Mn, Cu 가 있다.

46 벼 심층시비의 가장 큰 이점은?
① 뿌리의 흡수력을 촉진시킨다.
② 뿌리의 신장, 발달권역을 넓힌다.
③ 토양질소의 농도를 옅게 한다.
④ 암모니아의 탈질을 방지한다.

해설
심층시비는 환원층에 시비를 하여 비료의 효과를 증진시키는 방법이다. 암모늄태질소를 환원층에 시비하여 암모니아의 탈질을 방지한다.

47 작물의 생장억제작용이 큰 생장조절제는?
① NAA   ② IBA
③ B-9   ④ GA

해설
억제물질의 종류로는 다미노자이드(daminozide, B-9), 클로르메콰트클로라이드(chlormequat chloride, CCC), 말릭하이드라자이드(Malelc hydrazide, MH)가 있다.

48 경사도가 3~27° 되는 지역에서 주로 목초, 과수나 밀식작물을 재배할 때 적합한 관개법은?
① 수반법   ② 보더법
③ 휴간관개 ④ 월류법

해설
월류법은 낮은 재배지역으로 물이 흘러들어가게 하는 방법으로 경사지에서 적합한 관개법 중 하나이다.

49 화곡류에서 가뭄에 의한 피해가 가장 심한 생육단계는?
① 분얼기   ② 수잉기
③ 출수기   ④ 등숙기

해설
화곡류는 수잉기(감수분열기)에 가뭄에 대해 가장 약하다.

50 기지의 근본적이며 종합적인 대책이 될 수 있는 방법은?
① 객토의 실시
② 결핍양분의 공급
③ 담수처리
④ 윤작

해설
기지 피해를 줄이기 위해 윤작이 가장 효과적이며 토양을 소독하거나 유해물질을 제거, 시비 작업, 토양 소독 등의 작업이 필요하다.

51 다음 중 내습성이 가장 강한 작물은?
① 옥수수   ② 고구마
③ 양파   ④ 고추

해설
작물의 내습성은 미나리, 벼, 옥수수 등이 높은 편이며 파, 양파, 고추 등은 낮은 편이다.

52 버널리제이션의 농업적 이용으로 볼 수 없는 것은?
① 감광형 벼의 조기재배
② 딸기의 촉성재배
③ 맥류 육종의 세대단축
④ 추파맥류의 대파

해설
감광형 벼의 조기재배는 작물 품종의 기상생태형을 이용한 방법이다.

정답 45 ① 46 ④ 47 ③ 48 ④ 49 ② 50 ④ 51 ① 52 ①

53 작물의 광합성 및 호흡작용에 대한 설명으로 옳지 않은 것은?

① 이산화탄소농도가 높아지면 일반적으로 호흡속도는 감소한다.
② 어느 한계까지는 온도가 높아질수록 광합성이 활발해진다.
③ C_4식물은 C_3식물보다 광합성 효율이 뛰어나다.
④ 광보상점에 이르면 광합성이 최대가 된다.

[해설]
광포화점에 이르면 광합성량이 최대가 된다. 보상점은 광도 곡선 상에서 광합성 속도가 호흡 속도와 같아지는 지점으로 광합성량이 0에 가깝다.

54 다음 중 무배유종자 작물로만 짝지어진 것은?

① 수수, 상추, 양파
② 오이, 콩, 동부
③ 동부, 율무, 양파
④ 율무, 콩, 상추

[해설]
무배유종자 작물에는 콩, 완두, 잠두, 적두, 상추, 오이 등이 있다. 배유종자에는 밀, 벼, 보리, 옥수수, 양파가 있다.

55 발아 최저온도가 가장 낮은 작물은?

① 콩   ② 옥수수
③ 귀리   ④ 호박

[해설]
작물에 따라 저온에서 발아하는 귀리, 호밀, 상추, 부추 등이 있고 고온에서 발아하는 토마토, 가지, 고추 등이 있다.

56 밭에서 한발 경감대책으로 적합하지 않은 것은?

① 뿌림골을 낮게 한다.
② 뿌림골을 넓게 한다.
③ 퇴비를 증시한다.
④ 칼륨을 증시한다.

[해설]
밭에서 한발을 경감시키기 위해 뿌림골을 낮고 좁게하며 재식밀도는 넓혀야 한다.

57 일장형이 단일식물에 해당하는 작물은?

① 시금치   ② 들깨
③ 상추   ④ 아주까리

[해설]
단일식물의 종류로 콩, 옥수수, 벼, 딸기, 국화, 코스모스, 들깨 등이 있다.

58 작물의 도복대책으로 거리가 먼 것은?

① 질소 중심의 시비를 한다.
② 병충해를 잘 방제해야 한다.
③ 키가 작고 줄기가 튼튼한 품종을 선택한다.
④ 맥류는 복토를 깊게 하면 도복이 경감된다.

[해설]
도복대책으로 질소질 비료의 과용을 삼가고 칼륨, 규산을 적정량으로 시비한다.

59 안토시안의 생성을 조장하는 조건은?

① 고온   ② 황색광
③ 자색광   ④ 녹색광

[해설]
안토시안은 비교적 저온의 조건에서 자색광이나 자외선에 의해 조장된다.

60 연작의 해가 비교적 커서 5년 이상의 휴작이 필요한 작물로만 나열된 것은?

① 토마토, 양배추, 담배
② 참외, 시금치, 생강
③ 호박, 땅콩, 오이
④ 수박, 가지, 고추

해설
5~7년 정도 휴작이 요구되는 작물은 수박, 토마토, 사탕무, 완두, 가지, 우엉, 고추가 있으며 10년 이상 휴작이 요구되는 작물은 아마, 인삼이 있다.

4과목 농약학

61 다음 농용 항생제가 아닌 것은?

① 클로로피크린(Chloropicrin)
② 블라스티시딘 에스(Blasticidin–S)
③ 카수가마이신(Kasugamycin)
④ 스트렙토마이신(Streptomycin)

해설
클로로피크린은 해충의 에너지 대사 저해작용을 하는 살충제이다.

62 토양잔류성농약이라 함은 토양 중 농약의 반감기간이 며칠 이상인 농약으로서 사용 결과 농약을 사용하는 토양에 그 성분이 잔류되어 후작물에 잔류되는 농약을 말하는가?

① 30일　② 60일
③ 90일　④ 180일

해설
토양잔류성농약은 토양 중 농약의 반감기간이 180일 이상인 농약을 말한다.

63 약해가 일어나는 조건으로 가장 거리가 먼 것은?

① 장마철 보르도액의 살포
② 살포약제의 고농도 살포
③ 낙엽 후 기계유 유제의 살포
④ 고온,고광도시 석회황합제 사용

해설
약해가 일어나는 조건으로 농약 자체의 원인 및 오용, 환경에 의한 약해, 작물 자체에 의한 약해, 농약의 사용 후 특성에 의한 약해가 있으며 낙엽 후 기계유 유제의 살포는 여기에 해당되지 않는다.

64 다음 중 신경독 살충제는?

① 클로로피크린　② 기계유유제
③ 유기수은제　④ 제충국제

해설
제충국의 활성성분을 이용하여 해충의 신경계통을 저해하는 효과가 나타나는 신경독 살충제이다.

65 헤테로옥신이라고도 하며 무색 바늘모양의 결정으로 과수, 화초 등의 삽목 때 발근 촉진제로 사용될 수 있는 것은?

① 포스톤　② 지베렐린
③ β–인돌초산　④ 카시네린

해설
헤테로옥신은 β–인돌초산이라하며 발근촉진제로 이용한다.

67 농약의 살포방법 중 살포액의 농도가 높고 정밀한 액적조절살포가 필요한 살포방법은?

① 분입제 살포　② 공중액제살포
③ 입제살포　　④ 수면시용

해설
공중액제살포는 항공기를 이용한 대면적 살포에 적합한 방법이다.

68 농약관리법에 의한 맹독성의 판정기준은?
① 급성 경구독성이 고체는 5mg/kg, 액체는 20mg/kg미만
② 급성 경구독성이 고체는 5mg/kg, 액체는 40mg/kg미만
③ 급성 경구독성이 고체는 10mg/kg, 액체는 50mg/kg미만
④ 급성 경구독성이 고체는 10mg/kg, 액체는 100mg/kg미만

해설
급성경구독성에 맹독성은 고체는 5mg/kg, 액체는 20mg/kg미만이다.

69 수화제의 분말입자가 수중에서 분산 부유하는 성질을 의미하는 것은?
① 유화성 ② 고착성
③ 현수성 ④ 부착성

해설
현수성은 수화제에 물을 넣어 조제한 현탁액의 고체입자가 균일하게 분산 부유하는 성질과 안정성을 말한다.

70 유기인제 계통의 약제를 알칼리성 농약과 혼용을 피해야하는 주된 이유는?
① 약해가 심해지기 때문이다.
② 물리성이 나빠지기 때문이다.
③ 가수분해가 일어나기 때문이다.
④ 중합반응을 하여 다른 물질로 되기 때문이다.

해설
유기인계 살충제는 에스테르 결합을 하고 있어 알칼리에 의해 쉽게 가수분해 된다.

71 석회유황합제 제조 시 생석회와 황의 중량비로서 가장 적합한 것은?
① 1 : 1 ② 2 : 1
③ 1 : 2 ④ 1 : 3

해설
석회유황합제 제조시 생석회와 황은 1 : 2 중량비로 배합한다.

72 교차저항성(cross resistance)에 대한 설명으로 옳은 것은?
① 동일한 작용기작을 가진 약제군 사이에서 그 중 1개의 약제에 저항성을 지니게 된 균은 같은 군의 다른 약제에 대해서도 저항성을 가진다.
② 작용점이 여러 개인 약제에 대하여 2가지 이상의 작용점에 저항을 획득하면 그 균은 교차저항성을 획득하였다고 한다.
③ 베노밀(benomyl)과 톱신-M(Topsin-M)의 경우 화학구조가 완전히 다르기 때문에 저항성의 획득도 다른 기작을 따른다.
④ 저항성균이 한 지역에 발생하여 다른 지역으로 이동되었을 때 이동된 지역에서도 저항성을 유지하는 것을 교차저항성이라 한다.

해설
해충에 한번도 사용하지 않았지만 유사 약제에 저항성으로 동시에 사용하지 않은 약제에도 저항성이 생기는 경우를 교차저항성이라 한다.

73 DDVP 유제를 50%를 500배로 희석하여 면적 10a 당 4말(1말 : 18L)을 살포하고자 할 때의 소요약량은 약 몇 ml 인가?
① 72   ② 144
③ 288 ④ 576

해설
소요약량(배액)
$= \dfrac{\text{단위면적당 사용량}}{\text{소요희석배수}}$
$= \dfrac{4말 \times 18L}{500배} = 0.144L = 144ml$

74 기생주체 내로 병원균 포자가 침입하지 못하게 하는 약제 중 가장 효과적인 것은?
① 접촉독제　② 직접살균제
③ 침투성살균제　④ 보호살균제

> **해설**
> 보호살균제는 병원균이 식물체 내로 침입하는 것을 예방한다.

75 농약의 보조제로 사용되지 않는 것은?
① 전착제　② 용제
③ 주제　④ 협력제

> **해설**
> 보조제는 살충제의 효과를 증폭시키기 위한 것으로 전착에 도움을 주는 전착제, 주성분의 농도를 낮추어주는 증량제, 유제의 유화성을 높이는 유화제 등이 있다.

76 제제를 물로 희석하여 사용하는 액체시용제에 해당하지 않는 제형은?
① 유제　② 액제
③ 수화제　④ 입제

> **해설**
> 액체시용제의 종류로 유제, 액제, 수화제, 입상수화제, 유탁제 등이 있다. 입제의 경우 고체 시용제에 해당한다.

77 우리나라의 농약의 독성구분 중 맞지 않는 것은?
① 무독성　② 보통독성
③ 저독성　④ 고독성

> **해설**
> 국내의 농약의 독성구분으로 맹독성, 고독성, 보통독성, 저독성이 있다.

78 유제를 1500배로 희석하여 액량 15L 로 살포하려 한다. 이때 원액약량은 몇 ml 가 필요한가?
① 1　② 10
③ 100　④ 1000

> **해설**
> 소요약량(배액)
> $= \dfrac{\text{단위면적당사용량}}{\text{소요희석배수}} = \dfrac{15000ml}{1500배} = 10ml$

79 살충제 농약의 작용점이 잘못 연결된 것은?
① 원형질독 – 유기수은제
② 피부독 – 기계유유제
③ 호흡독 – 청산가스
④ 근육독 – 피레스린

> **해설**
> 피레스린은 신경의 기능을 저해하는 신경독으로 작용한다.

80 농약의 잔류허용기준(MRL)을 결정하는 요소가 아닌 것은?
① 최대무작용량(NOEL)
② 안전계수
③ 농약 살포 횟수
④ 1일 섭취허용량(ADI)

> **해설**
> 농약의 잔류 허용기준시 1일 섭취허용량, 체중, 식품 1일 섭취량을 이용하여 설정하며 여기서 1일 허용량은 농약을 매일 섭취해도 영향이 없는 농약의 양으로 최대무작용약량에서 안전계수를 곱한 값으로 정의한다.

정답 74 ④　75 ③　76 ④　77 ①　78 ②　79 ④　80 ③

5과목 　　잡초방제학

81 잡초의 발아습성 중 발아기회성에 대한 설명으로 가장 옳은 것은?
① 일장에 감응하여 발아하게 되는 특성
② 온도조건에 감응하여 발아하게 되는 특성
③ 일정한 간격을 가지고 최고의 발아율을 나타내는 특성
④ 오랜 기간에 걸쳐 지속적으로 발아하게 되는 특성

해설
발아기회성은 특정 온도에 감응하여 발아하는 특성을 말한다.

82 다음 중 논토양 표토에 주로 지하경을 형성하는 다년생 잡초로 가장 옳은 것은?
① 깨풀　　　② 쇠비름
③ 올미　　　④ 명아주

해설
올미는 다년생 광엽잡초로 지하경을 이용한 무성번식을 한다.

83 멀칭용 플라스틱 필름에 대한 설명으로 가장 옳지 않은 것은?
① 흑색필름은 잡초의 발생을 줄인다.
② 녹색필름은 지온상승의 효과가 크다.
③ 흑색필름은 지온이 높을 때 지온을 낮추어 준다.
④ 투명필름은 잡초 발생을 크게 줄인다.

해설
멀칭용 투명 필름은 햇빛의 투과율이 흑색, 녹색 등 보다 높아 잡초 발생률이 다른 색상의 필름보다 높다.

84 다음 중 바랭이는 형태적 분류상 어디에 속하는가?
① 광엽 잡초
② 화본과 잡초
③ 방동사니과 잡초
④ 국화과 잡초

해설
바랭이는 화본과 잡초이다.

85 다음 중 외래잡초로만 나열된 것은?
① 돼지풀, 올미
② 너도방동사니, 흰명아주
③ 개망초, 어저귀
④ 올방개, 광대나물

해설
외래 잡초에는 미국가막사리, 미국개기장, 가는털비름, 단풍잎돼지풀, 소리쟁이, 도꼬마리, 서양민들레, 개망초, 애기달맞이꽃, 어저귀 등이 있다.

86 잡초의 번식에 대한 설명으로 옳지 않은 것은?
① 영양번식은 포복경, 지하경, 인경, 구경 등을 통해 이루어지는 것을 말한다.
② 돌피, 바랭이, 냉이는 유성번식을 한다.
③ 다년생 잡초는 영양번식과 유성번식을 겸한다.
④ 일년생 잡초는 자가수정에 의해서만 번식한다.

해설
일년생 잡초는 자가수정외에도 타가수정으로 번식하는 종류도 있다. 대표적인 자가수정 작물로 벼, 보리, 콩, 토마토 등이 있다.

87 다음 중 선택성 제초제는?
① 2,4-D　　② Paraquat
③ Glufosinate　　④ Glyphosate

해설
선택성 제초제에는 2,4-D, 디캄바, 뷰타클로르 등이 있다.

정답　81 ②　82 ③　83 ④　84 ②　85 ③　86 ④　87 ①

88 작물과 잡초간의 경합에 관여하는 주요한 요인으로 가장 거리가 먼 것은?
① 수분 ② 광
③ 영양분 ④ 제초제 내성

해설
경합의 인자로 양분, 수분, 광, 밀도 등이 있다.

89 토양 환경과 잡초의 출현에 대한 설명으로 옳지 않은 것은?
① 종자가 무거울수록 발생심도가 깊다.
② 토양이 과습하면 출현율이 낮아진다.
③ 토양이 건조하면 출아율이 낮아진다.
④ 사질토는 중점토보다 발생심도가 얕다.

해설
사질토는 중점토보다 표층의 건조가 쉬워 발생심도가 깊어진다.

90 트리아진계 제초제의 주요 이행 특성은?
① 비대 성장 ② 조기 결실
③ 광합성 저해 ④ 신초 생장 억제

해설
트리아진계 제초제의 이행 특성으로 광합성을 저해한다.

91 상호대립억제작용에 대한 설명으로 옳은 것은?
① 제초제를 오래 사용한 잡초에 대한 내성을 나타내는 것이다.
② 죽은 식물 조직에서 나오는 물질에 의해서도 일어날 수 있다.
③ 다른 종의 생육을 억제하는 주된 기작은 주로 차광에 의해 일어난다.
④ 잡초가 다른 작물의 생육을 억제하는 것이 아니며 잡초 간에만 일어나는 현상이다.

해설
죽은 식물의 조직에서 나오는 분비물에 의해서 상호대립 억제작용 현상이 발생할 수 있다.

92 잡초 종자의 산포 방법으로 옳지 않은 것은?
① 바랭이 : 성숙하면서 흩어짐
② 소리쟁이 : 물에 잘 떠서 운반됨
③ 가막사리 : 바람에 잘 날려서 이동함
④ 메귀리 : 사람이나 동물 몸에 잘 부착함

해설
가막사리는 사람이나 동물 몸에 부착되어 산포한다.

93 일년생 잡초와 비교한 다년생 잡초에 대한 설명으로 옳지 않은 것은?
① 방제하기 어렵다.
② 영양 번식을 한다.
③ 생육 기간이 길다.
④ 대부분 종자로 번식한다.

해설
다년생 잡초는 단순다년생, 구근형다년생, 포복형 다년생이 있으며 이들은 종자뿐만 아니라 지하기관, 괴경 등 다양한 방법으로 번식한다.

94 다음 중 잡초경합 한계기간이 가장 긴 작물은?
① 녹두 ② 양파
③ 밭벼 ④ 콩

해설
잡초경합한계기간으로 양파는 약 56일 정도로 상대적으로 긴 편이다.

95 잡초 종자의 휴면타파 및 발아율을 촉진시키는 생장조절 물질과 가장 거리가 먼 것은?
① 사이토카이닌 ② 에틸렌
③ 지베렐린 ④ MH

해설
MH 제는 식물의 생장 억제 물질에 속한다.

정답 88 ④ 89 ④ 90 ③ 91 ② 92 ③ 93 ④ 94 ② 95 ④

96 다음 중 부유성 잡초로만 나열된 것은?

① 너도방동사니, 별꽃
② 올미, 토끼풀
③ 개구리밥, 부레옥잠
④ 깨풀, 망초

해설
부유잡초로는 부레옥잠, 개구리밥, 좀개구리밥, 생이가래 등이 있다.

97 다음 중 여름잡초로만 나열된 것은?

① 벼룩나물, 바랭이
② 피, 쇠비름
③ 별꽃, 속속이풀
④ 피, 냉이

해설
여름잡초에는 피, 명아주, 돌피, 강아지풀, 알방동사니, 물별, 바랭이, 마디꽃, 쇠비름 등이 있다.

98 다음 중 작물과 잡초가 경합하고 있을 때 작물 수량 손실이 가장 높은 경우는?

① C_3작물과 C_4잡초
② C_3작물과 C_3잡초
③ C_4작물과 C_3잡초
④ C_4작물과 C_4잡초

해설
C_3 계통의 식물은 C_4 계통 식물보다 상대적으로 광합성 효율이 낮다. C_4 잡초의 광합성 효율이 뛰어나 C_3 작물의 수량에 많은 영향을 주게 된다.

99 다음 중 암조건에서도 발아가 가장 잘 되는 것은?

① 참방동사니 ② 개비름
③ 독말풀   ④ 소리쟁이

해설
암발아 잡초로 별꽃 냉이, 광대나물, 독말풀 등이 있다.

100 일정기간 이내에 대부분 종자가 발아를 마치는 집중발아 습성을 무엇이라고 하는가?

① 발아 준동시성 ② 발아 계절성
③ 발아 기회성   ④ 발아 내성

해설
일정기간 내의 대부분의 종자가 발아를 마치는 것을 발아 준동시성이라 한다.

정답 96 ③ 97 ② 98 ① 99 ③ 100 ①

국가기술자격 필기시험문제

기사 CBT 2회 모의고사문제				수험번호	성명
자격종목 식물보호기사	종목코드	시험시간 2시간 30분	형별		

※ 본문제는 수험생들의 기억을 바탕으로 작성 된 것으로 실제 문제와 차이가 있을 수 있습니다.

1과목　　식물병리학

01 감자둘레썩음병균이 월동하는 곳은?
① 잎　　② 덩이줄기
③ 토양　　④ 열매

[해설] 감자둘레썩음병균이 발생하면 곰팡이병의 감염에 의해 감자의 품질이 나빠지며 이러한 병균은 덩이줄기에 월동한다.

02 식물 검역에 대한 설명으로 옳은 것은?
① 식물에 면역작용이 생기게 하여 병을 방제하는 것
② 농약 등을 사용하여 화학적으로 방제하는 것
③ 열처리 등에 의해 병원균을 박멸하는 것
④ 병원균의 유입을 차단하고자 사전에 검사하여 병을 예방하는 것

[해설] 식물검역은 외국에서 유입되는 식물 및 병원체의 침입을 막기 위해 사전에 검사를 하는 예방적 방제법에 속한다.

03 진균의 특징으로 옳지 않은 것은?
① 세포내 핵이 있다.
② 영양체는 주로 균사이다.
③ 번식체는 주로 포자이다.
④ 세포벽은 키틴을 갖지 않는다.

[해설] 진균의 일부분인 균사는 격막의 유무로 분류되며 외부에 세포벽이 있고 그 성분은 키틴으로 이루어져 있다.

04 식물병원 바이러스와 바이로이드의 차이점은?
① 입자내 핵산의 존재 유무
② 핵산의 종류
③ 단백질 외피의 존재 유무
④ 입자내 지질의 존재 유무

[해설] 바이로이드는 외부단백질 없이 한 가닥의 핵산으로 구성된 병원체이며 바이러스는 핵산과 단백질로 구성된 핵단백질로 단백질 외피의 존재 유무의 차이점이 있다.

05 포도나무 노균병균이 월동하는 곳은?
① 곤충의 유충　② 병든 잎
③ 종자　　④ 뿌리

[해설] 포도나무 노균병은 병든 잎 조직내에서 월동한다.

정답 01 ②　02 ④　03 ④　04 ③　05 ②

06 담배모자이크바이러스의 구성 성분 중 병원성을 갖는 것은?
① 핵산   ② 단백질
③ 탄수화물   ④ 지질

해설
담배모자이크바이러스의 병원체는 바이러스이며 핵산과 단백질껍질로 구성되어 있다.

07 오이 노균병균이 형성하는 포자의 종류로 가장 옳은 것은?
① 유주자   ② 여름포자
③ 겨울포자   ④ 자낭포자

해설
오이 노균병균은 분생포자가 토양에서 월동하고 이후 발아하면 유주자가 형성된다.

08 다음 중 비전염성 병원으로 가장 거리가 먼 것은?
① 부적당한 온도
② 각종 화학물질
③ 병원성 바이로이드
④ 부적당한 토양조건

해설
바이로이드는 단백질껍질이 없는 RNA 로 구성된 전염성 병원이다.

09 다음 중 수공감염으로 가장 많이 일어나는 식물의 병은?
① 벼 흰잎마름병
② 감자 더뎅이병
③ 고구마 무름병
④ 보리 겉깜부기병

해설
벼 흰잎마름병은 세균이 수공이나 상처를 통해 침입하며 도관에서 증식하여 피해를 준다.

10 다음 중 순활물기생균에 의한 병으로 가장 옳은 것은?
① 강낭콩 탄저병
② 고추 역병
③ 가지 풋마름병
④ 사과나무 흰가루병

해설
순활물기생균으로 녹병균, 노균병균, 흰가루병균 등이 있다.

11 벼 키다리병의 병징 형성 원인으로 병원균이 분비하는 주요 호르몬은?
① 옥신   ② 에틸렌
③ 지베렐린   ④ 사이토키닌

해설
지베렐린은 벼의 키다리병균에 의해 만들어지는 식물생장조절제로 신장촉진작용, 종자발아촉진, 개화촉진 등의 작용을 하며 벼 키다리병의 키가 커지는 현상의 원인이 된다.

12 PAN 에 의한 식물피해로 옳은 것은?
① 줄기혹   ② 뿌리썩음
③ 꽃의 엽화   ④ 잎은 은색화

해설
PAN 에 의해 식물은 광택화, 은백색화 등의 현상이 발생하고 심하면 괴사한다.

13 식물바이러스병 진단법 중 지표식물을 이용하는 방법은?
① 혈청학적 진단   ② 해부학적 진단
③ 생물학적 진단   ④ 현미경적 진단

해설
생물학적 진단법은 지표식물, 최아법(괴경지표법), 즙액접종법 등이 있다.

정답 06 ① 07 ① 08 ③ 09 ① 10 ④ 11 ③ 12 ④ 13 ③

14 소나무 재선충병에 대한 설명으로 옳지 않은 것은?

① 솔수염하늘소가 매개충이다.
② 잣나무에는 발생하지 않는다.
③ 아바멕틴 유제를 나무주사하여 방제한다.
④ 피해를 입어 고사한 소나무는 벌채하여 메탐소듐 액제로 훈증처리한다.

> 해설
> 소나무 재선충병은 소나무, 잣나무, 낙엽송, 해송 등에 발생한다.

15 파이토플라스마에 의한 병이 아닌 것은?

① 뽕나무 오갈병
② 벚나무 빗자루병
③ 양파 누른오갈병
④ 대추나무 빗자루병

> 해설
> 벚나무 빗자루병은 진균(자낭균류)에 의해 발생한다.

16 병원균이 기주 교대를 하는 이종기생균은?

① 배나무 불마름병
② 사과나무 흰가루병
③ 배나무 붉은별무늬병
④ 사과나무 검은별무늬병

> 해설
> 서로 다른 종류의 기주식물을 옮겨다니며 생활하는 병원균을 이종기생균이라 하며 배나무 붉은별무늬병은 배나무와 향나무를 기주교대한다.

17 가지과 풋마름병에 대한 설명으로 옳지 않은 것은?

① 여름철 평균 기온이 20℃ 이상인 경우 잘 발병한다.
② 비닐하우스 재배 시 비료를 기준량보다 더 주어 방제한다.
③ 피해가 심한 지역에서는 논으로 1년 정도 벼 재배를 실시한다.
④ 일반적으로 토양에서 월동한 병원균이 뿌리의 상처로 침입하여 감염된다.

> 해설
> 가지과 풋마름병에 질소질 비료를 과용할 경우 병의 발생을 조장하기에 기준량을 준다.

18 현미경을 이용하여 조직에 있는 병원균의 존재와 형태를 관찰하여 식물병을 진단하는 방법은?

① 육안적 진단
② 해부학적 진단
③ 이화학적 진단
④ 혈청학적 진단

> 해설
> 현미경을 통한 병원체의 유무를 확인하는 것은 해부학적 진단 방법이다.

19 가축이 섭취할 경우 유독한 독성 물질에 의해 중독 증상이 나타날 수 있는 것은?

① 벼 깨씨무늬병
② 보리 줄무늬병
③ 맥류 흰가루병
④ 밀 붉은곰팡이병

> 해설
> 밀 붉은곰팡이병은 감염된 보리, 밀 등을 섭취한 사람, 동물 등은 심한 중독 증상을 일으키기도 한다.

정답 14 ② 15 ② 16 ③ 17 ② 18 ② 19 ④

20 식물병을 유발하는 세균에 대한 옳지 않은 설명은?
① 핵막이 있다.
② 원핵생물이다.
③ 미토콘드리아가 없다.
④ 유사분열을 하지 않는다.

해설
세균은 핵막이 없는 단세포 생물이다.

2과목 농림해충학

21 분류학적으로 개미가 속하는 곤충목은?
① 딱정벌레목 ② 총채벌레목
③ 노린재목   ④ 벌목

해설
개미는 벌목에 속한다.

22 곤충의 주광성을 이용하여 해충을 조사하는 방법은?
① 유아등 조사
② 공중 포충망 조사
③ 페로몬 트랩 조사
④ 말레이즈 트랩 조사

해설
주광성은 빛을 이용하는 방법으로 유아등 조사에 이용된다.

23 다음에서 설명하는 곤충의 조직은?

> 곤충의 중간대사에 관여하는 조직으로 척추동물의 간과 비슷한 기능(영양분의 저장, 단백질의 합성, 해독작용)을 한다.

① 전장   ② 후장
③ 지방체 ④ 카디아카체

해설
곤충에 있어 지방체는 척추동물의 간과 비슷한 기능을 발휘하며 지방, 단백질, 당류 등의 저장에 관여하고 에너지 생성 및 생식에도 이용된다.

24 변태과정 없이 성충이 되는 곤충목은?
① 나비목   ② 파리목
③ 노린재목 ④ 딱정벌레목

해설
변태과정 없이 성충이 되는 것은 불완전변태이며 노린재목이 있다.

25 다음 중 외래 침입해충이 아닌 것은?
① 사과면충   ② 콩가루벌레
③ 온실가루이 ④ 이세리아깍지벌레

해설
대표적인 외래해충으로 긴꼬리가루깍지벌레, 흰개미, 사과면충, 밤나무순혹벌, 감자뿔나방, 뿌리응애, 솔잎혹파리, 미국흰불나방, 뿌리응애, 온실가루이, 벼물바구미, 꽃노랑총채벌레, 담배가루이 등이 있다.

26 진딧물의 생식방법에 대한 설명으로 옳은 것은?
① 양성생식에 의한 난생만을 한다.
② 양성생식에 의한 태생만을 한다.
③ 단위생식에 의한 난생만을 한다.
④ 단위생식에 의한 태생과 양성생식에 의한 난생을 모두 한다.

해설
진딧물은 여름철까지는 암컷만으로 이루어지는 단위생식을 하고 가을에는 암수가 교미하는 양성생식을 한다.

27 유충과 성충이 모두 잎을 가해하는 해충은?
① 독나방
② 솔잎혹파리
③ 오리나무잎벌레
④ 꼬마버들재주나방

해설
오리나무잎벌레는 성충과 유충이 동시에 잎을 가해한다.

정답 20 ① 21 ④ 22 ① 23 ③ 24 ③ 25 ② 26 ④ 27 ③

28 유충이 몇 개의 잎을 끌어 모아 철하고 그 속에 숨어 있다가 해가 진 후에 나와 벼 잎을 가해하는 해충은?
① 벼애나방 ② 조명나방
③ 벼잎벌레 ④ 줄점팔랑나비

해설
줄점팔랑나비의 유충은 낮에는 말려져 있는 잎 속에서 숨어 있고 해가 진 후 나와 벼의 잎을 가해한다.

29 향나무하늘소의 주요 가해 부위는?
① 잎 ② 줄기
③ 뿌리 ④ 열매

해설
향나무하늘소는 줄기, 형성층이나 목질부에 피해를 주는데 똥을 밖으로 배출하지 않고 침입한 구멍도 흔적이 없어 발견이 어렵다.

30 고시류 곤충에 속하는 것은?
① 밀잠자리
② 담배나방
③ 분홍날개대벌레
④ 밤애기잎말이나방

해설
고시류에는 하루살이목, 잠자리목 등이 있다.

31 곤충의 생리에 대한 설명으로 옳지 않은 것은?
① 기관호흡을 한다.
② 연속되는 탈피를 통해 몸을 키운다.
③ 완전변태류의 경우 번데기 과정을 거친다.
④ 혈액 속 헤모글로빈에 의해 산소를 공급 받는다.

해설
곤충은 혈액을 통해 산소를 운반하지 않으며 호흡계를 통해 산소를 공급받는다.

32 중국으로부터 비래하는 것으로 우리나라에서 월동하며 벼에 바이러스병을 매개하는 것은?
① 애멸구 ② 꽃매미
③ 벼멸구 ④ 흰등멸구

해설
애멸구는 중국에서 비래하여 벼를 직접 흡즙 가해하며 4령 약충이 논둑의 잡초 사이에 월동한다. 또한 줄무늬잎마름병, 검은줄오갈병 등의 바이러스병을 매개한다.

33 일반적으로 온대지방에서 1년에 1회 발생하는 해충은?
① 땅강아지 ② 벼룩잎벌레
③ 파총채벌레 ④ 거세미나방

해설
땅강아지는 토양 해충으로 뿌리를 가해하며 1년에 1회 발생한다.

34 겨울을 나기 위하여 유충으로 동면하는 것은?
① 벼애나방 ② 벼메뚜기
③ 보리굴파리 ④ 이화명나방

해설
이화명나방은 유충 형태로 월동한다.

35 일반적인 곤충의 소화계에서 전장에 속하는 것은?
① 모이주머니 ② 위
③ 말피기관 ④ 위맹낭

해설
곤충의 소화계에서 전장에는 식도, 소낭(모이주머니), 전위가 있다.

정답 28 ④ 29 ② 30 ① 31 ④ 32 ① 33 ① 34 ④ 35 ①

36 곤충의 청각 감각기가 아닌 것은?
① 종상감각기 ② 존스톤기관
③ 고막기관   ④ 협하기관

해설
종상감각기는 피부의 변형을 감지하는 감각기이다.

37 종실을 가해하는 해충이 아닌 것은?
① 밤바구미   ② 복숭아명나방
③ 이화명나방 ④ 도토리거위벌레

해설
이화명나방은 줄기를 가해한다.

38 자연 생태계와 비교하여 논 생태계에 대한 설명으로 틀린 것은?
① 생태적 연속성이 없다.
② 생물의 종이 다양하다.
③ 병충해의 대발생이 잦다.
④ 영양소와 물이 인위적으로 공급된다.

해설
논 생태계의 경우 사람에 의해 인위적으로 조성된 것으로 자연생태계에 비해 종의 다양도가 낮다.

39 곤충의 특징이 아닌 것은?
① 몸은 머리, 가슴, 다리의 세 부위로 구성된다.
② 무시류를 제외하고 두 쌍의 날개가 존재하나, 파리목은 뒷날개가 퇴화되어 있다.
③ 성충의 다리는 세 쌍이다.
④ 체벽에 키틴 성분이 포함되어 있다.

해설
곤충은 머리, 가슴, 배의 세 부위로 분류된다.

40 복숭아심식나방에 대한 설명으로 옳지 않은 것은?
① 유충이 과실 속에 있을 때에는 황백색이다.
② 월동 고치는 방추형이다.
③ 1년에 2회 발생하지만 일정하지는 않다.
④ 피해 과일에는 배설물이 배출되지 않는다.

해설
· 복숭아심식나방의 월동 고치는 원형이다.
· 여름철에 방추형의 여름고치를 짓고 번데기가 된다.

3과목 재배학원론

41 다음 분 장과류에 해당하는 것으로만 나열된 것은?
① 배, 사과
② 복숭아, 앵두
③ 딸기, 무화과류
④ 감, 귤

해설
장과류에는 포도, 무화과, 딸기 등이 있다.

42 다음 중 천연 에틸렌에 해당하는 것은?
① GA2   ② IBA
③ C_2H_4 ④ MH-30

해설
에틸렌 성분은 C_2H_4 이다.

43 완효성 비료에 해당하는 것은?
① 요소   ② 황산암모늄
③ 염화칼륨 ④ 깻묵

해설
완효성 비료에는 부엽, 깻묵 등의 부산물을 이용하기도 한다.

정답 36 ① 37 ③ 38 ② 39 ① 40 ② 41 ③ 42 ③ 43 ④

44 다음 중 혐광성 종자에 해당하는 것은?
① 상추 ② 수세미
③ 차조기 ④ 우엉

해설
혐광성 종자는 호박, 고추, 양파, 오이, 백일홍, 수세미, 수박 등이 있다.

45 박과 채소류 접목의 특징으로 틀린 것은?
① 흰가루병에 강하다.
② 흡비력이 강해진다.
③ 과습에 잘 견딘다.
④ 당도가 떨어진다.

해설
다른 작물에 비해 박과채소는 특히나 흰가루병에 피해가 심하다.

46 다음 중 복토 깊이를 10cm 이상으로 해야 하는 작물은?
① 콩, 팥 ② 옥수수, 완두
③ 아네모네, 잠두 ④ 수선, 나리

해설
· 복토깊이가 10cm 이상 깊게 해야하는 작물로 나리, 튤립, 수선 등이 있다.
· 복토깊이가 1.5 ~ 2cm 인 작물로 순무, 양배추, 가지, 토마토, 오이, 배추, 기장 등이 있다.

47 우리나라 논토양의 적정 유기물 함량 (g/kg)은?
① 5~10 ② 25~30
③ 40~50 ④ 45~60

해설
국내의 논토양의 적정 유기물은 30g/kg 이다.

48 비닐하우스에서는 흔히 고온장해가 유발되는데 내열성이 가장 큰 식물체 부위는?
① 눈 ② 미성엽
③ 완성엽 ④ 중심주

해설
완성엽은 충분히 자란 잎으로 내열성이 가장 크다

49 옥신 중에서 식물체에서 합성되지 않는 것은?
① IAA ② IAN
③ NAA ④ PAA

해설
IAA, IAN, PAA 는 식물체에서 합성되는 천연호르몬이고 NAA 는 합성호르몬이다.

50 화곡류 작물에 흡수되어 표피조직을 강하게 하여 병충해 저항을 크게 하는 것은?
① 칼슘(Ca) ② 칼륨(K)
③ 철(Fe) ④ 규소(Si)

해설
규소는 줄기를 튼튼하게 하여 도열에 대한 저항성을 크게 해주며 세균이나 진균에 의한 병해를 경감시켜 준다.

51 동상해 응급대책으로 물이 얼 때 잠열(숨은열)이 발생되는 점을 이용하여 작물체 표면에 물을 뿌려 주는 방법은?
① 발연법 ② 연소법
③ 송풍법 ④ 살수결빙법

해설
스프링클러로 물을 뿌려 식물의 표면을 동결시켜 잠열을 이용해 식물체온을 유지하는 방법을 살수결빙법이라 한다.

정답 44 ② 45 ① 46 ④ 47 ② 48 ③ 49 ③ 50 ④ 51 ④

52 토양이나 수질오염을 통하여 인체에 중금속 중독을 초래하기 쉬운 것은?
① 카드뮴 ② 구리
③ 망간 ④ 몰리브덴

해설
토양이나 수질오염을 통해 납, 카드뮴, 수은 등은 인체에 중금속 중독을 일으킨다.

53 식물의 거대형은 어떤 경우에 생기는가?
① 장일성 식물을 단일하에 놓아둘 때
② 장일성 식물을 장일하에 놓아둘 때
③ 단일성 식물을 단일하에 놓아둘 때
④ 단일성 식물을 장일하에 놓아둘 때

해설
단일식물은 장일조건에 놓이면 영양생장을 계속하여 거대형이 된다.

54 벼의 수해에 대한 설명으로 틀린 것은?
① 분얼 초기에는 침수에 약하다.
② 수온이 높으면 침수 피해가 크다.
③ 수잉기로부터 출수개화기 사이에는 침수에 극히 약하다.
④ 침수로 표토가 씻겨내렸을 때에는 새뿌리의 발생 후에 추비를 준다.

해설
분얼 초기에는 침수에 강하여 피해가 적게 나타난다.

55 다음 논의 용수량(Q) 계산수식에서 A에 해당되는 것은?

Q = (엽면증산량+수면증발량+지하침투량)–A

① 강수량 ② 강우량
③ 유효우량 ④ 흡수량

해설
용수량 = (엽면증산량 + 수면증발량 + 지하침투량) – 유효우량

56 포도의 착색에 관여하는 안토시안의 생성을 가장 조장하는 것은?
① 적색광 ② 황색광
③ 적외선 ④ 자외선

해설
안토시안은 저온의 조건에서 자색광이나 자외선에 의해 가장 잘 조장된다.

57 다음 중 생육 기간의 적산온도가 가장 높은 작물은?
① 담배 ② 메밀
③ 보리 ④ 벼

해설
벼의 생육기간의 적산온도의 범위는 3500~4500°C 정도로 가장 높다.

58 작물의 생육과정에서 화성을 유발하게 하는 요인으로 가장 옳지 않은 것은?
① C/N 율 ② N–Al 율
③ 식물호르몬 ④ 일장효과

해설
화성을 유발하게 하는 요인에는 지베렐린과 같은 식물호르몬, 춘화처리와 같은 인위적 온도처리, 일장효과, C/N 율 등이 있다.

정답 52 ① 53 ④ 54 ① 55 ③ 56 ④ 57 ④ 58 ②

59 다음 중 배유 종자로만 나열된 것은?
① 콩, 팥, 밤
② 밀, 보리, 콩
③ 벼, 옥수수, 보리
④ 팥, 옥수수, 콩

해설
배유종자에는 밀, 벼, 보리, 옥수수, 양파가 있다.

60 다음에서 (가), (나) 에 알맞은 내용은?

◎ 작물이 햇볕을 받으면 온도가 (가) 하여 증산이 촉진된다.
◎ 광합성으로 동화물질이 축적되면 공변세포의 삼투압이 (나) 져서 수분흡수가 활발해짐과 아울러 기공이 열려 증산이 촉진된다.

① 가 : 하강, 나 : 높아
② 가 : 상승, 나 : 높아
③ 가 : 하강, 나 : 낮아
④ 가 : 상승, 나 : 낮아

해설
- 작물이 햇볕을 받으면 빛에너지로 인하여 온도가 높아지고 기문이 열리면서 증산이 촉진된다.
- 또한 광합성이 발생하면서 동화물질이 축적되고 공변세포의 삼투압이 높아지고 기공이 열리게 된다.

4과목 농약학

61 잡초가 발아하기 전에 지표면에 약제를 살포하여 잡초종자로 발아하지 못하게 하거나 발아 직후의 어린 식물의 생육을 멈추게 하는 제초제를 무엇이라 하는가?
① 경엽처리 제초제
② 토양처리 제초제
③ 선택성 제초제
④ 비선택성 제초제

해설
토양처리 제초제는 잡초가 발생하기 전에 살포하여 발아를 하지 못하게 한다.

62 살균제 농약의 작용기작 중 산화, 환원에 있어서 SH기가 관여하는 탈수소화효소나 SH기질과 작용하여 황화물을 만들어 기능을 상실시켜 살균작용을 나타내는 농약이 아닌 것은?
① 캡탄 수화제   ② 폴펫 수화제
③ 디노 수화제   ④ 타코닐 수화제

해설
SH 저해제의 종류로 구리제, 유기수은제, 유기유황제, 클로로타로닐, 캡탄, 폴펫 등이 있다.

63 다음 약제 중 수성문을 가스제로 작용시키는 약제가 아닌 것은?
① 시안화수소
② 클로로피크린
③ 메타알데하이드
④ 메틸브로마이드

해설
- 훈증제의 종류로 메틸브로마이드, 클로로피크린, 알루미늄포스파이드, 시안화수소 등이 있다.
- 메타알데하이드는 배추 등에 피해를 주는 달팽이류를 방제하기 위한 농약으로 입제의 형태로 사용한다.

정답 59 ③ 60 ② 61 ② 62 ③ 63 ③

64 유기인제에 중독되었을 때 주로 사용하는 해독제는?
① 치옥탄 ② PAM
③ 쿠렙톤 ④ 비타민K

해설
· 유기인제에 중독되었을 경우 황산아트로핀, 팜(PAM) 등이 사용된다.
· 팜(PAM)은 주로 파리치온, EPN 등에 효과가 있다.

65 분제(입제 포함)의 물리적 성질로서 가장 거리가 먼 것은?
① 현수성 ② 비산성
③ 부착성 ④ 토분성

해설
현수성은 물에 입자가 균일하게 분산부유하는 성질로 물에 섞지 않고 제품 그대로 살포하는 분제의 물리적 성질과는 거리가 멀다.

66 다음 농약 안전성평가항목 중 일반 독성분야에 속하지 않는 것은?
① 급성독성 ② 아급성독성
③ 어독성 ④ 만성독성

해설
어독성은 환경 및 생태 독성분야에 속한다.

67 페노뷰카브 분제(밧사) 살충제의 종류는?
① 카바메이트계 ② 유기인계
③ 유기염소계 ④ 트리아진계

해설
페노뷰카브(BPMC)는 카바메이트계 살충제이다.

68 유제의 유화성, 수화제의 현수성을 검정하는데 사용하는 물의 경도는?
① 1.0 ② 3.0
③ 5.0 ④ 7.0

해설
유제의 수화성, 수화제의 현수성을 검정하는데 사용하는 물의 경도는 3.0 이다.

69 교차저항성에 대한 설명으로 가장 적절한 것은?
① 어떤 약제에 의해 저항성이 생긴 곤충이 다른 약제에 저항성을 보이는 것
② 동일 곤충에 어떤 약제를 반복 살포함으로써 생기는 저항성
③ 동일 곤충에 두 가지 약제를 교대로 처리함으로써 생기는 저항성
④ 어떤 약제에 대한 저항성을 가진 곤충이 다음 세대에 그 특성을 유전시키는 것

해설
해충에 한번도 사용하지 않았지만 유사 약제에 저항성으로 동시에 사용하지 않은 약제에도 저항성이 생기는 경우를 교차저항성이라 한다.

70 강력한 접촉형 비선택성 제초제로서 비농경지의 논두렁 및 과수원에서 작물을 파종하기 전 잡초를 방제하는데 이용되었으나, 독성 등으로 인해 품목등록이 제한된 원제는?
① Paraquat dichloride
② Mefenacet
③ Alachlor
④ Propanil

해설
디클로라이드(Paraquat dichloride)는 강력한 접촉형 비선택성 제초제로서 농약 안전사용교육을 받은 자가 시중 판매상에게 구매가 가능할 정도로 독성이 강해 주의를 요한다.

정답 64 ② 65 ① 66 ③ 67 ① 68 ② 69 ① 70 ①

71 농약의 종류별로 포장지의 색깔을 달리하여 농민이 농약을 쉽게 식별하도록 구분하고 있는데, 다음 중 연결이 잘못된 것은?
① 살균제 - 분홍색
② 살충제 - 초록색
③ 제초제 - 노란색
④ 생장조정제 - 백색

해설
생장조정제는 청색을 사용한다.

72 다음 중 살선충제 농약은?
① 카두사포스(cadusafos)
② 클로르피리포스(chlorpyrifos)
③ 다이아지논(diazinon)
④ 디클로르보스(dichlorvos)

해설
살선충제 농약의 종류로 포스티아제이트, 에토프로포스, 카두사포스, 메탐소듐, 디메틸빈포스 등이 있다.

73 발암성이 문제가 되어 국내에서 등록이 취소된 약제는?
① Difenoconazole 수화제
② Benomyl 수화제
③ Captafol 수화제
④ Lufenuron 유제

해설
캡타폴(Captafol), DDT 등은 발암물질로 분류되어 있다.

74 농약의 물리성을 나타내는 것으로 옳지 않은 것은?
① 습윤성   ② 현수성
③ 유화성   ④ 맹독성

해설
맹독성은 독성의 강도에 속한다.

75 메프(Fenitrothion) 유제(50%)를 1000배로 희석하여 10a 당 8말(160L)을 살포하려고 할 때 Fenitrothion 유제의 소요량은 약 몇 ml 인가?
① 80   ② 120
③ 160   ④ 320

해설
$$\text{소요약량(배액)} = \frac{\text{단위면적당사용량}}{\text{소요희석배수}}$$
$$= \frac{160L}{1000배} = 0.16L = 160ml$$

76 비등점이 낮은 농약의 원제를 액상, 고상 또는 압축가스의 형태로 용기에 충전한 것을 열어 대기 중에 가스상으로 방출시켜 병해충을 방제하는 농약 제형은?
① 훈증제   ② 연무제
③ 훈연제   ④ 플로우더스트제

해설
훈증제는 농약원제의 증기압이 높아 유효성분이 휘발하도록 만든 제형으로 비등점이 낮은 액상, 고상, 압축가스 형태로 충전하여 가스화하여 방제효과를 얻는다.

77 다음 중 살비제(살응애제)의 작용점 및 작용기작과 같은 양상을 나타내는 농약은?
① 살균제   ② 제초제
③ 살선충제   ④ 살충제

해설
살비제의 작용점 및 작용기작은 살충제와 유사하다.

정답 71 ④ 72 ① 73 ③ 74 ④ 75 ③ 76 ① 77 ④

78 다음 중 직접살포제가 아닌 것은?
① 미립제 ② 세립제
③ 유탁제 ④ 저비산분제

> **해설**
> 유탁제는 용매에 잘 녹지 않는 물질을 용매에 잘 분산시키기 위해 첨가하는 물질이다.

79 농가에서 가장 많이 사용하는 살포액 조제 방법은?
① 비중 조제법
② 배액 조제법
③ 퍼센트액 조제법
④ 피피엠(ppm)액 조제법

> **해설**
> 농약의 조제에는 배액조제법, 농도 조제법이 있으며 배액조제법은 가장 일반적으로 많이 사용되며 유효성분의 함량을 고려하지 않는 것이 특징이다.

80 농약제제화의 목적으로 가장 거리가 먼 것은?
① 사용자에 대한 편의성을 위하여
② 최적의 약효발현과 최소의 약해 발생을 위하여
③ 소량의 유효성분을 넓은 지역에 균일하게 살포하기 위하여
④ 유통기간을 단축하여 유효성분의 안정성을 향상시키기 위하여

> **해설**
> 농약제제화는 사용의 편의성을 위해 주로 실시하며 유통기간을 단축하기보다는 늘리거나 유효성분의 안전성 향상보다는 효력을 증강시키는데 있다.

5과목 잡초방제학

81 월년생 잡초에 대한 설명으로 옳지 않은 것은?
① 2년생 잡초라고도 한다.
② 쇠비름, 깨풀 등이 있다.
③ 로제트 형태로 월동한다.
④ 주로 온대지역에서 볼 수 있는 잡초이다.

> **해설**
> 쇠비름, 깨풀은 1년생 잡초이다.

82 다른 조건보다 주로 일장에 반응하여 휴면이 타파되어 잡초 종자가 발아하게 되는 특성은?
① 발아 기회성 ② 발아 계절성
③ 발아 주기성 ④ 발아 연속성

> **해설**
> 발아 계절의 일장에 반응하여 휴면을 타파하고 발아하는 것을 발아 계절성이라 한다.

83 화본과 잡초에 해당하는 것은?
① 강피, 향부자
② 강피, 바랭이
③ 향부자, 참방동사니
④ 바랭이, 참방동사니

> **해설**
> 화본과 잡초에는 바랭이, 피(강피, 돌피 등), 강아지풀, 둑새풀 등이 있다.

정답 78 ③ 79 ② 80 ④ 81 ② 82 ② 83 ②

84 제초제 저항성 잡초의 방제 방법으로 옳은 것은?

① 제초제를 순환 사용한다.
② 다른 제초제와 혼용한다.
③ 제초제 사용량을 늘린다.
④ 동일한 제초제를 연용한다.

해설
제초제를 연용하거나 사용량만 늘리는 방법은 저항성을 키워 방제를 어렵게 한다. 또한 혼용 사용은 사용에 제약이 많기에 제초제를 순환 사용하는 것이 적합하다.

85 다년생 잡초로만 나열한 것은?

① 메꽃, 괭이밥
② 별꽃, 벼룩나물
③ 바랭이, 꽃다지
④ 뚝새풀, 메귀리

해설
· 다년생 잡초로 나도겨풀, 너도방동사니, 쇠털골, 올방개, 올챙이고랭이, 메꽃, 괭이밥 등이 있다.
· 메꽃과 괭이밥은 다년생 밭잡초이다.

86 식물의 여러 기관에서 특정 물질이 분비되거나 또는 유출되어 주변 식물의 발아나 생육을 억제하는 현상은?

① 상호대립탈질작용
② 상호대립길항작용
③ 상호대립용탈작용
④ 상호대립억제작용

해설
· 타감작용(allelopathy, 상호대립억제작용)이라 하여 근처 식물의 생육에 영향을 주는 방법을 이용한 방제법이다.
· 주로 인접 식물의 생육에 부정적인 영향을 끼쳐 생장을 저해시키거나 혹은 과도하게 촉진시키게 된다.

87 영양번식으로 증식하지 않는 잡초로만 나열된 것은?

① 벗풀, 매자기
② 올방개, 엉겅퀴
③ 여뀌바늘, 알방동사니
④ 너도방동사니, 올챙이고랭이

해설
1년생 잡초가 주로 종자로 번식하며 여뀌바늘, 알방동사니, 피, 뚝새풀, 마디꽃 등이 있다.

88 작물과 잡초의 경합 관계에 대한 설명으로 옳지 않은 것은?

① 작물의 품종은 잡초와의 경합력과 관계가 없다.
② 작물의 재식밀도를 높여 잡초에 경합력을 높일 수 있다.
③ 잡초보다 먼저 생육을 시작한 작물은 경합에 유리하다.
④ 토양비옥도가 높은 경우 작물과 잡초 모두의 활력을 높이므로 제초작업을 철저히 해야 한다.

해설
작물의 품종에 따라 잡초와의 경합력 능력이 달라 관계가 있다.

89 잡초 종자의 발아에 대한 설명으로 옳은 것은?

① 작물 종자와는 다르게 수분을 요구하지 않는다.
② 정상적인 토양 pH 범위 내에서는 발아가 되기 힘들다.
③ 항온건조보다는 변온조건이 발아를 촉진하는 경우가 많다.
④ 논에서 자라는 잡초종은 발아에 있어서 산소 요구도가 높다.

해설
종자는 일정 온도 조건보다는 변온 조건에서 자극을 받아 발아가 촉진되는 경우가 많다.

90 주로 콩과 작물 및 목본식물에 기생하여 수분이나 양분 등을 탈취하는 잡초는?
① 새삼 ② 바랭이
③ 강아지풀 ④ 중대가리풀

> **해설**
> • 잡초 중에서는 뿌리가 없는 기생식물이 있으며 대표적으로 새삼, 겨우살이가 있다.
> • 기생식물은 다른 식물의 양분을 흡수하여 살아가기에 작물에 기생할 경우 작물의 양분을 빼앗아가 생육에 영향을 미친다.

91 잡초가 제초제를 흡수하는 과정에 대한 설명으로 옳지 않은 것은?
① 뿌리와 잎에 의해서만 흡수된다.
② 토양에 잔류하는 제초제는 대부분 뿌리를 통하여 흡수된다.
③ 경엽처리제는 대부분 잎과 표면이나 기공을 통하여 흡수된다.
④ 습윤제는 잎표면의 계면장력을 줄여 제초제의 흡수를 용이하게 한다.

> **해설**
> 제초제는 뿌리, 눈, 잎 등 다양한 부위에서 흡수된다.

92 단자엽 잡초의 특징으로 옳은 것은?
① 뿌리는 직근계이다.
② 잎은 대개 평행맥이다.
③ 개방유관속의 줄기를 가지고 있다.
④ 일반적으로 생장점은 식물체의 위쪽에 위치한다.

> **해설**
> 단자엽 잡초는 잎은 평행맥이고 뿌리는 수염뿌리를 가지고 있으며 줄기에는 관다발이 불규칙하게 흩어져 있으며 생장점은 식물체 하단에 위치한다.

93 토양내 제초제의 흡착에 대한 설명으로 옳지 않은 것은?
① 이온화가 가능한 제초제는 음이온 치환을 통해 흡착된다.
② 토양내 점토물의 표면에 부착되거나 친화력을 갖는 것을 의미한다.
③ 대부분의 제초제는 반응기를 갖고 있어서 토양 유기물과 치환혼합이 가능하다.
④ 제초제는 대부분 하나 이상의 방향족 물질을 함유하고 있어 흡착에 중요한 역할을 한다.

> **해설**
> 이온화 가능한 제초제는 양이온 치환을 통해 흡착된다.

94 벼와 광경합이 가장 크게 일어나는 잡초는?
① 강피 ② 올미
③ 쇠털골 ④ 논뚝외풀

> **해설**
> 피 종류 잡초의 경우 벼와 광 경합을 통해 수량 감소 등의 피해를 준다.

95 작물과 잡초가 경합할 때 작물에 피해가 가장 큰 경우는?
① C_3작물과 C_4잡초
② C_3작물과 C_3잡초
③ C_4작물과 C_3잡초
④ C_4작물과 C_4잡초

> **해설**
> • C_3 계통의 식물은 C_4 계통 식물보다 상대적으로 광합성 효율이 낮다
> • C_4 잡초의 광합성 효율이 뛰어나 C_3 작물의 수량에 많은 영향을 주게 된다.

정답 90 ① 91 ① 92 ② 93 ① 94 ① 95 ①

96 벼와 피의 주된 형태적 차이점은?
① 피에만 엽이가 있다.
② 벼에만 잎몸이 없다.
③ 벼에만 입혀가 있다.
④ 벼와 피에는 잎집이 없다.

> 해설
> 벼에는 잎혀와 잎귀가 있으나 피에는 없다.

97 잡초에 대한 설명으로 옳은 것은?
① 생활주변 식물 중 순화된 식물이다.
② 인간의 의도에 역행하는 식물이다.
③ 농경지나 생활주변에서 제자리를 지키는 식물이다.
④ 초본식물만을 대상으로 한 바람직하지 않은 식물이다.

> 해설
> 잡초는 작물재배를 하는 인간이 원치 않는 지역에 발생하는 것으로 인간의 의도에 역행하는 식물이다.

98 작물과 잡초의 양분경합에서 가장 크게 관여하는 비료성분은?
① 황   ② 칼슘
③ 질소   ④ 마그네슘

> 해설
> 작물과 잡초는 양분 및 수분 등 성장을 위한 요소에 경합을 하게 되는데 그중에서 양분은 질소 성분에 가장 큰 경합을 보인다.

99 화본과 잡초와 사초과잡초의 차이점에 대한 설명으로 가장 옳은 것은?
① 화본과 잡초는 줄기가 삼각형인 반면, 사초과 잡초는 줄기가 둥글다.
② 화본과 잡초는 속이 차있는 반면, 사초과 잡초는 속이 비어 있다.
③ 화본과 잡초는 마디가 있는 반면, 사초과잡초는 마디가 없다.
④ 화본과 잡초는 엽초와 엽신이 뚜렷하지 않은 반면, 사초과 잡초는 엽초와 엽신이 뚜렷하다.

> 해설
> · 화본과 잡초는 마디가 뚜렷한 원통형으로 마디 사이가 비어있다.
> · 사초과(방동사니과) 잡초는 화본과 잡초와 유사한 형태를 지니고 있으나 줄기가 삼각형 형태를 띠고 있고 마디가 없다.

100 다음 중 여름잡초로만 나열된 것은?
① 벼룩나물, 바랭이
② 피, 쇠비름
③ 별꽃, 속속이풀
④ 피, 냉이

> 해설
> 여름잡초에는 피, 명아주, 돌피, 강아지풀, 알방동사니, 물별, 바랭이, 마디꽃, 쇠비름 등이 있다.

국가기술자격 필기시험문제

기사 CBT 3회 모의고사문제

자격종목	종목코드	시험시간	형별	수험번호	성명
식물보호기사		2시간 30분			

※ 본문제는 수험생들의 기억을 바탕으로 작성 된 것으로 실제 문제와 차이가 있을 수 있습니다.

1과목 식물병리학

01 다음 중 균류의 영양기관은?
① 왁스층   ② 포자낭
③ 분생포자 ④ 균사체

해설 균사체, 선상균사, 균핵, 자좌, 근상균사속 등은 영양기관이다.

02 자주날개무늬병이 속하는 진균류는?
① 담자균   ② 병꼴균
③ 난균   ④ 접합균

해설 자줏빛날개무늬병균은 진균(담자균류)에 속한다.

03 배나무 붉은별무늬병에 대한 설명으로 옳지 않은 것은?
① 잎에 병무늬가 많이 형성되면 조기 낙엽의 원인이 된다.
② 주요 발병 부위는 잎, 열매, 가지이다.
③ 병원균이 기주교대를 하지 않는다.
④ 병원균은 순활물기생균이다.

해설 붉은별무늬병은 담자균류에 의해 발생하며 기주는 사과나무, 배나무 등이 있으며 중간기주는 향나무로서 기주교대를 한다.

04 감자 잎말림병을 일으키는 병원체로 가장 적절한 것은?
① 바이러스   ② 세균
③ 진균(곰팡이) ④ 선충

해설 감자 잎말림병은 바이러스에 의해 발생하며 주로 진딧물에 의해 매개된다.

05 식물병의 표징을 볼 수 없는 병은?
① 진균에 의한 병
② 세균에 의한 병
③ 바이러스에 의한 병
④ 담자균에 의한 병

해설 바이러스, 마이코플라스마에 의한 경우 병징만 관찰되고 표징은 나타나지 않는다.

06 국내 파이토플라스마의 전염방법으로 가장 옳은 것은?
① 월동 후 토양전염을 한다.
② 즙액전염을 한다.
③ 바람에 의해 매개된다.
④ 곤충에 의해 전염된다.

해설 파이토플라스마는 매개충에 의해 전염된다.

정답 01 ④ 02 ① 03 ③ 04 ① 05 ③ 06 ④

07 다음 중 벼의 병에서 물에 의해 가장 많이 전파되는 것은?
① 흰잎마름병 ② 키다리병
③ 키아즈마병 ④ 오갈병

> **해설**
> 모잘록병균, 벼 흰잎마름병균, 감자역병균, 근두암종병균, 향나무 적성병균 등은 물에 의해 전반된다.

08 저항성 품종을 이용한 방제방법으로 가장 큰 문제점에 해당하는 것은?
① 비경제성
② 비효과성
③ 약해 및 잔류독성
④ 저항성 품종의 이병화 현상

> **해설**
> · 이병화 현상은 병에 걸리는 것을 말한다.
> · 저항성을 가진 품종이 병에 걸리는 것은 방제방법에 있어 가장 큰 문제점에 해당한다.

09 박테리오파지에 대한 설명으로 옳은 것은?
① 식물에 기생하는 세균이다.
② 식물에 기생하는 곰팡이다.
③ 세균에 기생하는 바이러스이다.
④ 곰팡이에 기생하는 바이러스이다.

> **해설**
> 박테리오파지는 세균에 기생하여 세균을 잡아먹는 바이러스이다.

10 병원균의 분생포자각과 자낭각이 보이는 식물병은?
① 오이잘록병 ② 옥수수오갈병
③ 벼 이삭누룩병 ④ 밤나무줄기마름병

> **해설**
> 밤나무 줄기마름병은 플라스크모양의 자낭각이 형성되고 이후 수피가 적갈색으로 변색되며 비가 내리면 황갈색의 분생포자각이 분출된다.

11 벼 도열병에 대한 설명으로 옳은 것은?
① 종자 소독은 효과가 없다.
② 분생포자는 서양배 모양이다.
③ 레이스가 1개 유형만 존재한다.
④ 질소비료를 충분히 주어 방제한다.

> **해설**
> 무색에 가까운 분생포자는 서양배 모양으로 2개의 격막을 가진다.

12 뽕나무 오갈병의 병원체는?
① 세균   ② 진균
③ 바이러스 ④ 파이토플라스마

> **해설**
> 파이토플라스마에 의해 발생하는 병으로 대추나무 빗자루병, 오동나무 빗자루병, 뽕나무 오갈병 등이 있다.

13 파이토알렉신(Phytoalexin)의 생성 기작에 대한 설명으로 옳은 것은?
① 기주가 단독으로 생성한다.
② 병원균이 단독으로 생성한다.
③ 기주와 병원균의 상호 작용에 의하여 기주가 생성한다.
④ 기주와 병원균의 상호 작용에 의하여 병원균이 생성한다.

> **해설**
> 병원체가 기주식물에 침입하고 난 이후 기주에서 병원체의 발육을 억제하기 위해 발생되는 항균물질을 파이토알렉신이라 한다.

14 다음 중 식물병을 진단할 때 가장 확실한 수단으로 사용하는 사항은?
① 병징 ② 환경
③ 작물 ④ 표징

> **해설**
> 표징은 병이 발생시 병원체 자체가 나타나 식별하는 것으로 가장 확실한 수단이다.

정답 07 ① 08 ④ 09 ③ 10 ④ 11 ② 12 ④ 13 ③ 14 ④

15 다음 중에서 식물바이러스에서는 볼 수 없는 형태는?
① 막대모양 ② 올챙이모양
③ 실모양   ④ 공모양

해설
식물바이러스의 경우 타원, 막대, 실, 공 모양이 있다.

16 다음 채소의 병 중 바이러스병은?
① 토마토 배꼽썩음병
② 고추 모자이크병
③ 배추 뿌리혹병
④ 오이 흰가루병

해설
고추 모자이크병은 바이러스에 의해 발생한다.

17 벼 알마름병을 일으키는 원인이 되는 것은?
① 바이러스 ② 세균
③ 곰팡이   ④ 생리적 이상

해설
벼 알마름병은 세균인 *Burkholderia glumae*에 의해 발생한다.

18 고구마 무름병은?
① 바이러스에 의한 병
② 세균에 의한 병
③ 파이토플라즈마에 의한 병
④ 사상균에 의한 병

해설
고구마 무름병은 진균에 의해 발생하며 모양은 실뭉치 모양의 사상균이다.

19 식물바이러스의 특징으로 옳은 것은?
① 임의부생체 ② 임의기생체
③ 절대기생체 ④ 부생체

해설
식물바이러스는 절대기생체로 살아있는 조직에서만 생활한다.

20 채소재배에서 제일 문제가 되는 병으로, 이병에 걸린 조직은 효소작용으로 수침상이 되고, 냄새가 나며, 방제 시 토양소독이 요구되는 병은?
① 검은 무늬병 ② 뿌리부패병
③ 무름병   ④ 뿌리마름병

해설
· 무름병은 연부병이라 하며 채소재배시 큰 문제가 되며 감염시 식물의 표면에 반점이 생기면서 병든 부위로 변형이 생기고 악취가 발생한다.
· 병원균이 토양에서 월동하며 이를 방제하기 위해 토양을 소독한다.

2과목 농림해충학

21 외시류 곤충의 겹눈을 구성하는 낱눈의 수의변화에 대한 설명으로 옳은 것은?
① 약충 발육기간 중에만 증가한다.
② 변태기에만 증가한다.
③ 탈피기와 변태기에 모두 증가한다.
④ 아무런 수의 변화가 없다.

해설
겹눈을 구성하는 낱눈은 곤충에 따라 차이가 나며 개미의 경우 수개, 잠자리의 경우 1만개~2만8천개 정도로 다양하다.

정답 15 ② 16 ② 17 ② 18 ④ 19 ③ 20 ③ 21 ③

22 곤충의 혈장 기능이 아닌 것은?
① 물질의 수송수단
② 물질의 저장고
③ 체온 조절
④ 물질의 합성

해설
- 곤충의 혈장은 물질교환 및 수송을 도와주고 저장고 역할을 한다.
- 또한 열을 다른 부위로 전파하기에 체온조절의 기능도 있다.

23 발생예찰의 방법 중 가장 기본이 되는 것으로서 다른 방법에 비하여 선행되는 것은?
① 실험적 방법
② 통계적 방법
③ 야외조사 및 관찰방법
④ 컴퓨터 이용방법

해설
예찰 방법으로 야외조사, 통계적 방법, 다른 생물현상과의 관계 파악, 실험적 방법, 개체군의 동태학적 방법 등이 있으며 그중에서 가장 기본이 되는 것은 현장에서의 야외조사 및 관찰방법이다.

24 곤충의 호흡기관과 관련된 조직이 아닌 것은?
① 기관
② 기문
③ 기관소지
④ 말피기관

해설
말피기관은 소화기관에 속한다.

25 산림해충으로 분류되지 않는 것은?
① 솔나방
② 화랑곡나방
③ 솔잎혹파리
④ 미국흰불나방

해설
화랑곡나방은 저장 곡물인 쌀, 현미등에 피해를 주는 해충으로 산림해충은 아니다.

26 중력에 대한 주성을 의미하는 것은?
① 주화성
② 주온성
③ 주지성
④ 주용성

해설
중력에 대한 주성을 주지성이라 하며 지면을 기준으로 머리가 땅을 향하면 양성 주지성, 머리가 지면 반대면 음성 주지성이라 한다.

27 봄에 수목 주변의 잡초를 제거하여 피해를 줄일 수 있는 해충은?
① 꽃매미
② 소나무좀
③ 박쥐나방
④ 포도뿌리혹벌레

해설
박쥐나방의 방제법으로 천공이 발생한 곳에 약제를 주입하거나 유충이 발생되는 초본류를 제거한다.

28 애멸구에 대한 설명으로 옳지 않은 것은?
① 천적은 날개집게벌, 애꽃노린재 등이 있다.
② 2모작 맥류재배를 하면 애멸구가 많이 발생한다.
③ 약충과 성충은 벼의 즙액을 빨아먹어 피해를 준다.
④ 중국으로부터 비래하지만 우리나라에서 월동이 불가능하다.

해설
애멸구는 4령 약충이 논둑의 잡초 사이에 월동한다.

29 곤충의 중추신경계가 아닌 것은?
① 전대뇌
② 중대뇌
③ 측대뇌
④ 후대뇌

해설
곤충의 중추신경계는 뇌, 배신경절이며 뇌는 다시 전대뇌, 중대뇌, 후대뇌로 분류된다.

정답 22 ④ 23 ③ 24 ④ 25 ② 26 ③ 27 ③ 28 ④ 29 ③

30 진딧물이 교미 없이 암컷 혼자 번식하는 것은?
① 단위생식 ② 다배발생
③ 기주전환 ④ 완전변태

해설
교미 없이 암컷 혼자 번식하는 행위를 단위생식, 처녀생식이라 하며 대표적으로 밤나무혹벌, 민다듬이벌레 등이 있다.

31 내충성 품종을 이용한 방제법의 특징으로 옳지 않은 것은?
① 해충종류에 대한 특이성이 있다.
② 효과는 누적되며 장기간에 걸쳐 지속된다.
③ 재배환경에 따라 저항성강도가 바뀔 수 있다.
④ 내충성 품종 육종에서 보급까지 단기간 소요된다.

해설
내충성 품종을 육종하는데 긴 시간이 요구된다.

32 곤충의 표피 중 가장 바깥쪽에 있는 것은?
① 왁스층 ② 원표피
③ 기저막 ④ 시멘트층

해설
곤충의 표피는 시멘트층, 왁스층, 폴리페놀, 큐티큘라의 4개층으로 이루어져 있으며 그중 가장 바깥쪽은 시멘트층이다.

33 곤충 발육단계를 연령등급으로 구분하여 생명표를 작성하는 경우 필요 없는 것은?
① 연령군 내 나이 파악
② 연령군 내 생존수 파악
③ 연령군 내 사망수 파악
④ 연령군 내 치사원인 파악

해설
생명표는 연령간격, 생존개체수, 사망요인 및 개체수, 사망률 등을 표시한다.

34 탈바꿈(변태)을 하지 않는 해충은?
① 응애 ② 진딧물
③ 방패벌레 ④ 깍지벌레

해설
거미강에 속하는 거미, 응애, 진드기 종류는 변태를 하지 않는다.

35 세계적으로 대표적인 천적을 이용한 방제 사례이며 이세리아깍지벌레를 방제하기 위한 효과적인 천적은?
① 황온좀벌
② 애꽃노린재
③ 칠레이리응애
④ 베달리아무당벌레

해설
이세리아깍지벌레의 천적으로 루비깡충동벌, 베달리아무당벌레가 있다.

36 곤충생장조절제의 기능으로 옳지 않은 것은?
① 신경계통 마비
② 키틴 생합성 저해
③ 호르몬 기능 교란
④ 탈피 및 변태 저해

해설
신경계통 마비는 아세틸콜린에 의해 발생하며 이는 생장조절제가 아닌 저해제에 속한다.

정답 30 ① 31 ④ 32 ④ 33 ① 34 ① 35 ④ 36 ①

37 콩과작물의 꼬투리와 과일나무의 열매 등을 흡즙하여 수량과 품질을 크게 떨어뜨리는 해충은?
① 파리류 ② 나방류
③ 노린재류 ④ 총채벌레류

해설
- 노린재류는 콩과작물 꼬투리와 과일나무의 열매에 피해를 주는데 흡즙가해 후 1주일 정도지나면 낙과한다.
- 9월 이후 흡즙 피해를 받은 과실의 경우 낙과는 하지 않으나 흡즙부위가 오목하게 들어가 갈색을 띄고 마치 찰과상과 같은 모양을 띠면서 품질이 떨어지게 된다.

38 완전변태를 하는 곤충은?
① 벌 ② 진딧물
③ 노린재 ④ 메뚜기

해설
나비목, 벌목, 파리목, 딱정벌레목은 완전변태를 한다.

39 과실에 피해를 주는 해충이 아닌 것은?
① 배명나방 ② 복숭아명나방
③ 복숭아순나방 ④ 복숭아유리나방

해설
복숭아유리나방은 기주식물의 목질부를 가해하는 해충이다.

40 수서곤충으로 성충으로 월동하는 것은?
① 담배나방 ② 벼물바구미
③ 꼬마배나무이 ④ 포도호랑하늘소

해설
벼물바구미는 성충으로 논뚝 잡초나 산기슭 나뭇잎 아래에서 월동한다.

3과목 재배학원론

41 다음 중 기지의 문제가 가장 큰 것은?
① 앵두나무 ② 포도나무
③ 자두나무 ④ 살구나무

해설
과수 중에서 기지현상은 복숭아나무, 앵두나무, 감귤나무 등에서 심하게 나타난다.

42 다음 중 웅성불임성을 주로 이용하는 작물로만 나열된 것은?
① 무, 양배추
② 당근, 고추
③ 배추, 브로콜리
④ 순무, 가지

해설
웅성불임성을 이용하는 작물로 양파, 고추, 당근 등이 있다.

43 주로 영양번식 하는 식물은?
① 호프 ② 아스파라거스
③ 마늘 ④ 시금치

해설
영양번식에 유리한 작물로 감자, 고구마, 마늘 등이 있다.

44 세포막 중 중간막의 주성분이며 체내에서 이동이 어려운 것은?
① Mg ② P
③ K ④ Ca

해설
식물체내에서 상대적으로 이동이 어려운 원소로 Ca, Fe, B 등이 있다.

정답 37 ③ 38 ① 39 ④ 40 ② 41 ① 42 ② 43 ③ 44 ④

45 지하에 정체하여 모관수의 근원이 되는 물은?
① 결합수 ② 흡습수
③ 지하수 ④ 중력수

해설
지하수는 지하 토양공극에 들어 있는 물로 모관수의 근원이 되는 물이다.

46 다음 중 작물의 복토 깊이가 가장 깊은 것은?
① 파   ② 양파
③ 유채   ④ 생강

해설
보기 중 생강은 복토 깊이가 5~9cm 정도로 가장 깊다.

47 작물 품종의 잡종강세에 대한 설명으로 옳은 것은?
① 양친 식물보다 자식 식물의 생육이 약하다.
② 양친 식물보다 자식 식물의 생육이 왕성하다.
③ 양친 식물과 자식 식물의 생육이 같다
④ 벼와 같은 작물에서 많이 발생한다.

해설
잡종강세는 생존, 번식, 생육 등에서 양친보다 우수한 성질을 가지는 것을 말한다.

48 질산 환원 효소의 구성 성분으로 콩과작물의 질소고정에 필요한 무기성분은?
① 철   ② 염소
③ 몰리브덴 ④ 규소

해설
몰리브덴은 질산환원효소의 구성성분으로 콩과작물 뿌리혹박테리아의 질소고정에 필요한 무기성분이다.

49 다음 중 작물재배 시 부족하면 수정, 결실이 나빠지는 미량원소는?
① P   ② S
③ B   ④ Ca

해설
붕소는 세포 분열과 수정에 관여하여 부족할 경우 수정, 결실이 나빠지고 불임이 발생하기도 한다.

50 벼에서 염해가 우려되는 최소 농도는?
① 0.04% NaCl ② 0.1% NaCl
③ 0.7% NaCl   ④ 0.9% NaCl

해설
벼에 염해가 발생하는 농도는 0.1% 내외이다. 0.3% 이상에서는 벼를 수확하기 힘들다.

51 재배포장에서 파종된 종자의 발아상태를 조사할 때 "발아한 것이 처음 나타난 날"을 무엇이라 하는가?
① 발아전   ② 발아의 양부
③ 발아기   ④ 발아시

해설
종자가 처음 발아한 날을 발아시라 한다.

52 다음 중 작물의 주요온도에서 생육이 가능한 범위 내 최고온도가 가장 높은 것은?
① 사탕무   ② 옥수수
③ 보리   ④ 밀

해설
옥수수의 경우 유효온도 8~44℃ 정도로 범위가 넓으며 최고온도는 44℃ 이다.

정답 45 ③ 46 ④ 47 ② 48 ③ 49 ③ 50 ② 51 ④ 52 ②

53 작물이 주로 이용하는 토양 수분은?
① 흡습수 ② 모관수
③ 지하수 ④ 결합수

해설
결합수, 중력수 등은 작물이 이용이 어려운 수분이며 주로 모관수가 이용되는 유효수분이다.

54 침관수해에 가장 크게 피해를 받기 쉬운 조건은?
① 청수와 정체수 ② 탁수와 정체수
③ 탁수와 유수 ④ 청수와 유수

해설
침관수해는 맑은 물보다 흐린물에, 흐르는물보다는 정체된 물에 피해가 더 크다.

55 작물의 동상해 대책이 아닌 것은?
① 배수를 하여 생육을 건실하게 한다.
② 칼륨질 비료 시용량을 높인다.
③ 토질을 개선하여 서릿발의 발생을 억제한다.
④ 맥류의 경우 이랑을 세워 뿌리골을 얕게 한다.

해설
이랑을 세워 뿌림골을 깊게 한다.

56 벼 심층시비의 가장 큰 이점은?
① 뿌리의 흡수력을 촉진시킨다.
② 뿌리의 신장, 발달권역을 넓힌다.
③ 토양질소의 농도를 옅게 한다.
④ 암모니아의 탈질을 방지한다.

해설
· 심층시비는 환원층에 시비를 하여 비료의 효과를 증진시키는 방법이다.
· 암모늄태질소를 환원층에 시비하여 암모니아의 탈질을 방지한다.

57 다음 중 수명이 가장 긴 장명종자는?
① 메밀 ② 가지
③ 양파 ④ 상추

해설
장명종자는 오이, 녹두, 가지, 배추 등이 있다.

58 다음 중 작물의 생산성을 극대화하기 위한 3요소로 가장 옳은 것은?
① 유전성, 환경조건, 생산자본
② 유전성, 환경조건, 재배기술
③ 유전성, 지대, 생산자본
④ 환경조건, 재배기술, 토지자본

해설
작물 수량의 극대화를 위한 3요소에는 환경조건, 재배기술, 유전성이 있다.

59 종자의 파종량에 대한 설명으로 가장 옳은 것은?
① 감자는 산간지에서 파종량을 늘린다.
② 파종시기가 늦어질수록 파종량을 늘린다.
③ 맥류는 산파보다 조파 시 파종량을 늘린다.
④ 콩은 맥후작보다 단작에서 파종량을 늘린다.

해설
종자의 파종량에서 발아력이 낮거나 파종시기가 늦을 경우 파종량을 늘리도록 한다.

60 다음 중 배유 종자로만 나열된 것은?
① 콩, 팥, 밤
② 밀, 보리, 콩
③ 벼, 옥수수, 보리
④ 팥, 옥수수, 콩

해설
배유종자에는 밀, 벼, 보리, 옥수수, 양파가 있다.

정답 53 ② 54 ② 55 ④ 56 ④ 57 ② 58 ② 59 ② 60 ③

4과목 농약학

61 살균제 농약의 작용기작 중 산화, 환원에 있어서 SH 기가 관여하는 탈수소화효소나 SH기질과 작용하여 황화물을 만들어 기능을 상실시켜 살균작용을 나타내는 농약이 아닌 것은?
① 캡탄 수화제   ② 폴펫 수화제
③ 디노 수화제   ④ 타코닐 수화제

해설
SH 저해제의 종류로 구리제, 유기수은제, 유기유황제, 클로로타로닐, 캡탄, 폴펫 등이 있다.

62 다음 약제 중 주성분을 가스제로 작용시키는 약제가 아닌 것은?
① 시안화수소
② 클로로피크린
③ 메타알데하이드
④ 메틸브로마이드

해설
• 훈증제의 종류로 메틸브로마이드, 클로로피크린, 알루미늄포스파이드, 시안화수소 등이 있다.
• 메타알데하이드는 배추 등에 피해를 주는 달팽이류를 방제하기 위한 농약으로 입제의 형태로 사용한다.

63 농약의 약해는 발생하는 기간과 정도에 따라 구분된다. 만성적 약해로 분류되는 증상은?
① 발근불량
② 반점 및 잎의 왜화
③ 수량감소
④ 낙화 및 낙과

해설
농약의 만성적 약해로 식물의 생장불량, 비대 지연, 품질 저하, 수량 감소 등의 현상이 나타난다.

64 농약의 제제 중 유제에 대한 설명으로 틀린 것은?
① 주성분을 유기용매에 녹인 후 유화제를 첨가하여 제제한 것으로 제조가 간단하다.
② 유제에서 중요시되는 것은 주성분과 수화성이다.
③ 유기용매로는 Xylene, Alcohol 류 등이 사용된다.
④ 독성이 높은 용매를 사용하면 유기인계 농약은 주성분의 경시변화가 일어날 가능성이 있다.

해설
유제에서 중요한 것은 유효성분과 유화성이다.

65 다음 중 너도방동사니, 물달개비 및 올챙이 고랭이를 선택적으로 제거하는 제초제는?
① 옥사존유제(론스타)
② 벤타존액제(밧사그란)
③ 설포세이트(터치다운)
④ 벤치오입제(사단)

해설
벤타존액제는 경엽처리용 제초제로 잡초가 발생한 후에 처리하며 광엽잡초, 너도방동사니, 올미, 매자기, 올방개, 올챙이고랭이 등에 적용한다.

66 농약의 품질불량이 원인이 되어 일어나는 약해가 아닌 것은?
① 불순물의 혼합에 의해 약해
② 원제 부성분에 의한 약해
③ 경시변화에 의한 유해성분의 생성에 의한 약해
④ 동시사용으로 인한 약해

해설
농약의 동시사용은 혼용에 의한 약해에 속한다.

정답 61 ③   62 ③   63 ③   64 ②   65 ②   66 ④

67 다음 중 일반적으로 농작물에 사용되지 않는 것은?
① 리뉴론 ② 헥사지논
③ 다이아지논 ④ 벤퓨라카브

해설
헥자지논은 선택적 제초제로 작물에는 영향을 주지 않고 잡초만을 선택적으로 제거한다.

68 농약의 사용기구에 대한 설명으로 가장 거리가 먼 것은?
① 미스트기는 풍압으로 미립자를 만든 후 다량의 바람으로 불어 붙이는 기기이다.
② 스프링클러는 관수, 시비 등을 포함 다목적으로 사용되는 기기이다.
③ 폼스프레이는 살포액에 기포제를 가하여 전용 노즐로 공기와 교반하는 거품의 집합체로 살포하는 기기이다.
④ 살립기는 분제농약을 작업상의 안정성이나 능률면에서 고르게 살포하기 위한 기기이다.

해설
분제농약을 능률적으로 고르게 살포하기 위한 기기는 살분제이다.

69 발아전처리 제초제에 대한 설명으로 가장 옳은 것은?
① 작물 발아 전 시기에 처리하는 약제이다.
② 잡초 발아 전 시기에 처리하는 약제이다.
③ 작물의 생육기간 중에 살포하는 약제이다.
④ 토양 및 경엽처리가 가능한 약제이다.

해설
발아전처리 제초제는 잡초의 발아전 처리하여 잡초의 발생을 막는다.

70 카바메이트계 농약을 잘못 사용하여 중독되었을 때 사용해야 하는 해독제는?
① 항히스타민제
② SH계 해독제(BAL, 글루타티온)
③ 팜(PAM)
④ 황산아트로핀

해설
카바메이트계 농약에 중독될 경우 황산아트로핀을 사용한다.

71 다음 급성독성 중 그 강도의 순서가 옳게 나열된 것은?
① 흡입독성>경피독성>경구독성
② 경구독성>흡입독성>경피독성
③ 흡입독성>경구독성>경피독성
④ 경피독성>경구독성>흡입독성

해설
투여 방법에 따라 흡입독성, 경피독성, 경구독성으로 분류되며 독성의 강도는 호흡을 통해 흡입되는 흡입독성이 가장 강하며 입을 통해 침투하는 경구독성, 피부를 통해 체내로 침투하는 경피독성 순서이다.

72 유제를 1500배로 희석하여 액량 15L 로 살포하려 한다. 이 때 원액약량은 몇 ml가 필요한가?
① 1 ② 10
③ 100 ④ 1000

해설
$$\text{소요약량(배액)} = \frac{\text{단위면적당 사용량}}{\text{소요희석배수}}$$
$$= \frac{15000ml}{1500배} = 10ml$$

정답 67 ② 68 ④ 69 ② 70 ④ 71 ③ 72 ②

73 농약 원제의 대한 설명으로 옳은 것은?
① 유효성분이 농축되어 있는 물질이다.
② 제품보다 부성분을 많이 함유하고 있다.
③ 물질의 순도는 대부분 50~60% 정도이다.
④ 원액에 유기용매를 희석해 놓은 것이다.

해설
원제는 농약의 유효성분이 농축되어 있는 물질이다.

74 분제의 물리적인 성질로서 가장 거리가 먼 것은?
① 토분성 ② 부착성
③ 고착성 ④ 현수성

해설
현수성은 물에 입자가 균일하게 분산부유하는 성질로 물에 섞지 않고 제품 그대로 살포하는 분제의 물리적 성질과는 거리가 멀다.

75 10% 엠아이피씨 분제 1.0kg 을 2.0% 분제로 만들려고 할 때 필요한 증량제의 양은 몇 kg 인가?
① 0.4kg ② 4kg
③ 0.8kg ④ 8kg

해설
희석할 증량제 양
$= 원분제 중량 \times (\frac{원분제 농도}{목표 농도} - 1)$
$= 1 \times (\frac{10}{2} - 1) = 4kg$

76 유기인계 살충제의 일반적인 특성에 대한 설명으로 틀린 것은?
① 잔효력이 길다.
② 흡즙해충에 유효하다.
③ 인축에 대한 독성이 비교적 강하다.
④ 알칼리성 물질에 의하여 분해되기 쉽다.

해설
유기인계 살충제는 동식물 체내에서의 분해가 빠르고 야외 살포의 경우 광선 및 외부 환경조건에 의해 분해가 빨라 손실되기 쉽다.

77 주로 접촉제 및 소화중독제로서 작용하며 벼의 이화명나방에 적용되는 유기인제는?
① DDVP제 ② 메프제
③ EPN제 ④ 파라티온제

해설
이화명나방은 메프유제를 이용하여 접촉제, 소화중독제로 방제한다.

78 불합리한 농약의 혼용은 약효의 경감, 약해의 원인, 또는 급성독성의 현저한 증가를 야기한다. 농약 혼용시 주의할 사항이 아닌 것은?
① 혼용에 의한 활성의 변화
② 혼용에 의한 화학적 변화
③ 혼용에 의한 물리성의 변화
④ 혼용에 의한 살포시기의 변화

해설
혼용을 통한 약제의 변화를 주의해야하나 살포시기는 혼용시 주의사항과는 관련이 없다.

79 보르도액을 조제할 때 주의해야 할 사항으로 틀린 것은?

① 교반용 막대는 나무 제품이어야 한다.
② 석회유에 황산구리 용액을 첨가해야 한다.
③ 황산구리 및 석회석은 순도가 높아야 한다.
④ 액을 교반할 때 따뜻한 상태에서 반응이 잘된다.

해설 액을 교반할 때 따뜻한 상태에서 반응이 잘 되지 않는다.

80 농약의 액제 제형을 제조할 때 겨울에 동결을 방지하기 위하여 주로 사용하는 것은?

① 석고   ② 교조토
③ 황산아연   ④ 에틸렌글리콜

해설 농약 액제 제형을 제조할 때 동결방지제로 에틸렌글리콜, 계면활성제 등을 사용한다.

5과목 잡초방제학

81 잡초방제에서 담수처리에 대한 설명으로 옳은 것은?

① 무더운 날씨에는 효과가 줄어든다.
② 온도 조절을 통해 잡초 발생을 줄이는 것이다.
③ 발아에 필요한 산소흡수를 억제시켜 잡초발생을 줄인다.
④ 다년생잡초 방제에는 효과가 있으나 일년생잡초에는 효과가 없다.

해설 담수처리를 통해 종자의 산소흡수를 억제하여 발아를 막는다.

82 작물과 잡초의 경합특성상 작물의 수량 감소가 가장 클 것으로 예상되는 조합은?

① C_3 잡초와 C_3 작물
② C_3 잡초와 C_4 작물
③ C_4 잡초와 C_3 작물
④ C_4 잡초와 C_4 작물

해설 C_4 잡초는 광합성 능력이 뛰어나 경합에서 유리하기에 작물의 수량에 가장 큰 영향을 주게 된다.

83 잡초의 피해를 경감시키기 위하여 대체로 작물 생육기간의 어느 시기 내에 방제하는 것이 가장 적합한가?

① 1/4 ~ 1/3 시기
② 1/4 ~ 2/3 시기
③ 1/2 ~ 2/3 시기
④ 2/3 ~ 3/4 시기

해설 잡초경합한계기간은 작물 전생육기간의 첫 1/3~1/2 기간이나 1/4~1/3 기간에 해당된다.

84 논에서 벼와 경합하는 잡초로만 나열한 것은?

① 올미, 바랭이
② 돌피, 쇠비름
③ 쇠뜨기, 물달개비
④ 쇠털골, 알방동사니

해설 논에서 발생하는 다년생 잡초로는 너도방동사니, 올미, 가래, 나도겨풀, 매자기, 올챙이고랭이, 개구리밥, 미나리, 벗풀, 쇠털골, 알방동사니 등이 있다.

85 제초제의 처리구역에 따른 분류에 해당하지 않는 것은?
① 전처리   ② 전면처리
③ 대상처리 ④ 관주처리

해설
관주처리는 약액을 관주를 이용해 흙속이나 나무에 주입하는 방법으로 사용 방법에 따라 분류된다.

86 계면활성제의 특성이 아닌 것은?
① 분해성   ② 유화성
③ 습윤성   ④ 전착성

해설
계면활성제는 물과 기름의 계면에서 표면장력을 감소시켜 약품의 습윤성, 부착성 및 전착성, 확전성을 높여주는 역할을 한다.

87 벼 재배에서 잡초와의 경합력이 가장 큰 재배법은?
① 담수직파 재배
② 건답직파 재배
③ 성묘 손이앙 재배
④ 어린 모 기계이앙 재배

해설
직파보다는 이앙이 잡초의 피해를 덜 받으며 어린 모 보다는 성묘가 경합력이 상대적으로 강하다.

88 월년생 잡초가 주로 발아하는 시기는?
① 연중 상관 없음
② 봄과 여름 사이
③ 가을과 겨울 사이
④ 여름과 가을 사이

해설
월년생 잡초는 주로 가을~겨울 사이 발생하여 월동하고 다음해 여름쯤 개화한다.

89 잡초발생이 많은 포장에 서로 다른 제초제를 사용하고 시기를 달리하여 2번 이상 살포하는 방법은?
① 이중처리   ② 종합처리
③ 체계처리   ④ 복합처리

해설
잡초발생이 많은 곳은 동일 제초제의 연속 사용을 피하고 다른 제초제를 사용하여 방제의 효과를 높이는데 이때 사용시기를 달리하여 2번 이상 살포하는 방법을 체계처리라 한다.

90 일년생 잡초로만 올바르게 나열된 것은?
① 냉이, 바랭이
② 명아주, 강아지풀
③ 개구리밥, 벼룩나물
④ 망초, 나도방동사니

해설
일년생 잡초로 둑새풀, 강피, 강피, 물달개비, 물옥잠, 사마귀풀, 여뀌, 마디꽃, 자귀풀, 명아주, 강아지풀 등이 있다.

91 기생성, 식해성 및 병원성을 지닌 곤충 등을 이용하여 잡초의 발생밀도를 감소시키는 방법은?
① 화학적 방제   ② 생물적 방제
③ 생태적 방제   ④ 물리적 방제

해설
곤충이나 미생물, 병원성을 이용하여 잡초의 발생밀도를 경감시키는 방법을 생물적 방제법이라 한다.

92 논에 다년생잡초가 증가하는 주요 요인으로 옳지 않은 것은?

① 추경 감소
② 벼의 연작재배
③ 동일제초에 연용
④ 벼의 조기이식 재배

해설
논에 다년생 잡초의 증가는 군락의 변화를 말하며 이는 제초제의 연용, 작부체계의 변화 혹은 춘, 추경의 감소 등의 요인이 있다.

93 주로 종자로 번식하는 잡초는?

① 올미, 벗풀
② 가래, 쇠털골
③ 강피, 물달개비
④ 올방개, 너도방동사니

해설
종자로 번식하는 잡초에는 알방동사니, 피, 마디꽃, 물달개비 등이 있다.

94 잡초에 대한 작물의 경합력을 높이는 방법은?

① 이식재배를 한다.
② 직파재배를 한다.
③ 만생종을 재배한다.
④ 재식밀도를 낮춘다.

해설
이식재배를 하면 생육기간이 연장되고 토지이용률이 증대된다. 또한 생육 촉진 및 숙기가 단축되어 경합력이 높아진다.

95 잡초가 발아하여 지표면 위로 출현하는 과정에 관여하는 요인으로 가장 관련이 적은 것은?

① 토양심도   ② 토양수분
③ 토양온도   ④ 토양강도

해설
잡초가 발아하는데 관여하는 요인으로 토양의 심도, 온도, 수분, 산소, 비옥도, 염도, pH 등이 있다.

96 잡초가 종내 변이를 일으키는 원인으로 가장 거리가 먼 것은?

① 돌연변이 발생
② 시비량의 변화
③ 자연교잡
④ 잡초의 생리적 형질 변화

해설
• 변이에는 돌연변이나 교배 등과 같은 유전적 변이와 환경변이에 의한 비유전적 변이로 구분할 수 있다.
• 여기서 시비량은 양분의 공급 정도차이로 인한 형태적 차이는 나타날 수 있으나 변이를 일으키는 원인은 되지 않는다.

97 잡초의 식물학적 분류로 세분되는 순서로 가장 옳은 것은?

① 계 → 문 → 과 → 강 → 목 → 속 → 종
② 계 → 문 → 강 → 목 → 과 → 속 → 종
③ 속 → 계 → 문 → 과 → 강 → 목 → 종
④ 강 → 속 → 계 → 문 → 과 → 목 → 종

해설
식물학적 분류순서는 <계 → 문 → 강 → 목 → 과 → 속 → 종 → 변종> 이며 식물의 기본단위는 종으로 정의한다.

정답 92 ② 93 ③ 94 ① 95 ④ 96 ② 97 ②

98 다음 중 암조건에서도 발아가 가장 잘 되는 것은?
① 참방동사니   ② 개비름
③ 독말풀   ④ 소리쟁이

해설
암발아 잡초로 별꽃, 냉이, 광대나물, 독말풀 등이 있다.

99 다음 중 광발아 종자에서 적색광과 적외선광을 교체하여 조사하였을 때 종자가 가장 발아가 되지 않는 것은?
① 적외선광 조사 → 적색광 조사
② 적색광 조사 → 적외선광 조사
③ 적색광 조사 → 적외선광 조사 → 적색광 조사
④ 적외선광 조사 → 적외선광 조사 → 적색광 조사

해설
적색광을 주면 발아가 촉진되었다가 적외선광을 주면 발아가 억제되면서 발아가 유기되지 않는다.

100 일정기간 이내에 대부분 종자가 발아를 마치는 집중발아 습성을 무엇이라고 하는가?
① 발아 준동시성
② 발아 계절성
③ 발아 기회성
④ 발아 내성

해설
일정기간 내의 대부분의 종자가 발아를 마치는 것을 발아 준동시성이라 한다.

정답 98 ③ 99 ② 100 ①

국가기술자격 필기시험문제

기사 CBT 4회 모의고사문제

자격종목	종목코드	시험시간	형별	수험번호	성명
식물보호기사		2시간 30분			

※ 본문제는 수험생들의 기억을 바탕으로 작성 된 것으로 실제 문제와 차이가 있을 수 있습니다.

1과목   식물병리학

01 소나무 잎마름병의 병징에 대한 설명으로 옳은 것은?
① 봄에 묵은 잎이 적갈색으로 변하면서 대량으로 떨어진다.
② 잎에 바늘구멍 크기의 적갈색 반점이 나타나고 동심원으로 커진다.
③ 수관 하부에 있는 이에서 담갈색 반점이 생기면서 발생하여 상부로 점차 진전한다.
④ 잎에 띠 모양의 황색 반점이 생기다가 갈색으로 변하면서 반점들은 합쳐진다.

해설
소나무 잎마름병은 여름철 고온 다습한 환경에서 많이 발생하는데 띠모양의 황색반점이 교대로 형성되어 갈변하다가 반점들이 합쳐지게 된다.

02 식물병 발생에 필요한 3대 요인에 속하지 않는 것은?
① 기주   ② 병원체
③ 매개충   ④ 환경요인

해설
식물병 발생의 3대 요인에 기주, 병원체, 환경이 있으나 매개충은 식물병을 전반시키는 중간매개 역할만을 한다.

03 자낭균이며 표징이 잘 나타나지 않는 것은?
① 보리 겉깜부기병
② 벼 잎집무늬마름병
③ 밀 줄기녹병
④ 벼 깨씨무늬병

해설
벼 깨씨무늬병은 병원은 진균(Cochliobolus miyabeanus)으로 자낭포자로 인한 표징은 잘 나타나지 않는다.

04 벼 줄무늬잎마름병(호엽고병)의 방제방법으로 가장 적절한 것은?
① 토양소독
② 매개충의 구제
③ 검역
④ 발병 후 살균제 살포

해설
벼 줄무늬잎마름병은 매개충인 애멸구를 제거하여 방제한다.

05 모과나무 잎에 갈색 별무늬 모양의 원형반점이 나타나고 잎 뒷면 병반에 실 같은 털이 나오는 병은?
① 모과나무 탄저병
② 모과나무 녹병
③ 모과나무 갈반병
④ 모과나무 역병

해설
모과나무 잎의 갈색계통의 별무늬 모양은 모과나무 녹병으로 주로 향나무에 있던 병균이 모과나무로 전반되어 나타나는 현상이다.

정답 01 ④   02 ③   03 ④   04 ②   05 ②

06 다음 중 꽃 감염을 하는 것으로 가장 적절한 것은?
① 감자 암종병
② 보리 겉깜부기병
③ 벚나무 빗자루병
④ 고추 탄저병

해설
밀·보리 겉깜부기병, 사과 꽃썩음병, 배 화상병 등은 꽃감염을 한다.

07 종자전염성 병원균으로 가장 적절하지 않은 것은?
① 오이 흰비단병균
② 맥류 맥각병균
③ 벼 키다리병균
④ 벼 도열병균

해설
오이 흰비단병균은 토양에 월동하고 토양을 통해 전염된다.

08 벼 잎집얼룩병(잎집무늬마름병)의 표징으로 가장 적절한 것은?
① 자낭반 ② 균사속
③ 포자퇴 ④ 균핵

해설
· 벼 잎집무늬마름병은 병원균이 균핵으로 땅위에서 월동하고 봄에 물위로 올라와 전염을 시작한다.
· 식물이 병에 걸릴 경우 잎집의 표면에 암회색의 부정형 점무늬인 균핵의 표징이 나타난다.

09 병든 부분에 나타난 자낭각을 보고 진단할 수 있는 식물병으로 가장 적절한 것은?
① 옥수수 깜부기병
② 밀 줄기녹병
③ 고추 역병
④ 보리 붉은곰팡이병

해설
맥류 붉은곰팡이병은 자낭균류에 의해 발생하며 병든 부분의 자낭각을 통해 진단 가능하며 병든 종자를 동물 혹은 사람이 섭취할 경우 구토 및 중독 증상이 발생한다.

10 종묘 소독에 대한 설명으로 옳은 것은?
① 농약만을 사용하는 방법이다.
② 종자의 발아율을 좋게 하는 방법이다.
③ 종자의 이물질이 없도록 정선하는 방법이다.
④ 종자와 종묘 외에도 덩이뿌리 등 영양번식체를 소독하는 방법이다.

해설
종묘 소독은 종자와 종묘 외, 덩이줄기, 덩이뿌리 등에 붙어 있는 병해충을 소독하는 방법으로 물리적방법과 화학적 방법등이 있다.

11 벼 키다리병균이 분비하여 벼가 비정상적으로 신장하는데 관계하는 생장조절제는?
① 옥신   ② 에틸렌
③ 지베렐린 ④ 카이네틴

해설
지베렐린의 경우 벼의 키다리병균이 분비하고 줄기의 신장을 촉진하고 개화 및 결실을 돕는 역할을 하는 생장조절제이다.

정답 06 ② 07 ① 08 ④ 09 ④ 10 ④ 11 ③

12 다음 설명에 해당하는 병은?

> ◎ 오이 잎에 발생하는 병해로 수침상의 점무늬가 다각형의 담갈색 무늬로 발전한다.
> ◎ 습기가 많으면 병든 부위의 뒷면에 서리 또는 가루모양의 곰팡이가 생긴다.

① 오이 노균병
② 오이 흰가루병
③ 오이 덩굴마름병
④ 오이 잿빛곰팡이병

해설
· 오이 노병균의 경우 진균에 의해 담황색의 작은 반점이 발생하고 점점 확장되어 담갈색의 병반이 형성된다.
· 병반 뒷면은 서리 혹은 가루 모양의 회색 곰팡이인 분생포자가 생성된다.

13 대추나무 빗자루병 방제를 위해 나무 주사에 사용되는 항생제는?

① 아그렙토
② 브라마이신
③ 스트렙토마이신
④ 옥시테트라사이클린

해설
대추나무 빗자루병은 파이토플라스마에 의해 발생하고 파이토플라스마는 옥시테트라사이클린계의 항생물질로 치료한다.

14 사과 탄저병균 전반에 가장 효과적인 전파 수단은?

① 종자
② 선충
③ 비바람
④ 토양 해충

해설
사과탄저병균의 전반은 빗물, 바람, 매개충에 의해 전염된다.

15 다음 중 불완전균류의 특징은?

① 생육이 불완전하다.
② 균사를 갖지 않는다.
③ 유성세대가 알려져 있지 않다.
④ 핵을 갖지 않는다.

해설
· 불완전균류는 균사에 격막이 있고 무성 분생포자세대(불완전세대)만으로 분류된다.
· 유성세대는 알려져 있지 않다.

16 보리 흰가루병균에서 볼 수 있는 포자는?

① 자낭포자   ② 담자포자
③ 여름포자   ④ 겨울포자

해설
병든 잎에서 균사나 자낭포자로 월동하고 차후 1차 전염원이 된다.

17 식물바이러스를 구성하고 있는 주요 화학 성분은?

① 단백질과 지질
② 지질과 탄수화물
③ 핵산과 지질
④ 핵산과 단백질

해설
식물바이러스는 핵산과 단백질로 이루어진 병원체이다.

정답 12 ①   13 ④   14 ③   15 ③   16 ①   17 ④

18 병해충의 종합방제에 대한 설명으로 틀린 것은?
① 여러 가지 농약을 종합하여 완벽하게 병해충을 방제하는 것을 말한다.
② 농약 사용을 포함하여 다양한 방제 방법을 도입하여 효과를 높이는 것을 말한다.
③ 저항성 품종을 심고 적절한 재배관리를 함으로써 병해충의 피해를 줄여나가는 것이다.
④ 병해충의 발생정보를 토대로 적절한 방제방법을 선택하는 것을 말한다.

해설
병해충 종합방제는 물리적, 기계적, 생물학적 방제법 등 다양한 방제법을 혼용하여 생태계의 파괴를 최소화하는 방법이다.

19 잣나무 털녹병의 방제법으로 적당하지 않은 것은?
① 살균제 살포
② 매개충의 방제
③ 내병성 수종의 육종
④ 중간기주 제거

해설
잣나무 털녹병은 매개충이 아닌 바람에 의해 전반되기에 매개충의 방제는 의미가 없다.

20 다음의 식물병 중 토양에 수분이 많고 pH가 5.0인 산성조건에서 많이 발생하고 석회를 이용한 토양산도조절로 pH 를 7.0 이상으로 조절하여 방제하는 병은?
① 감자 더뎅이병
② 밀 마름병
③ 배추 무사마귀병
④ 목화 뿌리썩음병

해설
배추 무사마귀병균은 토양에 수분이 많고 산성조건에서 많이 발생하기에 알칼리성 토양으로 조성하여 방제한다.

2과목 농림해충학

21 매미목(目)의 특징이 아닌 것은?
① 핥는 형의 입틀을 가지고 있다.
② 쉬고 있을 때에는 날개가 접는다.
③ 날개는 장, 단시형인 것도 있다.
④ 다리의 부절은 1~3절이다.

해설
매미목은 찔러서 빨아먹는 자흡구형이다.

22 호두나무, 밤나무 등의 잎을 가해하고, 다 자란 유충은 몸 길이가 100mm 정도여서 섭식량이 매우 큰 해충은?
① 독나방   ② 박쥐나방
③ 텐트불나방   ④ 어스렝이나방

해설
· 어스렝이나방의 유충 몸길이는 100mm 이며 주로 줄기에서 알로 월동한다.
· 1년에 1회 발생하고 5~7월쯤 잎을 식해하는 식엽성 해충이다.

23 사과 과수원에 복숭아심식나방의 성충 발생 정도를 예찰하는 방법으로 가장 적합한 것은?
① 성페로몬 트랩
② 황색 수반 트랩
③ 말레이즈 트랩
④ 유아등

해설
성페로몬 트랩은 복숭아심식나방, 복숭아순나방, 사과굴나방 등에 적합하고 암컷이 방출하는 성페로몬을 이용하여 수컷을 유인하여 발생 정도 및 방제적기를 파악하는데 유용한 방법이다.

24 지구상에서 곤충이 번성한 원인으로 틀린 것은?
① 몸의 크기가 작다.
② 내골격으로 수분증발을 막아준다.
③ 날개가 있어 생존에 유리하다.
④ 완전변태로 상이한 환경에서 적응한다.

해설
외골격의 발달로 수분증발을 막아준다.

25 각종 해충의 공간 분포양식으로 자연계에서 실제 가장 많이 존재하는 분포양식은?
① 임의분포   ② 균일분포
③ 개별분포   ④ 집중분포

해설
해충의 개체군은 균일분포, 집중분포, 임의분포로 분류되며 일반적으로 해충의 분포는 집중분포의 성향을 보인다.

26 딸기하우스 내 점박이응애 방제용으로 이용할 수 있는 천적으로 가장 적합한 것은?
① 진디혹파리
② 칠레이리응애
③ 온실가루이좀벌
④ 남생이무당벌레

해설
응애의 천적으로 칠레이리응애, 캘리포니쿠스응애, 꼬마무당벌레 등이 적합하다.

27 산림해충의 문제에 대한 설명으로 틀린 것은?
① 주요 산림해충은 식엽성과 천공성 그리고 흡즙성의 해충이다.
② 수목을 건강하게 관리하는 것은 산림해충 발생을 예방하는 좋은 방법이다.
③ 산림해충으로 인한 손실로 경제목의 피해, 생장량 감소, 임분 구조의 변화, 산림생태계의 변화가 있다.
④ 산림해충의 심각성은 인간의 간섭이 있을 때 더욱 더 심해진다.

해설
산림해충의 심각성은 인간의 간섭에 의해 조절되어 완화된다.

28 사과응애에 대한 설명으로 틀린 것은?
① 흡즙성 해충이다.
② 약충으로 월동한다.
③ 1년에 7~8회 발생한다.
④ 실을 토하여 바람에 날려 이동한다.

해설
사과응애는 알로 월동한다.

29 잎을 갉아먹어 피해를 주는 해충이 아닌 것은?
① 솔나방
② 향나무하늘소
③ 오리나무잎벌레
④ 잣나무넓적잎벌

해설
향나무하늘소는 줄기, 형성층이나 목질부를 직접 가해한다.

30 외국으로부터 침입한 해충은?
① 벼잎벌레
② 온실가루이
③ 콩잎말이나방
④ 복숭아혹진딧물

해설
온실가루이는 외국의 관엽식물에 묻어 유입된 외래해충이다.

31 수컷 해충의 생식기관이 아닌 것은?
① 저장낭   ② 부속샘
③ 수정관   ④ 부속지

해설
수컷의 생식기관은 고환(정집), 수정관과 저장관, 사정관, 부속샘, 교미기 등이 있다.

32 곤충의 내분비계에 해당하는 기관이 아닌 것은?
① 앞가슴샘   ② 알라타체
③ 존스톤기관   ④ 카디아카체

해설
존스톤 기관은 더듬이의 흔들마디에 존재하고 공기의 진동을 통해 소리를 인지하고 바람의 방향을 느낄수 있는 감각기관이다.

33 파리목 해충의 분류 중 형태적인 특성으로 옳지 않는 것은?
① 유충의 다리는 3쌍이다.
② 번데기는 주로 비저작용 나용이다.
③ 뒷날개는 퇴화되어 평균곤으로 발달하였다.
④ 성충은 빠는입 형태이고 유충은 씹는입 형태이다.

해설
파리목 해충의 유충에는 다리가 없다.

34 내분비계에 대한 설명으로 옳지 않은 것은?
① 유약호르몬은 알라타체에서 분비된다.
② 탈피호르몬은 앞가슴샘에서 분비된다.
③ 유약호르몬은 성충기에 가까워짐에 따라 분비량이 늘어난다.
④ 곤충의 다양한 생리작용에 관여하는 물질로서 적은 양이 분비되지만 그 영향은 매우 크다.

해설
유약호르몬은 유충호르몬이라하며 유충기에 다량 분비되는 호르몬이다.

35 곤충의 다리 구조를 가슴에서부터 배열한 것으로 옳은 것은?
① 도래마디 – 밑마디 – 넓적마디 – 종아리마디 – 발목마디
② 밑마디 – 도래마디 – 종아리마디 – 넓적마디 – 발목마디
③ 밑마디 – 도래마디 – 넓적마디 – 종아리마디 – 발목마디
④ 종아리마디 – 밑마디 – 도래마디 – 넓적마디 – 발목마디

해설
다리 구조는 흉부 부착점에서 밑마디(기절), 도래마디(전절), 넓적다리마디(퇴절), 종아리마디(경절), 발목마디(부절)로 5마디로 분류한다.

36 농약의 부작용에 대한 설명으로 틀린 것은?
① 잠재곤충이 주요해충으로 등장할 수 있다.
② 먹이사슬에 의한 농약의 축적을 야기할 수 있다.
③ 동물상이 복잡해져 생태계의 파괴가 나타난다.
④ 약제저항성 해충의 출현으로 약효가 떨어진다.

해설
동물상이 복잡해질 경우 생태계의 불균형이 발생한다.

정답 30 ② 31 ④ 32 ③ 33 ① 34 ③ 35 ③ 36 ③

37 보통 1년에 2회 발생하고 수피사이나 지피물밑 등에서 번데기로 월동하며 유충이 기주식물을 가해하는 해충은?

① 솔나방 ② 밤나무혹벌
③ 천막벌레나방 ④ 미국흰불나방

해설
- 미국흰불나방은 1년에 2회 발생하고 번데기로 수피사이, 지피물아래에서 월동한다.
- 부화한 유충은 4령기까지 잎을 식해한다.

38 여름철의 진딧물, 밤나무순혹벌, 민다듬이벌레 등의 생식방법에 해당하는 것은?

① 양성생식 ② 다배생식
③ 무성생식 ④ 단위생식

해설
진딧물, 밤나무순혹벌등은 암컷만으로 번식을 하는 단위생식을 한다.

39 곤충의 말피기관의 설명으로 옳지 않은 것은?

① 말피기관이 없는 곤충도 존재한다.
② 혈림프의 이온 조성과 삼투압의 조절기능을 담당한다.
③ 최종적으로 배설하는 질소대사물질은 수용성이 아주 높은 요소형태이다.
④ 원치 않는 물질은 체외로 배출하고 필요한 화합물은 체내에 남게 하는 배설기관이다.

해설
곤충이 배설하는 질소대사물은 요산의 형태로 배출한다.

40 다음에서 설명하는 해충은?

◎ 1년에 5회~10회 이상 발생한다.
◎ 고온거조 시 피해가 심하다.

① 가루깍지벌레 ② 점박이응애
③ 밤나무혹벌 ④ 땅강아지

해설
- 점박이응애는 1년에 10회 이상 발생하고 성충이 낙엽, 잡초 아래에 월동한다.
- 고온 건조 시 피해가 심해지고 성충이나 약충이 잎에 기생하에 흡즙가해한다.

3과목 재배학원론

41 저장 중 작물의 종자가 발아력을 상실하는 원인으로 가장 거리가 먼 것은?

① 원형질 단백의 응고
② 효소의 활력 저하
③ 저장양분의 소모
④ 유리지방산 감소

해설
저장곡물의 경우 지방을 분해하는 유리지방산이 늘어나게 되고 유리지방산의 함량이 높을수록 변질되기가 쉽다.

42 다음 중 산성토양에 대해 적응성이 가장 약한 것은?

① 아마 ② 기장
③ 팥 ④ 감자

해설
산성토양에 대한 저항성이 약한 작물로 보리, 팥, 콩, 양파, 파, 고추, 가지 등이 있다.

정답 37 ④ 38 ④ 39 ③ 40 ② 41 ④ 42 ③

43 맥류의 좌지현상을 볼 수 있는 경우는?
① 봄보리를 가을에 파장
② 봄보리를 봄에 파장
③ 가을보리를 가을에 파종
④ 가을보리를 봄에 파종

해설
가을보리는 추파성이 커서 겨울에 잘 견디나 봄에 파종하면 영양생장만 하다가 주저 앉는 좌지현상이 나타난다.

44 다음 중 작물의 요수량이 가장 큰 것은?
① 수수   ② 기장
③ 호박   ④ 옥수수

해설
요수량이 큰 작물로 명아주, 호박, 알팔파, 오이, 클로버 등이 있다.

45 국화의 주년재배와 가장 관계가 있는 것은?
① 광처리   ② 온도처리
③ 영양처리 ④ 수분처리

해설
• 국화의 조생국은 단일처리로 개화가 촉진되고 만생추국은 장일처리로 개화가 억제된다.
• 이러한 광처리를 통해 연중개화하는 것을 주년재배라 한다.

46 화곡류에서 규질화를 이루어 병에 대한 저항성을 높이고, 잎을 꼿꼿하게 세워 수광태세를 좋게 하는 것은?
① 철   ② 칼륨
③ 니켈   ④ 규산

해설
• 규산은 규소와 산소, 수소 등이 결합된 화합물로 식물의 필수원소는 아니지만 병에 대한 저항성을 높이고 도장을 줄여준다.
• 인산흡수 및 토양의 이온화합물의 흡수를 도와 뿌리 및 식물의 발달에 도움을 준다.

47 다음 중 휴작기간이 가장 긴 작물은?
① 미나리   ② 당근
③ 아마   ④ 토마토

해설
인삼, 아마는 10년 이상의 휴작기간이 요구되는 작물로 보기 중 가장 길다.

48 군락의 수광태세가 좋아지고 밀식적응성이 높은 콩의 초형으로 틀린 것은?
① 잎이 크고 두껍다.
② 잎자루가 짧고 일어선다.
③ 꼬투리가 원줄기에 많이 달린다.
④ 가지를 적게 치고 가지가 짧다.

해설
군락의 수광태세가 좋아지는 콩의 초형은 잎이 작고 가늘어야 한다.

49 작물의 내염성 정도가 강한 것으로만 나열된 것은?
① 완두, 레몬   ② 셀러리, 고구마
③ 양배추, 순무 ④ 살구, 복숭아

해설
내염성 작물로 사탕무, 목화, 양배추, 순무, 유채 등이 있다.

50 다음 중 요수량이 가장 적은 작물은?
① 호박   ② 완두
③ 옥수수   ④ 클로버

해설
요수량이 적은 식물로 수수, 기장, 옥수수 등이 있다.

정답 43 ④ 44 ③ 45 ① 46 ④ 47 ③ 48 ① 49 ③ 50 ③

51 발아에 광선이 필요하지 않은 작물은?
① 상추 ② 금어초
③ 담배 ④ 호박

해설
혐광성 작물로 호박, 고추, 양파, 오이, 백일홍 등이 있다.

52 열해의 원인으로 가장 거리가 먼 것은?
① 증산과다
② 철분의 침전
③ 암모니아 축적
④ 유기물의 과잉집적

해설
열해로 인해 유기물 소모가 많아지기에 과잉집적과는 거리가 멀다.

53 기계이앙 벼 재배용 상자육묘에서 상토의 최적 pH 는?
① 3.5~4.5 ② 4.5~5.5
③ 5.5~6.5 ④ 7.5~8.5

해설
육묘용 상토는 pH 4.5 ~ 5.5 가 적합하다.

54 지온상승에 효과가 있는 멀칭필름은?
① 투명필름 ② 흑색필름
③ 녹색필름 ④ 황색필름

해설
투명필름은 햇빛을 통과시켜 지온의 상승 및 습도 유지에 도움을 준다.

55 공기 중 습도가 높으면 어떤 현상이 일어나겠는가?
① 광합성이 더욱 왕성히 이루어진다.
② 숨구멍이 폐쇄되어 광합성이 크게 감소된다.
③ 뿌리의 수분, 양분의 흡수력이 왕성해진다.
④ 증산작용이 왕성해진다.

해설
공중 습도가 높아지면 잎에서의 증산작용이 억제되고 기공이 닫히는데 이때 광합성량은 감소한다.

56 용도에 따른 작물의 분류법에서 식용작물, 공예작물, 사료작물에 모두 속하는 화본과 작물은?
① 벼 ② 콩
③ 감자 ④ 옥수수

해설
옥수수는 식용작물에서 잡곡, 공예작물에서 전분작물, 사료작물에 속하는 화본과 작물이다.

57 경사도가 3~27° 되는 지역에서 주로 목초, 과수나 밀식작물을 재배할 때 적합한 관개법은?
① 수반법 ② 보더법
③ 휴간관개 ④ 일류법

해설
월류법은 낮은 재배지역으로 물이 흘러들어가게 하는 방법으로 경사지에서 적합한 관개법 중 하나이다.

58 작물 도복의 유발 조건으로 틀린 것은?
① 재배조건 중 밀식은 도복을 조장한다.
② 병해충의 발생이 심하면 도복을 조장한다.
③ 칼륨성분의 다량시용은 도복을 조장한다.
④ 키가 크고 대가 약한 품종일수록 도복이 심하다.

해설
질소질 비료를 다량시용하면 도복을 조장하며 칼륨 및 규산을 균형시비하면 도복을 방지한다.

59 재배의 기원지가 중앙아시아에 해당하는 것은?
① 양배추   ② 대추
③ 양파   ④ 고추

해설
지리적으로 중앙아시아가 기원지가 되는 작물로 귀리, 완두, 당근, 양파, 삼 등이 있다.

60 내건성이 강한 작물의 형태적 특성이 아닌 것은?
① 잎맥과 울타리조직이 발달한다.
② 체적에 비해 표면적의 비가 작다.
③ 지상부에 비해 근군의 발달이 좋다
④ 기동세포가 발달하지 못하여 표면적이 축소되어 있다.

해설
내건성이 강한 작물은 기동세포가 발달되어 있다.

4과목 농약학

61 유기염소계 살충제에 대한 설명으로 옳은 것은?
① 살충력이 강하고 대량생산이 가능하다.
② 약해가 적고 분해되기 쉽다.
③ 적용해충의 범위가 넓어 품목개발이 많이 이루어지고 있다.
④ 광선에 의한 분해가 빨라 잔효성이 적은 편이다.

해설
유기염소계 살충제는 살충력이 강하고 적용 가능한 해충의 종류가 많으며 대량생산이 가능하다.

62 DDVP 유제 50%를 500배로 희석하여 면적 10a 당 4말(1말:18L)을 살포하고자 할 때의 소요약량은 약 몇 ml 인가?
① 72   ② 144
③ 288   ④ 576

해설
$$\text{소요약량} = \frac{\text{단위면적당 사용량}}{\text{소요희석배수}}$$
$$= \frac{18000 \times 4}{500} = 144ml$$

63 인화 및 폭발의 위험성이 없고 곡물의 품질을 저하시키지 않으며 살선충제와 토양 살균제로도 사용되는 제제는?
① 리뉴론
② 메틸브로마이드
③ 디디브이피(DDVP)
④ 클로로피크린

해설
클로로피크린은 휘발성 액체로 살충제, 토양소독제로 이용하며 곡물 및 열매의 훈증에도 사용한다.

정답 58 ③ 59 ③ 60 ④ 61 ① 62 ② 63 ④

64 인축에 대한 독성을 표시하는 기호로 사용하는 LD_{50}의 의미는?
① 중위치사량 ② 최대치사량
③ 최소치사량 ④ 극소치사량

해설
LD_{50}은 반수치사량 또는 중위치사량이라 한다.

65 다음 중 카바메이트계 농약은?
① 티오디카브 수화제
② 펜티온 유제
③ 디티오피르 수화제
④ 이프로디온 수화제

해설
카바메이트계 살충제로 카바릴(NAC), 페노뷰카브(BPMC), 카보퓨란, 티오디카브(UCC) 등이 있다.

66 농약의 사용법에 대한 설명으로 틀린 것은?
① 농약을 뿌릴 때에는 바람을 안고 마스크를 쓴다.
② 농약을 다룰 때에는 고무장갑을 착용한다.
③ 방제복을 착용한다.
④ 제초제를 사용한 후에는 방제기구를 세척한다.

해설
농약을 뿌릴 때는 바람을 등지고 마스크를 쓴다

67 분제 제조시 벤토나이트나 탈크 분말을 사용 할 때 가장 적당한 가비중은?
① 0.15 ② 0.3
③ 0.5   ④ 1.0

해설
농약의 제형은 단위용적당 무게로 분제의 입자의 진비중은 2.5 내외이지만 입자간의 공극으로 가비중은 0.5 정도이다.

68 제초제의 일반 특성에 대한 설명으로 틀린 것은?
① Phenoxy 계 제초제는 옥신작용을 갖고 있다.
② 2,4-D 제초제는 무기화합물 제초제이다.
③ Phenoxy 계 제초제는 인축 및 어패류에 대한 독성이 낮다.
④ Dicamba 등 벤조산계 제초제는 작물체 내에서 안전성이 높은 편이다.

해설
2,4-D 제초제는 유기화합물 제초제이다.

69 농약의 품질불량이 원인이 되어 약해를 일으키는 원인이 아닌 것은?
① 불순물의 혼합에 의해 약해
② 원제 부성분에 의해 약해
③ 농약의 고농도에 의해 약해
④ 경시변화에 의한 유해성분의 생성

해설
농약의 고농도에 의한 약해는 농약의 오용에 의해 발생한다.

70 농약의 제형 중 유제의 구비조건이 아닌 것은?
① 농약을 물에 넣었을 때 수화되면서 현수성이 좋아야 한다.
② 물에 희석하였을 때 유효성분이 석출되지 않고 유탁액을 만들어야 한다.
③ 유효성분이 보존 중 또는 사용 중에 분해 변화되지 않아야 한다.
④ 살포 후에 작물이나 해충의 표면에 고르게 퍼지며 부착이 되어야 한다.

해설
농약을 물에 넣을때 수화되면서 현수성이 좋은 것은 수화제의 조건이다.

정답 64 ① 65 ① 66 ① 67 ③ 68 ② 69 ③ 70 ①

71 다음 농약 중 살비제가 아닌 것은?
① 디코폴(dicofol)
② 아미트라즈(amitraz)
③ 사이플루트린(cyfluthrin)
④ 클로펜테진(clofentezine)

해설
- 살비제로 디코폴, 펜프로, 테부펜피라드, 페나자퀸, 피리다벤 등이 있다.
- 사이플루트린(cyfluthrin)은 살충제이다.

72 주성분에 의한 농약에 분류에 해당되지 않는 것은?
① 유기인계   ② 훈증제
③ 카바메이트계 ④ 유기염소계

해설
주성분에 의한 농약의 분류로 유기인계, 카바메이트계, 유기염소계, 유기황계 등이 있으며 훈증제는 제형에 따른 분류에 속한다.

73 주다음 중 선택성 제초제는?
① Paraquat   ② Glyphosate
③ 2,4-D   ④ Glufosinate

해설
선택성 제초제로 2,4-D, Propanil, Butachlor 등이 있다.

74 이프로벤포스 유제 48% 100ml 를 0.5%의 희석액으로 만드는데 소요되는 물의 양은 몇 ml 인가?(단, 이프로벤포스 유제의 비중은 1.005 이다.)
① 9247.5   ② 9347.5
③ 9447.5   ④ 9547.5

해설
희석할 물의 양
$= 원액 용량 \times (\frac{원액 농도}{희석할 농도} - 1) \times 원액 비중$
$= 100 \times (\frac{48}{0.5} - 1) \times 1.005 = 9547.5\,ml$

75 제초제, 생장조정제, 살충제, 살균제 등으로 분류하는 농약의 기준은?
① 사용목적에 의한 분류
② 주성분 조성에 의한 분류
③ 농약의 형태에 의한 분류
④ 작용기작에 의한 분류

해설
농약의 사용목적에 따라 살균제, 살충제, 제초제 등으로 분류한다.

76 어독성 검정은 보통 잉어를 사용하는데 약제 처리 후 며칠 만에 조사하여 독성을 구분하는가?
① 1일(24시간) ② 2일(48시간)
③ 5일(120시간) ④ 10일(240시간)

해설
어독성 반수치사농도는 48시간 후에 50%가 살아남는 것을 기준으로 한다.

77 다음 중 잡초생육기 처리용 비선택성 제초제는?
① 헥사지논
② 피리벤족심
③ 피리졸레이트
④ 글리포세이트포타슘

해설
전체 식물을 제거하는 비선택성 제초제로 글리포세이트포타슘이 있다.

78 다음 중 농약의 사용목적에 따른 분류에 해당하는 것은?
① 유제농약   ② 유기인제농약
③ 살충제농약 ④ 잔류성농약

해설
사용목적에 따른 분류로 살충제, 살균제, 식독제, 유인제, 제초제 등이 있다.

정답 71 ③ 72 ② 73 ③ 74 ④ 75 ① 76 ② 77 ④ 78 ③

79 처리 후 식물체 내로 침투이행이 잘 되고 약효지속시간도 긴 유기유황제 살균제는?
① 베노밀
② 베날락실엠
③ 아이소티아닐
④ 아이소프로티올레인

해설
아이소프로티올레인은 유기유황제 살균제로 깨씨무늬병, 도열병류, 이삭마름병 등에 효과가 있으며 침투이행성 약제로 약효지속기간이 긴 약제이다.

80 유기비소제의 일반식이 $R \cdot As \cdot X_2$ 로 표시될 때 R이 지방족일 경우 가장 살균력이 큰 것은?
① $-CH_3$
② $-C_2H_5$
③ $-C_3H_7$
④ $-C_4H_9$

해설
- 비소(As)를 함유하는 유기화합물로 $R \cdot As \cdot X_2$ 로 표기한다.
- R 이 방향족에 염소기가 있을 경우 살균력이 매우 강하다.
- R 이 지방족의 경우 $-CH_3 > -C_2H_5 > -C_3H_7$ 순으로 살균력을 나타낸다.

5과목 잡초방제학

81 잡초방제에서 담수처리에 대한 설명으로 옳은 것은?
① 무더운 날씨에는 효과가 줄어든다.
② 온도 조절을 통해 잡초 발생을 줄이는 것이다.
③ 발아에 필요한 산소흡수를 억제시켜 잡초발생을 줄인다.
④ 다년생잡초 방제에는 효과가 있으나 일년생잡초에는 효과가 없다.

해설
담수처리를 통해 종자의 산소흡수를 억제하여 발아를 막는다.

82 뿌리가 토양에 고정되어 있지 않고 물 위에 떠다니는 부유성 잡초에 해당하는 것은?
① 가래
② 네가래
③ 생이가래
④ 가는가래

해설
부유잡초로는 부레옥잠, 개구리밥, 좀개구리밥, 생이가래 등이 있다.

83 논에서 잡초의 군락 천이를 유발시키는 데 가장 큰 영향을 주는 것은?
① 장간종 품종 재배
② 동일 작물로만 재배
③ 화학비료의 지속적인 사용
④ 동일한 제초제의 연속적인 사용

해설
잡초군락의 천이는 재배작물 변화, 작부체계 변화, 경종조건 변화, 제초방법 변화 등이 있으며 동일 제초제의 연속 사용의 경우 저항성 잡초들의 발생으로 천이를 유발한다.

84 잡초 종별 수량이 가장 적은 것은?
① 가지과
② 국화과
③ 화본과
④ 방동사니과

해설
국내의 잡초 발생을 보면 화본과, 방동사니과, 국화과가 대부분을 차지하고 있다.

85 광발아 잡초에 해당하지 않는 것은?
① 비름
② 광대나물
③ 소리쟁이
④ 왕바랭이

해설
광대나물은 암발아 종자에 속한다.

86 일장에 거의 영향을 받지 않고 발생 후 일정한 기간이 되면 지하경을 형성하는 다년생 논잡초는?
① 벗풀 ② 가래
③ 올미 ④ 올방개

해설
올미는 덩이줄기를 이용한 영양번식을 하기에 일장의 영향을 거의 받지 않고 지하경을 형성하는 다년생 논잡초이다.

87 잡초는 경우에 따라 유용하게 이용되기도 한다. 수질 오염원의 제거에 효과가 있는 것으로 알려진 잡초는?
① 쇠비름 ② 바랭이
③ 쇠뜨기 ④ 부레옥잠

해설
부레옥잠은 수질 정화용으로 이용된다.

88 생태적 방제법에 대한 설명으로 틀린 것은?
① 연작을 실시한다.
② 작물의 재식밀도를 조절한다.
③ 과수원에서는 피복작물을 재배한다.
④ 작물의 초관형성시기를 되도록 빠르게 한다.

해설
생태적 방제법은 경종적 방제법이라하며 작부체계 개선, 경합력 큰 작물의 선택, 피복식물 재배, 이식 및 이앙 등의 방법이 있다.

89 논에서 주로 종자로 번식하는 잡초는?
① 올미 ② 벗풀
③ 올방개 ④ 물달개비

해설
물달개비는 주로 논에서 종자로 번식하는 1년생 잡초이다.

90 밭에서 주로 발생하는 잡초로만 올바르게 나열된 것은?
① 여뀌, 매자기
② 쇠비름, 바랭이
③ 올방개, 물달개비
④ 드렁새, 사마귀풀

해설
밭잡초에는 쇠비름, 망초, 바랭이, 할미꽃, 쇠뜨기 엉겅퀴 등이 있다.

91 형태적 특성에 따른 잡초 분류로 옳지 않은 것은?
① 소엽류 잡초
② 광엽류 잡초
③ 화본과류 잡초
④ 방동사니과류 잡초

해설
형태적 특성에 따라 광엽잡초, 화본과잡초, 방동사니과잡초로 분류된다.

92 지속적인 예취의 결과로 옳지 않은 것은?
① 잡초 결실을 미연에 방지한다.
② 키가 큰 차광 피해를 제거한다.
③ 다년생 잡초의 저장양분을 고갈시킨다.
④ 포복형 및 로제트형 잡초종이 감소된다.

해설
예취를 지속적으로 작업하게 되면 포복형 및 로제트형 잡초종이 증가하게 된다.

정답 86 ③ 87 ④ 88 ① 89 ④ 90 ② 91 ① 92 ④

93 이사-디 액제에 대한 설명으로 옳지 않은 것은?

① 페녹시계 제초제이다.
② 광엽잡초에 특히 활성이 높다.
③ 주로 논 제초제로 사용되고 있다.
④ 이행성이 비교적 낮고 생장점 등에 집적하는 성질이 있다.

해설
2,4-D 액제의 경우 선택적으로 작용하는 유기제초제로서 이행성이며 호르몬작용을 교란시키는 페녹시계 제초제이다.

94 제초제의 약해가 발생하는 주요 요인이 아닌 것은?

① 감수성 고정
② 농약 상호작용
③ 환경 중의 확산
④ 토양 중 제초제 잔류

해설
감수성은 특정 작용에 대한 민감 정도로 약해의 주요 발생 요인과는 관련이 없다.

95 가을에 발생하여 월동 후에 결실하는 잡초로만 올바르게 나열된 것은?

① 쑥, 비름, 명아주
② 깨풀, 민들레, 강아지풀
③ 별꽃, 뚝새풀, 벼룩나물
④ 별꽃, 바랭이, 애기메꽃

해설
겨울잡초(동계잡초)의 종류로 뚝새풀, 냉이, 개미자리, 벼룩나물, 점나도나물, 벼룩이자리, 별꽃 등이 있다.

96 올방개 방제에 가장 효과적인 제초제는?

① 뷰타클로르 유제
② 펜디메탈린 유제
③ 페녹슐람 액상수화제
④ 피라조설퓨론에틸 수화제

해설
올방개, 올챙이고랭이, 벗풀 등의 다년생 잡초에는 벤타존, 페녹슐람 약제가 효과적이다.

97 생물적 잡초방제를 위해 곤충을 사용할 때 곤충에 대한 유의사항으로 옳지 않은 것은?

① 환경에 잘 적응해야 한다.
② 인공적으로 배양 또는 증식이 어려우며 생식력이 약해야한다.
③ 문제 잡초를 선별적으로 찾아다닐 수 있는 이동성이 있어야한다.
④ 대상 잡초에만 피해를 주고 잡초가 없어지면 천적 자체도 소멸되어야 한다.

해설
생물적 방제를 위한 곤충은 인공적 배양 및 증식이 쉬워야하고 생식력이 강해야 한다.

98 제초제의 선택성을 발휘하는 주요 요인이 아닌 것은?

① 잡초 잎의 수
② 잡초의 생장점 위치
③ 잡초 뿌리의 분포 깊이와 형태
④ 잡초 종자의 발아 및 출아 심도

해설
잎의 수보다는 잎의 표면 및 특성이 관계가 있다.

정답 93 ④ 94 ① 95 ③ 96 ③ 97 ② 98 ①

99 잡초 종자의 휴면타파 및 발아율을 촉진시키는 생장조절 물질과 가장 거리가 먼 것은?

① 사이토카이닌 ② 에틸렌
③ 지베렐린 ④ MH

해설
MH 제는 식물의 생장 억제 물질에 속한다.

100 다음 중 우리나라 과수원에서 발생하는 잡초종으로 가장 거리가 먼 것은?

① 바랭이 ② 매자기
③ 강아지풀 ④ 닭의장풀

해설
매자기는 논에서 주로 발생하는 논잡초이다.

정답 99 ④ 100 ②

국가기술자격 필기시험문제

기사 CBT 5회 모의고사문제				수험번호	성명
자격종목 식물보호기사	종목코드	시험시간 2시간 30분	형별		

※ 본문제는 수험생들의 기억을 바탕으로 작성 된 것으로 실제 문제와 차이가 있을 수 있습니다.

1과목 식물병리학

01 목재 썩음병에 관계하는 중요한 효소는?
① Lipase ② Amylase
③ Ligninase ④ Phosphotase

해설
ligninase(목재 흰썩음병균)은 세포의 구성성분 중에서 리그닌을 분해하는 리그닌 분해효소이다.

02 병에 걸린 보리를 먹으면 식중독을 일으키는 병은?
① 겉깜부기병 ② 붉은곰팡이병
③ 줄녹병 ④ 흰가루병

해설
맥류 붉은곰팡이병균은 역사적으로 곡류등을 통해 인체에 흡수되어 유해한 균독소를 분비해 많은 사상자를 내기도 하였다.

03 한 식물체의 병에 대한 저항성이 무너지게 되는 가장 큰 요인은?
① 병원균의 변이
② 기주체의 변이
③ 환경요인의 변이
④ 영양물질의 불균형

해설
병에 대한 저항성은 병원성에 대한 억제 능력으로 병원균이 변이할 경우 기존의 저항성이 작용하기 어렵다.

04 벼 깨씨무늬병에 가장 효과적인 비화학적 방제방법은?
① 관수 철저
② 합리적인 비배관리
③ 중만생종 품종 선택
④ 이식기의 조절

해설
벼 개씨무늬병은 토양의 상태를 개선하는 것이 효과적인 방제법 중 하나로 합리적인 비배관리를 통해 방제할수 있다.

05 식물병원 진균의 영양기관에 해당하지 않는 것은?
① 균핵 ② 후벽포자
③ 담자포자 ④ 흡기

해설
진균의 영양기관은 균사체, 선상균사, 균핵, 자좌, 근상균사속, 흡기 등이 있다. 담자포자의 경우 번식기관에 속한다.

06 채소재배에서 제일 문제가 되는 병으로, 이병에 걸린 조직은 효소작용으로 수침상이 되고, 냄새가 나며, 방제 시 토양소독이 요구되는 병은?
① 검은 무늬병 ② 뿌리부패병
③ 무름병 ④ 뿌리마름병

해설
발생시 흰썩음병이라 하며 발생시 식물의 표면에 반점이 생기면서 병든 부위로 변형이 생기고 악취가 난다. 병원균이 토양에서 월동하며 이를 방제하기 위해 토양을 소독한다.

정답 01 ③ 02 ② 03 ① 04 ② 05 ③ 06 ③

07 보리 겉깜부기병 방제법으로 가장 거리가 먼 것은?
① 무병지에서 채종한 종자 사용
② 종자를 냉수온탕침법으로 처리
③ 종자를 침투성 종자소독제로 소독
④ 보리 이삭이 필 무렵 석회 황합제 살포

해설
보리 겉깜부기병은 냉수온탕침법, 약제를 이용한 종자를 분의 처리하는 것이 효과적이다.

08 우리나라에서 참나무 시들음병을 일으키는 병원균을 매개하는 것으로 알려진 곤충은?
① 북방수염하늘소
② 솔수염하늘소
③ 광릉긴나무좀
④ 장수풍뎅이

해설
참나무 시들음병의 매개충은 광릉긴나무좀이다

09 식물병 중 표징을 관찰할 수 없는 경우는?
① 사찰나무 그을음병
② 포도나무 잿빛곰팡이병
③ 대추나무 빗자루병
④ 사과나무 탄저병

해설
파이토플라스마에 의해 발생하는 대추나무 빗자루병은 병징만 나타나고 표징은 관찰하기 힘들다

10 병든 보리, 밀을 먹는 사람과 돼지 등에 심한 중독을 일으키는 병해는?
① 깜부기병 ② 흰가루병
③ 줄무늬병 ④ 붉은곰팡이병

해설
붉은곰팡이병은 진균독소를 만들기에 사람이나 가축이 먹으면 피해를 준다.

11 매개충에 의해 경란전염하는 바이러스 병해는?
① 담배 모자이크병
② 감자 X 바이러스병
③ 벼 줄무늬잎마름병
④ 보리 줄무늬모자이크병

해설
경란전염은 매개충의 알을 통해 바이러스가 전파되는 것을 의미하며 벼 줄무늬잎마름병의 바이러스는 애멸구에 의해 경란전염된다.

12 식물 병원균 중 바이러스의 구성에 대한 설명으로 옳지 않은 것은?
① 핵산은 RNA 또는 DNA 이다.
② 주요 구성성분은 핵산과 외피단백질이다.
③ 기타 성분으로는 미량 탄수화물, 금속 이온 등이 있다.
④ 동물바이러스와 다르게 핵단백질이 외막으로 둘러싸인 것이 많다.

해설
바이러스는 핵산과 단백질로 구성된 핵단백질로 세포벽이 없는 것이 특징이다.

13 다음 중 식물 세포벽을 분해하는 효소가 아닌 것은?
① Cellulase ② Pectinase
③ Cutinase ④ Phosphatase

해설
Phosphatase 는 인가수분해효소로 인산무수물의 가수분해를 촉매하는 효소이다. 식물세포벽 분해 효소로는 셀룰로오스분해효소(Cellulase), 헤미셀룰로오스 분해효소(Hemicellulase), 리그닌 분해효소(ligninase), 펙틴 분해효소(Pectinase), 큐틴 분해효소(Cutinase) 등이 있다.

14 생물학적 방제의 단점으로 옳지 않은 것은?
① 병이 발생한 후에는 치료의 효과가 낮다.
② 신속하고 정확한 효과를 기대하기 어렵다.
③ 넓은 지역에 광범위하게 적용하기가 어렵다.
④ 환경의 영향을 많이 받지 않아 처리효과가 일정하지 않다.

해설
생물학적 방제의 경우 환경의 영향을 받는다.

15 코흐의 법칙에 대한 설명으로 옳지 않은 것은?
① 병원체는 분리되어 배지에서 순수 배양되지 않을 수도 있다.
② 발병한 부위로부터 접종을 사용하였던 것과 동일한 병원체가 재분리되어야 한다.
③ 병환부에는 그 병을 일으키는 것으로 추정되는 병원체가 항상 존재하여야 한다.
④ 순수 배양한 병원체를 건전한 기주에 접종하였을 때 동일한 병이 발생하여야 한다.

해설
코흐의 법칙에서 병원체는 분리되어 배지에서 순수 배양되어야 한다.

16 유성번식을 하지 않거나 매우 드물게 하는 것은?
① 접합균   ② 자낭균
③ 담자균   ④ 불완전균

해설
불완전균의 경우 유성번식법이 잘 알려져 있지 않다.

17 식물이 병에 걸리기 쉬운 성질은?
① 저항성   ② 면역성
③ 감수성   ④ 병회피

해설
식물이 병에 걸리기 쉬운 성질을 감수성이라 한다.

18 순활물기생균에 의해 발생하는 병은?
① 감자 역병   ② 밀 붉은녹병
③ 맥류 깜부기병 ④ 고구마 무름병

해설
순활물기생균은 절대기생체로 녹병균, 흰가루병균, 노균병균, 배나무 붉은별무늬병균 등이 있다.

19 현재 중간기주가 발견되지 않아 이종기생하지 않는 것으로 분류되는 녹병은?
① 밀 줄기녹병
② 잣나무 털녹병
③ 보리 겉깜부기병
④ 사과나무 붉은별무늬병

해설
이종기생은 다른 기주식물을 옮겨다니는 병원균으로 중간기주를 가진다. 보리 겉깜부기병은 진균에 의해 발생하며 기주교대를 하지 않는다.

20 TMV(Tobacco Mosaic Virus)에 대한 설명으로 틀린 것은?
① TMV의 입자는 핵산이 단백질에 감싸여 있다
② 핵단백질로 되어 있다
③ 길이는 300nm, 너비 18nm로 공모양이다
④ TMV의 구조 중 단백질 껍질을 캡시드라 한다

해설
TMV는 길이 300nm, 너비 18nm 의 막대형이다.

정답 14 ④ 15 ① 16 ④ 17 ③ 18 ② 19 ③ 20 ③

2과목 농림해충학

21 곤충이 배설하는 물질이 아닌 것은?
① 초산 ② 암모니아
③ 요산 ④ Allantoic Acid

[해설]
곤충은 암모니아, 요소, 요산, 아미노산, 알란드산 등의 질소대사물을 배설한다.

22 곤충에서 탈피 후 표피를 단단하게 하는데 관여하는 호르몬은?
① Bursicon ② Proctolin
③ 탈피 호르몬 ④ 유약 호르몬

[해설]
Bursicon은 앞가슴선에서 분비되는 경화호르몬으로 탈피 후 표피를 단단하게 해준다.

23 외시류 곤충의 겹눈을 구성하는 낱눈의 수의 변화에 대한 설명으로 옳은 것은?
① 약충 발육기간 중에만 증가한다.
② 변태기에만 증가한다.
③ 탈피기와 변태기에 모두 증가한다.
④ 아무런 수의 변화가 없다.

[해설]
겹눈을 구성하는 낱눈은 곤충에 따라 차이가 나며 개미의 경우 수개, 잠자리의 경우 1만개~2만8천개 정도로 다양하다.

24 곤충의 체벽(외골격)을 구성하는 요소들을 바깥쪽부터 순서대로 바르게 나열한 것은?
① 상큐티클-외큐티클-표피-기저막
② 외큐티클-표피-기저막-상큐티클
③ 상큐티클-외큐티클-기저막-표피
④ 상큐티클-기저막-표피-외큐티클

[해설]
곤충의 체벽을 구성하는 순서는 외부에서부터 상큐티클, 외큐티클, 표피, 기저막의 순서로 구성된다.

25 일반적으로 우리나라에서 월동하지 않고 매년 중국 남부로부터 비래해 오는 해충은?
① 벼멸구 ② 애멸구
③ 끝동매미충 ④ 번개매미충

[해설]
벼멸구는 국내에서는 월동이 불가능하여 6월쯤부터 중국 남부지역에서 남서풍을 타고 비래한다.

26 곤충의 순환계에 대한 설명으로 틀린 것은?
① 개방계이다.
② 심장은 등 쪽에 있다.
③ 산소를 세포에 운반한다.
④ 혈액은 혈장과 혈구세포로 이루어진다.

[해설]
곤충은 혈관을 통해 산소를 공급하는 것이 아닌 기문을 통해 산소를 공급하기에 곤충의 혈액에는 헤모글로빈이 없는 경우가 많다.

27 먹이를 빠는 형의 입틀을 가진 것은?
① 진딧물 ② 메뚜기
③ 딱정벌레 ④ 나비 유충

[해설]
진딧물은 먹이를 찔러서 빨아먹는 자흡구형이다.

28 다음 중 호흡계의 기문수가 가장 적은 곤충은?
① 나방 유충 ② 나비 유충
③ 모기붙이 유충 ④ 딱정벌레 유충

[해설]
모기붙이 유충은 파리목의 유충으로 호흡계의 기문수가 일반적인 10쌍 보다 적다.

정답 21 ① 22 ① 23 ③ 24 ① 25 ① 26 ③ 27 ① 28 ③

29 윤작(돌려짓기)에 의한 해충방제의 효과성을 높이려고 할 때 유의사항으로 옳지 않은 것은?

① 윤작 주기를 짧게 한다.
② 대상 해충 식성을 고려한다.
③ 토양 곤충 여부를 확인한다.
④ 유연관계가 먼 작물을 선택한다.

해설
같은작물을 연작하기 보다 서로 다른 작물을 재배하는 윤작이 예방효과가 있다.

30 여름철의 진딧물, 밤나무순혹벌, 민다듬이벌레 등의 생식방법에 해당하는 것은?

① 양성생식   ② 다배생식
③ 무성생식   ④ 단위생식

해설
진딧물, 밤나무순혹벌등은 암컷만으로 번식을 하는 단위생식을 한다.

31 표피를 형성하는 단백질, 지질, 키틴 화합물 등을 합성하고 분비해 주는 한 층의 세포군으로 탈피 시에는 내원표피를 소화시키는 탈피액도 분비하는 것은?

① 체색   ② 표피층
③ 기저막   ④ 진피세포

해설
진피세포는 곤충의 표피를 이루는 단백질, 지질, 키틴화합물 등을 합성, 분비해주는 한층의 세포군으로 탈피 시에는 내원표피를 소화시키는 탈피액도 분비한다. 탈피 직전 분열이 일어나 생장을 하고 그 중 일부 세포는 감각기, 분비샘 등 돌기구조를 만드는 세포로 분화하기도 한다.

32 배추좀나방에 대한 설명으로 옳은 것은?

① 약충으로 월동한다.
② 일본과 우리나라에만 분포한다.
③ 배추 결구 속에 들어가 가해한다.
④ 비래해충으로 우리나라에는 월동하지 않는다.

해설
① 배추좀나방은 성충, 유충, 번데기로 월동한다.
② 배추좀나방은 전세계적으로 분포하고 있다.
④ 배추좀나방은 국내에서 월동한다.

33 곤충의 휴면작용에 대한 설명으로 옳지 않은 것은?

① 휴면과 관련된 곤충의 행동은 PER 단백질에 의해서이다.
② 광주기에 의한 유면온도는 온도 및 습도의 영향을 받지 않는다.
③ 곤충은 광주기를 인식하여 겨울이 오기 전에 미리 휴면유도가 된다.
④ 불리한 조건에서 생존하기 위해 사용하는 많은 전략 중 하나이다.

해설
곤충의 휴면 요인에는 일장, 온도, 먹이 등이 있다.

34 곤충이 생활하는 도중 좋지 않은 환경에 맞추어 대사율을 낮추는 것은?

① 이주   ② 휴면
③ 휴지   ④ 탈피

해설
불리한 환경에서 대사율을 낮추거나 활동을 정지하는 것을 휴지라고 한다.

정답 29 ① 30 ④ 31 ④ 32 ③ 33 ② 34 ③

35 해충과 월동태의 연결이 옳지 않은 것은?
① 점박이응애 – 성충
② 벼물바구미 – 성충
③ 이화명나방 – 성충
④ 복숭아혹진딧물 – 알

해설
이화명나방은 노숙유충 형태로 월동한다.

36 온실에서 주로 많이 발생하며 토마토의 TYLCV를 매개하는 해충은?
① 담배가루이 ② 온실가루이
③ 목화진딧물 ④ 복숭아혹진딧물

해설
토마토황화잎말림바이러스(TYLCV)는 담배가루이에 의해 매개된다.

37 곤충의 탈피와 변태를 조절하는 호르몬을 분비하는 내분비기관이 아닌 것은?
① 뇌   ② 전흉선
③ 알라타체 ④ 말단신경절

해설
말단신경절은 자율신경계에 속한다. 곤충의 내분비기관은 뇌, 알라타체, 식도하절신경, 전흉선 등이 있다.

38 동물분류학상 곤충이 속해있는 문은?
① 환형동물문 ② 해면동물문
③ 절지동물문 ④ 선형동물문

해설
곤충은 절지동물문에 속한다.

39 응애가 곤충과 다른 점으로 옳은 것은?
① 홑눈이 있다.
② 완전변태를 한다.
③ 다리가 6마디로 되어 있다.
④ 기관이나 숨문으로 호흡한다.

해설
곤충은 다리는 5마디로 이루어져 있고 응애는 거미강으로 6마디로 이루어져 있으며 기절, 전절, 퇴절, 슬절, 경절, 부절이라 한다.

40 다음 중 외국으로부터 침입한 해충은?
① 벼잎벌레   ② 콩잎말이나방
③ 온실가루이 ④ 복숭아혹진딧물

해설
온실가루이는 외국의 관엽식물에 묻어 유입된 외래해충이다.

3과목 재배학원론

41 수해가 유발될 때 작물체 내에 가장 많이 집적되는 물질은?
① 옥살초산 ② 피루브산
③ 에탄올   ④ 젖산

해설
수해가 유발되면 작물이 물에 잠겨 산소가 부족하면서 에탄올이 작물 내에 축적된다.

42 월동작물인 가을밀이나 가을보리를 봄에 파종하면 일어나는 현상은?
① 출수가 촉진된다.
② 출수가 되지 않아 영양생장만 한다.
③ 출수는 지연되나 수량이 많아진다.
④ 영양생장은 거의 하지 않고 성숙이 빨라 채종하기가 좋다.

해설
추파성 작물을 봄에 파종하면 출수가 되지 않고 영양생장만 한다.

정답 35 ③ 36 ① 37 ④ 38 ③ 39 ③ 40 ③ 41 ③ 42 ②

43 화곡류 작물의 출수기 이후 도복과 가장 직접적인 관련이 있는 피해는?
① 요수량 감소   ② 1수 영화수 감소
③ 분얼수 감소   ④ 수발아

해설
수발아는 종자에 이삭이 붙은채로 싹이 나는 현상으로 작물이 쓰러지는 도복현상이후 주로 나타난다.

44 작물의 동상해 대책이 아닌 것은?
① 배수를 하여 생육을 건실하게 한다.
② 칼륨질 비료 시용량을 높인다.
③ 토질을 개선하여 서릿발의 발생을 억제한다.
④ 맥류의 경우 이랑을 세워 뿌리골을 얕게 한다.

해설
이랑을 세워 뿌림골을 깊게 한다.

45 작물의 내동성을 증대시키는 생리적 요인으로 틀린 것은?
① 원형질의 수분투과성이 크다.
② 세포의 수분함량이 높아 자유수가 많다.
③ 원형질의 친수성 콜로이드가 많다.
④ 당분함량이 많다.

해설
작물의 내동성을 증대시키는 생리적 요인으로 세포의 수분 함량이 적어야 한다.

46 다음 중 적산온도가 가장 낮은 것은?
① 벼   ② 감자
③ 콩   ④ 수수

해설
감자는 적산온도가 1000 정도로 낮은편에 속한다.

47 토성에 대한 설명으로 옳은 것은?
① 토성은 2mm 이상 크기의 입자 함량에 가장 크게 영향을 받는다.
② 사질식토보다는 경식토가 미사함량이 낮다.
③ 양토는 사질식토보다 물 빠짐이 좋다.
④ 식양토는 사질식토보다 점토함량이 높다.

해설
토성에서 식토질 토양은 점토 함량이 50% 이상으로 물빠짐이 원활하지 못하다. 반대로 양토의 경우 점토 함량이 25~37.5% 정도로 공극이 충분하여 물빠짐이 양호하다.

48 침관수해에 가장 크게 피해를 받기 쉬운 조건은?
① 청수와 정체수   ② 탁수와 정체수
③ 탁수와 유수   ④ 청수와 유수

해설
침관수해는 맑은 물보다 흐린물에, 흐르는물보다는 정체된 물에 피해가 더 크다.

49 기계이앙 벼 재배용 상자육묘에서 상토의 최적 pH 는?
① 3.5 ~ 4.5   ② 4.5 ~ 5.5
③ 5.5 ~ 6.5   ④ 7.5 ~ 8.5

해설
육묘용 상토는 pH 4.5 ~ 5.5 가 적합하다.

정답 43 ④ 44 ④ 45 ② 46 ② 47 ③ 48 ② 49 ②

50 잡초의 특징이 아닌 것은?
① 대부분의 경지 잡초들은 호광성이다.
② 종자의 크기가 작기 때문에 발아가 빠르고, 초기생장 속도가 빠르다.
③ C_3형 광합성을 하기 때문에 광합성효율이 높다.
④ 불량환경에 잘 적응한다.

해설
잡초는 C_4형 광합성을 하기 때문에 광합성효율이 높다.

51 형태적 특성에 의한 검사 중 종자의 특성 조사항목이 아닌 것은?
① 종피의 색 ② 까락의 장단
③ 모용의 유무 ④ 잎 하부 배축의 색

해설
배축은 종자가 발아했을 때 뿌리와 줄기의 경계부분으로 종자의 특성 조사항목이 아니다.

52 다음 중 목초의 하고 대책이 아닌 것은?
① 스프링플러시의 억제
② 과대한 방목과 채초
③ 고온건조기에 관개
④ 난지형 목초 혼파

해설
하고의 대책으로 과대한 방목과 채초보다 적당한 방목과 채초가 이루어져야 한다.

53 다음 중 시비량이 증가해도 수량은 증가하지 않는 현상은?
① 수량점감의 법칙
② 최소율의 법칙
③ 멘델의 법칙
④ 엔트로피의 법칙

해설
시비량을 증가하면 일정 시비량까지는 수량이 증가하다가 한계 시비량에서는 오히려 감소하는 현상을 수량점감의 법칙이라 한다.

54 종자가 식물학상 과실로 분류되며 과실이 나출되어 있는 작물에 해당하는 것은?
① 상추 ② 귀리
③ 벼 ④ 복숭아

해설
종자가 식물 분류에서 과실로 분류되는 것은 박하, 상추, 우엉, 미나리, 시금치, 밀, 쌀보리, 옥수수 등이 있으며 나출되는 대표 작물로 쌀보리, 밀, 상추, 옥수수 등이 있다.

55 다음 설명의 괄호 안에 알맞은 내용은?

> 장해형 냉해는 ( )부터 ( )까지, 특히 생식세포의 감수분열기에 냉온으로 변의 정상적인 생식기관이 형성되지 못하거나 또는 화분 방출, 수정 등에 장해를 일으켜 불임현상이 나타나는 형의 냉해이다.

① 유수형성기, 개화기
② 유수형성기, 출수기
③ 생육초기, 고숙기
④ 생육초기, 출수기

해설
장해형 냉해는 유수형성기에서 개화기까지 주로 발생한다.

정답 50 ③ 51 ④ 52 ② 53 ① 54 ① 55 ①

56 염분이 많은 간척지토양에서 벼 재배법으로 옳지 않은 것은?

① 만식재배를 한다.
② 휴립재배를 한다.
③ 논물을 말리지 않으며 자주 환수한다.
④ 황산암모니아 비료를 피하고 석회를 충분히 사용한다.

해설
벼 재배의 경우 염분의 농도가 0.3% 이상의 경우 재배가 어렵지만 그 보다 낮은 지역은 조기재배한다.

57 다음 중 F_2의 표현형분리에서 상위성이 있는 경우 억제 유전자의 분리비는?

① 9:7   ② 15:1
③ 13:3 ④ 9:6:1

해설
유전의 법칙에 따른 분리비
· 중간 유전 1 : 2 : 1
· 보복 유전 9 : 7
· 조건 유전 9 : 4 : 3
· 억제 유전 13 : 3
· 피복 유전 12 : 3 : 1
· 동의 유전 15 : 1

58 다음 중 ( ) 에 알맞은 내용은?

> Ookuma 는 목화의 어린 식물로부터 이층의 형성을 촉진하여 낙엽을 촉진하는 물질로서 ( ) 을 순수 분리하였다

① ABA   ② 지베렐린
③ 시토키닌 ④ 에세폰

해설
식물의 ABA는 이층 형성을 촉진하고 옥신은 이층 형성을 억제한다.

59 다음 중 작물의 복토 깊이가 5~9cm인 것은?

① 호박   ② 수수
③ 생강   ④ 시금치

해설
복토 깊이가 5~9cm 인 작물로 감자, 생강, 글라디올러스등이 있다.

60 다음 중 포장동화능력의 식으로 옳은 것은?

① 총엽면적 × (수광능률 + 평균동화능력)
② 총엽면적 × 수광능률 ÷ 평균동화능력
③ 총엽면적 × 수광능률 × 평균동화능력
④ 총엽면적 ÷ 수광능률 × 평균동화능력

해설
포장동화능력은 포장군락의 단위면적당 광합성의 능력을 말하며 총엽면적, 수광능률, 평균동화능력을 곱한 값으로 산출한다.

4과목 농약학

61 다음 중 주로 원상태로 사용되는 농약제제 형태는?

① 액상수화제 ② 미탁제
③ 세립제   ④ 분산성액제

해설
세립제는 입제보다 알갱이가 작으며 원상태로 사용된다.

62 너도방동사니, 물달개비 및 올챙이 고랭이를 선택적으로 제거하는 제초제는?

① 벤치오입제(사단)
② 옥사존유제(론스타)
③ 벤타존액제(벤타그란)
④ 설포세이트(터치다운)

해설
벤타존액제는 경엽처리용 제초제로 잡초가 발생한 후에 처리하며 광엽잡초, 너도방동사니, 올미, 매자기, 올방개, 올챙이고랭이 등에 적용한다.

정답 56 ① 57 ③ 58 ① 59 ③ 60 ③ 61 ③ 62 ③

63 다음 중 카바메이트계(Carbamate)의 농약이 아닌 것은?
① 나크(carbaryl)
② 카보(carbofuran)
③ 메소밀(methomyl)
④ 지오릭스(endosulfan)

해설
지오릭스(엔도설판)은 유기염소계 살충제이다.

64 안전농산물 생산을 위한 농약개발 방법으로 옳지 않은 것은?
① 종자분의제의 개발
② 고활성, 저투입 농약의 개발
③ 병해충 동시방제용 혼합제 개발
④ Xylene 이 주 용제로 사용되는 농약 개발

해설
자일렌(xylene)은 방향족탄화수소로 유제의 유기용매로 사용되나 용해력이 크기 때문에 안전농산물생산을 위한 농약개발방법에는 적합하지 않다.

65 농약의 분해산물 중의 극성물질을 추출하는데 부적당한 용매는?
① 아세토니트릴 ② 벤젠
③ 아세톤   ④ 메탄올

해설
농약의 분해산물 중에 극성물질을 추출하는데 있어 벤젠은 가연성의 발암물질로 사용에 부적당하다

66 응애류를 방제하는 살비제의 구비조건이라고 볼 수 없는 것은?
① 저항성 응애류에 대하여 효과가 좋을 것
② 성충과 유충뿐만 아니라 알에 대하여 효과가 클 것
③ 응애류는 발생기간이 짧으므로 잔효력이 짧을 것
④ 응애류에만 선택적 효과가 있을 것

해설
살비제는 성충, 유충, 알에 대해 살충력이 커야 하며 잔존 실효성이 길어야 하며 작물에 대해 약해가 없어야 한다.

67 유기인제에 중독되었을 때 주로 사용하는 해독제는?
① 치옥탄   ② PAM
③ 쿠렙톤   ④ 비타민K

해설
유기인제에 중독되었을 경우 황산아트로핀, 팜(PAM) 등이 사용된다. 팜(PAM)은 주로 파리치온, EPN 등에 효과가 있다.

68 Carbamate 계 살충제가 아닌 것은?
① Carbaryl(NAC)
② BPMC(BP)
③ Fenitrothion(MEP)
④ Carbofuran(Carbo)

해설
페니트로티온(MEP)는 유기인계 살충제이다.

정답 63 ④ 64 ④ 65 ② 66 ③ 67 ② 68 ③

69 농약의 약효보증기간 동안 유효성분의 분해를 방지 또는 억제하기 위하여 첨가되는 물질은?

① Fenclorim ② Oxabentrinil
③ Epichlorohydrin ④ Metolachlor

해설
Epichlorohydrin 은 농약의 유효성분 분해 방지제로 이용된다.

70 다음 농약 안전성평가항목 중 일반 독성분야에 속하지 않는 것은?

① 급성독성 ② 아급성독성
③ 어독성   ④ 만성독성

해설
어독성은 환경 및 생태 독성분야에 속한다.

71 식물 생장조정제 Indol-B에 대한 설명으로 옳은 것은?

① 유효성분은 6-Benzyl Adenine 단일 성분이다.
② 잔뿌리가 많아지고 원뿌리가 가늘어진다.
③ 생장억제작용을 한다.
④ 콩나물 생장촉진제이다.

해설
인돌비(Indol-B)는 콩나물 생장촉진제로 등록되어 있다

72 10% 엠아이피씨 분제 1.0kg 을 2.0% 분제로 만들려고 할 때 필요한 증량제의 양은 몇 kg 인가?

① 0.4kg ② 4kg
③ 0.8kg ④ 8kg

해설
희석할 증량제 양 = 원분제 중량 $\times (\frac{원분제\ 농도}{목표\ 농도} - 1)$
$= 1 \times (\frac{10}{2} - 1) = 4 kg$

73 주성분에 의한 농약에 분류에 해당되지 않는 것은?

① 유기인계   ② 훈증제
③ 카바메이트계 ④ 유기염소계

해설
주성분에 의한 농약의 분류로 유기인계, 카바메이트계, 유기염소계, 유기황계 등이 있으며 훈증제는 제형에 따른 분류에 속한다.

74 다음 농약 중 살비제가 아닌 것은?

① 디코폴(dicofol)
② 아미트라즈(amitraz)
③ 사이플루트린(cyfluthrin)
④ 클로펜테진(clofentezine)

해설
살비제로 디코폴, 펜프로, 테부펜피라드, 페나자퀸, 피리다벤 등이 있다. 사이플루트린(cyfluthrin)은 살충제이다.

75 다음 급성독성 중 그 강도의 순서가 옳게 나열된 것은?

① 흡입독성>경피독성>경구독성
② 경구독성>흡입독성>경피독성
③ 흡입독성>경구독성>경피독성
④ 경피독성>경구독성>흡입독성

해설
투여 방법에 따라 흡입독성, 경피독성, 경구독성으로 분류되며 독성의 강도는 호흡을 통해 흡입되는 흡입독성이 가장 강하며 입을 통해 침투하는 경구독성, 피부를 통해 체내로 침투하는 경피독성 순서이다.

정답 69 ③ 70 ③ 71 ④ 72 ② 73 ② 74 ③ 75 ③

76 농약의 구비조건으로 가장 거리가 먼 것은?

① 약효가 확실할 것
② 약해가 없을 것
③ 저장성이 좋을 것
④ 독성이 강할 것

해설
농약의 구비조건
- 농약은 살균, 살충력이 강해야 하며 적은양으로 효과가 있어야 한다.
- 작물 및 사람, 가축에 해가 없어야 하고 오랜 시간 잔류하거나 생물에 축적되지 않아야 한다.
- 사용법이 간단해야 한다.
- 품질이 균일하고 지속적이어야 하며 외부환경 변화에도 변질되지 않아야 한다.
- 가격이 저렴하고 구입이 용이해야 한다.
- 다른 약제와의 혼용이 가능해야 한다.
- 농촌진흥청에 등록되어야 한다.

77 다음 중 약해의 원인이 아닌 것은?

① 고농도 살포
② 부적합한 약제 사용
③ 합리적 혼용
④ 사용방법 미숙

해설
약해가 일어나는 원인으로 농약자체의 원인 및 오용, 불순물의 혼입, 부적합한 약제 사용, 고농도 살포 및 과량살포, 불안정한 혼용 등이 있다.

78 농약 중독 시 응급처리요령이 아닌 것은?

① 피부 오염시 비눗물로 목욕을 한다.
② 눈 오염시 포화소금물로 15분간 씻어낸다.
③ 음독시 황산나트륨, 황산마그네슘을 설사약으로 복용한다.
④ 인공호흡을 실시한다.

해설
눈 오염시 맑은 물로 15분 이상 씻어 낸다.

79 다음 중 살선충제로 사용되는 약제는?

① Ethoprophos ② Pencycuron
③ Mancozeb ④ Thiram

해설
살선충제에는 에토프로포스(Ethoprophos), 카두사포스(cadusafos) 등이 있다.

80 잡초방제에 많이 사용하고 있는 Glyphosate 액제에 대한 설명으로 옳지 않은 것은?

① 접촉형 제초제로 약액이 묻은 잎과 줄기만 죽인다.
② 비선택성 제초제로 과수원이나 조림지 등에 사용된다.
③ 사용시 부주의로 눈에 들어갔을 때 즉시 물로 충분히 씻어낸다.
④ 농약 살포 후 비가 오면 약효가 현저히 떨어진다.

해설
글리포세이트(Glyphosate)는 비선택성 제초제이다.

5과목 잡초방제학

81 잡초의 밀도가 증가되면 작물의 수량이 감소되고 어느 밀도 이상으로 잡초가 존재하면 작물의 수량이 현저히 감소되는 이 수준까지의 밀도를 무엇이라 하는가?

① 잡초허용한계밀도
② 잡초허용최대밀도
③ 경제적허용밀도
④ 잡초피해한계밀도

해설
잡초허용한계밀도는 잡초의 밀도가 증가하면 양분의 손실 등으로 작물의 수량이 감소하는 밀도이다. 허용한계밀도 이하로 잡초가 존재할 경우에는 작물의 수량에 영향을 미치지 않게 된다.

정답 76 ④ 77 ③ 78 ② 79 ① 80 ① 81 ①

82 생물적 잡초방제법에 관한 설명으로 옳지 않은 것은?

① 목적은 잡초의 완전한 제거에 있다.
② 비교적 영속성이 있고 환경 친화적이다.
③ 미생물 또는 식해성 생물을 이용하여 잡초 밀도를 감소시키는 수단을 말한다.
④ 경제적으로 무시해야 될 정도의 잡초만 생존하도록 밀도를 감소 조절하는 데 있다.

해설
생물적 잡초방제는 잡초의 밀도를 감소시키는 것이지 완전 제거는 아니다.

83 잡초경합 한계기간에 대한 설명으로 옳은 것은?

① 작물의 경합력이 가장 높은 시기
② 작물의 경합력이 크게 필요치 않은 시기
③ 작물이 잡초와의 경합에 가장 민감한 시기
④ 작물이 잡초로부터 피해를 가장 적게 받는 시기

해설
잡초경합 한계기간은 잡초의 경합이 없는 생육초기와 경합으로 피해가 없는 성숙 말기 사이의 기간으로 그 사이의 작물이 잡초와 경합에 가장 민감한 시기를 의미한다.

84 농경지에서 발생하는 잡초의 발생초종 구성이 변화하는 천이에 가장 크게 영향을 미치는 요인은?

① 시비법   ② 작부체계
③ 물 관리법   ④ 제초제 사용

해설
잡초군락의 변이 및 천이는 재배작물 변화, 작부체계 변화, 경종조건 변화, 제초방법 변화에 의해 영향을 받는데 그중에서 제초방법인 유사 성질의 제초제 연용에 가장 큰 영향을 받는다.

85 명아주 종자에서 나타나는 종피에 의한 휴면성의 원인으로 가장 적당한 것은?

① 미숙배
② 낮은 수분 투과성
③ 종피 내 질소 결핍
④ 종피 내 독성물질의 존재

해설
종피가 두껍거나 투기성이 낮아 수분의 흡수가 용이하지 못해 장기간 발아하지 않는 종자를 경실이라 한다. 대표적으로 명아주과, 메꽃, 자운영 등이 있다.

86 다른 조건보다 주로 일장에 반응하여 휴면이 타파되어 잡초 종자가 발아하게 되는 특성은?

① 발아 기회성   ② 발아 계절성
③ 발아 주기성   ④ 발아 연속성

해설
발아 계절의 일장에 반응하여 휴면을 타파하고 발아하는 것을 발아 계절성이라 한다.

87 논에서 잡초의 군락 천이를 유발시키는 데 가장 큰 영향을 주는 것은?

① 장간종 품종 재배
② 동일 작물로만 재배
③ 화학비료의 지속적인 사용
④ 동일한 제초제의 연속적인 사용

해설
잡초군락의 천이는 재배작물 변화, 작부체계 변화, 경종조건 변화, 제초방법 변화 등이 있으며 동일 제초제의 연속 사용의 경우 저항성 잡초들의 발생으로 천이를 유발한다.

정답 82 ① 83 ③ 84 ④ 85 ② 86 ② 87 ④

88 다년생으로만 이루어진 잡초 군락은?
① 뚝새풀, 명아주, 닭의 장풀, 개망초
② 쇠뜨기, 벗풀, 토끼풀, 올미
③ 매자기, 물고랭이, 새섬매자기, 강피
④ 물피, 알방동사니, 가막사리, 물옥잠

해설
다년생 잡초로 나도겨풀, 너도방동사니, 쇠털골, 올 방개, 올챙이고랭이, 가래, 개구리밥, 미나리, 올미, 좀개구리밥, 토끼풀, 쇠뜨기, 엉겅퀴, 메꽃 등이 있다.

89 다음 중 발아 시 산소 요구도가 가장 큰 잡초는?
① 마디꽃 ② 명아주
③ 물달개비 ④ 올챙이고랭이

해설
논잡초는 산소농도나 상대적으로 낮은편이 유리하고 밭잡초의 경우 높은 농도에서 발생이 유리하다. 보기에서 마디꽃, 물달개비, 올챙이고랭이는 논잡초에 속하고 명아주는 밭잡초에 속하며 산소 요구도가 상대적으로 크다.

90 택사과 잡초는?
① 가래 ② 알방동사니
③ 벗풀 ④ 사마귀풀

해설
택사과 잡초로 소귀나물, 올미, 벗풀 등이 있다.

91 제초제의 작용점이란?
① 제초제의 살초력을 발휘하는 장소
② 제초제가 흡수되는 지점
③ 제초제가 분해되는 지점
④ 제초제가 타물질과 결합하는 지점

해설
제초제의 작용점은 살초력을 발휘하는 지점 및 장소를 말한다.

92 작물의 경합 관계에 대한 설명으로 틀린 것은?
① 발아와 초기생육을 먼저 시작한 작물은 잡초와 경합시 유리하다.
② 이앙재배를 한 벼는 직파한 벼보다 잡초에 대한 경합력이 약하다.
③ 작물의 재식밀도가 높으면 잡초에 대한 작물의 경합력이 높다.
④ 작물 생육 중에 발생한 잡초는 작물에 의해 생육이 억제된다.

해설
이앙재배 한 벼는 직파한 벼보다 잡초에 대한 경합력이 강하다.

93 잡초군락의 천이에 미치는 요인으로 영향이 가장 적은 것은?
① 제초방법 ② 물 관리방법
③ 작부체계 ④ 신품종 보급

해설
잡초군락의 천이의 경우 주로 재배작물이나 작부체계가 변화하거나 경종조건이 변화할 경우 영향을 받는다.

94 잡초종자의 휴면타파법으로 일반적으로 사용되지 않는 것은?
① 종피 파상법
② 자외선 처리
③ 저온, 습윤처리
④ 후숙처리

해설
광에 의한 처리를 통해 휴면타파가 가능하며 가시광선 중에서도 오렌지색 영역에서 적색광 영역이 가능하며 자외선 파장 영역에서는 휴면타파가 어렵다.

정답 88 ② 89 ② 90 ③ 91 ① 92 ② 93 ④ 94 ②

95 제초제가 작물에는 피해(약해)를 주지 않고 잡초만을 죽일 수 있는 특성은?
① 제초제의 감수성
② 제초제의 선택성
③ 제초제의 내성
④ 제초제의 저항성

해설
특정 잡초만 선택적으로 방제하는 특성을 제초제의 선택성이라 한다.

96 잡초종자의 휴면에 대한 설명으로 틀린 것은?
① 휴면이 있어 쉽게 방제할 수 있다.
② 배의 미숙에 의하여 휴면하기도 한다.
③ 발아환경이 부적당하면 2차휴면을 한다.
④ 1차휴면에 의해 적합한 환경 조건에서도 발아하지 않는다.

해설
잡초종자의 휴면은 생육에 불리한 환경조건을 극복하기 위한 수단으로 휴면으로 인하여 쉽게 방제하기 어렵다.

97 세계적으로 문제가 되는 잡초 종에서 가장 많이 분포하며 잎집과 잎몸의 이음새에는 막이 있고 털이 밖으로 생장한 모습의 잎혀가 있으며 잎맥이 평행한 특성을 가진 것은?
① 사초과
② 국화과
③ 화본과
④ 마디풀과

해설
세계적으로 가장 문제가 되는 잡초는 화본과 잡초이다.

98 다음 중 논에 주로 발생하는 잡초가 아닌 것은?
① 벗풀, 매자기
② 개구리밥, 가래
③ 바랭이, 닭의장풀
④ 나도겨풀, 올방개

해설
1년생 밭잡초로 바랭이, 쇠비름, 명아주, 닭의 장풀 등이 있다.

99 다음 중 한해살이 잡초로만 나열된 것이 아닌 것은?
① 나도겨풀, 반하
② 피, 참방동사니
③ 바랭이, 알방동사니
④ 생이가래, 큰고추풀

해설
나도겨풀과 반하는 다년생잡초이다.

100 농경지에서 잡초 군락의 천이에 가장 영향을 적게 미치는 것은?
① 제초방법
② 작부체계
③ 병해충
④ 물 관리

해설
잡초군락의 변이 및 천이는 재배작물 변화, 작부체계 변화, 경종조건 변화, 제초방법 변화에 의해 영향을 받는데 병해충에 의한 영향력이 가장 적다.

정답 95 ② 96 ① 97 ③ 98 ③ 99 ① 100 ③

PART 2

산업기사 과년도 문제

국가기술자격 필기시험문제

2013년 산업기사 제1회 과년도 기출문제

자격종목	종목코드	시험시간	형별	수험번호	성명
식물보호산업기사		2시간			

1과목 　 식물병리학

01 사과나무 부란병의 대표적인 발병부위는?
① 뿌리　② 줄기
③ 잎　④ 꽃

> **해설**
> 사과나무 부란병은 줄기에 수침상 병무늬가 생기고 알코올 냄새가 난다.

02 Diener가 발견하였으며 핵산이 한 가닥이고 단백질 껍질이 없는 병원체는?
① 바이로이드　② 파이토플라즈마
③ 바이러스　④ 세균

> **해설**
> 바이로이드는 기주식물의 세포에 감염하여 증식하며 외부단백질 없이 한 가닥의 핵산만으로 구성된 병원체이다.

03 다음 중 병징에 해당되지 않는 것은?
① 점무늬　② 더뎅이
③ 균핵　④ 오갈

> **해설**
> 균핵은 표징이다.

04 흰가루병이 발생하지 않는 기주식물은?
① 사과나무　② 오이
③ 감자　④ 장미

> **해설**
> 흰가루병은 오이, 호박, 참외, 팥 등에서 발생하고 그 외에도 사과나무흰가루병, 장미흰가루병 등이 있다.

05 식물 세균병의 병징과 그 원인의 연결로 옳지 않은 것은?
① 시들음 - 병원세균의 물관부 증식
② 무름 - 펙티나아제(Pectinase)생산
③ 이상비대 - 식물 호르몬의 자극
④ 잎마름 - 잎의 코르크화

> **해설**
> 잎마름은 세균이 잎의 조직에 침입하여 잎이 시들어가게 하는 현상을 말한다.

06 벼 키다리병의 방제법으로서 합리적인 것은?
① 종자소독
② 윤작
③ 중간기주 제거
④ 토양소독

> **해설**
> 벼 키다리병의 방제법은 종자를 소독하고 건전한 종자를 선택한다.

07 다음 중 식물병원성 곰팡이가 기주식물을 침입하기 위해서 기주의 조직에 형성하는 것 중에서 기주로부터 영양분을 흡수할 때 사용하는 기관은 무엇인가?
① 흡기　② 부착기
③ 발아관　④ 포자

> **해설**
> 기생균이 숙주에서 양분을 빨아들이는 특수기관을 흡기라 한다.

정답 01 ②　02 ①　03 ③　04 ③　05 ④　06 ①　07 ①

08 다음 병 중 병원이 주로 바람에 의해서 옮겨지는 것은?

① 사과나무 근두암종병
② 오이 모자이크병
③ 벼 깨씨무늬병
④ 배추 무사마귀병

해설
벼 깨씨무늬병은 바람에 의해 전반된다.

09 담배 모자이크 바이러스를 처음으로 순수 분리한 공로로 노벨상을 탄 사람은?

① 보든(Bawden)
② 다나까(Tanaka)
③ 스미스(Smith)
④ 스탠리(Stanley)

해설
스탠리는 미국의 생화학자로 1935년 담배모자이크 바이러스의 결정화하여 순수 분리한 공로로 1946년 노벨 화학상을 수상받았다.

10 생물적 방제의 설명으로 옳지 않은 것은?

① 저항성 품종만을 이용하는 것이다.
② 환경보존과 지속적 농업에 잘 부합하는 방제법이다.
③ Siderophore 는 철분 흡수경쟁을 이용하는 생물적 방제법이다.
④ *Trichoderma* sp. 의 중기생성 또는 중복기생성이 생물적 방제에 이용된다.

해설
생물적 방제는 저항성 품종 뿐 아니라 곤충, 미생물, 생물농약 등 다양한 방법이 있다.

11 벼 흰빛잎마름병이 대발생할 수 있는 환경조건으로 알맞은 것은?

① 태풍, 침수
② 파아지의 증가
③ 높새바람, 무방제
④ 태풍, 건조

해설
물로 인하여 전파되기에 태풍이나 침수의 피해로 대발생할 수 있다.

12 담배 모자이크바이러스(TMV)에 관한 내용으로 옳지 않은 것은?

① 구성 핵산은 RNA이다.
② 담배에만 감염할 수 있다.
③ 입자의 형태는 막대모양이다.
④ 여러 계통(Strain)이 존재한다.

해설
담배모자이크 바이러스는 고추, 오이, 담배 등을 포함한 꽃 잡초에서도 모자이크 병이 발생한다.

13 기생식물로 분류되는 식물은?

① 담쟁이덩굴   ② 겨우살이
③ 칡   ④ 나팔꽃

해설
기생식물의 종류에는 새삼, 겨우살이 등이 있다.

14 바이러스병의 내부병징과 관계가 먼 것은?

① 토마토 모용세포의 봉입체
② 맥류 위축병 감염세포의 X-체
③ 담배 모자이크바이러스(TMV) 감염에 의한 엽록체의 대형화 및 수의 증가
④ 감자 잎말림바이러스에 의한 사부조직의 괴사

해설
담배 모자이크바이러스 감염시 엽록체의 수 및 크기가 감소한다.
※ 바이러스병 병징
· 외부병징 : 변색, 위축, 괴저, 기형, 왜화, 돌기 등
· 내부병징 : 엽록체 크기 감소, 엽록체 수 감소, 내부조직괴사

정답 08 ③   09 ④   10 ①   11 ①   12 ②   13 ②   14 ③

15 식물병원세균의 특징이 아닌 것은?
① 단세포이다.
② 분열로 증식한다.
③ 세포벽이 있다.
④ 엽록소가 있다.

해설
세균의 경우 세포벽이 있고 핵막이 없으며 이분법으로 증식하는 것이 특징이다.

16 진균의 영양기관이 아닌 것은?
① 균사체   ② 균사속
③ 자좌   ④ 포자낭

해설
포자낭은 번식기관이다.

17 다음 병징이 설명하고 있는 벼의 병은?

◎ 잎, 이삭목, 볍씨, 마디에도 발생한다.
◎ 잎에서 적갈색의 방추형 무늬를 형성한다.
◎ 이삭목에서는 발병시기가 이르면 결실하지 못한다.
◎ 마디는 검은색으로 변해 마르고 결국 부러진다.

① 흰잎마름병   ② 오갈병
③ 도열병   ④ 깨씨무늬병

해설
잎도열병은 병반이 시간에 지남에 따라 갈색으로 변하다가 가운데 회백색 주위는 적갈색으로 방추형의 병반이 된다. 병원균은 도열병의 피해를 받은 볏짚, 볍씨 등에 붙어 겨울을 지내고 이듬해 1차 전염원이 된다. 2차 전염원은 벼의 생육기간 중 잎, 마디, 목 등에 만들어진 홀씨가 바람에 의해 전염된다.

18 애멸구에 의해 전염되는 병은?
① 벼 흰잎마름병
② 벼 잎집무늬마름병
③ 벼 줄무늬잎마름병
④ 오이 모자이크병

해설
벼 줄무늬잎마름병, 벼 검은줄무늬오갈병 등의 매개충은 애멸구이다.

19 은행나무 잎마름병(엽고병)의 병원균 *Pestalotia sp.* 는 잎에 어떤 방법으로 주로 침입하는가?
① 수공으로 침입한다.
② 기공으로 침입한다.
③ 상처부위로 침입한다.
④ 각피로 침입한다.

해설
은행나무 잎마름병의 병원균은 잎의 상처부위를 통해 침입하기에 잎에는 상처가 나지 않도록 주의해야 한다.

20 다음 중 배추 무사마귀병이 발병하는 토양의 산도는?
① 중성   ② 산성
③ 알칼리성   ④ 모두 가능

해설
무·배추 무사마귀병은 산성토양에서 잘 발생한다.

2과목 농림해충학

21 해충 방제 중 생물적 방제의 장점에 해당하는 것은?
① 효과가 빠르지 않다.
② 환경에 영향을 많이 받는다.
③ 안전 농산물 생산이 가능하다.
④ 화학농약과 사용시 많은 주의가 요구된다.

정답 15 ④ 16 ④ 17 ③ 18 ③ 19 ③ 20 ② 21 ③

> **해설**
> 생물적 방제는 화학약품을 사용하지 않고 친환경적인 방제법을 선택하기에 안전한 농산물 생산이 가능하다.

22 기피제를 놓아 해충을 방제하고자 할 때 곤충의 어떤 행동을 이용한 것인가?
① 양성주촉성　② 음성주촉성
③ 양성주화성　④ 음성주화성

> **해설**
> 화학약품에 접근하지 않으려는 성질을 이용한 것을 음성주화성이라 한다.

23 다음 곤충의 생식계에 대한 설명 중 옳지 않은 것은?
① 난자는 알집을 구성하는 알집소관에서 생성된다.
② 암컷의 생식계는 알집, 수란관, 수정낭, 부속샘 등으로 구성된다.
③ 수정낭은 수정이 이루어지는 곳이다.
④ 꿀벌의 일벌은 난소가 퇴화되어 있다.

> **해설**
> 수정낭은 암컷의 기관 중 하나로 수컷에서 받은 정자를 보관하는 곳이다.

24 다음 중 충영을 형성하는 해충은?
① 독나방
② 솔잎혹파리
③ 어스렝이나방
④ 참나무겨울가지나방

> **해설**
> 솔잎혹파리는 주로 소나무, 해송에 피해를 주며 유충이 벌레혹을 만들고 즙액을 빨아 먹는다.

25 주로 포식성 곤충으로서 해충의 천적으로 이용되는 것은?
① 깍지벌레류　② 무당벌레류
③ 진딧물류　　④ 하늘소류

> **해설**
> 무당벌레류는 진딧물의 천적으로 생물학적 방제법에 이용된다.

26 최근 도시의 버즘나무 잎이 부분적으로 퇴색되고 피해가 진전됨에 따라 조기에 갈색으로 마르는 피해를 입히는 해충은?
① 진딧물류　　② 깍지벌레류
③ 방패벌레류　④ 흰불나방

> **해설**
> 버즘나무 잎에 피해를 주는 버즘나무방패벌레는 잎에 군서생활을 하면서 잎을 흡즙한다. 피해를 입은 나무는 잎이 퇴색되고 황갈색으로 변색된다.

27 일본으로부터 천적을 수입하여 제주 감귤원의 해충방제에 성공한 사례로서 기록된 해충명은?
① 가루깍지벌레　② 이세리아깍지벌레
③ 루비깍지벌레　④ 화살깍지벌레

> **해설**
> 루비깍지벌레는 일본으로부터 천적인 루비붉은깡충좀벌을 도입하여 방제에 성공하였다.

28 모기가 벽에 앉을 때 언제나 머리쪽이 위로 향하는데, 이러한 성질은?
① 주광성　② 주화성
③ 주촉성　④ 주지성

> **해설**
> 곤충이 앉아 머리 쪽이 위로 향하는 성질을 주지성이라 한다.

정답 22 ④　23 ③　24 ②　25 ②　26 ③　27 ③　28 ④

29 곤충의 뇌(腦) 중에서 시각에 관여하는 것은?

① 앞대뇌 ② 뒷대뇌
③ 제3대뇌 ④ 제4대뇌

> **해설**
> 곤충의 전대뇌 혹은 앞대뇌라 하는 부위가 시각, 사고력, 호르몬 생산 등에 관여한다.

30 저장 중의 식품이나 곡식에 발생하여 피해를 주는 해충이 아닌 것은?

① 화랑곡나방 ② 다색알락명나방
③ 쌀바구미 ④ 콩가루벌레

> **해설**
> 콩가루벌레는 과실에 피해를 준다.

31 다음 설명에 해당하는 목(目)은?

> 뒷날개는 퇴화되어 주걱모양의 평균기를 이루고 막질인 1쌍의 날개를 가지며 입은 빠는 형이다. 가슴은 유착되어 움직이지 못하고 유충은 다리가 없는 구더기 모양으로 머리가 매우 퇴화되어 있다.

① 벼룩목 ② 나비목
③ 파리목 ④ 매미목

> **해설**
> 파리목은 1쌍의 날개를 가지고 뒷날개는 작은 곤봉모양으로 퇴화되어 있는 것이 특징이다.

32 다음 곤충의 구조에 대한 설명 중 옳지 않은 것은?

① 가슴은 앞가슴, 가운데가슴, 뒷가슴의 3마디로 구분된다.
② 대개 가슴마디마다 1쌍의 다리를 지니고 있다.
③ 앞가슴과 가운데가슴에는 보통 1쌍의 날개를 지니고 있다.
④ 날개는 혈관과 기관이 통해 있는 조직이다.

> **해설**
> 곤충의 가운데가슴과 뒷가슴에 1쌍의 날개가 있다.

33 다음 수목 해충 중 유충상태로 지피물 밑이나 수피 틈 또는 가지위에서 월동하는 것은?

① 매미나방(짚시나방)
② 미국흰불나방
③ 솔나방
④ 소나무좀

> **해설**
> 솔나방은 5령충이 지피물 아래나 나무껍질 사이에 월동하고 8령충이 번데기가 되어 이후 나방이 된다.

34 지구상에 곤충이 번창하게 된 원인이 아닌 것은?

① 날개가 있다.
② 몸의 크기가 작다.
③ 변태가 가능하여 불리한 환경에 잘 적응한다.
④ 온혈동물로 부적당한 환경에서 오래 견딜 수 있다.

> **해설**
> 곤충은 변온성이라 체온을 유지하기 위한 에너지 소비가 적어 번창하게 되었다.

35 나비목 유충이 견사를 분비하는 곳은?

① 전위 ② 침샘
③ 맹장 ④ 말피기씨관

> **해설**
> 나비나 벌 등의 유충은 침샘에서 견사를 분비한다.

36 곤충 다리의 기본적인 구조는 몇 마디로 이루어져 있는가?
① 3마디 ② 4마디
③ 5마디 ④ 6마디

해설
곤충의 다리구조는 5마디로 되어 있다.

37 다음 설명의 A, B 에 해당하는 용어는?

> 곤충의 기관에서 체외로 방출되어 같은 종의 다른 개체에 교미, 집합 등의 특정한 행동을 일으키는 화학물질은 (A) 이라 하고, 다른 종간에 상호작용하는 물질로 이 물질을 받는 종에게 유리한 반응을 유도하는 물질을 (B) 이라 한다.

① A : Hormone, B : Pheromone
② A : Pheromone, B : Allomone
③ A : Allomone, B : Kairomone
④ A : Pheromone, B : Kairomone

해설
페로몬(Pheromone)은 동종유인호르몬으로 같은 종의 교미, 집합 등의 특정 행위를 야기하는 화학물질이다. 카이로몬(Kairomone)은 다른 종류의 생물이 접촉했을때 접촉한 생물에게 유익한 물질을 유도하는 것을 말한다.

38 분류학적 위치로 온실가루이의 목(目)은?
① 총채벌레목 ② 날도래목
③ 노린재목   ④ 매미목

해설
온실가루이는 매미목에 속한다.

39 불완전변태를 하는 곤충으로만 나열된 것은?
① 사마귀, 벌
② 날도래, 밑들이
③ 딱정벌레, 매미
④ 진딧물, 깍지벌레

해설
불완전변태는 알, 유충, 성충의 과정을 거치는 것으로 잠자리목, 메뚜기목, 바퀴목, 사마귀목 등이 있으며 보기의 진딧물, 깍지벌레는 매미목으로 불완전변태를 한다.

40 향나무하늘소(측백하늘소)의 월동태는?
① 알   ② 유충
③ 번데기 ④ 성충

해설
향나무하늘소는 1년에 1회 발생하며 성충으로 월동한다.

3과목   **농약학**

41 살비제(살응애제)가 갖추어야 할 특성으로 틀린 것은?
① 성충 및 유충에 대한 효과뿐만 아니라 살란효과도 있어야 한다.
② 잔효기간이 어느 정도 길어야 하며 저항성 유발이 적어야 한다.
③ 약제의 침투성이 강하여 살포 후 작물체 전체로 이행되어야 한다.
④ 응애류에만 선택적으로 작용하고 천적 및 유용생물에는 안전하여야 한다.

해설
살비제는 응애류에 선택적으로 방제해야 하며 작물에 대한 약해가 없어야 하고 잔존력이 강해야 한다.

정답 36 ③ 37 ④ 38 ④ 39 ④ 40 ④ 41 ③

42 살균제의 주성분에 의한 분류에 해당되지 않는 것은?

① 유기수은제 ② 토양소독제
③ 유기주석제 ④ 무기황제

해설
토양소독제는 용도에 따른 분류에 속한다.

43 치료 효과를 거두기 위해 사용되는 약제로 병이 발생한 후에도 충분한 효과를 거둘 수 있는 것은?

① 보호살균제 ② 직접살균제
③ 종자소독제 ④ 토양살균제

해설
직접살균제는 침입한 병원균에 직접 강력한 살균 작용을 하며 발병 후에도 방제가 가능하다.

44 베노밀에 대한 설명으로 옳은 것은?

① 살균제이다.
② 황색의 액체이다.
③ 알칼리 약제와 혼용이 가능하다.
④ 휘발성이 있어 침투이행성이 낮다.

해설
베노밀은 흰가루병, 탄저병에 이용하는 침투성 살균제이다.

45 농작물의 약해원인은 여러 가지가 있다. 다음 중 농약에 원인이 있는 약해가 아닌 것은?

① 불순물 혼합에 의한 약해
② 원제 부성분에 의한 약해
③ 경시변화에 의한 유해성분의 생성에 의한 약해
④ 동시 사용으로 인한 약해

해설
동시 사용으로 인한 약해는 농약에 원인이 아닌 사용자의 부주의에 의해 발생한다.

46 농약관리법상 농약의 독성정도에 따른 독성 구분이 아닌 것은?

① 급성독성 ② 저독성
③ 고독성   ④ 맹독성

해설
독성의 강도에 따라 맹독성, 고독성, 보통독성, 저독성으로 분류된다.

47 50% DDVP 유제 100mL 를 0.01%의 용액으로 하여 살포하려고 한다. 희석에 소요되는 물의 양은?(단, 50% DDVP 의 비중은 2.0 이다)

① 500L   ② 1000L
③ 5000L   ④ 10000L

해설
희석할 물의양
$= 원액용량 \times \left(\dfrac{원액농도}{희석할 농도} - 1 \right) \times 원액비중$
$= 100ml \times \left(\dfrac{50\%}{0.01\%} - 1 \right) \times 2$
$= 999,800ml = 999.8L$

48 농약의 제형 중 수화제(WP)의 분말도를 측정할 때 적용하는 메시(Mesh)의 규격은?

① 200 메시 ② 250 메시
③ 325 메시 ④ 350 메시

해설
수화제는 325mesh에서 98% 이상 통과해야 한다.

49 농약의 제제에 사용되는 계면활성제의 작용으로서 가장 거리가 먼 것은?

① 활착작용 ② 습윤작용
③ 분산작용 ④ 세정작용

해설
계면활성제는 물과 기름의 계면에서 표면장력을 감소시켜 약품의 습윤성, 부착성 및 고착성, 확전성을 높여주는 역할을 한다.

정답 42 ② 43 ② 44 ① 45 ④ 46 ① 47 ② 48 ③ 49 ①

50 농약을 식별하기 위해 라벨의 바탕 색깔을 달리하는데 황색 라벨은 어떤 약제를 의미하는가?
① 제초제 ② 살균제
③ 살충제 ④ 생장조정제

해설
농약의 식별에서 제초제는 황색 라벨을 사용한다.

51 아마이드계 계통의 잡초발생 전 토양처리용 제초제로서 잔디에 주로 사용되는 것은?
① 2,4-D 제 ② 메트리뷰진
③ 아이속사벤 ④ 아짐설퓨론

해설
아이속사벤은 잡초의 발아전 토양에 처리하는 토양처리용 제초제이다.

52 곤충의 먹이가 되는 부분에 약제를 뿌려 줄기나 잎을 갉아먹는 해충으로 하여금 먹이와 함께 소화기에 독성을 흡수시켜 살충력을 나타내는 약제를 무엇이라고 하는가?
① 독제
② 접촉제
③ 침투성 살충제
④ 훈증제

해설
저작구형의 해충들의 경우 약제를 먹어 중독을 유발하는 식독제(독제)계통이 적합하다.

53 농약의 작물잔류에 미치는 영향 중 가장 거리가 먼 것은?
① 농약의 이화학적 특성
② 작물의 특성
③ 기상 및 토양환경조건
④ 농약잔류허용량

해설
농약의 잔류허용량은 신체에 영향을 주는 정도를 나타내는 것으로 작물잔류에 미치는 영향과는 거리가 멀다.

54 유기인계 살충제의 일반적인 성질에 대한 설명으로 옳은 것은?
① 동물의 체내에서 분해가 느리다.
② 알칼리에는 용이하게 분해된다.
③ 광선에 의한 분해가 일어나지 않는다.
④ 인축에 대한 독성이 약하다.

해설
유기인계 살충제는 에스테르 결합을 하고 있어 알칼리에 의해 쉽게 가수분해 된다.

55 다음 중 보조제의 구비조건으로 옳지 않은 것은?
① 작물에 피해가 없어야 한다.
② 주제를 변질시키지 않아야 한다.
③ 주제나 용제와 친화성이 있어야 한다.
④ 경수에는 사용할 수 없어야 한다.

해설
칼슘이온이 함유된 경수에서도 사용할 수 있어야 한다.

정답 50 ① 51 ③ 52 ① 53 ④ 54 ② 55 ④

56 분제(粉劑)의 제조방법에 대한 설명으로 옳지 않은 것은?

① 제품조성의 대부분을 증량제가 차지하고 있으므로 품질은 증량제의 이화학적 성질에 영향을 받는다.
② 물리성 개량제로서 PAP 가 사용되며 분해방지제로서 유기산 등이 사용된다.
③ 물리성으로 중요한 것은 분말도, 토분성 및 분산성이다.
④ 주성분이 액상인 경우 Bentonite 나 모래 등에 주제를 흡착시켜 제조한다.

해설
분제는 유효성분을 점토광물과 보조제를 혼합하여 만든 미분말이다.

57 제초제의 살초작용인 이행형 제초제와 접촉형 제초제에 대한 설명으로 틀린 것은?

① 접촉형 제초제는 생세포에 직접 작용하여 그 부분을 파괴하여 살초효과를 나타낸다.
② 접촉형 제초제는 작용이 속효적으로 나타난다.
③ 이행형 제초제는 수분이나 양분과 함께 약제가 식물체 내로 들어간다.
④ 이행형 제초제는 식물체에 처리한 제초제가 뿌리로부터 위쪽으로만 이동한다.

해설
이행형 제초제는 경엽, 뿌리 등 접촉부위에서 식물체 내의 작용점으로 이행되어 효과를 발휘하는 제초제를 말하며 특정 한 방향으로만 이행되지 않고 여러방향의 작용점으로 이행된다.

58 과실의 숙기를 촉진시키는데 사용되는 에틸렌계의 약제는?

① 에테폰(ethephon)
② 지베렐린(gibberellic acid)
③ 아이비에이(IBA)
④ 도마도톤(4-CPA)

해설
액상의 물질인 에테폰은 식물에 살포하면 분해되면서 에틸렌을 발생시킨다.

59 토양소독용 전문약제로서 연작장해를 막아주며 건전한 토양을 만들어주는 효과가 있는 살충 살균제는?

① 디클로르보스 ② 펜토에이트
③ 피메트로진 ④ 메탐소듐

해설
메탐소듐은 뿌리혹선충, 뿌리썩음병과 같은 식물병에 효과적인 토양소독제이다. 산소와 결합하여 생물의 세포에서 산소를 이용하지 못하게 방해하여 병원균, 곤충 등을 방제하는 것이다

60 농약 살포법 중 분무법(spraying)에 대한 설명으로 옳지 않은 것은?

① 분무기는 별도의 공기를 주입하지 않고 약액에 직접 압력을 가하여 미세한 출구로 분사하는 구조이다.
② 살포 액적의 입경은 보통 0.1~0.2mm 범위이다.
③ 일반적인 희석용 제형으로부터 조제한 살포액의 다량 살포에 적합하다.
④ 과수전용으로 사용되는 고속살포기(speed sprayer)가 대표적이다.

해설
분무법은 안개와 같이 미세하게 뿌리는 방법으로 고속살포기는 적합하지 않다.

4과목 잡초방제학

61 벼 농사에서 잡초의 피해가 가장 많은 재배양식은?
① 손이앙재배 ② 건답직파재배
③ 기계이앙재배 ④ 담수직파재배

해설
벼농사에서 건답직파재배에서 잡초의 발생이 가장 많다.

62 우리나라 맥류포장에서 문제되는 화본과 잡초는?
① 냉이 ② 뚝새풀
③ 별꽃 ④ 벼룩나물

해설
맥류(보리, 밀, 귀리 등)의 화본과 잡초로 뚝새풀이 있다.

63 제초제의 유효성분이란?
① 제초제 중 중량제의 량
② 제초제 중 계면활성제의 량
③ 제초제 중 간접적으로 제초효과를 발휘하는 성분
④ 제초제 중 직접적으로 제초효과를 발휘하는 성분

해설
제초효과가 나타나도록 하는 성분을 유효성분이라 한다.

64 논에 오리를 방사하여 잡초를 방제하는 방법은?
① 경종적 방제법 ② 생물적 방제법
③ 화학적 방제법 ④ 기계적 방제법

해설
오리, 우렁이 등의 동물계통을 이용하는 방법을 생물적 방제법이라 한다.

65 우리나라 잡초 분포에 대한 설명이 옳은 것은?
① 생태적으로 북방형 잡초의 분포가 크다.
② 겨울작물보다는 여름작물에 대한 잡초 경합 문제가 상대적으로 크다.
③ 논의 잡초 발생 최성기는 5월 중순부터 6월 초순으로 볼 수 있다.
④ 여름작물 포장에는 뚝새풀과 벼룩나물이 우점종이다.

해설
국내의 잡초의 경우 7~8월의 여름작물들이 고온다습한 환경에서 왕성하게 성장하기에 상대적으로 경합 문제가 크다.

66 다음 중 제초제가 구비하여야 할 조건이 아닌 것은?
① 값이 싸야 한다.
② 효능이 좋아야 한다.
③ 안정성이 높아야 한다.
④ 토양 중에 잔류기간이 길어야 한다.

해설
토양 중에 잔류기간은 길게되면 환경오염 등의 영향을 줄 수 있다.

67 병해충문제와 비교하여 잡초문제의 특성을 잘못 기술한 것은?
① 잡초는 박멸하여야 한다.
② 잡초문제는 정체적으로 일어난다.
③ 허용한계수준으로 피해를 판단한다.
④ 문제의 진전성이 완만하다.

해설
잡초가 천적의 기주이거나 번식처가 되기도 하지만 반대로 병해충의 방제 식물이 되기도 하기에 무조건적인 박멸은 옳지 않다.

정답 61 ② 62 ② 63 ④ 64 ② 65 ② 66 ④ 67 ①

68 잡초의 번식에 관한 설명으로 옳지 않은 것은?

① 일년생 잡초는 자가수정에 의해서만 번식한다.
② 돌피, 바랭이, 냉이는 유성번식을 한다.
③ 영양번식은 포복경, 지하경, 인경, 구경 등을 통해 이루어지는 것을 말한다.
④ 다년생 잡초는 주로 영양번식과 유성 번식을 겸한다.

> **해설**
> 일년생 잡초는 자가수정외에도 타가수정으로 번식하는 종류도 있다. 대표적인 자가수정 작물로 벼, 보리, 콩, 토마토 등이 있다.

69 식물의 여러 기관에서 특정물질이 분비되거나 또는 유출되어 주변식물의 발아나 생육을 억제하는 작용은?

① 상호대립억제작용
② 상가작용
③ 상승작용
④ 상대지속억제작용

> **해설**
> 타감작용(allelopathy, 상호대립억제작용)이라 하여 근처 식물의 생육에 영향을 주는 방법을 이용한 방제법이다. 주로 인접 식물의 생육에 부정적인 영향을 끼쳐 생장을 저해시키거나 혹은 과도하게 촉진시키게 된다. 보리, 밀 등은 잡초의 생육을 억제시키는 작용을 한다

70 잡초를 생활사(수명)면에서 본 분류 중 옳지 않은 것은?

① 1년생 ② 월년생
③ 다년생 ④ 3년생

> **해설**
> 잡초의 생활사에 의한 분류에는 일년생, 월년생, 다년생이 있다.

71 논에서 사초과인 올방개를 방제하기 위하여 사용되어지는 후기 경엽처리 제초제는?

① 론스타(oxadiazon)
② 밧사그란(bentazone)
③ 그라목손(paraquat)
④ 라쏘(alachlor)

> **해설**
> 밧사그란은 경엽처리용 제초제로 잡초가 발생한 후에 처리하며 광엽잡초, 너도방동사니, 올미, 매자기, 올방개, 올챙이고랭이 등에 적용한다.

72 못자리용 제초제 bentazon 의 작용성과 사용방법이 맞지 않은 것은?

① 경엽처리용 벼 생육 중기용 제초제이다.
② 화본과 잡초를 살초한다.
③ 너도방동사니의 살초효과가 뚜렷하다.
④ 올방개 등과 같은 방동사니과 잡초의 살초효과가 뚜렷하다.

> **해설**
> Bentazon(벤타존, 밧사그란)은 경엽처리용 제초제이며 광엽잡초 등에 적용한다.

73 문제잡초의 일반적인 특성이 아닌 것은?

① 광합성 효율이 높고 생장이 빠르다.
② 종자 또는 영양번식을 하여 생식력이 높다.
③ 불량한 환경조건에 잘 적응한다.
④ 종자의 휴면성이 크지 않다.

> **해설**
> 문제잡초는 보통 종자의 휴면성이 커서 불리한 환경에서는 휴면을 하다가 활동하기 적합한 환경이 되면 발아하기에 방제하기가 어렵다.

정답 68 ① 69 ① 70 ④ 71 ② 72 ② 73 ④

74 작물의 경합력을 높이는 방법으로 가장 적합한 것은?

① 작물을 직파재배 하는 것이 좋다.
② 연작하여 잡초의 생육을 감소시킬 수 있다.
③ 경운 후 작물 종자를 줄뿌림(조파)하여 생육시킨다.
④ 주어진 토양, 수분 및 기후조건에 적응력이 큰 작목이나 품종을 선택한다.

해설
경합력을 높이는 방법으로 토양 및 수분, 기후조건 등의 적응력이 큰 작물을 선택하면 잡초와의 경합력에 유리하다.

75 작물과 잡초의 경합에 미치는 영향이 크지 않은 것은?

① 작물의 품종 ② 재식밀도
③ 시비방법   ④ 병해충 방제

해설
작물과 잡초의 경합에는 병해충의 방제에 의해서는 큰 영향이 없다. 잡초의 경합의 주요 요인으로는 양분, 수분, 광, 밀도 등이 있으며 그 외에도 품종, 시비방법, 재배방법 등이 있다.

76 다음과 같이 작물과 잡초가 경합하고 있을 때 작물 수량손실이 가장 높은 경우는?

① C_3작물과 C_3잡초
② C_4작물과 C_3잡초
③ C_4작물과 C_4잡초
④ C_3작물과 C_4잡초

해설
C_3 계통의 식물은 C_4 계통 식물보다 상대적으로 광합성 효율이 낮다. C_4 잡초의 광합성 효율이 뛰어나 C_3 작물의 수량에 많은 영향을 주게 된다.

77 실제 포장에서 경합이 가장 크게 일어나는 작물과 잡초의 조합은?

① 벼와 명아주
② 보리와 바랭이
③ 옥수수와 별꽃
④ 콩과 돌피

해설
콩은 C_3 작물이고 돌피는 C_4 잡초로 경합이 가장 크게 일어나 피해가 가장 크다.

78 종자는 최종적으로 조사(照射)되는 광질에 의하여 발아유기가 다른데 적색광(660nm)과 적외선광(730nm)을 교체하여 조사(照射)하였을 때 발아가 유기되지 않는 것은?

① 적색광조사 → 적외선광 조사
② 적외선광 조사 → 적색광조사
③ 적색광 조사 → 적외선광조사 → 적색광 조사
④ 적외선광 조사 → 적외선광 조사 → 적색광 조사

해설
적색광을 주면 발아가 촉진되었다가 적외선광을 주면 발아가 억제되면서 발아가 유기되지 않는다.

79 논에 발생하는 영양번식 다년생잡초로만 나열된 것은?

① 올미, 물달개비, 올방개, 가래
② 강피, 가래, 올방개, 너도방동사니
③ 올미, 가래, 올방개, 알방동사니
④ 올미, 가래, 올방개, 너도방동사니

해설
논에서 발생하는 영양번식형 다년생 잡초에는 괴경에는 올방개, 너도방동사니, 올미 등이 있고 근경에는 가래가 있다.

정답 74 ④ 75 ④ 76 ④ 77 ④ 78 ① 79 ④

80 재배방법에 의한 식물경합의 원리에 대한 설명으로 옳은 것은?

① 지표면을 먼저 점유한 식물은 후에 발생한 식물보다 경합에 불리하다.
② 이앙재배는 직파재배보다 잡초에 대한 경합력이 강하다.
③ 작물의 정상적인 재식밀도보다 약간 밀식하는 것이 잡초에 대한 경합력이 낮다.
④ 작물의 재식밀도가 높으면 높을수록 잡초에 대한 작물의 경합력이 낮아진다.

> **해설**
> 작물의 직파보다는 이앙이 잡초의 피해를 덜 받는다. 즉 이앙재배가 직파재배보다 잡초에 대한 경합력이 약하다.

정답 80 ②

국가기술자격 필기시험문제

2013년 산업기사 제4회 과년도 기출문제

자격종목	종목코드	시험시간	형별	수험번호	성명
식물보호산업기사		2시간			

1과목 식물병리학

01 병원이 토양전염하는 대표적 병은?
① 배나무 검은별무늬병
② 오이 덩굴쪼김병
③ 벼 흰잎마름병
④ 보리 겉깜부기병

해설
병원이 토양전염하는 것으로 배추 균핵병균, 모잘록병균, 오이덩굴쪼김병, 맥류 오갈병균 등이 있다.

02 소나무재선충을 매개하여 소나무류의 산림에 문제가 되고 있는 것은?
① 광릉긴나무좀
② 솔수염하늘소
③ 뿌리혹선충류
④ 개미

해설
솔수염하늘소는 소나무재선충의 매개충으로 천공성 해충에 속한다.

03 감자 Y 바이러스의 주요 매개충은?
① 번개매미충
② 끝동매미충
③ 복숭아혹진딧물
④ 응애

해설
감자 Y 바이러스는 충매전염으로 복숭아혹진딧물이 있다.

04 식물병원 바이로이드의 특성이 아닌 것은?
① 식물에만 병원성을 보인다.
② 세포의 체제를 갖추고 있지 않다.
③ 핵산이 겹가닥으로 되어 있다.
④ 바이러스와의 차이는 단백질 껍데기가 없다는 것이다.

해설
바이로이드의 핵산은 한 가닥으로 되어 있다.

05 가로수 또는 정원수와 같은 고립목의 수간이 직사광선을 받았을 때 고온으로 인하여 수피 조직이 말라죽는 현상은?
① 열사   ② 볕데기
③ 상렬   ④ 상주

해설
볕데기는 수피가 얇거나 코르크층이 발달되지 않은 수목이 태양 직사광선에 의해 급격한 수분증발로 말라죽는 현상이다.

06 병원균이 여름포자를 형성하지 않는 것은?
① 밀 줄녹병
② 포플러 녹병
③ 잣나무 털녹병
④ 배나무 붉은별무늬병

해설
배나무 붉은별무늬병균은 겨울포자, 소포자, 녹병포자, 녹포자를 형성하나 여름포자는 형성하지 않는다.

정답 01 ② 02 ② 03 ③ 04 ③ 05 ② 06 ④

07 식물의 감수성에 대한 설명으로 옳은 것은?
① 병원균이 기주에 전혀 감염을 하지 않는 성질
② 식물이 가지고 있는 병에 걸리기 쉬운 성질
③ 식물이 본질적으로 병에 걸리지 않는 성질
④ 식물이 병에 걸리기 어려운 성질

해설
감수성은 식물병에 대해 민감한 정도를 의미하며 감수성이 높으면 병에 대한 저항성이 낮음을 말한다.

08 식물병의 방제법에 대한 설명으로 틀린 것은?
① 배나무 붉은별무늬병의 방제를 위해 배나무와 향나무의 거리를 1.5km 이상 격리시킨다.
② 벼 도열병의 방제를 위해 찬물을 직접 논에 넣지 않고 얕게 대되 마르지 않게 한다.
③ 배추 무사마귀병의 방제를 위해 토양을 pH 5.0 이하의 산성으로 유지한다.
④ 포도나무 노균병의 방제를 위해 보호살균제와 침투성살균제를 살포한다.

해설
배추 무사마귀병은 산성토양이며 다습한 경우 다량 발생하기에 토양을 산성으로 유지하면 방제할 수 없다. 방제를 위해서는 토양을 알칼리성 토양으로 조절해야 한다.

09 바이러스에 의해 야기되는 병징 가운데 세포조직의 괴사에 의하여 생기는 병징이 아닌 것은?
① 괴사반점   ② 둥근겹무늬
③ 괴사줄무늬 ④ 잎말림

해설
잎말림병은 세포조직괴사와 관련없이 잎이 길이로 말려 있는 병징이다.

10 기주교대하는 병원균과 기주식물이 옳게 나열된 것은?
① 소나무 잎녹병균 - 소나무, 향나무
② 배나무 붉은별무늬병균 - 배나무, 맥류
③ 맥류 줄기녹병균 - 맥류, 매자나무
④ 잣나무 털녹병균 - 잣나무, 졸참나무

해설
맥류 줄기녹병균은 병원균은 맥류(Puccinia graminis)이며 중간기주는 매자나무이다.

11 밀 줄기녹병균의 중간기주는?
① 까치밥나무 ② 낙엽송
③ 향나무   ④ 매자나무

해설
밀 줄기 녹병의 중간기주는 매자나무이다.

12 식물 녹병균이 만드는 포자는?
① 봄포자   ② 여름포자
③ 가을포자 ④ 사철포자

해설
녹병균은 중간기주에서 여름포자 혹은 겨울포자를 만든다.

13 1차 전염원을 가장 적합하게 설명하고 있는 것은?
① 가벼운 증상을 일으키는 전염원
② 병반으로부터 가장 먼저 분리되는 전염원
③ 작물 재배를 시작한 첫 해에 나오는 전염원
④ 월동한 병원체로부터 새로운 생육기에 들어 가장 먼저 만들어진 전염원

해설
1차 전염원은 월동한 병원체에서 새로운 생육기에 들어 가장 먼저 만들어져 식물병이 발생하고 발생한 병원체는 다른 식물로 전반되는 경우 2차 발병을 일으킨다.

정답 07 ② 08 ③ 09 ④ 10 ③ 11 ④ 12 ② 13 ④

14 식물체의 병 발생에 관여하는 3가지 요소에 해당하지 않는 것은?
① 병원균(병원체)
② 환경
③ 기주식물의 경제성
④ 기주식물

해설
식물병 발생에 관여하는 3요소로 병원체, 환경, 기주식물이 있다.

15 파이토플라즈마의 진단법으로 부적당한 것은?
① 항생제 페니실린에 대한 저항성을 본다.
② 항생제 테트라사이클린에 대한 감수성을 본다.
③ 적당한 배지에 배양하여 자라는 모양을 본다.
④ 건전한 기주에 병든 기주의 가지를 접목하여 전염성을 본다.

해설
파이토플라스마는 인공배양이 어렵기에 배지에 배양하여 자라는 모양을 보기는 어렵다.

16 박테리오파지를 이용하여 진단할 수 있는 식물병은?
① 곰팡이에 의한 식물병
② 세균에 의한 식물병
③ 바이러스에 의한 식물병
④ 선충에 의한 식물병

해설
박테리오파지는 세균에 기생하여 세균을 잡아먹는 바이러스로 이러한 성질을 이용하여 세균에 의한 식물병 진단에 이용한다.

17 식물의 잎을 은색으로 변하게 하는 주요인으로 작용하는 것은?
① PAN
② O_3
③ SO_2
④ NO_2

해설
PAN에 의해 식물은 광택화, 은백색화 등의 현상이 발생한다.

18 병원체의 침입방법에 대한 설명으로 틀린 것은?
① 벼 도열병균은 균사에 의하여 각피를 침입하여 발병을 일으킨다.
② 뽕나무 자주날개무늬병균은 균사속이 뿌리에 감염욕을 만들어 세포벽을 뚫고 침입한다.
③ 감자 더뎅이병균은 피목을 통하여 침입한다.
④ 가지과 풋마름병균은 수공을 통하여 침입한다.

해설
풋마름병은 토양전염을 하며 뿌리를 통해 침입한다.

19 대추나무 빗자루병의 방제법으로 가장 적당한 방법은?
① 벼든 가지는 건전한 부분을 포함하여 겨울철에 잘라낸다.
② 여름철에 살균제를 뿌려준다.
③ 옥시테트라사이클린 수화제를 나무에 주사한다.
④ 매개충을 죽게하기 위하여 살충제를 지면에 뿌려준다.

해설
대추나무 빗자루병은 옥시테트라사이클린를 수간주사하여 방제한다.

정답 14 ③ 15 ③ 16 ② 17 ① 18 ④ 19 ③

20 식물에 감염하여 물관 폐쇄에 의한 시들음으로 기주를 죽이는 병원균은?

① *Erysiphe graminis*
② *Pythium ultimum*
③ *Sclerophthora macrospora*
④ *Fusarium oxysporum*

> 해설
> *Fusarium oxysporum* 은 진균으로 시들음병의 병원체이다.

2과목   농림해충학

21 점박이응애에 대한 설명으로 틀린 것은?

① 거미강에 속한다.
② 알로서 월동한다.
③ 잎에서 즙액을 빨아 먹는다.
④ 잎의 표면과 뒷면 양쪽에 모두 기생한다.

> 해설
> 점박이응애는 성충으로 월동한다.

22 잎틀의 구성요소가 아닌 것은?

① 큰 턱   ② 작은 턱
③ 아랫입술   ④ 더듬이(촉각)

> 해설
> 입틀은 윗입술, 아랫입술, 큰 턱, 작은 턱, 혀로 구성된다.

23 주요 가로수인 버즘나무에 피해를 끼치는 주요 해충으로만 묶인 것은?

① 털두꺼비하늘소, 오리나무잎벌레
② 미국흰불나방, 알락하늘소
③ 알락하늘소, 털두꺼비하늘소
④ 미국흰불나방, 버즘나무방패벌레

> 해설
> 미국흰불나방은 포플러, 버즘나무, 벚나무 등의 활엽수종을 가해하고 버즘나무 방패벌레는 성충과 약충이 버즘나무에 피해를 준다.

24 살충제의 광범위한 사용으로 인한 부작용이 아닌 것은?

① 곤충 종다양성의 증가
② 저항성 해충의 출현
③ 천적류의 감소
④ 해충의 재발현상(반전현상)

> 해설
> 살충제를 광범위하게 사용하면 많은 종류의 곤충에 피해를 주면서 종 다양성이 파괴 혹은 줄어든다.

25 국내에서 벼물바구미의 연 발생횟수는?

① 1년에 1회 발생
② 1년에 3회 발생
③ 1년에 4회 발생
④ 2년에 1회 발생

> 해설
> 벼물바구미는 1년에 1회 발생하고 성충으로 월동한다.

26 곤충 날개의 시맥을 전연으로부터 순서대로 나열한 것은?

① 전연맥 - 경맥 - 아전연맥 - 중맥 - 주맥
② 전연맥 - 아전연맥 - 중맥 - 경맥 - 주맥
③ 전연맥 - 아전연맥 - 주맥 - 중맥 - 경맥
④ 전연맥 - 아전연맥 - 경맥 - 중맥 - 주맥

> 해설
> 곤충 날개의 시맥을 전면에서 전연맥, 아전연맥, 경맥, 중맥, 주맥, 둔맥, 수맥으로 구성된다.

정답 20 ④ 21 ② 22 ④ 23 ④ 24 ① 25 ① 26 ④

27 곤충이 오늘날과 같이 번성하게 된 원인으로 거리가 먼 것은?
① 몸의 크기가 작아 잘 피하고 숨을 수 있다.
② 외골격이 발달하여 몸을 보호한다.
③ 높은 번식력과 적응력으로 종이 증가하였다.
④ 내골격 구조가 잘 발달되어 근육이 부착할 수 있도록 되어 있다.

해설
곤충은 내골격 구조가 거의 발달하지 않았다.

28 흡수성(흡즙성) 해충은?
① 포플러하늘소
② 미국흰불나방
③ 오리나무잎벌레
④ 주머니깍지벌레

해설
흡즙성 해충에는 깍지벌레, 노린재류, 버즘나무방패벌레, 선녀벌레, 응애류, 진딧물류 등이 있다.

29 밤나무의 종실을 가해하는 해충은?
① 밤나무재주나방
② 밤나무혹벌
③ 복숭아명나방
④ 매미나방

해설
복숭아명나방은 밤나무, 복숭아나무, 감나무 등의 종실에 피해를 준다.

30 오이잎벌레는 어느 목에 속하는 곤충인가?
① 딱정벌레목 ② 나비목
③ 벌목   ④ 노린재목

해설
오이잎벌레는 딱정벌레목에 속한다.

31 양성 주광성이 없는 곤충은?
① 이화명나방 ② 벼애나방
③ 솔나방   ④ 배추흰나비

해설
나비, 나방 등은 양성 주광성이 있으나 배추흰나비의 경우 특정 화학물질에 이끌리는 주화성을 지니고 있다.

32 페로몬의 작용이 아닌 것은?
① 곤충의 변태를 조절한다.
② 짝짓기를 위한 암수의 통신에 관여한다.
③ 개미가 위협이나 상처를 받으면 분산 또는 공격을 하게 한다.
④ 노린재가 포식자를 만나면 고약한 냄새로 적을 방어한다.

해설
곤충의 변태는 호르몬에 의해 조절된다.

33 탈피액이 분비되는 곳은?
① 진피세포층 ② 외표피층
③ 원표피층   ④ 기저막

해설
진피세포는 곤충의 표피를 이루는 단백질, 지질, 키틴화합물 등을 합성, 분비해주는 한층의 세포군으로 탈피 시에는 내원표피를 소화시키는 탈피액도 분비한다.

34 해충의 생태적 방제법에 대한 설명으로 틀린 것은?
① 주로 치료적 방제법으로 이용되며 다른 방제법과 구별이 용이하다.
② 해충의 생태를 고려하여 발생 및 가해를 경감시키기 위해 환경조건을 변경하는 것이다.
③ 재배방법을 개선하거나 재배시기를 변경하는 방법이 이용된다.
④ 환경이나 다른 생물에게 나쁜 영향을 미치는 경우가 비교적 적다.

정답 27 ④ 28 ④ 29 ③ 30 ① 31 ④ 32 ① 33 ① 34 ①

해설
생태적 방제법은 해충의 발생 및 식물의 피해를 막기 위해 사용하는 예방적 방제법이다.

35 곤충의 피부에 대한 설명으로 틀린 것은?
① 곤충의 피부를 외골격이라고도 한다.
② 피부는 크게 표피층과 진피세포층, 기저막으로 나눌 수 있다.
③ 곤충이 탈피할 때는 진피세포층과 기저막 이외 모든 표피층을 벗어 던진다.
④ 원표피는 다시 외원표피와 내원표피로 나뉜다.

해설
곤충의 탈피는 외원표피와 외표피 정도로 전체 표피의 1/3 정도를 벗어 던진다.

36 소화계에 대한 설명으로 옳은 것은?
① 중장은 기계적 소화를 하는 곳이다.
② 소화흡수작용은 후장에서만 일어난다.
③ 말피기관은 배설기관이다.
④ 전장에는 많은 선세포가 발달되어 있다.

해설
말피기관은 소화기관으로 대부분의 곤충에서 중장과 후장 사이에 위치하며 배설 작용을 한다.

37 유충기에 지하에서 부식물이나 농작물, 수목 등의 뿌리를 먹고 자란 뒤, 성충이 된 후에는 지상에 나와서 농작물의 새싹이나 밤나무와 같은 활엽수의 잎을 갉아 먹어 피해를 주는 해충은?
① 응애류   ② 매미류
③ 하늘소류 ④ 풍뎅이류

해설
풍뎅이류는 유충기에 지하에서 뿌리를 가해한다.

38 다음 내용에서 설명하는 해충은?

◎ 노숙유충의 체장은 25mm 정도 머리는 담갈색 몸의 앞과 뒤에 암자색 무늬가 있다.
◎ 유충의 몸은, 통통하고, 황록색이며 센털이 있다.
◎ 새알처럼 생긴 고치 속에는 유충으로 월동한다.

① 흰점쐐기나방
② 노랑쐐기나방
③ 장수쐐기나방
④ 흑색무늬쐐기나방

해설
노랑쐐기나방은 성충은 16mm, 체장은 약 25mm 정도이며 유충은 통통한 황록색에 머리는 작고 앞가슴은 숨겨져 있다. 번데기는 타원형에 백색 혹은 갈색 이며 고치는 단단하고 백색바탕에 흑갈색의 얼룩무늬가 있다.

39 곤충의 더듬이 끝마디인 채찍마디의 주요 역할은?
① 존스톤기관 역할
② 냄새를 맡는 역할
③ 암컷의 날개소리 감지
④ 비행 중 바람의 속도 측정

해설
채찍마디는 후각 감각기가 밀집되어 있어 냄새를 맡는 역할을 한다.

40 혹명나방의 설명으로 틀린 것은?
① 비래해충이다.
② 벼의 주요 해충이다.
③ 번데기로 월동한다.
④ 잎을 세로로 철하고 그 속에서 잎살을 갉아 먹는다.

해설
외국에서 날아오는 비래해충인 혹명나방은 국내에서 월동하지 않는다.

정답 35 ③ 36 ③ 37 ④ 38 ② 39 ② 40 ③

3과목 농약학

41 65% 지오릭스분말 1kg 을 5% 분제로 만들려면 이 때 소요되는 증량제의 양은 몇 kg 인가?

① 10 ② 11
③ 12 ④ 13

해설
희석할증량제 양
$= 원분제중량 \times \left(\dfrac{원분제농도}{목표농도} - 1 \right)$
$= 1kg \times \left(\dfrac{65\%}{5\%} - 1 \right) = 12kg$

42 토양 중의 방사선균인 Streptomyces avermitilis 의 배양액에서 분리한 항생제계 살충, 살비제는?

① Abamectin ② Bensultap
③ Methomyl ④ Cartap

해설
아바멕틴(Abamectin)은 토양방사선균인 *Streptomyces avermitilis*에서 분리된 항생제계 살충제로 응애, 진딧물 등에 효과가 있다.

43 유제가 갖추어야 할 구비조건으로 가장 거리가 먼 것은?

① 물로 희석하였을 때 유효성분이 석출하지 않고 유탁액을 만드는 유화성
② 유효성분이 보존 중 또는 사용 중에 분해되지 않는 안전성
③ 살포 후 작물이나 해충의 표면에 고르게 퍼지고 부착하는 확전성
④ 물을 가하여 조제한 현탁액에 있어서 입자가 균일하게 분산 부유하는 분산성

해설
유제는 유기용매를 녹여 유화제를 첨가한 용액으로 유효성분의 안전성과 유화성이 주요 관리 항목이다. 그리고 많은 양의 물에 희석하여 분무기를 이용해 살포하기에 확전성도 있어야 한다.

44 분제에 대한 설명으로 틀린 것은?

① 대부분 그대로 사용되는 제제이다.
② 유효성분 농도가 1~5% 정도이다.
③ 작물에 대한 고착성이 우수하다.
④ 잔효성이 유제에 비해 짧다.

해설
분제는 작물의 잔효성이나 고착성은 수화제나 유제에 비하여 낮은편이다.

45 상추 재배 시 민달팽이를 없애기 위하여 사용하는 약제는?

① 메티오카브 입제
② 메토밀 액제
③ 디노테퓨란 입제
④ 플루톨라닐 입제

해설
메티오카브는 카바메이트계 살충제로 민달팽이 방제에 효과적이다.

46 제충국의 특성에 대한 설명으로 옳은 것은?

① 속효성이다. ② 잔효성이 크다.
③ 약해가 크다. ④ 고독성 농약이다.

해설
제충국의 꽃 씨방에서 추출하는 피레트린 성분은 접촉제의 속효성으로 신경기능의 저해를 통해 해충을 방제한다.

정답 41 ③ 42 ① 43 ④ 44 ③ 45 ① 46 ①

47 살균제의 분류방법 중 살균기작에 의해 분류한 것은?

① 보호살균제, 직접살균제
② 호흡저해제, 생합성저해제
③ 구리제, 유기비소제
④ 경엽살포제, 토양소독제

해설
살균제의 작용기작에 의해 호흡저해, 단백질 합성 저해, 세포막 형성 저해, 세포벽 형성 저해로 분류된다.

48 식품계수란?

① FAO가 발표하는 식품에 허용하는 기준치이다.
② 동물실험으로 얻어진 농약의 무작용량에 100을 곱한 값이다.
③ 사람이 하루에 섭취하여도 영향이 없는 농약 잔류량이다.
④ 어떤 농약이 잔류할 우려가 있는 식품군의 전 식사량 중에서 차지하는 평균적 비율을 말한다.

해설
식품계수는 농약의 잔류허용량을 구하기 위한 요소로 섭취량에서 농약 잔류의 가능성이 있는 식품군의 비율을 의미한다.

49 농약제조용 용제의 특성에 대한 설명 중 틀린 것은?

① 실제로 사용되는 용제는 불연성이어서 안전하다.
② 용제의 종류에서 인축에 유해한 활성을 보이는 것은 농약제조용으로 사용되기 어렵다.
③ 용제가 농약의 유효성분을 화학적으로 분해시켜서는 안된다.
④ 소량의 용매로 가능한 많은 양의 농약원제 또는 다른 보조제를 녹일 수 있어야 한다.

해설
농약제조용 용제의 특성상 불연성이어야 안전하기보다 유효성분을 녹이고 용해도가 커야하며 약해가 없는 것이 안전하다.

50 25% DDT 유제(비중 : 1.0) 100ml 를 0.05%의 살포액으로 만드는데 소요되는 물의 양은 약 몇 L 인가?

① 5   ② 25
③ 50   ④ 100

해설
희석할 물의 양
$= 원액용량 \times \left(\dfrac{원액농도}{희석할 농도} - 1\right) \times 원액비중$
$= 100ml \times \left(\dfrac{25}{0.05} - 1\right) \times 1$
$= 49,900ml ≒ 약 50L$

51 농약은 라벨과 병뚜껑의 색깔로 구분한다. 살충제는 무슨 색인가?

① 황색   ② 적색
③ 녹색   ④ 분홍색

해설
약제의 용도에 따른 색상 구분시 살충제는 녹색으로 구분한다.

52 다음 농약 중 어류에 대한 독성이 큰 것부터 옳게 나열된 것은?

① 분제 > 수화제 > 유제
② 유제 > 수화제 > 분제
③ 수화제 > 유제 > 분제
④ 분제 > 유제 > 수화제

해설
어류에 대한 독성은 제제형태로 유제, 수화제, 수용제, 분제의 순으로 유제가 독성이 가장강하며 분제가 독성이 비교적 약하다.

정답 47 ② 48 ④ 49 ① 50 ③ 51 ③ 52 ②

53 사과, 수박의 탄저병에 적용하는 벤지미다졸계 살균제는?
① 베노밀 ② 보스칼리드
③ 비터타놀 ④ 빈클로졸린

해설
베노밀은 벤지미다졸계 살균제로 사과나무탄저병, 배 흰가루병, 수박 탄저병, 고추 탄저병 등에 효과적이다.

54 도열병 약제의 농약명칭을 히노산(Hinosan)으로 표기할 때 다음 중 어디에 해당하는가?
① 일반명 ② 품목명
③ 상품명 ④ 시험명

해설
농약명칭은 상품명에 해당한다.

55 입제 제제 시 증량제로 사용되지 않는 것은?
① 벤토나이트 ② 탈크
③ 카올린 ④ 라그닌술폰산염

해설
증량제의 종류로 규조토, 고령토, 탈크, 벤토나이트, 카올린 등이 있다.

56 급성독성을 표시하는 단위는?
① LD_{50} ② EC_{10}
③ ADI ④ NOEL

해설
급성독성은 반수치사량을 의미하는 LD_{50}으로 표시한다.

57 화본과 및 광엽잡초의 경엽과 뿌리를 통하여 동시에 흡수 이행되어 살초작용을 나타내는 이미다졸리논계 제초제는?
① 이마조설퓨론수화제
② 이마자퀸액제
③ 세톡시딤유제
④ 벤타존액제

해설
이마자퀸액제는 잡초생육초기의 화본과 및 광엽잡초의 경엽에 살포하며 잡초에 흡수 이행되어 살초작용을 하는 이미다졸리논계 제초제이다.

58 유기인제에 의한 농약 중독 시 해독제 특효약으로 주로 사용할 수 있는 것은?
① 발(BAL)
② 팜(PAM)
③ 이디티에이-칼슘(EDTA-Ca)
④ 비타민-칼륨(Vitamin-K)

해설
유기인계 살충제 중독 해독제로 황산아트로핀(atropine sulfate), 팜(PAM) 등이 있으며 팜(PAM)의 경우 황산아트로핀과 병용하여 사용하도록 권장하고 있다.

59 다음 중 제충국제의 살충유효성분이 아닌 것은?
① Pyrethrin I ② Pyrethrin II
③ Cinerin I ④ Rotenone

해설
로테논제(Rotenone)는 데리스의 뿌리에는 살충성분인 로테논이 함유되어 있고 이를 이용하여 만든 살충제를 로테논제라 한다.

60 사람이 일생을 통하여 매일 섭취하여도 아무런 영향을 주지 않는 약량을 무엇이라 하는가?
① 최대잔류허용량
② 1일 섭취허용량
③ 최대무작용량
④ 농약잔류허용량

해설
최대무작용량은 장기 독성시험동물이 아무런 영향을 받지 않는 최대 용량을 의미한다.

정답 53 ① 54 ③ 55 ④ 56 ① 57 ② 58 ② 59 ④ 60 ③

4과목 　　　　**잡초방제학**

61 작물의 생육기간 중 잡초방제를 철저히 해주어야 잡초의 피해를 줄일 수 있는 잡초 경합한계기간은?
① 발아기~초관형성기
② 초관형성기~생식생장기
③ 생식생장기~영양생장기
④ 영양생장기~수확기

> **해설**
> 잡초경합한계기간은 잡초와의 경합에 의한 작물의 피해가 가장 심하게 나타나는 기간으로 잡초의 경합이 없는 초관형성기에서 생식생장기 사이를 의미한다.

62 작물이 잡초와의 경합에 가장 민감한 시기가 있는데 이것을 잡초경합 한계기간이라 한다. 다음 중 한계기간이 가장 긴 작물은?
① 양파　　② 녹두
③ 밭벼　　④ 콩

> **해설**
> 잡초경합한계기간의 예로 녹두는 21~35일, 벼는 30~40일, 콩은 42일, 옥수수는 49일, 양파는 56일 정도이다.

63 제초제의 소실 중 물리적 소실이 아닌 것은?
① 대기 중으로 휘발
② 토양입자에 흡착
③ 토양하층으로 용탈
④ 토양미생물의 분해

> **해설**
> 제초제의 물리적 소실에는 식물체로의 흡수, 토양입자 흡착, 대기중 휘발, 토양하층으로 용탈, 토양표면으로 이동 등이 있다. 미행물의 분해는 화학적 소실에 속한다.

64 광엽잡초가 아닌 것은?
① 물달개비, 가래
② 명아주, 쇠비름
③ 매자기, 향부자
④ 망초, 메꽃

> **해설**
> 매자기, 향부자는 방동사니과 잡초이다.

65 비산형 잡초종자는?
① 명아주, 방동사니
② 서양민들레, 망초
③ 어저귀, 한련초
④ 질경이, 환삼덩굴

> **해설**
> 낙하산 모양의 비산형 종자로 민들레, 망초, 박주가리가 있다.

66 쌍자엽 식물의 일반적 특징에 해당하지 않는 것은?
① 개방유관속 줄기를 가진다.
② 잎은 평행맥이다.
③ 뿌리는 직근이다.
④ 2매의 자엽으로 되어 있다.

> **해설**
> 잎이 평행맥인 것은 단자엽 식물의 특징이다.

67 선택성 제초제가 아닌 것은?
① 2,4-D　　② Propanil
③ Butachlor　　④ Glyphosate

> **해설**
> Glyphosate는 비선택성 유기인계 제초제이다.

정답　61 ②　62 ①　63 ④　64 ③　65 ②　66 ②　67 ④

68 잡초종자 발아시 관계하는 Phytochrome에 대한 설명으로 틀린 것은?

① 광발아성을 지배하는 색소체임
② Pr형과 Pfr형으로 구분됨
③ 근적외광은 Pr형을 Pfr형으로 전환시킴
④ Pfr/Pr의 비율이 발아에 관계됨

해설
Phytochrome는 광발아에 관여하는 색소단백질로 적색광이 Pr를 Pfr로 전환되도록 촉진시켜 발아가 된다.

69 광엽다년생 논잡초는?

① 물달개비   ② 사마귀풀
③ 여뀌   ④ 가래

해설
가래, 올미 등은 광엽다년생 논잡초이다.

70 A제초제를 유효성분으로 3kg/ha를 처리하려고 할 때 20% 수화제 제형의 처리량은?

① 6 kg/ha   ② 9 kg/ha
③ 12 kg/ha   ④ 15 kg/ha

해설
20% 수화제 제형으로 유효성분 기준 3kg/ha 이므로
$X \text{ kg} \times 0.2 = 3 \rightarrow X : 15 \text{ kg}$

71 밭보다 논에서 잡초가 적게 발생하는 이유는?

① 비료를 많이 주기 때문이다.
② 논에는 물이 있기 때문이다.
③ 비료를 적게 주기 때문이다.
④ 작물이 자라기 좋은 조건이기 때문이다.

해설
논은 물에 잠겨있어 산소의 공급이 차단되어 잡초의 발생이 적다.

72 잡초방제법으로 적합하지 않은 것은?

① 약제방제   ② 다비재배
③ 돌려짓기   ④ 태우기

해설
다비재배는 작물뿐 아니라 잡초에도 많은 양분을 공급하게 되어 발생량이 많아져 잡초방제법으로는 적합하지 않다.

73 밭잡초인 개비름의 발아적온은 20~30℃ 범위이다. 9월말의 토양온도가 22℃라고 가정할 때 이 시기에 개비름 종자의 발아가 잘 되지 않는다면 어떤 특성 때문인가?

① 발아계절성
② 발아기회성
③ 발아의 연속성
④ 발아의 준동시성

해설
발아적온에서도 발아가 잘되지 않는다면 계절의 일장에 반응하는 발아 계절성의 특성으로 발아가 되지 않은 것이다.

74 비농경지의 잡초해로 가장 거리가 먼 것은?

① 생육억제로 작물의 수량을 감소시킨다.
② 시야를 가려 교통사고의 원인이 된다.
③ 미관을 크게 해친다.
④ 수로에 발생한 잡초는 물 이용에 어려움을 준다.

해설
비농경지는 말그대로 작물재배를 하지 않는 지역으로 작물의 수량과는 관련이 없다.

정답 68 ③ 69 ④ 70 ④ 71 ② 72 ② 73 ① 74 ①

75 논에 다년생 잡초가 증가한 이유가 되는 것은?
① 계속적인 화학비료의 사용
② 논 이모작 재배
③ 일년생 잡초 방제용 제초제의 연용
④ 퇴비 사용량 감소

해설
논에 다년생 잡초가 증가하는 이유로 제초제의 연용, 작부체계의 변화 등이 있다.

76 유성번식을 하는 잡초종의 종자 생산력에 관여하는 요인으로 가장 거리가 먼 것은?
① 일장   ② 영양생장량
③ 습도   ④ 온도

해설
유성번식의 종자 생산에 영향을 미치는 요소로 일장, 영양, 온도, 토양 조건 등이 있다.

77 잡초발생이 물 관리에 미치는 영향이 아닌 것은?
① 물의 흐름을 방해한다.
② 용존산소의 농도를 저하시킨다.
③ 관배수로에서 증발량과 지하침투량이 저하된다.
④ 잡초 고사체에 의한 오염이 문제가 된다.

해설
잡초가 발생되면 발생면적에 따라 물의 흐름이 방해되고 용존산소 농도가 저하되며 도장 등으로 고사된 잡초의 경우 썩으면서 오염문제가 발생한다.

78 잡초에는 경합력이 저하되도록 유도하는 대신 작물에는 경합력이 높아지도록 재배 관리를 해주는 잡초방제법은?
① 생태적 방제법 ② 화학적 방제법
③ 물리적 방제법 ④ 생물적 방제법

해설
생태적 방제법은 경종적 방제법이라 하며 잡초의 생육환경이 불리하도록 조성하여 작물이 경합에서 유리하도록 하여 잡초를 방제하는 방법이다.

79 입제형 제초제의 장점은?
① 경엽처리에 적당하다.
② 물이나 바람에 쉽게 이동한다.
③ 작물 잎에 직접 붙지 않아 약해를 입지 않는다.
④ 균일하게 살포할 수 있다.

해설
입제형은 물에 녹이지 않고 직접 살포하기에 작물 잎에 직접 붙지 않아 약해를 입지 않는다. 대신 많은 양의 살포량이 요구된다.

80 잡초의 생리적 특성에 관한 설명으로 틀린 것은?
① 잡초종자는 성숙이 늦고 종자의 생산량이 적기 때문에 경합적인 환경 조건에서는 작물보다 상대적으로 생존이 불리하다.
② 대부분의 잡초들은 광합성 효율이 높은 C_4식물인 반면, 주요 작물들은 광합성 효율이 낮은 C_3식물이다.
③ 동일한 제초제를 연속해서 사용하면 제초제에 대한 저항성 잡초가 출현되어 방제가 어려워진다.
④ 강아지풀, 도꼬마리, 명아주, 독말풀 등은 발생기간이 매우 길고, 서리가 내리기 전까지 종자를 생산한다.

해설
잡초종자는 성숙이 상대적으로 빠르고 종자의 생산량이 많아 경합적인 환경 조건에서 작물보다 상대적으로 생존에 유리하다.

정답 75 ③ 76 ③ 77 ③ 78 ① 79 ③ 80 ①

국가기술자격 필기시험문제

2014년 산업기사 제1회 과년도 기출문제				수험번호	성명
자격종목 식물보호산업기사	종목코드	시험시간 2시간	형별		

1과목　식물병리학

01 과다 사용시 병에 대한 저항력을 감소시키므로 특히 토양의 비배관리에 주의해야 하는 무기성분은?
① 규산　　② 칼륨
③ 질소　　④ 인산

해설
질소성분을 다량 시비하면 식물체의 웃자람 및 도장의 우려가 있어 식물의 저항력이 약해질 가능성이 높다.

02 다음 설명하는 감귤의 병은?

> 감귤에 발생하여 큰 피해를 주는 세균병으로 과일, 잎, 잔가지 등에 나타나며, 잎에서는 초기에 약간 돌출된 작은 원형 병반이 되며 그 병반 주위가 수침상이 되며, 후기에는 확대되면서 불규칙한 모양으로 되고 심하게 발생될 경우 조기 낙엽의 원인이 되기도 한다.

① 갈색썩음병　② 궤양병
③ 탄저병　　　④ 소립검은점무늬병

해설
감귤 궤양병 특징
・잎, 가지, 열매에 발생하며 반점형태로 존재한다.
・병의 진행이 심할 경우 잎이 뒤틀리고 낙엽이 된다.
・새순은 전체가 죽어 과실이 낙과된다.

03 무격벽의 균사로 이루어진 병원균은?
① *Botrytis cinerea*
② *Pyricularia grisea*
③ *Pythium ultimum*
④ *Fusarium oxysporum*

해설
Pythium 속의 균사에는 격벽이 없다.

04 균의 생리적 특성상 호습성 병원균이 아닌 것은?
① 맥류 녹병　　② 모잘록병
③ 벼 모썩음병　④ 고추 역병

해설
물기나 습기를 좋아하는 성질을 호습성이라 한다. 모잘록병, 벼 모썩음병, 고추 역병은 다습한 조건에서 잘 발생한다.

05 벼 오갈병의 병원체는?
① 세균　　　② 곰팡이
③ 바이러스　④ 파이토플라즈마

해설
벼 오갈병은 매개충은 매미충이며 병원체는 바이러스이다.

06 곰팡이의 유성생식 결과 만들어지는 기관이 아닌 것은?
① 후막포자　② 난포자
③ 자낭포자　④ 접합포자

해설
후막포자는 무성포자의 일종으로 산포의 기능은 없고 생식세포적 의미의 포자는 아니다. 유성생식의 결과물로 난포자, 자낭포자, 접합포자 등이 있다.

정답 01 ③　02 ②　03 ③　04 ①　05 ③　06 ①

07 끈적균류(점균류)에 속하는 병원균에 의해서 배추, 양배추, 갓 등에 주로 발생되어 큰 피해를 주는 병은?

① 배추 검은썩은병
② 배추 뿌리혹병
③ 배추 검은무늬병
④ 배추 노균병

해설
배추뿌리혹병은 점균류에 의해 발생하며 배추, 무, 양배추 등에 발생하고 빗물, 관개수 등에 의해 전염된다. 과습한 포장 및 산성토양 조건에서 잘 발생한다.

08 잣나무 털녹병의 방제방법으로 틀린 것은?

① 중간기주인 송이풀을 제거한다.
② 담자포자가 비산하는 초봄, 잣나무에 살균제를 뿌려준다.
③ 병든 나무는 녹포자가 비산하기 전에 비닐로 싸준다.
④ 중간기주인 까치밥나무를 제거한다.

해설
8월경 보르도액을 살포해 소생자(담자포자)가 잎의 기공으로 침입하는 것을 예방한다.

09 바이러스에 전신감염된 식물의 잎에서 일반적으로 볼 수 있는 병징은?

① 모자이크   ② 무름
③ 혹   ④ 썩음

해설
모자이크는 바이러스에 의해 전신감염된 잎에서 볼수 있는 병징이다.

10 사과나무 근두암종병균은 주로 어디에 존재하는가?

① 토양   ② 매개충의 창자
③ 사과씨(종자) ④ 꽃

해설
사과나무 근두암종병은 토양세균이며 토양으로 전반된다.

11 곰팡이병은 어느 것인가?

① 과수류 근두암종병
② 밤나무 줄기마름병
③ 감귤 궤양병
④ 가지과 풋마름병

해설
곰팡이(자낭균)에 의해 발생하는 것은 밤나무 줄기마름병이다.

12 병원체와 진단방법의 연결이 틀린 것은?

① 감자 둘레썩음병 - 절단면 자외선 조사
② 감자바이러스 - 황산구리법
③ TMV - 지표식물
④ 감자역병 - 충체 내 주사법

해설
감자역병은 병징을 통한 육안적 진단 방법을 사용한다.

13 병원균이 종자를 통해서 전염되는 병은?

① 고추 역병
② 사과나무 갈색무늬병
③ 배추 모자이크병
④ 벼 키다리병

해설
종자 전염의 종류로 채소 균핵병균, 벼 도열병균, 벼 키다리병균, 감자 역병균 등이 있다.

정답 07 ② 08 ② 09 ① 10 ① 11 ② 12 ④ 13 ④

14 대추나무 빗자루병에 감염되었을 경우 사용되는 방제약제는?
① 아족시스트로빈
② 옥시테트라사이클린
③ 베노밀
④ 지오파네이트메틸

해설
대추나무 빗자루병은 옥시테트라사이클린 수화제를 수간주사한다.

15 녹병균의 포자형태가 아닌 것은?
① 녹병정자   ② 녹포자
③ 여름포자   ④ 자낭포자

해설
녹병균의 경우 담자균류로 녹병포자와 녹포자, 중간기주에서는 여름포자, 겨울포자, 소생자 등을 만든다.

16 코흐의 원칙이 적용되기 어려운 병은?
① 오동나무 탄저병
② 밤나무 줄기마름병
③ 사과나무 고두병
④ 소나무 잎마름병

해설
코흐의 원칙은 병원체의 진단법이나 사과나무 고두병은 칼슘부족으로 발생하는 병으로 코흐의 원칙 적용이 어렵다.

17 식물에 병이 발생하기 위한 조건으로 옳은 것은?
① 병원균만 있으면 언제나 발병된다.
② 병원균이 있고 환경만 적당하면 된다.
③ 병원균이 있고 환경이 적당해야 하며 감수성 식물이 있어야 한다.
④ 주변에 저항성 식물이 존재해야만 한다.

해설
식물병의 발생 조건으로 병원균, 기주식물, 적당한 환경의 3요소가 갖추어야 한다.

18 작물의 저장 중에 발생하는 병원균이 아닌 것은?
① *Penicillium expansum*
② *Phytophthora capsici*
③ *Sclerotinia sclerotiorum*
④ *Rhizopus stolonifer*

해설
고추 역병균(*Phytophthora capsici*) 토양에서 서식하는 토양전염성 병원균이다.

19 녹병의 발생에서 경제적 가치가 낮은 기주식물에서 발생한 녹병균이 경제적 가치가 높은 식물에 옮겨 가는 경우가 있다 이때 경제적 가치가 낮은 기주식물을 무엇이라 하는가?
① 검색식물   ② 지표식물
③ 중간기주   ④ 대표기주

해설
중간기주는 다른 기주식물 중 경제적 가치가 적은 식물이다.

20 벼 도열병균이 식물체를 침입하기 위해서 균체에 형성하는 특별한 기관을 무엇이라 하는가?
① 균핵   ② 유주자
③ 부착기   ④ 흡기

해설
벼 도열병의 분생포자는 부착기를 형성하여 각피나 기공으로 침입한다.

정답 14 ② 15 ④ 16 ③ 17 ③ 18 ② 19 ③ 20 ③

2과목 농림해충학

21 솔잎혹파리는 어느 충태의 기간이 가장 짧은가?
① 알 ② 유충
③ 번데기 ④ 성충

해설
솔잎혹파리의 번데기는 25일 내외, 알은 7일, 성충은 1~2일 정도로 성충이 가장 짧다.

22 끝동매미충에 대한 설명으로 틀린 것은?
① 논둑이나 제방에서 월동한다.
② 암, 수 성충의 날개 끝은 검은색이다.
③ 암컷의 안면은 담갈색이다.
④ 벼의 오갈병을 매개한다.

해설
끝동매미충 암컷의 날개 끝은 담갈색이고 수컷은 검은색이다.

23 매미목과 노린재목에는 많은 해충이 포함되어 있다. 다음 중 두목에 대한 설명으로 틀린 것은?
① 매미목은 주로 식물을 가해하지만 노린재목은 동물성 먹이를 먹는 경우도 많다.
② 노린재목 곤충은 비행을 멈추고 앞날개를 접을 때 끝 쪽으로 서로 겹쳐 접는다.
③ 둘 다 번데기를 만들지 않는다.
④ 노린재목 곤충의 입은 매미목에 비해 머리의 뒤쪽에서 출발한다.

해설
노린재목은 입틀이 흡구형으로 전구식이나 하구식으로 있으며 매미목의 입은 후구식으로 주둥이가 머리의 아래에 위치하여 있다.

24 왕무당벌레붙이의 월동 충태는?
① 알 ② 유충
③ 번데기 ④ 성충

해설
왕무당벌레붙이는 1년에 3회 발생하고 성충으로 월동한다.

25 2차 천공성 해충으로만 나열된 것은?
① 솔껍질깍지벌레, 솔수염하늘소
② 미국흰불나방, 소나무좀
③ 솔잎혹파리, 소나무노랑애나무좀
④ 광릉긴나무좀, 북방수염하늘소

해설
2차 천공성해충으로 좀류, 하늘소류 등이 대표적이다.

26 곤충은 양성생식을 하는 것이 일반적이나 단위생식을 하는 종류도 있다. 다음 중 단위생식에 의해 증식하는 곤충은?
① 솔나방 ② 배추흰나비
③ 밤나무혹벌 ④ 벼메뚜기

해설
진딧물, 밤나무순혹벌 등은 암컷만으로 번식을 하는 단위생식을 한다.

27 불완전변태를 하는 것은?
① 벌류 ② 파리류
③ 노린재류 ④ 딱정벌레류

해설
메뚜기목, 매미목, 강도래목, 하루살이목, 노린재목, 총채벌레목 등은 불완전변태를 한다.

정답 21 ④ 22 ② 23 ④ 24 ④ 25 ④ 26 ③ 27 ③

28 감자나방의 피해 특징이 아닌 것은?
① 어린 감자의 생장점을 파고 들어간다.
② 감자(괴경)에 똥이 나와 있다.
③ 담배잎의 잎살만 먹고 표피만 남았다.
④ 잎의 잎맥만 남고 전부 먹는다.

해설
감자나방은 잎의 표피만 남기고 엽육에 피해를 준다.

29 곤충의 특징이 아닌 것은?
① 몸이 머리, 가슴, 배의 3부분으로 나누어져 있다.
② 눈은 겹눈만 있고 홑눈이 없다.
③ 다리가 3쌍이다.
④ 대개 2쌍의 날개가 있고 탈바꿈을 한다.

해설
곤충은 눈은 보통 1쌍의 겹눈, 2~3개의 홑눈이 있다.

30 우리나라 곤충상이 속하는 동물지리학적 분포구는?
① 신북구 ② 구북구
③ 동양구 ④ 하와이구

해설
국내의 경우 구북구계에 속한다.

31 장거리 이동성 곤충과 가장 관계가 깊은 것은?
① 광선 ② 온도
③ 습도 ④ 저기압

해설
장거리 이동성 곤충들은 기압차를 이용한 바람을 이용한다.

32 곤충의 번데기에 대한 설명으로 틀린 것은?
① 외시류에서 형태와 생리가 매우 다른 유충기와 성충기를 연결시켜 주는 발육단계이다.
② 먹이를 섭취하지 않는 시기로 내부적으로는 유충조직이 파괴되고 성충조직과 기관을 형성하는 매우 활발한 생리적 활성을 보이는 시기다.
③ 번데기의 모습은 부속지의 위치에 따라 피용과 나용으로 구분한다.
④ 대부분의 번데기는 운동성이 없기 때문에 천적으로부터 취약하다.

해설
외시류는 불완전변태를 하기에 번데기 과정이 없다.

33 곤충을 잡아먹는 포식성 곤충류가 아닌 것은?
① 풍뎅이류 ② 무당벌레류
③ 파리매류 ④ 사마귀류

해설
무당벌레는 진딧물이나 응애류, 사마귀는 다양한 곤충, 파리매의 진디혹파리는 진딧물을 잡아먹는다.

34 종간 상호작용이라고 볼 수 없는 것은?
① 동종포식
② 이종 간의 경쟁과 포식
③ 포식자와 먹이의 상호작용
④ 초식자와 기주식물 간의 상호작용

해설
동종포식은 종내 상호작용에 속한다.

정답 28 ④ 29 ② 30 ② 31 ④ 32 ① 33 ① 34 ①

35 곤충의 단위생식의 장점으로 틀린 것은?
① 좋은 환경이 나타났을 때 빠른 번식이 가능하다.
② 특히 암컷만 낳기 때문에 최대의 번식력이 발휘된다.
③ 그 종의 밀도가 낮을 때 특히 수컷의 밀도가 낮을 때 번식이 용이하다.
④ 유전자 조성이 거의 고정되어 있기 때문에 환경변화에 따른 적응력이 높다.

해설
유전자 조성이 고정되기 때문에 환경변화에 취약하다.

36 해충에서 개체군의 성장을 저해하는 인자 중 성질이 다른 하나는?
① 서식권의 물리적 화학적 환경
② 동일 개체군 내에서 타 개체
③ 먹이 사슬의 상위에 있는 타 개체군
④ 동일 또는 유사한 자원을 요구하는 개체군 간의 전쟁

해설
해충의 개체군 성장을 저해하는 요인에서 보기 1번은 환경적 요인에 속한다.

37 전 세계를 통하여 곤충강 32목 중에 분화가 가장 다양한 목에 해당되는 것은?
① 나비목   ② 딱정벌레목
③ 벌목   ④ 파리목

해설
딱정벌레목은 곤충의 종 가운데 40% 정도인 35만여종을 차지하는 목이며 아직 미발견 종만 500만여종이 넘는 것으로 알려져있다.

38 총채벌레목의 특징이 아닌 것은?
① 날개 둘레를 따라 긴 가털이 나 있다.
② 불완전변태를 한다.
③ 대부분 초식성이다.
④ 씹는 입틀을 갖고 있다.

해설
총채벌레목은 입틀의 좌우가 비대칭이고 즙액을 빨아먹는 흡수형이다.

39 곤충의 말피기관에서 수거된 물질과 소화관에서 분해되지 않는 유기물질을 배설하는 기관은?
① 지방체   ② 전장
③ 중장   ④ 후장

해설
후장은 전소장, 직장, 항문으로 구성되며 노폐물과 분해되지 않은 유기물질을 배설한다.

40 파리목에 속하는 곤충은 날개가 어느 부분에 부착되어 있는가?
① 앞가슴   ② 가운데가슴
③ 뒷가슴   ④ 복부 제1마디

해설
파리목의 날개는 가운데 가슴에 1쌍이 달려 있다.

3과목 농약학

41 제초제의 작용기작 중 옥신작용의 교란을 이용한 제초제는?
① 산아미드계   ② 카바메이트계
③ 페녹시계   ④ 요소계

해설
페녹시계는 호르몬형 유기제초제로 옥신작용의 교란을 이용한 제초제이다. 분열조직의 활성화, 이상분열, 세포막의 삼투압 증대 등의 식물의 기본생리 기능을 교란시킨다.

정답 35 ④ 36 ① 37 ② 38 ④ 39 ④ 40 ② 41 ③

42 유기인계 살충제의 공통적 특징에 대한 설명으로 틀린 것은?

① 접촉제로 강력하게 작용하며 훈증작용도 하고 소화중독작용도 크다.
② 식물체에 흡수침투되어 살충작용을 한다.
③ 낮은 농도로도 큰 살충효과를 낸다.
④ 사람이나 가축에 대한 독성이 없다.

> 해설
> 유기인계 살충제는 사람이나 가축에 독성이 있다.

43 다음 중 선택성 제초제로 분류되는 것은?

① 알라클로르
② 나드
③ 글루포시네이트암모늄
④ 글리포세이트

> 해설
> 토양처리형 제초제인 알라클로르는 아마이드계의 선택성 제초제로 콩, 옥수수 등의 1년생 잡초방제에 사용된다.

44 NAC(카바릴)의 구조식은?

①
②
③
④

> 해설
> 카바릴의 화학식은 $C_{12}H_{11}NO_2$ 이다.

45 농약의 약효를 높이기 위한 방법이 아닌 것은?

① 방제적기에 농약을 살포한다.
② 한 가지 농약을 계속 사용한다.
③ 표준희석배수의 농약을 정량 살포한다.
④ 방제대상에 적합한 농약을 선택한다.

> 해설
> 한가지 농약을 계속 사용하면 잡초에 내성이 생겨 약효가 떨어진다.

46 살충력이 강하고 적용해충의 범위가 넓으며 잔효성이 비교적 짧은 계통의 농약은?

① 유기염소계 ② 유기수은계
③ 트리아졸계 ④ 유기인계

> 해설
> 유기인계 살충제는 살충력이 강하고 적용 가능한 해충의 종류가 많으며 대량생산이 가능하다. 외부에서는 환경조건에 의해 분해가 빨라 잔효성은 비교적 짧은 편이다.

47 농약 살포 전 안전사용에 대한 준수사항이 아닌 것은?

① 적용작물, 품종 확인
② 희석농도, 혼용가부 확인
③ 근접살포에 대한 안전성 확인
④ 농약 빈병 및 살포잔액 안전처리

> 해설
> 농약 빈병 및 살포잔액의 안전처리는 농약의 살포 후의 처리 준수사항이다.

48 살비제란 어떠한 약제를 말하는가?

① 응애류를 방제하기 위하여 사용하는 약제
② 선충을 방제하기 위하여 사용하는 약제
③ 나방류를 방제하기 위하여 사용하는 약제
④ 병균이 식물체에 침투하는 것을 방지하는 약제

> 해설
> 살비제는 응애류를 선택적으로 방제하는 약제이다.

정답 42 ④   43 ①   44 ④   45 ②   46 ④   47 ④   48 ①

49 다음은 어떤 제초제의 구조식인가?

$$\text{Cl-C}_6\text{H}_3(\text{Cl})\text{-OCH}_2\text{COOH}$$

① 옥시플루오르펜(고울)
② 뷰타클로르(마세트)
③ 세톡시딤(나브)
④ 2,4-D

해설
2,4-D(2,4-디클로로페녹시아세트산)는 $C_8H_6Cl_2O_3$의 화학식을 가지며 모노클로로아세트산과 2,4-다이클로로페놀과 반응하여 합성한 제초제 농약이다.

50 다음 농약 중 급성독성이 가장 낮은 것은?
① 페니트로티온 유제
② 펜티온 유제
③ 디클로르보스 유제
④ 모노크로토포스 액제

해설
디클로르보스, 모노크로토포스는 고독성이며 펜티온은 보통독성이다. 페니트로티온 유제는 상대적으로 독성이 가장 낮은 저독성에 속한다.

51 Bacillus thuringiensis(B.T) 제제에 대한 설명으로 옳은 것은?
① 나비목 곤충의 유충 방제에 주로 사용된다.
② 유기합성제제이다.
③ 약효가 지효성이다.
④ 어류에 대하여 유독하다.

해설
미생물 살충제인 Bacillus thuringiensis (BT)는 나비목이나 파리목 곤충 중 숙주범위가 상당히 넓은 편이며 곤충은 장내에서 독소작용을 한다. 주로 나비목곤충의 유충 방제에 효과적이다.

52 수질 중 화합물의 농도가 2ppm 이고, 송사리 중의 농도가 20ppm 일 때 이 화합물의 생물농축계수(BCF)는?
① 2 ② 10
③ 20 ④ 40

해설
생물농축계수는 오염물질농도에서 수중의 오염물질의 농도를 나누어 구하도록 한다.

53 살충제 Carbofuran 에 대한 설명으로 틀린 것은?
① 수질오염성 농약으로 지정되어 수도용 약제로는 사용이 금지되어 있다.
② 카바메이트계로서 약제의 지속기간이 길다.
③ 콜린에스테라제의 활성기능을 억제하여 독작용을 유발한다.
④ 침투이행성 살충제로 식물의 뿌리나 경엽을 통해 식물 체내로 침투한다.

해설
카보퓨란(Carbofuran) 어독성 2급으로 지정되어 있어 수도용 살충제로 사용 가능하다.

54 농약의 물리적 성질 중 살포하여 부착한 약제가 이슬이나 빗물에 씻겨 내리지 않고 식물체 표면에 묻어있는 성질을 무엇이라 하는가?
① 부착성 ② 고착성
③ 침투성 ④ 현수성

해설
고착성은 부착한 약제가 빗물에 씻겨 내리지 않고 식물 표면에 붙어 있는 성질을 말한다.

정답 49 ④ 50 ① 51 ① 52 ② 53 ① 54 ②

55 주로 가정원예용으로 사용되는 농약의 제형은?
① 훈연제   ② 과립훈연제
③ 연무제   ④ 훈증제

해설
가정원예용과 같은 부가가치가 높은 농약은 연무제(스프레이형식)를 사용한다.

56 다음 중 유기유황계 약제는?
① 코퍼하이드록사이드 수화제
② 디클로르보스 유제
③ 만코제브 수화제
④ 티오파네이트메틸 도포제

해설
유기유황계 약제로 만코제브, 메티람, 프로피네브 등이 있다.

57 40%(비중=1)의 어떤 유제가 있다. 이 유제를 1000배로 희석하여 10a 당 9L 를 살포하고자 할 때 유제의 소요량은 몇 ml 인가?
① 7   ② 8
③ 9   ④ 10

해설
10a당 소요약량
$= \dfrac{추천농도(\%) \times 10a 당살포량}{약액농도(\%) \times 비중}$
$= \dfrac{(40\% \div 1000) \times 9000\text{ml}}{40\%} = 9\text{ml}$

58 입제, 분제, 수화제, 등과 같이 고체 농약의 제제 시 주성분의 농도를 저하시키고 부피를 증대시켜 농약의 주성분을 균일하게 살포하여 농약의 부착률을 향상시키기 위하여 사용되는 재료가 아닌 것은?
① 벤젠   ② 카올린
③ 벤토나이트   ④ 규조토

해설
증량제에는 규조토, 탈크, 벤토나이트, 카올린 등이 있다.

59 우리나라 농약관리법에서 잔류성 농약을 구분하는 데 해당되는 사항이 아닌 것은?
① 환경잔류성   ② 작물잔류성
③ 토양잔류성   ④ 수질오염성

해설
잔류성 농약은 작물잔류성 농약, 토양잔류성 농약, 수질오염성 농약으로 구분한다.

60 농약 혼용 시 주의하여야 할 사항으로 틀린 것은?
① 농약을 혼용하여 조제한 약제는 될 수 있으면 즉시 살포하여야 한다.
② 혼용 시 침전물이 생기면 사용하지 말아야 한다.
③ 가능한 한 고농도로 살포하여 인건비를 절약한다.
④ 농약의 혼용은 반드시 농약 혼용가부표를 참고한다.

해설
고농도 살포시 작물 및 인축에 피해가 우려되기에 표준희석배수를 준수한다.

4과목 잡초방제학

61 월년생 잡초에 대한 설명으로 옳은 것은?
① 1년 이상 생존하지만 2년 이상 생존하지 못하는 잡초
② 2년 이상 생존 가능한 잡초
③ 3년 이상 생존 가능성 잡초
④ 다년생 잡초와 동일한 의미

해설
월년생 잡초는 1년 이상 2년 미만으로 생활하는 잡초이다.

정답 55 ③   56 ③   57 ③   58 ①   59 ①   60 ③   61 ①

62 괴경이나 근경을 갖는 다년생 초종으로만 나열된 것은?

① 가래, 메꽃, 매자기
② 가래, 올방개, 매자기
③ 가래, 메꽃, 미나리
④ 올방개, 미나리, 매자기

해설
괴경이나 근경으로 번식하는 다년생 초종으로 너도방동사니, 매자기, 올방개, 가래 등이 있다.

63 논 잡초 중 벼와 경합시 광경합에 유리한 잡초는?

① 강피
② 여뀌바늘
③ 올챙이고랭이
④ 올방개

해설
피 종류 잡초의 경우 벼와 광 경합을 통해 수량 감소 등의 피해를 준다.

64 잡초의 농경적 특성에 대한 설명으로 틀린 것은?

① 잡초종자의 성숙기가 작물의 수확기와 일치하지 않는다.
② 잡초는 형태 및 생리적으로 작물과 유사하다.
③ 제초제에 대하여 내성 또는 저항성을 가진다.
④ 종자의 수병이 길다.

해설
잡초종자의 성숙기와 작물의 수확기는 대체로 일치하는 편이다.

65 타감작용과 가장 관계가 깊은 것은?

① 항생물질
② 약해경감물질
③ 상호대립억제물질
④ 혼합물질

해설
타감작용(allelopathy, 상호대립억제작용)이라 하여 근처 식물의 생육에 영향을 주는 방법을 이용한 방제법이다.

66 포자로 번식하는 논 잡초는?

① 가래
② 개구리밥
③ 좀개구리밥
④ 생이가래

해설
올미, 너도방동사니는 괴경으로 가래는 지하경으로 영양번식한다.
생이가래는 무성생식과 포자번식을 통해 빠른 속도로 번식하는 1년생 수생잡초이다.

67 잡초방제법을 예방적 방제법, 물리적 방제법, 경종적 방제법, 생물적 방제법, 화학적 방제법 으로 구분할 때 다음 중 예방적 방제법에 해당되는 것은?

① 작물종자의 정선
② 식물병원균의 이용
③ 중경
④ 육묘이식(이앙)재배

해설
예방적 방제법에는 잡초위생이라 하여 잡초가 발생되지 않도록 관리하는 것을 말한다. 잡초위생에는 재배관리 합리화, 작물종자 정선 등이 있다.

68 제초제의 살초형태와 관련이 적은 것은?

① 황화
② 고사
③ 숙기억제
④ 괴사

해설
살초형태는 잡초가 고사해가는 형태 및 과정 등을 표현한 것으로 황화, 고사, 괴사 등이 있다.

정답 62 ② 63 ① 64 ① 65 ③ 66 ④ 67 ① 68 ③

69 식물병원균이나 곤충을 이용한 잡초방제 방법은?
① 화학적 방제법 ② 생물적 방제법
③ 재배적 방제법 ④ 물리적 방제법

해설
곤충이나 미생물, 병원성을 이용하여 잡초의 세력을 경감시키는 방법은 생물적 방제법이다.

70 논에서 발생하고 있는 잡초들로 나열한 것은?
① 쇠비름, 올챙이고랭이, 물달개비, 깨풀
② 올챙이고랭이, 쇠털골, 물달개비, 새섬매자기
③ 올챙이고랭이, 바랭이, 물고랭이, 나도겨풀
④ 물달개비, 사마귀풀, 별꽃, 개구리밥

해설
논에서 발생하는 잡초로 올방개, 물달개비, 올미, 너도방동사니, 올챙이고랭이, 쇠털골, 새섬매자기, 마디꽃 등이 있다

71 2%의 2,4-D 농도는 몇 ppm 인가?
① 1000 ppm ② 2000 ppm
③ 10000 ppm ④ 20000 ppm

해설
1%는 10,000ppm 이므로 2%의 경우 20,000ppm 이다.

72 벼재배방법 중 벼와 잡초와의 경합이 가장 큰 것은?
① 어린모재배
② 중묘재배
③ 무경운 기계이앙재배
④ 담수표면 산파재배

해설
담수표면 산파재배는 직파재배방법 중 하나로 직파의 방법은 벼와의 경합이 상대적으로 커진다. 직파보다는 이앙재배가 잡초의 피해를 덜 받는다.

73 논에서 발생하고 있는 물달개비를 방제하기 위하여 사용이 가능한 경엽처리 제초제는?
① 옥사디아존 유제
② 벤타존 액제
③ 그라목손 액제
④ 알코올 액제

해설
Bentazon(벤타존)은 경엽처리용 제초제이며 광엽잡초 등에 적용하며 방동사니, 물달개비 등에 효과적이다.

74 제초제 사용 시 유의할 점이 아닌 것은?
① 사용시기 ② 사용량
③ 살포방법 ④ 고온의 물

해설
제초제 사용시 적정농도, 사용량, 살포방법, 사용시기 등을 고려해야 한다.

75 산림지역에서 일년생, 다년생 초본류 및 목본성 잡관목을 방제하기 위한 제초제는?
① terbutryn
② terbuthylazine
③ hexazinone
④ dimethametryn

해설
헥사지논(hexazinone)는 트리아진계 제초제로 침엽수 조림지에 발생하는 초본류 및 잡관목을 없애는데 사용하는 농약이다.

정답 69 ② 70 ② 71 ④ 72 ④ 73 ② 74 ④ 75 ③

76 벼의 유효분얼이 끝나고 유수형성기 이전에 살포하는 경엽처리형 제초제는?
① 옥사디아존 유제
② 2,4-D 액제
③ 뷰타클로르 유제
④ 글리포세이트 액제

해설
이행형 경엽처리용 제초제인 2,4-D 는 벼와 같은 화곡류에는 유수형성기 이전에 살포하는 것이 좋다.

77 경합의 3대 요소에 포함되지 않는 것은?
① 수분　　② 빛
③ 영양분　④ 이산화탄소

해설
경합의 3대 요소로 광, 수분, 양분이 있다.

78 1년생 잡초가 아닌 것은?
① 개여뀌　② 강아지풀
③ 개비름　④ 쇠뜨기

해설
쇠뜨기는 다년생 잡초이다.

79 잡초의 분류방법 중 여름형 잡초와 겨울형 잡초로 분류하는 것은?
① 식물학적 분류
② 발생시기에 따른 분류
③ 방제학적 분류
④ 발생지에 따른 분류

해설
잡초의 분류에서 발생시기에 의한 분류로 여름잡초와 겨울잡초가 있다.

80 C_4 식물에 속하는 식물은?
① 밀　　② 보리
③ 고구마　④ 피

해설
피는 C_4 식물로 광 효율이 좋아 경합에 유리하다.

정답　76 ②　77 ④　78 ④　79 ②　80 ④

국가기술자격 필기시험문제

2014년 산업기사 제4회 과년도 기출문제			수험번호	성명
자격종목 식물보호산업기사	종목코드	시험시간 2시간	형별	

1과목 식물병리학

01 식물병원의 종류 중 비세포성 병원은?
① 파이토플라즈마 ② 진균류
③ 선충 ④ 바이로이드

[해설]
바이로이드는 바이러스와 마찬가지로 비세포성 병원으로 단백질 껍질이 없는 RNA 로 구성되어 있다.

02 식물병의 진단방법 중 면역학적 진단방법에 속하지 않는 것은?
① 응집과 침강반응
② 면역확산법
③ ELISA 법
④ 현미경관찰법

[해설]
식물병의 진단방법에는 면역확산법(AGID), 형광항체법, 효소결합항체법(ELISA), 적혈구응집반응법 등이 있다. 현미경을 이용하는 관찰은 현미경적 진단방법이다.

03 병원균의 중간기주가 향나무인 병은?
① 잣나무 털녹병
② 밀 줄기녹병
③ 소나무 혹병
④ 사과나무 붉은별무늬병

[해설]
붉은별무늬병은 담자균류에 의해 발생하며 기주는 사과나무, 배나무 등이 있으며 중간기주는 향나무이다.

04 다음은 병원균의 기관 중 무엇에 대한 설명인가?

◎ 흰가루병균에서 주로 형성한다.
◎ 양분흡수기관이다.
◎ 세포간극에서 균사가 생장하는 균이 형성한다.
◎ 세균은 형성하지 못한다.

① 버섯 ② 흡기
③ 균핵 ④ 후벽포자

[해설]
흰가루병균에 주로 형성되는 흡기는 숙주에 양분을 빨아들이는 특수기관이다.

05 벼에서는 문제가 되지 않는 병은?
① 도열병
② 녹병
③ 잎집무늬마름병
④ 오갈병

[해설]
벼에 주로 문제가 되는 병은 도열병, 오갈병, 줄무늬잎마름병, 잎집무늬마름병, 모썩음병, 노균병 등이 있다.

06 다음 병원체 중 크기가 가장 작은 것은?
① 파이토플라즈마
② 재선충
③ 곰팡이
④ 겨우살이

[해설]
파이토플라즈마는 바이러스와 세균의 중간정도의 크기로 70nm ~ 900nm 정도이다.

정답 01 ④ 02 ④ 03 ④ 04 ② 05 ② 06 ①

07 식물병원 곰팡이의 특징이 아닌 것은?
① 균사를 갖는다.
② 포자를 갖는다.
③ 핵을 갖는다.
④ 엽록소를 갖는다.

> **해설**
> 곰팡이는 식물과 같은 엽록소를 가지고 있지 않다.

08 질소비료를 과용하면 여러 가지 병의 발생을 촉진한다. 질소비료 과용의 발병에 미치는 역할을 바르게 설명한 것은?
① 병원   ② 원인
③ 주인   ④ 유인

> **해설**
> 식물병에 직접적인 요인을 주인, 주인을 도와 발병을 촉진 및 확산시키는 요인들을 유인이라 한다. 질소비료 과용은 발병을 촉진 및 확산시키기에 유인에 속한다.

09 곰팡이에 의해서 발생한 병의 표징이 아닌 것은?
① 포자퇴   ② 유주자낭
③ 균핵   ④ 뿌리털

> **해설**
> 표징은 병환부에 병원체가 나타나서 발생하는 것으로 곰팡이가 이에 해당되며 포자퇴, 유주자낭, 균핵, 흰가루, 점질물 등이 있다.

10 이종기생균으로 옳은 것은?
① 고추 탄저병균
② 잣나무 털녹병균
③ 아스파라거스 녹병균
④ 사과나무 불마름병균

> **해설**
> 다른 기주식물을 옮겨다니는 병원균을 이종기생균이라 하며 잣나무 털녹병, 소나무 잎녹병, 배나무 붉은별무늬병균 등이 있다.

11 판별품종은 어디에 이용되는가?
① 농작물 수량의 기준 판별에 이용된다.
② 지역즉응성 여부에 측정에 이용된다.
③ 병원균의 레이스 판별에 이용된다.
④ 이들 모두가 해당된다.

> **해설**
> 레이스를 구별하는 기준품종을 판별품종이라 한다.

12 화학적 방제에 관한 설명으로 틀린 것은?
① 효과가 좋아도 연용할 경우 저항성을 갖게 된다.
② 작물보호제는 대상 병균과 적정한 작물이 한정되어 있어, 이를 벗어나는 경우에는 효과가 낮다.
③ 예방 또는 치료를 위한 효과가 비교적 정확하고 신속하다.
④ 살포량과 농도를 늘릴 경우 특히 효과가 크다.

> **해설**
> 화학적 방제는 작물 및 인축에 대한 피해가 우려되기에 살포량과 농도는 관리 기준에 맞추어 사용한다.

13 불완전균류란?
① 균사의 형성이 불완전한 균류
② 무성세대가 밝혀지지 않은 균류
③ 유성세대가 밝혀지지 않은 균류
④ 기주범위가 밝혀지지 않은 균류

> **해설**
> 불완전균류는 균사에 격막이 있고 무성 분생포자 세대만으로 분류되며 유성세대가 밝혀지지 않았다.

14 육안으로 진단이 가장 용이한 식물병은?
① 뿌리썩음병　② 줄기마름병
③ 흰가루병　　④ 점무늬병

해설
흰가루병은 흰가루를 뿌린듯한 표징이 나타나며 육안으로 관찰된다.

15 비전염성 식물병이 아닌 것은?
① 토양의 과습
② 통기성 불량
③ 파이토플라즈마
④ 양분의 불균형

해설
파이토플라즈마는 전염성을 가지며 매개충에 의해 전반된다.

16 토양전염성 병해의 생물적 방제를 위해 사용되는 세균이 아닌 것은?
① *Agrobacterium radiobacter* K84
② *Bacillus subtilis*
③ *Erwinia carotovora*
④ *Pseudomonas fluorescens*

해설
Erwinia carotovora 는 채소류의 무름병균이다.
① *Agrobacterium radiobacter* K84 는 뿌리혹병의 생물적 방제에 이용
② *Bacillus subtilis* 는 균핵병의 생물적 방제에 이용
④ *Pseudomonas fluorescens* 은 도열병의 생물적 방제에 이용

17 잿빛곰팡이병, 흰가루병, 그리고 녹병의 전염방법은?
① 공기전염　② 충매전염
③ 토양전염　④ 수매전염

해설
잿빛곰팡이병, 흰가루병, 탄저병, 노균병, 녹병 등은 공기로 전염된다.

18 대추나무 빗자루병의 치료방법으로 옳은 것은?
① 옥시테트라사이클린계 항생제를 수간주사한다.
② 침투성 살균제를 수간주사한다.
③ 농용마이신을 엽면 처리한다.
④ 피해지에 봉지를 씌워 병균의 전파를 방지한다.

해설
대추나무 빗자루병은 파이토플라즈마에 의해 발생하며 옥시테트라사이클린계 항생제를 수간주사 하여 방제한다.

19 표징이 나타나는 병은?
① 포도 흰가루병
② 감자 빗자루병
③ 과꽃 누른오갈병
④ 감자 바이러스병

해설
흰가루병은 흰가루를 뿌린 듯한 모습의 표징이 관찰되어 육안으로도 판별이 가능하다.

20 대기오염물질 중 PAN 에 대한 설명으로 옳은 것은?
① 자동차 배기가스에 섞여 배출된다.
② 주로 뿌리를 통해 흡수된다.
③ 잎의 색을 은색으로 탈색시킨다.
④ 페튜니아 등 화훼식물에만 피해를 입힌다.

해설
PAN 에 의해 식물은 광택화, 은백색화 등의 현상이 발생하고 심하면 괴사한다.

정답　14 ③　15 ③　16 ③　17 ①　18 ①　19 ①　20 ③

2과목   **농림해충학**

21 불완전변태를 하는 해충은?
① 나방류   ② 갑충류
③ 파리류   ④ 진딧물류

해설
진딧물류, 잠자리목, 메뚜기목 등은 불완전변태를 한다.

22 곤충의 체벽에 관한 설명으로 틀린 것은?
① 체벽은 표피층, 표피세포층, 기저막으로 구성되어 있다.
② 체벽을 통한 가스교환도 가능하지만 전체 호흡량에 비해 양은 무척 작다.
③ 체벽이 탈피될 때는 전체의 1/3 정도만 허물로 벗고 나머지는 소화 흡수되어 재활용된다.
④ 곤충의 체벽은 배자발육 단계에서 내배엽에서 분화되었다.

해설
곤충의 체벽은 배자발육 단계에서 외배엽에서 분화되었다.

23 일반적으로 곤충의 가운데 가슴마디에 있는 기문 수는?
① 1쌍   ② 2쌍
③ 8쌍   ④ 10쌍

해설
곤충의 가슴마디의 기문수는 1쌍이 존재한다.

24 곤충 암컷의 생식기관이 아닌 것은?
① 알집   ② 수란관
③ 수정낭   ④ 수정관

해설
수정관은 수컷의 생식기관이다.

25 배를 가해하는 가루깍지벌레의 입 모양은?
① 씹는 입   ② 핥는 입
③ 찔러빠는 입   ④ 물어찢어빠는 입

해설
가루깍지벌레는 흡즙성 해충으로 찔러빠는 입 형태이다.

26 벼 줄무늬잎마름병을 매개하는 해충은?
① 애멸구   ② 벼멸구
③ 번개매미충   ④ 끝동매미충

해설
애멸구는 줄무늬잎마름병, 검은줄오갈병 등의 바이러스병을 매개한다.

27 곤충의 앞날개가 붙어 있는 부위는?
① 앞가슴   ② 가운데가슴
③ 뒷가슴   ④ 가슴등판

해설
곤충의 앞날개는 가운데가슴에 달려있다.

28 곤충 더듬이의 팔굽마디에 있는 존스턴기관이 담당하는 기능은?
① 냄새를 맡는다.
② 성호르몬을 발산한다.
③ 소리를 감지한다.
④ 온도를 감지한다.

해설
존스턴기관은 공기의 진동을 통해 소리를 감지한다.

29 우리나라에서 월동하지 못하는 해충은?
① 벼멸구   ② 끝동매미충
③ 애멸구   ④ 번개매미충

해설
멸강나방, 벼멸구, 흑명나방 등은 비래해충으로 국내에서 월동하지 않는다.

정답 21 ④   22 ④   23 ①   24 ④   25 ③   26 ①   27 ②   28 ③   29 ①

30 해충의 발생예찰에 대한 설명으로 틀린 것은?
 ① 발생예찰에는 발생시기의 예찰, 발생량의 예찰, 피해량의 예찰, 방제여부의 예찰 등이 있다.
 ② 화학적 방제를 위해서는 발생예찰이 필요하지 않고 농민이 편리한 시기에 약제를 살포하기만 하면 된다.
 ③ 발생예찰을 위한 조사로는 정점조사와 순회조사가 있다.
 ④ 물을 담은 수반에 날아 들어오는 해충을 조사하는 방법을 수반조사법이라 한다.

해설
발생예찰을 통해 발생량을 예측하고 효과적인 방제시기 및 살포량 등을 결정하기에 편리한 시기에 약제를 살포하는 것은 잘못된 내용이다.

31 곤충에서 실제로 조직세포와 가스를 교환하는 곳은?
 ① 기문   ② 기관간
 ③ 기관지 ④ 기관소지

해설
기문은 주관과 기관을 통해 연결된다. 기관에 연결된 기문소지는 내부의 기관에 퍼져 조직세포와 가스를 교환하게 된다.

32 벼멸구 방제법으로 부적당한 것은?
 ① 내충성 품종을 심는다.
 ② 약제로는 뷰프로페진, 에토펜프록스 수화제가 있다.
 ③ 질소질 비료를 많이 준다.
 ④ 천적으로는 신충채벌, 논거미 등이 있다.

해설
질소질비료를 과용하게 되면 도장의 우려가 있고 식물병의 확산우려가 있다.

33 벼의 잎을 엽초만 남기고 마구 먹으며 다 먹은 다음에는 다른 논으로 이동하는 해충은?
 ① 멸강나방   ② 벼밤나방
 ③ 벼잎말이나방 ④ 혹명나방

해설
멸강나방 유충이 잎을 폭식하는 다식성 해충으로 다른 논으로 이동하여 피해를 주기도 한다.

34 최근 우리나라에서 문제가 되고 있는 중요한 산림해충은 대부분 외국에서 침입한 종들이다. 다음의 해충 중 침입해충이 아닌 종은?
 ① 소나무재선충 ② 알락하늘소
 ③ 미국흰불나방 ④ 밤나무혹벌

해설
소나무재선충, 미국흰불나방, 솔껍질깍지벌레, 밤나무혹벌, 솔잎혹파리 등은 외래해충이다.

35 가해하는 부위가 나머지 셋과 다른 해충은?
 ① 포도유리나방 ② 박쥐나방
 ③ 복숭아명나방 ④ 측백하늘소

해설
복숭아명나방은 과실을 가해한다. 포도유리나방, 박쥐나방, 측백하늘소는 가지 부분을 공통적으로 가해한다.

36 솔잎혹파리 방제를 위한 침투성 약제 수간주입(수간주사)방법은 이 해충의 어느 충태를 방제하는 방법인가?
 ① 알   ② 부화유충
 ③ 노숙유충 ④ 성충

해설
솔잎혹파리 방제방법으로 우화최성기에 수간에 포스파미돈 액제를 주입한다.

정답 30 ② 31 ④ 32 ③ 33 ① 34 ② 35 ③ 36 ②

37 고추의 열매를 뚫고 들어가 열매 속에서 식해하는 해충은?

① 숯검은밤나방
② 거세미나방
③ 검거세미밤나방
④ 담배나방

해설
담배나방은 고추에 피해를 주는 해충으로 유충이 어린잎이나 과실에 구멍을 내고 내부에서 피해를 준다.

38 해충을 유아등에 모이게 하여 죽이는 등화 유살은 곤충의 어떤 성질을 이용한 것인가?

① 주광성
② 주화성
③ 주풍성
④ 주열성

해설
빛에 반응하는 성질을 주광성이라 한다.

39 월동 중에 알 덩어리를 손쉽게 발견하여 제거할 수 있는 해충으로만 나열된 것은?

① 매미나방, 어스렝이나방
② 어스렝이나방, 솔나방
③ 솔나방, 미국흰불나방
④ 미국흰불나방, 매미나방

해설
알 덩어리를 쉽게 발견하여 제거하는 해충으로 집시나방, 매미나방, 어스렝이나방, 미국흰불나방 등이 있다.

40 솔잎혹파리는 분류학상 (A)에 속하며 학명은 (B)이다. A와 B에 들어갈 적당한 것은?

① A : 노린재목 초파리과,
   B : Thecodiplosis japonensis Uchida et Inouye
② A : 파리목 초파리과,
   B : Dendrolimus spectabilis Butler
③ A : 벌목 혹파리과,
   B : Dendrolimus spectabilis Butler
④ A : 파리목 혹파리과,
   B : Thecodiplosis japonensis Uchida et Inouye

해설
솔잎혹파리는 파리목의 혹파리과로 학명은 Thecodiplosis japonensis Uchida et Inouye 이다.

3과목 농약학

41 농약 신규제형의 특징이라고 볼 수 없는 것은?

① 인축 및 환경에 안전하다.
② 약해가 경감된다.
③ 가격이 저렴하다.
④ 폭발 위험성이 매우 낮다.

해설
가격의 변동은 성분 및 제조방법에 의해 결정되기에 제형에 의한 특징과는 관련이 없다.

42 농약 살포액의 조제시 고려사항 중 가장 중요한 것은?

① 농약독성
② 농약잔류성
③ 희석배수
④ 환경독성

해설
농약 살포액 조제시 규정된 적정 살포량에 의하여 희석배수가 주요 고려대상이다.

정답 37 ④ 38 ① 39 ① 40 ④ 41 ③ 42 ③

43 유기인제 농약의 중독증상과 비슷한 증상을 보이는 농약은?

① 항생제 농약
② 유기염소제 농약
③ 유기비소제 농약
④ 카바메이트제 농약

> 해설
> 유기인제 농약과 카바메이트제 농약은 아세틸콜린에스테라제의 활성을 저해제로 유사한 증상을 보여준다.

44 다음 국내 해충 중 알→약충→성충의 생활사를 갖는 불완전 변태로서 작물에 주로 흡즙 피해를 유발하는 것은?

① 벼멸구
② 혹명나방
③ 이화명나방
④ 굴파리

> 해설
> 벼멸구는 불완전변태를 하며 벼, 바랭이 등의 줄기를 흡즙 가해하여 피해를 준다.

45 농약에서 식물생장조절제는 식물의 생육을 촉진하거나 반대로 억제하여 이상생육을 인위적으로 조절하는 제제를 말하는데 이의 작용기작에 사용되는 조절물질이 아닌 것은?

① 지베렐린
② 에틸렌
③ 식물영양제
④ 옥신

> 해설
> 식물의 생장을 촉진 및 억제하는 조절 물질로 옥신, 지베렐린, 시토키닌, ABA 등이 대표적이다. 식물영양제는 식물의 성장에 도움을 주기 위한 보조제이다.

46 우리나라 농약의 독성 구분에 대한 내용 중 알맞은 것은?

① 우리나라의 농약 독성 구분은 농약원제의 독성 정도에 따라 구분한다.
② 농약의 제품독성에 따라 고독성 및 보통독성으로 구분하여 취급하고 있다.
③ 어독성은 정도에 따라 I급, II급, III급 및 IIs 급으로 구분한다.
④ 농약의 독성 구분은 제품의 급성경구독성 반수치사량을 기준으로 하고 있다.

> 해설
> 농약등의 어류에 대한 독성을 어독성이라 하며 어류의 반수를 죽일 수 있는 농도를 기준으로 I급, II급, III급으로 구분한다. 벼재배용 농약의 경우 IIs급이 추가로 구분하기도 한다.

47 맹독성 유제 농약의 경구 LD_{50}(반수치사량)은?

① 5mg/kg(체중) 미만
② 10mg/kg(체중) 미만
③ 20mg/kg(체중) 미만
④ 40mg/kg(체중) 미만

> 해설
> 맹독성 유제 농약의 경구 LD_{50} 은 I급(맹독성)으로 20 미만(mg/kg 체중)이다.

48 ADI(Acceptable Daily Intake)가 의미하는 것은?

① 일일섭취허용량
② 식품 중 잔류농약의 허용기준
③ 농약이 잔류할 우려가 있는 식품 중의 잔류평균
④ 일생 동안 매일 섭취하여도 아무런 영향을 주지 않는 약량

> 해설
> ADI 는 농약의 1일 섭취허용량으로 일생동안 매일 섭취해도 영향을 주지 않는 농약의 최대 약량을 구하고 이 값에 안전계수를 곱한 값으로 나타낸다.

정답 43 ④ 44 ① 45 ③ 46 ③ 47 ③ 48 ①

49 클로로탈로닐 원제의 불순물로 존재하는 HCB 의 명명법이 옳은 것은?

① Hexylchlorobenzoate
② Hexachlorobenzene
③ Hexylbenzoate
④ Hexylchlorobenzene

해설
클로로탈로닐 원제의 불순물로 존재하는 HCB 는 Hexachlorobenzene 이라 한다.

50 60kg 의 쌀에 살충제 Malathion 50% 유제를 5ppm 이 되도록 처리하고자 할 때 필요한 살충제량(ml)은?(단, 비중은 1.07)

① 0.42 ② 0.56
③ 0.64 ④ 0.72

해설
소요약량
$= \dfrac{\text{추천농도}(ppm) \times \text{살포대상량}(g) \times 100}{1{,}000{,}000 \times \text{비중} \times \text{원액농도}}$
$= \dfrac{5 \times 60{,}000 \times 100}{1{,}000{,}000 \times 1.07 \times 50} \fallingdotseq 0.56ml$

51 식품 중에 잔류되는 유기인계 농약 성분을 분석하는 데 주로 사용되는 방법은?

① 중량법
② 적정법
③ 칼로리메타법
④ 가스크로마토그래피법

해설
가스크로마토그래피에 의한 분석은 클로로타로닐과 같은 유기인계 농약 성분을 분석하는데 적합하다.

52 다음 중 제초제로 사용되지 않는 농약은?

① 알라클로르 ② 프로파닐
③ 만코제브 ④ 메코프로프

해설
만코제브는 유기황제 살균제로 탄저병, 갈색무늬병, 붉은별무늬병, 포플러잎녹병 등 광범위한 병해 방제에 사용된다.

53 네오아소진 농약은 약해를 해결하기 위해 유기비소제에 다음 어느 금속을 결합시켰는가?

① Fe ② Mg
③ Zn ④ Cu

해설
네오아소진은 유기비소계 살균제로 철(Fe)을 결합하여 약해 문제를 해결하였으며 주로 사과나무 부란병 방제에 이용된다.

54 다음 중 농약 혼용의 장점이 아닌 것은?

① 약효의 경감
② 약해의 경감
③ 독성의 경감
④ 약효 지속시간 연장

해설
농약 혼용 시 약효의 경감은 단점이다.

55 농약중독시 취해야 할 응급조치 중 틀린 것은?

① 경구중독일 경우 우선 따뜻한 물이나 소금물로 세척한다.
② 약물이 장내로 들어갈 염려가 있을 때는 황산마그네슘(15~20g) 물에 독물의 흡착을 위해 활성탄이나 규조토 등을 타 먹여 배설시킨다.
③ 경피중독일 경우 오염된 의복을 벗기고 부착된 약제를 비눗물로 씻는다.
④ 흡입중독일 경우 체온을 식히기 위해 찬물로 씻어 준다.

해설
흡입중독 환자는 바람이 잘 통하는 깨끗한 장소에 눕히고 의복을 느슨하게 하여 호흡을 쉽게 하도록 한다.

정답 49 ② 50 ② 51 ④ 52 ③ 53 ① 54 ① 55 ④

56 신경계를 자극하여 해충을 죽이는 약제가 아닌 것은?
① 기계유 유제
② 페노뷰카브 유제
③ 페니트로티온 수화제
④ 포레이트 입제

해설
기계유 유제는 피부에 작용하는 살충제이다.

57 인돌비 액제의 유효성분은?
① IAA 와 6-benzylaminopurine
② IBA
③ I-naphthylacetamide
④ 4-CPA

해설
인돌비(Indol-B)의 유효성분은 IAA 와 6-benzylaminopurine 으로 콩나물의 생장촉진에 이용된다.

58 농약을 주성분의 조성에 따라 분류한 것은?
① 식물생장 조정제
② 유기인계
③ 입제
④ 훈증제

해설
유효성분 조성에 따라 무기농약과 유기농약으로 분류된다. 유기농약은 유기화합물을 주성분으로 하는 농약으로 유기인계, 카바메이트계, 유기염소계, 유기황계, 유기불소계 등이 있으며 무기농약은 무기화합물을 주성분으로 생석회, 소석회, 황산구리, 유황 등이 있다.

59 유기인계 농약의 살충 작용점은?
① 원형질   ② 피부
③ 호흡기   ④ 신경

해설
유기인계 농약은 신경전달계에 관여하여 정상적인 신경전달을 방해하여 곤충을 방제한다.

60 다음 중 유기인계 제초제로서 다년생 잡초의 지하경까지 죽일 수 있는 농약은?
① 메트리뷰진 수화제
② 글리포세이트 액제
③ 리뉴론 수화제
④ 시마진 수화제

해설
글리포세이트(Glyphosate)는 비선택성 제초제로 과수원, 조림지 등에 많이 이용되며 다년생 잡초의 지하경까지 방제가 가능하다.

4과목 잡초방제학

61 최근 우리나라 논에 다년생 잡초가 증가하는 요인으로 볼 수 없는 것은?
① 1년생 제초제의 연용
② 만기 이앙 및 답리작의 증가
③ 추경 및 춘경의 감소
④ 인력제초의 감소

해설
이앙 재배 방법은 잡초의 발생을 줄일 수 있다.

62 지하경에 의해서 주로 번식하는 것은?
① 피   ② 바랭이
③ 물달개비   ④ 가래

해설
영양번식기관 중에서 지하경(근경)에는 쇠털골, 가래, 나도겨풀, 수염가래꽃, 택사, 띠 등이 있다

63 제초제 1% 용액은 몇 ppm 에 해당하는가?
① 10ppm   ② 100ppm
③ 1,000ppm   ④ 10,000ppm

해설
1% 는 10,000ppm 이다.

정답 56 ① 57 ① 58 ② 59 ④ 60 ② 61 ② 62 ④ 63 ④

64 잡초를 잘못 분류한 것은?

① 논잡초 - 피, 올챙이고랭이
② 밭잡초 - 비름, 깨풀
③ 과원잡초 - 닭의장풀, 바랭이
④ 잔디밭잡초 - 가막사리, 큰고추풀

해설
가막사리, 큰고추풀은 논잡초이며 잔디밭잡초에는 새포아풀, 파대가리, 클로버 등이 있다.

65 벼농사에서 잡초와 경합에 가장 유리한 벼 재배법은?

① 건답직파   ② 담수직파
③ 어린모 재배   ④ 중묘 재배

해설
벼의 육묘기간이 길면 초기 경합에 유리하기에 보기 중 중묘재배가 가장 유리하다.

66 식물 분류학적으로 동일한 속명을 갖는 잡초끼리 나열된 것은?

① 올미, 벗풀
② 여뀌, 여뀌바늘
③ 쇠비름, 비름
④ 네가래, 가래

해설
올미와 벗풀은 택사과 보풀속이다

67 우리나라 논에 발생하는 주요 다년생 잡초로만 이루어진 것은?

① 올미, 올방개, 가래, 너도방동사니, 피
② 올미, 올방개, 가래, 참방동사니, 쇠털골
③ 올미, 가래, 너도방동사니, 참방동사니, 마디꽃
④ 올미, 가래, 올방개, 너도방동사니, 벗풀

해설
다년생 잡초로 나도겨풀, 너도방동사니, 쇠털골, 올방개, 올챙이고랭이, 가래, 개구리밥, 미나리, 올미, 좀개구리밥, 토끼풀, 쇠뜨기, 엉겅퀴, 메꽃, 쑥 등이 있다.

68 주로 덩이줄기(괴경)로 번식하는 잡초는?

① 올미   ② 물달개비
③ 마디꽃   ④ 사마귀풀

해설
괴경 번식(덩이줄기)에는 올방개, 매자기, 벗풀, 향부자, 너도방동사니, 올미 등이 있다.

69 제초제의 유효성분은?

① 제초제 제형 중 간접적으로 제초효과를 나타내는 성분
② 제초제 제형 중 계면활성을 나타내는 성분
③ 제초제 제형 중 직접적으로 제초효과를 나타내는 성분
④ 제초제 제형 중 제초효과를 발휘하지 않는 성분

해설
제초효과가 나타나도록 하는 성분을 유효성분이라 한다.

70 채소밭의 잡초방제에 대한 설명으로 옳은 것은?

① 노지재배의 경우는 생육 후기에 중점적으로 잡초방제를 실시한다.
② 시설원예의 경우에는 소수의 잡초가 대형화될 수 있으므로 제초에 특히 힘쓴다.
③ 흑색의 불투명한 필름으로 멀칭할 경우 백색의 투명한 필름보다 잡초 발생이 많아진다.
④ 비닐터널 재배는 고온다습하므로 잡초 발생이 경감된다.

해설
시설원예의 환경은 고온 다습으로 잡초 발생이 대형화될 수 있기에 제초에 특히 힘을 써야 한다.

정답 64 ④ 65 ④ 66 ① 67 ④ 68 ① 69 ③ 70 ②

71 토양에서 잡초의 발생에 대한 설명으로 틀린 것은?

① 사질토는 중점토보다 발생심도가 깊다.
② 종자가 무거울수록 발생심도가 얕다.
③ 토양이 과습(90% 이상)하면 출아율이 낮다.
④ 토양이 건조(55% 이하)하면 출아율이 낮다.

해설
종자가 무겁고 클수록 발생심도가 깊어진다.

72 제초제 제형 중 수화제를 나타내는 것은?

① EC   ② WP
③ G   ④ Sol

해설
EC 는 유제, SL 은 액제, SP 는 수용제, WP 는 수화제, SC 는 액상수화제 등을 의미한다.

73 외국에서 유입된 대표적인 외래 잡초로 나열된 것은?

① 올챙이고랭이, 미국자리공
② 단풍잎돼지풀, 서양민들레
③ 서양민들레, 올방개
④ 미국가막사리, 가막사리

해설
외래 잡초에는 미국가막사리, 가는털비름, 단풍잎돼지풀, 소리쟁이, 도꼬마리, 서양민들레, 개망초 등이 있다.

74 옥수수 재배시 경합에 유리한 초형을 가진 품종으로 가장 바람직한 것은?

① 만생종의 장간형
② 만생종의 단간형
③ 초관형성이 느린 단간형
④ 초관형성이 빠른 직립·중간형

해설
초기 경합에 유리한 품종은 초관형성이 빠른 직립 혹은 중간형이다.

75 생태적, 물리적, 화학적, 생물적 잡초방제 방법으로 구분할 때 생태적 잡초방제법이 아닌 것은?

① 작부체계   ② 재식밀도
③ 품종선정   ④ 피복처리

해설
피복처리는 물리적 방제에 속한다.

76 잡초종자의 발아에 영향을 미치는 환경적 요인이 아닌 것은?

① 광   ② CO_2
③ 온도   ④ 수분

해설
잡초발아에 영향을 주는 인자로 수분, 광, 산소, 온도 등이 있다.

77 밭잡초의 발생 특성에 해당되지 않는 것은?

① 발생초종이 다양하고 발생량이 많다.
② 우점잡초는 바랭이, 뚝새풀, 명아주 등이다.
③ 수도작보다 밭작물에서 잡초의 피해가 적다.
④ 수생잡초보다는 습생 및 건생잡초가 많다.

해설
수도작보다 밭작물에서의 발생되는 잡초의 종류가 많고 발생량이 많아 피해가 더 크다.

정답 71 ② 72 ② 73 ② 74 ④ 75 ④ 76 ② 77 ③

78 병해충문제와 비교하여 잡초문제의 특성을 잘못 기술한 것은?
① 문제의 진전성이 완만하다.
② 허용한계수준으로 피해를 판단한다.
③ 잡초문제는 정체적으로 일어난다.
④ 잡초는 박멸하여야 한다.

> **해설**
> 잡초가 천적의 기주이거나 번식처가 되기도 하지만 반대로 병해충의 방제 식물이 되기도 하기에 무조건적인 박멸은 옳지 않다.

79 이행형 제초제란?
① 접촉한 부위에 머무는 제초제
② 체관부를 통하여 이동하지 못하는 제초제
③ 처리한 부위로부터 작용점으로 이행해 가는 제초제
④ 물관부를 통해 이동하지 못하는 제초제

> **해설**
> 경엽, 뿌리 등 접촉부위에서 식물체 내의 작용점으로 이행되어 효과를 발휘하는 제초제를 말한다.

80 일반적으로 작물과 잡초간 경합으로 작물에 가장 큰 피해를 주는 시기는?
① 전생육기간의 1/4~1/3시기
② 생육중기~후기
③ 생육중기
④ 생육후기

> **해설**
> 잡초경합한계기간은 작물 전생육기간의 첫 1/3~1/2 기간이나 1/4~1/3 기간에 해당되는 이 시기에 잡초간 경합으로 작물의 피해가 커서 방제가 요구된다.

정답 78 ④ 79 ③ 80 ①

국가기술자격 필기시험문제

2015년 산업기사 제1회 과년도 기출문제

자격종목	종목코드	시험시간	형별
식물보호산업기사		2시간	

1과목 식물병리학

01 유사균류에 의한 병이 아닌 것은?
① 벼 오갈병
② 토마토 역병
③ 오이 노균병
④ 십자화과 식물의 무사마귀병

해설
벼 오갈병은 바이러스에 의해 발생하는 병이며 오이 노균병, 토마토 역병, 무사마귀병은 진균에 의해 발생한다.

02 벼 잎에 나타난 방추형 갈색병반으로 육안적 진단이 가능한 병은?
① 도열병   ② 깨씨무늬병
③ 흰잎마름병   ④ 줄무늬잎마름병

해설
도열병은 벼의 기부나 중앙 부위에 방추형의 갈색 병반이 나타나며 육안으로 진단이 가능하다.

03 배추 등에서 무사마귀병(뿌리혹병)을 일으키는 병원균은 무엇인가?
① *Fulvia fulva*
② *Rhizoctonia solani*
③ *Plasmodiophora brassicae*
④ *Pectobacterium carotovorum*

해설
무·배추 무사마귀병의 병원은 점균으로 *Plasmodiophora brassicae* 이다.

04 미생물이 생산하는 물질로 다른 미생물의 생육을 억제하는 점을 이용한 농약은?
① 훈증제   ② 항생제
③ 보르도액제   ④ 유기염소제

해설
농용항생제는 이름 그대로 농업용으로 개발된 항생물질을 이용하여 농작물의 병해충을 예방하는 농약의 일종으로 다른 미생물의 생육을 억제하는 원리를 이용한 농약이다.

05 식물병원균 감염 후 나타나는 저항성에 관한 것이 아닌 것은?
① 기공수의 증가
② Phytoalexin 의 생성
③ 기주의 잎에 과민반응
④ 세포벽 안쪽에 돌기형성

해설
식물병원균에 감염 후 저항성으로 파이토알렉신(phytoalexin) 생성 및 조직의 변화가 나타나는데 조직의 변화에는 코르크 변화, 이층의 형성, 검(gum) 형성, 돌기 형성 등이 있다.

06 콩 자줏빛무늬병(자주무늬병)균의 월동처는?
① 토양   ② 뿌리
③ 종자   ④ 매개곤충

해설
콩 자줏빛무늬병은 진균에 의해 발생하며 비와 바람으로 전반되어 종자에 월동한다.

정답 01 ① 02 ① 03 ③ 04 ② 05 ① 06 ③

07 질소비료를 적게 주어 도열병을 방제하는 방법은?
① 화학적 방제방법
② 생물적 방제방법
③ 물리적 방제방법
④ 경종적 방제방법

해설
질소질비료를 과용하게 되면 도장의 우려가 있으며 벼 도열병, 흰가루병 등이 발생하기 쉽다. 이를 방지하기 위해 질소질 비료를 적게 주며 이는 경종적 방제법 혹은 생태학적 방제법이다.

08 밀 줄기녹병의 병원은?
① 세균 ② 진균
③ 바이러스 ④ 파이토플라즈마

해설
맥류 줄기녹병의 병원균은 진균이다.

09 식물바이러스병 진단법으로 옳지 않은 것은?
① 혈청학적 진단법
② 파지에 의한 진단법
③ 지표식물에 의한 진단법
④ 핵산 중합효소연쇄반응법

해설
파지에 의한 진단법은 세균을 숙주로 하는 바이러스를 이용하는 진단방법으로 식물바이러스병을 진단하기에는 부적합하다.

10 병원균이 주로 종자전염하는 병은?
① 감자 역병
② 오이 노균병
③ 보리 흰가루병
④ 보리 겉깜부기병

해설
보리 겉깜부기병의 병원균은 진균으로 균사 상태로 종자에 월동하며 종자 전염을 한다.

11 식물병원균의 레이스를 판단하기 위해서 사용되는 특정한 품종을 무엇이라 하는가?
① 선택품종 ② 지표품종
③ 판별품종 ④ 깃발품종

해설
레이스를 구별하는 기준품종을 판별품종이라 한다.

12 경란전염에 대한 설명으로 옳은 것은?
① 가벼운 알이 잘 전염된다.
② 전염의 어렵고 쉬운 정도를 말한다.
③ 산란 후 병원이 알에 침입하여 전염된다.
④ 매개곤충의 알을 거쳐 다음 세대로 병원이 전해진다.

해설
경란전염은 매개충의 알을 통해 바이러스가 전파되는 것을 의미한다.

13 균사가 변형하여 유사조직을 형성하고 구형 또는 입상이며 불량환경에 저항성이 강한 것은?
① 균사 ② 균핵
③ 포자퇴 ④ 분생포자

해설
· 균핵은 균류의 영양체가 형성하는 덩어리 혹은 구형 모양의 휴면체이다.
· 균사에서 변형하여 유사조직을 형성하며 환경이 불량해지면 유동을 멈추고 구형이 되며 환경이 개선되면 구형이 풀리면서 변형체가 된다.

14 다음 중 항생물질이 아닌 것은?
① Phthalide ② Kasugamycin
③ Streptomycin ④ Polyoxin-B

해설
항생물질로 가스마가이신(Kasugamycin), 발리다마이신(validamycin), 스트렙토마이신(Streptomycin), 폴리옥신비(Polyoxin-B), 폴리옥신디(Polyoxin-D) 등이 있다.

정답 07 ④ 08 ② 09 ② 10 ④ 11 ③ 12 ④ 13 ② 14 ①

15 다음 중 진균(곰팡이)에 의해서 일어나는 병은?
① 벼 흰잎마름병
② 고추 풋마름병
③ 보리 속깜부기병
④ 담배 모자이크병

해설
벼 흰잎마름병, 고추 풋마름병은 세균에 의해 발생하며, 담배 모자이크병은 바이러스에 의해 발생한다.

16 다음 중 산성비에 가장 강한 수종은?
① 곰솔
② 양버즘나무
③ 물푸레나무
④ 일본잎갈나무

해설
산성에 대한 저항성이 강한 수종으로 소나무, 곰솔, 가문비나무 등이 있으며 그 중에서도 곰솔이 가장 강하다.

17 다음 중 배추 무름병균의 특성은?
① 주모가 있는 그람양성세균이다.
② 주모가 없는 그람음성세균이다.
③ 주모가 없는 그람양성세균이다.
④ 주모가 있는 그람음성세균이다.

해설
배추 무름병균은 그람음성세균으로 주모성 편모가 있다.

18 빈번한 강우조건 아래에서 가장 발생하기 쉬운 맥류의 병은?
① 줄기녹병
② 속깜부기병
③ 겉깜부기병
④ 붉은곰팡이병

해설
붉은곰팡이병은 비와 바람에 의해 전반되기에 빈번한 강우조건에서 발생하기 쉽다.

19 다음 중 바이러스를 매개하는 선충이 아닌 것은?
① Xiphinema
② Trichodorus
③ Meloidogyne
④ Paratrichodorus

해설
Meloidogyne 는 근류선충(뿌리혹선충)으로 바이러스를 매개하지 않는다.

20 주로 저온에서 발생이 많은 병은?
① 채소류 무름병
② 맥류 줄기녹병
③ 토마토 시들음병
④ 사과나무 탄저병

해설
맥류 줄기녹병, 복숭아나무 잎오갈병 등은 저온에서 다량 발생하는 식물병이다.

2과목 농림해충학

21 곤충의 더듬이는 종이나 암수에 따라 모양이 다르나 기본적으로 3부분으로 되어 있다. 다음 중 더듬이의 3부분에 속하지 않는 것은?
① 도래마디
② 팔굽마디
③ 자루마디
④ 채찍마디

해설
곤충의 더듬이는 자루마디, 흔들마디(팔굽마디), 채찍마디 등 3 부분으로 구성되어 있다.

22 곤충에서 부화한 유충(또는 약충)이 성충까지 발육하는 과정을 무엇이라고 하는가?
① 생식과정
② 배자 발육과정
③ 배우자 형성과정
④ 후배자 발육과정

해설
알에서 부화한 유충이 변태과정을 거쳐 성충이 되는 과정을 후배자 발육과정이라 한다.

정답 15 ③ 16 ① 17 ④ 18 ④ 19 ③ 20 ② 21 ① 22 ④

23 방패벌레는 어느 목에 속하는가?
① 벌목　② 노린재목
③ 딱정벌레목　④ 부채벌레목

해설
방패벌레는 노린재목 방패벌레과에 속한다.

24 2모작 맥류재배를 하면 많이 발생하는 해충은?
① 벼멸구　② 애멸구
③ 흰등멸구　④ 혹명나방

해설
애멸구는 이모작 맥류재배를 하면 많이 발생하며 줄무늬잎마름병과 같은 바이러스병을 매개한다.

25 땅강아지의 분류학적 위치는?
① 매미목　② 노린재목
③ 사마귀목　④ 메뚜기목

해설
땅강아지는 메뚜기목 땅강아지과이다.

26 다음 중 곤충의 특징에 관한 설명으로 틀린 것은?
① 곤충류는 마디발동물문에 속하는 자연군이다.
② 몸통이 머리, 가슴, 배의 3부분으로 구성되어 있다.
③ 머리에 촉각, 겹눈, 홑눈 및 입틀 등의 부속지가 있다.
④ 가슴은 앞, 가운데, 뒷가슴으로 되어 있고 4쌍의 다리가 있다.

해설
곤충의 가슴은 앞, 가운데, 뒷가슴으로 되어 있고 각 부분에 1쌍의 다리가 있다.

27 다음 중 신갈나무에 피해를 주는 참나무시들음병의 매개충은?
① 솔잎혹파리
② 광릉긴나무좀
③ 미국흰불나방
④ 버즘나무방패벌레

해설
광릉긴나무좀은 참나무 시들음병균의 매개충이다. 참나무 시들음병의 기주는 참나무류이며 그중에서도 신갈나무에 피해가 가장 크다.

28 해충의 생물적 방제에 대한 설명으로 옳은 것은?
① 우리나라에서는 생물적 방제 성공사례가 없다.
② 모든 방제방법에서 생물적 방제가 최우선적으로 선행되어야 한다.
③ 생물적 방제는 해당 생태계가 주변 생태계로부터 격리되어 있을 때 성공 확률이 높다.
④ 생물적 방제에서 개체군이 천적에 의해 조절된다는 것은 천적에 의해 억제되는 밀도수준이 경제적 피해 수준 이상이 된다는 것을 의미한다.

해설
생물적 방제는 해당 생태계가 다른 생태계에서 격리되면 외부에서 유입되는 변수가 적어져 방제 성공 확률이 높아진다.

29 간모에 대한 설명으로 옳은 것은?
① 날개가 있는 수컷 진딧물이다.
② 날개가 있는 암컷 진딧물이다.
③ 월동란에서 부화한 진딧물이다.
④ 모체에서 태어난 날개가 없는 암컷 진딧물이다.

해설
월동란에서 4월 쯤 부화하는 간모가 단위생식으로 증식하는 해충으로 진딧물류가 있다.

정답　23 ②　24 ②　25 ④　26 ④　27 ②　28 ③　29 ③

30 다음 중 번데기 시기가 없는 불완전변태를 하는 것은?
① 매미나방 ② 솔잎혹파리
③ 솔수염하늘소 ④ 진달래방패벌레

[해설] 진달래방패벌레는 불완전변태를 한다.

31 벼잎벌레의 월동 충태는?
① 알 ② 유충
③ 성충 ④ 번데기

[해설] 벼잎벌레는 1년에 1회 발생, 성충으로 논둑 잡초 사이에서 월동한다.

32 딱정벌레목의 가뢰과에서 볼 수 있는 변태의 유형은?
① 무변태 ② 과변태
③ 완전변태 ④ 불완전변태

[해설] 딱정벌레목 가뢰과는 알에서 유충, 의용, 용, 성충의 과정을 거치는 과변태를 한다.

33 다음 중 유충이 저작형 입틀을 가진 식엽성 해충은?
① 매미나방
② 솔잎혹파리
③ 벚나무응애
④ 소나무가루깍지벌레

[해설] 매미나방은 유충이 씹어먹는 잎을 가진 식엽성 해충으로 침엽수, 활엽수의 잎을 가해한다.

34 벼 재배시 후기 해충방제에 가장 중점을 두어야 할 대상 해충은?
① 애멸구 ② 벼멸구
③ 끝동매미충 ④ 번개매미충

[해설] 벼멸구는 중국에서 비래하는 해충으로 벼의 본답 후기 방제가 이루어지지 않을 경우 큰 피해를 준다.

35 곤충의 휴면에 대한 설명으로 틀린 것은?
① 휴면은 내분비계의 지배를 받지 않는다.
② 휴면에서 깨어나기 위해서는 휴면 타파 조건이 필요하다.
③ 휴면 유발 요인에는 일장, 온도, 먹이, 생리상태 등이 있다
④ 곤충이 발육이나 생식에 불리한 환경을 극복하기 위한 기작이다

[해설] 곤충의 휴면은 내분비계의 휴면호르몬에 영향을 받는다.

36 이화명나방에 대한 설명으로 옳지 않은 것은?
① 뒷날개는 흰색이다.
② 더듬이는 몽둥이 모양이다.
③ 앞날개의 외연에는 검은점이 없다.
④ 앞날개는 엷은 갈색을 띤 회색이다.

[해설] 이화명나방 앞날개의 외면에는 7개의 작은 검은점이 있다.

37 밤나무혹벌은 우리나라에 침입하여 재래종 밤나무에 극심한 피해를 주었다. 이 해충 방제에 우리나라에서 이용되고 있는 가장 효과적인 방제법은?
① 불임성 이용
② 접촉살충제 살포
③ 내충성 품종 이용
④ 침투성약제 수간주사

[해설] 밤나무혹벌은 피해가 심하면 내충성 품종으로 교체하는 방법이 효과적이다. 내충성 품종 방제법을 이용하면 긴 시간이 필요하지만 해충종류에 대한 특이성이 있다.

정답 30 ④ 31 ③ 32 ② 33 ① 34 ② 35 ① 36 ③ 37 ③

38 곤충의 분류 중 곤충의 먹이 종류에 따라 구분하는 형태가 아닌 것은?

① 광식성　② 식식성
③ 육식성　④ 잡식성

> **해설**
> 광식성은 먹이의 범위가 넓은 것을 의미하며 종류에 따른 분류는 아니다.

39 곤충의 체벽을 이루고 있는 층 중에서 세포가 분포하고 있는 층은?

① 진피층　② 기저막
③ 원표피층　④ 외표피층

> **해설**
> 진피층 단층의 세포조직에 상피세포의 형태로 표면에 미세한 융모가 있으며 단백질, 키틴, 지질 등으로 구성되어 있다.

40 소나무좀에 대한 설명으로 옳은 것은?

① 번데기로 월동한다.
② 1년에 2~3회 발생한다.
③ 5℃ 내외로 기온이 낮을 때 활동이 원활하다.
④ 성충이 나무줄기에 구멍을 뚫어 알을 낳는다.

> **해설**
> 소나무좀은 성충으로 월동하고 1년에 1회 발생하며 6월에 우화하여 신초를 가해하며 성충이 줄기 등 목질부에 구멍을 뚫어 갱도를 만들어 알을 산란한다.

3과목　농약학

41 성 유인물질(sex attractant)의 특성이 아닌 것은?

① 종특이성이 있다.
② 미량으로도 강한 유인능이 있다.
③ 모두 천연산물이다.
④ 원거리에서도 유효성이 있다.

> **해설**
> 성 유인물질은 성페로몬과 유사한 합성물질도 있다.

42 보르도액의 사용상 주의사항으로 옳지 않은 것은?

① 만든 즉시로 살포하여야 하며 오래 두면 입자가 커져 약효가 떨어진다.
② 살포액이 완전 건조해서 막을 형성해야 하므로 비가 오기 직전이나 직후에 살포해서는 안된다.
③ 치료를 목적으로 사용하는 것이므로 발병 후 즉시 살포해야 한다.
④ 약해가 나기 쉬운 작물에 대해서는 8~10두식의 묽은 보르도액을 살포해야 한다.

> **해설**
> 보르도액은 발병 전에 사용하는 것이 좋다.

43 살충제의 살충 작용점의 기작이 아닌 것은?

① 균체성분 생합성 저해
② 에너지생성 저해
③ 신경기능 저해
④ 키틴 생합성 저해

> **해설**
> 살충제의 작용기작으로 신경기능의 저해, 에너지 대사의 저해, 키틴 생합성 저해, 호르몬 균형 교란, 미생물 살충제 등이 있다.

44 carbamate 계 살충제의 일반적인 특성에 대한 설명으로 옳은 것은?

① 유기염소제와 같이 체내에 서서히 축적된다.
② 인축에 대한 독성이 낮고 비교적 안정한 화합물이다.
③ 살충작용이 일반적으로 비선택적이다.
④ 해충에 대한 적용범위가 좁다.

> **해설**
> 카바메이트(carbamate)계 살충제는 체내에서 빠르게 분해되어 인축에 대한 독성이 비교적 낮은 편이다.

정답 38 ①　39 ①　40 ④　41 ③　42 ③　43 ①　44 ②

45 살포액(액상시용제)의 물리적인 성질이 아닌 것은?
① 유화성 ② 수화성
③ 현수성 ④ 토분성

해설
액상시용제의 물리성으로 유화성, 현수성, 수화성, 습전성, 침투성 등이 있다.

46 농약을 제조할 때 사용되는 가성소다(NaOH)에 대한 설명으로 틀린 것은?
① 강알칼리이다.
② 상온에서 액체로 취기가 있다.
③ 조해성이 강하다.
④ 피부의 단백질을 녹이는 작용을 한다.

해설
가성소다는 상온에서 고체 상태이다.

47 헤테로옥신(Hetero Auxin)이라고 부르는 식물생장조절제는?
① BA ② IAA
③ MH ④ 2,4-D

해설
헤테로옥신은 인돌아세트산(IAA)로서 식물생장촉진 호르몬 중 하나이다.

48 비중이 0.5인 유제(50%)를 0.05% 액으로 희석하여 면적 10a 당 5말(1말:18L)로 살포하려 할 때의 소요약량은 약 몇 mL 인가?
① 100 ② 120
③ 180 ④ 280

해설
소요약량
$= \dfrac{\text{추천농도}(\%) \times 10a \text{ 살포량}(ml)}{\text{비중} \times \text{원액농도}(\%)}$
$= \dfrac{0.05\% \times 90{,}000ml}{0.5 \times 50\%} = 180ml$

49 퀴나졸린계의 살비제로서 응애의 모든 생육단계에서 효과가 우수한 살충제는?
① 인독사카브 ② 티아클로프리드
③ 페나자퀸   ④ 클로르피리포스

해설
페나자퀸 유제는 퀴나졸린계 살비제로 점박이응애 등의 응애류에 우수한 방제효과를 가진다.

50 농약을 음식물로 잘못 알고 마셨을 때 나타나는 중독은?
① 급성중독 ② 긴급독성
③ 만성중독 ④ 식중독

해설
일시에 다량의 농약에 노출되었을 경우 나타나는 독성을 급성독성 혹은 급성중독이라 한다.

51 농약의 잔류허용량을 정할 때 ADI 를 사용하는데 이는 무엇을 의미하는가?
① 농약의 1일 섭취허용량
② 작물잔류의 반감기를 표시하는 말
③ 토양잔류의 반감기를 표시하는 말
④ 50kg 의 체중을 가진 사람이 농약이 포함된 음식물을 매일 먹었을 때 100일 만에 죽는양

해설
ADI 는 농약의 1일 섭취허용량으로 일생동안 매일 섭취해도 영향을 주지 않는 농약의 최대 약량을 구하고 이 값에 안전계수를 곱한 값으로 나타낸다.

52 네레이스톡신(Nereistoxin)을 기초로 한 천연물 유도형의 살충제는?
① 칼탑입제   ② 펜프로유제
③ 벤즈수화제 ④ 파라핀오일제

해설
칼탑은 네레이스톡신으로 유도된 유도형 살충제이다.

정답 45 ④ 46 ② 47 ② 48 ③ 49 ③ 50 ① 51 ① 52 ①

53 수화제를 희석하였을 때 고상의 미세입자가 용액 중에 균일하게 분산되어 있는 물리적인 성질을 무엇이라 하는가?
① 현수성　② 습윤성
③ 확전성　④ 유화성

해설
현수성은 수화제에 물을 넣어 조제한 현탁액의 고체입자가 균일하게 분산 부유하는 성질과 안정성을 말한다.

54 농약원제에 발연제(니트로셀룰로오스), 방염제 등을 혼합하고 기타 보조제 및 증량제를 첨가하여 제조한 제형은?
① 훈증제　② 훈연제
③ 연무제　④ 미립제

해설
훈연제는 약제를 연기화 하여 해충을 죽이는 약제로 농약원제에 발연제, 방염제, 기타보조제 및 증량제를 첨가하여 제조한다.

55 다음 농약에서 Hg는 어떤 작용과 관계가 가장 밀접한가?

① 친유기　② 친수기
③ 독성기　④ 강친수기

해설
수은(Hg)는 농약의 독성기에 관련되며 수은이 첨가된 농약을 과량 사용할 경우 수은중독 등의 위험이 있다.

56 유기염소계의 침투성 살균제로서 예방 및 치료효과가 있으며 작물의 흰가루병 및 녹병에 적용할 수 있는 농약은?
① 플루실라졸 수화제
② 펜헥사이드 수화제
③ 트리포린 유제
④ 아이소프로티올레인 유제

해설
트리포린은 유기염소계로 흰가루병, 붉은별무늬병, 녹병 등의 방제에 이용된다.

57 다음 중 보조제가 아닌 것은?
① 용제　② 계면활성제
③ 증량제　④ 세립제

해설
세립제는 세립상으로 사용되는 농약을 의미한다.

58 복합저항성에 대한 설명으로 틀린 것은?
① 살충제에 대하여 저항성이 발달한 해충이 한 번도 사용된 적이 없지만 작용기구가 같은 살충제에 대하여 저항성을 나타낸 것을 말한다.
② 살충작용이 다른 2종 이상에 대하여 동시에 해충이 저항성을 나타내는 현상을 말한다.
③ 두개 이상의 유선사가 별개로 관여하고 있기 때문에 항상 같은 현상이 나타난다는 것이 한정되어 있지 않다.
④ 한 개체 안에 두가지 이상의 저항성기작이 존재하기 때문에 발생하는 현상이다.

해설
복합저항성은 살충작용이 다른 2종류 이상에 대해 동시에 해충이 저항성이 생기는 경우를 말한다.

정답　53 ①　54 ②　55 ③　56 ③　57 ④　58 ①

59 다음 농약 중 곤충생장조절제(IGR 계통)의 농약이 아닌 것은?

① 벤설푸론메틸 ② 뷰프로페진
③ 디플루벤주론 ④ 테플루벤주론

해설
농약에서 곤충생장조절제는 뷰프로페진, 디플루벤주론, 헥사플루뮤론, 테플루벤주론 등이 있다.

60 다조메 85% 분제 1kg 을 50% 의 분제로 만들려면 증량제가 얼마나 필요한가?

① 0.58kg ② 0.7kg
③ 1.0kg ④ 1.5kg

해설
분제의용량 × $\left(\dfrac{\text{분제의 농도}}{\text{목표 희석 농도}} - 1\right)$
= 1,000g × $\left(\dfrac{85\%}{50\%} - 1\right)$ = 700g

4과목 잡초방제학

61 우리나라 논잡초 방제를 위하여 사용하는 제초제 중 가장 많이 사용되는 제형은?

① 입제 ② 유제
③ 수화제 ④ 분제

해설
입제는 유효성분을 고형증량제, 안정제, 계면활성제 등을 넣어 입상으로 제조하며 논잡초 제초제 중 가장 많이 사용한다.

62 벼 이앙재배에서 주로 우점하는 잡초들로만 나열한 것은?

① 피, 물달개비, 올방개, 올미
② 비름, 바랭이, 망초, 물달개비
③ 쇠비름, 별꽃, 명아주, 바랭이
④ 바랭이, 깨풀, 쇠비름, 가래

해설
논에서 점유율이 높은 우점잡초로는 피, 올방개, 물달개비, 올미, 너도방동사니, 올챙이고랭이 등이 있다.

63 경엽처리형 제초제로 벼와 피 사이에서 속간선택성을 일으키는 것은?

① Propanil ② 2,4-D
③ Bentazon ④ Butachlor

해설
벼에는 프로파닐(Propanil)을 가수분해하는 효소가 있으나 피에는 그러한 효소가 적어 제초효과가 나타난다.

64 혼합 제초제의 효과로 볼 수 없는 것은?

① 상가적 효과가 있다.
② 길항적 효과가 있다.
③ 살초폭을 넓힌다.
④ 상승적 효과가 있다.

해설
혼합 제초제 약효의 효과를 높이기 위해 혼합하여 사용하기에 길항적 효과가 나타나지 않도록 해야 한다.

65 문제 잡초들의 특성이 아닌 것은?

① 광합성 효율이 높고 생장이 매우 빠르며 대부분 C_4형 광합성을 한다.
② 종자 또는 지하번식기관으로 번식할 수 있으며 많은 종자를 생산한다.
③ 불량한 환경조건에 잘 적응하며 과습의 조건에서도 견뎌낼 수 있는 메카니즘을 가지고 있다.
④ 휴면성이 낮아 불리한 조건 아래에서도 발아율이 높다.

해설
문제 잡초들은 휴면성이 커서 불리한 조건에서는 발아하지 않다고 적합한 환경에서 발아하여 방제가 어렵다.

66 잡초에 의한 작물의 피해가 가장 심한 경우는?

① 화본과 작물 재배지에 발생한 광엽잡초
② C_3작물 재배지에 발생한 C_4잡초
③ 벼 재배지에 발생한 가막사리
④ 광엽 작물 재배지에 발생한 화본과 잡초

해설
C_3 작물보다 C_4 잡초의 광효율이 좋아 경합에 유리하여 작물의 피해가 심하다.

67 10a 당 3kg 을 살포하는 제초제를 $100m^2$ 에 처리하고자 할 때 필요한 양은?

① 3g   ② 30g
③ 300g   ④ 1000g

해설
1a 는 $100m^2$ 이기에 3kg 의 1/10 인 300g 이 필요하다.

68 다음 잡초 중 방동사니과 잡초가 아닌 것은?

① 올챙이고랭이
② 매자기
③ 벗풀
④ 너도방동사니

해설
벗풀은 택사과이다.

69 종자휴면의 원인에 대한 설명으로 틀린 것은?

① 종피가 너무 두껍다.
② 발아억제물질이 많이 들어 있다.
③ 배가 미속하거나 후숙되지 않았다
④ 발아촉진물질이 많이 들어있다.

해설
종자휴면의 원인으로 발아억제물질이 있다.

70 제초제 중 작물에 나타나는 약해증상으로 틀린 것은?

① Oxadiazon : 벼 엽초기부 갈색 반점 발생
② Glyphosate : 갈변, 고사
③ Butachlor : 생육위축, 생육 억제증상 발생
④ Dicamba : 괴사, 반점

해설
디캄바(Dicamba)는 호르몬 작용의 교란을 일으킨다.

71 잡초종자의 수명을 좌우하는 요인 중 저장조건에 해당되지 않는 것은?

① 휴면성   ② 수분조건
③ 산소조건   ④ 매몰된 깊이

해설
잡초종자의 저장조건은 발아를 억제하기 위한 방안으로 휴면성과는 무관하다.

72 잡초와의 경합에 대한 설명으로 틀린 것은?

① 잡초경합한계기간 내에서는 잡초를 방제할 필요가 없다.
② 잡초완전방제보다 소득을 최대화할 수 있는 수준으로 제초제를 처리한다.
③ 방제노력과 방제로 인한 수량이득이 상충되는 허용밀도에 추가된 한계영역을 경제적 허용한계밀도라고 한다.
④ 잡초경합한계기간은 일반적으로 작물의 전 생육기간의 첫 1/3~1/2 기간 또는 첫 1/4~1/3 기간에 해당된다.

해설
잡초경합한계기간에 방제가 요구된다.

정답 66 ② 67 ③ 68 ③ 69 ④ 70 ④ 71 ① 72 ①

73 벼 재배방법 중 잡초의 피해가 가장 큰 재배방법은?
① 건답직파 재배
② 담수직파 재배
③ 어린모기계이앙 재배
④ 중묘기계이앙 재배

해설
이앙보다는 직파에서 경합력이 낮아 잡초 발생량이 많다. 또한 담수직파의 경우 특정 잡초만 발생하지만 건답직파의 경우 발생하는 잡초의 종류 및 수량이 많다.

74 잔디밭에 주로 많이 발생되는 잡초는?
① 개비름, 한련초
② 토끼풀, 꽃다지
③ 민들레, 명아주
④ 여뀌, 강아지풀

해설
잔디밭잡초에는 새포아풀, 클로버, 토끼풀, 꽃다지, 냉이 등이 있다.

75 우리나라에서 발생하고 있는 대부분의 잡초 종자의 발아 최적온도 범위는?
① 0~10℃
② 10~15℃
③ 15~30℃
④ 30~40℃

해설
잡초의 종류에 따라 발아 최적온도는 다른데 대체적인 최적온도의 범위는 15~30℃ 정도이다.

76 산성토양에서 잘 적응하는 잡초가 아닌 것은?
① 둑새풀
② 황새냉이
③ 쇠비름
④ 냉이

해설
산성토양에서 잘 자라는 잡초로 애기수염, 나도겨이삭, 황새냉이, 바랭이, 고사리, 쇠비름 등이 있다. 냉이는 중성, 알칼리성의 비옥한 토양에서 잘 자란다.

77 제초효과가 우수하고 일정한 지역에 손쉽게 처리할 수 있어 노력과 비용이 가장 적게 드는 잡초 방제법은?
① 화학적 방제법
② 물리적 방제법
③ 생물적 방제법
④ 경종적 방제법

해설
제초효과가 가장 뛰어나고 바로 효과가 나타나는 방법은 약품을 이용하는 화학적 방제법이다.

78 제초제의 선택성에 영향을 미치는 요인 중 물리적 요인으로 볼 수 없는 것은?
① 광도
② 제형
③ 처리약량
④ 처리방법

해설
광도는 환경적 요인에 속한다.

79 잡초를 생활형에 따라 바르게 분류한 것은?
① 일년생 잡초 - 피, 벗풀
② 월년생 잡초 - 별꽃, 명아주
③ 다년생 잡초 - 올방개, 올미
④ 동계 잡초 - 냉이, 강아지풀

해설
다년생 잡초에는 올방개, 올미, 나도겨풀, 너도방동사니 등이 있다.

80 우리나라 논에서 발생하는 화본과 잡초가 아닌 것은?
① 물달개비
② 강피
③ 나도겨풀
④ 뚝새풀

해설
물달개비는 광엽잡초이다.

정답 73 ① 74 ② 75 ③ 76 ④ 77 ① 78 ① 79 ③ 80 ①

국가기술자격 필기시험문제

2015년 산업기사 제4회 과년도 기출문제

자격종목	종목코드	시험시간	형별
식물보호산업기사		2시간	

1과목 : 식물병리학

01 벚나무 빗자루병의 방제법으로 가장 적당한 것은?
① 여름철에 살균제를 뿌려준다.
② 옥시테트라사이클린계 항생제를 나무에 주사한다.
③ 매개충을 구제하기 위해 살충제를 지면에 뿌려준다.
④ 병든 가지는 아래쪽의 부풀은 부분을 포함하여 겨울철에 잘라낸다.

해설
벚나무 빗자루병의 병원균은 진균이고 병든 가지에서 월동하고 다음 해 봄에 가지 아래쪽에 포자를 형성하기에 겨울철에 미리 잘라내면 감염을 방지할 수 있다.

02 TMV 에 의해 발병하며 주로 토양에 의하여 전염되는 병은?
① 고추 모자이크병
② 마늘 모자이크병
③ 배추 모자이크병
④ 오이 모자이크병

해설
TMV(담배모자이크바이러스)에 의해 발병하는 것으로 고추 모자이크병이 있으며 토양으로 전염되기에 방제를 위해 줄기나 뿌리를 제거하기도 한다.

03 Pseudomonas 세균의 특성으로 옳은 것은?
① 그람음성의 간균으로 대부분 호기성균이다.
② 그람음성의 간균으로 대부분 혐기성균이다.
③ 그람양성의 간균으로 대부분 호기성균이다.
④ 그람양상의 간균으로 대부분 혐기성균이다.

해설
Pseudomonas 는 그람반응에 음성의 간균으로 대부분 호기성균이다.

04 식물병 방제를 위하여 Millardet 가 개발한 것으로 당시 유행한 포도 노균병을 방제하기 위해 구리가 가진 독성을 이용한 것으로 현재에도 많이 사용되는 살균제는?
① BT 제
② PCNB
③ 유황합제
④ 보르도액

해설
1885년 Millardet 에 의해 개발된 보르도액은 구리와 석회를 재료로 현재 많이 사용되고 있는 살균제 중 하나이다.

05 벼 이삭누룩병균은 분류학상 어느 균류에 속하는가?
① 난균
② 담자균
③ 자낭균
④ 불완전균

해설
벼 이삭누룩병균은 자낭균에 의해 발생한다.

정답 01 ④ 02 ① 03 ① 04 ④ 05 ③

06 벼 잎집무늬마름병에 대한 설명으로 옳지 않은 것은?
① 고온, 다습한 환경에서 잘 발병한다.
② 밀식하여 재배할 경우 잘 발병한다.
③ 칼륨 비료 시비량을 줄여 방제할 수 있다.
④ 병원균은 논이나 토양에서 월동하며 봄철에 벼 잎집에 부착된 균사가 벼를 침해한다.

해설
벼 잎집무늬마름병은 비료 중에서 질소질 비료의 시비량을 줄여야 방제할 수 있다.

07 오이 덩굴쪼김병의 설명으로 옳은 것은?
① 산성 토양에서는 잘 발생하지 않는다.
② 연작하는 포장에서 피해가 큰 병이다.
③ 주로 18℃ 이하의 온도에서 잘 발생한다.
④ 종자전염보다는 주로 매개충에 의해 전염된다.

해설
오이 덩굴쪼김병은 토양전염을 하기에 연작을 피해야 한다.

08 고구마 무름병의 특징적인 표징은?
① 균핵   ② 포자낭
③ 자낭각   ④ 포자퇴

해설
고구마 무름병은 상처 부위에 흰색의 균사가 밀집하고 그 위로 흑색의 곰팡이인 포자낭이 발생한다.

09 호박에 흰가루병을 방제하기 위해 어느 부위에 약제 처리하는 것이 가장 효과적인가?
① 잎   ② 뿌리
③ 열매   ④ 종자

해설
흰가루병은 주로 잎에서 균사나 자낭각으로 월동하기에 잎에 약제 처리를 하는 것이 효과적이다.

10 병원균의 한 종이나 한 분화형 또는 변종 중에서 기주의 품종에 대한 기생성을 의미하는 용어는?
① 아종   ② 레이스
③ 병원형   ④ 판별품종

해설
병원균의 한종이나 한 분화형 혹은 변종 중에서 기주의 품종에 대한 기생성이 다른 개체균을 레이스 또는 계통이라 한다.

11 무사마귀병에 대한 설명으로 옳은 것은?
① 벼에도 잘 발생한다.
② 세균에 의해 발생한다.
③ 산성토양에서 잘 발생한다.
④ 온도가 20℃ 이하로 서늘할 때 잘 발생한다.

해설
무·배추 무사마귀병은 산성토양에서 잘 발생한다.

12 식물 중에 특정 병원체 침입에 대하여 민감하게 반응하거나 특징적인 병징을 이용한 것으로 주로 바이러스의 진단에 널리 쓰이며 세균이나 일부 균류에 의한 병의 진단에도 활용하는 방법은?
① 파지에 의한 병의 진단
② 지표식물에 의한 병의 진단
③ 즙액 접종에 의한 병의 진다
④ 괴경지표법에 의한 병의 진단

해설
식물의 감수성을 이용하는 방법으로 지표식물에 의한 진단이 있다.

정답 06 ③ 07 ② 08 ② 09 ① 10 ② 11 ③ 12 ②

13 병원균에 대한 기주 저항성 중 품종고유의 소수 주동유전자에 의해 발현되기 때문에 재배환경에 영향을 적게 받으나 레이스의 변이에 의하여 감수성으로 되기 쉬운 것은?

① 수평 저항성 ② 침입 저항성
③ 수직 저항성 ④ 감염 저항성

해설
수직 저항성은 특정 레이스에 효과를 발휘하며 특이적 저항성이라 한다.

14 다음 괄호 안에 해당하는 용어는?

> 일반적으로 많은 식물병이 어떤 해에는 발생하나 다른 해 또는 근처 지역에서는 같은 종류의 식물에 병이 발생하지 않는다. 이는 식물이 해당 병해에 대한 저항성을 가지고 있는 것이 아니며 이러한 현상을 (　　　)(이)라고 한다.

① 변이 ② 병회피
③ 병면역 ④ 감수성

해설
근처 지역에 같은 종류의 식물 병이 발생하지 않는데 저항성을 가지고 있지 않는 경우를 병회피 현상이라 한다.

15 다음 중 윤작을 이용한 방제효과가 가장 높은 것은?

① 균핵병 ② 흰가루병
③ 풋마름병 ④ 무사마귀병

해설
무사마귀병은 휴면포자가 토양에 월동하여 양배추, 무, 배추 등에 피해를 주는데 다른 작물을 윤작하게 되면 방제효과가 높아진다.

16 벼 도열병의 전형적인 병징은?

① 모무늬 ② 얼룩무늬
③ 겹둥근모양 ④ 실꾸리모양

해설
벼 도열병은 방추형(실꾸리모양)의 병징을 나타낸다.

17 균류에 속하는 다음 설명에 해당하는 것은?

> 균사에는 격벽(격막)이 없고 세포벽에 셀룰로오스를 함유하고 있으며 유주자에 의해 무성번식을 한다.

① 난균문 ② 끈적균문
③ 자낭균문 ④ 담자균문

해설
균사에 격벽이 없는 난균문은 진균과 모양이 유사하고 셀룰로오스로 되어 있는 세포벽을 가지고 있으며 관형의 미토콘드리아를 가지고 있다

18 논에는 벼 도열병균 분생포자의 주된 전염 방법은?

① 물 ② 토양
③ 바람 ④ 곤충

해설
벼 도열병이 병원균은 진균으로 바람에 의해 전빈된다.

19 Nepovirus를 매개하여 식물병을 감염시키는 것은?

① 선충 ② 멸구
③ 매매충 ④ 진딧물

해설
Nepovirus는 토양 속에서 식물과 함께 사는 선충에 의해 전염된다.

정답 13 ③ 14 ② 15 ④ 16 ④ 17 ① 18 ③ 19 ①

20 감자 Y 바이러스의 특징이 아닌 것은?
① 진딧물에 의해 매개된다.
② 풍차형 봉입체를 형성한다.
③ 감염된 식물의 세포질 내에 흩어져 존재한다.
④ 최근에는 조직배양에 의한 씨감자 생산 보급이 확대되어 발병이 많이 감소하였다.

해설
감자 Y 바이러스(PVY)는 진딧물에 의한 충매전염, 즙액전염을 하며 미세구조는 풍차형 봉입체를 형성한다. 바이러스의 경우 세포와 세포사이, 물관과 체관의 도관부로 이동하여 식물체의 전신으로 이동이 가능하다.

2과목 농림해충학

21 중배엽으로부터 유래된 기관은?
① 중장 ② 심장
③ 전장 ④ 신경

해설
중배엽에서 유래된 기관으로 심장이 있으며 외배엽에서는 신경, 내배엽에서는 중장 등이 있다.

22 가루깍지벌레의 연 발생횟수는?
① 1년에 1회 발생
② 1년에 3회 발생
③ 1년에 5회 발생
④ 2년에 1회 발생

해설
가루깍지벌레는 1년에 3회 발생하고 알 형태로 월동한다.

23 곤충의 서식지에 따른 곤충 분류가 아닌 것은?
① 공중에 사는 종류
② 물 위에 사는 종류
③ 땅속에 서식하는 종류
④ 식물체 내외에 사는 종류

해설
서식지 범주에 공중은 포함되지 않는다.

24 고구마나 당근 등에 주로 발생하는 뿌리혹선충의 방제방법으로 옳지 않은 것은?
① 상토를 소독한다.
② 토양의 pH가 높아지지 않도록 관리를 한다.
③ 경작지가 논일 경우 3년마다 한 번씩 벼를 재배한다.
④ 토양의 유기물 함량이 낮아지지 않도록 비배관리를 한다.

해설
토양의 PH가 높은 것이 뿌리혹선충 방제에 유리하다.

25 뒷날개가 평균기(halter)로 변형되어 비행 중 몸의 균형을 유지하는 곤충은?
① 쉬파리   ② 벼메뚜기
③ 호랑나비 ④ 솔수염하늘소

해설
파리목의 뒷날개는 퇴화하여 곤봉 모양의 평균기를 가지고 있으며 균형감각의 기능을 가지고 있다.

26 곤충의 생활사에서 용화란 무엇인가?
① 유충이 번데기가 되는 것
② 알껍질을 깨고 배자가 나오는 것
③ 번데기가 탈피하여 성충이 되는 것
④ 유충의 몸이 자라 묵은 표피를 벗는 것

해설
용화는 유충이 번데기가 되는 현상이다.

정답 20 ④ 21 ② 22 ② 23 ① 24 ② 25 ① 26 ①

27 다음 중 내충성 품종을 이용하여 방제할 경우 가장 효과적인 해충은?
① 점박이응애 ② 알락하늘소
③ 밤나무혹벌 ④ 복숭아혹진딧물

해설
밤나무혹벌은 피해가 심하면 내충성 품종으로 교체하는 방법이 효과적이다.

28 다음 해충 중 완전변태를 하지 않는 것은?
① 벼물바구미 ② 배추순나방
③ 끝동매미충 ④ 노랑쐐기나방

해설
매미목인 끝동매미충은 불완전변태를 한다.

29 이화명나방의 월동에 대한 설명으로 옳은 것은?
① 잡초에서 성충으로 월동한다.
② 볏짚이나 잡초에서 알로 월동한다.
③ 볏짚이나 그루터기 속에서 번데기로 월동한다.
④ 볏짚이나 그루터기 속에서 유충으로 월동한다.

해설
이화명나방은 월동은 볏짚 줄기 속에 대부분 월동하고 벼 그루터기에도 일부 월동한다.

30 다음 중 암컷만으로 번식하는 단위생식을 하는 해충은?
① 밤바구미 ② 사과굴나방
③ 밤나무혹벌 ④ 버즘나무방패벌레

해설
단위생식을 하는 해충으로 밤나무혹벌, 벼물바구미, 민다듬이벌레 등이 있다.

31 벼멸구의 분류학적 위치는 다음 중 어디에 속하는가?
① 메뚜기목 ② 노린재목
③ 총채벌레목 ④ 풀잠자리목

해설
벼멸구는 노린재목(매미목)에 속한다.

32 다음 중 위용에 해당하는 번데기로 형성하는 것은?

위용 : 곤충이 탈피하면서 번데기로 될 때, 종령유충의 외피를 벗어버리지 않고 뒤집어 쓴 채로 그 속에서 번데기가 되어 애벌레 껍질을 마치 고치처럼 이용하는 형태이다.

① 파리류 ② 밑들이류
③ 날도래류 ④ 풀잠자리류

해설
유충에서 번데기가 되는 과정을 용화라 하며 이 용화 과정에서 번데기 형태에 따라 분류가 되는데 위용은 파리목의 일부에서 나타나는 형태이다.

33 다음 중 세계에서 가장 많은 종이 기록되어 있어 많은 해충과 익충이 포함되어 있는 것은?
① 사마귀목 ② 강도래목
③ 딱정벌레목 ④ 흰개미붙이목

해설
곤충의 종 가운데 40% 정도인 35만여종을 차지하는 목이며 아직 미발견 종만 500만 여종이 넘는 것으로 세계에서 가장 많은 종이 기록되어 있다.

34 목화진딧물에 대한 설명으로 옳지 않은 것은?
① 무시충은 없고 유시충만 있다.
② 여름기주로는 수박, 고추 등이 있다.
③ 겨울기주로는 무궁화나무 등이 있다.
④ 반사필름을 이용하여 방제할 수 있다.

해설
목화진딧물은 무시충과 유시충 두가지 모두 있다.

정답 27 ③ 28 ③ 29 ④ 30 ③ 31 ② 32 ① 33 ③ 34 ①

35 외국에서 유입되어 국내에 정착한 침입해충이 아닌 것은?
① 감자나방 ② 사과면충
③ 루비깍지벌레 ④ 복숭아심식나방

해설 사과면충은 미국에서, 감자나방은 일본에서, 루비깍지벌레는 열대지방에서 유입되어 국내에 정착한 침입해충이다.

36 해충을 유아등에 모이게 하여 방제하는 방법은 해충의 어떤 습성을 이용한 것인가?
① 주화성 ② 주지성
③ 주식성 ④ 주광성

해설 빛에 영향을 받아 유인되는 현상을 주광성이라 한다.

37 다음 중 식엽성 해충이 아닌 것은?
① 솔나방 ② 천막벌레나방
③ 복숭아명나방 ④ 미국흰불나방

해설 복숭아명나방은 유충이 과실을 가해한다.

38 알, 유충, 번데기 등의 시기를 땅 속에서 지내다가 성충 시기에만 땅 위에서 활동하는 굼벵이형에 해당하는 곤충이 아닌 것은?
① 풍뎅이 ② 털파리
③ 밑들이 ④ 집게벌레

해설 집게벌레는 외시류로 불완전변태를 하여 알, 유충, 성충의 과정을 거친다.

39 다음 곤충 중 날개가 두 쌍인 것은?
① 각다귀 ② 무잎벌
③ 꽃등에 ④ 고자리파리

해설 무잎벌의 날개는 두쌍이다. 파리목에 속하는 꽃등에, 각다귀, 고자리파리의 날개는 1쌍이다.

40 유충이 가해한 부위는 적갈색의 굵은 배설물과 함께 수액이 흘러나와 겉으로 쉽게 눈에 띄며 성충은 나무껍질에 한 개씩 알을 낳는 해충은?
① 솔잎혹파리 ② 벼룩잎벌레
③ 향나무하늘소 ④ 복숭아유리나방

해설 복숭아유리나방은 과실나무 등의 수피 속에 알을 1개씩 산란한다. 발생한 유충은 줄기나 가지 속의 목질부를 가해하고 적갈색의 배설물과 수지가 함께 배출된다.

3과목 농약학

41 제초제의 토양 중에서의 변화를 바르게 설명한 것은?
① 살포된 약제의 분해는 공기나 광선과는 무관하다.
② 토양미생물의 작용은 제초제의 변화에 영향을 주지 않는다.
③ 분해 생성물은 단일 성분으로 존재하며 전혀 새로운 화합물로 되지 않는다.
④ 제초제의 변화는 환경문제에 큰 영향을 준다.

해설 제초제의 변화는 잡초의 내성, 잡초의 수량 변화, 독성으로 인한 피해 등 환경적 영향을 많이 준다.

정답 35 ④ 36 ④ 37 ③ 38 ④ 39 ② 40 ④ 41 ④

42 계면활성제에 들어있는 친유기는?
① -CN(청산기)
② -CH₃(알킬기)
③ -OH(수산기)
④ -COOH(카르복실기)

해설
계면활성제는 물에 녹기 쉬운 친수성부분과 기름에 녹기 쉬운 소수성 부분을 가지고 있는 화합물로 친유성부분은 포화지방족탄화수소 부분에서 수소원자 하나가 없는 알킬기가 있다.

43 농약 살포시 지켜야 할 사항으로 옳지 않은 것은?
① 제 4종 복합비료와의 혼용은 약해를 일으키지 않는다.
② 농약 안전사용과 취급제한 기준을 지켜야 한다.
③ 다른 농약과 혼용할 때에는 혼용 가능 여부를 확인 후 사용한다.
④ 비선택성 제초제는 작물 근처에 뿌리지 않는다.

해설
제4종 복합비료와의 혼용은 약해를 일으킬 가능성이 있기에 혼용은 가능여부를 확인해야 한다.

44 농약의 환경 중으로의 확산 요인과 가장 거리가 먼 것은?
① 온도
② 휘산
③ 표류비산
④ 토양 및 수질의 잔류

해설
농약의 환경 확산 요인으로 표류비산, 휘산, 유실, 토양 및 수질 잔류, 농약 대사 및 분해산물 등이 있다.

45 수(水)불용성인 농약원제로써 제품을 만들려고 할 때 적당한 제조형태가 아닌 것은?
① 유제
② 수화제
③ 액제
④ 입제

해설
주제가 수용성인 경우 액상으로 살포하는 농약원제에 적합하며 반대로 수불용성인 농약 원제는 액제에는 적합하지 않다.

46 다음 중 살충제 농약으로 분류되는 것은?
① 벤타존
② 티오파네이트메틸
③ 페노뷰카브(BPMC)
④ 트리시아클라졸

해설
페노뷰카브는 카바메이트계 살충제이다.

47 과실의 숙기를 촉진시켜 주는 농약으로 주로 사용되는 약제는?
① 6-BA 액제
② 나드 분제
③ 이사드 액제
④ 에테폰 액제

해설
에테폰은 에틸렌을 생성하며 과실의 성숙을 촉진하는 물질이다.

48 피에이엠(PAM)은 주로 어느 농약의 중독 치료제로 사용되는가?
① 수은제
② 유기인제
③ 동제
④ 비소제

해설
유기인계 살충제 중독 해독제로 황산아트로핀(atropine sulfate), 팜(PAM) 등이 있으며 팜(PAM)의 경우 황산아트로핀과 병용하여 사용하도록 권장하고 있다.

정답 42 ② 43 ① 44 ① 45 ③ 46 ③ 47 ④ 48 ②

49 침투성 살충제의 일반적인 특성 중 옳지 않은 것은?
① 천적을 살해한다.
② 효력이 2~6주간 지속된다.
③ 식물체 내에 흡수, 이행되어 식물체 전체에 퍼진다.
④ 일반적으로 개체가 작은 흡즙해충에 유효하다.

해설
침투성 살충제는 특정 가해 해충만 방제하며 천적에는 영향이 없다.

50 접촉독, 소화중독으로 효과를 나타내는 유기인계 살충제로서 야생조류에 피해를 줄 수 있고 특히 꿀벌에 잔류독성이 강하여 사용시 주의하여야 하는 농약은?
① 페노뷰카브
② 에토펜프록스
③ 클로르피리포스
④ 아이소프로티올레인

해설
클로르피리포스는 유기인계 살충제로 주로 항공방역에 많이 이용되며 유독물질을 함유하고 있다. 꿀벌이 활동하는 꽃이 피는 기간에는 사용을 하지 않는 것이 좋다.

51 어떤 살충제에 대하여 저항성이 발달한 해충이 한번도 사용한 실적은 없지만 작용기구가 같은 살충제에 저항성을 나타내는 현상은?
① 교차저항성 ② 복합저항성
③ 살충제저항성 ④ 저항성계수

해설
해충에 한번도 사용하지 않았지만 유사 약제에 저항성으로 동시에 사용하지 않은 약제에도 저항성이 생기는 경우를 교차저항성이라 한다.

52 수화제, 수용제 등의 살포액에 기포제를 가하여 전용노즐로 공기와 교반하여 가는 거품의 집합체로 살포하는 방법은?
① 분무법 ② 미스트법
③ 스피링클러법 ④ 폼스프레이법

해설
폼스프레이는 살포액에 기포제를 가하여 전용 노즐로 공기와 교반하는 거품의 집합체로 살포하는 기기이다.

53 농약의 독성에 대한 설명 중 틀린 것은?
① 현재 등록된 농약은 대부분 저독성 농약이다.
② 고독성 농약은 취급제한 기준을 설정하여 별도로 관리한다.
③ 독성의 정도에 따라서 급성독성, 만성독성으로 구분한다.
④ 농약의 투여방법에 따라서 경구, 경피, 흡입독성으로 구분한다.

해설
독성의 강도에 따라 맹독성, 고독성, 보통독성, 저독성으로 분류한다.

54 우리나라에서 농약의 독성을 구분할 때 어디에 기준을 두고 분류하는가?
① 원제 ② 제품
③ 희석된 제품 ④ 농약잔류량

해설
농약은 제품별로 사람에게 해가 되는 정도에 따라 독성의 등급을 나눈다.

55 20% PAP 유제 100ml 를 0.05% 의 살포액으로 만드는데 소요되는 물의 양은 약 얼마인가?(단, 원액의 비중은 1 이다)
① 40L ② 50L
③ 60L ④ 70L

정답 49 ① 50 ③ 51 ① 52 ④ 53 ③ 54 ② 55 ①

해설

희석할물의양
= 원액용량 × $\left(\dfrac{원액농도}{희석할농도} - 1\right)$ × 원액비
= 100ml × $\left(\dfrac{20}{0.05} - 1\right)$ × 1
= 39,900ml ≒ 약 40L

56 유기인계 농약의 특징에 대한 설명으로 가장 거리가 먼 것은?

① 잔류성이 길다.
② 알칼리에 분해되기 쉽다.
③ 인축에 대한 독성이 강한 약제가 많다.
④ 살충력이 강하고 적용해충 범위가 넓다.

해설
유기인계 농약은 독성은 강하지만 분해가 빠른 편이라 잔류성은 상대적으로 짧다.

57 논에 물을 대면서 물꼬에서 약제를 처리하도록 개발된 제형은?

① 수면전개제   ② 입상수화제
③ 미탁제   ④ 액상수화제

해설
수면전개제는 논위에 약제를 살포할 때 빠르게 퍼지도록 개발된 약제로 논에 물을 대면서 처리하는 것이 효과적이다.

58 농약 살포액 조제시 사용되는 적당한 물은?

① 뜨거운 물
② 알칼리성인 물
③ 효소를 넣어 발효시킨 물
④ 물의 온도가 높지 않은 일반적인 물

해설
농약 살포액 조제시 온도가 높지 않은 깨끗한 물을 사용해야 한다.

59 분제는 물리적 성질이 약효에 크게 영향을 미친다. 다음 중 분제가 가지는 물리적 성질이 아닌 것은?

① 토분성   ② 부착성
③ 분산성   ④ 습전성

해설
습전성은 살포한 약액이 작물이나 해충의 표면에 퍼지는 성질로 액제시용제의 물리적 성질이다. 분제의 경우 고상시용제로서 관련이 없다.

60 다음 중 침투성 살충제는?

① 카보퓨란 입제
② 다이아지논 유제
③ 페니트로티온 유제
④ 클로르피리포스 수화제

해설
카보퓨란은 카바메이트계 침투성 살충제이다.

4과목 잡초방제학

61 주로 지하경에 의해 번식하지 않는 잡초는?

① 벗풀   ② 올미
③ 올방개   ④ 물달개비

해설
물달개비는 수생 1년생 논잡초로 지하경으로 번식하지 않는다.

62 작물의 수량 감소 정도는 작물과 잡초와의 경합에 의하여 결정되는데 이에 관여하는 요소로 가장 거리가 먼 것은?

① 잡초의 발생시기
② 잡초의 발생밀도
③ 잡초의 발생기간
④ 잡초의 종자생산량

해설
잡초의 경합은 잡초의 종류, 발생시기, 밀도, 기간 등에 의해 결정된다.

63 잡초의 종합방제의 의미로 가장 정확한 것은?

① 환경친화적인 제초수단을 이용하는 것이다.
② 가장 효율적인 잡초방제법을 적용하는 것이다.
③ 여러 가지 제초제를 혼합하여 잡초를 방제하는 것이다.
④ 생태적, 물리적, 화학적 방제 등의 여러 방제수단을 이용하는 것이다.

해설
잡초종합관리는 여러 잡초 방제법 중에서 두 개 이상의 방법을 선택하여 사용하는 방법이다. 이 방법은 환경 및 인축에 영향을 주지 않고 지속적으로 사용 및 관리가 가능한 방법을 선택해야 한다.

64 10a 당 500ml 를 물 100L 에 희석해서 사용하는 약제를 $250m^2$ 에 살포하려고 할 때 약량과 물량은?

① 약량 20ml, 물량 25L
② 약량 20ml, 물량 100L
③ 약량 125ml, 물량 25L
④ 약량 125ml, 물량 100L

해설
약제는 10a($1,000m^2$) 당 500ml 이므로 $250m^2$ 의 경우 500ml 의 면적대비 1/4 인 125ml 가 필요하고 물은 100L 의 1/4 인 25L 가 필요하다.

65 다음 중 광엽잡초로만 나열된 것은?

① 돌피, 여뀌, 쇠털골
② 별꽃, 명아주, 바랭이
③ 물달개비, 망초, 강아지풀
④ 물옥잠, 사마귀풀, 쇠비름

해설
광엽잡초에는 닭의장풀, 명아주, 가래, 물달개비, 쇠비름, 비름, 질경이, 여뀌, 깨풀 등이 있다.

66 다음 중 수면에 떠다니는 부유성 잡초에 해당하는 것은?

① 가래   ② 등에풀
③ 생이가래   ④ 물달개비

해설
부유잡초로는 부레옥잠, 개구리밥, 좀개구리밥, 생이가래 등이 있다.

67 잡초경합 한계기간에 대한 설명으로 옳지 않은 것은?

① 철저한 잡초 방제가 요구되는 시기이다.
② 작물 생육기의 초기 1/4 ~ 1/3 정도의 기간이다.
③ 잡초와 작물이 경합하지만 작물의 피해는 없는 한계기간이다.
④ 한계기간 이후에는 잡초 방제를 더 하여도 작물 피해는 큰 변화가 없다.

해설
잡초경합한계기간은 잡초와의 경합에 의한 작물의 피해가 가장 심하게 나타나는 기간이다.

68 잡초 방제법 중에서 생태적 방법에 해당하는 것은?

① 윤작 실시   ② 낫을 이용
③ 천적을 이용   ④ 솔라리제이션

해설
잡초의 생태적 방제법으로 윤작, 재식밀도의 조절, 피복작물의 이용 등이 있다.

69 주로 종자번식을 하는 일년생 잡초는?

① 가래   ② 쇠비름
③ 쇠털골   ④ 너도방동사니

해설
1년생 잡초인 뚝새풀, 바보여뀌, 마디꽃, 쇠비름 등은 주로 종자번식을 한다.

정답 63 ④ 64 ③ 65 ④ 66 ③ 67 ③ 68 ① 69 ②

70 다음 중 논잡초 방제용으로 주로 사용되는 제초제로 일년생 잡초 발생 전 토양에 처리하는 것은?
① 시마진 수화제
② 리뉴론 수화제
③ 뷰타클로르 입제
④ 알라클로르 유제

해설
뷰타클로르는 아마이드계 제초제로 토양처리용이다. 논잡초 방제용으로 주로 사용되며 화본과, 광엽잡초 등 잡초 발생 전에 토양에 처리하는 것이 효과적이다.

71 논에서 뚝새풀이 벼의 수량에 미치는 영향이 적은 이유로 적합한 것은?
① 키가 벼보다 작기 때문에
② 발생시기가 다르기 때문에
③ 벼와 동일한 화본과 식물이기 때문에
④ 양분흡수에 대한 경합력이 낮기 때문에

해설
뚝새풀은 벼를 추수한 다음 10월을 지나 발아를 하기에 벼의 수량에 큰 영향을 미치지 않는다.

72 잡초의 상호대립억제작용을 이용한 잡초 방제법은?
① 생물적 방제   ② 생태적 방제
③ 물리적 방제   ④ 종합적 방제

해설
상호대립억제작용은 타감작용이라 하며 생물적 방제법에 속한다.

73 다음 중 다년생 잡초로만 나열된 것은?
① 여뀌, 명아주, 메꽃
② 망초, 돌피, 물달개비
③ 냉이, 속속이풀, 뚝새풀
④ 올챙이고랭이, 올방개, 매자기

해설
다년생 잡초에는 너도방동사니, 쇠털골, 올방개, 올챙이고랭이, 매자기, 개구리밥 등이 있다.

74 논 잡초의 방제를 위하여 사용한 제초제가 약해를 발생하는 요인으로 옳지 않은 것은?
① 이앙심도가 깊을 때
② 일일온도 변화가 작은 경우
③ 물 관리가 소홀히 하였을 경우
④ 효과를 높이기 위하여 과잉 살포한 경우

해설
일일온도 변화가 큰 경우 약해의 발생이 증가할수 있다.

75 비선택성 제초제가 아닌 것은?
① 퀴노클라민 입제
② 글루포시네이트암모늄 액제
③ 글리포세이트·옥시플루오르펜 액상수화제
④ 벤타존소듐·글리포세이트이소프로필아민 액제

해설
퀴노클라민 입제는 논이끼류 방제 약제로 특정 잡초에 대한 선택성 제초제이다.

76 다음 중 발생심도가 가장 깊은 잡초는?
① 올미   ② 벗풀
③ 올방개   ④ 너도방동사니

해설
올방개는 발생분포 심도가 주로 10~25cm 정도이며 최대 30cm 까지 깊게 분포한다.

정답 70 ③ 71 ② 72 ① 73 ④ 74 ② 75 ① 76 ③

77 페녹시계 호르몬형 제초제로 이행성이 있는 것은?
① 이사-디 액제
② 클레토딤 유제
③ 메톨라클로르 유제
④ 프레틸라클로르 유제

해설
2,4-D 는 페녹시계 제초제로 호르몬 작용의 교란을 일으키는 이행성 호르몬형 제초제이다.

78 다음 중 잡초의 특성으로 옳지 않은 것은?
① 영양번식만 가능함
② 종자의 휴면성이 있음
③ 불량 환경 조건하에서도 발아력이 높음
④ 종자생산이 많고 먼 거리 이동이 가능함

해설
잡초는 유성번식과 영양번식을 한다.

79 식물의 학명 표기에서 잘못된 약어는?
① 품종 : f.   ② 개체 : cv.
③ 변종 : var.   ④ 아종 : ssp.

해설
cv 는 재배식물품종을 의미한다.

80 주로 논이나 습지에 발생하고 화본과에 속하는 다년생 잡초는?
① 사마귀풀   ② 나도겨풀
③ 물고랭이   ④ 가막사리

해설
나도겨풀은 논에서 발생하는 화본과 다년생 잡초이다.

정답 77 ① 78 ① 79 ② 80 ②

국가기술자격 필기시험문제

2016년 산업기사 제1회 과년도 기출문제

자격종목	종목코드	시험시간	형별	수험번호	성명
식물보호산업기사		2시간			

1과목 식물병리학

01 감자 역병에 대한 설명으로 옳은 것은?
① 빗물에 의해 화기전염 된다.
② 병원균은 기공 또는 각피 침입한다.
③ 고온이고 건조한 환경에서 잘 발생한다.
④ 괴경지표법으로 선발된 건전한 씨감자를 재배하여 방제할 수 있다.

해설
감자 역병은 바람에 의해 전반되어 기공이나 각피를 통해 침입한다.

02 답전윤환을 할 경우 담수조건에서 병원균이 파괴되어 병 발생을 크게 줄일 수 있는 것은?
① 역병   ② 노균병
③ 균핵병 ④ 무사마귀병

해설
균핵병의 경우 경종적 방제법인 답전윤환을 통해 방제가 가능하다.

03 녹병균에 의해 발생하는 병은?
① 소나무 혹병
② 호두나무 탄저병
③ 잣나무 수지동고병
④ 밤나무 줄기마름병

해설
소나무혹병은 녹병균이 침입하여 그 부위에 비대생장을 일으켜 혹을 만들게 된다.

04 병든 식물의 원인을 파악하기 위해 다음과 같이 처리할 때 병원 진단에 가장 용이한 것은?

> 발병 초기에는 병원균을 관찰하기 어렵기 때문에 병든 조직을 20℃ 정도에서 습실에 2~3일간 보존하여 병원균을 증식시킨 후 현미경으로 관찰한다.

① 균류에 의한 병
② 세균에 의한 병
③ 바이러스에 의한 병
④ 파이토플라스마에 의한 병

해설
· 바이러스나 파이토플라스마는 인공배양이 어렵고 일반 현미경으로는 관찰이 불가능하다.
· 세균의 경우 37℃ 정도 조건에서 12시간을 인큐베이터에서 배양한다.

05 바이러스에 의해 발생하는 병의 주요 매개 수단은?
① 물   ② 바람
③ 공기 ④ 곤충

해설
바이러스는 운동성이 없어 애멸구, 진딧물 등에 의해 전반된다.

06 복숭아나무 잎오갈병의 방제를 위한 디티아논수화제 살포방법으로 가장 적합한 것은?
① 발병 초부터 10일 간격 처리
② 발아 직전 및 꽃이 피기 직전 경엽처리
③ 춘지 발생시 15일 간격으로 경엽처리
④ 6월 상순부터 9월 상순까지 10일 간격 처리

정답 01 ② 02 ③ 03 ① 04 ① 05 ④ 06 ②

> **해설**
> 복숭아나무 잎오갈병은 발아 전 디티아논 수화제 혹은 클로로탈로닐 수화제를 살포하여 방제한다.

07 세균에 의하여 발생하는 식물병의 주요 증상으로만 나열된 것은?
① 혹, 노란가루
② 빗자루, 모자이크
③ 시들음, 가지마름
④ 갈색병반, 검은 돌기

> **해설**
> 세균의 대표적인 종류로 벼 세균성줄무늬병, 벼 흰잎마름병, 맥류 검은마디병, 감자 둘레썩음병, 감자 더뎅이병 등이 있으며 주로 시들음, 가지마름 등의 증상이 나타난다.

08 바이러스에 의해서 일어나는 병은?
① 벼 잎집얼룩병
② 콩 모자이크병
③ 보리 줄기녹병
④ 사과나무 부란병

> **해설**
> 바이러스에 의해 발생하는 식물병으로 벼 오갈병, 벼 검은줄무늬오갈병, 감자 잎말림병, 사과나무 고접병, 보리 줄무늬모자이크병, 감자 X 모자이크병 등이 있다.

09 무생물적인 요인에 의해 발생하는 병은?
① 토마토 균핵병
② 토마토 풋마름병
③ 토마토 점무늬병
④ 토마토 배꼽썩음병

> **해설**
> 배꼽썩음병은 석회결핍이나 토양수분의 급격한 변화에 의해 발생한다.

10 담배 모자이크병 바이러스의 형태는?
① 구형
② 쌍구형
③ 간상형
④ 막대형

> **해설**
> 담배 모자이크 바이러스는 막대형을 띠고 있다.

11 파이토플라즈마에 대한 설명으로 옳지 않은 것은?
① 원형생물이다.
② 종자전염을 한다.
③ 옥시테트라사이클린계 항생물질에 민감하다.
④ 파이토프라즈마에 의한 식물의 병은 황화, 위축, 총생 등 전신병징을 나타낸다.

> **해설**
> 파이토플라즈마는 매개충에 의해 전염된다.

12 Millardet에 의해 개발된 보르도액에 대한 설명으로 옳은 것은?
① 항생제이다.
② 보호살균제이다.
③ 생물농약의 하나이다.
④ 처음에는 벼 도열병 장제제로 개발되었다.

> **해설**
> 식물학자 Millardet에 의해 개발된 보르도액은 보호살균제에 속한다.

13 식물병은 주인, 소인, 유인으로 구성된 병삼각형으로 상호관계를 나타낼 수 있다. 다음 중 유인에 해당하는 것은?
① 기생자
② 병든식물
③ 병 발생에 알맞은 환경
④ 식물체가 처음부터 가지고 있는 병에 걸리기 쉬운 성질

> **해설**
> 주인을 도와 발병을 촉진 및 확산시키는 요인을 유인이라 하며 주로 환경적인 요인이다.

정답 07 ③ 08 ② 09 ④ 10 ④ 11 ② 12 ② 13 ③

14 병원체와 주요 전반수단이 잘못 짝지어진 것은?
① 물 - 밀 줄기녹병
② 바람 - 보리 겉깜부기병
③ 곤충 - 오이 세균성시들음병
④ 영양번식기관 - 감자 둘레썩음병

해설
밀 줄기녹병은 바람에 의해 전반된다.

15 다음은 어느 병원균에 대한 설명인가?

- 균사에 격벽이 없다.
- 유주자낭을 형성한다.
- 난포자를 형성한다.
- 토마토에도 병을 일으킨다.

① 감자 역병균
② 감자 무름병균
③ 감자 Y 바이러스
④ 감자 더뎅이병균

해설
감자역병균은 난균의 일종으로 균사에 격벽이 없고 유주자낭을 형성한다. 난포자를 형성하여 땅속에서 난포자형태로 월동하고 활동하기 적합한 환경이 되면 편모를 이용해 이동이 가능하다. 토마토에서도 발병하며 토마토 역병균이라 한다.

16 수목병의 표징이 아닌 것은?
① 소나무 피목에 녹황색의 돌기 형성
② 잣나무 줄기에 나타난 황색의 수머니
③ 오동나무에 작은 가지가 다수 발생하여 총생
④ 일본잎갈나무 부후목 뿌리 부위에 덕다리버섯 발생

해설
오동나무에 작은 가지가 다수 발생하여 총생하는 것은 오동나무 빗자루병으로 이는 마이코플라스마에 의해 발생한다. 바이러스와 마이코플라스마에 의한 수목병은 병징만 관찰되며 표징은 나타나지 않는다.

17 비닐하우스와 같은 시설 내에서 수화제를 살포할 경우 습도가 높아지는 문제점을 해결하기 위하여 사용되는 것은?
① 액제   ② 희석제
③ 훈연제   ④ 훈증제

해설
비닐하우스와 같이 밀폐된 공간에서 수화제를 사용할 경우 내부 습도가 높아지기 때문에 훈연제와 같은 연기화 약제를 이용하여 병해충을 방제한다.

18 소나무류에 발생하는 잎녹병의 중간기주가 아닌 것은?
① 쑥부쟁이   ② 황벽나무
③ 등골나물   ④ 신갈나무

해설
소나무류의 잎녹병 중간기주로 황벽나무, 쑥부쟁이, 참취, 잔대, 등골나물, 취류, 산초나무 등이 있다.

19 식물병의 경종적 방제방법에 해당하는 것은?
① 식물 검역   ② 종자 소독
③ 살균제 살포 ④ 재식밀도 조절

해설
경종적 방제법은 생태학적 방제법이라하며 윤작, 파종시기조절, 재식밀도 조절 등이 있다.

20 벼 도열병을 일으키는 병원체는?
① 균류   ② 세균
③ 바이러스   ④ 파이토플라스마

해설
벼 도열병은 진균에 의해 발생한다.

정답 14 ① 15 ① 16 ③ 17 ③ 18 ④ 19 ④ 20 ①

2과목 농림해충학

21 곤충 더듬이의 기본구조에서 냄새를 맡는 감각기들이 집중되어 있는 마디는?
① 자루마디 ② 채찍마디
③ 팔굽마디 ④ 솜털마디

해설 곤충의 더듬이에서 채찍마디는 냄새를 맡는 기관이다.

22 기주식물의 잎, 가지, 수피 등에 즙액을 빨아먹어 가해하는 흡즙성 해충으로만 올바르게 나열된 것은?
① 박쥐나방, 소나무좀
② 솔나방, 참나무재주나방
③ 솔껍질깍지벌레, 버즘나무방패벌레
④ 복숭아명나방, 느티나무벼룩바구미

해설 흡즙성 해충의 종류로 깍지벌레, 버즘나무방패벌레, 선녀벌레, 응애류, 진딧물류 등 이 있다.

23 다음 곤충 중 불완전변태류는?
① 벌목 ② 파리목
③ 메뚜기목 ④ 풀잠자리목

해설 불완전변태 종류로 메뚜기목, 매미목, 강도래목, 하루살이목 등이 있다.

24 다음 설명에 해당하는 것은?

> 경제적 손실이 나타나는 최저밀도로 해충에 의한 피해액과 방제비용이 같은 수준인 밀도를 의미한다.

① 일반평형밀도
② 일반피해밀도
③ 경제적 피해수준
④ 경제적 피해허용수준

해설 경제적 피해수준은 경제적 피해가 나타나는 최소밀도로 해충에 의한 피해비용과 방제비용이 같은 수준의 밀도를 말한다.

25 거미와 비교할 때 곤충의 특징으로 옳지 않은 것은?
① 겹눈과 홑눈이 있다.
② 다리는 3쌍이고, 5마디로 구성된다.
③ 머리, 가슴, 배 3부분으로 구분한다.
④ 생식문이 배의 배면 앞부분에 있다.

해설 생식문이 배의 배면 앞부분에 위치하는 것은 거미의 특징이다.

26 솔잎혹파리가 벌레혹을 만드는 곳은?
① 열매 ② 뿌리
③ 잎 기부 ④ 가지끝

해설 솔잎혹파리는 유충이 잎의 기부에 벌레혹을 만들어 피해를 주는 흡즙성 해충이다.

27 곤충의 생식에 대한 설명으로 옳지 않은 것은?
① 양성생식 외에도 다양한 방법으로 생식한다.
② 정자는 암컷의 체내에서 오래 살아 있을 수 없다.
③ 암컷의 부속샘은 알을 코팅하는 기능도 담당한다.
④ 일반적으로 체내수정을 하지만 체외수정을 하는 경우도 있다.

해설 곤충의 정자는 암컷의 몸 속에 수정낭이 있어 오랫동안 살아 있을 수 있다.

정답 21 ② 22 ③ 23 ③ 24 ③ 25 ④ 26 ③ 27 ②

28 소화효소를 분비하여 음식물들을 분해한 후 흡수하는 곳은?
① 중장 ② 전장
③ 후장 ④ 침샘

해설
곤충의 소화계에서 중장은 효소를 분비해 실질적인 소화 및 흡수작용을 한다.

29 유충의 입틀이 씹는 형태인 것은?
① 솔잎혹파리
② 소나무왕진딧물
③ 솔껍질깍지벌레
④ 오리나무잎벌레

해설
오리나무잎벌레는 오리나무, 박달나무, 밤나무 등에 피해를 주는데 성충과 유충이 동시에 잎을 식해하며 입틀은 씹는 형태이다.

30 나무이가 속하는 목은?
① 벌목 ② 파리목
③ 노린재목 ④ 총채벌레목

해설
나무이는 노린재목에 속한다.

31 유약호르몬이 분비되는 곳은?
① 알라타체 ② 앞가슴샘
③ 카티아카체 ④ 신경분비세포

해설
곤충의 분비계에 알라디체는 성충으로 빌육을 억제하는 유충호르몬을 만든다.

32 생물적 방제법에 이용되지 않는 것은?
① 기생자 ② 포식자
③ 병원균 ④ 생장조절제

해설
생물적 방제법은 주로 해충에 천적이 되는 생물을 이용하는 방법이다.

33 온도가 곤충에게 미치는 영향으로 가장 거리가 먼 것은?
① 곤충의 크기
② 곤충의 수명
③ 곤충의 산란량
④ 곤충의 발육속도

해설
온도는 곤충의 발육속도에 가장 큰 영향을 미치며 생활 및 산란량 등에 영향을 준다. 곤충의 종류에 따라 온도에 민감하게 반응하여 수명에 영향을 받는 해충들도 있다.

34 주로 벼를 가해하는 해충으로 옳지 않은 것은?
① 혹명나방 ② 이화명나방
③ 끝동매미충 ④ 거세미나방

해설
주로 농작물의 잎을 가해한다.

35 제충국의 활성성분을 이용하여 해충의 신경계통을 저해하는 효과가 있는 살충제 유형은?
① urea 계 ② 유기인계
③ 카바마이트계 ④ 피레스로이드계

해설
제충국에는 피레스로이드계 물질이 있으며 신경기능의 저해를 통해 해충을 방제한다.

36 콩잎말이나방의 월동형태는?
① 알 ② 유충
③ 성충 ④ 번데기

해설
콩잎말이나방은 1년에 2~3회 발생하며 유충으로 월동한다.

정답 28 ① 29 ④ 30 ③ 31 ① 32 ④ 33 ① 34 ④ 35 ④ 36 ②

37 식물체의 뿌리, 줄기 또는 잎을 통하여 약제가 식물 전체에 들어감으로써 식물의 즙액을 흡즙하는 해충을 죽게 하는 살충제를 무엇이라고 하는가?

① 유인제   ② 훈증제
③ 소화중독제 ④ 침투성살충제

해설
침투성 살충제는 식물의 일부에 처리시 식물 전체에 퍼지게 되어 흡즙성 해충을 선택적으로 제거 할 수 있다.

38 수목에 상처를 내고 산란하여 가지 윗부분을 고사시키는 해충은?

① 말매미
② 선녀벌레
③ 사과하늘소
④ 애모무늬잎말이나방

해설
말매미는 가지나 줄기를 가해하는 해충으로 수목의 상처를 내고 산란관을 이용해 산란하는데 산란부위의 윗부분은 말라 죽는다.

39 여름철 진딧물과 밤나무순혹벌이 번식하는 방법은?

① 양성생식   ② 다배생식
③ 유성생식   ④ 단위생식

해설
단위생식을 하는 해충으로 밤나무혹벌, 벼물바구미, 민다듬이벌레 등이 있다.

40 주로 사과나무를 가해하는 해충으로 옳지 않은 것은?

① 멸강나방
② 은무늬굴나방
③ 복숭아심식나방
④ 조팝나무진딧물

해설
멸강나방은 식물의 잎을 주로 가해한다.

3과목 농약학

41 다음 중 유기인계 살충제는?

① 페니트로티온, 다이아지논
② 칼탑, 카바릴
③ 엔드린, 카바릴
④ 메소밀, 카보푸란

해설
유기인계 살충제로 디클로르보스, 다이아지논, 페니트로티온, 말라티온 등이 있다.

42 다음 농약 중 각종 응애류의 방제에 가장 적합한 것은?

① 페나자퀸
② 펜티온
③ 클로르피리포스
④ 비타쿠르스타키

해설
페나자퀸 유제는 퀴나졸린계 살비제로 점박이응애 등의 응애류에 우수한 방제효과를 가진다.

43 제초제의 살초작용인 이행형 제초제와 접촉형 제초제에 대한 설명으로 틀린 것은?

① 접촉형 제초제는 생세포에 직접 작용하여 그 부분을 파괴하여 살초효과를 나타낸다.
② 접촉형 제초제는 작용이 속효적으로 나타난다.
③ 이행형 제초제는 수분이나 양분과 함께 약제가 식물체 내로 들어간다.
④ 이행형 제초제는 식물체에 처리한 제초제가 뿌리로부터 위쪽으로만 이동한다.

해설
이행형 제초제는 경엽, 뿌리 등 접촉부위에서 식물체 내의 작용점으로 이행되어 효과를 발휘하는 제초제를 말하며 특정 한 방향으로만 이행되지 않고 여러방향의 작용점으로 이행된다.

정답 37 ④ 38 ① 39 ④ 40 ① 41 ① 42 ① 43 ④

44 농약 보관시 주의하여야 할 사항 중 틀린 것은?
① 고형제는 흡습되면 분해가 촉진되므로 건조한 곳에 보관한다.
② 농약 설명서의 약효보증기간은 최악의 조건에서 산정하여 정한 기간이다.
③ 대부분의 농약은 고온 및 자외선 접촉 시 분해가 되므로 냉암소에 저장한다.
④ 유제는 인화의 위험성이 있으므로 화기를 피하여 보관한다.

해설
농약 설명서의 약효보증기간은 제조일자를 기준으로 보증기간을 산정한다.

45 다음 중 농약의 사용기구가 아닌 것은?
① 분무기   ② 미스트기
③ 살분기   ④ 포자기

해설
농약의 사용기구로 분무기, 미스트기, 살분기가 있다.

46 다음과 같은 화학구조를 가지는 제초제는?

$$Cl-\underset{}{\underset{}{\bigcirc}}-OCH_2COOH \quad (CH_3)$$

① 2,4-D   ② EPN
③ MCP   ④ TBA

해설
MCP는 페녹시계 제초제로 화학식은 $C_9H_9O_3Cl$ 이다.

47 0.01% 액은 몇 ppm 인가?
① 10   ② 100
③ 1,000   ④ 10,000

해설
1%는 10,000ppm 이므로 0.01% 액은 100ppm 이다.

48 농약의 분류 중 농약형태에 따른 분류인 것은?
① 유인제   ② 기피제
③ 식독제   ④ 도포제

해설
도포제는 특수목적제로서 농약형태에 따른 분류에 속한다. 특수목적제로는 훈연제, 연무제, 훈증제, 도포제 등이 있다.

49 농약제조시 보조제로 첨가하는 계면활성제에 대한 설명으로 틀린 것은?
① 원제를 녹이기 위해 사용하는 물질이다.
② 액체 제형은 살포용수에서 유화액 상태로 균일하게 분산되게 한다.
③ 살포약액이 병해충 및 잡초에 대한 접촉효율을 높이는 데에도 사용된다.
④ 약액의 표면장력을 낮추는 작용을 한다.

해설
계면활성제는 물과 기름의 계면에서 표면장력을 감소시켜 약품의 습윤성, 부착성 및 고착성, 확전성을 높여주는 일종의 보조제이다.

50 유제 농약이 물에 잘 섞이는가를 검사하고자 할 때 가장 중요한 성질은?
① 유화성   ② 부착성
③ 고착성   ④ 붕괴성

해설
제제를 물에 가한 경우 유립자가 균일하게 분산하여 유탁액이 되는 성질을 유화성이라 한다.

51 포자의 침입 및 발아를 저지하고 균사의 생육을 저해하여 병반의 확대 진전을 억제하는 효과가 있으므로 예방과 치료효과를 동시에 발휘하는 생합성 저해제 농약은?
① 폴리옥신   ② 캡탄
③ 피레트린   ④ 시마진

해설
폴리옥신은 세포벽 형성 저해제로 포자의 침입 및 발아를 저지한다.

정답 44 ② 45 ④ 46 ③ 47 ② 48 ④ 49 ① 50 ① 51 ①

52 살균제의 작용기작이 아닌 것은?
① 세포막구조 파괴
② 신경기능 저해
③ 생합성 저해
④ 호흡 저해

해설
신경기능 저해는 살충제 작용기작이다.

53 12% 바리신분제 1kg 1% 분제로 조제하고자 할 때 필요한 증량제의 양은 몇 kg 인가?
① 10
② 11
③ 12
④ 13

해설
희석할증량제 양
= 원분제중량 × $\left(\dfrac{원분제\,농도}{목표농도} - 1 \right)$
= 1kg × $\left(\dfrac{12\%}{1\%} - 1 \right)$ = 11kg

54 유효성분의 생물학적 활성을 증대시키기 위하여 사용되는 물질은?
① 점착제
② 점증제
③ 협력제
④ 소포제

해설
협력제는 유효성분의 효력을 증진시키는 역할을 하는 보조제이다.

55 농약관리법에서 사용되는 용어의 정의로 틀린 것은?
① 농약의 범주에는 농림축산품부령이 정하는 기피제, 유인제 등도 포함된다.
② 농약이란 농작물의 생리기능을 증진하거나 억제하는데 사용하는 약제를 포함한다.
③ 원제란 농약의 유효성분이 농축되어 있는 물질을 말한다.
④ 농작물이란 수목 및 임산물을 제외한 모든 농산물을 말한다.

해설
농작물은 인류가 이용목적으로 재배하는 모든 식물을 의미하기에 수목 및 임산물도 포함된다.

56 곤충의 먹이가 되는 부분에 약제를 뿌려 줄기나 잎을 갉아먹는 해충으로 하여금 먹이와 함께 소화기에 독성을 흡수시켜 살충력을 나타내는 약제를 무엇이라고 하는가?
① 독제
② 접촉제
③ 침투성 살충제
④ 훈증제

해설
저작구형의 해충들의 경우 약제를 먹어 중독을 유발하는 식독제(독제)계통이 적합하다.

57 DEP제(디프테릭스)가 분해하여 1차로 변하는 형태는?
① Parathion
② DDVP
③ Trithion
④ Dimethoate

해설
DDVP는 디프테릭스(DEP제)를 수산화나트륨과 처리하여 분해시 1차로 나타나는 형태이다.

58 수화제의 현수성을 가장 좋게 하기 위한 증량제의 조건은?
① 증량제의 비중 > 농약의 비중
② 증량제의 비중 < 농약의 비중
③ 증량제의 비중 = 농약의 비중
④ 증량제 및 농약의 비중에 무관

해설
현수성은 수화제에 물을 넣어 조제한 현탁액의 고체입자가 균일하게 분산 부유하도록 하는 것으로 증량제와 농약의 비중이 비슷할 때 균일하게 분산된다.

정답 52 ② 53 ② 54 ③ 55 ④ 56 ① 57 ② 58 ③

59 농약에 의한 약해 발생의 원인이라고 볼 수 없는 것은?
① 고농도 살포
② 합리적 혼용
③ 사용방법 미숙
④ 부적합한 약제 사용

해설
부적합한 혼용의 경우 약해 발생을 야기할수 있으나 합리적 혼용은 약효의 효과를 증가시키고 약해를 거의 발생하지 않는다.

60 독성을 표시할 때 중앙 치사량 LD_{50} 이란?
① 실험동물에 약을 처리하였을 때 20%를 죽이는 농약의 분량
② 실험동물에 약을 처리하였을 때 30%를 죽이는 농약의 분량
③ 실험동물에 약을 처리하였을 때 40%를 죽이는 농약의 분량
④ 실험동물에 약을 처리하였을 때 50%를 죽이는 농약의 분량

해설
동물의 반수인 50%정도가 치사하는 약품의 양을 반수치사량(LD_{50})이라 한다.

4과목   잡초방제학

61 식물이 분비하거나 생체 혹은 수확 후 잔여물 및 종자 등에서 독성물질이 분비되어 다른 식물종의 생장을 저해하는 현상은?
① Allelopathy   ② Competition
③ Fertilization   ④ Contamination

해설
타감작용(allelopathy)은 근처 식물의 생육에 영향을 주는 것으로 인접 식물의 생육에 부정적인 영향을 끼쳐 생장을 저해시키거나 혹은 과도하게 촉진시키게 된다.

62 2.5% 의 유효성분을 함유한 제초제를 논 1ha 당 30kg 을 살포하였다. 물의 깊이가 5cm 일 때 처리된 제초제의 농도를 ppm 으로 환산하면?
① 0.15   ② 1.5
③ 15   ④ 150

해설
살포량 30kg에서 유효성분은 2.5% 이므로 실제량은 30kg × 2.5% = 0.75kg 이다.
1ha 는 10,000m² 으로 면적에 깊이 5cm 를 이용하여 부피를 구하면
10,000m² × 0.05m = 500m³ 이 도출된다.
동일 단위에서 ppm 계산을 하기 위해 0.75kg 을 ton 단위로 환산하면
0.75 ÷ 1000 = 0.00075 ton 이 되며 이것을 무게 대비 부피로 환산하여
0.00075 ÷ 500 = 0.0000015 이며 ppm 은 백만분의 일이므로
0.0000015 × 1000000 = 1.5 ppm

63 잔디밭의 클로버 방제에 가장 적절한 제초제는?
① 옥사디아존 유제
② 메코프로프 유제
③ 할로설푸론메틸 입제
④ 벤설퓨론메틸 · 뷰타클로르 입제

해설
잔디밭 클로버 방제에는 메코프로프 유제 및 디캄바 액제, 트리클로피르티이에이 액제 등이 효과적이다.

64 주어진 지표면을 먼저 점유한 식물이 후에 발생한 식물보다 경합에 유리하다. 이를 이용한 잡초 방제 기술로 옳지 않은 것은?
① 이앙재배   ② 적기 파종
③ 시비량 증대   ④ 재식밀도 증가

해설
시비량 증대는 잡초에 유리한 조건이 될 가능성이 있기에 작물의 특성과 잡초의 발생량 등을 고려하여 실시해야 한다.

정답 59 ② 60 ④ 61 ① 62 ② 63 ② 64 ③

65 잡초의 생리 및 생태적 특성이 아닌 것은?
① 휴면성을 가지고 있다.
② 유묘기의 생장속도가 빠르다.
③ 주로 영양번식은 1년생 잡초가 한다.
④ 종자 및 영양번식기관으로 번식한다.

해설
주로 영양번식은 다년생 잡초가 한다.

66 벼의 유효분얼이 끝날 때부터 유수형성기 이전까지 살포하는 제초제는?
① 이사-디 액제
② 티오벤카브 유제
③ 뷰타클로르 유제
④ 사이할로프로뷰틸·프로파닐 유제

해설
2,4-D 제초제는 벼와 같은 화곡류의 경우 유효분얼 종지기 ~ 유수형성기 사이에 처리하는 것이 좋다.

67 설포닐우레아계 제초제의 작용기작은 무엇인가?
① 지방산 억제
② 호흡작용 억제
③ 세포분열 억제
④ ALS 효소 억제

해설
설포닐우레아계 제초제의 작용기구는 acetolactate synthase(ALS) 관련 아미노산 생합성 저해이다.

68 겨울작물(밀, 유채 등) 포장에서 발생이 많은 잡초는?
① 여뀌   ② 바랭이
③ 쇠비름   ④ 벼룩나물

해설
겨울에 많이 발생하는 대표적인 겨울 잡초에는 둑새풀, 냉이, 개미자리, 벼룩나물, 점나도나물, 벼룩이자리, 별꽃, 속속이풀, 갈퀴덩굴 등이 있다.

69 다년생 잡초가 아닌 것은?
① 쑥   ② 피
③ 가래   ④ 향부자

해설
피는 1년생 잡초이다.

70 잡초의 밀도가 증가하면 작물의 수량이 점차 감소되지만 어느 수준 밀도 이하에서는 잡초가 존재하더라도 작물의 수량에 크게 영향을 미치지 않는 잡초 밀도는?
① 상호억제 대립밀도
② 작물생육 한계밀도
③ 잡초생육 한계밀도
④ 잡초허용 한계밀도

해설
잡초허용한계밀도는 잡초의 밀도가 증가하면 양분의 손실 등으로 작물의 수량이 감소하는 밀도이다. 허용한계밀도 이하로 잡초가 존재할 경우에는 작물의 수량에 영향을 미치지 않게 된다.

71 밭에 주로 발생하는 잡초는?
① 마디꽃   ② 쇠털골
③ 명아주   ④ 사마귀풀

해설
밭에서 주로 발생하는 밭잡초로는 명아주, 쇠비름, 바랭이, 깨풀 등이 있다.

72 잡초종자는 일반적으로 휴면성을 가지고 있다. 휴면의 원인으로 옳지 않은 것은?
① 두꺼운 종피
② 불완전한 배
③ 생장촉진제 처리
④ 발아억제물질 작용

해설
생장촉진제는 휴면을 타파한다.

정답 65 ③ 66 ① 67 ④ 68 ④ 69 ② 70 ④ 71 ③ 72 ③

73 페녹시계에 속하는 제초제가 아닌 것은?
① 이사-디 액제
② 엠시피에이 액제
③ 니코설퓨론 액상수화제
④ 할록시포프-아르-메틸 유제

　해설
페녹시계 제초제로 2,4-D, MCPP, MCPB, 할록시포프, 플루아지호프, 페녹사프로프 등이 있다.

74 물옥잠과 잡초에 해당하는 것은?
① 물피　　② 물수세미
③ 물고랭이　④ 물달개비

　해설
물달개비는 물옥잠과 한해살이로 논이나 못의 물가에서 잘 자란다.

75 방제법의 종류와 그 예가 잘못 짝지어진 것은?
① 물리적 방제법 : 흑색 비닐멀칭을 실시한다.
② 재배적 방제법 : 작물 파종 전 경운을 실시한다.
③ 생물적 방제법 : 상호대립억제작용을 이용한다.
④ 예방적 방제법 : 농업용수의 유입구에 잡초 종자 거름망을 설치한다.

　해설
재배적 방제법은 해충의 생활환경을 개선하여 해충을 방제하는 방법으로 작물을 수확한 다음 포장을 경운하도록 한다.

76 비늘줄기인 인경으로 번식하는 광엽잡초는?
① 가래　　② 여뀌
③ 올방개　④ 매자기

　해설
가래는 논이나 습지에서 자라는 다년생 잡초이며 번식은 종자와 비늘줄기인 인경으로 번식한다.

77 농경지에 발생하는 잡초군락의 구성변화에 관여하는 가장 중요한 요인은?
① 제초제 사용
② 경운정지의 변화
③ 재배법 등 경지 이용형태의 변화
④ 토지기반정비에 의한 입지조건의 변화

　해설
잡초군락의 천이는 재배작물 변화, 작부체계 변화, 경종조건 변화, 제초방법 변화 등이 있으며 동일 제초제의 연속 사용의 경우 저항성 잡초들의 발생으로 천이에 가장 큰 영향을 준다.

78 잡초의 영양기관에 대한 설명으로 옳지 않은 것은?
① 영양생식을 좌우하는 환경요인으로 토성, 일장, 광도, 무기성분 등이 있다.
② 향부자는 높은 광도조건에서 경엽의 증가보다 괴경의 증가를 촉진한다.
③ 대부분의 다년생 잡초는 사질토보다는 중점토에서 지하영양기관의 생성이 빠르다.
④ 토양 중의 무기성분함량이 충분한 조건 하에서는 대부분 다년생 잡초는 유성번식보다는 영양번식의 속도가 촉진된다.

　해설
영양번식의 환경요인에서 토성은 중점토보다는 사질토에서 지하영양기관이 잘 생성된다.

정답 73 ③　74 ④　75 ②　76 ①　77 ①　78 ③

79 보리밭에서 발생하는 다년생 광엽잡초에 대해 선택적으로 효과가 있는 약제는?
① 벤타존 액제
② 뷰타클로르 유제
③ 메타벤즈티아주론 수화제
④ 사이할로포프뷰틸·프로파닐 유제

해설
Bentazon(벤타존, 밧사그란)은 경엽처리용 제초제이며 광엽잡초 등에 적용한다.

80 잡초로 인한 농경지의 피해가 아닌 것은?
① 병해충의 매개
② 토양침식의 가속화
③ 농작업 환경의 약화
④ 경합에 의한 작물수량감소

해설
잡초가 많이 발생하면 토양침식이 느려진다.

정답 79 ① 80 ②

국가기술자격 필기시험문제

2016년 산업기사 제4회 과년도 기출문제

자격종목	종목코드	시험시간	형별
식물보호산업기사		2시간	

1과목 식물병리학

01 토마토 잎곰팡이병을 발생시키는 병원균은?
① *Fulvia fulva*
② *Fusarium solani*
③ *Alternaria alternata*
④ *Agrobacterium tumefaciens*

[해설] 토마토 잎곰팡이병은 불완전균류인 *Fulvia fulva* 에 의해 발생한다.

02 오이 노균병에 대한 설명으로 옳은 것은?
① 세균에 의해 발생한다.
② 주로 줄기에 발생한다.
③ 질소질 성분이 부족할 경우 잘 발생한다.
④ 시설재배보다 노지재배할 경우 피해가 더 크다.

[해설] 진균에 의해 발생하는 오이 노균병은 질소질 성분이 부족한 장마철에 많이 발생한다.

03 무성포자에 해당하는 것은?
① 난포자   ② 분생포자
③ 자낭포자 ④ 담자포자

[해설] 무성포자에는 분생포자, 후막포자 등이 있다.

04 식물병 진단에 이용하기 위하여 특정 병원체의 침입에 민감하게 반응하는 식물로서 주로 바이러스병 진단에 많이 사용되는 것은?
① 지표식물   ② 표적식물
③ 진단식물   ④ 실험식물

[해설] 식물의 감수성을 이용하는 것을 지표식물이라 한다.

05 모래땅이나 유기질이 적은 논에서 발생하기 쉬운 병은?
① 벼 도열병
② 벼 키다리병
③ 벼 흰잎마름병
④ 벼 깨씨무늬병

[해설] 벼 깨씨무늬병은 양분이 부족한 산성토양에서 잘 발생한다.

06 과수 뿌리혹병의 생물적 방제에 이용되는 균은?
① *Aspergillus niger*
② *Aspergillus nidulans*
③ *Agrobacterium tumefaciens*
④ *Agrbacterium radiobacter*

[해설] 뿌리혹병의 병원균에 길항작용하는 *Agrbacterium radiobacter* 으로 방제 가능하다.

정답 01 ① 02 ③ 03 ② 04 ① 05 ④ 06 ④

07 파종기를 늦추어 감수성 품종의 병 발생을 막았다면 이것은 무엇을 이용한 방제방법인가?
① 내성 ② 회피
③ 면역성 ④ 저항성

해설
저항성이 없이 파종기를 늦추어 병 발생을 막은 것을 병 회피 현상이라 한다.

08 가지 풋마름병의 병원체는?
① 세균 ② 균류
③ 바이러스 ④ 생리적 요인

해설
가지 풋마름병은 세균에 의해 발생하고 기주로는 감자, 가지, 토마토 등이 있다.

09 기주범위가 좁고 기주가 없으며 오래 생존하지 못하고 쉽게 사멸하는 병원균의 방제방법으로 효과적인 것은?
① 윤작 ② 접목
③ 멀칭 ④ 연작

해설
윤작은 기주범위가 좁고 이동성이 적으며 생존기간이 짧은 해충에 효과적인 방제 방법이다.

10 물에 의해 전반되는 식물 병원체가 아닌 것은?
① 세균 ② 선충
③ 균류 ④ 바이러스

해설
바이러스는 매개충에 의해 전반된다.

11 균류에 속하는 식물병균 중 순활물기생균이 아닌 것은?
① 녹병균 ② 노균병균
③ 흰가루병균 ④ 잿빛곰팡이병

해설
잿빛곰팡이병은 임의기생체이다.

12 파이토알렉신(phytoalexin)에 대한 설명으로 옳은 것은?
① 병원균이 분비한다.
② 병원체의 발육을 촉진하는 물질이다.
③ 기주와 균의 상호작용에 의하여 생긴다.
④ 생산된 파이토알렉신의 종류는 식물의 종과는 관계없이 균의 종류에 따라 결정된다.

해설
파이토알렉신은 기주와 병원균의 상호 작용에 의하여 발생한다.

13 식물병과 중간기주를 바르게 연결한 것은?
① 소나무 혹병 - 쑥부쟁이
② 잣나무 털녹병 - 송이풀
③ 포플러 잎녹병 - 향나무
④ 사과나무 붉은별무늬병 - 포플러류

해설
잣나무 털녹병의 중간기주는 송이풀, 까치밥나무가 있다.

14 맥류의 흰가루병에 대한 설명으로 옳지 않은 것은?
① 자낭균에 의해 발병한다.
② 내품성 품종을 재배하여 방제한다.
③ 4~5월경에 발생하여 수확기에 심하게 발생한다.
④ 잎에만 발생하고 잎집이나 줄기에는 발생하지 않는다.

해설
맥류의 흰가루병은 잎 뿐만아니라 줄기까지 확산되어 발생한다.

정답 07 ② 08 ① 09 ① 10 ④ 11 ④ 12 ③ 13 ② 14 ④

15 세균성 식물병의 진단방법에 해당하지 않는 것은?

① 유출검사에 의한 진단
② 즙액접종에 의한 진단
③ 괴경지표법에 의한 진단
④ 파지에 의한 진단

> [해설]
> 괴경지표법은 바이러스의 진단방법이다.

16 대추나무 빗자루병에 대한 설명으로 옳지 않은 것은?

① 마름무늬매미충에 의해 전염된다.
② 파이토플라즈마에 의해 발병한다.
③ 분주에 의해서는 전염되지 않는다.
④ 병든 나무의 꽃은 엽화현상이 나타나 열매가 열리지 않는다.

> [해설]
> 대추나무 빗자루병은 접수나 분주에 의해서도 전염된다.

17 일반적으로 세균이 침입할 수 없는 부위는?

① 기공   ② 각피
③ 수공   ④ 상처

> [해설]
> 세균은 주로 기공, 수공, 상처부위를 통해 침입한다.

18 배추 무사마귀병에 대한 설명으로 옳지 않은 것은?

① 한낮에는 시들음 증상을 보인다.
② 뿌리의 세포가 비정상적으로 커진다.
③ 토양이 산성인 경우 잘 발생하지 않는다.
④ 우리나라에서는 주로 배추, 양배추, 무, 갓 등에 많이 발생한다.

> [해설]
> 배추 무사마귀병은 산성 토양에서 잘 발생한다.

19 다음 설명에서 괄호 안에 들어갈 용어로 옳은 것은?

> 식물이 어떤 병에 잘 걸리지 않는 것은 (㉠)이라 하고, 이와 반대로 식물이 어떤 병에 걸리기 쉬운 것을 (㉡)이라 한다.

① ㉠ : 저항성 , ㉡ : 감수성
② ㉠ : 저항성 , ㉡ : 친화성
③ ㉠ : 감수성 , ㉡ : 저항성
④ ㉠ : 감수성 , ㉡ : 친화성

> [해설]
> 병에 잘 걸리고 민감한 성질을 감수성이라 하며 병에 잘 걸리지 않는 성질을 저항성이라 한다.

20 세균에 의해 발생하는 병이 아닌 것은?

① 감귤 궤양병
② 포플러 잎녹병
③ 배나무 불마름병
④ 사과나무 뿌리혹병

> [해설]
> 포플러 잎녹병은 진균에 의해 발생한다.

2과목 농림해충학

21 해충의 생태적 방제방법으로 옳지 않은 것은?

① 윤작 실시
② 포장위생 실시
③ 재배시기 조절
④ 길항식물 재배

> [해설]
> 생태학적 방제법에는 윤작, 혼작, 저항성 품종, 포장위생 및 재배관리 등의 방법이 있다.

정답 15 ③ 16 ③ 17 ② 18 ③ 19 ① 20 ② 21 ④

22 뽕나무하늘소에 대한 설명으로 옳지 않은 것은?

① 사과나무, 배나무에도 피해를 준다.
② 성충이 과실을 물어뜯고 즙액을 빨아 먹는다.
③ 다 자란 유충은 나뭇잎 뒷면에서 번데기가 된다.
④ 유충이 나무줄기 속으로 구멍을 뚫고 들어간다.

해설
뽕나무하늘소의 유충은 줄기 속에서 번데기가 된다.

23 미생물 살충제에 대한 설명으로 옳지 않은 것은?

① 해충에 대하여 기주 특이적으로 작용한다.
② 환경변화에 대하여 비교적 안정성이 높다.
③ 침입해충에 대하여 높은 독성을 지니고 있다.
④ 자외선과 열 같은 물리적 요소에 크게 영향을 받지 않는다.

해설
미생물 살충제는 바이러스, 세균, 사상균 등을 이용하여 제조하기에 자외선, 열, 산도 등에 영향을 받는다.

24 완전변태를 하는 것은?

① 벌   ② 메뚜기
③ 진딧물   ④ 잠자리

해설
완전변태를 하는 것에는 나비목, 파리목, 벌목 등이 있다.

25 솔잎혹파리의 월동에 대한 설명으로 옳은 것은?

① 성충으로 땅속에서 월동한다.
② 유충으로 땅속에서 월동한다.
③ 성충이 혹을 만들어 그 안에서 월동한다.
④ 유충이 혹을 만들어 그 안에서 월동한다.

해설
솔잎혹파리는 1년에 1회 발생하고 유충으로 땅 속에서 월동한다.

26 해충발생밀도 조사방법에 해당하지 않는 것은?

① 수반조사법
② 예찰등조사법
③ 해충가해조사법
④ 공중포충망조사법

해설
해충조사를 위한 방법으로는 포충망을 이용하거나, 유아등을 통한 채집, 접착트랩, 털어잡기 등 해충의 종류에 따라 적합한 방법을 선택한다. 해충가해조사법은 피해조사법이라 하여 해충 발생에 의한 피해 정도를 조사하는 방법이다.

27 날개가 1쌍인 해충은?

① 하늘소   ② 나방파리
③ 호랑나비   ④ 나나니벌

해설
나방파리는 파리목으로 앞날개가 1쌍으로 되어 있다.

28 꽃바구미의 발육영점온도는 10℃이고 알에서부터 성충까지의 유효적산온도가 250℃ 일 때 20℃ 인큐베이터에 오늘 알을 넣으면 언제 성충이 되는가?

① 10일 후   ② 15일 후
③ 20일 후   ④ 25일 후

정답 22 ③ 23 ④ 24 ① 25 ② 26 ③ 27 ② 28 ④

> **해설**
> 유효적산온도(DD : Degree Days)
> (측정온도 - 발육영점온도)×측정온도에서의 발육일수
> (20 - 10)×발육일수 = 250
> → 발육일수 : 25일

29 알의 양쪽에 공기주머니가 붙어 있는 해충은?
① 솔나방 ② 무당벌레
③ 학질모기 ④ 이화명나방

> **해설**
> 학질모기는 양쪽으로 공기주머니인 부낭이라는 것을 가지고 있으며 부낭으로 물위에 가라앉지 않고 뜰 수 있다.

30 어떤 곤충에 다른 작은 곤충이 붙어 있는 것으로 외부기생충이 아닌 단순한 편리공생인 경우에 해당하는 것은?
① 편승 ② 먹이 탐색
③ 구애 행동 ④ 도둑 기생

> **해설**
> 작은 곤충이 다른 곤충에 붙어 이동하는 형태를 편승 혹은 편승행동이라 한다.

31 곤충의 피부구조에 대한 설명으로 옳지 않은 것은?
① 기저막은 일정한 모양이 형성된 비세포성 연결조직이다.
② 외표피는 단백질과 지질로 구성된 얇은 층으로 되어 있다.
③ 원표피는 성충표피의 대부분을 차지하며 외원표피와 내원표피로 구성된다.
④ 진피세포는 표리를 이루는 단백질, 지질, 키틴 화합물 등을 합성 및 분비하는 세포군이다.

> **해설**
> 기저막은 진피층 아래 구조가 없는 얇은 막으로 곤충의 근육이 부착되는 곳과 연결되며 혈구에는 분비한 점액성 다당류를 함유한다.

32 소화와 흡수가 주로 이루어지는 기관은?
① 결장 ② 중장
③ 전장 ④ 모이주머니

> **해설**
> 중장에서는 효소를 분비해 실질적인 소화 및 흡수 작용을 한다.

33 단위생식으로 번식하는 해충이 아닌 것은?
① 밤나무혹벌
② 벼물바구미
③ 미국선녀벌레
④ 복숭아혹진딧물

> **해설**
> 단위생식을 하는 해충으로 밤나무혹벌, 벼물바구미, 민다듬이벌레, 복숭아혹진딧물 등이 있다.

34 흡즙성 해충에 해당하는 것은?
① 포플러하늘소
② 미국흰불나방
③ 오리나무잎벌레
④ 주머니깍지벌레

> **해설**
> 주머니깍지벌레는 가지나 잎에서 집단으로 기생하여 수액을 빨아먹는 흡즙성 해충이다.

35 곤충의 호르몬에 대한 설명으로 옳지 않은 것은?
① 이뇨호르몬은 지질 동원에 관여한다.
② 유약호르몬은 성장 조절에 관여한다.
③ 경화호르몬은 탈피 후 표피의 경화에 영향을 준다.
④ 앞가슴샘에서 분비되는 호르몬은 탈피에 영향을 준다.

> **해설**
> 이뇨호르몬은 배설에 관여하는 호르몬이다.

정답 29 ③ 30 ① 31 ① 32 ② 33 ③ 34 ④ 35 ①

36 곤충의 주성에 해당하지 않는 것은?
① 주광성   ② 주랭성
③ 주촉성   ④ 주화성

해설
곤충의 주성에는 주광성, 주화성, 주수성, 주풍성, 주촉성 등이 있다.

37 깍지벌레가 속하는 목은?
① 이목   ② 노린재목
③ 총채벌레목 ④ 부채벌레목

해설
깍지벌레는 노린재목에 속한다.

38 말피기소관에 대한 설명으로 옳지 않은 것은?
① 진딧물은 말피기소관이 없다.
② 후장의 시작 부분에 붙어 있다.
③ 끝이 막혀 있는 큰 원통형 모양이다.
④ 몸에서 발생한 함질소 노폐물 등을 체액으로부터 걸러준다.

해설
말피기소관은 끝이 막혀있고 가늘고 긴 관이다.

39 페로몬에 대한 설명으로 옳지 않은 것은?
① 카이로몬, 알로몬, 시노몬 등이 있다.
② 짝짓기를 위한 암수의 통신에 관여한다.
③ 사회성을 유지하거나 개체들을 모이게 한다.
④ 적으로부터 피하거나 방어를 위한 신호를 보내는데 사용한다.

해설
카이로몬, 알로몬, 시노몬 등은 페로몬이 아닌 일종의 타감물질이다.

40 딱정벌레목에 대한 설명으로 옳지 않은 것은?
① 앞날개는 매우 두껍다.
② 성충은 외골격이 매우 발달되었다.
③ 앞날개 밑에 얇은 뒷날개가 접혀 있다.
④ 번데기는 피용이고 대개 고치를 짓지 않는다.

해설
딱정벌레목의 번데기는 나용이고 경우에 따라 고치를 짓는다.

3과목 농약학

41 독성 정도에 따른 농약의 구분에는 고체 급성경구 1급(맹독성)의 기준치(mg/kg 체중)는?
① 0.05 미만   ② 0.5 미만
③ 5 미만   ④ 50 미만

해설
고체 급성경구 1급(맹독성)의 기준치는 5 mg/kg 미만이며 액체의 경우 20 mg/kg 미만이다.

42 곡물용 훈증제로 주로 사용되며 인체에 독성이 강하므로 세심한 주의를 요하는 약제는?
① EDB   ② 아조벤젠
③ 이황화탄소 ④ 메틸브로마이드

해설
훈증제의 종류로 메틸브로마이드, 클로로피크린, 알루미늄포스파이드 등이 있으며 훈증제는 인체 독성이 강해 주의를 요구한다.

43 아조포 유제를 500배로 희석하여 살포하려고 할 때 물 1말(18L)에 필요한 약량은 몇 ml 인가?
① 18   ② 20
③ 36   ④ 72

> **해설**
> 소요약량
> $= \dfrac{\text{사용량}}{\text{소요희석배수}} = \dfrac{1말 \times 18L}{500}$
> $= 0.036L = 36ml$

44 농약의 어독성에 영향을 미치는 요인으로 가장 거리가 먼 것은?

① 생물의 종류
② 생육상태
③ 농약의 형태
④ 농약관리제도

> **해설**
> 어독성에 영향 요인으로 생물의 종류, 생육의 상태, 농약의 형태, 농약의 농도 및 사용량 등이 있다.

45 무기농약인 석회황합제의 제조 및 사용법에 대한 설명으로 틀린 것은?

① 생석회와 황을 2:1 의 중량비로 배합하여 가마솥에 넣고 일정량의 물과 온도하에 가열반응시켜 숙성후에 여과하여 만든다.
② 약제 조제용 그릇은 금속제를 피하고 나무통을 사용하고 분무기는 약제 사용 후 암모니아수나 초산액으로 씻은 다음 물로 씻어 보관한다.
③ PCP, 황산니코틴, 황산아연 등과 혼용해도 무방하지만 유기인제, 제충국제와는 혼용을 피하는 것이 좋다.
④ 공기와 접촉하게 되면 분해가 촉진되기 때문에 저장할 때는 공기와의 접촉을 막아야 한다.

> **해설**
> 석회황합제 제조시 생석회와 황을 1:2 비율로 배합한다.

46 분제의 특징에 대한 설명으로 옳지 않은 것은?

① 살충, 살균제에 많이 사용된다.
② 고착성이 우수하여 잔효성이 요구되는 과수방제용으로 적당하다.
③ 수도 병해충방제에 널리 사용되고 있다.
④ 표류비산에 의한 살포구역 이외의 환경오염이 클 수 있다.

> **해설**
> 분제는 작물의 잔효성이 수화제나 유제에 비하여 낮은편이라 과수방제용으로는 부적당하다.

47 2,4-D 산의 형태 중 작용력이 가장 커 물이 채워져 있는 논에 그대로 처리하여도 효과가 큰 것은?

① 에스테르형 ② 소다형
③ 암모늄형   ④ 아민형

> **해설**
> 2,4-D 에스테르형은 휘발성 및 작용력이 커서 물을 채운 논에 처리하여도 효과가 나타난다.

48 클로버 등 광엽잡초에는 특이한 살초효과가 있으나 피 등과 같은 화본과잡초에는 효과가 없는 호르몬형 이행성 제초제는?

① Dicamba   ② Dymuron
③ Glyphosate ④ Monlinate

> **해설**
> 디캄바(Dicamba)액제는 광엽잡초에 선택적으로 살초효과가 나타나는 호르몬형 이행성 제초제이다.

정답 44 ④ 45 ① 46 ② 47 ① 48 ①

49 농약안전사용기준을 설정한 목적으로 가장 잘 설명한 것은?
① 농산물 중 잔류농약에 대한 안전성을 향상시키기 위하여
② 농약 살포액조제시 농민의 안전성을 확보하기 위하여
③ 농약 살포시 작업자의 중독 예방을 위하여
④ 농약 살포에 따른 작물의 약해 방지를 위하여

해설
농약안전사용기준은 병충해 방제를 위한 농약을 사용하는 횟수, 일수, 방법 등의 기준을 정해둔 것으로 잔류농약의 안전성을 향상시키기 위해서이다.

50 광엽잡초 생육기 경엽처리용 제초제로서 잡초가 발생한 시기에 사용할 수 있어 사용폭이 넓고 화본과 잡초를 제외한 일년생 및 다년생 광엽잡초와 사과초 잡초에 효과가 있는 약제는?
① MCPB ② Butachlor
③ Bentazone ④ Benthiocarb

해설
벤타존(Bentazone)액제는 경엽처리용 제초제로 잡초가 발생한 후에 처리하며 광엽잡초, 너도방동사니, 올미, 매자기, 올방개, 올챙이고랭이 등에 적용한다.

51 동일 분자 내에 친수성과 소수성기를 가진 화합물은?
① 안정제 ② 증량제
③ 용제 ④ 계면활성제

해설
계면활성제는 물에 녹기 쉬운 친수성부분과 기름에 녹기 쉬운 소수성 부분을 가지고 있는 화합물이다.

52 유기비소제에 대한 설명으로 틀린 것은?
① 일반식은 R·AS·X$_2$ 로 표시한다.
② 유기비소제 Thiram 은 농용항생제로 개발되었다.
③ 벼의 잎집무늬마름병과 사과의 부란병에 효과적이다.
④ Neozin 은 유기비소제에 철을 결합시킨 것으로 문제를 해결한 약제이다.

해설
티람(Thiram)은 유기황제 살균제이다.

53 농약의 물리적 성질 중 습전성을 가장 잘 설명한 것은?
① 살포한 약액이 작물이나 해충의 표면에 잘 적시고 퍼지는 성질을 말한다.
② 약제와 물과의 친화도를 나타내는 성질을 말한다.
③ 약제는 물에 가했을 때 입자가 균일하게 부유, 분산하는 성질을 말한다.
④ 부착한 약제가 이슬이나 빗물에 씻겨 내려가지 않고 식물체의 표면에 붙어 있는 성질을 말한다.

해설
습전성은 살포한 약액이 작물이나 해충의 표면에 퍼지는 성질을 말한다.

54 농약 혼용의 장점이 아닌 것은?
① 방제 비용이 절감된다.
② 혼용가능 농약은 혼합 후 바로 사용하지 않아도 좋다.
③ 같은 약제 연용에 의한 내성의 억제효과가 있다.
④ 동시에 서로 다른 병해충의 방제가 가능하다.

해설
농약 혼용의 경우 약제의 변질 등의 우려가 있어 가능하면 제조 후 바로 사용하는 것이 좋다.

55 다양한 제제형태로 조제되어 적용범위가 넓고 특히 소나무의 솔잎혹파리 방제용으로 주로 적용되는 농약은?
① 오메톤 ② 에톡사졸
③ 에토프 ④ 이미다클로프리드

해설
이미다클로프리드는 접촉독과 소화중독 살충작용을 하는 살충제로 솔잎혹파리, 복숭아혹진딧물, 애멸구 등에 효과적이다.

56 어류에 대한 독성은 여러 가지 요인으로 감수성에 차이가 있는데 이에 대한 설명으로 틀린 것은?
① 수온이 높으면 농약에 대한 저항성이 낮아진다.
② 독성은 제형에 따라 다른데 입제가 가장 강하다.
③ 어류는 알일 때 농약에 대하여 감수성이 가장 낮다.
④ 수생생물에 대한 독성은 잉어와 물벼룩으로 평가한다.

해설
어독성은 제형에 따라 다르며 유제가 가장 강하다.

57 펜프로파트린 유제를 1000배액으로 희석하여 10a 당 140L 를 분무하려고 할 때 원액 몇 ml 가 필요한가?
① 70 ml ② 140 ml
③ 280 ml ④ 350 ml

해설
소요약량(배액)
$= \dfrac{\text{단위면적당사용량}}{\text{소요희석배수}} = \dfrac{140{,}000ml}{1000} = 140ml$

58 각종 과실의 저항성을 향상시키기 위하여 주로 사용하는 약제는?
① 6-BA
② 2,4-D
③ 클로르프로팜
④ 일-메틸사이클로프로펜

해설
일-메틸사이클로프로펜은 과실의 신선도 유지 및 저항성 향상을 위해 사용하는 약제이다.

59 수화제를 물에 풀면 물에 녹지 않은 원제나 증량제의 미립자가 균등히 분산된 살포액을 무엇이라 하는가?
① 유탁액 ② 용액
③ 현탁액 ④ 미탁액

해설
현탁액은 액체에 고체 의 입자가 분산되어 있는 것을 말한다. 농약의 경우 물에 녹지 않는 원제나 증량제가 물에 풀려 녹지 않고 분산되어 있는 살포액을 의미한다.

60 살응애제 농약의 작용기작이 아닌 것은?
① 단백질 합성 저해
② 신경계에 작용하여 신경기능 저해
③ 생체 내 Amine 대사를 저해하는 대사 저해
④ 미토콘드리아에 작용하여 에너지 대사 저해

해설
단백질의 합성 저해는 제초제의 작용기작이다.

4과목 　　잡초방제학

61 예방적 방제수단에 해당하지 않는 것은?
① 농기계 청소
② 비산종자 관리
③ 작물종자 정선
④ 경엽처리제 살포

해설
경엽처리제 살포는 화학적 방제수단에 속한다.

정답　55 ④　56 ②　57 ②　58 ④　59 ③　60 ①　61 ④

62 제조제의 선택성에 관여하는 요인으로 가장 거리가 먼 것은?

① 식물체 생장점의 위치
② 식물체 생육기의 차이
③ 식물체 건조 무게 차이
④ 식물체 뿌리의 분포상태

해설
제초제 선택시 식물체의 생태적 특성, 형태적 특성, 생리적 특성에 영향을 받는다.

63 영양번식기관으로 번식하는 잡초가 아닌 것은?

① 깨풀   ② 가래
③ 올방개 ④ 너도방동사니

해설
깨풀은 종자로 번식한다.

64 벼 재배방법 중 잡초 종류와 발생량이 가장 적은 것은?

① 담수직파
② 건답직파
③ 중묘 기계이앙
④ 어린 모 기계이앙

해설
중묘는 초기 생육조건이 좋아 잡초와의 경합에서 유리하여 잡초의 발생량이 상대적으로 적다.

65 작물과 잡초의 경합에 대한 설명으로 옳지 않은 것은?

① 작물은 일반적으로 잡초보다 경합에 유리한 생태적 특성을 지니고 있다.
② 종간경합은 작물과 잡초 간의 경합으로 대표적으로 벼와 피의 경합이 있다.
③ 작물에 대한 잡초의 경합력은 잡초의 종류, 밀도 등에 따라 달라진다.
④ 종내경합은 같은 초종 중에서 개체 간의 경합으로 벼와 벼, 피와 피 간 경합이 있다.

해설
잡초는 작물보다 광합성 및 번식력이 좋아 경합에 유리한 특성을 지니고 있다.

66 제초제의 제형 중 유제에 대한 설명으로 옳은 것은?

① 물에 희석하면 투명한 액체가 된다.
② 원제를 기름과 혼합하여 만든 액체이다.
③ 원제를 유기용매에 녹인 후 유화제를 넣어 만든 액체이다.
④ 원제를 카올린, 벤토나이트 등의 분말과 혼합분쇄한 것이다.

해설
유제는 주제의 성질이 지용성으로 물에 녹지 않아 유기용매에 녹여 유화제를 첨가한 용액을 말한다.

67 잡초종자의 휴면에 대한 설명으로 옳지 않은 것은?

① 배의 미숙에 의하여 휴면하기도 한다.
② 발아환경이 부적당하면 2차 휴면을 한다.
③ 종자 뿐만 아니라 괴경 및 지하경에서도 볼 수 있다.
④ 외적요건이 발아에 부적당하여 발아하지 못하는 경우 자발휴면이라고 한다.

해설
외적요인이 종자가 발아하기 부적합한 경우는 타발휴면이라 한다.

68 월년생 잡초로만 올바르게 나열된 것은?

① 별꽃, 냉이
② 쑥, 명아주
③ 깨풀, 강아지풀
④ 씀바귀, 애기메꽃

해설
월년생 잡초에는 달맞이꽃, 나도냉이, 엉겅퀴, 냉이 등이 있다.

정답 62 ③ 63 ① 64 ③ 65 ① 66 ③ 67 ④ 68 ①

69 잡초의 생물적 방제법에 이용되는 생물의 구비조건이 아닌 것은?
① 비산 및 분산능력이 커야 한다.
② 번식속도가 빠르지 않아야 한다.
③ 대상 잡초에만 피해를 주어야 한다.
④ 환경 적응성 및 저항성을 가지고 있어야 한다.

해설
생물적 방제에 이용되는 생물의 구비조건으로 번식속도가 빨라야 한다.

70 제초제에 사용시기에 따른 분류에서 파종 전 처리제에 해당하는 것은?
① 토양 소독제
② 경엽 처리제
③ 생육기 처리제
④ 이앙 벼의 초기 제초제

해설
토양 소독제는 작물의 파종 전에 처리한다

71 십자화과에 속하며 월년생 잡초에 해당하는 것은?
① 바랭이   ② 광대나물
③ 벼룩나물   ④ 속속이풀

해설
속속이풀은 십자화과에 속하며 월년생 잡초이다.

72 우리나라 농경지 잡초 발생의 특징으로 옳은 것은?
① 남방형 잡초가 북방형 잡초보다 많다.
② 광엽잡초보다 화본과 잡초의 종류가 더 많다.
③ 평지의 과수원에서는 다년생 잡초가 우점한다.
④ 제초제 사용이 증가하면서 논에서는 다년생 잡초보다 일년생 잡초가 많아지고 있다.

해설
우리나라 농경지의 경우 남방형 잡초의 분포가 많으며 화본과 잡초보다 광엽잡초가 많은 편이다.

73 작물과 잡초의 경합요인으로 가장 거리가 먼 것은?
① 빛   ② 산소
③ 수분   ④ 영양분

해설
작물과 잡초의 경합요인으로 양분, 수분, 광선, 공간 등이 대표적이다.

74 장기간에 걸친 잡초의 생존 특성으로 옳지 않은 것은?
① 많은 종자 생산
② 종자만으로 번식
③ C_4 광합성 회로 이용
④ 불량한 환경조건에 잘 적응

해설
잡초는 종자뿐만 아니라 영양번식으로도 번식한다.

75 주로 벼와 경합하는 논잡초로만 올바르게 나열된 것은?
① 돌피, 쇠뜨기
② 물피, 쇠비름
③ 명아주, 나도겨풀
④ 올방개, 생이가래

해설
논에서 벼와 경합하는 우점잡초로는 피, 올방개, 생이가래, 너도방동사니, 올미 등이 있다.

76 개체당 종자 수가 가장 많은 잡초는?
① 별꽃   ② 망초
③ 마디꽃   ④ 알방동사니

해설
망초의 종자생산량은 벼의 약 500배 정도인 60만 개~80만개 정도이다.

정답 69 ② 70 ① 71 ④ 72 ① 73 ② 74 ② 75 ④ 76 ②

77 잡초종자에 갈고리 모양의 돌기 또는 바늘 모양의 가시를 가져서 인축에 부착되어 전파되는 것은?
① 민들레   ② 진득찰
③ 소리쟁이 ④ 가막사리

해설
갈고리 혹은 바늘모양의 가시가 있는 종자로 메귀리, 도깨비바늘, 가막사리, 도꼬마리 등이 있다.

78 제초제의 광분해와 가장 관계가 높은 것은?
① 자외선   ② 적외선
③ 가시광선 ④ 관계없음

해설
제초제의 광분해에 관련되는 파장은 자외선 영역 파장이다.

79 잡초종자의 발아습성에 대한 설명으로 옳지 않은 것은?
① 발아주기성이란 같은 조건에서 일정한 간격으로 발아하는 것이다.
② 준동시성 발아형이란 일정기간 이내에 집중적으로 발아하는 것이다.
③ 발아계절성이란 발생 계절의 일장보다 대기온도에 반응하여 발아하는 것이다.
④ 연속성 발아형이란 발아에 적합한 조건을 주어도 오랜기간에 걸쳐 지속적으로 발아하는 것이다.

해설
발아계절성은 일장변화에 반응하여 휴면을 타파하고 발아하는 것이다.

80 화본과 잡초에 속하지 않는 것은?
① 피   ② 쇠털골
③ 뚝새풀   ④ 강아지풀

해설
쇠털골은 사초과이다.

정답 77 ④ 78 ① 79 ③ 80 ②

국가기술자격 필기시험문제

2017년 산업기사 제1회 과년도 기출문제

자격종목	종목코드	시험시간	형별	수험번호	성명
식물보호산업기사		2시간			

1과목 식물병리학

01 묘목을 통해서 전반되는 병은?
① 감나무 뿌리혹병
② 사과나무 부란병
③ 포도나무 흰가루병
④ 배나무 붉은별무늬병

해설
묘목을 통해 전반되는 수목병으로 과수 자줏빛날개무늬병균, 과수 근두암종병균 등이 있다.

02 사과나무 탄저병에 대한 설명으로 옳지 않은 것은?
① 가지나 잎에도 발병한다.
② 병든 과실은 쓴 맛이 난다.
③ 성숙한 과실은 상처를 통해서만 감염된다.
④ 과실에서는 주로 성숙기 가까이에 발병한다.

해설
사과나무 탄저병은 상처부위나 각피를 뚫고 침입한다.

03 다음에 설명하는 용어는?

> 병원성이 없거나 약한 병원체를 먼저 식물에 접종하여 병원성이 강한 같은 종류의 병원체가 침입하였을 때 피해를 경감시키는 것을 말한다.

① 저항성   ② 감수성
③ 교차보호   ④ 과민반응

해설
병원성이 약화된 식물바이러스가 침입한 기주에서 병원성이 더욱 강한 바이러스에 의해 병의 확산이 억제되는 현상을 교차보호라 한다.

04 식물병을 일으키는 바이러스의 진단에 대한 설명으로 옳지 않은 것은?
① 전자현미경으로 볼 수 있다.
② 핵단백질로 구성된 거대분자이다.
③ 인공배지에서 배양하여 확인한다.
④ 막대형, 구형 등 여러 가지 모양이다.

해설
식물성 바이러스는 대부분 RNA이며 인공배양 및 증식이 불가능하다.

05 다음에 설명하는 식물병은?

> ◎ 고온·다습한 장마철에 잘 발생하며, 잎에만 발생한다.
> ◎ 발병 시 병반은 수침상을 띠며 잎맥에 둘러싸여 다각형을 이루는 특징이 있다.

① 오이 흰가루병
② 오이 노균병
③ 오이 풋마름병
④ 오이 덩굴쪼김병

해설
오이노균병은 토양에서 월동하다가 물에 의해 전반되기에 장마철에 잘 발생하고 기공으로 침입하여 수침상을 띤다.

정답 01 ① 02 ③ 03 ③ 04 ③ 05 ②

06 세균에 의해 발생하는 병은?
① 벼 도열병
② 벼 키다리병
③ 벼 흰잎마름병
④ 벼 잎집얼룩병

해설
벼 흰잎마름병은 세균에 의해 발생한다.

07 생물적 방제법에 대한 설명으로 옳은 것은?
① 효과가 늦은 편이다.
② 주변 환경에 영향을 받지 않는다.
③ 병 발생 후에도 방제효과가 좋다.
④ 넓은 지역에 광범위하게 활용하기 쉽다.

해설
생물적 방제법은 화학방제법에 비해 효과가 느린 편이다.

08 보르도액에 대한 설명으로 옳지 않은 것은?
① 보호살균제이다.
② 꿀벌에게 무해하다.
③ 석회유에 황산구리 수용액을 넣어 만든다.
④ 제조한 후 시간이 경과함에 따라 약효가 감소한다.

해설
꿀벌에 독성이 강하므로 꽃이 피어 있는 동안이나 꿀벌의 활동이 많은 시기에는 살포하지 않는다.

09 배나무 불마름병의 병원체는?
① 세균 ② 균류
③ 선충 ④ 바이러스

해설
배나무 불마름병, 담배 불마름병 등의 병원체는 세균이다.

10 식물이 병원균에 대하여 저항하기 위해 분비하는 성분이 아닌 것은?
① 페놀   ② 셀룰로오스
③ PR-단백질 ④ 파이토알렉신

해설
셀룰로오스는 식물의 구성체 혹은 1차벽으로 병원균에 대해 저항을 위해 분비되는 성분이 아니다.

11 감자 잎말림병의 병원체는?
① 세균 ② 균류
③ 선충 ④ 바이러스

해설
감자 잎말림병의 병원체는 바이러스이다.

12 씨감자를 고랭지를 생산하는 이유로 옳은 것은?
① 감자역병의 발생이 적은 환경이기 때문에
② 토양이 비옥하고 여름온도가 낮기 때문에
③ 감자의 수확이 늦어 알이 굵어지기 때문에
④ 바이러스병에 걸리지 않는 씨감자를 생산하기에 알맞은 환경이기 때문에

해설
고랭지의 환경은 바이러스의 매개체인 진딧물의 발생이 적어 씨감자를 생산하기에 적합하다.

13 순활물기생체에 속하는 것은?
① 감자 역병균
② 보리 깜부기병균
③ 고구마 무름병균
④ 배추 무사마귀병균

해설
순활물기생체에는 흰가루병균, 붉은별무늬병균, 녹병균, 배추 무사마귀병균 등이 있다.

정답 06 ③　07 ①　08 ②　09 ①　10 ②　11 ④　12 ④　13 ④

14 세균을 그람염색에 의하여 분류할 때 양성 균의 반응 색깔은?

① 보라색   ② 파란색
③ 빨간색   ④ 하얀색

해설
세균 검사시 그람양성균은 보라색으로 그람음성균은 분홍색을 변한다.

15 식물병을 일으키는 데 필요한 세가지 주요 요인으로 가장 거리가 먼 것은?

① 환경   ② 병원체
③ 감수체   ④ 증식속도

해설
식물병을 일으키는 주요 요인으로 병원체, 기주식물, 환경이 있다.

16 다음 설명에 해당하는 것은?

◎ 주로 기주의 이삭에 발병하며 병환부에서 검은 가루가 날리는 특징이 있다.
◎ 병에 걸린 이삭은 건전한 이식보다 일찍 출수하는 경향이 있다.

① 벼 도열병
② 보리 줄기녹병
③ 벼 깨씨무늬병
④ 보리 겉깜부기병

해설
보리 겉깜무기병은 삼염시 씨알은 백색의 피믹이 발생하고 이후 피막이 찢어지면서 흑색의 가루인 후막포자가 비산하는 것이 특징이다.

17 사과에 발생되는 병으로 주로 죽은 조직을 통해 감염되고 병든 부위의 껍질을 벗겨보면 알코올과 같은 냄새가 나는 병은?

① 역병   ② 부란병
③ 겹무늬썩음병   ④ 검은별무늬병

해설
병포자, 자낭포자가 병든가지에 월동하고 포자의 경우 빗물, 곤충 등에 의해 전반되어 식물의 상처로 침입한다. 감염 부위의 경우 알코올냄새가 나는 것으로 판별이 가능하다.

18 인공배지상에서 배양되지 않는 식물병원균은?

① 감자 역병균
② 참외 흰가루병균
③ 고구마 무름병균
④ 오이 잿빛곰팡이병균

해설
흰가루병은 순활물기생균으로 인공배지상에서는 배양되지 않는다.

19 식물병과 매개충의 연결로 옳지 않은 것은?

① 벼 오갈병 - 끝동매미충
② 콩 모자이크병 - 진딧물
③ 밀 줄무늬잎마름병 - 벼멸구
④ 벼 검은줄무늬오갈병 - 애멸구

해설
밀 줄무늬잎마름병의 매개충은 애멸구이다.

20 병원체를 접종하여도 기주식물이 전혀 병에 걸리지 않는 경우에 해당하는 용어는?

① 면역성   ② 저항성
③ 회피성   ④ 내병성

해설
기주식물에 병이 전혀 발생하지 않는 성질을 면역성이라 한다.

정답 14 ① 15 ④ 16 ④ 17 ② 18 ② 19 ③ 20 ①

2과목 농림해충학

21 곤충의 유효적산온도를 구하는 공식은?
(단, k : 유효적산온도, x : 발육영점온도, t : 측정온도, d : 온도 t에서의 발육일수)
① k = (t+x)÷d ② k = (t-x)÷d
③ k = (t+x)×d ④ k = (t-x)×d

해설
유효적산온도(DD : Degree Days)
(측정온도 – 발육영점온도)×측정온도에서의 발육일수

22 살비제는 주로 어떤 해충에 효과가 있는 약제인가?
① 선충류 ② 곤충류
③ 응애류 ④ 설치류

해설
살비제는 주로 응애류를 방제하는 약제로 선충과 유충뿐 아니라 알에도 효과가 크며 응애류에 선택적으로 작용하는 것이 좋다

23 벼의 잎을 엽초만 남기고 마구 먹으며 다 먹은 다음에는 다른 논으로 이동하는 해충은?
① 멸강나방 ② 벼밤나방
③ 혹명나방 ④ 벼잎말이나방

해설
멸강나방의 유충이 잎을 폭식하는 다식성 해충으로 다른 논으로 이동하여 피해를 주기도 한다.

24 곤충의 잎틀이 빠는 형태인 것은?
① 벼메뚜기
② 뽕나무하늘소
③ 도토리거위벌레
④ 진달래방패벌레

해설
진달래 방패벌레는 흡즙성 해충으로 입틀이 빠는 형태이다.

25 외국에서 우리나라로 침입한 해충이 아닌 것은?
① 소나무좀
② 솔잎혹파리
③ 밤나무혹벌
④ 버즘나무방패벌레

해설
미국흰불나방, 밤나무혹벌, 솔잎혹파리, 소나무재선충, 버즘나무방패벌레 등은 외국에서 국내로 유입된 해충이다.

26 천막벌레나방의 분류학적 위치는?
① 자나방과 ② 솔나방과
③ 재주나방과 ④ 산누에나방과

해설
천막벌레나방은 나비목의 솔나방과이다.

27 완전변태를 하는 것은?
① 혹벌과 ② 진딧물과
③ 매미충과 ④ 깍지벌레과

해설
완전변태를 하는 것에는 나비목, 파리목, 벌목 등이 있다.

28 경제적 피해수준에 대한 설명으로 옳은 것은?
① 해충에 의한 피해액이 방제비용과 같은 수준의 밀도를 의미한다.
② 해충에 의한 피해액이 방제비용과 무관한 수준의 밀도를 의미한다.
③ 해충에 의한 피해액이 방제비용보다 높은 수준의 밀도를 의미한다.
④ 해충에 의한 피해액이 방제비용보다 낮은 수준의 밀도를 의미한다.

해설
경제적 피해수준은 경제적 피해가 나타나는 최소 밀도로 해충에 의한 피해비용과 방제비용이 같은 수준의 밀도를 말한다.

정답 21 ④ 22 ③ 23 ① 24 ④ 25 ① 26 ② 27 ① 28 ①

29 주로 파의 뿌리를 가해하는 해충은?
① 파좀나방 ② 파굴나방
③ 파총채벌레 ④ 고자리파리

해설
고자리파리는 유충이 뿌리 부분을 가해하고 이후 줄기까지 가해하여 식물을 고사시킨다. 주로 유충이 마늘, 양파, 골파, 부추, 파 등의 작물을 가해한다.

30 벼멸구 방제방법으로 옳지 않은 것은?
① 내충성 품종을 심는다.
② 질소질 비료를 많이 준다.
③ 천적으로는 신충채벌, 논거미 등이 있다.
④ 약제로는 뷰프로페진·에토펜프록스 수화제가 있다.

해설
일반적인 방제를 위해서는 질소질 비료의 과용을 삼간다. 질소질 비료를 과용할 경우 식물의 웃자람 및 도장의 위험이 있고 벼멸구가 증식하게 된다.

31 배추흰나비에 대한 설명으로 옳지 않은 것은?
① 연 3~4회 발생한다.
② 십자화과 작물도 가해진다.
③ 장마철에 가장 많은 피해를 준다.
④ 천적으로는 꼬마나나니, 황다리납작맵시벌 등이 있다.

해설
배추흰나비는 주로 봄, 가을 시기에 피해가 심하게 나타나며 여름에는 장마 등으로 발생량이 적어진다.

32 구기자혹응애에 대한 설명으로 옳은 것은?
① 줄기에 공모양의 큰 벌레혹을 형성한다.
② 벌레혹의 입구는 주로 잎의 앞면에 많다.
③ 가지 끝에 벌레혹을 형성하고 그 속에서 가해한다.
④ 잎에 기생하여 둥근 벌레혹을 만들고 그 속에서 가해한다.

해설
구기자혹응애는 성충이 잎 뒷면에 침입하고 잎 앞면에는 검은색의 벌레혹을 만들어 그 속에서 가해한다.

33 솔잎혹파리에 대한 설명으로 옳은 것은?
① 성충이 솔잎을 갉아 먹는다.
② 유충이 어린 줄기 속을 파고 들어간다.
③ 유충이 실을 내어 솔잎을 뭉쳐놓고 그 안에서 씹어 먹는다.
④ 유충이 솔잎의 밑부분에서 즙액을 빨아 먹고 벌레혹을 만든다.

해설
주로 소나무, 해송에 피해를 주며 유충이 솔잎 밑부분에서 벌레혹을 만들고 즙액을 빨아 먹는다.

34 곤충의 특징으로 옳지 않은 것은?
① 생식문은 배 끝에 있다.
② 호흡기관과 허파는 배 아래쪽에 있다.
③ 머리에는 입틀, 더듬이, 겹눈 등이 있다.
④ 대체로 다리는 3쌍이고, 5마디로 구성되어 있다.

해설
곤충의 기문은 가슴 2쌍, 배 8쌍이 존재하며 총 10쌍이 보통이나 곤충에 따라 차이는 있다.

정답 29 ④ 30 ② 31 ③ 32 ④ 33 ④ 34 ②

35 곤충 표피에 대한 설명으로 옳지 않은 것은?
① 수분 손실을 억제한다.
② 근육의 부착점으로 작용한다.
③ 감각기관이 존재하지 않는다.
④ 표피층, 표피세포 및 기저막 등으로 구성된다.

해설
곤충은 감각기관을 가지고 있으며 중추신경계의 지배를 받는다.

36 거세미나방의 월동 충태는?
① 알   ② 성충
③ 유충 ④ 번데기

해설
거세미나방은 1년에 2회 발생하고 유충으로 땅속에 월동한다.

37 유약호르몬의 분비기관은?
① 모세기관   ② 알라타체
③ 앞가슴샘   ④ 카디아카체

해설
곤충의 분비계에 알라타체는 성충으로 발육을 억제하는 유충호르몬을 만든다.

38 일반적으로 광릉긴나무좀은 1년에 몇 회 발생하는가?
① 1회   ② 2회
③ 3회   ④ 4회

해설
광릉긴나무좀은 1년에 1회 발생한다.

39 곤충의 머리에 대한 설명으로 옳지 않은 것은?
① 입틀이 있다.
② 1쌍의 겹눈이 있다.
③ 1쌍의 홑눈이 있다.
④ 1쌍의 더듬이가 있다.

해설
곤충의 머리는 구기인 입틀, 한쌍의 겹눈과 2~3개의 홑눈, 한쌍의 더듬이를 가지고 있다.

40 사과응애에 대한 설명으로 옳은 것은?
① 번데기로 월동한다.
② 1년에 7~8회 발생한다.
③ 뿌리 근처에서 월동한다.
④ 주로 뿌리 부위를 가해한다.

해설
사과응애는 1년에 7~8회 발생하고 알 형태로 월동한다.

3과목 농약학

41 수화제에 물을 가하여 조제한 현탁액에 있어서 고체입자가 균일하게 부유하는 성질과 그 안정성을 의미하는 것은?
① 현수성   ② 유화성
③ 가용성   ④ 비산성

해설
현수성은 수화제에 물을 넣어 조제한 현탁액의 고체입자가 균일하게 분산 부유하는 성질과 안정성을 말한다.

42 사람이 일생을 통하여 매일 섭취하여도 아무런 영향을 주지 않는 약량을 무엇이라 하는가?
① 최대잔류허용량
② 1일 섭취허용량
③ 최대무작용량
④ 농약잔류허용량

해설
최대무작용량은 장기 독성시험동물이 아무런 영향을 받지 않는 최대 용량을 의미한다.

정답 35 ③ 36 ③ 37 ② 38 ① 39 ③ 40 ② 41 ① 42 ③

43 네오아소진(Neoasozin)에 대한 설명으로 옳은 것은?
① 유기주석제 농약이다.
② 직접 살균력이 아주 강하다.
③ 주로 분제와 입제로 사용된다.
④ 사과의 부란병에 적용할 수 있다.

해설
네오아소진은 사과나무 부란병에 효과적인 농약이다.

44 수화제 제조용 증량제로 가장 적당한 것은?
① 규조토 ② 탈크
③ 모래   ④ 유안

해설
규조토는 수화제 제조시 사용되는 증량 보조제로 규산을 포함하는 약제이다.

45 작용기작이 식물호르몬 작용 교란 제초제가 아닌 것은?
① 2,4-D   ② Dicamba
③ MCP   ④ PCP

해설
대표적인 호르몬 작용 교란 제초제에는 2,4-D, MCP, 디캄바 등이 있다.

46 다음 중 유기인계 농약이 아닌 것은?
① 이피엔(EPN)
② 지네브(Zineb)
③ 파라티온(Parathion)
④ 디디브이피(DDVP)

해설
지네브(Zineb)는 카바메이트계 살충제이다.

47 농약제형의 형태에 따른 분류가 아닌 것은?
① 미탁제 ② 유탁제
③ 유화제 ④ 훈증제

해설
유화제는 유제의 유화성을 높이는 일종의 계면활성제이다.

48 농약을 주성분의 조성에 따라 분류한 것은?
① 유기인계   ② 식물생장조정제
③ 입제   ④ 훈증제

해설
농약을 주성분의 조성에 따라 무기농약, 유기농약으로 분류된다.

49 각종 작물의 탄저병에 적용되는 트리할로메칠치오계 약제는?
① 캡탄   ② 펜시쿠론
③ 다코닐   ④ 오소싸이드

해설
캡탄은 트리할로메칠치오계의 살균제 농약으로 주로 과수의 질병 방제에 이용된다.

50 농약의 명칭 중 농약개발회사의 약자 또는 약종의 상징문자에 선택번호를 부여하여 등록되기 전에 사용되는 명칭을 무엇이라 하는가?
① 품목명   ② 시험명
③ 상품명   ④ 일반명

해설
시험명은 농약이 개발되어 일반명이 주어지기 전 제조회사 혹은 개발자의 이름의 약자를 붙인다.

정답 43 ④ 44 ① 45 ④ 46 ② 47 ③ 48 ① 49 ① 50 ②

51 다음 중 살충·살균효과를 겸비한 약제는?

① 보르도액　② 석회황합제
③ 나코설퓨론제　④ 디메토에이트제

해설
석회합제는 생석회와 황을 1:2 비율로 배합한 약제로 살충, 살균효과가 뛰어나다.

52 다음 Thiram 농약의 구조식 중 (㉠), (㉡) 속에 적당한 원소기호는?

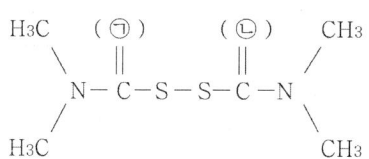

① ㉠ O, ㉡ S　② ㉠ P, ㉡ S
③ ㉠ O, ㉡ O　④ ㉠ S, ㉡ S

해설
티람(Thiram)은 유기황제 살균제로서 $C_6H_{12}N_2S_4$ 의 화학식을 가진다.

53 저독성의 속효성이고 잔효성이 짧아 수확 직전의 농작물이나 뽕의 해충방제에 적합한 약제는?

① 나크(NAC)제
② 이피엔(EPN)제
③ 카보(Carbofuran)제
④ 디디브이피(DDVP)제

해설
DDVP는 속효성이고 지속기간이 짧은 것이 특징이며 뽕나무의 초기 방제에 많이 이용되었으나 위해성으로 인해 생산이 중단되었다.

54 착색 촉진제인 에테폰(Ethephon) 액제의 작용기작물질은?

① 제아틴　② 에틸렌
③ 지베렐린　④ 시토키닌

해설
에테폰(Ethephon)은 에틸렌을 생성하며 과실의 성숙을 촉진하는 물질이다.

55 다음 중 Pyrethrin의 효력증진제는?

① Alkyl sulphate
② Piperonyl butoxide
③ Ethylene Dibromide
④ Methyldithiocarbamate

해설
Piperonyl butoxide은 Pyrethrin의 약효를 상승시켜 주는 협력제이다.

56 식물생장조절제인 옥신의 범주에 해당되지 않는 것은?

① Indole 계 화합물
② Benzoic 계 화합물
③ Phenoxy 계 화합물
④ Carbamate 계 화합물

해설
옥신에는 IAA(Indole 계 화합물), 페녹시계(Phenoxy 계 화합물), 벤조산계(Benzoic 계 화합물) 등이 있다.

57 다음 농약의 약해 증상 중 급성적 약해 증상에 해당되지 않는 것은?

① 괴사 반점　② 발근 저해
③ 개화 지연　④ 비대 지연

해설
비대 지연은 만성적 약해에 속한다.

정답 51 ②　52 ④　53 ④　54 ②　55 ②　56 ④　57 ④

58 기계유 유제의 살충작용으로 가장 옳은 것은?

① 훈증으로 살충
② 식중독으로 살충
③ 중추신경마비로 살충
④ 광물유로 피복, 질식시켜 살충

해설
기계유 유제는 약제를 직접 뿌려 곤충의 표피에 일종의 막을 형성하여 기문을 막아 질식사시키는 방제 약품이다.

59 농약혼용에 따른 화학적 변화의 원인과 가장 거리가 먼 것은?

① 알칼리에 의한 분해
② 혼용에 의한 활성의 변화
③ 혼용에 의한 물리적 변화
④ 금속염의 친화에 의한 분해

해설
침전, 분리 등의 물리적 변화는 화학적 변화와는 관련이 없다.

60 농약의 검사방법 중 분제의 분말도 측정은 몇 메시(mesh)에서 측정검사하는가?

① 150 ② 200
③ 250 ④ 325

해설
분제의 분말도 검사는 250 ~ 300 mesh 를 기준으로 한다.

4과목 　 잡초방제학

61 주로 논에 발생하는 잡초로만 올바르게 나열한 것은?

① 강피, 벗풀
② 깨풀, 쇠털골
③ 마디꽃, 바랭이
④ 괭이밥, 알방동사니

해설
논에서 발생하는 잡초로는 피, 물달개비, 너도방동사니, 올미, 벗풀, 쇠털골 등이 있다.

62 페녹시계 제초제가 아닌 것은?

① 이사-디 액제
② 벤타존 액제
③ 엠시피에이 액제
④ 메코프로프-피 액제

해설
벤타존은 벤조치아디아지논계 제초제이다.

63 논에서 가장 많이 사용하는 제초제의 제형으로 입제에 대한 설명으로 옳지 않은 것은?

① 살포가 간편하다.
② 액제보다 부피가 적다.
③ 살포시 물이 필요하지 않다.
④ 잎에 직접 붙지 않고 떨어지기 때문에 약해를 유발하지 않는다.

해설
입제는 액제보다 부피가 크다.

64 잡초 종자의 모양이 올바르게 연결된 것은?

① 포크 모양 : 바랭이, 어저귀
② 낙하산 역할의 솜털 : 민들레, 망초
③ 비늘 모양의 가시 : 도깨비바늘, 명아주
④ 낚시 바늘 모양의 돌기 : 도꼬마리, 달개비

해설
낙하산 모양의 비산형 종자로 민들레, 망초, 박주가리가 있다.

정답 58 ④　59 ③　60 ③　61 ①　62 ②　63 ②　64 ②

65 잡초로 인한 피해 양상이 아닌 것은?
① 작물의 수량 감소
② 농작물의 품질 저하
③ 토양의 유실 가속화
④ 병해충의 서식지 역할

해설
잡초는 토양의 유실을 막아준다.

66 작물과 잡초의 경합에 대한 설명으로 옳은 것은?
① 종내경합이라고 할 수 있다.
② C_3 잡초의 경우 작물보다 광합성효율이 더 뛰어나다.
③ 초관형성이 늦은 작물에서는 제초 요구 기간이 일찍 시작된다.
④ 경합기간은 기상조건이나 재배방식과 무관하게 거의 일정하다.

해설
초관형성이 늦은 작물은 잡초와의 경합에 불리하기에 제초 요구 기간이 상대적으로 일찍 시작되어야 한다.

67 작물과 잡초의 경합으로 인하여 작물의 수량 또는 품질의 감소가 크기 때문에 잡초를 반드시 방제하여야 할 시기는?
① 잡초경합허용기간
② 잡초경합내성기간
③ 잡초경합경제기간
④ 잡초경합한계기간

해설
잡초경합한계기간은 잡초와의 경합에 의한 작물의 피해가 가장 심하게 나타나는 기간으로 이때 중점적으로 실시하면 방제효과를 얻을 수 있다.

68 주로 밭에 발생하는 다년생 잡초가 아닌 것은?
① 별꽃   ② 메꽃
③ 쇠뜨기   ④ 소리쟁이

해설
밭에서 발생하는 다년생 잡초로 쇠뜨기, 소리쟁이, 엉겅퀴, 메꽃 등이 있다.

69 2년생 잡초에 대한 설명으로 옳지 않는 것은?
① 망초, 냉이, 방가지똥 등이 있다.
② 2년 동안에 생활환을 완전히 끝낸다.
③ 월동기간에 화아가 분화하며 주로 온대 지역에서 볼 수 있는 잡초이다.
④ 주로 봄과 여름에 발생하여 같은 해 여름과 가을까지 결실하고 고사한다.

해설
종자가 발아하고 1년까지는 영양생장을 하나 다음 해부터는 개화하여 종자를 생산하는데 이러한 특징으로 2년생 잡초라고 한다.

70 논에 다년생 잡초가 증가하는 요인으로 가장 거리가 먼 것은?
① 추경의 감소
② 인력 제초의 감소
③ 만기 이앙의 증가
④ 1년생 제초제의 연용

해설
논에 다년생 잡초의 증가는 제초제의 연용, 작부체계의 변화 혹은 춘, 추경의 감소 등의 요인이 있다. 이앙 재배 방법은 잡초의 발생을 줄일 수 있다.

71 벼 재배양식 중에서 잡초 발생이 가장 많은 것은?
① 건답직파   ② 담수직파
③ 성묘 손이앙   ④ 어린모 기계이앙

해설
이앙보다는 직파에서 경합력이 낮아 잡초 발생량이 많다. 또한 담수직파의 경우 특정 잡초만 발생하지만 건답직파의 경우 발생하는 잡초의 종류 및 수량이 많다.

정답 65 ③ 66 ③ 67 ④ 68 ① 69 ④ 70 ③ 71 ①

72 방동사니과 잡초의 형태적 특성으로 옳지 않은 것은?

① 습지나 물속에서 잘 자란다.
② 올방개, 매자기, 올챙이고랭이 등이 있다.
③ 대부분 줄기가 삼각형 모양을 하고 있다.
④ 잎은 둥글고 크며, 엽맥이 그물처럼 얽혀있다.

해설
방동사니과 잡초는 잎의 폭이 좁고 긴 형태이며 엽맥이 없다.

73 잡초 종자가 일장에 감응하여 휴면이나 휴면타파를 하는 형태는?

① 2차성 휴면형
② 기회적 휴면형
③ 계절적 휴면형
④ 자발성 휴면형

해설
일장의 변화에 따른 휴면을 계절적 휴면형이라 하며 이러한 일장에 반응하여 휴면을 타파하고 발아하는 것을 발아 계절성이라 한다.

74 지하경으로 번식 가능한 잡초가 아닌 것은?

① 돌피   ② 올미
③ 올방개 ④ 향부자

해설
돌피는 1년생 잡초로 종자로 번식한다.

75 제초제의 용탈이 가장 심한 토양은?

① 사토   ② 양토
③ 식토   ④ 사양토

해설
사토는 함수율이 낮고 공극이 많아 배수성이 커서 제초제의 용탈이 가장 심하다.

76 작물과 잡초의 경합에서 가장 큰 경합을 나타내는 무기원소는?

① 인   ② 칼륨
③ 칼슘   ④ 질소

해설
질소는 식물의 필수 다량원소로서 큰 경합을 나타낸다.

77 잡초 종자가 공간적으로 산포하기 위한 특징으로 옳지 않은 것은?

① 산포에 유리한 형태적 특성
② 발아에 불리한 환경조건에서의 휴면성
③ 바람, 물 및 인축의 동태와 관련된 이동성
④ 동물이 섭취하여도 잘 소화되지 않은 특성

해설
공간적 산포를 위해서는 비산이 가능한 형태적 특성, 다른 환경적 조건에 의한 이동, 동물의 배설에 의한 이동 등이 있다. 휴면성은 공간적 산포와는 관련이 없으며 불리한 환경조건을 극복하기 위한 방법이다.

78 제초제의 선택성과 관련이 적은 것은?

① 선별 대사   ② 선별 흡수
③ 선별 이행   ④ 선별 광합성

해설
제초제의 경우 식물의 크기, 외형, 표면상태, 생장점위치 등을 고려하며 광합성과는 관련이 적다.

정답 72 ④ 73 ③ 74 ① 75 ① 76 ④ 77 ② 78 ④

79 채소밭의 잡초방제에 대한 설명으로 옳은 것은?

① 비닐 터널 재배는 고온 다습하므로 잡초 발생이 경감된다.
② 노지재배의 경우는 생육 후기에 중점적으로 잡초 방제를 실시한다.
③ 시설원예의 경우에는 소수의 잡초가 대형화 될 수 있으므로 제초에 특히 힘쓴다.
④ 흑색의 불투명한 필름으로 멀칭할 경우 백색의 투명한 필름보다 잡초 발생이 많아진다.

해설
시설원예는 잡초가 자랄 수 있는 최적의 조건이 되어 대형화의 가능성이 있기에 제초에 신경써야 한다.

80 잡초방제법 중에서 물리적 방제법에 해당하지 않는 것은?

① 잡초 소각
② 제초제 살포
③ 토양 표면 피복
④ 경작지 담수 및 배수

해설
제초제 사용은 화학적 방제에 속한다.

정답 79 ③ 80 ②

국가기술자격 필기시험문제

2017년 산업기사 제4회 과년도 기출문제

자격종목	종목코드	시험시간	형별	수험번호	성명
식물보호산업기사		2시간			

1과목 식물병리학

01 그을음병이 식물에 미치는 영향으로 옳은 것은?
① 세포조직을 분해하여 연부를 일으킨다.
② 통도조직을 막으므로 시들음병을 유발한다.
③ 기주 표면을 덮으므로 광합성에 지장을 준다.
④ 조직분화가 비정상적으로 유도되어 기형이 된다.

해설
그을음병은 잎에 그을음과 같은 균총이 발생하여 광합성에 지장을 준다.

02 판별품종에 대한 설명으로 옳은 것은?
① 기주의 저항성을 결정할 때 쓰는 품종
② 기주의 유전성을 결정하는데 사용하는 품종
③ 병원균의 병원성 분화를 결정하는 데 사용하는 품종
④ 기주에 대한 환경의 영향을 결정할 때 쓰는 품종

해설
레이스를 구별하는 기준품종을 판별품종이라 하며 최종적으로 병원성 분화를 통해 레이스를 판정한다.

03 곰팡이의 유성생식 결과 만들어지는 기관이 아닌 것은?
① 난포자 ② 후막포자
③ 자낭포자 ④ 접합포자

해설
후막포자는 무성포자의 일종으로 산포의 기능은 없고 생식세포적 의미의 포자는 아니다. 유성생식의 결과물로 난포자, 자낭포자, 접합포자 등이 있다.

04 식물 바이러스의 특징이 아닌 것은?
① 핵단백질 거대분자이다.
② 살아있는 세포 내에서만 증식한다.
③ 광학현미경을 통해서만 볼 수 있다.
④ 막대형, 구형, 간상형 등 여러 가지 모양이 있다.

해설
식물 바이러스는 광학현미경으로 관찰이 불가능하다.

05 대추나무 빗자루병의 방제법으로 가장 효과적인 방법은?
① 여름철에 살균제를 뿌려준다.
② 옥시테트라사이클린 수화제를 나무에 주사한다.
③ 매개충을 구제하기 위하여 살충제를 지면에 뿌려준다.
④ 병든 가지는 건전한 부분을 포함하여 겨울철에 잘라낸다.

해설
대추나무 빗자루병은 파이토플라즈마에 의해 발생하며 옥시테트라사이클린 수화제를 수간주사하여 방제 및 치료가 가능하다.

정답 01 ③ 02 ③ 03 ② 04 ③ 05 ②

06 오이 모자이크병의 방제에 가장 효과적인 것은?
① 윤작 ② 종자소독
③ 포장위생 ④ 매개곤충 방제

해설
모자이크병은 매개충인 진딧물에 의해 발생하며 매개충을 방제하는 것이 가장 효과적이다.

07 다음에서 설명하는 병원균의 기관으로 가장 옳은 것은?

> 균사가 식물체의 표면이나 세포간극에서 생장하는 균에서는 기주의 세포막에 작은 구멍을 내고 특이한 흡수기관을 형성한다.

① 흡기 ② 버섯
③ 균핵 ④ 후벽포자

해설
균사는 흡기를 이용해 양분을 섭취한다.

08 배추 무사마귀병이 발생한 밭에 석회를 사용하여 토양의 pH를 높일 경우 예상되는 결과는?
① 줄어든다.
② 많아진다.
③ 변함이 없다.
④ 줄어들었다가 많아진다.

해설
토양의 pH를 높이면 알칼리성에 가까워져 배추 무사마귀병의 발생이 줄어든다.

09 바이러스에 전신감염된 식물의 잎에서 일반적으로 볼 수 있는 병징은?
① 혹 ② 무름
③ 썩음 ④ 모자이크

해설
모자이크는 바이러스에 의해 전신 감염된 잎에서 볼 수 있는 병징이다.

10 토양 전염성 병이 해마다 많이 발생하는 이유로 가장 가능성이 높은 것은?
① 윤작 ② 연작
③ 사질토양 ④ 유기물 과다

해설
토양 전염성 식물병은 연작을 할 경우 피해가 더 커진다.

11 표징이 나타나는 병은?
① 포도 흰가루병
② 감자 빗자루병
③ 과꽃 누른오갈병
④ 감자 바이러스병

해설
포도 흰가루병은 잎 표면에 흰가루를 뿌린듯한 표징이 나타난다.

12 균핵을 형성하지 않는 것은?
① 배추 균핵병
② 오이 흰가루병
③ 고추 흰비단병
④ 벼 잎집무늬마름병

해설
균핵은 균류의 영양체가 형성하는 구형 모양의 휴면체로 오이 흰가루병의 경우 균핵을 형성하지 않는다.

13 흰가루병이 잘 발생하지 않는 기주식물은?
① 오이 ② 감자
③ 장미 ④ 사과나무

해설
흰가루병은 오이, 호박, 참외, 팥, 맥류, 사과나무 등의 잎과 줄기에 주로 발생한다.

정답 06 ④ 07 ① 08 ① 09 ④ 10 ② 11 ① 12 ② 13 ②

14 식물병의 진단방법 중 면역학적 진단방법에 속하지 않는 것은?

① ELISA 법
② 면역확산법
③ 현미경관찰법
④ 응집과 침강반응

해설
식물병의 진단방법에는 면역확산법(AGID), 형광항체법, 효소결합항체법(ELISA), 적혈구응집반응법 등이 있다. 현미경을 이용하는 관찰은 현미경적 진단방법이다.

15 병원균의 잠복기간이 가장 긴 것은?

① 벼 도열병
② 오이 노균병
③ 고추 탄저병
④ 보리 겉깜부기병

해설
보리 겉깜부기병은 21일 정도로 보기 중 잠복기간이 가장 길다.

16 식물 병원체 중 가장 크기가 작은 것은?

① 세균
② 곰팡이
③ 바이러스
④ 바이로이드

해설
바이러스와 유사한 전염 특성을 가지며 병원체 중 가장 작은 크기를 가진다.

17 여름포자를 형성하지 않는 것은?

① 향나무 녹병
② 포플러 녹병
③ 밀 줄기녹병
④ 잣나무 털녹병

해설
향나무 녹병포자는 겨울포자, 소생자, 녹병포자, 녹포자가 있으며 여름포자는 형성하지 않는다.

18 식물체의 병 발생에 관여하는 3가지 요소에 해당하지 않는 것은?

① 환경
② 병원균
③ 기주식물
④ 경제적 피해

해설
식물병 발생에 관여하는 3요소로 병원체, 환경, 기주식물이 있다.

19 다음 설명에 해당하는 감귤의 병은?

> ◎ 감귤에 발생하여 큰 피해를 주는 세균병이다.
> ◎ 과일, 잎, 잔가지 등에 나타나며 잎에서는 초기가 약간 돌출된 작은 원형 병반이 되고 그 병반 주위가 수침상이 되며 후기에는 확대되면서 불규칙한 모양으로 되고 심하게 발생될 경우 조기낙엽의 원인이 되기도 한다.

① 궤양병
② 탄저병
③ 갈색썩음병
④ 소립검은점무늬병

해설
궤양병은 감귤이나 토마토 등에 피해를 많이 주며 세균에 의해 발생한다. 잎, 가지, 열매에 발생하여 반점형태가 나타나고 심할 경우 잎이 뒤틀려 낙엽된다.

20 잣나무 털녹병의 방제방법으로 옳지 않은 것은?

① 중간기주인 송이풀을 제거한다.
② 중간기주인 까치밥나무를 제거한다.
③ 담자포자가 비산하는 초봄에는 살균제를 뿌린다.
④ 병든 나무는 녹포자가 비산하기 전에 비닐로 싸준다.

해설
담자포자가 비산하는 8월쯤부터 보르도액을 살포하여 담자포자가 잣나무로 침입하는 것을 막는다.

정답 14 ③ 15 ④ 16 ④ 17 ① 18 ④ 19 ① 20 ③

2과목 농림해충학

21 모기가 벽에 앉을 때 언제나 머리쪽이 위로 향하는 성질은?
① 주광성 ② 주화성
③ 주촉성 ④ 주지성

[해설]
곤충이 머리쪽이 땅을 향하거나 반대로 앉는 성질을 주지성이라 한다.

22 다음의 피해를 유발하는 해충은?

> 유충이 벼의 잎집 속으로 파고들어가 줄기 내로 먹어 들어가면서 잎과 줄기가 고사하며 출수 후 줄기에 피해를 받으면 백수현상이 나타난다.

① 혹명나방 ② 벼잎벌레
③ 끝동매미충 ④ 이화명나방

[해설]
이화명나방은 줄기를 가해하며 1년에 2회 발생한다. 1세대는 잎 뒷면에서 부화한 유충이 잎집으로 이동해 볏대 속에 구멍을 뚫고 피해를 주는데 한 마리의 유충이 여러 잎을 가해하여 피해가 큰편이다. 2세대는 유충이 줄기 속을 가해하여 이삭줄기 전체가 하얗게 말라 죽는 백수 현상이 일어난다.

23 콩나방에 대한 설명으로 옳지 않은 것은?
① 1년에 1회 발생한다.
② 땅속에서 노숙유충으로 월동한다.
③ 콩줄기 속에 파고 들어가 피해를 준다.
④ 성충은 주로 이른 오전과 늦은 오후에 콩밭에서 떼 지어 날아다닌다.

[해설]
콩나방은 어린 꼬투리의 종실을 가해한다.

24 밤나무혹벌 방제법으로 가장 효과적인 것은?
① 불임성 이용
② 접촉살충제 살포
③ 내충성 품종 이용
④ 침투성 약제 수간주사

[해설]
밤나무혹벌은 피해가 심하면 내충성 품종으로 교체하는 방법이 효과적이다. 내충성 품종 방제법을 이용하면 긴 시간이 필요하지만 해충종류에 대한 특이성이 있다.

25 간모에 대한 설명으로 옳은 것은?
① 날개가 있는 수컷 진딧물이다.
② 날개가 있는 암컷 진딧물이다.
③ 월동란에서 부화한 진딧물이다.
④ 모체에서 태어난 날개가 없는 암컷 진딧물이다.

[해설]
월동란에서 4월 쯤 부화하는 간모가 단위생식으로 증식하는 해충으로 진딧물류가 있다.

26 산란관으로 과수의 가지에 상처를 내고 산란하는 해충은?
① 말매미
② 조명나방
③ 사과혹진딧물
④ 사과둥근나무좀

[해설]
말매미는 가지나 줄기를 가해하는 해충으로 수목의 상처를 내고 산란관을 이용해 산란하는데 산란부위의 윗부분은 말라 죽는다.

27 표피를 이루는 단백질, 지질, 키틴 화합물 등을 합성 및 분비해주며 탈피 시에는 내원표피를 소화시키는 탈피액을 분비하는 곳은?
① 기저막 ② 원표피
③ 외표피 ④ 진피세포

정답 21 ④ 22 ④ 23 ③ 24 ③ 25 ③ 26 ① 27 ④

> **해설**
> 진피세포는 곤충의 표피를 이루는 단백질, 지질, 키틴화합물 등을 합성, 분비해주는 한층의 세포군으로 탈피 시에는 내원표피를 소화시키는 탈피액도 분비한다. 탈피 직전 분열이 일어나 생장을 하고 그 중 일부 세포는 감각기, 분비샘 등 돌기구조를 만드는 세포로 분화하기도 한다.

28 곤충의 기문에 대한 설명으로 옳지 않은 것은?
① 몸의 양옆에 존재한다.
② 파리목의 유충은 10쌍의 기문이 있다.
③ 곤충 종마다 다르지만 10쌍을 넘지 않는다.
④ 모기붙이류의 경우는 기문이 존재하지 않는다.

> **해설**
> 파리목의 유충은 기문이 몸통의 앞에 1쌍, 뒤에 1쌍이 있다.

29 외국에서 침입한 해충이 아닌 것은?
① 꽃매미 ② 알락하늘소
③ 밤나무혹벌 ④ 소나무재선충

> **해설**
> 대표적인 외래해충으로 긴꼬리가루깍지벌레, 흰개미, 사과면충, 밤나무순혹벌, 감자뿔나방, 뿌리응애, 솔잎혹파리, 미국흰불나방, 뿌리응애, 온실가루이, 벼물바구미, 꽃노랑총채벌레, 담배가루이 등이 있다.

30 호르몬을 분비하는 내분비계가 아닌 것은?
① 앞가슴샘 ② 알라타체
③ 말피기소관 ④ 뇌신경세포

> **해설**
> 말피기소관은 소화계에 속한다.

31 곤충의 발육 적산온도법칙과 가장 관계가 먼 것은?
① 최적발육온도
② 영점발육온도
③ 유효적산온도
④ 특정 온도에서의 발육일수

> **해설**
> 곤충의 적산온도에서 유효적산온도는 측정온도, 발육영점온도, 측정온도에서의 발육일수를 이용하여 구한다.

32 사과혹진딧물에 대한 설명으로 옳지 않은 것은?
① 10월 중순경 겨울눈 부근에 월동란을 낳는다.
② 천적으로는 애홍점박이무당벌레, 칠성무당벌레가 있다.
③ 사과나무의 끝 가지에서 월동한 알이 4월 중하순에 부화하여 간모가 된다.
④ 사과 성숙잎의 뒷면에 기생하면 잎이 앞면으로 그리고 가로로 말리게 된다.

> **해설**
> 사과혹진딧물은 어린잎 가해서 잎이 앞뒤로 말리나 전개된 잎을 가해할 때는 뒤쪽을 향해 세로로 말려 그 속에서 무리를 만들어 가해한다.

33 곤충강에 속하지 않는 해충은?
① 독나방 ② 점박이응애
③ 목화진딧물 ④ 가루깍지벌레

> **해설**
> 점박이응애는 거미강에 속한다.

34 분류학적으로 꿀벌과 가장 가까운 것은?
① 개미 ② 흰개미
③ 밑들이 ④ 하루살이

> **해설**
> 개미는 벌목 개미과로 꿀벌과 분류학적으로 가깝다.

정답 28 ② 29 ② 30 ③ 31 ① 32 ④ 33 ② 34 ①

35 해충의 생물적 방제인자로서 포식성 천적류에 해당되지 않는 것은?
① 고치벌류 ② 노린재류
③ 무당벌레류 ④ 풀잠자리류

해설
고치벌류는 기생성 천적류에 해당한다.

36 성충으로 월동하는 해충은?
① 솔잎혹파리 ② 이화명나방
③ 밤나무혹벌 ④ 털두꺼비하늘소

해설
털두꺼비하늘소는 성충으로 월동한다.

37 번데기가 되면서 부속지가 몸에 붙어 있는 상태로 형성되어 다리나 큰턱을 따로 움직일 수 없는 번데기 형태는?
① 나용 ② 피용
③ 위용 ④ 저용

해설
피용은 곤충번데기의 한 형태로 전체의 체표가 심하게 경화하고 촉각, 다리, 날개가 체부에 밀착되어 있는 것으로 다리나 큰턱을 따로 움직일 수 없다.

38 수도해충으로 본답 후기 해충방제에 가장 역점을 두어야 할 대상은?
① 애멸구 ② 벼멸구
③ 끝동매미충 ④ 번개매미충

해설
벼멸구는 중국에서 비래하는 해충으로 벼의 본답 후기 방제가 이루어지지 않을 경우 큰 피해를 준다.

39 성충은 벼잎을 가해하고 애벌레는 벼뿌리를 가해하여 피해를 주는 해충은?
① 벼멸구 ② 애멸구
③ 벼물바구미 ④ 벼줄기굴파리

해설
벼물바구미는 벼, 돌피 등에 피해를 주는데 성충이 잎에 피해를 주면 흰색으로 나타나고 유충은 흙속으로 파고들어가 기생을 하여 뿌리에 피해를 준다.

40 씹는 형의 입을 가진 곤충에서 식물조직을 잘게 부수는 역할을 하는 것은?
① 큰턱 ② 윗입술
③ 작은턱 ④ 아랫입술

해설
곤충의 입틀은 윗입술, 아랫입술, 1쌍의 큰턱, 1쌍의 작은턱이 있다. 이때 음식물을 먹을때 사용되는 기관은 음식물을 자르는 큰턱, 먹이를 전구강으로 이동시키는 아래턱, 음식이 빠지지 않도록 하는 아랫입술이 있다.

3과목 농약학

41 급성독성 중 일반적으로 호흡기를 통해서 흡수되는 독성을 무엇이라 하는가?
① 경구독성 ② 경피독성
③ 만성독성 ④ 흡입독성

해설
호흡을 통해 체내 침투되어 발생하는 독성을 흡입독성이라 한다.

42 60kg 의 쌀에 살충제 Malathion 50% 유제를 5ppm 이 되도록 처리하고자 할 때 필요한 살충제량(ml)은?(단, 비중은 1.07 이다.)
① 0.42 ② 0.56
③ 0.64 ④ 0.72

해설
소요약량
$$= \frac{5(\text{ppm}) \times 60,000(\text{g}) \times 100}{1,000,000 \times 1.07 \times 50} = 0.56\text{ml}$$

정답 35 ① 36 ④ 37 ② 38 ② 39 ③ 40 ① 41 ④ 42 ②

43 계면활성제가 갖고 있는 원자단 중 친유기는?

① -CN
② -COOH
③ -OH
④ -C₂H₅

해설
계면활성제가 갖는 친유기부분은 포화지방족탄화수소 부분으로 -C_nH_{2n+1} 이다.

44 농약 살포액의 물리적 성질로 가장 거리가 먼 것은?

① 유화성
② 집중성
③ 현수성
④ 습전성

해설
살포액의 물리적 성질에는 유화성, 수화성, 현수성, 침투성, 부착성 등이 있다.

45 파라티온은 어느 효소작용을 억제하는가?

① 아밀라아제
② 셀룰라아제
③ 콜린에스테라제
④ 모노아미노옥시다제

해설
파라티온과 같은 유기인계 살충제는 콜린에스테라제와 결합하여 분해 작용을 저해한다.

46 분제 농약 제조시 증량제로 사용되지 않는 것은?

① 탈크
② 슬래그
③ 규조토
④ 고령토

해설
농약 제조시 사용되는 증량제로는 규조토, 탈크, 벤토나이트, 고령토 등이 있다.

47 다음 구조식을 가진 제초제는 어느 계에 속하는가?

① 요소계 제초제
② 트리아진계 제초제
③ 페녹시초산계 제초제
④ 카르바메이트계 제초제

해설
요소계의 경우 화학식에 질소가 2개 들어 있는 것이 특징이다. 트리아진계 제초제의 경우 화학식에서 질소를 3개 가지고 있다.

48 우리나라의 농약 독성 구분에 대한 설명으로 틀린 것은?

① 농약의 독성구분은 원제독성을 기준으로 한다.
② 세계보건기구 분류기준과 거의 동일하다.
③ 전체 등록 농약 중 고독성은 아주 적으며 대부분 보통 및 저독성 농약이다.
④ 술의 원료인 주정의 독성치보다 낮은 농약도 많다.

해설
우리나라 독성의 구분은 발현 대상에 따라, 투여 방법에 따라, 독성강도에 따라, 발현속도에 따라 구분하고 있다.

49 물에 녹지 않는 농약성분을 이용하여 제품을 제조하기 위한 가장 적합한 제제 방법은?

① 입제
② 수용제
③ 액제
④ 유제

해설
유제는 주제의 성질이 지용성으로 물에 녹지 않아 유기용매에 녹여 유화제를 첨가한 용액을 말한다.

정답 43 ④ 44 ② 45 ③ 46 ② 47 ① 48 ① 49 ④

50 농약의 독성발현시기에 따른 독성구분에 해당하지 않는 것은?
① 급성독성   ② 흡입독성
③ 아급성독성 ④ 만성독성

해설 흡입독성은 독성의 투여방법에 따른 분류에 해당한다.

51 다음 중 해충에 저항성이 유발되기 쉬운 농약 살포방법은?
① 동일 약제를 연용한다.
② 약제 살포 횟수를 줄인다.
③ 매년 다른 약제로 바꾸어 살포한다.
④ 작용 기작이 다른 약제와 교호 살포한다.

해설 동일 약제를 연속하여 사용하면 해충의 저항성이 생겨 약제의 효과가 줄어든다.

52 농약의 제제형태에 따라 검사방법이 다르다. 다음 중 액상수화제의 검사항목이 아닌 것은?
① 유효성분   ② 수화성
③ 분말도   ④ 발연성

해설 발연성은 연기의 발생량의 정도를 말하며 액상수화제의 검사항목으로는 적합하지 않다.

53 다음 제초제 종류 중 호르몬형 제초제는?
① 요소계   ② 트리아진계
③ 페녹시초산계 ④ 카르바메이트계

해설 호르몬형 제초제로 페녹시계와 벤조산계가 대표적이다.

54 파프 유제 20%를 1000배액으로 희석하여 10a당 8말을 살포하여 해충을 방제하려 할 때 파프 유제의 소요량은 몇 ml 인가? (단 1말은 20L 이다.)
① 144   ② 150
③ 160   ④ 170

해설
소요약량 = $\dfrac{20l \times 8말}{1000}$ = $0.16l$ = $160ml$

55 다음 중 유기유황계 약제는?
① 만코제브 수화제
② 디클로르보스 유제
③ 티오파네이트메틸 도포제
④ 코퍼하이드록사이드 수화제

해설 유기유황계의 종류로 만코제브, 메티람, 프로피네브 등이 있다.

56 유분의 작은 입자나 물에 녹지 않은 용제에 주제를 녹인 액체의 입자를 물에 균일하게 분산시킨 것을 무엇이라 하는가?
① 현탁액   ② 용액
③ 유화액   ④ 유용액

해설 제제를 물에 가한 경우 유립자가 균일하게 분산하여 유탁액이 되는 성질을 유화성이라 하며 이러한 용액을 유화액이라 한다.

57 농약의 구비조건으로 가장 거리가 먼 것은?
① 사용 제형의 다양성
② 병해충에 대한 약효 발현 정도
③ 대상작물에 대한 약해 유발 여부
④ 재배환경 중 잔효성 및 잔류성 정도

해설 농약의 경우 유효성분, 약해, 발현속도 등의 특성에 대한 주의가 요구된다.

정답 50 ② 51 ① 52 ④ 53 ③ 54 ③ 55 ① 56 ③ 57 ①

58 우리나라 농약의 급성경구독성 실험에서 고체인 경우 보통독성의 구분 기준(LD_{50})은?

① 20 mg/kg 미만
② 5 이상, 50mg/kg 미만
③ 50 이상, 500mg/kg 미만
④ 500 mg/kg 이상

해설
LD_{50}에서 급성 경구 독성의 고체 보통독성은 50 이상, 500mg/kg 미만을 기준으로 한다.

59 광엽 및 경엽의 구별 없이 식물을 고사시키는 작용을 하는 제초제는?

① 비 선택성 제초제
② 비 호르몬형 제초제
③ 호르몬형 제초제
④ 토양처리 제초제

해설
비선택성 제초제는 식물의 구분 없이 고사시키는 제초제이다.

60 식품 중에 함유된 농약 성분을 추출해내는 데 주로 사용할 수 있는 물질은?

① 증류수   ② 황산
③ 유기용매 ④ 가성소다

해설
유기용매는 약제의 유효성분을 녹이는 약제로 성분추출에 사용한다.

4과목 잡초방제학

61 잡초로 인해 예상되는 피해 및 손실에 해당하지 않는 것은?

① 토양침식을 유발한다.
② 작물의 품질이 저하된다.
③ 작물에게 병해충을 매개한다.
④ 농가의 경제적 부담이 가중된다.

해설
잡초는 토양 침식을 방지해 준다.

62 벼농사에서 잡초의 피해가 가장 많은 재배 양식은?

① 손이앙재배
② 기계이앙재배
③ 건답직파재배
④ 담수직파재배

해설
이앙보다는 직파에서 경합력이 낮아 잡초 발생량이 많다. 또한 담수직파의 경우 특정 잡초만 발생하지만 건답직파의 경우 발생하는 잡초의 종류 및 수량이 많다.

63 잡초의 특성에 대한 설명으로 옳지 않은 것은?

① 종자로만 번식한다.
② 종자의 생산이 많다.
③ 번식력이 비교적 강하다.
④ 불량한 환경조건에 잘 적응한다.

해설
잡초는 종자 번식 및 영양번식 등 다양하게 번식한다.

64 다음 중 일년생 잡초가 아닌 것으로만 나열된 것은?

① 피, 바늘골
② 비름, 명아주
③ 띠, 너도방동사니
④ 바랭이, 미국가막사리

해설
띠와 너도방동사니는 다년생 잡초이다.

정답 58 ③ 59 ① 60 ③ 61 ① 62 ③ 63 ① 64 ③

65 생태적 잡초 방제법에 해당하지 않는 것은?
① 윤작 실시
② 피복 처리
③ 재식밀도 조정
④ 잡초저항성 품종 선정

해설
피복 처리는 물리적 방제법에 해당한다.

66 제초제 제형 중 수화제를 나타내는 것은?
① G   ② WP
③ EC   ④ Sol

해설
EC 는 유제, SL 은 액제, SP 는 수용제, WP 는 수화제, SC 는 액상수화제 등을 의미한다.

67 밭잡초를 나열한 것으로 옳지 않은 것은?
① 가래, 여뀌바늘
② 깨풀, 좀바랭이
③ 메귀리, 속속이풀
④ 개비름, 닭의 장풀

해설
가래나 여뀌바늘은 논잡초에 속한다.

68 잡초 방제를 위해 곤충, 병원균 및 동물 등을 이용하는 방법은?
① 기계적 방제법
② 생태적 방제법
③ 생물적 방제법
④ 화학적 방제법

해설
곤충 및 병원균, 동물 등을 이용하는 친환경적인 방제법은 생물적 방제법이라 한다.

69 작물과 잡초 간에 영향을 미치는 타감작용과 가장 관계가 깊은 것은?
① 항생물질
② 혼합물질
③ 약해경감물질
④ 상호대립억제물질

해설
타감작용(allelopathy, 상호대립억제작용)이라 하여 근처 식물의 생육에 영향을 주는 방법을 이용한 방제법이다.

70 선택성 제초제가 아닌 것은?
① 이사디 액제
② 디캄바 액제
③ 뷰타클로르 유제
④ 글리포세이트암모늄 액제

해설
글리포세이트암모늄 액제는 비선택성 제초제이다.

71 이행형 제초제에 대한 설명으로 옳은 것은?
① 접촉한 부위에만 이행하는 제초제
② 체관부를 통하여 이행하지 못하는 제초제
③ 물관부를 통하여 이행하지 못하는 제초제
④ 처리한 부위로부터 작용점으로 이행해 가는 제초제

해설
이행형 제초제는 처리 부위에서 약제가 작용하는 작용점으로 이행하는 제초제이다.

72 벼와 피를 구분하고자 할 때 주요한 형태적 차이점은?
① 잎신과 잎혀의 유무
② 잎혀와 엽이의 유무
③ 잎혀와 엽초의 유무
④ 잎초와 엽이의 유무

해설
벼에는 잎혀와 잎귀가 있으나 피에는 없다.

정답 65 ② 66 ② 67 ① 68 ③ 69 ④ 70 ④ 71 ④ 72 ②

73 잡초군락의 천이에 가장 큰 영향을 주는 것은?
① 시비방법 ② 경운방법
③ 제초방법 ④ 물관리방법

해설
잡초군락의 변이 및 천이는 재배작물 변화, 작부체계 변화, 경종조건 변화, 제초방법 변화에 의해 영향을 받는데 그중에서 제초방법인 유사 성질의 제초제 연용에 가장 큰 영향을 받는다.

74 포자로 번식하는 잡초는?
① 가래 ② 생이가래
③ 개구리밥 ④ 방동사니

해설
생이가래는 무성생식과 포자번식을 통해 빠른 속도로 번식하는 1년생 수생잡초이다.

75 화학적 잡초방제법에 대한 설명으로 옳은 것은?
① 기계로 잡초를 방제한다.
② 손으로 잡초를 방제한다.
③ 제초제를 이용하여 잡초를 방제한다.
④ 재배방법을 이용하여 잡초를 방제한다.

해설
화학적 잡초 방제는 화학약품인 제초제를 이용하여 방제하는 것을 말한다.

76 잡초종자 발아에 관계하는 환경요소로 가장 거리가 먼 것은?
① 빛 ② 온도
③ 수분 ④ 이산화탄소

해설
잡초 종자 발아에 영향을 주는 환경 요소로 수분, 온도, 산소, 광이 있다.

77 비산형 종자로 바람에 의해 전파되는 잡초로만 나열된 것은?
① 벗풀, 메귀리
② 민들레, 엉겅퀴
③ 가막사리, 도꼬마리
④ 소리쟁이, 도깨비바늘

해설
낙하산 모양의 비산형 종자로 민들레, 망초, 박주가리, 엉겅퀴등이 있다.

78 작물에 기생하는 잡초에 대한 설명으로 옳지 않은 것은?
① 기주식물의 줄기에 침입한다.
② 기주식물의 뿌리에 침입한다.
③ 흡기조직으로 무기영양을 탈취한다.
④ 기생식물의 종자는 기주식물의 종자에 섞여 전파되지 않는다.

해설
기생식물의 종자는 기주식물의 양분을 흡수하며 살아가며 종자번식을 하기에 기주식물의 종자와 섞여 전파되기도 한다.

79 다음 설명에 대한 것은?

> 첫 해에 발아·생육하고 로제트 형태로 월동하며, 월동기간에 화아가 분화하였다가 이듬해 봄에 개화·결실한 후 고사한다.

① 월년생 잡초 ② 일년생 잡초
③ 단년생 잡초 ④ 다년생 잡초

해설
월년생 잡초는 종자가 발아하고 1년까지는 영양생장을 하나 다음 해부터는 개화하여 종자를 생산하는데 이러한 특징으로 2년생잡초 라고도 한다.

정답 73 ③ 74 ② 75 ③ 76 ④ 77 ② 78 ④ 79 ①

80 논에서 사초과인 올방개를 방제하기 위하여 사용하는 후기 경엽처리 제초제는?

① 벤타존 액제
② 옥사디아존 유제
③ 디티오피르 유제
④ 알라클로르 입제

해설
벤타존은 경엽처리용 제초제로 잡초가 발생한 후에 처리하며 광엽잡초, 너도방동사니, 올미, 매자기, 올방개, 올챙이고랭이 등에 적용한다.

국가기술자격 필기시험문제

2018년 산업기사 제2회 과년도 기출문제			수험번호	성명
자격종목 식물보호산업기사	종목코드	시험시간 2시간	형별	

1과목 식물병리학

01 오이 모자이크병을 매개하는 해충은?
① 진딧물 ② 애멸구
③ 끝동매미충 ④ 장님노린재

해설
오이모자이크 병은 진딧물에 의해 전반한다.

02 곰팡이에 의해서 발생한 병의 표징이 아닌 것은?
① 균핵 ② 뿌리털
③ 포자퇴 ④ 분생자각

해설
표징은 병환부에 병원체가 나타나서 발생하는 것으로 곰팡이가 이에 해당되며 포자퇴, 유주자낭, 균핵, 흰가루, 점질물 등이 있다.

03 접목을 통해 방제가 가능한 병은?
① 고추 역병
② 수박 노균병
③ 배추 무사마귀병
④ 참외 덩굴쪼김병

해설
참외는 덩굴쪼김병에 감수성으로 접목을 통해 방제한다.

04 병원체나 매개 곤충의 접근을 물리적으로 막아 감염을 차단하는 방제방법으로 옳지 않은 것은?
① 짚깔기 ② 비닐멀칭
③ 봉지 씌우기 ④ 토양산도의 조절

해설
토양산도의 조절은 간접적인 방제 방법이다.

05 잣나무 털녹병균의 분류학적 위치는?
① 난균류 ② 담자균류
③ 자낭균류 ④ 불완전균류

해설
잣나무털녹병의 병원균은 담자균이다.

06 벼 도열병에 대한 설명으로 옳은 것은?
① 2차 전염을 하지 않는다.
② 병원균은 담자균에 속한다.
③ 다양한 레이스(race)가 존재한다.
④ 토양온도가 높고 토양수분함량이 많을 때 다수 발생한다.

해설
벼 도열병의 병원균은 진균에 속하고 다양한 레이스가 존재한다.

07 식물 바이러스병 진단병으로 옳지 않은 것은?
① 혈청학적 진단법
② 파지에 의한 진단법
③ 지표식물에 의한 진단법
④ 핵산 중합효소연쇄반응법

해설
파지에 의한 진단법은 세균을 숙주로 하는 바이러스를 이용하는 진단방법으로 식물바이러스병을 진단하기에는 부적합하다.

정답 01 ① 02 ② 03 ④ 04 ④ 05 ② 06 ③ 07 ②

08 살아있는 식물 조직에서만 생활할 수 있는 병원체는?
① 절대기생체 ② 임의기생체
③ 임의부생체 ④ 조건기생체

해설
절대기생체를 순활물기생체라 하며 살아있는 조직에만 생활한다.

09 벼 도열병이 발생한 경우 벼 잎에 나타나는 병징의 형태는?
① 구형   ② 사선형
③ 방추형 ④ 원주형

해설
벼도열병은 어린모 혹은 잎에 침입시 방추형의 병반이 나타난다.

10 사과 수심(water core) 현상의 원인은?
① 고온의 피해 ② 광선의 피해
③ 바람의 피해 ④ 서리의 피해

해설
사과 수심현상은 고온의 피해로 나타난다.

11 토마토의 세균병으로 시들시들하다가 갑자기 마르는 병은?
① 돌림병   ② 탄저병
③ 풋마름병 ④ 모자이크병

해설
토마토 풋마름병은 감염된 식물체의 지상부는 푸른 상태로 시들고, 진전되면 식물체 전체가 변색되어 말라죽는다.

12 세균에 의한 식물병은?
① 벼 오갈병   ② 벼 키다리병
③ 벼 흰잎마름병 ④ 벼 잎집무늬마름병

해설
세균의 대표적인 종류로 벼 세균성줄무늬병, 벼 흰잎마름병, 맥류 검은마디병, 감자 둘레썩음병, 감자 더뎅이병 등이 있다.

13 바이러스를 매개하는 선충이 아닌 것은?
① *Xiphinema*   ② *Trichodorus*
③ *Meloidogyne* ④ *Paratrichodorus*

해설
Meloidogyne 은 선충에 의해 전반되며 병원균은 세균이다.

14 사과나무의 줄기나 가지가 썩는 병은?
① 부란병   ② 탄저병
③ 점무늬낙엽병 ④ 붉은별무늬병

해설
사과나무 부란병은 줄기나 가지가 썩으며 감염 부위에 알코올 냄새가 나는 것이 특징이다.

15 벼 흰잎마름병의 발병 원인으로 가장 피해가 큰 경우는?
① 저온
② 건조
③ 질소 비료의 과용
④ 태풍의 의한 침수

해설
벼 흰잎마름병은 물에 의해 전반되기 용이하므로 태풍과 침수에 의해 다량 발생할 수 있다.

16 채소 및 과일 저장 중에 주로 발생하며 생육기에는 거의 발생되지 않는 병은?
① 탄저병   ② 노균병
③ 덩굴마름병 ④ 푸른곰팡이병

해설
푸른곰팡이병은 생육기에는 병원성이 약하며 상처과나 활력이 낮은 농산물에 주로 감염된다.

정답 08 ① 09 ③ 10 ① 11 ③ 12 ③ 13 ③ 14 ① 15 ④ 16 ④

17 생물적 방제에 사용되는 길항균이 아닌 것은?
① Bacillus ② Rhizoctonia
③ Trichoderma ④ Pseudomonas

해설
라이족토니아(Rhizoctonia)는 토양전염성 병원균이다.

18 윤작을 실시하면 방제효과가 가장 큰 것은?
① 공기전염성 병해
② 수매전염성 병해
③ 종자전염성 병해
④ 토양전염성 병해

해설
윤작은 동일 임지에 다른 종류의 작물을 순차적으로 재배하는 것으로 토양전염성 병해를 방제하는 데 효과적이다.

19 파이토플라스마의 진단법으로 옳지 않은 것은?
① 항생제 페니실린에 대한 저항성을 본다.
② 적당한 배지에 배양하여 자라는 모양을 본다.
③ 항생제 테트라싸이클린에 대한 감수성을 본다.
④ 건전한 기주에 병든 기주의 가지를 접목하여 전염성을 본다.

해설
파이토플라스마는 인공배지에는 배양이 어렵다.

20 병원체가 침입할 수 있는 식물체의 자연개구가 아닌 것은?
① 각피 ② 기공
③ 수공 ④ 피목

해설
자연개구부는 기공, 피목, 수공이 있다.

2과목 농림해충학

21 곤충의 변태와 관련하여 탈피에 관여하는 탈피호르몬을 분비하는 기관은?
① 알라타체 ② 외분비계
③ 앞가슴샘 ④ 뒷가슴샘

해설
탈피호르몬은 앞가슴샘에서 분비된다.

22 생물적 방제를 위한 해충의 천적으로 가장 거리가 먼 것은?
① 꽃등에 ② 잔디혹파리
③ 배추흰나비 ④ 녹색풀잠자리

해설
배추흰나비는 무, 배추, 양배추 등의 잎을 가해하는 작물해충이다.

23 외국에서 유입되어 국내에 정착한 침입해충이 아닌 것은?
① 감자나방 ② 사과면충
③ 루비깍지벌레 ④ 복숭아심식나방

해설
사과면충은 미국에서, 감자나방은 일본에서, 루비깍지벌레는 열대지방에서 유입되어 국내에 정착한 침입해충이다.

24 곤충의 다리 기본적인 구조에서 가늘고 길며 끝부분에는 흔히 끝가시(spur)가 있는 마디는?
① 밑마디 ② 도래마디
③ 넓적마디 ④ 종아리마디

해설
종아리마디에는 미세돌기가 있으며 끝에는 끝가시가 있다.

정답 17 ② 18 ④ 19 ② 20 ① 21 ③ 22 ③ 23 ④ 24 ④

25 온도가 곤충에게 미치는 영향으로 가장 거리가 먼 것은?
① 곤충의 크기
② 곤충의 수명
③ 곤충의 산란량
④ 곤충의 발육속도

해설
온도는 곤충의 발육속도에 가장 큰 영향을 미치며 생활 및 산란량 등에 영향을 준다. 곤충의 종류에 따라 온도에 민감하게 반응하여 수명에 영향을 받는 해충들도 있다.

26 곤충이 생존하기 불리한 환경이 되면 대사와 발육이 느리게 진행되고 환경이 좋아지며 즉각 정상상태를 회복하는 현상은?
① 휴지   ② 분산
③ 휴면   ④ 일장

해설
불리한 환경에서 대사율을 낮추거나 활동을 정지하는 것을 휴지라고 한다.

27 내시류에 대한 설명으로 옳은 것은?
① 날개를 접지 못한다.
② 대부분 불완전변태를 한다.
③ 곤충 중에서 가장 진화된 형태이다.
④ 강도래목, 집게벌레목 등이 해당된다.

해설
내시류는 생육기간에 완전변태를 하며 곤충 중에서 고등곤충 집단으로 가장 진화된 형태이다. 내시류에는 벌목, 딱정벌레목, 나비목 등이 있다.

28 유충이 저작형 입틀을 가진 식엽성 해충은?
① 매미나방
② 솔잎혹파리
③ 벚나무응애
④ 소나무가루깍지벌레

해설
매미나방은 유충이 씹어먹는 잎을 가진 식엽성 해충으로 침엽수, 활엽수의 잎을 가해한다.

29 복숭아혹진딧물은 여름기주에서 어떤 생식을 하는가?
① 양성생식   ② 단위생식
③ 다배생식   ④ 유생생식

해설
매미목의 진딧물과인 복숭아혹진딧물은 1년에 수회 발생하며 여름기주인 무, 배추, 오이 등에서 단위생식을 한다.

30 해충을 유아등에 모이게 하여 방제하는 방법은 해충의 어떤 습성을 이용한 것인가?
① 주화성   ② 주지성
③ 주식성   ④ 주광성

해설
빛에 반응하는 성질을 주광성이라 한다.

31 분류학적으로 매미류가 속하는 목은?
① 벌목   ② 노린재목
③ 딱정벌레목   ④ 부채벌레목

해설
매미류는 노린재목에 속한다.

32 불완전변태를 하는 곤충목은?
① 벌목   ② 파리목
③ 노린재목 ④ 딱정벌레목

해설
불완전변태를 하는 것으로 진딧물류, 잠자리목, 메뚜기목, 노린재목 등이 있다.

정답 25 ① 26 ① 27 ③ 28 ① 29 ② 30 ④ 31 ② 32 ③

33 주로 사과나무를 가해하는 해충으로 옳지 않은 것은?
① 멸강나방
② 은무늬굴나방
③ 복숭아심식나방
④ 조팝나무진딧물

해설
멸강나방은 화본과 식물의 잎을 주로 가해한다.

34 솔잎혹파리 방제를 위한 침투성 약제를 소나무에 주사하는 주요 이유로 옳은 것은?
① 알을 죽인다.
② 유충을 죽인다.
③ 성충을 죽인다.
④ 번데기를 죽인다.

해설
유충이 솔잎의 즙액을 빨아먹기에 침투성 약제를 소나무에 주사하면 유충을 방제할 수 있다.

35 일반적으로 1년에 2회 이상 발생하는 해충은?
① 솔잎혹파리
② 미국흰불나방
③ 오리나무잎벌레
④ 잣나무넓적잎벌

해설
미국흰불나방은 1년에 2회 발생한다.

36 중배엽으로부터 유래된 기관은?
① 심장
② 중장
③ 전장
④ 신경

해설
중배엽에서 유래된 기관으로 심장이 있으며 외배엽에서는 신경, 내배엽에서는 중장 등이 있다.

37 곤충이 번성하게 된 요인으로 가장 거리가 먼 것은?
① 짧은 세대
② 작은 크기
③ 날개의 발달
④ 낮은 유전적 변이성

해설
곤충이 번성하게 된 요인으로 짧은 세대, 작은 크기, 날개의 발달, 외골격의 발달, 완전변태 등이 있다.

38 다음 설명에 해당하는 해충은?

> 시설채소에서 많이 발생하는 해충으로 성충의 체장은 1.4mm 정도로서 작은 파리모양이고, 몸색은 옅은 황색이지만 몸표면이 흰 왁스가루로 덮혀 있어 흰색을 띤다.

① 파밤나방
② 거세미나방
③ 온실가루이
④ 점박이응애

해설
온실가루이의 성충 몸길이는 1.4mm 정도이고 수컷은 암컷보다 작은편이다. 색은 옅은 황색이나 몸표면에 흰 가루로 덮여 있고 알은 자루에 포탄모양이다. 1년에 약 10회 이상 발생하고 성충은 어린 잎에 알을 낳으며 약 200개 정도 산란한다.

39 주로 벼를 가해하는 해충으로 옳지 않은 것은?
① 혹명나방
② 이화명나방
③ 끝동매미충
④ 거세미나방

해설
거세미나방은 주로 무, 배추, 당근 등의 작물을 가해하며 작물의 지제부를 가해한다.

정답 33 ① 34 ② 35 ② 36 ① 37 ④ 38 ③ 39 ④

40 해충밀도의 축차조사법과 거리가 먼 것은?
① 해충의 밀도를 순차적으로 조사한다.
② 미리 정해진 조사표본수에 따라 조사한다.
③ 신속하게 의사결정이 가능하여 조사비용을 절감할 수 있다.
④ 경제적 피해수준에 근거하여 방제 여부를 판단하는 방법이다.

> 해설
> 축차 조사는 표본수가 일정하지 않고 불필요한 표본 조사를 생략하여 경비절감의 효과가 있다. 방제 방법을 판단할 때 사용하며 방제지역과 방임지역을 판별하고 방제 후 효과 확인 및 피해의 확대를 막기 위한 대책 마련의 근간이 된다.

3과목   농약학

41 2,4-D 액제에 대한 설명으로 틀린 것은?
① 경엽처리용 제초제이다.
② 일년생 잡초에 적용한다.
③ 옥시졸리딘계 제초제이다.
④ 약해의 염려가 있으므로 고압식 분무기를 사용하지 않는다.

> 해설
> 2,4-D 는 유기화합물 페녹시계 제초제이다.

42 식물 고유의 분해·불활성화 기작에 기인된 것으로 식물 체내외에서 제초제의 흡수와 이동의 차에 의해서 일어나는 선택성은?
① 물리적 선택성 ② 생화학적 선택성
③ 생리적 선택성 ④ 생태적 선택성

> 해설
> 생리적 선택성은 경엽이나 토양에 처리한 제초제의 흡수 및 이동의 차이가 의해 발생하는 선택성이다.

43 농약을 사용목적에 따라 분류한 것이 아닌 것은?
① 살균제   ② 살충제
③ 유제   ④ 제초제

> 해설
> 농약의 사용목적에 따라 살균제, 살선충제, 살비제, 생장조정제 등으로 분류한다.

44 유효성분을 담체인 고체 증량제와 혼합분쇄하고 보조제로서 고결제, 안정제, 계면활성제를 가하여 입상으로 성형한 것 또는 입상으로 담체에 유효성분을 피복시킨 제형은?
① 입제   ② 분제
③ 수화제   ④ 유제

> 해설
> 입제는 유효성분을 고형증량제, 안정제, 계면활성제 등을 넣어 입상으로 성형한 제제이다.

45 농약의 약해를 방지하기 위한 대책으로 가장 거리가 먼 것은?
① 제제의 개선
② 해독제의 이용
③ 복합비료와의 혼용
④ 농약의 안전사용기준 준수

> 해설
> 복합비료와의 혼용은 약해를 일으킬 가능성이 있기에 혼용은 가능여부를 확인해야 한다.

46 EPN 등 유기인제에 의한 농약 중독 시 해독제로 가장 적당한 것은?
① 발(BAL)
② 팜(PAM)
③ 이디티에이-칼슘(EDTA-Ca)
④ 비타민-칼륨(Vitamin-K)

> 해설
> 유기인계 살충제 중독 해독제로 황산아트로핀(atropine sulfate), 팜(PAM) 등이 있으며 팜(PAM)의 경우 황산아트로핀과 병용하여 사용하도록 권장하고 있다.

정답 40 ② 41 ③ 42 ③ 43 ③ 44 ① 45 ③ 46 ②

47 유해동물이나 해충이 화학물질에 의한 자극에서 벗어나려는 행동을 이용하여 농작물이나 가축을 이들의 유해동물이나 곤충으로부터 보호하는데 사용되는 약제는?

① 유인제 ② 불임제
③ 살서제 ④ 기피제

해설
기피제는 직접적인 살상작용은 하지 않으나 화학물질을 통해 해충의 접근을 막는 약제이다.

48 농약제조용 용제(溶劑)의 특성에 대한 설명 중 틀린 것은?

① 실제로 사용되는 용제는 불연성이여서 안전하다.
② 용제의 종류에서 인축에 유해한 활성을 보이는 것은 농약제조용으로 사용되기 어렵다.
③ 용제가 농약의 유효성분을 화학적으로 분해시켜서는 안된다.
④ 소량의 용매로 가능한 많은 양의 농약 원제 또는 다른 보조제를 녹일 수 있어야 한다.

해설
용제는 약제의 유효성분을 녹이는데 사용하는 약제로 주요한 특성은 농약의 안정성을 유지하고 약해의 피해가 있어서는 안되며 농약에 대한 용해도가 커야 한다.

49 자스모린 II(Jasmolin II)와 관계가 있는 살충제는?

① Bombikol 류
② 제충국류(Pyrethroids)
③ 로테논류(Rotenoids)
④ 니코틴류(Nicotine insecticide)

해설
제충국류의 유효성분은 피네트린 I·II, 시네린 I·II, 자스모린 I·II 등이 있다.

50 곤충생장조절제(IGR계통)의 농약이 아닌 것은?

① 벤셀푸론 메칠 ② 부프러페진
③ 디플루벤주론 ④ 테플루벤주론

해설
농약에서 곤충생장조절제는 뷰프로페진, 디플루벤주론, 헥사플루뮤론, 테플루벤주론 등이 있다.

51 보호살균제 농약의 잔효성에 가장 크게 영향을 미치는 물리적인 성질은?

① 유화성
② 현수성
③ 부착성과 고착성
④ 침투성

해설
보호살균제는 부착성과 고착성이 우수하며 잔효성에 가장 큰 영향을 미치는 물리적 성질이다.

52 다음 중 농약으로 분류되지 않는 약제는?

① 제초제
② 전착제
③ 식물영양제
④ 농작물의 생리기능을 억제하는데 사용하는 약제

해설
식물영양제는 식물생장조정제로 농약으로 분류되지 않는다.

정답 47 ④ 48 ① 49 ② 50 ① 51 ③ 52 ③

53 45%의 유기인제 100mL 가 있다. 이것을 0.1% 로 희석하는데 필요한 물의 양은 몇 L 인가?(단, 원액의 비중은 1 이다)

① 22.9　　② 33.9
③ 44.9　　④ 55.9

해설
희석할 물의양
= 원액용량 × ($\frac{원액의 농도}{희석할 농도} - 1$) × 원액비중
= $100 \times (\frac{45}{0.1} - 1) \times 1$
= 44,900ml = 44.9L

54 맹독성 유제 농약의 경피 LD_{50}(반수치사량)은?

① 5mg/kg(체중)미만
② 10mg/kg(체중)미만
③ 20mg/kg(체중)미만
④ 40mg/kg(체중)미만

해설
맹독성 유제 농약의 경피 반수치사량은 40mg/kg(체중)미만 이다.

55 훈증제(fumigants)가 아닌 것은?

① 이황화탄소(CS_2)
② DDVP(Dichlorvos)
③ 비펜트린(Biphenthrin)
④ 메틸브로마이드(Methyl bromide)

해설
비펜트린은 살충제의 일종이다.

56 요소(Urea)계 제초제의 주된 작용기작은?

① 옥신작용교란
② 광합성 저해
③ 단백질합성저해
④ 세포분열저해

해설
요소계는 광합성 저해형 제초제이다.

57 잔디가 조성된 곳의 이끼를 방제하는데 사용되는 약제는?

① 클로마존
② 퀴노클라민
③ 펜디메탈린
④ 글리포세이트포타슘

해설
퀴노클라민 입제는 논이끼류 방제 약제로 특정 잡초에 대한 선택성 제초제이다.

58 유제에 사용되는 유기용제를 줄이기 위한 방안으로 개발된 제형은?

① 수용제　　② 액상수화제
③ 액제　　　④ 유탁제

해설
유제에 사용되는 유기용제를 줄이기 위해 액상이나 점질액상으로 물에 희석할 때 잘 분산되도록 첨가하는 물질을 유탁제라 한다.

59 우리나라에서 유통되는 수화제의 분말도는 몇 메쉬(mesh)의 체를 기준으로 하는가?

① 150메쉬　　② 250메쉬
③ 300메쉬　　④ 325메쉬

해설
수화제는 325 mesh에서 98% 이상 통과해야 한다.

60 보르도액의 사용상 주의사항으로 옳지 않은 것은?

① 만든 즉시 살포하여야 하며 오래 두면 입자가 커져 약효가 떨어진다.
② 살포액이 완전 건조해서 막을 형성해야 하므로 비가 오기 직전이나 직후에 살포해서는 안된다.
③ 치료를 목적으로 사용하는 것이므로 발병 후 즉시 살포해야 한다.
④ 약해가 나기 쉬운 작물에 대해서는 8~10 두식의 묽은 보르도액을 살포해야 한다.

정답 53 ③　54 ④　55 ③　56 ②　57 ②　58 ④　59 ④　60 ③

해설
보르도액은 발병 전에 사용하는 것이 좋다.

4과목   잡초방제학

61 생태적 잡초 방제법에 해당하는 것은?
① 윤작   ② 경운
③ 천적이용   ④ 토양소독

해설
생태적 잡초 방제법으로 윤작, 작부체계 개선, 재식밀도의 조절 등이 있다.

62 잡초 종자의 발아에 관여하는 환경요인으로 가장 거리가 먼 것은?
① 수분   ② 산소
③ 온도   ④ 토양 종류

해설
잡초 종자의 발아에 관여하는 환경 요인으로 수분, 공기, 온도, 광, 화합물질 등이 있다.

63 주어진 지표면을 먼저 점유한 식물이 후에 발생한 식물보다 경합에 유리하다. 이를 이용한 잡초 방제 기술로 옳지 않은 것은?
① 이앙 재배   ② 적기 파종
③ 시비량 증대   ④ 재식밀도 증가

해설
시비량 증대는 잡초에 유리한 조건이 될 가능성이 있기에 작물의 특성과 잡초의 발생량 등을 고려하여 실시해야 한다.

64 화본과 잡초와 광엽 잡초를 선택적으로 작용하는 제초제의 선택성 요인에 해당하는 것은?
① 생태적 선택성
② 형태적 선택성
③ 생리적 선택성
④ 물리적 선택성

해설
형태적 선택성은 식물의 외형 차이에 의한 것으로 잎의 형태, 생장점의 위치, 뿌리의 분포 등에 따른다.

65 화본과보다 광엽 잡초에 대하여 높은 활성을 나타내며, 다른 제초제보다 적은 약량으로 높은 제초활성이 있는 제초제 계통은?
① Triazine 계
② Carbamate 계
③ Sulfonylurea 계
④ Benzoic acid 계

해설
sulfonylurea 계는 아미노산 생합성을 저해하는 작용기작을 하며 적은 양으로 높은 제초효과를 나타낸다. 화본과 및 광엽잡초의 방제에 효과가 있으나 광엽 잡초에 더 높은 효과가 나타난다.

66 페녹시계열에 속하는 제초제가 아닌 것은?
① 이사-디 액제
② 엠시피에이 액제
③ 니코설퓨론 액상수화제
④ 할록시포프-아르-메틸 유제

해설
페녹시계 제초제로 2,4-D, MCPP, MCPB, 할록시포프, 플루아지호프, 페녹사프로프 등이 있다.

정답   61 ①   62 ④   63 ③   64 ②   65 ③   66 ③

67 잡초 방제용으로 도입되는 생물이 구비하여야 할 조건으로 옳지 않은 것은?
① 대상 잡초 주변 환경에 적응할 수 있어야 한다.
② 인공적으로 배양 또는 증식이 용이하며 생식력이 강해야 한다.
③ 비산 또는 분산하는 능력이 크고 대상 잡초에 잘 이동해야 한다.
④ 대상 잡초 방제가 끝나도 지속적으로 생활을 하여 사멸되지 않아야 한다.

해설
대상 잡초 방제가 끝나고 생태계의 균형 유지를 위해 개체수가 조절 가능해야 한다.

68 예방적 잡초 방제법으로 옳지 않은 것은?
① 농기계를 청결하게 관리한다.
② 중경 및 정지 작업을 실시한다.
③ 관개수를 통한 잡초 종자의 유입을 막는다.
④ 종자가 없는 상태의 풀을 이용하여 퇴비를 만든다.

해설
예방적 방제법에는 재배관리 합리화, 작물종자 정선, 비산형 잡초종자 관리, 농기구 관리, 가축의 관리, 경작지 주변관리, 토양의 소독 및 관리, 완숙퇴비 사용 등이 있다.

69 잡초의 특성에 대한 설명으로 옳은 것은?
① 영양번식기간이 비교적 늦고 길다.
② 종자의 번식기관에 휴면성이 없다.
③ 불량한 환경에서는 잘 생육되지 않는다.
④ 낮은 밀도로도 작물에 피해를 줄 수 있다.

해설
잡초는 생명력이 강해 낮은 밀도로도 작물에 피해를 줄 수 있다.

70 혼합 제초제에 대한 설명으로 옳지 않은 것은?
① 잡초 방제비용을 절감한다.
② 제초 작용성에서 상호 길항적 효과가 있다.
③ 다양한 잡초종을 대상으로 사용할 수 있다.
④ 서로 다른 두가지 이상의 제초제가 생물학적 또는 화학적으로 양립되어야 한다.

해설
혼합 제초제 약효의 효과를 높이기 위해 혼합하여 사용하기에 길항적 효과가 나타나지 않도록 해야 한다.

71 저항성 잡초의 출현을 방지하기 위한 대책으로 옳지 않은 것은?
① 직파재배를 한다.
② 제초제를 적정 농도로 사용한다.
③ 제초제 특성에 따라 순환 적용한다.
④ 제초제는 단용보다는 혼용하도록 한다.

해설
저항성 잡초 출현을 방지하기 위해 직파재배보다 이앙재배를 한다.

72 잡초의 유용성이 아닌 것은?
① 병해충 전파를 막아준다.
② 토양의 침식을 방지한다.
③ 토양에 유기물을 공급한다.
④ 때로는 작물로써 활용할 수 있다.

해설
잡초는 병해충의 매개체가 되기도 한다.

정답 67 ④ 68 ② 69 ④ 70 ② 71 ① 72 ①

73 잔디밭의 클로버 방제에 가장 적절한 제초제는?

① 옥사디아존 유제
② 뷰타클로르 입제
③ 메코프로프 액제
④ 할로설퓨론메틸 입제

해설
잔디밭 클로버 방제에는 메코프로프 유제 및 디캄바 액제, 트리클로피르티이에이 액제 등이 효과적이다.

74 잡초 종자의 휴면에 대한 설명으로 옳은 것은?

① 일년생 잡초의 경우에만 휴면을 한다.
② 타발휴면은 내적인 요인으로 인하여 생긴다.
③ 자발휴면은 종자의 미숙과 같은 원인으로 생긴다.
④ 종자의 휴면성은 환경이 아닌 유전적인 영향에 의하여 유발된다.

해설
잡초 종자의 휴면은 불량한 환경 극복을 위한 수단으로 자발휴면은 종자의 미숙과 같은 내적 요인에 의해 발생한다.

75 식물 분류학적으로 동일한 속명을 갖는 잡초끼리 올바르게 나열된 것은?

① 올미, 벗풀
② 비름, 쇠비름
③ 가래, 네가래
④ 여뀌, 여뀌바늘

해설
올미의 학명은 Sagittaria pygmaea Miquel 이며, 벗풀의 학명은 Sagittaria trifolia L 로 올미와 벗풀은 Sagittaria 의 동일한 속명을 갖는다.

76 지하경을 형성하지 않는 잡초는?

① 가래   ② 올미
③ 올방개   ④ 알방동사니

해설
알방동사니는 유성번식을 한다.

77 다음 설명하는 잡초로 옳은 것은?

◎ 일년생 광엽잡초에 해당한다.
◎ 논잡초로 많이 발생할 경우 기계수확이 곤란하다.
◎ 줄기 기부가 비스듬히 땅을 기며 뿌리가 내리는 잡초이다.

① 메꽃   ② 한련초
③ 가막사리   ④ 사마귀풀

해설
사마귀풀은 1년생 광엽잡초로 지상부에서 가지가 갈라지고 키가 작은 분지형 잡초이다.

78 상호대립억제작용(allelopathy)에 대한 설명으로 옳은 것은?

① 타감작용이라고 하기도 한다.
② 작물은 발아 시에만 피해를 받는다.
③ 작물과 작물간에는 일어나지 않는다.
④ 쌍자엽식물에는 있으나 단자엽식물에는 없다.

해설
타감작용은 상호대립억제작용이라 하며 주로 인접식물의 생육에 부정적인 영향을 끼쳐 생장을 저해시키거나 혹은 과도하게 촉진시키게 된다.

79 토양염분이 많은 간척지 논에서 주로 발생하는 방동사니과 잡초는?
① 올미 ② 매자기
③ 나도겨풀 ④ 물달개비

해설
간척지의 경우 염분이 높은 편이라 갯드렁새, 새섬매자기, 매자기, 올방개, 물옥잠 등의 내염성잡초가 우점한다.

80 주로 밭에 발생하는 1년생 화본과 잡초는?
① 올미 ② 바랭이
③ 명아주 ④ 물달개비

해설
1년생 밭잡초로 바랭이, 쇠비름, 명아주, 닭의 장풀 등이 있다.

국가기술자격 필기시험문제

2018년 산업기사 제4회 과년도 기출문제

자격종목	종목코드	시험시간	형별
식물보호산업기사		2시간	

1과목 식물병리학

01 배추 무름병균의 특성은?
① 주모가 있는 그램양성세균이다.
② 주모가 없는 그램음성세균이다.
③ 주모가 없는 그램양성세균이다.
④ 주모가 있는 그램음성세균이다.

해설
배추 무름병균은 그램음성세균으로 주모성 편모가 있다.

02 오이 덩굴쪼김병에 대한 설명으로 옳은 것은?
① 산성 토양에서는 잘 발생하지 않는다.
② 주로 18℃ 이하의 온도에서 잘 발생한다.
③ 종자 전염보다는 주로 매개충에 의해 전염된다.
④ 토마토 시들음병균과 동일한 세균 속에 해당된다.

해설
오이 덩굴쪼김병과 토마토 시들음병균은 진균에 의해 발생한다.

03 Millardet에 의해 개발된 보르도액에 대한 설명으로 옳은 것은?
① 항생제이다.
② 보호 살균제이다.
③ 생물 농약의 하나이다.
④ 벼 도열병 방제를 위해 개발되었다.

해설
식물학자 Millardet에 의해 개발된 보르도액은 보호살균제에 속한다.

04 수목병의 표징이 아닌 것은?
① 소나무 피목에 농황색의 돌기 형성
② 오동나무에 다수 발생한 작은 가지
③ 잣나무 줄기에 나타난 황색의 주머니
④ 일본잎갈나무 부후목 뿌리 부위에 발생한 버섯

해설
오동나무에 작은 가지가 다수 발생하여 총생하는 것은 오동나무 빗자루병으로 이는 마이코플라스마에 의해 발생한다. 바이러스와 마이코플라스마에 의한 수목병은 병징만 관찰되며 표징은 나타나지 않는다.

05 담자균에 속하는 식물병은?
① 가지 풋마름병
② 사과나무 부란병
③ 배나무 붉은별무늬병
④ 복숭아나무 잎오갈병

해설
배나무·사과나무 붉은별무늬병은 담자균에 속하는 식물병이다.

06 병원균의 중간기주를 제거함으로써 방제할 수 있는 병은?
① 고추 역병
② 오이 노균병
③ 밀 줄기녹병
④ 보리 깜부기병

해설
맥류 줄기녹병의 중간기주인 매자나무를 제거하면 방제할 수 있다.

정답 01 ④ 02 ④ 03 ② 04 ② 05 ③ 06 ③

07 벼 도열병균이 주로 월동하는 곳은?

① 토양   ② 중간기주
③ 매개충의 알   ④ 볍씨의 병든 부분

해설
벼 도열병균은 볏짚이나 볍씨의 병든 부분에서 월동한다.

08 배추 무사마귀병에 대한 설명으로 옳지 않은 것은?

① 알칼리성 토양에서 주로 발생한다.
② 수분이 많은 토양에서 많이 발생한다.
③ 순활물기생균으로 인공배양이 되지 않는다.
④ 뿌리의 세포가 비정상적으로 커지고 혹이 만들어진다.

해설
배추 무사마귀병은 산성토양에서 잘 발생한다.

09 저항성이었던 품종이 같은 병원균에 의하여 이병화되는 주요 원인으로 옳은 것은?

① 지구 온난화
② 품종 자체의 퇴화
③ 농약 살포의 소홀
④ 병원균의 새로운 변이주 출현

해설
저항성을 가진 품종이 이병화 현상이 발생하는 것은 병원균이 새로운 변이주가 나타나면서 저항성이 발휘되지 않게 된다.

10 매개충으로 인하여 전염되는 병은?

① 벼 오갈병
② 보리 흰가루병
③ 사과나무 부란병
④ 배나무 붉은별무늬병

해설
벼 오갈병은 끝동매미충, 번개매미충 등에 의해 전반된다.

11 대추나무 재배에서 가장 큰 문제가 되는 병해이며 항생제의 수간주입에 의하여 방제가 가능한 것은?

① 역병   ② 노균병
③ 탄저병   ④ 빗자루병

해설
대추나무 빗자루병은 파이토플라스마에 의해 발생하며 옥시테트라사이크린계의 수간주입을 통해 방제 가능하다.

12 주로 포자로 번식하며 식물병을 일으키는 것은?

① 세균   ② 선충
③ 곰팡이   ④ 바이러스

해설
곰팡이는 주로 포자에 의해 번식한다.

13 소나무 잎떨림병 방제를 위한 약제 살포 시기로 가장 적합한 것은?

① 1월~2월   ② 3월~5월
③ 6월~8월   ④ 9월~11월

해설
소나무 잎떨림병은 전염피해가 시작되는 6월쯤부터 시작해 자낭반이 형성되는 7~8월까지 약제 살포를 실시한다.

14 감자 역병에 대한 설명으로 옳은 것은?

① 빗물에 의해 화기전염 한다.
② 병원균은 기공 또는 각피 침입한다.
③ 고온이고 건조한 환경에서 잘 발생한다.
④ 과경지표법으로 선발된 건전한 씨감자를 재배하여 방제할 수 있다.

해설
감자 역병은 바람에 의해 전반되어 기공이나 각피를 통해 침입한다.

정답   07 ④   08 ①   09 ④   10 ①   11 ④   12 ③   13 ③   14 ②

15 벼 키다리병 방제에 가장 효과적인 방법은?
① 종자 소독
② 조식 재배
③ 약제 엽면 살포
④ 질소 비료 사용

해설
키다리병의 방제법은 종자를 소독하고 건전한 종자를 선택한다.

16 세균에 의하여 발생하는 식물병의 주요 증상으로만 나열된 것은?
① 혹, 노란 가루
② 빗자루, 모자이크
③ 시들음, 가지마름
④ 갈색병반, 검은 돌기

해설
세균병에 의한 병징으로 무름병, 잎마름병, 점무늬병, 시들음병 등이 있다.

17 식물병의 원인을 파악하기 위해 다음과 같이 처리할 때 병원 진단에 가장 용이한 것은?

> 발병 초기에는 병원균을 관찰하기 어렵기 때문에 병든 조직을 20°C 정도의 습실에서 2~3일간 보존하여 병원균을 증식시킨 후 현미경으로 관찰한다.

① 균류에 의한 병
② 세균의 의한 병
③ 바이러스에 의한 병
④ 파이토플라스마에 의한 병

해설
· 바이러스나 파이토플라스마는 인공배양이 어렵고 일반 현미경으로는 관찰이 불가능하다.
· 세균의 경우 37°C 정도 조건에서 12시간을 인큐베이터에서 배양한다.

18 병원균이 땅속에서 월동하고 토양에서 병이 전반되는 것은?
① 콩 모잘록병
② 오이 흰가루병
③ 보리 겉깜부기병
④ 배나무 붉은별무늬병

해설
모잘록병은 토양 및 병든 식물에 월동하고 토양으로 전반된다.

19 식물에 병을 일으키는 세균 속이 아닌 것은?
① *Erwinia*
② *Helicobacter*
③ *Pseudomonas*
④ *Agrobacterium*

해설
헬리코박터균(*Helicobacter*)은 인체 유해균이다.

20 담배 들불병을 유발하는 병원체는?
① 선충
② 세균
③ 곰팡이
④ 바이러스

해설
담배 들불병은 슈도모나스 타바키라는 세균에 의해 발생한다.

2과목 농림해충학

21 다음 설명에 해당하는 해충은?

> ◎ 유충이 가해한 부위는 적갈색의 굵은 배설물과 함께 수액이 흘러나와 겉으로는 쉽게 눈에 띈다.
> ◎ 성충은 나무껍질에 한 개씩 알을 낳는다.

① 솔잎혹파리
② 벼룩잎벌레
③ 향나무하늘소
④ 복숭아유리나방

해설
복숭아유리나방은 복숭아나무, 사과나무, 매실나무 등의 수피 속에 알을 산란하여 부화한 유충이 나무 속을 가해하고 가해한 부위로 적갈색의 배설물과 수액이 흘러나와 유관으로 식별이 가능하다.

정답 15 ① 16 ③ 17 ① 18 ① 19 ② 20 ② 21 ④

22 대체로 우리나라에서 월동하지 못하는 해충은?

① 벼멸구   ② 애멸구
③ 끝동매미충   ④ 벼물바구미

> **해설**
> 벼멸구는 중국에서 비래하는 해충으로 우리나라에서는 월동하지 않는다.

23 곤충의 형태적 특징으로 옳지 않은 것은?

① 다리가 3쌍이다.
② 눈은 겹눈만 있고 홑눈이 없다.
③ 대개 2쌍의 날개가 있고 탈바꿈을 하기로 한다.
④ 몸이 머리, 가슴, 배의 3부분으로 나누어져 있다.

> **해설**
> 곤충의 머리에는 구기인 입틀, 한쌍의 겹눈과 2~3개의 홑눈, 한쌍의 더듬이를 가지고 있다.

24 다음 설명에서 A, B에 해당하는 용어는?

> 곤충의 기관에서 체외로 방출되어 같은 종의 다른 개체에 교미, 집합 등의 특정한 행동을 일으키는 화학물질을 (A)이라 하고, 다른 종간에 상호작용하는 물질로 이 물질을 받는 종에게 유리한 반응을 유도하는 물질을 (B)이라 한다.

① A : 호르몬, B : 호르몬
② A : 페로몬, B : 알로몬
③ A : 알로몬, B : 카이로몬
④ A : 페로몬, B : 카이로몬

> **해설**
> 페로몬(Pheromone)은 동종유인호르몬으로 같은 종의 교미, 집합 등의 특정 행위를 야기하는 화학물질이다. 카이로몬(Kairomone)은 다른 종류의 생물이 접촉했을때 접촉한 생물에게 유익한 물질을 유도하는 것을 말한다.

25 뿌리혹선충 방제 방법으로 옳지 않은 것은?

① 상토를 소독한다.
② 토양의 pH가 높아지지 않도록 관리를 한다.
③ 경작지가 논일 경우 3년마다 한 번씩 벼를 재배한다.
④ 토양의 유기물 함량이 낮아지지 않도록 비배관리를 한다.

> **해설**
> 토양의 PH가 높은 것이 뿌리혹선충 방제에 유리하다.

26 아메리카잎굴파리에 대한 설명으로 옳지 않은 것은?

① 약제 저항성이 늦게 발달하는 해충이다.
② 거베라, 국화, 토마토, 수박 등에 피해를 준다.
③ 유충은 잎조직 속에서 굴을 파고 다니면서 섭식한다.
④ 성충이 기주식물의 잎에 작은 구멍을 내고 산란한다.

> **해설**
> 아메리카잎굴파리는 약제저항성이 빨리 유발되는 해충이다.

27 불완전변태에 대한 설명으로 옳은 것은?

① 대부분 번데기 과정이 없다.
② 수서곤충은 해당되지 않는다.
③ 풀잠자리가 대표적인 곤충이다.
④ 어른벌레의 모양이 애벌레와 매우 달라진다.

> **해설**
> 불완전변태는 알, 유충, 성충의 과정을 거치며 번데기 과정이 없다.

정답 22 ① 23 ② 24 ④ 25 ② 26 ① 27 ①

28 곤충의 순환계에 대한 설명으로 옳지 않은 것은?
① 심장에는 심문이 있다.
② 등쪽에 대동맥이 있다.
③ 폐쇄형 순환계를 가지고 있다.
④ 혈액은 혈장세포와 혈구세포 등으로 이루어진다.

> **해설**
> 곤충은 개방형 순환계를 가진다.

29 가해하는 기주의 종류가 가장 적은 해충은?
① 차응애   ② 파밤나방
③ 배추좀나방 ④ 미국흰불나방

> **해설**
> 배추좀나방의 대표기주로 무, 배추, 양배추 등으로 기주의 종류가 적은 편이다.

30 해충의 생물적 방제 방법의 장점이 아닌 것은?
① 속효적이며 일시적이나 효과가 크다.
② 일단 정착되면 영구적이어서 경제적이다.
③ 생물상이 평형을 되찾고 생태계가 안정된다.
④ 독성이 거의 없고 환경에 대한 부작용이 적다.

> **해설**
> 생물적 방제는 영구적 혹은 반영구적이며 효과가 지속적으로 나타난다.

31 단위생식을 하지 않는 곤충은?
① 사과면충   ② 파굴파리
③ 밤나무혹벌 ④ 복숭아혹진딧물

> **해설**
> 단위생식을 하는 해충으로 사과면충, 밤나무혹벌, 민다듬이벌레, 복숭아혹진딧물 등이 있으며 파굴파리는 양성생식을 한다.

32 곤충의 다리 배열 순서로 옳은 것은?
① 가슴 - 밑마디 - 도래마디 - 종아리마디 - 넓적다리마디 - 발마디
② 가슴 - 밑마디 - 넓적다리마디 - 도래마디 - 종아리마디 - 발마디
③ 가슴 - 밑마디 - 도래마디 - 넓적다리마디 - 종아리마디 - 발마디
④ 가슴 - 밑마디 - 넓적다리마디 - 종아리마디 - 도래마디 - 발마디

> **해설**
> 다리 구조는 흉부 부착점에서 밑마디(기절), 도래마디(전절), 넓적다리마디(퇴절), 종아리마디(경절), 발목마디(부절)로 5마디로 분류한다.

33 탈피 과정에서 다시 흡수되어 재활용되는 체벽의 부분은?
① 외표피   ② 기저막
③ 외원표피 ④ 내원표피

> **해설**
> 내원표피는 외원표피와 달리 무색이며 탈피를 할 때 재활용이 가능하다.

34 딱정벌레목에 속하지 않는 것은?
① 소나무좀
② 오리나무잎벌레
③ 버즘나무방패벌레
④ 느티나무벼룩바구미

> **해설**
> 버즘나무방패벌레는 노린재목 방패벌레과이다.

정답 28 ③ 29 ③ 30 ① 31 ② 32 ③ 33 ④ 34 ③

35 이화명나방이 월동하는 형태는?
① 알 ② 성충
③ 유충 ④ 번데기

해설
이화명나방은 유충 형태로 월동한다.

36 성충은 식물조직에 산란하고 부화한 애벌레는 2령을 경과한 후 땅속에서 번데기 기간을 거쳐 성충이 되는 것은?
① 애멸구 ② 온실가루이
③ 점박이응애 ④ 꽃노랑총채벌레

해설
꽃노랑총채벌레는 1년에 5~6회 발생하고 성충으로 지표면이나 나무껍질 속에 월동한다. 식물조직에서 산란한 부화유충은 흡즙가해하여 2령을 경과한 후 노숙유충이 되어 번데기 기간을 거쳐 성충으로 우화한다.

37 충영을 만드는 해충은?
① 밤바구미
② 밤나무혹벌
③ 오리나무잎벌레
④ 털두꺼비하늘소

해설
충영을 만드는 해충으로 솔잎혹파리, 밤나무혹벌 등이 있다.

38 분류학적으로 곤충강에 속하지 않는 것은?
① 응애류 ② 진딧물류
③ 잎벌레류 ④ 깍지벌레류

해설
응애류는 거미강에 속한다.

39 다음 피해의 설명에 해당하는 해충은?

> 소나무의 새로 나온 가지가 부러져 달려 있다. 자세히 보니 부러진 부분에 벌레가 먹어 들어간 구멍이 있고 늘어진 새 가지 속에 터널이 있었다.

① 솔나방 ② 소나무좀
③ 솔잎혹파리 ④ 솔껍질깍지벌레

해설
소나무좀은 월동한 성충이 나무줄기나 가지의 껍질 아래에서 구멍을 뚫고 들어간다.

40 진딧물류 방제에 가장 효과적인 곤충은?
① 굴파리좀벌
② 애꽃노린재
③ 오이이리응애
④ 칠성풀잠자리

해설
풀잠자리류는 진딧물류, 응애류의 천적이다.

3과목 농약학

41 화본과 및 광엽잡초의 경엽과 뿌리를 통하여 동시에 흡수 이행되어 살초작용을 나타내는 이미다졸리논계 제초제는?
① 벤타존액제
② 이마자퀸액제
③ 세톡시딤유제
④ 이마조설퓨론수화제

해설
이마자퀸액제는 잡초생육초기의 화본과 및 광엽잡초의 경엽에 살포하며 잡초에 흡수 이행되어 살초작용을 하는 이미다졸리논계 제초제이다.

정답 35 ③ 36 ④ 37 ② 38 ① 39 ② 40 ④ 41 ②

42 다음 중 살충제 농약으로 분류되는 것은?
① 벤타존
② 티오파네이트메틸
③ 트리사이클라졸제
④ 페노뷰카브제(BPMC)

해설
페노뷰카브는 카바메이트계 살충제이다.

43 농약의 혼용 시 주의해야 할 사항으로 가장 거리가 먼 것은?
① 혼용이 가능한 농약은 적용 작물에 관계없이 사용한다.
② 여러 가지 농약을 혼용할 경우 과량 살포하지 않는다.
③ 가능하면 다종혼용은 2약제를 혼용한다.
④ 혼합 조제한 농약은 오래 두지 말고 되도록 빨리 사용한다.

해설
혼용이 가능한 농약이라도 작물의 특성 및 약해의 유무를 파악하고 사용한다.

44 농약관리법에서 어독성 II급을 구분하는 기준은? (단, 반수를 죽일 수 있는 농도 (mg/L, 48시간) 기준이다.)
① 0.5 ~ 1.0 ② 0.5 ~ 2.0
③ 1.0 ~ 2.0 ④ 1.0 ~ 2.5

해설
어독성 II급은 반수를 죽일 수 있는 농도 0.5 이상 2 미만 mg/L 를 기준으로 한다.

45 항생제 농약이 아닌 것은?
① Polyoxins
② Kasugamycin
③ Streptomycin
④ Alpha-cypermethrin

해설
알파사이퍼메트린 유제(Alpha-cypermethrin)는 살충제이다.

46 농약의 안전사용기준은 누가 정하는가?
① 농약회사
② 농촌진흥청장
③ 농림축산식품부장관
④ 식품의약품안전처장

해설
농약의 안전사용기준은 농촌진흥청장이 정하고 관련 교육을 실시한다.

47 다음에서 설명하는 살균제는?

◎ 백색 바늘모양의 결정이다.
◎ 도열병 방제용으로 주로 사용된다.
◎ 단백질합성저해작용을 하는 약제이다.

① 티람(Thiram)
② 클로로타로닐(Chlorothalonil)
③ 가수가마이신(Kasugamycin)
④ 메틸브로마이드(Methyl bromide)

해설
가수가마이신은 농용항생제의 일종으로 단백질합성을 저해하는 작용을 하며 잎도열병, 갈색잎마름병 등에 주로 사용한다.

48 농약관리법에서 사용되는 용어의 정의 중 틀린 것은?
① 농약의 범주에는 농림축산식품부령이 정하는 기피제, 유인제 등도 포함된다.
② 농약이란 농작물의 생리기능을 증진하거나 억제하는데 사용하는 약제를 포함한다.
③ 원제란 농약의 유효성분이 농축되어 있는 물질을 말한다.
④ 농작물이란 수목 및 임산물을 제외한 모든 농산물을 말한다.

해설
농작물은 인류가 이용목적으로 재배하는 모든 식물을 의미하기에 수목 및 임산물도 포함된다.

정답 42 ④ 43 ① 44 ② 45 ④ 46 ② 47 ③ 48 ④

49 각종 작물에 적용할 수 있고 응애의 모든 생육단계에 걸쳐 효과가 있는 살응애제는?

① 페노뷰카브 ② 다이아지논
③ 테부펜피라드 ④ 펜토에이트

해설
테부펜피라드는 응애류의 방제에 적합한 살응애제로 모든 생육단계에 효과가 나타난다.

50 농약의 사용방법과 관련하여 일어나는 약해가 아닌 것은?

① 근접살포에 의한 약해
② 동시사용으로 인한 약해
③ 불순물 혼합에 의한 약해
④ 섞어쓰기 때문에 일어나는 약해

해설
불순물 혼합의 경우 농약 자체의 원인에 해당된다.

51 피에이엠(PAM)은 주로 어느 농약의 중독 치료제로 사용되는가?

① 수은제   ② 유기인제
③ 동제   ④ 비소제

해설
유기인계 살충제 중독 해독제로 황산아트로핀(atropine sulfate), 팜(PAM) 등이 있으며 팜(PAM)의 경우 황산아트로핀과 병용하여 사용하도록 권장하고 있다.

52 제초제의 처리방법에 따른 분류에 해당되는 것은?

① 토양처리제와 경엽처리제
② 이행형제초제와 접촉형제초제
③ 선택성제초제와 비선택성제초제
④ 호르몬제초제와 비호르몬제초제

해설
제초제의 처리방법에 따라 토양처리제, 경엽처리제, 토양·경엽처리제로 분류한다.

53 농약의 제제형태에 따라 분류한 것은?

① 유제 농약
② 유기인제 농약
③ 살균제 농약
④ 어독성 농약

해설
농약의 제제형태에 따라 유제, 액제, 분제 등의 분류 기준이 있다.

54 과실의 착색촉진, 숙기촉진의 역할을 하는 에세폰(39%) 액제는 어느 성분의 계열에 속하는가?

① 옥신(Auxin)
② 에틸렌(Ethylene)
③ 지베렐린(Gibberellin)
④ 사이토키닌(Cytokinin)

해설
에테폰(Ethephon)은 에틸렌을 생성하며 과실의 성숙을 촉진하는 물질이다.

55 약알칼리성 광물로서 안정하고 토분성이 우수하여 유기합성 농약의 분제 제제용으로 널리 사용되는 증량제는?

① 탈크   ② 벤토나이트
③ 필로필라이트 ④ 카올린

해설
탈크는 증량제의 일종으로 약알칼리성 광물이 토분성이 우수하고 유기합성 농약의 제제용으로 사용된다.

정답 49 ③ 50 ③ 51 ② 52 ① 53 ① 54 ② 55 ①

56 다음 중 농약의 구비조건이 아닌 것은?
① 약해가 없어야 한다.
② 가격이 저렴해야 한다.
③ 인축 독성이 강해야 한다.
④ 다른 약제와 혼용이 가능해야 한다.

해설
농약은 인축 독성이 없어야 한다.

57 과수원의 잡초방제에 가장 적당한 제초제는?
① 캡탄
② 티오파네트메틸
③ 티아디닐디노테퓨란
④ 글리포세이트이소프로필아민

해설
글리포세이트이소프로필아민은 감, 사과, 배 등의 과수원의 잡초 방제에 이용하는 제초제이다.

58 유기인계 및 카바메이트계 살충제가 해충에 작용하여 살충작용을 일으키는 주된 기작은?
① 피부중독   ② 원형질 파괴
③ 근육중독   ④ 신경저해

해설
유기인계와 카바메이트계 살충제는 신경전달계 관여 효소의 분해를 방해하여 곤충을 죽이게 된다.

59 수질 내 화합물의 농도가 2ppm이고, 송사리 내의 농도가 20ppm일 때 이 화합물이 생물농축계수(BCF)는?
① 2   ② 10
③ 20   ④ 40

해설
생물농축계수는 오염물질농도에서 수중의 오염물질의 농도를 나누어 구하며
<20 ÷ 2 = 10> 이다.

60 제초제, 목재의 방부제, 낙엽촉진제 등으로 광범위하게 사용되는 약제는?
① PCP제   ② 카르복신제
③ EBP제   ④ 트리아진제

해설
PCP제(펜타클로로페놀)은 ATP 생산 저해관련 물질로 살균작용이 강하며 어독성이 높아 사용범위는 한정되어 있다. 페놀성 물질로 목재의 방부제로도 사용이 가능하다.

4과목 잡초방제학

61 잡초 방제를 위한 조치로 가장 효과가 없는 것은?
① 경운   ② 돌려짓기
③ 흙태우기   ④ 이어짓기

해설
연속된 작물의 재배는 잡초 방제에는 효과가 없다.

62 주로 지하경에 의해서 번식하는 잡초는?
① 벗풀   ② 강피
③ 바랭이   ④ 물달개비

해설
지하경으로 번식하는 잡초로 쇠털골, 가래, 나도겨풀, 수염가래꽃, 택사, 띠, 벗풀 등이 있다.

63 재배방법에 따른 경합에 대한 설명으로 옳은 것은?
① 직파재배는 이앙재배보다 잡초에 대한 경합에 불리하다.
② 지표면을 먼저 점유한 작물은 후에 발생한 잡초보다 경합에 불리하다.
③ 작물의 재식밀도가 높으면 높을수록 잡초에 대한 작물의 경합력이 낮아진다.
④ 과수원이나 나지상태의 포장에 피복작물을 재배하면 잡초에 대한 경합력이 낮아진다.

정답 56 ③ 57 ④ 58 ④ 59 ② 60 ① 61 ④ 62 ① 63 ①

> **해설**
> 경합에는 직파재배보다 이앙재배가, 소식재배보다 밀식재배가 경합에 유리하다.

64 제초제의 선택성 발현에 관여하는 요인으로 가장 거리가 먼 것은?
① 잎의 표면 조직
② 뿌리의 분포 상태
③ 잎의 엽록소 함량
④ 생장점의 노출 여부

> **해설**
> 제초제의 선택성 발현에 관여하는 생물적 요인에는 잎의 상태, 생장점, 뿌리 및 지하부의 상태, 초엽 및 중경 등이 있다.

65 잡초의 장점으로 옳지 않은 것은?
① 토양 침식 방지
② 토양 산성화 방지
③ 사료 작물로 이용
④ 육종 소재로 이용

> **해설**
> 잡초의 장점은 토양의 유기물 공급, 토질의 개선, 토양의 유실 방지, 토양의 정화, 약료 등의 활용, 사료로의 이용 등이 있다. 잡초 중에는 토양을 산성화시키는 잡초도 있어 산성화를 방지하지는 않는다.

66 제초제가 작물에 약해를 유발시키는 원인으로 가장 영향력이 큰 것은?
① 습도   ② 광선
③ 강우   ④ 온도

> **해설**
> 온도가 증가하면 작물의 흡수량이 증가되면서 약해가 유발된다.

67 주로 논에서 자라는 잡초가 아닌 것은?
① 좀바랭이   ② 사마귀풀
③ 물달개비   ④ 나도겨풀

> **해설**
> 좀바랭이는 밭잡초에 속한다.

68 잡초에 의한 작물의 피해가 가장 심한 경우는?
① 벼 재배지에 발생한 가막사리
② C_3 작물 재배지에 발생한 C_4 잡초
③ 화본과 작물 재배지에 발생한 광엽 잡초
④ 광엽 작물 재배지에 발생한 화본과 잡초

> **해설**
> C_4 식물이 C_3 식물보다 광효율이 높아 C_3 작물 재배지에 C_4 잡초가 발생할 경우 경합에 의해 작물의 피해가 심하게 나타난다.

69 예방적 방제방법에 해당하는 것은?
① 관배수 조절
② 작물 종자 정선
③ 식물병원균 이용
④ 호미를 이용한 잡초 제거

> **해설**
> 예방적 방제 방법으로 농기계의 청소, 작물 종자의 정선, 재배관리 합리화 등이 있다.

70 겨울작물 밭에서 우점하는 잡초는?
① 깨풀   ② 메꽃
③ 뚝새풀   ④ 쇠비름

> **해설**
> 밭에서 나타나는 우점잡초로 뚝새풀, 명아주, 바랭이 등이 있다.

71 주로 잔디밭에 많이 발생하는 잡초는?
① 여뀌, 강아지풀
② 토끼풀, 꽃다지
③ 개비름, 한련초
④ 민들레, 명아주

> **해설**
> 잔디밭잡초에는 새포아풀, 클로버, 토끼풀, 꽃다지, 냉이 등이 있다.

정답 64 ③ 65 ② 66 ④ 67 ① 68 ② 69 ② 70 ③ 71 ②

72 벼의 유효분얼이 끝나고 유수형성기 이전에 살포하는 경엽처리형 제초제는?
① 이사-디 액제
② 옥사디아존 유제
③ 뷰타클로르 유제
④ 글리포세이트토타슘 액제

해설
2,4-D 제초제는 벼와 같은 화곡류의 경우 유효분얼 종지기 ~ 유수형성기 사이에 처리하는 것이 좋다.

73 제초제의 물리적 소실이 아닌 것은?
① 토양 입자에 흡착
② 대기 중으로 휘발
③ 토양 하층으로 용탈
④ 토양 미생물의 분해

해설
제초제의 물리적 소실에는 식물체로의 흡수, 토양 입자 흡착, 대기중 휘발, 토양하층으로 용탈, 토양 표면으로 이동 등이 있다. 미생물의 분해는 화학적 소실에 속한다.

74 논에 다년생 잡초가 증가한 주요 이유는?
① 논 이모작 재배
② 퇴비 사용량 감소
③ 계속적인 화학비료 사용
④ 일년생 잡초 방제용 제초제 연용

해설
논에 다년생 잡초가 증가하는 이유로 제초제의 연용, 작부체계의 변화 등이 있다.

75 잡초 종자의 발아에 영향을 미치는 환경적 요인으로 가장 거리가 먼 것은?
① 광 ② 온도
③ 수분 ④ 이산화탄소

해설
잡초발아에 영향을 주는 인자로 수분, 광, 산소, 온도 등이 있다.

76 잡초의 생육특성에 대한 설명으로 옳지 않은 것은?
① 바랭이, 여뀌는 건조에 대한 내성이 크다.
② 잡초 종자가 무거울수록 출아심도가 깊다.
③ 향부자, 별꽃은 토양의 산소 농도가 낮아도 잘 발생한다.
④ 갈퀴덩굴, 뚝새풀은 주로 비옥한 땅에서 발생하는 습성이 있다.

해설
향부자와 별꽃은 호기성 잡초로 토양 산소 농도가 높아야 한다.

77 생물학적 방제방법에 대한 설명으로 옳지 않은 것은?
① 비교적 영속성이 있다.
② 주변 환경 피해가 적다.
③ 화학적 방제에 비해 살초 작용이 빠르다.
④ 적절한 생물을 찾아내기만 하면 적용 비용이 적게 든다.

해설
생물학적 방제법은 화학적 방제에 비해 살초 작용이 느리다.

78 잡초 방제의 경제성 분석 방법으로 다양한 잡초 발생밀도에서 농작물의 소득을 분석하는 것은?
① 한계점 분석법
② 보상력 분석법
③ 부분예산 분석법
④ 기계·동력예산 분석법

해설
다양한 잡초 발생밀도를 분석하여 농작물의 소득을 예측 분석하는 방법을 보상력 분석법이라 한다.

정답 72 ① 73 ④ 74 ④ 75 ④ 76 ③ 77 ③ 78 ②

79 잡초에 대한 작물의 경합력 증진을 위해 가장 적절한 조치는?
① 명아주에 대한 경합력 증진을 위하여 단간종 보리를 심는다.
② 강아지풀에 대한 경합력 증진을 위하여 만생종 옥수수를 심는다.
③ 깨풀에 대한 경합력 증진을 위해 분지 수가 많은 콩 품종을 심는다.
④ 알방동사니에 대한 경합력 증진을 위하여 벼의 재식 밀도를 반으로 줄인다.

해설
경합력 증진을 위해 조숙종, 장간종 품종이나 분지 수가 많은 품종을 심는다.

80 다년생 잡초에 해당하는 것은?
① 가래   ② 왕바랭이
③ 알방동사니   ④ 중대가리풀

해설
다년생 잡초에는 올방개, 올미, 나도겨풀, 너도방동 사니, 가래, 벗풀 등이 있다.

국가기술자격 필기시험문제

2019년 산업기사 제1회 과년도 기출문제

자격종목	종목코드	시험시간	형별	수험번호	성명
식물보호산업기사		2시간			

1과목　　식물병리학

01 고추 탄저병이 발생하여 피해가 가장 큰 환경은?
① 고온 다습　② 저온 건조
③ 고온 건조　④ 저온 다습

해설
고추 탄저병은 강수량이 많고 고온 다습한 환경에서 많이 발생한다.

02 사과나무 축과병이 발생하는 주요 원인은?
① 칼륨 결핍　② 인산 결핍
③ 붕소 결핍　④ 석회 결핍

해설
사과나무 축과병은 붕소가 결핍되어 나타나는 식물병으로 열매가 갈라지는 등의 현상이 발생한다.

03 대추나무 빗자루병 방제 방법으로 옳지 않은 것은?
① 마름부늬매미충을 방제한다.
② 대추나무를 밀식하지 않는다.
③ 증식용 분근은 건전한 나무에서 얻는다.
④ 스트렙토마이신으로 나무주사를 실시한다.

해설
대추나무 빗자루병은 옥시테트라사이클린을 수간주사 한다.

04 출수 후 씨알에 발생하며 화기감염을 하는 식물병은?
① 밀 줄기녹병
② 오이 노균병
③ 맥류 흰가루병
④ 보리 겉깜부기병

해설
보리, 밀 겉깜부기병은 감염된 종자를 심으면 종자가 발아하면서 병균이 깜부기병을 일으키는 화기감염을 한다.

05 강풍 후에 발생이 가장 많은 식물병은?
① 오이 역병
② 가지 풋마름병
③ 벼 흰잎마름병
④ 수박 덩굴쪼김병

해설
벼 흰잎마름병은 강풍에 의해 잎에 상처가 발생하고 세균이 상처로 침입한다.

06 고구마 검은무늬병 방제 방법으로 가장 효과적인 것은?
① 씨고구마를 노천매장한다.
② 씨고구마를 냉동고에 저장한다.
③ 씨고구마를 큐어링 처리한 후에 저장한다.
④ 씨고구마에 소독제를 살포한 후에 저장한다.

해설
씨고구마의 상처 부위로 고구마 검은무늬병의 균의 침입을 방지하기 위해 큐어링 작업을 실시한다.

정답 01 ① 02 ③ 03 ④ 04 ④ 05 ③ 06 ③

07 박테리오파지(bacteriophage)의 의미로 옳은 것은?

① 바이러스에 기생하는 세균
② 세균에 기생하는 바이러스
③ 바이러스를 제거하는 세균
④ 세균을 제거하는 바이러스

해설
박테리오파지는 세균에 기생하여 세균을 잡아먹는 바이러스이다.

08 식물병의 생태학적 방제 방법에 해당하는 것은?

① 토양 소독
② 살균제 살포
③ 미생물 이용
④ 재식밀도 조절

해설
생태학적 방제법에는 윤작, 혼작, 재식밀도 조절, 포장위생 등이 있다.

09 식물병을 일으키는 세균에 대한 설명으로 옳지 않은 것은?

① 단세포이다.
② 균사가 있다.
③ 세포벽이 있다.
④ 이분법으로 증식한다.

해설
세균은 세포벽을 가지고 있으나 핵막이 없고 이분법에 의해 증식한다. 균은 인공배지에서 배양 및 증식이 가능하며 운동기관인 편모를 가지고 있다.

10 식물병의 생물학적 진단방법으로 옳지 않은 것은?

① ELISA법
② 괴경지표법
③ 즙액접종에 의한 진단
④ 충체 내 주사법에 의한 진단

해설
ELISA는 효소결합항체법(Enzyme Linked Immunosorbent Assay)으로 효소와 바이러스의 반응을 통해 감염여부를 확인하는 면역학적 진단방법이다.

11 식물병원균의 생태형(RACE) 존재 여부를 인식할 수 있는 방법으로 가장 적합한 것은?

① 병원균의 형태적 변이
② 병원균의 병원성 차이
③ 병원균의 배양적 성질 차이
④ 병원균의 화학적 구성분 차이

해설
병원균이 특정 레이스에 효과를 발휘하는데 이러한 것은 병원성의 차이 때문이다.

12 다음은 어느 병원균에 대한 설명인가?

◎ 균사에 격벽이 없다.
◎ 유주자낭을 형성한다.
◎ 난포자를 형성한다.
◎ 토마토에도 병을 일으킨다.

① 감자역병균
② 감자 무름병균
③ 감자 Y바이러스
④ 감자 더뎅이병균

해설
감자역병균은 난균의 일종으로 균사에 격벽이 없고 유주자낭을 형성한다. 난포자를 형성하여 땅속에서 난포자형태로 월동하고 활동하기 적합한 환경이 되면 편모를 이용해 이동이 가능하다. 토마토에서도 발병하며 토마토 역병균이라 한다.

정답 07 ② 08 ④ 09 ② 10 ① 11 ② 12 ①

13 감자 Y 바이러스에 대한 설명으로 옳지 않은 것은?
① 진딧물에 의해 매개된다.
② 풍차형 봉입체를 형성한다.
③ 감염된 식물의 세포질 내에 흩어져 존재한다.
④ 감자 품종에 따라 병징이 다르지 않고 모두 유사하다.

> **해설**
> 감자 Y 바이러스는 품종에 따라 병징이 다르다.

14 오이 모자이크병을 매개하는 곤충은?
① 선충   ② 애멸구
③ 진딧물   ④ 끝동매미충

> **해설**
> 오이 모자이크병의 매개충은 진딧물이다.

15 벼 도열병을 일으키는 병원체는?
① 균류   ② 세균
③ 바이러스   ④ 파이토플라스마

> **해설**
> 벼 도열병은 진균에 의해 발생한다.

16 다음에 해당하는 용어로 옳은 것은?

> 병원체가 기주식물에 병을 일으키는 능력이다

① 특이성   ② 감수성
③ 병원성   ④ 기생성

> **해설**
> 식물에 병의 원인을 병원이라 하며 병을 일으키는 능력을 병원성이라 한다.

17 파이토플라스마에 의한 식물병의 전형적인 병징으로 거리가 먼 것은?
① 위축   ② 꽃의 엽화
③ 총생   ④ 비대

> **해설**
> 파이토플라스마에 의한 병징으로 총생, 위축, 엽화 등이 있다.

18 보리 겉깜부기병 방제 방법으로 가장 효과적인 것은?
① 윤작   ② 종자 소독
③ 밀식 재배   ④ 항생제 사용

> **해설**
> 보리 겉깜부기병은 종자의 냉수온탕침법이나 종자 소독 등이 효과적이다.

19 벼 흰잎마름병을 일으키는 병원체는?
① 세균   ② 곰팡이
③ 바이러스   ④ 파이토플라스마

> **해설**
> 벼 흰잎마름병은 세균에 의해 발생한다.

20 바이로이드에 의해 발생하는 식물병은?
① 벼 오갈병
② 감자 걀쭉병
③ 콩 모자이크병
④ 뽕나무 오갈병

> **해설**
> 감자 걀쭉병은 바이로이드에 의해 발생한다.

정답 13 ④ 14 ③ 15 ① 16 ③ 17 ④ 18 ② 19 ① 20 ②

2과목 농림해충학

21 진딧물 및 매미의 입틀 모양은?
① 씹기에 적합하다.
② 구멍 뚫기에 적합하다.
③ 핥아 먹기에 적합하다.
④ 찔러 빨아먹기에 적합하다.
> 해설
> 진딧물 및 매미는 찔러서 빨아먹는 자흡구형이다.

22 밤나무혹벌에 대한 설명으로 옳지 않은 것은?
① 유충으로 월동한다.
② 하나의 벌레혹에는 한 마리의 유충이 있다.
③ 천적으로 남색긴꼬리좀과 큰다리남색좀벌 등이 있다.
④ 내충성 품종을 사용한 것이 가장 효과적인 방제 방법이다.
> 해설
> 밤나무혹벌 유충이 벌레혹을 형성하고 무리지어 생활한다.

23 솔껍질깍지벌레에 대한 설명으로 옳지 않은 것은?
① 우리나라에서 곰솔의 피해가 가장 심하다.
② 가해 수종이 다양하여 대부분의 침엽수를 가해한다.
③ 방제 방법으로 침투성 살충제 수간주입법이 이용되고 있다.
④ 약충이 주로 줄기나 가지의 양료를 흡즙하여 가해한다.
> 해설
> 솔껍질깍지벌레는 가해 수종은 주로 소나무와 해송이며 특히 해안지방의 곰솔에 피해를 준다.

24 곤충의 가슴에 구성된 체절 수는?
① 2 ② 3
③ 6 ④ 11
> 해설
> 곤충의 가슴은 3마디의 체절로 구성되어 있다.

25 식물체의 뿌리, 줄기 또는 잎을 통하여 약제가 식물체 내에 들어가고 해충이 약제가 흡수된 식물을 섭식하는 경우에 해충 체내로 약제 성분이 들어가 죽게 하는 살충제는?
① 유인제 ② 훈증제
③ 소화중독제 ④ 침투성 살충제
> 해설
> 침투성 살충제는 식물의 일부에 처리시 식물 전체에 퍼지게 되어 흡즙성 해충을 선택적으로 제거 할 수 있다.

26 곤충의 소화계통 중에서 분해된 음식물의 영양분을 흡수하는 곳은?
① 중장 ② 침샘
③ 전장 ④ 후장
> 해설
> 곤충의 소화계에서 중장은 효소를 분비해 실질적인 소화 및 흡수작용을 한다.

27 성충과 유충이 모두 기주를 직접 가해하는 것은?
① 도둑나방
② 큰검정풍뎅이
③ 검거세미밤나방
④ 아메리카잎굴파리
> 해설
> 큰검정풍뎅이의 성충은 활엽수의 잎을 가해하고 유충은 땅속에서 뿌리를 가해한다.

정답 21 ④ 22 ② 23 ② 24 ② 25 ④ 26 ① 27 ②

28 우리나라에서 월동하기 힘들고 동남아시아 및 중국으로부터 비래하여 발생하는 해충은?

① 벼멸구 ② 애멸구
③ 끝동매미충 ④ 번개매미충

해설
벼멸구는 국내에서는 월동이 불가능하여 6월쯤부터 중국 남부지역에서 남서풍을 타고 비래한다.

29 다음 설명에 해당하는 해충은?

> 늦가을에 암수가 교미하여 월동난을 낳고 봄철에는 간모가 단위생식으로 증식을 한다. 일부 종은 겨울기주로 활엽수를, 여름기주로 초본류를 이용하여 기생한다.

① 점박이응애 ② 온실가루이
③ 끝동매미충 ④ 복숭아혹진딧물

해설
복숭아혹진딧물은 여름기주와 겨울기주가 있으며 월동란에 부화한 약충은 겨울기주의 어린 잎을 흡즙가해하며 신초도 가해한다. 5월쯤에는 유시충이 발생하여 여름기주에서 기주 전환을 하여 피해를 준다. 월동란은 4월쯤 부화한 간모가 여름에 단위생식을 통해 증식한다.

30 곤충의 휴면을 유발시키는 요인으로 가장 거리가 먼 것은?

① 천적 ② 먹이
③ 온도 ④ 일장조건

해설
곤충의 휴면을 유발시키는 요인으로 일장, 온도, 먹이 등이 있다.

31 지구상에서 곤충이 번성하게 된 이유로 가장 거리가 먼 것은?

① 공진화
② 짧은 세대
③ 키틴질의 골격구조
④ 낮은 유전적 상이성

해설
곤충이 번성하게 된 요인으로 짧은 세대, 작은 크기, 날개의 발달, 외골격의 발달, 완전변태 등이 있다.

32 벼물바구미의 분류학적 위치는?

① 메뚜기목 ② 노린재목
③ 딱정벌레목 ④ 총채벌레목

해설
벼물바구미는 딱정벌레목에 속한다.

33 곤충의 생식에 대한 설명으로 옳지 않은 것은?

① 양성생식 외에도 다양한 방법으로 생식한다.
② 암컷의 부속샘은 알을 코팅하는 기능이 있다.
③ 정자는 암컷의 체내에서 오래 살아 있을 수 없다.
④ 일반적으로 체내수정을 하지만 체외수정을 하는 경우도 있다.

해설
암컷에는 수정낭이 있어 상대적으로 정자가 오래 살아 남을 수 있다.

34 해충이 가해하는 기주의 연결이 옳지 않은 것은?

① 파밤나방 - 벼
② 멸강나방 - 보리
③ 담배나방 - 고추
④ 복숭아혹진딧물 - 가지

해설
파밤나방의 유충은 잡식성이며 채소, 화훼류 등을 가해한다.

정답 28 ① 29 ④ 30 ① 31 ④ 32 ③ 33 ③ 34 ①

35 곤충의 체벽을 이루는 조직으로 탈피 시 대부분이 체내로 흡수되어 재활용되는 것은?

① 외표피　② 진피층
③ 내원표피　④ 외원표피

해설
내원표피는 외원표피와 달리 무색이며 탈피를 할 때 재활용이 가능하다.

36 가로수에 밴딩(banding)을 하여 해충을 방제하는 주요 대상은?

① 도둑나방　② 심식나방
③ 잎말이나방　④ 미국흰불나방

해설
가로수의 밴딩을 통해 잠복소를 제공하여 미국흰불나방을 방제한다.

37 흡즙성 해충으로만 올바르게 나열한 것은?

① 벼멸구, 점박이응애
② 애풍뎅이, 화랑곡나방
③ 목화진딧물, 담배거세미나방
④ 조명나방, 톱다리개미허리노린재

해설
흡즙성 해충의 종류로 깍지벌레, 버즘나무방패벌레, 선녀벌레, 응애류, 진딧물류 등 이 있다.

38 이화명나방에 대한 설명으로 옳지 않은 것은?

① 뒷날개는 흰색이다.
② 더듬이는 몽둥이 모양이다.
③ 앞날개의 외연에는 검은점이 없다.
④ 앞날개는 엷은 갈색을 띤 회색이다.

해설
이화명나방 앞날개의 외면에는 7개의 작은 검은점이 있다.

39 세계에서 가장 많은 종이 기록되어 있어 많은 해충과 익충이 포함되어 있는 것은?

① 사마귀목　② 강도래목
③ 딱정벌레목　④ 흰개미붙이목

해설
곤충의 종 가운데 40% 정도인 35만여종을 차지하는 목이며 아직 미발견 종만 500만 여종이 넘는 것으로 세계에서 가장 많은 종이 기록되어 있다.

40 유약호르몬이나 탈피호르몬 등을 이용하는 농약계통은?

① 보조제
② 기피제
③ 곤충성장저해제
④ 신경계통저해제

해설
곤충의 변태에 관여하는 유약호르몬이나 탈피호르몬을 방해하여 발육과정의 교란을 통해 해충 발생을 억제하는 효과를 가지는 것을 곤충성장저해제 혹은 곤충성장 제어제라 한다.

3과목　농약학

41 농약의 독성을 표시할 때 사용하는 LD_{50}의 의미는?

① 완전치사량
② 30% 이상 살아남은 양
③ 60% 치사량
④ 중위치사량

해설
반수치사량(중위치사량)을 의미하는 LD_{50}으로 표시한다.

42 농약을 제조할 때 사용되는 가성소다 (NaOH)에 대한 설명으로 틀린 것은?
① 강알칼리이다.
② 상온에서 액체로 취기가 있다.
③ 조해성이 강하다.
④ 피부의 단백질을 녹이는 작용을 한다.

해설
가성소다는 상온에서 고체 상태이다.

43 유기인계 살충제의 공통적 특징에 대한 설명으로 틀린 것은?
① 접촉제로 강력하게 작용하며 훈증작용도 하고 소화 중독작용도 크다.
② 식물체에 흡수침투되어 살충작용을 한다.
③ 낮은 농도로도 큰 살충효과를 낸다.
④ 사람이나 가축에 대한 독성이 없다.

해설
유기인계 살충제는 사람이나 가축에 대한 독성이 강하다.

44 다음 중 식물생장조정제가 아닌 것은?
① Agrimycin
② MH-30
③ Gibberellin
④ β-indoleacetic acid

해설
아그리마이신(agrimycin)은 농용항생제이다.

45 사과, 수박의 탄저병에 적용하는 벤지미다졸계 살균제는?
① 베노밀   ② 보스칼리드
③ 비타타놀 ④ 빈클로졸린

해설
베노밀은 벤지미다졸계 살균제로 사과나무탄저병, 배 흰가루병, 수박 탄저병, 고추 탄저병 등에 효과적이다.

46 농약의 물리적 성질 중 습전성을 가장 잘 설명한 것은?
① 살포한 약액이 작물이나 해충의 표면에 잘 적시고 퍼지는 성질을 말한다.
② 약제와 물과의 친화도를 나타내는 성질을 말한다.
③ 약제는 물에 가했을 때 입자가 균일하게 부유, 분산 하는 성질을 말한다.
④ 부착한 약제가 이슬이나 빗물에 씻겨 내려가지 않고 식물체의 표면에 붙어 있는 성질을 말한다.

해설
습전성은 살포한 약액이 작물이나 해충의 표면에 퍼지는 성질로 액제시용제의 물리적 성질이다.

47 methyl bromide 에 대한 설명으로 틀린 것은?
① 훈증제 제형에 속한다.
② 증기압이 높은 약제이다.
③ 살충력이 강하고 폭발의 위험이 없다.
④ 곤충의 입을 통하여 곤충체내에 침입하는 식독제이다.

해설
메틸브로마이드(methyl bromide)는 훈증제로 가스를 이용하여 해충을 박멸한다.

48 살균제의 작용기작 중 호흡저해가 아닌 것은?
① SH 저해
② 전자 전달 저해
③ 단백질 합성 저해
④ 산화적 인산화 저해

해설
살균제의 작용기중 중 호흡저해의 종류에는 SH 저해, 전자전달 저해, ATP 생산 저해 가 있다.

정답 42 ② 43 ④ 44 ① 45 ① 46 ① 47 ④ 48 ③

49 접촉독, 소화중독으로 효과를 나타내는 유기인계 살충제로서 야생조류에 피해를 줄 수 있고 특히 꿀벌에 잔류독성이 강하여 사용시 주의하여야 하는 농약은?

① 페노뷰카브
② 에토펜프록스
③ 클로르피리포스
④ 아이소프로티올레인

해설
클로르피리포스는 유기인계 살충제로 주로 항공방역에 많이 이용되며 유독물질을 함유하고 있다. 꿀벌이 활동하는 꽃이 피는 기간에는 사용을 하지 않는 것이 좋다.

50 농약제형의 형태가 직접살포제로 사용되는 것은?

① 수화제
② 세립제
③ 유제
④ 액제

해설
농약제형 형태에서 직접살포제로 사용되는 것으로 세립제, 미립제, 미분제 등이 있다.

51 농약에 의한 약해 발생 원인이 아닌 것은?

① 기준 약량 이상 살포
② 척박한 논에 제초제 사용
③ 정지작업을 균일하게 한 후 농약 살포
④ 농약의 중복 및 근접 살포

해설
작물을 심기 전 토지의 정지작업은 농약의 약해에 영향을 주지 않는다.

52 액체를 포유동물에 경구 투여한 고독성농약을 반수치사약량[mg/kg 체중]으로 나타낸 수치로서 옳은 것은?

① 20 미만
② 20 ~ 200 미만
③ 200 ~ 2000 미만
④ 2000 이상

해설
독성에서 고독성의 액체 반수치사량은 20 이상 200 미만 mg/kg 체중이다.

53 농약의 주성분에 의한 분류로 주로 제초제나 생장조정제로 이용되고 있는 농약은?

① 유기비소계
② 피레스로이드계
③ 유황계
④ 페녹시계

해설
페녹시계는 호르몬 작용의 교란을 일으키는 호르몬형 제초제로 생장에 이상을 일으키는 제초제나 생장조정제로 이용된다.

54 25% DDT 유제(비중 : 1.0) 100ml 를 0.05% 의 살포액으로 만드는데 소요되는 물의 양은 약 몇 L 인가?

① 5
② 25
③ 50
④ 100

해설
희석할물의 양
$= 원액용량 \times \left(\dfrac{원액농도}{희석할 농도} - 1 \right) \times 원액비중$
$= 100ml \times \left(\dfrac{25\%}{0.05\%} - 1 \right) \times 1$
$= 49,900ml \fallingdotseq 50L$

55 살포된 분제가 식물체 표면에 잘 달라붙게 하는 성질을 무엇이라 하는가?

① 안정성
② 분산성
③ 비산성
④ 부착성

해설
부착성은 살포한 약액이 식물체에 붙는 성질을 말한다.

56 대표적인 약제로서 Drin, DDT, BHC 이며 사람이나 동물의 체내에 들어가면 분해되어 배설되지 않고 체내의 지방조직에 축적되는 성질이 있는 약제는?

① 유기인제
② 유기염소제
③ 카바메이트계
④ 디티오카바메이트제

해설
유기염소제에는 DDT, BHC 등이 대표적이며 벼 도열병 약제로 개발되었으나 약해가 있고 체내에 들어가 분해가 되지 않아 현재는 사용이 중단되었다.

57 펜프로파트린 유제를 1000배액으로 희석하여 10a 당 140L 를 분무하려고 할 때 원액 몇 ml 가 필요한가?

① 70 ml
② 140 ml
③ 280 ml
④ 350 ml

해설
소요약량(배액)
$= \dfrac{\text{단위 면적당 사용량}}{\text{소요 희석배수}}$
$= \dfrac{140{,}000 ml}{1000} = 140 ml$

58 다음과 같은 화학구조를 가지는 제초제는?

① 2,4-D
② EPN
③ MCP
④ TBA

해설
MCP는 페녹시계 제초제로 화학식은 $C_9H_9O_3Cl$ 이다.

59 다음 화합물 중 협력제는?

① Pyrophylite
② Bentonite
③ Alkylsulfonate
④ Piperonyl butoxide

해설
Piperonyl butoxide 은 Pyrethrin 의 약효를 상승시켜 주는 협력제이다.

60 수(水)불용성인 농약원제로써 제품을 만들려고 할 때 적당한 제조형태가 아닌 것은?

① 유제
② 수화제
③ 액제
④ 입제

해설
주제가 수용성인 경우 액상으로 살포하는 농약원제에 적합하며 반대로 수불용성인 농약 원제는 액제에는 적합하지 않다.

4과목 잡초방제학

61 바람에 의한 잡초 종자의 이동 거리가 가장 먼 것은?

① 민들레
② 바랭이
③ 도꼬마리
④ 소리쟁이

해설
민들레는 바람에 의해 비산하며 관모가 있어 멀리 이농한다.

62 벼의 경우 밭보다 논에서 잡초가 적게 발생하는 주요 이유는?

① 물을 가두기 때문이다.
② 비료를 많이 주기 때문이다.
③ 햇빛을 많이 받기 때문이다.
④ 작물 생육이 느리기 때문이다.

해설
논은 물에 잠겨있어 산소의 공급이 차단되어 잡초의 발생이 적다.

정답 56 ② 57 ② 58 ③ 59 ④ 60 ③ 61 ① 62 ①

63 잡초에 의한 작물 피해에 대한 설명으로 옳은 것은?
① 작물의 영양 생장기에만 피해가 발생한다.
② 작물의 양분을 탈취하지만 광합성을 방해하지 않는다.
③ 작물이 결실하는 종자의 수와 양에도 피해가 발생한다.
④ 같은 작물이면 잡초에 의한 피해 정도는 품종간에 차이가 없다.

해설
잡초와의 경합으로 결실하는 종자의 양에 피해를 받게 된다.

64 잡초와의 광경합에서 가장 유리한 벼 품종은?
① 초관 형성이 늦은 단간종
② 초관 형성이 빠른 단간종
③ 초관 형성이 늦은 장간종
④ 초관 형성이 빠른 장간종

해설
광경합에 유리한 품종으로 초관형성이 빠른 장간종으로 한다.

65 잡초의 생리적인 특징으로 옳지 않은 것은?
① 불량한 환경 조건에 잘 적응한다.
② 광합성 효율이 높고 생장이 빠르다.
③ 종자 또는 영양번식을 하여 생식력이 높다.
④ 종자의 휴면성이 크지 않아 지속적으로 생육한다.

해설
잡초는 종자의 휴면성이 강하며 불리한 환경에서 휴면이 발생한다.

66 질소나 인산을 비롯한 카드뮴, 니켈 및 페놀계의 독물질을 다량 흡수하여 수질을 정화시키는 능력이 가장 우수한 잡초는?
① 비름 ② 명아주
③ 바랭이 ④ 부레옥잠

해설
부레옥잠은 수생부유잡초로 질소, 인산, 카드뮴, 니켈, 페놀계 등의 독물질을 흡수하여 정화시키는 능력이 있으며 그중에서도 질소, 인산, 칼륨에 대한 뛰어난 정화능력을 가진다.

67 잡초 종이 가장 많은 것은?
① 콩과 ② 화본과
③ 비름과 ④ 마디풀과

해설
국내의 주요 분포 비율이 높은 잡초로 국화과, 화본과, 방동사니과가 대부분을 차지하고 있다.

68 다음 중 작물의 전 생육기간에 비하여 잡초경합 한계기간이 가장 긴 것은?
① 벼 ② 녹두
③ 땅콩 ④ 양파

해설
잡초경합한계기간의 예로 녹두는 21~35일, 벼는 30~40일, 콩은 42일, 옥수수는 49일, 양파는 56일 정도이다.

69 잡초 방제 방법으로 적합하지 않은 것은?
① 돌려짓기
② 다비 재배
③ 작물 종자 정선
④ 육묘 이식 재배

해설
다비재배는 표준시비량보다 많은 양의 비료를 주는 방법으로 오히려 잡초의 발생량이 늘어난다.

정답 63 ③ 64 ④ 65 ④ 66 ④ 67 ② 68 ④ 69 ②

70 제초제를 안전하게 사용하는 방법으로 옳지 않은 것은?

① 살포작업은 한 사람이 2시간 이상 계속하지 않는다.
② 중독 증상이 발생하는 경우 즉시 작업을 중지한다.
③ 작물보호제 지침서를 확인하여 제초제를 선택한다.
④ 사용하고 남은 제초제는 다른 용기에 옮겨 담아 서늘한 장소에 보관한다.

해설
사용하고 남은 제초제는 다른 용기에 보관하면 성분이 변하거나 약제 확인이 어려워 농약 포장지 그대로 담아 밀봉 후 바람이 통하는 서늘한 곳에 보관한다.

71 잡초 발생으로 예상하는 피해가 아닌 것은?

① 농작업 방해
② 토양 침식 조장
③ 농작물 품질 저하
④ 병해충의 중간 기주

해설
잡초는 토양에 유기물을 공급하여 토질을 개선시켜 토양 침식을 방지해 준다.

72 사초과 잡초가 아닌 것은?

① 뚝새풀   ② 올방개
③ 향부자   ④ 너도방동사니

해설
뚝새풀은 화본과 잡초이다.

73 군락 내 잡초의 총건물중이 200g, 강피의 건물중이 150g 이면 강피의 중요값은?

① 25%   ② 75%
③ 100%   ④ 133%

해설
중요값은 잡초군락의 우점정도를 나타내는 지표로 잡초의 총 건물중 중에서 강피가 차지하는 건물중의 비율로 나타낸다.
< (150g ÷ 200g)×100 = 75% >

74 제초제를 연용해도 저항성 잡초의 발현사례가 적은 이유로 옳지 않은 것은?

① 제초제의 약효 지속성이 짧다.
② 토양에 많은 양의 감수성 잡초 종자가 존재한다.
③ 잡초의 생식 및 번식빈도가 1년에 수회 반복한다.
④ 감수성 잡초보다 저항성 잡초 계통의 고정율이 낮다.

해설
잡초는 제초제와의 교차저항성이 적고 저항성 계통의 생장 및 생산이 열세라 저항성 잡초의 발현사례가 적다.

75 식물병원균이나 곤충을 이용하여 잡초를 방제하는 방법은?

① 생물적 방제 방법
② 화학적 방제 방법
③ 재배적 방제 방법
④ 물리적 방제 방법

해설
식물병원균이나 천적곤충을 이용하는 잡초 방제는 생물적 방제법이다.

76 입제형 제초제에 대한 설명으로 옳지 않은 것은?

① 액제보다 부피가 크다.
② 물이나 바람에 쉽게 이동하지 않는다.
③ 액제에 비해 균일하게 살포하기가 어렵다.
④ 작물 잎에 직접 붙지 않아 약해 발생이 적다.

해설
입제형 제초제는 물이나 바람에 이동한다.

정답 70 ④   71 ②   72 ①   73 ②   74 ③   75 ①   76 ②

77 다른 잡초 방제 방법과 비교한 화학적 방제 방법의 단점으로 옳은 것은?

① 제초 효과가 낮다.
② 노력과 비용이 많이 든다.
③ 환경에 대한 안정성이 낮다.
④ 일정한 지역에 처리가 불가능하다.

해설
화학적 방제법은 약품의 효과는 빠르나 환경에 대한 안정성이 낮고 인축에 피해를 주기도 한다.

78 혼합 제초제에 대한 설명으로 옳지 않은 것은?

① 살초폭을 넓힌다.
② 살포 비용을 감소시킨다.
③ 제초제 간의 작용성이 길항적 효과가 있어야 한다.
④ 작용성이 서로 다른 두 가지 이상의 제초제를 혼합하여 사용하는 것이다.

해설
혼합 제초제 약효의 효과를 높이기 위해 혼합하여 사용하기에 길항적 효과가 나타나지 않도록 해야 한다.

79 주로 논에서 발생하는 다년생 잡초가 아닌 것은?

① 생이가래   ② 나도겨풀
③ 개구리밥   ④ 너도방동사니

해설
생이가래는 1년생 수생잡초이다.

80 제초제 종류의 특성에 대한 설명으로 옳지 않은 것은?

① 시마진은 흡수 이행형 제초제이다.
② 리뉴론은 광합성 저해형 제초제이다.
③ 2,4-D는 설포닐우레아계 제초제이다.
④ 알라클로르는 단백질 합성을 저해한다.

해설
2,4-D 는 유기화합물 페녹시계 제초제이다.

정답 77 ③ 78 ③ 79 ① 80 ③

국가기술자격 필기시험문제

2019년 산업기사 제4회 과년도 기출문제

자격종목	종목코드	시험시간	형별
식물보호산업기사		2시간	

1과목 식물병리학

01 해외에서 수입하는 식물이나 농산물의 검사를 통하여 병원체의 침입을 막는 예방법을 무엇이라고 부르는가?
① 제거법 ② 치료법
③ 면역법 ④ 식물검역

해설
외국에서 유입되는 식물 및 병원체의 침입을 막는 방법을 식물검역이라 하며 예방적 방제법에 속한다.

02 오이 노균병균이 형성하는 포자의 종류로 가장 옳은 것은?
① 유주자 ② 여름포자
③ 겨울포자 ④ 자낭포자

해설
오이 노균병균은 분생포자가 토양에서 월동하고 이후 발아하면 유주자가 형성된다.

03 다음 중 진균에 해당하지 않는 것은?
① 불완전균류 ② 자낭균류
③ 담자균류 ④ 난균류

해설
난균류는 진균과 모양은 유사하나 격벽이 없고 세포벽에 셀룰로오스를 함유하고 있으며 유주자에 의해 무성번식을 하는 것이 특징이다.

04 종합적 식물병해 방제 프로그램의 주된 목표로 가장 거리가 먼 것은?
① 병원균을 완전히 제거하는 것
② 최초 전염원을 제거하거나 감소시키는 것
③ 최초 전염원의 효능을 감소시키는 것
④ 기주의 저항성을 높이는 것

해설
식물병의 방제는 병을 예방하거나 줄이는데 목적을 두고 있다

05 다음 중 비전염성 병원으로 가장 거리가 먼 것은?
① 부적당한 온도
② 각종 화학물질
③ 병원성 바이로이드
④ 부적당한 토양조건

해설
바이로이드는 단백질껍질이 없는 RNA 로 구성된 전염성 병원이다

06 오이 모자이크병 방제방법에 대한 설명으로 가장 옳지 않은 것은?
① 저항성 품종을 재배한다.
② 페나리몰 유제를 적기에 살포한다.
③ 포장 주변에 전염 가능성이 있는 잡초를 제거한다.
④ 시설재배 시 입구에 방충망을 설치하여 진딧물의 침입을 막는다.

해설
페나리몰은 살균제로 흰가루병 등에는 효과가 있으나 바이러스에 의해 발생한 모자이크병의 방제에는 적합하지 않다.

정답 01 ④ 02 ① 03 ④ 04 ① 05 ③ 06 ②

07 수목병해의 표징 중 번식기관에 의한 표징으로 가장 거리가 먼 것은?
① 포자 ② 분생자병
③ 균사체 ④ 포자낭

해설
균사체는 영양기관에 의한 표징이다.

08 병원체가 병든 식물의 병환부 또는 병변부에 나타나서 병원체의 존재를 눈으로 확인할 수 있는 경우가 있는데 이를 무엇이라 하는가?
① 표징 ② 병징
③ 병원성 ④ 비병원성

해설
표징은 식물병이 발생시 병원체 자체가 나타나 식별이 가능한 경우를 말한다.

09 다음 중 수공감염으로 가장 많이 일어나는 식물의 병은?
① 벼 흰잎마름병
② 감자 더뎅이병
③ 고구마 무름병
④ 보리 겉깜부기병

해설
벼 흰잎마름병은 세균이 수공이나 상처를 통해 침입하며 도관에서 증식하여 피해를 준다.

10 잣나무 털녹병균의 중간기주로 가장 옳은 것은?
① 리시안셔스 ② 현호색
③ 배나무 ④ 송이풀

해설
잣나무 털녹병균의 중간기주로 송이풀, 까치밥나무가 있다.

11 일반적인 세균의 침입처로 가장 거리가 먼 것은?
① 각피 ② 밀선
③ 상처 ④ 수공

해설
세균은 주로 기공, 수공, 밀선 등의 자연개구부나 상처부위를 통해 침입한다.

12 식물병원 세균의 핵산과 인지질 합성에 가장 많이 사용되는 것은?
① Ca ② P
③ K ④ Na

해설
인(P)는 세균의 핵산과 인지질 합성, 단백질 합성 등에 많이 이용되는 구성성분이다.

13 병원체에 대하여 완전면역성을 가지고 있는 것은?
① 비기주저항성 ② 내성
③ 세포질저항성 ④ 진정저항성

해설
해당작물이 병원체의 기주가 아닌 완전면역성을 가지는 성질을 비기주저항성이라 한다.

14 저장곡물에 Aflatoxin 이라는 독소를 생성하는 균으로 가장 옳은 것은?
① *Aspergillus flavus*
② *Ascochyta pisi*
③ *Amylase*
④ *Alternaria mali*

해설
*Aspergillus flavus*는 토양에 흔히 존재하는 곰팡이균으로 아플라톡신(Aflatoxin)을 생산한다.

정답 07 ③ 08 ① 09 ① 10 ④ 11 ① 12 ② 13 ① 14 ①

15 접목에 의한 작물병 방제에 가장 효과적인 병은?

① 사과 고접병
② 박과 작물 덩굴쪼김병
③ 고추 탄저병
④ 배 검은무늬병

[해설]
박과작물은 접목육묘를 통해 토양전염성관련 식물병인 덩굴쪼김병에 발생이 줄어들게 되고 불량환경에 대한 내성도 증가한다.

16 다음 중 순활물기생균에 의한 병으로 가장 옳은 것은?

① 강낭콩 탄저병
② 고추 역병
③ 가지 풋마름병
④ 사과나무 흰가루병

[해설]
순활물기생균으로 녹병균, 노균병균, 흰가루병균 등이 있다.

17 균의 종류에 따른 세포벽 구성성분에 대한 설명으로 가장 옳은 것은?

① 고구마 무름병균은 키틴이 없고, 다량의 섬유소를 갖고 있다.
② 감자 역병균은 키틴이 없고 소량의 섬유소를 갖고 있다.
③ 벼 도열병균은 키틴이 없고 소량의 섬유소를 갖고 있다.
④ 벼 흰잎마름병균은 키틴과 다량의 섬유소를 갖고 있다.

[해설]
감자역병은 난균문에 속하며 난균문은 특성상 세포벽에 키틴이 없고 소량의 섬유소와 글루칸을 갖고 있다.

18 다음 중 전형적인 표징이 나타나지 않는 식물병은?

① 오이 흰가루병
② 과수류 날개무늬병
③ 과수류 근두암종병
④ 보리 붉은곰팡이병

[해설]
과수류의 근두암종병은 뿌리혹병이라 하며 세균에 의해 발생되어 주로 병징이 나타나며 표징은 나타나지 않는다.

19 느티나무 흰별무늬병(백성병)의 외부병징과 표징에 대한 설명으로 가장 옳은 것은?

① 부정형의 병반으로 확대되고 중앙부분은 회백색이 되며 병자각이 형성된다.
② 잎에 윤문상의 갈색무늬가 나타나며 소립점(분생자퇴)이 동심원형으로 나타난다.
③ 부정형 병반이 갈색을 띠고 병반 내부는 회갈색을 띠며 자좌가 형성된다.
④ 잎의 양면에 적갈색 반점이 나타나며 나중에 갈색, 회갈색의 원형이 되고 흑색, 흑갈색의 작은 돌기(자실체)가 나타난다.

[해설]
초기 작은 갈색의 반점인 부정형의 병반들이 확대되어 불규칙한 다각형의 병반이 되고 중앙부는 회배시이 된다. 이후 분색포자각인 흑갈색의 절이 나타난다.

20 봄에 배롱나무 흰가루병의 전염원에 대한 설명으로 가장 옳은 것은?

① 낙엽에서 자낭포자가 비산하여 1차 전염원이 된다.
② 낙엽에서 담자포자가 비산하여 1차 전염원이 된다.
③ 낙엽에서 병자포자가 비산하여 1차 전염원이 된다.
④ 낙엽에서 동포자가 비산하여 1차 전염원이 된다.

정답 15 ② 16 ④ 17 ② 18 ③ 19 ① 20 ①

> **해설**
> 배롱나무 흰가루병은 자낭균류에 의해 발생하며 병원균은 병든 낙엽의 흰가루 병반 위에서 자낭구로 겨울을 보내고 봄에 자낭포자가 바람에 날려 전파되면서 제 1 차 감염이 일어난다.

2과목 농림해충학

21 다음 중 1세대를 경과하는 데 가장 긴 시간이 필요로 하는 곤충으로 옳은 것은?
① 말매미
② 장수풍뎅이
③ 뽕나무하늘소
④ 소나무좀

> **해설**
> 말매미는 1세대 경과에 6년 이상이 소요되어 다른 곤충보다 길다.

22 다음 중 곤충의 통신수단으로 가장 적절하지 않은 것은?
① 맛에 의한 통신
② 접촉에 의한 통신
③ 청각에 의한 통신
④ 시각에 의한 통신

> **해설**
> 곤충의 통신수단의 경우 꿀벌이나 개미 등은 더듬이를 이용하는 촉각이 있으며 매미나 귀뚜라미의 경우 진동에 의한 울음소리로 청각에 의한 방법을 이용한다. 시각의 경우 꿀벌이 대표적이며 춤이나 비행방법을 통해 시각적으로 정보를 전달한다.

23 다음 중 누에의 식성으로 가장 적절한 것은?
① 부식성
② 잡식성
③ 광식성
④ 단식성

> **해설**
> 누에는 뽕나무의 잎만 먹는 단식성이다.

24 다음 중 유충의 발육과 성충의 생식활동에 영향을 주는 유약호르몬을 분비하는 곤충의 기관은?
① 카디아카체
② 알라타체
③ 앞가슴샘
④ 가슴샘

> **해설**
> 곤충의 분비계에 알라타체는 성충으로 발육을 억제하는 유충호르몬을 만든다.

25 곤충에서 파악기(Clasper)가 하는 일은?
① 휴면 시 사용한다.
② 멀리 뛰는 데 사용한다.
③ 토양 속을 파는 데 사용한다.
④ 교미 시에 사용한다.

> **해설**
> 외부생식기 중 하나인 파악기는 교미할 때 사용한다.

26 다음 중 점박이응애에 대한 설명으로 옳지 않은 것은?
① 암컷의 길이가 수컷에 비해 짧다.
② 성충으로 월동한다.
③ 숙주식물의 잎에서 즙액을 빨아 먹는다.
④ 천적으로는 왕게응애와 신이리응애가 있다.

> **해설**
> 암컷이 수컷보다 크기가 크다.

27 다음 중 사과나무에 가장 많이 발생하는 진딧물은?
① 벚잎혹진딧물
② 아까시나무진딧물
③ 조팝나무진딧물
④ 목화진딧물

> **해설**
> 조팝나무진딧물은 1년에 10회 발생하며 사과나무, 배나무 등에 피해를 준다. 유충이 다량 발생하여 배설물로 인해 그을음병이 생기기도 한다.

정답 21 ① 22 ① 23 ④ 24 ② 25 ④ 26 ① 27 ③

28 다음 중 곤충 체벽의 기능으로 가장 적절하지 않은 것은?

① 제1차 면역기관
② 혈구세포 분화
③ 수분의 증발 억제
④ 근육의 부착점

> **해설**
> 곤충의 체벽은 수분의 증발 억제, 근육의 부착점 역할, 외부에서의 물리적 보호 및 형태의 유지, 병균에 대한 1차 면역기관의 역할을 한다.

29 다음 중 소나무재선충을 옮기는 매개충으로 가장 옳은 것은?

① 알락하늘소   ② 미끈이하늘소
③ 솔수염하늘소 ④ 털두꺼비하늘소

> **해설**
> 솔수염하늘소는 소나무재선충의 매개충으로 천공성 해충에 속한다.

30 다음 중 담배나방에 대한 설명으로 가장 옳지 않은 것은?

① 고추의 주요 해충 중 하나이다.
② 1년에 1회 발생한다.
③ 땅속에서 번데기로 월동한다.
④ 담배에 피해를 준다.

> **해설**
> 담배나방은 1년에 3회 발생한다.

31 곤충의 번성원인으로 가장 거리가 먼 것은?

① 소형이고 날개가 있다.
② 행동이 민첩하고 농약에 강하여 생존율이 높다.
③ 세대가 짧고 산란수가 많다.
④ 불리한 환경에 적응하기 위해 휴면을 한다.

> **해설**
> 곤충이 번성하게 된 요인으로 짧은 세대, 작은 크기, 날개의 발달, 외골격의 발달, 완전변태 등이 있다. 곤충의 경우 행동이 느리며 농약에 대해서 생존율이 낮은 편이다.

32 다음 중 잠자리 유충의 호흡방식으로 가장 옳은 것은?

① 주기적으로 수면으로 부상하여 호흡한다.
② 공기주머니를 통한 수중 호흡방식이다.
③ 몸 표면 전체의 얇은 막을 통한 가스 교환방식이다.
④ 기관아가미를 통한 수중 호흡방식이다.

> **해설**
> 잠자리 유충의 경우 기관아가미를 통해 호흡하며 직장 속에 있기 때문에 겉으로 보이지는 않는다.

33 다음 중 멸구 등 비래해충을 대상으로 하는 해충 발생밀도 조사법으로 가장 적절한 것은?

① 페로몬조사법
② 공중포충망조사법
③ 예열조사법
④ 예찰등조사법

> **해설**
> 공중포충망조사법은 멸구류를 채집하고 조사하기 가장 쉬운 방법으로 많이 이용된다.

34 다음 중 완전변태류 곤충으로 가장 적절하지 않은 것은?

① 풀잠자리   ② 배추흰나비
③ 벼룩   ④ 흰개미

> **해설**
> 흰개미는 불완전변태류에 속한다.

35 다음 중 곤충이 가장 잘 반응하는 색에 속하는 것은?
① 흑색 ② 녹색
③ 적색 ④ 백색

해설
곤충이 잘 감지하는 파장대가 있으며 주로 청색이나 녹색의 파장대이다.

36 다음 중 논의 벼멸구를 방제할 때 살충제를 물에 희석하지 않고 사용하는 제형으로 가장 옳은 것은?
① 유제 ② 입제
③ 수화제 ④ 액상수화제

해설
입제는 유효성분을 고형증량제, 안정제, 계면활성제 등을 넣어 입상으로 성형한 제제이다. 대표적으로 벼멸구 방제를 위해 카보퓨란입제를 이용한다.

37 다음 중 코일 모양의 입을 가진 해충으로 가장 옳은 것은?
① 가시점둥글노린재
② 고자리파리
③ 배추흰나비
④ 벼멸구

해설
배추흰나비의 성충은 흡관구형으로 마치 코일과 같은 대롱모양의 긴 주둥이를 가진다.

38 곤충 수컷의 생식기관에서 볼 수 없는 것은?
① 저장낭 ② 수정관
③ 난황소 ④ 부속샘

해설
수컷의 생식기관은 고환(정집), 수정관과 저장관, 사정관, 부속샘, 교미기 등이 있다.

39 해충에 대한 식물의 저항성으로 해충의 생장이나 생존에 불리하게 작용하는 것은?
① 항생성 ② 항접근성
③ 내성 ④ 균근성

해설
항생성은 곤충의 대사작용에 부정적인 영향을 주어 생존에 불리하게 하는 작용을 한다.

40 다음 중 말피기관에 대한 설명으로 가장 거리가 먼 것은?
① 배설계에 속하는 기관이다.
② 진딧물에서 볼 수 있다.
③ 중장과 후장이 만나는 곳에서 후장과 연결되어 있다.
④ 혈액 속에서 물 등을 흡수하여 후장으로 이동시킨다.

해설
진딧물의 경우 말피기관이 없으며 다른 대부분의 곤충에서는 관찰된다.

3과목　　농약학

41 페녹시계 제초제인 2,4-D의 작용기작은?
① 광합성의 저해
② 호흡작용의 억제
③ 호르몬작용의 교란
④ 단백질, 핵산 등의 합성 저해

해설
2,4-D 호르몬작용의 교란을 일으키는 페녹시계 제초제이다.

42 복합저항성에 대한 설명으로 틀린 것은?
① 살충제에 대하여 저항성이 발달한 해충은 한 번도 사용된 적이 없지만 작용기구가 같은 살충제에 대하여 저항성을 나타낸 것을 말한다.
② 살충작용이 다른 2 종 이상에 대하여 동시에 해충이 저항성을 나타내는 현상을 말한다.

정답　35 ②　36 ②　37 ③　38 ③　39 ①　40 ②　41 ③　42 ①

③ 두 개 이상의 유전자가 별개로 관여하고 있기 때문에 항상 같은 현상이 나타난다는 것이 한정되어 있지 않다.
④ 한 개체 안에 두가지 이상의 저항성 기작이 존재하기 때문에 발생하는 현상이다.

해설
복합저항성은 살충작용이 다른 2 종류 이상에 대해 동시에 해충이 저항성이 생기는 경우를 말한다.

43 농약관리법상 어독성 I 급으로 규정되는 농약의 반수치사농도(mg/L, 48시간) 범위 기준은?
① 0.1 미만   ② 0.5 미만
③ 1.0 미만   ④ 2.0 미만

해설
어독성 I 급은 0.5 미만(ml/L, 48시간)을 기준으로 한다.

44 Sulfoxide, N-Propylisome 과 같이 농약에 첨가하여 효력이 좋아지게 하는 물질을 통칭하는 것은?
① 불임화   ② 대사길항물질
③ 알킬화제   ④ 협력제

해설
협력제는 농약의 효력을 증진시키기 위해 첨가하는 물질로 협력제에는 Piperonyl butoxide, Sulfoxide, 황산아연, Sesamex 등이 있다.

45 다음 중 낙엽억제제는?
① 아세트산   ② 카이네틴
③ 아브사이신II   ④ 지베렐린

해설
아브사이신은 낙엽이나 과일의 성숙을 촉진시킨다.
※ 문제에 다소 오류가 있는 것으로 판단됩니다. 답은 3번으로 나왔으나 아브사이신의 경우 낙엽을 촉진하는 역할을 합니다. 문제에서 요구하는 낙엽억제제에는 옥신계통이 낙엽이나 낙과를 방지해줍니다.

46 항생제인 가스가마이신 액제의 주된 살균기작은?
① 항균력 증가
② 단백질 합성 저해
③ 멜라닌색소 합성 저해
④ 콜린에스테라제 효소 활성 저해

해설
가스가마이신의 작용기작으로 단백질의 합성을 저해한다.

47 농약에 의한 약해 발생의 원인이라고 볼 수 없는 것은?
① 고농도 살포
② 합리적 혼용
③ 사용방법 미숙
④ 부적합한 약제 사용

해설
부적합한 혼용의 경우 약해 발생을 야기할수 있으나 합리적 혼용은 약효의 효과를 증가시키고 약해를 거의 발생하지 않는다.

48 저장하고 있는 곡물이나 종자 등에 발생하는 해충을 방제하는 데 주로 쓰이는 제형은?
① 유제   ② 액제
③ 수화제   ④ 훈증제

해설
밀폐된 공간에서 저장 곡물이나 종자의 경우 가스를 이용하여 해충을 방제하는 훈증제가 적합하다.

49 예방이나 치료효과를 나타내는 침투성 살균제가 아닌 것은?
① IBP 제   ② Carboxin 제
③ Benomyl   ④ Mancozeb

해설
만코제브(Mancozeb)는 유기황제 살균제로 일종의 보호살균제이다.

정답 43 ② 44 ④ 45 ③ 46 ② 47 ② 48 ④ 49 ④

50 다음 농약의 제형 중 농약 제조에 사용되는 유기용매를 줄이기 위한 방안으로 개발된 친환경적 제형은?

① 액상수화제 ② 액제
③ 유탁제   ④ 수화제

해설
유탁제는 용매에 잘 녹지 않는 물질을 용매에 잘 분산시켜 유기용매의 사용량을 줄이기 위해 첨가하는 물질이다.

51 다음 중 비이온성 계면활성제는?

① 인산염
② 황산염
③ 카르본산염
④ Polyoxyethylene Glycol 과 지방산의 에스테르

해설
비이온성 계면활성제는 물에 이온화되지 않고 용해되는 계면활성제로 에스테르, 에테르, 산아미드 결합을 가지고 있다.

52 제초제의 선택적 고사요인 중 물리적 요인은?

① 농약의 효소적 분해
② 작물의 약제에 대한 내성
③ 호르몬형 제초제의 화본과 식물의 작용
④ 약제가 잡초의 발아층에 분포하는 성질

해설
제초제의 선택성에서 물리적 요인은 제초제의 처리 약량, 방법, 위치, 제형 등이 있으며 약제가 잡초의 발아층에 분포하는 성질은 위치에 속한다.

53 농약의 구비조건이 아닌 것은?

① 인축에 대한 독성이 낮아야 한다.
② 작물에 대한 약해작용을 일으켜서는 안된다.
③ 토양에 오래 잔류하여야 한다.
④ 다른 약제와 혼용이 가능하고 천적, 어류에 대한 독성이 낮아야 한다.

해설
농약의 경우 토양에 너무 오래 잔류하면 잔류농약에 의한 약해가 발생할 수 있어 오래 잔류해서는 안된다.

54 분제의 물리적 성질만 나열한 것은?

① 습윤성, 분산성, 부착성
② 현수성, 습윤성, 부착성
③ 확전성, 부착성, 비산성
④ 분산성, 비산성, 토분성

해설
분제의 물리적 성질에는 토분성, 부착성, 분산성, 비산성, 안전성 등이 있다.

55 다조멧 85% 분제 1kg 을 50% 의 분제로 만들려면 증량제가 얼마나 필요한가?

① 0.58 kg   ② 0.70 kg
③ 1.00 kg   ④ 1.50 kg

해설
희석할증량제양 = 원분제중량 $\times (\frac{원분제농도}{목표농도} - 1)$
$= 1kg \times (\frac{85\%}{50\%} - 1) = 0.7 kg$

56 다음 농약 중 저항성 유발 우려가 가장 높은 약제는?

① 가스가마이신 ② 에디벤포스
③ 페노뷰카브   ④ 석회 유황합제

해설
침투성 농약인 가스가마이신의 경우 방제율은 높으나 실제로 저항성이 유발되는 사례가 많아 동일 약제의 연용하지 않도록 권장하고 있다.

정답 50 ③ 51 ④ 52 ④ 53 ③ 54 ④ 55 ② 56 ①

57 농약의 독성을 나타내는 LD_{50} 의 의미로 옳은 것은?

① 시험동물의 50%가 생존할 수 있는 농약의 양을 의미한다.
② 시험동물을 시험하기 위해 농약의 양이 50%가 유지되는 것을 의미한다.
③ 시험동물의 체중 kg 당 몇 mg 의 농약을 투여하였을 때 시험동물의 반수가 죽게 되는가를 의미한다.
④ 시험동물의 비율이 전체 시험동물의 50% 이상 되어야 하는 것을 의미한다.

해설
동물의 반수인 50%정도가 치사하는 약품의 양을 반수치사량(LD_{50})이라 하며 mg/kg 으로 표시한다

58 농약관리법상 농약의 급성독성 정도에 따른 농약 구분이 아닌 것은?

① 급성독성   ② 저독성
③ 고독성   ④ 맹독성

해설
농약관리법상 농약의 급성독성은 정도에 따라 맹독성, 고독성, 보통독성, 저독성으로 분류한다.

59 뷰타클로르 유제를 500배로 희석하여 살포하려고 할 때, 물 1말(18L)에 필요한 약량은 몇 ml 인가?

① 18   ② 20
③ 36   ④ 72

해설
$$소요약량 = \frac{단위면적당사용량}{소요희석배수} = \frac{18000}{500} = 36ml$$

60 농약 살포 시 지켜야 할 사항으로 옳지 않은 것은?

① 제 4 종 복합비료와의 혼용은 약해를 일으키지 않는다.
② 농약 안전사용과 취급제한 기준은 반드시 지켜야 한다.
③ 다른 농약과 혼용할 때에는 혼용 가능 여부를 확인 후 사용한다.
④ 가급적 비선택성 제초제는 작물 근처에 뿌리지 않는다.

해설
제4종 복합비료와의 혼용은 약해를 일으킬 가능성이 있기에 혼용은 가능여부를 확인해야 한다.

4과목 잡초방제학

61 1년생 광엽잡초에서 줄기 및 윗부분에서 1차 예취를 하고 재생 후 아주 낮게 2차 예취를 해 주면 효과적인 제초가 가능하다. 이것은 식물의 어떤 특성을 이용한 것인가?

① 발아현상   ② 정아우세현상
③ 2차 휴면   ④ 체질적 다형성

해설
예취는 잡초를 베어 개화 및 결실을 방제하는 방법으로 줄기 및 윗부분을 예취하면 식물의 정단에서 옥신의 작용을 막아 잡초를 예방하게 된다. 이는 식물의 정아우세 현상을 이용한 방법이다.

62 다음 중 논잡초로만 나열된 것은?

① 사마귀풀, 올미, 쇠비름
② 명아주, 올미, 쇠비름
③ 물옥잠, 돌피, 여뀌바늘
④ 강아지풀, 참방동사니, 돌피

해설
논잡초에는 가래, 여뀌바늘, 피, 올방개, 올미, 너도방동사니, 물옥잠 등이 있다.

정답 57 ③ 58 ① 59 ③ 60 ① 61 ② 62 ③

63 다음 중 월년생 잡초로 가장 옳은 것은?

① 나도겨풀　② 토끼풀
③ 속속이풀　④ 띠

해설
월년생 잡초로는 달맞이꽃, 나도냉이, 엉겅퀴, 냉이, 별꽃, 속속이풀 등이 있다.

64 다음 중 영양번식기관에 해당하지 않는 것은?

① 잡종강세　② 인경
③ 구경　　　④ 지하경

해설
영양번식기관에는 포복경, 인경, 구경, 괴경, 지하경 등이 있다.

65 잡초에 대한 벼의 경합력을 높이는 재배방법으로 가장 적절한 것은?

① 직파재배를 한다.
② 소식재배를 한다.
③ 무경운재배를 한다.
④ 이앙재배를 한다.

해설
벼의 경합력에는 직파재배보다는 이앙재배가 유리하다.

66 식물의 백화증상을 유발시키는 약제가 있다. 이런 증상이 유도되는 이유에 대한 설명으로 가장 옳은 것은?

① 광합성 전자 전달과정을 저해하기 때문이다.
② 식물세포막을 급격히 파괴시키기 때문이다.
③ 단백질 생합성을 저해하여 엽록체가 파괴되기 때문이다.
④ 식물색소 중의 하나인 카로티노이드의 생합성이 억제되기 때문이다.

해설
카로티노이드는 엽록소를 보호하는 역할을 하는데 이러한 카로티노이드의 생합성을 억제하면 엽록소가 파괴되고 백화 증상이 나타나게 된다.

67 다음 중 종자가 암발아성인 잡초로 가장 옳은 것은?

① 냉이　　　② 소리쟁이
③ 바랭이　　④ 쇠비름

해설
암발아 종자는 별꽃, 냉이, 광대나물 등이 있다.

68 사람이나 동물에 부착되기 쉬운 낚시 바늘 모양의 돌기 또는 바늘 모양의 가시가 있는 잡초는?

① 냉이　　　② 도깨비바늘
③ 명아주　　④ 소리쟁이

해설
도꼬마리, 도깨비바늘 등은 갈고리 모양의 돌기로 사람의 옷이나 동물의 털에 부착되어 종자를 이동시킨다.

69 영양번식기관으로 번식하는 잡초는?

① 올방개　　② 알방동사니
③ 물달개비　④ 바랭이

해설
올방개는 괴경으로 번식한다.

70 작물과 잡초 간 경합의 한계밀도에 대한 설명으로 가장 옳은 것은?

① 경합에 의한 무기원소 결핍단계
② 잡초의 밀도가 어느 한계를 넘었을 때 작물의 수량을 크게 감소시키는 밀도
③ 영양생장에서 생식생장으로 넘어가는 한계
④ 작물의 밀도가 어느 한계를 넘었을 때 잡초와의 경합에 이길 수 있는 밀도

정답 63 ③　64 ①　65 ④　66 ④　67 ①　68 ②　69 ①　70 ②

> **해설**
> 잡초허용한계밀도는 잡초의 밀도가 증가하면 양분의 손실 등으로 작물의 수량이 감소하는 밀도이다. 허용한계밀도 이하로 잡초가 존재할 경우에는 작물의 수량에 영향을 미치지 않게 된다.

71 다음 중 부유성 수생잡초로만 나열된 것은?

① 생이가래, 흰명아주
② 부레옥잠, 좀개구리밥
③ 개구리밥, 올미
④ 생이가래, 쇠비름

> **해설**
> 부유잡초로는 부레옥잠, 개구리밥, 좀개구리밥, 생이가래 등이 있다.

72 다음 중 잡초의 학명이 틀린 것은?

① 올방개 : Eleocharis kuroguwai Ohwi
② 강피 : Monochoria vaginalis P
③ 너도방동사니 : Cyperus serotinus Rottb
④ 알방동사니 : Cyperus difformis L

> **해설**
> 강피의 학명은 < Echinochloa oryzicola Vasing > 이다.

73 벼와 피의 형태에 대한 설명으로 가장 옳은 것은?

① 벼에는 잎귀는 있으나 잎혀가 없다
② 피에는 잎귀가 있으나 잎혀가 없다
③ 피에는 잎귀와 잎혀가 있으나 벼에는 없다.
④ 벼에는 잎귀와 잎혀가 있으나 피에는 없다.

> **해설**
> 벼에는 잎혀와 잎귀가 있으나 피에는 없다.

74 다음 중 호르몬형 제초제로만 나열된 것은?

① Bensulfuron, Butachlor
② 2,4-D, Dicamba
③ Paraquat, Bentazone
④ Hexazinone, Alachlor

> **해설**
> 호르몬 작용의 교란에 관여하는 호르몬형 제초제 종류로 페녹시계(2,4-D, MCPP), 벤조산계(dicamba) 등이 있다.

75 잡초의 여러 기관에서 작물의 발아나 생육을 억제하는 특정 물질을 분비하여 피해를 주는 작용은?

① Transmission ② Blue Ray
③ Competition ④ Allelopathy

> **해설**
> 타감작용(allelopathy, 상호대립억제작용)이라 하여 근처 식물의 생육에 영향을 주는 방법을 이용한 방제법이다. 주로 인접 식물의 생육에 부정적인 영향을 끼쳐 생장을 저해시키거나 혹은 과도하게 촉진시키게 된다.

76 다음 중 택사과 잡초로 가장 옳은 것은?

① 사마귀풀   ② 알방동사니
③ 돌피   ④ 벗풀

> **해설**
> 올미, 벗풀 등은 택사과이다.

77 다음 중 외래잡초로만 나열된 것은?

① 미국개기장, 단풍잎돼지풀, 서양민들레
② 올챙이고랭이, 미국자리공, 생이가래
③ 서양민들레, 올방개, 방동사니
④ 단풍잎돼지풀, 미국가막사리, 중대가리풀

> **해설**
> 외래 잡초에는 미국가막사리, 미국개기장, 가는털비름, 단풍잎돼지풀, 소리쟁이, 도꼬마리, 서양민들레, 개망초, 애기달맞이꽃 등이 있다.

정답 71 ② 72 ② 73 ④ 74 ② 75 ④ 76 ④ 77 ①

78 방동사니과 잡초의 형태적 특징으로 가장 옳은 것은?

① 엽이가 있다.
② 잎이 좁고 능선이 없다.
③ 줄기가 삼각형이다.
④ 잎은 엽신과 엽초로 구분되어 있다.

해설
방동사니과 잡초는 화본과 잡초와 유사한 형태이나 줄기가 삼각형을 띠고 잎이 좁다.

79 설포닐우레아계 제초제의 작용기구로 가장 옳은 것은?

① 지질 생합성의 저해
② 아미노산 생합성의 저해
③ 호흡작용의 저해
④ 광합성의 저해

해설
설포닐우레아계 제초제의 작용기구는 아미노산 생합성 저해이다.

80 우리나라에서 가장 먼저 사용한 제초제는?

① 마세트 입제   ② 2,4-D 액제
③ 스톰프 유제   ④ 라쏘 유제

해설
국내의 경우 2,4-D 제초제는 1955년 쯤 부터 가장 먼저 사용되었다.

정답 78 ③   79 ②   80 ②

국가기술자격 필기시험문제

2020년 산업기사 제1·2회 과년도 기출문제

자격종목: 식물보호산업기사 | 시험시간: 2시간

1과목 식물병리학

01 1차 전염원에 대한 설명으로 가장 거리가 먼 것은?

① 겨울에 병원체가 휴면상태로 월동하고 다음해에 처음으로 감염하는 전염원이다.
② 균류에만 해당될 뿐 세균이나 바이러스는 해당되지 않는다.
③ 곤충도 1차 전염원의 월동장소가 될 수 있다.
④ 병 방제차원에서 1차전염원의 박멸은 매우 중요하다.

[해설] 식물에 있어 다음해 처음으로 전염되는 경우 1차 전염원이라 하는데 균류뿐 아니라 세균, 바이러스에도 해당되는 내용이다.

02 수박 덩굴쪼김병균이 월동하는 곳으로 가장 적절한 것은?

① 토양 ② 매개곤충의 알
③ 열매 ④ 중간기주

[해설] 수박 덩굴쪼김병균은 병원균이 균사 등의 형태로 땅속에서 월동한다.

03 과수에 발생한 흰가루병 균이 형성하는 포자의 종류는?

① 난포자 ② 자낭포자
③ 접합포자 ④ 담자포자

[해설] 흰가루병균은 자낭균류에 의해 발생하는데 균사나 자낭포자로 월동하고 차후 1차 전염원이 된다.

04 다음에서 설명하는 것은?

> 약독계통 바이러스를 이용하여 강독계통 바이러스의 감염을 저지하는 현상

① 기주교대 ② 교차보호
③ 포장위생 ④ 준유성교환

[해설] 병원성이 약화된 식물바이러스가 침입한 기주에서 병원성이 더욱 강한 바이러스에 의해 병의 확산이 억제되는 현상을 교차보호라 한다.

05 소나무혹병균의 중간기주로 가장 옳은 것은?

① 민들레 ② 참나무
③ 흰명아주 ④ 향나무

[해설] 소나무혹병균의 중간기주는 참나무이다.

06 담배모자이크바이러스를 N. glutinosa 에 접종하였을 때 접종한 잎에서 나타나는 가장 일반적인 병징은?

① 전신적 황백화현상
② 엽색이 짙어지는 현상
③ 국부 괴사반점 형성
④ 잎말림 형성

[해설] 담배모자이크바이러스를 N. glutinosa(N 인자)를 갖는 담배에 접종하면 국부병징인 괴사반점이 형성된다.

정답 01 ② 02 ① 03 ② 04 ② 05 ② 06 ③

07 배추 등 채소에 무름병을 일으키는 병원균으로 감염초기에 수침상을 보이다가 후기에 담갈색으로 변하여 식물체 조직이 물러지게 하는 병원균은?

① *Ralstonia solanacearum*
② *Plasmodiophora brassicae*
③ *Streptomyces scabies*
④ *Erwinia carotovora*

해설
*Erwinia carotovora*은 채소의 세균성무름병으로 병든 부위에 수침상이 보이다가 조직이 물러지면서 악취가 발생한다.

08 다음 중 병원체 크기가 가장 작은 것은?

① 세균
② 진균
③ 파이토플라스마
④ 바이로이드

해설
바이로이드는 바이러스와 유사한 전염 특성을 가지며 병원체 중 가장 작은 크기를 가진다.

09 벼 키다리병과 가장 관련이 있는 것은?

① 옥신   ② 시토키닌
③ 지베렐린   ④ 에틸렌

해설
지베렐린은 벼의 키다리병균에 의해 만들어지는 식물생장조절제로 신장촉진작용, 종자발아촉진, 개화촉진 등의 작용을 한다.

10 다음에서 설명하는 것은?

> 기주가 어떤 식물병원균에 대하여 병이 전혀 발생하지 않는 성질

① 저항성   ② 면역성
③ 내성   ④ 이병성

해설
기주식물에 병이 전혀 발생하지 않는 성질을 면역성이라 한다.

11 다음 중 세균에 의해 나타나는 병징으로 가장 거리가 먼 것은?

① 점무늬병   ② 무름병
③ 모자이크병 ④ 시들음병

해설
모자이크병은 주로 바이러스에 의해 발생하는 병징이다.

12 다음 중 발병되더라도 표징이 가장 잘 나타나지 않는 것은?

① 오이 흰가루병
② 토마토 잎곰팡이병
③ 가지 균핵병
④ 보리줄무늬모자이크병

해설
바이러스에 의해 발생하는 보리줄무늬모자이크병은 병징은 나타나지만 표징은 잘 관찰되지 않는다.

13 녹병균의 여름포자, 녹포자의 주된 침입 경로로 가장 적절한 것은?

① 피목   ② 수공
③ 기공   ④ 뿌리털

해설
녹병균의 여름포자, 녹포자는 바람에 의해 전반되어 기공을 통해 침입한다.

14 대추나무 빗자루병의 전염 경로로 가장 옳은 것은?

① 병원체가 하늘소에 의하여 전염된다.
② 감염된 나무에서 수확한 종자를 심어서 전염한다.
③ 파이토플라스마 병원체가 비산하여 병을 전염한다.
④ 매개충인 마름무늬매미충에 의하여 병원체가 전염된다.

> **해설**
> 대추나무빗자루병은 파이토플라스마에 의해 발생하는데 매개충인 마름무늬매미충에 의해 전반된다.

15 다음 중 병원균이 이종기생균에 속하는 것으로 가장 옳은 것은?

① 오이 노균병
② 고추 탄저병
③ 잣나무 털녹병
④ 포도 새눈무늬병

> **해설**
> 잣나무 털녹병은 기주인 잣나무와 중간기주인 송이풀, 까치밥나무를 기주교대하는 이종기생균이다.

16 다음 중 병원균의 병원성 변이와 가장 관련이 없는 것은?

① 돌연변이   ② 교잡
③ 준유성교환 ④ 항생

> **해설**
> 병원균의 변이와 관련이 있는 것으로 돌연변이, 교잡, 이핵, 준유성교환이 있다.

17 고추 역병의 병원체로 가장 옳은 것은?

① 선충   ② 세균
③ 바이러스 ④ 곰팡이

> **해설**
> 고추 역병은 곰팡이(진균)에 의해 발생한다.

18 다음 중 병원균이 기생체 침입 시 균사가 밀집해서 감염욕을 만들어 침입하는 것으로 가장 옳은 것은?

① 벼 깨씨무늬병
② 뽕나무 자주날개무늬병
③ 고추 탄저병
④ 오이 잿빛곰팡이병

> **해설**
> 뽕나무 자주날개무늬병균은 균사속이 뿌리에 감염욕을 만들어 세포벽을 뚫고 침입한다.

19 사과나무 겹무늬썩음병을 일으키는 병원체로 가장 옳은 것은?

① 곰팡이   ② 세균
③ 바이러스 ④ 파이토플라스마

> **해설**
> 사과 겹무늬썩음병은 부패병이라 하며 곰팡이에 의해 발생한다.

20 다음 중 감염된 식물체를 가축이 먹으면 가장 해로운 병으로 옳은 것은?

① 보리 붉은곰팡이병
② 벼 도열병
③ 배추 모자이크병
④ 콩 뿌리혹병

> **해설**
> 맥류 붉은곰팡이병에 감염된 보리, 밀 등을 섭취한 사람, 동물 등은 심한 중독 증상을 일으키기도 한다.

2과목 농림해충학

21 사과 과수원에 복숭아심식나방의 성충 발생정도를 예찰하는 방법으로 가장 적절한 것은?

① 유아등   ② 성페로몬 트랩
③ 말레이즈 트랩 ④ 황색 수반 트랩

> **해설**
> 성페로몬 트랩은 복숭아심식나방, 복숭아순나방, 사과굴나방 등에 적합하고 암컷이 방출하는 성페로몬을 이용하여 수컷을 유인하여 발생 정도 및 방제적기를 파악하는데 유용한 방법이다.

22 나방류와 비슷하며 유충과 번데기 시기에 수서생활을 하는 것은?

① 강도래   ② 뿔잠자리
③ 날도래   ④ 매미

> **해설**
> 날도래목은 수중생활을 하거나 수체에 인접한 습지대에서 서식한다.

정답 15 ③ 16 ④ 17 ④ 18 ② 19 ① 20 ① 21 ② 22 ③

23 다음 중 곤충의 표피층에 대한 설명으로 가장 적절하지 않은 것은?

① 외표피층(epicuticle)은 수분의 증산을 억제해주는 기능을 한다.
② 기저막(basement membrane)은 일정한 모양이 없는 비세포성 연결조직이다.
③ 표피세포는 표피를 이루는 단백질, 지질, chitin 화합물 등을 합성분비한다.
④ 외원표피층(exocuticle)은 탈피과정에서 모두 소화, 흡수되어 재활용된다.

해설
탈피과정에서 소화 및 흡수되어 재활용되는 부분은 내원표피이다.

24 곤충에 대한 환경요인 중 비생물적 요인으로 가장 적절하지 않은 것은?

① 기생   ② 기후
③ 일광   ④ 대기

해설
비생물적 요인으로 기후, 일광, 대기 등의 환경적 요인들이 있다.

25 빛에 모이는 곤충의 성질을 이용한 채집법은?

① 유아등 채집   ② 쓸어잡기 채집
③ 말레이즈 채집 ④ 떨어잡기 채집

해설
빛에 모이는 곤충의 성질을 주광성이라 하며 유아등 채집법이 있다.

26 다음 중 과변태하는 곤충으로 가장 적절한 것은?

① 하늘소   ② 흰나비
③ 매미   ④ 가뢰

해설
가뢰과는 곤충에서 딱정벌레목으로 <알→유충→의용→용→성충> 의 과정을 거치는 과변태를 한다.

27 다음 중 고자리파리의 월동충태로 가장 적절한 것은?

① 성충   ② 유충
③ 알   ④ 번데기

해설
고자리파리는 1년에 3회 발생하며 번데기로 월동한다.

28 일반적으로 온대지방에서 1년에 1회 발생하는 해충은?

① 거세미나방   ② 벼룩잎벌레
③ 파총채벌레   ④ 땅강아지

해설
땅강아지는 메뚜기목으로 1년에 1회 발생하고 성충을 땅 속에 월동한다.

29 다음 중 표피를 이루는 단백질, 지질, 키틴화합물 등을 합성 분비하는 세포로 가장 적절한 것은?

① 진피세포   ② 내원표피
③ 외원표피   ④ 외표피

해설
진피세포는 곤충의 표피를 이루는 단백질, 지질, 키틴화합물 등을 합성, 분비해주는 한층의 세포군으로 탈피 시에는 내원표피를 소화시키는 탈피액도 분비한다.

30 다음 중 해충의 정의로 가장 적절한 것은?

① 식물을 가해하는 곤충
② 개체수가 많은 곤충
③ 인간과의 관계에서 경쟁적인 곤충
④ 다른 곤충을 포식하는 곤충

해설
해충은 인간의 생활에 직, 간접적으로 해를 주는 곤충으로 식물에 대한 경쟁적인 관계라 할 수 있다.

정답 23 ④ 24 ① 25 ① 26 ④ 27 ④ 28 ④ 29 ① 30 ③

31 다음 중 이화명나방의 암수 구별 방법으로 가장 거리가 먼 것은?
① 암컷의 빛깔을 엷다.
② 수컷은 암컷에 비해 크기가 크다.
③ 암컷의 날개 센털은 3개가 있다.
④ 수컷의 전연각은 넓다.

해설
이화명나방은 수컷은 암컷에 비해 약간 작다.

32 다음 중 외시류 곤충의 겹눈을 구성하는 낱눈수의 변화에 대한 설명으로 가장 옳은 것은?
① 약충 발육기간 중에만 증가한다.
② 변태기에만 증가한다.
③ 아무런 수의 변화가 없다.
④ 탈피기와 변태기에 모두 증가한다.

해설
겹눈을 구성하는 낱눈은 곤충에 따라 차이가 나며 개미의 경우 수개, 잠자리의 경우 1만개~2만8천개 정도로 다양하다.

33 곤충의 중추신경계에 속하지 않는 구조는?
① 운동신경   ② 뇌
③ 가슴신경절 ④ 식도하신경절

해설
중추신경계에는 뇌, 식도하신경절, 흉부신경절, 복부신경절 등이 있으며 운동신경은 말초신경계에 속한다.

34 다음 중 버즘나무방패벌레에 대한 설명으로 가장 적절하지 않은 것은?
① 버즘나무류의 잎뒷면에 모여 흡즙 가해한다.
② 풀잠자리목에 속한다.
③ 성충으로 월동한다.
④ 1995년에 국내에 보고되었다.

해설
버즘나무방패벌레는 노린재목 방패벌레과에 속한다.

35 다음 중 곤충 혈구의 기능으로 가장 적절하지 않은 것은?
① 식균작용   ② 상처치유
③ 해독작용   ④ 소리감지

해설
혈구는 식균작용, 열전달, 해독작용, 상처치유 등의 기능을 담당한다.

36 다음 중 탈피 후 표피층을 경화시키는 호르몬으로 가장 옳은 것은?
① diuretic hormone
② bursicon
③ eclosion hormone
④ proctolin

해설
부르시콘(bursicon)은 탈피 이후 표피의 경화를 유발하는 호르몬으로 경화호르몬이라 한다.

37 다음 중 내시류에 속하는 곤충으로 가장 옳은 것은?
① 물장군   ② 장수풍뎅이
③ 벼메뚜기   ④ 분홍날개대벌레

해설
장수풍뎅이는 딱정벌레목으로 내시류에 속한다. 물장군은 노린재목, 벼메뚜기는 메뚜기목, 분홍날개대벌레는 대벌레목으로 외시류에 속한다.

38 일반적인 곤충의 몸 구조에 대한 설명으로 가장 적절하지 않은 것은?
① 다리는 4쌍이고 7마디로 구성된다.
② 겹눈과 홑눈이 있다.
③ 대개 가슴에는 날개 2쌍이 있다.
④ 머리, 가슴, 배의 3부로 구성되어 있다.

해설
곤충은 다리는 3쌍이고 5마디로 되어 있다.

정답 31 ② 32 ④ 33 ① 34 ② 35 ④ 36 ② 37 ② 38 ①

39 다음 중 벼 줄무늬잎마름병의 병원균을 매개하는 곤충으로 가장 옳은 것은?
① 애멸구 ② 벼멸구
③ 흰등멸구 ④ 번개매미충

해설
애멸구는 줄무늬잎마름병, 검은줄오갈병 등의 바이러스병을 매개한다.

40 솔수염하늘소의 성충이 최대로 출현하는 최성기로 가장 적절한 것은?
① 3~4월 ② 4~5월
③ 6~7월 ④ 9~10월

해설
솔수염하늘소의 우화시기는 5~8월이며 최성기는 6~7월 쯤이다.

3과목 농약학

41 농약의 잔류독성을 의미하지 않는 것은?
① 식품에 잔류한 농약의 독성
② 토양 속에 남아 있는 독성
③ 작물에 남아있는 독성
④ 농약 포장지 내에 남아 있는 독성

해설
잔류독성은 농약의 주성분이 작물, 식품, 토양, 수질 등에 남아 잔류하여 오염시키는 것을 말한다.

42 제충국의 살충유효 성분이 아닌 것은?
① Pyrethrin I ② Pyrethrin II
③ Cinerin I ④ Rotenone

해설
로테논(Rotenone)은 데리스의 뿌리의 살충유효 성분이다.

43 Carbomate 계 살충제가 아닌 것은?
① BPMC(Fenobcarb)
② Zeta-cypermethrin
③ Carbaryl
④ Furathiocarb

해설
제타사이퍼메트린(Zeta-cypermethrin)은 피레스로이드계 살충제이다.

44 다음 구리제 농약 중 구리 함유량이 가장 큰 것은?
① Tribasic copper sulfate
② Copper Oxychloride
③ Copper Hydroxide
④ Oxine Copper

해설
구리제 중 하나인 코퍼하이드록사이드(Copper Hydroxide, 수산화구리)는 구리의 함량이 약 77% 정도로 보기중 구리 함유량이 가장 크다.

45 유기인제 농약의 중독 증상과 비슷한 증상을 보이는 농약은?
① 항생제 농약
② 유기염소제 농약
③ 유기비소제 농약
④ 카바메이트제 농약

해설
유기인계와 카바메이트계 살충제는 신경기능을 저해하는 유사 증상을 보여준다.

46 해충에 저항성이 유발되기 쉬운 살충제의 살포방법은?
① 동일 그룹의 약제를 연용한다.
② 약제 살포 횟수를 줄인다.
③ 매년 다른 약제로 바꾸어 살포한다.
④ 작용 기작이 다른 약제와 교호 살포한다.

해설
동일 그룹의 약제를 연속해서 사용하면 저항성이 발생하기 쉽다.

정답 39 ① 40 ③ 41 ④ 42 ④ 43 ② 44 ③ 45 ④ 46 ①

47 훈증제의 사용에 대한 설명 중 틀린 것은?
① 휘발성이 있어야 한다.
② 비인화성 이어야 한다.
③ 흡착성과 확산성이 있어야 한다.
④ 수분에 용입되어야 한다.

해설
훈증제는 밀폐된 공간에서 가스를 이용하여 해충을 죽이는 약제로 휘발성이 강해야 하고 흡착성과 환산성이 있어야 약효가 좋다.

48 농약의 사용목적에 따른 분류 중 보호살균제에 해당되지 않는 것은?
① Myclobutanil
② Bordeaux mixture
③ Mancozeb
④ Propineb

해설
마이클로뷰타닐(Myclobutanil)은 세포막 형성을 저해하는 살균제이다.

49 농약을 식별하기 위해 라벨의 바탕색깔을 달리하는데 노란색 라벨은 어떤 유형의 농약을 의미하는가?
① 제초제 ② 살균제
③ 살충제 ④ 식물생장조절제

해설
노란색 라벨은 제초제를 의미한다.

50 농약제형의 형태에 따른 분류가 아닌 것은?
① 미탁제 ② 유탁제
③ 유화제 ④ 훈증제

해설
유제의 유화성을 높이는 일종의 계면활성제인 유화제는 보조제에 속한다.

51 농약의 독성을 나타내는 LD_{50}이 의미하는 것은?
① 반수치사약량
② 한계치사약량
③ 50%가 넘는 성분
④ 타 약품 대비 50%의 인체 독성을 갖는 농약

해설
LD_{50}은 쥐를 대상으로 독성실험을 실시하여 동물의 반수인 50%정도가 치사하는 약품의 양을 의미하며 반수치사약량 혹은 중위치사량이라 한다.

52 농약을 주성분의 조성에 따라 분류한 것은?
① 침투성살충제
② 훈증제
③ 유기인계
④ 식물생장 조절제

해설
약품의 유효성분인 주성분의 조성에 따라 유기농약, 무기농약으로 분류된다. 유기농약에는 유기인계, 카바메이트계 등이 있다.

53 무기 화합물이 주 성분인 농약은?
① Bordeaux mixture
② Triclopyr
③ Cartap
④ EPN

해설
보르도액(Bordeaux mixture)은 유효성분에 따른 분류에서 무기농약에 속한다.

54 작용기작이 식물호르몬 작용 교란 제초제가 아닌 것은?
① Dicamba ② MCPB
③ PCP   ④ 2,4-D

해설
펜타클로로페놀(PCP)는 에너지대사과정 저해 살균제이다.

정답 47 ④ 48 ① 49 ① 50 ③ 51 ① 52 ③ 53 ① 54 ③

55 농약의 유효성분이 50% 인 제재를 0.05%로 희석하여 10a당 5말로 살포하려고 할 때 약제 소요량(mL)은? (단, 1말은 18L, 약제의 비중은 1.0 이다)

① 80　　② 90
③ 100　　④ 120

[해설]
$$\frac{0.05 \times 5 \times 18{,}000ml}{50 \times 1} = 90ml$$

56 살포한 농약이 식물체나 충체의 표면에 적시는 성질을 무엇인가?

① 부착성　　② 습윤성
③ 확전성　　④ 고착성

[해설]
습윤성은 살포한 약액이 작물이나 해충의 표면을 균일하게 적시는 성질을 말한다.

57 분제에 대한 설명으로 틀린 것은?

① 대부분 그대로 사용되는 제제이다.
② 유효성분 농도가 1~5% 정도이다.
③ 작물에 대한 고착성이 우수하다.
④ 잔효성이 유제에 비해 짧다.

[해설]
분제는 미분말의 약제로 전반적으로 잔효성 및 고착성이 낮은 편이다.

58 침투성 살충제의 일반적인 특성 중 옳지 않은 것은?

① 천적을 살해한다.
② 효력이 2~6주간 지속된다.
③ 식물체 내에 흡수, 이행되어 식물체 전체에 퍼진다.
④ 일반적으로 개체가 작은 흡즙 해충에 유효하다.

[해설]
침투성 살충제는 특정 해충만 방제하며 천적에는 피해를 주지 않는다.

59 기계유 유제의 살충작용으로 가장 옳은 것은?

① 훈증으로 살충
② 식중독으로 살충
③ 신경기능 저해로 살충
④ 피복, 질식시켜 살충

[해설]
기계유 유제는 곤충의 표피에 일종의 막을 형성하여 기문을 막아 질식사시키는 방제 약품이다.

60 살충제 카보입제(5%)분석 시 제품 1.8763g 을 내부표준용액 25ml 에 녹여 이 중 $5\mu L$ 를 HPLC에 주입하여 분석했을 때 면적비가 0.9561 이었다. 또한 순도가 99.0%인 카보표준품 0.1005g 을 내부표준용액 25ml 에 녹여 $5\mu L$ 를 주입하여 분석했을 때 면적비가 0.9485 이었다면 이 제품의 주성분 함량은?

① 5.06 %　　② 5.20 %
③ 5.34 %　　④ 5.42 %

[해설]
$(0.9485 \div 0.1005) : (0.9561 \div 1.8763) = 99 : X$
$X \times (0.9485 \div 0.1005) = 99 \times (0.9561 \div 1.8763)$
$X = 5.345 \cdots ≒ 5.34$

4과목　잡초방제학

61 제초제의 효과적이며 안전사용을 위하여 유의하여야 할 사항으로 가장 옳은 것은?

① 적량보다 적게 사용하는 것이 효과적이다.
② 적량보다 많이 사용하는 것이 효과적이며 안전하다.
③ 적기를 놓쳤을 때에는 적량보다 많은 양을 사용해야 한다.
④ 알맞는 제초제를 선택하여 적기에 적량을 살포해야 한다.

정답 55 ② 56 ② 57 ③ 58 ① 59 ④ 60 ③ 61 ④

해설
제초제는 적량을 사용하는 것이 효과적이고 안전하다.

62 다음 중 년생(월년생) 잡초만으로 나열된 것은?

① 냉이, 메꽃
② 민들레, 코스모스
③ 질경이, 달맞이꽃
④ 망초, 냉이

해설
월년생 잡초로 나도냉이, 별꽃, 망초, 냉이, 속속이풀 등이 있다.

63 다음 중 출아가 가장 늦으며, 출아 기간이 가장 긴 다년생 잡초로 가장 옳은 것은?

① 올챙이고랭이 ② 올미
③ 너도방동사니 ④ 올방개

해설
올방개는 논과 습지에 발생하는 다년생 잡초로 괴경에 의해 번식하며 휴면기간이 긴 것이 특징이다. 휴면기간이 길어 출아기간이 불규칙하고 길어서 방제가 어려운 잡초이다.

64 다음 중 다년생 잡초의 전파기관에서 가장 지하에 묻혀있지 않은 것은?

① 인경   ② 근경
③ 포복경 ④ 괴경

해설
포복경은 땅위를 기어자라는 줄기이다.

65 다음 중 논에서 종자로 번식하는 잡초로 가장 옳은 것은?

① 물달개비 ② 올미
③ 벗풀   ④ 올방개

해설
물달개비는 1년생 광엽잡초로 종자로 번식하는 논잡초이다.

66 영양번식을 좌우하는 환경요인에 대한 설명으로 가장 거리가 먼 것은?

① 단일조건은 매자기의 괴경 형성을 촉진하며 장일은 억제하는 반면에 괴경당 중량은 크게 한다.
② 광도는 건물생산과 생리대사에 영향을 미친다.
③ 무기성분 함량이 충분한 조건하에서 다년생 잡초의 경우 영양번식 속도가 억제된다.
④ 중점토보다 사질토에서 지하 영양기관의 생성이 촉진된다.

해설
무기성분 함량이 충분한 조건하에서 다년생 잡초의 영양번식 속도는 촉진 및 유지된다.

67 토양처리제로 식물체내에서 이행되며 세포분열 및 단백질 합성을 저해하여 고사시키는 계통으로만 나열된 것은?

① 피라졸계와 요소계
② 설포닐우레아계와 트라이아진계
③ 카르바메이트계와 디니트로아닐린계
④ 유기인계와 산아미드계

해설
디니트로아닐린계 제초제와 카바메이트계(카르바메이트) 제초제는 흡수 이행되어 단백질 합성을 저해하여 세포분열을 방해한다.

68 다음 중 초생재배 방법에 대한 설명으로 가장 옳은 것은?

① 오리, 어패류를 이용하여 잡초 생육을 억제한다.
② 인접식물에 독성을 나타내는 물질을 분비하는 식물을 심어 잡초 발생을 경감시킨다.
③ 잡초에 특이적으로 기생하는 병원균을 이용하여 방제한다.
④ 과수원이나 나지상태의 포장에 피복작물을 재배한다.

정답 62 ④ 63 ④ 64 ③ 65 ① 66 ③ 67 ③ 68 ④

> **해설**
> 초생재배는 초생법을 과수원 같은 곳에 적용하는 방법인데 포장을 피복하여 토양의 유실을 막아주며 잡초발생을 억제하는 효과가 있다.

69 제초제가 활성화되는 반응으로 가장 적절한 것은?

① MCPB 의 β-oxidation
② Diuron 의 demethylation
③ Atrazane 의 glutathione conjugation
④ Bentazone 의 hydroxylation

> **해설**
> 페녹시계 제초제 MCPB 는 활성화 과정을 통해 β-oxidation 으로 살포되어 특정 잡초만 고사시키기도 한다.

70 다음 중 식물의 분류체계로 가장 적절한 것은?

① 문 - 과 - 강 - 목 - 종 - 속
② 문 - 강 - 목 - 과 - 속 - 종
③ 문 - 속 - 강 - 과 - 목 - 종
④ 강 - 문 - 목 - 과 - 속 - 종

> **해설**
> 식물학적 분류순서는 <계 → 문 → 강 → 목 → 과 → 속 → 종 → 변종> 이며 식물의 기본단위는 종으로 정의한다.

71 제초제 종류와 주요 작용 기작이 가장 옳은 것은?

① atrazine-호흡 저해
② thiobencarb-분지형 아미노산 생합성 저해
③ glyphosate-방향족 아미노산 생합성 저해
④ chlorsulfuron-색소 형성 저해

> **해설**
> 글리포세이트(glyphosate)는 아미노산 생합성을 저해시키는 유기인계 제초제이다. 글리포세이트의 경우 이행성이며 비선택성 제초제이다.

72 다음 중 벼 재배법에서 잡초와의 경합면에 가장 불리한 재배법은?

① 손이앙재배 ② 어린모재배
③ 중모재배   ④ 직파재배

> **해설**
> 직파재배보다는 이앙재배가 잡초의 피해를 덜 받으며 경합에 유리하다.

73 다음 중 제초제와 토양과의 관계에서 흡착력에 가장 크게 관여하지 않는 요인은?

① 점토광물의 종류
② 양이온 치환 용량
③ 토양유기물 함량
④ 토양의 수소이온 농도

> **해설**
> 토양의 흡착력은 점토광물, 양이온 치환용량, 유기물의 함량 등에 영향을 받는다. 예를 들어 부식콜로이드는 양분의 흡착력이 강한 편이다.

74 광발아 잡초들로만 나열된 것은?

① 바랭이, 쇠비름, 개비름
② 독말풀, 향부자, 별꽃
③ 별꽃, 왕바랭이, 소리쟁이
④ 바랭이, 냉이, 별꽃

> **해설**
> 광발아 잡초에는 바랭이, 쇠비름, 향부자, 강피, 소리쟁이, 개비름 등이 있다.

75 작물과 잡초간 경합의 주요인과 가장 거리가 먼 것은?

① 영양소 ② 빛
③ 수분   ④ 산소

> **해설**
> 작물과 잡초의 경합요인으로 양분, 수분, 광선, 공간 등이 있으며 그 외에도 잡초의 종류, 생육 시기, 이산화탄소 등이 있다.

정답 69 ① 70 ② 71 ③ 72 ④ 73 ④ 74 ① 75 ④

76 식물 표면에서 제초제의 흡수과정에 대한 설명으로 가장 옳지 않은 것은?

① 친유성(비극성)제초제는 큐티클 납질층을 친수성보다 잘 통과한다.
② 친수성(극성)제초제의 통과는 펙틴이 높고 다음이 큐틴이며 납질은 통과가 어렵다.
③ 계면활성제는 극성 제초제가 큐티클 납질층을 잘 통과하도록 도와준다.
④ 셀룰로오스층은 촘촘하여 비극성 및 극성 제초제 모두 투과가 어렵다.

해설
셀룰로오스는 베타포도당이 모여 결합된 고분자 물질로 극성을 띠고 있으며 비극성, 극성 제초제가 모두 통과 가능하다.

77 잡초의 생장형에 따른 잡초의 분류로 가장 적절하지 않은 것은?

① 포복형 - 메꽃, 나도겨풀
② 직립형 - 가막사리, 사마귀풀
③ 총생형 - 억새, 둑새풀
④ 로제트형 - 민들레, 질경이

해설
사마귀풀은 포복형이다.

78 논 잡초방제에 사용되는 카바메이트계 제초제로만 나열된 것은?

① 티페나미드, 벤설퓨론메틸
② 메토라클로르, 알콜
③ 티오벤카브. 몰리네이트
④ 나프로파마이드, 프레틸라클로르

해설
카바메이트계 제초제로 디메피페레이트, 티오벤카브, 몰리네이트, 피리뷰티카브 등이 있다.

79 다음 중 외래잡초로 가장 옳은 것은?

① 단풍잎돼지풀 ② 바랭이
③ 여뀌 ④ 명아주

해설
외래 잡초에는 미국가막사리, 미국개기장, 가는털비름, 단풍잎돼지풀, 소리쟁이, 도꼬마리, 서양민들레, 개망초, 애기달맞이꽃 등이 있다.

80 광합성을 억제하는 계통의 제초제로 가장 거리가 먼 것은?

① Triazine 계
② Acetamide 계
③ Urea 계
④ Bipyridylium 계

해설
광합성 억제 관련 저해제로 트리아진계, 요소계(urea계), 아마이드계, 비피리딜리움계 제초제 등이 있다.

국가기술자격 필기시험문제

2020년 산업기사 제3회 과년도 기출문제			수험번호	성명
자격종목 식물보호산업기사	종목코드	시험시간 2시간	형별	

1과목 식물병리학

01 병원체의 감염, 침입 등의 자극에 의하여 식물체가 파이토알렉신, PR protein 등을 만들어 저항성을 나타내는 것은?
① 물리적 저항성
② 정적 화학적 저항성
③ 분주감수성
④ 유도저항성

해설
유도저항성은 식물이 자체적으로 가진 저항성을 활성화시켜 병에 대한 저항력을 가지게 하는 것이다.

02 주변에 향나무가 많은 경우 배나무에 주로 발생하는 병은?
① 겹무늬병   ② 흰가루병
③ 검은무늬병 ④ 붉은별무늬병

해설
배나무붉은별무늬병의 중간기주는 향나무로 기주교대를 통해 피해가 확산된다.

03 기주에서 기생생활을 원칙으로 하나 조건에 따라 죽은 기주에서 부생적으로 생활할 수 있는 것은?
① 임의기생체 ② 순활물기생체
③ 임의부생체 ④ 부생체

해설
임의부생체는 기생을 원칙으로 하나 죽은 유기물에서도 영양섭취가 가능하다.

04 매개충의 알을 통하여 다음 대까지 바이러스가 옮겨지는 병은?
① 벼 오갈병
② 감자 잎말림병
③ 오이 모자이크병
④ 오이 녹반모자이크병

해설
경란전염은 매개충의 알을 통해 바이러스가 전파되는 것을 의미하며 벼 오갈병은 끝동매미충의 알에 의해 다음 세대로 전염되는 경란전염을 한다

05 사과나무 부란병을 일으키는 병원체는?
① 세균   ② 진균
③ 바이러스   ④ 파이토플라스마

해설
사과나무 부란병은 진균(자낭균류)에 의해 발생한다.

06 다음 중 비기생성 성질의 병은?
① 배추 무름병
② 사과나무 검은별무늬병
③ 토마토 배꼽썩음병
④ 담배 불마름병

해설
토마토 배꼽썩음병은 기생생물에 의해 발생되는 것이 아닌 석회결핍이나 토양수분의 급격한 변화에 의해 발생한다.

07 다음 중 법적 방제법에 해당하는 것은?
① 포장위생   ② 식물검역
③ 종묘소독   ④ 비배관리

해설
외국에서 유입되는 식물 및 병원체의 침입을 막는 방법을 식물검역이라 하며 법적방제법에 속한다.

정답 01 ④ 02 ④ 03 ③ 04 ① 05 ② 06 ③ 07 ②

08 균류유사체에 속하는 병원균에 의해 산성 토양에서 많이 발생하는 병해는?
① 배추 무름병
② 토마토 풋마름병
③ 배추 무사마귀병
④ 대추나무 빗자루병

해설
배추 무사마귀병은 산성토양이며 다습한 경우 다량 발생한다.

09 감염되면 식물체의 모든 부위에 병징이 나타나는 병은?
① 벼 깨씨무늬병
② 사과 탄저병
③ 담배 모자이크병
④ 인삼 점무늬병

해설
바이러스에 의해 발생하는 담배모자이크병은 수목의 전체에 나타나는 전신병징이 나타난다.

10 다음 중 병원체가 기주식물이 없어도 오랫동안 전염원으로서 생존이 가능하며 기주식물을 연작할 경우 그 피해가 증대해 방제하기가 가장 어려운 병해는?
① 종자 전염성 병해
② 공기 전염성 병해
③ 토양 전염성 병해
④ 충매 전염성 병해

해설
토양 전염성 식물병은 생존기간이 길고 연작할 경우 그 피해가 더욱 커진다.

11 병원체가 기주를 침해하여 병을 일으킬 수 있는 능력을 무엇이라 하는가?
① 기생성 ② 감수성
③ 병원성 ④ 저항성

해설
식물의 병의 원인을 병원이라 하며 병원에 있어 생물 및 바이러스 등에 의한 때를 병원체라 한다. 이때 병원체가 기주에 침입해 병을 일으키는 능력을 병원성이라 한다.

12 벚나무 빗자루병을 일으키는 병원체는 어디에 속하는가?
① 세균 ② 진균
③ 바이러스 ④ 파이토플라스마

해설
벚나무 빗자루병은 진균(자낭균류)에 의해 발생한다.

13 병 진단법에 대한 설명으로 틀린 것은?
① 바이로이드병의 진단에는 지표식물은 이용되지 못한다.
② 바이로이드 진단에는 RNA 전기영동법이 이용된다.
③ 감자의 바이러스 감염은 괴경지표법으로 검정할 수 있다.
④ 사과나무 자주날개무늬병은 고구마를 심어 검정한다.

해설
바이로이드병의 진단에는 지표식물 검정법과 RT-PCR(역전사 중합효소 연쇄반응)법 등을 통해 진단이 가능하다.

14 다음 중 병원체가 가지고 있는 플라스미드의 T-DNA 부분이 식물 세포로 이행하여 뿌리혹병을 일으키는 것은?
① *Agrobacterium tumefaciens*
② *Xathomonas campestris*
③ *Streptomyces scabies*
④ *Pseudomonas putida*

정답 08 ③ 09 ③ 10 ③ 11 ③ 12 ② 13 ① 14 ①

> **[해설]**
> 아그로박테리아(Agrobacterium tumefaciens)의 플라스미드 내의 T-DNA(Transfer DNA) 부분을 식물세포에 삽입되어 발생하는데 T-DNA 는 종양형성을 유도하는 유전자가 포함되어 있어 뿌리혹병을 발생시킨다.

15 다음 중 물에 의해 전파되는 병으로 가장 옳은 것은?
① 벼 흰잎마름병
② 밀 줄기녹병
③ 밀 붉은녹병
④ 보리 속깜부기병

> **[해설]**
> 벼 흰잎마름병은 물에 의해 전반되어 상처를 통해 침입하는데 태풍과 침수에 의해 상처가 발생하고 강수에 의해 전반이 많이 일어나게 된다.

16 다음 중 비전염성인 병은?
① 선충에 의한 병
② 영양결핍에 의한 병
③ 세균에 의한 병
④ 바이러스에 의한 병

> **[해설]**
> 영양결핍에 의한 병은 비전염성 병에 속한다.

17 식물에 병원균이 침해되어도 전혀 병 발생이 없는 것은?
① 저항성
② 면역성
③ 감수성
④ 내병성

> **[해설]**
> 기주식물에 병이 전혀 발생하지 않는 성질을 면역성이라 한다.

18 바이러스병의 진단법으로 가장 거리가 먼 것은?
① 효소결합항체법
② 봉입체 관찰
③ 지방산 분석
④ 한천겔확산법

> **[해설]**
> 바이러스로 인한 식물병의 진단방법으로 한천겔확산법, 효소결합항체법(ELISA), 봉입체 관찰, 슬라이드법, 형광항체법 등이 있다.

19 감자 잎말림병을 일으키는 병원체는?
① 세균
② 진균
③ 선충
④ 바이러스

> **[해설]**
> 감자 잎말림바이러스병의 병원은 바이러스인 Potato Leaf Roll Virus(PLRV)이다.

20 발병에 영향을 주는 세 가지 요인에 속하지 않는 것은?
① 병원체
② 감수성식물
③ 환경
④ 시간

> **[해설]**
> 발병에 영향을 주는 요인으로 식물병의 원인은 병원체, 저항성이 약한 감수성식물, 환경 등이 있다.

2과목 농림해충학

21 곤충의 전장에 대한 설명으로 옳지 않은 것은?
① 양분을 흡수한다.
② 외배엽에 의하여 생긴다.
③ 분문판으로 중장과 구분된다.
④ 먹은 것을 분쇄하는 장치를 가진 것이 있다.

> **[해설]**
> 곤충의 전장은 기계적 소화작용이 일어나며 양분을 흡수하지는 않는다.

정답 15 ① 16 ② 17 ② 18 ③ 19 ④ 20 ④ 21 ①

22 생물적 방제를 위하여 해충의 천적을 이용하는 방법으로 옳지 않은 것은?

① 외국으로부터 도입 이용
② 대량 증식 방사
③ 내충성 증대
④ 환경조건의 개선

해설
내충성이 증대되면 해충에 대한 저항성이 강해지므로 천적을 이용할 필요가 없다.

23 천공성 해충으로서 피해구멍에 배설물을 실로 칠하여 덮어 놓으므로 혹같이 보이는 해충은?

① 흑명나방 ② 솔나방
③ 독나방   ④ 박쥐나방

해설
박쥐나방은 천공성 해충으로 알로 월동하고 부화한 유충이 줄기 속을 가해하다가 갱도 안을 이동하면서 피해를 주는데 배설한 배설물을 구멍 입구에 붙여 놓아 혹같이 보이게 된다.

24 농생태계와 비교하여 산림생태계의 특성에 대한 설명으로 가장 거리가 먼 것은?

① 군집구조가 복잡하다.
② 안정된 생태계이다.
③ 생물 종의 구성이 단순하다.
④ 자연적인 생태계이다.

해설
산림생태계는 생물 종의 구성이 다양하다.

25 벼해충 중 대표적인 비래해충은?

① 이화명나방 ② 벼멸구
③ 끝동매미충 ④ 번개매미충

해설
비래해충에는 멸강나방, 벼멸구, 흑명나방 등이 있다.

26 곤충에서 수컷 생식계의 3대 구성요소로 가장 거리가 먼 것은?

① 정소   ② 수란관
③ 수정관 ④ 사정관

해설
수란관은 암컷의 생식기관이다.

27 곤충의 발육단계에서 빛의 영향을 가장 받지 않는 것은?

① 수명 ② 교미
③ 휴면 ④ 산란의 시점

해설
곤충의 발육단계에서 광선에 반응하여 교미, 휴면, 산란, 생장 등에 영향을 받는다.

28 ( )에 가장 알맞은 내용은?

> 솔잎혹파리는 우리나라 소나무림에 가장 큰 피해를 준 해충이다. 이 해충은 (A)으로 지피물 밑에서 월동하고 산란 최성기는 보통 (B) 이다. 이 해충은 (C)이 솔잎 기부에 벌레혹(충영)을 만든다.

① A : 유충, B : 6월 상순~중순, C : 유충
② A : 용(번데기), B : 5월, C : 성충
③ A : 유충, B : 7월 하순, C : 성충
④ A : 용(번데기), B : 8월 상순~중순, C : 유충

해설
솔잎혹파리는 주로 소나무, 해송 등에 피해를 주며 유충으로 지피물 아래 혹은 땅속에서 월동한다. 5~7월에 우화하며 최성기는 보통 6월 상순~중순쯤이다. 이 해충은 유충이 솔잎 기부에 벌레혹을 만들어 흡즙 가해한다.

정답 22 ③ 23 ④ 24 ③ 25 ② 26 ② 27 ① 28 ①

29 메뚜기의 경우 앞날개가 뒷날개를 보호하고 비행 시 펼치기만 할 뿐 비행에 활용하지 않는다. 이런 날개를 무엇이라 하는가?

① 굳은 날개 ② 인편
③ 두텁날개 ④ 평균곤

해설
메뚜기는 앞날개가 뒷날개보다 두꺼워 두텁날개라 한다. 날개가 퇴화하여 비행에 활용하지 못한다.

30 페로몬에 대한 설명으로 옳은 것은?

① 체내의 생리조절 물질이다.
② 같은 종내 개체간의 통신물질이다.
③ 다른 종간의 통신물질이며 전달 방법이 생산자에게 유리하다.
④ 다른 종간의 통신물질이며 전달 방법이 수신자에게 유리하다.

해설
같은 종의 이성을 유인하는 성페로몬, 서식지에서 동족을 부르는 집합페로몬, 위험을 전파하는 경보페로몬, 길을 안내하기 위한 길잡이 페로몬, 동족의 과밀현상을 피하기 위한 분산페로몬 등 목적에 따라 다양한 페로몬이 있다.

31 솔나방의 학명으로 옳은 것은?

① Agelastica coerulea
② Thecodiplosis japonensis
③ Malacosoma neustria
④ Dendrolimus spectabilis

해설
① 오리나무잎벌레 ② 솔잎혹파리 ③ 천막벌레나방 ④ 솔나방
솔나방의 학명은 <Dendrolimus spectabilis> 이고 영명은 <Pine caterpillar> 이다.

32 소나무 재선충을 매개하는 해충은?

① 솔잎혹파리
② 솔수염하늘소
③ 미국흰불나방
④ 버즘나무방패벌레

해설
솔수염하늘소는 소나무재선충의 매개충으로 천공성 해충에 속한다.

33 다음 중 사과나무 재배 시 경제적으로 가장 큰 피해를 주는 해충은?

① 사과굴나방
② 사과무늬잎말이나방
③ 복숭아심식나방
④ 조팝나무진딧물

해설
복숭아심식나방은 사과나무의 과실 속 조직까지 갉아 먹어 경제적으로 가장 큰 피해를 주는 해충으로 평가받고 있다.

34 곤충강에서 분화가 다양하고, 세계적으로 종수가 가장 많은 목은?

① 벌목 ② 나비목
③ 노린재목 ④ 딱정벌레목

해설
딱정벌레목은 곤충의 종 가운데 40% 정도인 35만여종을 차지하는 목이며 아직 미발견 종만 500만여종이 넘는 것으로 알려져있다.

35 다음 중 하루살이가 속한 분류군은?

① 고시류 ② 외시류
③ 내시류 ④ 무시류

해설
하루살이목, 잠자리목 등은 고시류에 속한다.

36 곤충의 혈구 중 부정형혈구, 편도혈구 및 판막혈구의 공통적인 기능은?

① 산소운반 ② 식균작용
③ 혈액응고 ④ 단백질운반

해설
곤충의 혈구에서 부정형혈구, 편도혈구, 판막혈구, 원시혈구 등은 식균작용을 한다.

정답 29 ③ 30 ② 31 ④ 32 ② 33 ③ 34 ④ 35 ① 36 ②

37 수정낭에 대한 설명으로 옳은 것은?
① 수컷에서 만들어진 정자를 임시로 보관하는 곳
② 교미 후 수컷에서 받은 정자를 보관하는 곳
③ 수컷의 생식기관으로 정충을 만드는 곳
④ 교미 후 정자와의 수정이 일어나는 곳

해설
수정낭은 교미 후 수컷에서 받은 정자를 보관하는 곳으로 정자가 좀더 오래 살아남을수 있다.

38 곤충학의 발달과 직접적인 관련이 없는 것은?
① 농업혁명　② 벌꿀의 채취
③ 살충제 발명　④ 환경호르몬

해설
곤충학이 발달로 농업에 피해를 주던 해충에 대한 방제가 가능해졌으며 이에 따른 다양한 살충제가 발명되었다. 또한 이로운 곤충들의 특성을 이용하여 벌꿀의 채취가 가능해졌다.

39 일부지역에만 한정되어 분포하는 종을 일컫는 용어는?
① 멸종위기종　② 범존종
③ 고유종　④ 외래종

해설
특정지역에만 분포하는 생물의 종을 고유종이라 한다.

40 벌목 곤충에 있어서 앞날개의 경화된 접힌 부위에 결합하는 뒷날개의 기관은?
① 날개추부　② 날개가시
③ 날개갈고리　④ 평균곤

해설
날개갈고리 벌목의 뒷날개 앞쪽에 있는 작은 갈고리로서 비행중 앞날개와 연결되어 앞뒷날개가 한 번에 작동할 수 있는 기관이다.

3과목　농약학

41 수화제 제형 제조에서 중요하게 관리해야 할 물리적 특성에 해당하는 것은?
① 비중과 유화성
② 입자의 크기와 현수성
③ 안전성과 확전성
④ 입자의 크기와 수용성

해설
수화제는 현수성, 수화성, 고착성, 습진성 등이 좋아야 하며 그 중에서 물리적 특성에는 입자의 크기 및 현수성이 중요하다.

42 분제의 약효에 영향을 미치는 물리적 성질이 아닌 것은?
① 토분성　② 부착성
③ 분산성　④ 습전성

해설
고체시용제인 분제의 경우 토분성, 부착성, 분산성 등은 영향을 미치지만 습전성의 경우 액상시용제의 물리적 성질로 관련이 없다.

43 농약 살포 중 중독 사고를 방지하기 위한 방법으로 틀린 것은?
① 농약 살포 시 노출부가 적은 방제복을 사용한다.
② 마스크, 방호안경, 보호크림 등을 사용한다.
③ 살포 시에는 바람을 마주보며 살포한다.
④ 작업이 끝나면 몸을 깨끗이 씻고 휴식을 취한다.

해설
농약 살포시 바람을 등지고 살포하도록 한다.

정답　37 ②　38 ④　39 ③　40 ③　41 ②　42 ④　43 ③

44 벼의 도복경감을 위해 주로 사용되는 살균제는?

① Daminozide
② Calcium carbonate
③ Hexaconazole
④ Ethephon

해설
Hexaconazole 은 신장억제제 일종으로 신장억제 및 도복경감을 위해 사용하는 살균제이다.

45 다음 중 실험동물(rat)에 경구독성이 가장 강한 것은?

① EPN
② Diazinon
③ Dichlorvos
④ Fenitrothion

해설
쥐에 대한 EPN의 경구 독성은 25mg/kg 정도로 보기 중 가장 강하다.

46 농약합성 및 제제 시 사용하는 가성소다(NaOH)에 대한 설명으로 틀린 것은?

① 불연성이다.
② 무색 또는 회색의 액체로 취기가 있다.
③ 수용액은 인화성이나 폭발성이 없다.
④ 피부에 접촉하면 침식시키고 눈에 들어가면 점막을 격렬히 자극하므로 세척해야 한다.

해설
가성소다는 상온에서 고체 상태이다.

47 포자의 침입 및 발아를 저지하고 균사의 생육을 저해하여 병반의 확대, 진전을 억제하는 효과가 있으므로 예방과 치료효과를 동시에 발휘하는 생합성 저해제 농약은?

① Polyoxin B
② Captan
③ Cypermethrin
④ Simazine

해설
폴리옥신(Polyoxin)은 세포벽 형성 저해제로 포자의 침입 및 발아를 저지한다.

48 Methidathion 40% 유제를 0.08% 액으로 8말을 조제하여 해충을 방제하기 위해 살포하고자 한다. 이때 필요한 Methidathion 40% 유제의 소요량(mL)은? (단, 1말은 20L 로 가정한다)

① 100
② 160
③ 200
④ 320

해설
Methidathion 40% 유제를 0.08% 액으로 조제하기 위해서는 <40/0.08=500> 500배액으로 희석해야 하며 이를 통해 소요량을 구하도록 한다.

$$소요약량 = \frac{단위면적당 사용량}{소요희석배수}$$
$$= \frac{20L \times 8}{500} = 0.32L = 320ml$$

49 살균제의 분류방법 중 살균기작에 의해 분류한 것은?

① 보호살균제, 직접살균제
② 호흡저해제, 생합성저해제
③ 구리제, 유기비소제
④ 경엽살포제, 토양소독제

해설
살균제의 작용기작에 의해 호흡저해, 단백질 합성 저해, 세포막 형성 저해, 세포벽 형성 저해로 분류된다.

50 농약관리법령상 고체 농약의 급성경구 고독성에 해당하는 반수치사량(mg/kg)의 범위는?

① 20 미만
② 5 이상 50 미만
③ 10 이상 100 미만
④ 20 이상 200 미만

해설
고체 농약의 급성경구 II급(고독성)은 5 이상 50 미만의 기준을 가진다.

정답 44 ③ 45 ① 46 ② 47 ① 48 ④ 49 ② 50 ②

51 Carbamate 계 살충제가 아닌 것은?
① Carbaryl ② BPMC
③ MIPC ④ DDVP

해설
DDVP 는 유기인계 살충제이다.

52 DEP 제(trichlorfon)가 분해하여 1차로 변하는 형태는?
① Parathion ② DDVP
③ Trithion ④ Dimethoate

해설
DDVP 는 디프테릭스(DEP제)를 수산화나트륨과 처리하여 분해시 1차로 나타나는 형태이다.

53 갯지렁이의 독소 물질인 nereistoxin 의 구조를 변형하여 만든 살충제는?
① Bensultap ② Edifenphos
③ Dicofol ④ Fenobucarb

해설
벤설탑(Bensultap)은 갯지렁이에서 추출한 천연살충제로 네레이스톡신(nereistoxin)의 유도체이다.

54 농약의 독성표시를 가장 바르게 나타낸 것은?
① $ED_{95}(mg/kg)$ ② $LD_{90}(mg/kg)$
③ $ED_{50}(mg/kg)$ ④ $LD_{50}(mg/kg)$

해설
농약의 독성표시는 반수치사량 혹은 중위치사량이라 하여 $LD_{50}(mg/kg)$ 으로 표기한다.

55 합성 pyrethroid 계 살충제의 살충작용의 기전을 가장 바르게 설명한 것은?
① 중추신경계나 말초신경계에 대하여 낮은 농도에서 독성작용을 나타낸다.
② 콜린에스테라제의 활성저해로 인한 아세틸콜린 축적으로 신경전달을 중단한다.
③ 세포분열 저해 및 단백질 합성저해에 의하여 독작용을 나타낸다.
④ 곤충체 내의 SH 기나 nitro 기 등과 결합하여 그 기능을 저해한다.

해설
피레트로이드계(pyrethroid 계) 살충제는 중추신경계나 말초신경계에 대하여 매우 낮은 농도에서 독성작용을 일으키는 신경독성화합물이다.

56 40%(비중 = 1)의 어떤 유제가 있다. 이 유제를 1000배로 희석하여 9L 를 살포하고자 할 때, 유제의 소요량(mL)은?
① 7 ② 8
③ 9 ④ 10

해설
$9000\,ml \times \dfrac{1}{1000} = 9ml$

57 농약의 작물잔류성에 미치는 요인으로 가장 거리가 먼 것은?
① 농약의 이화학적 특성
② 작물의 형태
③ 농약의 색상
④ 환경조건

해설
농약이 작물에 잔류하는데 미치는 영향인자로 농약의 이화학적 특성, 작물의 잎 표면의 형태 및 상태, 온도 및 습도 등의 환경 조건이 있다.

58 입자의 크기가 가장 작은 농약의 제형은?
① 분제 ② 수화제
③ 입제 ④ 미립제

해설
수화제의 입자 크기는 $10 \sim 20 \mu m$ 로서 다른 입자들에 비해 작은 편이다.

59 농약의 분류 중 유효성분 조성에 따른 분류는?
① 기피제 ② 침투성제
③ 유기염소계 ④ 불임화제

정답 51 ④ 52 ② 53 ① 54 ④ 55 ① 56 ③ 57 ③ 58 ② 59 ③

해설
유기인계, 카바메이트계, 유기염소계 등은 유효성분 조성에 따른 분류에 해당한다.

60 희석하지 않고 직접 살포하는 제형은?
① 유제
② 액상수화제
③ 수용제
④ 미립제

해설
미립제는 고체시용제로서 희석하지 않고 직접 살포한다.

4과목 잡초방제학

61 밭잡초의 발생 특성에 해당되지 않는 것은?
① 발생초종이 다양하고 발생량이 많다.
② 우점잡초는 바랭이, 뚝새풀, 명아주 등이다.
③ 수도작보다 밭작물에서 잡초의 피해가 적다.
④ 수생잡초보다는 습생 및 건생잡초가 많다.

해설
수도작보다 밭작물에서의 발생되는 잡초의 종류가 많고 발생량이 많아 피해가 더 크다.

62 제초제 저항성 잡초의 출현을 감소시킬 수 있는 방법으로 가장 옳은 것은?
① 동일한 제초제를 매년 사용하며, 5년 주기로 변경하여 사용한다.
② 동일한 작물을 연작한다.
③ 약효가 좋은 동일계열 제초제를 매년 사용한다.
④ 작용기작이 다른 제초제를 번갈아 사용한다.

해설
저항성 잡초 출현을 줄이기 위한 방법으로 작용기작이 다른 제초제를 번갈아 가면서 사용하여 저항성이 생기지 않도록 한다.

63 농경지에서 잡초를 방제하지 않을 때 나타나는 손실과 관계가 없는 것은?
① 작물의 수량 감소
② 농산물의 품질 저하
③ 병·해충의 발생 증가
④ 토질개선

해설
농경지에서 잡초를 방제하지 않을 경우 잡초에 의해 작물에 피해를 받게 되어 작물의 수량 감소, 품질저하, 병해충의 발생증가 등의 피해 현상이 나타난다.

64 영양번식의 환경요인에 대한 설명으로 틀린 것은?
① 증점토보다 사양토에서 지하 영양기관의 생성이 배가 된다.
② 단일조건은 매자기의 괴경 형성은 촉진하며 자일조건에서는 괴경당 중량을 크게 한다.
③ 광도는 건물생산과 생리대사에 영향을 미친다.
④ 무기성분 함량이 충분한 조건하에서 다년생 잡초의 경우 영양번식 속도가 억제된다.

해설
영양번식에서 무기성분 함량이 충분한 조건에서는 다년생 잡초의 번식 속도가 증가한다.

65 다음 중 종피에 기인한 휴면과 가장 거리가 먼 것은?
① 배의 미숙
② 배의 생장에 대한 기계적 장해
③ 가스교환 방해
④ 투수성 방해

해설
배의 불완전 또는 미숙은 종자 자체의 문제이다.

정답 60 ④ 61 ③ 62 ④ 63 ④ 64 ④ 65 ①

66 다음 중 화본과 잡초에는 있으나 광엽잡초에는 없는 주요 기관은?
① 줄기 ② 마디
③ 엽신 ④ 엽초

해설
화본과잡초는 엽초가 있으나 광엽잡초에는 엽초가 없다. 생장점의 위치를 비교해보면 화본과의 경우 엽초의 마디에 위치해 있으나 광엽잡초의 경우 엽초가 없어 생장점이 엽액에 위치해 있다.

67 다음 중 선택성 제초제는?
① Paraquat ② Glyphosate
③ 2,4-D ④ Glufosinate

해설
선택성 제초제로 2,4-D, Propanil, Butachlor 등이 있다.

68 논에 오리를 방사하여 잡초를 방제하는 방법은?
① 경종적 방제법 ② 생물적 방제법
③ 화학적 방제법 ④ 기계적 방제법

해설
오리나 닭 등의 가축을 이용한 방제법은 생물적 방제법에 해당한다.

69 다음 중 영양번식기관과 해당 잡초가 옳지 않게 연결된 것은?
① 지하경 - 가래, 수염가래꽃
② 인경 - 야생마늘, 자주괭이밥
③ 괴경 - 향부자, 매자기
④ 포복경 - 올미, 벗풀

해설
벗풀, 올미의 영양번식기관은 괴경이다.

70 우리나라 논에서 발생하는 주요 다년생 광엽잡초는?
① 여뀌, 마디꽃
② 사마귀풀, 논뚝외풀
③ 물달개비, 가래
④ 올미, 벗풀

해설
논에서 발생하는 다년생 광엽잡초로 너도방동사니, 매자기, 벗풀, 올미 등이 있다.

71 발생지에 따른 분류와 해당 잡초종이 잘못 연결된 것은?
① 논 잡초 - 강피, 올챙이고랭이
② 밭 잡초 - 개비름, 깨풀
③ 과수원 잡초 - 쑥, 민들레
④ 잔디밭 잡초 - 쇠털골, 가래

해설
토끼풀, 파대가리, 새포아풀, 클로버, 꽃다지 등은 잔디밭잡초이다.

72 논에 발생하는 피류의 속명은?
① Cyperus ② Echinochloa
③ Sorghum ④ Monochoria

해설
① 향부자 ② 돌피 ③ 수수 ④ 물옥잠
논에서 발생하는 피의 종류로 돌피, 강피 등이 있다.

73 종자에 낙하산과 같은 깃털을 가지거나 솜털과 같은 것으로 덮여서 바람에 잘 날리는 잡초는?
① 민들레 ② 쇠비름
③ 물달개비 ④ 피

해설
민들레는 바람에 의해 비산하며 관모가 있어 멀리 이동한다.

정답 66 ④ 67 ③ 68 ② 69 ④ 70 ④ 71 ④ 72 ② 73 ①

74 다음 잡초 중 기주식물에서 기생하는 잡초는?
① 피   ② 물달개비
③ 명아주   ④ 새삼

해설
새삼의 경우 뿌리가 없는 기생식물로 다른 식물의 양분을 흡수한다.

75 밭잡초의 효과적 방제를 위한 다양한 특성을 고려해야 할 때에 대한 설명으로 틀린 것은?
① 밭작물은 종류가 많고 재배시기가 다양하다.
② 재배지의 토성, 수분, 유기물 함량 등이 다양하다.
③ 중경, 배토에 의해 효과적인 방제가 가능하다.
④ 밭잡초는 종류가 다양하나 발생이 균일하여 발생 예측이 가능하다.

해설
밭잡초는 논잡초보다 종류도 다양하고 발생이 불규칙하여 예측이 어렵다.

76 제초제의 흡수에 대한 설명으로 옳지 않은 것은?
① 종자 내로 제초제의 침투는 집단류와 확산에 의해 일어난다.
② 식물의 뿌리는 토양으로부터 토양에 잔류하는 제초제를 흡수한다.
③ 제초제의 식물뿌리 내 물관으로의 이동 중 원형질막을 통과하는 경로는 심플라스트 경로를 이용한다.
④ 비극성제초제는 극성 제초제보다 잡초의 뿌리 흡수가 용이하다.

해설
극성제초제의 뿌리 흡수가 더 용이하다.

77 다음 중 다년생 논잡초이며, 지하 번식체를 0~5cm 의 표토에 주로 생성하는 것은?
① 바랭이   ② 개망초
③ 올미   ④ 금방동사니

해설
올미는 다년생 논잡초로 번식체의 토양심도가 0~5cm 정도의 표토에 주로 생성된다.

78 잡초의 형태적 특성에 따른 분류로 옳은 것은?
① 화본과 잡초, 광엽잡초, 사초과 잡초
② 1년생잡초, 2년생잡초, 다년생잡초
③ 수생잡초, 습생잡초, 건생잡초
④ 지상식물, 반지중식물, 지중식물

해설
형태적 특성에 따라 광엽잡초, 화본과잡초, 방동사니과잡초로 분류된다.

79 잡초종자의 발아에 관여하는 환경요인과 가장 관계가 적은 것은?
① 광   ② 토성
③ 산소   ④ 온도

해설
잡초 종자의 발아에 관여하는 환경 요인으로 수분, 공기, 온도, 광 등이 있다.

80 우리나라에서 발생하고 있는 대부분의 잡초종자 발아 최적온도 범위로 가장 옳은 것은?
① 0~5°C   ② 7~12°C
③ 15~30°C   ④ 32~44°C

해설
잡초의 종류에 따라 발아 최적온도는 다른데 대체적인 최적온도의 범위는 15~30°C 정도이다.

정답 74 ④ 75 ④ 76 ④ 77 ③ 78 ① 79 ② 80 ③

국가기술자격 필기시험문제

산업기사 CBT 1회 모의고사문제				수험번호	성명
자격종목 식물보호산업기사	종목코드	시험시간 2시간	형별		

※ 본문제는 수험생들의 기억을 바탕으로 작성 된 것으로 실제 문제와 차이가 있을 수 있습니다.

1과목 식물병리학

01 소나무재선충을 매개하여 소나무류의 산림에 문제가 되고 있는 것은?
① 광릉긴나무좀 ② 솔수염하늘소
③ 뿌리혹선충류 ④ 개미

해설 솔수염하늘소는 소나무재선충의 매개충으로 천공성 해충에 속한다.

02 식물병원 바이로이드의 특성이 아닌 것은?
① 식물에만 병원성을 보인다.
② 세포의 체제를 갖추고 있지 않다.
③ 핵산이 겹가닥으로 되어 있다.
④ 바이러스와의 차이는 단백질 껍데기가 없다는 것이다.

해설 바이로이드의 핵산은 한 가닥으로 되어 있다.

03 대추나무 빗자루병의 방제법으로 가장 적당한 방법은?
① 병든 가지는 건전한 부분을 포함하여 겨울철에 잘라낸다.
② 여름철에 살균제를 뿌려준다.
③ 옥시테트라사이클린 수화제를 나무에 주사한다.
④ 매개충을 죽게하기 위하여 살충제를 지면에 뿌려준다.

해설 대추나무 빗자루병은 옥시테트라사이클린을 수간 주사하여 방제한다.

04 식물의 잎을 은색으로 변하게 하는 주요인으로 작용하는 것은?
① PAN ② O_3
③ SO_2 ④ NO_2

해설 PAN에 의해 식물은 광택화, 은백색화 등의 현상이 발생한다.

05 파이토플라즈마의 진단법으로 부적당한 것은?
① 항생제 페니실린에 대한 저항성을 본다.
② 항생제 테트라사이클린에 대한 감수성을 본다.
③ 적당한 배지에 배양하여 자라는 모양을 본다.
④ 건전한 기주에 병든 기주의 가지를 접목하여 전염성을 본다.

해설 파이토플라즈마는 인공배양이 어렵기에 배지에 배양하여 자라는 모양을 보기는 어렵다.

06 식물 녹병균이 만드는 포자는?
① 봄포자 ② 여름포자
③ 가을포자 ④ 사철포자

해설 녹병균은 중간기주에서 여름포자 혹은 겨울포자를 만든다.

정답 01 ② 02 ③ 03 ③ 04 ① 05 ③ 06 ②

07 바이러스에 의해 야기되는 병징 가운데 세포조직의 괴사에 의하여 생기는 병징이 아닌 것은?

① 괴사반점 ② 둥근겹무늬
③ 괴사줄무늬 ④ 잎말림

> **해설**
> 잎말림병은 세포조직괴사와 관련없이 잎이 길이로 말려 있는 병징이다.

08 식물병원의 종류 중 비세포성 병원은?

① 파이토플라스마
② 진균류
③ 선충
④ 바이로이드

> **해설**
> 바이로이드는 바이러스와 마찬가지로 비세포성 병원으로 단백질 껍질이 없는 RNA로 구성되어 있다.

09 병원균의 중간기주가 향나무인 병은?

① 잣나무 털녹병
② 밀 줄기녹병
③ 소나무 혹병
④ 사과나무 붉은별무늬병

> **해설**
> 붉은별무늬병은 담자균류에 의해 발생하며 기주는 사과나무, 배나무 등이 있으며 중간기주는 향나무이다.

10 벼에서는 문제가 되지 않는 병은?

① 도열병
② 녹병
③ 잎집무늬마름병
④ 오갈병

> **해설**
> 벼에 주로 문제가 되는 병은 도열병, 오갈병, 줄무늬잎마름병, 잎집무늬마름병, 모썩음병, 노균병 등이 있다.

11 질소비료를 과용하면 여러 가지 병의 발생을 촉진한다. 질소비료 과용의 발병에 미치는 역할을 바르게 설명한 것은?

① 병원 ② 원인
③ 주인 ④ 유인

> **해설**
> 식물병에 직접적인 요인을 주인, 주인을 도와 발병을 촉진 및 확산시키는 요인들을 유인이라 한다. 질소비료 과용은 발병을 촉진 및 확산시키기에 유인에 속한다.

12 이종기생균으로 옳은 것은?

① 고추 탄저병균
② 잣나무 털녹병균
③ 아스파라거스 녹병균
④ 사과나무 불마름병균

> **해설**
> 다른 기주식물을 옮겨다니는 병원균을 이종기생균이라 하며 잣나무 털녹병, 소나무 잎녹병, 배나무 붉은별무늬병균 등이 있다.

13 불완전균류란?

① 균사의 형성이 불완전한 균류
② 무성세대가 밝혀지지 않은 균류
③ 유성세대가 밝혀지지 않은 균류
④ 기주범위가 밝혀지지 않은 균류

> **해설**
> 불완전균류는 균사에 격막이 있고 무성 분생포자세대만으로 분류되며 유성세대가 밝혀지지 않았다.

14 대추나무 빗자루병의 치료방법으로 옳은 것은?

① 옥시테트라사이클린계 항생제를 수간주사한다.
② 침투성 살균제를 수간주사한다.
③ 농용마이신을 엽면 처리한다.
④ 피해지에 봉지를 씌워 병균의 전파를 방지한다.

정답 07 ④ 08 ④ 09 ④ 10 ② 11 ④ 12 ② 13 ③ 14 ①

> **해설**
> 대추나무 빗자루병은 파이토플라즈마에 의해 발생하며 옥시테트라사이클린계 항생제를 수간주사하여 방제한다.

15 감자 Y 바이러스의 특징이 아닌 것은?
① 진딧물에 의해 매개된다.
② 풍차형 봉입체를 형성한다.
③ 감염된 식물의 세포질 내에 흩어져 존재한다.
④ 최근에는 조직배양에 의한 씨감자 생산 보급이 확대되어 발병이 많이 감소하였다.

> **해설**
> 감자 Y 바이러스(PVY)는 진딧물에 의한 충매전염, 즙액전염을 하며 미세구조는 풍차형 봉입체를 형성한다. 바이러스의 경우 세포와 세포사이, 물관과 체관의 도관부로 이동하여 식물체의 전신으로 이동이 가능하다.

16 논에는 벼 도열병균 분생포자의 주된 전염 방법은?
① 물   ② 토양
③ 바람   ④ 곤충

> **해설**
> 벼 도열병의 병원균은 진균으로 바람에 의해 전반된다.

17 벼 도열병의 전형적인 병징은?
① 모무늬   ② 얼룩무늬
③ 겹둥근모양   ④ 실꾸리모양

> **해설**
> 벼 도열병은 방추형(실꾸리모양)의 병징을 나타낸다.

18 다음 중 윤작을 이용한 방제효과가 가장 높은 것은?
① 균핵병   ② 흰가루병
③ 풋마름병 ④ 무사마귀병

> **해설**
> 무사마귀병은 휴면포자가 토양에 월동하여 양배추, 무, 배추 등에 피해를 주는데 다른 작물을 윤작하게 되면 방제효과가 높아진다.

19 병원균에 대한 기주 저항성 중 품종고유의 소수 주동유전자에 의해 발현되기 때문에 재배환경에 영향을 적게 받으나 레이스의 변이에 의하여 감수성으로 되기 쉬운 것은?
① 수평 저항성   ② 침입 저항성
③ 수직 저항성   ④ 감염 저항성

> **해설**
> 수직저항성은 외부환경에 대해 안정적이나 새로운 레이스가 생길 경우 저항성이 약해지는 단점이 있다.

20 무사마귀병에 대한 설명으로 옳은 것은?
① 벼에도 잘 발생한다.
② 세균에 의해 발생한다.
③ 산성토양에서 잘 발생한다.
④ 온도가 20°C 이하로 서늘할 때 잘 발생한다.

> **해설**
> 무·배추 무사마귀병은 산성토양에서 잘 발생한다.

2과목 농림해충학

21 뽕나무하늘소에 대한 설명으로 옳지 않은 것은?
① 사과나무, 배나무에도 피해를 준다.
② 성충이 과실을 물어뜯고 즙액을 빨아먹는다.
③ 다 자란 유충은 나뭇잎 뒷면에서 번데기가 된다.
④ 유충이 나무줄기 속으로 구멍을 뚫고 들어간다.

> **해설**
> 뽕나무하늘소의 유충은 줄기 속에서 번데기가 된다.

정답 15 ④ 16 ③ 17 ④ 18 ④ 19 ③ 20 ③ 21 ③

22 완전변태를 하는 것은?
① 벌 ② 메뚜기
③ 진딧물 ④ 잠자리

해설
완전변태를 하는 것에는 나비목, 파리목, 벌목 등이 있다.

23 해충발생밀도 조사방법에 해당하지 않는 것은?
① 수반조사법
② 예찰등조사법
③ 해충가해조사법
④ 공중포충망조사법

해설
해충조사를 위한 방법으로는 포충망을 이용하거나, 유아등을 통한 채집, 접착트랩, 털어잡기 등 해충의 종류에 따라 적합한 방법을 선택한다. 해충가해조사법은 피해조사법이라 하여 해충 발생에 의한 피해 정도를 조사하는 방법이다.

24 알의 양쪽에 공기주머니가 붙어 있는 해충은?
① 솔나방 ② 무당벌레
③ 학질모기 ④ 이화명나방

해설
학질모기는 양쪽으로 공기주머니인 부낭이라는 것을 가지고 있으며 부낭으로 물위에 가라앉지 않고 뜰 수 있다.

25 곤충의 피부구조에 대한 설명으로 옳지 않은 것은?
① 기저막은 일정한 모양이 형성된 비세포성 연결조직이다.
② 외표피는 단백질과 지질로 구성된 얇은 층으로 되어 있다.
③ 원표피는 성충표피의 대부분을 차지하며 외원표피와 내원표피로 구성된다.
④ 진피세포는 표피를 이루는 단백질, 지질, 키틴 화합물 등을 합성 및 분비하는 세포군이다.

해설
기저막은 진피층 아래 구조가 없는 얇은 막으로 곤충의 근육이 부착되는 곳과 연결되며 혈구에는 분비한 점액성 다당류를 함유한다.

26 곤충의 주성에 해당하지 않는 것은?
① 주광성 ② 주랭성
③ 주촉성 ④ 주화성

해설
곤충의 주성에는 주광성, 주화성, 주수성, 주풍성, 주촉성 등이 있다.

27 페로몬에 대한 설명으로 옳지 않은 것은?
① 카이로몬, 알로몬, 시노몬 등이 있다.
② 짝짓기를 위한 암수의 통신에 관여한다.
③ 사회성을 유지하거나 개체들을 모이게 한다.
④ 적으로부터 피하거나 방어를 위한 신호를 보내는데 사용한다.

해설
카이로몬, 알로몬, 시노몬 등은 페로몬이 아닌 일종의 타감물질이다.

28 성충은 벼잎을 가해하고 애벌레는 벼뿌리를 가해하여 피해를 주는 해충은?
① 벼멸구 ② 애멸구
③ 벼물바구미 ④ 벼줄기굴파리

해설
벼물바구미는 벼, 돌피 등에 피해를 주는데 성충이 잎에 피해를 주면 흰색으로 나타나고 유충은 흙속으로 파고들어가 기생을 하여 뿌리에 피해를 준다.

29 번데기가 되면서 부속지가 몸에 붙어 있는 상태로 형성되어 다리나 큰턱을 따로 움직일 수 없는 번데기 형태는?
① 나용 ② 피용
③ 위용 ④ 저용

정답 22 ① 23 ③ 24 ③ 25 ① 26 ② 27 ① 28 ③ 29 ②

> **해설**
> 피용은 곤충번데기의 한 형태로 전체의 체표가 심하게 경화하고 촉각, 다리, 날개가 체부에 밀착되어 있는 것으로 다리나 큰턱을 따로 움직일 수 없다.

30 해충의 생물적 방제인자로서 포식성 천적류에 해당되지 않는 것은?
① 고치벌류 ② 노린재류
③ 무당벌레류 ④ 풀잠자리류

> **해설**
> 고치벌류는 기생성 천적류에 해당한다.

31 곤충강에 속하지 않는 해충은?
① 독나방 ② 점박이응애
③ 목화진딧물 ④ 가루깍지벌레

> **해설**
> 점박이응애는 거미강에 속한다.

32 곤충의 발육 적산온도법칙과 가장 관계가 먼 것은?
① 최적발육온도
② 영점발육온도
③ 유효적산온도
④ 특정 온도에서의 발육일수

> **해설**
> 곤충의 적산온도에서 유효적산온도는 측정온도, 발육영점온도, 측정온도에서의 발육일수를 이용하여 구한다.

33 곤충의 기문에 대한 설명으로 옳지 않은 것은?
① 몸의 양옆에 존재한다.
② 파리목의 유충은 10쌍의 기문이 있다.
③ 곤충 종마다 다르지만 10쌍을 넘지 않는다.
④ 모기붙이류의 경우는 기문이 존재하지 않는다.

> **해설**
> 파리목의 유충은 기문이 몸통의 앞에 1쌍, 뒤에 1쌍이 있다.

34 산란관으로 과수의 가지에 상처를 내고 산란하는 해충은?
① 말매미 ② 조명나방
③ 사과혹진딧물 ④ 사과둥근나무좀

> **해설**
> 말매미는 가지나 줄기를 가해하는 해충으로 수목의 상처를 내고 산란관을 이용해 산란하는데 산란부위의 윗부분은 말라 죽는다.

35 밤나무혹벌 방제법으로 가장 효과적인 것은?
① 불임성 이용
② 접촉살충제 살포
③ 내충성 품종 이용
④ 침투성 약제 수간주사

> **해설**
> 밤나무혹벌은 피해가 심하면 내충성 품종으로 교체하는 방법이 효과적이다. 내충성 품종 방제법을 이용하면 긴 시간이 필요하지만 해충종류에 대한 특이성이 있다.

36 이화명나방이 월동하는 형태는?
① 알 ② 성충
③ 유충 ④ 번데기

> **해설**
> 이화명나방은 유충 형태로 월동한다.

37 단위생식을 하지 않는 곤충은?
① 사과면충
② 파굴파리
③ 밤나무혹벌
④ 복숭아혹진딧물

> **해설**
> 단위생식을 하는 해충으로 사과면충, 밤나무혹벌, 민다듬이벌레, 복숭아혹진딧물 등이 있으며 파굴파리는 양성생식을 한다.

정답 30 ① 31 ② 32 ① 33 ② 34 ① 35 ③ 36 ③ 37 ②

38 해충의 생물적 방제 방법의 장점이 아닌 것은?

① 속효적이며 일시적이나 효과가 크다.
② 일단 정착되면 영구적이어서 경제적이다.
③ 생물상이 평형을 되찾고 생태계가 안정된다.
④ 독성이 거의 없고 환경에 대한 부작용이 적다.

해설
생물적 방제는 영구적 혹은 반영구적이며 효과가 지속적으로 나타난다.

39 뿌리혹선충 방제 방법으로 옳지 않은 것은?

① 상토를 소독한다.
② 토양의 pH가 높아지지 않도록 관리를 한다.
③ 경작지가 논일 경우 3년마다 한 번씩 벼를 재배한다.
④ 토양의 유기물 함량이 낮아지지 않도록 비배관리를 한다.

해설
토양의 pH가 높은 것이 뿌리혹선충 방제에 유리하다.

40 대체로 우리나라에서 월동하지 못하는 해충은?

① 벼멸구   ② 애멸구
③ 끝동매미충   ④ 벼물바구미

해설
벼멸구는 중국에서 비래하는 해충으로 우리나라에서는 월동하지 않는다.

3과목 농약학

41 농약관리법상 농약의 급성독성 정도에 따른 농약 구분이 아닌 것은?

① 급성독성   ② 저독성
③ 고독성   ④ 맹독성

해설
농약관리법상 농약의 급성독성은 정도에 따라 맹독성, 고독성, 보통독성, 저독성으로 분류한다.

42 다조멧 85% 분제 1kg을 50%의 분제로 만들려면 증량제가 얼마나 필요한가?

① 0.58 kg   ② 0.70 kg
③ 1.00 kg   ④ 1.50 kg

해설
희석할 증량제 양
$= 원분제 중량 \times (\frac{원분제 농도}{목표 농도} - 1)$
$= 1kg \times (\frac{85\%}{50\%} - 1) = 0.7 kg$

43 농약의 구비조건이 아닌 것은?

① 인축에 대한 독성이 낮아야 한다.
② 작물에 대한 약해작용을 일으켜서는 안된다.
③ 토양에 오래 잔류하여야 한다.
④ 다른 약제와 혼용이 가능하고 천적, 어류에 대한 독성이 낮아야 한다.

해설
농약의 경우 토양에 너무 오래 잔류하면 잔류농약에 의한 약해가 발생할 수 있어 오래 잔류해서는 안된다.

44 분제의 물리적 성질만 나열한 것은?

① 습윤성, 분산성, 부착성
② 현수성, 습윤성, 부착성
③ 확전성, 부착성, 비산성
④ 분산성, 비산성, 토분성

해설
분제의 물리적 성질에는 토분성, 부착성, 분산성, 비산성, 안전성 등이 있다.

정답 38 ① 39 ② 40 ① 41 ① 42 ② 43 ③ 44 ④

45 저장하고 있는 곡물이나 종자 등에 발생하는 해충을 방제하는 데 주로 쓰이는 제형은?

① 유제　② 액제
③ 수화제　④ 훈증제

해설
밀폐된 공간에서 저장 곡물이나 종자의 경우 가스를 이용하여 해충을 방제하는 훈증제가 적합하다.

46 농약 살포 중 중독 사고를 방지하기 위한 방법으로 틀린 것은?

① 농약 살포 시 노출부가 적은 방제복을 사용한다.
② 마스크, 방호안경, 보호크림 등을 사용한다.
③ 살포 시에는 바람을 마주보며 살포한다.
④ 작업이 끝나면 몸을 깨끗이 씻고 휴식을 취한다.

해설
농약 살포시 바람을 등지고 살포하도록 한다.

47 수화제 제형 제조에서 중요하게 관리해야 할 물리적 특성에 해당하는 것은?

① 비중과 유화성
② 입자의 크기와 현수성
③ 안전성과 확전성
④ 입자의 크기와 수용성

해설
수화제는 현수성, 수화성, 고착성, 습진성 등이 좋아야 하며 그 중에서 물리적 특성에는 입자의 크기 및 현수성이 중요하다.

48 분제의 제조방법에 대한 설명으로 옳지 않은 것은?

① 제품조성의 대부분을 증량제가 차지하고 있으므로 품질은 증량제의 이화학적 성질에 영향을 받는다.
② 물리성 개량제로서 PAP 가 사용되며 분해방지제로서 유기산 등이 사용된다.
③ 물리성으로 중요한 것은 분말도, 토분성 및 분산성이다.
④ 주성분이 액상인 경우 Bentonite 나 모래 등에 주제를 흡착시켜 제조한다.

해설
분제는 유효성분을 점토광물과 보조제를 혼합하여 만든 미분말이다.

49 다음 중 보조제의 구비조건으로 옳지 않은 것은?

① 작물에 피해가 없어야 한다.
② 주제를 변질시키지 않아야 한다.
③ 주제나 용제와 친화성이 있어야 한다.
④ 경수에는 사용할 수 없어야 한다.

해설
칼슘이온이 함유된 경수에서도 사용할수 있어야 한다.

50 농약의 작물잔류에 미치는 영향 중 가장 거리가 먼 것은?

① 농약의 이화학적 특성
② 작물의 특성
③ 기상 및 토양환경조건
④ 농약잔류허용량

해설
농약의 잔류허용량은 신체에 영향을 주는 정도를 나타내는 것으로 작물잔류에 미치는 영향과는 거리가 멀다.

정답 45 ④　46 ③　47 ②　48 ④　49 ④　50 ④

51 아마이드계 계통의 잡초발생 전 토양처리용 제초제로서 잔디에 주로 사용되는 것은?
① 2,4-D 제
② 메트리뷰진
③ 아이속사벤
④ 아짐설퓨론

해설 아이속사벤은 잡초의 발아전 토양에 처리하는 토양처리용 제초제이다.

52 농약을 식별하기 위해 라벨의 바탕 색깔을 달리하는데 황색 라벨은 어떤 약제를 의미하는가?
① 제초제
② 살균제
③ 살충제
④ 생장조정제

해설 농약의 식별에서 제초제는 황색 라벨을 사용한다.

53 베노밀에 대한 설명으로 옳은 것은?
① 살균제이다.
② 황색의 액제이다.
③ 알칼리 약제와 혼용이 가능하다.
④ 휘발성이 있어 침투이행성이 낮다.

해설 베노밀은 흰가루병, 탄저병에 이용하는 침투성 살균제이다.

54 살균제의 주성분에 의한 분류에 해당되지 않는 것은?
① 유기수은제
② 토양소독제
③ 유기주석제
④ 무기황제

해설 토양소독제는 용도에 따른 분류에 속한다.

55 토양소독용 전문약제로서 연작장해를 막아주며 건전한 토양을 만들어주는 효과가 있는 살충 살균제는?
① 디클로르보스
② 펜토에이트
③ 피메트로진
④ 메탐소듐

해설 메탐소듐은 뿌리혹선충, 뿌리썩음병과 같은 식물병에 효과적인 토양소독제이다. 산소와 결합하여 생물의 세포에서 산소를 이용하지 못하게 방해하여 병원균, 곤충 등을 방제하는 것이다.

56 입제, 분제, 수화제 등과 같이 고체 농약의 제제 시 주성분의 농도를 저하시키고 부피를 증대시켜 농약의 주성분을 균일하게 살포하여 농약의 부착률을 향상시키기 위하여 사용되는 재료가 아닌 것은?
① 벤젠
② 카올린
③ 벤토나이트
④ 규조토

해설 증량제에는 규조토, 탈크, 벤토나이트, 카올린 등이 있다.

57 다음 중 유기유황계 약제는?
① 코퍼하이드록사이드 수화제
② 디클로르보스 유제
③ 만코제브 수화제
④ 티오파네이트메틸 도포제

해설 유기유황계 약제로 만코제브, 메티람, 프로피네브 등이 있다.

58 주로 가정원예용으로 사용되는 농약의 제형은?
① 훈연제
② 과립훈연제
③ 연무제
④ 훈증제

해설 가정원예용과 같은 부가가치가 높은 농약은 연무제(스프레이형식)를 사용한다.

정답 51 ③ 52 ① 53 ① 54 ② 55 ④ 56 ① 57 ③ 58 ③

59 살충제 Carbofuran 에 대한 설명으로 틀린 것은?

① 수질오염성 농약으로 지정되어 수도용 약제로는 사용이 금지되어 있다.
② 카바메이트계로서 약제의 지속기간이 길다.
③ 콜린에스테라제의 활성기능을 억제하여 독작용을 유발한다.
④ 침투이행성 살충제로 식물의 뿌리나 경엽을 통해 식물 체내로 침투한다.

해설
카보퓨란(Carbofuran) 어독성 2급으로 지정되어 있어 수도용 살충제로 사용 가능하다.

60 수질 중 화합물의 농도가 2ppm 이고, 송사리 중의 농도가 20ppm 일 때 이 화합물의 생물농축계수(BCF)는?

① 2
② 10
③ 20
④ 40

해설
생물농축계수는 오염물질농도에서 수중의 오염물질의 농도를 나누어 구하도록 한다.

4과목 　잡초방제학

61 혼합 제초제의 효과로 볼 수 없는 것은?

① 상가적 효과가 있다.
② 길항적 효과가 있다.
③ 살초폭을 넓힌다.
④ 상승적 효과가 있다.

해설
혼합 제초제 약효의 효과를 높이기 위해 혼합하여 사용하기에 길항적 효과가 나타나지 않도록 해야 한다.

62 잡초에 의한 작물의 피해가 가장 심한 경우는?

① 화본과 작물 재배지에 발생한 광엽잡초
② C_3작물 재배지에 발생한 C_4잡초
③ 벼 재배지에 발생한 가막사리
④ 광엽 작물 재배지에 발생한 화본과 잡초

해설
C_3 작물보다 C_4 잡초의 광효율이 좋아 경합에 유리하여 작물의 피해가 심하다.

63 다음 잡초 중 방동사니과 잡초가 아닌 것은?

① 올챙이고랭이
② 매자기
③ 벗풀
④ 너도방동사니

해설
벗풀은 택사과이다.

64 우리나라 논에서 발생하는 화본과 잡초가 아닌 것은?

① 물달개비
② 강피
③ 나도겨풀
④ 뚝새풀

해설
물달개비는 광엽잡초이다.

65 제초제의 선택성에 영향을 미치는 요인 중 물리적 요인으로 볼 수 없는 것은?

① 광도
② 제형
③ 처리약량
④ 처리방법

해설
광도는 환경적 요인에 속한다.

66 우리나라에서 발생하고 있는 대부분의 잡초 종자의 발아 최적온도 범위는?

① 0~10℃
② 10~15℃
③ 15~30℃
④ 30~40℃

해설
잡초의 종류에 따라 발아 최적온도는 다른데 대체적인 최적온도의 범위는 15~30℃ 정도이다.

정답 59 ① 60 ② 61 ② 62 ② 63 ③ 64 ① 65 ① 66 ③

67 벼 재배방법 중 잡초의 피해가 가장 큰 재배방법은?
① 건답직파 재배
② 담수직파 재배
③ 어린모기계이앙 재배
④ 중묘기계이앙 재배

해설
이앙보다는 직파에서 경합력이 낮아 잡초 발생량이 많다. 또한 담수직파의 경우 특정 잡초만 발생하지만 건답직파의 경우 발생하는 잡초의 종류 및 수량이 많다.

68 비늘줄기인 인경으로 번식하는 광엽잡초는?
① 가래   ② 여뀌
③ 올방개   ④ 매자기

해설
가래는 논이나 습지에서 자라는 다년생 잡초이며 번식은 종자와 비늘줄기인 인경으로 번식한다.

69 물옥잠과 잡초에 해당하는 것은?
① 물피   ② 물수세미
③ 물고랭이   ④ 물달개비

해설
물달개비는 물옥잠과 한해살이로 논이나 못의 물가에서 잘 자란다.

70 잡초종자는 일반적으로 휴면성을 가지고 있다. 휴면의 원인으로 옳지 않은 것은?
① 두꺼운 종피
② 불완전한 배
③ 생장촉진제 처리
④ 발아억제물질 작용

해설
생장촉진제는 휴면을 타파한다.

71 밭에 주로 발생하는 잡초는?
① 마디꽃   ② 쇠털골
③ 명아주   ④ 사마귀풀

해설
밭에서 주로 발생하는 밭잡초로는 명아주, 쇠비름, 바랭이, 깨풀 등이 있다.

72 다년생 잡초가 아닌 것은?
① 쑥   ② 피
③ 가래   ④ 향부자

해설
피는 1년생 잡초이다.

73 잡초의 생리 및 생태적 특성이 아닌 것은?
① 휴면성을 가지고 있다.
② 유묘기의 생장속도가 빠르다.
③ 주로 영양번식은 1년생 잡초가 한다.
④ 종자 및 영양번식기관으로 번식한다.

해설
주로 영양번식은 다년생 잡초가 한다.

74 잡초 종자가 공간적으로 산포하기 위한 특징으로 옳지 않은 것은?
① 산포에 유리한 형태적 특성
② 발아에 불리한 환경조건에서의 휴면성
③ 바람, 물 및 인축의 동태와 관련된 이동성
④ 동물이 섭취하여도 잘 소화되지 않은 특성

해설
공간적 산포를 위해서는 비산이 가능한 형태적 특성, 다른 환경적 조건에 의한 이동, 동물의 배설에 의한 이동 등이 있다. 휴면성은 공간적 산포와는 관련이 없으며 불리한 환경조건을 극복하기 위한 방법이다.

정답 67 ① 68 ① 69 ④ 70 ③ 71 ③ 72 ② 73 ③ 74 ②

75 작물과 잡초의 경합에서 가장 큰 경합을 나타내는 무기원소는?
① 인 ② 칼륨
③ 칼슘 ④ 질소

해설
질소는 식물의 필수 다량원소로서 큰 경합을 나타낸다.

76 제초제의 용탈이 가장 심한 토양은?
① 사토 ② 양토
③ 식토 ④ 사양토

해설
사토는 함수율이 낮고 공극이 많아 배수성이 커서 제초제의 용탈이 가장 심하다.

77 잡초 종자가 일장에 감응하여 휴면이나 휴면타파를 하는 형태는?
① 2차성 휴면형
② 기회적 휴면형
③ 계절적 휴면형
④ 자발성 휴면형

해설
일장의 변화에 따른 휴면을 계절적 휴면형이라 하며 이러한 일장에 반응하여 휴면을 타파하고 발아하는 것을 발아 계절성이라 한다.

78 논에 다년생 잡초가 증가하는 요인으로 가장 거리가 먼 것은?
① 추경의 감소
② 인력 제초의 감소
③ 만기 이앙의 증가
④ 1년생 제초제의 연용

해설
논에 다년생 잡초의 증가는 제초제의 연용, 작부체계의 변화 혹은 춘, 추경의 감소 등의 요인이 있다. 이앙 재배 방법은 잡초의 발생을 줄일수 있다.

79 잡초로 인한 피해 양상이 아닌 것은?
① 작물의 수량 감소
② 농작물의 품질 저하
③ 토양의 유실 가속화
④ 병해충의 서식지 역할

해설
잡초는 토양의 유실을 막아준다.

80 설포닐우레아계 제초제의 작용기구로 가장 옳은 것은?
① 지질 생합성의 저해
② 아미노산 생합성의 저해
③ 호흡작용의 저해
④ 광합성의 저해

해설
설포닐우레아계 제초제의 작용기구는 아미노산 생합성 저해이다.

정답 75 ④ 76 ① 77 ③ 78 ③ 79 ③ 80 ②

국가기술자격 필기시험문제

산업기사 CBT 2회 모의고사문제

자격종목	종목코드	시험시간	형별	수험번호	성명
식물보호산업기사		2시간			

※ 본문제는 수험생들의 기억을 바탕으로 작성 된 것으로 실제 문제와 차이가 있을 수 있습니다.

1과목   식물병리학

01 기주에서 기생생활을 원칙으로 하나 조건에 따라 죽은 기주에서 부생적으로 생활할 수 있는 것은?
① 임의기생체   ② 순활물기생체
③ 임의부생체   ④ 부생체

[해설]
임의부생체는 기생을 원칙으로 하나 죽은 유기물에서도 영양섭취가 가능하다.

02 사과나무 부란병을 일으키는 병원체는?
① 세균   ② 진균
③ 바이러스   ④ 파이토플라스마

[해설]
사과나무 부란병은 진균(자낭균류)에 의해 발생한다.

03 다음 중 법적 방제법에 해당하는 것은?
① 포장위생   ② 식물검역
③ 종묘소독   ④ 비배관리

[해설]
외국에서 유입되는 식물 및 병원체의 침입을 막는 방법을 식물검역이라 하며 법적방제법에 속한다.

04 병원체가 기주를 침해하여 병을 일으킬 수 있는 능력을 무엇이라 하는가?
① 기생성   ② 감수성
③ 병원성   ④ 저항성

[해설]
식물의 병의 원인을 병원이라 하며 병원에 있어 생물 및 바이러스 등에 의한 때를 병원체라 한다. 이때 병원체가 기주에 침입해 병을 일으키는 능력을 병원성이라 한다.

05 다음 중 물에 의해 전파되는 병으로 가장 옳은 것은?
① 벼 흰잎마름병
② 밀 줄기녹병
③ 밀 붉은녹병
④ 보리 속깜부기병

[해설]
벼 흰잎마름병은 물에 의해 전반되어 상처를 통해 침입하는데 태풍과 침수에 의해 상처가 발생하고 강수에 의해 전반이 많이 일어나게 된다.

06 바이러스병의 진단법으로 가장 거리가 먼 것은?
① 효소결합항체법
② 봉입체 관찰
③ 지방산 분석
④ 한천겔확산법

[해설]
바이러스로 인한 식물병의 진단방법으로 한천겔확산법, 효소결합항체법(ELISA), 봉입체 관찰, 슬라이드법, 형광항체법 등이 있다.

정답 01 ③ 02 ② 03 ② 04 ③ 05 ① 06 ③

07 과수에 발생한 흰가루병균이 형성하는 포자의 종류는?
① 난포자 ② 자낭포자
③ 접합포자 ④ 담자포자

해설
흰가루병균은 자낭균류에 의해 발생하는데 균사나 자낭포자로 월동하고 차후 1차 전염원이 된다.

08 소나무혹병균의 중간기주로 가장 옳은 것은?
① 민들레 ② 참나무
③ 흰명아주 ④ 향나무

해설
소나무혹병균의 중간기주는 참나무이다.

09 다음 중 병원체 크기가 가장 작은 것은?
① 세균
② 진균
③ 파이토플라스마
④ 바이로이드

해설
바이로이드는 바이러스와 유사한 전염 특성을 가지며 병원체 중 가장 작은 크기를 가진다.

10 녹병균의 여름포자, 녹포자의 주된 침입경로로 가장 적절한 것은?
① 피목 ② 수공
③ 기공 ④ 뿌리털

해설
녹병균의 여름포자, 녹포자는 바람에 의해 전반되어 기공을 통해 침입한다.

11 대추나무 빗자루병의 전염 경로로 가장 옳은 것은?
① 병원체가 하늘소에 의하여 전염된다.
② 감염된 나무에서 수확한 종자를 심어서 전염한다.
③ 파이토플라스마 병원체가 비산하여 병을 전염한다.
④ 매개충인 마름무늬매미충에 의하여 병원체가 전염된다.

해설
대추나무빗자루병은 파이토플라스마에 의해 발생하는데 매개충인 마름무늬매미충에 의해 전반된다.

12 사과나무 겹무늬썩음병을 일으키는 병원체로 가장 옳은 것은?
① 곰팡이 ② 세균
③ 바이러스 ④ 파이토플라스마

해설
사과 겹무늬썩음병은 부패병이라 하며 곰팡이에 의해 발생한다.

13 해외에서 수입하는 식물이나 농산물의 검사를 통하여 병원체의 침입을 막는 예방법을 무엇이라고 부르는가?
① 제거법 ② 치료법
③ 면역법 ④ 식물검역

해설
외국에서 유입되는 식물 및 병원체의 침입을 막는 방법을 식물검역이라 하며 예방적 방제법에 속한다.

14 다음 중 진균에 해당하지 않는 것은?
① 불완전균류 ② 자낭균류
③ 담자균류 ④ 난균류

해설
난균류는 진균과 모양은 유사하나 격벽이 없고 세포벽에 셀룰로오스를 함유하고 있으며 유주자에 의해 무성번식을 하는 것이 특징이다.

정답 07 ② 08 ② 09 ④ 10 ③ 11 ④ 12 ① 13 ④ 14 ④

15 다음 중 비전염성 병원으로 가장 거리가 먼 것은?
① 부적당한 온도
② 각종 화학물질
③ 병원성 바이로이드
④ 부적당한 토양조건

해설
바이로이드는 단백질껍질이 없는 RNA 로 구성된 전염성 병원이다.

16 수목병해의 표징 중 번식기관에 의한 표징으로 가장 거리가 먼 것은?
① 포자 ② 분생자병
③ 균사체 ④ 포자낭

해설
균사체는 영양기관에 의한 표징이다.

17 식물병원 세균의 핵산과 인지질 합성에 가장 많이 사용되는 것은?
① Ca ② P
③ K ④ Na

해설
인(P)는 세균의 핵산과 인지질 합성, 단백질 합성 등에 많이 이용되는 구성성분이다.

18 접목에 의한 작물병 방제에 가장 효과적인 병은?
① 사과 고접병
② 박과 작물 덩굴쪼김병
③ 고추 탄저병
④ 배 검은무늬병

해설
박과작물은 접목육묘를 통해 토양전염성관련 식물병인 덩굴쪼김병에 발생이 줄어들게 되고 불량 환경에 대한 내성도 증가한다.

19 고추 탄저병이 발생하여 피해가 가장 큰 환경은?
① 고온 다습 ② 저온 건조
③ 고온 건조 ④ 저온 다습

해설
고추 탄저병은 강수량이 많고 고온 다습한 환경에서 많이 발생한다.

20 강풍 후에 발생이 가장 많은 식물병은?
① 오이 역병
② 가지 풋마름병
③ 벼 흰잎마름병
④ 수박 덩굴쪼김병

해설
벼 흰잎마름병은 강풍에 의해 잎에 상처가 발생하고 세균이 상처로 침입한다.

| 2과목 | 농림해충학 |

21 대체로 우리나라에서 월동하지 못하는 해충은?
① 벼멸구 ② 애멸구
③ 끝동매미충 ④ 벼물바구미

해설
벼멸구는 중국에서 비래하는 해충으로 우리나라에서는 월동하지 않는다.

22 뿌리혹선충 방제 방법으로 옳지 않은 것은?
① 상토를 소독한다.
② 토양의 pH가 높아지지 않도록 관리를 한다.
③ 경작지가 논일 경우 3년마다 한 번씩 벼를 재배한다.
④ 토양의 유기물 함량이 낮아지지 않도록 비배관리를 한다.

해설
토양의 PH 가 높은 것이 뿌리혹선충 방제에 유리하다.

정답 15 ③ 16 ③ 17 ② 18 ② 19 ① 20 ③ 21 ① 22 ②

23 가해하는 기주의 종류가 가장 적은 해충은?
① 차응애 ② 파밤나방
③ 배추좀나방 ④ 미국흰불나방

해설
배추좀나방의 대표기주로 무, 배추, 양배추 등으로 기주의 종류가 적은 편이다.

24 곤충의 다리 배열 순서로 옳은 것은?
① 가슴 – 밑마디 – 도래마디 – 종아리마디 – 넓적다리마디 – 발마디
② 가슴 – 밑마디 – 넓적다리마디 – 도래마디 – 종아리마디 - 발마디
③ 가슴 – 밑마디 – 도래마디 – 넓적다리마디 – 종아리마디 - 발마디
④ 가슴 – 밑마디 – 넓적다리마디 – 종아리마디 – 도래마디 – 발마디

해설
다리 구조는 흉부 부착점에서 밑마디(기절), 도래마디(전절), 넓적다리마디(퇴절), 종아리마디(경절), 발목마디(부절)로 5마디로 분류한다.

25 딱정벌레목에 속하지 않는 것은?
① 소나무좀
② 오리나무잎벌레
③ 버즘나무방패벌레
④ 느티나무벼룩바구미

해설
버즘나무방패벌레는 노린재목 방패벌레과이다.

26 이화명나방이 월동하는 형태는?
① 알 ② 성충
③ 유충 ④ 번데기

해설
이화명나방은 유충 형태로 월동한다.

27 성충은 식물조직에 산란하고 부화한 애벌레는 2령을 경과한 후 땅속에서 번데기 기간을 거쳐 성충이 되는 것은?
① 애멸구 ② 온실가루이
③ 점박이응애 ④ 꽃노랑총채벌레

해설
꽃노랑총채벌레는 1년에 5~6회 발생하고 성충으로 지표면이나 나무껍질 속에 월동한다. 식물조직에서 산란한 부화유충은 흡즙가해하여 2령을 경과한 후 노숙유충이 되어 번데기 기간을 거쳐 성충으로 우화한다.

28 진딧물류 방제에 가장 효과적인 곤충은?
① 굴파리좀벌 ② 애꽃노린재
③ 오이이리응애 ④ 칠성풀잠자리

해설
풀잠자리류는 진딧물류, 응애류의 천적이다.

29 곤충의 변태와 관련하여 탈피에 관여하는 탈피호르몬을 분비하는 기관은?
① 알라타체 ② 외분비계
③ 앞가슴샘 ④ 뒷가슴샘

해설
탈피호르몬은 앞가슴샘에서 분비된다.

30 온도가 곤충에게 미치는 영향으로 가장 거리가 먼 것은?
① 곤충의 크기 ② 곤충의 수명
③ 곤충의 산란량 ④ 곤충의 발육속도

해설
온도는 곤충의 발육속도에 가장 큰 영향을 미치며 생활 및 산란량 등에 영향을 준다. 곤충의 종류에 따라 온도에 민감하게 반응하여 수명에 영향을 받는 해충들도 있다.

정답 23 ③ 24 ③ 25 ③ 26 ③ 27 ④ 28 ④ 29 ③ 30 ①

31 내시류에 대한 설명으로 옳은 것은?
① 날개를 접지 못한다.
② 대부분 불완전변태를 한다.
③ 곤충 중에서 가장 진화된 형태이다.
④ 강도래목, 집게벌레목 등이 해당된다.

> **해설**
> 내시류는 생육기간에 완전변태를 하며 곤충 중에서 고등곤충 집단으로 가장 진화된 형태이다. 내시류에는 벌목, 딱정벌레목, 나비목 등이 있다.

32 유충이 저작형 입틀을 가진 식엽성 해충은?
① 매미나방
② 솔잎혹파리
③ 벚나무응애
④ 소나무가루깍지벌레

> **해설**
> 매미나방은 유충이 씹어먹는 입을 가진 식엽성 해충으로 침엽수, 활엽수의 잎을 가해한다.

33 해충을 유아등에 모이게 하여 방제하는 방법은 해충의 어떤 습성을 이용한 것인가?
① 주화성 ② 주지성
③ 주식성 ④ 주광성

> **해설**
> 빛에 반응하는 성질을 주광성이라 한다.

34 불완전변태를 하는 곤충목은?
① 벌목 ② 파리목
③ 노린재목 ④ 딱정벌레목

> **해설**
> 불완전변태를 하는 것으로 진딧물류, 잠자리목, 메뚜기목, 노린재목 등이 있다.

35 일반적으로 1년에 2회 이상 발생하는 해충은?
① 솔잎혹파리
② 미국흰불나방
③ 오리나무잎벌레
④ 잣나무넓적잎벌

> **해설**
> 미국흰불나방은 1년에 2회 발생한다.

36 중배엽으로부터 유래된 기관은?
① 심장 ② 중장
③ 전장 ④ 신경

> **해설**
> 중배엽에서 유래된 기관으로 심장이 있으며 외배엽에서는 신경, 내배엽에서는 중장 등이 있다.

37 곤충이 번성하게 된 요인으로 가장 거리가 먼 것은?
① 짧은 세대
② 작은 크기
③ 날개의 발달
④ 낮은 유전적 변이성

> **해설**
> 곤충이 번성하게 된 요인으로 짧은 세대, 작은 크기, 날개의 발달, 외골격의 발달, 완전변태 등이 있다.

38 외국에서 침입한 해충이 아닌 것은?
① 꽃매미 ② 알락하늘소
③ 밤나무혹벌 ④ 소나무재선충

> **해설**
> 대표적인 외래해충으로 긴꼬리가루깍지벌레, 흰개미, 사과면충, 밤나무순혹벌, 감자뿔나방, 뿌리응애, 솔잎혹파리, 미국흰불나방, 뿌리응애, 온실가루이, 버물바구미, 꽃노랑총채벌레, 담배가루이 등이 있다.

39 곤충의 발육 적산온도법칙과 가장 관계가 먼 것은?

① 최적발육온도
② 영점발육온도
③ 유효적산온도
④ 특정 온도에서의 발육일수

해설
곤충의 적산온도에서 유효적산온도는 측정온도, 발육영점온도, 측정온도에서의 발육일수를 이용하여 구한다.

40 사과혹진딧물에 대한 설명으로 옳지 않은 것은?

① 10월 중순경 겨울눈 부근에 월동란을 낳는다.
② 천적으로는 애홍점박이무당벌레, 칠성무당벌레가 있다.
③ 사과나무의 끝 가지에서 월동한 알이 4월 중하순에 부화하여 간모가 된다.
④ 사과 성숙잎의 뒷면에 기생하면 잎이 앞면으로 그리고 가로로 말리게 된다.

해설
사과혹진딧물은 어린잎 가해서 잎이 앞뒤로 말리나 전개된 잎을 가해할 때는 뒤쪽을 향해 세로로 말려 그 속에서 무리를 만들어 가해한다.

3과목 농약학

41 사람이 일생을 통하여 매일 섭취하여도 아무런 영향을 주지 않는 약량을 무엇이라 하는가?

① 최대잔류허용량
② 1일 섭취허용량
③ 최대무작용량
④ 농약잔류허용량

해설
최대무작용량은 장기 독성시험동물이 아무런 영향을 받지 않는 최대 용량을 의미한다.

42 수화제 제조용 증량제로 가장 적당한 것은?

① 규조토   ② 탈크
③ 모래   ④ 유안

해설
규조토는 수화제 제조시 사용되는 증량 보조제로 규산을 포함하는 약제이다.

43 유제 농약이 물에 잘 섞이는가를 검사하고자 할 때 가장 중요한 성질은?

① 유화성   ② 부착성
③ 고착성   ④ 붕괴성

해설
제제를 물에 가한 경우 유립자가 균일하게 분산하여 유탁액이 되는 성질을 유화성이라 한다.

44 농약을 주성분의 조성에 따라 분류한 것은?

① 유기인계   ② 식물생장조정제
③ 입제   ④ 훈증제

해설
농약을 주성분의 조성에 따라 무기농약, 유기농약으로 분류된다.

45 농약의 명칭 중 농약개발회사의 약자 또는 약종의 상징문자에 선택번호를 부여하여 등록되기 전에 사용되는 명칭을 무엇이라 하는가?

① 품목명   ② 시험명
③ 상품명   ④ 일반명

해설
시험명은 농약이 개발되어 일반명이 주어지기 전 제조회사 혹은 개발자의 이름의 약자를 붙인다.

정답 39 ① 40 ④ 41 ③ 42 ① 43 ① 44 ① 45 ②

46 저독성의 속효성이고 잔효성이 짧아 수확 직전의 농작물이나 뽕의 해충방제에 적합한 약제는?

① 나크(NAC)제
② 이피엔(EPN)제
③ 카보(Carbofuran)제
④ 디디브이피(DDVP)제

해설
DDVP 는 속효성이고 지속기간이 짧은 것이 특징이며 뽕나무의 초기 방제에 많이 이용되었으나 위해성으로 인해 생산이 중단되었다.

47 식물생장조절제인 옥신의 범주에 해당되지 않는 것은?

① Indole 계 화합물
② Benzoic 계 화합물
③ Phenoxy 계 화합물
④ Carbamate 계 화합물

해설
옥신에는 IAA(Indole 계 화합물), 페녹시계(Phenoxy 계 화합물), 벤조산계(Benzoic 계 화합물) 등이 있다.

48 기계유 유제의 살충작용으로 가장 옳은 것은?

① 훈증으로 살충
② 식중독으로 살충
③ 중추신경마비로 살충
④ 광물유로 피복, 질식시켜 살충

해설
기계유 유제는 약제를 직접 뿌려 곤충의 표피에 일종의 막을 형성하여 기문을 막아 질식사시키는 방제 약품이다.

49 아조포 유제를 500배로 희석하여 살포하려고 할 때 물 1말(18L)에 필요한 약량은 몇 mL 인가?

① 18 ② 20
③ 36 ④ 72

해설
$$\text{소요약량} = \frac{\text{사용량}}{\text{소요희석배수}}$$
$$= \frac{1말 \times 18L}{500} = 0.036L = 36ml$$

50 무기농약인 석회황합제의 제조 및 사용법에 대한 설명으로 틀린 것은?

① 생석회와 황을 2:1 의 중량비로 배합하여 가마솥에 넣고 일정량의 물과 온도 하에 가열반응시켜 숙성후에 여과하여 만든다.
② 약제 조제용 그릇은 금속제를 피하고 나무통을 사용하고 분무기는 약제 사용 후 암모니아수나 초산액으로 씻은 다음 물로 씻어 보관한다.
③ PCP, 황산니코틴, 황산아연 등과 혼용해도 무방하지만 유기인제, 제충국제와는 혼용을 피하는 것이 좋다.
④ 공기와 접촉하게 되면 분해가 촉진되기 때문에 저장할 때는 공기와의 접촉을 막아야 한다.

해설
석회황합제 제조시 생석회와 황을 1:2 비율로 배합한다.

51 분제의 특징에 대한 설명으로 옳지 않은 것은?

① 살충, 살균제에 많이 사용된다.
② 고착성이 우수하여 잔효성이 요구되는 과수방제용으로 적당하다.
③ 수도 병해충방제에 널리 사용되고 있다.
④ 표류비산에 의한 살포구역 이외의 환경오염이 클 수 있다.

정답 46 ④ 47 ④ 48 ④ 49 ③ 50 ① 51 ②

해설
분제는 작물의 잔효성이 수화제나 유제에 비하여 낮은편이라 과수방제용으로는 부적당하다.

52 클로버 등 광엽잡초에는 특이한 살초효과가 있으나 피 등과 같은 화본과잡초에는 효과가 없는 호르몬형 이행성 제초제는?

① Dicamba ② Dymuron
③ Glyphosate ④ Monlinate

해설
디캄바(Dicamba)액제는 광엽잡초에 선택적으로 살초효과가 나타나는 호르몬형 이행성 제초제이다.

53 동일 분자 내에 친수성과 소수성기를 가진 화합물은?

① 안정제 ② 증량제
③ 용제 ④ 계면활성제

해설
계면활성제는 물에 녹기 쉬운 친수성부분과 기름에 녹기 쉬운 소수성 부분을 가지고 있는 화합물이다.

54 유기비소제에 대한 설명으로 틀린 것은?

① 일반식은 R·AS·X_2로 표시한다.
② 유기비소제 Thiram 은 농용항생제로 개발되었다.
③ 벼의 잎집무늬마름병과 사과의 부란병에 효과적이다.
④ Neozin 은 유기비소제에 철을 결합시킨 것으로 문제를 해결한 약제이다.

해설
티람(Thiram)은 유기황제 살균제이다.

55 농약 혼용의 장점이 아닌 것은?

① 방제 비용이 절감된다.
② 혼용가능 농약은 혼합 후 바로 사용하지 않아도 좋다.
③ 같은 약제 연용에 의한 내성의 억제효과가 있다.
④ 동시에 서로 다른 병해충의 방제가 가능하다.

해설
농약 혼용의 경우 약제의 변질 등의 우려가 있어 가능하면 제조후 바로 사용하는 것이 좋다.

56 어류에 대한 독성은 여러 가지 요인으로 감수성에 차이가 있는데 이에 대한 설명으로 틀린 것은?

① 수온이 높으면 농약에 대한 저항성이 낮아진다.
② 독성은 제형에 따라 다른데 입제가 가장 강하다.
③ 어류는 알일 때 농약에 대하여 감수성이 가장 낮다.
④ 수생생물에 대한 독성은 잉어와 물벼룩으로 평가한다.

해설
어독성은 제형에 따라 다르며 유제가 가장 강하다.

57 수화제를 물에 풀면 물에 녹지 않은 원제나 증량제의 미립자가 균등히 분산된 살포액을 무엇이라 하는가?

① 유탁액 ② 용액
③ 현탁액 ④ 미탁액

해설
현탁액은 액체에 고체의 입자가 분산되어 있는 것을 말한다. 농약의 경우 물에 녹지 않는 원제나 증량제가 물에 풀려 녹지 않고 분산되어 있는 살포액을 의미한다.

정답 52 ① 53 ④ 54 ② 55 ② 56 ② 57 ③

58 다음 중 농약의 사용기구가 아닌 것은?
① 분무기 ② 미스트기
③ 살분기 ④ 포자기

> **해설**
> 농약의 사용기구로 분무기, 미스트기, 살분기가 있다.

59 농약 보관시 주의하여야 할 사항 중 틀린 것은?
① 고형제는 흡습되면 분해가 촉진되므로 건조한 곳에 보관한다.
② 농약 설명서의 약효보증기간은 최악의 조건에서 산정하여 정한 기간이다.
③ 대부분의 농약은 고온 및 자외선 접촉 시 분해가 되므로 냉암소에 저장한다.
④ 유제는 인화의 위험성이 있으므로 화기를 피하여 보관한다.

> **해설**
> 농약 설명서의 약효보증기간은 제조일자를 기준으로 보증기간을 산정한다.

60 다음 중 유기인계 살충제는?
① 페니트로티온, 다이아지논
② 칼탑, 카바릴
③ 엔드린, 카바릴
④ 메소밀, 카보푸란

> **해설**
> 유기인계 살충제로 디클로르보스, 다이아지논, 페니트로티온, 말라티온 등이 있다.

4과목　잡초방제학

61 식물이 분비하거나 생체 혹은 수확 후 잔여물 및 종자 등에서 독성물질이 분비되어 다른 식물종의 생장을 저해하는 현상은?
① Allelopathy ② Competition
③ Fertilization ④ Contamination

> **해설**
> 타감작용(allelopathy)은 근처 식물의 생육에 영향을 주는 것으로 인접 식물의 생육에 부정적인 영향을 끼쳐 생장을 저해시키거나 혹은 과도하게 촉진시키게 된다.

62 잔디밭의 클로버 방제에 가장 적절한 제초제는?
① 옥사디아존 유제
② 메코프로프 유제
③ 할로설퓨론메틸 입제
④ 벤설퓨론메틸·뷰타클로르 입제

> **해설**
> 잔디밭 클로버 방제에는 메코프로프 유제 및 디캄바 액제, 트리클로피르티이에이 액제 등이 효과적이다.

63 벼의 유효분얼이 끝날 때부터 유수형성기 이전까지 살포하는 제초제는?
① 이사-디 액제
② 티오벤카브 유제
③ 뷰타클로르 유제
④ 사이할로프로뷰틸·프로파닐 유제

> **해설**
> 2,4-D 제초제는 벼와 같은 화곡류의 경우 유효분얼 종지기 ~ 유수형성기 사이에 처리하는 것이 좋다.

정답　58 ④　59 ②　60 ①　61 ①　62 ②　63 ①

64 잡초의 밀도가 증가하면 작물의 수량이 점차 감소되지만 어느 수준 밀도 이하에서는 잡초가 존재하더라도 작물의 수량에 크게 영향을 미치지 않는 잡초 밀도는?
① 상호억제 대립밀도
② 작물생육 한계밀도
③ 잡초생육 한계밀도
④ 잡초허용 한계밀도

해설
잡초허용한계밀도는 잡초의 밀도가 증가하면 양분의 손실 등으로 작물의 수량이 감소하는 밀도이다. 허용한계밀도 이하로 잡초가 존재할 경우에는 작물의 수량에 영향을 미치지 않게 된다.

65 밭에 주로 발생하는 잡초는?
① 마디꽃 ② 쇠털골
③ 명아주 ④ 사마귀풀

해설
밭에서 주로 발생하는 밭잡초로는 명아주, 쇠비름, 바랭이, 깨풀 등이 있다.

66 농경지에 발생하는 잡초군락의 구성변화에 관여하는 가장 중요한 요인은?
① 제초제 사용
② 경운정지의 변화
③ 재배법 등 경지 이용형태의 변화
④ 토지기반정비에 의한 입지조건의 변화

해설
잡초군락의 천이는 재배작물 변화, 작부체계 변화, 경종조건 변화, 제초방법 변화 등이 있으며 동일 제초제의 연속 사용의 경우 저항성 잡초들의 발생으로 천이에 가장 큰 영향을 준다.

67 잡초로 인한 농경지의 피해가 아닌 것은?
① 병해충의 매개
② 토양침식의 가속화
③ 농작업 환경의 약화
④ 경합에 의한 작물수량감소

해설
잡초가 많이 발생하면 토양침식이 느려진다.

68 주로 지하경에 의해 번식하지 않는 잡초는?
① 벗풀 ② 올미
③ 올방개 ④ 물달개비

해설
물달개비는 수생 1년생 논잡초로 지하경으로 번식하지 않는다.

69 작물의 수량 감소 정도는 작물과 잡초와의 경합에 의하여 결정되는데 이에 관여하는 요소로 가장 거리가 먼 것은?
① 잡초의 발생시기
② 잡초의 발생밀도
③ 잡초의 발생기간
④ 잡초의 종자생산량

해설
잡초의 경합은 잡초의 종류, 발생시기, 밀도, 기간 등에 의해 결정된다.

70 다음 중 광엽잡초로만 나열된 것은?
① 돌피, 여뀌, 쇠털골
② 별꽃, 명아주, 바랭이
③ 물달개비, 망초, 강아지풀
④ 물옥잠, 사마귀풀, 쇠비름

해설
광엽잡초에는 닭의장풀, 명아주, 가래, 물달개비, 쇠비름, 비름, 질경이, 여뀌, 깨풀 등이 있다.

71 주로 종자번식을 하는 일년생 잡초는?
① 가래 ② 쇠비름
③ 쇠털골 ④ 너도방동사니

해설
1년생 잡초인 뚝새풀, 바보여뀌, 마디꽃, 쇠비름 등은 주로 종자번식을 한다.

정답 64 ④ 65 ③ 66 ① 67 ② 68 ④ 69 ④ 70 ④ 71 ②

72 잡초의 상호대립억제작용을 이용한 잡초 방제법은?
① 생물적 방제 ② 생태적 방제
③ 물리적 방제 ④ 종합적 방제

　해설
상호대립억제작용은 타감작용이라 하며 생물적 방제법에 속한다.

73 논 잡초의 방제를 위하여 사용한 제초제가 약해를 발생하는 요인으로 옳지 않은 것은?
① 이앙심도가 깊을 때
② 일일온도 변화가 작은 경우
③ 물 관리가 소홀히 하였을 경우
④ 효과를 높이기 위하여 과잉 살포한 경우

　해설
일일온도 변화가 큰 경우 약해의 발생이 증가할 수 있다.

74 다음 중 발생심도가 가장 깊은 잡초는?
① 올미   ② 벗풀
③ 올방개 ④ 너도방동사니

　해설
올방개는 발생분포 심도가 주로 10~25cm 정도이며 최대 30cm 까지 깊게 분포한다.

75 문제 잡초들의 특성이 아닌 것은?
① 광합성 효율이 높고 생장이 매우 빠르며 대부분 C_4형 광합성을 한다.
② 종자 또는 지하번식기관으로 번식할 수 있으며 많은 종자를 생산한다.
③ 불량한 환경조건에 잘 적응하며 과습의 조건에서도 견뎌낼 수 있는 메커니즘을 가지고 있다.
④ 휴면성이 낮아 불리한 조건 아래에서도 발아율이 높다.

　해설
문제 잡초들은 휴면성이 커서 불리한 조건에서는 발아하지 않다고 적합한 환경에서 발아하여 방제가 어렵다.

76 잡초에 의한 작물의 피해가 가장 심한 경우는?
① 화본과 작물 재배지에 발생한 광엽잡초
② C_3작물 재배지에 발생한 C_4잡초
③ 벼 재배지에 발생한 가막사리
④ 광엽 작물 재배지에 발생한 화본과 잡초

　해설
C_3 작물보다 C_4 잡초의 광효율이 좋아 경합에 유리하여 작물의 피해가 심하다.

77 종자휴면의 원인에 대한 설명으로 틀린 것은?
① 종피가 너무 두껍다.
② 발아억제물질이 많이 들어 있다.
③ 배가 비속하거나 후숙되지 않았다.
④ 발아촉진물질이 많이 들어있다.

　해설
종자휴면의 원인으로 발아억제물질이 있다.

78 잔디밭에 주로 많이 발생되는 잡초는?
① 개비름, 한련초
② 토끼풀, 꽃다지
③ 민들레, 명아주
④ 여뀌, 강아지풀

　해설
토끼풀, 파대가리, 새포아풀, 클로버, 꽃다지 등은 잔디밭잡초이다.

79 우리나라에서 발생하고 있는 대부분의 잡초 종자의 발아 최적온도 범위는?
① 0~10℃   ② 10~15℃
③ 15~30℃ ④ 30~40℃

　해설
잡초의 종류에 따라 발아 최적온도는 다른데 대체적인 최적온도의 범위는 15~30℃ 정도이다.

정답 72 ① 73 ② 74 ③ 75 ④ 76 ② 77 ④ 78 ② 79 ③

80 잡초를 생활형에 따라 바르게 분류한 것은?

① 일년생 잡초 - 피, 벗풀
② 월년생 잡초 - 별꽃, 명아주
③ 다년생 잡초 - 올방개, 올미
④ 동계 잡초 - 냉이, 강아지풀

해설
다년생 잡초에는 올방개, 올미, 나도겨풀, 너도방동사니 등이 있다.

정답 80 ③

국가기술자격 필기시험문제

산업기사 CBT 3회 모의고사문제				수험번호	성명
자격종목 식물보호산업기사	종목코드	시험시간 2시간	형별		

※ 본문제는 수험생들의 기억을 바탕으로 작성 된 것으로 실제 문제와 차이가 있을 수 있습니다.

1과목　　식물병리학

01　사과나무 부란병의 대표적인 발병부위는?
　① 뿌리　　② 줄기
　③ 잎　　　④ 꽃

　해설
　사과나무 부란병은 줄기에 수침상 병무늬가 생기고 알코올 냄새가 난다.

02　다음 중 병징에 해당되지 않는 것은?
　① 점무늬　② 더뎅이
　③ 균핵　　④ 오갈

　해설
　균핵은 표징이다.

03　식물 세균병의 병징과 그 원인의 연결로 옳지 않은 것은?
　① 시들음 - 병원세균의 물관부증식
　② 무름 - 펙티나아제(Pecxtinase)
　③ 이상비대 - 식물 호르몬의 자극
　④ 잎마름 - 잎의 코르크화

　해설
　잎마름은 세균이 잎의 조직에 침입하여 잎이 시들어가게 하는 현상을 말한다.

04　식물병원세균의 특징이 아닌 것은?
　① 단세포이다.
　② 분열로 증식한다.
　③ 세포벽이 있다.
　④ 엽록소가 있다.

　해설
　세균의 경우 세포벽이 있고 핵막이 없으며 이분법으로 증식하는 것이 특징이다.

05　식물병원균 감염 후 나타나는 저항성에 관한 것이 아닌 것은?
　① 기공수의 증가
　② Phytoalexin 의 생성
　③ 기주의 잎에 과민반응
　④ 세포벽 안쪽에 돌기형성

　해설
　· 식물병원균에 감염 후 저항성으로 파이토알렉신(phytoalexin) 생성 및 조직의 변화가 나타나는데 조직의 변화에는 코르크 변화, 이층의 형성, 검(gum) 형성, 돌기 형성 등이 있다.
　· 기공수의 변화의 경우 감염 전의 저항성에 관한 것이다

06　콩 자줏빛무늬병(자주무늬병)균의 월동처는?
　① 토양　　② 뿌리
　③ 종자　　④ 매개곤충

　해설
　콩 자줏빛무늬병은 진균에 의해 발생하며 비와 바람으로 전반되어 종자에 월동한다.

정답　01 ②　02 ③　03 ④　04 ④　05 ①　06 ③

07 병원균이 주로 종자전염하는 병은?
① 감자 역병 ② 오이 노균병
③ 보리 흰가루병 ④ 보리 겉깜부기병

해설
보리 겉깜부기병의 병원균은 진균으로 균사 상태로 종자에 월동하며 종자 전염을 한다.

08 파이토알렉신(phytoalexin)에 대한 설명으로 옳은 것은?
① 병원균이 분비한다.
② 병원체의 발육을 촉진하는 물질이다.
③ 기주와 균의 상호작용에 의하여 생긴다.
④ 생산된 파이토알렉신의 종류는 식물의 종과는 관계없이 균의 종류에 따라 결정된다.

해설
파이토알렉신은 기주와 병원균의 상호 작용에 의하여 기주가 생성된다.

09 맥류의 흰가루병에 대한 설명으로 옳지 않은 것은?
① 자낭균에 의해 발병한다.
② 내품성 품종을 재배하여 방제한다.
③ 4~5월경에 발생하여 수확기에 심하게 발생한다.
④ 잎에만 발생하고 잎집이나 줄기에는 발생하지 않는다.

해설
맥류의 흰가루병은 잎 뿐만아니라 줄기까지 확산되어 발생한다.

10 배추 무사마귀병에 대한 설명으로 옳지 않은 것은?
① 한낮에는 시들음 증상을 보인다.
② 뿌리의 세포가 비정상적으로 커진다.
③ 토양이 산성인 경우 잘 발생하지 않는다.
④ 우리나라에서는 주로 배추, 양배추, 무, 갓 등에 많이 발생한다.

해설
배추 무사마귀병은 알칼리성 토양에서 거의 발생하지 않는다.

11 세균에 의해 발생하는 병이 아닌 것은?
① 감귤 궤양병
② 포플러 잎녹병
③ 배나무 불마름병
④ 사과나무 뿌리혹병

해설
포플러 잎녹병은 진균에 의해 발생한다.

12 저항성이었던 품종이 같은 병원균에 의하여 이병화되는 주요 원인으로 옳은 것은?
① 지구 온난화
② 품종 자체의 퇴화
③ 농약 살포의 소홀
④ 병원균의 새로운 변이주 출현

해설
저항성을 가진 품종이 이병화 현상이 발생하는 것은 병원균이 새로운 변이주가 나타나면서 저항성이 발휘되지 않게 된다.

13 담자균에 속하는 식물병은?
① 가지 풋마름병
② 사과나무 부란병
③ 배나무 붉은별무늬병
④ 복숭아나무 잎오갈병

해설
배나무·사과나무 붉은별무늬병은 담자균에 속하는 식물병이다.

정답 07 ④ 08 ③ 09 ④ 10 ③ 11 ② 12 ④ 13 ③

14 매개충으로 인하여 전염되는 병은?
① 벼 오갈병
② 보리 흰가루병
③ 사과나무 부란병
④ 배나무 붉은별무늬병

해설
벼 오갈병은 끝동매미충, 번개매미충 등에 의해 전반된다.

15 주로 포자로 번식하며 식물병을 일으키는 것은?
① 세균   ② 선충
③ 곰팡이   ④ 바이러스

해설
곰팡이는 주로 포자에 의해 번식한다.

16 식물병의 생물학적 진단방법으로 옳지 않은 것은?
① ELISA법
② 괴경지표법
③ 즙액접종에 의한 진단
④ 충체 내 주사법에 의한 진단

해설
ELISA 는 효소결합항체법(Enzyme Linked Immunosorbent Assay)으로 효소와 바이러스의 반응을 통해 감염여부를 확인하는 면역학적 진단방법이다.

17 다음에 해당하는 용어로 옳은 것은?

> 병원체가 기주식물에 병을 일으키는 능력이다.

① 특이성   ② 감수성
③ 병원성   ④ 기생성

해설
식물에 병의 원인을 병원이라 하며 병을 일으키는 능력을 병원성이라 한다.

18 보리 겉깜부기병 방제 방법으로 가장 효과적인 것은?
① 윤작   ② 종자 소독
③ 밀식 재배   ④ 항생제 사용

해설
보리 겉깜부기병은 종자의 냉수온탕침법이나 종자 소독 등이 효과적이다.

19 바이로이드에 의해 발생하는 식물병은?
① 벼 오갈병   ② 감자 걀쭉병
③ 콩 모자이크병   ④ 뽕나무 오갈병

해설
감자 걀쭉병은 바이로이드에 의해 발생한다.

20 다음 중 수공감염으로 가장 많이 일어나는 식물의 병은?
① 벼 흰잎마름병
② 감자 더뎅이병
③ 고구마 무름병
④ 보리 겉깜부기병

해설
벼 흰잎마름병은 세균이 수공이나 상처를 통해 침입하며 도관에서 증식하여 피해를 준다.

2과목 　　농림해충학

21 다음 중 유충의 발육과 성충의 생식활동에 영향을 주는 유약호르몬을 분비하는 곤충의 기관은?
① 카디아카체   ② 알라타체
③ 앞가슴샘   ④ 가슴샘

해설
곤충의 분비계에 알라타체는 성충으로 발육을 억제하는 유충호르몬을 만든다.

정답 14 ① 15 ③ 16 ① 17 ③ 18 ② 19 ② 20 ① 21 ②

22 다음 중 점박이응애에 대한 설명으로 옳지 않은 것은?
① 암컷의 길이가 수컷에 비해 짧다.
② 성충으로 월동한다.
③ 숙주식물의 잎에서 즙액을 빨아 먹는다.
④ 천적으로는 왕게응애와 신이리응애가 있다.

해설
암컷이 수컷보다 크기가 크다.

23 다음 중 말피기관에 대한 설명으로 가장 거리가 먼 것은?
① 배설계에 속하는 기관이다.
② 진딧물에서 볼 수 있다.
③ 중장과 후장이 만나는 곳에서 후장과 연결되어 있다.
④ 혈액 속에서 물 등을 흡수하여 후장으로 이동시킨다.

해설
진딧물의 경우 말피기관이 없으며 다른 대부분의 곤충에서는 관찰된다.

24 다음 중 코일 모양의 입을 가진 해충으로 가장 옳은 것은?
① 가시점둥글노린재
② 고자리파리
③ 배추흰나비
④ 벼멸구

해설
배추흰나비의 성충은 흡관구형으로 마치 코일과 같은 대롱모양의 긴 주둥이를 가진다.

25 다음 중 곤충이 가장 잘 반응하는 색에 속하는 것은?
① 흑색 ② 녹색
③ 적색 ④ 백색

해설
곤충이 잘 감지하는 파장대가 있으며 주로 청색이나 녹색의 파장대이다.

26 다음 중 멸구 등 비래해충을 대상으로 하는 해충 발생밀도 조사법으로 가장 적절한 것은?
① 페로몬조사법
② 공중포충망조사법
③ 예열조사법
④ 예찰등조사법

해설
공중포충망조사법은 멸구류를 채집하고 조사하기 가장 쉬운 방법으로 많이 이용된다.

27 다음 중 담배나방에 대한 설명으로 가장 옳지 않은 것은?
① 고추의 주요 해충 중 하나이다.
② 1년에 1회 발생한다.
③ 땅속에서 번데기로 월동한다.
④ 담배에 피해를 준다.

해설
담배나방은 1년에 3회 발생한다.

28 농생태계와 비교하여 산림생태계의 특성에 대한 설명으로 가장 거리가 먼 것은?
① 군집구조가 복잡하다.
② 안정된 생태계이다.
③ 생물 종의 구성이 단순하다.
④ 자연적인 생태계이다.

해설
산림생태계는 생물 종의 구성이 다양하다.

29 생물적 방제를 위하여 해충의 천적을 이용하는 방법으로 옳지 않은 것은?
① 외국으로부터 도입 이용
② 대량 증식 방사
③ 내충성 증대
④ 환경조건의 개선

해설
내충성이 증대되면 해충에 대한 저항성이 강해지므로 천적을 이용할 필요가 없다.

정답 22 ① 23 ② 24 ③ 25 ② 26 ② 27 ② 28 ③ 29 ③

30 발병에 영향을 주는 세 가지 요인에 속하지 않는 것은?
① 병원체 ② 감수성식물
③ 환경 ④ 시간

[해설] 발병에 영향을 주는 요인으로 식물병의 원인은 병원체, 저항성이 약한 감수성식물, 환경 등이 있다.

31 페로몬에 대한 설명으로 옳은 것은?
① 체내의 생리조절 물질이다.
② 같은 종내 개체간의 통신물질이다.
③ 다른 종간의 통신물질이며 전달 방법이 생산자에게 유리하다.
④ 다른 종간의 통신물질이며 전달 방법이 수신자에게 유리하다.

[해설] 같은 종의 이성을 유인하는 성페로몬, 서식지에서 동족을 부르는 집합페로몬, 위험을 전파하는 경보페로몬, 길을 안내하기 위한 길잡이 페로몬, 동족의 과밀현상을 피하기 위한 분산페로몬 등 목적에 따라 다양한 페로몬이 있다.

32 소나무 재선충을 매개하는 해충은?
① 솔잎혹파리
② 솔수염하늘소
③ 미국흰불나방
④ 버즘나무방패벌레

[해설] 솔수염하늘소는 소나무재선충의 매개충으로 천공성 해충에 속한다.

33 곤충강에서 분화가 다양하고, 세계적으로 종수가 가장 많은 목은?
① 벌목 ② 나비목
③ 노린재목 ④ 딱정벌레목

[해설] 딱정벌레목은 곤충의 종 가운데 40% 정도인 35만여종을 차지하는 목이며 아직 미발견 종만 500만여종이 넘는 것으로 알려져있다.

34 수정낭에 대한 설명으로 옳은 것은?
① 수컷에서 만들어진 정자를 임시로 보관하는 곳
② 교미 후 수컷에서 받은 정자를 보관하는 곳
③ 수컷의 생식기관으로 정충을 만드는 곳
④ 교미 후 정자와의 수정이 일어나는 곳

[해설] 수정낭은 교미 후 수컷에서 받은 정자를 보관하는 곳으로 정자가 좀 더 오래 살아남을 수 있다.

35 다음 중 충영을 형성하는 해충은?
① 독나방
② 솔잎혹파리
③ 어스렝이나방
④ 참나무겨울가지나방

[해설] 솔잎혹파리는 주로 소나무, 해송에 피해를 주며 유충이 벌레혹을 만들고 즙액을 빨아 먹는다.

36 기피제를 놓아 해충을 방제하고자 할 때 곤충의 어떤 행동을 이용한 것인가?
① 양성주촉성 ② 음성주촉성
③ 양성주화성 ④ 음성주화성

[해설] 화학약품에 접근하지 않으려는 성질을 이용한 것을 음성주화성이라 한다.

37 최근 도시의 버즘나무 잎이 부분적으로 퇴색되고 피해가 진전됨에 따라 조기에 갈색으로 마르는 피해를 입히는 해충은?
① 진딧물류 ② 깍지벌레류
③ 방패벌레류 ④ 흰불나방

[해설] 버즘나무 잎에 피해를 주는 버즘나무방패벌레는 잎에 군서생활을 하면서 잎을 흡즙한다. 피해를 입은 나무는 잎이 퇴색되고 황갈색으로 변색된다.

38 불완전변태를 하는 곤충으로만 나열된 것은?

① 사마귀, 벌
② 날도래, 밑들이
③ 딱정벌레, 매미
④ 진딧물, 깍지벌레

해설
불완전변태는 알, 유충, 성충의 과정을 거치는 것으로 잠자리목, 메뚜기목, 바퀴목, 사마귀목 등이 있으며 보기의 진딧물, 깍지벌레는 매미목으로 불완전변태를 한다.

39 국내에서 벼물바구미의 연 발생횟수는?

① 1년에 1회 발생
② 1년에 3회 발생
③ 1년에 4회 발생
④ 2년에 1회 발생

해설
벼물바구미는 1년에 1회 발생하고 성충으로 월동한다.

40 흡수성(흡즙성) 해충은?

① 포플러하늘소
② 미국흰불나방
③ 오리나무잎벌레
④ 주머니깍지벌레

해설
흡즙성 해충에는 깍지벌레, 노린재류, 버즘나무방패벌레, 선녀벌레, 응애류, 진딧물류 등이 있다

3과목 농약학

41 살비제(살응애제)가 갖추어야 할 특성으로 틀린 것은?

① 성충 및 유충에 대한 효과뿐만 아니라 살란효과도 있어야 한다.
② 잔효기간이 어느 정도 길어야 하며 저항성 유발이 적어야 한다.
③ 약제의 침투성이 강하여 살포 후 작물체 전체로 이행되어야 한다.
④ 응애류에만 선택적으로 작용하고 천적 및 유용생물에는 안전하여야 한다.

해설
살비제는 응애류에 선택적으로 방제해야 하며 작물에 대한 약해가 없어야 하고 잔존력이 강해야 한다.

42 65% 지오릭스분말 1kg 을 5% 분제로 만들려면 이 때 소요되는 증량제의 양은 몇 kg 인가?

① 10 ② 11
③ 12 ④ 13

해설
희석할 증량제양 = 원분제중량 × ($\frac{\text{원분제 농도}}{\text{목표 농도}} - 1$)

$= 1kg \times (\frac{65\%}{5\%} - 1) = 12kg$

43 제초제의 작용기작 중 옥신작용이 교란을 이용한 제초제는?

① 산아미드계 ② 카바메이트계
③ 페녹시계   ④ 요소계

해설
페녹시계는 호르몬형 유기제초제로 옥신작용의 교란을 이용한 제초제이다. 분열조직의 활성화, 이상분열, 세포막의 삼투압 증대 등의 식물의 기본생리 기능을 교란시킨다.

정답 38 ④ 39 ① 40 ④ 41 ③ 42 ③ 43 ③

44 농약 신규제형의 특징이라고 볼 수 없는 것은?

① 인축 및 환경에 안전하다.
② 약해가 경감된다.
③ 가격이 저렴하다.
④ 폭발 위험성이 매우 낮다.

해설
가격의 변동은 성분 및 제조방법에 의해 결정되기에 제형에 의한 특징과는 관련이 없다.

45 성 유인물질(sex attractant)의 특성이 아닌 것은?

① 종특이성이 있다.
② 미량으로도 강한 유인능이 있다.
③ 모두 천연산물이다.
④ 원거리에서도 유효성이 있다.

해설
성 유인물질은 성페로몬과 유사한 합성물질도 있다.

46 다음 중 유기인계 살충제는?

① 페니트로티온, 다이아지논
② 칼탑, 카바릴
③ 엔드린, 카바릴
④ 메소밀, 카보푸란

해설
유기인계 살충제로 디클로르보스, 다이아지논, 페니트로티온, 말라티온 등이 있다.

47 독성 정도에 따른 농약의 구분에는 고체 급성경구 1급(맹독성)의 기준치(mg/kg 체중)는?

① 0.05 미만   ② 0.5 미만
③ 5 미만   ④ 50 미만

해설
고체 급성경구 1급(맹독성)의 기준치는 5mg/kg 미만이며 액체의 경우 20mg/kg 미만이다.

48 수화제에 물을 가하여 조제한 현탁액에 있어서 고체입자가 균일하게 부유하는 성질과 그 안정성을 의미하는 것은?

① 현수성   ② 유화성
③ 가용성   ④ 비산성

해설
현수성은 수화제에 물을 넣어 조제한 현탁액의 고체입자가 균일하게 분산 부유하는 성질과 안정성을 말한다.

49 2,4-D 액제에 대한 설명으로 틀린 것은?

① 경엽처리용 제초제이다.
② 일년생 잡초에 적용한다.
③ 옥시졸리딘계 제초제이다.
④ 약해의 염려가 있으므로 고압식 분무기를 사용하지 않는다.

해설
2,4-D 는 유기화합물 페녹시계 제초제이다.

50 화본과 및 광엽잡초의 경엽과 뿌리를 통하여 동시에 흡수 이행되어 살초작용을 나타내는 이미다졸리논계 제초제는?

① 벤타존액제
② 이마자퀸액제
③ 세톡시딤유제
④ 이마조설퓨론수화제

해설
이마자퀸액제는 잡초생육초기의 화본과 및 광엽잡초의 경엽에 살포하며 잡초에 흡수 이행되어 살초작용을 하는 이미다졸리논계 제초제이다.

51 농약의 독성을 표시할 때 사용하는 LD_{50}의 의미는?

① 완전치사량
② 30% 이상 살아남은 양
③ 60% 치사량
④ 중위치사량

해설
반수치사량(중위치사량)을 의미하는 LD_{50}으로 표시한다.

52 농약의 잔류독성을 의미하지 않는 것은?
① 식품에 잔류한 농약의 독성
② 토양 속에 남아 있는 독성
③ 작물에 남아있는 독성
④ 농약 포장지 내에 남아 있는 독성

해설
잔류독성은 농약의 주성분이 작물, 식품, 토양, 수질 등에 남아 잔류하여 오염시키는 것을 말한다.

53 수화제 제형 제조에서 중요하게 관리해야 할 물리적 특성에 해당하는 것은?
① 비중과 유화성
② 입자의 크기와 현수성
③ 안전성과 확전성
④ 입자의 크기와 수용성

해설
수화제는 현수성, 수화성, 고착성, 습진성 등이 좋아야 하며 그 중에서 물리적 특성에는 입자의 크기 및 현수성이 중요하다.

54 살균제의 주성분에 의한 분류에 해당되지 않는 것은?
① 유기수은제 ② 토양소독제
③ 유기주석제 ④ 무기황제

해설
토양소독제는 용도에 따른 분류에 속한다.

55 유제가 갖추어야 할 구비조건으로 가장 거리가 먼 것은?
① 물로 희석하였을 때 유효성분이 석출하지 않고 유탁액을 만드는 유화성
② 유효성분이 보존 중 또는 사용 중에 분해되지 않는 안전성
③ 살포 후 작물이나 해충의 표면에 고르게 퍼지고 부착하는 확전성
④ 물을 가하여 조제한 현탁액에 있어서 입자가 균일하게 분산 부유하는 분산성

해설
유제는 유기용매를 녹여 유화제를 첨가한 용액으로 유효성분의 안전성과 유화성이 주요 관리 항목이다. 그리고 많은 양의 물에 희석하여 분무기를 이용해 살포하기에 확전성도 있어야 한다.

56 제충국의 특성에 대한 설명으로 옳은 것은?
① 속효성이다. ② 잔효성이 크다.
③ 약해가 크다. ④ 고독성 농약이다.

해설
제충국의 꽃 씨방에서 추출하는 피레트린 성분은 접촉제의 속효성으로 신경기능의 저해를 통해 해충을 방제한다.

57 다음 농약 중 어류에 대한 독성이 큰 것부터 옳게 나열된 것은?
① 분제 > 수화제 > 유제
② 유제 > 수화제 > 분제
③ 수화제 > 유제 > 분제
④ 분제 > 유제 > 수화제

해설
어류에 대한 독성은 제제형태로 유제, 수화제, 수용제, 분제의 순으로 유제가 독성이 가장강하며 분제가 독성이 비교적 약하다.

58 입제 제제 시 증량제로 사용되지 않는 것은?
① 벤토나이트 ② 탈크
③ 카올린 ④ 라그닌술폰산염

해설
증량제의 종류로 규조토, 고령토, 탈크, 벤토나이트, 카올린 등이 있다.

59 다음 중 유기유황계 약제는?
① 코퍼하이드록사이드 수화제
② 디클로르보스 유제
③ 만코제브 수화제
④ 티오파네이트메틸 도포제

해설
유기유황계 약제로 만코제브, 메티람, 프로피네브 등이 있다.

60 신경계를 자극하여 해충을 죽이는 약제가 아닌 것은?
① 기계유 유제
② 페노뷰카브 유제
③ 페니트로티온 수화제
④ 포레이트 입제

해설
기계유 유제는 피부에 작용하는 살충제이다.

4과목 잡초방제학

61 최근 우리나라 논에 다년생 잡초가 증가하는 요인으로 볼 수 없는 것은?
① 1년생 제초제의 연용
② 만기 이앙 및 답리작의 증가
③ 추경 및 춘경의 감소
④ 인력제초의 감소

해설
이앙 재배 방법은 잡초의 발생을 줄일 수 있다.

62 우리나라 논잡초 방제를 위하여 사용하는 제초제 중 가장 많이 사용되는 제형은?
① 입제 ② 유제
③ 수화제 ④ 분제

해설
입제는 유효성분을 고형증량제, 안정제, 계면활성제 등을 넣어 입상으로 제조하며 논잡초 제초제 중 가장 많이 사용한다.

63 경엽처리형 제초제로 벼와 피 사이에서 속 간선택성을 일으키는 것은?
① Propanil ② 2,4-D
③ Bentazon ④ Butachlor

해설
벼에는 프로파닐(Propanil)을 가수분해하는 효소가 있으나 피에는 그러한 효소가 적어 제초효과가 나타난다.

64 다음 중 광엽잡초로만 나열된 것은?
① 돌피, 여뀌, 쇠털골
② 별꽃, 명아주, 바랭이
③ 물달개비, 망초, 강아지풀
④ 물옥잠, 사마귀풀, 쇠비름

해설
광엽잡초에는 닭의장풀, 명아주, 가래, 물달개비, 쇠비름, 비름, 질경이, 여뀌, 깨풀, 물옥잠 등이 있다.

65 잡초경합 한계기간에 대한 설명으로 옳지 않은 것은?
① 철저한 잡초 방제가 요구되는 시기이다.
② 작물 생육기의 초기 1/4 ~ 1/3 정도의 기간이다.
③ 잡초와 작물이 경합하지만 작물의 피해는 없는 한계기간이다.
④ 한계기간 이후에는 잡초 방제를 더 하여도 작물 피해는 큰 변화가 없다.

해설
잡초경합한계기간은 잡초와의 경합에 의한 작물의 피해가 가장 심하게 나타나는 기간이다.

정답 58 ④ 59 ③ 60 ① 61 ② 62 ① 63 ① 64 ④ 65 ③

66 주로 종자번식을 하는 일년생 잡초는?
① 가래 ② 쇠비름
③ 쇠털골 ④ 너도방동사니

해설
1년생 잡초인 뚝새풀, 바보여뀌, 마디꽃, 쇠비름 등은 주로 종자번식을 한다.

67 논에서 뚝새풀이 벼의 수량에 미치는 영향이 적은 이유로 적합한 것은?
① 키가 벼보다 작기 때문에
② 발생시기가 다르기 때문에
③ 벼와 동일한 화본과 식물이기 때문에
④ 양분흡수에 대한 경합력이 낮기 때문에

해설
뚝새풀은 벼를 추수한 다음 10월을 지나 발아를 하기에 벼의 수량에 큰 영향을 미치지 않는다.

68 제초제에 사용시기에 따른 분류에서 파종 전 처리제에 해당하는 것은?
① 토양 소독제
② 경엽 처리제
③ 생육기 처리제
④ 이앙 벼의 초기 제초제

해설
토양 소독제는 작물의 파종 전에 처리한다.

69 벼 재배양식 중에서 잡초 발생이 가장 많은 것은?
① 건답직파 ② 담수직파
③ 성묘 손이앙 ④ 어린모 기계이앙

해설
이앙보다는 직파에서 경합력이 낮아 잡초 발생량이 많다. 또한 담수직파의 경우 특정 잡초만 발생하지만 건답직파의 경우 발생하는 잡초의 종류 및 수량이 많다.

70 이행형 제초제에 대한 설명으로 옳은 것은?
① 접촉한 부위에만 이행하는 제초제
② 체관부를 통하여 이행하지 못하는 제초제
③ 물관부를 통하여 이행하지 못하는 제초제
④ 처리한 부위로부터 작용점으로 이행해 가는 제초제

해설
이행형 제초제는 처리 부위에서 약제가 작용하는 작용점으로 이행하는 제초제이다.

71 주로 잔디밭에 많이 발생하는 잡초는?
① 여뀌, 강아지풀
② 토끼풀, 꽃다지
③ 개비름, 한련초
④ 민들레, 명아주

해설
토끼풀, 파대가리, 새포아풀, 클로버, 꽃다지 등은 잔디밭잡초이다.

72 잡초 발생으로 예상하는 피해가 아닌 것은?
① 농작업 방해
② 토양 침식 조장
③ 농작물 품질 저하
④ 병해충의 중간 기주

해설
잡초는 토양에 유기물을 공급하여 토질을 개선시켜 토양 침식을 방지해 준다.

73 다음 중 부유성 수생잡초로만 나열된 것은?
① 생이가래, 흰명아주
② 부레옥잠, 좀개구리밥
③ 개구리밥, 올미
④ 생이가래, 쇠비름

해설
부유잡초로는 부레옥잠, 개구리밥, 좀개구리밥, 생이가래 등이 있다.

정답 66 ② 67 ② 68 ① 69 ① 70 ④ 71 ② 72 ② 73 ②

74 제초제 종류와 주요 작용 기작이 가장 옳은 것은?

① atrazine-호흡 저해
② thiobencarb-분지형 아미노산 생합성 저해
③ glyphosate-방향족 아미노산 생합성 저해
④ chlorsulfuron-색소 형성 저해

해설
글리포세이트(glyphosate)는 아미노산 생합성을 저해시키는 유기인계 제초제이다. 글리포세이트의 경우 이행성이며 비선택성 제초제이다.

75 논에서 사초과인 올방개를 방제하기 위하여 사용되어지는 후기 경엽처리 제초제는?

① 론스타(oxadiazon)
② 밧사그란(bentazon)
③ 그라목손(paraquat)
④ 라쏘(alachlor)

해설
밧사그란은 경엽처리용 제초제로 잡초가 발생한 후에 처리하며 광엽잡초, 너도방동사니, 올미, 매자기, 올방개, 올챙이고랭이 등에 적용한다.

76 2%의 2,4-D 농도는 몇 ppm 인가?

① 1000 ppm
② 2000 ppm
③ 10000 ppm
④ 20000 ppm

해설
1%는 10,000ppm 이므로 2%의 경우 20,000ppm 이다.

77 토양에서 잡초의 발생에 대한 설명으로 틀린 것은?

① 사질토는 중점토보다 발생심도가 깊다.
② 종자가 무거울수록 발생심도가 얕다.
③ 토양이 과습(90% 이상)하면 출아율이 낮다.
④ 토양이 건조(55% 이하)하면 출아율이 낮다.

해설
종자가 무겁고 클수록 발생심도가 깊어진다.

78 생태적, 물리적, 화학적, 생물적 잡초방제방법으로 구분할 때 생태적 잡초방제법이 아닌 것은?

① 작부체계
② 재식밀도
③ 품종선정
④ 피복처리

해설
피복처리는 물리적 방제에 속한다.

79 우리나라에서 발생하고 있는 대부분의 잡초 종자의 발아 최적온도 범위는?

① 0~10℃
② 10~15℃
③ 15~30℃
④ 30~40℃

해설
잡초의 종류에 따라 발아 최적온도는 다른데 대체적인 최적온도의 범위는 15~30℃ 정도이다.

80 우리나라 논에서 발생하는 화본과 잡초가 아닌 것은?

① 물달개비
② 강피
③ 나도겨풀
④ 뚝새풀

해설
물달개비는 광엽잡초이다.

정답 74 ③ 75 ② 76 ④ 77 ② 78 ④ 79 ③ 80 ①

국가기술자격 필기시험문제

자격종목	종목코드	시험시간	형별	수험번호	성명
식물보호산업기사		2시간			

산업기사 CBT 4회 모의고사문제

※ 본문제는 수험생들의 기억을 바탕으로 작성 된 것으로 실제 문제와 차이가 있을 수 있습니다.

1과목 식물병리학

01 Diener가 발견하였으며 핵산이 한 가닥이고 단백질 껍질이 없는 병원체는?
① 바이로이드 ② 파이토플라즈마
③ 바이러스   ④ 세균

해설
바이로이드는 기주식물의 세포에 감염하여 증식하며 외부단백질 없이 한 가닥의 핵산만으로 구성된 병원체이다.

02 담배 모자이크바이러스(TMV)에 관한 내용으로 옳지 않은 것은?
① 구성 핵산은 RNA이다
② 담배에만 감염할 수 있다.
③ 입자의 형태는 막대모양이다.
④ 여러 계통(Strain)이 존재한다.

해설
담배모자이크 바이러스는 고추, 오이, 담배 등을 포함한 꽃 잡초에서도 모자이크 병이 발생한다.

03 다음 중 배추 무사마귀병이 발병하는 토양의 산도는?
① 중성   ② 산성
③ 알칼리성 ④ 모두 가능

해설
무·배추 무사마귀병은 산성토양에서 잘 발생한다.

04 식물 녹병균이 만드는 포자는?
① 봄포자   ② 여름포자
③ 가을포자 ④ 사철포자

해설
녹병균은 중간기주에서 여름포자 혹은 겨울포자를 만든다.

05 병원체와 진단방법의 연결이 틀린 것은?
① 감자 둘레썩음병 - 절단면 자외선 조사
② 감자바이러스 - 황산구리법
③ TMV - 지표식물
④ 감자역병 - 충체 내 주사법

해설
감자역병은 병징을 통한 육안적 진단 방법을 사용한다.

06 화학적 방제에 관한 설명으로 틀린 것은?
① 효과가 좋아도 연용할 경우 저항성을 갖게 된다.
② 작물보호제는 대상 병균과 적정한 작물이 한정되어 있어, 이를 벗어나는 경우에는 효과가 낮다.
③ 예방 또는 치료를 위한 효과가 비교적 정확하고 신속하다.
④ 살포량과 농도를 늘릴 경우 특히 효과가 크다.

해설
화학적 방제는 작물 및 인축에 대한 피해가 우려되기에 살포량과 농도는 관리 기준에 맞추어 사용한다.

정답 01 ① 02 ② 03 ② 04 ② 05 ④ 06 ④

07 경란전염에 대한 설명으로 옳은 것은?
① 가벼운 알이 잘 전염된다.
② 전염의 어렵고 쉬운 정도를 말한다.
③ 산란 후 병원이 알에 침입하여 전염된다.
④ 매개곤충의 알을 거쳐 다음 세대로 병원이 전해진다.

해설
경란전염은 매개충의 알을 통해 바이러스가 전파되는 것을 의미한다.

08 다음 중 진균(곰팡이)에 의해서 일어나는 병은?
① 벼 흰잎마름병
② 고추 풋마름병
③ 보리 속깜부기병
④ 담배 모자이크병

해설
벼 흰잎마름병, 고추 풋마름병은 세균에 의해 발생하며, 담배 모자이크병은 바이러스에 의해 발생한다.

09 벼 도열병의 전형적인 병징은?
① 모무늬 ② 얼룩무늬
③ 겹둥근모양 ④ 실꾸리모양

해설
벼 도열병은 방추형(실꾸리모양)의 병징을 나타낸다.

10 논에는 벼 도열병균 분생포자의 주된 전염 방법은?
① 물 ② 토양
③ 바람 ④ 곤충

해설
벼 도열병의 병원균은 진균으로 바람에 의해 전반된다.

11 소나무류에 발생하는 잎녹병의 중간기주가 아닌 것은?
① 쑥부쟁이 ② 황벽나무
③ 등골나물 ④ 신갈나무

해설
소나무류의 잎녹병 중간기주로 황벽나무, 쑥부쟁이, 참취, 잔대, 등골나무, 취류, 산초나무 등이 있다.

12 물에 의해 전반되는 식물 병원체가 아닌 것은?
① 세균 ② 선충
③ 균류 ④ 바이러스

해설
바이러스는 매개충에 의해 전반된다.

13 파종기를 늦추어 감수성 품종의 병 발생을 막았다면 이것은 무엇을 이용한 방제방법인가?
① 내성 ② 회피
③ 면역성 ④ 저항성

해설
저항성이 없이 파종기를 늦추어 병 발생을 막은 것을 병 회피 현상이라 한다.

14 모래땅이나 유기질이 적은 논에서 발생하기 쉬운 병은?
① 벼 도열병 ② 벼 키다리병
③ 벼 흰잎마름병 ④ 벼 깨씨무늬병

해설
벼 깨씨무늬병은 양분이 부족한 산성토양에서 잘 발생한다.

15 오이 노균병에 대한 설명으로 옳은 것은?
① 세균에 의해 발생한다.
② 주로 줄기에 발생한다.
③ 질소질 성분이 부족할 경우 잘 발생한다.
④ 시설재배보다 노지재배할 경우 피해가 더 크다.

해설
진균에 의해 발생하는 오이 노균병은 질소질 성분이 부족한 장마철에 많이 발생한다.

정답 07 ④ 08 ③ 09 ④ 10 ③ 11 ④ 12 ④ 13 ② 14 ④ 15 ③

16 흰가루병이 잘 발생하지 않는 기주식물은?
① 오이 ② 감자
③ 장미 ④ 사과나무

> **해설**
> 흰가루병은 오이, 호박, 참외, 팥, 맥류, 사과나무 등의 잎과 줄기에 주로 발생한다.

17 표징이 나타나는 병은?
① 포도 흰가루병
② 감자 빗자루병
③ 과꽃 누른오갈병
④ 감자 바이러스병

> **해설**
> 포도 흰가루병은 잎 표면에 흰가루를 뿌린듯한 표징이 나타난다.

18 대추나무 빗자루병의 방제법으로 가장 효과적인 방법은?
① 여름철에 살균제를 뿌려준다.
② 옥시테트라사이클린 수화제를 나무에 주사한다.
③ 매개충을 구제하기 위하여 살충제를 지면에 뿌려준다.
④ 병든 가지는 건전한 부분을 포함하여 겨울철에 잘라낸다.

> **해설**
> 대추나무 빗자루병은 파이토플라즈마에 의해 발생하며 옥시테트라사이클린 수화제를 수간수사하여 방제 및 치료가 가능하다.

19 식물체의 병 발생에 관여하는 3가지 요소에 해당하지 않는 것은?
① 환경   ② 병원균
③ 기주식물 ④ 경제적 피해

> **해설**
> 식물병 발생에 관여하는 3요소로 병원체, 환경, 기주식물이 있다.

20 잣나무 털녹병의 방제방법으로 옳지 않은 것은?
① 중간기주인 송이풀을 제거한다.
② 중간기주인 까치밥나무를 제거한다.
③ 담자포자가 비산하는 초봄에는 살균제를 뿌린다.
④ 병든 나무는 녹포자가 비산하기 전에 비닐로 싸준다.

> **해설**
> **잣나무 털녹병 방제법**
> · 감염된 나무, 중간기주는 제거 한다.
> · 조기에 가지치기를 실시 한다.
> · 묘목은 다른 지역으로 반출하지 않는다.
> · 8월에 보르도액을 살포하여 소생자의 침입을 막는다.

2과목 농림해충학

21 모기가 벽에 앉을 때 언제나 머리쪽이 위로 향하는 성질은?
① 주광성 ② 주화성
③ 주촉성 ④ 주지성

> **해설**
> 곤충이 머리쪽이 땅을 향하거나 반대로 앉는 성질을 주지성이라 한다.

22 곤충의 변태와 관련하여 탈피에 관여하는 탈피호르몬을 분비하는 기관은?
① 알라타체 ② 외분비계
③ 앞가슴샘 ④ 뒷가슴샘

> **해설**
> 탈피호르몬은 앞가슴샘에서 분비된다.

23 진딧물 및 매미의 입틀 모양은?
① 씹기에 적합하다.
② 구멍 뚫기에 적합하다.
③ 핥아 먹기에 적합하다.
④ 찔러 빨아먹기에 적합하다.

> **해설**
> 진딧물 및 매미는 찔러서 빨아먹는 자흡구형이다.

정답 16 ② 17 ① 18 ② 19 ④ 20 ③ 21 ④ 22 ③ 23 ④

24 다음 중 1세대를 경과하는 데 가장 긴 시간이 필요로 하는 곤충으로 옳은 것은?
① 말매미   ② 장수풍뎅이
③ 뽕나무하늘소 ④ 소나무좀

해설
말매미는 1세대 경과에 6년 이상이 소요되어 다른 곤충보다 길다.

25 사과 과수원에 복숭아심식나방의 성충 발생정도를 예찰하는 방법으로 가장 적절한 것은?
① 유아등   ② 성페로몬 트랩
③ 말레이즈 트랩 ④ 황색 수반 트랩

해설
성페로몬 트랩은 복숭아심식나방, 복숭아순나방, 사과굴나방 등에 적합하고 암컷이 방출하는 성페로몬을 이용하여 수컷을 유인하여 발생 정도 및 방제적기를 파악하는데 유용한 방법이다.

26 곤충의 전장에 대한 설명으로 옳지 않은 것은?
① 양분을 흡수한다.
② 외배엽에 의하여 생긴다.
③ 분문판으로 중장과 구분된다.
④ 먹은 것을 분쇄하는 장치를 가진 것이 있다.

해설
곤충의 전장은 기계적 소화작용이 일어나며 양분을 흡수하지는 않는다.

27 해충 방제 중 생물적 방제의 장점에 해당하는 것은?
① 효과가 빠르지 않다.
② 환경에 영향을 많이 받는다.
③ 안전 농산물 생산이 가능하다.
④ 화학농약과 사용시 많은 주의가 요구된다.

해설
생물적 방제는 화학약품을 사용하지 않고 친환경적인 방제법을 선택하기에 안전한 농산물 생산이 가능하다.

28 다음 곤충의 생식계에 대한 설명 중 옳지 않은 것은?
① 난자는 알집을 구성하는 알집소관에서 생성된다.
② 암컷의 생식계는 알집, 수란관, 주정낭, 부속샘 등으로 구성된다.
③ 수정낭은 수정이 이루어지는 곳이다.
④ 꿀벌의 일벌은 난소가 퇴화되어 있다.

해설
수정낭은 암컷의 기관 중 하나로 수컷에서 받은 정자를 보관하는 곳이다.

29 다음 중 충영을 형성하는 해충은?
① 독나방
② 솔잎혹파리
③ 어스렝이나방
④ 참나무겨울가지나방

해설
솔잎혹파리는 주로 소나무, 해송에 피해를 주며 유충이 벌레혹을 만들고 즙액을 빨아 먹는다.

30 살충제의 광범위한 사용으로 인한 부작용이 아닌 것은?
① 곤충 종다양성의 증가
② 저항성 해충의 출현
③ 천적류의 감소
④ 해충의 재발현상(반전현상)

해설
살충제를 광범위하게 사용하면 많은 종류의 곤충에 피해를 주면서 종 다양성이 파괴 혹은 줄어든다.

31 곤충은 양성생식을 하는 것이 일반적이나 단위생식을 하는 종류도 있다. 다음 중 단위생식에 의해 증식하는 곤충은?
① 솔나방   ② 배추흰나비
③ 밤나무혹벌 ④ 벼메뚜기

해설
진딧물, 밤나무순혹벌 등은 암컷만으로 번식을 하는 단위생식을 한다.

정답 24 ① 25 ② 26 ① 27 ③ 28 ③ 29 ② 30 ① 31 ③

32 불완전변태를 하는 것은?
① 벌류 ② 파리류
③ 노린재류 ④ 딱정벌레류

해설
메뚜기목, 매미목, 강도래목, 하루살이목, 노린재목, 총채벌레목 등은 불완전변태를 한다.

33 곤충의 특징이 아닌 것은?
① 몸이 머리, 가슴, 배의 3부분으로 나누어져 있다.
② 눈은 겹눈만 있고 홑눈이 없다.
③ 다리가 3쌍이다.
④ 대개 2쌍의 날개가 있고 탈바꿈을 한다.

해설
곤충은 눈은 보통 1쌍의 겹눈, 2~3개의 홑눈이 있다.

34 우리나라 곤충상이 속하는 동물지리학적 분포구는?
① 신북구 ② 구북구
③ 동양구 ④ 하와이구

해설
국내의 경우 구북구계에 속한다.

35 해충의 발생예찰에 대한 설명으로 틀린 것은?
① 발생예찰에는 발생시기의 예찰, 발생량의 예찰, 피해량의 예찰, 방제여부의 예찰 등이 있다.
② 화학적 방제를 위해서는 발생예찰이 필요하지 않고 농민이 편리한 시기에 약제를 살포하기만 하면 된다.
③ 발생예찰을 위한 조사로는 정점조사와 순회조사가 있다.
④ 물을 담은 수반에 날아 들어오는 해충을 조사하는 방법을 수반조사법이라 한다.

해설
발생예찰을 통해 발생량을 예측하고 효과적인 방제시기 및 살포량 등을 결정하기에 편리한 시기에 약제를 살포하는 것은 잘못된 내용이다.

36 벼멸구 방제법으로 부적당한 것은?
① 내충성 품종을 심는다.
② 약제로는 뷰프로페진, 에토펜프록스 수화제가 있다.
③ 질소질 비료를 많이 준다.
④ 천적으로는 신총채벌, 논거미 등이 있다.

해설
질소질비료를 과용하게 되면 도장의 우려가 있고 식물병의 확산우려가 있다.

37 곤충의 호르몬에 대한 설명으로 옳지 않은 것은?
① 이뇨호르몬은 지질 동원에 관여한다.
② 유약호르몬은 성장 조절에 관여한다.
③ 경화호르몬은 탈피 후 표피의 경화에 영향을 준다.
④ 앞가슴샘에서 분비되는 호르몬은 탈피에 영향을 준다.

해설
이뇨호르몬은 배설에 관여하는 호르몬이다.

38 곤충 표피에 대한 설명으로 옳지 않은 것은?
① 수분 손실을 억제한다.
② 근육의 부착점으로 작용한다.
③ 감각기관이 존재하지 않는다.
④ 표피층, 표피세포 및 기저막 등으로 구성되다.

해설
곤충은 감각기관을 가지고 있으며 중추신경계의 지배를 받는다.

39 거세미나방의 월동 충태는?
① 알 ② 성충
③ 유충 ④ 번데기

해설
거세미나방은 1년에 2회 발생하고 유충으로 땅속에 월동한다.

정답 32 ③ 33 ② 34 ② 35 ② 36 ③ 37 ① 38 ③ 39 ③

40 사과응애에 대한 설명으로 옳은 것은?
① 번데기로 월동한다.
② 1년에 7~8회 발생한다.
③ 뿌리 근처에서 월동한다.
④ 주로 뿌리 부위를 가해한다.

> **해설**
> 사과응애는 1년에 7~8회 발생하고 알 형태로 월동한다.

3과목   농약학

41 사람이 일생을 통하여 매일 섭취하여도 아무런 영향을 주지 않는 약량을 무엇이라 하는가?
① 최대잔류허용량
② 1일 섭취허용량
③ 최대무작용량
④ 농약잔류허용량

> **해설**
> 최대무작용량은 장기 독성시험동물이 아무런 영향을 받지 않는 최대 용량을 의미한다.

42 우리나라의 농약 독성 구분에 대한 설명으로 틀린 것은?
① 농약의 독성구분은 원제독성을 기준으로 한다.
② 세계보건기구 분류기준과 거의 동일하다.
③ 전체 등록 농약 중 고독성은 아주 적으며 대부분 보통 및 저독성 농약이다.
④ 술의 원료인 주정의 독성치보다 낮은 농약도 많다.

> **해설**
> 우리나라 독성의 구분은 발현 대상에 따라, 투여 방법에 따라, 독성강도에 따라, 발현속도에 따라 구분하고 있다.

43 농약관리법에서 어독성 II급을 구분하는 기준은? (단, 반수를 죽일 수 있는 농도 (mg/L, 48시간) 기준이다.)
① 0.5 ~ 1.0   ② 0.5 ~ 2.0
③ 1.0 ~ 2.0   ④ 1.0 ~ 2.5

> **해설**
> 어독성 II급은 반수를 죽일 수 있는 농도 0.5 이상 2 미만 mg/L 를 기준으로 한다.

44 살균제의 작용기작 중 호흡저해가 아닌 것은?
① SH 저해
② 전자 전달 저해
③ 단백질 합성 저해
④ 산화적 인산화 저해

> **해설**
> 살균제의 작용기중 중 호흡저해의 종류에는 SH 저해, 전자전달 저해, ATP 생산 저해가 있다.

45 예방이나 치료효과를 나타내는 침투성 살균제가 아닌 것은?
① IBP 제   ② Carboxin 제
③ Benomyl   ④ Mancozeb

> **해설**
> 만코제브(Mancozeb)는 유기황제 살균제로 일종의 보호살균제이다.

46 농약을 식별하기 위해 라벨의 바탕색깔을 달리하는데 노란색 라벨은 어떤 유형의 농약을 의미하는가?
① 제초제   ② 살균제
③ 살충제   ④ 식물생장조절제

> **해설**
> 노란색 라벨은 제초제를 의미한다.

정답 40 ② 41 ③ 42 ① 43 ② 44 ③ 45 ④ 46 ①

47 살균제의 분류방법 중 살균기작에 의해 분류한 것은?

① 보호살균제, 직접살균제
② 호흡저해제, 생합성저해제
③ 구리제, 유기비소제
④ 경엽살포제, 토양소독제

해설
살균제의 작용기작에 의해 호흡저해, 단백질 합성 저해, 세포막 형성 저해, 세포벽 형성 저해로 분류된다.

48 농약관리법령상 고체 농약의 급성경구 고독성에 해당하는 반수치사량(mg/kg)의 범위는?

① 20 미만
② 5 이상 50 미만
③ 10 이상 100 미만
④ 20 이상 200 미만

해설
고체 농약의 급성경구 II급(고독성)은 5 이상 50 미만의 기준을 가진다.

49 농약의 작물잔류에 미치는 영향 중 가장 거리가 먼 것은?

① 농약의 이화학적 특성
② 작물의 특성
③ 기상 및 토양환경조건
④ 농약잔류허용량

해설
농약의 잔류허용량은 신체에 영향을 주는 정도를 나타내는 것으로 작물잔류에 미치는 영향과는 거리가 멀다.

50 사과, 수박의 탄저병에 적용하는 벤지미다졸계 살균제는?

① 베노밀   ② 보스칼리드
③ 비티타놀   ④ 빈클로졸린

해설
베노밀은 벤지미다졸계 살균제로 사과나무탄저병, 배 흰가루병, 수박 탄저병, 고추 탄저병 등에 효과적이다.

51 살충제 Carbofuran 에 대한 설명으로 틀린 것은?

① 수질오염성 농약으로 지정되어 수도용 약제로는 사용이 금지되어 있다.
② 카바메이트계로서 약제의 지속기간이 길다.
③ 콜린에스테라제의 활성기능을 억제하여 독작용을 유발한다.
④ 침투이행성 살충제로 식물의 뿌리나 경엽을 통해 식물 체내로 침투한다.

해설
카보퓨란(Carbofuran) 어독성 2급으로 지정되어 있어 수도용 살충제로 사용 가능하다.

52 농약의 물리적 성질 중 살포하여 부착한 약제가 이슬이나 빗물에 씻겨 내리지 않고 식물체 표면에 묻어있는 성질을 무엇이라 하는가?

① 부착성   ② 고착성
③ 침투성   ④ 현수성

해설
고착성은 부착한 약제가 빗물에 씻겨 내리지 않고 식물 표면에 붙어 있는 성질을 말한다.

53 다음 중 유기유황계 약제는?

① 코퍼하이드록사이드 수화제
② 디클로르보스 유제
③ 만코제브 수화제
④ 티오파네이트메틸 도포제

해설
유기유황계 약제로 만코제브, 메티람, 프로피네브 등이 있다.

정답 47 ② 48 ② 49 ④ 50 ① 51 ① 52 ② 53 ③

54 40%(비중=1)의 어떤 유제가 있다. 이 유제를 1000배로 희석하여 10a 당 9L를 살포하고자 할 때 유제의 소요량은 몇 mL인가?

① 7 ② 8
③ 9 ④ 10

해설
$$10a 당 소요약량 = \frac{추천농도(\%) \times 10a 당 살포량}{약액농도(\%) \times 비중}$$
$$\frac{(40\% \div 1000) \times 9000ml}{40\%} = 9ml$$

55 우리나라 농약관리법에서 잔류성 농약을 구분하는 데 해당되는 사항이 아닌 것은?

① 환경잔류성 ② 작물잔류성
③ 토양잔류성 ④ 수질오염성

해설
잔류성 농약은 작물잔류성 농약, 토양잔류성 농약, 수질오염성 농약으로 구분한다.

56 네오아소진 농약은 약해를 해결하기 위해 유기비소제에 다음 어느 금속을 결합시켰는가?

① Fe ② Mg
③ Zn ④ Cu

해설
네오아소진은 유기비소계 살균제로 철(Fe)을 결합하여 약해 문제를 해결하였으며 주로 사과나무 부란병 방제에 이용된다.

57 농약중독시 취해야 할 응급조치 중 틀린 것은?

① 경구중독일 경우 우선 따뜻한 물이나 소금물로 세척한다.
② 약물이 장내로 들어갈 염려가 있을 때는 황산마그네슘(15~20g) 물에 독물의 흡착을 위해 활성탄이나 규조토 등을 타 먹여 배설시킨다.
③ 경피중독일 경우 오염된 의복을 벗기고 부착된 약제를 비눗물로 씻는다.
④ 흡입중독일 경우 체온을 식히기 위해 찬물로 씻어 준다.

해설
흡입중독 환자는 바람이 잘 통하는 깨끗한 장소에 눕히고 의복을 느슨하게 하여 호흡을 쉽게 하도록 한다.

58 유기인계 농약의 살충 작용점은?

① 원형질 ② 피부
③ 호흡기 ④ 신경

해설
유기인계 농약은 신경전달계에 관여하여 정상적인 신경전달을 방해하여 곤충을 방제한다.

59 농약원제에 발연제(니트로셀룰로오스), 방염제 등을 혼합하고 기타 보조제 및 증량제를 첨가하여 제조한 제형은?

① 훈증제 ② 훈연제
③ 연무제 ④ 미립제

해설
훈연제는 약제를 연기화 하여 해충을 죽이는 약제로 농약원제에 발연제, 방염제, 기타보조제 및 증량제를 첨가하여 제조한다.

정답 54 ③ 55 ① 56 ① 57 ④ 58 ④ 59 ②

60 유기염소계의 침투성 살균제로서 예방 및 치료효과가 있으며 작물의 흰가루병 및 녹병에 적용할 수 있는 농약은?

① 플루실라졸 수화제
② 펜헥사이드 수화제
③ 트리포린 유제
④ 아이소프로티올레인 유제

해설
트리포린은 유기염소계로 흰가루병, 붉은별무늬병, 녹병 등의 방제에 이용된다.

4과목 잡초방제학

61 문제 잡초들의 특성이 아닌 것은?

① 광합성 효율이 높고 생장이 매우 빠르며 대부분 C_4형 광합성을 한다.
② 종자 또는 지하번식기관으로 번식할 수 있으며 많은 종자를 생산한다.
③ 불량한 환경조건에 잘 적응하며 과습의 조건에서도 견뎌낼 수 있는 메카니즘을 가지고 있다.
④ 휴면성이 낮아 불리한 조건 아래에서도 발아율이 높다.

해설
문제 잡초들은 휴면성이 커서 불리한 조건에서는 발아하지 않다가 적합한 환경에서 발아하여 방제가 어렵다.

62 다음 중 광엽잡초로만 나열된 것은?

① 돌피, 여뀌, 쇠털골
② 별꽃, 명아주, 바랭이
③ 물달개비, 망초, 강아지풀
④ 물옥잠, 사마귀풀, 쇠비름

해설
광엽잡초에는 닭의장풀, 명아주, 가래, 물달개비, 쇠비름, 비름, 질경이, 여뀌, 깨풀 등이 있다.

63 잡초의 생리 및 생태적 특성이 아닌 것은?

① 휴면성을 가지고 있다.
② 유묘기의 생장속도가 빠르다.
③ 주로 영양번식은 1년생 잡초가 한다.
④ 종자 및 영양번식기관으로 번식한다.

해설
주로 영양번식은 다년생 잡초가 한다.

64 벼의 유효분얼이 끝날 때부터 유수형성기 이전까지 살포하는 제초제는?

① 이사-디 액제
② 티오벤카브 유제
③ 뷰타클로르 유제
④ 사이할로프로뷰틸·프로파닐 유제

해설
2,4-D 제초제는 벼와 같은 화곡류의 경우 유효분얼 종지기 ~ 유수형성기 사이에 처리하는 것이 좋다.

65 작물과 잡초의 경합에 대한 설명으로 옳지 않은 것은?

① 작물은 일반적으로 잡초보다 경합에 유리한 생태적 특성을 지니고 있다.
② 종간경합은 작물과 잡초 간의 경합으로 대표적으로 벼와 피의 경합이 있다.
③ 작물에 대한 잡초의 경합력은 잡초의 종류, 밀도 등에 따라 달라진다.
④ 종내경합은 같은 초종 중에서 개체 간의 경합으로 벼와 벼, 피와 피 간 경합이 있다.

해설
잡초는 작물보다 광합성 및 번식력이 좋아 경합에 유리한 특성을 지니고 있다.

정답 60 ③ 61 ④ 62 ④ 63 ③ 64 ① 65 ①

66 주로 밭에 발생하는 다년생 잡초가 아닌 것은?
① 별꽃   ② 메꽃
③ 쇠뜨기   ④ 소리쟁이

해설
밭에서 발생하는 다년생 잡초로 쇠뜨기, 소리쟁이, 엉겅퀴, 메꽃 등이 있다.

67 논에 다년생 잡초가 증가하는 요인으로 가장 거리가 먼 것은?
① 추경의 감소
② 인력 제초의 감소
③ 만기 이앙의 증가
④ 1년생 제초제의 연용

해설
논에 다년생 잡초의 증가는 제초제의 연용, 작부체계의 변화 혹은 춘, 추경의 감소 등의 요인이 있다. 이앙 재배 방법은 잡초의 발생을 줄일수 있다.

68 벼 재배양식 중에서 잡초 발생이 가장 많은 것은?
① 건답직파   ② 담수직파
③ 성묘 손이앙   ④ 어린모 기계이앙

해설
이앙보다는 직파에서 경합력이 낮아 잡초 발생량이 많다. 또한 담수직파의 경우 특정 잡초만 발생하지만 건답직파의 경우 발생하는 잡초의 종류 및 수량이 많다.

69 잡초 방제를 위해 곤충, 병원균 및 동물 등을 이용하는 방법은?
① 기계적 방제법 ② 생태적 방제법
③ 생물적 방제법 ④ 화학적 방제법

해설
곤충 및 병원균, 동물 등을 이용하는 친환경적인 방제법은 생물적 방제법이라 한다.

70 겨울작물 밭에서 우점하는 잡초는?
① 깨풀   ② 메꽃
③ 뚝새풀   ④ 쇠비름

해설
밭에서 나타나는 우점잡초로 뚝새풀, 명아주, 바랭이 등이 있다.

71 제초제 종류와 주요 작용 기작이 가장 옳은 것은?
① atrazine-호흡 저해
② thiobencarb-분지형 아미노선 생합성 저해
③ glyphosate-방향족 아미노산 생합성 저해
④ chlorsulfuron-색소 형성 저해

해설
글리포세이트(glyphosate)는 아미노산 생합성을 저해시키는 유기인계 제초제이다. 글리포세이트의 경우 이행성이며 비선택성 제초제이다.

72 다음 중 제초제와 토양과의 관계에서 흡착력에 가장 크게 관여하지 않는 요인은?
① 점토광물의 종류
② 양이온 치환 용량
③ 토양유기물 함량
④ 토양의 수소이온 농도

해설
토양의 흡착력은 점토광물, 양이온 치환용량, 유기물의 함량 등에 영향을 받는다. 예를 들어 부식콜로이드는 양분의 흡착력이 강한 편이다.

73 잡초의 생장형에 따른 잡초의 분류로 가장 적절하지 않은 것은?
① 포복형 - 메꽃, 나도겨풀
② 직립형 - 가막사리, 사마귀풀
③ 총생형 - 억새, 둑새풀
④ 로제트형 - 민들레, 질경이

해설
사마귀풀은 포복형이다.

정답 66 ① 67 ③ 68 ① 69 ③ 70 ③ 71 ③ 72 ④ 73 ②

74 다음 중 외래잡초로 가장 옳은 것은?
① 단풍잎돼지풀 ② 바랭이
③ 여뀌 ④ 명아주

해설
외래 잡초에는 미국가막사리, 미국개기장, 가는털비름, 단풍잎돼지풀, 소리쟁이, 도꼬마리, 서양민들레, 개망초, 애기달맞이꽃 등이 있다.

75 우리나라에서 발생하고 있는 대부분의 잡초종자 발아 최적온도 범위로 가장 옳은 것은?
① 0~5℃ ② 7~12℃
③ 15~30℃ ④ 32~44℃

해설
잡초의 종류에 따라 발아 최적온도는 다른데 대체적인 최적온도의 범위는 15~30℃ 정도이다.

76 다음 중 다년생 논잡초이며, 지하 번식체를 0~5cm 의 표토에 주로 생성하는 것은?
① 바랭이 ② 개망초
③ 올미 ④ 금방동사니

해설
올미는 다년생 논잡초로 번식체의 토양심도가 0~5cm 정도의 표토에 주로 생성된다.

77 밭잡초의 효과적 방제를 위한 다양한 특성을 고려해야 할 때에 대한 설명으로 틀린 것은?
① 밭작물은 종류가 많고 재배시기가 다양하다.
② 재배지의 토성, 수분, 유기물 함량 등이 다양하다.
③ 중경, 배토에 의해 효과적인 방제가 가능하다.
④ 밭잡초는 종류가 다양하나 발생이 균일하여 발생 예측이 가능하다.

해설
밭잡초는 논잡초보다 종류도 다양하고 발생이 불규칙하여 예측이 어렵다.

78 종자에 낙하산과 같은 깃털을 가지거나 솜털과 같은 것으로 덮여서 바람에 잘 날리는 잡초는?
① 민들레 ② 쇠비름
③ 물달개비 ④ 피

해설
민들레는 바람에 의해 비산하며 관모가 있어 멀리 이동한다.

79 다음 중 화본과 잡초에는 있으나 광엽잡초에는 없는 주요 기관은?
① 줄기 ② 마디
③ 엽신 ④ 엽초

해설
화본과잡초는 엽초가 있으나 광엽잡초에는 엽초가 없다. 생장점의 위치를 비교해보면 화본과의 경우 엽초의 마디에 위치해 있으나 광엽잡초의 경우 엽초가 없어 생장점이 엽액에 위치해 있다.

80 다음 중 종피에 기인한 휴면과 가장 거리가 먼 것은?
① 배의 미숙
② 배의 생장에 대한 기계적 장해
③ 가스교환 방해
④ 투수성 방해

해설
배의 불완전 또는 미숙은 종자 자체의 문제이다.

정답 74 ① 75 ③ 76 ③ 77 ④ 78 ① 79 ④ 80 ①

국가기술자격 필기시험문제

산업기사 CBT 5회 모의고사문제				수험번호	성명
자격종목 식물보호산업기사	종목코드	시험시간 2시간	형별		

※ 본문제는 수험생들의 기억을 바탕으로 작성 된 것으로 실제 문제와 차이가 있을 수 있습니다.

1과목 식물병리학

01 사과나무 부란병의 대표적인 발병부위는?
① 뿌리 ② 줄기
③ 잎   ④ 꽃

[해설] 사과나무 부란병은 줄기에 수침상 병무늬가 생기고 알코올 냄새가 난다.

02 흰가루병이 발생하지 않는 기주식물은?
① 사과나무 ② 오이
③ 감자   ④ 장미

[해설] 흰가루병은 오이, 호박, 참외, 팥 등에서 발생하고 그 외에도 사과나무흰가루병, 장미흰가루병 등이 있다.

03 다음 병 중 병원이 주로 바람에 의해서 옮겨지는 것은?
① 사과나무 근두암종병
② 오이 모자이크병
③ 벼 깨씨무늬병
④ 배추 무사마귀병

[해설] 벼 깨씨무늬병은 바람에 의해 전반된다.

04 벼 흰빛잎마름병이 대발생할 수 있는 환경조건으로 알맞은 것은?
① 태풍, 침수
② 파아지의 증가
③ 높새바람, 무방제
④ 태풍, 건조

[해설] 물로 인하여 전파되기에 태풍이나 침수의 피해로 대발생할 수 있다.

06 식물병원세균의 특징이 아닌 것은?
① 단세포이다
② 분열로 증식한다
③ 세포벽이 있다
④ 엽록소가 있다

[해설] 세균의 경우 세포벽이 있고 핵막이 없으며 이분법으로 증식하는 것이 특징이다.

06 다음 병징이 설명하고 있는 벼의 병은?

◎ 잎, 이삭목, 볍씨, 마디에서도 발생한다.
◎ 잎에서 적갈색의 방추형 무늬를 형성한다.
◎ 이삭목에서는 발병시기가 이르면 결실하지 못한다.
◎ 마디는 검은색으로 변해 마르고 결국 부러진다.

① 흰잎마름병 ② 오갈병
③ 도열병   ④ 깨씨무늬병

정답 01 ② 02 ③ 03 ③ 04 ① 05 ④ 06 ③

> **해설**
> 잎도열병은 병반이 시간에 지남에 따라 갈색으로 변하다가 가운데 회백색 주위는 적갈색으로 방추형의 병반이 된다. 병원균은 도열병의 피해를 받은 볏짚, 볍씨 등에 붙어 겨울을 지내고 이듬해 1차 전염원이 된다. 2차 전염원은 벼의 생육기간 중 잎, 마디, 목 등에 만들어진 홀씨가 바람에 의해 전염된다.

07 무격벽의 균사로 이루어진 병원균은?
① *Botrytis cinerea*
② *Pyricularia grisea*
③ *Pythium ultimum*
④ *Fusarium oxysporum*

> **해설**
> *Pythium* 속의 균사에는 격벽이 없다.

08 곰팡이의 유성생식 결과 만들어지는 기관이 아닌 것은?
① 후막포자 ② 난포자
③ 자낭포자 ④ 접합포자

> **해설**
> 후막포자는 무성포자의 일종으로 산포의 기능은 없고 생식세포적 의미의 포자는 아니다. 유성생식의 결과물로 난포자, 자낭포자, 접합포자 등이 있다.

09 곰팡이병은 어느 것인가?
① 과수류 근두암종병
② 밤나무 줄기마름병
③ 감귤 궤양병
④ 가지과 풋마름병

> **해설**
> 곰팡이(자낭균)에 의해 발생하는 것은 밤나무 줄기마름병이다.

10 병원체와 진단방법의 연결이 틀린 것은?
① 감자 둘레썩음병 - 절단면 자외선 조사
② 감자바이러스 - 황산구리법
③ TMV - 지표식물
④ 감자역병 - 충체 내 주사법

> **해설**
> 감자역병은 병징을 통한 육안적 진단 방법을 사용한다.

11 *Pseudomonas*세균의 특성으로 옳은 것은?
① 그람음성의 간균으로 대부분 호기성균이다.
② 그람음성의 간균으로 대부분 혐기성균이다.
③ 그람양성의 간균으로 대부분 호기성균이다.
④ 그람양상의 간균으로 대부분 혐기성균이다.

> **해설**
> *Pseudomonas* 는 그람반응에 음성의 간균으로 대부분 호기성균이다.

12 식물병 방제를 위하여 Millardet 가 개발한 것으로 당시 유행한 포도 노균병을 방제하기 위해 구리가 가진 독성을 이용한 것으로 현재에도 많이 사용되는 살균제는?
① BT 제   ② PCNB
③ 유황합제 ④ 보르도액

> **해설**
> 1885년 Millardet 에 의해 개발된 보르도액은 구리와 석회를 재료로 현재 많이 사용되고 있는 살균제 중 하나이다.

13 벼 이삭누룩병균은 분류학상 어느 균류에 속하는가?
① 난균   ② 담자균
③ 자낭균 ④ 불완전균

> **해설**
> 벼 이삭누룩병균은 자낭균에 의해 발생한다.

정답 07 ③ 08 ① 09 ② 10 ④ 11 ① 12 ④ 13 ③

14 고구마 무름병의 특징적인 표징은?
① 균핵 ② 포자낭
③ 자낭각 ④ 포자퇴

해설
고구마 무름병은 상처 부위에 흰색의 균사가 밀집하고 그 위로 흑색의 곰팡이인 포자낭이 발생한다.

15 호박에 흰가루병을 방제하기 위해 어느 부위에 약제 처리하는 것이 가장 효과적인가?
① 잎 ② 뿌리
③ 열매 ④ 종자

해설
흰가루병은 주로 잎에서 균사나 자낭각을 월동하기에 잎에 약제 처리를 하는 것이 효과적이다.

16 병원균의 한 종이나 한 분화형 또는 변종 중에서 기주의 품종에 대한 기생성을 의미하는 용어는?
① 아종 ② 레이스
③ 병원형 ④ 판별품종

해설
병원균의 한종이나 한 분화형 혹은 변종 중에서 기주의 품종에 대한 기생성이 다른 개체군을 레이스 또는 계통이라 한다.

17 병원균에 대한 기주 저항성 중 품종고유의 소수 주동유전자에 의해 발현되기 때문에 재배환경에 영향을 적게 받으나 레이스의 변이에 의하여 감수성으로 되기 쉬운 것은?
① 수평 저항성 ② 침입 저항성
③ 수직 저항성 ④ 감염 저항성

해설
수직저항성은 외부환경에 대해 안정적이나 새로운 레이스가 생길 경우 저항성이 약해지는 단점이 있다.

18 균류에 속하는 다음 설명에 해당하는 것은?

> 균사에는 격벽(격막)이 없고 세포벽에 셀룰로오스를 함유하고 있으며 유주자에 의해 무성번식을 한다.

① 난균문 ② 끈적균문
③ 자낭균문 ④ 담자균문

해설
균사에 격벽이 없는 난균문은 진균과 모양이 유사하고 셀룰로오스로 되어 있는 세포벽을 가지고 있으며 관형의 미토콘드리아를 가지고 있다.

19 Nepovirus 를 매개하여 식물병을 감염시키는 것은?
① 선충 ② 멸구
③ 매매충 ④ 진딧물

해설
Nepovirus 는 토양 속에서 식물과 함께 사는 선충에 의해 전염된다.

20 기주에서 기생생활을 원칙으로 하나 조건에 따라 죽은 기주에서 부생적으로 생활할 수 있는 것은?
① 임의기생체 ② 순활물기생체
③ 임의부생체 ④ 부생체

해설
임의부생체는 기생을 원칙으로 하나 죽은 유기물에서도 영양섭취가 가능하다.

2과목　농림해충학

21 모기가 벽에 앉을 때 언제나 머리쪽이 위로 향하는 성질은?
① 주광성 ② 주화성
③ 주촉성 ④ 주지성

해설
곤충이 머리쪽이 땅을 향하거나 반대로 앉는 성질을 주지성이라 한다.

정답 14. ②　15. ①　16. ②　17. ③　18. ①　19. ①　20. ③　21. ④

22 간모에 대한 설명으로 옳은 것은?
① 날개가 있는 수컷 진딧물이다.
② 날개가 있는 암컷 진딧물이다.
③ 월동란에서 부화한 진딧물이다.
④ 모체에서 태어난 날개가 없는 암컷 진딧물이다.

해설
월동란에서 4월 쯤 부화하는 간모가 단위생식으로 증식하는 해충으로 진딧물류가 있다.

23 산란관으로 과수의 가지에 상처를 내고 산란하는 해충은?
① 말매미 ② 조명나방
③ 사과혹진딧물 ④ 사과둥근나무좀

해설
말매미는 가지나 줄기를 가해하는 해충으로 수목의 상처를 내고 산란관을 이용해 산란하는데 산란부위의 윗부분은 말라 죽는다.

24 호르몬을 분비하는 내분비계가 아닌 것은?
① 앞가슴샘 ② 알라타체
③ 말피기소관 ④ 뇌신경세포

해설
말피기소관은 소화계에 속한다.

25 분류학적으로 꿀벌과 가장 가까운 것은?
① 개미 ② 흰개미
③ 밑들이 ④ 하루살이

해설
개미는 벌목 개미과로 꿀벌과 분류학적으로 가깝다.

26 해충의 생물적 방제인자로서 포식성 천적류에 해당되지 않는 것은?
① 고치벌류 ② 노린재류
③ 무당벌레류 ④ 풀잠자리류

해설
고치벌류는 기생성 천적류에 해당한다.

27 곤충에서 파악기(Clasper)가 하는 일은?
① 휴면 시 사용한다.
② 멀리 뛰는 데 사용한다.
③ 토양 속을 파는 데 사용한다.
④ 교미 시에 사용한다.

해설
외부생식기 중 하나인 파악기는 교미할 때 사용한다.

28 다음 중 점박이응애에 대한 설명으로 옳지 않은 것은?
① 암컷의 길이가 수컷에 비해 짧다.
② 성충으로 월동한다.
③ 숙주식물의 잎에서 즙액을 빨아 먹는다.
④ 천적으로는 왕게응애와 신이리응애가 있다.

해설
암컷이 수컷보다 크기가 크다.

29 다음 중 사과나무에 가장 많이 발생하는 진딧물은?
① 벚잎혹진딧물
② 아까시나무진딧물
③ 조팝나무진딧물
④ 목화진딧물

해설
조팝나무진딧물은 1년에 10회 발생하며 사과나무, 배나무 등에 피해를 준다. 유충이 다량 발생하여 배설물로 인해 그을음병이 생기기도 한다.

30 곤충의 번성원인으로 가장 거리가 먼 것은?
① 소형이고 날개가 있다.
② 행동이 민첩하고 농약에 강하여 생존율이 높다.
③ 세대가 짧고 산란수가 많다.
④ 불리한 환경에 적응하기 위해 휴면을 한다.

정답 22. ③ 23. ① 24. ③ 25. ① 26. ① 27. ④ 28. ① 29. ③ 30. ②

> [해설]
> 곤충이 번성하게 된 요인으로 짧은 세대, 작은 크기, 날개의 발달, 외골격의 발달, 완전변태 등이 있다. 곤충의 경우 행동이 느리며 농약에 대해서 생존율이 낮은 편이다.

31 다음 중 잠자리 유충의 호흡방식으로 가장 옳은 것은?

① 주기적으로 수면으로 부상하여 호흡한다.
② 공기주머니를 통한 수중 호흡방식이다.
③ 몸 표면 전체의 얇은 막을 통한 가스 교환방식이다.
④ 기관아가미를 통한 수중 호흡방식이다.

> [해설]
> 잠자리 유충의 경우 기관아가미를 통해 호흡하며 직장 속에 있기 때문에 겉으로 보이지는 않는다.

32 다음 중 코일 모양의 입을 가진 해충으로 가장 옳은 것은?

① 가시점둥글노린재
② 고자리파리
③ 배추흰나비
④ 벼멸구

> [해설]
> 배추흰나비의 성충은 흡관구형으로 마치 코일과 같은 대롱모양의 긴 주둥이를 가진다.

33 곤충 수컷의 생식기관에서 볼 수 없는 것은?

① 저장낭   ② 수정관
③ 난황소   ④ 부속샘

> [해설]
> 수컷의 생식기관은 고환(정집), 수정관과 저장관, 사정관, 부속샘, 교미기 등이 있다.

34 해충에 대한 식물의 저항성으로 해충의 생장이나 생존에 불리하게 작용하는 것은?

① 항생성   ② 항접근성
③ 내성   ④ 균근성

> [해설]
> 항생성은 곤충의 대사작용에 부정적인 영향을 주어 생존에 불리하게 하는 작용을 한다.

35 다음 중 말피기관에 대한 설명으로 가장 거리가 먼 것은?

① 배설계에 속하는 기관이다.
② 진딧물에서 볼 수 있다.
③ 중장과 후장이 만나는 곳에서 후장과 연결되어 있다.
④ 혈액 속에서 물 등을 흡수하여 후장으로 이동시킨다.

> [해설]
> 진딧물의 경우 말피기관이 없으며 다른 대부분의 곤충에서는 관찰된다.

36 해충 방제 중 생물적 방제의 장점에 해당하는 것은?

① 효과가 빠르지 않다.
② 환경에 영향을 많이 받는다.
③ 안전 농산물 생산이 가능하다.
④ 화학농약과 사용시 많은 주의가 요구된다.

> [해설]
> 생물적 방제는 화학약품을 사용하지 않고 친환경적인 방제법을 선택하기에 안전한 농산물 생산이 가능하다.

37 주로 포식성 곤충으로서 해충의 천적으로 이용되는 것은?

① 깍지벌레류   ② 무당벌레류
③ 진딧물류   ④ 하늘소류

> [해설]
> 무당벌레류는 진딧물의 천적으로 생물학적 방제법에 이용된다.

정답 31. ④ 32. ③ 33. ③ 34. ① 35. ② 36. ③ 37. ②

38 다음 설명에 해당하는 목(目)은?

> 뒷날개는 퇴화되어 주걱모양의 평균기를 이루고 막질인 1쌍의 날개를 가지며 입은 빠는 형이다. 가슴은 유착되어 움직이지 못하고 유충은 다리가 없는 구더기 모양으로 머리가 매우 퇴화되어 있다.

① 벼룩목　② 나비목
③ 파리목　④ 매미목

해설
파리목은 1쌍의 날개를 가지고 뒷날개는 작은 곤봉 모양으로 퇴화되어 있는 것이 특징이다.

39 다음 곤충의 구조에 대한 설명 중 옳지 않은 것은?

① 가슴은 앞가슴, 가운데가슴, 뒷가슴의 3마디로 구분된다.
② 대개 가슴마디마다 1쌍의 다리를 지니고 있다.
③ 앞가슴과 가운데가슴에는 보통 1쌍의 날개를 지니고 있다.
④ 날개는 혈관과 기관이 통해 있는 조직이다.

해설
곤충의 가운데가슴과 뒷가슴에 1쌍의 날개가 있다.

40 다음 설명의 A, B 에 해당하는 용어는?

> 곤충이 기간에서 체외로 방출되어 같은 종의 다른 개체에 교미, 집합 등의 특정한 행동을 일으키는 화학물질은 (A) 이라 하고, 다른 종간에 상호작용하는 물질로 이 물질을 받는 종에게 유리한 반응을 유도하는 물질을 (B) 이라 한다.

① A : Hormone , B : Pheromone
② A : Pheromone , B : Allomone
③ A : Allomone , B : Kairomone
④ A : Pheromone , B : Kairomone

해설
페로몬(Pheromone)은 동종유인호르몬으로 같은 종의 교미, 집합 등의 특정 행위를 야기하는 화학물질이다. 카이로몬(Kairomone)은 다른 종류의 생물이 접촉했을 때 접촉한 생물에게 유익한 물질을 유도하는 것을 말한다.

3과목　농약학

41 유기인계 살충제의 공통적 특징에 대한 설명으로 틀린 것은?

① 접촉제로 강력하게 작용하며 훈증작용도 하고 소화중독작용도 크다.
② 식물체에 흡수침투되어 살충작용을 한다.
③ 낮은 농도로도 큰 살충효과를 낸다.
④ 사람이나 가축에 대한 독성이 없다.

해설
유기인계 살충제는 사람이나 가축에 대한 독성이 강하다.

42 제초제의 작용기작 중 옥신작용의 교란을 이용한 제초제는?

① 산아미드계　② 카바메이트계
③ 페녹시계　　④ 요소계

해설
페녹시계는 호르몬형 유기제초제로 옥신작용의 교란을 이용한 제초제이다. 분열조직의 활성화, 이상분열, 세포막의 삼투압 증대 등의 식물의 기본생리 기능을 교란시킨다.

43 농약 살포 전 안전사용에 대한 준수사항이 아닌 것은?

① 적용작물, 품종 확인
② 희석농도, 혼용가부 확인
③ 근접살포에 대한 안전성 확인
④ 농약 빈병 및 살포잔액 안전처리

해설
농약 빈병 및 살포잔액의 안전처리는 농약의 살포 후의 처리 준수사항이다.

정답 38. ③　39. ③　40. ④　41. ④　42. ③　43. ④

44 살비제란 어떠한 약제를 말하는가?
① 응애류를 방제하기 위하여 사용하는 약제
② 선충을 방제하기 위하여 사용하는 약제
③ 나방류를 방제하기 위하여 사용하는 약제
④ 병균이 식물체에 침투하는 것을 방지하는 약제

해설
살비제는 응애류를 선택적으로 방제하는 약제이다.

45 다음 농약 중 급성독성이 가장 낮은 것은?
① 페니트로티온 유제
② 펜티온 유제
③ 디클로르보스 유제
④ 모노크로토포스 액제

해설
디클로르보스, 모노크로토포스는 고독성이며 펜티온은 보통독성이다. 페니트로티온 유제는 상대적으로 독성이 가장 낮은 저독성에 속한다.

46 농약 혼용 시 주의하여야 할 사항으로 틀린 것은?
① 농약을 혼용하여 조제한 약제는 될 수 있으면 즉시 살포하여야 한다.
② 혼용 시 침전물이 생기면 사용하지 말아야 한다.
③ 가능한 한 고농도로 살포하여 인건비를 절약한다.
④ 농약의 혼용은 반드시 농약 혼용가부표를 참고한다.

해설
고농도 살포시 작물 및 인축에 피해가 우려되기에 표준희석배수를 준수한다.

47 성 유인물질(sex attractant)의 특성이 아닌 것은?
① 종특이성이 있다.
② 미량으로도 강한 유인능이 있다.
③ 모두 천연산물이다.
④ 원거리에서도 유효성이 있다.

해설
성 유인물질은 성페로몬과 유사한 합성물질도 있다.

48 농약을 제조할 때 사용되는 가성소다(NaOH)에 대한 설명으로 틀린 것은?
① 강알칼리이다.
② 상온에서 액체로 취기가 있다.
③ 조해성이 강하다.
④ 피부의 단백질을 녹이는 작용을 한다.

해설
가성소다는 상온에서 고체 상태이다.

49 헤테로옥신(Hetero Auxin)이라고 부르는 식물생장조절제는?
① BA ② IAA
③ MH ④ 2,4-D

해설
헤테로옥신은 인돌아세트산(IAA)로서 식물생장촉진 호르몬 중 하나이다.

50 농약의 잔류허용량을 정할 때 ADI 를 사용하는데 이는 무엇을 의미하는가?
① 농약의 1일 섭취허용량
② 작물잔류의 반감기를 표시하는 말
③ 토양잔류의 반감기를 표시하는 말
④ 50KG 의 체중을 가진 사람이 농약이 포함된 음식물을 매일 먹었을 때 100일 만에 죽는양

해설
ADI 는 농약의 1일 섭취허용량으로 일생동안 매일 섭취해도 영향을 주지 않는 농약의 최대 약량을 구하고 이 값에 안전계수를 곱한 값으로 나타낸다.

정답 44. ① 45. ① 46. ③ 47. ③ 48. ② 49. ② 50. ①

51 다음 농약 중 곤충생장조절제(IGR 계통)의 농약이 아닌 것은?

① 벤설푸론메틸 ② 뷰프로페진
③ 디플루벤주론 ④ 테플루벤주론

해설
농약에서 곤충생장조절제는 뷰프로페진, 디플루벤주론, 헥사플루뮤론, 테플루벤주론 등이 있다.

52 다조메 85% 분제 1kg 을 50% 의 분제로 만들려면 증량제가 얼마나 필요한가?

① 0.58kg ② 0.7kg
③ 1.0kg   ④ 1.5kg

해설
분제의 용량 × ($\frac{분제의 농도}{목표 희석 농도} - 1$)

$1,000g \times (\frac{85\%}{50\%} - 1) = 700g$

53 다음 중 유기인계 살충제는?

① 페니트로티온, 다이아지논
② 칼탑, 카바릴
③ 엔드린, 카바릴
④ 메소밀, 카보푸란

해설
유기인계 살충제로 디클로르보스, 다이아지논, 페니트로티온, 말라티온 등이 있다.

54 유제 농약이 물에 잘 섞이는가를 검사하고자 할 때 가장 중요한 성질은?

① 유화성 ② 부착성
③ 고착성 ④ 붕괴성

해설
제제를 물에 가한 경우 유립자가 균일하게 분산하여 유탁액이 되는 성질을 유화성이라 한다.

55 포자의 침입 및 발아를 저지하고 균사의 생육을 저해하여 병반의 확대 진전을 억제하는 효과가 있으므로 예방과 치료효과를 동시에 발휘하는 생합성 저해제 농약은?

① 폴리옥신 ② 캡탄
③ 피레트린 ④ 시마진

해설
폴리옥신은 세포벽 형성 저해제로 포자의 침입 및 발아를 저지한다.

56 수화제의 현수성을 가장 좋게 하기 위한 증량제의 조건은?

① 증량제의 비중 > 농약의 비중
② 증량제의 비중 < 농약의 비중
③ 증량제의 비중 = 농약의 비중
④ 증량제 및 농약의 비중에 무관

해설
현수성은 수화제에 물을 넣어 조제한 현탁액의 고체입자가 균일하게 분산 부유하도록 하는 것으로 증량제와 농약의 비중이 비슷할 때 균일하게 분산된다.

57 농약에 의한 약해 발생의 원인이라고 볼 수 없는 것은?

① 고농도 살포
② 합리적 혼용
③ 사용방법 미숙
④ 부적합한 약제 사용

해설
부적합한 혼용의 경우 약해 발생을 야기할수 있으나 합리적 혼용은 약효의 효과를 증가시키고 약해를 거의 발생하지 않는다.

정답 51. ① 52. ② 53. ① 54. ① 55. ① 56. ③ 57. ②

58 네오아소진(Neoasozin)에 대한 설명으로 옳은 것은?

① 유기주석제 농약이다.
② 직접 살균력이 아주 강하다.
③ 주로 분제와 입제로 사용된다.
④ 사과의 부란병에 적용할 수 있다.

해설
네오아소진은 사과나무 부란병에 효과적인 농약이다.

59 수화제 제조용 증량제로 가장 적당한 것은?

① 규조토 ② 탈크
③ 모래   ④ 유안

해설
규조토는 수화제 제조시 사용되는 증량 보조제로 규산을 포함하는 약제이다.

60 농약제형의 형태에 따른 분류가 아닌 것은?

① 미탁제 ② 유탁제
③ 유화제 ④ 훈증제

해설
유화제는 유제의 유화성을 높이는 일종의 계면활성제이다.

4과목 잡초방제학

61 잡초 종자의 발아에 관여하는 환경요인으로 가장 거리가 먼 것은?

① 수분 ② 산소
③ 온도 ④ 토양 종류

해설
잡초 종자의 발아에 관여하는 환경 요인으로 수분, 공기, 온도, 광, 화합물질 등이 있다.

62 화본과보다 광엽 잡초에 대하여 높은 활성을 나타내며, 다른 제초제보다 적은 약량으로 높은 제초활성이 있는 제초제 계통은?

① Triazine 계
② Carbamate 계
③ Sulfonylurea 계
④ Benzoic acid 계

해설
sulfonylurea 계는 아미노산 생합성을 저해하는 작용기작을 하며 적은 양으로 높은 제초효과를 나타낸다. 화본과 및 광엽잡초의 방제에 효과가 있으나 광엽 잡초에 더 높은 효과가 나타난다.

63 혼합 제초제에 대한 설명으로 옳지 않은 것은?

① 잡초 방제비용을 절감한다.
② 제초 작용성에서 상호 길항적 효과가 있다.
③ 다양한 잡초종을 대상으로 사용할 수 있다.
④ 서로 다른 두가지 이상의 제초제가 생물학적 또는 화학적으로 양립되어야 한다.

해설
혼합 제초제 약효의 효과를 높이기 위해 혼합하여 사용하기에 길항적 효과가 나타나지 않도록 해야 한다.

64 잡초 종자의 휴면에 대한 설명으로 옳은 것은?

① 일년생 잡초의 경우에만 휴면을 한다.
② 타발휴면은 내적인 요인으로 인하여 생긴다.
③ 자발휴면은 종자의 미숙과 같은 원인으로 생긴다.
④ 종자의 휴면성은 환경이 아닌 유전적인 영향에 의하여 유발된다.

해설
잡초 종자의 휴면은 불량한 환경 극복을 위한 수단으로 자발휴면은 종자의 미숙과 같은 내적 요인에 의해 발생한다.

정답 58. ④ 59. ① 60. ③ 61. ④ 62. ③ 63. ② 64. ③

65 식물 분류학적으로 동일한 속명을 갖는 잡초끼리 올바르게 나열된 것은?
① 올미, 벗풀 ② 비름, 쇠비름
③ 가래, 네가래 ④ 여뀌, 여뀌바늘

해설
올미의 학명은 Sagittaria pygmaea Miquel 이며, 벗풀의 학명은 Sagittaria trifolia L 로 올미와 벗풀은 Sagittaria 의 동일한 속명을 갖는다.

66 지하경을 형성하지 않는 잡초는?
① 가래 ② 올미
③ 올방개 ④ 알방동사니

해설
알방동사니는 유성번식을 한다.

67 다음 중 출아가 가장 늦으며, 출아 기간이 가장 긴 다년생 잡초로 가장 옳은 것은?
① 올챙이고랭이 ② 올미
③ 너도방동사니 ④ 올방개

해설
올방개는 논과 습지에 발생하는 다년생 잡초로 괴경에 의해 번식하며 휴면기간이 긴 것이 특징이다. 휴면기간이 길어 출아기간이 불규칙하고 길어서 방제가 어려운 잡초이다.

68 다음 중 다년생 잡초의 전파기관에서 가장 지하에 묻혀있지 않는 것은?
① 인경 ② 근경
③ 포복경 ④ 괴경

해설
포복경은 땅위를 기어자라는 줄기이다.

69 다음 중 초생재배 방법에 대한 설명으로 가장 옳은 것은?
① 오리, 어패류를 이용하여 잡초 생육을 억제한다.
② 인접식물에 독성을 나타내는 물질을 분비하는 식물을 심어 잡초 발생을 경감시킨다.
③ 잡초에 특이적으로 기생하는 병원균을 이용하여 방제한다.
④ 과수원이나 나지상태의 포장에 피복작물을 재배한다.

해설
초생재배는 초생법을 과수원 같은 곳에 적용하는 방법인데 포장을 피복하여 토양의 유실을 막아주며 잡초발생을 억제하는 효과가 있다.

70 제초제 종류와 주요 작용 기작이 가장 옳은 것은?
① atrazine-호흡 저해
② thiobencarb-분지형 아미노산 생합성 저해
③ glyphosate-방향족 아미노산 생합성 저해
④ chlorsulfuron-색소 형성 저해

해설
글리포세이트(glyphosate)는 아미노산 생합성을 저해시키는 유기인계 제초제이다. 글리포세이트의 경우 이행성이며 비선택성 제초제이다.

71 광발아 잡초들로만 나열된 것은?
① 바랭이, 쇠비름, 개비름
② 독말풀, 향부자, 별꽃
③ 별꽃, 왕바랭이, 소리쟁이
④ 바랭이, 냉이, 별꽃

해설
광발아 잡초에는 바랭이, 쇠비름, 향부자, 강씨, 소리쟁이, 개비름 등이 있다.

72 영양번식기관으로 번식하는 잡초가 아닌 것은?
① 깨풀 ② 가래
③ 올방개 ④ 너도방동사니

해설
깨풀은 종자로 번식한다.

정답 65. ① 66. ④ 67. ④ 68. ③ 69. ④ 70. ③ 71. ① 72. ①

73 벼 재배방법 중 잡초 종류와 발생량이 가장 적은 것은?
① 담수직파 ② 건답직파
③ 중묘 기계이앙 ④ 어린 모 기계이앙

해설
중묘는 초기 생육조건이 좋아 잡초와의 경합에서 유리하여 잡초의 발생량이 상대적으로 적다.

74 작물과 잡초의 경합요인으로 가장 거리가 먼 것은?
① 빛 ② 산소
③ 수분 ④ 영양분

해설
작물과 잡초의 경합요인으로 양분, 수분, 광선, 공간 등이 대표적이다.

75 장기간에 걸친 잡초의 생존 특성으로 옳지 않은 것은?
① 많은 종자 생산
② 종자만으로 번식
③ C4 광합성 회로 이용
④ 불량한 환경조건에 잘 적응

해설
잡초는 종자뿐만 아니라 영양번식으로도 번식한다.

76 개체당 종자 수가 가장 많은 잡초는?
① 별꽃 ② 망초
③ 마디꽃 ④ 알방동사니

해설
망초의 종자생산량은 벼의 약 500배 정도인 60만개~80만개 정도이다.

77 제초제의 광분해와 가장 관계가 높은 것은?
① 자외선 ② 적외선
③ 가시광선 ④ 관계없음

해설
제초제의 광분해에 관련되는 파장은 자외선 영역 파장이다.

78 일반적으로 작물과 잡초간 경합으로 작물에 가장 큰 피해를 주는 시기는?
① 전생육기간의 1/4~1/3시기
② 생육중기~후기
③ 생육중기
④ 생육후기

해설
잡초경합한계기간은 작물 전생육기간의 첫 1/3 ~ 1/2 기간이나 1/4~1/3 기간에 해당되는 이 시기에 잡초간 경합으로 작물의 피해가 커서 방제가 요구된다.

79 병해충문제와 비교하여 잡초문제의 특성을 잘못 기술한 것은?
① 문제의 진전성이 완만하다.
② 허용한계수준으로 피해를 판단한다.
③ 잡초문제는 정체적으로 일어난다.
④ 잡초는 박멸하여야 한다.

해설
잡초가 천적의 기주이거나 번식처가 되기도 하지만 반대로 병해충의 방제 식물이 되기도 하기에 무조건적인 박멸은 옳지 않다.

80 밭잡초의 발생 특성에 해당되지 않는 것은?
① 발생초종이 다양하고 발생량이 많다.
② 우점잡초는 바랭이, 뚝새풀, 명아주 등이다.
③ 수도작보다 밭작물에서 잡초의 피해가 적다.
④ 수생잡초보다는 습생 및 건생잡초가 많다.

해설
수도작보다 밭작물에서의 발생되는 잡초의 종류가 많고 발생량이 많아 피해가 더 크다.

정답 73. ③ 74. ② 75. ② 76. ② 77. ① 78. ① 79. ④ 80. ③

국가기술자격 필기시험문제

산업기사 CBT 6회 모의고사문제				수험번호	성명
자격종목 식물보호산업기사	종목코드	시험시간 2시간	형별		

※ 본문제는 수험생들의 기억을 바탕으로 작성 된 것으로 실제 문제와 차이가 있을 수 있습니다.

1과목   식물병리학

01 다음 중 병징에 해당되지 않는 것은?
① 점무늬   ② 더뎅이
③ 균핵   ④ 오갈

해설
균핵은 표징이다.

02 식물 세균병의 병징과 그 원인의 연결로 옳지 않은 것은?
① 시들음 - 병원세균의 물관부증식
② 무름 - 펙티나아제(Pecxtinase)
③ 이상비대 - 식물 호르몬의 자극
④ 잎마름 - 잎의 코르크화

해설
잎마름은 세균이 잎의 조직에 침입하여 잎이 시들어가게 하는 현상을 말한다.

03 다음 중 식물병원성 곰팡이가 기주식물을 침입하기 위해서 기주의 조직에 형성하는 것 중에서 기주로부터 영양분을 흡수할 때 사용하는 기관은 무엇인가?
① 흡기   ② 부착기
③ 발아관   ④ 포자

해설
기생균이 숙주에서 양분을 빨아들이는 특수기관을 흡기라 한다.

04 생물적 방제의 설명으로 옳지 않은 것은?
① 저항성 품종만을 이용하는 것이다.
② 환경보존과 지속적 농업에 잘 부합하는 방제법이다.
③ Siderophore 는 철분 흡수경쟁을 이용하는 생물적 방제법이다.
④ Trichoderma sp. 의 중기생성 또는 중복기생성이 생물적 방제에 이용된다.

해설
생물적 방제는 저항성 품종 뿐 아니라 곤충, 미생물, 생물농약 등 다양한 방법이 있다.

05 기생식물로 분류되는 식물은?
① 담쟁이덩굴   ② 겨우살이
③ 칡   ④ 나팔꽃

해설
기생식물의 종류에는 새삼, 겨우살이 등이 있다.

06 애멸구에 의해 전염되는 병은?
① 벼 흰잎마름병
② 벼 잎집무늬마름병
③ 벼 줄무늬잎마름병
④ 오이 모자이크병

해설
벼 줄무늬잎마름병, 벼 검은줄무늬오갈병 등의 매개충은 애멸구이다.

정답   01. ③   02. ④   03. ①   04. ①   05. ②   06. ③

07 은행나무 잎마름병(엽고병)의 병원균 Pestalotia sp.는 잎에 어떤 방법으로 주로 침입하는가?
① 수공으로 침입한다.
② 기공으로 침입한다.
③ 상처부위로 침입한다.
④ 각피로 침입한다.

해설
은행나무 잎마름병의 병원균은 잎의 상처부위를 통해 침입하기에 잎에는 상처가 나지 않도록 주의해야 한다.

08 과다 사용시 병에 대한 저항력을 감소시키므로 특히 토양의 비배관리에 주의해야 하는 무기성분은?
① 규산
② 칼륨
③ 질소
④ 인산

해설
질소성분을 다량 시비하면 식물체의 웃자람 및 도장의 우려가 있어 식물의 저항력이 약해질 가능성이 높다.

09 끈적균류(점균류)에 속하는 병원균에 의해서 배추, 양배추, 갓 등에 주로 발생되어 큰 피해를 주는 병은?
① 배추 검은썩은병
② 배추 뿌리혹병
③ 배추 검은무늬병
④ 배추 노균병

해설
배추뿌리혹병은 점균류에 의해 발생하며 배추, 무, 양배추 등에 발생하고 빗물, 관개수 등에 의해 전염된다. 과습한 포장 및 산성토양 조건에서 잘 발생한다.

10 잣나무 털녹병의 방제방법으로 틀린 것은?
① 중간기주인 송이풀을 제거한다.
② 담자포자가 비산하는 초봄, 잣나무에 살균제를 뿌려준다.
③ 병든 나무는 녹포자가 비산하기 전에 비닐로 싸준다.
④ 중간기주인 까치밥나무를 제거한다.

해설
8월경 보르도액을 살포해 소생자(담자포자)가 잎의 기공으로 침입하는 것을 예방한다.

11 녹병균의 포자형태가 아닌 것은?
① 녹병정자
② 녹포자
③ 여름포자
④ 자낭포자

해설
녹병균의 경우 담자균류로 녹병포자와 녹포자, 중간기주에서는 여름포자, 겨울포자, 소생자 등을 만든다.

12 코흐의 원칙이 적용되기 어려운 병은?
① 오동나무 탄저병
② 밤나무 줄기마름병
③ 사과나무 고두병
④ 소나무 잎마름병

해설
코흐의 원칙은 병원체의 진단법이나 사과나무 고두병은 칼슘부족으로 발생하는 병으로 고흐의 원칙 적용이 어렵다.

13 식물에 병이 발생하기 위한 조건으로 옳은 것은?
① 병원균만 있으면 언제나 발병된다.
② 병원균이 있고 환경만 적당하면 된다.
③ 병원균이 있고 환경이 적당해야 하며 감수성 식물이 있어야 한다.
④ 주변에 저항성 식물이 존재해야만 한다.

해설
식물병의 발생 조건으로 병원균, 기주식물, 적당한 환경의 3요소가 갖추어야 한다.

정답 07. ③ 08. ③ 09. ② 10. ② 11. ④ 12. ③ 13. ③

14 벼 도열병균이 식물체를 침입하기 위해서 균체에 형성하는 특별한 기관을 무엇이라 하는가?
① 균핵 ② 유주자
③ 부착기 ④ 흡기

> **해설**
> 벼 도열병의 분생포자는 부착기를 형성하여 각피나 기공으로 침입한다.

15 벚나무 빗자루병의 방제법으로 가장 적당한 것은?
① 여름철에 살균제를 뿌려준다.
② 옥시테트라사이클린계 항생제를 나무에 주사한다.
③ 매개충을 구제하기 위해 살충제를 지면에 뿌려준다.
④ 병든 가지는 아래쪽의 부풀은 부분을 포함하여 겨울철에 잘라낸다.

> **해설**
> 벚나무 빗자루병의 병원균은 진균이고 병든 가지에서 월동하고 다음 해 봄에 가지 아래쪽에 포자를 형성하기에 겨울철에 미리 잘라내면 감염을 방지할 수 있다.

16 오이 덩굴쪼김병의 설명으로 옳은 것은?
① 산성 토양에서는 잘 발생하지 않는다.
② 연작하는 포장에서 피해가 큰 병이다.
③ 주로 18℃ 이하의 온도에서 잘 발생한다.
④ 종자전염보다는 주로 매개충에 의해 전염된다.

> **해설**
> 오이 덩굴쪼김병은 토양전염을 하기에 연작을 피해야 한다.

17 무사마귀병에 대한 설명으로 옳은 것은?
① 벼에도 잘 발생한다.
② 세균에 의해 발생한다.
③ 산성토양에서 잘 발생한다.
④ 온도가 20℃ 이하로 서늘할 때 잘 발생한다.

> **해설**
> 무·배추 무사마귀병은 산성토양에서 잘 발생한다.

18 다음 중 윤작을 이용한 방제효과가 가장 높은 것은?
① 균핵병 ② 흰가루병
③ 풋마름병 ④ 무사마귀병

> **해설**
> 무사마귀병은 휴면포자가 토양에 월동하여 양배추, 무, 배추 등에 피해를 주는데 다른 작물을 윤작하게 되면 방제효과가 높아진다.

19 벼 도열병의 전형적인 병징은?
① 모무늬 ② 얼룩무늬
③ 겹둥근모양 ④ 실꾸리모양

> **해설**
> 벼 도열병은 방추형(실꾸리모양)의 병징을 나타낸다.

20 감자 Y 바이러스의 특징이 아닌 것은?
① 진딧물에 의해 매개된다.
② 풍차형 봉입체를 형성한다.
③ 감염된 식물의 세포질 내에 흩어져 존재한다.
④ 최근에는 조직배양에 의한 씨감자 생산 보급이 확대되어 발병이 많이 감소하였다.

> **해설**
> 감자 Y 바이러스(PVY)는 진딧물에 의한 충매전염, 즙액전염을 하며 미세구조는 풍차형 봉입체를 형성한다. 바이러스의 경우 세포와 세포사이, 물관과 체관의 도관부로 이동하여 식물체의 전신으로 이동이 가능하다.

정답 14. ③ 15. ④ 16. ② 17. ③ 18. ④ 19. ④ 20. ④

2과목 농림해충학

21 콩나방에 대한 설명으로 옳지 않은 것은?
① 1년에 1회 발생한다.
② 땅속에서 노숙유충으로 월동한다.
③ 콩줄기 속에 파고 들어가 피해를 준다.
④ 성충은 주로 이른 오전과 늦은 오후에 콩밭에서 떼 지어 날아다닌다.

해설
콩나방은 어린 꼬투리의 종실을 가해한다.

22 곤충의 기문에 대한 설명으로 옳지 않은 것은?
① 몸의 양옆에 존재한다.
② 파리목의 유충은 10쌍의 기문이 있다.
③ 곤충 종마다 다르지만 10쌍을 넘지 않는다.
④ 모기붙이류의 경우는 기문이 존재하지 않는다.

해설
파리목의 유충은 기문이 몸통의 앞에 1쌍, 뒤에 1쌍이 있다.

23 외국에서 침입한 해충이 아닌 것은?
① 꽃매미   ② 알락하늘소
③ 밤나무혹벌 ④ 소나무재선충

해설
대표적인 외래해충으로 긴꼬리가루깍지벌레, 흰개미, 사과면충, 밤나무순혹벌, 감자뿔나방, 뿌리응애, 솔잎혹파리, 미국흰불나방, 뿌리응애, 온실가루이, 벼물바구미, 꽃노랑총채벌레, 담배가루이 등이 있다.

24 곤충의 발육 적산온도법칙과 가장 관계가 먼 것은?
① 최적발육온도
② 영점발육온도
③ 유효적산온도
④ 특정 온도에서의 발육일수

해설
곤충의 적산온도에서 유효적산온도는 측정온도, 발육영점온도, 측정온도에서의 발육일수를 이용하여 구한다.

25 간모에 대한 설명으로 옳은 것은?
① 날개가 있는 수컷 진딧물이다.
② 날개가 있는 암컷 진딧물이다.
③ 월동란에서 부화한 진딧물이다.
④ 모체에서 태어난 날개가 없는 암컷 진딧물이다.

해설
월동란에서 4월 쯤 부화하는 간모가 단위생식으로 증식하는 해충으로 진딧물류가 있다.

26 번데기가 되면서 부속지가 몸에 붙어 있는 상태로 형성되어 다리나 큰턱을 따로 움직일 수 없는 번데기 형태는?
① 나용   ② 피용
③ 위용   ④ 저용

해설
피용은 곤충번데기의 한 형태로 전체의 체표가 심하게 경화하고 촉각, 다리, 날개가 체부에 밀착되어 있는 것으로 다리나 큰턱을 따로 움직일 수 없다.

27 수도해충으로 본답 후기 해충방제에 가장 역점을 두어야 할 대상은?
① 애멸구   ② 벼멸구
③ 끝동매미충 ④ 번개매미충

해설
벼멸구는 중국에서 비래하는 해충으로 벼의 본답후기 방제가 이루어지지 않을 경우 큰 피해를 준다.

28 성충은 벼잎을 가해하고 애벌레는 벼뿌리를 가해하여 피해를 주는 해충은?
① 벼멸구   ② 애멸구
③ 벼물바구미 ④ 벼줄기굴파리

해설
벼물바구미는 벼, 돌피 등에 피해를 주는데 성충이 잎에 피해를 주면 흰색으로 나타나고 유충은 흙속으로 파고들어가 기생을 하여 뿌리에 피해를 준다.

정답 21. ③ 22. ② 23. ② 24. ① 25. ③ 26. ② 27. ② 28. ③

29 씹는 형의 입을 가진 곤충에서 식물조직을 잘게 부수는 역할을 하는 것은?

① 큰턱 ② 윗입술
③ 작은턱 ④ 아랫입술

해설
곤충의 입틀은 윗입술, 아랫입술, 1쌍의 큰턱, 1쌍의 작은턱이 있다. 이때 음식물을 먹을때 사용되는 기관은 음식물을 자르는 큰턱, 먹이를 전구강으로 이동시키는 아래턱, 음식이 빠지지 않도록 하는 아랫입술이 있다.

30 다음 중 1세대를 경과하는 데 가장 긴 시간이 필요로 하는 곤충으로 옳은 것은?

① 말매미 ② 장수풍뎅이
③ 뽕나무하늘소 ④ 소나무좀

해설
말매미는 1세대 경과에 6년 이상이 소요되어 다른 곤충보다 길다.

31 다음 중 소나무재선충을 옮기는 매개충으로 가장 옳은 것은?

① 알락하늘소
② 미끈이하늘소
③ 솔수염하늘소
④ 털두꺼비하늘소

해설
솔수염하늘소는 소나무재선충의 매개충으로 천공성 해충에 속한다.

32 다음 중 담배나방에 대한 설명으로 가장 옳지 않은 것은?

① 고추의 주요 해충 중 하나이다.
② 1년에 1회 발생한다.
③ 땅속에서 번데기로 월동한다.
④ 담배에 피해를 준다.

해설
담배나방은 1년에 3회 발생한다.

33 다음 중 멸구 등 비래해충을 대상으로 하는 해충 발생밀도 조사법으로 가장 적절한 것은?

① 페로몬조사법
② 공중포충망조사법
③ 예열조사법
④ 예찰등조사법

해설
공중포충망조사법은 멸구류를 채집하고 조사하기 가장 쉬운 방법으로 많이 이용된다.

34 다음 곤충의 생식계에 대한 설명 중 옳지 않은 것은?

① 난자는 알집을 구성하는 알집소관에서 생성된다.
② 암컷의 생식계는 알집, 수란관, 주정낭, 부속샘 등으로 구성된다.
③ 수정낭은 수정이 이루어지는 곳이다.
④ 꿀벌의 일벌은 난소가 퇴화되어 있다.

해설
수정낭은 암컷의 기관 중 하나로 수컷에서 받은 정자를 보관하는 곳이다.

35 다음 중 충영을 형성하는 해충은?

① 독나방
② 솔잎혹파리
③ 어스렝이나방
④ 참나무겨울가지나방

해설
솔잎혹파리는 주로 소나무, 해송에 피해를 주며 유충이 벌레혹을 만들고 즙액을 빨아 먹는다.

정답 29. ① 30. ① 31. ③ 32. ② 33. ② 34. ③ 35. ②

36 최근 도시의 버즘나무 잎이 부분적으로 퇴색되고 피해가 진전됨에 따라 조기에 갈색으로 마르는 피해를 입히는 해충은?

① 진딧물류 ② 깍지벌레류
③ 방패벌레류 ④ 흰불나방

해설
버즘나무 잎에 피해를 주는 버즘나무방패벌레는 잎에 군서생활을 하면서 잎을 흡즙한다. 피해를 입은 나무는 잎이 퇴색되고 황갈색으로 변색된다.

37 일본으로부터 천적을 수입하여 제주 감귤원의 해충방제에 성공한 사례로서 기록된 해충명은?

① 가루깍지벌레
② 이세리아깍지벌레
③ 루비깍지벌레
④ 화살깍지벌레

해설
루비깍지벌레는 일본으로부터 천적인 루비붉은깡충좀벌을 도입하여 방제에 성공하였다.

38 저장 중의 식품이나 곡식에 발생하여 피해를 주는 해충이 아닌 것은?

① 화랑곡나방 ② 다색알락명나방
③ 쌀바구미 ④ 콩가루벌레

해설
콩가루벌레는 과실에 피해를 준다.

39 다음 수목 해충 중 유충상태로 지피물 밑이나 수피 틈 또는 가지 위에서 월동하는 것은?

① 매미나방(집시나방)
② 미국흰불나방
③ 솔나방
④ 소나무좀

해설
솔나방은 5령충이 지피물 아래나 나무껍질 사이에 월동하고 8령충이 번데기가 되어 이후 나방이 된다.

40 분류학적 위치로 온실가루이의 목(目)은?

① 총채벌레목 ② 날도래목
③ 노린재목 ④ 매미목

해설
온실가루이는 매미목에 속한다.

3과목 농약학

41 다음 중 선택성 제초제로 분류되는 것은?

① 알라클로르
② 나드
③ 글루포시네이트암모늄
④ 글리포세이트

해설
토양처리형 제초제인 알라클로르는 아마이드계의 선택성 제초제로 콩, 옥수수 등의 1년생 잡초방제에 사용된다.

42 살충력이 강하고 적용해충의 범위가 넓으며 잔효성이 비교적 짧은 계통의 농약은?

① 유기염소계 ② 유기수은계
③ 트리아졸계 ④ 유기인계

해설
유기인계 살충제는 살충력이 강하고 적용 가능한 해충의 종류가 많으며 대량생산이 가능하다. 외부에서는 환경조건에 의해 분해가 빨라 잔효성은 비교적 짧은 편이다.

43 *Bacillus thuringiensis*(B.T) 제제에 대한 설명으로 옳은 것은?

① 나비목 곤충의 유충 방제에 주로 사용된다.
② 유기합성제제이다.
③ 약효가 지효성이다.
④ 어류에 대하여 유독하다.

해설
미생물 살충제인 *Bacillus thuringiensis*(BT)는 나비목이나 파리목 곤충 중 숙주범위가 상당히 넓은 편이며 곤충은 장내에서 독소작용을 한다. 주로 나비목곤충의 유충 방제에 효과적이다.

정답 36. ③ 37. ③ 38. ④ 39. ③ 40. ④ 41. ① 42. ④ 43. ①

44 수질 중 화합물의 농도가 2ppm 이고, 송사리 중의 농도가 20ppm 일 때 이 화합물의 생물농축계수(BCF)는?

① 2 ② 10
③ 20 ④ 40

해설
생물농축계수는 오염물질농도에서 수중의 오염물질의 농도를 나누어 구하도록 한다.

45 살충제의 살충 작용점의 기작이 아닌 것은?

① 균체성분 생합성 저해
② 에너지생성 저해
③ 신경기능 저해
④ 키틴 생합성 저해

해설
살충제의 작용기작으로 신경기능의 저해, 에너지 대사의 저해, 키틴 생합성 저해, 호르몬 균형 교란, 미생물 살충제 등이 있다.

46 carbamate 계 살충제의 일반적인 특성에 대한 설명으로 옳은 것은?

① 유기염소제와 같이 체내에 서서히 축적된다.
② 인축에 대한 독성이 낮고 비교적 안정한 화합물이다.
③ 살충작용이 일반적으로 비선택적이다.
④ 해충에 대한 적용범위가 좁다.

해설
카바메이트(carbamate)계 살충제는 체내에서 빠르게 분해되어 인축에 대한 독성이 비교적 낮은 편이다.

47 살포액(액상시용제)의 물리적인 성질이 아닌 것은?

① 유화성 ② 수화성
③ 현수성 ④ 토분성

해설
액상시용제의 물리성으로 유화성, 현수성, 수화성, 습전성, 침투성 등이 있다.

48 비중이 0.5인 유제(50%)를 0.05% 액으로 희석하여 면적 10a 당 5말(1말:18L)로 살포하려 할 때의 소요약량은 약 몇 mL 인가?

① 100 ② 120
③ 180 ④ 280

해설
$$\text{소요약량} = \frac{\text{추천농도}(\%) \times 10a \text{살포량}(ml)}{\text{비중} \times \text{원액농도}(\%)}$$

$$= \frac{0.05\% \times 90,000ml}{0.5 \times 50\%} = 180ml$$

49 농약을 음식물로 잘못 알고 마셨을 때 나타나는 중독은?

① 급성중독 ② 긴급독성
③ 만성중독 ④ 식중독

해설
일시에 다량의 농약에 노출되었을 경우 나타나는 독성을 급성독성 혹은 급성중독이라 한다.

50 네레이스톡신(Nereistoxin)을 기초로 한 천연물 유도형의 살충제는?

① 칼탑입제 ② 펜프로유제
③ 벤즈수화제 ④ 파라핀오일제

해설
칼탑은 네레이스톡신으로 유도된 유도형 살충제이다.

51 복합저항성에 대한 설명으로 틀린 것은?

① 살충제에 대하여 저항성이 발달한 해충이 한 번도 사용된 적이 없지만 작용기구가 같은 살충제에 대하여 저항성을 나타낸 것을 말한다.
② 살충작용이 다른 2종 이상에 대하여 동시에 해충이 저항성을 나타내는 현상을 말한다.
③ 두개 이상의 유전자가 별개로 관여하고 있기 때문에 항상 같은 현상이 나타난다는 것이 한정되어 있지 않다.
④ 한 개체 안에 두가지 이상의 저항성기작이 존재하기 때문에 발생하는 현상이다.

정답 44. ② 45. ① 46. ② 47. ④ 48. ③ 49. ① 50. ① 51. ①

> **해설**
> 복합저항성은 살충작용이 다른 2종류 이상에 대해 동시에 해충이 저항성이 생기는 경우를 말한다.

52 다음 농약 중 각종 응애류의 방제에 가장 적합한 것은?

① 페나자퀸
② 펜티온
③ 클로르피리포스
④ 비타쿠르스타키

> **해설**
> 페나자퀸 유제는 퀴나졸린계 살비제로 점박이응애 등의 응애류에 우수한 방제효과를 가진다.

53 제초제의 살초작용인 이행형 제초제와 접촉형 제초제에 대한 설명으로 틀린 것은?

① 접촉형 제초제는 생세포에 직접 작용하여 그 부분을 파괴하여 살초효과를 나타낸다.
② 접촉형 제초제는 작용이 속효적으로 나타난다.
③ 이행형 제초제는 수분이나 양분과 함께 약제가 식물체 내로 들어간다.
④ 이행형 제초제는 식물체에 처리한 제초제가 뿌리로부터 위쪽으로만 이동한다.

> **해설**
> 이행형 제초제는 경엽, 뿌리 등 접촉부위에서 식물체 내의 작용점으로 이행되어 효과를 발휘하는 제초제를 말하며 특정 한 방향으로만 이행되지 않고 여러방향의 작용점으로 이행된다.

54 농약의 분류 중 농약형태에 따른 분류인 것은?

① 유인제
② 기피제
③ 식독제
④ 도포제

> **해설**
> 도포제는 특수목적제로서 농약형태에 따른 분류에 속한다. 특수목적제로는 훈연제, 연무제, 훈증제, 도포제 등이 있다.

55 농약제조시 보조제로 첨가하는 계면활성제에 대한 설명으로 틀린 것은?

① 원제를 녹이기 위해 사용하는 물질이다.
② 액체 제형은 살포용수에서 유화액 상태로 균일하게 분산되게 한다.
③ 살포약액이 병해충 및 잡초에 대한 접촉효율을 높이는 데에도 사용된다.
④ 약액의 표면장력을 낮추는 작용을 한다.

> **해설**
> 계면활성제는 물과 기름의 계면에서 표면장력을 감소시켜 약품의 습윤성, 부착성 및 고착성, 확전성을 높여주는 일종의 보조제이다.

56 살균제의 작용기작이 아닌 것은?

① 세포막구조 파괴
② 신경기능 저해
③ 생합성 저해
④ 호흡 저해

> **해설**
> 신경기능 저해는 살충제 작용기작이다.

57 DEP제(디프테릭스)가 분해하여 1차로 변하는 형태는?

① Parathion
② DDVP
③ Trithion
④ Dimethoate

> **해설**
> DDVP는 디프테릭스(DEP제)를 수산화나트륨과 처리하여 분해시 1차로 나타나는 형태이다.

58 독성을 표시할 때 중앙 치사량 LD_{50} 이란?

① 실험동물에 약을 처리하였을 때 20%를 죽이는 농약의 분량
② 실험동물에 약을 처리하였을 때 30%를 죽이는 농약의 분량
③ 실험동물에 약을 처리하였을 때 40%를 죽이는 농약의 분량
④ 실험동물에 약을 처리하였을 때 50%를 죽이는 농약의 분량

정답 52. ① 53. ④ 54. ④ 55. ① 56. ② 57. ② 58. ④

> **해설**
> 동물의 반수인 50%정도가 치사하는 약품의 양을 반수치사량(LD_{50})이라 한다.

59 수화제에 물을 가하여 조제한 현탁액에 있어서 고체입자가 균일하게 부유하는 성질과 그 안정성을 의미하는 것은?

① 현수성 ② 유화성
③ 가용성 ④ 비산성

> **해설**
> 현수성은 수화제에 물을 넣어 조제한 현탁액의 고체입자가 균일하게 분산 부유하는 성질과 안정성을 말한다.

60 작용기작이 식물호르몬 작용 교란 제초제가 아닌 것은?

① 2,4-D ② Dicamba
③ MCP   ④ PCP

> **해설**
> 대표적인 호르몬 작용 교란 제초제에는 2,4-D, MCP, 디캄바 등이 있다.

4과목 잡초방제학

61 잡초 방제용으로 도입되는 생물이 구비하여야 할 조건으로 옳지 않은 것은?

① 대상 잡초 주변 환경에 적응할 수 있어야 한다.
② 인공적으로 배양 또는 증식이 용이하며 생식력이 강해야 한다.
③ 비산 또는 분산하는 능력이 크고 대상 잡초에 잘 이동해야 한다.
④ 대상 잡초 방제가 끝나도 지속적으로 생활을 하여 사멸되지 않아야 한다.

> **해설**
> 대상 잡초 방제를 지속적으로 하기 위해 방제효과가 반영구적 혹은 영구적이어야 하며 생물계의 균형 유지를 위해 대상 잡초 방제가 끝나면 개체수의 조절이 가능해야 한다.

62 예방적 잡초 방제법으로 옳지 않은 것은?

① 농기계를 청결하게 관리한다.
② 중경 및 정지 작업을 실시한다.
③ 관개수를 통한 잡초 종자의 유입을 막는다.
④ 종자가 없는 상태의 풀을 이용하여 퇴비를 만든다.

> **해설**
> 예방적 방제법에는 재배관리 합리화, 작물종자 정선, 비산형 잡초종자 관리, 농기구 관리, 가축의 관리, 경작지 주변관리, 토양의 소독 및 관리, 완숙퇴비 사용 등이 있다.

63 잡초의 특성에 대한 설명으로 옳은 것은?

① 영양번식기간이 비교적 늦고 길다.
② 종자의 번식기관에 휴면성이 없다.
③ 불량한 환경에서는 잘 생육되지 않는다.
④ 낮은 밀도로도 작물에 피해를 줄 수 있다.

> **해설**
> 잡초는 생명력이 강해 낮은 밀도로도 작물에 피해를 줄 수 있다.

64 잡초의 유용성이 아닌 것은?

① 병해충 전파를 막아준다.
② 토양의 침식을 방지한다.
③ 토양에 유기물을 공급한다.
④ 배는 작물로써 활용할 수 있다.

> **해설**
> 잡초는 병해충의 매개체가 되기도 한다.

65 상호대립억제작용에 대한 설명으로 옳은 것은?

① 타감작용이라고 하기도 한다.
② 작물은 발아 시에만 피해를 받는다.
③ 작물과 작물간에는 일어나지 않는다.
④ 쌍자엽식물에는 있으나 단자엽식물에는 없다.

정답 59. ① 60. ④ 61. ④ 62. ② 63. ④ 64. ① 65. ①

> **해설**
> 타감작용은 상호대립억제작용이라 하며 주로 인접 식물의 생육에 부정적인 영향을 끼쳐 생장을 저해시키거나 혹은 과도하게 촉진시키게 된다.

66 토양염분이 많은 간척지 논에서 주로 발생하는 방동사니과 잡초는?

① 올미 ② 매자기
③ 나도겨풀 ④ 물달개비

> **해설**
> 간척지의 경우 염분이 높은 편이라 갯드렁새, 새섬매자기, 매자기, 올방개, 물옥잠 등의 내염성잡초가 우점한다.

67 다음 중 년생(월년생) 잡초만으로 나열된 것은?

① 냉이, 메꽃
② 민들레, 코스모스
③ 질경이, 달맞이꽃
④ 망초, 냉이

> **해설**
> 월년생 잡초로 나도냉이, 별꽃, 망초, 냉이, 속속이풀 등이 있다.

68 다음 중 논에서 종자로 번식하는 잡초로 가장 옳은 것은?

① 물달개비 ② 올미
③ 벗풀 ④ 올방개

> **해설**
> 물달개비는 1년생 광엽잡초로 종자로 번식하는 논잡초이다.

69 토양처리제로 식물체내에서 이행되며 세포분열 및 단백질 합성을 저해하여 고사시키는 계통으로만 나열된 것은?

① 피라졸계와 요소계
② 설포닐우레아계와 트라이아진계
③ 카르바메이트계와 디니트로아닐린계
④ 유기인계와 산아미드계

> **해설**
> 디니트로아닐린계 제초제와 카바메이트계(카르바메이트) 제초제는 흡수 이행되어 단백질 합성을 저해하여 세포분열을 방해한다.

70 다음 중 식물의 분류체계로 가장 적절한 것은?

① 문 - 과 - 강 - 목 - 종 - 속
② 문 - 강 - 목 - 과 - 속 - 종
③ 문 - 속 - 강 - 과 - 목 - 종
④ 강 - 문 - 목 - 과 - 속 - 종

> **해설**
> 식물학적 분류순서는 <계 → 문 → 강 → 목 → 과 → 속 → 종 → 변종> 이며 식물의 기본단위는 종으로 정의한다.

71 다음 중 제초제와 토양과의 관계에서 흡착력에 가장 크게 관여하지 않는 요인은?

① 점토광물의 종류
② 양이온 치환 용량
③ 토양유기물 함량
④ 토양의 수소이온 농도

> **해설**
> 토양의 흡착력은 점토광물, 양이온 치환용량, 유기물의 함량 등에 영향을 받는다. 예를 들어 부시콜로이드는 양분의 흡착력이 강한 편이다.

72 작물과 잡초간 경합의 주요인과 가장 거리가 먼 것은?

① 영양소 ② 빛
③ 수분 ④ 산소

> **해설**
> 작물과 잡초의 경합요인으로 양분, 수분, 광선, 공간 등이 있으며 그 외에도 잡초의 종류, 생육 시기, 이산화탄소 등이 있다.

정답 66. ② 67. ④ 68. ① 69. ③ 70. ② 71. ④ 72. ④

73 잡초의 생장형에 따른 잡초의 분류로 가장 적절하지 않은 것은?
① 포복형 - 메꽃, 나도겨풀
② 직립형 - 가막사리, 사마귀풀
③ 총생형 - 억새, 둑새풀
④ 로제트형 - 민들레, 질경이

해설
사마귀풀은 포복형이다.

74 광합성을 억제하는 계통의 제초제로 가장 거리가 먼 것은?
① Triazine 계   ② Acetamide 계
③ Urea 계   ④ Bipyridylium 계

해설
광합성 억제 관련 저해제로 트리아진계, 요소계(urea계), 아마이드계, 비피리딜리움계 제초제 등이 있다.

75 예방적 방제수단에 해당하지 않는 것은?
① 농기계 청소   ② 비산종자 관리
③ 작물종자 정선   ④ 경엽처리제 살포

해설
경엽처리제 살포는 화학적 방제수단에 속한다.

76 잡초종자의 휴면에 대한 설명으로 옳지 않은 것은?
① 배의 미숙에 의하여 휴면하기도 한다.
② 발아환경이 부적당하면 2차 휴면을 한다.
③ 종자 뿐만 아니라 괴경 및 지하경에서도 볼 수 있다.
④ 외적요건이 발아에 부적당하여 발아하지 못하는 경우 자발휴면이라고 한다.

해설
외적요인이 종자가 발아하기 부적합한 경우는 타발휴면이라 한다.

77 잡초의 생물적 방제법에 이용되는 생물의 구비조건이 아닌 것은?
① 비산 및 분산능력이 커야 한다.
② 번식속도가 빠르지 않아야 한다.
③ 대상 잡초에만 피해를 주어야 한다.
④ 환경 적응성 및 저항성을 가지고 있어야 한다.

해설
생물적 방제에 이용되는 생물의 구비조건으로 번식속도가 빨라야 한다.

78 우리나라 농경지 잡초 발생의 특징으로 옳은 것은?
① 남방형 잡초가 북방형 잡초보다 많다.
② 광엽잡초보다 화본과 잡초의 종류가 더 많다.
③ 평지의 과수원에서는 다년생 잡초가 우점한다.
④ 제초제 사용이 증가하면서 논에서는 다년생 잡초보다 일년생 잡초가 많아지고 있다.

해설
우리나라 농경지의 경우 남방형 잡초의 분포가 많으며 화본과 잡초보다 광엽잡초가 많은 편이다.

79 주로 벼와 경합하는 논잡초로만 올바르게 나열된 것은?
① 돌피, 쇠뜨기
② 물피, 쇠비름
③ 명아주, 나도겨풀
④ 올방개, 생이가래

해설
논에서 벼와 경합하는 우점잡초로는 피, 올방개, 생이가래, 너도방동사니, 올미 등이 있다.

정답 73. ②   74. ②   75. ④   76. ④   77. ②   78. ①   79. ④

80 화본과 잡초에 속하지 않는 것은?

① 피   ② 쇠털골
③ 뚝새풀   ④ 강아지풀

해설
쇠털골은 사초과이다.

국가기술자격 필기시험문제

산업기사 CBT 7회 모의고사문제

자격종목	종목코드	시험시간	형별	수험번호	성명
식물보호산업기사		2시간			

※ 본문제는 수험생들의 기억을 바탕으로 작성 된 것으로 실제 문제와 차이가 있을 수 있습니다.

1과목 식물병리학

01 Diener 가 발견하였으며 핵산이 한 가닥이고 단백질 껍질이 없는 병원체는?
① 바이로이드 ② 파이토플라즈마
③ 바이러스   ④ 세균

해설
바이로이드는 기주식물의 세포에 감염하여 증식하며 외부단백질 없이 한 가닥의 핵산만으로 구성된 병원체이다.

02 벼 키다리병의 방제법에서 합리적인 것은?
① 종자소독   ② 윤작
③ 중간기주 제거 ④ 토양소독

해설
벼 키다리병의 방제법은 종자를 소독하고 건전한 종자를 선택한다.

03 담배 모자이크 바이러스를 처음으로 순수 분리한 공로로 노벨상을 탄 사람은?
① 보든(Bawden) ② 다나까(Tanaka)
③ 스미스(Smith) ④ 스탠리(Stanley)

해설
스탠리는 미국의 생화학자로 1935년 담배모자이크 바이러스의 결정화하여 순수 분리한 공로로 1946년 노벨 화학상을 수상받았다.

04 담배 모자이크바이러스(TMV)에 관한 내용으로 옳지 않은 것은?
① 구성 핵산은 RNA이다.
② 담배에만 감염할 수 있다.
③ 입자의 형태는 막대모양이다.
④ 여러 계통(Strain)이 존재한다.

해설
담배모자이크 바이러스는 고추, 오이, 담배 등을 포함한 꽃 잡초에서도 모자이크 병이 발생한다.

05 바이러스병의 내부병징과 관계가 먼 것은?
① 토마토 모용세포의 봉입체
② 맥류 위축병 감염세포의 X-체
③ 담배 모자이크바이러스(TMV) 감염에 의한 엽록체의 대형화 및 수의 증가
④ 감자 잎말림바이러스에 의한 사부조직의 괴사

해설
담배 모자이크바이러스 감염시 엽록체의 수 및 크기가 감소한다.

06 진균의 영양기관이 아닌 것은?
① 균사체   ② 균사속
③ 자좌   ④ 포자낭

해설
포자낭은 번식기관이다.

정답 01. ① 02. ① 03. ④ 04. ② 05. ③ 06. ④

07 균의 생리적 특성상 호습성 병원균이 아닌 것은?
① 맥류 녹병 ② 모잘록병
③ 벼 모썩음병 ④ 고추 역병

해설
물기나 습기를 좋아하는 성질을 호습성이라 한다. 모잘록병, 벼 모썩음병, 고추 역병은 다습한 조건에서 잘 발생한다.

08 벼 오갈병의 병원체는?
① 세균 ② 곰팡이
③ 바이러스 ④ 파이토플라즈마

해설
벼 오갈병은 매개충은 매미충이며 병원체는 바이러스이다.

09 바이러스에 전신감염된 식물의 잎에서 일반적으로 볼 수 있는 병징은?
① 모자이크 ② 무름
③ 혹 ④ 썩음

해설
모자이크는 바이러스에 의해 전신감염된 잎에서 볼수 있는 병징이다.

10 사과나무 근두암종병균은 주로 어디에 존재하는가?
① 토양 ② 매개충의 창자
③ 사과씨(종자) ④ 꽃

해설
사과나무 근두암종병은 토양세균이며 토양으로 전반된다.

11 병원균이 종자를 통해서 전염되는 병은?
① 고추 역병
② 사과나무 갈색무늬병
③ 배추 모자이크병
④ 벼 키다리병

해설
종자 전염의 종류로 채소 균핵병균, 벼 도열병균, 벼 키다리병균, 감자 역병균 등이 있다.

12 대추나무 빗자루병에 감염되었을 경우 사용되는 방제약제는?
① 아족시스트로빈
② 옥시테트라사이클린
③ 베노밀
④ 지오파네이트메틸

해설
대추나무 빗자루병은 옥시테트라사이클린 수화제를 수간주사한다.

13 작물의 저장 중에 발생하는 병원균이 아닌 것은?
① *Penicillium expansum*
② *Phytophthora capsici*
③ *Sclerotinia sclerotiorum*
④ *Rhizopus stolonifer*

해설
고추 역병균(*Phytophthora capsici*) 토양에서 서식하는 토양전염성 병원균이다.

14 녹병의 발생에서 경제적 가치가 낮은 기주 식물에서 발생한 녹병균이 경제적 가치가 높은 식물에 옮겨 가는 경우가 있다 이때 경제적 가치가 낮은 기주식물을 무엇이라 하는가?
① 검색식물 ② 지표식물
③ 중간기주 ④ 대표기주

해설
중간기주는 다른 기주식물 중 경제적 가치가 적은 식물이다.

15 TMV에 의해 발병하며 주로 토양에 의하여 전염되는 병은?
① 고추 모자이크병
② 마늘 모자이크병
③ 배추 모자이크병
④ 오이 모자이크병

정답 07. ① 08. ③ 09. ① 10. ① 11. ④ 12. ② 13. ② 14. ③ 15. ①

해설
TMV(담배모자이크바이러스)에 의해 발병하는 것으로 고추 모자이크병이 있으며 토양으로 전염되기에 방제를 위해 줄기나 뿌리를 제거하기도 한다.

16 벼 잎집무늬마름병에 대한 설명으로 옳지 않은 것은?

① 고온, 다습한 환경에서 잘 발병한다.
② 밀식하여 재배할 경우 잘 발병한다.
③ 칼륨 비료 시비량을 줄여 방제할 수 있다.
④ 병원균은 논이나 토양에서 월동하며 봄철에 벼 잎집에 부착된 균사가 벼를 침해한다.

해설
벼 잎집무늬마름병은 비료 중에서 질소질 비료의 시비량을 줄여야 방제할 수 있다.

17 식물 중에 특정 병원체 침입에 대하여 민감하게 반응하거나 특징적인 병징을 이용한 것으로 주로 바이러스의 진단에 널리 쓰이며 세균이나 일부 균류에 의한 병의 진단에도 활용하는 방법은?

① 파지에 의한 병의 진단
② 지표식물에 의한 병의 진단
③ 즙액 접종에 의한 병의 진다
④ 괴경지표법에 의한 병의 진단

해설
식물의 감수성을 이용하는 방법으로 지표식물에 의한 진단이 있다.

18 다음 괄호 안에 해당하는 용어는?

일반적으로 많은 식물병이 어떤 해에는 발생하나 다른 해 또는 근처 지역에서는 같은 종류의 식물에 병이 발생하지 않는다. 이는 식물이 해당 병해에 대한 저항성을 가지고 있는 것이 아니며 이러한 현상을 ( )(이)라고 한다.

① 변이   ② 병회피
③ 병면역 ④ 감수성

해설
근처 지역에 같은 종류의 식물 병이 발생하지 않는데 저항성을 가지고 있지 않는 경우를 병회피 현상이라 한다.

19 논에는 벼 도열병균 분생포자의 주된 전염 방법은?

① 물   ② 토양
③ 바람   ④ 곤충

해설
벼 도열병의 병원균은 진균으로 바람에 의해 전반된다.

20 주변에 향나무가 많은 경우 배나무에 주로 발생하는 병은?

① 겹무늬병   ② 흰가루병
③ 검은무늬병 ④ 붉은별무늬병

해설
배나무붉은별무늬병의 중간기주는 향나무로 기주교대를 통해 피해가 확산된다.

2과목 농림해충학

21 다음의 피해를 유발하는 해충은?

유충이 벼의 잎집 속으로 파고들어가 줄기 내로 먹어 들어가면서 잎과 줄기가 고사하며 출수 후 줄기에 피해를 받으면 백수현상이 나타난다.

① 혹명나방   ② 벼잎벌레
③ 끝동매미충 ④ 이화명나방

해설
이화명나방은 줄기를 가해하며 1년에 2회 발생한다. 1세대는 잎 뒷면에서 부화한 유충이 잎집으로 이동해 볏대 속에 구멍을 뚫고 피해를 주는데 한 마리의 유충이 여러 잎을 가해하여 피해가 큰편이다. 2세대는 유충이 줄기 속을 가해하여 이삭줄기 전체가 하얗게 말라 죽는 백수 현상이 일어난다.

정답 16. ③ 17. ② 18. ② 19. ③ 20. ④ 21. ④

22 밤나무혹벌 방제법으로 가장 효과적인 것은?
① 불임성 이용
② 접촉살충제 살포
③ 내충성 품종 이용
④ 침투성 약제 수간주사

해설
밤나무혹벌은 피해가 심하면 내충성 품종으로 교체하는 방법이 효과적이다. 내충성 품종 방제법을 이용하면 긴 시간이 필요하지만 해충종류에 대한 특이성이 있다.

23 표피를 이루는 단백질, 지질, 키틴 화합물 등을 합성 및 분비해주며 탈피 시에는 내원표피를 소화시키는 탈피액을 분비하는 곳은?
① 기저막   ② 원표피
③ 외표피   ④ 진피세포

해설
진피세포는 곤충의 표피를 이루는 단백질, 지질, 키틴화합물 등을 합성, 분비해주는 한층의 세포군으로 탈피 시에는 내원표피를 소화시키는 탈피액도 분비한다. 탈피 직전 분열이 일어나 생장을 하고 그 중 일부 세포는 감각기, 분비샘 등 돌기구조를 만드는 세포로 분화하기도 한다.

24 사과혹진딧물에 대한 설명으로 옳지 않은 것은?
① 10월 중순경 겨울눈 부근에 월동란을 낳는다.
② 천적으로는 애홍점박이무당벌레, 칠성무당벌레가 있다.
③ 사과나무의 끝 가지에서 월동한 알이 4월 중하순에 부화하여 간모가 된다.
④ 사과 성숙잎의 뒷면에 기생하면 잎이 앞면으로 그리고 가로로 말리게 된다.

해설
사과혹진딧물은 어린잎 가해서 잎이 앞뒤로 말리나 전개된 잎을 가해할 때는 뒤쪽을 향해 세로로 말려 그 속에서 무리를 만들어 가해한다.

25 곤충강에 속하지 않는 해충은?
① 독나방   ② 점박이응애
③ 목화진딧물 ④ 가루깍지벌레

해설
점박이응애는 거미강에 속한다.

26 성충으로 월동하는 해충은?
① 솔잎혹파리 ② 이화명나방
③ 밤나무혹벌 ④ 털두꺼비하늘소

해설
털두꺼비하늘소는 성충으로 월동한다.

27 다음 중 곤충의 통신수단으로 가장 적절하지 않은 것은?
① 맛에 의한 통신
② 접촉에 의한 통신
③ 청각에 의한 통신
④ 시각에 의한 통신

해설
곤충의 통신수단의 경우 꿀벌이나 개미 등은 더듬이를 이용하는 촉각이 있으며 매미나 귀뚜라미의 경우 진동에 의한 울음소리로 청각에 의한 방법을 이용한다. 시각의 경우 꿀벌이 대표적이며 춤이나 비행방법을 통해 시각적으로 정보를 전달한다.

28 다음 중 누에의 식성으로 가장 적절한 것은?
① 부식성   ② 잡식성
③ 광식성   ④ 단식성

해설
누에는 뽕나무의 잎만 먹는 단식성이다.

29 다음 중 유충의 발육과 성충의 생식활동에 영향을 주는 유약호르몬을 분비하는 곤충의 기관은?
① 카디아카체 ② 알라타체
③ 앞가슴샘   ④ 가슴샘

해설
곤충의 분비계에 알라타체는 성충으로 발육을 억제하는 유충호르몬을 만든다.

정답 22. ③ 23. ④ 24. ④ 25. ② 26. ④ 27. ① 28. ④ 29. ②

30 다음 중 곤충 체벽의 기능으로 가장 적절하지 않은 것은?
① 제1차 면역기관
② 혈구세포 분화
③ 수분의 증발 억제
④ 근육의 부착점

해설
곤충의 체벽은 수분의 증발 억제, 근육의 부착점 역할, 외부에서의 물리적 보호 및 형태의 유지, 병균에 대한 1차 면역기관의 역할을 한다.

31 다음 중 완전변태류 곤충으로 가장 적절하지 않은 것은?
① 풀잠자리 ② 배추흰나비
③ 벼룩   ④ 흰개미

해설
흰개미는 불완전변태류에 속한다.

32 다음 중 곤충이 가장 잘 반응하는 색에 속하는 것은?
① 흑색 ② 녹색
③ 적색 ④ 백색

해설
곤충이 잘 감지하는 파장대가 있으며 주로 청색이나 녹색의 파장대이다.

33 다음 중 논의 벼멸구를 방제할 때 살충제를 물에 희석하지 않고 사용하는 제형으로 가장 옳은 것은?
① 유제   ② 입제
③ 수화제   ④ 액상수화제

해설
입제는 유효성분을 고형증량제, 안정제, 계면활성제 등을 넣어 입상으로 성형한 제제이다. 대표적으로 벼멸구 방제를 위해 카보퓨란입제를 이용한다.

34 기피제를 놓아 해충을 방제하고자 할 때 곤충의 어떤 행동을 이용한 것인가?
① 양성주촉성 ② 음성주촉성
③ 양성주화성 ④ 음성주화성

해설
화학약품에 접근하지 않으려는 성질을 이용한 것을 음성주화성이라 한다.

35 모기가 벽에 앉을 때 언제나 머리쪽이 위로 향하는데, 이러한 성질은?
① 주광성 ② 주화성
③ 주촉성 ④ 주지성

해설
곤충이 앉아 머리 쪽이 위로 향하는 성질을 주지성이라 한다.

36 곤충의 뇌 중에서 시각에 관여하는 것은?
① 앞대뇌   ② 뒷대뇌
③ 제3대뇌 ④ 제4대뇌

해설
곤충의 전대뇌 혹은 앞대뇌라 하는 부위가 시각, 사고력, 호르몬 생산 등에 관여한다.

37 지구상에 곤충이 번창하게 된 원인이 아닌 것은?
① 날개가 있다.
② 몸의 크기가 작다.
③ 변태가 가능하여 불리한 환경에 잘 적응한다.
④ 온혈동물로 부적당한 환경에서 오래 견딜 수 있다.

해설
곤충은 변온성이라 체온을 유지하기 위한 에너지 소비가 적어 번창하게 되었다.

정답 30. ② 31. ④ 32. ② 33. ② 34. ④ 35. ④ 36. ① 37. ④

38 나비목 유충이 견사를 분비하는 곳은?
① 전위   ② 침샘
③ 맹장   ④ 말피기씨관

해설
나비나 벌 등의 유충은 침샘에서 견사를 분비한다.

39 곤충 다리의 기본적인 구조는 몇 마디로 이루어져 있는가?
① 3마디   ② 4마디
③ 5마디   ④ 6마디

해설
곤충의 다리구조는 5마디로 되어 있다.

40 향나무하늘소(측백하늘소)의 월동태는?
① 알   ② 유충
③ 번데기   ④ 성충

해설
향나무하늘소는 1년에 1회 발생하며 성충으로 월동한다.

3과목 농약학

41 NAC(카바릴)의 구조식은?

① (구조식)
② (구조식)
③ (구조식)
④ (구조식)

해설
카바릴의 화학식은 $C_{12}H_{11}NO_2$ 이다.

42 농약의 약효를 높이기 위한 방법이 아닌 것은?
① 방제적기에 농약을 살포한다.
② 한 가지 농약을 계속 사용한다.
③ 표준희석배수의 농약을 정량 살포한다.
④ 방제대상에 적합한 농약을 선택한다.

해설
한가지 농약을 계속 사용하면 잡초에 내성이 생겨 약효가 떨어진다.

43 살충제 Carbofuran 에 대한 설명으로 틀린 것은?
① 수질오염성 농약으로 지정되어 수도용 약제로는 사용이 금지되어 있다.
② 카바메이트계로서 약제의 지속기간이 길다.
③ 콜린에스테라제의 활성기능을 억제하여 독작용을 유발한다.
④ 침투이행성 살충제로 식물의 뿌리나 경엽을 통해 식물 체내로 침투한다.

해설
카보퓨란(Carbofuran) 어독성 2급으로 지정되어 있어 수도용 살충제로 사용 가능하다.

44 농약의 물리적 성질 중 살포하여 부착한 약제가 이슬이나 빗물에 씻겨 내리지 않고 식물체 표면에 묻어있는 성질을 무엇이라 하는가?
① 부착성   ② 고착성
③ 침투성   ④ 현수성

해설
고착성은 부착한 약제가 빗물에 씻겨 내리지 않고 식물 표면에 붙어 있는 성질을 말한다.

45 주로 가정원예용으로 사용되는 농약의 제형은?
① 훈연제   ② 과립훈연제
③ 연무제   ④ 훈증제

정답 38. ② 39. ③ 40. ④ 41. ④ 42. ② 43. ① 44. ② 45. ③

해설
가정원예용과 같은 부가가치가 높은 농약은 연무제(스프레이형식)를 사용한다.

46 40%(비중=1)의 어떤 유제가 있다. 이 유제를 1000배로 희석하여 10a 당 9L를 살포하고자 할 때 유제의 소요량은 몇 ml 인가?
① 7　② 8
③ 9　④ 10

해설
$10a\ 당\ 소요약량 = \dfrac{추천농도(\%) \times 10a\ 당\ 살포량}{약액농도(\%) \times 비중}$

$\dfrac{(40\% \div 1000) \times 9000ml}{40\%} = 9ml$

47 입제, 분제, 수화제, 등과 같이 고체 농약의 제제 시 주성분의 농도를 저하시키고 부피를 증대시켜 농약의 주성분을 균일하게 살포하여 농약의 부착률을 향상시키기 위하여 사용되는 재료가 아닌 것은?
① 벤젠　② 카올린
③ 벤토나이트　④ 규조토

해설
증량제에는 규조토, 탈크, 벤토나이트, 카올린 등이 있다.

48 보르도액의 사용상 주의사항으로 옳지 않은 것은?
① 만든 즉시로 살포하여야 하며 오래 두면 입자가 커져 약효가 떨어진다.
② 살포액이 완전 건조해서 막을 형성해야 하므로 비가 오기 직전이나 직후에 살포해서는 안된다.
③ 치료를 목적으로 사용하는 것이므로 발병 후 즉시 살포해야 한다.
④ 약해가 나기 쉬운 작물에 대해서는 8~10 두식의 묽은 보르도액을 살포해야 한다.

해설
보르도액은 발병 전에 사용하는 것이 좋다.

49 퀴나졸린계의 살비제로서 응애의 모든 생육단계에서 효과가 우수한 살충제는?
① 인독사카브　② 티아클로프리드
③ 페나자퀸　④ 클로르피리포스

해설
페나자퀸 유제는 퀴나졸린계 살비제로 점박이응애 등의 응애류에 우수한 방제효과를 가진다.

50 수화제를 희석하였을 때 고상의 미세입자가 용액 중에 균일하게 분산되어 있는 물리적인 성질을 무엇이라 하는가?
① 현수성　② 습윤성
③ 확전성　④ 유화성

해설
현수성은 수화제에 물을 넣어 조제한 현탁액의 고체입자가 균일하게 분산 부유하는 성질과 안정성을 말한다.

51 농약원제에 발연제(니트로셀룰로오스), 방염제 등을 혼합하고 기타 보조제 및 증량제를 첨가하여 제조한 제형은?
① 훈증제　② 훈연제
③ 연무제　④ 미립제

해설
훈연제는 약제를 연기화 하여 해충을 죽이는 약제로 농약원제에 발연제, 방염제, 기타보조제 및 증량제를 첨가하여 제조한다.

52 유기염소계의 침투성 살균제로서 예방 및 치료효과가 있으며 작물의 흰가루병 및 녹병에 적용할 수 있는 농약은?
① 플루실라졸 수화제
② 펜헥사이드 수화제
③ 트리포린 유제
④ 아이소프로티올레인 유제

해설
트리포린은 유기염소계로 흰가루병, 붉은별무늬병, 녹병 등의 방제에 이용된다.

정답 46. ③　47. ①　48. ③　49. ③　50. ①　51. ②　52. ③

53 다음 중 보조제가 아닌 것은?
① 용제   ② 계면활성제
③ 증량제   ④ 세립제

해설) 세립제는 세립상으로 사용되는 농약을 의미한다.

54 농약 보관시 주의하여야 할 사항 중 틀린 것은?
① 고형제는 흡습되면 분해가 촉진되므로 건조한 곳에 보관한다.
② 농약 설명서의 약효보증기간은 최악의 조건에서 산정하여 정한 기간이다.
③ 대부분의 농약은 고온 및 자외선 접촉 시 분해가 되므로 냉암소에 저장한다.
④ 유제는 인화의 위험성이 있으므로 화기를 피하여 보관한다.

해설) 농약 설명서의 약효보증기간은 제조일자를 기준으로 보증기간을 산정한다.

55 다음 중 농약의 사용기구가 아닌 것은?
① 분무기   ② 미스트기
③ 살분기   ④ 포자기

해설) 농약의 사용기구로 분무기, 미스트기, 살분기가 있다.

56 0.01% 액은 몇 ppm 인가?
① 10   ② 100
③ 1,000   ④ 10,000

해설) 1%는 10,000ppm 이므로 0.01% 액은 100ppm 이다.

57 유효성분의 생물학적 활성을 증대시키기 위하여 사용되는 물질은?
① 점착제   ② 점증제
③ 협력제   ④ 소포제

해설) 협력제는 유효성분의 효력을 증진시키는 역할을 하는 보조제이다.

58 곤충의 먹이가 되는 부분에 약제를 뿌려 줄기나 잎을 갉아먹는 해충으로 하여금 먹이와 함께 소화기에 독성을 흡수시켜 살충력을 나타내는 약제를 무엇이라고 하는가?
① 독제   ② 접촉제
③ 침투성 살충제 ④ 훈증제

해설) 저작구형의 해충들의 경우 약제를 먹어 중독을 유발하는 식독제(독제)계통이 적합하다.

59 사람이 일생을 통하여 매일 섭취하여도 아무런 영향을 주지 않는 약량을 무엇이라 하는가?
① 최대잔류허용량 ② 1일 섭취허용량
③ 최대무작용량   ④ 농약잔류허용량

해설) 최대무작용량은 장기 독성시험동물이 아무런 영향을 받지 않는 최대 용량을 의미한다.

60 다음 중 유기인계 농약이 아닌 것은?
① 이피엔(EPN)
② 지네브(Zineb)
③ 파라티온(Parathion)
④ 디디브이피(DDVP)

해설) 지네브(Zineb)는 카바메이트계 살충제이다.

4과목 잡초방제학

61 주어진 지표면을 먼저 점유한 식물이 후에 발생한 식물보다 경합에 유리하다. 이를 이용한 잡초 방제 기술로 옳지 않은 것은?
① 이앙 재배   ② 적기 파종
③ 시비량 증대   ④ 재식밀도 증가

해설) 시비량 증대는 잡초에 유리한 조건이 될 가능성이 있기에 작물의 특성과 잡초의 발생량 등을 고려하여 실시해야 한다.

정답) 53. ④ 54. ② 55. ④ 56. ② 57. ③ 58. ① 59. ③ 60. ② 61. ③

62 화본과 잡초와 광엽 잡초를 선택적으로 작용하는 제초제의 선택성 요인에 해당하는 것은?

① 생태적 선택성 ② 형태적 선택성
③ 생리적 선택성 ④ 물리적 선택성

해설
형태적 선택성은 식물의 외형 차이에 의한 것으로 잎의 형태, 생장점의 위치, 뿌리의 분포 등에 따른다.

63 페녹시계열에 속하는 제초제가 아닌 것은?

① 이사-디 액제
② 엠시피에이 액제
③ 니코설퓨론 액상수화제
④ 할록시포프-아르-메틸 유제

해설
페녹시계 제초제로 2,4-D, MCPP, MCPB, 할록시포프, 플루아지호프, 페녹사프로프 등이 있다.

64 잔디밭의 클로버 방제에 가장 적절한 제초제는?

① 옥사디아존 유제
② 뷰타클로르 입제
③ 메코프로프 액제
④ 할로설퓨론메틸 입제

해설
잔디밭 클로버 방제에는 메코프로프 유제 및 디캄바 액제, 트리클로피르티이에이 액제 등이 효과적이다.

65 다음 설명하는 잡초로 옳은 것은?

- 일년생 광엽잡초에 해당한다.
- 논잡초로 많이 발생할 경우 기계수확이 곤란하다.
- 줄기 기부가 비스듬히 땅을 기며 뿌리가 내리는 잡초이다.

① 메꽃   ② 한련초
③ 가막사리 ④ 사마귀풀

해설
사마귀풀은 1년생 광엽잡초로 지상부에서 가지가 갈라지고 키가 작은 분지형 잡초이다.

66 주로 밭에 발생하는 1년생 화본과 잡초는?

① 올미   ② 바랭이
③ 명아주   ④ 물달개비

해설
1년생 밭잡초로 바랭이, 쇠비름, 명아주, 닭의 장풀 등이 있다.

67 제초제의 효과적이며 안전사용을 위하여 유의하여야 할 사항으로 가장 옳은 것은?

① 적량보다 적게 사용하는 것이 효과적이다.
② 적량보다 많이 사용하는 것이 효과적이며 안전하다.
③ 적기를 놓쳤을 때에는 적량보다 많은 양을 사용해야 한다.
④ 알맞는 제초제를 선택하여 적기에 적량을 살포해야 한다.

해설
제초제는 적량을 사용하는 것이 효과적이고 안전하다.

68 영양번식을 좌우하는 환경요인에 대한 설명으로 가장 거리가 먼 것은?

① 단일조건은 매자기의 괴경 형성을 촉진하며 장일은 억제하는 반면에 괴경당 중량은 크게 한다.
② 광도는 건물생산과 생리대사에 영향을 미친다.
③ 무기성분 함량이 충분한 조건하에서 다년생 잡초의 경우 영양번식 속도가 억제된다.
④ 증점토보다 사질토에서 지하 영양기관의 생성이 촉진된다.

해설
무기성분 함량이 충분한 조건하에서 다년생 잡초의 영양번식 속도는 촉진 및 유지된다.

정답 62. ② 63. ③ 64. ③ 65. ④ 66. ② 67. ④ 68. ③

69 제초제가 활성화되는 반응으로 가장 적절한 것은?

① MCPB 의 β-oxidation
② Diuron 의 demethylation
③ Atrazane 의 glutathione conjugation
④ Bentazone 의 hydroxylation

> [해설]
> 페녹시계 제초제 MCPB 는 활성화 과정을 통해 β-oxidation 으로 살포되어 특정 잡초만 고사시키기도 한다.

70 다음 중 벼 재배법에서 잡초와의 경합면에 가장 불리한 재배법은?

① 손이앙재배 ② 어린모재배
③ 중모재배   ④ 직파재배

> [해설]
> 직파재배보다는 이앙재배가 잡초의 피해를 덜 받으며 경합에 유리하다.

71 식물 표면에서 제초제의 흡수과정에 대한 설명으로 가장 옳지 않은 것은?

① 친유성(비극성)제초제는 큐티클 납질층을 친수성보다 잘 통과한다.
② 친수성(극성)제초제의 통과는 펙틴이 높고 다음이 큐틴이며 납질은 통과가 어렵다.
③ 계면활성제는 극성 제초제가 큐티클 납질층을 잘 통과하도록 도와준다.
④ 셀룰로오스층은 촘촘하여 비극성 및 극성 제초제 모두 투과가 어렵다.

> [해설]
> 셀룰로오스는 베타포도당이 모여 결합된 고분자 물질로 극성을 띠고 있으며 비극성, 극성 제초제 모두 통과 가능하다.

72 논 잡초방제에 사용되는 카바메이트계 제초제로만 나열된 것은?

① 티페나미드, 벤설퓨론메틸
② 메토라클로르, 알콜
③ 티오벤카브. 몰리네이트
④ 나프로파미드, 프레틸라클로르

> [해설]
> 카바메이트계 제초제로 디메피페레이트, 티오벤카브, 몰리네이트, 피리뷰티카브 등이 있다.

73 다음 중 외래잡초로 가장 옳은 것은?

① 단풍잎돼지풀 ② 바랭이
③ 여뀌   ④ 명아주

> [해설]
> 외래 잡초에는 미국가막사리, 미국개기장, 가는털비름, 단풍잎돼지풀, 소리쟁이, 도꼬마리, 서양민들레, 개망초, 애기달맞이꽃 등이 있다.

74 제초제의 선택성에 관여하는 요인으로 가장 거리가 먼 것은?

① 식물체 생장점의 위치
② 식물체 생육기의 차이
③ 식물체 건조 무게 차이
④ 식물체 뿌리의 분포상태

> [해설]
> 제초제 선택시 식물체의 생태적 특성, 형태적 특성, 생리적 특성에 영향을 받는다.

75 작물과 잡초의 경합에 대한 설명으로 옳지 않은 것은?

① 작물은 일반적으로 잡초보다 경합에 유리한 생태적 특성을 지니고 있다.
② 종간경합은 작물과 잡초 간의 경합으로 대표적으로 벼와 피의 경합이 있다.
③ 작물에 대한 잡초의 경합력은 잡초의 종류, 밀도 등에 따라 달라진다.
④ 종내경합은 같은 초종 중에서 개체 간의 경합으로 벼와 벼, 피와 피 간 경합이 있다.

정답 69. ① 70. ④ 71. ④ 72. ③ 73. ① 74. ③ 75. ①

> **해설**
> 잡초는 작물보다 광합성 및 번식력이 좋아 경합에 유리한 특성을 지니고 있다.

76 월년생 잡초로만 올바르게 나열된 것은?

① 별꽃, 냉이
② 쑥, 명아주
③ 깨풀, 강아지풀
④ 씀바귀, 애기메꽃

> **해설**
> 월년생 잡초에는 달맞이꽃, 나도냉이, 엉겅퀴, 냉이 등이 있다.

77 십자화과에 속하며 월년생 잡초에 해당하는 것은?

① 바랭이   ② 광대나물
③ 벼룩나물 ④ 속속이풀

> **해설**
> 속속이풀은 십자화과에 속하며 월년생 잡초이다.

78 잡초종자에 갈고리 모양의 돌기 또는 바늘 모양의 가시를 가져서 인축에 부착되어 전파되는 것은?

① 민들레   ② 진득찰
③ 소리쟁이 ④ 가막사리

> **해설**
> 갈고리 혹은 바늘모양의 가시가 있는 종자로 메귀리, 도깨비바늘, 가막사리, 도꼬마리 등이 있다.

79 잡초종자의 발아습성에 대한 설명으로 옳지 않은 것은?

① 발아주기성이란 같은 조건에서 일정한 간격으로 발아하는 것이다.
② 준동시성 발아형이란 일정기간 이내에 집중적으로 발아하는 것이다.
③ 발아계절성이란 발생 계절의 일장보다 대기온도에 반응하여 발아하는 것이다.
④ 연속성 발아형이란 발아에 적합한 조건을 주어도 오랜기간에 걸쳐 지속적으로 발아하는 것이다.

> **해설**
> 발아계절성은 일장변화에 반응하여 휴면을 타파하고 발아하는 것이다.

80 생태적, 물리적, 화학적, 생물적 잡초방제 방법으로 구분할 때 생태적 잡초방제법이 아닌 것은?

① 작부체계   ② 재식밀도
③ 품종선정   ④ 피복처리

> **해설**
> 피복처리는 물리적 방제에 속한다.

정답 76. ① 77. ④ 78. ④ 79. ③ 80. ④

국가기술자격 필기시험문제

산업기사 CBT 8회 모의고사문제				수험번호	성명
자격종목 식물보호산업기사	종목코드	시험시간 2시간	형별		

※ 본문제는 수험생들의 기억을 바탕으로 작성 된 것으로 실제 문제와 차이가 있을 수 있습니다.

1과목 식물병리학

01 배추 무름병균의 특성은?
① 주모가 있는 그램양성세균이다.
② 주모가 없는 그램음성세균이다.
③ 주모가 없는 그램양성세균이다.
④ 주모가 있는 그램음성세균이다.

해설
배추 무름병균은 그램음성세균으로 주모성 편모가 있다.

02 담배 들불병을 유발하는 병원체는?
① 선충   ② 세균
③ 곰팡이 ④ 바이러스

해설
담배 들불병은 슈도모나스 타바키라는 세균에 의해 발생한다.

03 감자 역병에 대한 설명으로 옳은 것은?
① 빗물에 의해 화기전염 한다.
② 병원균은 기공 또는 각피 침입한다.
③ 고온이고 건조한 환경에서 잘 발생한다.
④ 괴경지표법으로 선발된 건전한 씨감자를 재배하여 방제할 수 있다.

해설
감자 역병은 바람에 의해 전반되어 기공이나 각피를 통해 침입한다.

04 주로 포자로 번식하며 식물병을 일으키는 것은?
① 세균   ② 선충
③ 곰팡이 ④ 바이러스

해설
곰팡이는 주로 포자에 의해 번식한다.

05 배추 무사마귀병에 대한 설명으로 옳지 않은 것은?
① 알칼리성 토양에서 주로 발생한다.
② 수분이 많은 토양에서 많이 발생한다.
③ 순활물기생균으로 인공배양이 되지 않는다.
④ 뿌리의 세포가 비정상적으로 커지고 혹이 만들어진다.

해설
배추 무사마귀병은 산성토양에서 잘 발생한다.

06 벼 도열병균이 주로 월동하는 곳은?
① 토양   ② 중간기주
③ 매개충의 알 ④ 볍씨의 병든 부분

해설
벼 도열병균은 볏짚이나 볍씨의 병든 부분에서 월동한다.

정답 01 ④ 02 ② 03 ② 04 ③ 05 ① 06 ④

07 여름포자를 형성하지 않는 것은?
① 향나무 녹병
② 포플러 녹병
③ 밀 줄기녹병
④ 잣나무 털녹병

해설
향나무 녹병포자는 겨울포자, 소생자, 녹병포자, 녹포자가 있으며 여름포자는 형성하지 않는다.

08 식물 병원체 중 가장 크기가 작은 것은?
① 세균　　② 곰팡이
③ 바이러스　④ 바이로이드

해설
바이러스와 유사한 전염 특성을 가지며 병원체 중 가장 작은 크기를 가진다.

09 병원균의 잠복기간이 가장 긴 것은?
① 벼 도열병　② 오이 노균병
③ 고추 탄저병　④ 보리 겉깜부기병

해설
보리 겉깜부기병은 21일 정도로 보기 중 잠복기간이 가장 길다

10 식물병의 진단방법 중 면역학적 진단방법에 속하지 않는 것은?
① ELISA 법
② 면역확산법
③ 현미경관찰법
④ 응집과 침강반응

해설
· 식물병의 진단방법에는 면역확산법(AGID), 형광항체법, 효소결합항체법(ELISA), 적혈구응집 반응법 등이 있다.
· 현미경을 이용하는 관찰은 현미경적 진단방법이다.

11 다음에서 설명하는 병원균의 기관으로 가장 옳은 것은?

> 균사가 식물체의 표면이나 세포간극에서 생장하는 균에서는 기주의 세포막에 작은 구멍을 내고 특이한 흡수기관을 형성한다.

① 흡기　　② 버섯
③ 균핵　　④ 후벽포자

해설
균사는 흡기를 이용해 양분을 섭취한다.

12 오이 모자이크병의 방제에 가장 효과적인 것은?
① 윤작　　② 종자소독
③ 포장위생　④ 매개곤충 방제

해설
모자이크병은 매개충인 진딧물에 의해 발생하며 매개충을 방제하는 것이 가장 효과적이다.

13 대추나무 빗자루병의 방제법으로 가장 효과적인 방법은?
① 여름철에 살균제를 뿌려준다.
② 옥시테트라사이클린 수화제를 나무에 주사한다.
③ 매개충을 구제하기 위하여 살충제를 지면에 뿌려준다.
④ 병든 가지는 건전한 부분을 포함하여 겨울철에 잘라낸다.

해설
대추나무 빗자루병은 파이트플라즈마에 의해 발생하며 옥시테트라사이클린 수화제를 수간주사하여 방제 및 치료가 가능하다.

정답 07 ①　08 ④　09 ④　10 ③　11 ①　12 ④　13 ②

14 가지 풋마름병의 병원체는?
① 세균 ② 균류
③ 바이러스 ④ 생리적 요인

해설
가지 풋마름병은 세균에 의해 발생하고 기주로는 감자, 가지, 토마토 등이 있다.

15 맥류의 흰가루병에 대한 설명으로 옳지 않은 것은?
① 자낭균에 의해 발병한다.
② 내병성 품종을 재배하여 방제한다.
③ 4~5월경에 발생하여 수확기에 심하게 발생한다.
④ 잎에만 발생하고 잎집이나 줄기에는 발생하지 않는다.

해설
맥류의 흰가루병은 잎 뿐만아니라 줄기까지 확산되어 발생한다.

16 다음 설명에서 괄호 안에 들어갈 용어로 옳은 것은?

> 식물이 어떤 병에 잘 걸리지 않는 것은 (㉠)이라 하고, 이와 반대로 식물이 어떤 병에 걸리기 쉬운 것을 (㉡)이라 한다.

① ㉠ : 저항성 , ㉡ : 감수성
② ㉠ : 저항성 , ㉡ : 친화성
③ ㉠ : 감수성 , ㉡ : 저항성
④ ㉠ : 감수성 , ㉡ : 친화성

해설
병에 잘 걸리고 민감한 성질을 감수성이라 하며 병에 잘 걸리지 않는 성질을 저항성이라 한다.

17 세균에 의해 발생하는 병이 아닌 것은?
① 감귤 궤양병
② 포플러 잎녹병
③ 배나무 불마름병
④ 사과나무 뿌리혹병

해설
포플러 잎녹병은 진균에 의해 발생한다.

18 벚나무 빗자루병의 방제법으로 가장 적당한 것은?
① 여름철에 살균제를 뿌려준다.
② 옥시테트라사이클린계 항생제를 나무에 주사한다.
③ 매개충을 구제하기 위해 살충제를 지면에 뿌려준다.
④ 병든 가지는 아래쪽의 부풀은 부분을 포함하여 겨울철에 잘라낸다

해설
벚나무 빗자루병의 병원균은 진균이고 병든 가지에서 월동하고 다음 해 봄에 가지 아래쪽에 포자를 형성하기에 겨울철에 미리 잘라내면 감염을 방지할 수 있다.

19 고구마 무름병의 특징적인 표징은?
① 균핵 ② 포자낭
③ 자낭각 ④ 포자퇴

해설
고구마 무름병은 상처 부위에 흰색의 균사가 밀집되고 그 위로 흑색의 곰팡이인 포자낭이 발생한다.

정답 14 ① 15 ④ 16 ① 17 ② 18 ④ 19 ②

20 무사마귀병에 대한 설명으로 옳은 것은?
① 벼에도 잘 발생한다.
② 세균에 의해 발생한다.
③ 산성토양에서 잘 발생한다.
④ 온도가 20℃ 이하로 서늘할 때 잘 발생한다.

해설
무·배추 무사마귀병은 산성토양에서 잘 발생한다.

2과목 농림해충학

21 불완전변태를 하는 곤충으로만 나열된 것은?
① 사마귀, 벌
② 날도래, 밑들이
③ 딱정벌레, 매미
④ 진딧물, 깍지벌레

해설
불완전변태는 알, 유충, 성충의 과정을 거치는 것으로 잠자리목, 메뚜기목, 바퀴목, 사마귀목 등이 있으며 보기의 진딧물, 깍지벌레는 매미목으로 불완전변태를 한다.

22 곤충 다리의 기본적인 구조는 몇 마디로 이루어져 있는가?
① 3마디   ② 4마디
③ 5마디   ④ 6마디

해설
곤충의 다리구조는 5마디로 되어 있다.

23 다음 곤충의 구조에 대한 설명 중 옳지 않은 것은?
① 가슴은 앞가슴, 가운데가슴, 뒷가슴의 3마디로 구분된다.
② 대개 가슴마디마다 1쌍의 다리를 지니고 있다.
③ 앞가슴과 가운데가슴에는 보통 1쌍의 날개를 지니고 있다.
④ 날개는 혈관과 기관이 통해 있는 조직이다.

해설
곤충의 가운데가슴과 뒷가슴에 1쌍의 날개가 있다.

24 곤충의 뇌 중에서 시각에 관여하는 것은?
① 앞대뇌   ② 뒷대뇌
③ 제3대뇌 ④ 제4대뇌

해설
곤충의 전대뇌 혹은 앞대뇌라 하는 부위가 시각, 사고력, 호르몬 생산 등에 관여한다.

25 주로 포식성 곤충으로서 해충의 천적으로 이용되는 것은?
① 깍지벌레류 ② 무당벌레류
③ 진딧물류   ④ 하늘소류

해설
무당벌레류는 진딧물의 천적으로 생물학적 방제법에 이용된다.

26 다음 중 충영을 형성하는 해충은?
① 독나방
② 솔잎혹파리
③ 어스렝이나방
④ 참나무겨울가지나방

해설
솔잎혹파리는 주로 소나무, 해송에 피해를 주며 유충이 벌레혹을 만들고 즙액을 빨아 먹는다.

정답 20 ③ 21 ④ 22 ③ 23 ③ 24 ① 25 ② 26 ②

27 다음 곤충의 생식계에 대한 설명 중 옳지 않은 것은?
① 난자는 알집을 구성하는 알집소관에서 생성된다.
② 암컷의 생식계는 알집, 수란관, 주정낭, 부속샘 등으로 구성된다.
③ 수정낭은 수정이 이루어지는 곳이다.
④ 꿀벌의 일벌은 난소가 퇴화되어 있다.

해설
수정낭은 암컷의 기관 중 하나로 수컷에서 받은 정자를 보관하는 곳이다.

28 기피제를 놓아 해충을 방제하고자 할 때 곤충의 어떤 행동을 이용한 것인가?
① 양성주촉성 ② 음성주촉성
③ 양성주화성 ④ 음성주화성

해설
화학약품에 접근하지 않으려는 성질을 이용한 것을 음성주화성이라 한다.

29 해충 방제 중 생물적 방제의 장점에 해당하는 것은?
① 효과가 빠르지 않다.
② 환경에 영향을 많이 받는다.
③ 안전 농산물 생산이 가능하다.
④ 화학농약과 사용시 많은 주의가 요구된다.

해설
생물적 방제는 화학약품을 사용하지 않고 친환경적인 방제법을 선택하기에 안전한 농산물 생산이 가능하다.

30 잎틀의 구성요소가 아닌 것은?
① 큰 턱   ② 작은 턱
③ 아랫입술 ④ 더듬이(촉각)

해설
입틀은 윗입술, 아랫입술, 큰 턱, 작은 턱, 혀로 구성된다.

31 곤충학의 발달과 직접적인 관련이 없는 것은?
① 농업혁명 ② 벌꿀의 채취
③ 살충제 발명 ④ 환경호르몬

해설
· 곤충학이 발달로 농업에 피해를 주던 해충에 대한 방제가 가능해졌으며 이에 따른 다양한 살충제가 발명되었다
· 또한 이로운 곤충들의 특성을 이용하여 벌꿀의 채취가 가능해졌다.

32 다음 중 하루살이가 속한 분류군은?
① 고시류 ② 외시류
③ 내시류 ④ 무시류

해설
하루살이목, 잠자리목 등은 고시류에 속한다.

33 곤충강에서 분화가 다양하고, 세계적으로 종수가 가장 많은 목은?
① 벌목   ② 나비목
③ 노린재목 ④ 딱정벌레목

해설
딱정벌레목은 곤충의 종 가운데 40% 정도인 35만여종을 차지하는 목이며 아직 미발견 종만 500만여종이 넘는 것으로 알려져있다.

34 곤충의 발육단계에서 빛의 영향을 가장 받지 않는 것은?
① 수명　② 교미
③ 휴면　④ 산란의 시점

> **해설**
> 곤충의 발육단계에서 광선에 반응하여 교미, 휴면, 산란, 생장 등에 영향을 받는다.

35 생물적 방제를 위하여 해충의 천적을 이용하는 방법으로 옳지 않은 것은?
① 외국으로부터 도입 이용
② 대량 증식 방사
③ 내충성 증대
④ 환경조건의 개선

> **해설**
> 내충성이 증대되면 해충에 대한 저항성이 강해지므로 천적을 이용할 필요가 없다

36 근육 부착을 위한 머리내 골격 구조를 무엇이라 하는가?
① 봉합선(suture)
② 합체절(tagma)
③ 막상골(tentorium)
④ 두 개(cranium)

> **해설**
> 막상골은 곤충 두부의 내부에 있는 내골격으로 구기, 촉각 등을 움직이는 근육이 부착점이다.

37 파리의 날개는 몸의 어느 부위에 부착되어 있는가?
① 등판　② 앞가슴
③ 가운데가슴　④ 뒷가슴

> **해설**
> 파리목의 날개는 가운데 가슴에 1쌍이 달려 있다.

38 복관을 갖고 있는 곤충은?
① 좀　② 낫발이
③ 진딧물　④ 톡톡이

> **해설**
> 톡토기가 가지고 있는 복관은 수면 위에 부유시 몸을 지탱하고 수분조절과 호흡의 역할을 담당한다.

39 외부의 자극에 반응하여 곤충이 행동하는 유형이 아닌 것은?
① 주굴성　② 주광성
③ 주화성　④ 주수성

> **해설**
> 외부의 자극에 반응하는 주성에는 주광성, 주화성, 주수성, 주류성, 주지성 등이 있다.

40 벼의 해충 중 흡즙에 의한 직접적인 피해 외에도 줄무늬잎마름병과 검은줄오갈병의 바이러스병을 매개하여 간접적인 피해를 주는 해충은?
① 이화명나방　② 혹명나방
③ 벼멸구　④ 애멸구

> **해설**
> • 애멸구는 벼를 직접 흡즙가해하나 큰 피해를 주지 않는다.
> • 그러나 출수기에 이삭을 흡즙하여 임실율이 떨어지고 그을음병을 유발한다.
> • 이러한 피해 이외에도 줄무늬잎마름병, 검은줄오갈병 등의 바이러스병을 매개한다.

정답 34 ①　35 ③　36 ③　37 ③　38 ④　39 ①　40 ④

3과목   농약학

41 살비제(살응애제)가 갖추어야 할 특성으로 틀린 것은?

① 성충 및 유충에 대한 효과뿐만 아니라 살란효과도 있어야 한다.
② 잔효기간이 어느 정도 길어야 하며 저항성 유발이 적어야 한다.
③ 약제의 침투성이 강하여 살포 후 작물체 전체로 이행되어야 한다.
④ 응애류에만 선택적으로 작용하고 천적 및 유용생물에는 안전하여야 한다.

해설
살비제는 응애류에 선택적으로 방제해야 하며 작물에 대한 약해가 없어야 하고 잔존력이 강해야 한다.

42 농약의 제형 중 수화제(WP)의 분말도를 측정할 때 적용하는 메시(Mesh)의 규격은?

① 200 메시   ② 250 메시
③ 325 메시   ④ 350 메시

해설
수화제는 325 mesh에서 98% 이상 통과해야 한다.

43 농약의 제제에 사용되는 계면활성제의 작용으로서 가장 거리가 먼 것은?

① 활착작용   ② 습윤작용
③ 분산작용   ④ 세정작용

해설
계면활성제는 물과 기름의 계면에서 표면장력을 감소시켜 약품의 습윤성, 부착성 및 고착성, 확전성을 높여주는 역할을 한다.

44 농약을 식별하기 위해 라벨의 바탕 색깔을 달리하는데 황색 라벨은 어떤 약제를 의미하는가?

① 제초제   ② 살균제
③ 살충제   ④ 생장조정제

해설
농약의 식별에서 제초제는 황색 라벨을 사용한다.

45 제초제의 살초작용인 이행형 제초제와 접촉형 제초제에 대한 설명으로 틀린 것은?

① 접촉형 제초제는 생세포에 직접 작용하여 그 부분을 파괴하여 살초효과를 나타낸다.
② 접촉형 제초제는 작용이 속효적으로 나타난다.
③ 이행형 제초제는 수분이나 양분과 함께 약제가 식물체 내로 들어간다.
④ 이행형 제초제는 식물체에 처리한 제초제가 뿌리로부터 위쪽으로만 이동한다.

해설
이행형 제초제는 경엽, 뿌리 등 접촉부위에서 식물체 내의 작용점으로 이행되어 효과를 발휘하는 제초제를 말하며 특정 한 방향으로만 이행되지 않고 여러방향의 작용점으로 이행된다.

46 과실의 숙기를 촉진시키는 데 사용되는 에틸렌계의 약제는?

① 에테폰(ethephon)
② 지베렐린(gibberellic acid)
③ 아이비에이(IBA)
④ 토마토톤(4-CPA)

해설
액상의 물질인 에테폰은 식물에 살포하면 분해되면서 에틸렌을 발생시킨다.

정답 41 ③   42 ③   43 ①   44 ①   45 ④   46 ①

47 분제에 대한 설명으로 틀린 것은?
① 대부분 그대로 사용되는 제제이다.
② 유효성분 농도가 1~5% 정도이다.
③ 작물에 대한 고착성이 우수하다.
④ 잔효성이 유제에 비해 짧다.

해설
분제는 작물의 잔효성이나 고착성은 수화제나 유제에 비하여 낮은편이다.

48 살균제의 분류방법 중 살균기작에 의해 분류한 것은?
① 보호살균제, 직접살균제
② 호흡저해제, 생합성저해제
③ 구리제, 유기비소제
④ 경엽살포제, 토양소독제

해설
살균제의 작용기작에 의해 호흡저해, 단백질 합성 저해, 세포막 형성 저해, 세포벽 형성 저해로 분류된다.

49 25% DDT 유제(비중 : 1.0) 100ml 를 0.05% 의 살포액으로 만드는데 소요되는 물의 양은 약 몇 L 인가?
① 5 ② 25
③ 50 ④ 100

해설
희석할 물의 양
$= 원액 용량 \times (\frac{원액 농도}{희석할 농도} - 1) \times 원액 비중$
$= 100\,ml \times (\frac{25}{0.05} - 1) \times 1 = 49,900\,ml$
$≒ 약 50L$

50 Carbamate 계 살충제가 아닌 것은?
① Carbaryl ② BPMC
③ MIPC ④ DDVP

해설
DDVP 는 유기인계 살충제이다.

51 다음 농약 중 어류에 대한 독성이 큰 것부터 옳게 나열된 것은?
① 분제 > 수화제 > 유제
② 유제 > 수화제 > 분제
③ 수화제 > 유제 > 분제
④ 분제 > 유제 > 수화제

해설
어류에 대한 독성은 제제형태로 유제, 수화제, 수용제, 분제의 순으로 유제가 독성이 가장강하며 분제가 독성이 비교적 약하다.

52 유기인제에 의한 농약 중독 시 해독제 특효약으로 주로 사용할 수 있는 것은?
① 발(BAL)
② 팜(PAM)
③ 이디티에이-칼슘(EDTA-Ca)
④ 비타민-칼륨(Vitamin-K)

해설
유기인계 살충제 중독 해독제로 황산아트로핀 (atropine sulfate), 팜(PAM) 등이 있으며 팜(PAM)의 경우 황산아트로핀과 병용하여 사용하도록 권장하고 있다.

53 다음 중 제충국제의 살충유효성분이 아닌 것은?
① Pyrethrin I ② Pyrethrin II
③ Cinerin I ④ Rotenone

해설
로테논제(Rotenone)는 데라스의 뿌리에는 살충성분인 로테논이 함유되어 있다.

정답 47 ③ 48 ② 49 ③ 50 ④ 51 ② 52 ② 53 ④

54 보르도액의 사용상 주의사항으로 옳지 않은 것은?
① 만든 즉시로 살포하여야 하며 오래 두면 입자가 커져 약효가 떨어진다.
② 살포액이 완전 건조해서 막을 형성해야 하므로 비가 오기 직전이나 직후에 살포해서는 안된다.
③ 치료를 목적으로 사용하는 것이므로 발병 후 즉시 살포해야 한다.
④ 약해가 나기 쉬운 작물에 대해서는 8~10 두식의 묽은 보르도액을 살포해야 한다.

해설 보르도액은 발병 전에 사용하는 것이 좋다

55 피레트린(Pyrethrin) 성분을 함유하는 천연 살충용 식물은?
① 송지   ② 테리스
③ 제충국   ④ 연초

해설 피레트린은 제충국의 꽃 씨방에서 추출한다.

56 현수성과 수화성을 이용한 약제는?
① 유제   ② 용액
③ 수화제   ④ 수용제

해설 수화제는 물에 녹지 않는 주제를 벤토나이트 등의 점토광물과 계면활성제를 혼합 분쇄하여 제제한 것으로 현수성, 수화성, 고착성, 습진성 등이 좋아야 한다.

57 다음 중 침투성 살충제는?
① 카보퓨란 입제
② 다이아지논 유제
③ 페니트로티온 유제
④ 클로르피리포스 수화제

해설 카보퓨란은 카바메이트계 침투성 살충제이다.

58 우리나라에서 농약의 독성을 구분할 때 어디에 기준을 두고 분류하는가?
① 원제   ② 제품
③ 희석된 제품   ④ 농약잔류량

해설 농약은 제품별로 사람에게 해가 되는 정도에 따라 독성의 등급을 나눈다.

59 농약의 독성에 대한 설명 중 틀린 것은?
① 현재 등록된 농약은 대부분 저독성 농약이다.
② 고독성 농약은 취급제한 기준을 설정하여 별도로 관리한다.
③ 독성의 정도에 따라서 급성독성, 만성독성으로 구분한다.
④ 농약의 투여방법에 따라서 경구, 경피, 흡입독성으로 구분한다.

해설 독성의 강도에 따라 맹독성, 고독성, 보통독성, 저독성으로 분류한다.

정답 54 ③ 55 ③ 56 ③ 57 ① 58 ② 59 ③

60 독성을 표시할 때 중앙 치사량 LD_{50} 이란?
① 실험동물에 약을 처리하였을 때 20%를 죽이는 농약의 분량
② 실험동물에 약을 처리하였을 때 30%를 죽이는 농약의 분량
③ 실험동물에 약을 처리하였을 때 40%를 죽이는 농약의 분량
④ 실험동물에 약을 처리하였을 때 50%를 죽이는 농약의 분량

해설
동물의 반수인 50%정도가 치사하는 약품의 양을 반수치사량(LD_{50})이라 한다.

4과목 잡초방제학

61 비늘줄기인 인경으로 번식하는 광엽잡초는?
① 가래   ② 여뀌
③ 올방개 ④ 매자기

해설
가래는 논이나 습지에서 자라는 다년생 잡초이며 번식은 종자와 비늘줄기인 인경으로 번식한다.

62 방제법의 종류와 그 예가 잘못 짝지어진 것은?
① 물리적 방제법 : 흑색 비닐멀칭을 실시한다.
② 재배적 방제법 : 작물 파종 전 경운을 실시한다.
③ 생물적 방제법 : 상호대립억제작용을 이용한다.
④ 예방적 방제법 : 농업용수의 유입구에 잡초 종자 거름망을 설치한다.

해설
재배적 방제법은 해충의 생활환경을 개선하여 해충을 방제하는 방법으로 작물을 수확한 다음 포장을 경운하도록 한다.

63 페녹시계에 속하는 제초제가 아닌 것은?
① 이사-디 액제
② 엠시피에이 액제
③ 니코설퓨론 액상수화제
④ 할록시포프-아르-메틸 유제

해설
페녹시계 제초제로 2,4-D, MCPP, MCPB, 할록시포프, 플루아지호프, 페녹사프로프 등이 있다.

64 밭에 주로 발생하는 잡초는?
① 마디꽃   ② 쇠털골
③ 명아주   ④ 사마귀풀

해설
밭에서 주로 발생하는 밭잡초로는 명아주, 쇠비름, 바랭이, 깨풀 등이 있다.

65 겨울작물(밀, 유채 등) 포장에서 발생이 많은 잡초는?
① 여뀌   ② 바랭이
③ 쇠비름 ④ 벼룩나물

해설
겨울에 많이 발생하는 대표적인 겨울 잡초에는 둑새풀, 냉이, 개미자리, 벼룩나물, 점나도나물, 벼룩이자리, 별꽃, 속속이풀, 갈퀴덩굴 등이 있다.

66 설포닐우레아계 제초제의 작용기작은 무엇인가?
① 지방산 억제
② 호흡작용 억제
③ 세포분열 억제
④ ALS 효소 억제

해설
설포닐우레아계 제초제의 작용기구는 acetolactate synthase(ALS) 관련 아미노산 생합성 저해이다.

정답 60 ④ 61 ① 62 ② 63 ③ 64 ③ 65 ④ 66 ④

67 잡초 종자가 공간적으로 산포하기 위한 특징으로 옳지 않은 것은?

① 산포에 유리한 형태적 특성
② 발아에 불리한 환경조건에서의 휴면성
③ 바람, 물 및 인축의 동태와 관련된 이동성
④ 동물이 섭취하여도 잘 소화되지 않은 특성

해설
- 공간적 산포를 위해서는 비산이 가능한 형태적 특성, 다른 환경적 조건에 의한 이동, 동물의 배설에 의한 이동 등이 있다.
- 휴면성은 공간적 산포와는 관련이 없으며 불리한 환경조건을 극복하기 위한 방법이다.

68 작물과 잡초의 경합에서 가장 큰 경합을 나타내는 무기원소는?

① 인   ② 칼륨
③ 칼슘   ④ 질소

해설
질소는 식물의 필수 다량원소로서 큰 경합을 나타낸다

69 논에 다년생 잡초가 증가하는 요인으로 가장 거리가 먼 것은?

① 추경의 감소
② 인력 제초의 감소
③ 만기 이앙의 증가
④ 1년생 제초제의 연용

해설
논에 다년생 잡초의 증가는 제초제의 연용, 작부체계의 변화 혹은 춘, 추경의 감소 등의 요인이 있다 이앙 재배 방법은 잡초의 발생을 줄일수 있다.

70 2년생 잡초에 대한 설명으로 옳지 않은 것은?

① 망초, 냉이, 방가지똥 등이 있다.
② 2년 동안에 생활환을 완전히 끝낸다.
③ 월동기간에 화아가 분화하며 주로 온대지역에서 볼 수 있는 잡초이다.
④ 주로 봄과 여름에 발생하여 같은 해 여름과 가을까지 결실하고 고사한다.

해설
종자가 발아하고 1년까지는 영양생장을 하나 다음 해부터는 개화하여 종자를 생산하는데 이러한 특징으로 2년생 잡초라고 한다.

71 주로 밭에 발생하는 다년생 잡초가 아닌 것은?

① 별꽃   ② 메꽃
③ 쇠뜨기   ④ 소리쟁이

해설
밭에서 발생하는 다년생 잡초로 쇠뜨기, 소리쟁이, 엉겅퀴, 메꽃 등이 있다.

72 작물과 잡초의 경합에 대한 설명으로 옳은 것은?

① 종내경합이라고 할 수 있다.
② C_3 잡초의 경우 작물보다 광합성효율이 더 뛰어나다.
③ 초관형성이 늦은 작물에서는 제초 요구 기간이 일찍 시작된다.
④ 경합기간은 기상조건이나 재배방식과 무관하게 거의 일정하다.

해설
초관형성이 늦은 작물은 잡초와의 경합에 불리하기에 제초 요구 기간이 상대적으로 일찍 시작되어야 한다.

73 다음 설명에 해당하는 용어는?

> ◎ 강피의 경우 등숙 후에 탈락되어 발아에 적합한 환경조건이 부여되어도 발아하지 않고 휴면상태에 놓인다.
> ◎ 이 휴면은 겨울 동안 저온에서 서서히 타파된다.

① 강제휴면 ② 자발휴면
③ 내적휴면 ④ 이차휴면

[해설] 성숙한 종자가 적합한 발아조건이 되어도 발아되지 않고 새로이 발생되는 휴면 상태를 2차 휴면이라 한다.

74 잡초로 인한 장점이 아닌 것은?

① 토양 침식 방지
② 토양에 유기물 제공
③ 농가 작업 비용 감소
④ 내성작물 육성을 위한 자원

[해설] 잡초로 제거를 위한 농가의 작업 비용이 증가하고 작물의 수량감소 등으로 피해가 늘어난다.

75 여름작물 포장에 발생하는 주요 잡초가 아닌 것은?

① 별꽃, 냉이
② 깨풀, 강아지풀
③ 바랭이, 개비름
④ 여뀌, 참방동사니

[해설] 별꽃, 냉이는 겨울잡초이다.

76 잡초 종자 중에서 발아에 필요한 산소 농도가 가장 낮은 것은?

① 강피   ② 별꽃
③ 향부자 ④ 갈퀴덩굴

[해설] 강피의 경우 논잡초로 상대적으로 요구되는 산소 농도가 낮다.

77 영양번식에 의하여 번식하지 않고 포자 형태로 주로 번식하는 잡초는?

① 올미   ② 가래
③ 생이가래 ④ 너도방동사니

[해설]
· 올미, 너도방동사니는 괴경으로 가래는 지하경으로 영양번식한다.
· 생이가래는 무성생식과 포자번식을 통해 빠른 속도로 번식하는 1년생 수생잡초이다.

78 잡초의 생물학적 방제용으로 도입되는 곤충이 구비하여야 할 조건으로 가장 거리가 먼 것은?

① 영구적으로 소멸되지 않는 것
② 대상 잡초에만 피해를 주는 것
③ 대상 잡초의 발생지역에 잘 적응할 것
④ 인공적으로 배양 또는 증식이 용이한 것

[해설] 곤충의 경우 생물로서 방제하고자 하는 잡초를 없애면 소멸하거나 줄어야 한다.

정답 73 ④ 74 ③ 75 ① 76 ① 77 ③ 78 ①

79 광발아 잡초들로만 나열된 것은?
① 바랭이, 쇠비름, 개비름
② 독말풀, 향부자, 별꽃
③ 별꽃, 왕바랭이, 소리쟁이
④ 바랭이, 냉이, 별꽃

해설
광발아 잡초에는 바랭이, 쇠비름, 향부자, 강피, 소리쟁이, 개비름 등이 있다.

80 토양염분이 많은 간척지 논에서 주로 발생하는 방동사니과 잡초는?
① 올미 ② 매자기
③ 나도겨풀 ④ 물달개비

해설
간척지의 경우 염분이 높은 편이라 갯드렁새, 새섬매자기, 매자기, 올방개, 물옥잠 등의 내염성잡초가 우점한다.

정답 79 ① 80 ②

국가기술자격 필기시험문제

산업기사 CBT 9회 모의고사문제

자격종목	종목코드	시험시간	형별	수험번호	성명
식물보호산업기사		2시간			

※ 본문제는 수험생들의 기억을 바탕으로 작성 된 것으로 실제 문제와 차이가 있을 수 있습니다.

1과목 식물병리학

01 병원균이 땅속에서 월동하고 토양에서 병이 전반되는 것은?
① 콩 모잘록병
② 오이 흰가루병
③ 보리 겉깜부기병
④ 배나무 붉은별무늬병

[해설] 모잘록병은 토양 및 병든 식물에 월동하고 토양으로 전반된다.

02 세균에 의하여 발생하는 식물병의 주요 증상으로만 나열된 것은?
① 혹, 노란 가루
② 빗자루, 모자이크
③ 시들음, 가지마름
④ 갈색병반, 검은 돌기

[해설] 세균의 대표적인 종류로 벼 세균성줄무늬병, 벼 흰잎마름병, 맥류 검은마디병, 감자 둘레썩음병, 감자 더뎅이병 등이 있으며 주로 시들음, 가지마름 등의 증상이 나타난다.

03 벼 키다리병 방제에 가장 효과적인 방법은?
① 종자 소독
② 조식 재배
③ 약제 엽면 살포
④ 질소 비료 사용

[해설] 벼 키다리병의 방제법은 종자를 소독하고 건전한 종자를 선택한다.

04 소나무 잎떨림병 방제를 위한 약제 살포 시기로 가장 적합한 것은?
① 1월~2월
② 3월~5월
③ 6월~8월
④ 9월~11월

[해설] 소나무 잎떨림병은 전염피해가 시작되는 6월쯤부터 시작해 자낭반이 형성되는 7~8월까지 약제 살포를 실시한다.

05 균핵을 형성하지 않는 것은?
① 배추 균핵병
② 오이 흰가루병
③ 고추 흰비단병
④ 벼 잎집무늬마름병

[해설] 균핵은 균류의 영양체가 형성하는 구형 모양의 휴면체로 오이 흰가루병의 경우 균핵을 형성하지 않는다.

06 표징이 나타나는 병은?
① 포도 흰가루병
② 감자 빗자루병
③ 과꽃 누른오갈병
④ 감자 바이러스병

[해설] 포도 흰가루병은 잎 표면에 흰가루를 뿌린듯한 표징이 나타난다.

정답 01 ① 02 ③ 03 ① 04 ③ 05 ② 06 ①

07 토양 전염성 병이 해마다 많이 발생하는 이유로 가장 가능성이 높은 것은?
① 윤작
② 연작
③ 사질토양
④ 유기물 과다

해설
토양 전염성 식물병은 연작을 할 경우 피해가 더 커진다.

08 바이러스에 전신감염된 식물의 잎에서 일반적으로 볼 수 있는 병징은?
① 혹
② 무름
③ 썩음
④ 모자이크

해설
모자이크바이러스의 경우 잎에만 국부반점이 나타나는 국부병징이다.

09 곰팡이의 유성생식 결과 만들어지는 기관이 아닌 것은?
① 난포자
② 후막포자
③ 자낭포자
④ 접합포자

해설
후막포자는 무성포자의 일종으로 산포의 기능은 없고 생식세포적 의미의 포자는 아니다. 유성생식의 결과물로 난포자, 자낭포자, 접합포자 등이 있다.

10 판별품종에 대한 설명으로 옳은 것은?
① 기주의 저항성을 결정할 때 쓰는 품종
② 기주의 유전성을 결정하는데 사용하는 품종
③ 병원균의 병원성 분화를 결정하는 데 사용하는 품종
④ 기주에 대한 환경의 영향을 결정할 때 쓰는 품종

해설
레이스를 구별하는 기준품종을 판별품종이라 하며 최종적으로 병원성 분화를 통해 레이스를 판정한다.

11 그을음병이 식물에 미치는 영향으로 옳은 것은?
① 세포조직을 분해하여 연부를 일으킨다
② 통도조직을 막으므로 시들음병을 유발한다.
③ 기주 표면을 덮으므로 광합성에 지장을 준다.
④ 조직분화가 비정상적으로 유도되어 기형이 된다.

해설
그을음병은 잎에 그을음과 같은 균총이 발생하여 광합성에 지장을 준다.

12 오이 노균병에 대한 설명으로 옳은 것은?
① 세균에 의해 발생한다.
② 주로 줄기에 발생한다.
③ 질소질 성분이 부족할 경우 잘 발생한다.
④ 시설재배보다 노지재배할 경우 피해가 더 크다.

해설
진균에 의해 발생하는 오이 노균병은 질소질 성분이 부족한 장마철에 많이 발생한다.

13 무성포자에 해당하는 것은?
① 난포자
② 분생포자
③ 자낭포자
④ 담자포자

해설
무성포자에는 분생포자, 후막포자 등이 있다.

정답 07 ② 08 ④ 09 ② 10 ③ 11 ③ 12 ③ 13 ②

14 식물병 진단에 이용하기 위하여 특정 병원체의 침입에 민감하게 반응하는 식물로서 주로 바이러스병 진단에 많이 사용되는 것은?
① 지표식물 ② 표적식물
③ 진단식물 ④ 실험식물

해설
식물의 감수성을 이용하는 것을 지표식물이라 한다.

15 물에 의해 전반되는 식물 병원체가 아닌 것은?
① 세균 ② 선충
③ 균류 ④ 바이러스

해설
바이러스는 매개충에 의해 전반된다.

16 식물병과 중간기주를 바르게 연결한 것은?
① 소나무 혹병 - 쑥부쟁이
② 잣나무 털녹병 - 송이풀
③ 포플러 잎녹병 - 향나무
④ 사과나무 붉은별무늬병 - 포플러류

해설
잣나무 털녹병의 중간기주는 송이풀, 까치밥나무가 있다.

17 일반적으로 세균이 침입할 수 없는 부위는?
① 기공 ② 각피
③ 수공 ④ 상처

해설
세균은 주로 기공, 수공, 상처부위를 통해 침입한다.

18 식물병 방제를 위하여 Millardet가 개발한 것으로 당시 유행한 포도 노균병을 방제하기 위해 구리가 가진 독성을 이용한 것으로 현재에도 많이 사용되는 살균제는?
① BT제 ② PCNB
③ 유황합제 ④ 보르도액

해설
1885년 Millardet에 의해 개발된 보르도액은 구리와 석회를 재료로 현재 많이 사용되고 있는 살균제 중 하나이다.

19 벼 이삭누룩병균은 분류학상 어느 균류에 속하는가?
① 난균 ② 담자균
③ 자낭균 ④ 불완전균

해설
벼 이삭누룩병균은 자낭균에 의해 발생한다.

20 병원균에 대한 기주 저항성 중 품종고유의 소수 주동유전자에 의해 발현되기 때문에 재배환경에 영향을 적게 받으나 레이스의 변이에 의하여 감수성으로 되기 쉬운 것은?
① 수평 저항성 ② 침입 저항성
③ 수직 저항성 ④ 감염 저항성

해설
수직저항성은 외부환경에 대해 안정적이나 새로운 레이스가 생길 경우 저항성이 약해지는 단점이 있다.

정답 14 ① 15 ④ 16 ② 17 ② 18 ④ 19 ③ 20 ③

2과목 농림해충학

21 향나무하늘소(측백하늘소)의 월동태는?
① 알 ② 유충
③ 번데기 ④ 성충

해설) 향나무하늘소는 1년에 1회 발생하며 성충으로 월동한다.

22 분류학적 위치로 온실가루이의 목(目)은?
① 총채벌레목 ② 날도래목
③ 노린재목 ④ 매미목

해설) 온실가루이는 매미목에 속한다.

23 지구상에 곤충이 번창하게 된 원인이 아닌 것은?
① 날개가 있다.
② 몸의 크기가 작다.
③ 변태가 가능하여 불리한 환경에 잘 적응한다.
④ 온혈동물로 부적당한 환경에서 오래 견딜 수 있다.

해설) 곤충은 변온성이라 체온을 유지하기 위한 에너지 소비가 적어 번창하게 되었다

24 모기가 벽에 앉을 때 언제나 머리쪽이 위로 향하는데, 이러한 성질은?
① 주광성 ② 주화성
③ 주촉성 ④ 주지성

해설) 곤충이 앉아 머리 쪽이 위로 향하는 성질을 주지성이라 한다.

25 일본으로부터 천적을 수입하여 제주 감귤원의 해충방제에 성공한 사례로서 기록된 해충명은?
① 가루깍지벌레
② 이세리아깍지벌레
③ 루비깍지벌레
④ 화살깍지벌레

해설) 루비깍지벌레는 일본으로부터 천적인 루비붉은강충좀벌을 도입하여 방제에 성공하였다

26 최근 도시의 버즘나무 잎이 부분적으로 퇴색되고 피해가 진전됨에 따라 조기에 갈색으로 마르는 피해를 입히는 해충은?
① 진딧물류 ② 깍지벌레류
③ 방패벌레류 ④ 흰불나방

해설)
· 버즘나무 잎에 피해를 주는 버즘나무방패벌레는 잎에 군서생활을 하면서 잎을 흡즙한다.
· 피해를 입은 나무는 잎이 퇴색되고 황갈색으로 변색된다.

27 곤충이 오늘날과 같이 번성하게 된 원인으로 거리가 먼 것은?
① 몸의 크기가 작아 잘 피하고 숨을 수 있다.
② 외골격이 발달하여 몸을 보호한다.
③ 높은 번식력과 적응력으로 종이 증가하였다.
④ 내골격 구조가 잘 발달되어 근육이 부착할 수 있도록 되어 있다.

해설) 곤충은 내골격 구조가 거의 발달하지 않았다.

정답 21 ④ 22 ④ 23 ④ 24 ④ 25 ③ 26 ③ 27 ④

28 수정낭에 대한 설명으로 옳은 것은?
① 수컷에서 만들어진 정자를 임시로 보관하는 곳
② 교미 후 수컷에서 받은 정자를 보관하는 곳
③ 수컷의 생식기관으로 정충을 만드는 곳
④ 교미 후 정자와의 수정이 일어나는 곳

> 해설
> 수정낭은 교미 후 수컷에서 받은 정자를 보관하는 곳으로 정자가 좀더 오래 살아남을 수 있다.

29 곤충의 혈구 중 부정형혈구, 편도혈구 및 판막혈구의 공통적인 기능은?
① 산소운반 ② 식균작용
③ 혈액응고 ④ 단백질운반

> 해설
> 곤충의 혈구에서 부정형혈구, 편도혈구, 판막혈구, 원시혈구 등은 식균작용을 한다.

30 소나무 재선충을 매개하는 해충은?
① 솔잎혹파리
② 솔수염하늘소
③ 미국흰불나방
④ 버즘나무방패벌레

> 해설
> 솔수염하늘소는 소나무재선충의 매개충으로 천공성 해충에 속한다.

31 페로몬에 대한 설명으로 옳은 것은?
① 체내의 생리조절 물질이다.
② 같은 종내 개체간의 통신물질이다.
③ 다른 종간의 통신물질이며 전달 방법이 생산자에게 유리하다.
④ 다른 종간의 통신물질이며 전달 방법이 수신자에게 유리하다.

> 해설
> 같은 종의 이성을 유인하는 성페로몬, 서식지에서 동족을 부르는 집합페로몬, 위험을 전파하는 경보페로몬, 길을 안내하기 위한 길잡이 페로몬, 동족의 과밀현상을 피하기 위한 분산페로몬 등 목적에 따라 다양한 페로몬이 있다.

32 곤충에서 수컷 생식계의 3대 구성요소로 가장 거리가 먼 것은?
① 정소   ② 수란관
③ 수정관 ④ 사정관

> 해설
> 수란관은 암컷의 생식기관이다.

33 벼해충 중 대표적인 비래해충은?
① 이화명나방 ② 벼멸구
③ 끝동매미충 ④ 번개매미충

> 해설
> 비래해충에는 멸강나방, 벼멸구, 혹명나방 등이 있다.

34 농생태계와 비교하여 산림생태계의 특성에 대한 설명으로 가장 거리가 먼 것은?
① 군집구조가 복잡하다.
② 안정된 생태계이다.
③ 생물 종의 구성이 단순하다.
④ 자연적인 생태계이다.

> 해설
> 산림생태계는 생물 종의 구성이 다양하다.

정답 28 ② 29 ② 30 ② 31 ② 32 ② 33 ② 34 ③

35 아성충 단계가 있고, 유충은 기관아가미로 호흡하는 곤충류는?

① 모기 ② 파리
③ 총채벌레 ④ 하루살이

해설
- 아성충 단계는 하루살이목에서만 관찰되는 특이한 발생단계로 아성충단계에서 탈피를 해야 완전한 성충이 된다.
- 또한 하루살이는 배의 마디에 한쌍의 기관아가미를 가지고 이를 통해 호흡을 한다.

36 외시류 곤충의 겹눈을 구성하는 낱눈의 수의 변화에 대한 설명으로 옳은 것은?

① 약충 발육기간 중에만 증가한다.
② 변태기에만 증가한다.
③ 탈피기와 변태기에 모두 증가한다.
④ 아무런 수의 변화가 없다

해설
겹눈을 구성하는 낱눈은 곤충에 따라 차이가 나며 개미의 경우 수개, 잠자리의 경우 1만개~2만8천개 정도로 다양하다.

37 간모를 통해 단위생식을 하는 것은?

① 배추순나방 ② 점박이응애
③ 가루깍지벌레 ④ 복숭아혹진딧물

해설
간모가 단위생식으로 증식하는 해충으로 진딧물류가 있다.

38 곤충의 생리에 대한 설명으로 가장 거리가 먼 것은?

① 기관 호흡을 한다.
② 연속되는 탈피를 통해 몸을 키운다.
③ 완전변태류의 경우 번데기 과정을 거친다.
④ 혈액 속 헤모글로빈에 의해 산소를 공급받는다.

해설
곤충은 혈액을 통해 산소를 운반하지 않으며 호흡계를 통해 산소를 공급받는다.

39 다음 중 가해하는 기주가 가장 다양한 해충은?

① 벼멸구 ② 솔잎혹파리
③ 사과혹진딧물 ④ 미국흰불나방

해설
미국흰불나방은 주로 포플러, 벚나무 등에 피해를 주는데 활엽수 200 여종 정도로 피해 범위가 넓다

40 점박이응애에 대한 설명으로 옳지 않은 것은?

① 알은 투명하다.
② 기주범위가 넓다
③ 부화직후의 약충은 다리가 4쌍이다.
④ 여름형과 월동형 성충의 몸 색깔이 다르다

해설
점박이응애의 약충은 다리가 3쌍이다.

정답 35 ④ 36 ③ 37 ④ 38 ④ 39 ④ 40 ③

3과목 　　　　**농약학**

41 살균제의 주성분에 의한 분류에 해당되지 않는 것은?
① 유기수은제　② 토양소독제
③ 유기주석제　④ 무기황제

<u>해설</u>
토양소독제는 용도에 따른 분류에 속한다.

42 베노밀에 대한 설명으로 옳은 것은?
① 살균제이다.
② 황색의 액제이다.
③ 알칼리 약제와 혼용이 가능하다.
④ 휘발성이 있어 침투이행성이 낮다.

<u>해설</u>
베노밀은 흰가루병, 탄저병에 이용하는 침투성 살균제이다.

43 농약관리법상 농약의 독성정도에 따른 독성 구분이 아닌 것은?
① 급성독성　② 저독성
③ 고독성　　④ 맹독성

<u>해설</u>
독성의 강도에 따라 맹독성, 고독성, 보통독성, 저독성으로 분류된다.

44 50% DDVP 유제 100mL를 0.01%의 용액으로 하여 살포하려고 한다. 희석에 소요되는 물의 양은?(단, 50% DDVP 의 비중은 2.0 이다.)
① 500L　　② 1000L
③ 5000L　④ 10000L

<u>해설</u>
희석할 물의 양
$= 원액 용량 \times (\dfrac{원액 농도}{희석할 농도} - 1) \times 원액 비중$
$= 100\,ml \times (\dfrac{50\%}{0.01\%} - 1) \times 2 = 999,800\,ml$
$= 999.8\,l$

45 다음 중 보조제의 구비조건으로 옳지 않은 것은?
① 작물에 피해가 없어야 한다.
② 주제를 변질시키지 않아야 한다.
③ 주제나 용제와 친화성이 있어야 한다.
④ 경수에는 사용할 수 없어야 한다.

<u>해설</u>
칼슘이온이 함유된 경수에서도 사용할수 있어야 한다.

46 분제의 제조방법에 대한 설명으로 옳지 않은 것은?
① 제품조성의 대부분을 증량제가 차지하고 있으므로 품질은 증량제의 이화학적 성질에 영향을 받는다.
② 물리성 개량제로서 PAP 가 사용되며 분해방지제로서 유기산 등이 사용된다.
③ 물리성으로 중요한 것은 분말도, 토분성 및 분산성이다.
④ 주성분이 액상인 경우 Bentonite 나 모래 등에 주제를 흡착시켜 제조한다.

<u>해설</u>
분제는 유효성분을 점토광물과 보조제를 혼합하여 만든 미분말이다.

정답 41 ②　42 ①　43 ①　44 ②　45 ④　46 ④

47 토양소독용 전문약제로서 연작장해를 막아주며 건전한 토양을 만들어주는 효과가 있는 살충 살균제는?
① 디클로르보스 ② 펜토에이트
③ 피메트로진   ④ 메탐소듐

해설
- 메탐소듐은 뿌리혹선충, 뿌리썩음병과 같은 식물병에 효과적인 토양소독제이다.
- 산소와 결합하여 생물의 세포에서 산소를 이용하지 못하게 방해하여 병원균, 곤충 등을 방제하는 것이다.

48 토양 중의 방사선균인 *Streptomyces avermitilis* 의 배양액에서 분리한 항생제계 살충, 살비제는?
① Abamectin   ② Bensultap
③ Methomyl   ④ Cartap

해설
아바멕틴(Abamectin)은 토양방사선균인 *Streptomyces avermitilis*에서 분리된 항생제계 살충제로 응애, 진딧물 등에 효과가 있다.

49 유제가 갖추어야 할 구비조건으로 가장 거리가 먼 것은?
① 물로 희석하였을 때 유효성분이 석출하지 않고 유탁액을 만드는 유화성
② 유효성분이 보존 중 또는 사용 중에 분해되지 않는 안전성
③ 살포 후 작물이나 해충의 표면에 고르게 퍼지고 부착하는 확전성
④ 물을 가하여 조제한 현탁액에 있어서 입자가 균일하게 분산 부유하는 분산성

해설
- 유제는 유기용매를 녹여 유화제를 첨가한 용액으로 유효성분의 안전성과 유화성이 주요 관리 항목이다.
- 그리고 많은 양의 물에 희석하여 분무기를 이용해 살포하기에 확전성도 있어야 한다.

50 식품계수란?
① FAO 가 발표하는 식품에 허용하는 기준치이다.
② 동물실험으로 얻어진 농약의 무작용량에 100을 곱한 값이다.
③ 사람이 하루에 섭취하여도 영향이 없는 농약 잔류량이다.
④ 어떤 농약이 잔류할 우려가 있는 식품군의 전 식사량 중에서 차지하는 평균적 비율을 말한다.

해설
식품계수는 농약의 잔류허용량을 구하기 위한 요소로 섭취량에서 농약 잔류의 가능성이 있는 식품군의 비율을 의미한다.

51 농약제조용 용제의 특성에 대한 설명 중 틀린 것은?
① 실제로 사용되는 용제는 불연성이어서 안전하다.
② 용제의 종류에서 인축에 유해한 활성을 보이는 것은 농약제조용으로 사용되기 어렵다.
③ 용제가 농약의 유효성분을 화학적으로 분해시켜서는 안된다.
④ 소량의 용매로 가능한 많은 양의 농약원제 또는 다른 보조제를 녹일 수 있어야 한다.

해설
농약제조용 용제의 특성상 불연성이어야 안전하기보다 유효성분을 녹이고 용해도가 커야하며 약해가 없는 것이 안전하다.

정답 47 ④ 48 ① 49 ④ 50 ④ 51 ①

52 입제 제제 시 증량제로 사용되지 않는 것은?
① 벤토나이트 ② 탈크
③ 카올린 ④ 라그닌술폰산염

해설
증량제의 종류로 규조토, 고령토, 탈크, 벤토나이트, 카올린 등이 있다.

53 화본과 및 광엽잡초의 경엽과 뿌리를 통하여 동시에 흡수 이행되어 살초작용을 나타내는 이미다졸리논계 제초제는?
① 이마조설퓨론수화제
② 이마자퀸액제
③ 세톡시딤유제
④ 벤타존액제

해설
이마자퀸액제는 잡초생육초기의 화본과 및 광엽잡초의 경엽에 살포하며 잡초에 흡수 이행되어 살초작용을 하는 이미다졸리논계 제초제이다.

54 살충제의 살충 작용점의 기작이 아닌 것은?
① 균체성분 생합성 저해
② 에너지생성 저해
③ 신경기능 저해
④ 키틴 생합성 저해

해설
살충제의 작용기작으로 신경기능의 저해, 에너지 대사의 저해, 키틴 생합성 저해, 호르몬 균형 교란, 미생물 살충제 등이 있다.

55 다음 중에서 천연 성분의 살충제가 아닌 것은?
① 피레트린(Pyrethrin)
② 파라티온(Parathion)
③ 니코틴(Nicotine)
④ 로테논(Rotenone)

해설
천연 살충제로 피네트린, 로테논제, 니코틴제가 있다.

56 보르도액의 주성분에 해당하는 것은?
① 벤젠(C_6H_6)
② 다황산칼슘(CaS_5)
③ 황산구리($CuSO_4 \cdot 5H_2O$)
④ 페닐초산수은($Hg \cdot OOC \cdot CH_3$)

해설
보르도액은 황산구리와 생석회를 주성분으로 한다.

57 다음 중 농약의 화학적 변화라고 보기 어려운 것은?
① DDVP 유제가 수산화이온(OH)에 의해 유기산과 페놀류 등으로 분해된다.
② 만코제브 수화제가 대기 중에서 분해된다.
③ 토양 중의 금속이 농약과 반응하여 농약을 분해한다.
④ 미생물에 의한 농약의 분해는 환경오염을 방지한다.

해설
미생물에 의한 농약의 분해는 미생물이 유기농약의 탄소가 있어 미생물에 의해 분해되는 것으로 화학적 반응이나 변화로 보기는 어렵다

정답 52 ④ 53 ② 54 ① 55 ② 56 ③ 57 ④

58 논에 물을 대면서 물꼬에서 약제를 처리하도록 개발된 제형은?

① 수면전개제 ② 입상수화제
③ 미탁제   ④ 액상수화제

해설
수면전개제는 논위에 약제를 살포할 때 빠르게 퍼지도록 개발된 약제로 논에 물을 대면서 처리하는 것이 효과적이다.

59 유기인계 농약의 특징에 대한 설명으로 가장 거리가 먼 것은?

① 잔류성이 길다.
② 알칼리에 분해되기 쉽다.
③ 인축에 대한 독성이 강한 약제가 많다.
④ 살충력이 강하고 적용해충 범위가 넓다.

해설
유기인계 농약은 독성은 강하지만 분해가 빠른 편이라 잔류성은 상대적으로 짧다

60 수화제, 수용제 등의 살포액에 기포제를 가하여 전용노즐로 공기와 교반하여 가는 거품의 집합체로 살포하는 방법은?

① 분무법   ② 미스트법
③ 스피링클러법 ④ 폼스프레이법

해설
폼스프레이는 살포액에 기포제를 가하여 전용 노즐로 공기와 교반하는 거품의 집합체로 살포하는 기기이다.

4과목 잡초방제학

61 농경지에 발생하는 잡초군락의 구성변화에 관여하는 가장 중요한 요인은?

① 제초제 사용
② 경운정지의 변화
③ 재배법 등 경지 이용형태의 변화
④ 토지기반정비에 의한 입지조건의 변화

해설
잡초군락의 천이는 재배작물 변화, 작부체계 변화, 경종조건 변화, 제초방법 변화 등이 있으며 동일 제초제의 연속 사용의 경우 저항성 잡초들의 발생으로 천이에 가장 큰 영향을 준다.

62 물옥잠과 잡초에 해당하는 것은?

① 물피   ② 물수세미
③ 물고랭이   ④ 물달개비

해설
물달개비는 물옥잠과 한해살이로 논이나 못의 물가에서 잘 자란다.

63 잡초의 밀도가 증가하면 작물의 수량이 점차 감소되지만 어느 수준 밀도 이하에서는 잡초가 존재하더라도 작물의 수량에 크게 영향을 미치지 않는 잡초 밀도는?

① 상호억제 대립밀도
② 작물생육 한계밀도
③ 잡초생육 한계밀도
④ 잡초허용 한계밀도

해설
• 잡초허용한계밀도는 잡초의 밀도가 증가하면 양분의 손실 등으로 작물의 수량이 감소하는 밀도이다.
• 허용한계밀도 이하로 잡초가 존재할 경우에는 작물의 수량에 영향을 미치지 않게 된다.

정답 58 ① 59 ① 60 ④ 61 ① 62 ④ 63 ④

64 다년생 잡초가 아닌 것은?
① 쑥   ② 피
③ 가래   ④ 향부자

해설
피는 1년생 잡초이다.

65 벼의 유효분얼이 끝날 때부터 유수형성기 이전까지 살포하는 제초제는?
① 이사-디 액제
② 티오벤카브 유제
③ 뷰타클로르 유제
④ 사이할로프로뷰틸·프로파닐 유제

해설
2,4-D 제초제는 벼와 같은 화곡류의 경우 유효분얼 종지기 ~ 유수형성기 사이에 처리하는 것이 좋다

66 채소밭의 잡초방제에 대한 설명으로 옳은 것은?
① 비닐 터널 재배는 고온 다습하므로 잡초 발생이 경감된다.
② 노지재배의 경우는 생육 후기에 중점적으로 잡초 방제를 실시한다.
③ 시설원예의 경우에는 소수의 잡초가 대형화 될 수 있으므로 제초에 특히 힘쓴다.
④ 흑색의 불투명한 필름으로 멀칭할 경우 백색의 투명한 필름보다 잡초 발생이 많아진다.

해설
시설원예는 잡초가 자랄수 있는 최적의 조건이 되어 대형화의 가능성이 있기에 제초에 신경써야 한다.

67 제초제의 선택성과 관련이 적은 것은?
① 선별 대사   ② 선별 흡수
③ 선별 이행   ④ 선별 광합성

해설
제초제의 경우 식물의 크기, 외형, 표면상태, 생장점위치 등을 고려하며 광합성과는 관련이 적다.

68 제초제의 용탈이 가장 심한 토양은?
① 사토   ② 양토
③ 식토   ④ 사양토

해설
사토는 함수율이 낮고 공극이 많아 배수성이 커서 제초제의 용탈이 가장 심하다.

69 벼 재배양식 중에서 잡초 발생이 가장 많은 것은?
① 건답직파   ② 담수직파
③ 성묘 손이앙   ④ 어린모 기계이앙

해설
• 이앙보다는 직파에서 경합력이 낮아 잡초 발생량이 많다.
• 또한 담수직파의 경우 특정 잡초만 발생하지만 건답직파의 경우 발생하는 잡초의 종류 및 수량이 많다.

70 잡초로 인한 피해 양상이 아닌 것은?
① 작물의 수량 감소
② 농작물의 품질 저하
③ 토양의 유실 가속화
④ 병해충의 서식지 역할

해설
잡초는 토양의 유실을 막아준다.

정답 64 ② 65 ① 66 ③ 67 ④ 68 ① 69 ① 70 ③

71 잡초 종자의 모양이 올바르게 연결된 것은?

① 포크 모양 : 바랭이, 어저귀
② 낙하산 역할의 솜털 : 민들레, 망초
③ 비늘 모양의 가시 : 도깨비바늘, 명아주
④ 낚시 바늘 모양의 돌기 : 도꼬마리, 달개비

해설
낙하산 모양의 비산형 종자로 민들레, 망초, 박주가리가 있다.

72 페녹시계 제초제가 아닌 것은?

① 이사-디 액제
② 벤타존 액제
③ 엠시피에이 액제
④ 메코프로프-피 액제

해설
벤타존은 벤조치아디아지논계 제초제이다.

73 주로 논에 발생하는 잡초로만 올바르게 나열한 것은?

① 강피, 벗풀
② 깨풀, 쇠털골
③ 마디꽃, 바랭이
④ 괭이밥, 알방동사니

해설
논에서 발생하는 잡초에는 너도방동사니, 올미, 가래, 나도겨풀, 매자기, 올챙이고랭이, 개구리밥, 미나리, 벗풀, 강피 등이 있다.

74 작물 경합 특성을 이용한 잡초방제법이 아닌 것은?

① 이앙 재배   ② 연작 재배
③ 피복식물 재배 ④ 답전 전환 재배

해설
경합특성을 이용한 잡초방제법으로 작부체계(답전윤환재배), 재식밀도, 이식 및 이앙, 경합력이 큰 식물의 선택(피복식물) 등의 방법이 있다.

75 제초제의 선택성에 대한 설명으로 옳지 않은 것은?

① 잎이 좁거나 적을수록 살포한 제초제의 접촉이 적게 된다.
② 생장점의 노출 여부에 따라 제초제 선택성이 달라지지 않는다.
③ 잎에 털이 많을수록 수용성 제초제의 습윤 및 전착이 크게 떨어진다.
④ 잎의 표면조직, 잎이 줄기에 붙어 있는 각도 등에 따라 선택성이 달라진다.

해설
제초제의 경우 식물의 크기, 외형, 표면상태, 생장점위치 등을 고려하여 선택하게 되며 생장점의 노출 여부에 따라 제초제 선택성이 달라진다.

76 일반적으로 잡초에 의한 피해를 줄이기 위하여 철저히 방제를 하여야 할 작물의 생육시기는?

① 생육 초기   ② 생육 중기
③ 생육 말기   ④ 생육 모든 기간

해설
잡초가 발아하기 전 혹은 생육 초기에 미리 방제하여야 차후 작물과의 경합력이 약해져 피해를 줄일 수 있다.

77 다음 중 외래잡초로 가장 옳은 것은?

① 단풍잎돼지풀 ② 바랭이
③ 여뀌   ④ 명아주

해설
외래 잡초에는 미국가막사리, 미국개기장, 가는털비름, 단풍잎돼지풀, 소리쟁이, 도꼬마리, 서양민들레, 개망초, 애기달맞이꽃 등이 있다.

정답 71 ② 72 ② 73 ① 74 ② 75 ② 76 ① 77 ①

78 잡초의 생장형에 따른 잡초의 분류로 가장 적절하지 않은 것은?

① 포복형 - 메꽃, 나도겨풀
② 직립형 - 가막사리, 사마귀풀
③ 총생형 - 억새, 둑새풀
④ 로제트형 - 민들레, 질경이

해설
사마귀풀은 포복형이다.

79 다음 중 제초제와 토양과의 관계에서 흡착력에 가장 크게 관여하지 않는 요인은?

① 점토광물의 종류
② 양이온 치환 용량
③ 토양유기물 함량
④ 토양의 수소이온 농도

해설
· 토양의 흡착력은 점토광물, 양이온 치환용량, 유기물의 함량 등에 영향을 받는다.
· 예를 들어 부식콜로이드는 양분의 흡착력이 강한 편이다.

80 제초제의 효과적이며 안전사용을 위하여 유의하여야 할 사항으로 가장 옳은 것은?

① 적량보다 적게 사용하는 것이 효과적이다.
② 적량보다 많이 사용하는 것이 효과적이며 안전하다.
③ 적기를 놓쳤을 때에는 적량보다 많은 양을 사용해야 한다.
④ 알맞는 제초제를 선택하여 적기에 적량을 살포해야 한다.

해설
제초제는 적량을 사용하는 것이 효과적이고 안전하다.

정답 78 ② 79 ④ 80 ④

국가기술자격 필기시험문제

산업기사 CBT 10회 모의고사문제				수험번호	성명
자격종목 식물보호산업기사	종목코드	시험시간 2시간	형별		

※ 본문제는 수험생들의 기억을 바탕으로 작성 된 것으로 실제 문제와 차이가 있을 수 있습니다.

1과목 식물병리학

01 대추나무 재배에서 가장 큰 문제가 되는 병해이며 항생제의 수간주입에 의하여 방제가 가능한 것은?
① 역병 ② 노균병
③ 탄저병 ④ 빗자루병

해설
대추나무 빗자루병은 파이토플라스마에 의해 발생하며 옥시테트라사이크린계의 수간주입을 통해 방제 가능하다.

02 매개충으로 인하여 전염되는 병은?
① 벼 오갈병
② 보리 흰가루병
③ 사과나무 부란병
④ 배나무 붉은별무늬병

해설
벼 오갈병은 끝동매미충, 번개매미충 등에 의해 전반된다.

03 저항성이었던 품종이 같은 병원균에 의하여 이병화되는 주요 원인으로 옳은 것은?
① 지구 온난화
② 품종 자체의 퇴화
③ 농약 살포의 소홀
④ 병원균의 새로운 변이주 출현

해설
저항성을 가진 품종이 이병화 현상이 발생하는 것은 병원균이 새로운 변이주가 나타나면서 저항성이 발휘되지 않게 된다.

04 병원균의 중간기주를 제거함으로써 방제할 수 있는 병은?
① 고추 역병 ② 오이 노균병
③ 밀 줄기녹병 ④ 보리 깜부기병

해설
맥류 줄기녹병의 중간기주인 매자나무를 제거하면 방제할 수 있다.

05 수목병의 표징이 아닌 것은?
① 소나무 피목에 농황색의 돌기 형성
② 오동나무에 다수 발생한 작은 가지
③ 잣나무 줄기에 나타난 황색의 주머니
④ 일본잎갈나무 부후목 뿌리 부위에 발생한 버섯

해설
· 오동나무에 작은 가지가 다수 발생하여 총생하는 것은 오동나무 빗자루병으로 이는 마이코플라스마에 의해 발생한다.
· 바이러스와 마이코플라스마에 의한 수목병은 병징만 관찰되며 표징은 나타나지 않는다.

정답 01 ④ 02 ① 03 ④ 04 ③ 05 ②

06 오이 덩굴쪼김병에 대한 설명으로 옳은 것은?
① 산성 토양에서는 잘 발생하지 않는다.
② 주로 18℃ 이하의 온도에서 잘 발생한다.
③ 종자 전염보다는 주로 매개충에 의해 전염된다.
④ 토마토 시들음병균과 동일한 세균 속에 해당된다.

해설
오이 덩굴쪼김병과 토마토 시들음병균은 진균에 의해 발생한다.

07 다음 설명에 해당하는 감귤의 병은?

◎ 감귤에 발생하여 큰 피해를 주는 세균병이다.
◎ 과일, 잎, 잔가지 등에 나타나며 잎에서는 초기가 약간 돌출된 작은 원형 병반이 되고 그 병반 주위가 수침상이 되며 후기에는 확대되면서 불규칙한 모양으로 되고 심하게 발생될 경우 조기낙엽의 원인이 되기도 한다.

① 궤양병 ② 탄저병
③ 갈색썩음병 ④ 소립검은점무늬병

해설
· 궤양병은 감귤이나 토마토 등에 피해를 많이 주며 세균에 의해 발생한다.
· 잎, 가지, 열매에 발생하여 반점형태가 나타나고 심할 경우 잎이 뒤틀려 낙엽된다.

08 식물체의 병 발생에 관여하는 3가지 요소에 해당하지 않는 것은?
① 환경 ② 병원균
③ 기주식물 ④ 경제적 피해

해설
식물병 발생에 관여하는 3요소로 병원체, 환경, 기주식물이 있다.

09 흰가루병이 잘 발생하지 않는 기주식물은?
① 오이 ② 감자
③ 장미 ④ 사과나무

해설
흰가루병은 오이, 호박, 참외, 팥, 맥류, 사과나무 등의 잎과 줄기에 주로 발생한다.

10 배추 무사마귀병이 발생한 밭에 석회를 사용하여 토양의 pH를 높일 경우 예상되는 결과는?
① 줄어든다.
② 많아진다.
③ 변함이 없다
④ 줄어들었다가 많아진다.

해설
토양의 PH를 높이면 알칼리성에 가까워져 배추 무사마귀병의 발생이 줄어든다.

11 식물 바이러스의 특징이 아닌 것은?
① 핵단백질 거대분자이다.
② 살아있는 세포 내에서만 증식한다.
③ 광학현미경을 통해서만 볼 수 있다.
④ 막대형, 구형, 간상형 등 여러 가지 모양이 있다.

해설
식물 바이러스는 광학현미경으로 관찰이 불가능하다.

12 모래땅이나 유기질이 적은 논에서 발생하기 쉬운 병은?
① 벼 도열병 ② 벼 키다리병
③ 벼 흰잎마름병 ④ 벼 깨씨무늬병

해설
벼 깨씨무늬병은 양분이 부족한 산성토양에서 잘 발생한다.

정답 06 ④ 07 ① 08 ④ 09 ② 10 ① 11 ③ 12 ④

13 파종기를 늦추어 감수성 품종의 병 발생을 막았다면 이것은 무엇을 이용한 방제방법인가?

① 내성 ② 회피
③ 면역성 ④ 저항성

해설
저항성이 없이 파종기를 늦추어 병 발생을 막은 것을 병 회피 현상이라 한다.

14 기주범위가 좁고 기주가 없으면 오래 생존하지 못하고 쉽게 사멸하는 병원균의 방제방법으로 효과적인 것은?

① 윤작 ② 접목
③ 멀칭 ④ 연작

해설
윤작은 기주범위가 좁고 이동성이 적으며 생존기간이 짧은 해충에 효과적인 방제 방법이다.

15 균류에 속하는 식물병균 중 순활물기생균이 아닌 것은?

① 녹병균 ② 노균병균
③ 흰가루병균 ④ 잿빛곰팡이병

해설
잿빛곰팡이병은 임의기생체이다.

16 파이토알렉신(phytoalexin)에 대한 설명으로 옳은 것은?

① 병원균이 분비한다.
② 병원체의 발육을 촉진하는 물질이다.
③ 기주와 균의 상호작용에 의하여 생긴다.
④ 생산된 파이토알렉신의 종류는 식물의 종과는 관계없이 균의 종류에 따라 결정된다.

해설
파이토알렉신은 기주와 병원균의 상호 작용에 의하여 기주가 생성된다.

17 세균성 식물병의 진단방법에 해당하지 않는 것은?

① 유출검사의 의한 진단
② 즙액접종에 의한 진단
③ 괴경지표법에 의한 진단
④ 파지에 의한 진단

해설
괴경지표법은 바이러스의 진단방법이다.

18 배추 무사마귀병에 대한 설명으로 옳지 않은 것은?

① 한낮에는 시들음 증상을 보인다.
② 뿌리의 세포가 비정상적으로 커진다.
③ 토양이 산성인 경우 잘 발생하지 않는다.
④ 우리나라에서는 주로 배추, 양배추, 무, 갓 등에 많이 발생한다.

해설
배추 무사마귀병은 알칼리성 토양에서 거의 발생하지 않는다.

19 TMV에 의해 발병하며 주로 토양에 의하여 전염되는 병은?

① 고추 모자이크병
② 마늘 모자이크병
③ 배추 모자이크병
④ 오이 모자이크병

해설
TMV(담배모자이크바이러스)에 의해 발병하는 것으로 고추 모자이크병이 있으며 토양으로 전염되기에 방제를 위해 줄기나 뿌리를 제거하기도 한다.

정답 13 ② 14 ① 15 ④ 16 ③ 17 ③ 18 ③ 19 ①

20 벼 잎집무늬마름병에 대한 설명으로 옳지 않은 것은?

① 고온, 다습한 환경에서 잘 발병한다.
② 밀식하여 재배할 경우 잘 발병한다.
③ 칼륨 비료 시비량을 줄여 방제할 수 있다.
④ 병원균은 논이나 토양에서 월동하며 봄철에 벼 잎집에 부착된 균사가 벼를 침해한다.

해설
벼 잎집무늬마름병은 비료 중에서 질소질 비료의 시비량을 줄여야 방제할 수 있다.

2과목 농림해충학

21 나비목 유충이 견사를 분비하는 곳은?

① 전위 ② 침샘
③ 맹장 ④ 말피기씨관

해설
나비나 벌 등의 유충은 침샘에서 견사를 분비한다.

22 다음 수목 해충 중 유충상태로 지피물 밑이나 수피 틈 또는 가지 위에서 월동하는 것은?

① 매미나방(짐시나방)
② 미국흰불나방
③ 솔나방
④ 소나무좀

해설
솔나방은 5령충이 지피물 아래나 나무껍질 사이에 월동하고 8령충이 번데기가 되어 이후 나방이 된다.

23 다음 설명에 해당하는 목(目)은?

◎ 뒷날개는 퇴화되어 주걱모양의 평균기를 이루고 막질인 1쌍의 날개를 가지며 입은 빠는 형이다.
◎ 가슴은 유착되어 움직이지 못하고 유충은 다리가 없는 구더기 모양으로 머리가 매우 퇴화되어 있다.

① 벼룩목 ② 나비목
③ 파리목 ④ 매미목

해설
파리목은 1쌍의 날개를 가지고 뒷날개는 작은 곤봉모양으로 퇴화되어 있는 것이 특징이다.

24 저장 중의 식품이나 곡식에 발생하여 피해를 주는 해충이 아닌 것은?

① 화랑곡나방 ② 다색알락명나방
③ 쌀바구미   ④ 콩가루벌레

해설
콩가루벌레는 과실에 피해를 준다.

25 주요 가로수인 버즘나무에 피해를 끼치는 주요 해충으로만 묶인 것은?

① 털두꺼비하늘소, 오리나무잎벌레
② 미국흰불나방, 알락하늘소
③ 알락하늘소, 털두꺼비하늘소
④ 미국흰불나방, 버즘나무방패벌레

해설
미국흰불나방은 포플러, 버즘나무, 벚나무 등의 활엽수종을 가해하고 버즘나무 방패벌레는 성충과 약충이 버즘나무에 피해를 준다.

정답 20 ③ 21 ② 22 ③ 23 ③ 24 ④ 25 ④

26 국내에서 벼물바구미의 연 발생횟수는?

① 1년에 1회 발생
② 1년에 3회 발생
③ 1년에 4회 발생
④ 2년에 1회 발생

해설
벼물바구미는 1년에 1회 발생하고 성충으로 월동한다.

27 흡수성(흡즙성) 해충은?

① 포플러하늘소
② 미국흰불나방
③ 오리나무잎벌레
④ 주머니깍지벌레

해설
흡즙성 해충에는 깍지벌레, 노린재류, 버즘나무방패벌레, 선녀벌레, 응애류, 진딧물류 등이 있다.

28 밤나무의 종실을 가해하는 해충은?

① 밤나무재주나방
② 밤나무혹벌
③ 복숭아명나방
④ 매미나방

해설
복숭아명나방은 밤나무, 복숭아나무, 감나무 등의 종실에 피해를 준다.

29 주로 벼를 가해하는 해충으로 옳지 않은 것은?

① 혹명나방   ② 이화명나방
③ 끝동매미충   ④ 거세미나방

해설
거세미나방은 주로 무, 배추, 당근 등의 작물을 가해하며 작물의 지제부를 가해한다.

30 다음 설명에 해당하는 해충은?

> 시설채소에서 많이 발생하는 해충으로 성충의 체장은 1.4mm 정도로서 작은 파리모양이고, 몸색은 옅은 황색이지만 몸 표면이 흰 왁스가루로 덮여 있어 흰색을 띤다.

① 파밤나방   ② 거세미나방
③ 온실가루이   ④ 점박이응애

해설
· 온실가루이의 성충 몸길이는 1.4mm 정도이고 수컷은 암컷보다 작은편이다.
· 색은 옅은 황색이나 몸 표면에 흰 가루로 덮여 있고 알은 자루에 포탄모양이다.
· 1년에 약 10회 이상 발생하고 성충은 어린 잎에 알을 낳으며 약 200개 정도 산란한다.

31 일부지역에만 한정되어 분포하는 종을 일컫는 용어는?

① 멸종위기종   ② 범존종
③ 고유종   ④ 외래종

해설
특정지역에만 분포하는 생물의 종을 고유종이라 한다.

32 다음 중 사과나무 재배 시 경제적으로 가장 큰 피해를 주는 해충은?

① 사과굴나방
② 사과무늬잎말이나방
③ 복숭아심식나방
④ 조팝나무진딧물

해설
복숭아심식나방은 사과나무의 과실 속 조직까지 갉아 먹어 경제적으로 가장 큰 피해를 주는 해충으로 평가받고 있다.

정답 26 ① 27 ④ 28 ③ 29 ④ 30 ③ 31 ③ 32 ③

33 메뚜기의 경우 앞날개가 뒷날개를 보호하고 비행 시 펼치기만 할 뿐 비행에 활용하지 않는다. 이런 날개를 무엇이라 하는가?
① 굳은 날개 ② 인편
③ 두텁날개 ④ 평균곤

> [해설]
> · 메뚜기는 앞날개가 뒷날개보다 두꺼워 두텁날개라 한다.
> · 날개가 퇴화하여 비행에 활용하지 못한다.

34 ( )에 가장 알맞은 내용은?

> ◎ 솔잎혹파리는 우리나라 소나무림에 가장 큰 피해를 준 해충이다.
> ◎ 이 해충은 (A)으로 지피물 밑에서 월동하고 산란최성기는 보통 (B)이다.
> ◎ 이 해충은 (C)이 솔잎 기부에 벌레혹(충영)을 만든다.

① A : 유충, B : 6월 상순~중순, C : 유충
② A : 용(번데기), B : 5월, C : 성충
③ A : 유충, B : 7월 하순, C : 성충
④ A : 용(번데기), B : 8월 상순~중순, C : 유충

> [해설]
> · 솔잎혹파리는 주로 소나무, 해송 등에 피해를 주며 유충으로 지피물 아래 혹은 땅속에서 월동한다.
> · 5~7월에 우화하며 최성기는 보통 6월 상순~중순쯤이다.
> · 이 해충은 유충이 솔잎 기부에 벌레혹을 만들어 흡즙 가해한다.

35 천공성 해충으로서 피해구멍에 배설물을 실로 칠하여 덮어 놓으므로 혹같이 보이는 해충은?
① 흑명나방 ② 솔나방
③ 독나방   ④ 박쥐나방

> [해설]
> 박쥐나방은 천공성 해충으로 알로 월동하고 부화한 유충이 줄기 속을 가해하다가 갱도 안을 이동하면서 피해를 주는데 배설한 배설물을 구멍 입구에 붙여 놓아 혹같이 보이게 된다.

36 곤충의 배설계에 대한 설명으로 옳지 않은 것은?
① 말피기관의 끝은 막혀 있다.
② 지상곤충은 주로 질소대사산물을 암모니아 형태로 배설한다.
③ 말피기관은 중장과 후장의 접속부분에서 후장에 연결되어 있다.
④ 말피기관 밑부와 직장은 물과 무기이온을 재흡수하여 조직 내의 삼투압을 조절한다.

> [해설]
> 지상곤충은 질소대사산물을 요산의 형태로 배설한다.

37 마늘에 피해를 주는 고자리파리의 방제방법으로 가장 효과가 적은 것은?
① 천적인 고자리혹벌을 이용한다.
② 미숙 유기질 비료를 많이 시용한다.
③ 파종 또는 이식 전에 토양살충제를 살포한다.
④ 연작지에서 발생과 피해가 심하므로 윤작을 실시한다.

> [해설]
> 미숙 유기질 비료 사용시 고자리파리의 발생량이 증가된다.

정답 33 ③ 34 ① 35 ④ 36 ② 37 ②

38 곤충의 전형적인 더듬이의 주요부분 중 존스턴기관을 가지고 있는 것은?

① 자루마디　② 팔굽마디
③ 채찍마디　④ 관절점

> **해설**
> 팔굽마디(흔들마디)는 존스턴씨기관이 있어 공기의 진동을 통해 소리를 인지하거나 바람의 방향을 느낀다.

39 식도하신경절에 의해 운동신경과 감각신경의 지배를 받지 않는 기관은?

① 큰턱　② 작은턱
③ 더듬이　④ 아랫입술

> **해설**
> 뇌는 식도신경환에 의해 식도하신경절에 연결되어 큰턱, 작은턱, 아랫입술 등의 운동 및 감각신경에 관련된다.

40 담배나방에 대한 설명으로 틀린 것은?

① 고추의 주요 해충 중 하나이다.
② 땅속에서 번데기로 월동한다.
③ 1년에 1회 발생한다.
④ 담배에 피해를 준다.

> **해설**
> 담배나방은 1년에 3회 발생한다.

3과목　농약학

41 치료 효과를 거두기 위해 사용되는 약제로 병이 발생한 후에도 충분한 효과를 거둘 수 있는 것은?

① 보호살균제　② 직접살균제
③ 종자소독제　④ 토양살균제

> **해설**
> 직접살균제는 침입한 병원균에 직접 강력한 살균작용을 하며 발병 후에도 방제가 가능하다.

42 농작물의 약해원인은 여러 가지가 있다. 다음 중 농약에 원인이 있는 약해가 아닌 것은?

① 불순물 혼합에 의한 약해
② 원제 부성분에 의한 약해
③ 경시변화에 의한 유해성분의 생성에 의한 약해
④ 동시 사용으로 인한 약해

> **해설**
> 동시 사용으로 인한 약해는 농약에 원인이 아닌 사용자의 부주의에 의해 발생한다.

43 아마이드계 계통의 잡초발생 전 토양처리용 제초제로서 잔디에 주로 사용되는 것은?

① 2,4-D 제　② 메트리뷰진
③ 아이속사벤　④ 아짐설퓨론

> **해설**
> 아이속사벤은 잡초의 발아전 토양에 처리하는 토양처리용 제초제이다.

44 농약의 작물잔류에 미치는 영향 중 가장 거리가 먼 것은?

① 농약의 이화학적 특성
② 작물의 특성
③ 기상 및 토양환경조건
④ 농약잔류허용량

> **해설**
> 농약의 잔류허용량은 신체에 영향을 주는 정도를 나타내는 것으로 작물잔류에 미치는 영향과는 거리가 멀다.

45 유기인계 살충제의 일반적인 성질에 대한 설명으로 옳은 것은?

① 동물의 체내에서 분해가 느리다.
② 알칼리에는 용이하게 분해된다.
③ 광선에 의한 분해가 일어나지 않는다.
④ 인축에 대한 독성이 약하다.

> **해설**
> 유기인계 살충제는 에스테르 결합을 하고 있어 알칼리에 의해 쉽게 가수분해 된다.

46 농약 살포법 중 분무법에 대한 설명으로 옳지 않은 것은?

① 분무기는 별도의 공기를 주입하지 않고 약액에 직접 압력을 가하여 미세한 출구로 분사하는 구조이다.
② 살포 액적의 입경은 보통 0.1~0.2mm 범위이다.
③ 일반적인 희석용 제형으로부터 조제한 살포액의 다량 살포에 적합하다.
④ 과수전용으로 사용되는 고속살포기가 대표적이다.

> **해설**
> 분무법은 안개와 같이 미세하게 뿌리는 방법으로 고속살포기는 적합하지 않다.

47 65% 지오릭스분말 1kg 을 5% 분제로 만들려면 이 때 소요되는 증량제의 양은 몇 kg 인가?

① 10 ② 11
③ 12 ④ 13

> **해설**
> 희석할 증량제양
> $= 원분제 중량 \times (\frac{원분제 농도}{목표 농도} - 1)$
> $= 1kg \times (\frac{65\%}{5\%} - 1) = 12kg$

48 상추 재배 시 민달팽이를 없애기 위하여 사용하는 약제는?

① 메티오카브 입제
② 메토밀 액제
③ 디노테퓨란 입제
④ 플루톨라닐 입제

> **해설**
> 메티오카브는 카바메이트계 살충제로 민달팽이 방제에 효과적이다.

49 제충국의 특성에 대한 설명으로 옳은 것은?

① 속효성이다.
② 잔효성이 크다
③ 약해가 크다
④ 고독성 농약이다.

> **해설**
> 제충국의 꽃 씨방에서 추출하는 피레트린 성분은 접촉제의 속효성으로 신경기능의 저해를 통해 해충을 방제한다.

50 사과, 수박의 탄저병에 적용하는 벤지미다졸계 살균제는?

① 베노밀   ② 보스칼리드
③ 비터타놀 ④ 빈클로졸린

> **해설**
> 베노밀은 벤지미다졸계 살균제로 사과나무탄저병, 배 흰가루병, 수박 탄저병, 고추 탄저병 등에 효과적이다.

51 도열병 약제의 농약명칭을 히노산(Hinosan)으로 표기할 때 다음 중 어디에 해당하는가?

① 일반명 ② 품목명
③ 상품명 ④ 시험명

> **해설**
> 농약명칭은 상품명에 해당한다.

정답 45 ② 46 ④ 47 ③ 48 ① 49 ① 50 ① 51 ③

52 carbamate 계 살충제의 일반적인 특성에 대한 설명으로 옳은 것은?
① 유기염소제와 같이 체내에 서서히 축적된다.
② 인축에 대한 독성이 낮고 비교적 안정한 화합물이다.
③ 살충작용이 일반적으로 비선택적이다.
④ 해충에 대한 적용범위가 좁다.

해설
카바메이트(carbamate)계 살충제는 체내에서 빠르게 분해되어 인축에 대한 독성이 비교적 낮은 편이다.

53 살포액(액상시용제)의 물리적인 성질이 아닌 것은?
① 유화성 ② 수화성
③ 현수성 ④ 토분성

해설
액상시용제의 물리성으로 유화성, 현수성, 수화성, 습전성, 침투성 등이 있다.

54 유기인계 살충제가 아닌 것은?
① 파라티온(Parathion)
② 다이아지논(Diazinon)
③ 디클로르보스(Dichlorvos)
④ 메소밀(Methomyl)

해설
메소밀은 카바메이트계 살충제이다.

55 다음 중 밀폐된 공간에서 사용하도록 설계된 제형은?
① 훈연제 ② 입제
③ 분제 ④ 수화제

해설
훈연제는 약제를 연기화 하여 해충을 죽이는 약제로 주로 밀폐된 공간에서 사용하여야 효과적이다.

56 다음 중 농약의 보조제(Supplement Agent)에 해당하는 것은?
① 유인제 ② 식독제
③ 기피제 ④ 유화제

해설
농약 보조제로 전착제, 증량제, 유화제, 협력제 등이 있다.

57 제초제에 대한 설명으로 틀린 것은?
① 세톡시딤은 선택성 제초제이다.
② 글루포시네이트암모늄은 비선택성 제초제이다.
③ 제초기능에 있어 선택성이 있는 것과 없는 것이 있다.
④ 식물의 종류에 관계없이 모든 식물에 해를 나타내는 것을 선택성 제초제라고 한다.

해설
식물의 종류에 관계없이 모든 식물에 해를 나타내는 것을 비선택성 제초제라 한다.

58 보통독성 농약이 고체일 경우에 급성경구 독성의 LD_{50}(mg/kg)은?
① 5 ~ 50 ② 50 ~ 500
③ 200 ~ 1000 ④ 1000 이상

해설
급성독성에서 고체의 급성경구 III급(보통독성)은 50 이상 500 미만 을 기준으로 한다.

정답 52 ② 53 ④ 54 ④ 55 ① 56 ④ 57 ④ 58 ②

59 농약 살포액 조제시 사용되는 적당한 물은?
① 뜨거운 물
② 알칼리성인 물
③ 효소를 넣어 발효시킨 물
④ 물의 온도가 높지 않은 일반적인 물

[해설]
농약 살포액 조제시 온도가 높지 않은 깨끗한 물을 사용해야 한다.

60 20% PAP 유제 100ml 를 0.05% 의 살포액으로 만드는데 소요되는 물의 양은 약 얼마인가?(단, 원액의 비중은 1 이다.)
① 40L   ② 50L
③ 60L   ④ 70L

[해설]
희석할 물의 양
$= 원액 용량 \times (\frac{원액 농도}{희석할 농도} - 1) \times 원액 비중$
$= 100\,ml \times (\frac{20}{0.05} - 1) \times 1$
$= 39,900\,ml ≒ 약 40L$

4과목 잡초방제학

61 잡초로 인한 농경지의 피해가 아닌 것은?
① 병해충의 매개
② 토양침식의 가속화
③ 농작업 환경의 약화
④ 경합에 의한 작물수량감소

[해설]
잡초가 많이 발생하면 토양침식이 느려진다.

62 잡초의 영양기관에 대한 설명으로 옳지 않은 것은?
① 영양생식을 좌우하는 환경요인으로 토성, 일장, 광도, 무기성분 등이 있다.
② 향부자는 높은 광도조건에서 경엽의 증가보다 괴경의 증가를 촉진한다.
③ 대부분의 다년생 잡초는 사질토보다는 중점토에서 지하영양기관의 생성이 빠르다
④ 토양 중의 무기성분함량이 충분한 조건 하에서는 대부분 다년생 잡초는 유성번식보다는 영양번식의 속도가 촉진된다.

[해설]
영양번식의 환경요인에서 토성은 중점토보다는 사질토에서 지하영양기관이 잘 생성된다.

63 잡초종자는 일반적으로 휴면성을 가지고 있다. 휴면의 원인으로 옳지 않은 것은?
① 두꺼운 종피
② 불완전한 배
③ 생장촉진제 처리
④ 발아억제물질 작용

[해설]
생장촉진제는 휴면을 타파한다.

64 잡초의 생리 및 생태적 특성이 아닌 것은?
① 휴면성을 가지고 있다.
② 유묘기의 생장속도가 빠르다
③ 주로 영양번식은 1년생 잡초가 한다.
④ 종자 및 영양번식기관으로 번식한다.

[해설]
주로 영양번식은 다년생 잡초가 한다.

정답 59 ④ 60 ① 61 ② 62 ③ 63 ③ 64 ③

65 주어진 지표면을 먼저 점유한 식물이 후에 발생한 식물보다 경합에 유리하다. 이를 이용한 잡초 방제 기술로 옳지 않은 것은?
① 이앙재배 ② 적기 파종
③ 시비량 증대 ④ 재식밀도 증가

해설
시비량 증대는 잡초에 유리한 조건이 될 가능성이 있기에 작물의 특성과 잡초의 발생량 등을 고려하여 실시해야 한다.

66 잔디밭의 클로버 방제에 가장 적절한 제초제는?
① 옥사디아존 유제
② 메코프로프 유제
③ 할로설퓨론메틸 입제
④ 벤설퓨론메틸·뷰타클로르 입제

해설
잔디밭 클로버 방제에는 메코프로프 유제 및 디캄바 액제, 트리클로피르티이에이 액제 등이 효과적이다.

67 잡초방제법 중에서 물리적 방제법에 해당하지 않는 것은?
① 잡초 소각
② 제초제 살포
③ 토양 표면 피복
④ 경작지 담수 및 배수

해설
제초제 사용은 화학적 방제에 속한다.

68 지하경으로 번식 가능한 잡초가 아닌 것은?
① 돌피 ② 올미
③ 올방개 ④ 향부자

해설
돌피는 1년생 잡초로 종자로 번식한다.

69 잡초 종자가 일장에 감응하여 휴면이나 휴면타파를 하는 형태는?
① 2차성 휴면형 ② 기회적 휴면형
③ 계절적 휴면형 ④ 자발성 휴면형

해설
일장의 변화에 따른 휴면을 계절적 휴면형이라 하며 이러한 일장에 반응하여 휴면을 타파하고 발아하는 것을 발아 계절성이라 한다.

70 방동사니과 잡초의 형태적 특성으로 옳지 않은 것은?
① 습지나 물속에서 잘 자란다.
② 올방개, 매자기, 올챙이고랭이 등이 있다.
③ 대부분 줄기가 삼각형 모양을 하고 있다.
④ 잎은 둥글고 크며, 엽맥이 그물처럼 얽혀있다.

해설
방동사니과 잡초는 잎의 폭이 좁고 긴 형태이며 엽맥이 없다.

71 작물과 잡초 사이의 경합요인으로 가장 거리가 먼 것은?
① 빛 ② 산소
③ 공간 ④ 무기양분

해설
경합요인으로 양분, 수분, 광선, 공간 등이 대표적이다.

72 생물학적 방제법과 비교한 화학적 방제법의 단점은?
① 효과가 적다.
② 작용 효과가 늦다.
③ 잔류성 문제가 있다.
④ 처리가 용이하지 않다.

해설
화학적 방제법은 방제 효과는 빠르게 나타나지만 환경 및 잔류문제가 있다.

정답 65 ③ 66 ② 67 ② 68 ① 69 ③ 70 ④ 71 ② 72 ③

73 잡초 종자의 특징으로 옳지 않은 것은?

① 메귀리는 끈끈한 물질을 분비한다.
② 소리쟁이는 꼬투리가 물에 잘 뜬다.
③ 바랭이는 성숙하면서 꼬투리가 튄다.
④ 도꼬마리는 낚시모양의 돌기가 있다.

해설
메귀리는 벼목으로 가지는 돌려붙고 잔 돌기가 있으며 종자에는 잔털이 있다.

74 외국에서 유입되는 잡초를 방지하기 위하여 수출입 과정에서 검역하듯이 검사하는 잡초 방제법은?

① 생태적 방제법 ② 화학적 방제법
③ 생물적 방제법 ④ 예방적 방제법

해설
예방적 방제법은 잡초가 유입되는 것을 사전에 방지하는 것이다.

75 잡초의 종류와 생활사가 올바르게 짝지어진 것은?

① 다년생 잡초 - 돌피, 바랭이
② 일년생 잡초 - 올미, 올방개
③ 다년생 잡초 - 냉이, 방가지똥
④ 일년생 잡초 - 물달개비, 사마귀풀

해설
① 일년생 잡초 - 돌피, 바랭이
② 다년생 잡초 - 올미, 올방개
③ 월년생 잡초 - 냉이, 방가시똥

76 다음 중 벼 재배법에서 잡초와의 경합면에 가장 불리한 재배법은?

① 손이앙재배 ② 어린모재배
③ 중모재배   ④ 직파재배

해설
직파재배보다는 이앙재배가 잡초의 피해를 덜 받으며 경합에 유리하다.

77 다음 중 식물의 분류체계로 가장 적절한 것은?

① 문 - 과 - 강 - 목 - 종 - 속
② 문 - 강 - 목 - 과 - 속 - 종
③ 문 - 속 - 강 - 과 - 목 - 종
④ 강 - 문 - 목 - 과 - 속 - 종

해설
식물학적 분류순서는 <계 → 문 → 강 → 목 → 과 → 속 → 종 → 변종> 이며 식물의 기본단위는 종으로 정의한다.

78 다음 중 초생재배 방법에 대한 설명으로 가장 옳은 것은?

① 오리, 어패류를 이용하여 잡초 생육을 억제한다.
② 인접식물에 독성을 나타내는 물질을 분비하는 식물을 심어 잡초 발생을 경감시킨다.
③ 잡초에 특이적으로 기생하는 병원균을 이용하여 방제한다.
④ 과수원이나 나지상태의 포장에 피복작물을 재배한다.

해설
초생재배는 초생법을 과수원 같은 곳에 적용하는 방법인데 포장을 피복하여 토양의 유실을 막아주며 잡초발생을 억제하는 효과가 있다.

79 다음 중 논에서 종자로 번식하는 잡초로 가장 옳은 것은?

① 물달개비 ② 올미
③ 벗풀   ④ 올방개

해설
물달개비는 1년생 광엽잡초로 종자로 번식하는 논잡초이다.

80 다음 중 년생(월년생) 잡초만으로 나열된 것은?

① 냉이, 메꽃
② 민들레, 코스모스
③ 질경이, 달맞이꽃
④ 망초, 냉이

해설
월년생 잡초로 나도냉이, 별꽃, 망초, 냉이, 속속이풀 등이 있다.

정답 80 ④

올배움BOOK 이러닝 강의 및 교재내용 문의

올배움 홈페이지 www.kisa.co.kr 에
방문하시면 본 교재의 저자직강 강의를 통하여
자격증 단기합격을 할 수 있습니다.
또한 본 교재의 정오표는
올배움 홈페이지를 통해 확인이 가능하며
그 밖의 다른 의견 및 오탈자를 제보해주시면
더 좋은 강의와 교재로 보답하겠습니다.

www.kisa.co.kr

📞 1544-8509   카톡ID : kisa

올배움BOOK
홈페이지
바로가기 >

식물보호기사 · 산업기사 과년도 필기

1판1쇄 발행	2023년 01월 10일	2판1쇄 발행	2024년 01월 10일
3판1쇄 발행	2025년 01월 10일	4판1쇄 발행	2026년 01월 10일

지 은 이 • 권 현 준
펴 낸 이 • 이 정 훈
펴 낸 곳 • 올배움
주   소 • 서울시 금천구 가산디지털1로 168 B동 B105(가산동, 우림라이온스밸리)
전   화 • 1544-8509 / FAX 0505-909-0777
홈페이지 • www.kisa.co.kr

법인등록번호 • 110111-5784750
I S B N • 979-11-6517-187-2 (13520)

정가 27,000원

이 책에서 내용의 일부 또는 도해를 다음과 같은 행위자들이 사전 승인없이 인용할 경우에는 저작권법 제93조 「손해배상청구권」에 적용 받습니다.
① 단순히 공부할 목적으로 부분 또는 전체를 복제하여 사용하는 학생 또는 복사업자
② 공공기관 및 사설교육기관(학원, 인정직업학교), 단체 등에서 영리를 목적으로 복제·배포하는 대표, 또는 당해 교육자
③ 디스크 복사 및 기타 정보 재생 시스템을 이용하여 사용하는 자

※ 파본은 구입하신 서점에서 교환해 드립니다.